ZOUXIANG GUOJI SHUXUE AOLINPIKE DE PINGMIAN JIHE SHITI QUANSHI

# 走向国际数学奥林匹克的

# 平面几何试题诠释

## （第1卷）


主　编　沈文选

副主编　杨清桃　步　凡　昊　凡

哈爾濱工業大學出版社

HARBIN INSTITUTE OF TECHNOLOGY PRESS

## 内容简介

全套书对1978～2016年的全国高中数学联赛(包括全国女子竞赛、西部竞赛、东南竞赛、北方竞赛)、中国数学奥林匹克竞赛(CMO,即全国中学生数学冬令营)、中国国家队队员选拔赛以及IMO试题中的200余道平面几何试题进行了诠释,每道试题给出了尽可能多的解法(多的有近30种解法)及命题背景,以150余个专题讲座分4卷的形式对试题所涉及的有关知识或相关背景进行了深入的探讨,揭示了有关平面几何试题的一些命题途径.本套书极大地拓展了读者的视野,可全方位地开启读者的思维,扎实地训练其基本功.

本套书适合于广大数学爱好者,初、高中数学竞赛选手,初、高中数学教师和中学数学奥林匹克教练员使用,也可作为高等师范院校、教育学院、教师进修学院数学专业开设的"竞赛数学"课程教材及国家级、省级骨干教师培训班参考使用.

**图书在版编目(CIP)数据**

走向国际数学奥林匹克的平面几何试题诠释.第1卷/沈文选主编.—哈尔滨:哈尔滨工业大学出版社,2019.9
ISBN 978-7-5603-8176-3

Ⅰ.①走… Ⅱ.①沈… Ⅲ.①几何课-高中-竞赛题-解题 Ⅳ.①G634.635

中国版本图书馆CIP数据核字(2019)第080371号

策划编辑 刘培杰 张永芹
责任编辑 张永芹 刘家琳
封面设计 孙茵艾
出版发行 哈尔滨工业大学出版社
社　　址 哈尔滨市南岗区复华四道街10号 邮编150006
传　　真 0451-86414749
网　　址 http://hitpress.hit.edu.cn
印　　刷 哈尔滨市石桥印务有限公司
开　　本 787mm×1092mm 1/16 印张36.25 字数691千字
版　　次 2019年9月第1版 2019年9月第1次印刷
书　　号 ISBN 978-7-5603-8176-3
定　　价 88.00元

---

# 前　言

在国际数学奥林匹克(IMO)中,中国学生的突出成绩已得到世界公认.这优异的成绩,是中华民族精神的体现,是龙的传人潜质的反映,它是实现民族振兴的希望,它折射出国家富强的未来.

回顾我国数学奥林匹克的发展过程,可以说是一个由小到大的发展过程,是一个由单一到全面的发展过程.在开始举办数学奥林匹克活动时,只限于在少数的几个城市举行,而今天举办的数学奥林匹克活动,几乎遍及了全国各省、市、地区,这是一种规模最大,种类与层次最多的学科竞赛活动.有各省、市的初、高中竞赛,有全国的初、高中联赛,还有全国女子竞赛、西部竞赛、东南竞赛、北方竞赛,以及中国数学奥林匹克竞赛、国家队选拔赛,等等(本套书中的全国高中联赛题、中国数学奥林匹克题、国家队选拔赛题、国际数学奥林匹克题分别用A,B,C,D表示,其他有关赛题以其名称冠之).

数学奥林匹克活动的中心环节是试题的命制,而平面几何能够提供各种层次、各种难度的试题,是数学奥林匹克竞赛的一个方便且丰富的题源,因而在各种类别、层次的数学奥林匹克活动中,平面几何试题始终占据着重要的地位.随着活动级别的升高,平面几何试题的分量也随之加重,甚至占到总题量的三分之一.因此,诠释走向IMO的平面几何试题,也是进行数学奥林匹克竞赛理论深入研究的一个重要方面.

诠释这些平面几何试题，可以使我们更清楚地看到平面几何试题具有重要的检测作用与开发价值：

它可以检测参赛者所形成的科学世界观和理性精神（平面几何知识是人们认识自然、认识现实世界的中介与工具，这种知识对于人的认识形成有较强的作用，是一种高级的认识与方法论系统）的某些侧面.

它可以检测参赛者所具有的思维习惯（平面几何材料具有深刻的逻辑结构、丰富的直观背景和鲜明的认知层次，处理时思维习惯的优劣对效果产生较大影响）的某些侧面.

它可以检测参赛者的演绎推理和逻辑思维能力（平面几何内容的直观性、难度的层次性、真假的实验性、推理过程的可预见性，成为训练逻辑思维和演绎推理的理想材料）的某些侧面.

试题内容的挑战性具有开发价值. 平面几何是一种理解、描述和联系现实空间的工具（几何图形保持着与现实空间的直接且丰富的联系；几何直觉在数学活动中常常起着关键的作用；几何活动常常包含创造活动的各个方面，从构造猜想、表示假设、探寻证明、发现特例和反例到最后形成理论等，这些在各种水平的几何活动中都得到反映）.

试题内容对进行创新教育具有开发价值. 平面几何能为各种水平的创造活动提供丰富的素材（几何题的综合性便于学生在学习时能够借助于观察、实验、类比、直觉和推理等多种手段；几何题的层次性使得不同能力水平的学生都能从中得到益处；几何题的启发性可以使学生建立广泛的联系，并把它应用于更广的领域中）.

试题内容对开展数学应用与建模教育具有开发价值. 平面几何建立了简单直观、能被青少年所接受的数学模型，并教会他们用这样的数学模型去思考、探索、应用. 点、线、面、三角形、四边形和圆——这是一些多么简单又多么自然的数学模型，却能让青少年沉醉在数学思维的天地里流连忘返，很难想象有什么别的模型能够这样简单，同时又这样有成效. 平面几何又可作为多种抽象数学结构的模型（许多重要的数学理论都可以通过几何的途径以自然的方式组织起来，或者从几何模型中抽象出来）.

诠释这些平面几何试题，可以使我们更理性地领悟到：几何概念为抽象的科学思维提供直观的模型，几何方法在所有的领域都有广泛的应用，几何直觉是“数学地”理解高科技和解决问题的工具，几何的公理系统是组织科学体系的典范，几何思维习惯则能使一个人终身受益.

诠释这些平面几何试题，可以使我们更深刻地认识到：奥林匹克数学竞赛试题的综合基础性、实验发展性、创造问题性、艺趣挑战性等体系特征.

许多试题有着深刻的高等几何(如仿射几何、射影几何、几何变换等)和组合几何背景,它是高等数学思想与中学数学的精妙技巧相结合的基础性综合数学问题;试题中所涵盖的许多新思想、新方法,不断地影响着中学数学,从而促进中学数学课程的改革,为中学数学知识的更新架设了桥梁,为现代数学知识的传播和普及提供了科学的测度;许多试题既包含了传统数学的精华,又体现出很大的开放性、发展性、挑战性.

诠释这些平面几何试题,作者作为一种尝试,首先给出试题的尽可能多的解法,然后从试题所涉及的有关知识,或者有关背景进行深入的探讨,试图扩大读者的视野,开启思维,训练基本功.作者为图"文无遗珠"的效果,大量参考了多种图书杂志中发表的解法与探讨,并在书中加以注明,在此向他们表示谢意.

本套书于 2007 年 1 月出版了第 1 版,于 2010 年 2 月出版了第 2 版,这次修订是在第 2 版的基础上做了重大修改与补充,增加了历届国际数学竞赛试题,补充了 8 个年度的试题诠释,每章后的讲座都增加到 3～5 个,因而形成了各册书.

在本套书的撰写与修订过程中,得到了邹宇、羊明亮、肖登鹏、吴仁芳、彭熹、汤芳、张丹、陈丽芳、梁红梅、唐祥德、刘洁、陈明、刘文芳、谢立红、谢圣英、谢美丽、陈淼君、孔璐璐、谢罗庚、彭云飞等的帮助,他们帮助收集资料、抄录稿件、校对清样,付出了辛勤的汗水,在此也表示感谢.

衷心感谢刘培杰数学国际文化传播中心,感谢刘培杰老师、张永芹老师、刘家琳老师等诸位老师,是他们的大力支持,精心编辑,使得本书以新的面目呈现在读者面前!

限于作者的水平,书中的疏漏之处在所难免,敬请读者批评指正.

沈文选

**2018 年 10 月于长沙**

# 目　录

# 第 1 章　1978 年试题的诠释

这一年全国高中数学联赛第二试的平面几何试题共有 3 道，即第 1，4，6 题.

**试题 A1**　四边形两组对边延长后分别相交，且交点的连线与四边形的一条对角线平行. 证明：另一条对角线的延长线平分对边交点连成的线段.

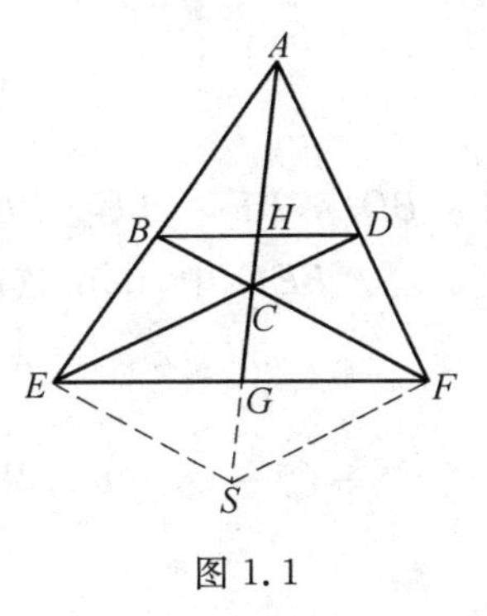

图 1.1

如图 1.1，四边形 $ABCD$ 的两组对边延长后分别交于点 $E$，$F$，$EF /\!/ BD$，直线 $AC$ 与 $EF$ 交于点 $G$.

**证法 1**　过点 $E$ 作 $ES /\!/ BF$ 交 $AC$ 的延长线于点 $S$，则 $\frac{AC}{AS}=\frac{AB}{AE}$，又因为 $\frac{AB}{AE}=\frac{AD}{AF}$，所以有 $\frac{AC}{AS}=\frac{AD}{AF}$.

联结 $SF$，则 $ED /\!/ SF$. 从而，$CESF$ 是平行四边形. 故 $EG=GF$.

**证法 2**　设 $AC$ 与 $BD$ 交于点 $H$，由题设，有

$$\frac{DH}{FG}=\frac{AH}{AG}=\frac{HB}{GE}, \frac{DH}{GE}=\frac{HC}{CG}=\frac{HB}{FG}$$

亦即

$$\frac{DH}{FG}=\frac{HB}{GE}, \frac{DH}{GE}=\frac{HB}{FG}$$

上述两式相除得

$$\frac{GE}{FG}=\frac{FG}{GE}$$

即知

$$EG=GF$$

**证法 3**　对 $\triangle AEF$ 及点 $C$ 应用塞瓦定理，有

$$\frac{AB}{BE}\cdot\frac{EG}{GF}\cdot\frac{FD}{DA}=1 \qquad (*)$$

又由 $BD /\!/ EF$，有 $\frac{AB}{BE}=\frac{AD}{DF}$，即 $\frac{AB}{BE}\cdot\frac{FD}{DA}=1$，从而由式（$*$），有 $\frac{EG}{GF}=1$，故

$EG=GF$.

**证法4** 如图1.1,设$\angle AED=\alpha$,$\angle DEF=\beta$.

以$E$为视点,分别对点$B,C,F$;$A,D,F$及$A,C,G$应用张角定理,得

$$\frac{\sin(\alpha+\beta)}{EC}=\frac{\sin\alpha}{EF}+\frac{\sin\beta}{EB} \quad ①$$

$$\frac{\sin(\alpha+\beta)}{ED}=\frac{\sin\alpha}{EF}+\frac{\sin\beta}{EA} \quad ②$$

$$\frac{\sin(\alpha+\beta)}{EC}=\frac{\sin\alpha}{EG}+\frac{\sin\beta}{EA} \quad ③$$

因为$BD\parallel EF$,所以$\angle BDE=\beta$.

在$\triangle BED$中,由正弦定理,得

$$\frac{\sin(\alpha+\beta)}{ED}=\frac{\sin\beta}{EB} \quad ④$$

由式①+②-③-④,得



$$\frac{2\sin\alpha}{EF}=\frac{\sin\alpha}{EG}$$

从而$EF=2EG$,故$EG=GF$.

**注** (1)在图1.1中,可证得$H$为$BD$的中点.

(2)由此题可得梯形的一条性质:对于梯形两腰延长线的交点、两条对角线的交点、上底与下底的中点这四点,若一条直线过其中两点,则也必过其余两点,或者说这四点在一条直线上.

(3)在图1.1中,含有完全四边形$ABECFD$,因而此题包含了射影几何中的一个基本定理,也包含仿射几何的一个基本原理,可参见图1.23及本章第3节中的性质4.

**试题A2** 设$ABCD$为任意给定的四边形,边$AB,BC,CD,DA$的中点分别为$E,F,G,H$.证明:$S_{ABCD}\leqslant EG\cdot HF\leqslant\frac{1}{2}(AB+CD)\cdot\frac{1}{2}(AD+BC)$.

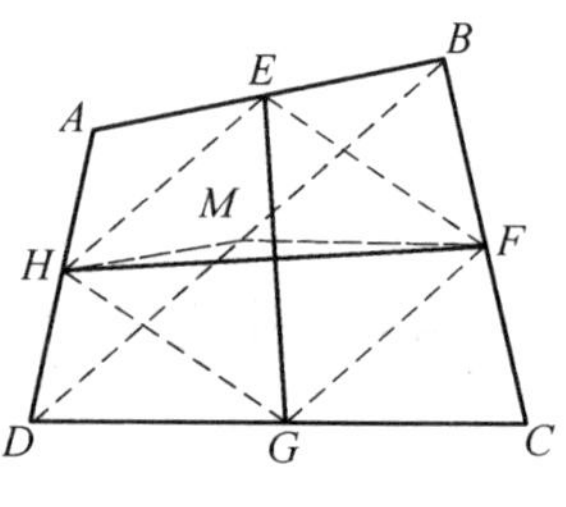

图1.2

**证法1** 如图1.2,联结$HE,DB,GF,EF,HG$,则$HE\parallel DB\parallel GF$,同理$EF\parallel HG$,故$EFGH$为平行四边形.易证$S_{EFGH}=\frac{1}{2}S_{ABCD}$,由于$EFGH$为平行

四边形，$S_{EFGH} \leqslant \frac{1}{2} EG \cdot HF$，从而 $S_{ABCD} \leqslant EG \cdot HF$.

设 $M$ 为 $BD$ 的中点，显然有

$$\frac{1}{2}(AB+CD)=HM+MF \geqslant HF$$

同理
$$\frac{1}{2}(AD+BC) \geqslant EG$$

从而
$$EG \cdot HF \leqslant \frac{1}{2}(AB+CD) \cdot \frac{1}{2}(AD+BC)$$

故结论获证.

**证法2**　如图1.3(a)，将四边形分成 $A,B,C,D$ 四块，重新拼成图1.3(b)中的平行四边形. 易知其面积小于或等于两边乘积，其两边分别是原四边形的两条对边中点的连线，这就证明了第一个不等式.

再将原四边形扩充一倍，拼成图1.3(c)的形状，易知结论获证.



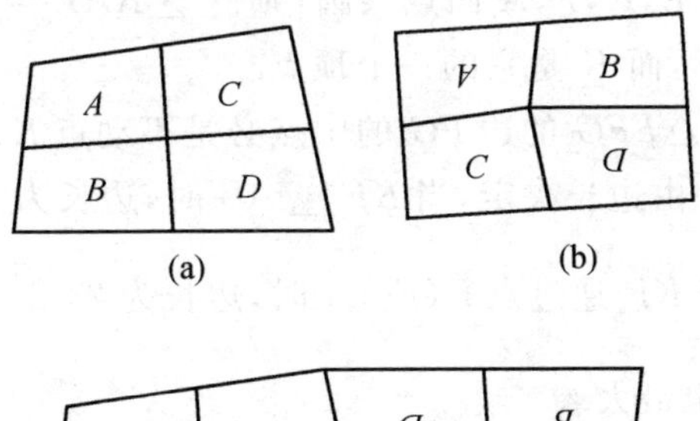


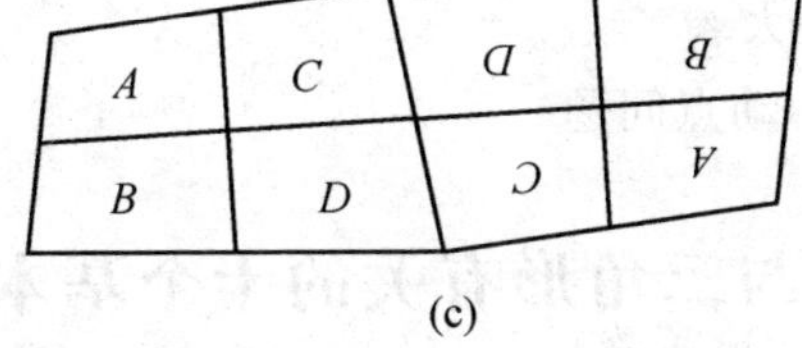


图1.3

**注**　关于此试题的背景如下：

(1) 从数学的角度看. 1953年第16届莫斯科数学竞赛中有这样一道试题：设四边形四边的长分别为 $a,b,c,d$，面积为 $S$，求证 $S \leqslant \frac{1}{4}(a+c)(b+d)$. 将此不等式分解，便得到如上试题A2.

(2) 从实际问题的角度看. 华罗庚教授指出①,是一个量地问题,一块四边形的土地要丈量它的面积. 1949年以前,北方地主是用两组对边中点连线长度的乘积作为面积,而南方地主是用两组对边边长平均值的乘积作为面积. 这两种量法都把土地面积量大了,农民就得多交租. 实际上,四边形真正的面积小于或等于两组对边中点连线长度的乘积,小于或等于两组对边边长平均值的乘积.

**试题** A3　设有一边长为1的正方形,试在这个正方形的内接正三角形中找出一个面积最大的和一个面积最小的,并求出这两个三角形的面积(证明你的论断).

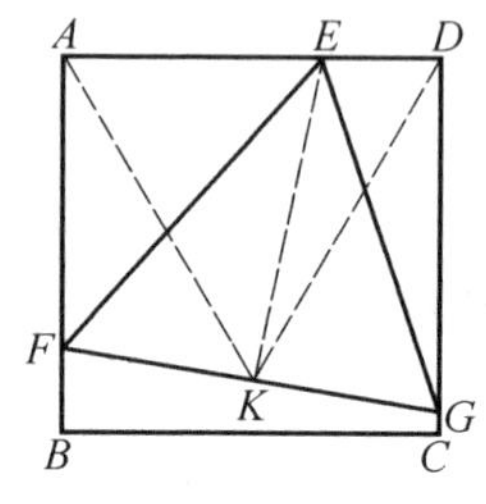

图1.4

**解**　假设 $\triangle EFG$ 为正方形 $ABCD$ 的任一内接正三角形,如图1.4所示,由于正三角形的三个顶点必落在正方形的三边上,所以不妨设其中的 $F,G$ 是在正方形的一组对边上.

作 $\triangle EFG$ 的边 $FG$ 上的高 $EK$,则 $E,K,G,D$ 四点共圆,联结 $KD$,则知 $\angle KDE=\angle EGK=60°$.



同理,联结 $AK$,由 $E,K,F,A$ 四点共圆,则有 $\angle KAE=\angle EFK=60°$,所以,$\triangle KDA$ 为正三角形,而 $K$ 是它的一个顶点.

由此可知,内接正 $\triangle EFG$ 的边 $FG$ 的中点必是不动点 $K$.

又正三角形的面积由边长决定,当 $KF\perp AB$ 时,边长为1,这时边长最小,面积 $S=\frac{\sqrt{3}}{4}$ 也最小;当 $KF$ 通过点 $B$(或 $C$)时,边长为 $2\sqrt{2-\sqrt{3}}$,这时边长最大,面积 $S=2\sqrt{3}-3$ 也最大.

**注**　这是一个几何不动点问题.

# 第1节　与三角形有关的十个基本定理

## 1. 与三角形三边所在直线上的三点有关的两个定理

**定理1**　设 $A',B',C'$ 分别是 $\triangle ABC$ 的三边 $BC,CA,AB$ 所在直线(包括三边的延长线)上的点,则 $A',B',C'$ 三点共线的充要条件是

$$\frac{BA'}{A'C}\cdot\frac{CB'}{B'A}\cdot\frac{AC'}{C'B}=1 \qquad ①$$

---

① 华罗庚.全国中学数学竞赛题解[M].北京:科学普及出版社,1978:1-2.

**证明**　必要性：如图1.5，过点 $A$ 作直线 $AD /\!/ C'A'$ 交 $BC$ 的延长线于点 $D$，则

$$\frac{CB'}{B'A}=\frac{CA'}{A'D},\frac{AC'}{C'B}=\frac{DA'}{A'B}$$

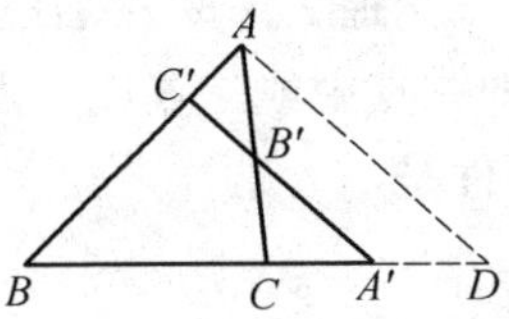

图1.5

故 $$\frac{BA'}{A'C}\cdot\frac{CB'}{B'A}\cdot\frac{AC'}{C'B}=\frac{BA'}{A'C}\cdot\frac{CA'}{A'D}\cdot\frac{DA'}{A'B}=1$$

充分性：设直线 $A'B'$ 交 $AB$ 于点 $C_1$，则由必要性，得

$$\frac{BA'}{A'C}\cdot\frac{CB'}{B'A}\cdot\frac{AC_1}{C_1B}=1$$

又由题设有 $\frac{BA'}{A'C}\cdot\frac{CB'}{B'A}\cdot\frac{AC'}{C'B}=1$，于是

$$\frac{AC_1}{C_1B}=\frac{AC'}{C'B}$$

由合比定理，得

$$\frac{AC_1}{AB}=\frac{AC'}{AB}$$

从而 $C_1$ 与 $C'$ 重合，故 $A'$，$B'$，$C'$ 三点共线.

**注**　(1) 上述定理中，若采用有向线段，则式 ① 右边为 $-1$.

(2) 定理中的必要性即为梅涅劳斯定理，充分性即为梅涅劳斯定理的逆定理.

(3) 上述定理证明中的图只是其中一种，其余情形的图的证明也类似.

**定理1的角元形式 Ⅰ**　设 $A'$，$B'$，$C'$ 分别是 $\triangle ABC$ 的三边 $BC$，$CA$，$AB$ 所在直线上的点，则 $A'$，$B'$，$C'$ 三点共线的充要条件是

$$\frac{\sin\angle BAA'}{\sin\angle A'AC}\cdot\frac{\sin\angle ACC'}{\sin\angle C'CB}\cdot\frac{\sin\angle CBB'}{\sin\angle B'BA}=1 \qquad ①'$$

事实上，注意到

$$\frac{BA'}{A'C}=\frac{S_{\triangle ABA'}}{S_{\triangle AA'C}}=\frac{AB\sin\angle BAA'}{AC\sin\angle A'AC}$$

及式 ① 即可得式 ①′.

类似地，可推得如下形式 Ⅱ：

**定理1的角元形式 Ⅱ**　设 $A'$，$B'$，$C'$ 分别是 $\triangle ABC$ 的三边 $BC$，$CA$，$AB$ 所在直线上的点，点 $O$ 不在 $\triangle ABC$ 的三边所在的直线上，则 $A'$，$B'$，$C'$ 三点共线的充要条件是

$$\frac{\sin\angle BOA'}{\sin\angle A'OC}\cdot\frac{\sin\angle COB'}{\sin\angle B'OA}\cdot\frac{\sin\angle AOC'}{\sin\angle C'OB}=1 \qquad ①''$$

**定理2** 设 $A',B',C'$ 分别是 $\triangle ABC$ 的三边 $BC,CA,AB$ 所在直线上的点(即三点中或三点或一点在边上),则三直线 $AA',BB',CC'$ 共点或平行的充要条件是

$$\frac{BA'}{A'C}\cdot\frac{CB'}{B'A}\cdot\frac{AC'}{C'B}=1 \qquad ②$$

**证明** 必要性:若 $AA',BB',CC'$ 交于一点 $P$,则过点 $A$ 作 $BC$ 的平行线分别交 $BB',CC'$ 的延长线于点 $D,E$,如图1.6(a)所示,得

$$\frac{CB'}{B'A}=\frac{BC}{AD},\frac{AC'}{C'B}=\frac{EA}{BC}$$

又由

$$\frac{BA'}{AD}=\frac{A'P}{PA}=\frac{A'C}{EA}$$

有

$$\frac{BA'}{A'C}=\frac{AD}{EA}$$

从而

$$\frac{BA'}{A'C}\cdot\frac{CB'}{B'A}\cdot\frac{AC'}{C'B}=\frac{AD}{EA}\cdot\frac{BC}{AD}\cdot\frac{EA}{BC}=1$$

若 $AA',BB',CC'$ 三直线平行,如图1.6(b)所示,可类似证明(略).



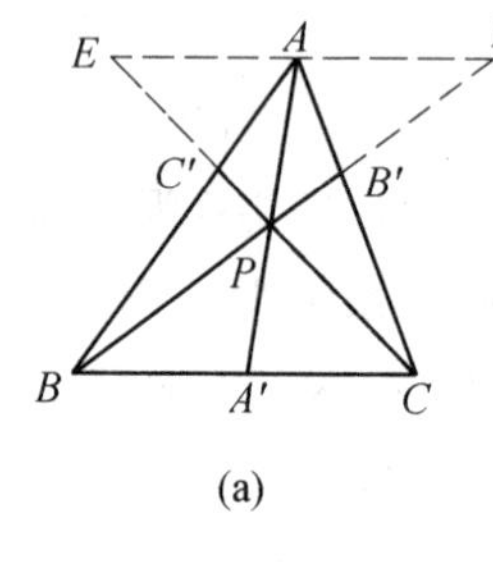

(a)

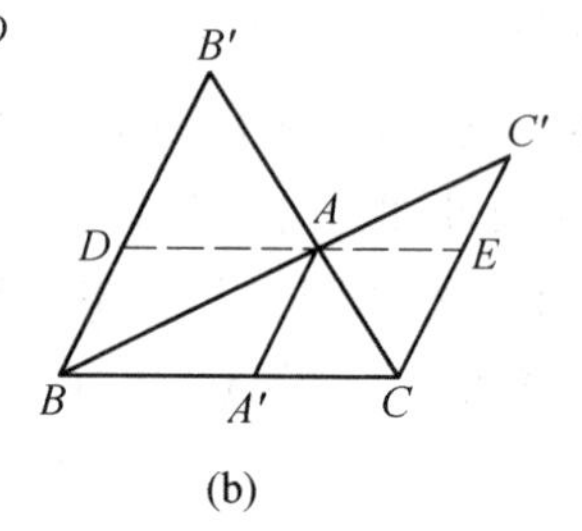

(b)

图1.6

充分性:若 $AA'$ 与 $BB'$ 交于点 $P$,设 $CP$ 与 $AB$ 的交点为 $C_1$,则由必要性知

$$\frac{BA'}{A'C}\cdot\frac{CB'}{B'A}\cdot\frac{AC_1}{C_1B}=1$$

而由题设有

$$\frac{BA'}{A'C}\cdot\frac{CB'}{B'A}\cdot\frac{AC'}{C'B}=1$$

由此有

$$\frac{AC_1}{C_1B}=\frac{AC'}{C'B}$$

即点 $C_1$ 与 $C'$ 重合,从而 $AA',BB',CC'$ 三直线共点.

若 $AA' \parallel BB'$,则 $\dfrac{CB'}{B'A}=\dfrac{CB}{BA}$,代入已知条件 $\dfrac{AC'}{C'B}=\dfrac{A'C}{CB}$,由此知 $CC' \parallel AA'$,故 $AA' \parallel BB' \parallel CC'$.

**注** (1) 在上述定理中,若采用有向线段,则式 ② 右边仍为 1.

(2) 定理中的必要性即为塞瓦定理,充分性即为塞瓦定理的逆定理,其中交点 $P$ 有时也称为塞瓦点.

(3) 上述定理证明中的图只是其中两种,其余情形的图的证明也类似.

**定理 2 的角元形式 Ⅰ** 设 $A',B',C'$ 分别是 $\triangle ABC$ 的三边 $BC,CA,AB$ 所在直线上的点,则 $AA',BB',CC'$ 三直线共点或平行的充要条件是

$$\frac{\sin\angle BAA'}{\sin\angle A'AC}\cdot\frac{\sin\angle ACC'}{\sin\angle C'CB}\cdot\frac{\sin\angle CBB'}{\sin\angle B'BA}=1 \qquad ②'$$

其证明与式 ①′ 完全相同.

**推论** 设 $A_1,B_1,C_1$ 分别是 $\triangle ABC$ 的外接圆三段弧 $\overset{\frown}{BC},\overset{\frown}{CA},\overset{\frown}{AB}$ 上的点,则三直线 $AA_1,BB_1,CC_1$ 共点的充要条件是

$$\frac{BA_1}{A_1C}\cdot\frac{CB_1}{B_1A}\cdot\frac{AC_1}{C_1B}=1 \qquad ②''$$

事实上,可设 $\triangle ABC$ 的外接圆半径为 $R$,$AA_1$ 交 $BC$ 于点 $A'$,则

$$\frac{BA_1}{A_1C}=\frac{2R\cdot\sin\angle BAA_1}{2R\cdot\sin\angle A_1AC}=\frac{\sin\angle BAA'}{\sin\angle A'AC}$$

同理还有两式,再应用式 ②′,即证得式 ②″.

类似地,可推得如下形式 Ⅱ:

**定理 2 的角元形式 Ⅱ** 设 $A',B',C'$ 分别是 $\triangle ABC$ 的三边 $BC,CA,AB$ 所在直线上的点,点 $O$ 不在 $\triangle ABC$ 的三边所在的直线上,则 $AA',BB',CC'$ 三直线共点或平行的充要条件是

$$\frac{\sin\angle BOA'}{\sin\angle A'OC}\cdot\frac{\sin\angle AOC'}{\sin\angle C'OB}\cdot\frac{\sin\angle COB'}{\sin\angle B'OA}=1 \qquad ②'''$$

### 2. 与三角形一顶点引出的射线上的点有关的两个定理

**定理 3** 设点 $P$ 为从 $\triangle ABC$ 的顶点 $A$ 引出的一条射线 $AP$ 上的点,线段 $BP,PC$ 对点 $A$ 的张角分别为 $\alpha,\beta$,且 $\alpha+\beta<180^\circ$,则 $B,P,C$ 三点共线的充要条件是

$$\frac{\sin(\alpha+\beta)}{AP}=\frac{\sin\alpha}{AC}+\frac{\sin\beta}{AB} \qquad ③$$

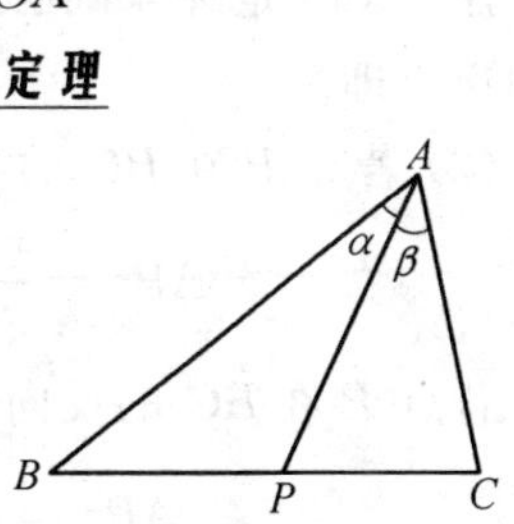

图 1.7

**证明** 如图 1.7,有

$$B,P,C\text{三点共线}\Leftrightarrow S_{\triangle ABC}=S_{\triangle ABP}+S_{\triangle APC}\Leftrightarrow$$

$$\frac{1}{2}AB\cdot AC\cdot\sin(\alpha+\beta)=$$

$$\frac{1}{2}AB\cdot AP\cdot\sin\alpha+\frac{1}{2}AP\cdot AC\cdot\sin\beta\Leftrightarrow$$

$$\frac{\sin(\alpha+\beta)}{AP}=\frac{\sin\alpha}{AC}+\frac{\sin\beta}{AB}$$

**注**　定理3的必要性即为张角定理,充分性即为张角定理的逆定理,点 $A$ 常称为视点.

**定理4**　设点 $P$ 为从 $\triangle ABC$ 的顶点 $A$ 引出的一条射线 $AP$ 上的点,则 $B,P,C$ 三点共线的充要条件是

$$AP^2=AB^2\cdot\frac{PC}{BC}+AC^2\cdot\frac{BP}{BC}-BP\cdot PC\qquad④$$

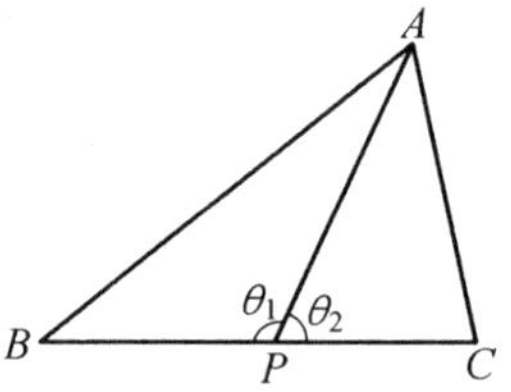

**证明**　如图1.8,设 $\angle APB=\theta_1$,$\angle APC=\theta_2$,不失一般性,设 $\theta_2<90°$.

图1.8

对 $\triangle ABP$ 和 $\triangle APC$ 分别应用余弦定理,有

$$AB^2=AP^2+BP^2-2AP\cdot BP\cdot\cos\theta_1$$

$$AC^2=AP^2+CP^2-2AP\cdot CP\cdot\cos\theta_2$$

将上述两式分别乘以 $PC,PB$ 后相加,得

$$AB^2\cdot CP+AC^2\cdot BP=AP^2(BP+CP)+BP\cdot CP(BP+CP)-$$

$$2AP\cdot BP\cdot CP(\cos\theta_1+\cos\theta_2)\qquad(*)$$

于是

$$B,P,C\text{三点共线}\Leftrightarrow\text{式}(*)\text{右边}=AP^2\cdot BC+BP\cdot CP\cdot BC\Leftrightarrow$$

$$AP^2=AB^2\cdot\frac{PC}{BC}+AC^2\cdot\frac{BP}{BC}-BP\cdot PC$$

**注**　(1)定理4的必要性即为斯特瓦尔特定理,充分性即为斯特瓦尔特定理的逆定理.

(2)若点 $P$ 在 $BC$ 的延长线上,则

$$AP^2=-AB^2\cdot\frac{PC}{BC}+AC^2\cdot\frac{BP}{BC}+BP\cdot PC$$

若点 $P$ 在 $BC$ 的反向延长线上,则

$$AP^2=AB^2\cdot\frac{PC}{BC}-AC^2\cdot\frac{BP}{BC}-BP\cdot PC$$

**推论**　(1)若 $AB=AC$,则 $AP^2=AB^2-BP\cdot PC$.

(2) 若 $P$ 为 $BC$ 的中点，则 $AP^2=\frac{1}{2}AB^2+\frac{1}{2}AC^2-\frac{1}{4}BC^2$.

(3) 若 $AP$ 平分 $\angle BAC$，则 $AP^2=AB\cdot AC-BP\cdot PC$.

(4) 若 $AP$ 平分 $\angle BAC$ 的外角，则 $AP^2=BP\cdot PC-AB\cdot AC$.

### 3. 与三角形外一点有关的两个定理

**定理 5** 从 $\triangle ABC$ 外一点 $D$ 与三顶点连线，则点 $D$ 在 $\triangle ABC$ 外接圆上的充要条件是

$$AB\cdot DC+AC\cdot BD=BC\cdot AD \quad ⑤$$

**证明** 必要性：如图 1.9，点 $D$ 在 $\triangle ABC$ 的外接圆上，在 $BC$ 上取点 $P$，使

$$\angle PAB=\angle CAD$$

则
$$\triangle ABP\backsim\triangle ADC$$

于是
$$AB\cdot CD=AD\cdot BP$$

又
$$\triangle ABD\backsim\triangle APC$$

有
$$BD\cdot AC=AD\cdot PC$$

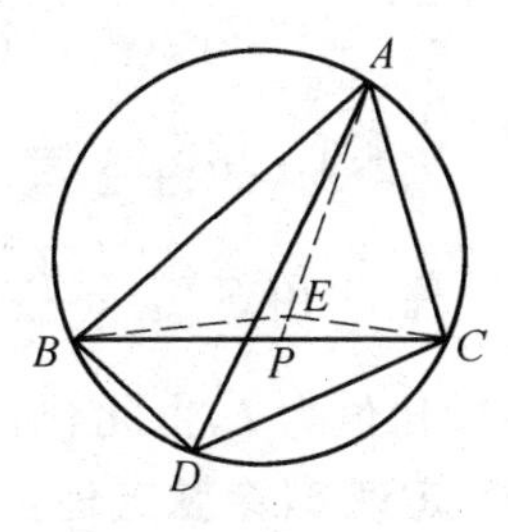

图 1.9



故 $AB\cdot DC+AC\cdot BD=AD(BP+PC)=AD\cdot BC$

充分性：在凸四边形 $ABCD$ 内取点 $E$，使

$$\angle BAE=\angle CAD,\angle ABE=\angle ADC$$

则
$$\triangle ABE\backsim\triangle ADC$$

即
$$AB\cdot DC=AD\cdot BE$$

又注意到 $\angle CAE=\angle DAB$ 及上述比例式，有 $\triangle ACE\backsim\triangle ADB$，亦有

$$AC\cdot BD=AD\cdot EC$$

从而

$$AB\cdot DC+AC\cdot BD=AD(BE+EC)\geqslant AD\cdot BC$$

其中等号成立当且仅当点 $E$ 在 $BC$ 上，即 $\angle ABC=\angle ADC$，即 $A,B,D,C$ 四点共圆.

**注** (1) 定理 5 的必要性即为托勒密定理，充分性即为托勒密定理的逆定理.

(2) 由托勒密定理可得到三角形中的射影定理.

**定理 6** 从 $\triangle ABC$ 外一点 $D$ 引三边 $BC,AB,AC$ 所在直线的垂线，垂足是 $L,M,N$，则点 $D$ 在 $\triangle ABC$ 的外接圆上的充要条件是 $L,M,N$ 三点共线，即

$$LN=LM+MN \quad ⑥$$

**证明** 如图 1.10，联结 $BD,AD$，分别由 $D,B,L,M;D,M,A,N$ 四点共圆，有

$$\angle BML=\angle BDL,\angle ADN=\angle AMN$$

又 $D,B,C,A$ 四点共圆 $\Leftrightarrow \angle DBL = \angle DAN \Leftrightarrow \angle BML = \angle AMN \Leftrightarrow L,M,N$ 三点共线 $\Leftrightarrow LN = LM + MN$.

**注** 上述定理的必要性即为西姆松定理,充分性即为西姆松定理的逆定理,直线 $LMN$ 称为西姆松线.

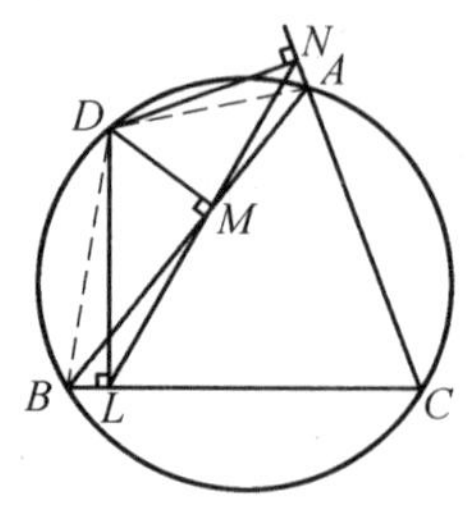

图 1.10

**4. 与三角形的边、角相关的两个定理**

**定理7(正弦定理)** 在 $\triangle ABC$ 中,若角 $A,B,C$ 所对的边长分别为 $a,b,c$,其面积记为 $S_{\triangle ABC}$,则

$$\frac{a}{\sin A}=\frac{b}{\sin B}=\frac{c}{\sin C}=\frac{abc}{2S_{\triangle ABC}} \qquad ⑦$$

事实上,由 $S_{\triangle ABC}=\frac{1}{2}ab\sin C=\frac{1}{2}ac\sin B=\frac{1}{2}bc\sin A$,同除以 $\frac{1}{2}abc$,即得.

**注** 由 $S_{\triangle ABC}=\frac{R^2}{2}(\sin 2A+\sin 2B+\sin 2C)=4R^2\sin A\sin B\sin C$,令式⑦中比值为 $k$,由此,则可求得 $k=2R$($R$ 为 $\triangle ABC$ 的外接圆半径).



**定理8(余弦定理)** 在 $\triangle ABC$ 中,若 $\angle A,\angle B,\angle C$ 所对的边长分别为 $a,b,c$,则

$$\begin{cases}c^2=a^2+b^2-2ab\cos C\\ b^2=c^2+a^2-2ca\cos B\\ a^2=b^2+c^2-2bc\cos A\end{cases} \qquad ⑧$$

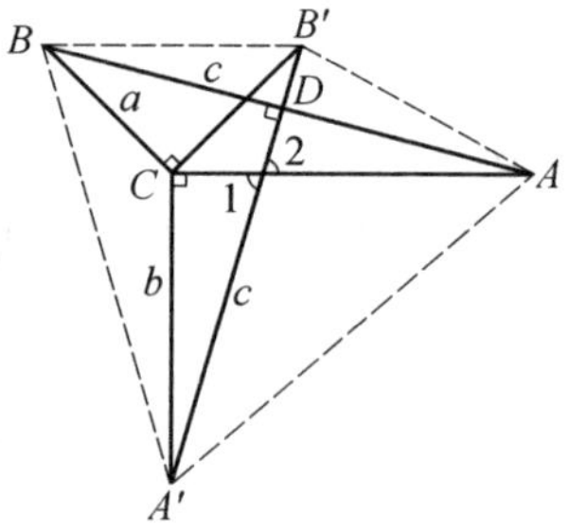

**证法1** 仅证第一式,且设 $\angle C \geqslant 90^\circ$(当 $\angle C < 90^\circ$ 时可同样证明),如图1.11所示.

图 1.11

将 $\triangle ABC$ 绕顶点 $C$ 顺时针方向旋转 $90^\circ$ 得到 $\triangle A'B'C$,注意到

$$\angle BCB'=90^\circ, \angle ACA'=90^\circ, \angle A'=\angle A, \angle 1=\angle 2$$

则 $\angle A'DA=90^\circ$($D$ 为 $AB$ 与 $A'B'$ 的交点),且 $A'B'=AB=c$,于是

$$S_{\triangle BA'B'}+S_{\triangle AB'A'}=S_{A'AB'B}=S_{\triangle BCB'}+S_{\triangle ACA'}+S_{\triangle BCA'}+S_{\triangle ACB'}$$

即

$$\frac{1}{2}c\cdot BD+\frac{1}{2}c\cdot AD=\frac{1}{2}a^2+\frac{1}{2}b^2+\frac{1}{2}ab\sin[180^\circ-(\angle C-90^\circ)]+\frac{1}{2}ab\cdot\sin(\angle C-90^\circ)$$

亦即

$$c^2=a^2+b^2-2ab\cos C$$

**证法2** 在 $\triangle ABC$ 中,不妨设 $\angle C$ 为钝角(当 $\angle C$ 为锐角时,同样可证).

如图1.12，此时 $\angle C>90^\circ>\angle A+\angle B$，作 $\angle ACD=\angle B=\angle 1$ 交 $AB$ 于点 $D$，作 $\angle BCE=\angle A=\angle 2$ 交 $AB$ 于点 $E$，则

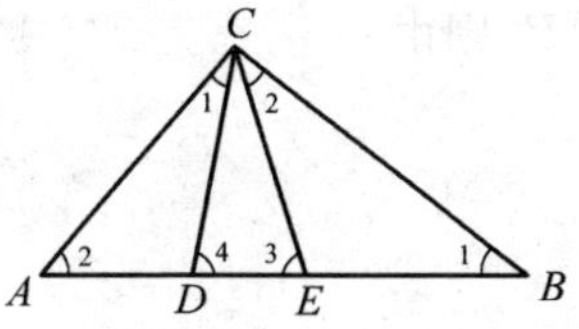

$$\triangle ADC \backsim \triangle ACB \backsim \triangle CEB$$

图1.12

于是

$$S_{\triangle ADC} : S_{\triangle CEB} : S_{\triangle ACB} = b^2 : a^2 : c^2$$

又

$$\angle 3=\angle CED=\angle 2+\angle 1=\angle A+\angle B=180^\circ-\angle C$$
$$\angle 4=\angle CDE=\angle 2+\angle 1=180^\circ-\angle C$$

知 $\triangle CDE$ 为等腰三角形.

注意到 $\triangle CDE$ 的 $\angle 3$ 与 $\triangle ABC$ 的 $\angle C$ 互补，则由

$$DE=2CE\cdot\cos(180^\circ-\angle C)$$

有

$$\frac{S_{\triangle CED}}{S_{\triangle ACB}}=\frac{CE\cdot ED}{a\cdot b}=\frac{2CE^2\cdot\cos(180^\circ-\angle C)}{ab}=-\frac{2CE^2\cdot\cos C}{ab}$$

由 $\triangle CEB \backsim \triangle ACB$，知 $\frac{CE}{b}=\frac{a}{c}$，即有 $CE=\frac{ab}{c}$. 从而

$$\frac{S_{\triangle CED}}{S_{\triangle ACB}}=-\frac{2a^2b^2\cdot\cos C}{abc^2}=\frac{-2ab\cdot\cos C}{c^2}$$

所以

$$S_{\triangle ADC} : S_{\triangle CDE} : S_{\triangle CEB} : S_{\triangle ACB}=b^2 : (-2ab\cdot\cos C) : a^2 : c^2$$

而

$$S_{\triangle ADC}+S_{\triangle CDE}+S_{\triangle CEB}=S_{\triangle ABC}$$

故

$$c^2=b^2-2ab\cdot\cos C+a^2=a^2+b^2-2ab\cdot\cos C$$

**推论** 在 $\triangle ABC$ 中，若 $\angle C=90^\circ$，则 $c^2=a^2+b^2$.

**注** 可类似得到其他式子.

### 5. 与两个三角形边、角相关的两个比例定理

**定理9(共边比例定理)** 若 $\triangle PAB$ 与 $\triangle QAB$ 的顶点 $P$，$Q$ 所在直线与直线 $AB$ 的交点为 $M$，则

$$\frac{S_{\triangle PAB}}{S_{\triangle QAB}}=\frac{PM}{QM} \quad ⑨$$

**证明** 如图1.13，有4种情形.

对于图1.13(a)，由点 $P$ 作 $PE\perp AB$ 交于点 $E$，由点 $Q$ 作 $QF\perp AB$ 交于

点 $F$,则由

$$\mathrm{Rt}\triangle PEM \backsim \mathrm{Rt}\triangle QFM$$

有

$$\frac{PE}{QF}=\frac{PM}{QM}$$

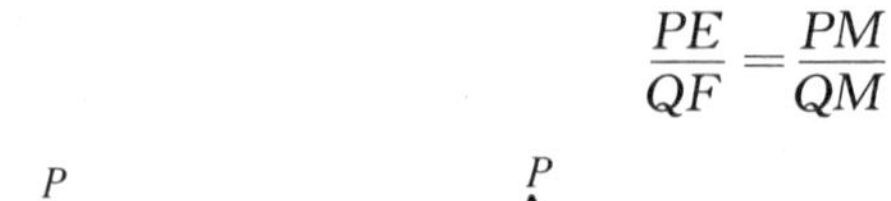

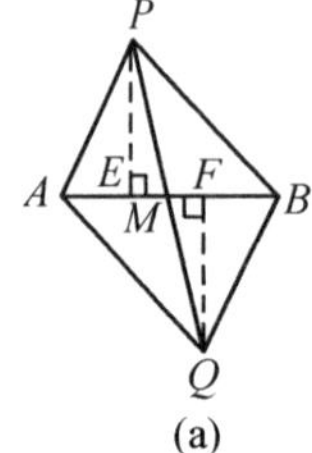


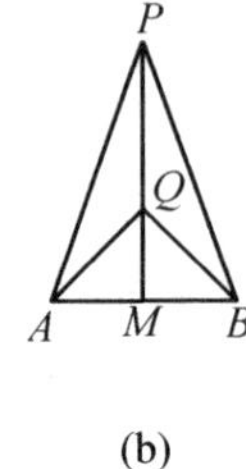


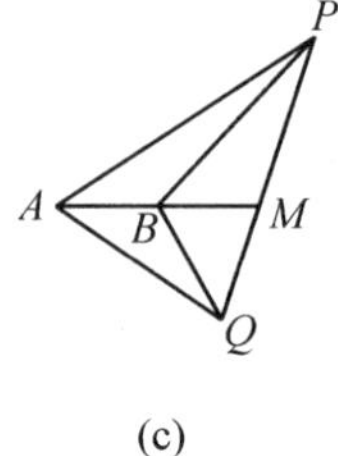


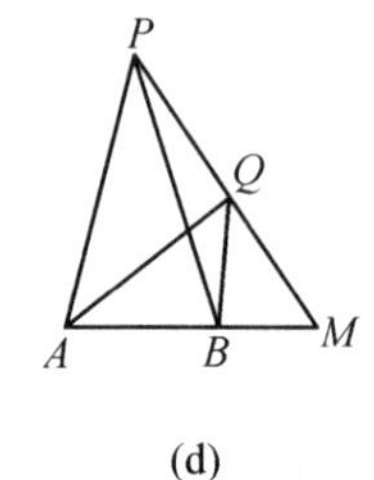


图 1.13

于是

$$\frac{S_{\triangle PAB}}{S_{\triangle QAB}}=\frac{\frac{1}{2}AB\cdot PE}{\frac{1}{2}AB\cdot QF}=\frac{PE}{QF}=\frac{PM}{QM}$$



同理,可证得其他三种情况.

**定理 10(共角比例定理)** 若在 $\triangle ABC$ 和 $\triangle A'B'C'$ 中,$\angle A=\angle A'$ 或 $\angle A+\angle A'=180^\circ$,则

$$\frac{S_{\triangle ABC}}{S_{\triangle A'B'C'}}=\frac{AB\cdot AC}{A'B'\cdot A'C'} \tag{10}$$

**证明** 不妨设 $\angle A$ 与 $\angle A'$ 重合或互为邻补角,如图 1.14 所示.

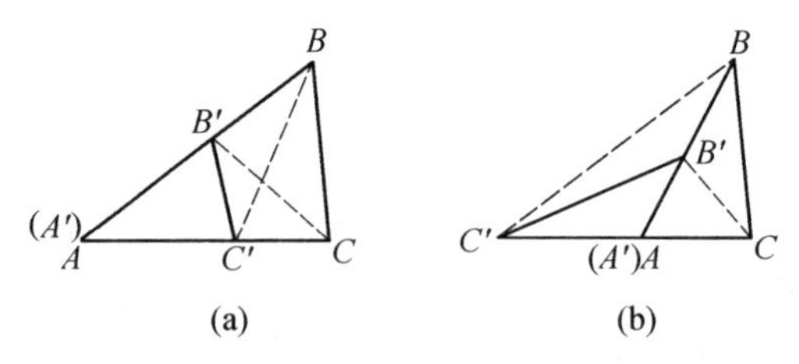


图 1.14

联结 $B'C$,$BC'$,由共边比例定理,有

$$\frac{S_{\triangle ABC}}{S_{\triangle A'B'C'}}=\frac{S_{\triangle ABC}}{S_{\triangle AB'C}}\cdot\frac{S_{\triangle AB'C}}{S_{\triangle A'B'C'}}=\frac{AB\cdot AC}{A'B'\cdot A'C'}$$

**注** (1) 也可由三角形面积公式推导

$$\frac{S_{\triangle ABC}}{S_{\triangle A'B'C'}}=\frac{\frac{1}{2}AB\cdot AC\sin\angle BAC}{\frac{1}{2}A'B'\cdot A'C'\sin\angle B'A'C'}=\frac{AB\cdot AC}{A'B'\cdot A'C'}$$

(2) 当 $AC=A'C'$ 时,式 ⑩ 即为式 ⑨,即定理10也可看作定理9的一种推广.

**例** 证明下述两个命题.

(1) 已知 $AD$,$AE$ 分别是 $\triangle ABC$ 的内、外角平分线,点 $D$ 在边 $BC$ 上,点 $E$ 在边 $BC$ 的延长线上,求证:$\frac{1}{BE}+\frac{1}{CE}=\frac{2}{DE}$.

(2) 点 $M$ 和点 $N$ 三等分 $\triangle ABC$ 的边 $AC$,点 $X$ 和点 $Y$ 三等分边 $BC$,$AY$ 与 $BM$,$BN$ 分别交于点 $S$,$R$. 求证:$\frac{S_{SRNM}}{S_{\triangle ABC}}=\frac{5}{42}$.

**证明** (1) 设 $AD=a$,$AE=b$,$\angle BAD=\angle DAC=\alpha$,以 $A$ 为视点,分别在 $\triangle ADE$ 和 $\triangle ABE$ 中应用张角定理,得

$$\frac{\sin\angle DAE}{AC}=\frac{\sin\alpha}{b}+\frac{\sin(90^\circ-\alpha)}{a}$$

$$\frac{\sin(90^\circ+\alpha)}{a}=\frac{\sin\angle DAE}{AB}=\frac{\sin\alpha}{b}$$

于是
$$AC=\frac{ab}{b\cos\alpha+a\sin\alpha},AB=\frac{ab}{b\cos\alpha-a\sin\alpha}$$

如图1.15(a),在 $\triangle ABE$ 中,由余弦定理,并注意到 $\cos\alpha>0$,以及 $b\cos\alpha-a\sin\alpha>0$(因 $AB>0$),有

$$BE=\sqrt{AB^2+AE^2-2AB\cdot AE\cos(90^\circ+\alpha)}=$$

$$\sqrt{\frac{b^2\cos^2\alpha(a^2+b^2)}{(b\cos\alpha-a\sin\alpha)^2}}=$$

$$\frac{b\cos\alpha\sqrt{a^2+b^2}}{b\cos\alpha-a\sin\alpha}$$

同理
$$CE=\frac{b\cos\alpha\sqrt{a^2+b^2}}{b\cos\alpha+a\sin\alpha}$$

而
$$DE=\sqrt{a^2+b^2}$$

故
$$\frac{1}{BE}+\frac{1}{CE}=\frac{2b\cos\alpha}{b\cos\alpha\sqrt{a^2+b^2}}=\frac{2}{DE}$$

**注** (1)的结论也可这样证:由题设有

$$\frac{BD}{DC}=\frac{AB}{AC}=\frac{BE}{EC}$$

即
$$\frac{BD}{BE}=\frac{DC}{EC}$$

亦即
$$\frac{BE-DE}{BE}=\frac{DE-CE}{CE}$$

从而
$$\frac{DE}{BE}+\frac{DE}{CE}=2$$

故
$$\frac{1}{BE}+\frac{1}{CE}=\frac{2}{DE}$$

另外由$\frac{BD}{BE}=\frac{DC}{EC}$表明点$B$,$C$调和分割$DE$,即$DE$是$BE$与$CE$的调和平均;或由$\frac{BD}{DC}=\frac{BE}{EC}$表明点$D$,$E$调和分割$BC$,即$BC$是$BD$与$BE$的调和平均.这可由$\frac{DC}{BD}=\frac{EC}{BE}$,即$\frac{BC-BD}{BD}=\frac{BE-BC}{BE}$,有$\frac{1}{BD}+\frac{1}{BE}=\frac{2}{BC}$即得.



(2)如图1.15(b),对$\triangle BMC$及截线$ASY$应用梅涅劳斯定理,有

$$\frac{BS}{SM}\cdot\frac{MA}{AC}\cdot\frac{CY}{YB}=\frac{BS}{SM}\cdot\frac{1}{3}\cdot\frac{1}{2}=1$$

则
$$\frac{BS}{SM}=6$$

从而
$$\frac{BS}{BM}=\frac{6}{7}$$

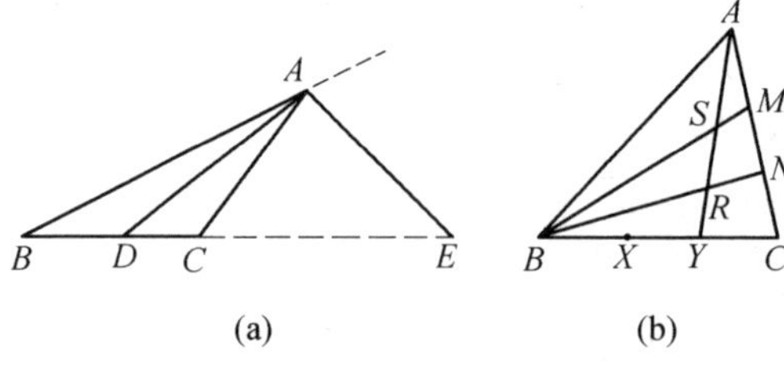


图1.15

又对$\triangle BNC$及截线$ARY$应用梅涅劳斯定理,有

$$\frac{BR}{RN}\cdot\frac{NA}{AC}\cdot\frac{CY}{YB}=\frac{BR}{RN}\cdot\frac{2}{3}\cdot\frac{1}{2}=1$$

即有
$$\frac{BR}{RN}=3$$

从而
$$\frac{BR}{BN}=\frac{3}{4}$$
由共角比例定理，有
$$\frac{S_{\triangle BSR}}{S_{\triangle BMN}}=\frac{BS\cdot BR}{BM\cdot BN}=\frac{6}{7}\cdot\frac{3}{4}=\frac{9}{14}$$
从而
$$\frac{S_{SRNM}}{S_{\triangle BMN}}=\frac{5}{14}$$
又由共边比例定理，有
$$\frac{S_{\triangle BMN}}{S_{\triangle ABC}}=\frac{MN}{AB}=\frac{1}{3}$$
故
$$\frac{S_{SRNM}}{S_{\triangle ABC}}=\frac{5}{14}\cdot\frac{S_{\triangle BMN}}{S_{\triangle ABC}}=\frac{5}{14}\cdot\frac{1}{3}=\frac{5}{42}$$

## 练　习　题

1. 在 $\triangle ABC$ 中，$AB=2\sqrt{2}$，$AC=\sqrt{2}$，$BC=2$，设 $P$ 为边 $BC$ 上任一点，则（　　）.

A. $PA^2<PB\cdot PC$

B. $PA^2=PB\cdot PC$

C. $PA^2>PB\cdot PC$

D. $PA^2$ 与 $PB\cdot PC$ 的大小关系不确定

2. 设凸四边形 $ABCD$ 的对角线 $AC$ 和 $BD$ 交于点 $M$，过点 $M$ 作 $AD$ 的平行线分别交 $AB$，$CD$ 于点 $E$，$F$，交 $BC$ 的延长线于点 $O$，$P$ 是以 $O$ 为圆心，以 $OM$ 为半径的圆上一点，如图 1.16 所示. 求证：$\angle OPF=\angle OEP$.

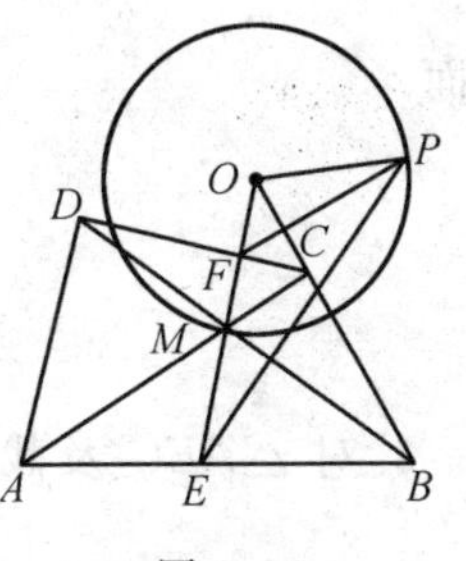

图 1.16

3. 设点 $D$，$E$ 分别在 $\triangle ABC$ 的边 $AC$ 和 $AB$ 上，$BD$ 与 $CE$ 交于点 $F$，$AE=EB$，$\frac{AD}{DC}=\frac{2}{3}$，$S_{\triangle ABC}=40$. 求 $S_{AEFD}$.

## 练习题参考解答

1. 选 C. 理由：由斯特瓦尔特定理，有
$$PA^2=AB^2\frac{PC}{BC}+AC^2\frac{PB}{BC}-PB\cdot PC=$$

$$4PC+PB-PB\cdot PC$$

从而 $$PA^2-PB\cdot PC=4PC+PB-2PB\cdot PC$$

又 $$PB=2-PC$$

于是 $$PA^2-PB\cdot PC=2PC^2-PC+2=2\left(PC-\frac{1}{4}\right)^2+\frac{15}{8}>0$$

故 $$PA^2>PB\cdot PC$$

2. 直线 $OCB$ 分别与 $\triangle DMF$ 和 $\triangle AEM$ 的三边延长线都相交，由梅涅劳斯定理有

$$\frac{DB}{MB}\cdot\frac{MO}{FO}\cdot\frac{FC}{DC}=1,\frac{AB}{EB}\cdot\frac{EO}{MO}\cdot\frac{MC}{AC}=1$$

所以 $$\frac{OF}{OM}=\frac{DB}{MB}\cdot\frac{FC}{DC},\frac{OE}{OM}=\frac{EB}{AB}\cdot\frac{AC}{MC}$$

故 $$\frac{OF\cdot OE}{OM^2}=\frac{DB}{MB}\cdot\frac{FC}{DC}\cdot\frac{EB}{AB}\cdot\frac{AC}{MC}$$

由 $EF\parallel AD$，则



$$\frac{DB}{MB}=\frac{AB}{EB},\frac{FC}{DC}=\frac{MC}{AC}$$

从而 $$\frac{OF\cdot OE}{OM^2}=1$$

则 $$OF\cdot OE=OM^2=OP^2$$

即 $$\triangle OFP\backsim\triangle OPE$$

故 $$\angle OPF=\angle OEP$$

3. 对 $\triangle AEC$ 及截线 $BFD$ 应用梅涅劳斯定理，有

$$\frac{AB}{BE}\cdot\frac{EF}{FC}\cdot\frac{CD}{DA}=1$$

而 $$\frac{AB}{BE}=2,\frac{CD}{DA}=\frac{3}{2}$$

则 $$\frac{FC}{EF}=\frac{AB}{BE}\cdot\frac{CD}{DA}=3$$

从而 $$EF=\frac{1}{3}FC=\frac{1}{4}EC$$

由共边比例定理，有

$$S_{\triangle EBC}=\frac{1}{2}S_{\triangle ABC}=20,S_{\triangle EBF}=\frac{1}{4}S_{\triangle EBC}=5,S_{\triangle ADB}=\frac{2}{5}S_{\triangle ABC}=16$$

从而 $$S_{AEFD}=S_{\triangle ADB}-S_{\triangle EBF}=16-5=11$$

# 第2节　直线束截平行线分线段成比例定理

试题A1涉及了直线束截平行线问题.

经过一点的若干条直线称它为一组直线束.

初中课本中介绍了如下的平行线分线段成比例定理及其逆定理：

**定理1**　三条平行线截两条直线,所得的对应线段成比例,反之亦真.

上述定理中的对应线段是指一条直线被三条平行直线截得的线段与另一条直线被这三条平行直线截得的线段对应.对应线段成比例是指同一直线上两条线段的比(部分与部分之比或部分与整体之比)等于另一条直线上与它们对应的线段的比.

定理中的两条直线可以是平行的,也可以是相交的.若是相交的,且交点在三条平行线中的一条上时,则有如下结论：

**定理2**　一组直线束截两条平行线,所得的对应线段成比例.

已知:如图1.17,$BE$,$HG$,$DF$为经过点$A$的三条直线,$BD\parallel EF$,求证:$\frac{BH}{EG}=\frac{HD}{GF}=\frac{BD}{EF}$.



**证明**　如图1.17,由$BD\parallel EF$,可知$\triangle ABH\backsim\triangle AEG$,故$\frac{BH}{EG}=\frac{AH}{AG}$,同理可得$\frac{HD}{GF}=\frac{AH}{AG}$,于是

$$\frac{BH}{EG}=\frac{HD}{GF}=\frac{BH+HD}{EG+GF}=\frac{BD}{EF}$$

即

$$\frac{BH}{EG}=\frac{HD}{GF}=\frac{BD}{EF}$$

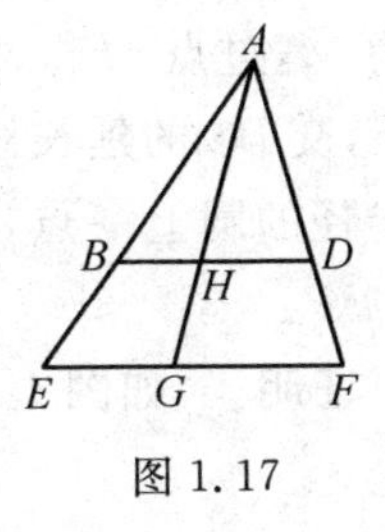

图1.17

特别地,当$H$为$BD$的中点时,$G$为$EF$的中点.于是有：

**推论1(直线束等分线段定理)**　一组直线束在一条直线上截得相等的线段,在该条直线的平行直线上也截得相等的线段.

**推论2**　平行于三角形一边的直线截其他两边(或两边的延长线)所得的对应线段成比例,反之亦真.

**注**　对于定理2中直线束截两条平行线所得的对应线段成比例,与推论2比较,此时,成比例的线段在平行的直线上,而推论2中成比例的线段在非平行的直线上,要区分清楚.

**推论3** 若一直线束中的直线 $PAB$，$PCD$，$PEF$ 上的点 $A$，$B$，$C$，$D$，$E$，$F$ 满足 $AC \parallel BD$，$CE \parallel DF$，则 $AE \parallel BF$.

上述定理及推论在求解某些含有平行线条件(或隐含平行线条件)的问题时是很方便的.下面从两方面列举一些例子以说明之.

***1. 充分利用题设条件中的平行线条件***

**例1** 如图1.18，四边形 $ABCD$ 是梯形，点 $E$ 是上底边 $AD$ 上一点，$CE$ 的延长线与 $BA$ 的延长线交于点 $F$.过点 $E$ 作 $BA$ 的平行线交 $CD$ 的延长线于点 $M$，$BM$ 与 $AD$ 交于点 $N$.证明：$\angle AFN=\angle DME$.

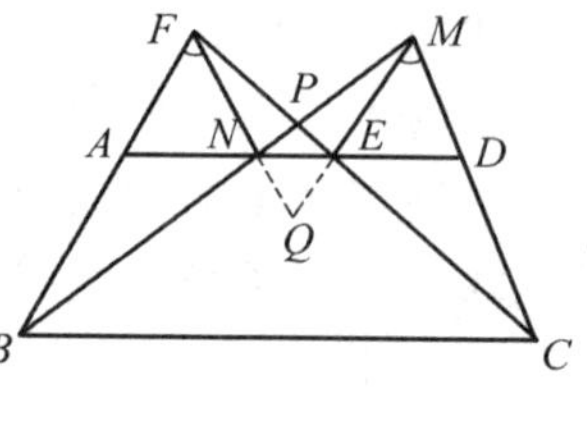


图1.18

**证明** 设 $MN$ 与 $EF$ 交于点 $P$，则由推论2：

注意到 $ME \parallel BF$，有

$$\frac{PM}{PB}=\frac{PE}{PF} \quad ①$$

注意到 $NE \parallel BC$，有

$$\frac{PN}{PB}=\frac{PE}{PC} \quad ②$$

由式①÷②得 $\frac{PM}{PN}=\frac{PC}{PF}$.于是由推论2的逆定理知 $MC \parallel FN$.

延长 $FN$，$ME$ 交于点 $Q$，则 $FQ \parallel MC$，$FB \parallel MQ$，从而

$$\angle AFN=\angle AFQ=\angle FQM=\angle DME$$

**例2** 设凸四边形 $ABCD$ 的对角线 $AC$，$BD$ 的交点为 $M$，过点 $M$ 作 $AD$ 的平行线分别交 $AB$，$CD$ 于点 $E$，$F$，交 $BC$ 的延长线于点 $O$，$P$ 是以 $O$ 为圆心，以 $OM$ 为半径的圆上一点，如图1.19所示，求证：$\angle OPF=\angle OEP$.

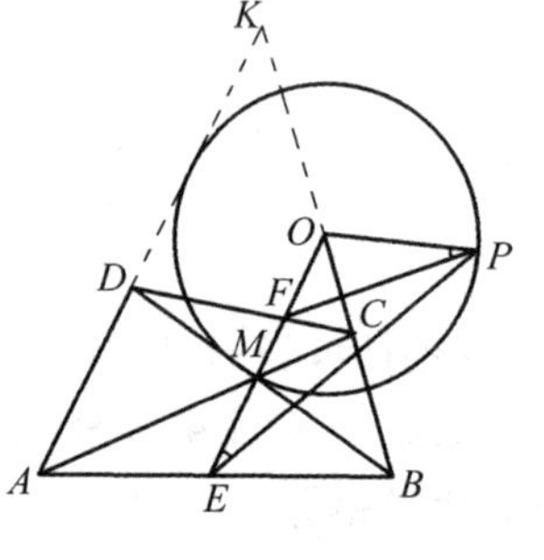


图1.19

**证明** 如图1.19，延长 $AD$，$BO$ 交于点 $K$，则由推论3：

注意到 $OM \parallel KA$，有 $\frac{OF}{OM}=\frac{KD}{KA}$；

注意到 $OE \parallel KA$，有 $\frac{OM}{OE}=\frac{KD}{KA}$.

于是 $\frac{OF}{OM}=\frac{OM}{OE}$，即 $OM^2=OE\cdot OF$.

亦即 $OP^2=OE\cdot OF$.从而 $\triangle OFP \backsim \triangle OPE$.故 $\angle OPF=\angle OEP$.

**例3**　如图1.20,在梯形$ABCD$中,对角线$AC$和腰$BC$相等,$M$是底边$AB$的中点,$P$是腰$DA$的延长线上的点,$PM$交$BD$于点$N$,求证:$\angle ACP=\angle BCN$.

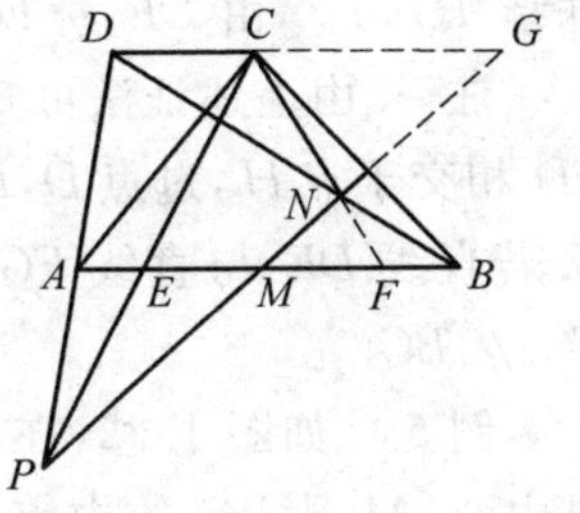

图1.20

**证明**　设$PC$交$AB$于点$E$,延长$CN$交$AB$于点$F$,延长$PN$,$DC$交于点$G$,则由推论2:

注意到$AM /\!/ DG$,有$\dfrac{AE}{AM}=\dfrac{DC}{DG}$;

注意到$BM /\!/ DG$,有$\dfrac{BF}{BM}=\dfrac{DC}{DG}$.

于是$\dfrac{AE}{AM}=\dfrac{BF}{BM}$,而$AM=MB$,则$AE=BF$.

又由题设$AC=BC$,有$\angle CAB=\angle CBA$.

从而$\triangle ACE\cong\triangle BCF$,故$\angle ACP=\angle BCN$.

**例4**　如图1.21,在锐角$\triangle ABC$中,$AB>AC$,$CD$,$BE$分别是边$AB$,$AC$上的高,$DE$与$BC$的延长线交于点$T$,过点$D$作$BC$的垂线交$BE$于点$F$,过点$E$作$BC$的垂线交$CD$于点$G$.证明:$F$,$G$,$T$三点共线.

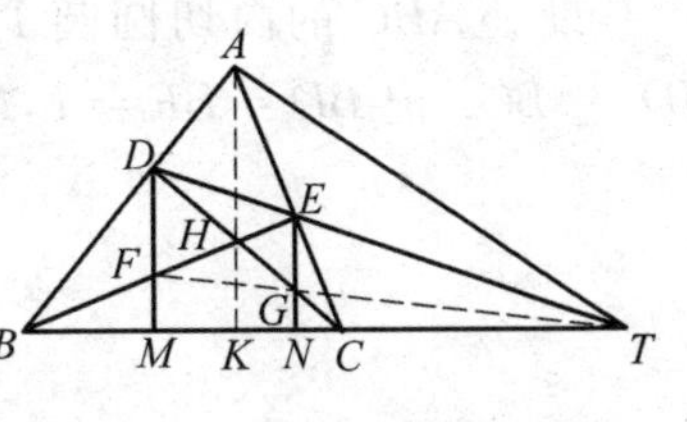


图1.21

**证明**　设$CD$与$BE$交于点$H$,联结$AH$并延长交$BC$于点$K$,延长$DF$交$BC$于点$M$,延长$EG$交$BC$于点$N$,则$DM /\!/ AK /\!/ EN$.

由于平行线$DM$,$AK$截线束$BA$,$BH$,$BK$,平行线$EN$,$AK$截线束$CA$,$CH$,$CK$,有

$$\frac{DF}{DM}=\frac{AH}{AK}=\frac{EG}{EN}$$

得

$$\frac{DF}{EG}=\frac{DM}{EN}$$

又由平行线$DM$,$EN$截线束$TD$,$TM$,有

$$\frac{DM}{EN}=\frac{TD}{TE}$$

从而

$$\frac{DF}{EG}=\frac{TD}{TE} \qquad (*)$$

联结 $TG$,$TF$,由 $DF \parallel EG$ 及式(*)得 $TG$,$TF$ 重合,从而 $F$,$G$,$T$ 三点共线.

**注** 由上述证法可知例4可推广为更一般性的问题:在 $\triangle ABC$ 中,$BE$ 与 $CD$ 相交于点 $H$,过点 $D$,$E$ 分别作与 $AH$ 平行的直线交 $BE$ 于点 $F$,交 $CD$ 于点 $G$.若直线 $DE$ 与直线 $FG$ 交于点 $T$,则 $F$,$G$,$T$ 三点共线.若 $DE \parallel BC$,则 $FG \parallel BC$.

**例5** 如图1.22,在 $\triangle ABC$ 中,$AB < AC$,$I$ 是内心,$M$ 是 $BC$ 的中点,$P$ 是 $BC$ 上的一点,且 $AP \parallel IM$,$Q$ 是 $AP$ 上的一点,若四边形 $IMPQ$ 为平行四边形,求证:$\triangle MPQ$ 为直角三角形.

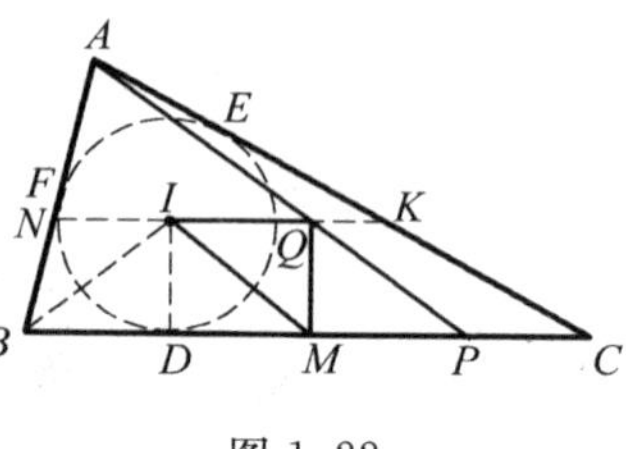

图1.22

**证明** 令 $BC=a$,$AC=b$,$AB=c$,延长 $IQ$ 两端分别交 $AB$,$AC$ 于点 $N$,$K$,联结 $BI$,由 $BI$ 平分 $\angle B$ 知 $IN=BN$,同理 $IK=KC$.

设 $\triangle ABC$ 的内切圆圆 $I$ 分别切 $BC$,$CA$,$AB$ 于点 $D$,$E$,$F$,联结 $ID$,则 $ID \perp BC$.记 $BD=BF=x$,$MP=IQ=y$,则



$$x=\frac{1}{2}(a+c-b)$$

$$PC=\frac{1}{2}a-y$$

$$QK=KI-QI=KC-y$$

且

$$DM=\frac{1}{2}a-x=\frac{1}{2}(b-c)$$

由 $NK \parallel BC$,有

$$\frac{AN}{AB}=\frac{AK}{AC}=\frac{AQ}{AP}=\frac{NQ}{BP}=\frac{QK}{PC}$$

于是

$$\frac{AK}{AC}=\frac{QK}{PC}=\frac{KC-y}{\frac{1}{2}a-y}=\frac{AK+KC-y}{AC+\frac{1}{2}a-y}=\frac{b-y}{b+\frac{1}{2}a-y}$$

$$\frac{AN}{AB}=\frac{NQ}{BP}=\frac{NI+y}{\frac{1}{2}a+y}=\frac{AN+NB+y}{AB+\frac{1}{2}a+y}=\frac{c+y}{c+\frac{1}{2}a+y}$$

从而

$$\frac{c+y}{c+\frac{1}{2}a+y}=\frac{b-y}{b+\frac{1}{2}a-y}=\frac{c+y+b-y}{c+\frac{1}{2}a+y+b+\frac{1}{2}a-y}=\frac{b+c}{a+b+c}$$

即

$$\frac{c+y}{b+c}=\frac{c+\frac{1}{2}a+y}{a+b+c}=\frac{c+\frac{1}{2}a+y-(c+y)}{a+b+c-(b+c)}=\frac{1}{2}$$

亦即

$$\frac{1}{2}(b-c)=y=IQ$$

由此知 $IDMQ$ 为平行四边形，注意到 $\angle IDM=90°$，知 $QM\perp MP$，故 $\triangle MPQ$ 为直角三角形.

**2. 发掘题设条件中隐含的平行线条件，或作平行线辅助线**

**例 6**　如图 1.23，在四边形 $ABCD$ 中，$E$，$F$ 分别是边 $AB$，$CD$ 的中点，$P$ 为对角线 $AC$ 延长线上的任意一点，$PF$ 交 $AD$ 于点 $M$，$PE$ 交 $BC$ 于点 $N$，$EF$ 交 $MN$ 于点 $K$，求证：点 $K$ 是线段 $MN$ 的中点.

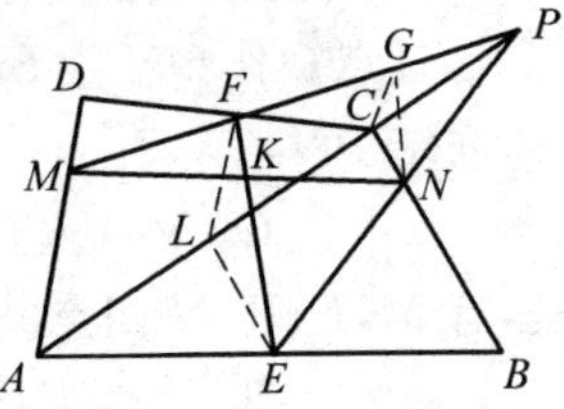

图 1.23

**证明**　在 $FP$ 上取点 $G$，使 $FG=MF$，联结 $GC$，$GN$. 取 $AC$ 的中点 $L$，联结 $FL$，$LE$，则由推论 2 之逆，知 $GC\parallel FL$，$CN\parallel LE$. 此时，由推论 4 知 $FE\parallel GN$.

亦即 $FK\parallel GN$，而 $F$ 为 $MG$ 的中点，故 $K$ 为 $MN$ 的中点.

**例 7**　设凸四边形 $ABDF$ 的两组对边 $AB$ 与 $FD$ 的延长线，$AF$ 与 $BD$ 的延长线分别交于点 $C$，$E$，求证：线段 $AD$，$BF$，$CE$ 的中点 $M$，$N$，$P$ 三点共线.

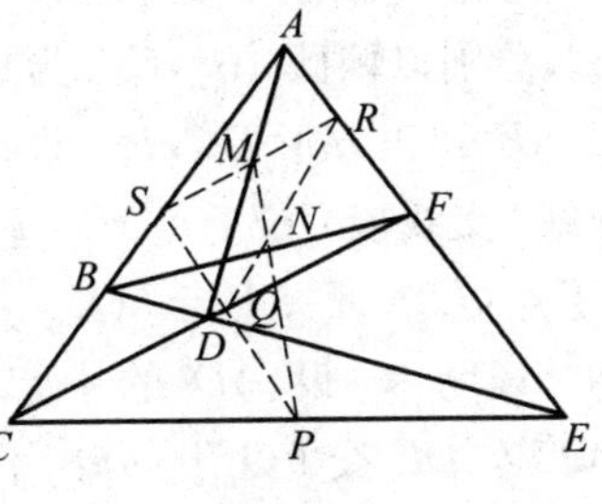

图 1.24

**证明**　如图 1.24，分别取 $AF$，$AC$，$CF$ 的中点 $R$，$S$，$Q$，于是，在 $\triangle ACF$ 中，$M$，$R$，$S$ 三点共线；在 $\triangle ACF$ 中，$N$，$R$，$Q$ 三点共线；在 $\triangle ACE$ 中，$S$，$Q$，$P$ 三点共线. 此时，由 $SR\parallel CF$，$SP\parallel AE$，$RQ\parallel AC$，有

$$\frac{RM}{MS}=\frac{FD}{DC},\frac{SP}{PQ}=\frac{AE}{EF},\frac{QN}{NR}=\frac{CB}{BA}$$

对 $\triangle ACF$ 及截线 $BDE$ 应用梅涅劳斯定理，有

$$\frac{AE}{EF}\cdot\frac{FD}{DC}\cdot\frac{CB}{BA}=1$$

于是

$$\frac{RM}{MS}\cdot\frac{SP}{PQ}\cdot\frac{QN}{NR}=1$$

再对$\triangle QRS$应用梅涅劳斯定理的逆定理,知$M,N,P$三点共线.

**注** 此共点线称为牛顿线,此例题的结论为完全四边形$ABCDEF$的三条对角线的中点共线(参见本章第3节性质5).

**例8** 如图1.25,设$AB,CD$为圆$O$的直径,过点$B$作$PB$垂直于$AB$,并与$CD$的延长线相交于点$P$,过点$P$作直线$PE$与圆$O$分别交于$E,F$两点,联结$AE,AF$分别与$CD$交于$H,G$两点.求证:$OG=OH$.

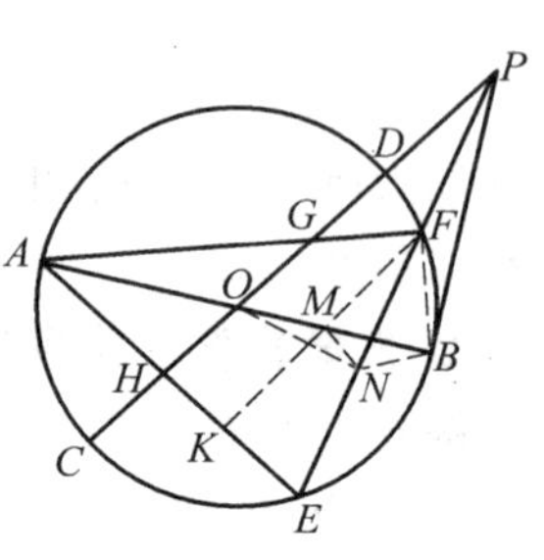

图1.25

**证明** 过点$F$作$FK\parallel GH$交$OB$于点$M$,交$AE$于点$K$,过点$O$作$ON\perp EF$于点$N$.由$O,P,B,N$四点共圆,联结$BN$,有

$$\angle OBN=\angle OPN=\angle MFN$$

于是,有$M,F,B,N$四点共圆.联结$MN,BF$,从而

$$\angle MNF=\angle MBF=\angle ABF=\angle AEF$$



此时,有$MN\parallel KE$,从而$KM=MF$.

又由$GH\parallel FK$,知$OG=OH$.

**例9** 如图1.26,在梯形$ABCD$中,$AD\parallel BC$,分别以两腰$AB,CD$为边向两边作正方形$ABGE$和正方形$DCHF$,设线段$AD$的垂直平分线$l$交线段$EF$于点$M$,$EP\perp l$于点$P$,$FQ\perp l$于点$Q$.求证:$EP=FQ$.

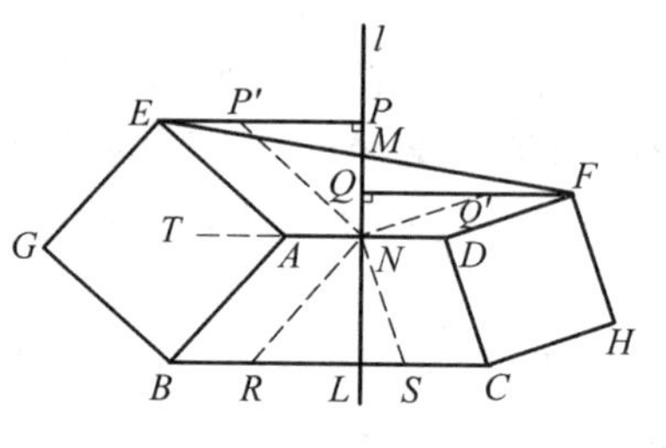

图1.26

**证明** 设$AD$的中点为$N$,过点$N$作$NQ'\parallel DF$交$FQ$于点$Q'$,作$NS\parallel DC$交$BC$于点$S$,作$NP'\parallel AE$交$EP$于点$P'$,作$NR\parallel AB$交$BC$于点$R$,则由$EP\parallel QF\parallel AD\parallel BC$,知$EP'=AN=BR$,$Q'F=ND=SC$.

由于$AN=ND$,则

$$EP'=Q'F \qquad (*)$$

此时,亦有$NP'=AE=AB=NR$.延长$NA$至$T$,则

$$\angle PP'N=\angle P'EA=\angle EAT=90^\circ-\angle BAT=$$
$$90^\circ-\angle ANR=\angle RNL(L\text{为直线}l\text{与}BC\text{的交点})$$

于是$\text{Rt}\triangle NP'P\cong\text{Rt}\triangle RNL$,从而$P'P=NL$.

同理，由 $Rt\triangle NQ'Q \cong Rt\triangle SNL$，有 $Q'Q=NL$，从而 $P'P=Q'Q$.

注意到式（$*$），知 $EP=FQ$.

**注** 由上述证明可推知点 $M$ 为 $EF$ 的中点，且有 $AM=MD$，这即为2004年全国初中联赛B,C卷题的结论.

**例10** 设凸四边形 $ABDF$ 的两组对边 $AB$ 与 $FD$ 的延长线，$AF$ 与 $BD$ 的延长线分别交于点 $C$，$E$，直线 $AD$ 交 $BF$ 于点 $M$，交 $CE$ 于点 $N$，求证：$\frac{AM}{AN}=\frac{DM}{DN}$.

**证明** 如图1.27(a)，若 $BF /\!/ CE$，则

$$\frac{AM}{AN}=\frac{BF}{CE}=\frac{DM}{DN}$$

即证.

若 $BF \not\parallel CE$，如图1.27(b)，设直线 $BF$ 与直线 $CE$ 交于点 $G$，联结 $AG$.

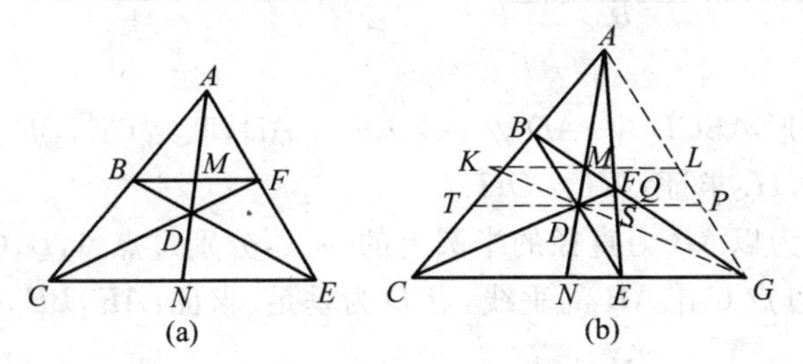


图1.27

过点 $D$ 作直线 $TP /\!/ CG$，交 $AC$ 于点 $T$，交 $AE$ 于点 $S$，交 $BG$ 于点 $Q$，交 $AG$ 于点 $P$，则分别在 $\triangle BCG$，$\triangle ACG$，$\triangle FCE$ 中，有

$$\frac{TD}{DQ}=\frac{CE}{EG},\frac{TS}{SP}=\frac{CE}{EG},\frac{DS}{SQ}=\frac{CE}{EG}$$

则

$$\frac{TD}{DQ}=\frac{TS}{SP}=\frac{DS}{SQ}=\frac{TS-DS}{SP-SQ}=\frac{TD}{QP}$$

从而 $DQ=QP$.

又过点 $M$ 作 $KL /\!/ CG$ 交 $GD$ 的延长线于点 $K$，交 $AG$ 于点 $L$，则 $\frac{KM}{ML}=\frac{DQ}{QP}$，即 $KM=ML$，于是

$$\frac{AM}{AN}=\frac{ML}{NG}=\frac{KM}{NG}=\frac{DM}{DN}$$

**注** 此例的结论为完全四边形 $ABCDEF$ 的对角线 $AD$ 被另两条对角线 $BF$,$CE$ 调和分割,这可参见本章第3节中的性质4.

## 练 习 题

1. 设 $\triangle ABC$ 的三边分别与它的内切圆相切于点 $D$,$E$,$F$,如图1.28所示,过点 $F$ 作 $BC$ 的平行线分别交直线 $AD$,$DE$ 于点 $H$,$G$. 求证:$FH=HG$.

2. 如图1.29,在 $\triangle ABC$ 的边 $BC$,$AC$ 上分别取点 $D$,$F$,使得 $BD:DC=5:3$,$AD$ 与 $BF$ 交于点 $E$,使得 $E$ 为 $AD$ 的中点. 求 $BE:EF$ 的值.

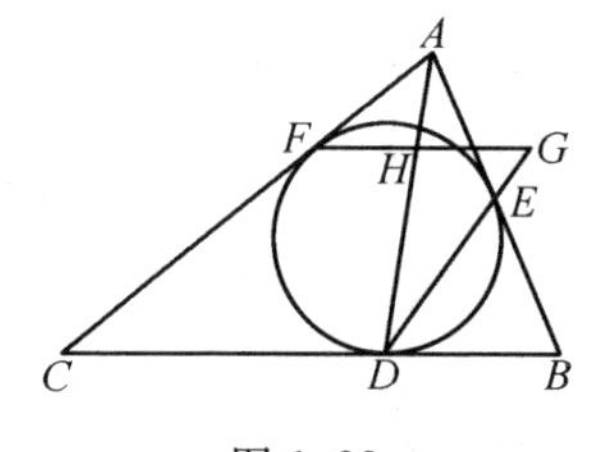


图1.28

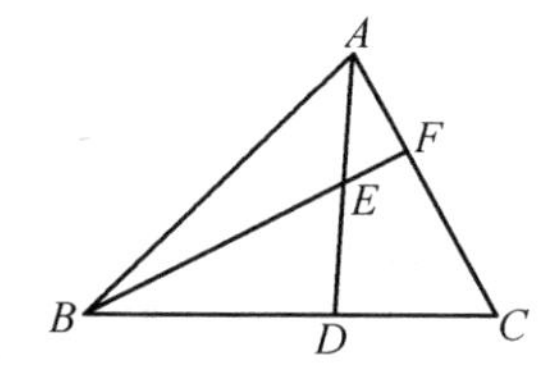


图1.29



3. 已知在梯形 $ABCD$ 中,$AD\parallel BC$,$EF\parallel AD$,联结 $CE$,$BF$ 并延长交 $AD$ 的延长线于点 $G$,$H$. 求证:$AG=DH$.

4. 已知点 $C$ 为以 $AB$ 为直径的半圆上的一点,分别过点 $A$,$B$,$C$ 作半圆的切线得交点 $E$,$F$. 过点 $C$ 作 $AB$ 的垂线,点 $D$ 为垂足. 求证:$AF$,$BE$,$CD$ 三直线共点.

5. 已知 $AD$ 为圆 $O$ 的直径,$PD$ 为圆 $O$ 的切线,$PCB$ 为圆 $O$ 的割线,$PO$ 分别交 $AB$,$AC$ 于点 $M$,$N$. 求证:$OM=ON$.

6. 设 $\triangle ABC$ 的边分别与 $\angle A$ 内的旁切圆相切于点 $D$,$E$,$F$. $OD$ 与 $EF$ 交于点 $K$. 求证:$AK$ 平分 $BC$.

7. 设凸四边形 $ABCD$ 的对角线 $AC$,$BD$ 的交点为 $M$,过点 $M$ 作 $AD$ 的平行线分别交 $AB$,$CD$ 于点 $E$,$F$,交 $BC$ 的延长线于点 $O$,$P$ 是以 $O$ 为圆心,以 $OM$ 为半径的圆上一点(在直线 $OB$ 右侧). 求证:$\angle OPF=\angle OEP$.

## 练习题参考解答

1. 如图1.30,过点 $A$ 作 $FG$ 的平行线分别交直线 $DF$,$DG$ 于点 $M$,$N$,则有 $MN\parallel BC$. 由 $CD=CE$,可知 $AN=AE$. 由 $BD=BF$,可知 $AM=AF$. 又 $AF=AE$,得 $AM=AN$. 故 $FH=HG$.

2. 过点 $D$ 作 $DG \parallel CA$，交 $BF$ 于点 $G$，则 $\frac{BG}{GF}=\frac{BD}{DC}=\frac{5}{3}$，又由 $DG \parallel AF$ 且 $AE=ED$，知 $\triangle AEF \cong \triangle DEG$，即 $EF=GE$，则 $\frac{BG}{GF}=\frac{BG}{2EF}=\frac{5}{3}$，即 $\frac{BG}{EF}=\frac{10}{3}$，从而 $\frac{BG+EF}{EF}=\frac{13}{3}$，故 $\frac{BE}{EF}=\frac{13}{3}$.

3. 如图 1.31，因 $EF \parallel AD \parallel BC$，所以

$$\frac{BE}{AB}=\frac{EF}{AH},\frac{CF}{CD}=\frac{EF}{DG}$$

且 $\frac{BE}{AB}=\frac{CF}{CD}$，则 $\frac{EF}{AH}=\frac{EF}{DG}$，即 $AH=DG$. 又由 $AG=DG-AD$，$DH=AH-AD$，知 $AG=DH$.

4. 如图 1.32，设直线 $AE$ 与 $BC$ 交于点 $G$，$CD$ 与 $BE$ 交于点 $P$. 又设 $CD$ 与 $AF$ 交于点 $Q$，有 $CD \parallel GA$.

由 $FC=FB$，可知 $EG=EC$. 由 $EA=EC$，可知 $EA=EG$，则 $PC=PD$，即 $P$ 为 $CD$ 的中点.



同理可知，$Q$ 为 $CD$ 的中点，即 $P$，$Q$ 重合. 故 $AF$，$BE$，$CD$ 三直线共点.

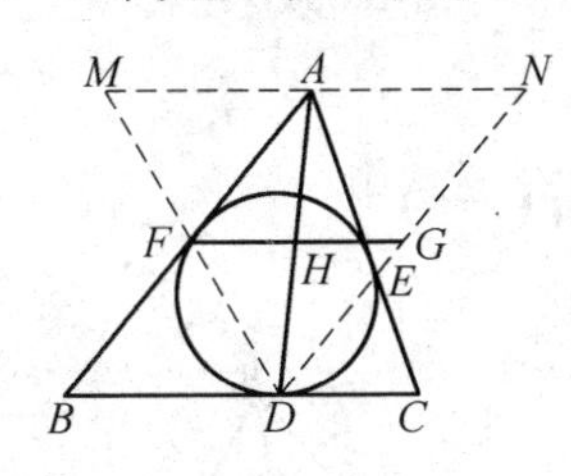

图 1.30

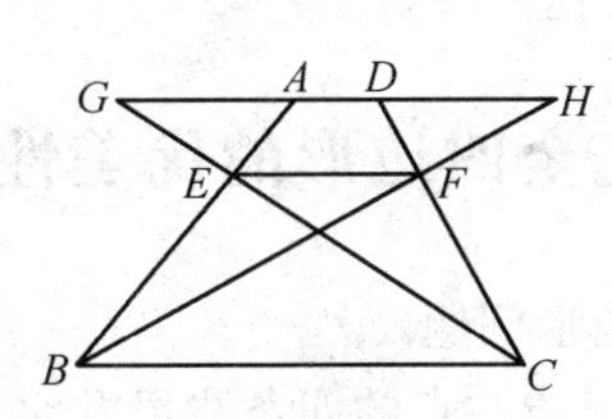

图 1.31

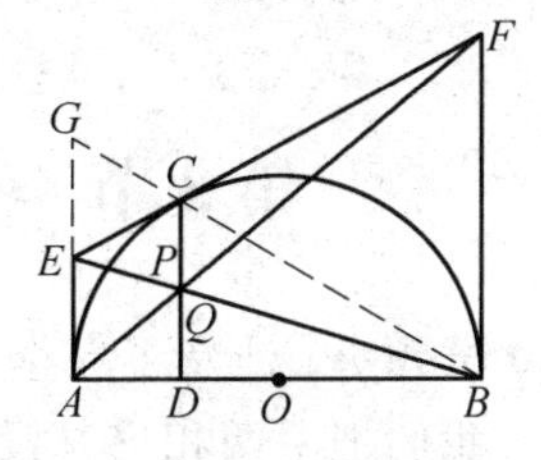

图 1.32

5. 如图 1.33，过点 $C$ 作 $PM$ 的平行线分别交 $AB$，$AD$ 于点 $E$，$F$，过点 $O$ 作 $BP$ 的垂线，$G$ 为垂足. 联结 $GF$，$GD$，$GC$，有 $BG=GC$.

由 $OG \perp BP$，$OD \perp DP$，可知 $O$，$G$，$D$，$P$ 四点共圆，有 $\angle GDO=\angle GPO=\angle GCF$. 于是 $F$，$G$，$D$，$C$ 四点共圆，故

$$\angle GFD=\angle GCD=\angle BCD=\angle BAD$$

即 $\angle GFD=\angle BAD$，得 $AB \parallel GF$. 由 $BG=GC$，有 $EF=FC$. 故 $OM=ON$.

6. 如图 1.34，过点 $K$ 作 $BC$ 的平行线分别交直线 $AB$，$AC$ 于点 $N$，$M$. 联结 $OM$，$ON$，$OE$，$OF$，设 $AK$ 与 $BC$ 的交点为 $L$.

显然，$OK \perp MN$，$OE \perp ME$，有 $K$，$O$，$E$，$M$ 四点共圆，可知 $\angle KMO=\angle KEO$.

同理有 $F$，$N$，$O$，$K$ 四点共圆，可知 $\angle KNO=\angle KFO$，由 $\angle KEO=\angle KFO$，

有 $\angle KMO=\angle KNO$,则 $OM=ON$.

在 $\triangle OMN$ 中,可知 $NK=KM$.故 $BL=LC$,即 $AK$ 平分 $BC$.

7.如图1.35,设 $AD$ 与 $BC$ 交于点 $G$.在 $\triangle CGA$ 中,可知 $\frac{OF}{OM}=\frac{DG}{GA}$.在 $\triangle BGA$ 中,可知 $\frac{OM}{OE}=\frac{DG}{GA}$,于是 $\frac{OF}{OM}=\frac{OM}{OE}$,或 $OM^2=OE\cdot OF$,得

$$OP^2=OE\cdot OF$$

则
$$\triangle OFP\backsim\triangle OPE$$

故
$$\angle OPF=\angle OEP$$

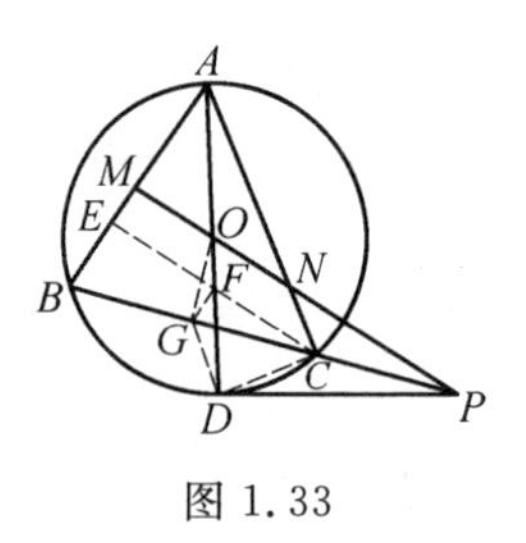


图1.33

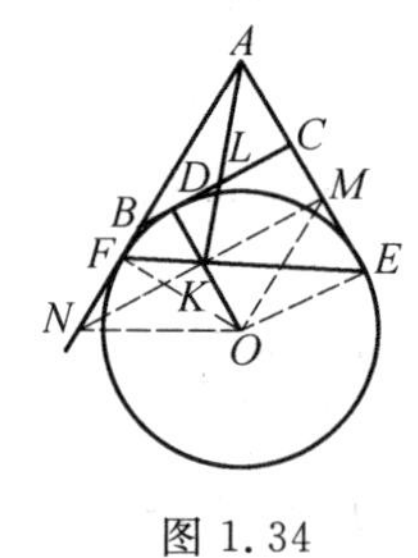


图1.34

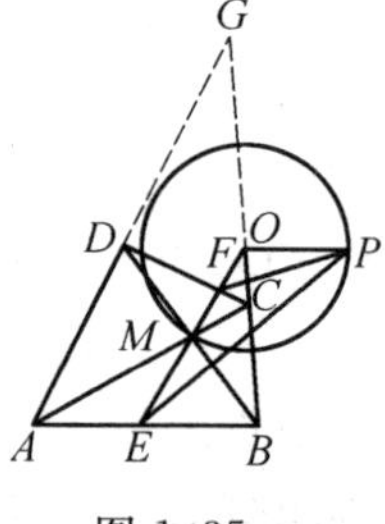


图1.35



## 第3节 完全四边形的优美性质(一)①

试题A1涉及了完全四边形问题.

我们把两两相交又没有三线共点的四条线段及它们的六个交点所构成的图形,叫作完全四边形,六个点可分成三对相对的顶点,它们的连线是三条对角线.如图1.36所示,直线 $ABC,BDE,CDF,AFE$ 两两相交于 $A,B,C,D,E,F$ 六点,即为完全四边形 $ABCDEF$.线段 $AD,BF,CE$ 为其三条对角线.

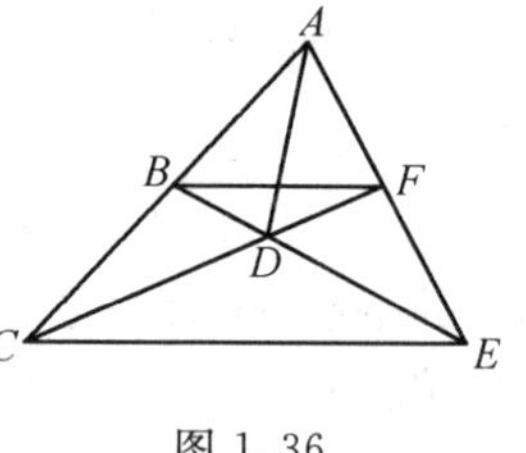


图1.36

完全四边形中既含有凸四边形、凹四边形,又含有折四边形及4个三角形图形,因而完全四边形有一系列优美的性质.前面的试题A1就是下面的性质4的一种特殊情形.

① 沈文选.完全四边形的优美性质[J].中等数学,2006(8):17-22.

**性质 1**　如图 1.37，在完全四边形 $ABCDEF$ 中，有

$$\frac{AC}{CB}\cdot\frac{BD}{DE}\cdot\frac{EF}{FA}=1 \quad ①$$

$$\frac{CB}{BA}\cdot\frac{AE}{EF}\cdot\frac{FD}{DC}=1 \quad ②$$

$$\frac{BA}{AC}\cdot\frac{CF}{FD}\cdot\frac{DE}{EB}=1 \quad ③$$

$$\frac{EB}{BD}\cdot\frac{DC}{CF}\cdot\frac{FA}{AE}=1 \quad ④$$

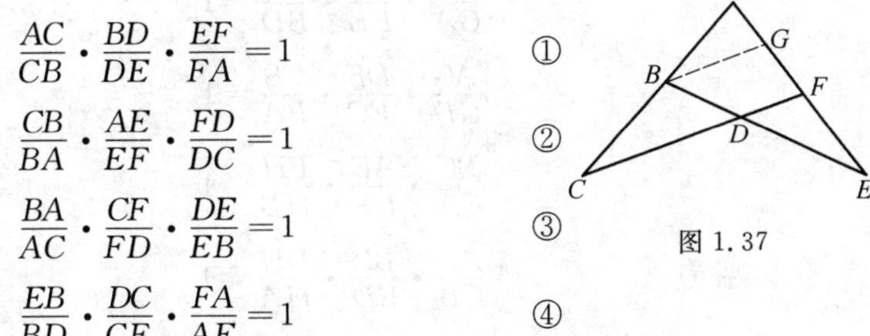


图 1.37

**证明**　仅证式 ①，其余各式可类似地证明，过点 $B$ 作 $BG\parallel CF$ 交 $AF$ 于点 $G$，如图 1.37 所示，则

$$\frac{AC}{CB}=\frac{AF}{FG},\frac{BD}{DE}=\frac{GF}{FE}$$

于是

$$\frac{AC}{CB}\cdot\frac{BD}{DE}\cdot\frac{EF}{FA}=\frac{AF}{FG}\cdot\frac{GF}{FE}\cdot\frac{EF}{FA}=1$$

或者，由

$$\frac{AC}{CB}=\frac{S_{\triangle FAC}}{S_{\triangle FCB}},\frac{EF}{FA}=\frac{S_{\triangle CEF}}{S_{\triangle CFA}}$$

$$\frac{BD}{DE}=\frac{S_{\triangle FBD}}{S_{\triangle FDE}}=\frac{S_{\triangle CBD}}{S_{\triangle CDE}}=\frac{S_{\triangle FBD}+S_{\triangle CBD}}{S_{\triangle FDE}+S_{\triangle CDE}}=\frac{S_{\triangle FBC}}{S_{\triangle CEF}}$$

有

$$\frac{AC}{CB}\cdot\frac{BD}{DE}\cdot\frac{EF}{FA}=\frac{S_{\triangle FAC}}{S_{\triangle FBC}}\cdot\frac{S_{\triangle FBC}}{S_{\triangle CEF}}\cdot\frac{S_{\triangle CEF}}{S_{\triangle FAC}}=1$$

**注**　若用有向线段表示，则上述各式右端的 1 均为 $-1$.

显然，上述式 ① 即为对 $\triangle ABE$ 及截线 $FDC$ 而得梅涅劳斯定理所呈结果；式 ② 即为对 $\triangle ACF$ 及截线 $BDE$ 而得梅涅劳斯定理所呈结果；式 ③ 即为对 $\triangle BCD$ 及截线 $AFE$ 而得梅涅劳斯定理所呈结果；式 ④ 即为对 $\triangle DEF$ 及截线 $ABC$ 而得梅涅劳斯定理所呈结果. 从而，在完全四边形中，梅涅劳斯定理获得了灵活呈现.

**性质 2**　如图 1.38，在完全四边形 $ABCDEF$ 中，若对角线 $AD$ 所在直线与对角线 $CE$ 相交于点 $G$，则

$$\frac{AB}{BC}\cdot\frac{CG}{GE}\cdot\frac{EF}{FA}=1 \quad ⑤$$

$$\frac{CF}{FD}\cdot\frac{DB}{BE}\cdot\frac{EG}{GC}=1 \quad ⑥$$

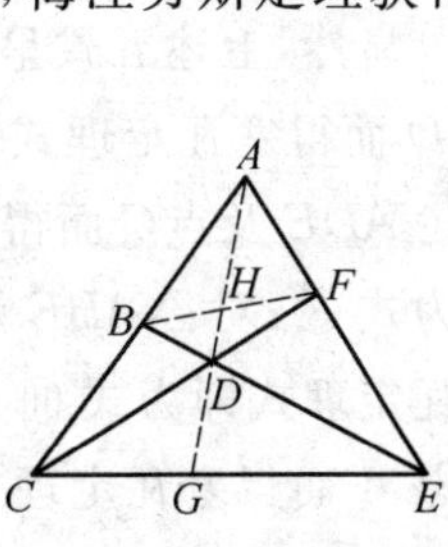

图 1.38

$$\frac{DG}{GA}\cdot\frac{AF}{FE}\cdot\frac{EB}{BD}=1 \quad ⑦$$

$$\frac{AG}{GD}\cdot\frac{DF}{FC}\cdot\frac{CB}{BA}=1 \quad ⑧$$

$$\frac{BC}{CA}\cdot\frac{AE}{EF}\cdot\frac{FH}{HB}=1 \quad ⑨$$

$$\frac{AC}{CB}\cdot\frac{BE}{ED}\cdot\frac{DH}{HA}=1 \quad ⑩$$

$$\frac{AH}{HD}\cdot\frac{DC}{CF}\cdot\frac{FE}{EA}=1 \quad ⑪$$

$$\frac{BE}{ED}\cdot\frac{DC}{CF}\cdot\frac{FH}{HB}=1 \quad ⑫$$

**证明** 仅证式⑤,其余各式可类似地证明,对$\triangle ACG$及截线$BDE$应用梅涅劳斯定理,有

$$\frac{AB}{BC}\cdot\frac{CE}{EG}\cdot\frac{GD}{DA}=1$$



对$\triangle AGE$及截线$CDF$应用梅涅劳斯定理,有

$$\frac{GC}{CE}\cdot\frac{EF}{FA}\cdot\frac{AD}{DG}=1$$

以上两式相乘,得

$$\frac{AB}{BC}\cdot\frac{CG}{GE}\cdot\frac{EF}{FA}=1$$

或者,由

$$\frac{AB}{BC}\cdot\frac{CG}{GE}\cdot\frac{EF}{FA}=\frac{S_{\triangle DAE}}{S_{\triangle DCE}}\cdot\frac{S_{\triangle DAC}}{S_{\triangle DEA}}\cdot\frac{S_{\triangle DCE}}{S_{\triangle DAC}}=1$$

即证.

显然,上述五式呈现出三角形中三线共点情形的塞瓦定理式:对$\triangle ACE$及点$D$而得塞瓦定理式即为式⑤;对$\triangle CDE$及点$A$而得塞瓦定理式即为式⑥;对$\triangle ADE$及点$C$而得塞瓦定理式即为式⑦;对$\triangle ACD$及点$E$而得塞瓦定理式即为式⑧;对$\triangle ABF$及点$D$而得塞瓦定理式即为式⑨;对$\triangle ABD$及点$F$而得塞瓦定理式即为式⑩;对$\triangle ADF$及点$B$而得塞瓦定理式即为式⑪;对$\triangle BDF$及点$A$而得塞瓦定理式即为式⑫.从而,在完全四边形中,塞瓦定理的共点形式获得了灵活呈现.

**性质3** 在完全四边形$ABCDEF$中,对角线$AD$的延长线交对角线$CE$于

点 $G$. 记

$$\frac{AD}{DG}=p_1,\frac{CD}{DF}=p_2,\frac{ED}{DB}=p_3,\frac{AB}{BC}=\lambda_3,\frac{EF}{FA}=\lambda_2,\frac{CG}{GE}=\lambda_1$$

则：

(1)
$$\lambda_1=\frac{p_1p_2-1}{1+p_1}=\frac{1+p_1}{p_1p_3-1}=\frac{1+p_2}{1+p_3} \quad ⑬$$

$$\lambda_2=\frac{p_2p_3-1}{1+p_2}=\frac{1+p_2}{p_2p_1-1}=\frac{1+p_3}{1+p_1} \quad ⑭$$

$$\lambda_3=\frac{p_3p_1-1}{1+p_3}=\frac{1+p_3}{p_3p_2-1}=\frac{1+p_1}{1+p_2} \quad ⑮$$

$$p_1p_2p_3=p_1+p_2+p_3+2 \quad ⑯$$

$$\lambda_1\lambda_2\lambda_3=1 \quad ⑰$$

(2)
$$p_1=\lambda_1\lambda_3+\lambda_3=\lambda_3+\frac{1}{\lambda_2} \quad ⑱$$

$$p_2=\lambda_2\lambda_1+\lambda_1=\lambda_1+\frac{1}{\lambda_3} \quad ⑲$$

$$p_3=\lambda_3\lambda_2+\lambda_2=\lambda_2+\frac{1}{\lambda_1} \quad ⑳$$

(3)
$$\frac{S_{\triangle CED}}{S_{ABDF}}=\frac{\lambda_2(1+\lambda_2)(1+\lambda_3)}{\lambda_3(1+2\lambda_2+\lambda_2\lambda_3)} \quad ㉑$$

**证明**　(1) 如图1.39，过点 $D$ 作 $MN\parallel CE$ 交 $BC$ 于点 $M$，交 $FE$ 于点 $N$，则

$$\frac{CE}{DN}=\frac{CF}{DF}=\frac{CD+DF}{DF}=p_2+1$$

$$\frac{GE}{DN}=\frac{AG}{AD}=\frac{AD+DG}{AD}=1+\frac{1}{p_1}$$

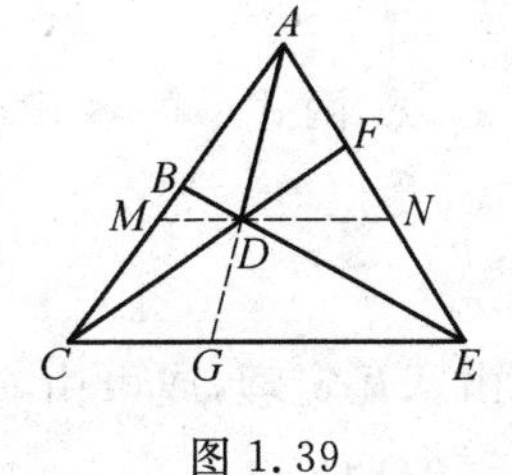

图1.39

由上述两式相除，得

$$\frac{CE}{GE}=\frac{p_1(1+p_2)}{1+p_1}$$

从而
$$\lambda_1=\frac{CG}{GE}=\frac{CE-GE}{GE}=\frac{p_1p_2-1}{1+p_1}$$

又由
$$\frac{CE}{MD}=\frac{BE}{BD}=\frac{BD+DE}{BD}=1+p_3$$

及
$$\frac{CG}{MD}=\frac{AG}{AD}=\frac{GE}{DN}=\frac{1+p_1}{p_1}$$

有 $$\frac{CE}{CG}=\frac{p_1(1+p_3)}{1+p_1}$$

从而 $$\lambda_1=\frac{CG}{GE}=\frac{1+p_1}{p_1p_3-1}$$

对 $\triangle CED$ 及点 $A$ 应用塞瓦定理或应用式 ⑥,有

$$\frac{CG}{GE}\cdot\frac{EB}{BD}\cdot\frac{DF}{FC}=1$$

从而 $$\lambda_1=\frac{CG}{GE}=\frac{CF}{DF}\cdot\frac{BD}{BE}=\frac{1+p_2}{1+p_3}$$

故 $$\lambda_1=\frac{p_1p_2-1}{1+p_1}=\frac{1+p_1}{p_1p_3-1}=\frac{1+p_2}{1+p_3}$$

同理,可证得式 ⑭⑮.

由 $$\frac{p_1p_2-1}{1+p_1}=\frac{1+p_1}{p_1p_3-1}$$

有 $$(1+p_1)^2=(p_1p_2-1)(p_1p_3-1)$$



亦有 $$p_1p_2p_3=p_1+p_2+p_3+2$$

同样由

$$\frac{p_1p_2-1}{1+p_1}=\frac{1+p_2}{1+p_3}\text{或}\frac{1+p_1}{p_1p_3-1}=\frac{1+p_2}{1+p_3}$$

亦有 $$p_1p_2p_3=p_1+p_2+p_3+2$$

由 $\lambda_2,\lambda_3$ 两式中的各式均可得到

$$p_1p_2p_3=p_1+p_2+p_3+2$$

$$\lambda_1\lambda_2\lambda_3=1$$

可由塞瓦定理,或可由 ⑬⑭⑮ 各式来推证.

(2) 由

$$p_1p_2p_3=p_1+p_2+p_3+2$$

有 $$p_1p_2p_3-p_2-p_3-2=p_1$$

上式两边同加上 $p_1p_2p_3+p_1p_2+p_1p_3$ 整理,即得

$$p_1=\lambda_3+\frac{1}{\lambda_2}$$

或者,对 $\triangle ACG$ 及截线 $BDE$ 应用梅涅劳斯定理,有

$$\frac{AB}{BC}\cdot\frac{CE}{EG}\cdot\frac{GD}{DA}=1$$

从而
$$p_1=\lambda_1\lambda_3+\lambda_3=\lambda_3+\frac{1}{\lambda_2}$$

同理,可证得式 ⑲⑳.

(3) 由
$$\frac{CD}{DF}=p_2=\lambda_1+\frac{1}{\lambda_3}=\frac{1}{\lambda_2\lambda_3}+\frac{1}{\lambda_3}=\frac{1+\lambda_2}{\lambda_2\lambda_3}$$

有
$$\frac{CD}{CG}=\frac{1+\lambda_2}{1+\lambda_2+\lambda_2\lambda_3}$$

又
$$\frac{FD}{DC}=\frac{\lambda_2\lambda_3}{1+\lambda_2}$$

所以
$$\frac{FD}{FC}=\frac{\lambda_2\lambda_3}{1+\lambda_2+\lambda_2\lambda_3}$$

易知
$$\frac{EF}{EA}=\frac{\lambda_2}{1+\lambda_2},\frac{AB}{AC}=\frac{\lambda_3}{1+\lambda_3}$$

于是
$$\frac{S_{\triangle DEF}}{S_{\triangle ACE}}=\frac{S_{\triangle DEF}}{S_{\triangle CEF}}\cdot\frac{S_{\triangle CEF}}{S_{\triangle ACE}}=\frac{FD}{FC}\cdot\frac{EF}{EA}=\frac{\lambda_2\lambda_3}{1+\lambda_2+\lambda_2\lambda_3}\cdot\frac{\lambda_2}{1+\lambda_2}$$
$$\frac{S_{\triangle ABE}}{S_{\triangle ACE}}=\frac{AB}{AC}=\frac{\lambda_3}{1+\lambda_3}$$

所以
$$\frac{S_{\triangle ABE}}{S_{\triangle ACE}}-\frac{S_{\triangle DEF}}{S_{\triangle ACE}}=\frac{\lambda_3}{1+\lambda_3}-\frac{\lambda_2\lambda_3}{1+\lambda_2+\lambda_2\lambda_3}\cdot\frac{\lambda_2}{1+\lambda_2}=$$
$$\frac{\lambda_3(1+\lambda_2)(1+\lambda_2+\lambda_2\lambda_3)-\lambda_2\lambda_2\lambda_3(1+\lambda_3)}{(1+\lambda_2)(1+\lambda_3)(1+\lambda_2+\lambda_2\lambda_3)}=$$
$$\frac{\lambda_3(1+2\lambda_2+\lambda_2\lambda_3)}{(1+\lambda_2)(1+\lambda_3)(1+\lambda_2+\lambda_2\lambda_3)}$$

而
$$\frac{S_{\triangle ABE}}{S_{\triangle ACE}}-\frac{S_{\triangle DEC}}{S_{\triangle ACE}}=\frac{S_{\triangle ABE}-S_{\triangle DEC}}{S_{\triangle ACE}}=\frac{S_{ABDF}}{S_{\triangle ACE}}$$

故
$$\frac{S_{ABDF}}{S_{\triangle ACE}}=\frac{\lambda_3(1+2\lambda_2+\lambda_2\lambda_3)}{(1+\lambda_2)(1+\lambda_3)(1+\lambda_2+\lambda_2\lambda_3)}$$

又
$$\frac{S_{\triangle DCE}}{S_{\triangle ACE}}=\frac{S_{\triangle DCE}}{S_{\triangle CEF}}\cdot\frac{S_{\triangle CEF}}{S_{\triangle ACE}}=\frac{CD}{CF}\cdot\frac{EF}{DA}=$$
$$\frac{1+\lambda_2}{1+\lambda_2+\lambda_2\lambda_3}\cdot\frac{\lambda_2}{1+\lambda_2}=$$

$$\frac{\lambda_2}{1+\lambda_2+\lambda_2\lambda_3}$$

由上述两式相除,得

$$\frac{S_{\triangle CED}}{S_{ABDF}}=\frac{\lambda_2(1+\lambda_2)(1+\lambda_3)}{\lambda_3(1+2\lambda_2+\lambda_2\lambda_3)}$$

**性质 4** 完全四边形的一条对角线所在直线与其他两条对角线所在直线相交,则被其他两条对角线所在直线调和分割.

如图1.40,在完全四边形 $ABCDEF$ 中,若对角线 $AD$ 所在直线分别与对角线 $BF$,$CE$ 所在直线交于点 $M$,$N$,则

$$AM\cdot ND=AN\cdot MD \tag{㉒}$$

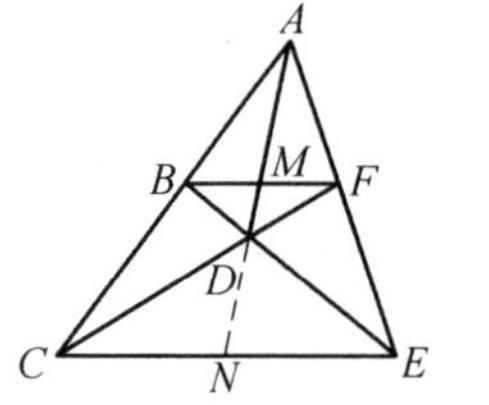


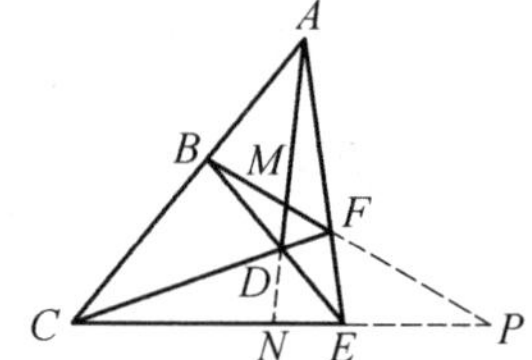


图1.40



若 $BF\parallel CE$,则由 $\frac{AM}{AN}=\frac{BF}{CE}=\frac{MD}{ND}$,即证.(此时,也可看作直线 $BF$,$CE$ 相交于无穷远点 $P$,有下面的㉓㉔两式.)

若 $BF\nparallel CE$,可设两直线相交于点 $P$,此时,还有

$$\frac{BM}{BP}=\frac{MF}{PF} \tag{㉓}$$

$$\frac{CN}{CP}=\frac{NE}{PE} \tag{㉔}$$

下面仅证明当 $BF\nparallel CE$ 时,有 $\frac{AM}{AN}=\frac{MD}{ND}$,其余两式可类似证明.

**证法 1** 对 $\triangle ADF$ 及点 $B$ 应用塞瓦定理,有

$$\frac{AM}{MD}\cdot\frac{DC}{CF}\cdot\frac{FE}{EA}=1 \tag{㉕}$$

对 $\triangle ADF$ 及截线 $CNE$ 应用梅涅劳斯定理,有

$$\frac{AN}{ND}\cdot\frac{DC}{CF}\cdot\frac{FE}{EA}=1 \tag{㉖}$$

上述两式相除(即式㉕÷㉖),可得 $\frac{AM}{AN}=\frac{MD}{ND}$.

**证法2**　对 $\triangle ACD$ 及点 $E$ 应用塞瓦定理,有

$$\frac{CB}{BA}\cdot\frac{AN}{ND}\cdot\frac{DF}{FC}=1 \quad ㉗$$

对 $\triangle ACD$ 及截线 $BMF$ 应用梅涅劳斯定理,有

$$\frac{CF}{FD}\cdot\frac{DM}{MA}\cdot\frac{AB}{BC}=1 \quad ㉘$$

上述两式相乘(即式 ㉗ × ㉘) 可得 $\frac{AM}{AN}=\frac{MD}{ND}$.

**证法3**　对 $\triangle ACD$ 及截线 $BMF$ 应用梅涅劳斯定理,有式㉘,对 $\triangle ADF$ 及截线 $CNE$ 应用梅涅劳斯定理,有式㉖,对 $\triangle ACF$ 及截线 $BDE$ 应用梅涅劳斯定理,有

$$\frac{AB}{BC}\cdot\frac{CD}{DF}\cdot\frac{FE}{EA}=1 \quad ㉙$$

由式 ㉖ × ㉘ ÷ ㉙ 得 $\frac{AM}{AN}=\frac{MD}{ND}$.

**注**　对称性地考虑还有下述证法.

(1) 对 $\triangle ABD$ 及点 $F$ 和截线 $CNE$ 分别应用塞瓦定理及梅涅劳斯定理亦证.

(2) 对 $\triangle ADE$ 及点 $C$ 和截线 $BMF$ 分别应用塞瓦定理及梅涅劳斯定理亦证.

(3) 对 $\triangle ADE$ 及截线 $BMF$,对 $\triangle ABD$ 及截线 $CNE$,对 $\triangle ABE$ 及截线 $CDF$ 分别应用梅涅劳斯定理亦证.

**证法4**　令 $\angle CAN=\alpha$,$\angle NAE=\beta$,$AB=b$,$AC=c$,$AM=m$,$AD=d$,$AN=n$,$AF=f$,$AE=e$.

以点 $A$ 为视点,分别对点 $B,M,F$;$B,D,E$;$C,D,F$;$C,N,E$ 应用张角定理,得

$$\frac{\sin(\alpha+\beta)}{m}=\frac{\sin\alpha}{f}+\frac{\sin\beta}{b},\frac{\sin(\alpha+\beta)}{d}=\frac{\sin\alpha}{e}+\frac{\sin\beta}{b}$$

$$\frac{\sin(\alpha+\beta)}{d}=\frac{\sin\alpha}{f}+\frac{\sin\beta}{c},\frac{\sin(\alpha+\beta)}{n}=\frac{\sin\alpha}{e}+\frac{\sin\beta}{c}$$

上述第一式与第四式相加后减去其余两式,得

$$\sin(\alpha+\beta)\cdot\left(\frac{1}{m}+\frac{1}{n}\right)=\frac{2}{d}\sin(\alpha+\beta)$$

即

$$\frac{d}{m}+\frac{d}{n}=2 \qquad ㉚$$

亦即

$$\frac{AD}{AM}+\frac{AD}{AN}=\frac{AM}{AM}+\frac{AN}{AN}$$

亦即

$$\frac{AD-AM}{AM}=\frac{AN-AD}{AN}$$

故

$$\frac{AM}{AN}=\frac{MD}{ND}$$

**注** (1) 式㉚体现了调和分割的实际意义，即 $d$ 为 $m$ 与 $n$ 的调和平均.

(2) 此性质即为射影几何中的一个基本定理，也为仿射几何的一个基本原理.

**性质5** (牛顿线定理) 完全四边形 $ABCDEF$ 的三条对角线 $AD$，$BF$，$CE$ 的中点 $M$，$N$，$P$ 三点共线.



**证法1** 如图1.41，参见本章第2节例10的证明.

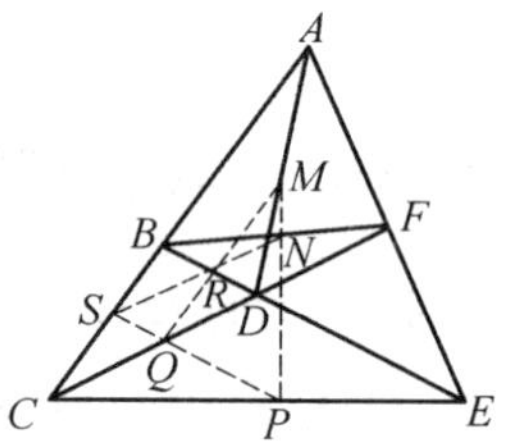

图 1.41

**证法2** 注意到平行四边形的一条性质：若过平行四边形对角线上一点作两边的平行线，则不含这条对角线的线段的两个小平行四边形的面积相等. 反过来也成立.

如图1.42，作直线平行于完全四边形的边 $AC$，$AE$，并标以字母如图所示. 由平行四边形的上述性质，知

$$S_{\square AD}=S_{\square DR}，S_{\square AD}=S_{\square DH}$$

从而

$$S_{\square DR}=S_{\square DH}$$

于是，点 $G$ 在对角线 $DS$ 上. 从而，$AD$，$AG$ 和 $AS$ 的中点共线.

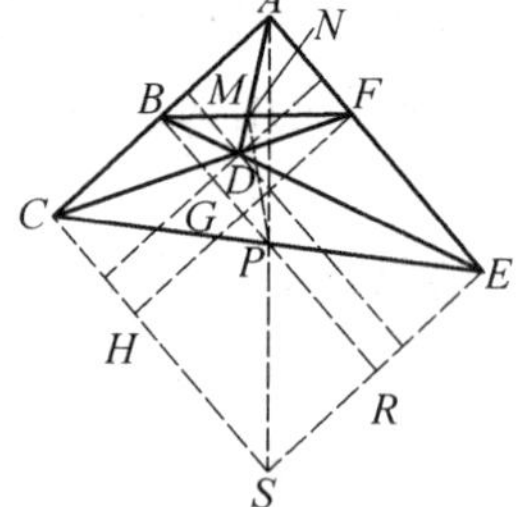

图 1.42

又由于 $AS$ 与 $CE$ 互相平分，$AG$ 与 $CF$ 也互相平分，所以，$AD$，$BF$，$CE$ 的中点 $M$，$N$，$P$ 三点共线.

**注** 此性质的其他面积证法见第5章第3节.

下面给出几道应用的例子.①

**例1** (试题A1)四边形 $ABCD$ 的两组对边延长后得交点 $E,F$,对角线 $BD \parallel EF$,$AC$ 的延长线交 $EF$ 于点 $G$.求证:$EG=GF$.

**证法1** 如图1.1,令

$$\frac{AC}{CG}=p_1,\frac{EC}{CD}=p_2,\frac{FC}{CB}=p_3$$

由性质3(1),知

$$\frac{AB}{BE}=\lambda_3=\frac{1+p_1}{1+p_2},\frac{AD}{DF}=\frac{1}{\lambda_2}=\frac{1+p_1}{1+p_3},\frac{EG}{GF}=\lambda_1=\frac{1+p_2}{1+p_3}$$

因为 $BD \parallel EF$,所以有 $\frac{AB}{BE}=\frac{AD}{DF}$,亦即 $1+p_2=1+p_3$.从而

$$\frac{EG}{GF}=\frac{1+p_2}{1+p_3}=1$$

故

$$EG=GF$$

**证法2** 由于 $BD \parallel EF$,按射影几何观点,可设直线 $BD,EF$ 相交于无穷远点 $P$,则由性质4,知对角线 $EF$ 所在直线被调和分割,即 $\frac{EG}{EP}=\frac{GF}{PF}$.而由射影几何知识有 $EP=PF$,故 $EG=GF$.



**例2** 设凸四边形的两组对边所在直线分别交于 $E,F$ 两点,两条对角线的交点为 $P$,过点 $P$ 作 $PO \perp EF$ 于点 $O$.求证:$\angle BOC=\angle AOD$.

(2002年国家队选拔赛题)

**分析** 如图1.43,只需证 $\angle POC=\angle POA$ 及 $\angle POB=\angle POD$.

**证法1** 先证 $\angle POC=\angle POA$.

若 $AC \nparallel EF$,设 $AC$ 的延长线交 $EF$ 于点 $Q$,过 $P$ 作 $EF$ 的平行线分别交直线 $OA,OC$ 于点 $I,J$,则

$$\frac{PI}{QO}=\frac{AP}{AQ},\frac{PJ}{QO}=\frac{PC}{QC}$$

欲证 $PI=PJ$,只需证

$$\frac{AP}{AQ}=\frac{PC}{QC} \qquad (*)$$

对完全四边形 $ABECFD$ 应用其对角线调和分割性质,知式(*)成立.故

---

① 沈文选.完全四边形的一条性质及应用[J].中学数学,2006(1):44-45.

$$\angle POC=\angle POA$$

若 $AC\ /\!/\ EF$,如图1.44,过点 $A$ 作 $AK\ /\!/\ EC$ 交 $BD$ 于点 $K$,则 $\frac{DK}{KP}=\frac{DA}{AE}=\frac{DC}{CF}$,从而 $KC\ /\!/\ AF$,即 $ABCK$ 是平行四边形,故 $P$ 为 $AC$ 的中点,于是

$$\angle POC=\angle POA$$

同理可证

$$\angle POB=\angle POD$$

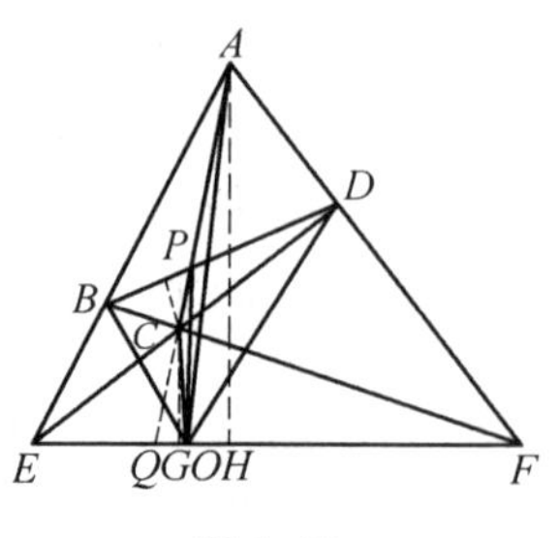

图1.43

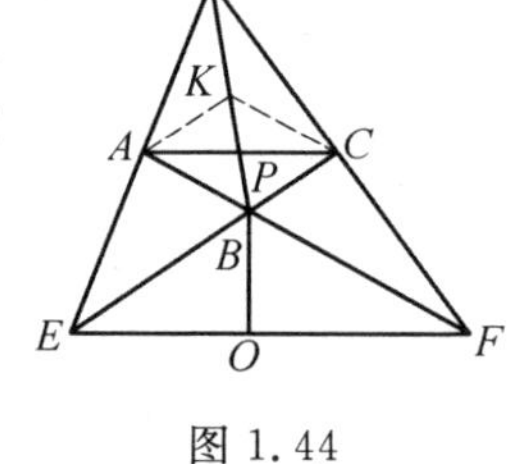

图1.44

**证法2** 若 $AC\ \not\parallel\ EF$,设 $AC$ 的延长线交 $EF$ 于点 $Q$.欲证 $\angle POC=\angle POA$,只需证 $\angle COE=\angle AOF$.作 $CG\perp EF$ 于点 $G$,作 $AH\perp EF$ 于点 $H$,如图1.43所示.又只需证 $\mathrm{Rt}\triangle CGO\backsim \mathrm{Rt}\triangle AHO$,即只需证 $\frac{CG}{AH}=\frac{GO}{OH}$.

由 $CG\ /\!/\ PO\ /\!/\ AH$,知



$$\frac{GO}{OH}=\frac{PC}{PA},\frac{CG}{AH}=\frac{QC}{QA}$$

从而又只需证

$$\frac{PC}{PA}=\frac{QC}{QA}$$

即

$$\frac{AP}{AQ}=\frac{PC}{QC}$$

对完全四边形 $ABECFD$ 应用其对角线调和分割性质,知上式成立.故

$$\angle POC=\angle POA$$

同证法1可证 $AC\ /\!/\ EF$ 时的情形.同理可证

$$\angle POB=\angle POD$$

**例3** 如图1.45,设 $H$ 是锐角 $\triangle ABC$ 的高线 $CP$ 上的任一点,直线 $AH$,$BH$ 分别交 $BC$,$AC$ 于点 $M$,$N$,$MN$ 与 $CP$ 交于点 $O$,过 $O$ 的直线交 $CM$ 于点 $D$,交 $NH$ 于点 $E$.求证:$\angle EPC=\angle DPC$.

(2003年保加利亚奥林匹克试题)

**证法1** 如图1.45,连 $CE$ 并延长交 $AB$ 于点 $Q$,作 $DL\perp AB$ 于点 $L$,作 $EG\perp AB$ 于点 $G$.

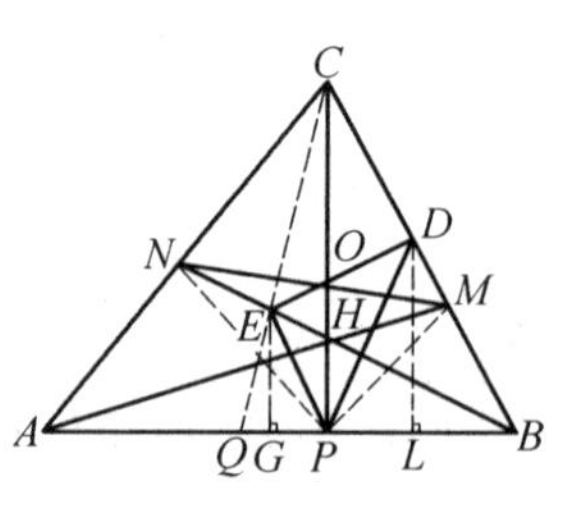

图1.45

由 $EG \parallel CP \parallel DL$，有$\frac{PG}{PL}=\frac{EO}{OD}$，及

$$\frac{EG}{DL}=\frac{EG}{PC}\cdot\frac{PC}{DL}=\frac{QE}{QC}\cdot\frac{BC}{BD}$$

欲证 $\angle EPC=\angle DPC$，只需证 $\angle EPG=\angle DPL$，又只需证 $\mathrm{Rt}\triangle EPG \backsim \mathrm{Rt}\triangle DPL$，即只需证$\frac{PG}{PL}=\frac{EG}{DL}$. 又只需证

$$\frac{EO}{OD}=\frac{QE}{QC}\cdot\frac{BC}{BD}$$

即只需证

$$\frac{QE}{CQ}\cdot\frac{BC}{BD}\cdot\frac{OD}{OE}=1$$

对 $\triangle CEH$ 及截线$QPB$，$\triangle COD$ 及截线$EHB$，$\triangle OEH$ 及截线$CDB$ 分别应用梅涅劳斯定理，有

$$\frac{CQ}{QE}\cdot\frac{EB}{BH}\cdot\frac{HP}{PC}=1,\frac{CH}{HO}\cdot\frac{OE}{ED}\cdot\frac{DB}{BC}=1,\frac{OC}{CH}\cdot\frac{HB}{BE}\cdot\frac{ED}{DO}=1$$

即

$$\frac{QE}{CQ}=\frac{EB}{BH}\cdot\frac{HP}{PC},\frac{BC}{BD}=\frac{CH}{HO}\cdot\frac{OE}{ED},\frac{OD}{OC}=\frac{BH}{HC}\cdot\frac{DE}{EB}$$

以上三式相乘，得

$$\frac{QE}{CQ}\cdot\frac{BC}{BD}\cdot\frac{OD}{OC}=\frac{HP}{PC}\cdot\frac{OE}{HO}$$

即

$$\frac{QE}{CQ}\cdot\frac{BC}{BD}\cdot\frac{OD}{OE}=\frac{PH}{PC}\cdot\frac{OC}{HO}$$

因此，只需证$\frac{OC}{OH}=\frac{PC}{PH}$. 而此式由完全四边形 $CNAHBM$ 应用其对角线调和分割性质即证. 故 $\angle EPC=\angle DPC$.

**证法2** 如图1.45，联结 $PM,PN$，则由三角形高上一点的性质知 $\angle MPC=\angle NPC$，并令其大小为 $\varphi$，再令 $\angle EPC=x$，$\angle DPC=y$.

欲证 $x=y$，只需证明

$$\cot x=\cot y\Leftrightarrow\cos x\sin y=\sin x\cos y\Leftrightarrow$$
$$\sin\varphi\cos x\sin y=\sin\varphi\sin x\cos y\Leftrightarrow$$
$$\sin\varphi\cos x\sin y-\cos\varphi\sin x\sin y=$$
$$\sin\varphi\sin x\cos y-\cos\varphi\sin x\sin y\Leftrightarrow$$
$$\frac{\sin(\varphi-x)}{\sin x}=\frac{\sin(\varphi-y)}{\sin y}$$

由
$$\frac{NE}{EH}=\frac{S_{\triangle NEP}}{S_{\triangle EHP}}=\frac{NP\sin(\varphi-x)}{PH\sin x}$$

有
$$\frac{\sin(\varphi-x)}{\sin x}=\frac{NE}{EH}\cdot\frac{PH}{NP}$$

同理
$$\frac{\sin(\varphi-y)}{\sin y}=\frac{DM}{CD}\cdot\frac{CP}{PM}$$

注意到$\frac{PM}{PN}=\frac{MO}{NO}$,只需证
$$\frac{NE}{EH}\cdot\frac{CD}{DM}\cdot\frac{PH}{CP}\cdot\frac{MO}{NO}=1$$

设$\angle MOD=\delta,\angle EOP=\psi$,又因
$$\frac{NE}{EH}=\frac{S_{\triangle NEO}}{S_{\triangle EHO}}=\frac{NO\sin\delta}{OH\sin\psi},\frac{CD}{DM}=\frac{S_{\triangle CDO}}{S_{\triangle DMO}}=\frac{CO\sin\psi}{OM\sin\delta}$$

于是,又只需证
$$\frac{OC}{OH}\cdot\frac{PH}{PC}=1$$



即
$$\frac{OC}{OH}=\frac{PC}{PH}$$

而此式由完全四边形 $CNAHBM$ 应用其对角线调和分割性质即证. 故$\angle EPC=\angle DPC$.

## 练 习 题

1. 在$\triangle ABC$中,点$D$在$AB$上,且使$AD:DB=1:2$,而点$G$在$CD$上,且使$CG:GD=3:2$.如果$BG$交$AC$于点$F$,求$BG:GF$的值.

2. 在$\triangle ABC$中,点$D,E$分别在$AB,AC$上,且$BD=CE$,联结$DE$并延长与$BC$的延长线交于点$F$.求证:$AC\cdot EF=AB\cdot DF$.

3. 在$\triangle ABC$的中线$AD$上任取一点$P$,射线$BP,CP$分别交$AC,AB$于点$F,E$.求证:$EF\parallel BC$.

4. 四边形$AKLC$的两组对边$KA,LC$的延长线交于点$D$,$AC,KL$的延长线交于点$G$,$B$为四边形对角线的交点,$BD$的延长线交$KL$于点$F$.求证:$\frac{KF}{FL}=\frac{KG}{LG}$.

## 练习题参考解答

1.由性质3(2)中式⑳,有

$$\frac{CG}{GD}=\frac{CF}{FA}\left(1+\frac{AD}{DB}\right)$$

而
$$\frac{CG}{GD}=\frac{3}{2},\frac{AD}{DB}=\frac{1}{2}$$

从而$\frac{CF}{FA}=1$,又由性质3(2)中式⑲,有

$$\frac{BG}{GF}=\frac{BD}{DA}\left(1+\frac{AF}{FC}\right)$$

而$\frac{BD}{DA}=\frac{2}{1}$,从而

$$\frac{BG}{GF}=2\left(1+\frac{AF}{FC}\right)$$

故$\frac{BG}{GF}=4$.

2.由性质3(2)中式⑳,有

$$\frac{AE}{EC}=\frac{AD}{DB}\left(1+\frac{BC}{CF}\right)$$

注意到$EC=DB$,有

$$\frac{CF}{CB}=\frac{AD}{AE-AD}$$

又由性质3(2)中式⑲,有

$$\frac{FE}{ED}=\frac{FC}{CB}\left(1+\frac{BD}{DA}\right)$$

亦即有

$$\frac{FE}{ED}=\frac{AD}{AE-AD}\left(\frac{AD+CE}{AD}\right)$$

即
$$\frac{ED}{FE}=\frac{AD-AE}{DA+CE},\frac{DF}{EF}=\frac{AC}{AB}$$

故
$$AC\cdot EF=AB\cdot DF$$

3.由性质3(2)中式⑱,有

$$\frac{AP}{PD}=\frac{AE}{EB}\left(1+\frac{BD}{DC}\right),\frac{AP}{PD}=\frac{AF}{FC}\left(1+\frac{DC}{BC}\right)$$

注意到 $BD=DC$,有

$$\frac{AP}{PD}=\frac{2AE}{EB},\frac{AP}{PD}=\frac{2AF}{FC}$$

即有$\frac{AE}{EB}=\frac{AF}{FC}$,故 $EF \parallel BC$.

4. 由性质 3(2) 中 ⑲⑳ 两式及梅涅劳斯定理,有

$$\frac{KB}{BC}=\frac{KF}{FL}\left(1+\frac{LC}{CD}\right),\frac{KB}{BC}=\frac{KA}{AD}\left(1+\frac{DC}{LC}\right)$$

亦即有

$$\frac{KF}{FL}=\left(1+\frac{LC}{CD}\right)=\frac{KA}{AD}\left(1+\frac{DC}{CL}\right)$$

而
$$\frac{KF}{FL}=\frac{KA \cdot CD}{AD \cdot LC}$$

又
$$\frac{DA}{AK} \cdot \frac{KG}{GL} \cdot \frac{LC}{CD}=1$$

则
$$\frac{KG}{GL}=\frac{KA \cdot CD}{AD \cdot LC}$$



故
$$\frac{FK}{FL}=\frac{KG}{GL}$$

或者直接由性质 4 即知有$\frac{KF}{FL}=\frac{KG}{GL}$.

## 第 4 节　凸四边形中的截割线问题

试题 A2 涉及凸四边形中的截割线问题.

用直线去截凸四边形,可得有关凸四边形的一系列有趣的结论.

**定理 1**　如图 1.46,在凸四边形 $ABCD$ 中,$G$ 是 $CD$ 上任一点,且$\frac{DG}{GC}=\lambda$,则 $S_{\triangle ABG}=\frac{S_{\triangle ABD}+\lambda S_{\triangle ABC}}{1+\lambda}$.

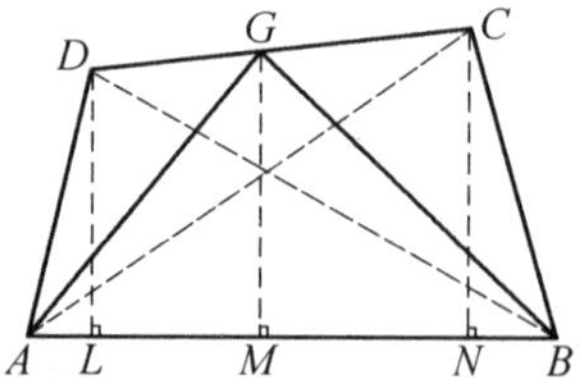

**证法 1**　设点 $L,M,N$ 分别为点 $D,G,C$ 在直线 $AB$ 上的射影(垂线的垂足),则在梯形 $LNCD$ 中,由第 1 节中定理,知 $GM=\frac{DL+\lambda CN}{1+\lambda}$,此式两边乘以 $\frac{1}{2}AB$,即可得到结论.

图 1.46

**证法2**　设四边形 $ABCD$ 的面积为 $S$，则

$$S_{\triangle ABG}=S-S_{\triangle ADG}-S_{\triangle BCG}$$

联结 $BD$，$AC$，则

$$S_{\triangle ADG}=\frac{\lambda}{1+\lambda}(S-S_{\triangle ABC}),S_{\triangle BCG}=\frac{1}{1+\lambda}(S-S_{\triangle ABD})$$

从而

$$S_{\triangle ABG}=S-\frac{\lambda}{1+\lambda}(S-S_{\triangle ABC})-\frac{1}{1+\lambda}(S-S_{\triangle ABD})=$$

$$\frac{\lambda}{1+\lambda}S_{\triangle ABC}+\frac{1}{1+\lambda}S_{\triangle ABD}=\frac{S_{\triangle ABD}+\lambda S_{\triangle ABC}}{1+\lambda}$$

**定理2**　如图1.47，$ABCD$ 为凸四边形，在 $AB$，$BC$，$CD$，$DA$ 边上顺次取点 $E$，$F$，$G$，$H$，使 $AE:EB=DG:GC=\lambda$，$AH:HD=BF:FC=\mu$，$EG$ 与 $FH$ 交于点 $K$，则 $HK:KF=\lambda$，$EK:KG=\mu$.

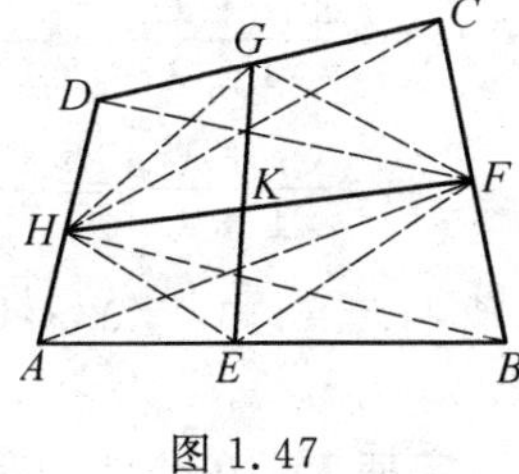

图1.47

**证法1**①　如图1.47，联结 $HG$，$HC$，$DF$，$GF$，$HE$，$HB$，$AF$，$EF$，则

$$S_{\triangle HFA}=\frac{AH}{HD}S_{\triangle HFD}=\mu S_{\triangle HFD}$$

$$S_{\triangle HFB}=\frac{BF}{FC}S_{\triangle HFC}=\mu S_{\triangle HFC}$$

由本节定理1，知

$$S_{\triangle GHF}=\frac{S_{\triangle HFD}+\lambda S_{\triangle HFC}}{1+\lambda}=\frac{1}{\mu}\left(\frac{S_{\triangle HFA}+\lambda S_{\triangle HFB}}{1+\lambda}\right)=\frac{1}{\mu}S_{\triangle EHF}$$

而 $\frac{S_{\triangle EHF}}{S_{\triangle GHF}}=\frac{EK}{KG}$，从而 $\frac{EK}{KG}=\mu$，同理 $\frac{HK}{KF}=\lambda$.

**证法2**②　如图1.48，以点 $D$ 为原点、$DA$ 为 $x$ 轴（正向）建立坐标系.设点 $A$，$B$，$C$ 的坐标分别为 $(a,0)$，$(b,c)$，$(d,e)$，则点 $E$，$F$，$G$，$H$ 的坐标为

$$x_E=\frac{a+\lambda b}{1+\lambda},y_E=\frac{\lambda c}{1+\lambda}$$

$$x_F=\frac{b+\mu d}{1+\mu},y_F=\frac{c+\mu e}{1+\mu}$$

① 张景中，曹培生.从数学教育到教育数学[M].北京：中国少年儿童出版社，2005：71.

② 杨世明.一般截割定理[J].中学数学，1992(6)：22-23.

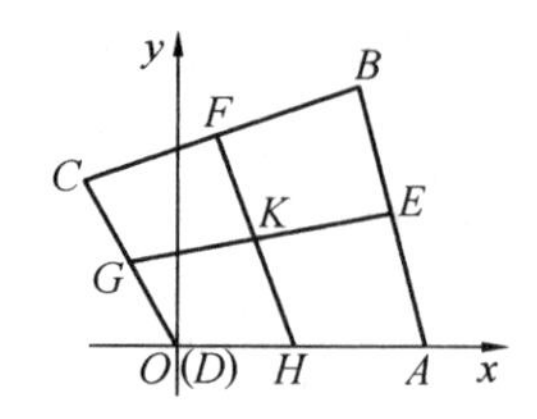

图 1.48

$$x_G=\frac{\lambda d}{1+\lambda},y_G=\frac{\lambda e}{1+\lambda}$$

$$x_H=\frac{q}{1+\mu},y_H=0$$

设 $EG$ 的 $\mu$ 分点为 $K_1(x_1,y_1)$,则

$$x_1=\frac{x_E+\mu x_G}{1+\mu}=\frac{1}{(1+\lambda)(1+\mu)}(a+\lambda b+\mu\lambda d)$$

$$y_1=\frac{y_E+\mu y_G}{1+\mu}=\frac{1}{(1+\lambda)(1+\mu)}(\lambda c+\mu\lambda e)$$

设 $HF$ 的 $\lambda$ 分点为 $K_2(x_2,y_2)$,则

$$x_2=\frac{x_H+\lambda x_F}{1+\lambda}=\frac{1}{(1+\lambda)(1+\mu)}(a+\lambda(b+\mu d))$$

$$y_2=\frac{y_H+\lambda y_F}{1+\lambda}=\frac{1}{(1+\lambda)(1+\mu)}(0+\lambda(c+\mu e))$$

易见 $x_1=x_2,y_1=y_2$,即点 $K_1$ 与点 $K_2$ 重合为点 $K$,说明

$$HK:KF=\lambda,EK:KG=\mu$$



**定理3** 在凸四边形 $ABCD$ 中,$E,G$ 分别是 $AB,CD$ 的中点,则 $S_{ABCD}=S_{\triangle ABG}+S_{\triangle CDE}$.

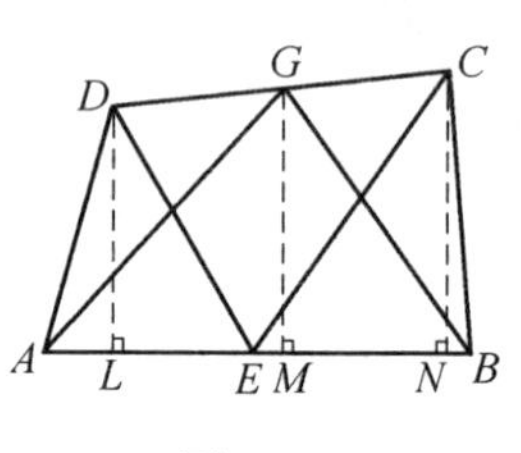

图 1.49

**证明** 如图1.49,分别作 $DL\perp AB$ 于点 $L$,$GM\perp AB$ 于点 $M$,$CN\perp AB$ 于点 $N$,设 $DL=h_1,CN=h_2,GM=h,AE=EB=a$.

则在梯形 $NCDL$ 中,有 $h_1+h_2=2h$. 此时

$$S_{\triangle AED}+S_{\triangle EBC}=\frac{1}{2}a(h_1+h_2)=ah$$

又因为

$$S_{\triangle ABG}=\frac{1}{2}AB\cdot GM=ah$$

从而 $$S_{ABCD}=(S_{\triangle AED}+S_{\triangle EBC})+S_{\triangle CDE}=S_{\triangle ABG}+S_{\triangle CDE}$$

**注** 此定理即为任意凸四边形的面积等于一组对边中点分别与对边端点连线和对边组成的两个三角形的面积之和.

**定理4** 在凸四边形 $ABCD$ 中,$A_1,A_2$ 是边 $AB$ 上顺次的三等分点,$C_1,C_2$ 是边 $CD$ 上顺次的三等分点,如图1.50所示,则 $S_{A_1A_2C_1C_2}=\frac{1}{3}S_{ABCD}$.

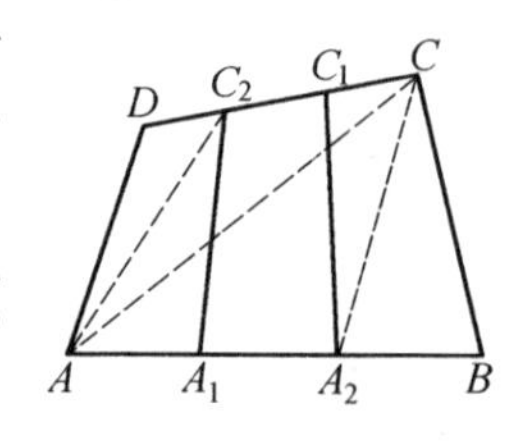

图 1.50

**证明**[①] 因 $A_1, A_2, C_1, C_2$ 均为三等分点，联结 $AC, AC_2, A_2C$，所以

$$S_{\triangle BCA_2}=\frac{1}{3}S_{\triangle BCA}, S_{\triangle ADC_2}=\frac{1}{3}S_{\triangle ACD}$$

从而
$$S_{\triangle BCA_2}+S_{\triangle ADC_2}=\frac{1}{3}(S_{\triangle BCA}+S_{\triangle ACD})=\frac{1}{3}S_{ABCD}$$

而
$$S_{\triangle A_2C_2A_1}=S_{\triangle A_1C_2A}, S_{\triangle C_2A_2C_1}=S_{\triangle C_1A_2C}$$

所以

$$S_{A_1A_2C_1C_2}=S_{\triangle A_2C_2A_1}+S_{\triangle C_2A_2C_1}=\frac{1}{2}S_{AC_2C_1B}=$$

$$\frac{1}{2}\times\left(1-\frac{1}{3}\right)S_{ABCD}=\frac{1}{3}S_{ABCD}$$

**推论** 在凸四边形 $ABCD$ 中，$A_1, A_2, \cdots, A_{n-1}$ 是边 $AB$ 上顺次的 $n$ 等分点，$C_1, C_2, \cdots, C_{n-1}$ 是边 $DC$ 上顺次的 $n$ 等分点，且记

$$A=A_0, B=A_n, D=C_0, C=C_n$$

$$S_{A_0A_1C_1C_0}=S_1, \cdots, S_{A_{i-1}A_iC_iC_{i-1}}=S_i, i=1,2,\cdots,n$$

则
$$S_i=\frac{1}{2}(S_{i-1}+S_{i+1}), i=1,2,\cdots,n-1$$

事实上，由定理4，知

$$S_i=\frac{1}{3}(S_{i-1}+S_i+S_{i+1}), i=2,3,\cdots,n-1$$

即可推得结论成立.

**定理5** 在凸四边形 $ABCD$ 中，$A_1, A_2$ 是边 $AB$ 上顺次的三等分点，$B_1, B_2$ 是边 $BC$ 上顺次的三等分点，$C_1, C_2$ 是边 $CD$ 上顺次的三等分点，$D_1, D_2$ 是边 $DA$ 上顺次的三等分点，$A_2C_1$ 与 $B_1D_2, B_2D_1$ 分别交于点 $M, N$，$A_1C_2$ 与 $B_2D_1, B_1D_2$ 分别交于点 $K, L$，则 $S_{MNKL}=\frac{1}{9}S_{ABCD}$.

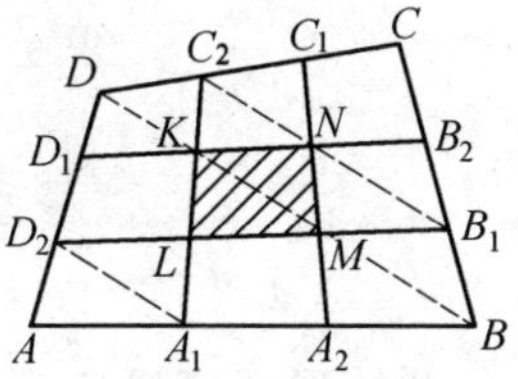

图 1.57

**证明** 如图1.57，联结 $A_1D_2, BD, B_1C_2$，则 $A_1D_2 /\!/ BD /\!/ B_1C_2$，即有

$$\frac{A_1L}{LC_2}=\frac{A_1D_2}{B_1C_2}=\frac{A_1D_2}{BD}\cdot\frac{BD}{B_1C_2}=\frac{1}{3}\cdot\frac{3}{2}=\frac{1}{2}$$

① 单墫. 平面几何中的小花[M]. 上海：上海教育出版社，2002：78.

即$\frac{A_1L}{A_1C_2}=\frac{1}{3}$.

同理(可以用 $A_2B_1 \parallel AC \parallel D_1C_2$),有

$$\frac{KC_2}{A_1C_2}=\frac{1}{3},\frac{A_2M}{A_2C_1}=\frac{NC_1}{A_2C_1}=\frac{1}{3}$$

从而 $L,K$ 为 $A_1C_2$ 的三等分点,$M,N$ 为 $A_2C_1$ 的三等分点. 由定理4知

$$S_{LMNK}=\frac{1}{3}S_{A_1A_2C_1C_2}=\frac{1}{3}\cdot\frac{1}{3}S_{ABCD}=\frac{1}{9}S_{ABCD}$$

**注** 将图1.51中的9个小四边形(由左到右,由上到下)的面积分别记为 $S_{11},S_{12},S_{13},S_{21},S_{22},S_{23},S_{31},S_{32},S_{33}$,则

$$S_{22}=\frac{1}{3}(S_{12}+S_{22}+S_{32})=\frac{1}{3}\cdot\frac{1}{3}S=\frac{1}{9}S$$

且这个面积数按图形中所对应的位置组成一个等差数阵

$$\begin{pmatrix} S_{11} & S_{12} & S_{13} \\ S_{21} & S_{22} & S_{23} \\ S_{31} & S_{32} & S_{33} \end{pmatrix}$$



**推论** 在凸四边形 $ABCD$ 中,若将每边等分为 $2n+1$ 份,联结对边相应的分点,那么中间的一块是整个四边形的$\frac{1}{(2n+1)^2}$.

**注** 若将凸四边形的每边 $n$ 等分,联结对边相应的分点得 $n^2$ 个小四边形,每个小四边形的面积记为 $S_{ij}(i,j=1,2,\cdots,n)$,则这 $n^2$ 个面积数按图形中所对应的位置组成一个等差数阵,即

$$\begin{pmatrix} S_{11} & S_{12} & \cdots & S_{1n} \\ S_{21} & S_{22} & \cdots & S_{2n} \\ \vdots & \vdots & & \vdots \\ S_{n1} & S_{n2} & \cdots & S_{nn} \end{pmatrix}$$

此情形还可推广到一组对边被 $n$ 等分,另一组对边被 $m$ 等分的情形.

**定理6** 凸四边形的两条对角线把四边形划分成的四个小三角形中,两组对顶的两个三角形面积之积相等.

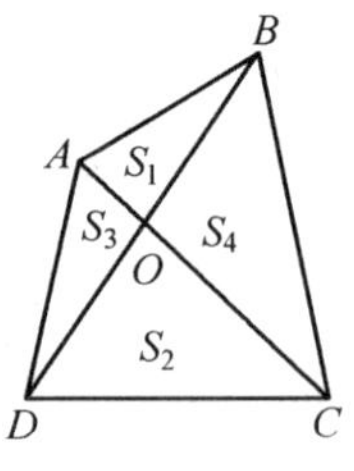

图1.52

**证明** 如图1.52,记 $\angle AOB=\alpha$,$\triangle AOB$,$\triangle COD$,$\triangle AOD$ 和 $\triangle BOC$ 的面积分别为 $S_1,S_2,S_3$ 和 $S_4$,则由三角形面积公式,可知

$$S_1 \cdot S_2 = \frac{1}{2}AO \cdot BO\sin\alpha \cdot \frac{1}{2}CO \cdot DO\sin\alpha$$

$$S_3 \cdot S_4 = \frac{1}{2}AO \cdot DO\sin(180° - \alpha) \cdot \frac{1}{2}BO \cdot CO\sin(180° - \alpha)$$

故得 $S_1S_2 = S_3S_4$.

在图 1.52 中，若 $AB \parallel CD$，则 $S_{\triangle ACD} = S_{\triangle BCD}$，可见 $S_3 = S_4$，再根据定理 6，有

$$S_3 = S_4 = \sqrt{S_1 \cdot S_2}$$

从而梯形 $ABCD$ 的面积

$$S = S_1 + S_2 + S_3 + S_4 = (\sqrt{S_1} + \sqrt{S_2})^2$$

由此，我们可以得到下列结论.

**推论 1**　梯形两腰和两条对角线所在的两个三角形的面积相等，且等于梯形两底与两条对角线所在的三角形面积之积的算术平方根，即

$$S_3 = S_4 = \sqrt{S_1 \cdot S_2}$$

**推论 2**　如果梯形的两底与两条对角线所在的三角形的面积分别为 $S_1$ 和 $S_2$，那么梯形的面积

$$S = (\sqrt{S_1} + \sqrt{S_2})^2$$

**推论 3**　如图 1.52，有

$$S_1 + S_2 \geqslant S_3 + S_4$$

事实上，由 $S_1 + S_2 \geqslant 2\sqrt{S_1S_2} = S_3 + S_4$ 即得.

**推广 1**　四边形对角线上任一点与另两个顶点的连线将该四边形分成四个三角形，对顶的两个三角形面积的乘积相等. 如图 1.53 中的

$$S_1 \cdot S_3 = S_2 \cdot S_4$$

**推广 2**　三角形一顶点和对边上一点的连线上任一点与另两个顶点的连线将该三角形分成四个三角形，其对顶的两个三角形面积的乘积相等. 如图 1.54 中的

$$S_1 \cdot S_3 = S_2 \cdot S_4$$

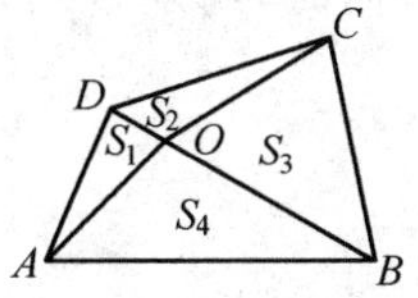

图 1.53

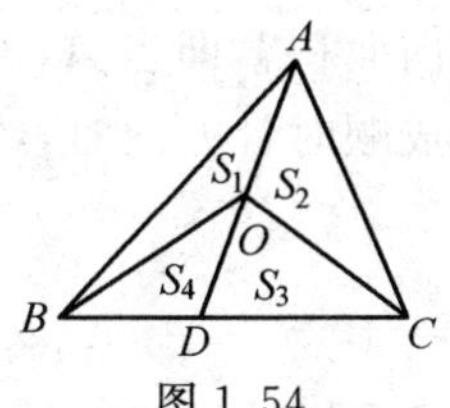


图 1.54

**定理7**　在平行四边形中：

(1) 平行四边形两条对角线将该平行四边形分成面积相等的四个三角形.

(2) 平行四边形的边上任一点和对边两端点的连线将该平行四边形分成面积相等的两部分,即图1.55中的

$$S_3=S_1+S_2=\frac{1}{2}S_{ABCD}$$

(3) 平行四边形内任一点与四个顶点的连线将其分成四个三角形,则对顶的两个三角形面积之和相等,即图1.56中的

$$S_1+S_2=S_3+S_4$$

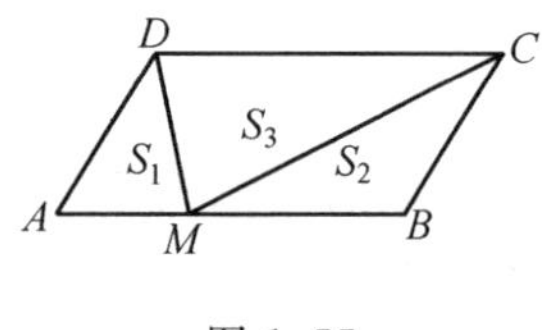

图1.55

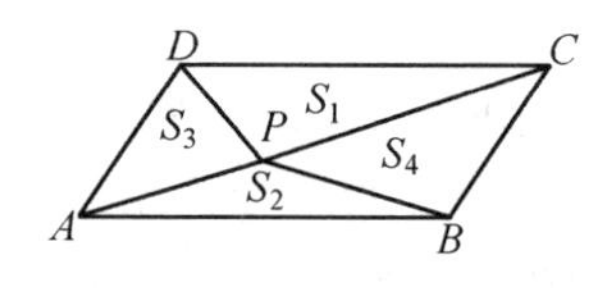

图1.56



**定理8**[①]　凸四边形$ABCD$的对角线$AC$,$BD$相交于点$K$,如果有面积和式

$$S_{\triangle AKB}+S_{\triangle CKD}=S_{\triangle BKC}+S_{\triangle DKA} \quad (*)$$

那么$K$是$AC$或$BD$的中点.

**证明**　若$K$不是$AC$的中点,设点$M$是$AC$的中点,如图1.57所示,易知

$$S_{\triangle CKD}-S_{\triangle DAK}=(S_{\triangle CMD}+S_{\triangle MDK})-(S_{\triangle DMA}-S_{\triangle MDK})=2S_{\triangle MDK}$$

同理　$S_{\triangle BKC}-S_{\triangle AKB}=2S_{\triangle MBK}$

将上述两式代入题设条件式,得

$$2S_{\triangle MDK}=2S_{\triangle MBK}$$

从而,可知$K$是$BD$的中点.

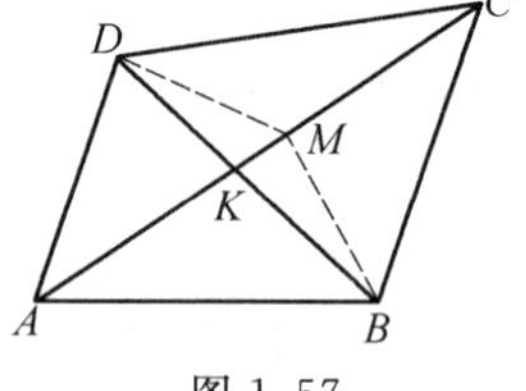

图1.57

反过来,当$K$为$AC$或$BD$的中点时,有题设条件式(*).可以证明满足式(*)的点$K$的轨迹就是过$AC$,$BD$中点的直线,称为牛顿线,这即为第3节中性质5.(此时,当然需要约定面积是所谓的"有向面积",即当$A$,$K$,$B$三点成逆时针方向时,约定$S_{\triangle AKB}$为正;当$A$,$K$,$B$三点成顺时针方向时,约定$S_{\triangle AKB}$为负.)

---

① 单墫.平面几何中的小花[M].上海:上海教育出版社,2002:14-15.

**例1**　$ABCD$ 为任意四边形,$E,F,G,H$ 分别为 $AB$ 与 $CD$ 的三等分点,而 $M,N$ 分别为 $AD$,$BC$ 的中点,求证:$EG,FH$ 被 $MN$ 平分,而且 $MN$ 被 $EG,FH$ 三等分.

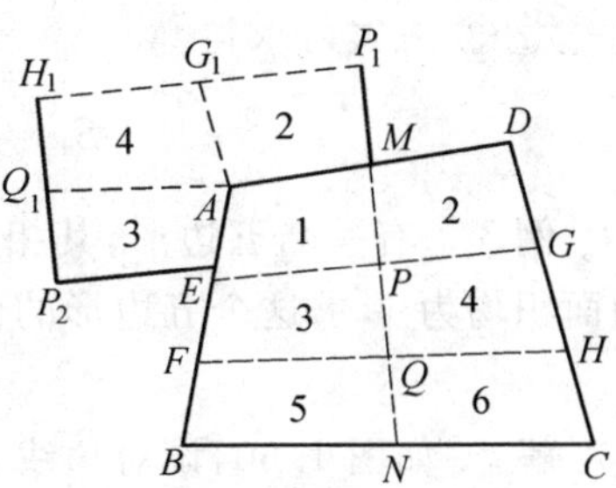

图 1.58

**证明**　联结 $MN,EG,FH$,将 $ABCD$ 分成六个小四边形分别记为1,2,3,4,5,6,如图1.58所示.

将2,3,4三个四边形移置如图1.58所示处,显然 $\angle AMP+\angle AMP_1=180^\circ$,从而 $P,M,P_1$ 三点共直线,同理 $P,E,P_2$ 三点共直线,$P_2,Q_1,H_1$ 三点共直线,$H_1,G_1,P_1$ 三点共直线.又从原图中可知 $\angle Q_1P_2E=\angle G_1P_1M$,$\angle EPM=\angle Q_1H_1G_1$,因此,四边形 $P_2PP_1H_1$ 为平行四边形.同时可知 $E,M,Q_1,G_1$ 分别为其四边中点,故 $MEQ_1G_1$ 也为平行四边形,从而 $EQ_1=MG_1=EQ=MG$,$EM=Q_1G_1=QG$,即 $MEQG$ 为平行四边形.故对角线 $MQ,EG$ 互相平分,即 $MQ$ 被 $EG$ 平分.

同理,可证得 $FH$ 与 $PN$ 互相平分,由此即得结论.

**例2**　如图1.59,已知平行四边形 $ABCD$ 的面积为1(平方单位),$E$ 为边 $DC$ 上一点,$DE:EC=3:2$,$AE,BD$ 交于点 $F$.求 $\triangle DEF$ 的面积 $S_1$,$\triangle EFB$ 的面积 $S_2$,$\triangle AFB$ 的面积 $S_3$.

(1984年苏州市数学竞赛试题)

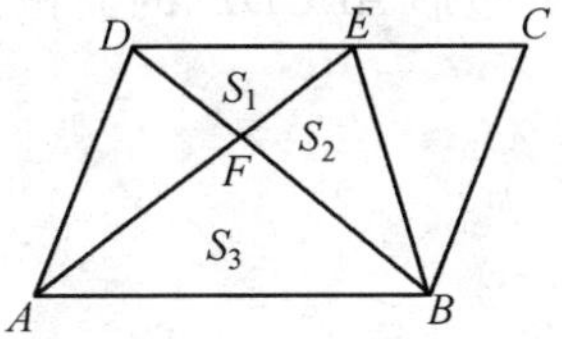

图 1.59

**解**　因为

$$S_2^2=S_1\cdot S_3 \quad ①$$

又

$$S_2+S_3=S_{\triangle ABE}=S_{\triangle ABD}=\frac{S_{\square ABCD}}{2}$$

即

$$S_2+S_3=\frac{1}{2} \quad ②$$

由

$$S_{\triangle BDE}:S_{\triangle BCE}=DE:EC=3:2$$

及

$$S_{\triangle BDE}+S_{\triangle BCE}=S_{\triangle BCD}=\frac{1}{2}$$

可求出 $S_{\triangle BDE}=\frac{3}{10}$,即

$$S_1+S_2=\frac{3}{10} \quad ③$$

由 ①②③ 三式可求得

$$S_1=\frac{9}{80},S_2=\frac{3}{16},S_3=\frac{5}{16}$$

**例3** 有一凸五边形,其相邻的三个顶点所成的三角形的面积均为1,求这个五边形的面积.

(第1届 USAMO 试题)

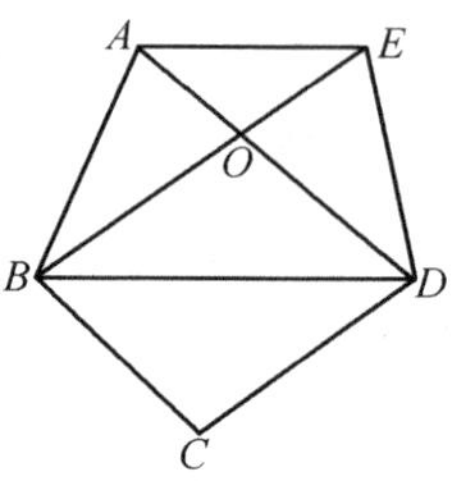

图 1.60

**解** 如图 1.60,设对角线 $AD$,$BE$ 相交于点 $O$.

由 $S_{\triangle AEB}=S_{\triangle AED}=1$ 知,$AE\ /\!/\ BD$.

同理,$AD\ /\!/\ BC$,$BE\ /\!/\ CD$.

由平行四边形 $BCDO$ 知,$S_{\triangle BOD}=1$. 设 $S_{\triangle AEO}=S$,则梯形 $ABDE$ 的面积为 $3-S$. 根据推论2知,$(\sqrt{S}+1)^2=3-S$,解得$\sqrt{S}=\frac{\sqrt{5}-1}{2}$,从而梯形 $ABDE$ 的面积为

$$3-\left(\frac{\sqrt{5}-1}{2}\right)^2=\frac{3+\sqrt{5}}{2}$$



故五边形 $ABCDE$ 的面积为

$$\frac{3+\sqrt{5}}{2}+1=\frac{5+\sqrt{5}}{2}$$

## 练　习　题

1. 已知 $\triangle ABC$ 的重心为 $G$,且 $AG=3$,$BG=4$,$CG=5$,那么 $\triangle ABC$ 的面积为________.

2. 已知边长为 $a$ 的正方形 $ABCD$,$E$ 为 $AD$ 的中点,$P$ 为 $CE$ 的中点,$F$ 为 $BP$ 的中点,则 $\triangle BFD$ 的面积是(　　).

A. $\frac{1}{64}a^2$　　B. $\frac{1}{32}a^2$　　C. $\frac{1}{16}a^2$　　D. $\frac{1}{8}a^2$

3. 设 $X$ 为四边形 $PQRS$ 的边 $QR$ 上任意点,过点 $Q$ 作平行 $PX$ 的直线与过点 $R$ 作平行 $SX$ 的直线交于点 $Y$. 若 $S_A$ 为 $\triangle PSY$ 的面积,$S_B$ 为 $PQRS$ 的面积,则(　　).

A. $S_A=S_B$　B. $S_A<S_B$　C. $S_A>S_B$　D. $S_A=2S_B$　E. 以上皆非

4. 设四边形 $A_{00}A_{m0}A_{mn}A_{0n}$ 的一组对边 $A_{00}A_{0n}$ 和 $A_{m0}A_{mn}$ 顺次被点 $A_{01},\cdots,A_{0,n-1}$ 和 $A_{m1},\cdots,A_{m,n-1}$ $n$ 等分,另一组对边 $A_{00}A_{m0}$ 和 $A_{0n}A_{mn}$ 依次被点 $A_{10},\cdots,$

$A_{m-1,0}$ 和 $A_{1n}$，…，$A_{m-1,n}m$ 等分，联结 $A_{0j}A_{mj}$ 和 $A_{i0}A_{in}$，$i=1,\cdots,m-1,j=1,\cdots,n-1$，则这些线段中的每一条都被两组线段间的交点等分.

5. 如图 1.61，把单位正方形的每边分为 $n$ 等份，再联结每个顶点与相对顶点最近的分点，这样在正方形的内部作出了一个小正方形（图中用阴影表示）的面积恰好是 $\frac{1}{2\ 245}$，求 $n$ 的值.

6. 如图 1.62，面积为 740 的平行四边形 $ABCD$，边 $AB$，$BC$，$CD$，$DA$ 上 5∶2 的内分点分别为 $P$，$Q$，$R$，$S$. 直线 $AQ$ 与 $BR$ 交于点 $W$，直线 $BR$ 与 $CS$ 交于点 $X$，直线 $CS$ 与 $DP$ 交于点 $Y$，直线 $DP$ 与 $AQ$ 交于点 $Z$，求四边形 $WXYZ$ 的面积.

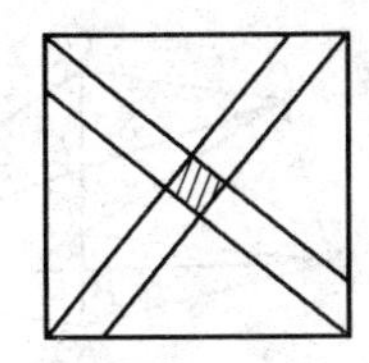

图 1.61

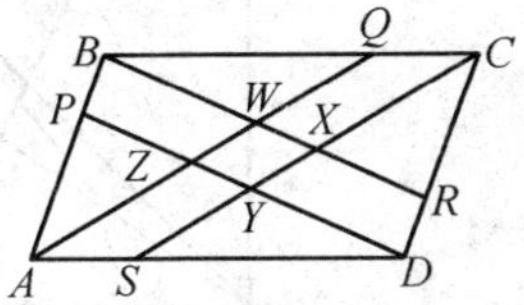

图 1.62

7. 给定一个凸四边形，是否总能在它的内部确定一点，使得该点与各边中点的连线将四边形分为四个面积相等的区域？如果这样的点存在，那么是否是唯一的？



8. 把平行四边形内部一点与四个顶点连起来，就得到四个三角形，试找出一点，它所决定的四个三角形的面积可以排成等比数列，并证明这样的点是唯一的.

9. 设 $ABCD$ 是凸四边形，考察两个新的凸四边形 $F_1$ 和 $F_2$，它们的两个相对顶点都分别是 $ABCD$ 的对角线的中点，而另两个顶点又都分别是 $ABCD$ 对边的中点. 已知 $F_1$ 和 $F_2$ 的面积相等. 求证：$ABCD$ 的一条对角线将它分成等面积的两部分.

10. 凸四边形 $ABCD$ 的面积为 $S$，$O$ 为四边形内部一点，$K$，$L$，$M$ 与 $N$ 分别是边 $AB$，$BC$，$CD$ 与 $DA$ 上的点. 如果四边形 $OKBL$ 及 $OMDN$ 都是平行四边形，求证：$\sqrt{S}\geqslant\sqrt{S_1}+\sqrt{S_2}$，其中 $S_1$ 与 $S_2$ 分别是 $ONAK$ 与 $OLCM$ 的面积.

## 练习题参考解答

1. 如图 1.63，延长 $BG$ 到点 $G'$，使 $BG=GG'$，易知四边形 $AGCG'$ 为平行四边形. 由 $AG=3$，$GG'=4$，$AG'=5$，知 $\angle AGG'=90°$，即 $S_{\triangle AGG'}=\frac{1}{2}\times3\times4=6$，

故$S_{\triangle ABC}=3\cdot S_{\triangle AGG'}=18$.

2. 选 C. 如图 1.64,由题意易得梯形 $BPDE$,其中 $BE\parallel DP$,则

$$S_{\triangle BFD}=\frac{1}{2}S_{\triangle BDP}=\frac{1}{2}S_{\triangle EPD}=\frac{1}{4}S_{\triangle CED}=\frac{1}{4}\times(\frac{1}{4}S_{ABCD})=\frac{1}{16}a^2$$

3. 如图 1.65,因 $PX\parallel QY$,所以四边形 $PXYQ$ 为梯形,易知 $S_1=S_2$,同理 $S_3=S_4$,即

$$S_B=S_1+S_3+S_{PEFS}=S_2+S_4+S_{PEFS}=S_A$$

故 $S_A=S_B$,故选 A.

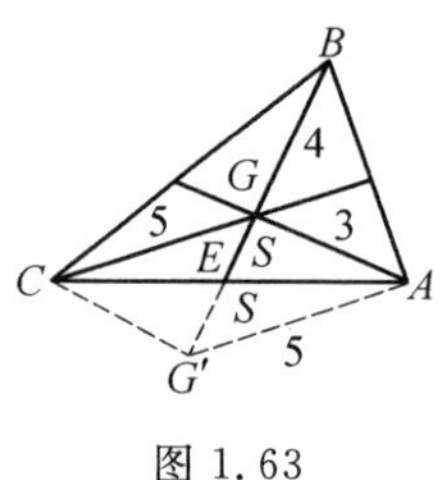

图 1.63

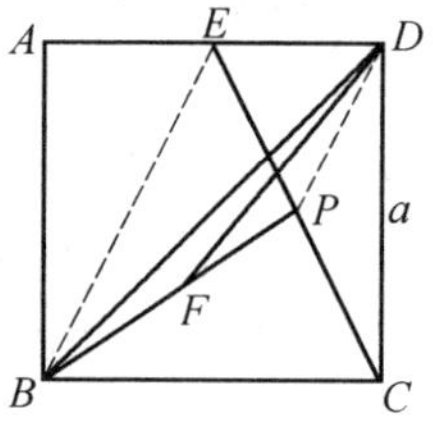

图 1.64

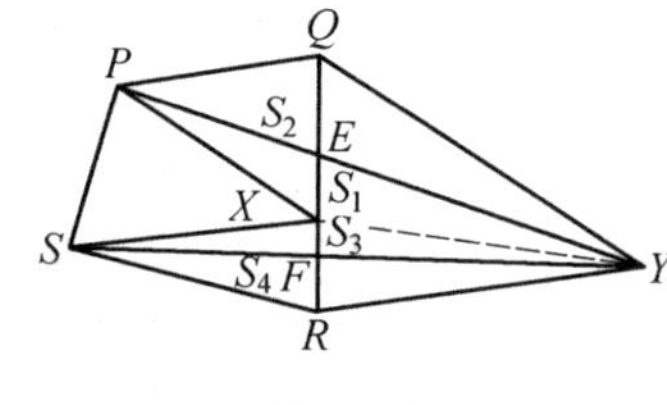

图 1.65



4. 证明中需要平面几何中的一个事实:

引理:顺次联结任意四边形各边中点得到平行四边形.

用数学归纳法证明:当 $m=n=2$ 时,由引理知结论成立.

对 $m=2$,考虑 $n$ 为任意自然数的情形,如图 1.66 中(a),$n=2$,结论成立,设结论对 $n-1$ 成立,就是说,线段 $A_{01}A_{21},\cdots,A_{0,n-2}A_{2,n-2}$ 的中点 $A_{11},\cdots,A_{1,n-2}$ 都在线段 $A_{00}A_{20}$ 与 $A_{0,n-1}A_{2,n-1}$ 中点的连线 $A_{10}A_{1,n-1}$ 上,即这些线段的中点共线且$A_{10}A_{11}=A_{11}A_{12}=\cdots=A_{1,n-2}A_{1,n-1}$. 因结论对 $m=n=2$ 成立,考虑四边形 $A_{0,n-2}A_{2,n-2}A_{2n}A_{0n}$,知三条线段 $A_{0,n-2}A_{2,n-2}$,$A_{0,n-1}A_{2,n-1}$,$A_{0n}A_{2n}$ 中点 $A_{1,n-2}$,$A_{1,n-1}$,$A_{1n}$ 共线且$A_{1,n-2}A_{1,n-1}=A_{1,n-1}A_{1n}$,说明 $A_{1n}$ 在直线$A_{10}A_{1,n-1}$ 上,即所有线段 $A_{0j}A_{2j}$,$j=0,\cdots,n$ 中点共线且 $A_{10}A_{11}=\cdots=A_{1,n-1}A_{1n}$.

现设结论对任意自然数 $n$ 和 $m-1$ 成立,如图 1.66 中(b),即所有线段 $A_{0j}A_{m-1,j}$ $(j=0,\cdots,n)$ 对应的等分点共线,所有线段 $A_{i0}A_{in}$ $(i=0,\cdots,m-1)$ 对应等分点共线;又线段 $A_{m-2,0}A_{m-2,n}$,$A_{m-1,0}A_{m-1,n}$,$A_{m0}A_{mn}$ 对应的等分点共线,即线段 $A_{m0}A_{mn}$ 的等分点 $A_{m1},A_{m2},\cdots,A_{m,n-1}$ 分别在直线 $A_{01}A_{m-1,1}$,$A_{02}A_{m-1,2}$,$\cdots$,$A_{0,n-1}A_{m-1,n-1}$ 上,而且 $A_{m-1,j}A_{mj}=A_{m-2,j}A_{m-1,j}$ $(j=0,\cdots,n)$. 这就证明了结论对任何自然数 $m,n$ 都成立.

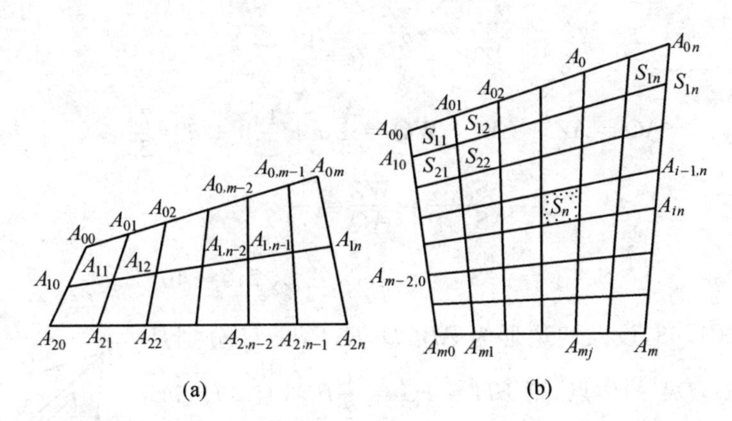


图 1.66

5. 如图1.67,作 $EH \perp DG$ 于点 $H$. 由已知 $DM=\dfrac{n-1}{n}$,则

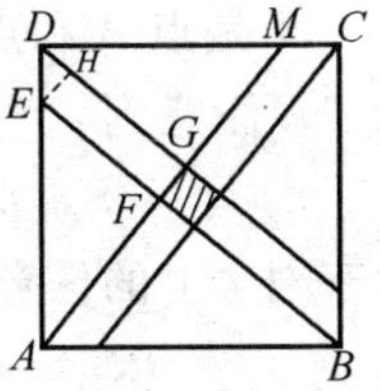

$$AM=\sqrt{1^2+\left(\frac{n-1}{n}\right)^2}$$

$$\cos\angle DEH=\cos\angle DAM=\frac{DA}{AM}=\frac{1}{\sqrt{1^2+\left(\frac{n-1}{n}\right)^2}}$$

$$EH=DE\cos\angle DEH=\frac{1}{n\sqrt{1^2+\left(\frac{n-1}{n}\right)^2}}$$

图 1.67

中间阴影小正方形的面积 $S=FG^2=EH^2$. 于是有

$$S=\frac{1}{n^2\left[1+\left(\frac{n-1}{n}\right)^2\right]}=\frac{1}{2\ 245}$$

则

$$2n^2-2n+1=2\ 245$$

即

$$n^2-n-1\ 122=0$$

得 $n_1=34$,$n_2=-33$(舍去),因此 $n=34$.

6. 由 $\dfrac{AS}{SD}=\dfrac{2}{5}$,得 $\dfrac{S_{ASCQ}}{S_{ABCD}}=\dfrac{2}{7}$,则 $S_{ASCQ}=\dfrac{2}{7}\times 740$,令 $WQ=SY=a$,则

$$\frac{AZ}{SY}=\frac{AD}{SD}=\frac{7}{5}$$

故

$$AZ=\frac{7}{5}a$$

又由

$$\frac{AZ}{ZW}=\frac{AP}{PB}=\frac{5}{2}$$

有
$$ZW=\frac{2}{5}AZ=\frac{14}{25}a$$

从而
$$AQ=AZ+ZW+WQ=\frac{7}{5}a+\frac{14}{25}a+a=\frac{74}{25}a$$

即
$$\frac{S_{WXYZ}}{S_{ASCQ}}=\frac{WZ}{AQ}=\frac{14}{74}$$

故
$$S_{WXYZ}=\frac{14}{74}S_{ASCQ}=\frac{14}{74}\times\frac{2}{7}\times 740=40$$

7. 如图1.68，设凸四边形为$ABCD$，$E$，$F$，$G$，$H$分别是$AB$，$BC$，$CD$，$DA$的中点，则$EH=FG=\frac{1}{2}BD$，且$EH$，$FG$平行于$BD$. 过$AC$的中点$M$作$BD$的平行线$l$.

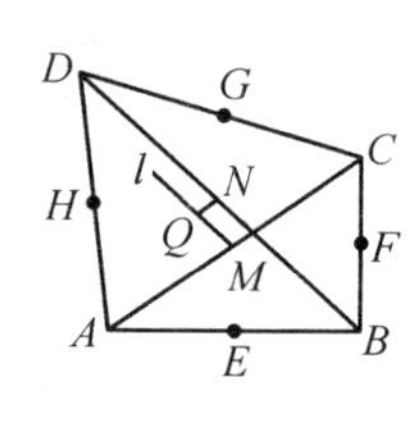

图1.68

于是点$A$和点$C$到直线$l$的距离相等，不妨设这个距离为$4d$. 注意到
$$S_{ABCD}=S_{\triangle BAD}+S_{\triangle BCD}=4d\cdot BD$$
由于对$l$上的任意一点$P$都有
$$S_{AEPH}=S_{\triangle AEH}+S_{\triangle PEH}=2d\cdot EH=d\cdot BD=\frac{1}{4}S_{ABCD}$$

同理
$$S_{CFPG}=\frac{1}{4}S_{ABCD}$$

设点$Q$符合题目要求，则点$Q$必在直线$l$上.

同样地，点$Q$也必在过$BD$的中点且平行于$AC$的直线上，由于该直线不与$l$平行，则必与$l$相交.

这样点$Q$就是唯一的交点，即满足题目条件的点存在而且唯一.

8. 设平行四边形$ABCD$的对角线交点为$O$，不难证明对角线分平行四边形所成的四个三角形的面积相等，则点$O$具有所要求的性质，以下再证明这种点的唯一性.

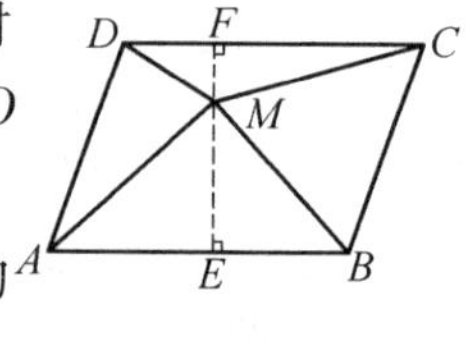

如图1.69，设$M$为$\square ABCD$内部一点，过点$M$作$AB$的垂线，分别交$AB$，$CD$于点$E$，$F$，则

图1.69

$$S_{\triangle MAB}+S_{\triangle MCD}=\frac{1}{2}ME\cdot AB+\frac{1}{2}MF\cdot CD=\frac{1}{2}(ME+MF)AB=$$
$$\frac{1}{2}EF\cdot AB=\frac{1}{2}S_{\square ABCD}$$

同理
$$S_{\triangle MAD}+S_{\triangle MBC}=\frac{1}{2}S_{\square ABCD}$$

因这四个三角形的面积可以排成等比数列，设这等比数列为

$$a, ar, ar^2, ar^3, r>0$$

根据以上讨论这四项中某两项之和必等于另外两项之和. 这样的等比数列是常数列，因为：

(1) 若

$$a+ar=ar^2+ar^3$$

则

$$(r-1)(r+1)^2=0, r=1$$

(2) 若

$$a+ar^2=ar+ar^3$$

则

$$(r-1)(r^2+1)=0, r=1$$

(3) 若

$$a+ar^3=ar+ar^3$$

则

$$(r-1)^2(r+1)=0, r=1$$

这表明四个三角形的面积总是相等，且都等于$\frac{1}{4}S_{\square ABCD}$，故点 $M$ 必与点 $O$ 重合.



9. 如图 1.70，在凸四边形 $ABCD$ 中，$E, F, G, H$ 分别是 $AB, BC, CD, DA$ 的中点. $M, N$ 分别是对角线 $AC, BD$ 的中点，则

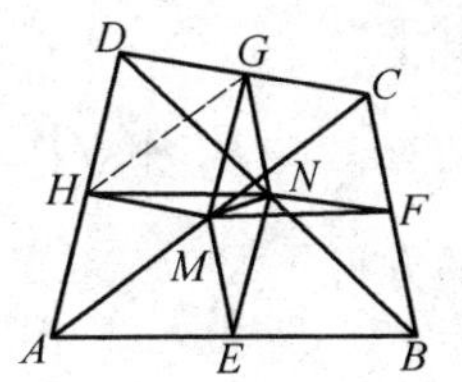

图 1.70

$$EN \underline{\mathbin{/\!/}} \frac{1}{2}AD \underline{\mathbin{/\!/}} MG$$

即 $ENGM$ 是平行四边形. 同理，$FNHM$ 也是平行四边形. 由题设 $S_{\square ENGM}=S_{\square FNHM}$，则

$$S_{\triangle MNG}=\frac{1}{2}S_{\square ENGM}=\frac{1}{2}S_{\square FNHM}=S_{\triangle NMH}$$

因此 $\triangle MNG$ 和 $\triangle NMH$ 的边 $MN$ 上的高相等，由此得 $MN \parallel HG$，又 $HG \parallel AC$，$AC$ 和 $MN$ 都过点 $M$. 所以 $MN$ 重合于 $AC$.

因为 $S_{\triangle MNG}=S_{\triangle NME}$，所以 $\triangle MNG$，$\triangle NME$ 的边 $MN$ 上的高相等.

又 $G$ 是 $CD$ 的中点，易证 $\triangle ACD$ 的边 $AC$ 上的高是 $\triangle MNG$ 的边 $MN$ 上的高的两倍.

同理，$\triangle ACB$ 的边 $AC$ 上的高是 $\triangle NME$ 的边 $MN$ 上的高的两倍.

因此 $S_{\triangle ACD}=S_{\triangle ACB}$.

10. 证法 1：(1) 如果点 $O$ 在 $AC$ 上，则四边形 $ABCD$，$AKON$，$OLCM$ 相似，

且$AC=AO+OC$，这时可得

$$\sqrt{S}=\sqrt{S_1}+\sqrt{S_2}$$

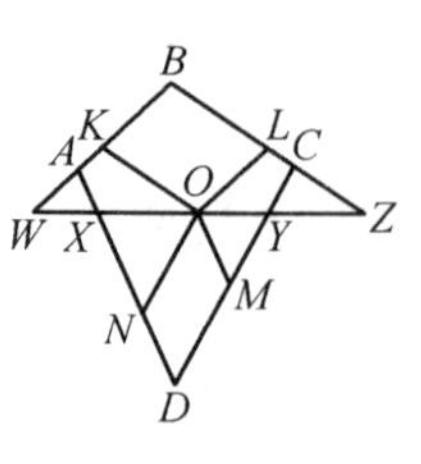

图1.71

(2) 如图1.71，如果点$O$不在$AC$上，可假定点$O$和点$D$在$AC$的同侧.

一条过点$O$的直线分别交$BA$，$AD$，$CD$与$BC$于点$W$，$X$，$Y$，$Z$.

开始时，令$W=X=A$，这时$\frac{OW}{OX}=1$，而$\frac{OZ}{OY}>1$，然后围绕点$O$旋转该直线，最后到$Y=Z=C$时结束，这时$\frac{OW}{OX}>1$，而$\frac{OZ}{OY}=1$.

因而，在旋转过程中，必存在某一位置，使得$\frac{OW}{OX}=\frac{OZ}{OY}$，将直线固定在这一位置.

设$T_1$，$T_2$，$P_1$，$P_2$，$Q_1$，$Q_2$分别为四边形$KBLO$，四边形$NOMD$，$\triangle WKO$，$\triangle OLZ$，$\triangle ONX$，$\triangle YMO$的面积，则所要证明的结果等价于



$$T_1+T_2\geqslant 2\sqrt{S_1S_2}$$

由于
$$\triangle WBZ\backsim\triangle WKO\backsim\triangle OLZ$$

又有
$$\sqrt{P_1}+\sqrt{P_2}=\sqrt{P_1+T_1+P_2}\left(\frac{WO}{WZ}+\frac{OZ}{WZ}\right)=\sqrt{P_1+T_1+P_2}$$

平方得

$$T_1=2\sqrt{P_1P_2}$$

类似得

$$T_2=2\sqrt{Q_1Q_2}$$

因为$\frac{OW}{OX}=\frac{OZ}{OY}$，所以

$$\frac{P_1}{P_2}=\frac{OW^2}{OZ^2}=\frac{OX^2}{OY^2}=\frac{Q_1}{Q_2}$$

设$k=\frac{Q_1}{P_1}=\frac{Q_2}{P_2}$，则

$$T_1+T_2=2\sqrt{P_1P_2}+2\sqrt{Q_1Q_2}=2\sqrt{P_1P_2}(1+k)=$$
$$2\sqrt{(1+k)P_1(1+k)P_2}=$$
$$2\sqrt{(P_1+Q_1)(P_2+Q_2)}\geqslant 2\sqrt{S_1S_2}$$

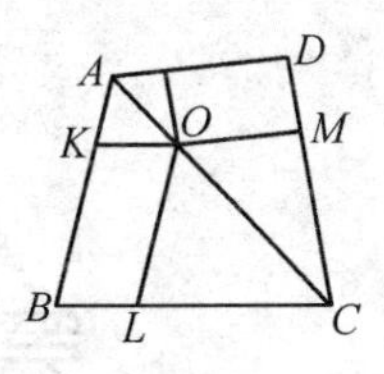

图 1.72

证法 2:如图 1.72,若点 $O$ 在对角线 $AC$ 上,则

$$S_{\triangle OAN}=\frac{AO^2}{AC^2}S_{\triangle ACD},S_{\triangle KOA}=\frac{AO^2}{AC^2}S_{\triangle ABC}$$

两式相加,得

$$S_1=\frac{AO^2}{AC^2}S$$

即
$$\sqrt{S_1}=\frac{AO}{AC}\sqrt{S}$$

同理
$$\sqrt{S_2}=\frac{OC}{AC}\sqrt{S}$$

所以
$$\sqrt{S_1}+\sqrt{S_2}=\sqrt{S}$$

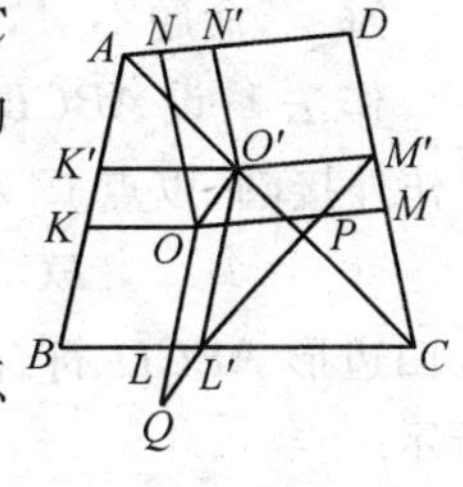

图 1.73

对于一般情况,如图 1.73,过点 $O$ 作 $BD$ 的平行线交 $AC$ 于点 $O'$.关于点 $O'$,设相应的四边形 $O'N'AK'$,$O'M'CL'$ 的面积为 $S'_1$,$S'_2$,则

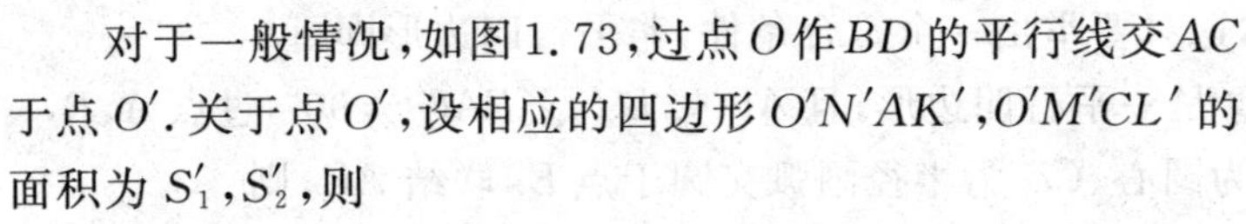

$$\sqrt{S}\geqslant\sqrt{S'_1}+\sqrt{S'_2}$$

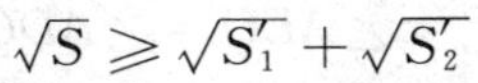

联结 $L'M'$,交 $OM$ 于点 $P$.$M'L'$ 与 $OL$ 的延长线相交于点 $Q$,由 $O'L'\ /\!/\ AB$,$O'M'\ /\!/\ AD$,得

$$\frac{CL'}{CB}=\frac{CO'}{CA}=\frac{CM'}{CD}$$

所以 $L'M'\ /\!/\ BD$,从而

$$S_{OO'M'M}\geqslant S_{OO'M'P}=S_{OO'L'Q}\geqslant S_{OO'L'L}$$

即 $S'_2>S_2$,同理 $S'_1\geqslant S_1$,故 $\sqrt{S}\geqslant\sqrt{S'_1}+\sqrt{S'_2}$.

# 第2章　1979年试题的诠释

这一年全国高中联赛第二试平面几何试题有3道，即第2，4，6题.

**试题** A1　命题“一对对角及一对对边相等的四边形必为平行四边形”对吗？如果对，请证明；如果不对，请作一四边形满足已给条件，但它不是平行四边形，并证明你的作法.

**解**　命题不对，这只要举出一个符合条件，非平行四边形即可.

作法1：设 $ABCD$ 是一平行四边形，且 $AB < BC$，$\angle BAC \neq 90°$，过点 $A$，$B$，$C$ 作外接圆，以点 $C$ 为圆心、$CB$ 为半径画弧交圆于点 $E$，联结 $AE$，则

$$EC = BC = AD, \angle ABC = \angle AEC = \angle ADC$$



故四边形 $AECD$ 符合所要求的条件，但显然它不可能是平行四边形，如图2.1所示.

作法2：我们可任意作一等边 $\triangle ABC$，在底边 $BC$ 上取点 $D$，使得 $BD > DC$，由点 $D$ 作 $\angle 2 = \angle 1$，如图2.2所示，取 $DE = AC$，联结 $AE$.

由 $\triangle ADC \cong \triangle DAE$，知 $\angle E = \angle C = \angle B$.

又 $DE = AC = AB$，所以四边形 $ABDE$ 满足已给条件，但 $AE = DC < BD$，故四边形 $ABDE$ 不是平行四边形.

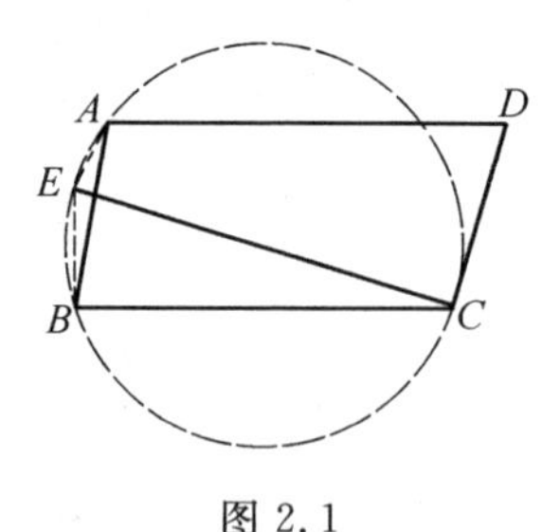


图2.1

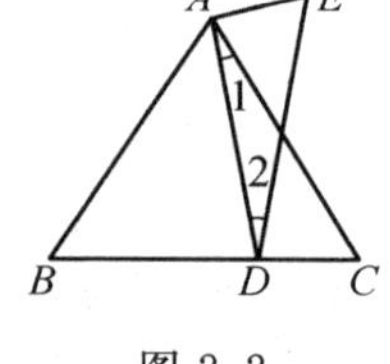


图2.2

**试题** A2　在边长为1的正方形 $ABCD$ 的周界上任意两点 $P$，$Q$ 间连一曲线，把正方形的面积分为相等的两部分，求证：曲线的长不小于1.

**证明**　我们先讨论这两点在正方形边界上的各种可能分布情况：(1) 在同一条边上；(2) 在相邻的两边上；(3) 在相对的两边上.

显然(3)是不证自明的,(1)(2)均可以化归为(3).

对于(1),当点 $P,Q$ 分别在 $AB,AD$ 上时,如图2.3(a)所示,联结 $BD$,则 $BD$ 与曲线$\overset{\frown}{PQ}$必有交点 $K$,否则曲边 $\triangle APQ$ 完全位于 $\triangle ABD$ 内,曲线$\overset{\frown}{PQ}$不平分正方形面积.今以 $BD$ 为轴,将曲线$\overset{\frown}{KQ}$翻转到曲线$\overset{\frown}{KQ'}$,则点 $Q'$ 落在 $CD$ 上,至此,问题已化归为(3).

对于(2),当点 $P,Q$ 都在 $AB$ 上时,如图2.3(b)所示,设 $E,F$ 分别为 $AD$,$BC$ 的中点,则 $EF$ 与曲线$\overset{\frown}{PQ}$必有交点 $K$(理由同前).以 $EF$ 为轴,将曲线$\overset{\frown}{KQ}$翻转到$\overset{\frown}{KQ'}$,则点 $Q'$ 落在 $CD$ 上,此时,问题也化归为(3).

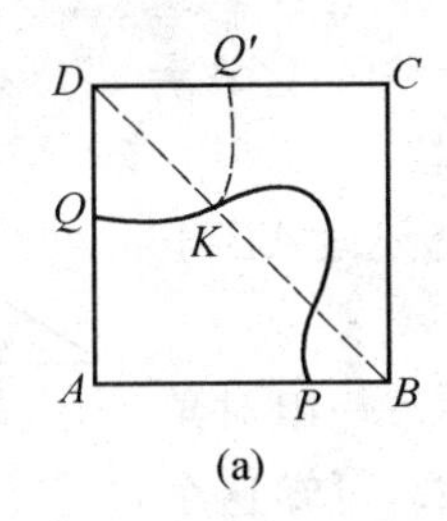


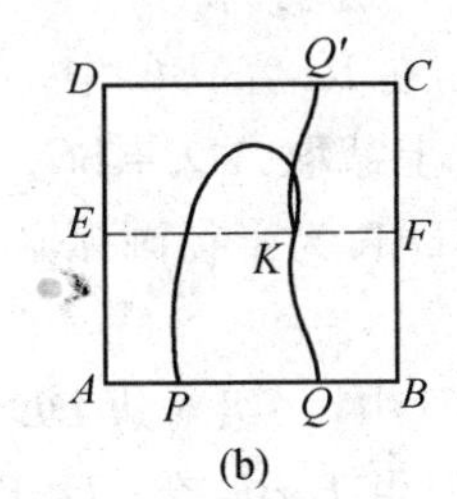


图2.3



综上所述,命题获证.

**试题** A3　如图2.4,圆 $O_1$,圆 $O_2$ 相交于点 $A,B$,圆 $O_1$ 的弦 $BC$ 交圆 $O_2$ 于点 $E$,圆 $O_2$ 的弦 $BD$ 交圆 $O_1$ 于点 $F$.证明:(1)若 $\angle DBA=\angle CBA$,则 $DF=CE$;(2)若 $DF=CE$,则 $\angle DBA=\angle CBA$.

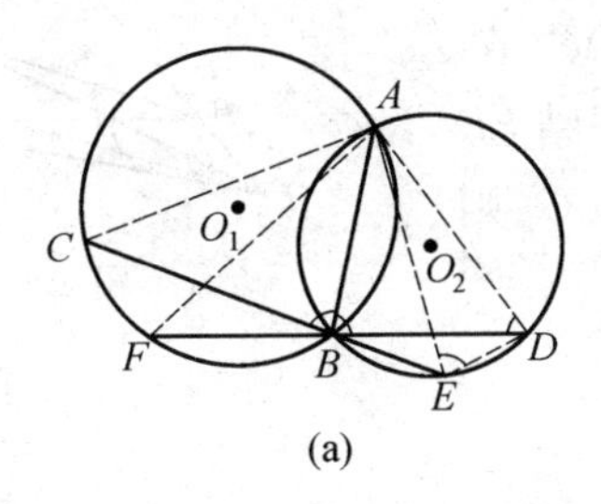


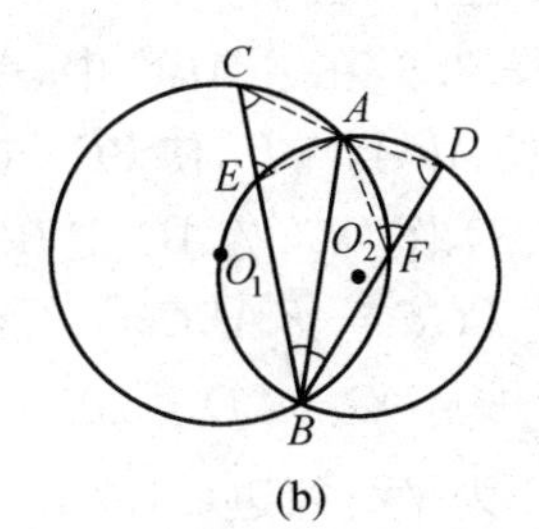


图2.4

**证明**　(1)如图2.4(a),因 $A,B,E,D$ 四点共圆,有 $\angle ABD=\angle AED$,且 $\angle ABC=\angle ADE$,而 $\angle ABD=\angle ABC$,故 $\angle AED=\angle ADE$,于是 $AD=AE$.

又由 $\angle ADB=\angle AEB$,$\angle AFB=\angle ACB$,知 $\triangle ADF\backsim\triangle AEC$.注意到 $AD=AE$,则 $\triangle ADF\cong\triangle AEC$,故 $DF=EC$.

如图2.4(b),由 $A,E,B,D$ 及 $A,C,B,F$ 分别四点共圆,有 $\angle AEC=$

$\angle ADF$，$\angle ACE=\angle AFD$. 又由 $\angle CBA=\angle ABD$，知 $AC=AF$，$AE=AD$，有 $\triangle AEC\cong\triangle ADF$，故 $DF=CE$.

(2) 由 $DF=CE$ 及(1) 中证明，可得 $\triangle ADF\cong\triangle AEC$，由此，可推证得 $\angle DBA=\angle CBA$.

## 第1节　几个平行四边形判定的假命题①

本章中的试题 A1 中的命题是一个判定平行四边形的假命题，前面已举出两道反例，下面再举出一道反例.

**反例**　如图 2.5，在 $Rt\triangle ABC$ 中，$\angle C=90°$，$\angle A=30°$，$\angle B=60°$. 在 $AC$ 上截取 $AD=BC$.

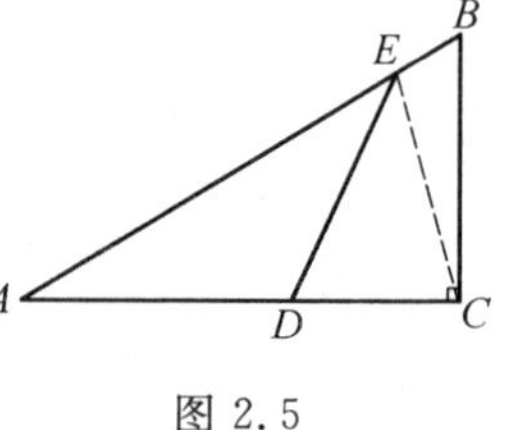


图 2.5

以点 $D$ 为圆心、$AD$ 长为半径画弧必可交线段 $AB$ 于点 $E$，联结 $DE$.

可知四边形 $EDCB$ 中，一组对边 $DE=BC$；一组对角 $\angle EDC=\angle B=60°$. 但由于 $BE$ 交 $CD$ 于点 $A$，可知这个四边形不是平行四边形.

这样的假命题其迷惑性较大，实在是有澄清的必要. 除了如上的假命题之外，还有如下的假命题. 为方便我们称试题 A1 中的命题为假命题 1.

**假命题 2**　一组对边相等且一条对角线平分另一条对角线的四边形是平行四边形.

**反例**　如图 2.6，在 $\triangle ABC$ 中，$AB=AC$，在 $AC$ 上任取一点 $D$，延长 $AB$ 到点 $E$，使 $BE=CD$，联结 $ED$，设交 $BC$ 于点 $F$，过点 $D$ 作 $DG\parallel AE$ 交 $BC$ 于点 $G$，则

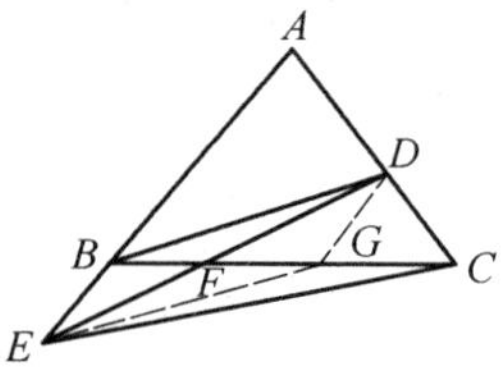

$$\angle DGC=\angle ABC=\angle ACB$$

图 2.6

从而

$$DG=CD=BE$$

则四边形 $BEGD$ 为平行四边形，故 $EF=FD$.

于是可知在四边形 $BECD$ 中，一组对边相等($BE=CD$)，一条对角线 $ED$ 被另一对角线 $BC$ 平分($EF=FD$)，但由于 $BE$ 与 $CD$ 相交于点 $A$，所以四边形 $BECD$ 不是平行四边形.

**假命题 3**　一组对角相等且这一组对角的顶点所联结的对角线被另一条

---

① 沈君岚. 几个平行四边形判定的假命题[J]. 中学生数学，1999(12)：2.

对角线平分的四边形是平行四边形.

**反例**　如图 2.7,在四边形 $ABCD$ 中,两条对角线相交于点 $O$,$AB=AD$,$BC=CD$,且 $AB\neq BC$.

显然 $\triangle ABC\cong\triangle ADC$,则 $\angle ABC=\angle ADC$,又易证得 $AC$ 是线段 $BD$ 的垂直平分线.故 $BO=OD$.

即在四边形 $ABCD$ 中,有一组对角($\angle ABC=\angle ADC$)相等,这组对角顶点所联结的对角线 $BD$ 被另一条对角线平分,但由于 $BC\neq AD$,所以这个四边形不是平行四边形.

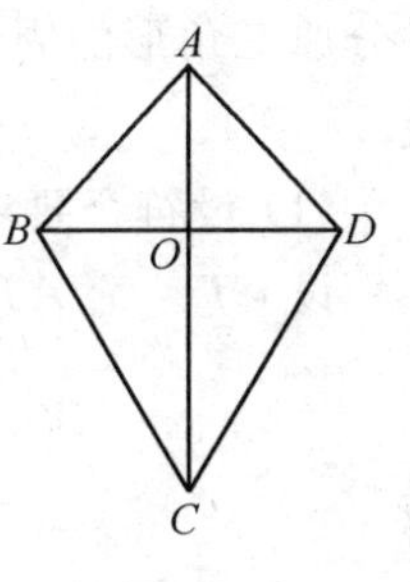

图 2.7

## 第 2 节　面积平分问题

试题 A2 涉及了面积平分问题.

**命题 1**　在半径为 $R$ 的圆周上任意取两点 $P$,$Q$,在这两点间连一条曲线,把圆分成面积相等的两部分.求证:曲线的长不小于 $2R$.

**证明**　我们将问题分割为两种情况:(1) 点 $P$,$Q$ 位于直径的两端点;(2) 点 $P$,$Q$ 为非直径的弦的两端点.

(1) 是显然成立的,因为 $P$,$Q$ 两点间曲线长以线段(直径 $2R$) 最短.

(2) 是可以化为(1) 的情形的.如图 2.8 所示,过点 $P$ 作圆的直径 $PQ'$,联结 $QQ'$,再作垂直于弦 $QQ'$ 的直径 $MN$,则 $MN$ 必与曲线 $\overset{\frown}{PQ}$ 有交点 $K$(否则曲线不平分圆面积).以 $MN$ 为轴,将曲线 $\overset{\frown}{KQ}$ 翻转到曲线 $\overset{\frown}{KQ'}$,此时,问题便化归为(1).

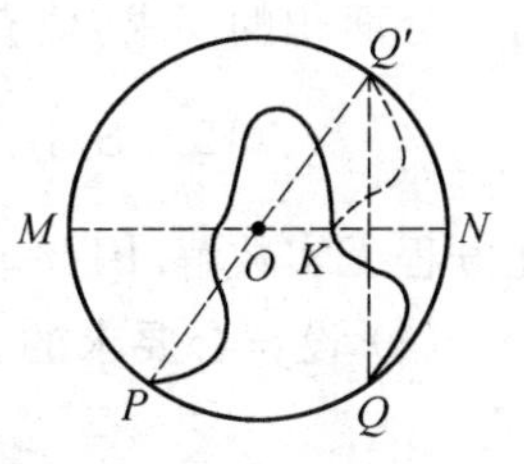

图 2.8

综上,命题获证.

**注**　如果把上述命题中的圆变为边长为 1 的正方形,则为试题 A2.

**命题 2**　一个三角形三边之长为 6,8,10,求证:仅仅存在一条直线同时平分这个三角形的面积和周长.

(第 17 届加拿大数学奥林匹克试题)

**证明**　由 $6^2+8^2=10^2$ 可知此三角形为直角三角形,设此三角形为 $\triangle ABC$,且 $\angle C$ 为直角,$AC=6$,$BC=8$,$AB=10$.

则 $\triangle ABC$ 的周长为 24,面积也为 24.

显然,过 $\triangle ABC$ 的任一顶点的直线不能满足题目的要求.

这是因为,任何平分面积的直线必定平分对边,这时,这样的直线自然不能平分原三角形的周长,所以,符合要求的直线只能是与三角形的两边相交的直线.

(1) 设符合要求的直线与 $AB$ 及 $AC$ 相交,交点记为 $S$ 与 $T$,如图 2.9.

设 $CT=x$,$AT=6-x$,于是由

$$AS+AT=\frac{1}{2}\times 24=12$$

得
$$AS=6+x$$

又因为这条直线也平分三角形的面积,所以

$$12=S_{\triangle AST}=\frac{1}{2}(6-x)(6+x)\sin A=\frac{1}{2}(36-x^2)\cdot\frac{8}{10}=\frac{2}{5}(36-x^2)$$

得
$$x=\sqrt{6}$$

从而,令 $AT=6-\sqrt{6}$,$AS=6+\sqrt{6}$,得到 $S$ 和 $T$ 两点,直线 $ST$ 满足要求.

(2) 设符合要求的直线与 $BC$ 及 $BA$ 分别相交于点 $S$ 及点 $T$,如图 2.10.设

$$BS=6-x,BT=6+x$$



由平分面积的要求,应有

$$12=S_{\triangle BST}=\frac{1}{2}(6-x)(6+x)\sin B=\frac{3}{10}(36-x^2)$$

此方程无实数解.因此,这样的直线不存在.

(3) 设符合要求的直线与 $CA$ 及 $CB$ 分别相交于点 $S$ 及点 $T$,如图 2.11.设

$$CS=6-x,CT=6+x$$

由平分面积的要求,应有

$$12=S_{\triangle CST}=\frac{1}{2}(36-x^2)$$

解得
$$x=2\sqrt{3}$$

从而
$$CS=6-2\sqrt{3},CT=6+2\sqrt{3}$$

但
$$CT=6+2\sqrt{3}>8=CB$$

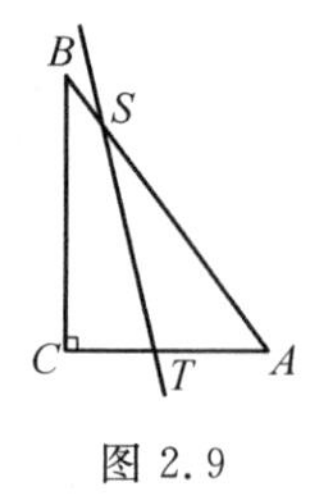

图 2.9

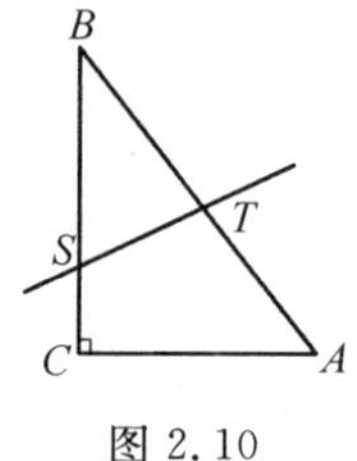

图 2.10

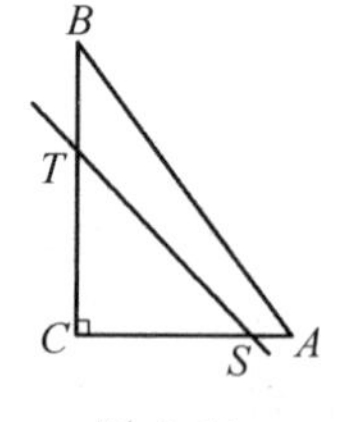

图 2.11

所以这样的直线不存在. 由以上，仅有(1)中情况发生，即仅存在一条直线平分这个三角形的面积和周长.

**命题 3**[①]　试证：对于任意一个三角形，都存在一条同时平分这个三角形的面积与周长的直线段.

如图 2.12，设 $\triangle ABC$ 中 $AB=c$，$AC=b$，$BC=a$，$a\geqslant b\geqslant c$，$p$ 为半周长，在 $BC$ 上取 $BD=m$，在 $BA$ 上取 $BE=n$，欲使 $DE$ 为 $\triangle ABC$ 的一条周积平分线，即要使

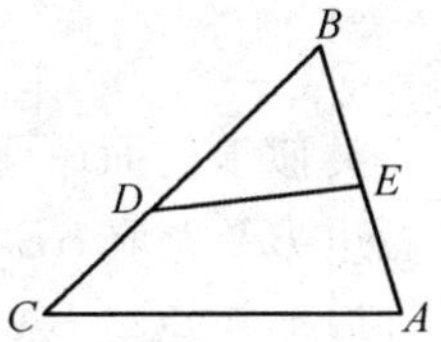

$$m+n=p, mn=\frac{1}{2}ac \quad ①$$

图 2.12

(因 $S_{\triangle BDE}=\frac{1}{2}BD\cdot BE\sin B=\frac{1}{2}S_{\triangle BCA}=\frac{1}{4}ac\sin B$.)

因此，$m$，$n$ 应是二次方程

$$x^2-px+\frac{1}{2}ac=0 \quad ②$$

的两个根，反之，方程 ② 的两个正实根 $m$，$n$ 即为 $BD$，$BE$ 之长. 由于式 ② 的判别式

$$\Delta=p^2-2ac\geqslant\left(\frac{a+2c}{2}\right)^2-2ac\geqslant\frac{1}{4}(2\sqrt{2ac})^2-2ac\geqslant 0$$

且

$$m=\frac{p+\sqrt{p^2-2ac}}{2}, n=\frac{p-\sqrt{p^2-2ac}}{2}>0$$

故方程 ② 总有两个正实根. 由条件 ①，$m$，$n$ 容易由下法作出，如图 2.13 所示.

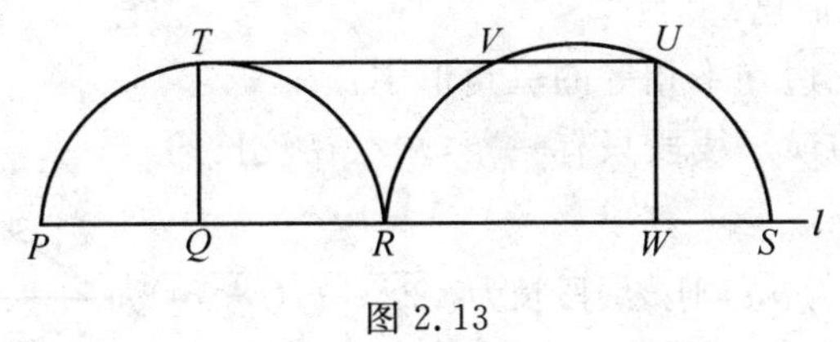


图 2.13

(1) 作直线 $l$，在其上取 $PQ=\frac{1}{2}a$，$QR=c$，$RS=p$；

(2) 分别以 $PR$，$RS$ 为直径作半圆；

(3) 过点 $Q$ 作 $QT\perp PR$ 交半圆于点 $T$；

① 胡炳生. 三角形周积平分线再研究[J]. 中学生数学，1997(12)：18.

(4) 过点 $T$ 作 $TU \parallel PS$ 交另外半圆于点 $U,V$；

(5) 过点 $U$(或 $V$) 作 $UW \perp RS$ 交 $RS$ 于点 $W$，则 $RW=m$，$WS=n$ 为所求. 事实上

$$TQ^2=PQ \cdot QR=\frac{1}{2}ac=UW^2=RW \cdot WS=mn$$

且

$$m+n=p$$

类似于前面命题 2 的讨论，当 $m \leqslant a, n<c$，即在长边 $BC$ 上可取 $BD=m$，在短边 $BA$ 上取 $BE=n$，作出 $\triangle ABC$ 的一条周积平分线.

但能在短边 $BA$ 上取 $BD=m$，在长边 $BC$ 上取 $BE=n$ 吗？不可能. 事实上，只要 $AB$ 确实是最短边，即 $a \geqslant b>c$，那么便有

$$m-c=\frac{1}{2}\left[\sqrt{p^2-2ac}-(2c-p)\right]>0 \quad ③$$

因为 $③ \Leftrightarrow (p^2-2ac)-(2c-p)^2>0 \Leftrightarrow 2p-a-2c>0 \Leftrightarrow b-c>0$

这说明以 $AC=b$ 为底的周积平分线只有一条.

若以长边 $BC$ 为底，类似地可证存在且只存在一条周积平分线.



若以真正短边 $AB=c(a \geqslant b>c)$ 为底，则未必存在周积平分线. 例如，在 $AB=3$，$AC=4$，$BC=5$ 的 $\mathrm{Rt}\triangle ABC$ 中，若以 $AB=c=3$ 为底，则 $a=5$，$b=4$，$p=6$，$\Delta=p^2-2ab=-4$.

因此方程 $x^2-px+2ab=0$ 不存在实根.

综上所述，一个三角形的周积平分线至少存在两条，至多存在三条. 特别地，等腰三角形底边上的中线是一条周积平分线，等边三角形的周积平分线是三边上的中线，仅此而已.

**命题 4**① 在三边互不相等的三角形中：

(1) 平分面积的最短线段只有一条，端点在较长的两条边上；

(2) 若较长两边为 $b,c$，则该线段长为 $\sqrt{2(s-b)(s-c)}$ ($s$ 为半周长，下同).

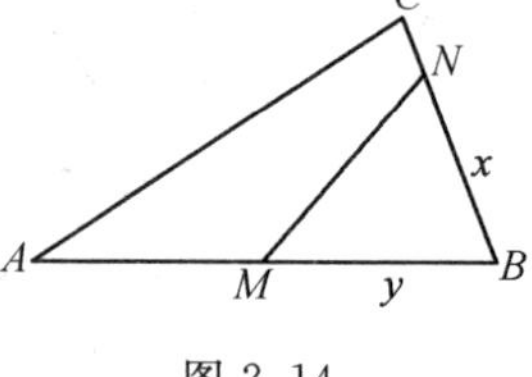


图 2.14

**证明** (1) 如图 2.14，在 $\triangle ABC$ 中设 $a<b$，$a<c$，只要证明端点不是最短边的内点即可.

① 孙四周. 平分三角形面积的最短线段[J]. 中学生数学，1997(12)：11.

若 $N\in BC$，$M\in AB$，记 $BN=x$，$BM=y$，则由 $S_{\triangle BMN}=\frac{1}{2}S_{\triangle ABC}$ 知

$$\frac{1}{2}xy\sin B=\frac{1}{2}\times\frac{1}{2}ac\sin B$$

即

$$xy=\frac{1}{2}ac$$

此时

$$MN^2=x^2+y^2-2xy\cos B=x^2+y^2-ac\cos B=x^2+\frac{a^2c^2}{4x^2}-ac\cos B$$

记 $f(x)=x^2+\frac{a^2c^2}{4x^2}-ac\cos B$，则当点 $N$ 为 $BC$ 的内点时，$x\in(0,a)$；当点 $N$ 与点 $C$ 重合时，$x=a$，而

$$f(a)-f(x)=\left(a^2+\frac{a^2c^2}{4a^2}-ac\cos B\right)-\left(x^2+\frac{a^2c^2}{4x^2}-ac\cos B\right)=$$

$$(a^2-x^2)+\left(\frac{a^2c^2}{4a^2}-\frac{a^2c^2}{4x^2}\right)=\frac{(2a^2-2x^2)(2x^2-\frac{1}{2}c^2)}{4x^2}<0$$

则

$$f(a)<f(x)$$

故当 $N$ 为 $BC$ 的内点时，线段 $MN$ 不是最短的.

同样，如果点 $M$ 在 $AC$ 上，点 $N$ 仍不能是 $BC$ 的内点. 故点 $M$，$N$ 必在边 $AB$，$AC$ 上.

(2) 如图2.15，设 $a<b<c$，记 $AM=x$，$AN=y$，则

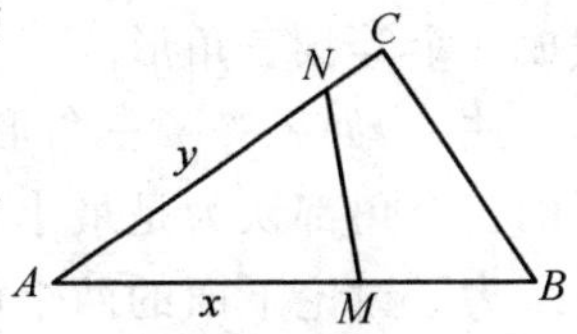

$$xy=\frac{1}{2}bc$$



图2.15

$$MN^2=x^2+y^2-2xy\cos A\geqslant 2xy-2xy\cos A=bc-bc\cdot\frac{b^2+c^2-a^2}{2bc}=$$

$$bc-\frac{1}{2}(b^2+c^2-a^2)=\frac{1}{2}[a^2-(b-c)^2]=$$

$$\frac{1}{2}(a+b-c)(a+c-b)=2(s-b)(s-c)$$

即

$$MN\geqslant\sqrt{2(s-b)(s-c)}$$

等式成立的条件是 $x=y=\sqrt{\frac{1}{2}bc}$.

**命题5**[①] 在三角形中,若两边长为 $a$,另一边长为 $c$,则:

(1) 当 $a<c$ 时,平分面积的最短线段有两条,长为$\frac{\sqrt{2}}{2}\sqrt{c(2a-c)}$;

(2) 当 $a>c$ 时,这样的线段有一条,长为$\frac{\sqrt{2}}{2}c$;

(3) 当 $a=c$,即三角形为正三角形时,这样的线段有三条,长为$\frac{\sqrt{2}}{2}a$.

**证明** (1) 如图 2.16,当一点在底上,一点在腰上时,求得 $|MN|_{\min}=\frac{\sqrt{2}}{2}\sqrt{c(2a-c)}$.

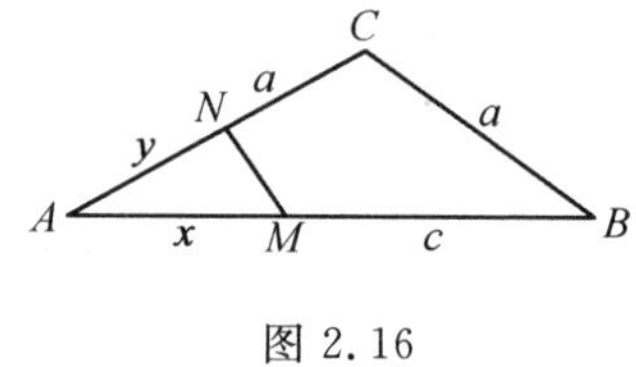


图 2.16

当两点都在腰上时,求得 $|MN|_{\min}=\frac{\sqrt{2}}{2}c$.

相比较,知最小值为$\frac{\sqrt{2}}{2}\sqrt{c(2a-c)}$. 当 $x=y=\sqrt{\frac{1}{2}ac}$ 时,取得最小值,且相应的线段有两条.



(2)(3) 的证明仿照(1) 可得,略.

**推论** 平分面积的最短线段的端点在最小角的两边上,且以该角为顶角截成一个等腰三角形.

**注** 如果等腰三角形的底角小于顶角,则两底角都认为是最小的;正三角形的三个角都认为是最小角.

为了讨论下面的两个命题,我们先引入一些概念[②].

**定义1** 平面四边形内有一点 $P$,将点 $P$ 与四个顶点联结,构成四个三角形. 如果这四个三角形面积相等,那么点 $P$ 叫作这个四边形的面积的平分点.

如图 2.17,在四边形 $ABCD$ 中,有一点 $P$,联结 $PA,PB,PC,PD$,如果 $S_{\triangle PAB}=S_{\triangle PBC}=S_{\triangle PCD}=S_{\triangle PDA}$,那么点 $P$ 为四边形 $ABCD$ 的面积平分点.

**定义2** 过四边形的顶点,且将四边形分成面积相等的两部分的直线,叫作四边形的一条面积平分线.

为了研究面积平分点的存在及其位置,我们先看如下的结论.

**引理** 在 $\triangle ABC$ 所在的平面上,使得 $S_{\triangle PAB}=S_{\triangle PAC}$ 的点 $P$ 的轨迹是

---

① 孙四周. 平分三角形面积的最短线段[J]. 中学生数学,1997(12):11.

② 王三福. 四边形的好点与好线[J]. 中学生数学,1996(11):19-21.

$\triangle ABC$ 中 $BC$ 的中线.

**证明**　(1) 设点 $P$ 是 $\triangle ABC$ 的中线 $AD$ 上任意一点,如图2.18所示.

因 $S_{\triangle ABD}=S_{\triangle ACD}$,所以 $B$,$C$ 两点到 $AD$ 的距离相等.

对于 $\triangle ABP$ 和 $\triangle ACP$,都以 $AP$ 为底边,且 $B$,$C$ 两点到 $AP$ 的距离相等,故 $S_{\triangle PAB}=S_{\triangle PAC}$,即在 $\triangle ABC$ 中,$BC$ 的中线上任意一点 $P$,都满足条件 $S_{\triangle PAB}=S_{\triangle PAC}$.

(2) 假设点 $P$ 不在 $\triangle ABC$ 的中线 $AD$ 上,如图2.19所示,设 $CP$ 交 $AD$ 于点 $M$,联结 $BM$,由前一部分证明可知 $S_{\triangle ABM}=S_{\triangle ACM}$,则 $S_{\triangle ABP}<S_{\triangle ABM}=S_{\triangle ACM}<S_{\triangle ACP}$,所以,不在 $\triangle ABC$ 的中线 $AD$ 上的点 $P$ 不满足条件.

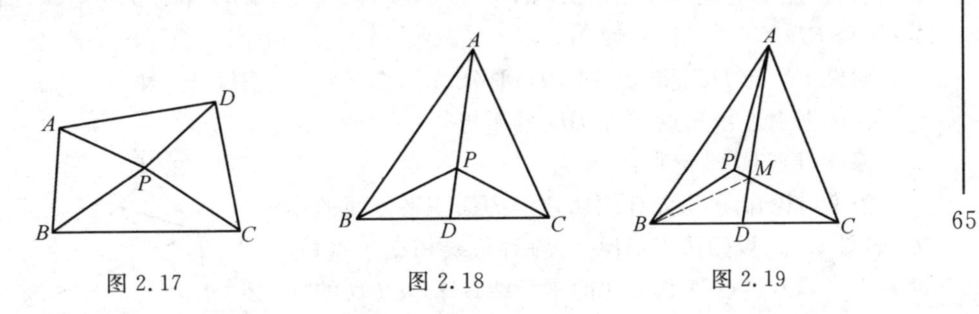


图2.17　　图2.18　　图2.19

$$S_{\triangle PAB}=S_{\triangle PAC}$$

综合(1)(2),引理得证.

**命题6**　四边形中存在面积平分点的充要条件是四边形中有一条对角线平分另一条对角线,且好点是前一条对角线的中点.

**证明**　先证充分性.

如图2.20,在四边形 $ABCD$ 中,对角线相交于点 $O$,且 $AC$ 平分 $BD$.设 $AC$ 的中点是 $P$,则有

$$S_{\triangle ADP}=S_{\triangle PCD},S_{\triangle PAB}=S_{\triangle PBC}$$

$AC$ 平分 $BD$,即 $BO=DO$,根据引理可知,$S_{\triangle PAD}=S_{\triangle PAB}$,$S_{\triangle PDC}=S_{\triangle PBC}$,则点 $P$ 是四边形 $ABCD$ 中的面积平分点.

再证必要性.

如图2.21,在四边形 $ABCD$ 中,$AC$ 交 $BD$ 于点 $O$,$AC$ 的中点是 $E$.设四边形 $ABCD$ 的好点是点 $P$.

由 $S_{\triangle PAB}=S_{\triangle PBC}$(根据引理可知),知点 $P$ 在 $\triangle ABC$ 的中线 $BE$ 上.又 $S_{\triangle PAD}=S_{\triangle PCD}$(同理可知),则点 $P$ 在 $\triangle ADC$ 的中线 $DE$ 上.

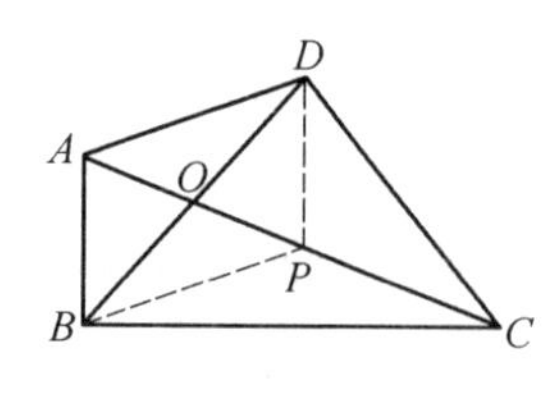


图 2.20

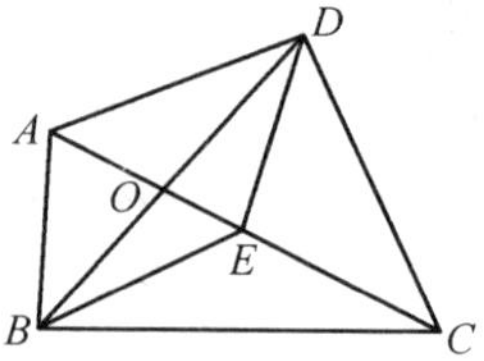

图 2.21

如果 $BE$ 与 $DE$ 不重合,则点 $P$ 就是 $BE$ 与 $DE$ 的交点 $E$,即点 $P$ 为 $AC$ 的中点.因

$$S_{\triangle PAD}=S_{\triangle PAB},S_{\triangle PBC}=S_{\triangle PCD}$$

根据引理,点 $P$ 在 $\triangle ABC$ 中 $BD$ 的中线上,则 $AC$ 是 $\triangle ABD$ 中 $BD$ 的中线,即 $AC$ 平分 $BD$.

如果 $BE$ 与 $DE$ 重合,则 $BD$ 平分 $AC$,且点 $P$ 在 $BD$ 上.又由 $S_{\triangle PAB}=S_{\triangle PAD}$(根据引理),知点 $P$ 是 $BD$ 的中点.

综合(1)(2),结论得证.



为了讨论命题7,先介绍四边形的面积平分线的作法.如图2.22,设四边形 $ABCD$ 的对角线相交于点 $O$,设 $AO<CO$,过点 $A$ 作 $BD$ 的平行线 $GH$,交 $CB$ 的延长线于点 $G$,交 $CD$ 的延长线于点 $H$.

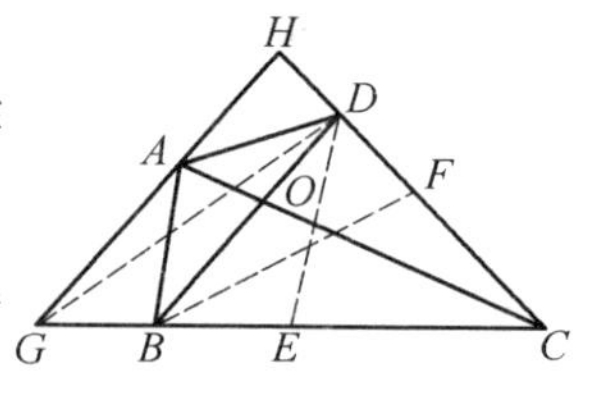


图 2.22

设 $GC$ 的中点为 $E$,$CH$ 的中点为 $F$,联结 $DE$,$BF$ 及 $DG$.

因为 $GH\parallel BD$,所以

$$S_{\triangle ABD}=S_{\triangle GBD},S_{ABCD}=S_{\triangle DGC}$$

又 $E$ 是 $GC$ 的中点,则

$$S_{\triangle DEC}=\frac{1}{2}S_{\triangle DGC}=\frac{1}{2}S_{ABCD}$$

则 $DE$ 是四边形 $ABCD$ 过点 $D$ 的面积平分线.

同理,$BF$ 是四边形 $ABCD$ 过点 $B$ 的面积平分线.用同样的方法,我们可以作出过另外两个顶点的面积平分线.

**命题7** 过四边形相对两个顶点的两条面积平分线分别与四边形周界相交,这两个交点的连线必与这两个相对顶点的连线平行.

**证明** 如图2.23,在四边形 $ABCD$ 中,$DE$,$BF$ 是过顶点 $D$,$B$ 的两条面积平分线,点 $E$ 在 $BC$ 上,点 $F$ 在 $CD$ 上,联结 $EF$,$BD$.因

$$S_{\triangle DEC}=S_{\triangle BFC}=\frac{1}{2}S_{ABCD}$$

所以
$$S_{\triangle BEF}=S_{\triangle DEF}$$

即 $B,D$ 两点到 $EF$ 的距离相等.

图 2.23

故 $EF\ /\!/\ BD$. 结论得证.

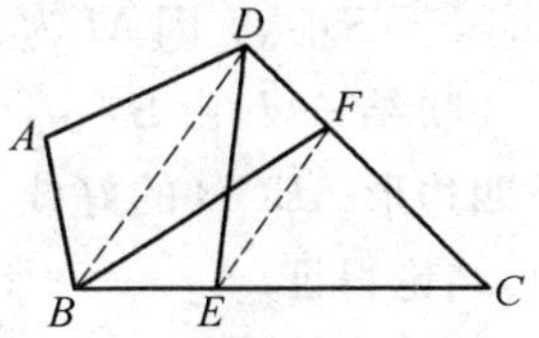

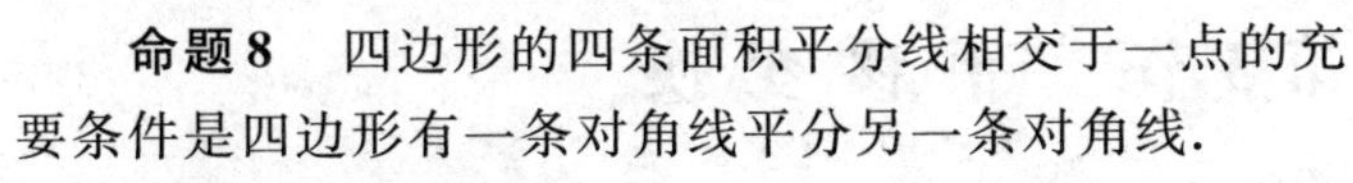

**命题 8**　四边形的四条面积平分线相交于一点的充要条件是四边形有一条对角线平分另一条对角线.

**证明**　先证充分性.

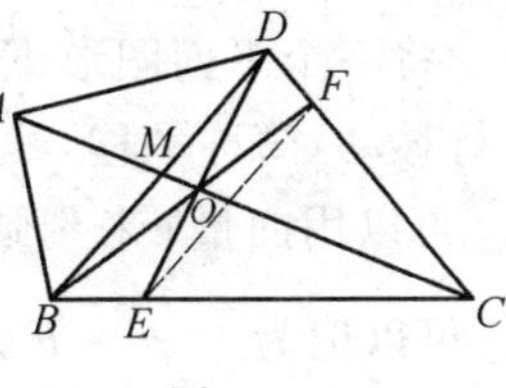


图 2.24

如图 2.24, 在四边形 $ABCD$ 中, 对角线相交于点 $M$, $DE,BF$ 是四边形 $ABCD$ 的两条好线, $DE$ 与 $BF$ 相交于点 $O$.

已知 $AC$ 平分 $BD$, 即 $MB=MD$. 根据引理

$$S_{\triangle MAB}=S_{\triangle MAD},S_{\triangle MBC}=S_{\triangle MDC}$$

则 $S_{\triangle ABC}=S_{\triangle ADC}$, 即 $AC$ 是过点 $A,C$ 的好线. 联结 $EF$, 根据命题 7, 有 $EF\ /\!/\ BD$, 故 $\frac{DF}{FC}=\frac{EB}{CE}$.

在 $\triangle ABC$ 中, 有

$$\frac{DF}{FC}\cdot\frac{CE}{EB}\cdot\frac{BM}{MD}=1$$

根据塞瓦定理的逆定理, $BF,CM,DE$ 相交于点 $O$. 于是, 四边形 $ABCD$ 的四条面积平分线相交于一点.

再证必要性.

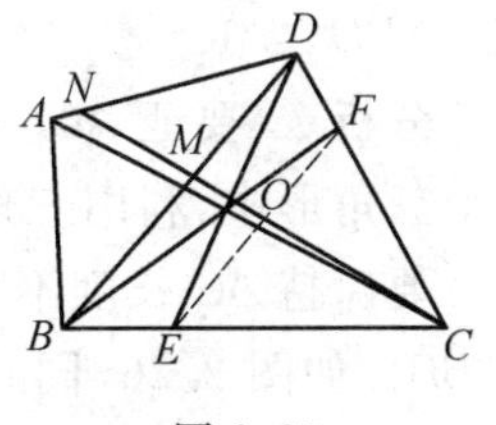


图 2.25

如图 2.25, 四边形 $ABCD$ 的两条面积平分线 $DE$, $BF$ 相交于 $O$, 联结 $CO$ 并延长, 交 $BD$ 于点 $M$, 交 $AD$ 于点 $N$.

已知四边形 $ABCD$ 的四条面积平分线相交于一点, 故 $CN$ 是过点 $C$ 的面积平分线. 联结 $EF$, 根据命题 7, $EF\ /\!/\ BD$, 所以 $\frac{DF}{FC}=\frac{EB}{CE}$.

在 $\triangle BCD$ 中, $BF,DE,CM$ 相交于点 $O$, 根据塞瓦定理, 有

$$\frac{DF}{FC}\cdot\frac{CE}{EB}\cdot\frac{BM}{MD}=1$$

而 $\frac{DF}{FC}\cdot\frac{CE}{EB}=1,BM=MD$, 又因 $CN$ 是四边形 $ABCD$ 的面积平分线, 所以

$S_{\triangle DCN}=S_{ABCN}$. 因 $M$ 为 $BD$ 的中点,所以 $S_{\triangle MBC}=S_{\triangle MCD}$, $S_{\triangle DMN}=S_{ABMN}$.

联结 $AM$,由 $S_{\triangle AMB}=S_{\triangle AMD}$,有点 $N$ 与点 $A$ 重合,即 $AC$ 与 $CN$ 重合,则 $AC$ 是四边形 $ABCD$ 的好线. 而已证明 $CN$ 平分 $BD$,故 $AC$ 平分 $BD$. 综合上述两方面,结论得证.

## 第3节　平移变换

将一个平面图形 $F$ 按一定方向移动一定距离变成图形 $F'$ 的几何变换就是平行移动,简称平移,其中"按一定方向"(平移方向)移动的"定距离"(平移距离)可以用向量 $\boldsymbol{v}$ 来刻画,因此,平移变换记为 $T(\boldsymbol{v})$. 图形 $F$ 在 $T(\boldsymbol{v})$ 下变为图形 $F'$,可以记为 $F\xrightarrow{T(\boldsymbol{v})}F'$.

平移有下列基本性质:

(1) 在平移变换下,对应线段平行(或共线)且相等;

(2) 在平移变换下,对应角的两边分别平行且方向一致,因此,对应角相等.



可见,在平移变换下,可以把一个角在保持大小不变、角的两边方向不变的情况下移动位置,也可以使线段在保持平行且相等的条件下移动位置,从而达到将相关几何元素相对集中,使各元素之间的关系明朗化的目的.

**例1**　两条长为1的线段 $AB$ 与 $CD$ 相交于点 $O$,且 $\angle BOD=60^\circ$. 求证: $AC+BD\geqslant 1$.

**分析**　要证 $AC+BD\geqslant 1$,易联想到,将 $AC$, $BD$ 和长为1的线段集中到一个三角形中,利用三角形不等式证明即可.

要保持 $AC$ 长度不变、角 $60^\circ$ 大小不变,可将 $AC$ 平移到 $BB_1$. 如图2.26,同时也就相当于将 $AB$ 平移到 $CB_1$. 此时 $BB_1=AC$, $\angle DCB_1=\angle DOB=60^\circ$, $CB_1=AB=1=CD$. 所以, $\triangle DCB_1$ 是等边三角形, $DB_1=CD=1$.

在 $\triangle DBB_1$ 中,有 $BB_1+BD\geqslant DB_1$,即 $AC+BD\geqslant 1$.

证明略.

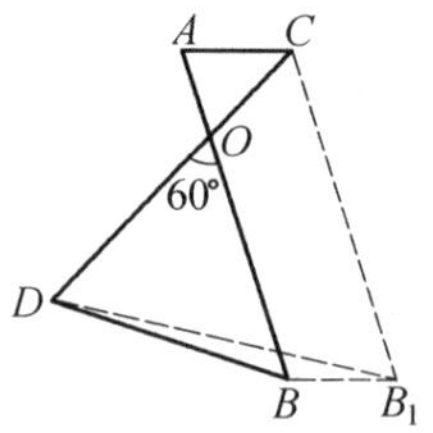

图2.26

**例2**　在六边形 $ABCDEF$ 中, $AB\parallel ED$, $BC\parallel FE$, $CD\parallel AF$,且对边之差 $BC-FE=DE-BA=FA-DC>0$. 求证:六边形 $ABCDEF$ 的各内角均相等.

**分析**　六边形内角和为 $720^\circ$. 要证各内角均相等,即证每个内角都等于 $120^\circ$. 因此,问题就是要在对边平行且对边之差相等的条件下,推证六边形每个

内角都为 $120^\circ$. 而图中没有直接给出 $120^\circ$ 的角，怎么办？我们只要有了 $60^\circ$ 角就会产生 $120^\circ$ 的角，而 $60^\circ$ 角来自等边三角形的内角，题设条件中三组对边之差相等，且三组对边分别平行，这就启示我们，可以通过平移将“三组对边之差”集中在一个三角形中.

**证明**　如图 2.27，过点 $A$ 作 $FE$ 的平行线，过点 $C$ 作 $BA$ 的平行线，过点 $E$ 作 $DC$ 的平行线. 这三条平行线两两相交于点 $P,Q,R$.

易知 $ABCQ,CDER,EFAP$ 均为平行四边形. 所以

$$AQ \underline{\underline{\parallel}} BC, CR \underline{\underline{\parallel}} DE, EP \underline{\underline{\parallel}} FA, AP \underline{\underline{\parallel}} FE, CQ \underline{\underline{\parallel}} BA, ER \underline{\underline{\parallel}} DC$$

故

$$PQ = AQ - AP = BC - FE$$
$$QR = CR - CQ = DE - BA$$
$$RP = EP - ER = FA - DC$$

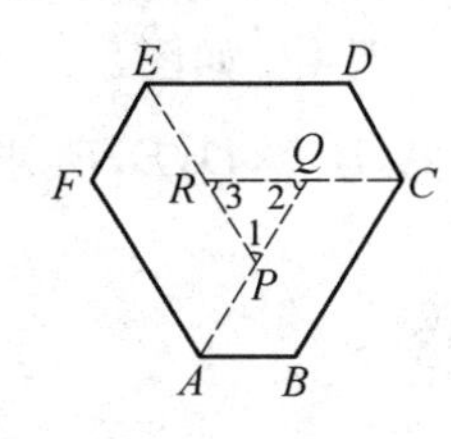

图 2.27

因为　$BC - FE = DE - BA = FA - DC$

所以　$PQ = QR = RP$

所以，$\triangle PQR$ 为等边三角形. 故

$$\angle 1 = \angle 2 = \angle 3 = 60^\circ$$

因此

$$\angle BCD = \angle DCR + \angle RCB = \angle 3 + \angle 2 = 120^\circ$$
$$\angle CDE = \angle ERC = 180^\circ - \angle 3 = 120^\circ$$

同理可证

$$\angle ABC = \angle DEF = \angle EFA = \angle FAB = 120^\circ$$

**例 3**　如图 2.28，$\triangle ABC$ 是正三角形，$\triangle A_1B_1C_1$ 的边 $A_1B_1, B_1C_1, C_1A_1$ 交 $\triangle ABC$ 各边分别于点 $C_2, C_3, A_2, A_3, B_2, B_3$. 已知 $A_2C_3 = C_2B_3 = B_2A_3$，且 $C_2C_3^{\ 2} + B_2B_3^{\ 2} = A_2A_3^{\ 2}$. 证明：$A_1B_1 \perp A_1C_1$.

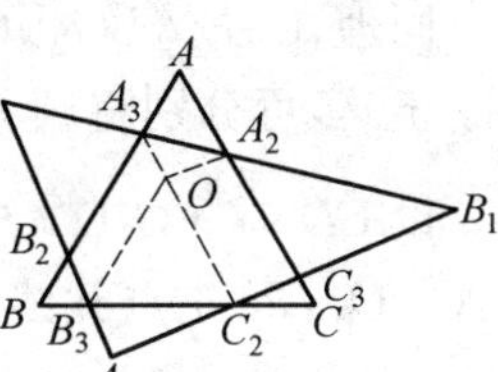

图 2.28

**分析**　要证 $A_1B_1 \perp A_1C_1$，只需证 $\angle B_1A_1C_1 = 90^\circ$. 而已知 $C_2C_3^{\ 2} + B_2B_3^{\ 2} = A_2A_3^{\ 2}$，类似勾股定理的关系式，但 $C_2C_3, B_2B_3, A_2A_3$ 并不是一个三角形的三条

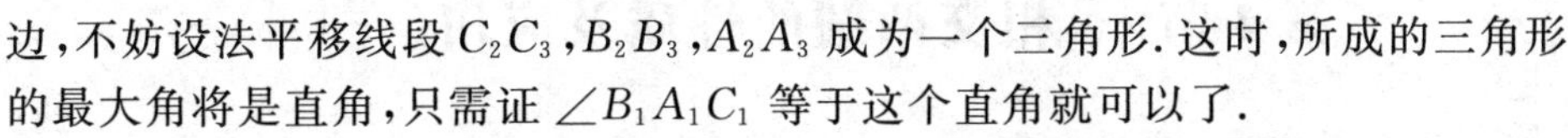

边，不妨设法平移线段 $C_2C_3, B_2B_3, A_2A_3$ 成为一个三角形. 这时，所成的三角形的最大角将是直角，只需证 $\angle B_1A_1C_1$ 等于这个直角就可以了.

**证明**　如图 2.28，过点 $A_2$ 作 $C_3C_2$ 的平行线交过点 $C_2$ 所作 $C_3A_2$ 的平行线于点 $O$，则 $A_2OC_2C_3$ 是平行四边形. 故

$$A_2O = C_3C_2, OC_2 = A_2C_3 = B_3C_2$$

又因为 $\angle OC_2B_3=\angle C=60^{\circ}$,所以,$\triangle OB_3C_2$ 是正三角形.从而

$$\angle OB_3C_2=60^{\circ}=\angle B\Rightarrow OB_3 /\!/ A_3B_2$$

且

$$OB_3=C_2B_3=A_3B_2$$

因此,$OB_3B_2A_3$ 是平行四边形.故 $OA_3 /\!/ B_3B_2$,且 $OA_3=B_3B_2$,因为

$$(C_2C_3)^2+(B_2B_3)^2=(A_2A_3)^2$$

所以

$$(OA_2)^2+(OA_3)^2=(A_2A_3)^2$$

由勾股定理的逆定理得 $\angle A_2OA_3=90^{\circ}$.由已证 $OA_3 /\!/ B_3B_2$,知 $OA_3 /\!/ A_1C_1$,$A_2O /\!/ C_3C_2$,即 $A_2O /\!/ B_1A_1$,所以 $\angle C_1A_1B_1=90^{\circ}$.故 $A_1B_1\perp A_1C_1$.

**例4** 如图2.29,已知平面上三个半径相等的圆 $O_1$,圆 $O_2$,圆 $O_3$ 两两相交于 $A,B,C,D,E,F$.求证:$\overset{\frown}{AB}$,$\overset{\frown}{CD}$,$\overset{\frown}{EF}$ 的和等于 $180^{\circ}$.

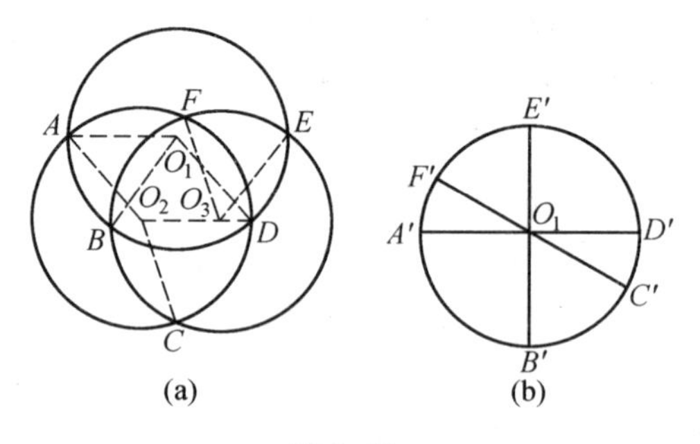


图2.29

**证明** 设这三个圆心与交点的连线如图2.29所示,易知 $AO_2DO_1$ 为平行四边形,即知 $DO_2 \underline{/\!/} AO_1$.

同理,$O_3E \underline{/\!/} BO_1$,$O_3F \underline{/\!/} CO_2$.

于是,可分别将圆 $O_2$,圆 $O_3$ 平移使之与圆 $O_1$ 重合.

设 $CD\xrightarrow{\text{平移}}C'D'$,$EF\xrightarrow{\text{平移}}E'F'$,则 $A'$,$O_1$,$D'$ 三点共线,$B'$,$O_1$,$E'$ 三点共线,$C'$,$O_1$,$F'$ 三点共线.由此即知

$$\angle AO_1B+\angle CO_2D+\angle EO_3F=\angle AO_1B+\angle C'O_1D'+\angle E'O_1F'=180^{\circ}$$

证毕.

## 第4节 相交两圆的性质及应用(一)

试题A3涉及了相交两圆的问题.

两圆相交为圆周角定理、圆内接四边形性质定理提供了用武之地,由此我们也可获得相交两圆的一系列有趣性质.

**性质1**　相交两圆的连心线垂直平分公共弦.

**性质2**　以相交两圆的一交点为顶点，过另一交点的割线段为对边的三角形称为两相交圆的内接三角形. 相交两圆的内接三角形的三个内角均为定值.

**推论1**　在相交两圆中，内接三角形都相似. 如图2.30，$\triangle ACD$，$\triangle AGH$，$\triangle BEF$ 均相似.

**推论2**　在相交两圆中，若公共弦与内接三角形的一边垂直，则另两边必分别为两圆直径，反之亦真. 如图2.30中，$AC$，$AD$ 分别为圆 $O_1$，圆 $O_2$ 的直径 $\Leftrightarrow AB\perp CD$.

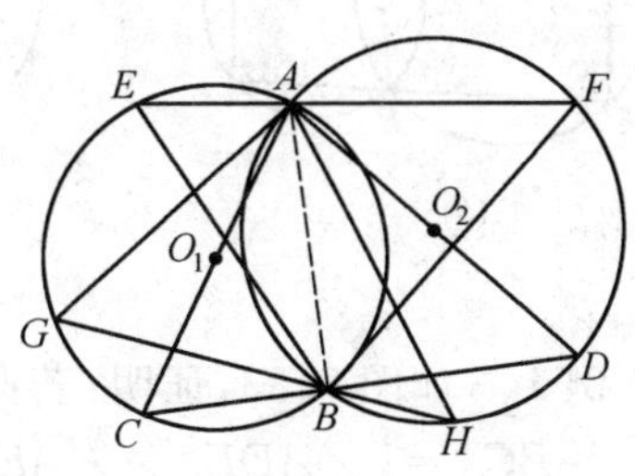

图2.30

**推论3**　在相交两圆中，内接三角形的交点（两圆交点）顶点、两非交点顶点以及两非交点顶点处的两切线交点，此四点共圆. 或两非交点顶点处的两切线交点在内接三角形的外接圆上.

由试题A3可得如下推论：

**推论4**　在相交两圆中，过一交点的两条割线段相等的充分必要条件是公共弦平分这两条割线所夹的角.

**性质3**　两相交圆的公共弦所在直线平分外公切线线段.

**性质4**　以相交两圆的两交点分别为视点，对同一外公切线线段的张角的和为180°.

**性质5**　两相交圆为等圆的充要条件是下述条件之一成立：(1) 公共弦对两圆的张角相等；(2) 过同一交点的两条割线交两圆所得两弦相等；(3) 内接三角形为等腰三角形且底边为割线段.

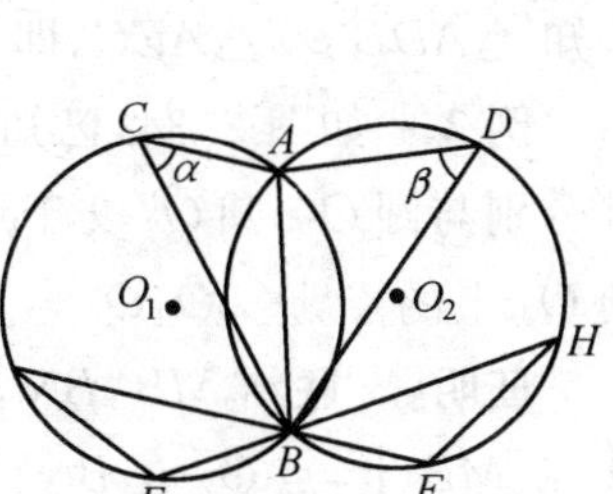

图2.31

事实上，如图2.31所示，圆 $O_1$ 与圆 $O_2$ 相交于点 $A$，$B$.

(1) 令 $\angle ACB=\alpha$，$\angle ADB=\beta$，圆 $O_1$ 与圆 $O_2$ 为等圆 $\Leftrightarrow \dfrac{AB}{\sin\alpha}=\dfrac{AB}{\sin\beta}\Leftrightarrow\alpha=\beta(\alpha,\beta\in(0,\pi))$.

(2) 由圆 $O_1$ 与圆 $O_2$ 为等圆得

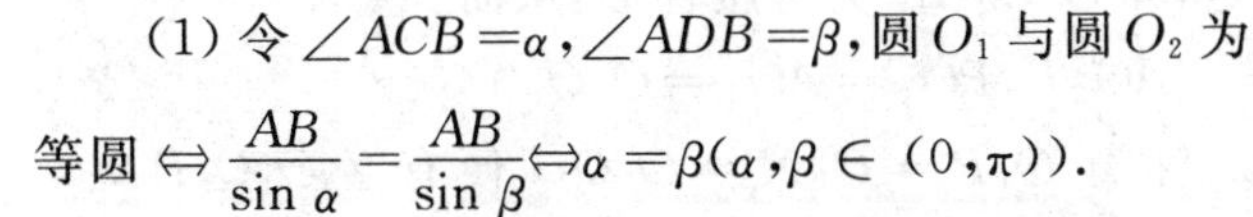

$$\frac{EG}{\sin\angle GBE}=\frac{FH}{\sin\angle HBF}\Leftrightarrow GE=HF$$

(3) 运用正弦定理即证.

**性质6**　过相交两圆的两交点分别作割线，交两圆于四点，同一圆上的两点的弦互相平行.

事实上,如图 2.32 所示,即可证得 $CE \parallel DF$(证略).

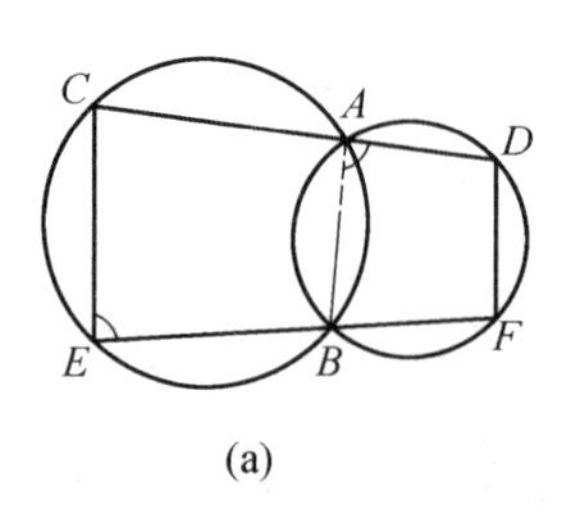


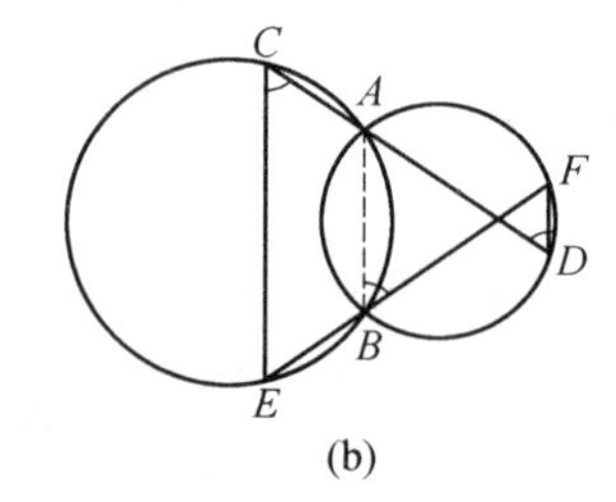


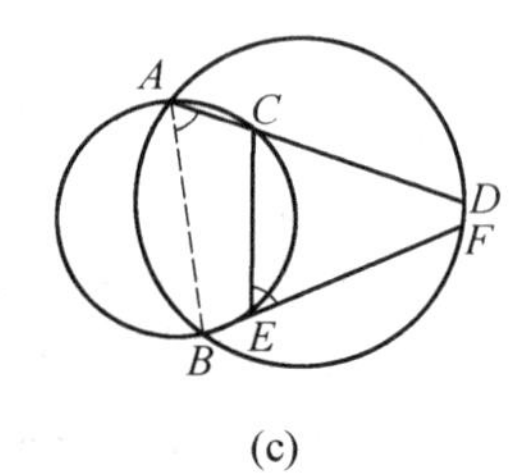


图 2.32

**例 1** 如图 2.33,证明:若凸五边形 $ABCDE$ 中,$\angle ABC = \angle ADE$, $\angle AEC = \angle ADB$, 则 $\angle BAC = \angle DAE$.

(第 21 届全俄中学生(10 年级)数学奥林匹克题)

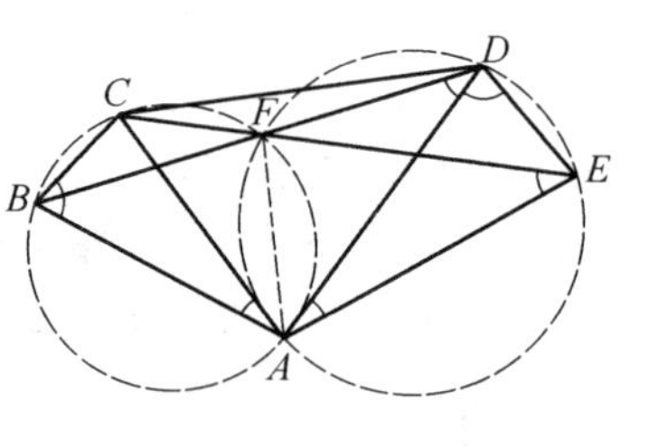


图 2.33

**证明** 设对角线 $BD$ 与 $CE$ 相交于点 $F$. 由 $\angle AEC = \angle AEF = \angle ADB = \angle ADF$,知 $A,E,D,F$ 四点共圆. 因此,$\angle AFE = \angle ADE = \angle ABC$,即 $\angle ABC + \angle AFC = 180°$,故 $A,B,C,F$ 四点共圆.



此时,圆 $ABCF$ 与圆 $AFDE$ 相交于点 $F,A$,从而由相交两圆性质 2 的推论 1,知 $\triangle ADB \backsim \triangle AEC$,即 $\angle BAD = \angle CAE$,故 $\angle BAC = \angle DAE$.

**例 2** 如图 2.34,已知圆 $O_1$ 与圆 $O_2$ 相交于点 $A,B$,直线 $MN$ 垂直于 $AB$ 且分别与圆 $O_1$,圆 $O_2$ 交于点 $M,N$,$P$ 为线段 $MN$ 的中点,$Q_1,Q_2$ 分别是圆 $O_1$,圆 $O_2$ 上的点,$\angle AO_1Q_1 = \angle AO_2Q_2$,求证:$PQ_1 = PQ_2$.

**证明** 联结 $MB,BN$,因 $BA \perp MN$,则由相交两圆性质 2 的推论 2,知点 $O_1$ 在 $MB$ 上,点 $O_2$ 在 $BN$ 上. 联结 $O_1O_2,O_1P$,则四边形 $O_1O_2NP$ 为平行四边形,即 $O_1P = O_2N = O_2A$. 于是,知 $O_1O_2AP$ 为等腰梯形,从而

$$\angle AO_1P = \angle AO_2P, PO_2 = AO_1 = O_1Q_1$$

又 $\angle AO_1Q_1 = \angle AO_2Q_2$,注意 $O_1P = O_2N = O_2Q_2$,便有 $\triangle O_1Q_1P \cong \triangle O_2PQ_2$. 故 $PQ_1 = PQ_2$.

**例 3** 如图 2.35,圆 $O_1$ 与圆 $O_2$ 的半径均为 $r$,圆 $O_1$ 过 $\square ABCD$ 的两顶点 $A,B$,圆 $O_2$ 过顶点 $B,C$,点 $M$ 是圆 $O_1$,圆 $O_2$ 的另一个交点. 求证:$\triangle AMD$ 的外接圆半径也是 $r$.

**证明** 作 $\square ABMN$,联结 $ND,MC$,则四边形 $DCMN$ 也是平行四边形,记

$\angle BAM=\alpha$，$\angle BCM=\beta$，由于圆 $O_1$ 与圆 $O_2$ 是等圆，由相交两圆的性质 5(1)，知 $\alpha=\beta$.

**例 4**　如图 2.36，从 $\triangle ABC$ 的外接圆圆 $O$ 上任一点 $P$，引三边或其延长线的垂线 $PL$，$PM$，$PN$，分别交 $BC$ 于点 $L$，交 $AB$ 于点 $M$，交 $CA$ 于点 $N$，交圆 $O$ 分别于点 $A'$，$B'$，$C'$. 求证：$A'A\ /\!/\ B'B\ /\!/\ C'C$.

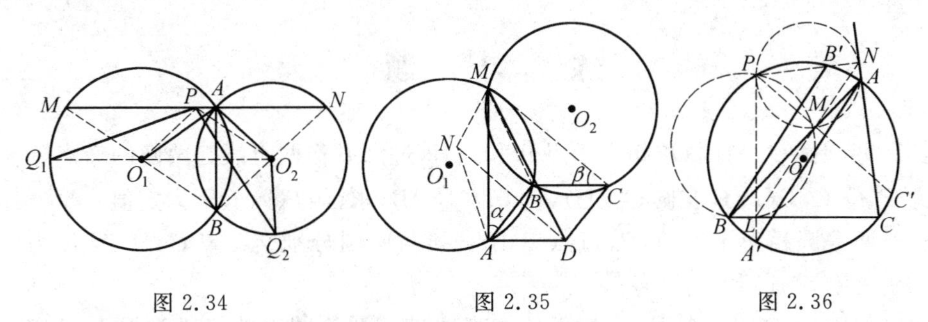


图 2.34　　图 2.35　　图 2.36

**证明**　由西姆松定理，知 $L$，$M$，$N$ 三点共线.

由 $P$，$B$，$L$，$M$ 四点共圆，且此圆与 $\triangle ABC$ 的外接圆圆 $O$ 相交于 $P$，$B$ 两点，$BC$，$PC'$ 是过这两相交圆交点的两条割线，根据两圆相交性质 5，知 $LN\ /\!/\ CC'$. 同样，$PA'$，$BA$ 也是过这两相交圆交点的两条割线，由性质 6 有 $LM\ /\!/\ A'A$. 故 $A'A\ /\!/\ C'C$.

又由 $P$，$M$，$A$，$N$ 四点共圆，此时 $PN$，$AB$ 是分别过圆 $PMAN$ 与圆 $PABC$ 的交点 $P$，$A$ 的两条割线，由性质 6 知 $B'B\ /\!/\ NL$，故 $A'A\ /\!/\ B'B\ /\!/\ C'C$.

**例 5**　如图 2.37，在等腰 $\triangle ABC$ 中，$AB=AC$，$D$ 是 $AB$ 延长线上一点，$E$ 是 $AC$ 上一点，且 $CE=BD$，$DE$ 交 $BC$ 于点 $F$，经过点 $B$，$D$，$F$ 的圆交 $\triangle ABC$ 的外接圆于点 $G$. 求证：$GF\perp DE$.

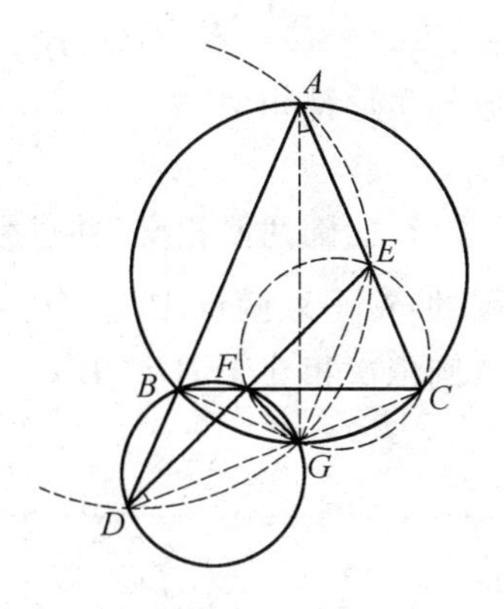


图 2.37

**证明**　由题设，知 $B$，$D$，$G$，$F$ 及 $A$，$B$，$G$，$C$ 分别四点共圆，联结 $BG$，$DG$，$AG$，有 $\angle FDG=\angle FBG=\angle CBG=\angle GAC=\angle GAE$，从而知 $A$，$D$，$G$，$E$ 四点共圆. 此时，联结 $EG$，$FG$，则 $\angle GEC=\angle ADG=\angle BDG=\angle CFG$，所以 $G$，$C$，$E$，$F$ 四点共圆. 于是，$DE$，$BC$ 是过两相交圆圆 $BDGF$ 与圆 $GCEF$ 的交点 $F$ 的两条割线.

由于 $CE=BD$，$\angle CFE=\angle BFD$，由两相交圆性质 5(2)，知圆 $BDGF$ 与圆 $GCEF$ 是等圆. 又由 $A$，$B$，$G$，$C$ 四点共圆，有 $\angle DBG=\angle ECG$. 再注意到性质

5(2),知 $DG=GE$.

因 $B,D,G,F$ 四点共圆,所以有 $\angle ABC=\angle ABF=\angle FGD$. 而 $\angle ECF=\angle ACB=\angle ABC$,故 $\angle FGD=\angle ECF$,即有 $DF=FE$. 此时,推知 $\triangle DGF\cong\triangle EGF$,有 $\angle DFG=\angle EFG$,故 $GF\perp DE$.

**注** 可参见第 26 章第 1 节中性质 30.

## 练 习 题

1. 两圆圆 $O_1$ 与圆 $O_2$ 相交于点 $A$ 和点 $B$,过点 $B$ 作两直线与两圆的交点分别为 $P,Q,C,D$($P,C$ 在圆 $O_1$ 上),且 $CD\perp AB$,求证:$PC:QD$ 为定值.

2. 两等圆相交于点 $A,B$,过点 $A$ 作直线与两圆分别交于点 $C,D$. 若 $E$ 为 $CD$ 的中点,求证:$BE\perp CD$.

3. 两圆相交于点 $A,B$,过点 $A$ 任作直线被两圆所截得的线段为 $PQ$,又过点 $A$ 作 $AB$ 的垂线,被两圆所截得的线段为 $CD$,求证:$PQ\leqslant CD$.



4. 圆 $O_1$ 与圆 $O_2$ 相交于 $A,B$ 两点,割线 $CE,FD$ 都过点 $B$($F,C$ 在圆 $O_1$ 上). 若 $\angle ABC=\angle ABD$,求证:$CE=FD$.

5. 在梯形 $ABCD$ 中,$AB\parallel CD$,$AB>CD$,点 $K,M$ 分别是腰 $AD,CB$ 上的点,$\angle DAM=\angle CBK$,求证:$\angle DMA=\angle CKB$.

6. 定长弦 $PQ$(长度小于直径)的两端在半圆弧 $\overset{\frown}{AB}$ 上滑动. 试证:不论 $PQ$ 在什么位置,从点 $P,Q$ 分别向弦 $AB$ 作垂线,其垂足点 $P',Q'$ 与 $PQ$ 中点 $N$ 所成三角形都相似.

(1981 年福州市竞赛题)

7. 三圆两两相交,并过公共点 $M$,而另一交点分别为点 $P,Q,R$. 过其中一圆的 $\overset{\frown}{PQ}$ 上取两点 $A$ 与 $A'$(点 $P,Q,M$ 除外),引直线 $AP,AQ,A'P,A'Q$,与其他两圆依次相交于 $B,C,B',C'$,求证:$\triangle ABC\backsim\triangle A'B'C'$.

## 练习题参考解答

1. 联结 $AP,AC,AQ,AD$,由 $\angle PAQ=\angle CAD$,有 $\angle PAC=\angle QAD$. 又 $CD\perp AB$,则 $AC,AD$ 均为直径. 从而 $\mathrm{Rt}\triangle PAC\backsim\mathrm{Rt}\triangle QAD$,故 $PC:QD=AC:AD$ 为定值.

2. 过点 $A$ 作 $AB$ 的垂线交两圆于点 $P,Q$,联结 $BC,BP,BD,BQ$. 由于

$PQ \perp AB$，则 $PB$，$QB$ 为直径，即有 $PB = QB$. 又 $\triangle CBD \backsim \triangle PBQ$，则 $\triangle CBD$ 也是等腰三角形，即 $CD$ 上的中线 $BE$ 也是高，故 $CD \perp BE$.

3. 若 $PQ$ 与 $CD$ 重合，则 $PQ = CD$. 若 $PQ$ 与 $CD$ 不重合，联结 $BP$，$BC$，$BQ$，$BD$，由 $CD \perp AB$ 知 $BC$ 为圆的直径，从而在 $\text{Rt}\triangle BPC$ 中，$PB < BC$. 又 $\triangle BPQ \backsim \triangle BCD$，则 $PQ : CD = PB : BC < 1$，即 $PQ < CD$，故 $PQ \leqslant CD$.

4. 联结 $AF$，$AC$，$AD$，$AE$，则 $\triangle ACE \backsim \triangle AFD$. 联结 $FC$，由 $A$，$F$，$C$，$B$ 四点共圆，有 $\angle AFC = \angle ABE = \angle ABD - \angle EBD = \angle ABC - \angle FBC = \angle ABF = \angle ACF$，从而 $\triangle ACF$ 为等腰三角形，即有 $AF = AC$. 此时 $\triangle ACF \cong \triangle AFD$，故 $CE = FD$.

5. 联结 $KM$，由 $\angle DAM = \angle CBK$，知 $A$，$B$，$M$，$K$ 四点共圆. 于是，设 $N$ 为 $MB$ 延长线上一点，有 $\angle MKA = \angle ABN = \angle DCM$，即知 $M$，$C$，$D$，$K$ 四点共圆. 因此 $AD$，$BC$ 分别为过圆 $AKMB$ 与圆 $KMCD$ 的两交点 $K$，$M$ 的割线. 由相交两圆性质 2 的推论 1，知 $\triangle AMD \backsim \triangle BKC$，故 $\angle DMA = \angle CKB$.

6. 设 $O$ 为弦 $AB$ 的中点，联结 $OM$，$OP$，$OQ$，则 $OM \perp PQ$，于是 $O$，$M$，$P$，$P'$ 四点共圆. 同理，$O$，$M$，$Q$，$Q'$ 四点共圆. $PQ$ 与 $P'Q'$ 分别为过圆 $OMPP'$ 及圆 $OMQQ'$ 的两交点 $M$，$O$ 的割线，由相交两圆性质 2 的推论 1，知 $\triangle P'MQ' \backsim \triangle POQ$. 又由于弦 $PQ$ 为定长，不论 $PQ$ 滑到什么位置，所得 $\triangle POQ$ 均为全等的等腰三角形，故 $\triangle P'MQ'$ 的各角的大小不变.

7. 联结 $MP$，$MQ$，则由四点共圆，有 $\angle BRM = \angle APM$，$\angle CRM = \angle AQM$. 又 $\angle APM + \angle AQM = 180^\circ$，则 $\angle BRM + \angle CRM = 180^\circ$，从而 $B$，$R$，$C$ 三点共线. 同理 $B'$，$R'$，$C'$ 三点共线.

联结 $AM$，$A'M$，$BM$，$B'M$，$CM$，$C'M$，则由 $\triangle ABM \backsim \triangle A'B'M$，$\triangle BCM \backsim \triangle B'C'M$，$\triangle ACM \backsim \triangle A'C'M$，即证.

# 第3章　1981年试题的诠释

这一年全国高中联赛试题没有分一、二试，大题中平面几何试题2道，即第3，5题.

**试题** A1　在圆 $O$ 内，弦 $CD$ 平行于弦 $EF$，且与直径 $AB$ 交成 $45^\circ$ 角. 若 $CD$ 与 $EF$ 分别交直径 $AB$ 于点 $P$ 和点 $Q$，且圆 $O$ 的半径长为1，求证：$PC \cdot QE + PD \cdot QF < 2$.

**证法1**　如图3.1，作 $OM \perp CD$，联结 $OC$，则 $CM = MD$，$PM = MO$，则

$$PC^2 + PD^2 = (CM - PM)^2 + (MD + PM)^2 = 2(CM^2 + PM^2) = 2(CM^2 + MO^2) = 2CO^2 = 2$$

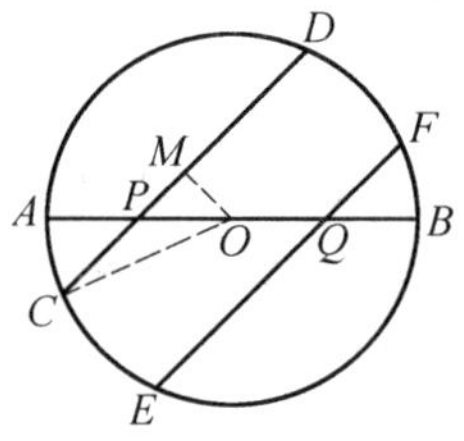

图3.1

同理

$$QE^2 + QF^2 = 2$$

由

$$2PC \cdot QE \leqslant PC^2 + QE^2, 2PD \cdot QF \leqslant PD^2 + QF^2$$

有

$$2(PC \cdot QE + PD \cdot QF) \leqslant PC^2 + QE^2 + PD^2 + QF^2 = (PC^2 + PD^2) + (QE^2 + QF^2) = 4$$

即

$$PC \cdot QE + PD \cdot QF \leqslant 2$$

仅当 $PC = QE$ 及 $PD = QF$ 时，上式等号成立.

如等号成立，则 $PC \underline{\underline{/\!/}} QE$，$PD \underline{\underline{/\!/}} QF$，从而 $PCEQ$ 与 $PDFQ$ 都是平行四边形，即 $CE /\!/ PQ /\!/ DF$，且 $CDFE$ 是矩形，这与 $CD$，$EF$ 与 $AB$ 交成 $45^\circ$ 角矛盾，因此等号不能成立，即

$$PC \cdot QE + PD \cdot QF < 2$$

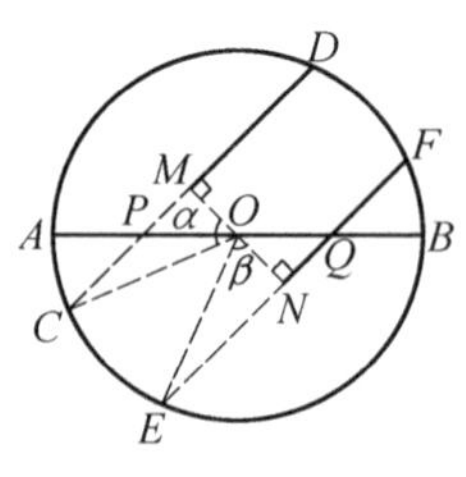


图3.2

**证法2**　如图3.2，过点 $O$ 作 $CD$，$EF$ 的垂线，分别交 $CD$，$EF$ 于点 $M$，$N$，则

$$CM = MD, EN = NF, PM = MO, QN = NO$$

令

$$\angle COM=\alpha,\angle EON=\beta$$

有

$$PC=CM-PM=CM-MO=\sin\alpha-\cos\alpha$$

$$QE=EN+QN=EN+NO=\sin\beta+\cos\beta$$

$$PC\cdot QE=\sin\alpha\sin\beta+\sin\alpha\cos\beta-\cos\alpha\sin\beta-\cos\alpha\cos\beta$$

$$PD=MD+PM=CM+MO=\sin\alpha+\cos\alpha$$

$$QF=NF-QN=EN-NO=\sin\beta-\cos\beta$$

$$PD\cdot QF=\sin\alpha\sin\beta-\sin\alpha\cos\beta+\cos\alpha\sin\beta-\cos\alpha\cos\beta$$

于是

$$PC\cdot QE+PD\cdot QF=2(\sin\alpha\sin\beta-\cos\alpha\cos\beta)=-2\cos(\beta+\alpha)\leqslant 2$$

仅当 $\alpha+\beta=\pi$ 时,上式等号成立,但当 $\alpha+\beta=\pi$ 时,点 $E$ 与点 $C$ 重合,与题设不符,故等号不能成立,即

$$PC\cdot QE+PD\cdot QF<2$$



**证法 3**　如图 3.3,联结 $OC,OD,OE,OF$,令 $\angle DCO=\angle CDO=\alpha,\angle FEO=\angle EFO=\beta$,则

$$\angle CPO=\angle FQO=135^\circ,\angle OPD=\angle OQE=45^\circ$$

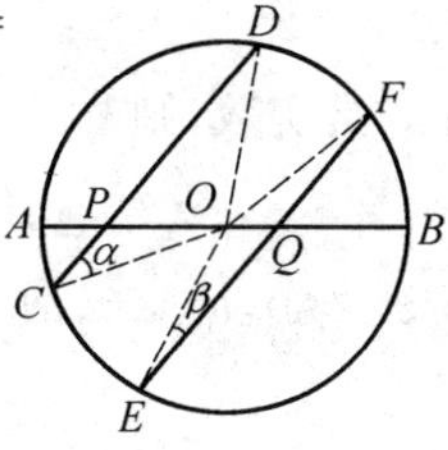

图 3.3

由正弦定理,有

$$PC=\frac{OC\sin(45^\circ-\alpha)}{\sin 135^\circ}=\sqrt{2}\sin(45^\circ-\alpha)$$

$$PD=\frac{OD\sin(135^\circ-\alpha)}{\sin 45^\circ}=\sqrt{2}\sin(45^\circ+\alpha)$$

同理　$EQ=\sqrt{2}\sin(45^\circ+\beta),QF=\sqrt{2}\sin(45^\circ-\beta)$

于是

$$\begin{aligned}&PC\cdot QE+PD\cdot QF=\\&2[\sin(45^\circ-\alpha)\sin(45^\circ+\beta)+\sin(45^\circ+\alpha)\sin(45^\circ-\beta)]=\\&[\cos(\alpha+\beta)+\sin(\beta-\alpha)]+[\cos(\alpha+\beta)+\sin(\alpha-\beta)]=\\&2\cos(\alpha+\beta)\leqslant 2\end{aligned}$$

因 $\alpha+\beta\neq 180^\circ$,故

$$PC\cdot QE+PD\cdot QF<2$$

**证法4** 如图3.4,设 $PC=x$,$AP=y$,$QF=z$,过点 $O$ 作 $OM\perp CD$ 于点 $M$,则

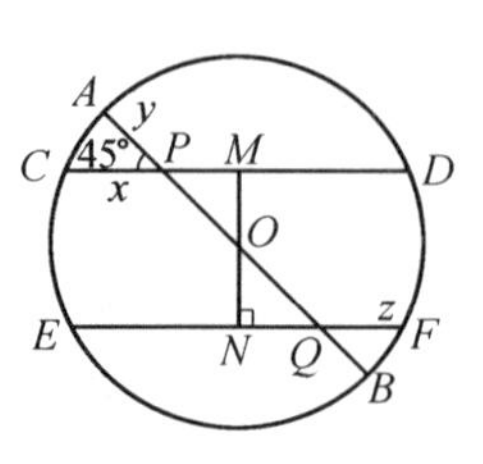


图 3.4

$$PO=1-y,PM=\frac{\sqrt{2}}{2}(1-y),PD=\sqrt{2}+x-\sqrt{2}y$$

而

$$PA\cdot PB=PC\cdot PD,y(2-y)=x(\sqrt{2}+x-\sqrt{2}y)$$

$$y=\frac{\sqrt{2}x+2\pm\sqrt{4-2x^2}}{2}$$

因 $y\leqslant 1$,所以只取 $y=\frac{\sqrt{2}x+2-\sqrt{4-2x^2}}{2}$,即 $PD=\sqrt{2-x^2}$.同理

$$QB=\frac{\sqrt{2}z+2-\sqrt{4-2z^2}}{2},EQ=\sqrt{2-z^2}$$

令

$$u=PC\cdot QE+PD\cdot QF,u=x\sqrt{2-z^2}+z\sqrt{2-x^2}$$



化简得

$$2x^2-2u\sqrt{2-z^2}x+u^2-2z^2=0$$

因 $x$ 是实数,则

$$\Delta=(-2u\sqrt{2-z^2})^2-4\cdot 2(u^2-2z^2)\geqslant 0$$

而 $z^2>0,u>0$,故 $u\leqslant 2$,而 $u=2$ 时,$AB\perp CD$,$AB\perp EF$ 不合题意,故

$$PC\cdot QE+PD\cdot QF<2$$

**证法5** 如图3.5,联结 $OC$,$OE$,令 $\angle HOC=\alpha$,$\angle HOE=\beta$,$C(\cos\alpha,\sin\alpha)$,$D(-\cos\alpha,\sin\alpha)$,$E(\cos\beta,\sin\beta)$,$F(-\cos\beta,\sin\beta)$.于是 $CD:y=\sin\alpha$,$EF:y=\sin\beta$,$PQ:y=x$,则

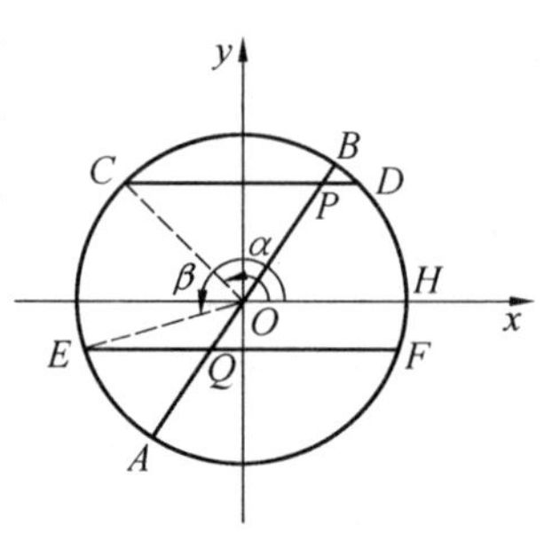


图 3.5

$$P(\sin\alpha,\sin\alpha),Q(\sin\beta,\sin\beta)$$

$$PC=\cos\alpha-\sin\alpha,PD=-\cos\alpha-\sin\alpha$$

$$QE=\cos\beta-\sin\beta,QF=-\cos\beta-\sin\beta$$

从而

$$PC\cdot QE+PD\cdot QF=2(\sin\alpha\sin\beta+\cos\alpha\cos\beta)=2\cos(\alpha-\beta)$$

又 $\alpha \neq \beta$，故

$$PC \cdot QE + PD \cdot QF < 2$$

**证法6**　如图3.6，以$O$为原点、与$CD$平行的直线为$x$轴建立平面直角坐标系，且设$CD: y=a, EF: y=b$，则$P(a,a), Q(b,b)$，圆$O: x^2+y^2=1$.

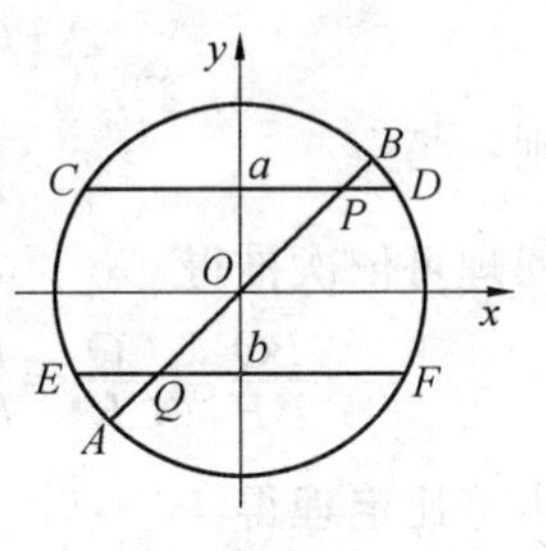

图3.6

点$C,D$坐标为$(-\sqrt{1-a^2}, a), (\sqrt{1-a^2}, a)$；

点$E,F$坐标为$(-\sqrt{1-b^2}, b), (\sqrt{1-b^2}, b)$.

故

$$|CP| = a+\sqrt{1-a^2}, |DP| = \sqrt{1-a^2}-a$$

$$|QE| = b+\sqrt{1-b^2}, |QF| = \sqrt{1-b^2}-b$$

从而

$$|PC||QE|+|PD||QF| = 2(\sqrt{(1-a^2)(1-b^2)}+ab)$$

但

$$\sqrt{(1-a^2)(1-b^2)} \leqslant \frac{(1-a^2)+(1-b^2)}{2} = \frac{1}{2}(2-a^2-b^2)$$

故上式右端小于或等于$2-(a^2+b^2-2ab)=2-(a-b)^2<2$.

**注**　(1)三角证法中，当$CD,EF$在点$O$同一侧时，因$\alpha,\beta$表示的角有所不同，$CP,DP,EQ,FQ$的表示式有所改变，但结果一致.

(2)当$CD,EF$在点$O$的两侧时，它们与$AB$交成$45°$角的条件可以不要.

事实上，如图3.6，作$OM \perp CD$于点$M$，作$ON \perp EF$于点$N$.我们有

$$PC \cdot QE + PD \cdot QF = (MC+PM)(NF-QN)+(MC-PM)(NF+QN) = 2(MC \cdot NF - PM \cdot QN) < 2MC \cdot NF < 2$$

(3)当$CD,EF$在点$O$的两侧，且点$C,E$也在直径$AB$的两侧时，即图3.7中点$E,F$位置互换时，有$PC \cdot QE + PD \cdot QF \leqslant 2$，即等号可以取到.

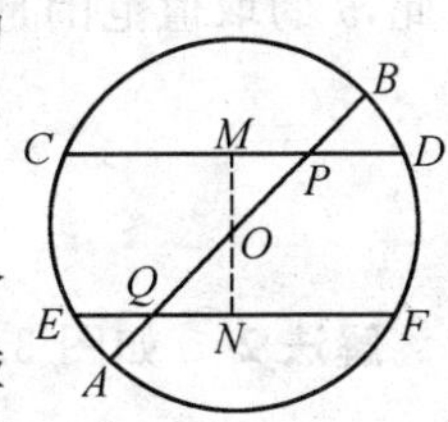

图3.7

**试题A2**　一张台球桌形状是正六边形$ABCDEF$，一个球从$AB$的中点$P$击出，击中$BC$边上的某点$Q$，并且依次碰击$CD,DE,EF,FA$各边，最后击中$AB$边上的某一点.设$\angle BPQ=\theta$，求$\theta$的取值范围.(提示：利用入射角等于反射角的原理.)

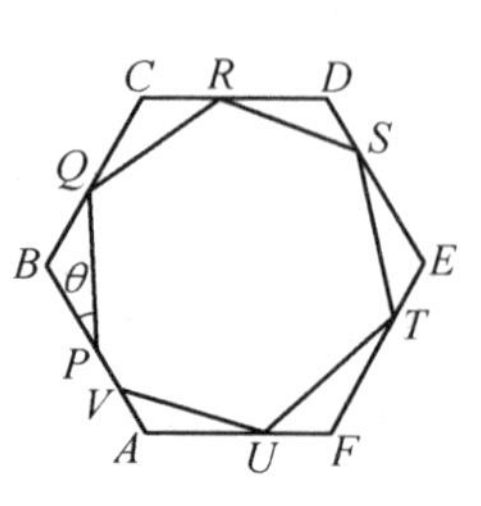

图 3.8

**解法 1** 设球依次击中 $CD, DE, EF, FA, AB$ 各边上的点 $R, S, T, U, V$. 如图 3.8 所示,根据入射角等于反射角的原理,$\angle PQB=\angle RQC$,又 $\angle B=\angle C=120°$,因此

$$\triangle PQB \backsim \triangle RQC$$

则

$$\frac{BQ}{BP}=\frac{CQ}{CR}$$

同理可依次推得

$$\frac{BQ}{BP}=\frac{CQ}{CR}=\frac{DS}{DR}=\frac{ES}{ET}=\frac{FU}{FT}=\frac{AU}{AV}$$

由等比定理得

$$\frac{BQ+CQ+DS+ES+FU+AU}{BP+CR+DR+ET+FT+AV}=\frac{BQ}{BP}$$

不失一般性,设正六边形的边长为 1,令 $AV=t$,则上式变为

$$\frac{3}{2.5+t}=\frac{BQ}{BP}$$



由正弦定理,得

$$\frac{BQ}{BP}=\frac{\sin\theta}{\sin(60°-\theta)}=\frac{2}{\sqrt{3}\cot\theta-1}$$

则

$$\frac{3}{2.5+t}=\frac{2}{\sqrt{3}\cot\theta-1}$$

故

$$\tan\theta=\frac{3\sqrt{3}}{8+2t}$$

由 $0<t<1$,有

$$\frac{3\sqrt{3}}{10}<\tan\theta<\frac{3\sqrt{3}}{8} \quad (*)$$

因此,$\theta$ 的取值范围是

$$\arctan\frac{3\sqrt{3}}{10}<\theta<\arctan\frac{3\sqrt{3}}{8}$$

**解法 2** 如图 3.8,同解法 1,有

$$\frac{BQ}{BP}=\frac{CQ}{CR}=\frac{DS}{DR}=\frac{ES}{ET}=\frac{FU}{FT}=\frac{AU}{AV}$$

不失一般性,设正六边形 $ABCDEF$ 的边长为 1,$PB=\frac{1}{2}$,$BQ=x$,则

$$CQ=1-x,CR=\frac{1-x}{2x},DR=\frac{3x-1}{2x},DS=3x-1$$

$$ES=2-3x,ET=\frac{2-3x}{2x},FT=\frac{5x-2}{2x},FU=5x-2$$

$$AU=3-5x,AV=\frac{3-5x}{2x}$$

因 $Q,R,S,T,U,V$ 各点均在正六边形的边上,可得不等式组

$$\begin{cases}0<x<1\\0<\frac{1-x}{2x}<1\\0<3x-1<1\\0<\frac{2-3x}{2x}<1\\0<5x-2<1\\0<\frac{3-5x}{2x}<1\end{cases}\Rightarrow\begin{cases}0<x<1\\\frac{1}{3}<x<1\\\frac{1}{3}<x<\frac{2}{3}\\\frac{2}{5}<x<\frac{2}{3}\\\frac{2}{5}<x<\frac{3}{5}\\\frac{3}{7}<x<\frac{3}{5}\end{cases}$$

故
$$\frac{3}{7}<x<\frac{3}{5}$$

在 $\triangle PBQ$ 中,$BP=\frac{1}{2}$,$\angle PBQ=120°$,$\frac{3}{7}<BQ<\frac{3}{5}$,由余弦定理可得 $PQ$ 的范围为

$$\frac{\sqrt{127}}{14}<PQ<\frac{\sqrt{91}}{10}$$

由正弦定理即得 $\angle QPB$ 的范围

$$\arcsin\frac{3\sqrt{3}}{\sqrt{127}}<\theta<\arcsin\frac{3\sqrt{3}}{\sqrt{91}}$$

**解法3**　利用线性函数迭代法.

(1) 如图 3.9,设

$$QC=y,BQ=1-y,DR=z$$

在 $\triangle PBQ$ 中用正弦定理

$$\frac{x}{\sin(60°-\theta)}=\frac{1-y}{\sin\theta}\qquad①$$

同理在 $\triangle QCR$ 中用正弦定理

$$\frac{y}{\sin\theta}=\frac{1-z}{\sin(60^\circ-\theta)} \quad ②$$

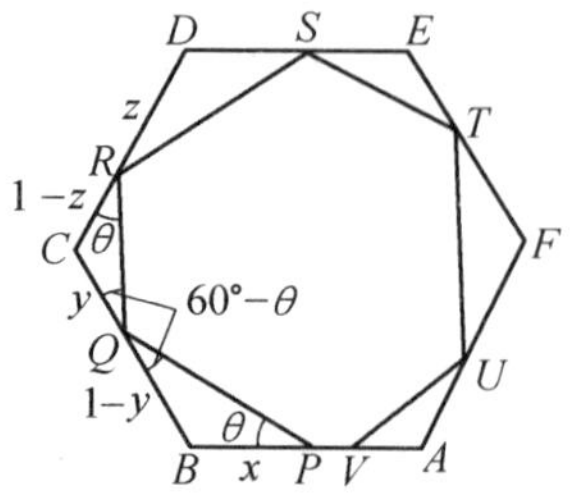

图 3.9

由式 ①② 消去 $y$,得

$$x=\frac{\sin(60^\circ-\theta)-\sin\theta}{\sin\theta}+z$$

从而

$$z=x+\frac{3}{2}-\frac{\sqrt{3}}{2}\cot\theta$$

设

$$f(x)=x+\frac{3}{2}-\frac{\sqrt{3}}{2}\cot\theta$$

依次推下去,则 $BV$ 为 $f(x)$ 的三阶复合函数,故

$$BV=f^{(3)}(x)=x+\frac{9}{2}-\frac{3\sqrt{3}}{2}\cot\theta \quad ③$$

(2) 由 $0<BV<1$ 知,当 $BV=x=\frac{1}{2}$ 时



$$BV=5-\frac{3\sqrt{3}}{2}\cot\theta$$

$$0<5-\frac{3\sqrt{3}}{2}\cot\theta<1$$

$$\frac{8}{3\sqrt{3}}<\cot\theta<\frac{10}{3\sqrt{3}}\Rightarrow 20^\circ30'<\theta<30^\circ$$

解式 ③,当 $x=\frac{1}{4}$,$\theta=30^\circ$ 时,代入式 ③ 得

$$BV=\frac{1}{4}+\frac{9}{2}-\frac{3\sqrt{3}}{2}\cot 30^\circ=\frac{1}{4}$$

此时 $BV$ 在边 $AB$ 上且点 $V$ 与点 $P$ 重合.

**解法4** 如图3.10,再作正六边形 $DCD'E'F''E''$,正六边形 $E'F'A'\cdots F''$,….

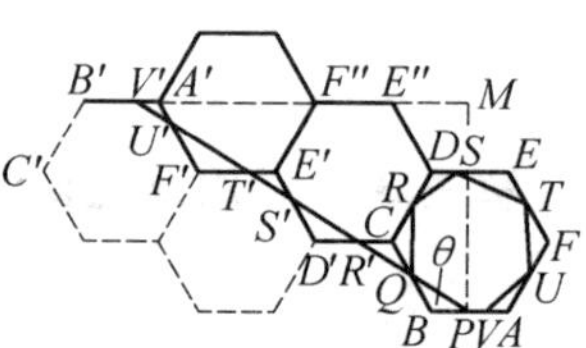

图 3.10

延长 $PQ$ 分别交 $CD'$,$D'E'$,$E'F'$,$F'A'$,$A'B'$ 于 $R'$,$S'$,$T'$,$U'$,$V'$ 各点.

设球击在 $CD$,$DE$,$EF$,$FA$,$AB$ 各边的点分别是 $R$,$S$,$T$,$U$,$V$,由于入射角等于反射角,易证

$$\triangle QCR'\cong\triangle QCR,\triangle R'D'S'\cong\triangle RDS,\triangle S'E'T'\cong\triangle SET$$

$$\triangle T'F'U' \cong \triangle TFU, \triangle U'A'V' \cong \triangle UAV$$

球击中 $CD$ 上点 $R$ 相当于球击中 $CD'$ 上点 $R'$；球击中 $DE$ 上点 $S$ 相当于击中 $D'E'$ 上点 $S'$，依此类推.

因此，球行走的折线 $PQRSTUV$ 转化为直线 $PQR'S'T'U'V'$.

易证 $B',A',F'',E''$ 四点共线，设这条直线与 $AB$ 的中垂线相交于点 $M$，则有

$$B'M \parallel BA, B'M \perp MP$$

易证点 $B,D',F',B'$ 共线与点 $A,C,E',A'$ 共线.

因为 $B'A' \underline{\parallel} BA$，所以 $BB'A'A$ 是平行四边形.

若 $PQ$ 延长后能与平行四边形内的线段 $CD',D'E',E'F',F'A'$ 相交，并与 $A'B'$ 相交，则线段 $PV'$ 应在平行四边形 $BB'A'A$ 的内部. 因此，必将有

$$\angle PB'M < \angle PV'M = \angle BPQ = \theta < \angle PA'M$$

不失一般性，设正六边形的边长为1，则

$$B'M = 5, A'M = 4, PM = \frac{3\sqrt{3}}{2}$$

$$\tan \angle PB'M = \frac{MP}{B'M} = \frac{3\sqrt{3}}{2\times 5} = \frac{3\sqrt{3}}{10}$$

$$\tan \angle PA'M = \frac{MP}{A'M} = \frac{3\sqrt{3}}{2\times 4} = \frac{3\sqrt{3}}{8}$$

由式（*）有 $\frac{3\sqrt{3}}{10} < \tan\theta < \frac{3\sqrt{3}}{8}$，因此，$\theta$ 的取值范围是

$$\arctan\frac{3\sqrt{3}}{10} < \theta < \arctan\frac{3\sqrt{3}}{8}$$



**解法5**　如图3.11，将正六边形 $ABCDEF$（简称图 $A_0$）以 $BC$ 为对称轴反射，得图 $A_1$；再将正六边形 $A_1$ 以 $CD_1$ 为对称轴反射，得图 $A_2$；如此，依次得 $A_3,A_4,A_5$ 各正六边形. 显然 $B,D_1,F_1,B_1$ 以及 $A,C,E_1,A_1$ 各点分别在一条直线上，且 $ABB_1A_1$ 为平行四边形. 又因为入射角等于反射角，所以从 $AB$ 的中点 $P$ 击出，依次碰到 $A_0$ 的各边反射，最后击中 $AB$ 边上的一点，这种情况下球 $P$ 所经过的折线轨迹，由对称性可得如图3.11所形成的在平行四边形 $ABB_1A_1$ 内始点在 $P$、终点在 $A_1B_1$ 上的直线段.

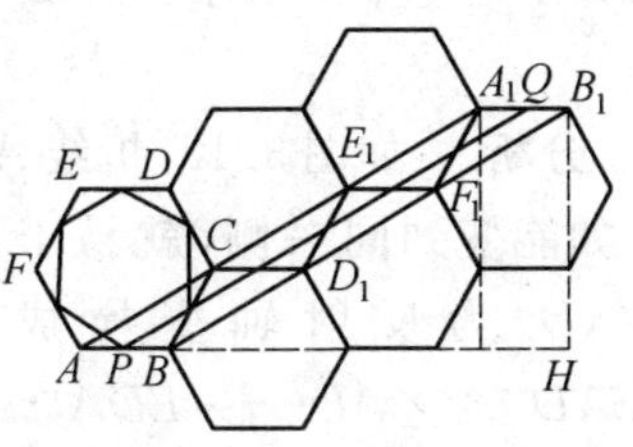


图3.11

从而 $\angle BPQ$ 的范围为 $\angle BPB_1 < \angle BPQ < \angle BPA_1$.

由 $AB=1,BP=\frac{1}{2},B_1H=\frac{3\sqrt{3}}{2},BB_1=3\sqrt{3},PH=5$,可以解得

$$\angle BPB_1=\arcsin\frac{3\sqrt{3}}{\sqrt{127}},\angle BPA_1=\arcsin\frac{3\sqrt{3}}{\sqrt{91}}$$

故

$$\arcsin\frac{3\sqrt{3}}{\sqrt{127}}<\theta<\arcsin\frac{3\sqrt{3}}{\sqrt{91}}$$

**注** 本题可以推广到正 $n$ 边形的情形.

## 第1节 反射变换

试题 A2 涉及了反射变换的问题.

所谓反射,就是类似于光线反射把一个图形 $F$ 变为它关于直线 $l$ 的轴对称图形 $F'$,这样的变换称为关于直线 $l$ 的反射,直线 $l$ 叫作反射轴.

反射由反射轴完全确定,经过反射保持不变的点或线称为二重点或二重线.显然,反射轴上的点是二重点,对应点的连线(即垂直于反射轴的直线)和反射轴都是二重线.



反射是合同变换,在反射下,射线变为射线,平行线变为平行线,三角形、多边形和圆分别变为与它们全等的三角形、多边形和圆.也就是说,在反射变换下,结合性、平行性保持不变,两点间的距离、弧长、角度、面积等都是反射下的不变量.

我们利用反射的不变性质和不变量来解一些问题,有其独特的作用.

**例1** 已知 $AD$ 是凸五边形 $ABCDE$ 的一条对角线,且 $\angle EAD>\angle ADC$,$\angle EDA>\angle DAB$,求证:$AE+ED>AB+BC+CD$.

(1979年甘肃省竞赛试题)

**分析** 如图3.12,折线 $ABCD$ 与折线 $AED$ 在 $AD$ 的两侧,如能变到同一侧,就易于比较了,于是可将折线 $ABCD$ 以 $AD$ 为反射轴变换成 $AB'C'D$. 但由题设条件 $\angle EAD>\angle ADC$,$\angle EDA>\angle DAB$,知折线 $AB'C'D$ 未必全落在 $\triangle AED$ 内,仍难以比较,所以还需以 $AD$ 的垂直平分线作反射轴,将折线 $AED$ 反射成 $DE'A$,从而

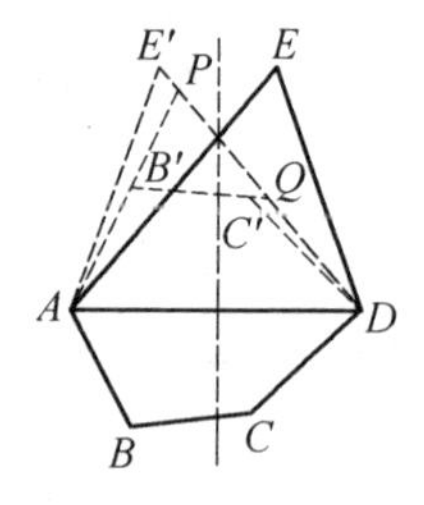


图 3.12

$$\angle E'DA=\angle EAD>\angle ADC$$
$$\angle E'AD=\angle EDA>\angle DAB$$

这样 $AB'C'D$ 在 $\triangle AE'D$ 内部,若延长 $AB'$ 交 $DE'$ 于点 $P$,延长 $B'C'$ 交 $DE'$ 于点 $Q$,则有

$$\begin{aligned}AE+ED=AE'+E'D>AP+PD>\\AB'+B'Q+QD>AB'+B'C'+C'D=\\AB+BC+CD\text{(证略)}\end{aligned}$$

**注**　本题可进行推广:在任意凸 $n$ 边形 $A_1A_2\cdots A_n$ 中,若

$$\angle A_1A_2A_n>\angle A_2A_nA_{n-1},\angle A_1A_nA_2>\angle A_3A_2A_n$$

则有
$$A_1A_2+A_1A_n>\sum_{i=2}^{n-1}A_iA_{i+1}$$

证法相仿.

**例2**　已知矩形 $ABCD$,$E,F,G,H$ 分别是 $AB,BC,CD,DA$ 上的点,求证:$EF+FG+GH+HE\geqslant 2AC$.

(1984年浙江舟山市竞赛题)

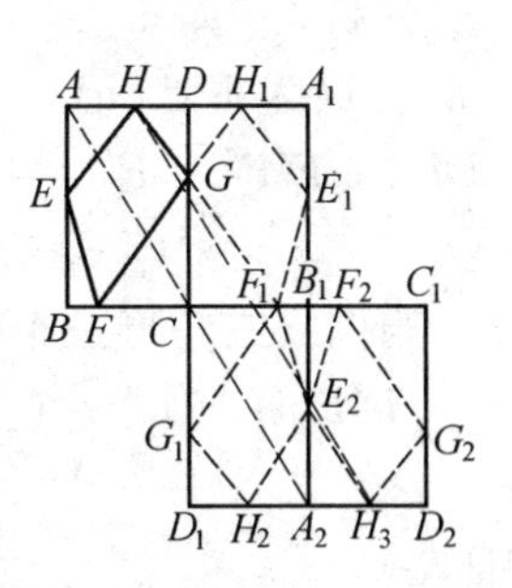

图3.13

**证明**　将矩形 $ABCD$ 沿 $CD$ 反射成 $A_1B_1CD$,将 $A_1B_1CD$ 沿 $CB_1$ 反射成 $A_2B_1CD_1$,将 $A_2B_1CD_1$ 沿 $A_2B_1$ 反射成 $A_2B_1C_1D_2$,如图3.13. $E,F,G,H$ 各点的像如图3.13所示.易知 $A,C,A_2$ 共线,则 $AA_2=2AC$.又由反射性质知

$$HG+GF_1+F_1E_2+E_2H_3=HG+GF+EF+HE$$

及
$$AH=A_2H_3,AH\ /\!/\ A_2H_3$$

则
$$AA_2=HH_3$$

但
$$HG+GF_1+F_1E_2+E_2H_3\geqslant HH_3$$

故
$$EF+FG+GH+HE\geqslant 2AC$$

由上面证明可知当且仅当 $H,G,F_1,E_2,H_3$ 五点共线时,即当且仅当 $EF\ /\!/\ GH\ /\!/\ AC,EH\ /\!/\ FG\ /\!/\ BD$ 时,不等式取等号.

**例3**　在锐角三角形中,所有内接三角形以垂足三角形的周长最短.

**分析1**　考虑到这个题目要求证明某特定条件下的折线段长度为最短,因而可利用反射变换将其转化成一直线段,然后再同无此特定条件的一般折线段进行比较.如图3.14,$\triangle DEF$ 是 $\triangle ABC$ 的垂足三角形,将锐角 $\triangle ABC$ 经过连续五次反射变换后,形成六个相邻的全等

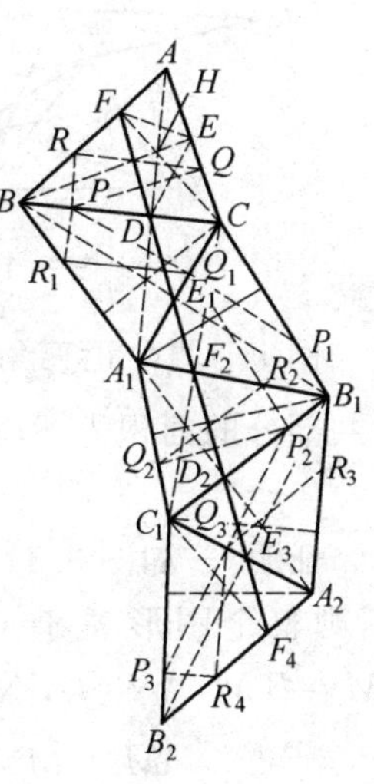

图3.14

三角形,最后一个为 $\triangle A_2B_2C_1$,其余字母见图示.由 $B,D,H,F$;$D,C,E,H$ 及 $B,C,E,F$ 分别四点共圆,可证得 $\angle FDA=\angle EDA$,由反射性质知 $A,D,A_1$ 三点共线,$\angle E_1DA_1=\angle EDA$,则 $\angle E_1DA_1=\angle FDA$,故 $F,D,E_1$ 三点共线.同理知 $F,D,E_1,F_2,D_2,E_3,F_4$ 七点共线.从而 $FE_4=2(DE+EF+FD)$,又由反射性质 $\angle A_2F_4E_3=\angle AFE$,$\angle AFE=\angle BFD$,则 $\angle BFD=\angle A_2F_4E_3$,故 $AB\parallel A_2B_2$.而对任意内接 $\triangle PQR$,其中点 $P,Q,R$ 不全为高线的垂足,则经五次反射变换后转化成折线段 $RPQ_1R_2P_2Q_3R_4$,显然其长度大于 $RR_4$.但 $FR=F_4R_4$,则 $FF_4R_4R$ 为平行四边形,即 $RR_4=FF_4$.故 $\triangle DEF$ 的周长小于 $\triangle POR$ 的周长.(证略)

**分析2** 如图3.15,作点 $D$ 关于 $AB,AC$ 的反射点 $D_2,D_1$.设内接三角形只有顶点 $D$ 为垂足,记 $\angle BAC=\angle A$,则

$$DE'+E'F'+F'D=D_1E'+E'F'+F'D_2>D_1D_2=D_1E+EF+FD_2=DE+EF+FD=2E_1F_1=2AD\sin A$$

当内接三角形三个顶点均不为垂足时,如图3.16所示.此时

$$D'E'+E'F'+F'D'=D_1'D_2'=2E_0F_0=2AD'\sin A>2AD\sin A=DE+EF+FD$$

(证略)



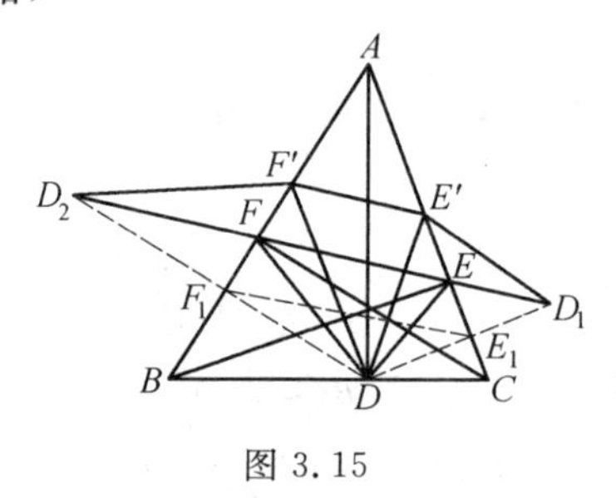


图 3.15

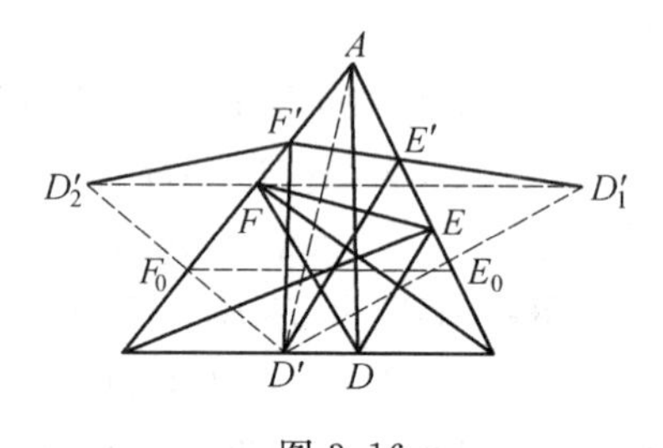


图 3.16

**例4** 两个正三角形内接于一个半径为 $r$ 的圆,记其公共部分的面积为 $S$,求证:$2S\geqslant\sqrt{3}r^2$.

(1985年第26届IMO预选题)

**证明** 如图3.17,设 $A'B'$ 分别交 $AB,AC$ 于点 $M,N$,则整个图形关于 $OM,ON$ 分别成轴反射图形.故 $AM=B'M,AN=A'N$,那么

$$AM+MN+NA=A'B'=\sqrt{3}r$$

图 3.17

即 $\triangle AMN$ 的周长为定长.因此

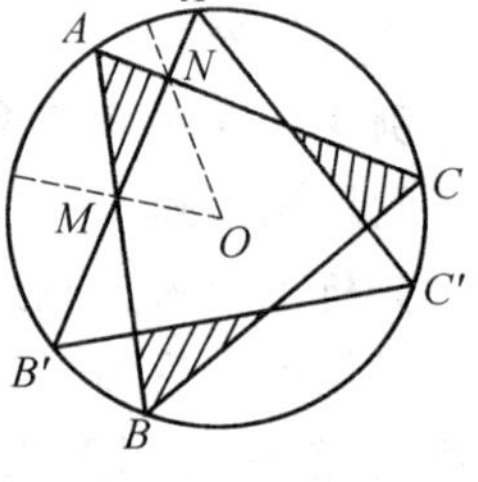

$$S_{\triangle AMN} \leqslant \frac{\sqrt{3}}{4} \times \left(\frac{\sqrt{3}}{3} r\right)^2 = \frac{\sqrt{3}}{12} r^2$$

于是
$$S = S_{\triangle ABC} - 3S_{\triangle AMN} \geqslant \frac{\sqrt{3}}{4} \times (\sqrt{3} r)^2 - \frac{\sqrt{3}}{4} r^2$$

即
$$2S \geqslant \sqrt{3} r^2$$

**例 5**　已知：点 $E$ 和点 $G$ 分别是凸四边形 $ABCD$ 的边 $AB$，$CD$ 的中点，矩形 $EFGH$ 满足顶点 $F$，$H$ 分别在边 $BC$，$AD$ 上. 求证：四边形 $ABCD$ 的面积是矩形 $EFGH$ 的面积的两倍.

**分析**　如图 3.18，只要能证明沿矩形的边把四边形 $ABCD$ 在矩形外面的部分（阴影部分）反射到矩形内部后，恰能填满矩形，既没有空隙又不相重叠就可以了.

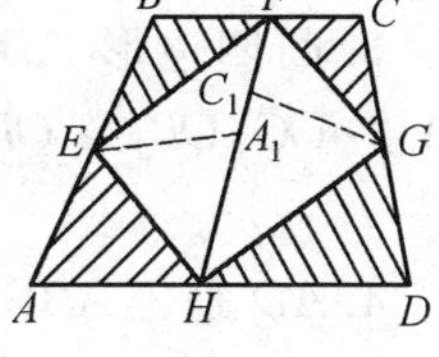

图 3.18

**证明**　因为 $E$ 是 $AB$ 的中点，所以 $EA = EB$，又 $\angle FEH = 90°$，所以

$$\angle AEH + \angle BEF = \angle FEH$$

于是将四边形 $ABCD$ 位于矩形外部的部分反射到其内部后，$EB$ 与 $EA$ 重合于 $EA_1$，同理，$GC$ 与 $GD$ 重合于 $GC_1$. 又

$$\angle AHE + \angle DHG = \angle EHG$$

所以 $HA_1$ 与 $HC_1$ 在一条直线上.

同理 $FC_1$ 与 $FA_1$ 也在一条直线上.

若 $A_1$ 与 $C_1$ 重合于一点，则反射后恰好填满.

若 $A_1$ 与 $C_1$ 不重合于一点，则 $A_1$，$C_1$ 都在直线 $FH$ 上，从而也恰好填满.

所以命题得证.

**例 6**　已知一个正六边形内接于一个圆，另一个正六边形外切此圆. 不直接计算两个六边形的面积，试求这两个正六边形面积之比是多少？

**解**　如图 3.19，将内接正六边形的顶点恰好放在外切正六边形的各边中点上. 联结中心与内接正六边形的各顶点得六个等边三角形，再将外切正六边形位于内接正六边形外面的部分反射到其内部，易知各顶点的对称点是六个等边三角形的中心. 于是我们得到构成外切正六边形的 24 个全等三角形，其中 18 个构成内接正六边形，所以内接正六边形与外切正六边形的面积之比为 18 : 24 = 3 : 4.

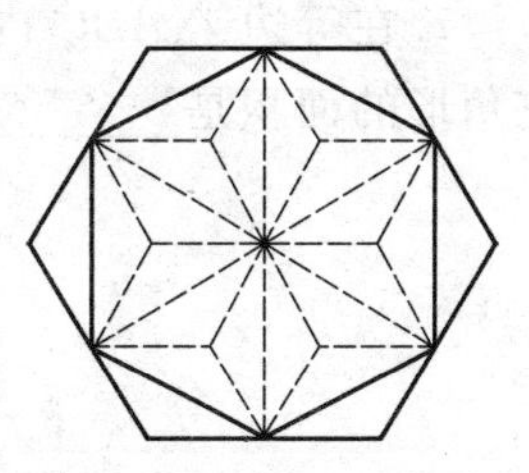

图 3.19

## 练　习　题

1. 已知 $BD$ 为等腰 $\triangle ABC$ 的底角 $\angle B$ 的平分线，且 $AB = BC + CD$，求证：$\angle C = 90°$.

2. 已知 $\angle ABD = \angle ACD = 60°$，$\angle ADB = 90° - \frac{1}{2}\angle BDC$，求证：$\triangle ABC$ 是等腰三角形.

(1990 年武汉市初二数学竞赛试题)

3. 凸四边形 $ABCD$ 的对角线 $AC$，$BD$ 相交于点 $O$，且 $AC \perp BD$. 已知 $OA > OC$，$OB > OD$，求证：$BC + AD > AB + CD$.

(首届"祖冲之杯"初中数学邀请赛试题)

4. $AD$ 是 $\triangle ABC$ 的中线，过 $DC$ 上任意一点 $F$ 作 $FG \parallel AB$ 与 $AC$ 和 $AD$ 的延长线分别交于点 $G$ 和点 $E$，$FH \parallel AC$ 交 $AB$ 于点 $H$，求证：$HG = BE$.

(1989 年四川省初中数学联合竞赛试题)

5. 点 $P$，$Q$，$R$ 分别在 $\triangle ABC$ 的边 $AB$，$BC$，$CA$ 上，且 $BP = PQ = QR = RC = 1$，那么 $\triangle ABC$ 的面积的最大值是(　　).

A. $\sqrt{3}$　　　　B. 2　　　　C. $\sqrt{5}$　　　　D. 3

(1990 年全国初中数学联赛试题)

6. 已知：$D$ 是 $\triangle ABC$ 的边 $AC$ 上的一点，$AD : DC = 2 : 1$，$\angle C = 45°$，$\angle ADB = 60°$，求证：$AB$ 是 $\triangle BCD$ 的外接圆的切线.

(1987 年全国初中数学联赛第二试试题)

7. 在等边 $\triangle ABC$ 内有一点 $P$，若 $PA = 3$，$PB = 4$，$PC = 5$(单位：cm)，则此三角形的面积是________($\mathrm{cm}^2$).

(1990 年全国初中生"勤奋杯"数学邀请赛试题)

## 练习题参考解答

1. 如图 3.20，以 $BD$ 为反射轴，作 $\triangle BCD \cong \triangle BED$. 因

$$AB = BC + CD = BE + DE$$

则

$$AE = DE$$

即

$$\angle A = \angle EDA，\angle C = \angle DEB = 2\angle A$$

在等腰 $\triangle ABC$ 中，$\angle A = \angle ABC$，则 $\angle A = 45°$，则 $\angle C = 90°$.

2. 如图 3.21，由 $\angle ADB = 90° - \frac{1}{2}\angle BDC$，得 $\angle ADC = 90° + \frac{1}{2}\angle BDC$，以 $AD$ 为反射轴，作 $\triangle ACD \cong \triangle AED$，则

$$AC = AE, \angle ADE = \angle ADC, \angle ADE + \angle ADB = 180°$$

因此，$B$，$D$，$E$ 在一条直线上，得出 $\triangle ABE$ 是等边三角形. 故 $AB = AE = AC$.

3. 如图 3.22，注意到 $AC \perp BD$. 于是分别以 $BD$，$AC$ 为对称轴作出 $BC$，$AD$ 的对称图形 $BC'$，$AD'$，显然点 $C'$，$D'$ 各在 $AO$，$BO$ 上. 联结 $C'D'$，则 $C'D' = CD$. 如图 3.22，易知

$$AE + BE > AB, C'E + D'E > C'D'$$

将上述两式相加得

$$BC' + AD' > AB + C'D'$$

即
$$BC + AD > AB + CD$$

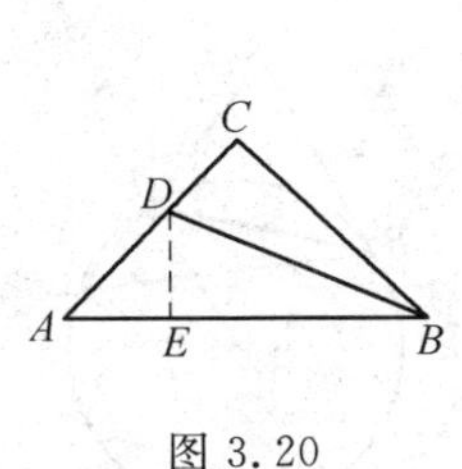

图 3.20

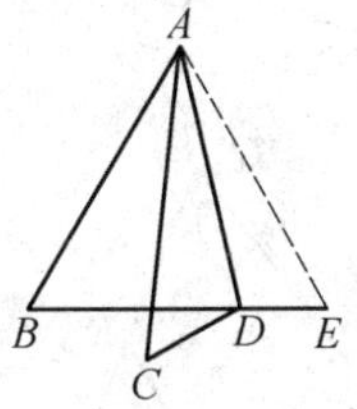

图 3.21

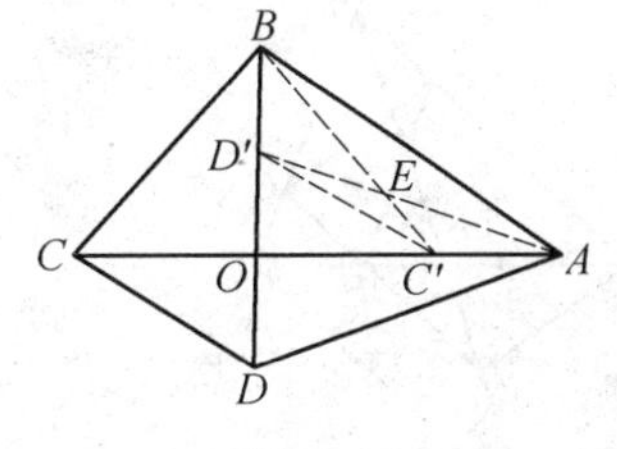

图 3.22

4. 如图 3.23，以点 $D$ 为对称中心作出 $\triangle ADB$ 的中心对称图形 $\triangle PDC$. 显然 $DP$ 和 $DE$ 重合，且 $PC \parallel AB$. 由 $EG \parallel AB$ 得 $PC \parallel EG$. 这时 $\frac{EG}{PC} = \frac{AG}{AC}$.

但 $FGAH$ 是平行四边形，所以 $HF \underline{\parallel} AG$，于是 $\frac{AG}{AC} = \frac{HF}{AC} = \frac{BH}{AB}$，即得 $\frac{EG}{PC} = \frac{BH}{AB}$. 由此 $EG = BH$，这时 $EGHB$ 为平行四边形，故 $HG = BE$.

5. 如图 3.24，联结 $PR$，以 $PR$ 为对称轴作出 $\triangle PQR$ 的对称 $\triangle PQ'R$，这时易知点 $Q'$，$A$ 都在以 $PR$ 为弦的含 $\angle A$ 的弓形弧上. 由 $PQ' = Q'R$ 知 $Q'$ 是这个弧的中点. 设以 $PR$ 为公共底边的 $\triangle PQR$ 及 $\triangle APR$ 的高为 $h_2$ 及 $h_1$，就易知 $h_1 \leqslant h_2$，但 $\triangle BPQ$，$\triangle QRC$，$\triangle PQR$ 的面积均不大于 $\frac{1}{2} \times 1 \times 1 = \frac{1}{2}$，从而

$$S_{\triangle APR} \leqslant S_{\triangle PQR} \leqslant \frac{1}{2}$$

于是

$$S_{\triangle ABC}=S_{\triangle APR}+S_{\triangle BPQ}+S_{\triangle QRC}+S_{\triangle PQR}\leqslant 4\times\frac{1}{2}=2$$

最后,当 $AB=AC=2$,$\angle A=90°$ 时,$S_{\triangle ABC}=2$,即可以达到最大值,故选 B.

6.如图 3.25,以 $BD$ 为对称轴作出 $\triangle ABD$ 的对称图形 $\triangle A'BD$,联结 $CA'$ 并延长交圆 $O$ 于点 $E$,联结 $BE$,$DE$,则 $\angle A'DC=60°$.由余弦定理

$$A'C^2=A'D^2+DC^2-2A'D\cdot DC\cos 60°=A'D^2-DC^2$$

所以
$$A'D^2=A'C^2+DC^2,\angle DCA'=90°$$

那么 $DE$ 为圆 $O$ 的直径,从而

$$\angle BDE=\angle BCE=45°=\angle BCD=\angle BED$$

于是 $BD=BE$,又

$$\angle EDA'=\angle BDA'-\angle BDE=15°=\angle DBC=\angle DEA'$$

于是 $A'D=A'E$.

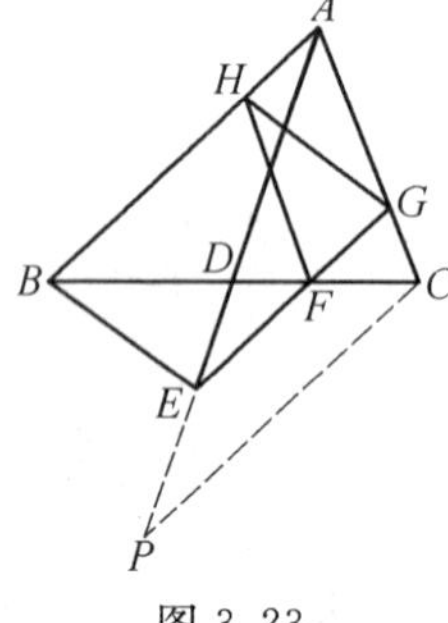

图 3.23

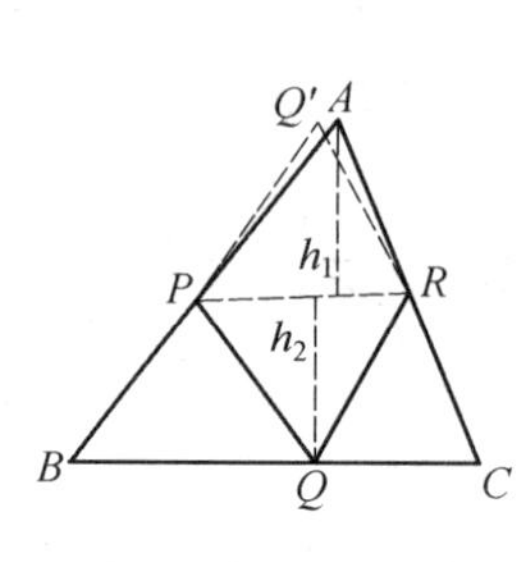

图 3.24

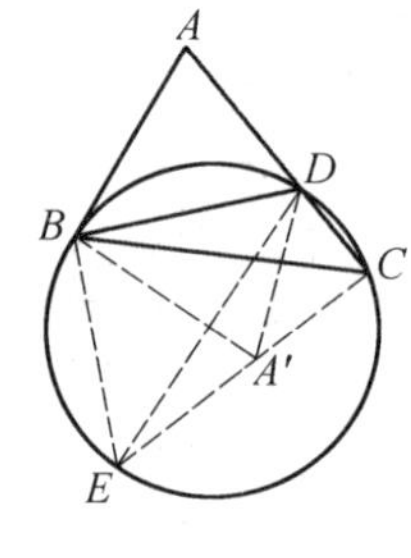

图 3.25

综上可得 $A'B$ 是 $DE$ 的垂直平分线,由此,它必过圆心 $O$,且 $\angle A'BD=45°$,$\angle ABA'=90°$.故 $AB$ 是圆 $O$ 的切线.

7.如图 3.26,分别以 $AB$,$BC$,$AC$ 为对称轴作出 $\triangle APB$,$\triangle BPC$,$\triangle APC$ 的对称图形 $\triangle AP_1B$,$\triangle BP_2C$,$\triangle AP_3C$.联结 $P_1P_2$,$P_2P_3$,$P_3P_1$,则

$$AP_1=AP_3=AP=3,BP_1=BP_2=BP=4$$

$$CP_2=CP_3=CP=5,\angle 1=\angle 3,\angle 2=\angle 4$$

而 $\angle 1+\angle 2=60°$,由此 $\angle 1+\angle 2+\angle 3+\angle 4=120°$.

即 $\angle P_1AP_3=120°$.在 $\triangle P_1AP_3$ 中

$$P_1P_3=\sqrt{3^2+3^2-2\times 3\times 3\times\cos 120°}=3\sqrt{3}$$

同理可得 $P_1P_2=4\sqrt{3}$,$P_2P_3=5\sqrt{3}$.

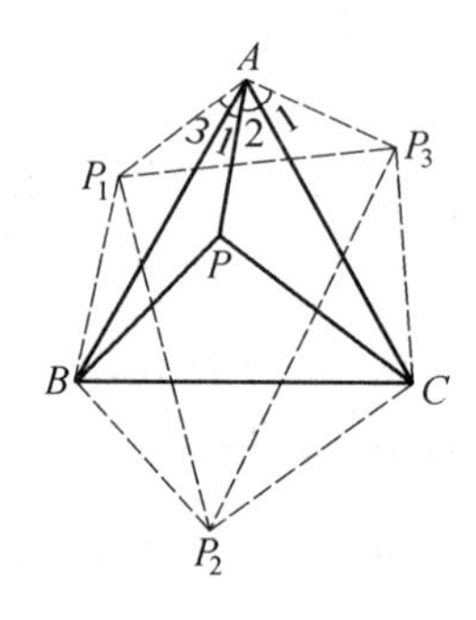

图 3.26

由海伦公式,求得 $S_{\triangle P_1P_2P_3}=18$,又

$$S_{\triangle AP_1P_3}=\frac{1}{2}\cdot 3\cdot 3\cdot \sin 120^\circ=\frac{\sqrt{3}}{4}\cdot 3^2$$

同理
$$S_{\triangle BP_2P_1}=\frac{\sqrt{3}}{4}\cdot 4^2,S_{\triangle CP_2P_3}=\frac{\sqrt{3}}{4}\cdot 5^2$$

于是
$$S_{\triangle ABC}=\frac{1}{2}(S_{\triangle P_1P_2P_3}+S_{\triangle AP_1P_3}+S_{\triangle BP_2P_1}+S_{\triangle CP_2P_3})$$

## 附录:平面对称图形的有关性质①

**定义1** 设平面图形 $F$,如果存在一条直线 $l$,使 $F$ 中任意一点关于 $l$ 的对称点都在 $F$ 上,那么称 $F$ 是以 $l$ 为对称轴的轴对称图形.(反射一次变换图形即为轴对称图形.)

**定义2** 设平面图形 $F$,如果存在一点 $O$,使 $F$ 中任意一点关于 $O$ 的对称点都在 $F$ 上,那么称 $F$ 是以 $O$ 为对称中心的中心对称图形.

根据定义,容易得出如下性质.

**性质1** 如果 $F$ 有两条对称轴,那么其中一条对称轴关于另一条对称轴的对称直线仍是 $F$ 的对称轴.

**推论1** 如果平面图形有且只有两条对称轴,那么这两条对称轴互相垂直.

**性质2** 如果 $F$ 有两个对称中心,那么其中一个对称中心关于另一个对称中心的对称点仍是 $F$ 的对称中心.

**推论2** 一个平面图形不能恰好有两个对称中心.

**性质3** 如果 $F$ 有一条对称轴及一个对称中心,那么对称轴关于对称中心的对称直线(或对称中心关于对称轴的对称点)仍是 $F$ 的对称轴(或对称中心).

**推论3** 一个平面图形不能恰好有一条对称轴及一个对称中心.

**性质4** 如果 $F$ 存在两条互相垂直的对称轴,那么 $F$ 是以垂足为对称中心的对称图形.

**性质5** 如果 $F$ 有且只有 $n(n\geqslant 2,n\in \mathbf{N})$ 条对称轴,那么这些对称轴相交于一点,且夹角都是 $\frac{180^\circ}{n}$.

① 苗湘军.平面对称图形的性质[J].中学生数学,1994(9):21-22.

为了证明这条性质,先来证明一条引理.

**引理** 在平面上给出有限条两两不平行的直线,并且每个交点处至少有三条直线,则这些直线都交于一点.

**证明** 假设所有的直线不交于同一点,我们考虑直线的交点,选取由这些点到直线的最小非零距离.如图3.27所示,设由点$A$到直线$l$的距离是最小的.通过点$A$至少有3条直线,设它们与直线$l$分别交于$B,C,D$.由点$A$向直线$l$作垂线$AQ$.点$B,C,D$中的某两个点必位于$Q$的同一侧,例如$C$和$D$.不妨设$CQ<DQ$,于是,由点$C$到直线$AD$的距离小于由点$A$到直线$l$的距离,这与$A$和$l$的选取矛盾,所以引理得证.

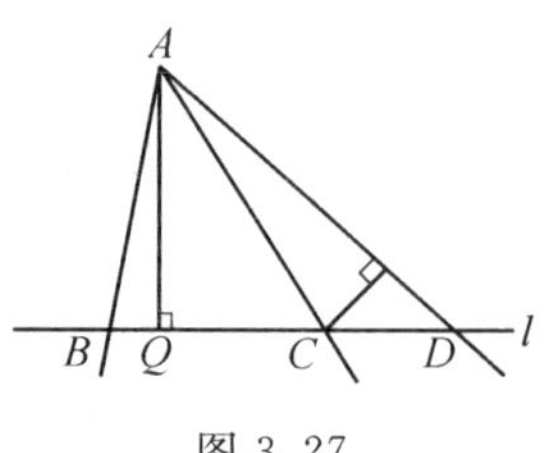

图3.27

下面证明性质5.

**性质5的证明** 因为$F$有有限条对称轴,由性质1得这些对称轴两两不平行.

若这些对称轴所构成的三角形中有直角三角形.由性质4得,直角顶点是$F$的对称中心,而对称中心不在斜边这条对称轴上,再由性质3得,$F$必有无数条与斜边平行的对称轴,这与已知矛盾.



若这些对称轴所构成的三角形中没有直角三角形,由性质1得,对称轴的每个交点处都至少有三条对称轴,再由引理得这些对称轴交于一点.

由于$n$条对称轴相交于一点,这时记它们依次为$l_i(i=1,2,\cdots,n)$,若它们依次夹角不相等,不妨设$l_1$与$l_2$的夹角$\alpha$和$l_2$与$l_3$的夹角$\beta$不相等$(\alpha<\beta)$.作$l_1$关于$l_2$的对称直线$l_i$,这时对称轴$l_i$位于$l_2$与$l_3$之间,如图3.28所示.这与对称轴的记法矛盾.所以对称轴依次夹角相等,且都是$\frac{180^\circ}{n}$.

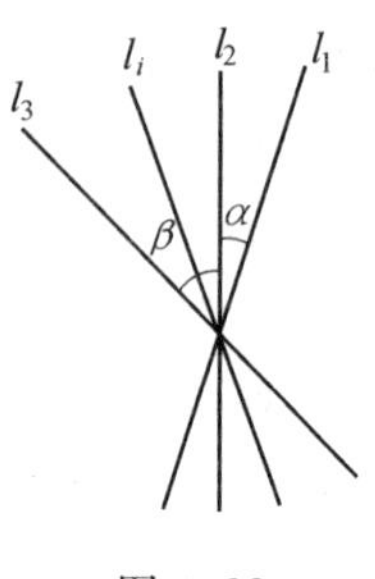

图3.28

**性质6** 如果$F$有且只有偶数条对称轴,那么$F$是中心对称图形.

**证明** 由性质5得,这偶数条对称轴相交于一点且依次夹角为$\frac{180^\circ}{2n}$.设对称轴依次为$l_i(i=1,2,\cdots,n)$.由于$\frac{180^\circ}{2n}\times n=90^\circ$,于是$l_1\perp l_{n+1}$,再由性质4,得$F$是中心对称图形.

**性质7** 如果$F$有且只有奇数条对称轴,那么$F$不是中心对称图形.

**证明**　由性质5得，这奇数条对称轴相交于一点(设为$O$)，易知这些对称轴中没有互相垂直的.

假设$F$是中心对称图形，由性质3得，交点$O$就是对称中心(否则$F$的对称轴有无数条). 过点$O$作某一对称轴的垂线$l$，根据定义，$l$也是$F$的对称轴，这与已有结论矛盾. 所以$F$不是中心对称图形.

**性质8**　如果有界图形$F$至少有两条对称轴，那么这些对称轴相交于一点.

**证明**　若$F$有有限条对称轴，由性质5，结论成立.

若$F$有无限条对称轴，由性质1，这无限条对称轴两两不平行. 我们考虑对称轴$l_1, l_2, l_3$构成的$\triangle ABC$，取$\triangle ABC$内一点$M$，如图3.29所示. 设有界图形$F$上一点$N$到点$M$的距离最远. 不妨设点$M, N$在$l_1$的同侧. 作点$N$关于$l_1$的对称点$N'$. 这时$F$上的点$N'$满足$MN < MN'$. 这与点$N$的选取矛盾. 所以这无限条对称轴也相交于一点. 所以结论成立.

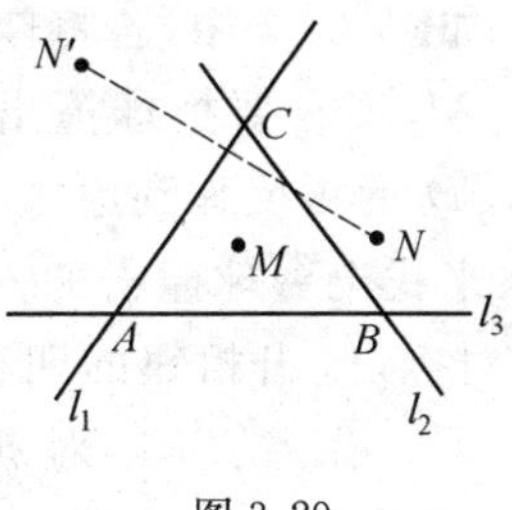


图3.29



## 第2节　球台上的数学[①②]

### 1. 长方形的球台

在长方形球台长边的中点上放一个台球，若将球向短边的中点撞去，则球不仅碰撞另外三边反弹回原地，而且球在运动过程中，若不考虑能量的损失，则台球会始终按同样的路线循环运动，如图3.30所示.

若将台球放在长方形球台边上的任意一点，撞球的方向平行于对角线，则球也会撞上另外三边返回原地，如图3.31所示. 当然，台球不一定要放在桌边上，只要保证撞球的方向平行于任一对角线便可使台球返回原地.

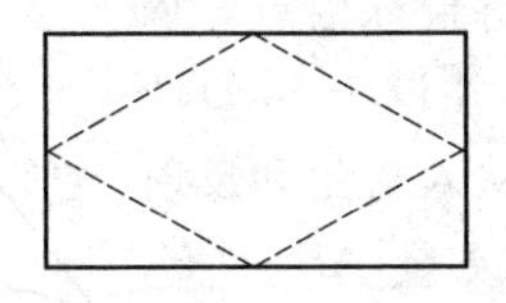

图3.30

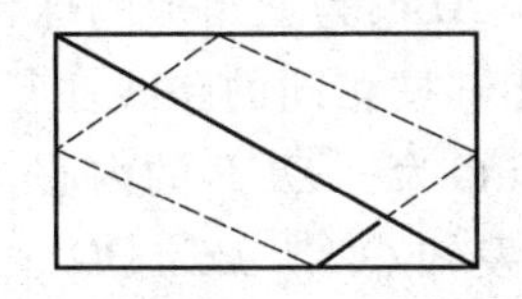

图3.31

① 王定国. 球台上的数学[J]. 中学数学研究，1982(5)：35-36.

② 周文国，李秀兰. 从台球运动看数学[J]. 中学生数学，2003(11)：32.

**2. 任意凸四边形的球台**

假如球台的形状是任意的凸四边形,若将台球放在一边上,并将台球向另一边撞出,碰撞另外三边而反弹回原位,则应该如何撞击台球呢?

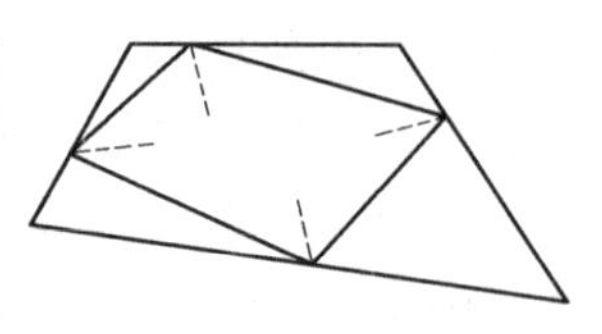
图 3.32

将台球碰出后撞到边再反弹出来,则入射角和反射角一定相等,如图 3.32 所示.

如图 3.33 中,若将球台标为四边形 $ABCD$,球放在点 $M$,现在要把球撞出,使台球依次碰撞了 $AB$,$BC$,$CD$ 后再反弹到原来的位置,我们可以用对折的办法来找出台球撞击的方向.将四边形 $ABCD$ 沿着 $AB$ 对折,作出相邻的四边形 $ABC'D'$,再把四边形 $ABC'D'$ 沿着 $BC'$ 对折,作出相邻的四边形 $A'BC'D''$,再将四边形 $A'BC'D''$ 对折,作出相邻的四边形$A''B'C'D''$,则原四边形 $ABCD$ 的点$M$ 变成了点 $M''$,则 $MM''$ 是撞击台球的方向.

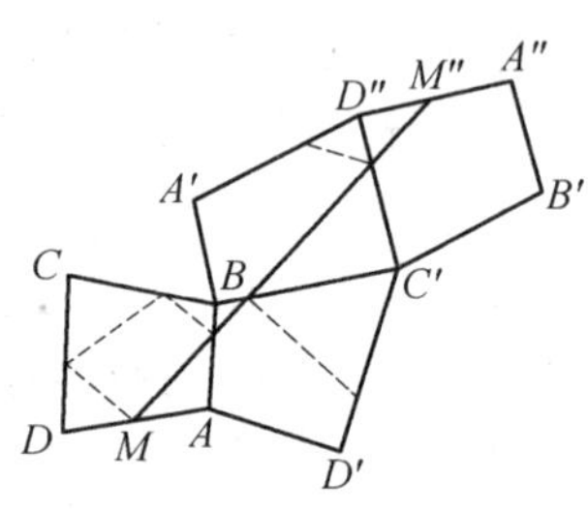

图 3.33



若设四边形 $ABCD$ 的四个角为 $\angle A$,$\angle B$,$\angle C$,$\angle D$.将 $AD$ 按顺时针方向旋转 $\angle A$ 到 $AB$ 位置,将 $BA$ 逆时针方向旋转 $\angle B$ 到达 $BC'$ 的位置,将 $C'B$ 又按顺时针方向旋转 $\angle C$ 到 $C'D''$,将 $D''C'$ 再逆时针方向旋转 $\angle D$ 到 $D''A''$,则 $A''D''$ 便由 $AD$ 旋转了 $\angle A-\angle B+\angle C-\angle D$ 而得到.若 $\angle A-\angle B+\angle C-\angle D=0$,则可知 $A''D''\parallel AD$,故 $\angle A+\angle C=\angle B+\angle D=180°$,四边形 $ABCD$ 内接于圆.所以,对任意凸四边形的球台来说,要保证台球能够按同一线路循环碰撞,首先需要的是球台为圆的内接四边形,同时要将球放在适当的位置.

**3. 对任意锐角三角形的球台**

如图3.34,$\triangle ABC$ 为三角形的球台,若将台球由点 $F$ 撞向点 $D$,使台球能够按相同的路线往复循环,往返于 $F$,$D$,$E$ 三点之间,其中点 $O$ 为 $\triangle DEF$ 的内心,我们从入射角和反射角相等的原理出发知 $OF\perp BC$,$OD\perp AC$,$OE\perp AB$,且 $C$,$D$,$O$,$F$ 四点共圆;同样可知 $A$,$D$,$O$,$E$ 及 $B$,$F$,$O$,$E$ 四点共圆.因此

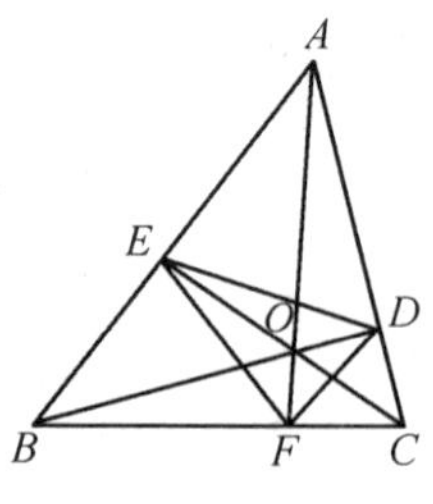

图 3.34

$$\angle COE=\angle COD+\angle DOA+\angle AOE$$

又
$$\angle COD=\angle CFD,\angle DOA=\angle DEA,\angle AOE=\angle ADE$$

又　　$$\angle CFO=\angle AEO=\angle ADO=90^\circ$$

则

$$\angle COD=90^\circ-\angle OFD,\angle DOA=90^\circ-\angle OED$$

$$\angle AOE=90^\circ-\angle EDO$$

又点 $O$ 是 $\triangle DEF$ 的内心，则

$$\angle OFD+\angle OED+\angle EDO=90^\circ$$

即　　$$\angle COD+\angle DOA+\angle AOE=180^\circ$$

故点 $C,O,E$ 共线，点 $A,O,F$ 与点 $B,O,D$ 均共线. 故点 $O$ 为 $\triangle ABC$ 的垂心.

故对于一个任意锐角三角形的球台，只要在三角形中作出三条边上的高，由一个高的垂足向另外的高的垂足撞球，球就按同一线路不断反弹.

**例**　台球桌的形状是三角形的，这个三角形的内角之比是有理数. 用台球杆撞击位于台球桌内某点的台球，台球按“反射角等于入射角”的规律由台球桌旁反射出来. 求证：台球只可能沿有限多个方向运动（假定台球不落在台球桌外）.

（1970 年波兰数学奥林匹克试题）



**证明**　首先证明，当台球先由 $\triangle ABC$ 的边 $AC$ 反射出来，再由边 $AB$ 反射，则台球运动方向偏转的角度等于 $2\angle BAC$.

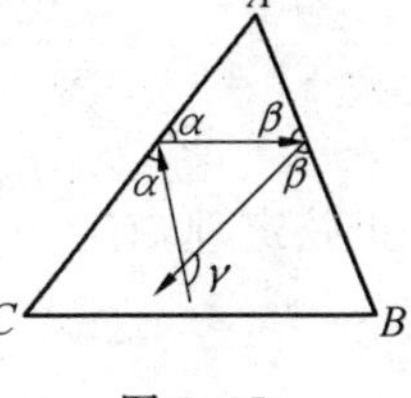

图 3.35

如图 3.35，设台球入射边 $AC$ 的方向与边 $AC$ 成 $\alpha$ 角，入射边 $AB$ 的方向与边 $AB$ 成 $\beta$ 角，偏转角度为 $\gamma$，则

$$\gamma=(180^\circ-2\alpha)+(180^\circ-2\beta)=$$

$$2(180^\circ-\alpha-\beta)=2\angle BAC$$

由于已知 $\triangle ABC$ 的内角之比是有理数，所以存在数 $\lambda$ 及自然数 $r,s,t$ 适合

$$\angle BAC=\lambda r,\angle ABC=\lambda s,\angle ACB=\lambda t$$

于是由三角形内角和定理得

$$\lambda(r+s+t)=\pi$$

记 $n=r+s+t$，则 $\lambda=\frac{\pi}{n}$，$n$ 为自然数.

若台球经过偶数次反射后，其运动方向偏转的角度等于 $\frac{\pi}{n}$ 的偶数倍，即等于下列各数之一，即

$$2\lambda,4\lambda,6\lambda,\cdots,2n\lambda=2\pi$$

因此,台球经过偶数次反射后的运动方向有 $n$ 种可能,类似地,台球经过奇数次反射后的运动方向也有 $n$ 种可能.

于是,台球可能运动方向不超过 $2n$ 种.

## 第3节　运用三角法解题(一)

试题 A1,我们在前面给出了6种证法,这道题还可以运用三角法来解,可参见本节例3.下面我们介绍运用三角法求解的几类问题①.

### 1. 证明角的相等、互补、倍分问题

**例1**　证明:存在唯一的三边长为连续整数且有一个角为另一个角的两倍的三角形.

(第10届IMO试题)

**证明**　设在 $\triangle ABC$ 中,$a=n-1,b=n,c=n+1$($n$ 为自然数),三个角分别为 $\alpha,2\alpha,\pi-3\alpha$,则



$$\frac{\sin(\pi-3\alpha)}{\sin\alpha}=\frac{\sin 3\alpha}{\sin\alpha}=\frac{3\sin\alpha-4\sin^3\alpha}{\sin\alpha}=3-4\sin^2\alpha=$$

$$4\cos^2\alpha-1=\left(\frac{\sin 2\alpha}{\sin\alpha}\right)^2-1$$

由正弦定理,有

$$a:b:c=\sin A:\sin B:\sin C$$

(1) 当 $\angle A=\alpha,\angle B=2\alpha$ 时,$\frac{n+1}{n-1}=\left(\frac{n}{n-1}\right)^2-1$,解得 $n=2$.

因此,$a=1,b=2,c=3$,不能组成三角形.

(2) 当 $\angle B=\alpha,\angle C=2\alpha$ 时,$\frac{n-1}{n}=\left(\frac{n+1}{n}\right)^2-1$,此方程无整数解.

(3) 当 $\angle A=\alpha,\angle C=2\alpha$ 时,$\frac{n}{n-1}=\left(\frac{n+1}{n-1}\right)^2-1$,解得 $n=5$.

因此,$a=4,b=5,c=6$.

下面证明 $\angle C=2\angle A$.

由余弦定理得

---

①　谢雅礼.用三角法解平面几何竞赛题[J].中等数学,1998(3):5-10.

$$\cos A=\frac{3}{4},\cos C=\frac{1}{8}$$

而

$$\cos 2A=2\cos^2 A-1=\frac{1}{8}=\cos C$$

故 $\angle C=2\angle A$.

**2. 证明线段比例式或等积式**

**例2**　$M$为圆$O$内接四边形$ABCD$的边$AB$上一点,$MP\perp BC$,$MQ\perp CD$,$MR\perp AD$,$PR$交$MQ$于点$N$.求证:$PN\cdot MA=RN\cdot MB$.

**证明**　如图3.36,设

$$\angle A=\angle PMQ=\alpha,\angle B=\angle QMR=\beta,\angle RNM=\gamma$$

在$\triangle PMN$和$\triangle PMB$中

$$\frac{PN}{PM}=\frac{\sin\alpha}{\sin\gamma},\frac{PM}{BM}=\sin\beta$$

则

$$\frac{PN}{BM}=\frac{\sin\alpha\cdot\sin\beta}{\sin\gamma}$$

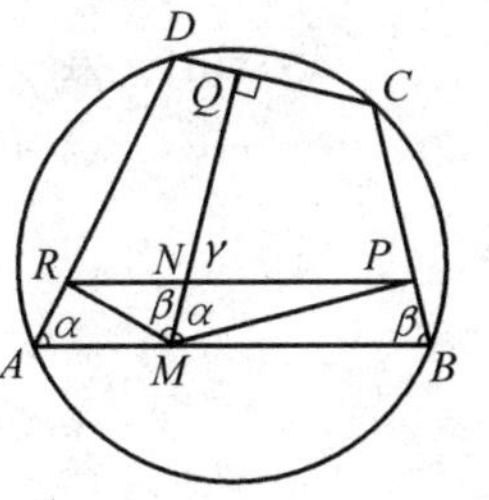

图3.36

同理

$$\frac{RN}{AM}=\frac{\sin\alpha\cdot\sin\beta}{\sin\gamma}$$

从而$\frac{PN}{BM}=\frac{RN}{AM}$.故

$$PN\cdot MA=RN\cdot MB$$

**3. 证明不等关系**

**例3**　在圆$O$中,弦$CD\parallel AB$,且与直径$EF$交成$45^\circ$角,圆$O$的半径为1.求证:$PA\cdot QC+PB\cdot QD<2$.

(1981年全国高中联赛试题)

**证明**　联结$OA$,$OB$,$OC$,$OD$,如图3.37,则

$$\angle 1=135^\circ-\angle A$$

$$\angle 2=45^\circ-\angle C$$

$$\angle 3=45^\circ-\angle B=45^\circ-\angle A$$

$$\angle 4=135^\circ-\angle D=135^\circ-\angle C$$

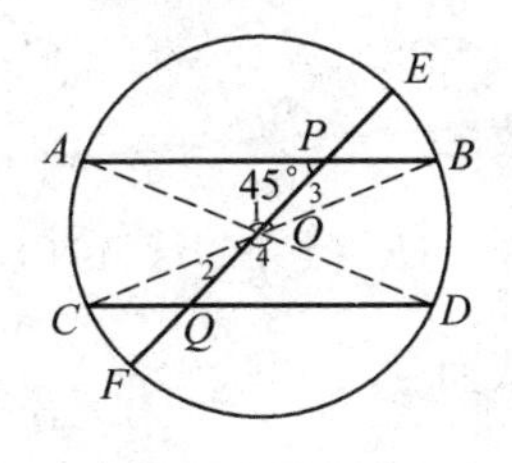

图3.37

$$PA \cdot QC + PB \cdot QD < 2 \Leftrightarrow$$

$$\frac{PA \cdot QC}{OA \cdot OC} + \frac{PB \cdot QD}{OB \cdot OD} < 2 \Leftrightarrow$$

$$\frac{\sin \angle 1}{\sin 45^\circ} \cdot \frac{\sin \angle 2}{\sin 135^\circ} + \frac{\sin \angle 3}{\sin 135^\circ} \cdot \frac{\sin \angle 4}{\sin 45^\circ} < 2 \Leftrightarrow$$

$$\sin(135^\circ - \angle A)\sin(45^\circ - \angle C) +$$

$$\sin(45^\circ - \angle A)\sin(135^\circ - \angle C) < 1 \Leftrightarrow$$

$$-\frac{1}{2}[\cos(180^\circ - \angle A - \angle C) - \cos(90^\circ - \angle A + \angle C) +$$

$$\cos(180^\circ - \angle A - \angle C) - \cos(90^\circ - \angle C + \angle A)] < 1 \Leftrightarrow$$

$$\cos(\angle A + \angle C) + \sin(\angle A - \angle C) + \cos(\angle A + \angle C) -$$

$$\sin(\angle A - \angle C) < 2 \Leftrightarrow$$

$$\cos(\angle A + \angle C) < 1$$

因

$$0 < \angle A + \angle C < 180^\circ$$



所以

$$\cos(\angle A + \angle C) < 1$$

**例 4** 在 $\triangle ABC$ 中,$\angle A \geqslant 120^\circ$.求证:$b + c \leqslant 2R$($R$ 为 $\triangle ABC$ 外接圆的半径).

**证明** 由题意,有

$$a^2 = b^2 + c^2 - 2bc\cos A = (b+c)^2 - 2bc(1+\cos A) =$$

$$(b+c)^2 - \frac{1}{2}[(b+c)^2 - (b-c)^2] \cdot (1+\cos A) =$$

$$\frac{1-\cos A}{2}(b+c)^2 + \frac{1+\cos A}{2}(b-c)^2$$

因 $a = 2R\sin A$,所以

$$a^2 = 4R^2\sin^2 A = 4R^2(1-\cos^2 A) =$$

$$4R^2(1+\cos A)(1-\cos A)$$

故

$$4R^2(1+\cos A)(1-\cos A) = \frac{1-\cos A}{2}(b+c)^2 + \frac{1+\cos A}{2}(b-c)^2$$

从而

$$8R^2(1+\cos A) = (b+c)^2 + \frac{1+\cos A}{1-\cos A}(b-c)^2 \geqslant (b+c)^2$$

因此

$$b+c\leqslant 2R\sqrt{2(1+\cos A)}$$

又 $\angle A\geqslant 120^\circ$,则 $\cos A\leqslant -\frac{1}{2}$,因此

$$\sqrt{2(1+\cos A)}\leqslant 1$$

故 $b+c\leqslant 2R$.

**4. 证明有关面积问题**

**例5**　四边分别为 $a,b,c,d$ 的圆内接四边形 $ABCD$ 也是圆外切四边形.求证:其面积 $S=\sqrt{abcd}$.

**证明**　如图3.38,因 $\angle A+\angle C=180^\circ$,所以

$$BD^2=a^2+d^2-2ad\cos A=b^2+c^2+2bc\cos A$$

故

$$\cos A=\frac{a^2+d^2-b^2-c^2}{2(ad+bc)}$$

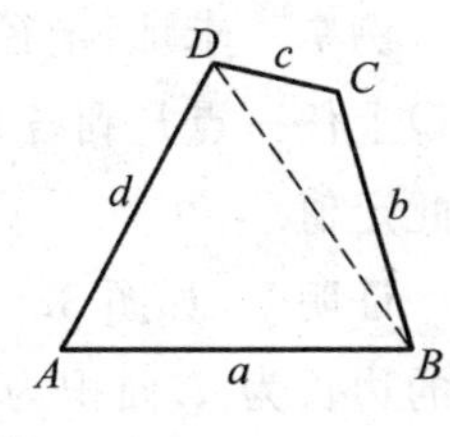


图3.38

从而

$$\sin A=\sqrt{1-\cos^2 A}=\sqrt{1-\left(\frac{a^2+d^2-b^2-c^2}{2ad+2bc}\right)^2}=$$

$$\frac{\sqrt{(b+c+d-a)(a+c+d-b)(a+b+d-c)(a+b+c-d)}}{2(bc+ad)}$$

因为 $a+c=b+d$,所以

$$\sin A=\frac{\sqrt{2a\cdot 2b\cdot 2c\cdot 2d}}{2(ad+bc)}$$

因此

$$S=\frac{1}{2}(ad+bc)\sin A=\sqrt{abcd}$$

**5. 解决最值问题**

**例6**　圆 $O_1$ 与圆 $O_2$ 交于点 $P,Q$,过点 $P$ 作直线交圆 $O_1$ 于点 $A$,交圆 $O_2$ 于点 $B$,使 $PA\cdot PB$ 最大.

**解**　如图3.39,设 $r,R$ 分别为圆 $O_1$,圆 $O_2$ 的半径,运用正弦定理,有

$$PA=2r\sin\alpha,PB=2R\sin\beta$$

从而

$$PA\cdot PB=4Rr\sin\alpha\sin\beta=2Rr[\cos(\alpha-\beta)-\cos(\alpha+\beta)]$$

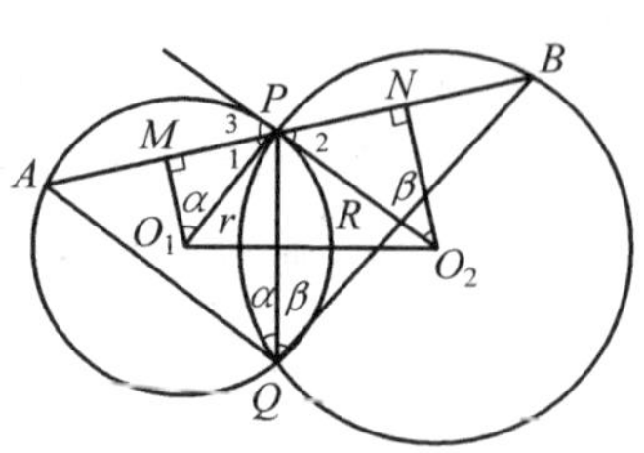

图 3.39

又 $\angle A$,$\angle B$ 为定值,则 $\alpha+\beta$ 为定值,则当 $\cos(\alpha-\beta)=1$ 时,$PA\cdot PB$ 取最大值.

这时 $\alpha=\beta$,作 $O_1M\perp PA$,$O_2N\perp PB$,延长 $O_2P$,有

$$\angle MO_1P=\alpha=\beta=\angle NO_2P$$

故 $\angle 1=\angle 2=\angle 3$.

因此,$AP$ 应为 $\triangle O_1O_2P$ 的外角平分线,作法略.

### 6. 证明定值问题

**例 7** 求证:半径为 $R$ 的正 $n$ 边形 $A_1A_2\cdots A_n$ 的外接圆 $O$ 上任一点 $P$ 到各顶点的距离的平方之和为定值,并求出此定值.

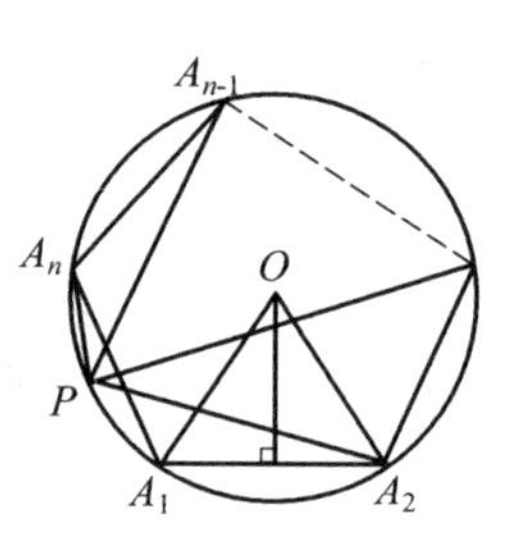

图 3.40

**证明** 如图 3.40,不妨设 $P$ 为 $\overset{\frown}{A_1A_n}$ 上一点,正 $n$ 边形的边长为 $a$,面积为 $S$.



因为

$$\angle A_1OA_2=\frac{360^\circ}{n}$$

所以

$$S_{\triangle A_1OA_2}=\frac{1}{2}R^2\sin\frac{360^\circ}{n}$$

从而

$$S=nS_{\triangle A_1OA_2}=nR^2\sin\frac{180^\circ}{n}\cos\frac{180^\circ}{n}$$

由余弦定理,得

$$a^2=PA_1^2+PA_2^2-2PA_1\cdot PA_2\cos\frac{180^\circ}{n} \quad ①$$

$$a^2=PA_2^2+PA_3^2-2PA_2\cdot PA_3\cos\frac{180^\circ}{n} \quad ②$$

$$\vdots$$

$$a^2=PA_n^2+PA_1^2+2PA_n\cdot PA_1\cos\frac{180^\circ}{n} \quad ⓝ$$

由式 ①+②+…+ⓝ,得

$$na^2=2(PA_1^2+PA_2^2+\cdots+PA_n^2)-$$
$$2\cos\frac{180^\circ}{n}(PA_1\cdot PA_2+\cdots+PA_{n-1}\cdot PA_n-PA_n\cdot PA_1)$$

故

$$PA_1^2+PA_2^2+\cdots+PA_n^2=$$
$$\frac{1}{2}na^2+(PA_1\cdot PA_2+\cdots+PA_{n-1}\cdot PA_n-PA_n\cdot PA_1)\cos\frac{180^\circ}{n}$$

又

$$S_{\triangle PA_1A_2}+S_{\triangle PA_2A_3}+\cdots+S_{\triangle PA_{n-1}A_n}=S+S_{\triangle PA_nA_1}$$

则

$$S=\frac{1}{2}(PA_1\cdot PA_2+\cdots+PA_{n-1}\cdot PA_n-PA_n\cdot PA_1)\sin\frac{180^\circ}{n}$$

故

$$PA_1\cdot PA_2+\cdots+PA_{n-1}\cdot PA_n-PA_n\cdot PA_1=\frac{2S}{\sin\frac{180^\circ}{n}}$$



由 $a=2R\sin\frac{180^\circ}{n}$,有

$$PA_1^2+PA_2^2+\cdots+PA_n^2=2S\cot\frac{180^\circ}{n}+\frac{1}{2}na^2=$$
$$2nR^2\cos^2\frac{180^\circ}{n}+2nR^2\sin^2\frac{180^\circ}{n}=$$
$$2nR^2(定值)$$

当点 $P$ 与某顶点重合时,结论同样成立.

当 $n$ 为偶数时,可用勾股定理解之.

## 练 习 题

1. $P$ 为 $\square ABCD$ 内一点,$\angle PAB=\angle PCB$.求证:$\angle PBA=\angle PDA$.

2. 如图3.41,圆 $O$ 的内接四边形 $ABCD$ 的两对边 $DA$,$CB$ 延长交于点 $P$,$M$ 为 $CD$ 的中点,$PM$ 交 $AB$ 于点 $E$.求证:$\frac{AE}{BE}=\frac{PA^2}{PB^2}$.

3. 在 $\triangle ABC$ 中,$\angle C=2\angle A$.求证:$\frac{1}{3}b<c-a<\frac{1}{2}b$.

4. 在梯形 $ABCD$ 中,$AD\ /\!/\ BC$,$AD<BC$,延长 $AD$ 到点 $F$,使 $DF=BC$;

延长 $CB$ 到点 $E$,使 $BE=AD$. $EF$ 交 $AB$,$CD$ 于点 $M$,$N$,四边形 $ADNM$、四边形 $BCNM$ 的面积分别为 $S_1$ 和 $S_2$. 求证:$S_1<S_2$.

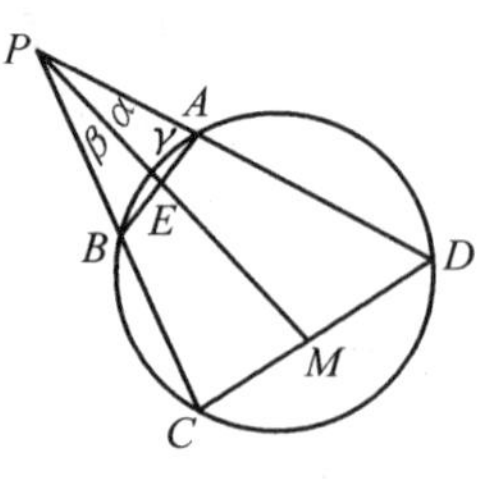

图 3.41

5. 在四边形 $ABCD$ 中,$AC$,$BD$ 交于点 $O$,$\angle AOB=\alpha$,$AB=a$,$BC=b$,$CD=c$,$DA=d$. 求四边形 $ABCD$ 的面积.

6. 圆 $O$ 切正 $\triangle ABC$ 的边 $AB$ 于点 $M$、边 $BC$ 于点 $N$、边 $AC$ 于点 $L$,圆 $O$ 的半径为 $r$,$P$ 为圆 $O$ 上任一点. 求证:$PA^2+PB^2+PC^2$ 为定值.

7. 过 $\angle A$ 内一定点 $P$ 作直线交两边于点 $B$,$C$,使 $\frac{1}{PB}+\frac{1}{PC}$ 取最大值.

8. $I$ 为 $\triangle ABC$ 的内心,$ID\perp BC$,$IE\perp AC$,$IF\perp AB$. 设 $AI=l$,$BI=m$,$CI=n$. 求证:$al^2+bm^2+cn^2=abc$.



## 练习题参考解答

1. 在已知的四个三角形中用正弦定理列出式子,再把 $PA$,$PB$,$PC$,$PD$ 消去后用三角公式处理.

2. 在 $\triangle PAE$,$\triangle PBE$,$\triangle PDM$,$\triangle PCM$ 中用正弦定理列出式子,消去 $\alpha$,$\beta$,$\gamma$ 后用割线定理即得.

3. 只要证 $\frac{1}{3}<\frac{c}{b}-\frac{a}{b}<\frac{1}{2}$,$\frac{1}{3}<\frac{\sin C-\sin A}{\sin B}<\frac{1}{2}$. 注意 $\sin B=\sin 3A$,$0^\circ<3\angle A<180^\circ$,$0^\circ<\frac{1}{2}\angle A<30^\circ$.

4. 如图 3.42,设 $AD=BE=a$,$DF=BC=b$,$a<b$. 设法用 $a$,$b$ 表示 $EM$,$MN$,$NF$,则有

$$S_1=S_{\triangle AMF}-S_{\triangle DNF}=\frac{1}{2}(FA\cdot FM-FD\cdot FN)\sin\angle F$$

同理

$$S_2=\frac{1}{2}(EC\cdot EN-EB\cdot EM)\cdot\sin\angle E$$

$S_1$,$S_2$ 相减.

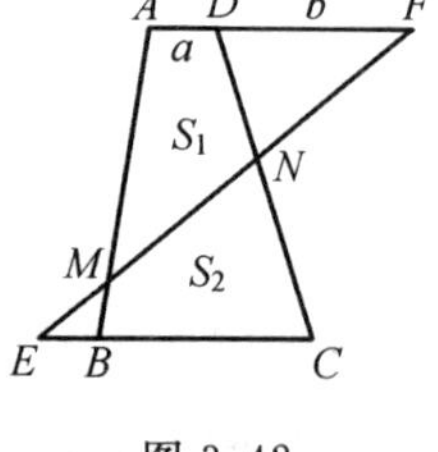

图 3.42

5. 在 $\triangle OAB$,$\triangle OBC$,$\triangle OCD$,$\triangle ODA$ 中分别用余弦定理和面积公式.

6. 设 $\angle PMA=\alpha$,$\angle PLA=60^\circ-\alpha$,$\angle POM=2\alpha$,$PM=m$,$PN=n$,$PL=$

$l,AM=a$. 在 $\triangle PMA,\triangle PMB$ 中用余弦定理求出

$$PA^2+PB^2=2a^2+2m^2$$

再求出

$$PA^2+PB^2+PC^2=3a^2+m^2+n^2+l^2$$

然后在 $\triangle OPM,\triangle OPN,\triangle OPL$ 中用余弦定理求出 $m^2+n^2+l^2=6r^2$.

7. 作 $AD\perp BC$ 于点 $D$，设 $AD=h$，$\triangle ABP,\triangle ACP$ 的面积分别为 $S_1,S_2$，$\triangle ABC$ 的面积为 $S$，且

$$\angle BAP=\alpha,\angle CPA=\beta$$

则

$$\frac{1}{PB}+\frac{1}{PC}=\frac{h}{2}$$

$$\left(\frac{1}{S_1}+\frac{1}{S_2}\right)=\frac{hS}{2S_1S_2}=\frac{h\sin A}{AP^2\sin\alpha\sin\beta}\leqslant\frac{\sin A}{PA\sin\alpha\sin\beta}$$

所以，当 $PA\perp BC$ 时，取等号，所求值最大.

8. 由

$$EF=AI\sin\angle BAC=\frac{la}{2R}$$

得

$$S_{\text{四边形}AFIE}=\frac{1}{2}EF\cdot AI=\frac{l^2a}{4R}$$

同理求出 $S_{\text{四边形}BDIF}$，$S_{\text{四边形}CDIE}$，它们之和为 $S_{\triangle ABC}$.

# 第4章　1982年试题的诠释

这一年全国高中联赛试题没有分一、二试,大题中平面几何试题2道,即第3,4题.

**试题 A1**　已知:(1)半圆的直径 $AB$ 长为 $2r$;(2)半圆外的直线 $l$ 与 $BA$ 的延长线垂直,垂足为点 $T$,$|AT|=2a\left(2a<\frac{r}{2}\right)$;(3)半圆上有相异两点 $M$,$N$,它们与直线 $l$ 的距离 $|MP|$,$|NQ|$ 满足条件 $\frac{|MP|}{|AM|}=\frac{|NQ|}{|AN|}=1$.求证:$|AM|+|AN|=|AB|$.

**证法1**　如图4.1,根据题意作 $MC\perp AB$,$ND\perp AB$,$C$,$D$ 为垂足.在 $\mathrm{Rt}\triangle AMB$ 中,$AM^2=AC\cdot AB$,在 $\mathrm{Rt}\triangle ANB$ 中,$AN^2=AD\cdot AB$,则

$$AN^2-AM^2=(AD-AC)\cdot AB$$

即

$$(AN+AM)(AN-AM)=(AD-AC)\cdot AB$$

但

$$AN-AM=QN-PM=TD-TC=CD=AD-AC$$

故

$$AN+AM=AB$$

**证法2**　因 $AM=MP$,$AN=NQ$,所以只需证明

$$MP+NQ=AB$$

现设 $R$,$S$,$C$ 分别是 $PQ$,$MN$,$AB$ 的中点,如图4.2所示.联结 $RS$,$SC$,则

$$MP+NQ=2RS$$

故只需证明 $RS=AC=\frac{AB}{2}$ 即可.

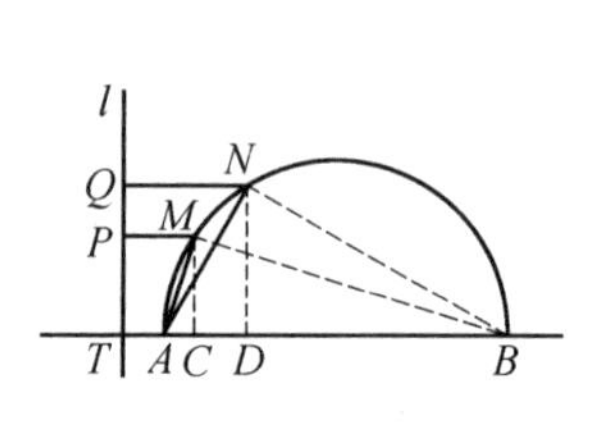


图4.1

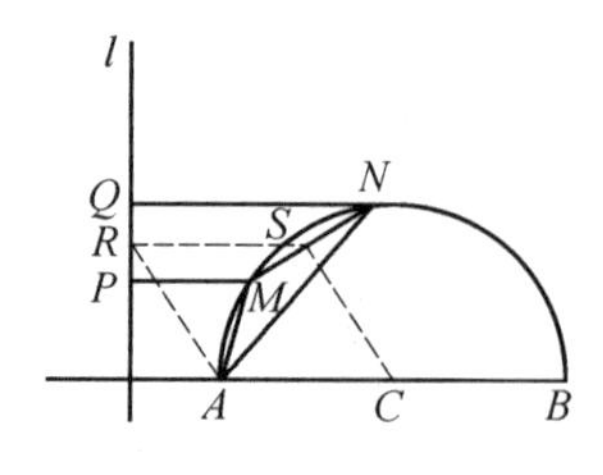


图4.2

为此只需证明 $RSCA$ 为平行四边形,或证明 $RA // SC$ 即可.

以点 $M$ 为圆心、$MP=MA$ 为半径作圆 $M$,以点 $N$ 为圆心、$NQ=NA$ 为半径作圆 $N$,则此两圆切 $l$ 于点 $P,Q$,并设交于点 $A'$.

因 $AA'$ 是两圆公共弦,而 $AA'\perp MN$,则 $AA' // SC$.因此只需证明 $AA'$ 延长线交 $l$ 于点 $R$ 即可.

为此,设 $AA'$ 延长线交 $l$ 于点 $R'$.于是

$$PR'^2=R'A\cdot R'A'=QR'^2$$

从而 $PR'=QR'$,故 $R'\equiv R$,即 $R$ 在直线 $AA'$ 上,故 $RA // SC$.证毕.

**证法3**　如图4.3,设 $\angle MAB=\beta,\angle NAB=\alpha$,联结 $BN,BM$,$\angle AMB=\angle ANB=90^\circ$,所以

$$|AM|=2r\cos\beta,\ |AN|=2r\cos\alpha$$

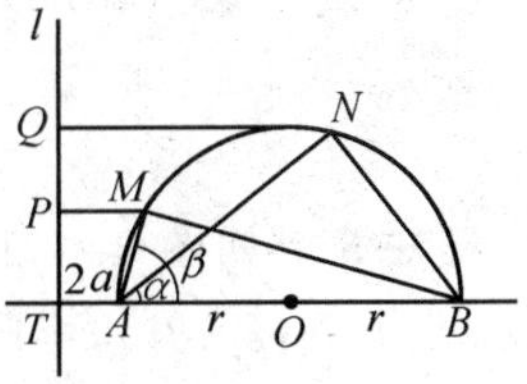

得

$$\frac{|AM|}{|AN|}=\frac{\cos\beta}{\cos\alpha} \quad ①$$

图4.3

又

$$|MA|=|MP|=2a+|AM|\cos\beta \quad ②$$

$$|NA|=|NQ|=2a+|AN|\cos\alpha \quad ③$$

式②-③得

$$|MA|-|NA|=|AM|\cos\beta-|AN|\cos\alpha$$

从而

$$\frac{|AM|}{|AN|}=\frac{\cos\alpha-1}{\cos\beta-1} \quad ④$$

由式①④得

$$\frac{\cos\beta}{\cos\alpha}=\frac{\cos\alpha-1}{\cos\beta-1}$$

亦即　$$(\cos\alpha-\cos\beta)(\cos\alpha+\cos\beta)=\cos\alpha-\cos\beta$$

又 $\alpha\neq\beta$,则 $\cos\alpha-\cos\beta\neq0$($M,N$ 为相异两点).故

$$\cos\alpha+\cos\beta=1$$

因此　$$|AM|+|AN|=2r(\cos\alpha+\cos\beta)=2r=|AB|$$

**证法4**　依题意作出图形,取 $AT$ 中点 $O$ 为坐标原点,以有向直线 $TA$ 为 $x$ 轴建立平面直角坐标系,如图4.4所示.

设点 $M,N$ 的横坐标分别为 $x_1,x_2$,圆的方程为

$$[x-(r+a)]^2+y^2=r^2$$

抛物线方程为

$$y^2=4ax$$

由题设可知 $M,N$ 均为抛物线与圆的交点.由

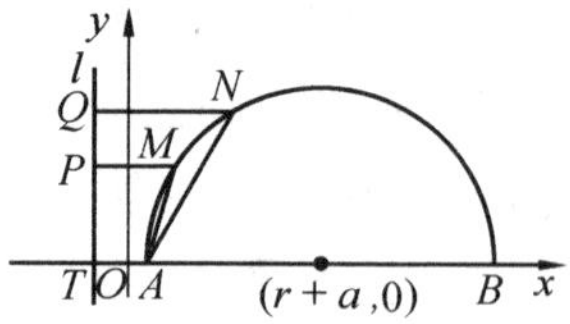

$$\begin{cases}y^2=4ax\\(x-r-a)^2+y^2=r^2\end{cases}$$



图 4.4

得 $$x^2+(2a-2r)x+2ra+a^2=0$$

则 $$x_1+x_2=2r-2a$$

因

$$|AM|=|PM|=x_1+a,|AN|=|QN|=x_2+a$$

又 $$|AB|=2r,(x_1+a)+(x_2+a)=2r$$

故 $$|AM|+|AN|=|AB|$$

**证法 5** 如图 4.4,以 $A$ 为极点、$AB$ 的延长线为极轴建立极坐标系.设



$M(\rho_1,\theta_1)$,$N(\rho_2,\theta_2)$,半圆的方程为

$$\rho=2r\cos\theta,\theta\in[0,\frac{\pi}{2}]$$

因 $$|MP|=|AM|,|NQ|=|AN|$$

所以 $M,N$ 在以 $l$ 为准线、$A$ 为焦点、极轴为对称轴、开口向右的抛物线 $\rho=\frac{2a}{1-\cos\theta}$ 上,由题设知 $M,N$ 是抛物线与半圆的交点,于是由方程组

$$\begin{cases}\rho=2r\cos\theta\\\rho=\frac{2a}{1-\cos\theta}\end{cases},\theta\in[0,\frac{\pi}{2}]$$

消去 $\cos\theta$,得 $\rho^2-2r\rho+4ar=0$,所以由韦达定理得

$$\rho_1+\rho_2=2r$$

即 $$|AM|+|AN|=|AB|$$

**试题** A2 已知:边长为 4 的正 $\triangle ABC$,$D,E,F$ 分别是 $BC,CA,AB$ 上的点,且 $|AE|=|BF|=|CD|=1$,联结 $AD,BE,CF$,交成 $\triangle RQS$,点 $P$ 在 $\triangle RQS$ 内及其边上移动,点 $P$ 到 $\triangle ABC$ 三边的距离分别是 $x,y,z$.

(1) 求证:点 $P$ 在 $\triangle RQS$ 的顶点位置时,乘积 $xyz$ 有极小值;

(2) 求上述乘积的极小值.

**证法 1** 如图 4.5,由假设,有

$$AB = BC = CA = 4, AE = CD = BF = 1$$

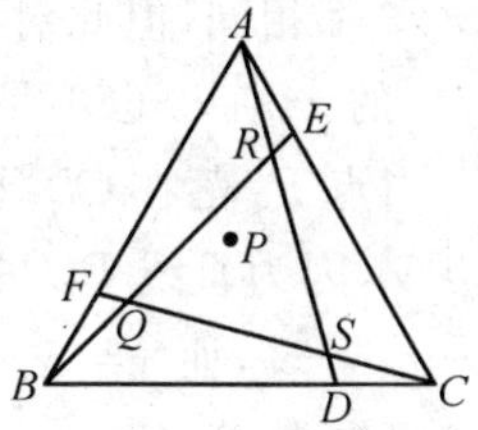

又因 $\angle BAC = \angle CBA = \angle ACB$

所以 $\triangle ABE \cong \triangle BCF \cong \triangle CAD$

故 $\triangle AER \cong \triangle BFQ \cong \triangle CDS$

从而 $\triangle RQS$ 是正三角形. 当动点 $P$ 在 $\triangle RQS$ 的内部及边界上变动时,我们将证明:

图 4.5

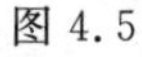

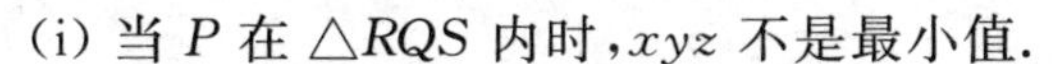

(i) 当 $P$ 在 $\triangle RQS$ 内时, $xyz$ 不是最小值.

(ii) 当 $P$ 在线段 $QS$ 内(不包括 $Q,S$ 两点), $xyz$ 也不是最小值.

如果以上两条得证,再由与 $R,Q,S$ 三点相应的 $x,y,z$ 相同,即知这三点的 $xyz$ 是最小的,从而(1) 得证.

事实上,(i) 设点 $P_0$ 在 $\triangle RQS$ 之内,过点 $P_0$ 作 $MN \parallel BC$,且设 $MN$ 与 $RS$ 交于点 $N$,与 $RQ$(或 $QS$) 交于点 $M$,如图 4.6 所示.

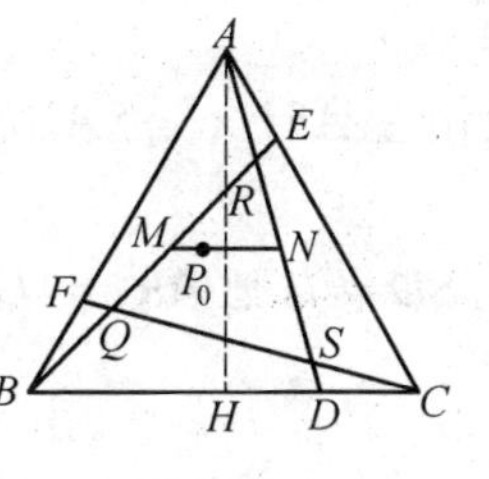


图 4.6

此时 $MN$ 上每点 $P$ 的 $x$ 恒为 $x_0$(我们用 $x_0, y_0, z_0$ 表示 $P_0$ 到三边的距离),从而 $y + z = 2\sqrt{3} - x_0$ 是常数(这里用到正三角形内及边界上任一点到三边的距离和为定值高的长,即 $x + y + z = \sqrt{3}$).

注意到 $yz = \left(\frac{y+z}{2}\right)^2 - \left(\frac{y-z}{2}\right)^2$,当 $|y - z|$ 越大,则 $yz$ 越小.

现在点 $M,N$ 中总有一点的 $|y - z|$ 比点 $P_0$ 的 $|y_0 - z_0|$ 大,因此这点的 $yz < y_0z_0$,即

$$xyz < x_0y_0z_0$$

可见 $\triangle RQS$ 内的任一点 $P_0$ 的 $x_0y_0z_0$ 不是最小值.

(ii) 考虑线段 $QS$ 内的点 $P_0$. 设 $H$ 为 $BC$ 的中点, $BG = IC = 1$, $FC$ 分别与 $AG$, $AH$ 的交点为 $L$, $K$, $BI$ 也通过点 $K$ 且与 $AD$ 交于点 $T$,如图 4.7 所示.

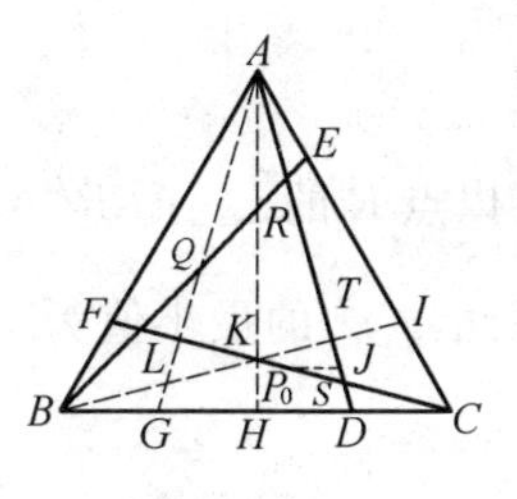


图 4.7

当点 $P_0$ 在 $KS$ 上(不取 $S$),作 $P_0J \parallel BC$, $P_0J$ 交 $AD$ 于点 $J$,此时 $P_0$ 与 $J$ 的横坐标相等,而点 $J$ 的 $z - y > z_0 - y_0 > 0$(因为 $J$ 比 $P_0$ 离中垂线 $AH$ 更远),由于 $P_0J$ 上每点的 $y + z = 2\sqrt{3} - x_0$ 是常数,所以点 $J$ 的 $yz < y_0z_0$,即 $xyz < x_0y_0z_0$,因此 $P_0$ 的 $x_0y_0z_0$ 不是最小值.

当点 $P_0$ 在 $LK$ 之内,它关于 $AH$ 的对称点必在 $KT$ 之内,点 $P_0$ 与其对称点

的 $xyz$ 都相同,但此对称点已落在 $\triangle RSQ$ 内,已证明其 $xyz$ 不是最小值,所以点 $P_0$ 的 $x_0y_0z_0$ 也不是最小值.

当点 $P_0$ 落在 $QL$ 上(但不取 $Q$),则过点 $P_0$ 作 $P_0V \parallel AC$,设 $P_0V$ 与 $BE$ 交于点 $V$,因为直线 $BL$ 垂直平分 $AC$,点 $V$ 比点 $P_0$ 离 $BL$ 更远,所以点 $V$ 的 $x-z > x_0-z_0$,而 $y=y_0$,因此 $xz < x_0z_0$,即点 $V$ 的 $xyz < x_0y_0z_0$.

可知点 $P_0$ 的 $x_0y_0z_0$ 也不是最小值,所以,只有点 $S,Q,R$ 有可能取最小值 $xyz$.

最后,来计算最值 $xyz$,由

$$\triangle ARE \backsim \triangle ACD(\text{因 } \angle ARE=\angle C=60^\circ)$$

知

$$AR_1 : RE = 4 : 1$$

即

$$AR : SD = 4 : 1$$

又由 $\triangle ASF \backsim \triangle ABD$(因 $\angle ASF=\angle B$),知

$$AS : SF = 4 : 3$$

设 $SD=l$,则 $AR=4l$,$FQ=l$,则

$$\frac{4}{3}=\frac{AS}{SF}=\frac{AR+RS}{QS+QF}=\frac{4l+RS}{RS+l}$$



解得 $RS=8l$,即

$$|AR| : |RS| : |SD| = 4 : 8 : 1$$

作 $RR' \perp BC$,$QQ' \perp BC$,$SS' \perp BC$,垂足分别为 $R'$,$Q'$,$S'$,则

$$\frac{RR'}{QQ'}=\frac{BR}{BQ}=\frac{AS}{AR}=3$$

$$\frac{QQ'}{SS'}=\frac{QC}{SC}=\frac{AS}{AR}=3$$

即

$$RR'=9SS',QQ'=3SS'$$

但

$$RR'+QQ'+SS'=2\sqrt{3}$$

所以点 $R$ 的 $x_1=RR'=\frac{9}{13}\times 2\sqrt{3}$,$y_1=SS'=\frac{1}{13}\times 2\sqrt{3}$,$z_1=QQ'=\frac{3}{13}\times 2\sqrt{3}$.

因此,$xyz$ 的最小值为

$$x_1y_1z_1=\frac{648}{2\ 197}\sqrt{3}$$

**证法 2** 如图 4.8,标上各点.记 $\triangle ABC$ 的中心为 $O$,把图形以点 $O$ 为中心逆时针旋转 $120^\circ$ 后,点 $A$ 变为点 $B$,点 $B$ 变为点 $C$,点 $C$ 变为点 $A$,点 $E$ 变为点 $F$,点 $F$ 变为点 $D$,点 $D$ 变为点 $E$,从而点 $R$ 变成点 $Q$,点 $Q$ 变成点 $S$,点 $S$ 变成

点 $R$. 分别用 $Q_1, Q_2, Q_3$ 表示点 $Q$ 到 $BC, CA, AB$ 的距离(同样,$S_1$ 表示点 $S$ 到 $BC$ 的距离,$R_2$ 表示点 $R$ 到 $CA$ 的距离,等等),可见

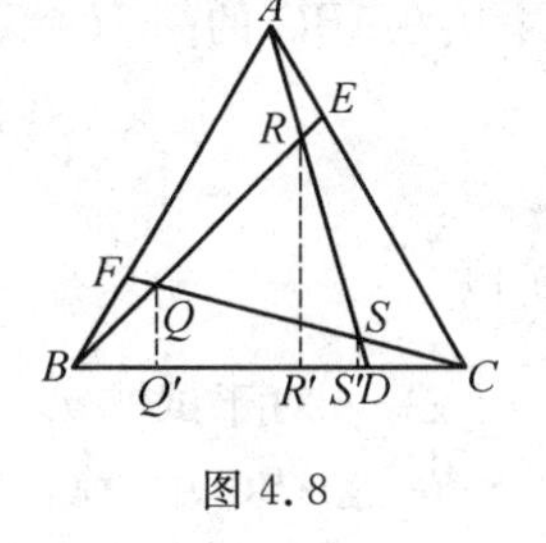

图 4.8

$$S_1 = R_2 = Q_3, S_2 = R_3 = Q_1, S_3 = R_1 = Q_2$$

如果两个数 $x, y$ 之和为 $a$,那么它们的乘积

$$xy = \frac{1}{4}[(x+y)^2 - (x-y)^2] = \frac{1}{4}[a^2 - (x-y)^2]$$

所以,如果 $x+y=a$,那么当 $x=y=\frac{a}{2}$ 时,乘积 $xy$ 最大;而在 $|y-x|$ 较大时,$xy$ 的值较小.

由于正 $\triangle ABC$ 内任意一点 $P$ 到三边的距离之和等于该三角形的高,因此,如果 $l$ 是与 $BC$ 平行的直线,当点 $P$ 在 $l$ 上变动时,点 $P$ 到三边的距离乘积在点 $P_0$($l$ 与 $BC$ 边上的高的交点)处为最大,而当 $|PP_0|$ 较大时,点 $P$ 到三边的距离之积较小,而且,$l$ 上与点 $P_0$ 等距离的点,这乘积是相等的. 对于与 $AC$ 或 $AB$ 平行的直线,也有同样的结论.

对于 $\triangle RQS$ 内任何点 $P$,过点 $P$ 作 $BC$ 的平行线 $l$,$l$ 与 $\triangle RQS$ 的交点为 $L, N$. 这时,$|LP_0|$ 与 $|NP_0|$ 中总有一个比 $|PP_0|$ 大,所以乘积的最小值必定在 $\triangle RQS$ 的边上取到.

如图 4.9,过点 $Q$ 作 $AB$ 的平行线,过点 $S$ 作 $BC$ 的平行线,过点 $R$ 作 $AC$ 的平行线,这三条直线交得 $\triangle R'Q'S'$,这是与 $\triangle ABC$ 同中心的正三角形.

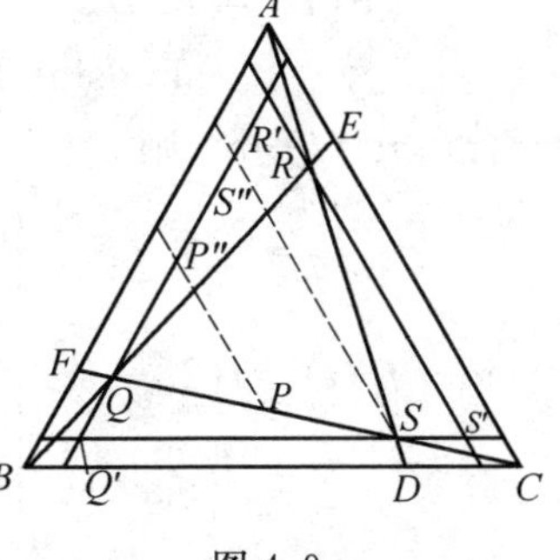

图 4.9

对于 $QS$ 上的点 $P$,过点 $P$ 和点 $S$ 作 $AC$ 的平行线,分别交 $R'Q'$ 于点 $P''$ 和点 $S''$. 易见,点 $S''$ 与点 $S$ 关于 $AC$ 边上的高对称,点 $S''$ 与点 $Q$ 关于 $AB$ 边上的高对称. 这时

$$P_1P_2P_3 \geqslant P''_1P''_2P''_3 \geqslant Q_1Q_2Q_3 (Q_1Q_2Q_3 = S''_1S''_2S''_3 = S_1S_2S_3)$$

所以,当点 $P$ 在 $\triangle RQS$ 内(包括三边上)时,乘积 $P_1P_2P_3 \geqslant Q_1Q_2Q_3$,即乘积在顶点处取极小值.

最后,计算这个极小值. 由于 $\triangle ARE \backsim \triangle ACD$,所以

$$|AR| : |RE| = 4 : 1$$

由于 $\triangle AFS \backsim \triangle ADB$,则

$$|AS| : |SF| = 4 : 3$$

因此
$$|AR| : |RS| : |SD| = 4 : 8 : 1$$

因为 $\triangle ABC$ 的高 $H=\sqrt{12}$，所以

$$S_1=\frac{1}{13}H, S_2=\frac{3}{13}H, S_3=\frac{9}{13}H$$

所以
$$S_1S_2S_3=\frac{1}{13}\times\frac{3}{13}\times\frac{9}{13}\times(\sqrt{12})^3=\left(\frac{648}{2\ 197}\right)\sqrt{3}$$

**注** 对于试题 A2 中(1) 可以提出更一般的命题①：

在 $\triangle ABC$ 中，$BC=a$，$CA=b$，$AB=c$，$D$，$E$，$F$ 分别是线段 $BC$，$CA$，$AB$ 上的点，且 $\frac{BD}{DC}=p$，$\frac{CE}{EA}=q$，$\frac{AF}{FB}=r$，$AD$，$BE$，$CF$ 交成 $\triangle RQS$，点 $P$ 在 $\triangle RQS$ 内及其边上移动，点 $P$ 到 $BC$，$CA$，$AB$ 的距离分别记作 $x_P$，$y_P$，$z_P$. 求证

$$\min x_Py_Pz_P=\min\{x_Ry_Rz_R, x_Qy_Qz_Q, x_Sy_Sz_S\}$$

证明：如图 4.10，设点 $P$ 在 $\triangle RQS$ 内，则 $BP$ 必分别交 $SR$，$SQ$，$AC$ 于点 $R'$，$Q'$，$E'$. 令

$$BE'=l, \angle CBE'=\theta, BP=t$$

则

$$F(P)=x_Py_Pz_P=t^2(l-t)\cdot\sin\theta\sin(B-\theta)\sin(C+\theta)$$

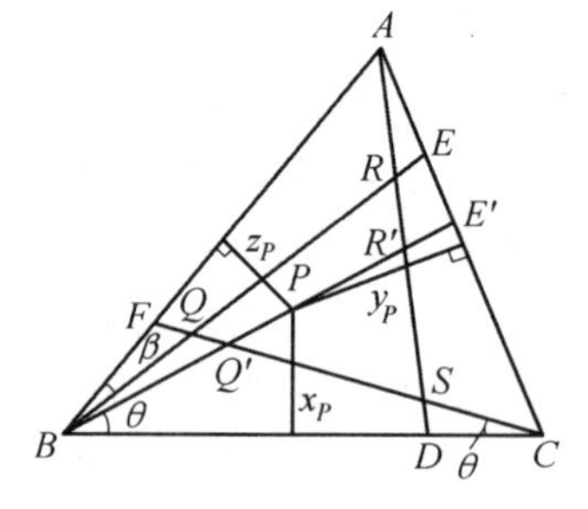

图 4.10

令 $f(t)=t^2(l-t)$，则

$$f'(t)=t(2l-3t)\begin{cases}>0, t<\frac{2}{3}l\\=0, t=\frac{2}{3}l\\<0, t>\frac{2}{3}l\end{cases}$$

从而 $f(t)$ 在 $\left[0,\frac{2}{3}l\right]$ 上递增，在 $\left[\frac{2}{3}l,l\right]$ 上递减，在 $[0,l]$ 上当且仅当 $t=\frac{2}{3}l$ 时取极大值. 在 $BE'$ 上截取 $BM=\frac{2}{3}l$. 因对于 $BE'$ 上的点 $P$ 来说，$\sin\theta\sin(B-\theta)\cdot\sin(C+\theta)$ 是正常数，故 $F(P)$ 在 $BE'$ 上当且仅当 $P=M$ 时取极大值，点 $P$ 从点 $B$ 移向点 $M$，则 $F(P)$ 递增；点 $P$ 从点 $M$ 移向点 $E'$，则 $F(P)$ 递减. 当 $M=P$ 或点 $M$ 在点 $P$，$E'$ 间，则 $F(P)>F(Q')$；当点 $M$ 在点 $B$，$P$ 间，则 $F(P)>F(R')$，所以 $F(P)$ 的极小值在 $\triangle RQS$ 的边上达到.

① 张运筹. 两道数学竞赛的探讨[J]. 湖南数学通讯，1983(3)：6-8.

像考虑 $BE'$ 上的动点一样去考虑 $BE,CF,AD$ 上的动点，可知

$$\min F(P)=\min\{F(R),F(Q),F(S)\}$$

**注意1**　$f(t)=t^2(l-t)$ 的增减性，也可不用求导数，而用增、减函数的定义得到. 事实上：

(1) 当 $\frac{2}{3}l>t_2>t_1$ 时，有

$$\begin{aligned}f(t_2)-f(t_1)&=(t_2-t_1)[t_1(l-t_1)+t_2(l-t_2)-t_1t_2]>\\&(t_2-t_1)\left(\frac{l}{3}t_1+\frac{l}{3}t_2-t_1t_2\right)>\\&(t_2-t_1)\left(\frac{1}{2}t_2t_1+\frac{1}{2}t_1t_2-t_1t_2\right)=0\end{aligned}$$

即 $f(t_2)>f(t_1)$，这时 $f(t)$ 递增.

(2) 当 $t_2>t_1>\frac{2}{3}l$ 时，有

$$\begin{aligned}f(t_2)-f(t_1)&=(t_2-t_1)[l(t_1+t_2)-3t_1t_2-(t_1-t_2)^2]<\\&(t_2-t_1)(lt_1+lt_2-3t_1t_2)<\\&(t_2-t_1)\left(\frac{3}{2}t_2t_1+\frac{3}{2}t_1t_2-3t_1t_2\right)=0\end{aligned}$$

即 $f(t_2)<f(t_1)$，这时 $f(t)$ 递减.

**注意2**　$F(R),F(Q),F(S)$ 可由 $a,b,c,p,q,r$ 表出，其大小可以比较，但在一般情况下计算很麻烦. 当 $p=q=r=3,a=b=c=4$ 时，设 $\angle BCF=\gamma$，有

$$x_P+y_P+z_P=h=2\sqrt{3}$$

因
$$S_{\triangle ABC}=\frac{1}{2}ah=\frac{1}{2}ab\sin C$$

所以
$$\frac{DS}{SA}=\frac{S_{\triangle CDS}}{S_{\triangle CAS}}=\frac{\sin\gamma}{4\sin(C-\gamma)}=\frac{1}{4}\cdot\frac{S_{\triangle CBF}}{S_{\triangle CAF}}=\frac{1}{4}\cdot\frac{1}{3}=\frac{1}{12}$$

从而 $\frac{DS}{AD}=\frac{1}{13}$，即 $\frac{x_S}{h}=\frac{1}{13}$，故 $x_S=\frac{h}{13}$，又

$$\frac{DR}{RA}=\frac{S_{\triangle BDR}}{S_{\triangle ABR}}=\frac{3\sin(B-\beta)}{4\sin\beta}=\frac{3}{4}\cdot\frac{S_{\triangle BCE}}{S_{\triangle BAE}}=\frac{3}{4}\cdot\frac{3}{1}=\frac{9}{4}$$

则 $\frac{DR}{AD}=\frac{9}{13}$，即 $\frac{x_R}{h}=\frac{9}{13}$，故

$$x_R=\frac{9}{13}h=z_S$$

从而
$$h-x_S-z_S=\frac{3}{13}h=y_S$$

故 $$\min F(P)=F(S)=x_S y_S z_S=\frac{h}{13}\cdot\frac{3h}{13}\cdot\frac{9h}{13}=\frac{648}{2\ 197}\sqrt{3}$$

按原参考解答,抓住正三角形中 $x+y+z=h$ 不放,是不能推广到任意三角形的.这里通过正弦定理,考虑 $f(t)=t^2(1-t)$ 的增减性,是本题得以推广的关键一步.这里用三角形面积比与线段比的互换来求 $x,y,z$ 也是很方便的.

## 第1节 局部调整策略及运用

试题 A2 的求解涉及了局部调整策略.

局部调整策略就是为了解决某个问题,从与问题有实质联系的较宽要求开始,充分利用已获得的结果作为基础,逐步加强要求,逼近目标,直至最后彻底解决问题的一种解题策略.特别是在处理有多个变量的问题时,先对其中少数变量进行调整,让其他变量暂时保持不变,取得问题的局部解决;再来调整原来假定不变的变量,经过综合调整,以求得问题的圆满解决.

下面看几道例子.①②



**例1** 已知在锐角 $\triangle ABC$ 中,$\angle A>\angle B>\angle C$.在 $\triangle ABC$ 的内部(包括边界上)找一点 $P$,使得点 $P$ 到三边的距离之和为最小.

**分析** 先讨论点 $P$ 在 $\triangle ABC$ 边界上的情况,研究点 $P$ 在什么位置时,$P$ 到三边距离之和最小;然后再对点 $P$ 在 $\triangle ABC$ 的内部的情形进行研究.

**解** 当点 $P$ 在 $\triangle ABC$ 的边界上时:

(1)若点 $P$ 在边 $BC$ 上,如图4.11所示,记 $\triangle ABC$ 的顶点 $A,B,C$ 对应的三边长分别为 $a,b,c$,三边上的高分别为 $h_a,h_b,h_c$.$P$ 到边 $AB,AC$ 的距离分别为 $x,y$,联结 $PA$.由已知得 $a>b>c$,故 $h_a<h_b<h_c$.

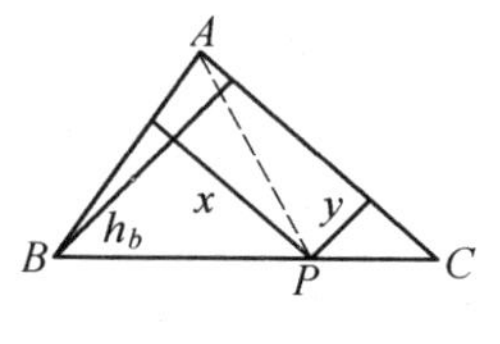

图4.11

由面积关系得

$$\frac{1}{2}bh_b=\frac{1}{2}cx+\frac{1}{2}yb\leqslant\frac{1}{2}xb+\frac{1}{2}yb$$

所以,$h_b\leqslant x+y$(当 $x=0$ 时取等号).

即点 $P$ 与点 $B$ 重合时,点 $P$ 到三边距离之和最小.

(2)若点 $P$ 在边 $AC$ 上,且点 $P$ 与点 $A$ 重合时,点 $P$ 到三边距离之和最小.

(3)若点 $P$ 在边 $AB$ 上,且点 $P$ 与点 $A$ 重合时,点 $P$ 到三边距离之和最小.

---

① 郑日锋.解数学竞赛题的局部调整策略[J].中等数学,2004(4):10-12.

② 韩淑英.局部调整法[J].中学生数学,1999(7):21-22.

综上可知,当点 $P$ 与点 $A$ 重合时,点 $P$ 到三边距离之和最小.

当点 $P$ 在 $\triangle ABC$ 内部时:

如图 4.12,过点 $P$ 作 $BC$ 的平行线交 $AB$ 于点 $E$,交 $AC$ 于点 $F$. 固定 $x$,由步骤 1 知

$$x+y+z>EG+EH$$

图 4.12

变化 $x$,有

$$EG+EH\geqslant h_a$$

故

$$x+y+z>h_a$$

综上可知,当点 $P$ 与点 $A$ 重合时,$x+y+z$ 最小.

**例 2**　已知正实数 $x_1,x_2,\cdots,x_n$,满足 $x_1x_2\cdots x_n=1$. 求证

$$\frac{1}{n-1+x_1}+\frac{1}{n-1+x_2}+\cdots+\frac{1}{n-1+x_n}\leqslant 1$$

**分析**　先从特殊情形入手,当 $x_1=x_2=\cdots=x_n$ 时,不等式成立,然后研究一般情况,通过局部调整解决问题.

**证明**　当 $x_1=x_2=\cdots=x_n=1$ 时,不等式成立.

当 $x_1,x_2,\cdots,x_n$ 中不全为 1 时,其中必有一个属于 $(0,1)$,一个属于 $(1,+\infty)$. 由对称性,不妨设

$$0<x_1<1<x_n,x_1\leqslant x_2\leqslant\cdots\leqslant x_n$$

(1) 若 $\frac{1}{n-1+x_1}+\frac{1}{n-1+x_n}\leqslant\frac{1}{n-1}$,因为

$$\frac{1}{n-1+x_2}+\frac{1}{n-1+x_3}+\cdots+\frac{1}{n-1+x_{n-1}}<\underbrace{\frac{1}{n-1}+\frac{1}{n-1}+\cdots+\frac{1}{n-1}}_{(n-2)\text{个}}=\frac{n-2}{n-1}$$

故

$$\frac{1}{n-1+x_1}+\frac{1}{n-1+x_2}+\cdots+\frac{1}{n-1+x_n}<1$$

(2) 若 $\frac{1}{n-1+x_1}+\frac{1}{n-1+x_n}>\frac{1}{n-1}$,即

$$x_1x_n<(n-1)^2$$

第一次调整:令

$$x'_1=1,x'_n=x_1x_n,x'_j=x_j,2\leqslant j\leqslant n-1$$

下面证明

$$\frac{1}{n-1+x_1}+\frac{1}{n-1+x_2}+\cdots+\frac{1}{n-1+x_n}\leqslant$$

$$\frac{1}{n-1+x'_1}+\frac{1}{n-1+x'_2}+\cdots+\frac{1}{n-1+x'_n}$$

即证

$$\frac{1}{n-1+x_1}+\frac{1}{n-1+x_n}\leqslant\frac{1}{n-1+1}+\frac{1}{n-1+x_1x_n} \quad ①$$

令 $f(x)=\frac{1}{n-1+x}$,则

$$f(x)+f(z)=\frac{1}{n-1+y}+\frac{1}{n-1+z}=\frac{2(n-1)+y+z}{(n-1)^2+yz+(n-1)(y+z)}$$

记

$$m=(n-1)(x_1+x_n)$$

$$m'=(n-1)(x'_1+x'_n)=(n-1)(1+x_1x_n)$$

$$b=(n-1)^2+x_1x_n=(n-1)^2+x'_1x'_n$$

$$a=2(n-1),c=\frac{1}{n-1}$$



故

$$\frac{1}{n-1+x_1}+\frac{1}{n-1+x_n}=f(x_1)+f(x_n)=\frac{a+cm}{b+m}$$

$$\frac{1}{n-1+1}+\frac{1}{n-1+x_1x_n}=f(x'_1)+f(x'_n)=\frac{a+cm'}{b+m'}$$

因为

$$m'-m=(n-1)(1+x_1x_n-x_1-x_n)=(n-1)(x_1-1)(x_n-1)<0$$

所以

$$m'<m$$

$$\text{式 ①}\Leftrightarrow\frac{a+cm}{b+m}\leqslant\frac{a+cm'}{b+m'}\Leftrightarrow(a-bc)(m-m')\geqslant 0\Leftrightarrow a\geqslant bc\Leftrightarrow$$

$$2(n-1)\geqslant\frac{1}{n-1}[(n-1)^2+x_1x_n]\Leftrightarrow x_1x_n\leqslant(n-1)^2$$

已假设 $x_1x_n<(n-1)^2$,所以

$$x_1x_n\leqslant(n-1)^2$$

故

$$\frac{1}{n-1+x_1}+\frac{1}{n-1+x_2}+\cdots+\frac{1}{n-1+x_n}\leqslant$$

$$\frac{1}{n-1+x'_1}+\frac{1}{n-1+x'_2}+\cdots+\frac{1}{n-1+x'_n}=$$

$$\frac{1}{n}+\frac{1}{n-1+x'_2}+\cdots+\frac{1}{n-1+x'_n}$$

其中，$x'_2x'_3\cdots x'_n=1$.

再继续调整，可得

$$\frac{1}{n-1+x_1}+\frac{1}{n-1+x_2}+\cdots+\frac{1}{n-1+x_n}\leqslant\underbrace{\frac{1}{n}+\frac{1}{n}+\cdots+\frac{1}{n}}_{n\text{个}}=1$$

**注** 本题调整的目的是逐步将所证不等式左边各项变为$\frac{1}{n}$. 需要注意，每次调整应使各变量的积为1，而且不等式左边放大.

**例3** 周长为定值$l$的四边形中何者面积最大呢？是否是正方形？

**解** 首先，周长为定值的四边形要有最大面积不可能是凹四边形. 如图4.13所示，在四边形$ABCD$中，以$BD$为轴作点$A$的对称点$A'$，即调整顶点$A$到点$A'$的位置，凹四边形$ABCD$变成凸四边形$A'BCD$. 因$A'B=AB$，$A'D=AD$，所以四边形$ABCD$的周长与四边形$A'BCD$的周长相等，但$S_{ABCD}<S_{A'BCD}$.

其次，由于交换两邻边位置不会改变四边形的周长及面积，如图4.14所示，$\triangle A'BD\cong\triangle ABD$. 因此可进行调整，使各边沿顺时针方向由短到长的顺序排列. 不妨设

$$A'D\leqslant DC\leqslant CB\leqslant A'B$$

若存在不等边，则$A'D<BA'$. 如图4.15所示，再进行调整，固定$\triangle BCD$不变，作$\triangle A''BD$，使

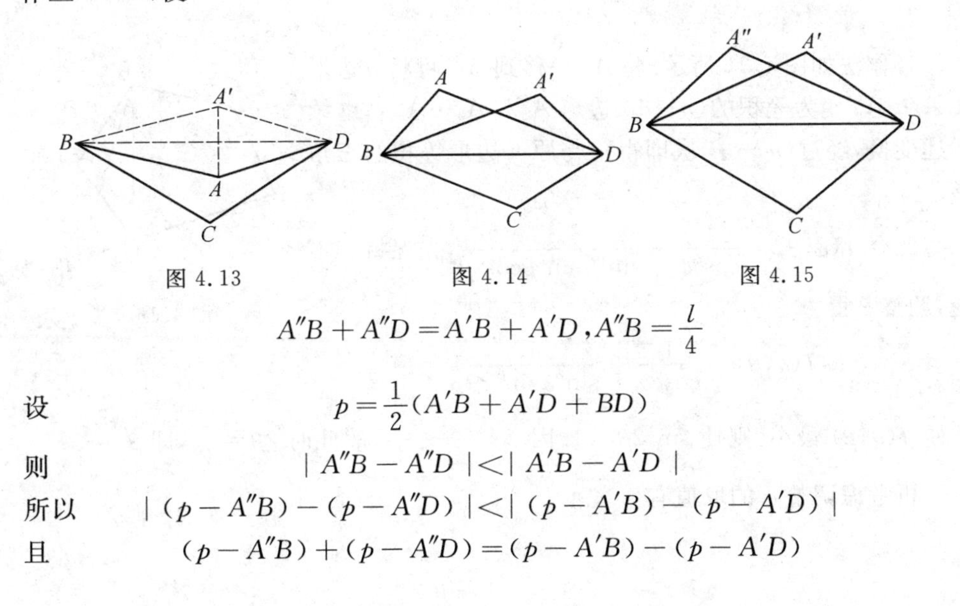


图4.13　　图4.14　　图4.15

$$A''B+A''D=A'B+A'D,A''B=\frac{l}{4}$$

设
$$p=\frac{1}{2}(A'B+A'D+BD)$$

则
$$|A''B-A''D|<|A'B-A'D|$$

所以
$$|(p-A''B)-(p-A''D)|<|(p-A'B)-(p-A'D)|$$

且
$$(p-A''B)+(p-A''D)=(p-A'B)-(p-A'D)$$

因为对任意实数 $a,b$,当 $a+b$ 为定值时,$|a-b|$ 减小,$ab$ 增大,故

$$(p-A''B)+(p-A''D)>(p-A'B)-(p-A'D)$$

由海伦公式,知 $S_{\triangle A''DB}>S_{\triangle A'BD}$.

四边形 $A''BCD$ 与四边形 $A'BCD$ 相比较,周长不变,面积增大了.重复上述调整,可使四边形变为等边四边形,即菱形,而且面积有所增大.换句话说,周长为 $l$ 的四边形要有最大面积应为菱形.

设 $\alpha$ 为调整后所得菱形一组邻边的夹角,因

$$S_{四边形}=\left(\frac{l}{4}\right)^2\sin\alpha\leqslant\frac{l^2}{16}$$

故 $\alpha\neq\frac{\pi}{2}$ 时,须调整 $\alpha$,使 $\alpha=\frac{\pi}{2}$,这样得到周长为定值的四边形面积中最大者为正方形.

## 练　习　题



1. 把一个凸 $n(n>3)$ 边形变为等积的三角形.

2. 已知 $0<\alpha<\frac{\pi}{2}$,$0<\beta<\frac{\pi}{2}$,求 $\frac{1}{\cos^2\alpha}+\frac{1}{\sin^2\alpha\sin^2\beta\cos^2\beta}$ 的最小值.

## 练习题参考解答

1. 作法如图4.16所示.将 $A_1$ 平移到 $A_1'$,可将 $n$ 边形 $A_1A_2\cdots A_n$ 变为等积的 $(n-1)$ 边形 $A_1'A_2A_3\cdots A_{n-1}$,继续上述变换,经过 $(n-3)$ 次即得一与原 $n$ 边形等积的三角形.

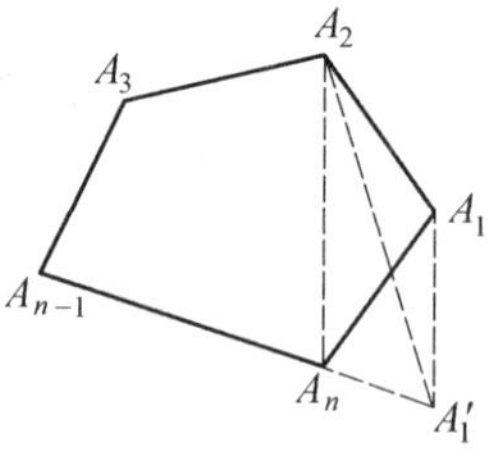

图 4.16

2. 令 $f(\alpha,\beta)=\frac{1}{\cos^2\alpha}+\frac{1}{\sin^2\alpha\sin^2\beta\cos^2\beta}$,先保持 $\alpha$ 不变,调整 $\beta$ 得

$$f(\alpha,\beta)=\frac{1}{\cos^2\alpha}+\frac{1}{\sin^2\alpha\sin^2 2\beta}$$

欲使 $f(\alpha,\beta)$ 最小,则使 $\sin^2 2\beta=1$.因 $0<\beta<\frac{\pi}{2}$,故此时 $2\beta=\frac{\pi}{2}$,即 $\beta=\frac{\pi}{4}$.

再考虑调整 $\alpha$ 的取值有

$$f(\alpha,\frac{\pi}{4})=\frac{1}{\cos^2\alpha}+\frac{4}{\sin^2\alpha}=\sec^2\alpha+4\csc^2\alpha=5+\tan^2\alpha+4\cot^2\alpha\geqslant$$
$$5+2\sqrt{\tan^2\alpha\cdot 4\cot^2\alpha}=9$$

当且仅当 $\tan^2\alpha=\cot^2\alpha$ 时取等号，因 $0<\alpha<\frac{\pi}{2}$，故 $\tan\alpha=2\cot\alpha$，从而有

$$\alpha=\arctan\sqrt{2}$$

综上所述，当 $\alpha=\arctan\sqrt{2}$，$\beta=\frac{\pi}{4}$ 时，$f(\alpha,\beta)$ 有最小值 9.

## 第2节　三角形中的极值点问题

试题 A2 涉及了三角形中的极值点问题.

**命题1**　三角形内到三边距离之积最大的点是其重心.

**证明**　设 $P$ 为 $\triangle ABC$ 内一点，点 $D,E,F$ 分别为点 $P$ 到边 $BC,CA,AB$ 的垂足，如图 4.17 所示. 令 $BC=a$，$CA=b$，$AB=c$，则

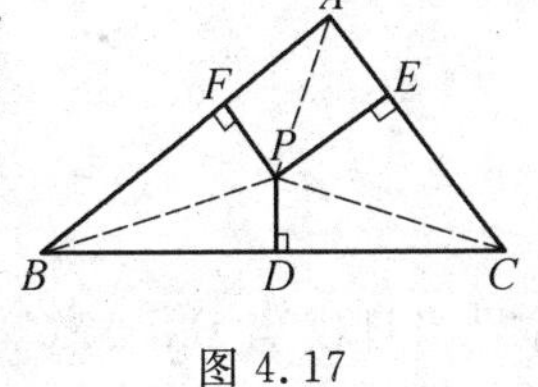

图 4.17

$$2S_{\triangle ABC}=a\cdot PD+b\cdot PE+c\cdot PF\geqslant$$
$$3\sqrt{abc\cdot PD\cdot PE\cdot PF}$$

从而
$$PD\cdot PE\cdot PF\leqslant\frac{(\frac{2}{3}S_{\triangle ABC})^2}{abc}$$

要取最大值，当且仅当 $a\cdot PD=b\cdot PE=c\cdot PF$，即

$$S_{\triangle PAB}=S_{\triangle PBC}=S_{\triangle PAC}$$

亦即点 $P$ 为三角形重心时，$PD\cdot PE\cdot PF$ 最大.

**命题2**　三角形内到三顶点的距离平方和最小的点是其垂心.

**证明**　设 $P$ 为 $\triangle ABC$ 内一点，以 $B$ 为原点、$BC$ 为 $x$ 轴建立平面直角坐标系，如图 4.18 所示. 设 $C(x_3,0)$，$A(x_1,y_1)$，$B(0,0)$，又设 $P(x_0,y_0)$，则

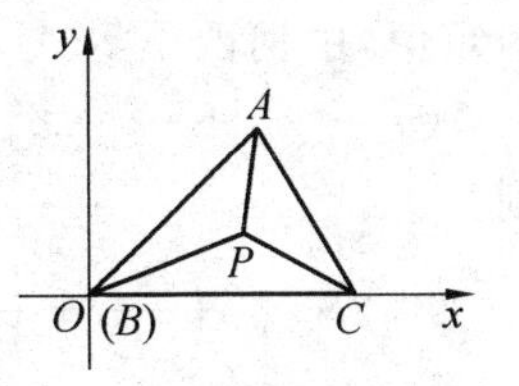

图 4.18

$$PA^2+PB^2+PC^2=(x_0-x_1)^2+(y_0-y_1)^2+x_0^2+y_0^2+(x_0-x_3)^2+y_0^2=$$
$$3x_0^2-2x_0(x_1+x_3)+x_1^2+x_3^2+3y_0^2-2y_0y_1+y_1^2$$

二次函数 $y=ax^2+bx+c$，当 $x=-\frac{b}{2a}$ 时取极值，所以上式 $x_0=\frac{x_1+x_3}{3}$，

$y_0=\frac{y_1}{3}$时(此时 $P$ 为重心)取极小值,所以 $P$ 为垂心时,$PA^2+PB^2+PC^2$ 最小.

**命题 3** 三角形内三顶点顺次与到三边射影的平方和最小的点是其外心.

**证明** 设 $P$ 为 $\triangle ABC$ 内一点,点 $P$ 在边 $BC$,$CA$,$AB$ 上的射影分别为点 $L$,$M$,$N$. 如图 4.19 所示,则

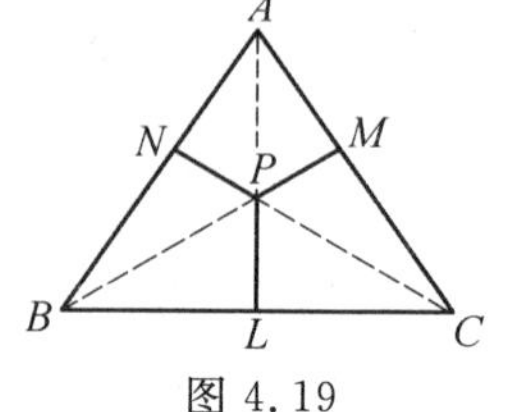

图 4.19

$$BL^2=BP^2-PL^2$$
$$CM^2=PC^2-PM^2$$
$$AN^2=PA^2-PN^2$$

即

$$BL^2+CM^2+AN^2=PA^2+PB^2+PC^2-PN^2-PM^2-PL^2$$

同理 $$AM^2+CL^2+BN^2=PA^2+PB^2+PC^2-PN^2-PM^2-PL^2$$

则 $$BL^2+CM^2+AN^2=AM^2+CL^2+BN^2$$

即

$$2(BL^2+CM^2+AN^2)=AN^2+BN^2+BL^2+CL^2+CM^2+AM^2\geqslant \frac{(AN+BN)^2}{2}+\frac{(BL+LC)^2}{2}+\frac{(CM+AM)^2}{2}=\frac{a^2+b^2+c^2}{2}$$

等号当且仅当 $BL=LC$,$MC=MA$,$AN=NB$,即 $P$ 为外心时成立,所以 $P$ 为外心时,$BL^2+CM^2+AN^2$ 达到极小.

**命题 4** 三角形内各边与到边距离比之和最小的点是其内心.

**证明** 同命题 1 的证明所设,有

$$2S_{\triangle ABC}=a\cdot PD+b\cdot PE+c\cdot PF$$

为定值. 由柯西不等式

$$(a_1^2+a_2^2+\cdots+a_n^2)(b_1^2+b_2^2+\cdots+b_n^2)\geqslant(a_1b_1+a_2b_2+\cdots+a_nb_n)^2$$

则

$$2S_{\triangle ABC}\left(\frac{BC}{PD}+\frac{CA}{PE}+\frac{AB}{PF}\right)=(a\cdot PD+b\cdot PE+c\cdot PF)\cdot\left(\frac{a}{PD}+\frac{b}{PE}+\frac{c}{PF}\right)\geqslant(a+b+c)^2$$

故 $$\frac{BC}{PD}+\frac{CA}{PE}+\frac{AB}{PF}\geqslant\frac{(a+b+c)^2}{2S_{\triangle ABC}}$$

其最小值时 $PD=PE=PF$,即 $P$ 为内心时取最小值.

**命题5**① 到三边不等的三角形三边距离之和最小的点是此三角形最大边所对顶点.

**证明** 设$\triangle ABC$内一点$P$到三边$BC$,$AC$,$AB$的距离分别为$x$,$y$,$z$,并设$BC=a$,$AC=b$,$AB=c$,$S_{\triangle ABC}=S$,则有

$$ax+by+cz=2S \quad ①$$

不妨设$a>b>c$,则

$$2S=ax+by+cz\leqslant ax+ay+az=a(x+y+z)$$

所以
$$x+y+z\geqslant\frac{2S}{a}$$

上式等号成立的条件为$y=z=0$.故$ax=2S$,$x$为边$BC$上的高线长.从而,点$P$即为点$A$(最大边所对顶点).

对于点$P$在$\triangle ABC$之外的情况易证.

**命题6**① 到三角形三边距离的平方和最小的点是此三角形重心的等角共轭点.

**注** $\triangle ABC$内两点$D$,$E$互为等角共轭点的充分必要条件是$\angle DAB=\angle EAC$,$\angle DBC=\angle EBA$,$\angle DCA=\angle ECB$.

**证明** 题设同命题5.由柯西不等式,有

$$4S^2=(ax+by+cz)^2\leqslant(a^2+b^2+c^2)(x^2+y^2+z^2)\Rightarrow$$

$$x^2+y^2+z^2\geqslant\frac{4S^2}{a^2+b^2+c^2}$$

等号成立的条件为

$$\frac{x}{a}=\frac{y}{b}=\frac{z}{c}=k$$

将$x=ka$,$y=kb$,$z=kc$代入式①,得

$$k=\frac{2S}{a^2+b^2+c^2}$$

故
$$x=ka=\frac{2aS}{a^2+b^2+c^2}=\frac{abc}{a^2+b^2+c^2}\cdot\sin A$$

同理
$$y=\frac{abc}{a^2+b^2+c^2}\cdot\sin B,z=\frac{abc}{a^2+b^2+c^2}\cdot\sin C$$

易知同时满足到三边$BC$,$AC$,$AB$的距离分别为$\frac{abc}{a^2+b^2+c^2}\cdot\sin A$,

①王璐,李纯毅.有关三角形极值点的两个命题[J].中等数学,2004(4):19-20.

$\frac{abc}{a^2+b^2+c^2}\cdot\sin B,\frac{abc}{a^2+b^2+c^2}\cdot\sin C$ 的点只有一个.故只需证 $\triangle ABC$ 的重心的等角共轭点 $G'$ 为此点即可.

**引理** 设 $G'$ 为 $\triangle ABC$ 的重心的等角共轭点,$EF$ 交 $AB,AC,AG'$ 于 $E,F,H$,则 $AH$ 为 $\triangle AEF$ 的一条中线的充分必要条件是 $EF$ 为 $BC$ 的逆平行线.

**注** 在 $\triangle ABC$ 中,$EF$ 为 $BC$ 的逆平行线的充分必要条件是 $\angle AEF=\angle C$,且 $\angle AFE=\angle B$.

**引理的证明** 如图4.20,设 $AD$ 为 $\triangle ABC$ 的一条中线.

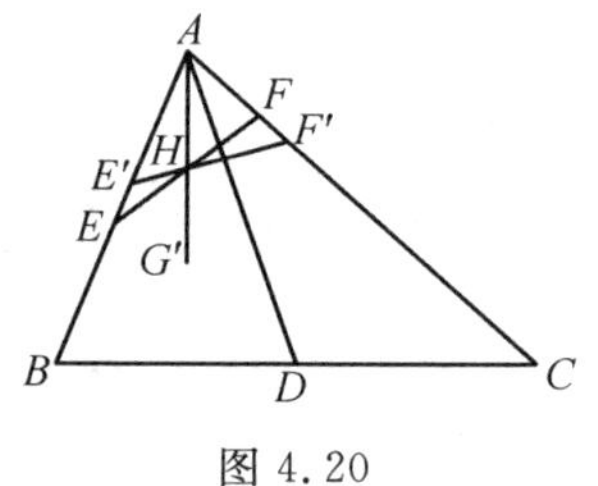

图4.20

(1) 若 $EF$ 为 $BC$ 的逆平行线,则 $\triangle AEF\backsim\triangle ACB$.

因为 $G'$ 为 $\triangle ABC$ 的重心的等角共轭点,则

$$\angle DAC=\angle G'AB=\angle HAE$$

所以
$$\triangle ADC\backsim\triangle AHE$$

从而易知 $AH$ 为 $\triangle AEF$ 的一条中线.

(2) 若 $AH$ 为 $\triangle AEF$ 的一条中线,假设命题不成立,即 $EF$ 不是 $BC$ 的逆平行线.过点 $H$ 作 $BC$ 的逆平行线交 $AB,AC$ 于点 $E',F'$,则 $E'F'\neq EF$.由(1)知 $E'H=F'H$,则

$$\triangle EHE'\cong\triangle FHF'$$

故
$$\angle EE'H=\angle FF'H,EE'\parallel FF'$$

所以,$AB\parallel AC$.矛盾.因此,$EF$ 是 $BC$ 的逆平行线.综上所述,引理得证.

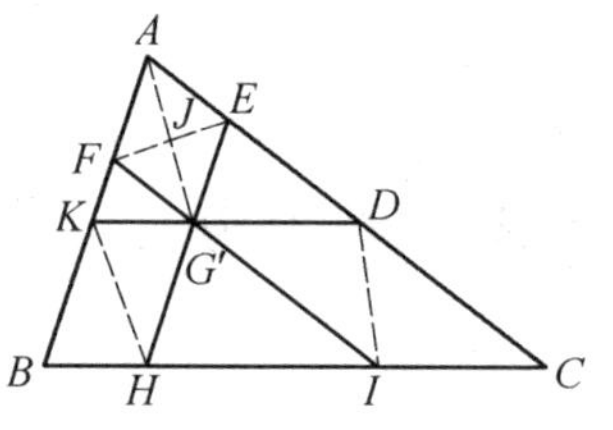

图4.21

下面证明原命题.

如图4.21,$G'$ 为 $\triangle ABC$ 的重心的等角共轭点,过点 $G'$ 分别作三边的平行线交三边于点 $D,E,F,K,H,I$,则有

$$\triangle FKG'\backsim\triangle EG'D\backsim\triangle G'HI\backsim\triangle ABC$$

联结 $EF,KH,DI$,联结 $G'A$ 交 $EF$ 于点 $J$,则 $AJ$ 为 $\triangle AEF$ 的中线.又 $G'$ 是 $\triangle ABC$ 的重心的等角共轭点,由引理知 $\triangle AEF\backsim\triangle ABC$,因为 $\triangle AEF\cong\triangle G'FE$,所以 $\triangle G'FE\backsim\triangle ABC$.同理,$\triangle HBK\backsim\triangle ABC$,$\triangle KG'H\backsim\triangle ABC$.

设 $AF=m$,则

$$FG'=AE=\frac{c}{b}AF=\frac{mc}{b},FK=\frac{c}{b}FG'=\frac{mc^2}{b^2}$$

$$BH=KG'=\frac{a}{b}FG'=\frac{mac}{b^2},BK=\frac{a}{c}BH=\frac{ma^2}{b^2}$$

因为

$$AF+FK+KB=AB\Rightarrow m+\frac{mc^2}{b^2}+\frac{mc^2}{b^2}=c\Rightarrow$$

$$m=\frac{b^2c}{a^2+b^2+c^2}$$

所以
$$KH=\frac{b}{c}BH=\frac{ma}{b}=\frac{abc}{a^2+b^2+c^2}$$

因为 $\triangle ABC\backsim\triangle KG'H$，则 $\angle G'KH=\angle A$.

故点 $G'$ 到 $BC$ 的距离为 $\frac{abc}{a^2+b^2+c^2}\cdot\sin A$.

同理，点 $G'$ 到 $AC$，$AB$ 的距离分别为 $\frac{abc}{a^2+b^2+c^2}\cdot\sin B$，$\frac{abc}{a^2+b^2+c^2}\cdot\sin C$. 故点 $G'$ 即为所求. 从而，命题6得证.

**命题7**①　设 $D,E,F$ 分别是 $\triangle ABC$ 的边 $BC,CA,AB$ 上的点，且 $BD:DC=CE:EA=AF:FB=\lambda$，$AD,BE,CF$ 交成 $\triangle RQS$，$P$ 为 $\triangle RQS$ 内或其边上一点，以 $S_c,S_a,S_b$ 分别表示 $\triangle PAB,\triangle PBC,\triangle PCA$ 的面积，则当点 $P$ 位于 $\triangle RQS$ 的顶点时，$S_aS_bS_c$ 达到最小值.

为了证明这个命题. 先看两条引理.

**引理1**　设 $\triangle ABC$ 所在平面为 $\pi$，作平面 $\pi'$ 与 $\pi$ 交于直线 $BC$，在 $\pi'$ 内作正 $\triangle A'B'C'$，使 $B'C'$ 与 $BC$ 重合，使点 $A$ 与点 $A'$ 对应，点 $B$ 与点 $B'$ 对应，点 $C$ 与点 $C'$ 对应，过 $\triangle ABC$ 内或边上任一点 $X$ 作 $AA'$ 的平行线交 $\pi'$ 于点 $X'$，则让点 $X$ 与点 $X'$ 对应，于是建立了 $\pi\to\pi'$ 的一一对应，则有：

(1) $D,E,F$ 对应点 $D',E',F'$ 分别位于 $B'C',C'A',A'B'$ 上，且有 $B'D':D'C'=C'E':E'A'=A'F':F'B'=\lambda$.

(2) $R,Q,S$ 对应点 $R',Q',S'$ 分别为 $A'D',B'E',C'F'$ 的两两的交点，点 $P$ 的对应点 $P'$ 仍在 $\triangle R'Q'S'$ 内或边上.

(3) 以 $S_{a'},S_{b'},S_{c'}$ 分别表示 $\triangle P'B'C',\triangle P'C'A',\triangle P'A'B'$ 的面积，则 $S_a:S=S_{a'}:S',S_b:S=S_{b'}:S',S_c:S=S_{c'}:S'$，其中 $S$ 和 $S'$ 分别为 $\triangle ABC$ 和 $\triangle A'B'C'$ 的面积.

---

①　黄仁寿. 三角形分块面积乘积的一个性质[J]. 中学数学，1992(11)：25.

由于平行射影的性质,则引理的结论是显然的.我们还有:

**引理2** 如图4.22,设 $D,E,F$ 分别为正 $\triangle ABC$ 的边 $BC,CA,AB$ 上的点,且 $BD:DC=CE:EA=AF:FB=\lambda$,联结 $AD,BE,CF$ 交成 $\triangle RQS$,$P$ 为 $\triangle RQS$ 内或边上一点,$P$ 到 $\triangle ABC$ 三边距离分别为 $x,y,z$,则当 $P$ 在 $R,Q$ 或 $S$ 时,积 $xyz$ 达到最小.

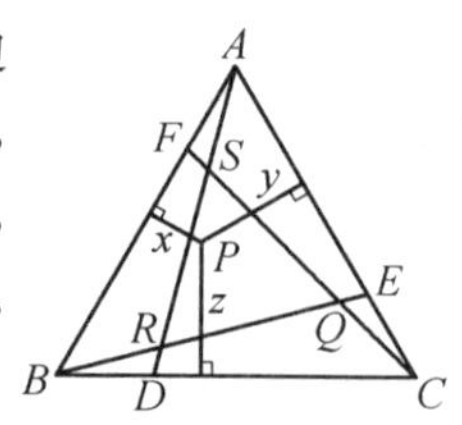


图 4.22

由于 $x+y+z=\sqrt{3}a$(熟知性质)($2a$ 为等边 $\triangle ABC$ 一边长),问题归结为考虑函数 $f(x,y)=xy(\sqrt{3}-x-y)$ 的极值问题.先考虑与 $AC$ 平行的线段,这时 $y=c$(常数),则函数变为 $f(x,c)=cx(h_1-x)$.其中 $h_1=\sqrt{3}a-c,x\in[\alpha,\beta],0<\alpha<\beta<h_1$,这是一条开口向下的抛物线,在闭区间的最小值只能在区间端点达到,即 $\triangle RQS$ 的边上达到.当 $c$ 变化时,$y=c$ 平行移动,平行于 $AC$ 的线段扫过整个 $\triangle RQS$,因而 $f(x,y)$ 在 $\triangle RQS$ 的边上取到最小值.应用三次函数图像,可证明 $f(x,y)$ 在 $\triangle RQS$ 顶点达到最小值.



现证明命题7.

由引理1,可作正 $\triangle A'B'C'$ 与 $\triangle ABC$ 的点一一对应,则

$$S_aS_bS_c=\left(\frac{S}{S'}\right)^3S_{a'}S_{b'}S_{c'}$$

设正 $\triangle A'B'C'$ 的边长为 $a$,$P'$ 到 $\triangle A'B'C'$ 三边的距离为 $x,y,z$,则

$$S_aS_bS_c=\left(\frac{S}{S'}a\right)^3xyz$$

由引理2,知命题证毕.

当 $\lambda=\frac{1}{3}$ 时,引理2正是1982年全国数学联赛试题.

为了介绍命题8,先给出一个定义.

**定义** 若三角形有一个内角大于或等于 $120^\circ$,则这个角的顶点即称为费马点;若三角形的内角没有大于 $120^\circ$,点 $P$ 满足 $\angle APB=\angle BPC=\angle CPA=120^\circ$,则称点 $P$ 为 $\triangle ABC$ 的费马点,如图4.23.

容易知道,一个三角形的费马点存在且唯一.

**命题8** 三角形的费马点,是平面上所有点中到三角形的三个顶点的距离之和为最小的点.

**证明** 分别以 $AC,AP$ 为边向同一方向作正 $\triangle ACD$ 和正 $\triangle APQ$,如图4.24所示,联结 $QD$,因

$$\angle PAC = 60^\circ - \angle CAQ = \angle QAD$$

易知
$$\triangle APC \cong \triangle AQD$$

则
$$PA + PB + PC = BP + PQ + QD$$

对于确定的 $\triangle ABC$ 来说，$D$ 是定点，当且仅当 $\angle APB = \angle BPC = \angle CPA$ 时，点 $B, P, Q, D$ 共线，$BP + PQ + QD$ 取得最小值，亦即当 $P$ 为 $\triangle ABC$ 的费马点时，$PA + PB + PC$ 取最小值，证毕.

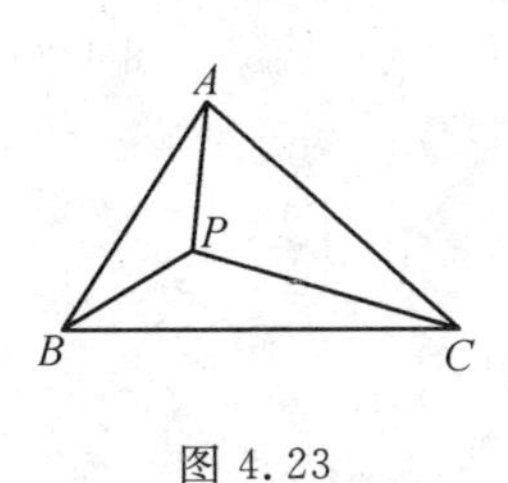

图 4.23

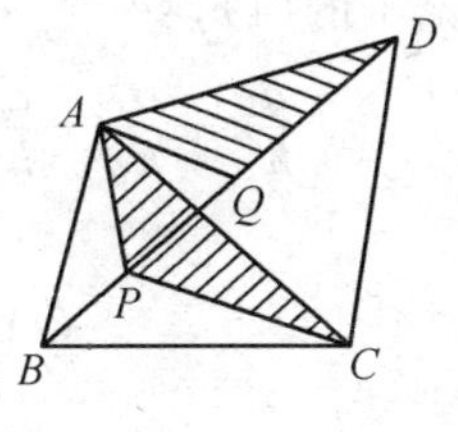

图 4.24

## 第3节　关于三角形内一点的几个问题



试题 A2 涉及了三角形内一点. 三角形内一点的问题也是有趣的，下面，我们从四个方面介绍这些问题.

### *1. 过三角形内一点向各边引垂线*

**结论1**　(Steiner 定理)$P$ 是 $\triangle ABC$ 内任一点，点 $P$ 在 $BC, CA, AB$ 三边上的射影分别为点 $D, E, F$，点 $P$ 到三边距离为 $d_a, d_b, d_c$，对应的三边上的高为 $h_a, h_b, h_c$，则：[①]

(1) $\dfrac{d_a}{h_a} + \dfrac{d_b}{h_b} + \dfrac{d_c}{h_c} = 1$；

(2) $BD^2 + CE^2 + AF^2 = CD^2 + AE^2 + BF^2$.

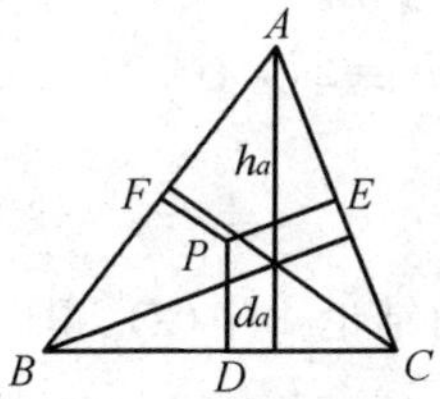

图 4.25

**证明**　如图 4.25.

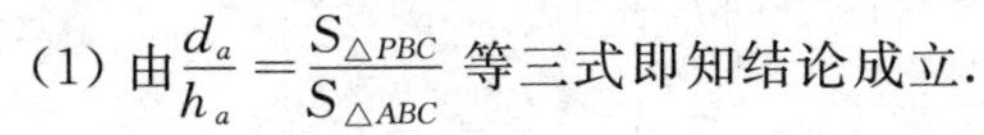
(1) 由 $\dfrac{d_a}{h_a} = \dfrac{S_{\triangle PBC}}{S_{\triangle ABC}}$ 等三式即知结论成立.

(2) 由勾股定理，有

$$BP^2 - PD^2 + CP^2 - PE^2 + AP^2 - PF^2 =$$
$$CP^2 - PD^2 + AP^2 - PE^2 + BP^2 - PF^2$$

---

① 李绍洪. 关于"三角形内一点"的问题[J]. 中等数学，1992(4)：6-9.

则有结论成立.

**例1** 如图4.26,在$\triangle ABC$中,$AD=BE=CF$,$O$为$\triangle ABC$内任一点,$OA'\parallel AD$,$OB'\parallel BE$,$OC'\parallel CF$.求证:$OA'+OB'+OC'$为定值.

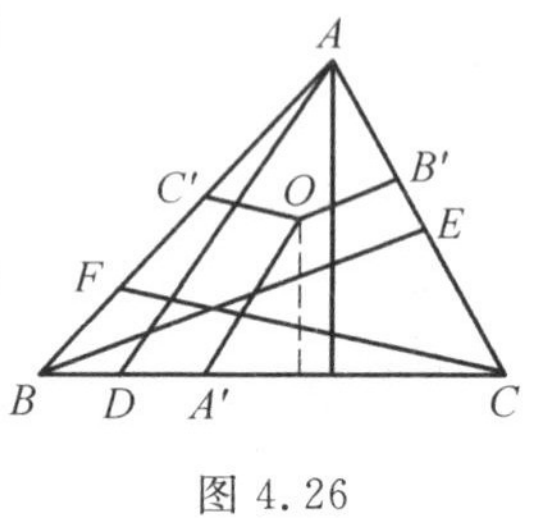


图4.26

**证明** 设$\triangle ABC$的三边上的高为$h_a$,$h_b$,$h_c$,点$O$到三边的距离分别为$d_a$,$d_b$,$d_c$.

根据结论1的(1),有

$$\frac{d_a}{h_a}+\frac{d_b}{h_b}+\frac{d_c}{h_c}=1$$

则

$$\frac{OA'}{AD}+\frac{OB'}{BE}+\frac{OC'}{CF}=1$$

而

$$AD=BE=CF$$

故



$$OA'+OB'+OC'=AD(\text{定值})$$

**例2** $\triangle ABC$三边的长分别是$BC=17$,$CA=18$,$AB=19$.过$\triangle ABC$内的点$P$向$\triangle ABC$的三边分别作垂线$PD$,$PE$,$PF$($D$,$E$,$F$为垂足),且$BD+CE+AF=27$.求$BD+BF$的长.

**解** 设$BD=x$,$BF=y$,则$CD=17-x$,$AF=19-y$.又$BD+CE+AF=27$,有

$$CE=27-BD-AF=8-x+y$$
$$AE=18-CE=10+x-y$$

由结论1中(2),得

$$x^2+(8-x+y)^2+(19-y)^2=(17-x)^2+(10+x-y)^2+y^2$$

化简得

$$2x+2y=8^2+19^2-17^2-10^2$$

故

$$BD+BF=18$$

### 2. 联结三角形内一点与各顶点并延长至对边的问题

**结论2** 如图4.27,$P$为$\triangle ABC$内一点,直线$AP$,$BP$,$CP$分别交$BC$,$CA$,$AB$于点$D$,$E$,$F$,则:

(1)$\frac{BD}{DC}\cdot\frac{CE}{EA}\cdot\frac{AF}{FB}=1$(塞瓦定理).

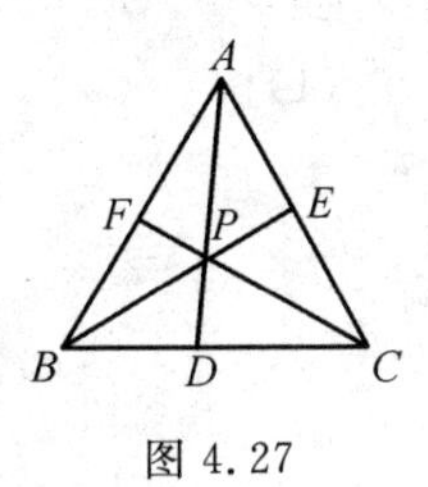

图 4.27

(2) $\frac{AF}{FB}\cdot\frac{BC}{CD}\cdot\frac{DP}{PA}=1$;

$\frac{AP}{PD}\cdot\frac{DB}{BC}\cdot\frac{CE}{EA}=1$;

$\frac{BP}{PE}\cdot\frac{EC}{CA}\cdot\frac{AF}{FB}=1$;

$\frac{BD}{DC}\cdot\frac{CA}{AE}\cdot\frac{EP}{PB}=1$;

$\frac{CD}{DB}\cdot\frac{BA}{AF}\cdot\frac{FP}{PC}=1$;

$\frac{CE}{EA}\cdot\frac{AB}{BF}\cdot\frac{FP}{PC}=1$(梅涅劳斯定理).

(3) $\frac{PD}{AD}+\frac{PE}{BE}+\frac{PF}{CF}=1$.

(4) $\frac{AP}{AD}+\frac{BP}{BE}+\frac{CP}{CE}=2$.

**证明**　(1)(2) 应用塞瓦定理、梅涅劳斯定理即证.

(3) 设 $P$ 到 $\triangle ABC$ 三边距离为 $d_a, d_b, d_c$,对应的三边上高为 $h_a, h_b, h_c$.

根据结论 1 中的(1),有

$$\frac{d_a}{h_a}+\frac{d_b}{h_b}+\frac{d_c}{h_c}=1$$

显然

$$\frac{d_a}{h_a}=\frac{PD}{AD},\frac{d_b}{h_b}=\frac{PE}{BE},\frac{d_c}{h_c}=\frac{PF}{CF}$$

故

$$\frac{PD}{AD}+\frac{PE}{BE}+\frac{PF}{CF}=1$$

(4) 注意到$\frac{AP}{AD}=\frac{AD-PD}{AD}=1-\frac{PD}{AD}$ 等三式及(3) 即得结论.

**结论 3**　如图 4.27,$P$ 为 $\triangle ABC$ 内一点,直线 $AP, BP, CP$ 分别交 $BC$, $CA, AB$ 于点 $D, E, F$,记

$$\frac{AP}{PD}=P_1,\frac{BP}{PE}=P_2,\frac{CP}{PF}=P_3$$

$$\frac{AF}{FB}=\lambda_3,\frac{CE}{EA}=\lambda_2,\frac{BD}{DC}=\lambda_1$$

则:

(1)
$$\lambda_1=\frac{P_1P_2-1}{1+P_1}=\frac{1+P_1}{P_1P_3-1}=\frac{1+P_2}{1+P_3}$$
$$\lambda_2=\frac{P_2P_3-1}{1+P_2}=\frac{1+P_2}{P_2P_1-1}=\frac{1+P_3}{1+P_1}$$
$$\lambda_3=\frac{P_3P_1-1}{1+P_3}=\frac{1+P_3}{P_3P_2-1}=\frac{1+P_1}{1+P_2}$$
$$P_1P_2P_3=P_1+P_2+P_3+2$$

(2)
$$P_1=\lambda_1\lambda_3+\lambda_3=\lambda_3+\frac{1}{\lambda_2}$$
$$P_2=\lambda_2\lambda_1+\lambda_1=\lambda_1+\frac{1}{\lambda_3}$$
$$P_3=\lambda_3\lambda_2+\lambda_2=\lambda_2+\frac{1}{\lambda_1}$$

结论 3 的证明可参见第 1 章第 3 节中的性质 3.

如果将上述结论 3 中(2) 推广即有下述结论:



**结论 4** 如图 4.28(a)(b)(c),设 $D,E$ 分别是 $\triangle ABC$ 中,线段 $AC,BC$ 的定比分点,$BD$ 与 $AE$ 交于点 $P$,联结 $CP$ 交 $AB$ 或其延长线于点 $F$,则

$$\frac{CP}{PF}=\frac{CD}{DA}+\frac{CE}{EB}$$

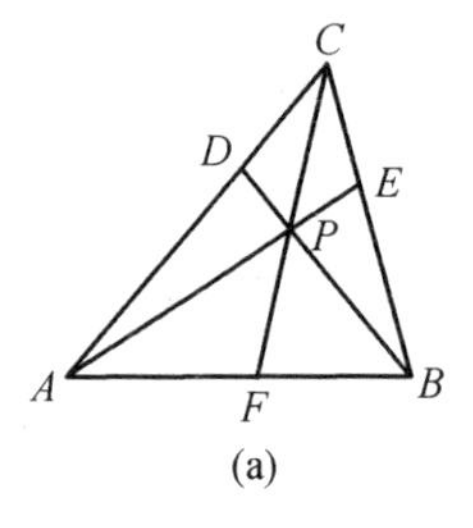

(a)

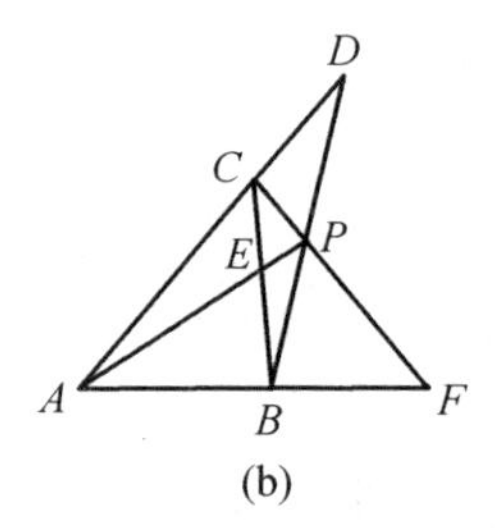

(b)

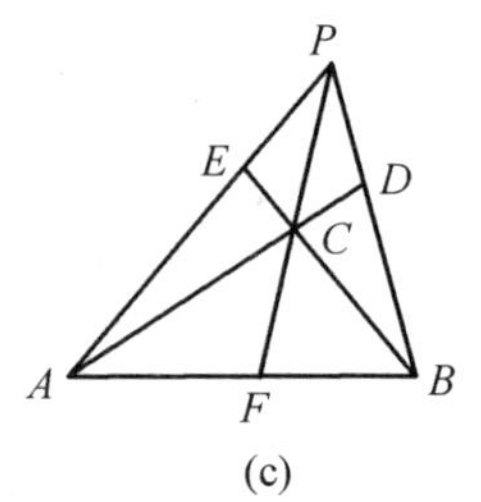

(c)

图 4.28

**证明** 首先看一条引理(即梅涅劳斯定理有向线段表示):

设 $\triangle ABC$ 的三条边 $AB,BC,CA$ 或其延长线与一条直线分别交于点 $P,Q,R$(它们都不是 $\triangle ABC$ 的顶点,如图 4.29),则

$$\frac{AP}{PB}\cdot\frac{BQ}{QC}\cdot\frac{CR}{RA}=-1$$

(等式里的线段都是有向线段.)

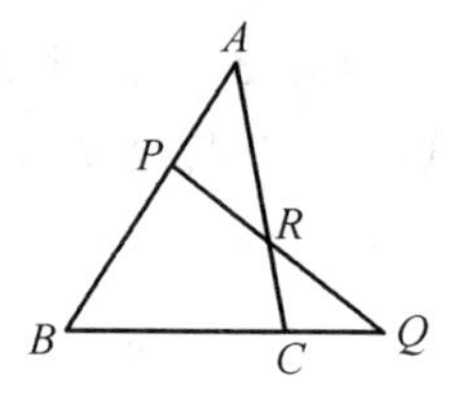


图 4.29

下面回到结论的证明，如图4.27，设$\frac{CD}{DA}=\lambda_1$，$\frac{AF}{FB}=\lambda_2$，$\triangle CAF$的三条边$CA$，$AF$，$FC$或其延长线与一条直线各相交于一点，交点分别为$D$，$B$，$P$．应用梅涅劳斯定理可得

$$\frac{CD}{DA}\cdot\frac{AB}{BF}\cdot\frac{FP}{PC}=-1\Rightarrow$$

$$\frac{CP}{PF}=\frac{CD}{DA}\cdot\frac{AB}{FB}\Rightarrow$$

$$\frac{CP}{PF}=\frac{CD}{DA}\cdot\frac{AF+FB}{FB}\Rightarrow$$

$$\frac{CP}{PF}=\frac{CD}{DA}\left(1+\frac{AF}{FB}\right)\Rightarrow$$

$$\frac{CP}{PF}=\lambda_1(1+\lambda_2)$$

$\triangle CFB$的三条边$CB$，$BF$，$FC$或其延长线与一条直线各相交于一点，交点分别为$E$，$A$，$P$．应用梅涅劳斯定理可得

$$\frac{CE}{EB}\cdot\frac{BA}{AF}\cdot\frac{FP}{PC}=-1\Rightarrow$$

$$\frac{CP}{PF}=\frac{CE}{EB}\cdot\frac{AB}{AF}\Rightarrow$$

$$\frac{CP}{PF}=\frac{CE}{EB}\cdot\frac{AF+FB}{AF}\Rightarrow$$

$$\frac{CP}{PF}=\frac{CE}{EB}\left(1+\frac{FB}{AF}\right)\Rightarrow$$

$$\lambda_1(1+\lambda_2)=\frac{CE}{EB}\left(1+\frac{1}{\lambda_2}\right)\Rightarrow$$

$$\frac{CE}{EB}=\lambda_1\lambda_2$$

所以

$$\frac{CP}{PF}=\lambda_1(1+\lambda_2)\Rightarrow\frac{CP}{PF}=\frac{CD}{DA}+\frac{CE}{EB}$$

**例3**　如图4.27，$\triangle ABC$内一点$P$，$AP$交$BC$于点$D$，$BP$交$AC$于点$E$，$CP$交$AB$于点$F$．求证：$\frac{AP}{PD}$，$\frac{BP}{PE}$，$\frac{CP}{PF}$中至少有一个不大于2，也至少有一个不小于2．

**证明**　由结论2中的(3)，得

$$\frac{PD}{AD}+\frac{PE}{BE}+\frac{PF}{CF}=1$$

因此,三个加项中至少有一个大于或等于$\frac{1}{3}$,并且至少有一个小于或等于$\frac{1}{3}$.不妨设$\frac{PD}{AD}\geqslant\frac{1}{3}$,$\frac{PE}{BE}\leqslant\frac{1}{3}$,则$\frac{AP}{PD}\leqslant 2$,$\frac{BP}{PE}\geqslant 2$.

**例4** 设$P$为$\triangle ABC$的内点,联结$P$与各顶点并延长至对边.设$a,b,c,d$表示图4.30中线段的长度.如果$a+b+c=43$,$d=3$,试求$abc$的值.

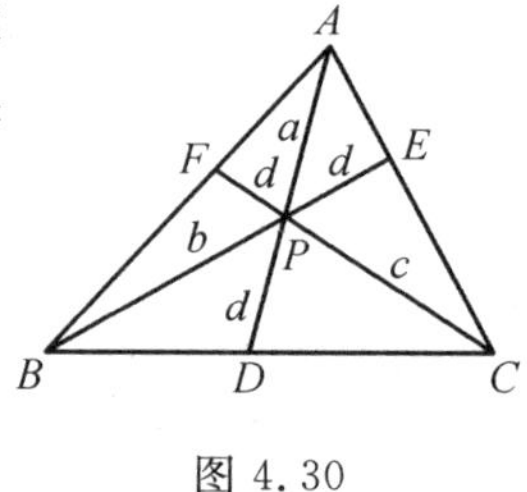


图4.30

**解** 根据结论2的(3),可得

$$\frac{PD}{AD}+\frac{PE}{BE}+\frac{PF}{CF}=1$$

即
$$\frac{d}{a+d}+\frac{d}{b+d}+\frac{d}{c+d}=1$$

化简整理得

$$2d^3+9(a+b+c)=abc$$



所以

$$abc=2\times 3^3+9\times 43=441$$

**例5** 如图4.31,四边形$AKLC$的两组对边的延长线交于点$D$和点$G$,对角线$AL$,$KC$相交于点$B$,$DB$的延长线交$KL$于点$F$.求证:$\frac{KF}{FL}=\frac{KG}{GL}$.

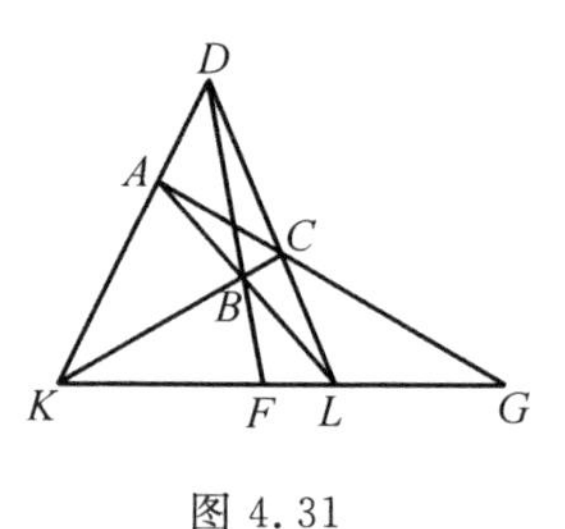


图4.31

**证明** 由结论2中的(2),得

$$\frac{KG}{GL}\cdot\frac{LC}{CD}\cdot\frac{DA}{AK}=1$$

由结论2中的(1),得

$$\frac{KF}{FL}\cdot\frac{LC}{CD}\cdot\frac{DA}{AK}=1$$

比较上述两式即得

$$\frac{KF}{FL}=\frac{KG}{GL}$$

### 3. 经过三角形内一点向各边作平行线的问题

**结论5** 如图4.32,经过$\triangle ABC$内一点$P$作$DE$,$FG$,$HI$分别平行于$AB$,$BC$,$CA$,则:

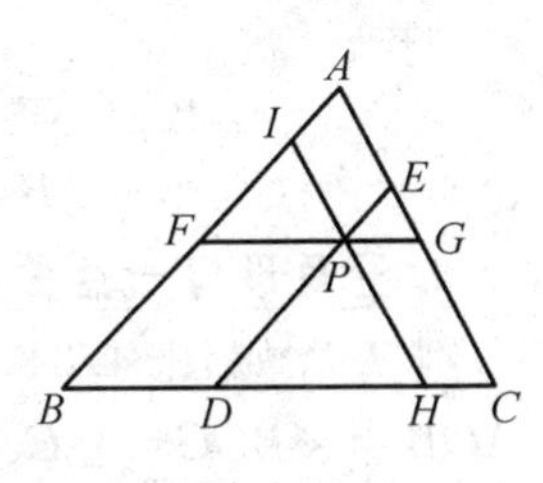

图 4.32

(1) $\dfrac{AI}{AB}+\dfrac{BD}{BC}+\dfrac{CG}{CA}=1$；

(2) $\dfrac{IF}{AB}+\dfrac{DH}{BC}+\dfrac{GE}{AC}=1$；

(3) $\dfrac{DE}{AB}+\dfrac{FG}{BC}+\dfrac{HI}{AC}=2$；

(4) $S_{\triangle ABC}=(\sqrt{S_{\triangle PIF}}+\sqrt{S_{\triangle PDH}}+\sqrt{S_{\triangle PGE}})^2$.

**证明**　(1)(2)(3) 留给读者自己证明.

(4) 易证

$$\triangle PIF\backsim\triangle PDH\backsim\triangle PGE\backsim\triangle ABC$$

有

$$\frac{S_{\triangle PIF}}{S_{\triangle ABC}}=\left(\frac{PF}{BC}\right)^2=\left(\frac{BD}{BC}\right)^2$$

所以

$$\frac{BD}{BC}=\frac{\sqrt{S_{\triangle PIF}}}{\sqrt{S_{\triangle ABC}}}$$

同理可得

$$\frac{HC}{BC}=\frac{\sqrt{S_{\triangle PGE}}}{\sqrt{S_{\triangle ABC}}},\frac{DH}{BC}=\frac{\sqrt{S_{\triangle PDH}}}{\sqrt{S_{\triangle ABC}}}$$

三式相加则有

$$S_{\triangle ABC}=(\sqrt{S_{\triangle FIP}}+\sqrt{S_{\triangle PDH}}+\sqrt{S_{\triangle PGE}})^2$$

**例 5**　如图 4.33,过 $\triangle ABC$ 的内部一点 $P$,作三条与三条边平行的直线,所得的三个三角形 $t_1$,$t_2$ 和 $t_3$ 的面积分别为 4,9 和 49.求 $\triangle ABC$ 的面积.

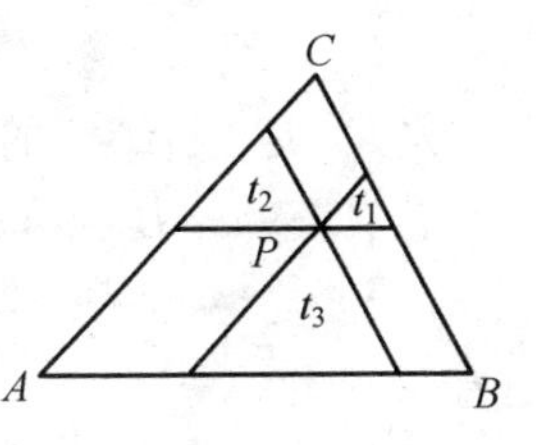

图 4.33

此例可以直接运用结论 5 中的(4),可求得 $S_{\triangle ABC}=144$.

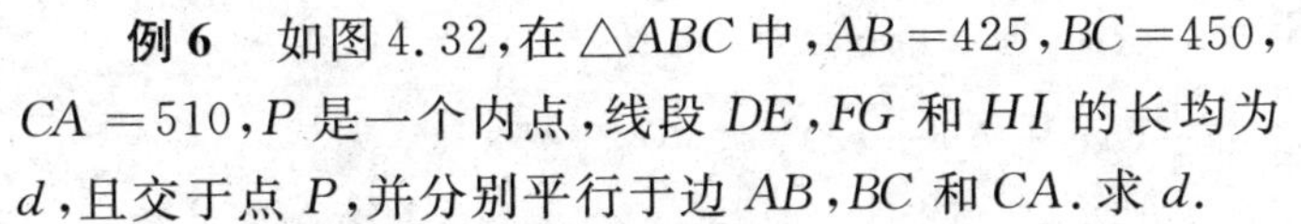
**例 6**　如图 4.32,在 $\triangle ABC$ 中,$AB=425$,$BC=450$,$CA=510$,$P$ 是一个内点,线段 $DE$,$FG$ 和 $HI$ 的长均为 $d$,且交于点 $P$,并分别平行于边 $AB$,$BC$ 和 $CA$.求 $d$.

**解**　依题意和结论 5 中的(3),得

$$\frac{d}{AB}+\frac{d}{CB}+\frac{d}{CA}=2$$

即

$$d=\frac{2}{\frac{1}{AB}+\frac{1}{BC}+\frac{1}{CA}}=\frac{2}{\frac{1}{425}+\frac{1}{450}+\frac{1}{510}}=306$$

**4. 三角形内一点的其他问题**

**例 7** 如图 4.34,$O$ 为锐角 $\triangle ABC$ 内一点,$\angle AOB=\angle BOC=\angle COA=120^\circ$,$P$ 是 $\triangle ABC$ 内任意一点.求证:$PA+PB+PC\geqslant OA+OB+OC$.

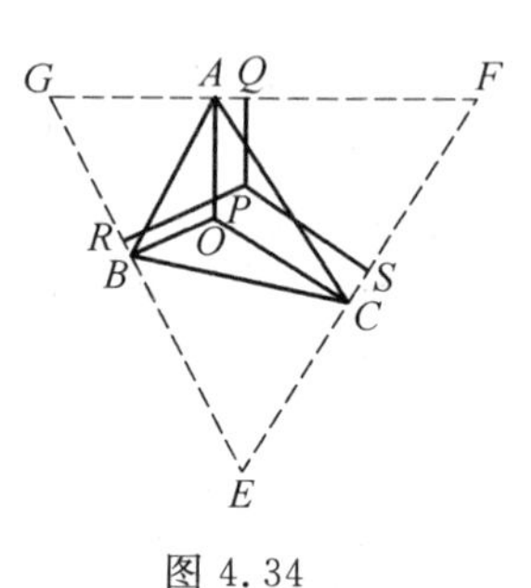

图 4.34

**证明** 过点 $A,B,C$ 各作直线构成 $\triangle EFG$ 且使三角形各边垂直于点 $A,B,C$ 与点 $O$ 的连线.

由于 $OA\perp GF$,$OB\perp GE$,则

$$\angle G=180^\circ-\angle AOB=60^\circ$$

同理

$$\angle F=\angle E=60^\circ$$

于是 $\triangle ABC$ 内一点 $P$ 到 $\triangle EFG$ 各边的距离和有关系

$$PQ+PR+RS=OA+OB+OC=\triangle EFG \text{ 的高}$$



但

$$PA\geqslant PQ, PB\geqslant PR, PC\geqslant PS$$

故

$$PA+PB+PC\geqslant PQ+PR+PC=OA+OB+OC$$

**例 8** 设 $P$ 为锐角 $\triangle ABC$ 内一点,从点 $P$ 到三条边 $BC,CA,AB$ 的垂足分别为点 $D,E,F$.求出(并加以证明)使 $PD^2+PE^2+PF^2$ 达到最小值的点 $P$.

(第28届IMO预选题)

**解** 记 $\triangle ABC$ 的面积为 $S$,且

$$AB=c, BC=a, CA=b, PD=x, PE=y, PF=z$$
$$w=PD^2+PE^2+PF^2=x^2+y^2+z^2$$

则有

$$S^2=(S_{\triangle APB}+S_{\triangle BPC}+S_{\triangle CPA})^2=$$
$$\frac{1}{4}(ax+by+cz)^2\leqslant$$
$$\frac{1}{4}(a^2+b^2+c^2)(x^2+y^2+z^2)$$

故

$$w\geqslant\frac{4S^2}{a^2+b^2+c^2}$$

当且仅当$\frac{x}{a}=\frac{y}{b}=\frac{z}{c}=\lambda=\frac{2S}{a^2+b^2+c^2}$时

$$w_{\min}=\frac{4S^2}{a^2+b^2+c^2}$$

点$P$可以在原锐角$\triangle ABC$内作出，可先作$BC$边的平行线使得两条平行线间的距离为$\lambda a$，再作$AC$的平行线，使得两条平行线的距离为$\lambda b$，两条平行线在锐角$\triangle ABC$内的交点就是我们所要求的点$P$.

# 第5章　1983年试题的诠释

从这一年开始，在全国高中联赛第二试中平面几何试题仅一题，而这一年立体几何也有一题.

**试题** A1　如图5.1，在四边形$ABCD$中，$\triangle ABD$，$\triangle BCD$，$\triangle ABC$的面积比是$3:4:1$，点$M,N$分别在$AC,CD$上，满足$AM:AC=CN:CD$，并且点$B,M,N$共线. 求证：点$M$与点$N$分别是$AC$和$CD$的中点.

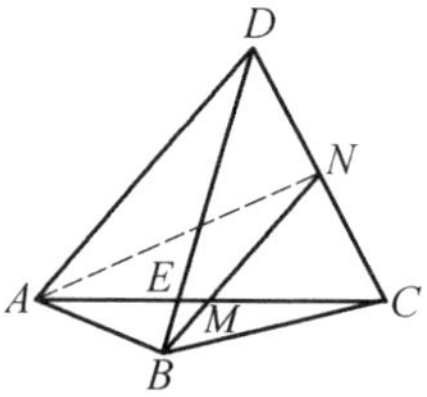

图5.1

**证法1**　不妨设$\dfrac{AM}{AC}=\dfrac{CN}{CD}=r(0<r<1)$，$S_{\triangle ABC}=1$，于是由题设，知



$$S_{\triangle ABD}=3,S_{\triangle BCD}=4,S_{\triangle ACD}=3+4-1=6$$

$$S_{\triangle ABM}=r,S_{\triangle BCM}=1-r,S_{\triangle BCN}=4r,S_{\triangle ACN}=6r$$

$$S_{\triangle CNM}=S_{\triangle BCN}-S_{\triangle BCM}=4r-(1-r)=5r-1$$

$$S_{\triangle ANM}=S_{\triangle ACN}-S_{\triangle CNM}=6r-(5r-1)=r+1$$

则
$$\frac{S_{\triangle AMN}}{S_{\triangle ACN}}=\frac{r+1}{6r}$$

又因
$$\frac{S_{\triangle AMN}}{S_{\triangle ACN}}=\frac{AM}{AC}=r$$

则$\dfrac{r+1}{6r}=r$，即$6r^2-r-1=0$.

这个方程在$(0,1)$中有唯一解$r=\dfrac{1}{2}$，即点$M$与点$N$分别是$AC$与$CD$的中点.

**证法2**　不妨设

$$\frac{AM}{AC}=\frac{CN}{CD}=r(0<r<1),S_{\triangle ABC}=1$$

这时

$$S_{\triangle ABD}=3,S_{\triangle BCD}=4,S_{\triangle ACD}=6$$

$$S_{\triangle ABM}=r,S_{\triangle BCM}=1-r,S_{\triangle BCD}=4r,S_{\triangle ACN}=6r$$

设两条对角线 $AC$ 与 $BD$ 交于点 $E$，如图 5.1 所示，则 $AE:EC=3:4$，且 $BD=7BE$，即

$$\frac{S_{\triangle BND}}{S_{\triangle BME}}=\frac{BD\cdot BN}{BE\cdot BM}=\frac{7BN}{BM}=\frac{7S_{\triangle BCN}}{S_{\triangle BCM}}=\frac{28r}{1-r}$$

又因

$$\frac{S_{\triangle BND}}{S_{\triangle BME}}=\frac{(1-r)S_{\triangle BCD}}{\left(\frac{EM}{AC}\right)S_{\triangle ABC}}=\frac{4(1-r)AC}{EM}=\frac{4(1-r)AC}{AC-(AE+MC)}=$$

$$\frac{4(1-r)AC}{AC-\left[\left(\frac{3}{7}\right)+1-r\right]AC}=\frac{4(1-r)}{r-\left(\frac{3}{7}\right)}$$

故

$$\frac{28r}{1-r}=\frac{4(1-r)}{r-\left(\frac{3}{7}\right)}$$

即

$$(1-r)^2=r(7r-3)$$

亦即 $6r^2-r-1=0$，解得 $r=\frac{1}{2}$，故 $M$ 与 $N$ 分别为 $AC$ 与 $CD$ 的中点.



**证法 3**　如图 5.1，设 $\frac{AM}{AC}=\frac{CN}{CD}=r(0<r<1)$，则

$$S_{\triangle ABD}:S_{\triangle BCD}:S_{\triangle ABC}=3:4:1$$

知

$$\frac{BE}{BD}=\frac{1}{7},\frac{AE}{AC}=\frac{3}{7}$$

$$\frac{EM}{MC}=\frac{AM-AE}{MC}=\frac{r-\frac{3}{7}}{1-r}$$

又因 $B,M,N$ 三点共线，可视 $BMN$ 为 $\triangle CDE$ 的截线，故由梅涅劳斯定理得

$$\frac{CN}{ND}\cdot\frac{DB}{BE}\cdot\frac{EM}{MC}=1$$

即

$$\frac{r}{1-r}\cdot\frac{7}{1}\cdot\frac{r-\frac{3}{7}}{1-r}=1$$

化简整理得

$$6r^2-r-1=0$$

解得 $r=\frac{1}{2}, r=-\frac{1}{3}$(舍去).

即 $M$ 与 $N$ 分别是 $AC$ 与 $CD$ 的中点.

**证法4** 取 $CD$ 的中点 $N_1$,如图5.2所示.联结 $AN_1$,再联结 $BN_1$ 交 $AC$ 于点 $M_1$.

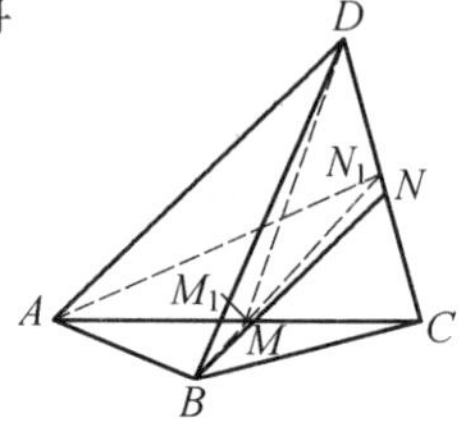

图5.2

设 $S_{\triangle ABC}=1$,则有

$$S_{\triangle AN_1D}=\frac{1}{2}(3+4-1)=3$$

于是
$$S_{\triangle AN_1D}=S_{\triangle ABD}$$

故 $BN_1 /\!/ AD$,所以 $M_1$ 是 $AC$ 的中点.显然 $M_1, N_1$ 满足题设条件

$$AM_1 : AC=CN_1 : CD$$

再过点 $B$ 任作一直线,分别交 $AC, CD$ 于点 $M, N$.若点 $M$ 在 $CM_1$ 上,则点 $N$ 在 $CN_1$ 上.



即 $AM>AM_1, CN_1>CN$.于是,有

$$\frac{AM}{AC}>\frac{AM_1}{AC}=\frac{CN_1}{CD}>\frac{CN}{CD}$$

不满足 $AM : AC=CN : CD$.若点 $M$ 在 $AM_1$ 上时,亦如此.

这就证得满足题设条件的 $M, N$ 必是 $AC$ 与 $CD$ 的中点.

**证法5** 取 $AB, CD$ 的中点 $M_1, N_1$,联结 $M_1N_1, BM_1, DM_1$,如图5.2所示,则 $M_1N_1 /\!/ AD$,且

$$S_{\triangle AM_1D}=S_{\triangle M_1DC}$$

由题意可得

$$S_{\triangle ACD}=6S_{\triangle ABC}, S_{\triangle AM_1D}=3S_{\triangle ABC}$$

又 $S_{\triangle ABD}=3S_{\triangle ABC}$,即 $S_{\triangle AM_1D}=S_{\triangle ABD}$,有 $BM_1 /\!/ AD$,故 $B, M_1, N_1$ 三点共线.

由 $AM : AC=CN : CD$ 可得 $AM : MC=CN : ND$,令比值为 $\lambda$.

若点 $M, N$ 与点 $M_1, N_1$ 不重合,则 $\lambda\neq 1$,此时 $AM$ 大(或小)于 $AM_1$,同时 $CN$ 大(或小)于 $CN_1$, $M, N$ 必分别在 $M_1N_1$ 的两侧,线段 $MN$ 与 $M_1N_1$ 必相交于一点 $Q$,且点 $Q$ 在 $M_1, N_1$ 之间.这样, $BMN$ 和 $BM_1N_1$ 有两个交点 $B, Q$,这显然与两条直线只能有一个交点矛盾.故点 $M, N$ 必分别与点 $M_1, N_1$ 重合,点 $M$,

$N$ 分别是 $AC$, $CD$ 的中点.

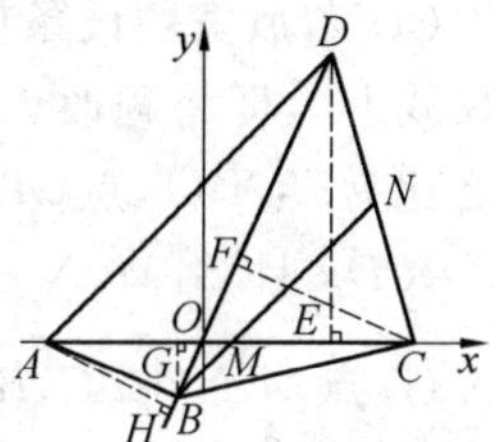

图 5.3

**证法 6**　如图 5.3，设 $O$ 为 $AC$, $BD$ 的交点. 作 $DE \perp AC$ 于点 $E$, $BG \perp AC$ 于点 $G$, $CF \perp BD$ 于点 $F$, $AH \perp BD$ 于点 $H$，则

$$\frac{S_{\triangle ACD}}{S_{\triangle ABC}}=\frac{DE}{BG}=6,\frac{S_{\triangle BCD}}{S_{\triangle ABD}}=\frac{CF}{AH}=\frac{4}{3}$$

如图 5.3 建立平面直角坐标系，令各点为 $A(-3a,0)$, $C(4a,0)$, $B(-b,-c)$, $D(6b,6c)$, $M(x_1,0)$, $N(x_2,y_2)$，由 $\frac{AM}{AC}=\frac{CN}{CD}$，得 $\frac{AM}{MC}=\frac{CN}{ND}$，令 $\frac{AM}{MC}=\lambda$，则

$$x_1=\frac{-3a+4a\lambda}{1+\lambda},x_2=\frac{4a+6b\lambda}{1+\lambda},y_2=\frac{6c\lambda}{1+\lambda}$$

由 $B$, $M$, $N$ 三点共线，得

$$\begin{vmatrix}-b & -c & 1\\ \frac{-3a+4a\lambda}{1+\lambda} & 0 & 1\\ \frac{4a+6b\lambda}{1+\lambda} & \frac{6c\lambda}{1+\lambda} & 1\end{vmatrix}=0$$

化简得

$$4\lambda^2-3\lambda-1=0$$

解得　$$\lambda_1=1,\lambda_2=-\frac{1}{4}\text{（不合题意，舍去）}$$

故 $M$, $N$ 分别为 $AC$, $CD$ 的中点.

**注**　(1) 此试题是根据1982年第23届国际数学奥林匹克第5题（可参见附录或本章第1节例5）改编的. 该题是：设 $M$, $N$ 分别是正六边形 $ABCDEF$ 的对角线 $AC$ 和 $CE$ 的内分点，使 $AM:AC=CN:CE=r$. 若 $B$, $M$, $N$ 三点共线，求 $r$.

若联结 $AE$, $BE$，则有 $\triangle ABE$, $\triangle BCE$, $\triangle ABC$ 的面积之比为 $2:2:1$，其余条件不变. 这两道题只是前者证明 $r=\frac{1}{2}$，后者计算比值 $r$.

(2) 此试题还可推广到一般情形：

在四边形 $ABCD$ 中，设 $\triangle ABD$, $\triangle BCD$, $\triangle ABC$ 的面积之比为 $m:n:1$ $(m+n\neq 1)$，点 $M$, $N$ 分别在 $AC$, $CD$ 上，且 $\frac{AM}{AC}=\frac{CN}{CD}=r$，点 $B$, $M$, $N$ 在一条

直线上,求 $r$ 的值.

此问题的解法与试题解法类似(解法略).

(3) 若放宽题设条件,将"点 $M,N$ 分别在 $AC,BD$ 上"放宽到"或在它们的延长线上",即将题改为:在凸四边形 $ABCD$ 中,$\triangle ABD$,$\triangle BCD$,$\triangle ABC$ 的面积之比为3 : 4 : 1,点 $M,N$ 分别在 $AC,BD$ 或它们的延长线上,满足 $AM : AC = CN : CD$,且 $B,M,N$ 三点共线,试求 $AM : AC$ 的值.①

(i) 点 $M,N$ 在 $AC,BD$ 上就是原题,$AM : AC = \frac{1}{2}$.

(ii) 点 $M,N$ 在 $CA,DC$ 的延长线上时,如图5.4所示,设 $S_{\triangle ABC} = 1, S_{\triangle ABM} = m$,则

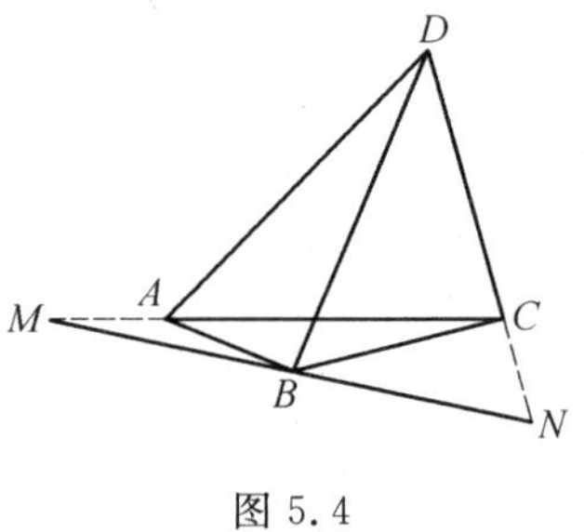

图5.4

$$S_{\triangle ACD} = 6, S_{\triangle BCD} = 4, S_{\triangle BCM} = 1 + m, \frac{AM}{AC} = m$$

$$\frac{S_{\triangle BCN}}{S_{\triangle BCD}} = \frac{CN}{CD} = \frac{AM}{AC} = m$$

则

$$S_{\triangle BCN} = 4m, S_{\triangle CMN} = S_{\triangle BCM} + S_{\triangle BCN} = 5m + 1 \quad ①$$



又
$$\frac{S_{\triangle AMD}}{S_{\triangle ACD}} = \frac{AM}{AD} = m$$

则
$$S_{\triangle AMD} = 6m, S_{\triangle CMD} = 6 + 6m$$

而
$$\frac{S_{\triangle CMN}}{S_{\triangle MCD}} = m$$

故

$$S_{\triangle CMN} = (6 + 6m)m \quad ②$$

由式①②得

$$6m^2 + m - 1 = 0$$

解得
$$m_1 = \frac{1}{3}, m_2 = -\frac{1}{2}\text{(不合题意,舍去)}$$

故
$$AM : AC = CN : CD = \frac{1}{3}$$

(iii) 若点 $M$ 在 $AC$ 上而点 $N$ 在 $DC$ 延长线上时,设 $S_{\triangle ABM} = m$,用同样方法可得方程 $6m^2 - 3m + 1 = 0$,方程无解,故这种情况不存在.

(iv) 点 $M$ 在 $AC$ 延长线上,点 $N$ 在 $CD$ 上,和(iii)类似,不存在.

---

① 过荣生,章可宁.对一道竞赛题的初探[J].中学数学教学,1984(2):39-40.

因而该题的结论为

$$AM:AC=\begin{cases}\dfrac{1}{2},\text{当点 } M,N \text{ 分别在 } AC,CD \text{ 上}\\ \dfrac{1}{3},\text{当点 } M,N \text{ 分别在 } AC,CD \text{ 的延长线上}\end{cases}$$

(4) 若再放宽条件，不限定四边形 $ABCD$ 为凸四边形，即题改为：“在四边形 $ABCD$（包括凸、凹情况）中 ……” 其余都与(1) 中题设条件一样. ①

首先分析一下四边形 $ABCD$ 存在的情况，先确定三个顶点 $A,B,C$，第四个顶点 $D$ 可能落在以 $AB,BC,AC$ 划分的七个区域内，如图 5.5 所示. 根据条件，$S_{\triangle ABD}:S_{\triangle BCD}:S_{\triangle ABC}=3:4:1$，点 $D$ 只可能落在区域 Ⅱ，Ⅴ 内.（在 Ⅰ 内，$S_{\triangle ABD}<S_{\triangle ABC}$；在 Ⅲ 内，$S_{\triangle BAD}>S_{\triangle CBD}$；在 Ⅳ 或 Ⅵ 内，不是凸或凹四边形；在 Ⅶ 内，$S_{\triangle BCD}>S_{\triangle ABD}+S_{\triangle ABC}$，都不符合题设条件.）

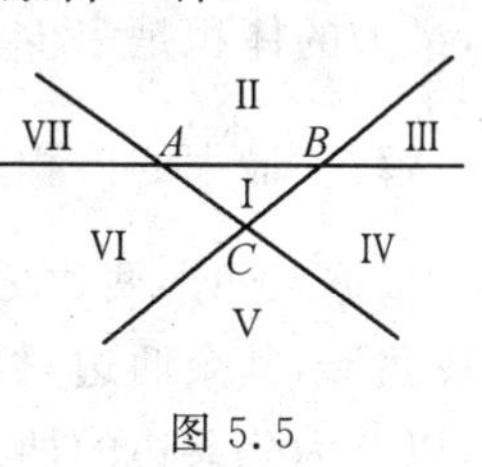


图 5.5

点 $D$ 在 Ⅱ 内就是(3)，因此只需要讨论在 Ⅴ 内的情况.

用同样的方法可知也只有点 $M$ 在 $CA$ 延长线上，点 $N$ 在 $CD$ 上时有解，即

$$AM:AC=\frac{1}{16}(\sqrt{41}-3)$$

如图 5.6 所示.

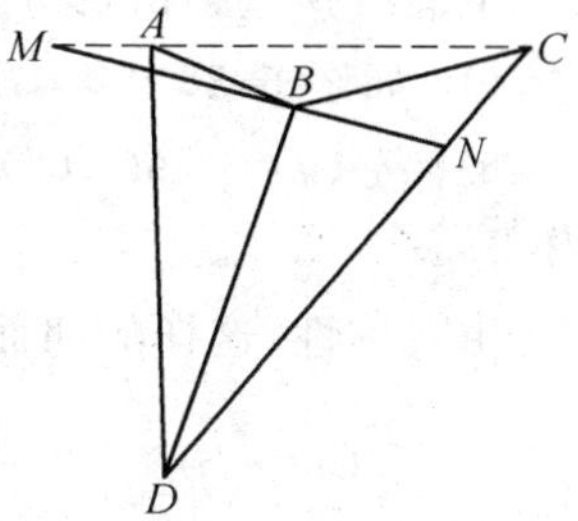

图 5.6

(5) 若再放宽条件，四边形 $ABCD$ 为交截四边形，如图 5.5 中，点 $D$ 在区域 Ⅳ，Ⅵ 内. 点 $D$ 在 Ⅵ 内，$S_{\triangle BCD}<S_{\triangle ABD}+S_{\triangle ABC}$ 不合题意. 故只有点 $D$ 在 Ⅳ 内的情况，用上述方法可知，只有点 $M$ 在 $AC$ 上，点 $N$ 在 $CD$ 延长线上有解，如图 5.7 所示，有

$$AM:AC=\frac{1}{4}(\sqrt{17}-3)$$

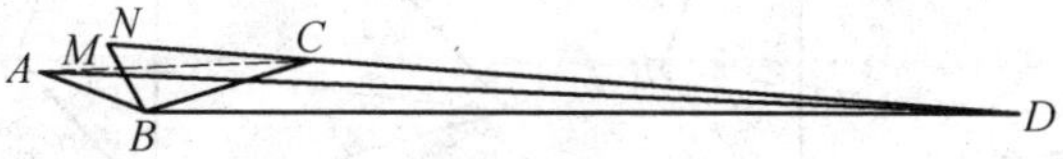

图 5.7

综上所述，有

① 过荣生，章可宁. 对一道竞赛题的初探[J]. 中学数学教学，1984(2)：39-40.

$$AM : AC = \begin{cases} \frac{1}{2}, \frac{1}{3}, \text{当 } ABCD \text{ 为凸四边形时} \\ \frac{1}{16}(\sqrt{41}-3), \text{为凹四边形时} \\ \frac{1}{4}(\sqrt{17}-3), \text{为交截四边形时} \end{cases}$$

**试题 A2** (立体几何问题)在六条棱长分别为 2,3,3,4,5,5 的所有四面体中,最大的体积是多少?证明你的结论.

**解** 最大的体积是$\frac{8\sqrt{2}}{3}$.

根据三角形两边之差小于第三边这一性质,按题设的数据,所有一边是 2 的三角形,其余两边只可能是 ①3,3;②5,5;③4,5;④3,4.从而,在题设四面体中,以 2 为公共边的两个侧面三角形的其余两边只可能有下列三种情形.

(1)① 与 ②;(2)① 与 ③;(3)② 与 ④.

下面就这三种情形分别讨论.



(1) 如图 5.8,$AC = BC = 3$,$AD = BD = 5$,因 $3^2 + 4^2 = 5^2$,故 $CD \perp AC$,$CD \perp BC$,从而 $CD$ 垂直于平面 $ABC$.

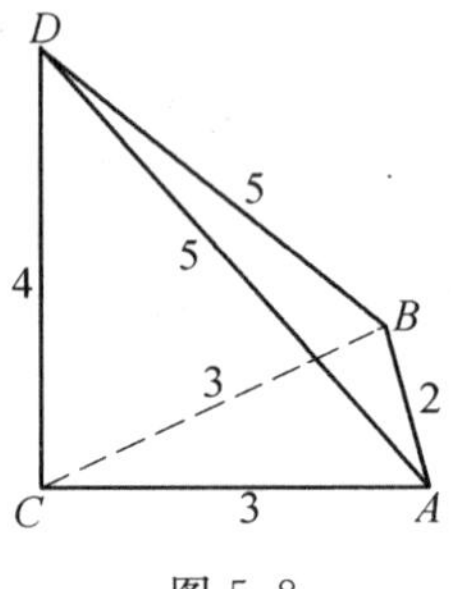

图 5.8

由对称性,这样的四面体只有一个,其体积为

$$V_1 = \frac{1}{3}CD \cdot S_{\triangle ABC} = \frac{4}{3} \cdot \frac{1}{2} \cdot 2 \cdot \sqrt{3^2 - 1} = \frac{8\sqrt{2}}{3}$$

(2) 这样的四面体有两个,如图 5.9 所示,易知它们的体积相等,记为 $V_2$.

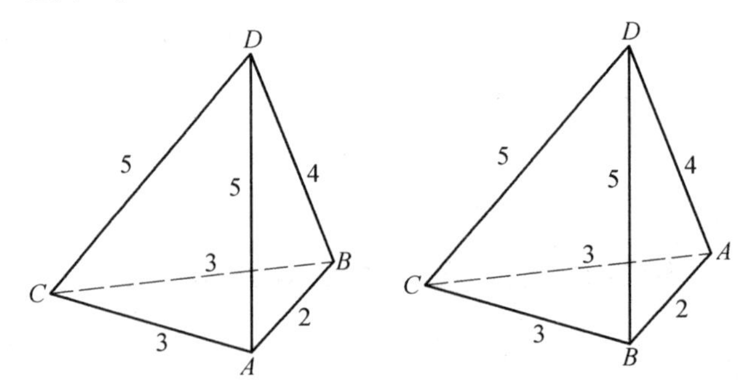

图 5.9

因 $2^2 + 4^2 < 5^2$,故 $\angle ABD$ 为钝角,即棱 $BD$ 与平面 $ABC$ 斜交,设点 $D$ 至

底面 $ABC$ 的高为 $h_2$，则 $h_2 < BD = 4$. 故

$$V_2 = \frac{1}{3}h_2 S_{\triangle ABC} < \frac{4}{3}S_{\triangle ABC} = V_1 = \frac{8\sqrt{2}}{3}$$

(3) 这样的四面体也有两个，如图 5.10 所示，它们的体积也相等，记为 $V_3$.

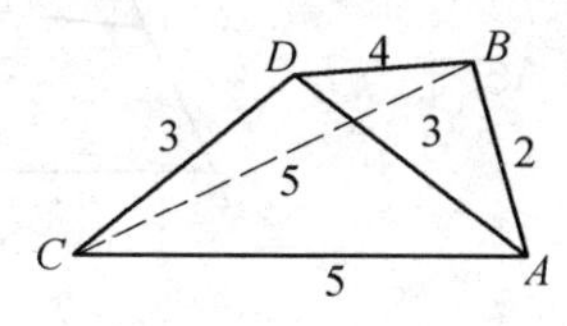

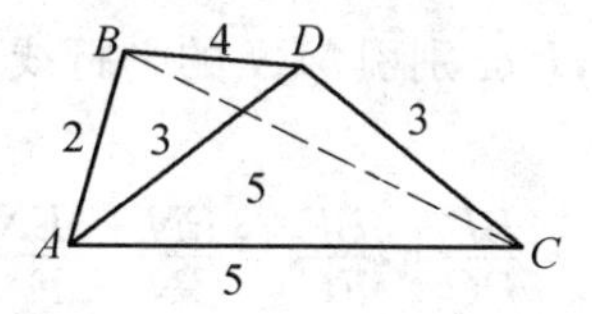


图 5.10

因 $2^2 + 5^2 > 5^2$，故 $\angle BAC$ 为锐角，即棱 $AB$ 与平面 $ACD$ 斜交，设点 $B$ 至底面 $ACD$ 的高为 $h_3$，则 $h_3 < AB = 2$. 故

$$V_3 = \frac{1}{3}h_3 S_{\triangle ACD} < \frac{2}{3}S_{\triangle ACD} = \frac{2}{3} \times \frac{1}{2} \times 5 \times \sqrt{3^2 - \left(\frac{5}{2}\right)^2} = \frac{5}{6}\sqrt{11}$$

因 $V_3^2 = \frac{275}{36}$，$V_1^2 = \frac{128}{9}$，故 $V_3 < V_1$. 所以，最大的体积为 $V_1 = \frac{8\sqrt{2}}{3}$.



## 第1节　直线束截直线分线段比问题

试题 A1 涉及了直线束截直线的问题.

经过一点的若干条直线称为一组直线束.

**定理**　经过点 $A$ 的直线 $AB$，$AP$，$AC$ 截直线 $l$，与 $l$ 分别交于点 $B$，$P$，$C$，令 $\frac{BP}{PC} = \lambda$.

(1) 若 $\angle BAP = \alpha$，$\angle CAP = \beta$，则

$$\lambda = \frac{AB\sin\alpha}{AC\sin\beta}$$

(2) 若直线束与另一条直线相截，与 $AB$，$AP$，$AC$ 分别交于点 $M$，$Q$，$N$，令

$$\frac{BM}{MA} = p_1, \frac{CN}{NA} = p_2, \frac{PQ}{QA} = p$$

则[①]

$$\lambda = \frac{p_1 - p}{p - p_2}$$

① 邹楼海. 平几中的"分点坐标公式"及应用[J]. 中学数学，1995(4)：46-48.

**证明**　如图5.11,可得:

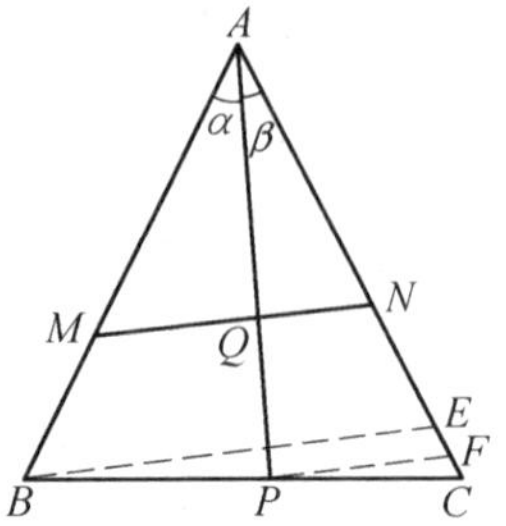

(1)$\lambda=\dfrac{BP}{PC}=\dfrac{S_{\triangle ABP}}{S_{\triangle ACP}}=\dfrac{\frac{1}{2}AB\cdot AP\sin\alpha}{\frac{1}{2}AC\cdot AP\sin\beta}=\dfrac{AB\sin\alpha}{AC\sin\beta}$;

(2)过点$B,P$分别引$MN$的平行线,交$AC$于点$E$,$F$,则

$$\lambda=\frac{BP}{PC}=\frac{EF}{FC}=\frac{FN-EN}{CN-FN}$$

图5.11

即
$$\lambda(CN-FN)=FN-EN$$

亦即
$$(1+\lambda)FN=EN+\lambda CN$$

从而
$$(1+\lambda)\frac{FN}{NA}=\frac{EN}{NA}+\lambda\frac{CN}{NA}$$

又
$$\frac{EN}{NA}=\frac{BM}{MA}=p_1,\frac{FN}{NA}=\frac{PQ}{QA}=p$$

则
$$(1+\lambda)p=p_1+\lambda p_2$$



故
$$\lambda=\frac{p_1-p}{p-p_2}$$

**注**　(1)$\lambda=\dfrac{AB\sin\alpha}{AC\sin\beta}$也可看作是三角形的分角线定理.特别地,当$\alpha=\beta$时,即为角平分线的性质.

(2)$\lambda=\dfrac{p_1-p}{p-p_2}$也可以写成$p=\dfrac{p_1+\lambda p_2}{1+\lambda}$,即为平面几何中的“分点坐标公式”;又可以看作是直线束截平行线分线段成比例定理的推广;若当$p_1=p_2$时,则$p=p_1$,即为直线束截平行线分线段成比例定理;还可以有如下推论:

**推论**　若记$\dfrac{PA}{QA}=p'$,$\dfrac{BA}{MA}=p'_1$,$\dfrac{CA}{NA}=p'_2$,在定理的条件下,则

$$\lambda=\frac{p'_1-p'}{p'-p'_2},p'=\frac{p'_1+\lambda p'_2}{1+\lambda}$$

**例1**[①]　设$AD$为$\triangle ABC$的中线,引任一直线$CF$交$AD$于点$E$,交$AB$于点$F$.求证:$AE\cdot FB=2AF\cdot ED$.

(1974年加拿大中学生笛卡儿数学竞赛试题)

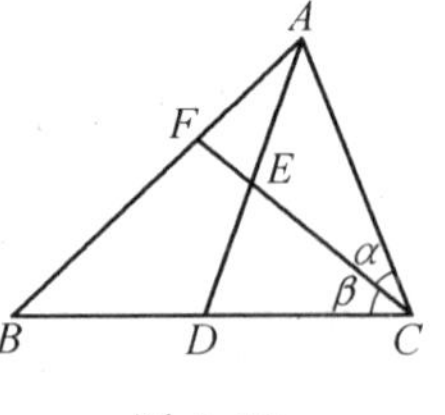

图5.12

**证明**　如图5.12,在$\triangle CAD$和$\triangle CAB$中,由定理

① 陈梓人.三角形分角线定理在竞赛题中的应用[J].中学数学(江苏),1993(6):41-42.

可得

$$\frac{AE}{2ED}=\frac{CA\sin\alpha}{2CD\sin\beta}=\frac{CA\sin\alpha}{CB\sin\beta},\frac{AF}{FB}=\frac{CA\sin\alpha}{CB\sin\beta}$$

故

$$AE\cdot FB=2AF\cdot ED$$

**例 2**　如图 5.13，$ABCD$ 为圆内接四边形，过 $AB$ 上一点 $M$，引 $MP$，$MQ$，$MR$ 分别垂直于 $BC$，$CD$，$AD$，联结 $PR$ 与 $MQ$ 相交于点 $N$，求证：$\frac{PN}{NR}=\frac{BM}{MA}$.

（1983 年福建省中学生数学竞赛试题）

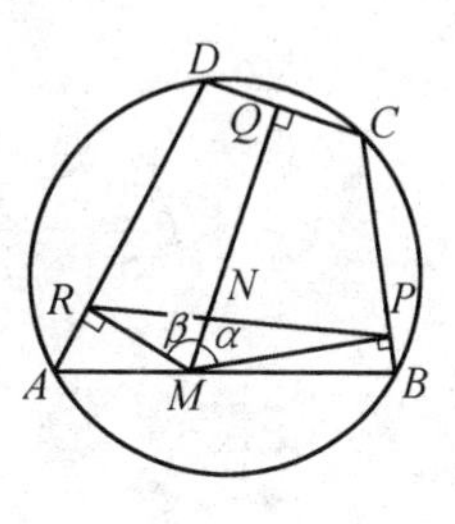


图 5.13

**证明**　所设如图 5.13，由 $A,B,C,D$ 四点共圆，知

$$\angle A+\angle C=180^\circ$$

易得 $M,P,C,Q$ 四点共圆，即 $\alpha+\angle C=180^\circ$，故 $\angle A=\alpha$，同理可得 $\angle B=\beta$，又

$$MP=MB\sin B,MR=MA\sin A$$

在 $\triangle MPR$ 中，由定理得

$$\frac{PN}{NR}=\frac{MP\sin\alpha}{MR\sin\beta}=\frac{MB\sin B\sin\alpha}{MA\sin A\sin\beta}=\frac{MB}{MA}$$



**例 3**　如图 5.14，过 $\triangle OAB$ 的重心 $G$ 的直线分别与 $AO$，$BO$ 交于点 $P$，$Q$. 记 $OP=hOA$，$OQ=kOB$，$S_{\triangle OAB}=S$，$S_{\triangle OPQ}=T$，则：

(1) $\frac{1}{h}+\frac{1}{k}=3$；

(2) $\frac{4}{9}S\leqslant T\leqslant\frac{1}{2}S$.

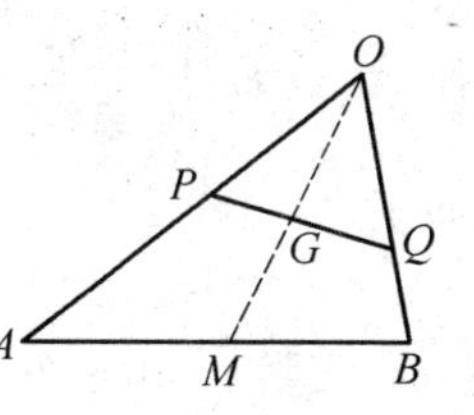


图 5.14

**证明**　(1) 设 $OG$ 的延长线交 $AB$ 于点 $M$，由

$$\frac{OM}{OG}=\frac{\frac{OA}{OP}+\lambda\cdot\frac{OB}{OQ}}{1+\lambda}$$

其中 $\lambda=1$，知

$$\frac{OA}{OP}+\frac{OB}{OQ}=2\cdot\frac{OM}{OG}$$

因 $G$ 为 $\triangle OAB$ 的重心，所以$\frac{OM}{OG}=\frac{3}{2}$，故$\frac{1}{h}+\frac{1}{k}=3$.

(2) 由

$$\frac{1}{h}+\frac{1}{k}=3\Rightarrow k=\frac{h}{3h-1}$$

而
$$\frac{T}{S}=\frac{OP\cdot OQ}{OA\cdot OB}=kh$$

则
$$\frac{T}{S}=\frac{h^2}{3h-1}$$

由于
$$(\frac{T}{S}-\frac{1}{2})(\frac{T}{S}-\frac{4}{9})=\frac{(1-h)(1-2h)(3h-2)^2}{12(3h-1)^2}$$

再由
$$0\leqslant k\leqslant 1$$

知
$$0\leqslant \frac{h}{3h-1}\leqslant 1$$

即
$$\frac{1}{2}\leqslant h\leqslant 1$$

故
$$(\frac{T}{S}-\frac{1}{2})(\frac{T}{S}-\frac{4}{9})\leqslant 0$$

即
$$\frac{4}{9}S\leqslant T\leqslant \frac{1}{2}S$$



**例4** 在四边形 $ABCD$ 中，$S_{\triangle ABD}:S_{\triangle CBD}:S_{\triangle ABC}=3:4:1$. 点 $M,N$ 分别在 $AC,CD$ 上，$\frac{AM}{AC}=\frac{CN}{CD}=r$，且 $B,M,N$ 三点共线. 求证：$M,N$ 分别为 $AC,CD$ 的中点.

(1983年全国联赛题)

**证明** 由已知可设

$$S_{\triangle ABD}=3k,S_{\triangle BCD}=4k,S_{\triangle ABC}=k,k>0$$

则
$$S_{\triangle ACD}=6k$$

从而
$$\lambda=\frac{DE}{EB}=\frac{S_{\triangle ADC}}{S_{\triangle ABC}}=6,\frac{CE}{AC}=\frac{4}{7}$$

即
$$x=\frac{EC}{MC}=\frac{\frac{CE}{AC}}{\frac{MC}{AC}}=\frac{4}{7-7r},x_1=\frac{DC}{NC}=\frac{1}{r},x_2=1$$

由推论得

$$\frac{4}{7-7r}=\frac{\frac{1}{r}+6}{1+6}$$

即
$$6r^2-r-1=0$$

从而
$$r=\frac{1}{2}(r>0)$$
故 $M,N$ 分别为 $AC,CD$ 的中点.

**例5**　如图5.15,正六边形 $ABCDEF$ 的对角线 $AC$ 和 $CE$ 上分别有一点 $M$ 和 $N$,并且 $\frac{AM}{AC}=\frac{CN}{CE}=r$.若 $B,M,N$ 三点共线,求 $r$ 的值.

(1992年第23届国际数学奥林匹克试题)

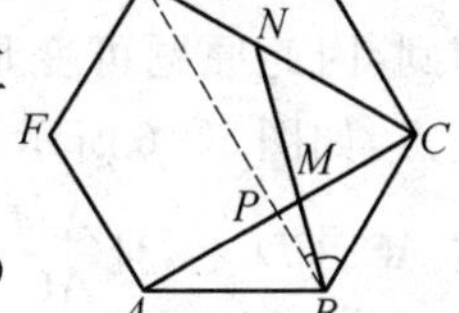

图5.15

**解法1**　联结 $BE$ 交 $AC$ 于点 $P$.

设 $\angle CBN=\alpha,\angle EBN=\beta,BC=a,AC=CE=b$,由正六边形的性质易知,$BE=4BP$.由题设得 $AM=CN=rb$,则
$$CM=NE=(1-r)b,MP=\frac{1}{2}b-CM=(r-\frac{1}{2})b$$
在 $\triangle BCP$ 和 $\triangle BCE$ 中,由定理得
$$\frac{CM}{MP}=\frac{a\sin\alpha}{BP\sin\beta},\frac{NE}{CN}=\frac{BE\sin\beta}{a\sin\alpha}=\frac{4BP\sin\beta}{a\sin\alpha}$$
两式相乘,得
$$\frac{CM}{MP}\cdot\frac{NE}{CN}=4$$
即
$$\frac{(1-r)b}{(r-\frac{1}{2})b}\cdot\frac{(1-r)b}{rb}=4$$
化简得 $r^2=\frac{1}{3}$,因 $r>0$,则 $r=\frac{\sqrt{3}}{3}$.

**解法2**　联结 $BE$ 交 $AC$ 于 $P$,令 $BC=1$,则 $BE=2$.在 Rt$\triangle CPB$ 中,知 $BP=\frac{1}{2}$,则 $\lambda=\frac{EP}{PB}=3$.由已知得
$$P_1=\frac{EN}{NC}=\frac{1-r}{r},P_2=0$$
$$P=\frac{PM}{MC}=\frac{CP}{MC}-1=\frac{1}{2-2r}-1$$
由定理得
$$\frac{1}{2-2r}-1=\frac{\frac{1-r}{r}}{1+3}$$

即 $$3r^2 = 1$$

故 $r = \frac{\sqrt{3}}{3}$(因为 $r > 0$).

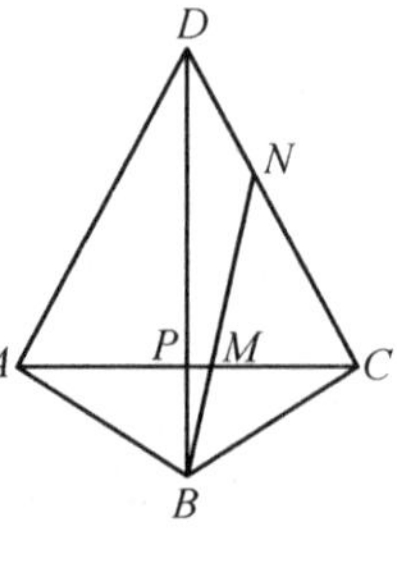

图 5.16

**注** 从解题过程中可看出,正六边形的许多性质都未用到,因此原题可变形为:在四边形 $ABCD$ 中,$P$ 是对角线交点,如图 5.16 所示,且 $AP = PC$,$BD = 4BP$,点 $M$,$N$ 分别在 $AC$,$CD$ 上,且 $\frac{AM}{AC} = \frac{CN}{CD} = r$,若 $B$,$M$,$N$ 三点共线,则 $r = \frac{\sqrt{3}}{3}$.

## 练 习 题

1. $O$ 是正方形 $ABCD$ 对角线的交点. $AE$ 为 $\angle BAC$ 的平分线,交 $BC$ 于点 $E$. $DH \perp AE$ 于点 $H$,交 $AB$ 于点 $F$,交 $AC$ 于点 $G$. 求证:$BF = 2OG$.



2. $F$ 为 $AC$ 的中点,$D$,$E$ 分别为 $BC$ 的三等分点,令 $BM = x$,$MN = y$,$NF = z$. 求 $x : y : z$ 的值.

3. $AB = AC$,一直线与 $AB$ 垂直,且与 $AB$,$AC$ 及 $BC$ 的延长线分别交于点 $F$,$E$,$D$. 若 $S_{\triangle AEF} = 2S_{\triangle DCE}$,则 $ED \cdot BC = AB \cdot EF$.

4. 设圆 $O$ 是 $\triangle ABC$ 的边 $BC$ 外的旁切圆,$D$,$E$,$F$ 分别是圆 $O$ 与 $BC$,$CA$ 和 $AB$ 的切点. 若 $OD$ 与 $EF$ 相交于点 $K$,求证:$AK$ 平分 $BC$.

5. 设 $D$ 为等腰 $\mathrm{Rt}\triangle ABC$ 的直角边 $BC$ 的中点,点 $E$ 在 $AB$ 上,且 $AE : EB = 2 : 1$. 求证:$CE \perp AD$.

6. 在 $\triangle ABC$ 中,$AB = AC$,$D$ 是底边 $BC$ 上一点,点 $E$ 在线段 $AD$ 上,且 $\angle BED = 2\angle CED = \angle BAC$. 求证:$BD = 2CD$.

## 练习题参考解答

1. 所设各角如图 5.17 所示.

由 $AE$ 平分 $\angle BAC$ 及 $DF \perp AE$ 知 $AF = AG$.

在 $\triangle DAB$ 和 $\triangle DAO$ 中,由定理可得

$$\frac{AF}{BF} = \frac{DA\sin\alpha}{DB\sin\beta} = \frac{DA\sin\alpha}{2DO\sin\beta}$$

两式相除，并注意到 $AF=AG$，得 $\frac{OG}{BF}=\frac{1}{2}$，即 $BF=2OG$.

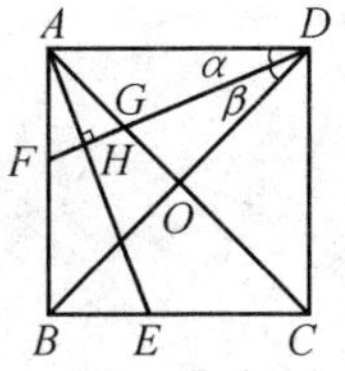

图 5.17

2. 如图 5.18，在 $\triangle ABC$ 中由定理，有

$$\frac{FN}{NB}=\frac{\frac{CE}{EB}+0}{1+\frac{CF}{FA}}\Rightarrow\frac{z}{x+y}=\frac{1}{4} \quad ①$$

由

$$\frac{FM}{MB}=\frac{\frac{CD}{DB}+0}{1+\frac{CF}{FA}}$$

有

$$\frac{y+z}{x}=1 \quad ②$$

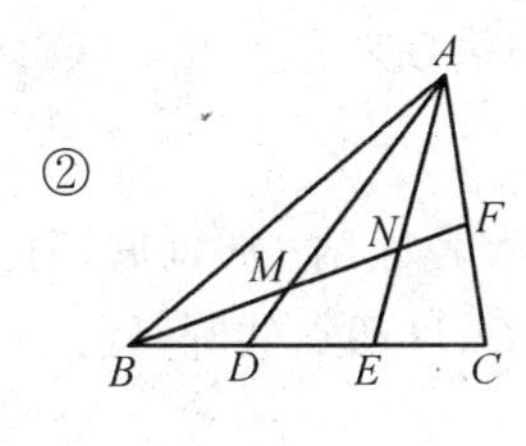

图 5.18

由式 ①② 知 $x=\frac{5}{2}z$，$y=\frac{3}{2}z$，故

$$x:y:z=\frac{5}{2}z:\frac{3}{2}z:z=5:3:2$$

3. 如图 5.19，设

$$AB=AC=b, BC=a$$
$$EA=p, EC=q, EF=x$$
$$ED=y, CD=m, AF=n$$

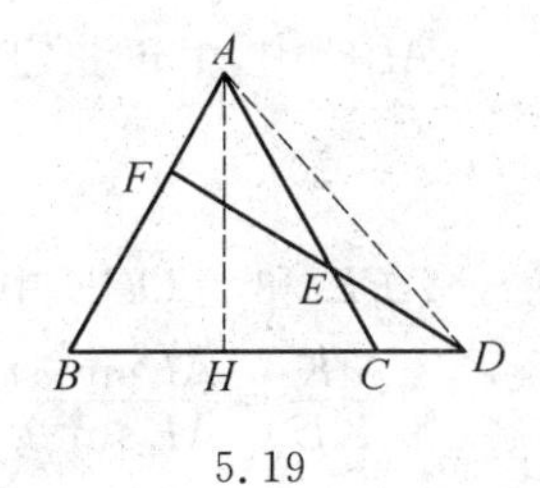

5.19

由 $S_{\triangle AEF}=2S_{\triangle DEC}$，则 $xp=2qy$，即

$$\frac{p}{q}=\frac{2y}{x} \quad ①$$

又 $AH$ 为 $\triangle ABC$ 的边 $BC$ 上的高，则

$$\mathrm{Rt}\triangle ABH \backsim \mathrm{Rt}\triangle DBF$$

即

$$\frac{1}{2}a:(b-n)=b:(a+m)$$

从而

$$\frac{2b}{a}=\frac{a+m}{b-n} \quad ②$$

在 $\triangle ABD$ 中，由定理，有

$$\frac{EC}{EA}=\frac{\frac{BF}{FA}+\frac{BC}{CD}\cdot 0}{1+\frac{BC}{CD}}$$

即

$$\frac{q}{p}=\frac{m(b-n)}{n(a+m)} \qquad ③$$

由

$$\frac{EF}{ED}=\frac{0+\frac{FA}{FB}\cdot\frac{CB}{CD}}{1+\frac{FA}{FB}}$$

有

$$\frac{x}{y}=\frac{an}{mb} \qquad ④$$

由式 ①×②×③×④ 有$\frac{bx}{ay}=\frac{ay}{bx}$,即 $ay=bx$,故

$$ED\cdot BC=AB\cdot EF$$

4.联结 $OE$,$OF$,所设各角如图 5.20 所示.由题设易得 $B$,$F$,$O$,$D$ 四点共圆,则

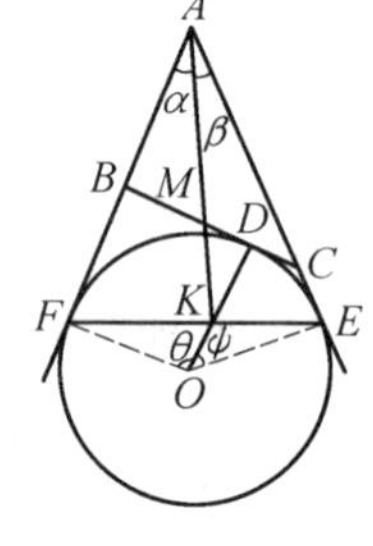

图 5.20

$$\angle ABC=\angle FOD=\theta$$



同理

$$\angle ACB=\angle DOE=\psi$$

在 $\triangle ABC$ 中,由正弦定理可得

$$\frac{AB}{AC}=\frac{\sin\psi}{\sin\theta}$$

在 $\triangle AFE$ 和 $\triangle OFE$ 中,由定理可得

$$\frac{FK}{KE}=\frac{AF\sin\alpha}{AE\sin\beta}=\frac{\sin\alpha}{\sin\beta},\frac{FK}{KE}=\frac{OF\sin\theta}{OE\sin\psi}=\frac{\sin\theta}{\sin\psi}$$

则

$$\frac{\sin\alpha}{\sin\beta}=\frac{\sin\theta}{\sin\psi}$$

在 $\triangle ABC$ 中,由定理可得

$$\frac{BM}{MC}=\frac{AB\sin\alpha}{AC\sin\beta}=\frac{\sin\psi}{\sin\theta}\cdot\frac{\sin\alpha}{\sin\beta}=1$$

故 $BM=MC$,即 $AK$ 平分 $BC$.

5.设 $\angle ACE=\alpha$,因为 $\angle ACB=90°$,所以 $\angle ECB=90°-\alpha$,如图 5.21 所示,显然只需 $\angle ADC=\alpha$ 即可,根据本节定理,有

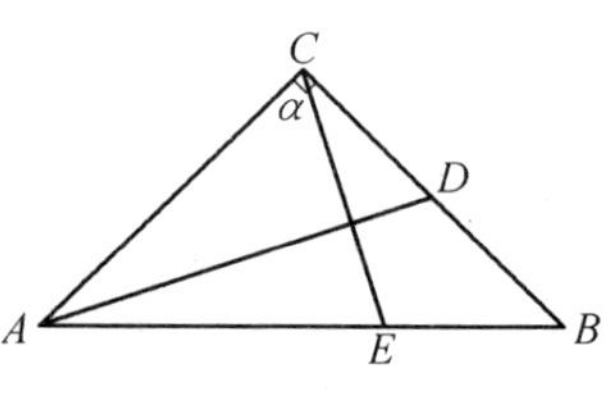

图 5.21

$$\frac{AE}{EB}=\frac{\sin\alpha}{\sin(90°-\alpha)}=\frac{\sin\alpha}{\cos\alpha}=\tan\alpha$$

又

$$AE:EB=2:1=2$$

则 $$\tan\alpha=2$$

又 $D$ 为 $BC$ 的中点，$AC=BC=2CD$，于是，在 $\mathrm{Rt}\triangle ACD$ 中，$\tan\angle ADC=\frac{AC}{CD}=2$，则 $\tan\angle ADC=\tan\alpha$，即 $\angle ADC=\alpha$（下略）.

本例可做如下推广：

设 $D$ 为等腰 $\mathrm{Rt}\triangle ABC$ 的直角边 $BC$ 上的任一点．点 $E$ 在 $AB$ 上，若 $AE:EB=AC:CD$，则 $CE\perp AD$.（证明同上，此略.）

6. 如图 5.22，首先由 $\angle BED=\angle BAC$，易知 $\angle ABE=\angle DAC=\beta$，根据本节定理及正弦定理得

$$\frac{BD}{DC}=\frac{\sin\alpha}{\sin\beta}=\frac{BE}{AE}$$

因此，欲证 $BD=2CD$，只要证 $BE=2AE$ 即可.

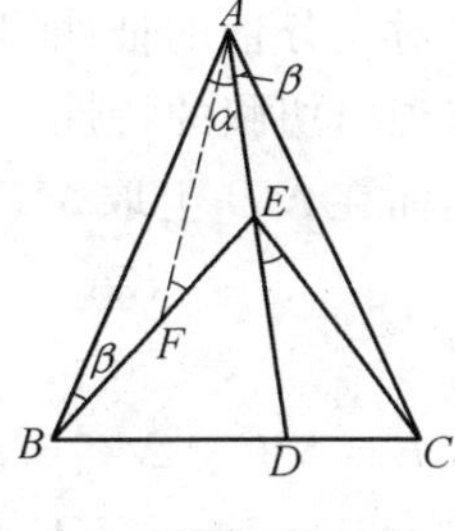

图 5.22

在 $BE$ 上取点 $F$，使 $BF=AE$，联结 $AF$，则有 $\triangle ABF\cong\triangle CAE$，则

$$\angle BAF=\angle ACE$$

又 $$\angle AFE=\angle BAF+\beta,\angle CED=\angle ACE+\beta$$

则 $$\angle AFE=\angle CED=\frac{1}{2}\angle BED=\angle EAF$$

即 $\triangle EAF$ 是等腰的，故有 $BE=2AE$．结论成立.



## 第2节　凸(凹)四边形的几个问题[①]

试题 A1 涉及了凸四边形问题，下面讨论凸(凹)四边形的几个问题：

**命题 1**　设 $ABCD$ 为圆的外切四边形，则 $AB+CD=BC+AD$.

**命题 2**　设 $ABCD$ 为圆的内接四边形，则 $\angle A+\angle C=\angle B+\angle D=180^\circ$.

以上关系式不仅是四边形存在内切圆（或外接圆）的必要条件，同时也是充分条件.

我们还可以再提出一种关系式，同样也是非梯形四边形具有内切圆的充要条件.

**命题 1′**　设四边形 $ABCD$ 的对边在延长后相交（即完全四边形 $BAKDMC$），如图 5.23 所示，如果 $ABCD$ 是圆的外切四边形，则有 $KA+AM=$

① 孙维梓．内切圆与外接圆[J]．中学教研(数学)，1991(3)：40-41.

$KC+CM$ 或 $KD+BM=MD+KB$ 成立. 反之,只要上述关系式之一得以成立,则 $ABCD$ 就是圆外切四边形.

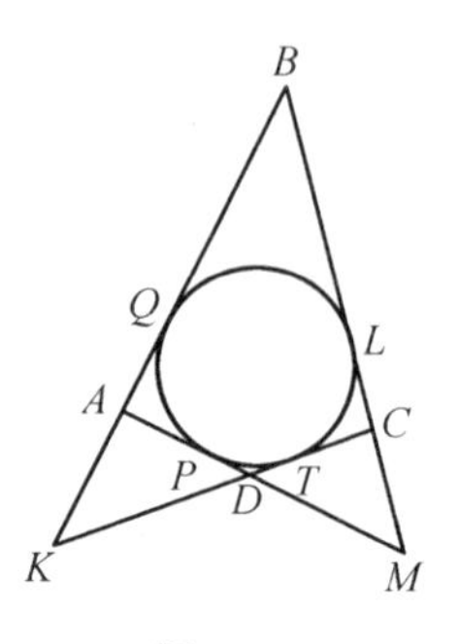

图 5.23

(对于圆内接四边形也有相应类似的关系式,不过我们不再赘述.)

**证明** 必要性:利用切线长定理,有

$$KA+AM=KQ-AQ+AP+PM=KT+ML=$$
$$KC-CT+CL+MC=KC+CM$$

对充分性的证明可采用反证法,但下面的方法似乎更能体现内切圆的特性:如图 5.24 所示,在 $KC$ 上截取 $KE=KA$,而在 $MB$ 上取 $MF=MA$. 由等式

$$KA+AM=KC+CM$$

可得

$$CF=MF-MC=MA-MC=KC-KA=EC$$

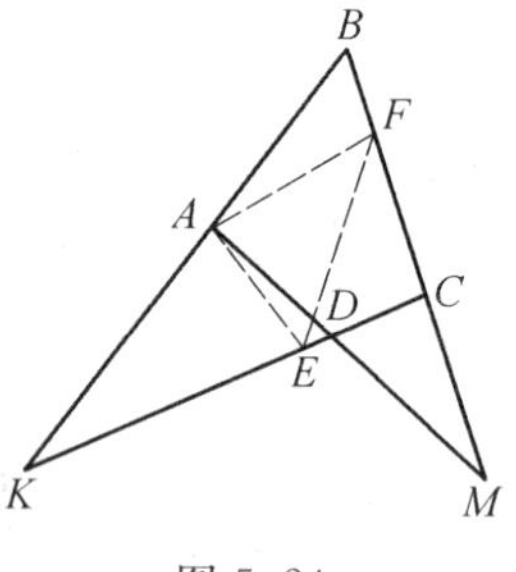

图 5.24

这样由于 $KA=KE$, $MA=MF$, $CE=CF$, $\angle AKD$, $\angle AMB$ 及 $\angle BCD$ 的角平分线就是 $AE$, $AF$ 及 $FE$ 的垂直平分线,说明这些角平分线相交于一点——$\triangle AEF$ 的外接圆心处. 该点对于 $KB$ 与 $KC$, $KC$ 与 $BC$, $BC$ 与 $AM$ 都是等距的,由此知该点与四边形 $ABCD$ 各边等距,且就是内切圆的圆心.



在证命题 2 的充分性时,先假定四边形 $ABCD$ 的对角和是相等的,不失一般性可约定 $\angle D<\angle C$, $\angle A<\angle B$. 过点 $C$ 及点 $B$ 分别作直线,它们与 $CD$ 边及 $AB$ 边的夹角分别等于 $\angle D$ 及 $\angle C$,如图 5.25 所示. 于是可得两个等腰的 $\triangle CMD(CM=MD)$ 及 $\triangle ABK(AK=BK)$. 而 $\triangle BEC$ 也是等腰的($\angle CBE=\angle ABC-\angle BAD=\angle BCD-\angle CDA=\angle BCE$). 这样,边 $AB$, $BC$ 及 $CD$ 的垂直平分线就都是 $\triangle MEK$ 的内角平分线,说明它们共点. 该点与四边形的所有顶点又都是等距的,是四边形的外接圆心,同时也是 $\triangle MEK$ 的内切圆心.

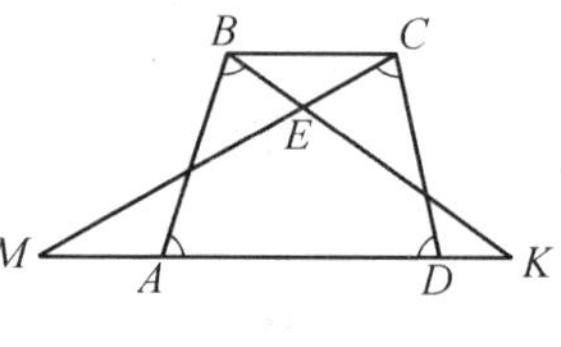

图 5.25

从以上证明看出,内切圆与外接圆确定有着密切相关的联系.

而当 $ABCD$ 为梯形时,更有鲜明的特征.

**命题3** 以 $AD$ 及 $BC$ 为底的梯形 $ABCD$ 具有内切圆的充要条件是下列任一等式,即:

(1) $TB+BP=DP$, $TC+AP=AD+CP$;

(这里的 $P$ 是两腰延长线的交点, $T$ 是点 $D$ 在直线 $BC$ 上的投影.)

(2) $\frac{AD}{BC}=\cot\frac{A}{2}\cot\frac{B}{2}$.

此命题的证明我们将留给读者自行完成.

下面再给出与上述命题相关的两个命题.

**命题 4**　设 $ABCD$ 为圆外切四边形,那么 $\triangle ABC$ 及 $\triangle CDA$ 的内切圆是互切的.

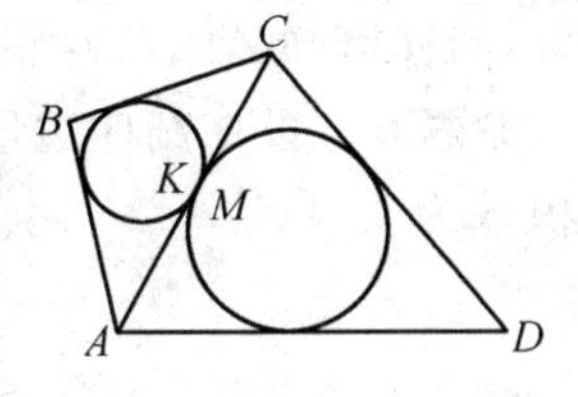

图 5.26

**证明**　设 $\triangle ABC$ 及 $\triangle CDA$ 的内切圆分别切 $AC$ 于点 $K$ 及点 $M$,如图 5.26 所示,我们只需证明点 $K$ 及点 $M$ 重合.事实上由切线长公式及命题 1 知

$$MK=|AM-AK|=|\frac{1}{2}(AK+AC-BC)-\frac{1}{2}(AC+AD-CD)|=$$

$$\frac{1}{2}|AB+CD-BC-AD|=0$$

证毕.

**命题 5**　过四边形 $ABCD$ 的顶点 $A$ 作平行于 $DC$ 的直线,交直线 $BC$ 于点 $B_1$;又通过顶点 $C$ 作平行于 $AB$ 的直线,交 $AD$ 于点 $D_1$,试证明:

(1) 如果 $ABCD$ 是圆内接四边形,则 $AB_1CD_1$ 也是圆内接四边形;

(2) 如果 $ABCD$ 是圆外切四边形,则 $AB_1CD_1$ 也是圆外切四边形.

**证明**　由于(1)的证明十分简单,我们只证明(2),并只限于讨论 $ABCD$ 为非梯形的情形.该直线 $AD$ 及 $BC$,$AB$ 及 $CD$ 的交点分别为点 $K$ 及点 $M$.这时有两种可能,如图 5.27(a)(b) 所示,设 $P$ 为直线 $AB_1$ 及 $CD_1$ 的交点,在图5.27(a)的情况下,有 $PA=CM$,$PC=AM$.由于 $ABCD$ 是圆外切四边形,从命题 $1'$ 的第一点可得

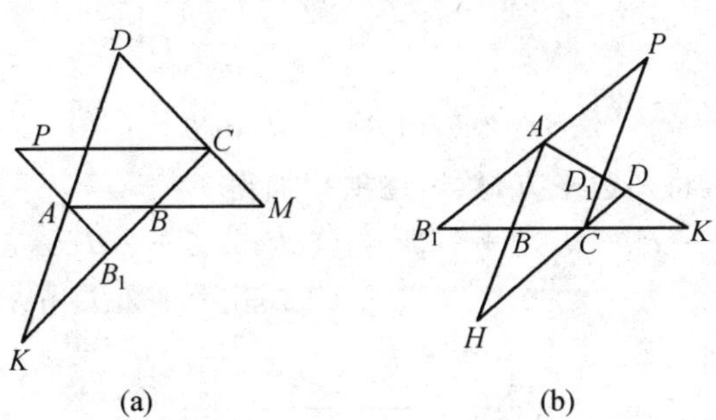

图 5.27

$$KA+AM=KC+CM$$

把 $AM$ 及 $CM$ 代之以 $PC$ 及 $PA$,就得

$$KA+PC=KC+PA$$

仍由命题1′知,四边形 $AB_1CD_1$ 就是圆外切四边形.在图5.27(b)中,由 $ABCD$ 出发,同样可知 $AB_1CD_1$ 满足题设.

**命题6** 设在凸四边形 $ABCD$ 中,令 $AB=a,BC=b,CD=c,DA=d$,则其面积 $S$ 为

$$S=\sqrt{A-abcd\cos^2\frac{\delta+\beta}{2}}$$

其中,$A=(p-a)(p-b)(p-c)(p-d)$,$a,b,c,d$ 是边长,$p$ 是半周长,$\delta$ 和 $\beta$ 是四边形的对角.

**证明** 设在四边形 $ABCD$ 中

$$AB=a,BC=b,CD=c,DA=d$$

$$\angle ABC=\beta,\angle ADC=\delta$$

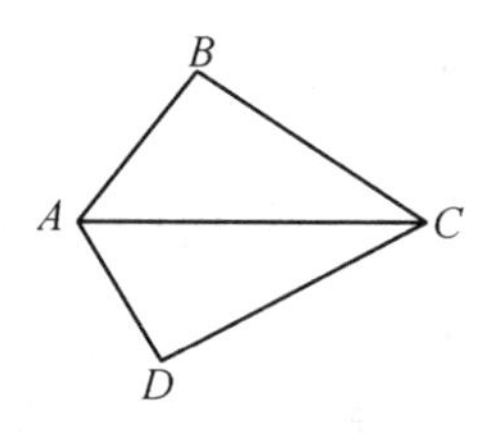


图5.28

参见图5.28,由余弦定理,由 $\triangle ABC$ 得

$$AC^2=a^2+b^2-2ab\cos\beta$$



由 $\triangle ADC$ 得

$$AC^2=c^2+d^2-2cd\cos\delta$$

使这两个表达式的右边相等,我们得到

$$a^2+b^2-2ab\cos\beta=c^2+d^2-2cd\cos\delta$$

即

$$a^2+b^2-c^2-d^2=2ab\cos\beta-2cd\cos\delta \qquad ①$$

我们把四边形 $ABCD$ 看作 $\triangle ABC$ 面积与 $\triangle ADC$ 面积之和来求,即

$$S=\frac{1}{2}ab\sin\beta+\frac{1}{2}cd\sin\delta$$

从而得

$$4S=2ab\sin\beta+2cd\sin\delta \qquad ②$$

在等式①和②中,将两边平方,然后逐项相加得

$$(a^2+b^2-c^2-d^2)^2+16S^2=(2ab\cos\beta-2cd\cos\delta)^2+(2ab\sin\beta+2cd\sin\delta)^2$$

作等价变换后,得到

$$S=\sqrt{A-abcd\cos^2\frac{\delta+\beta}{2}}$$

这个定理有一系列推论.

**推论1** 圆内接任意四边形的面积按照下列公式计算,即

$$S=\sqrt{(p-a)(p-b)(p-c)(p-d)}$$

**证明**　考虑到圆内接四边形对角之和为 180°，即 $\beta+\delta=180°$，$\cos\frac{\beta+\delta}{2}=\cos 90°=0$，立即可得出证明. 因此

$$S=\sqrt{(p-a)(p-b)(p-c)(p-d)}$$

**推论 2**　圆外切任意四边形的面积按照下列公式计算，即

$$S=\sqrt{abcd\sin^2\frac{\delta+\beta}{2}}$$

**证明**　因为在圆外切四边形中，对边的和相等，即

$$a+c=b+d$$

所以

$$p-a=c,p-b=d,p-c=a,p-d=b$$

我们有

$$S=\sqrt{abcd-abcd\cos^2\frac{\delta+\beta}{2}}=\sqrt{abcd(1-\cos^2\frac{\delta+\beta}{2})}=\sqrt{abcd\sin^2\frac{\delta+\beta}{2}}$$



**推论 3**　内接于一个圆且外切于一个圆的四边形的面积可以按照公式 $S=\sqrt{abcd}$ 计算.

**证明**　因为 $a+c=b+d$ 和推论 1 得

$$S=\sqrt{(p-a)(p-b)(p-c)(p-d)}$$

所以

$$S=\left(\frac{c+d+b-a}{2}\cdot\frac{c+d+a-b}{2}\cdot\frac{a+b+d-c}{2}\cdot\frac{a+b+c-d}{2}\right)^{\frac{1}{2}}=\sqrt{\frac{2c}{2}\cdot\frac{2d}{2}\cdot\frac{2a}{2}\cdot\frac{2b}{2}}=\sqrt{abcd}$$

**命题 7**　凸四边形为平行四边形的充要条件是凸四边形两对角线的平方和等于四条边的平方和.

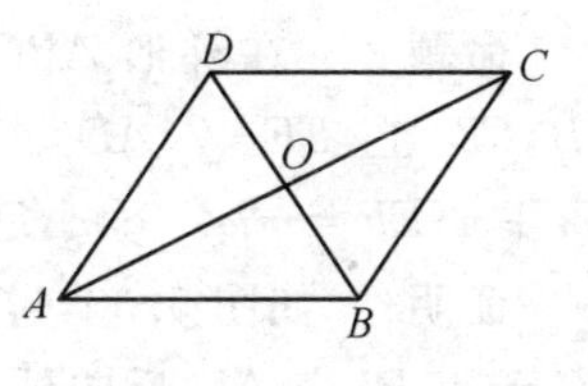

图 5.29

**证明**　必要性：如图 5.29，设 $O$ 是 $\square ABCD$ 两对角线的交点，则由斯特瓦尔特定理，有

$$AO^2=\frac{1}{2}AB^2+\frac{1}{2}AD^2-\frac{1}{4}BD^2$$

故

$$4AO^2+BD^2=2AB^2+AD^2$$

即

$$AC^2+BD^2=AB^2+BC^2+CD^2+DA^2$$

充分性:[①]设 $AC$,$BD$ 为凸四边形 $ABCD$ 的两条对角线,它们相交于点 $O$,$OA=a$,$OB=b$,$OC=c$,$OD=d$,则由题意有

$$(a+c)^2+(b+d)^2=AB^2+BC^2+CD^2+DA^2 \quad ①$$

设 $\angle AOB=\alpha$,则由三角形的余弦定理得

$$AB^2=a^2+b^2-2ab\cos\alpha, BC^2=b^2+c^2+2bc\cos\alpha$$

$$CD^2=c^2+d^2-2cd\cos\alpha, DA^2=d^2+a^2+2da\cos\alpha$$

将以上四式相加,得

$$AB^2+BC^2+CD^2+DA^2=2a^2+2b^2+2c^2+2d^2-2(a-c)(b-d)\cos\alpha \quad ②$$

将式②代入式①,得

$$2ac+2bd=a^2+b^2+c^2+d^2+2(a-c)(b-d)\cos\alpha$$

所以

$$(a-c)^2+(b-d)^2+2(a-c)(b-d)\cos\alpha=0 \quad ③$$

令 $f(a-c,b-d)=(a-c)^2+(b-d)^2+2(a-c)(b-d)\cos\alpha$



则 $f(a-c,b-d)\geqslant 2(a-c)(b-d)+2(a-c)(b-d)\cos\alpha$

此处等号成立的充要条件是

$$a-c=b-d \quad ④$$

则

$$2(a-c)(b-d)+2(a-c)(b-d)(1+\cos\alpha)=0 \quad ⑤$$

因为 $1+\cos\alpha>0$

所以 $2(a-c)(b-d)(1+\cos\alpha)=0$

必有 $a-c$ 与 $b-d$ 至少有一个为0,不失一般性,令

$$a-c=0 \quad ⑥$$

由③④⑥得 $a=c$,$b=d$,所以,四边形 $ABCD$ 是平行四边形.

**命题8** 在梯形 $ABCD$ 中,点 $E$,$F$ 分别在腰 $AB$,$CD$ 上,$EF \parallel AD$,$AE:EB=m:n$,求证:$(m+n)EF=mBC+nAD$.

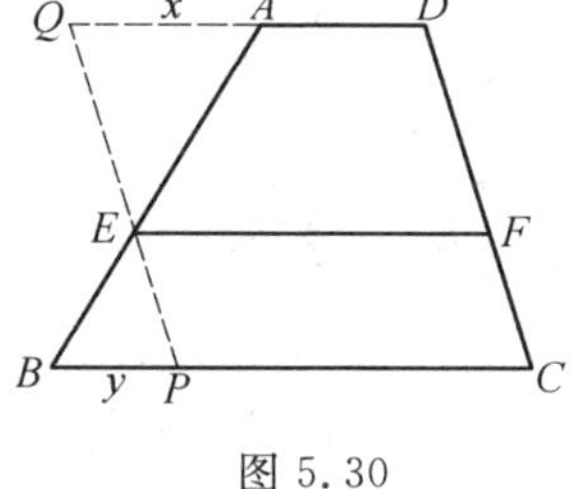

图5.30

**证明** 如图5.30,过点 $E$ 作 $CD$ 的平行线交 $BC$ 于点 $P$,交 $AD$ 反向延长线于点 $Q$,显然 $QPCD$

① 徐道.数学问题1601[J].数学通报,2006(4):63.

是平行四边形,有

$$QD = PC \quad ①$$

令 $AQ = x, BP = y$,则 $\frac{x}{y} = \frac{AE}{EB} = \frac{m}{n}$,即

$$y = \frac{n}{m}x \quad ②$$

由式 ① 得

$$x + AD = BC - y \quad ③$$

由式 ② 与 ③ 解得 $x = \frac{m(BC - AD)}{m + n}$,于是

$$EF = QD = x + AD = \frac{m(BC - AD)}{m + n} + AD = \frac{mBC + nAD}{m + n}$$

所以

$$(m + n)EF = mBC + nAD \quad ④$$

特别是,当 $E, F$ 是 $AB, CD$ 中点时,$m = n$,由式 ④ 可得

$$EF = \frac{AD + BC}{2}$$



这就是梯形中位线定理.由此可知,命题 8 是梯形中位线定理的引申.

**命题 9**　直线 $l$ 分别截凸(凹) 四边形 $ABCD$ 的边所在直线 $AB, BC, CD, DA$ 于点 $E, F, G, H$,则

$$\frac{AE}{EB} \cdot \frac{BF}{FC} \cdot \frac{CG}{GD} \cdot \frac{DH}{HA} = 1$$

**证明**　若 $ABCD$ 为平行四边形,则由平行线性质即证.

若 $ABCD$ 不为平行四边形,设边 $BC$ 与 $AD$ 所在直线交于点 $K$,则对 $\triangle ABK$ 及截线 $EFH$,对 $\triangle DCK$ 及截线 $GFH$ 分别应用梅涅劳斯定理,得两式即证得结论成立.

**命题 10**　凸(凹) 四边形对角线相互垂直的充要条件是对边的平方和相等.

**证明**　如图 5.31,$MN, PQ$ 分别是凸(凹) 四边形 $PMQN$ 的两条对角线.

设 $R, S, T, K, E, F$ 分别为 $QN, NP, PM, MQ, PQ, MN$ 的中点,将这些中点联结,则 $KRST, RFTE, KFSE$ 均为平行四边形,从而由命题 7,有

$$2(KF^2 + KE^2) = EF^2 + KS^2 \quad ①$$

$$2(ER^2 + RF^2) = EF^2 + RT^2 \quad ②$$

于是 $PM^2 + QN^2 = PN^2 + QM^2 \Leftrightarrow 4KE^2 + 4KF^2 = 4ER^2 + 4RF^2 \Leftrightarrow$ 注意到

式①②,有 $KS=RT \Leftrightarrow KRST$ 为矩形,即有 $KT \perp KR \Leftrightarrow$ 注意 $KT \parallel PQ$,$KR \parallel MN$,有 $MN \perp PQ$.

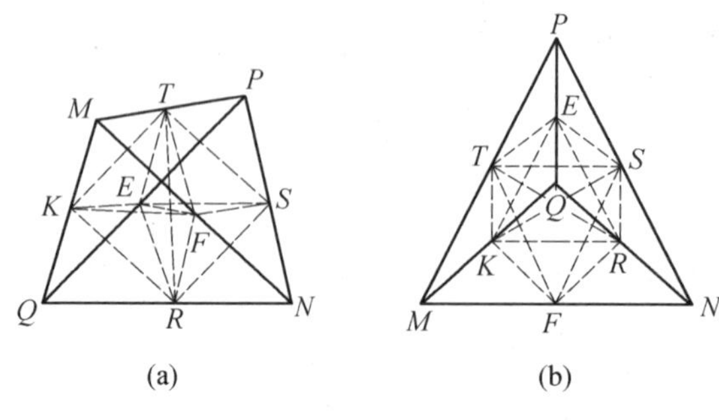


图 5.31

**注** 此结论常记为

$$PQ \perp MN \Leftrightarrow MQ^2+NP^2=MP^2+QN^2 \Leftrightarrow$$
$$MQ^2-MP^2=NQ^2-NP^2$$

亦称为定差幂线定理.常利用这个结论来证明两直线段垂直.



**命题 11** 一个凸四边形 $PQRS$ 内接于一个边长为 $l$ 的正方形 $ABCD$,求证:四边形 $PQRS$ 必有一条边大于或等于$\frac{\sqrt{2}}{2}l$.

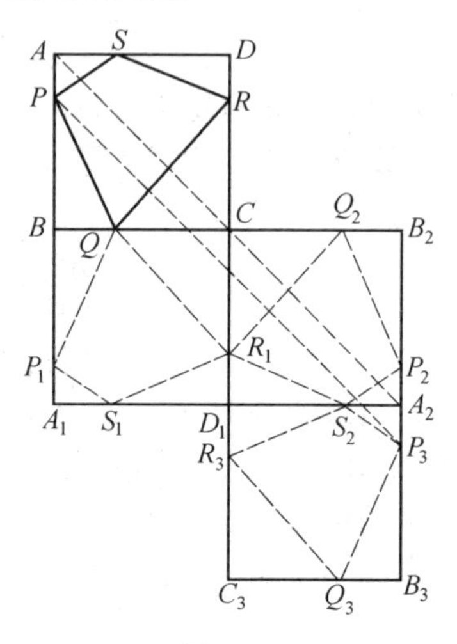


图 5.32

**证明** 如图 5.32,作正方形 $ABCD$ 关于 $BC$ 的轴对称图形 $A_1BCD_1$,相应地得凸四边形 $PQRS$ 关于 $BC$ 的轴对称图形 $P_1QR_1S_1$;再作 $A_1BCD_1$ 关于 $CD_1$ 的轴对称图形 $A_2B_2CD_1$,以及 $A_2B_2CD_1$ 关于 $D_1A_2$ 的轴对称图形 $A_2B_3C_3D_1$,相应地得两四边形 $P_2Q_2R_1S_2$,$P_3Q_3R_3S_2$;联结 $PP_3$,$AA_2$.由

$$AA_2=2\sqrt{2}l, AP=A_2P_3$$

得

$$PP_3=AA_2=2\sqrt{2}l$$

则

$$PQ+QR+RS+SP=PQ+QR_1+R_1S_2+S_2P_3 \geqslant PP_3=AA_2=2\sqrt{2}l$$

故 $PQ$,$QR$,$RS$,$SP$ 四边中必有一条大于或等于$\frac{\sqrt{2}}{2}l$.

**例 1** 在 $\triangle ABC$ 中,$CD$,$BE$ 分别是 $\angle C$ 和 $\angle B$ 的平分线,$P$ 为 $DE$ 上任意

一点，$PQ \perp BC$ 于点 $Q$，$PM \perp AB$ 于点 $M$，$PN \perp AC$ 于点 $N$. 求证：$PQ = PM + PN$.

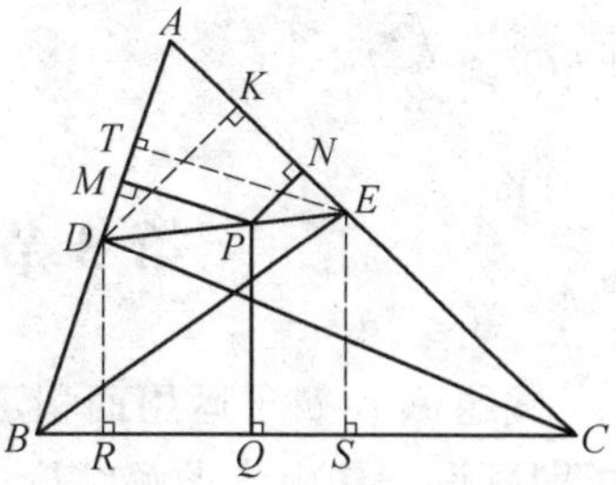

**证明**　如图5.33，作 $DR \perp BC$ 于点 $R$，$DK \perp AC$ 于点 $K$，$ES \perp BC$ 于点 $S$，$ET \perp AB$ 于点 $T$，则 $DR = DK$，$ES = ET$.

图 5.33

设 $\frac{DP}{PE} = \frac{m}{n}$，在梯形 $DRSE$ 中运用命题8，得

$$(m+n)PQ = mES + nDR = mET + nDK \quad ①$$

由 $PM \parallel ET$，$DP : PE = m : n$，有

$$\frac{ET}{PM} = \frac{m+n}{m}, ET = \frac{m+n}{m}PM \quad ②$$

同理

$$DK = \frac{m+n}{n}PN \quad ③$$

将式②③代入式①得

$$(m+n)PQ = m \cdot \frac{m+n}{m}PM + n \cdot \frac{m+n}{n}PN$$

故

$$PQ = PM + PN$$

**注**　如果 $\angle C = \angle B$，$DRSE$ 是矩形，命题8对矩形和平行四边形依然成立.

**例2**　给出命题11的另证.

**证明**　如图5.34，分别取 $AB$，$BC$，$CD$，$DA$ 四边的中点 $M_1$，$M_2$，$M_3$，$M_4$，则 $M_1M_2M_3M_4$ 是边长为 $\frac{\sqrt{2}}{2}l$ 的正方形，设点 $O$ 是正方形 $ABCD$ 的中心，联结 $OM_1$，$OM_2$，$OM_3$，$OM_4$，$OP$，$OQ$，$OR$，$OS$，则

$OP \geqslant OM_1$，$OQ \geqslant OM_2$，$OR \geqslant OM_3$，$OS \geqslant OM_4$

因为 $\angle POQ + \angle QOR + \angle ROS + \angle SOP = 360°$，所以 $\angle POQ$，$\angle QOR$，$\angle ROS$，$\angle SOP$ 必有一个角不小于 $90°$，不妨设 $\angle POQ \geqslant 90°$. 故

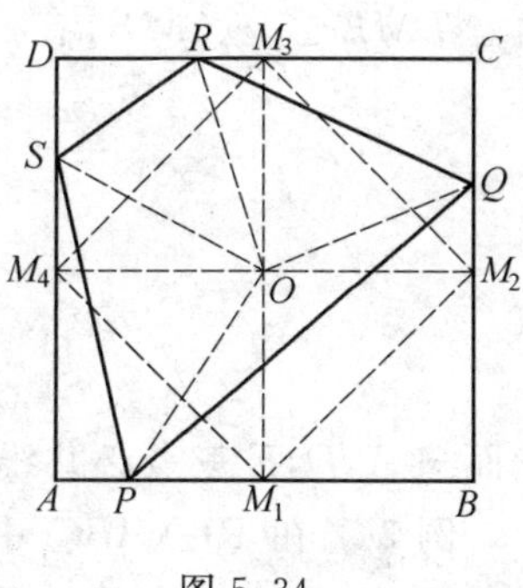

图 5.34

$$PQ^2 = OP^2 + OQ^2 - 2OP \cdot OQ\cos\angle POQ \geqslant OP^2 + OQ^2 \geqslant OM_1^2 + OM_2^2 = M_1M_2^2 = \left(\frac{\sqrt{2}}{2}l\right)^2$$

即 $PQ\geqslant\frac{\sqrt{2}}{2}l$.

## 第3节　运用面积法解题

试题A涉及了运用面积法解题. 面积法处理问题一般是处理有关面积问题,即题设条件中或求解结论中出现面积,试题A就是面积问题;也可以处理非面积问题,即题设条件与结论均不出现面积.

运用面积法解题,常常是运用面积的有关公式、定理或者某些面积结论来处理问题. 在处理非面积问题时,常常是先用有关定理(如面积比定理)或有关结论转化成面积问题.

### 1. 面积问题的处理

**例1**　在四边形 $ABCD$ 中,$M$ 为 $CD$ 的中点,已知 $\triangle ABM$ 的面积为四边形 $ABCD$ 面积的一半. 证明:$AD\parallel BC$.



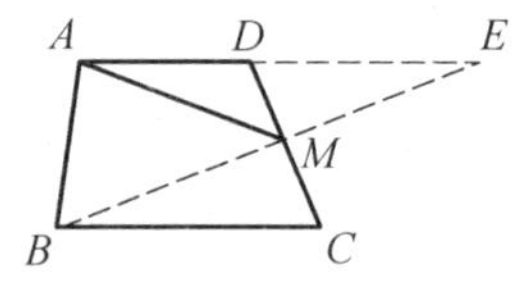

图 5.35

**证明**　如图5.35,延长 $BM$ 至点 $E$,使 $ME=BM$,连 $AE$,$DE$,则 $\triangle ABE$ 与 $\triangle ABM$ 同高,但底边 $BE=2BM$,故有

$$S_{\triangle ABE}=2S_{\triangle ABM}=S_{\text{四边形}ABCD}\text{(已知)}$$

由 $\triangle DME\cong\triangle CMB$,有 $S_{\triangle DME}=S_{\triangle BMC}$. 又因

$$S_{\text{四边形}ABDE}=S_{\triangle ABM}+S_{\triangle ADM}+S_{\triangle DME}=S_{\triangle ABM}+S_{\triangle ADM}+S_{\triangle BMC}=S_{\text{四边形}ABCD}$$

故

$$S_{\triangle ADE}=|S_{\text{四边形}ABDE}-S_{\triangle ABE}|=0$$

从而知 $A$,$D$,$E$ 三点必共线,由于 $DE\parallel BC$,即得 $AD\parallel BC$.

**例2**　在 $\mathrm{Rt}\triangle ABC$ 中,$AD$ 是斜边 $BC$ 上的高,联结 $\triangle ABD$ 的内心与 $\triangle ACD$ 的内心的直线分别与边 $AB$ 及边 $AC$ 相交于 $K$,$L$ 两点,$\triangle ABC$ 与 $\triangle AKL$ 的面积分别记为 $S$,$T$. 求证:$S\geqslant 2T$.

(第29届IMO试题)

**证明**　如图5.36,设 $\triangle ABD$ 和 $\triangle ACD$ 的内心分别为 $O_1$ 和 $O_2$,由于 $\triangle ABD\backsim\triangle ACD$,且 $DO_1$ 与 $DO_2$ 为两条角平分线,故有 $DO_1:DO_2=BD:AD$.

又由 $\angle O_2DO_1=90^\circ$，知 $\triangle DO_1O_2\backsim\triangle ABD$，故两个三角形对应边的交角相等，有 $O_1O_2$ 与 $AB$ 的交角等于 $DO_1$ 与 $DB$ 的交角，即 $\angle LKA=\angle BDO_1=45^\circ$，所以 $\triangle ALK$ 为等腰直角三角形.

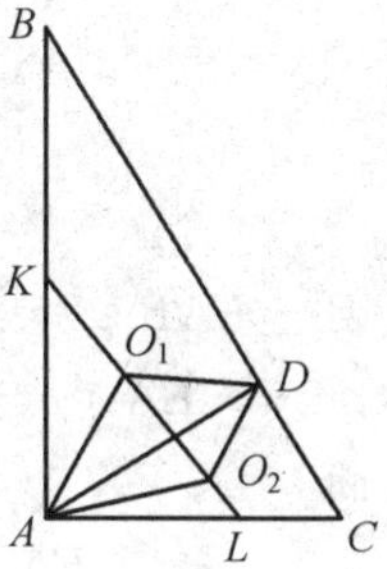

图 5.36

而 $\triangle AO_1K\cong\triangle AO_1D$，所以 $AK=AD=AL$，故

$$S=\frac{1}{2}AB\cdot AC$$

$$T=\frac{1}{2}AK\cdot AL=\frac{1}{2}AD^2=\frac{AB^2\cdot AC^2}{2(AB^2+AC^2)}$$

故 $\frac{S}{2T}=\frac{AB^2+AC^2}{2AB\cdot AC}\geqslant 1$，即 $S\geqslant 2T$.

**例 3** 两个正三角形内接于一个半径为 $r$ 的圆，记其公共部分的面积为 $S$. 求证：$2S\geqslant\sqrt{3}r^2$.

(第 26 届 IMO 预选题)

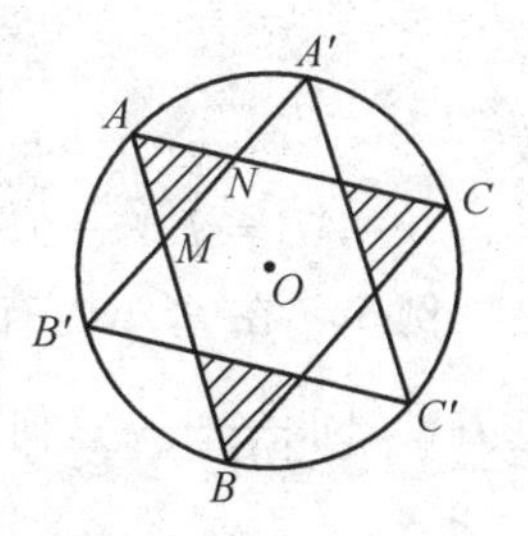


图 5.37

**证明** 因 $S$ 等于正三角形面积减去三块阴影的面积，又由对称性知三块阴影部分面积相等，从而只需计算一块阴影面积即可，如图 5.37.

因整个图形分别关于 $OM$，$ON$ 对称，故有 $AM=B'M$，$AN=A'N$，所以

$$AM+MN+NA=\sqrt{3}r$$

即 $\triangle AMN$ 的周长为定长 $\sqrt{3}r$，从而有

$$S_{\triangle AMN}\leqslant\frac{\sqrt{3}}{4}\times\left(\frac{\sqrt{3}}{3}r\right)^2=\frac{\sqrt{3}}{12}r^2$$

$$S=S_{\triangle ABC}-3S_{\triangle AMN}\geqslant\frac{\sqrt{3}}{4}\times(\sqrt{3}r)^2-3\times\frac{\sqrt{3}}{12}r^2=\frac{\sqrt{3}}{2}r^2$$

故 $2S\geqslant\sqrt{3}r^2$.

### 2. 非面积问题的处理

**例 4** 设凸四边形 $ABCD$ 的顶点在同一圆周上，另一圆的圆心在边 $AB$ 上，且与四边形其余三边相切. 求证：$AD+BC=AB$.

(第 26 届 IMO 试题)

**证明** 如图 5.38，设另一圆的周心为 $O$，延长 $AD$，$BC$ 交于点 $E$，圆 $O$ 为 $\triangle ECD$ 的傍切圆. 联结 $OE$，$OC$，$OD$，设 $EC=a$，$ED=b$，$CD=c$，再设圆 $O$ 的半径为 $R$，则

$$S_{\triangle ECD}=S_{\triangle EDO}+S_{\triangle EOC}-S_{\triangle COD}=\frac{1}{2}(a+b-c)R$$

$$S_{\triangle EAB}=\frac{1}{2}(EA+EB)R$$

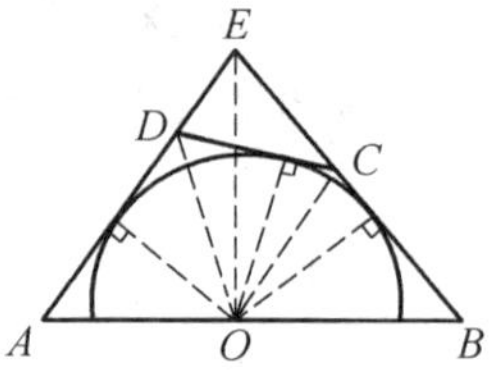

又因 $\triangle EAB \backsim \triangle ECD$,则

$$EA:a=EB:b=AB:c=k(\text{常数})$$

图 5.38

从而

$$EA=ak,EB=bk,AB=ck$$

又由 $S_{\triangle EAB}:S_{\triangle ECD}=k^2$,有

$$(EA+EB):(a+b-c)=k^2$$

$$(ak+bk):(a+b-c)=k^2$$

$$(a+b)=(a+b-c)k=EA+EB-AB$$

故

$$AB=EA-b+EB-a=EA-ED+EB-EC=AD+BC$$

**例 5** 在 $\angle A$ 内有一定点 $P$,过点 $P$ 作直线交两边于点 $B$,$C$.问 $\frac{1}{PB}+\frac{1}{PC}$ 何时取到最大值?

(1979 年美国数学奥林匹克题)

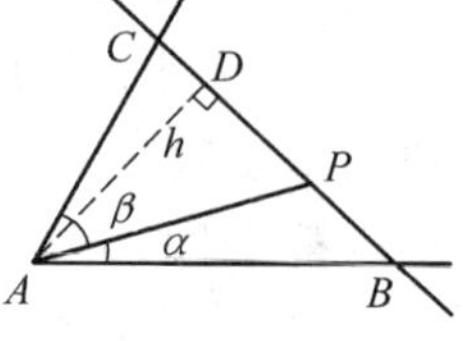


图 5.39



**解** 如图 5.39,作 $AD\perp BC$ 于点 $D$,设 $AD=h$,分别记 $\triangle ABP$ 和 $\triangle ACP$ 的面积为 $S_1$,$S_2$,根据面积公式得

$$\frac{1}{PB}+\frac{1}{PC}=\frac{h}{2}\left(\frac{1}{S_1}+\frac{1}{S_2}\right)=\frac{h}{2}\cdot\frac{S_{\triangle ABC}}{S_1S_2}=$$

$$\frac{h}{2}\cdot\frac{2AB\cdot AC\sin(\alpha+\beta)}{AB\cdot AC\cdot AP^2\sin\alpha\sin\beta}=$$

$$h\cdot\frac{\sin(\alpha+\beta)}{AP^2\sin\alpha\sin\beta}\leqslant$$

$$\frac{\sin(\alpha+\beta)}{AP\sin\alpha\sin\beta}$$

因 $P$ 是 $\angle A$ 内的定点,所以 $AP$,$\alpha$,$\beta$ 都是常数,因而上式最后一项 $\frac{\sin(\alpha+\beta)}{AP\sin\alpha\sin\beta}$ 是常数,即有

$$\frac{1}{PB}+\frac{1}{PC}\leqslant\frac{\sin(\alpha+\beta)}{AP\sin\alpha\sin\beta}$$

而当 $AP\perp BC$ 时,$AD$ 与 $AP$ 重合,即 $h=AP$,不等式取等号.可见当 $AP\perp$

$BC$ 时，$\frac{1}{PB}+\frac{1}{PC}$ 取得最大值.

**例6** 以点 $O$ 为中心的正 $n$ 边形($n\geqslant 5$)的两个相邻点记为 $A,B$，$\triangle XYZ$ 与 $\triangle OAB$ 全等，最初令 $\triangle XYZ$ 与 $\triangle OAB$ 重合，然后在平面上移动 $\triangle XYZ$，使点 $Y$ 与点 $Z$ 均沿着多边形的周界移动一周，而点 $X$ 保持在多边形内移动. 求点 $X$ 的轨迹，如图 5.40.

(第27届IMO试题)

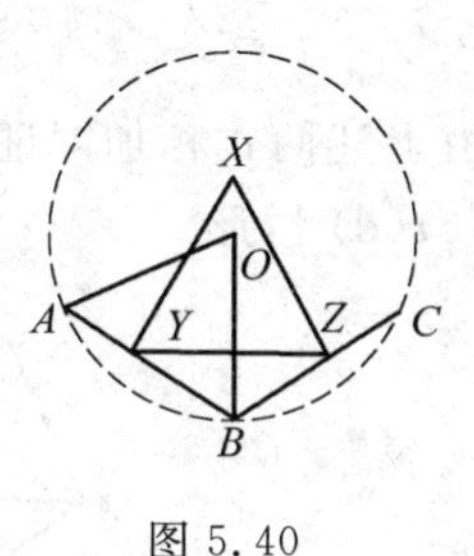

图 5.40

**解** 因

$$\angle YXZ+\angle YBZ=\angle AOB+\angle ABC=\frac{n-2}{n}\pi+\frac{2}{n}\pi=\pi$$

则 $X,Y,B,Z$ 四点共圆，从而

$$\angle XBY=\angle XZY=\angle OBY$$

即 $X$ 在 $BO$ 的延长线上. 又

$$S_{\triangle XYB}=\frac{1}{2}BX\cdot BY\cdot\sin\angle XBY=\frac{1}{2}XY\cdot BY\cdot\sin\angle XYB$$

则

$$BX=\frac{XY\sin\angle XYB}{\sin\angle YBX}=\frac{XY\sin\angle XYB}{\sin\frac{(n-2)\pi}{2n}}$$

而 $\angle XYB$ 的变化范围是

$$\frac{(n-2)\pi}{2n}\leqslant\angle XYB\leqslant\pi-\frac{(n-2)\pi}{2n}$$

故点 $X$ 到中心 $O$ 的最大距离是

$$d=\frac{XY}{\sin\left(\frac{\pi}{2}-\frac{\pi}{n}\right)}-OB=\frac{a\left(1-\cos\frac{\pi}{n}\right)}{\sin^2\frac{\pi}{n}}$$

其中 $a$ 为正 $n$ 边形的边长，足见当点 $Y$ 在 $AB$ 上变化时，点 $X$ 恰在 $BO$ 的延长线上由点 $O$ 出发描绘了长度为 $d$ 的线段两次. 这样，点 $X$ 的轨迹是由正 $n$ 边形的中心背向每一顶点的、长度为 $d$ 的线段所组成的"星形".

### 3. 运用面积法证明著名定理

**共边比例定理** 若两个共边 $AB$ 的三角形 $\triangle PAB$，$\triangle QAB$ 的对应顶点 $P$，$Q$ 所在直线与 $AB$ 交于点 $M$，则 $\frac{S_{\triangle PAB}}{S_{\triangle QAB}}=\frac{PM}{QM}$.

**证法 1** 由同底三角形的面积关系式,有

$$S_{\triangle PAM}=\frac{PM}{QM}S_{\triangle QAM},S_{\triangle PBM}=\frac{PM}{QM}S_{\triangle QBM}$$

由上述两式相加即证得图 5.41 中(a)(b) 情形,上述两式相减即证得图 5.41 中(c)(d) 情形.

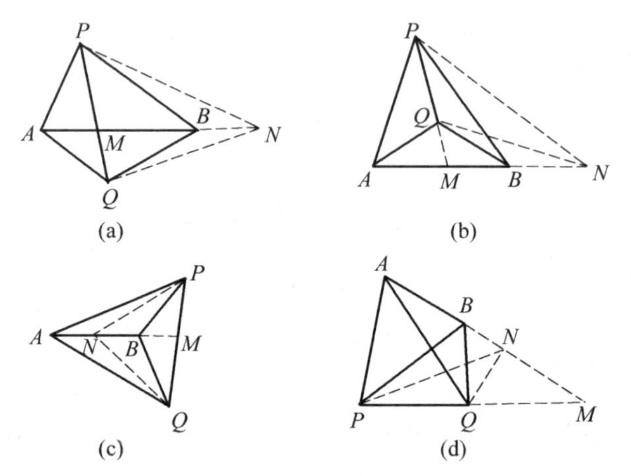




图 5.41

**证法 2** 不妨设 $A$ 与 $M$ 不同,则

$$\frac{S_{\triangle PAB}}{S_{\triangle QAB}}=\frac{S_{\triangle PAB}}{S_{\triangle PAM}}\cdot\frac{S_{\triangle PAM}}{S_{\triangle QAM}}\cdot\frac{S_{\triangle QAM}}{S_{\triangle QAB}}=\frac{AB}{AM}\cdot\frac{PM}{QM}\cdot\frac{AM}{AB}=\frac{PM}{QM}$$

**证法 3** 在直线 $AB$ 上取一点 $N$,使 $MN=AB$,则

$$S_{\triangle PAB}=S_{\triangle PMN},S_{\triangle QAB}=S_{\triangle QMN}$$

所以

$$\frac{S_{\triangle PAB}}{S_{\triangle QAB}}=\frac{S_{\triangle PMN}}{S_{\triangle QMN}}=\frac{PM}{QM}$$

**塞瓦定理** 在 $\triangle ABC$ 的三边 $BC,CA,AB$ 所在直线上取点 $D,E$ 和 $F$,则 $AD,BE,CF$ 三直线共点的充要条件是

$$\frac{AF}{FB}\cdot\frac{BD}{DC}\cdot\frac{CE}{EA}=1$$

**证明** 必要性:如图 5.42,由共边比例定理,有

$$\frac{AF}{FB}\cdot\frac{BD}{DC}\cdot\frac{CE}{EA}=\frac{S_{\triangle PAC}}{S_{\triangle PCB}}\cdot\frac{S_{\triangle PBA}}{S_{\triangle PAC}}\cdot\frac{S_{\triangle PCB}}{S_{\triangle PBA}}=1$$

充分性:若有$\frac{AF}{FB}\cdot\frac{BD}{DC}\cdot\frac{CE}{EA}=1$,如图 5.43,设 $AD$ 和 $BE$ 交于点 $P$,$AD$ 和

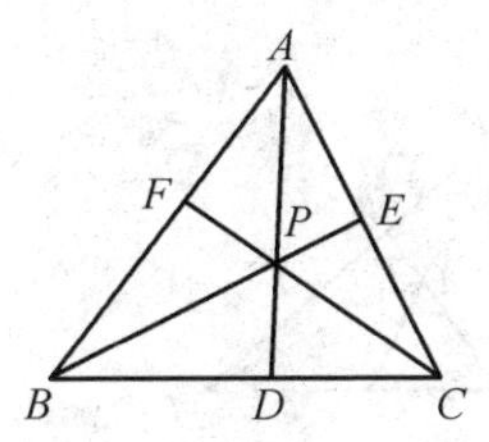

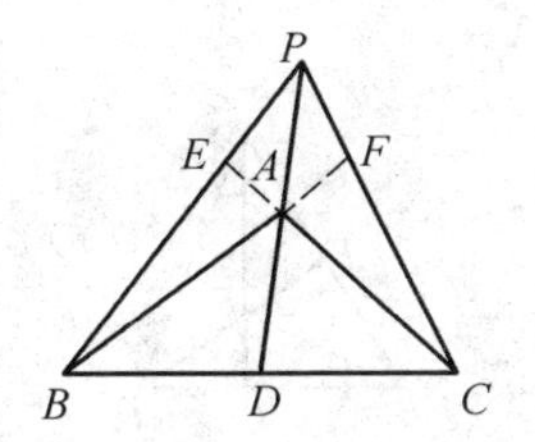


图 5.42

$CF$ 交于点 $Q$，要证明的是 $P$ 和 $Q$ 重合，也就是有

$$\frac{AP}{PD}=\frac{AQ}{QD}$$

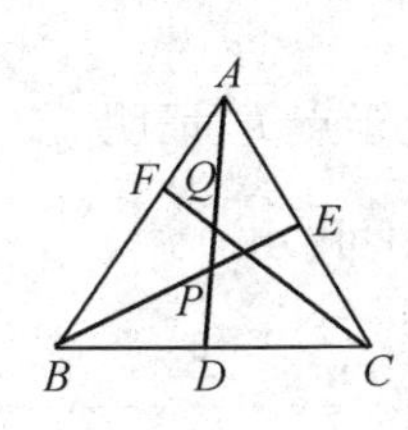

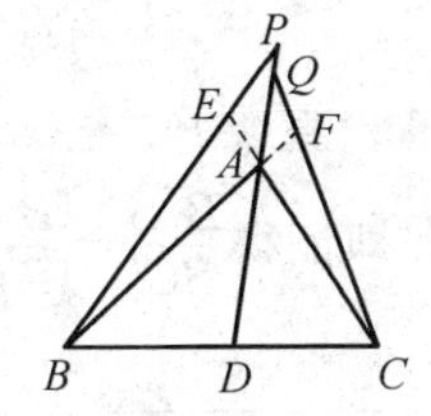


图 5.43



由共边比例定理，有

$$\frac{PD}{AP}\cdot\frac{AQ}{QD}=\frac{S_{\triangle BDE}}{S_{\triangle BAE}}\cdot\frac{S_{\triangle ACF}}{S_{\triangle CDF}}=\frac{S_{\triangle BDE}}{S_{\triangle BCE}}\cdot\frac{S_{\triangle BCE}}{S_{\triangle BAE}}\cdot\frac{S_{\triangle ACF}}{S_{\triangle CBF}}\cdot\frac{S_{\triangle CBF}}{S_{\triangle CDF}}=$$

$$\frac{BD}{BC}\cdot\frac{CE}{EA}\cdot\frac{AF}{FB}\cdot\frac{BC}{DC}=1$$

即证.

**梅涅劳斯定理**　设 $D,E,F$ 分别为 $\triangle ABC$ 的三边 $BC,CA,AB$ 所在直线上的点，若 $D,E,F$ 三点共线，则 $\frac{BD}{DC}\cdot\frac{CE}{EA}\cdot\frac{AF}{FB}=1$.

**证法1**　如图 5.44，联结 $AD,BE$. 由共边比例定理，有

$$\frac{BD}{DC}=\frac{S_{\triangle EBD}}{S_{\triangle EDC}},\frac{CE}{EA}=\frac{S_{\triangle DCE}}{S_{\triangle DEA}}$$

$$\frac{AF}{FB}=\frac{S_{\triangle EAF}}{S_{\triangle EFB}}=\frac{S_{\triangle FAD}}{S_{\triangle FBD}}$$

上述三式相乘即证得结论.

**证法2**　如图 5.44，在直线 $FD$ 上任取不重合两点 $X,Y$，由共边比例定理，有

$$\frac{BD}{DC}\cdot\frac{CE}{EA}\cdot\frac{AF}{FB}=\frac{S_{\triangle BXY}}{S_{\triangle CXY}}\cdot\frac{S_{\triangle CXY}}{S_{\triangle AXY}}\cdot\frac{S_{\triangle AXY}}{S_{\triangle BXY}}=1$$

即证.

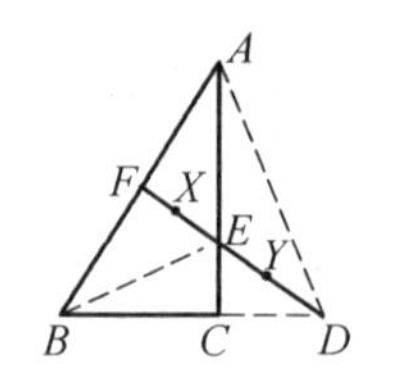


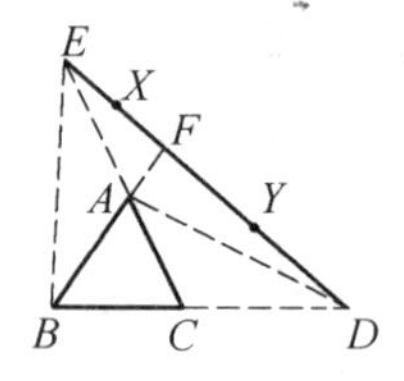


图 5.44

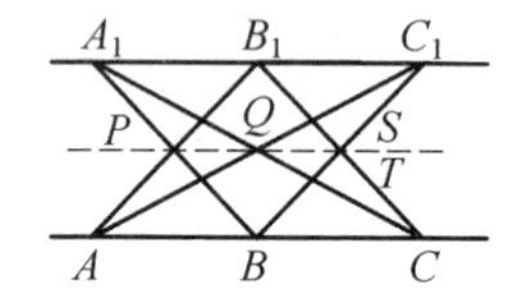


图 5.45

**帕普斯定理** 已知 $A,B,C$ 三点共线,$A_1,B_1,C_1$ 三点共线.直线 $AB_1$ 与 $A_1B$ 交于点 $P$,直线 $AC_1$ 与 $A_1C$ 交于点 $Q$,直线 $BC_1$ 与 $B_1C$ 交于点 $S$,则 $P,Q,S$ 三点在一条直线上.

**证明** 如图5.45,设直线 $PQ$ 与 $B_1C$ 交于点 $T$,证明点 $T$ 与点 $S$ 重合即可.即证得 $\frac{B_1S}{SC}=\frac{B_1T}{TC}$ 即可.由



$$\frac{B_1S}{SC}\cdot\frac{TC}{B_1T}=\frac{S_{\triangle B_1BC_1}}{S_{\triangle CBC_1}}\cdot\frac{S_{\triangle CPQ}}{S_{\triangle B_1PQ}}\overset{(*)}{=}\frac{S_{\triangle B_1BC_1}}{S_{\triangle CBC_1}}\cdot\frac{S_{\triangle AC_1C}\cdot S_{\triangle CA_1P}}{S_{\triangle ACA_1}\cdot S_{\triangle B_1PC_1}}\overset{(**)}{=}$$

$$\frac{S_{\triangle B_1BC_1}}{S_{\triangle CBC_1}}\cdot\frac{S_{\triangle AC_1C}}{S_{\triangle ACA_1}}\cdot\frac{S_{\triangle CA_1B}\cdot S_{\triangle A_1AB_1}}{S_{\triangle A_1BB_1}\cdot S_{\triangle B_1AC_1}}=$$

$$\frac{S_{\triangle B_1BC_1}}{S_{\triangle A_1BB_1}}\cdot\frac{S_{\triangle AC_1C}}{S_{\triangle CBC_1}}\cdot\frac{S_{\triangle CA_1B}}{S_{\triangle ACA_1}}\cdot\frac{S_{\triangle A_1AB_1}}{S_{\triangle B_1AC_1}}=$$

$$\frac{B_1C_1}{A_1B_1}\cdot\frac{AC}{BC}\cdot\frac{BC}{AC}\cdot\frac{A_1B_1}{B_1C_1}=1$$

即证.

**注** $(*)S_{\triangle CPQ}=\frac{S_{\triangle CPQ}}{S_{\triangle CA_1P}}\cdot S_{\triangle CA_1P}=\frac{QC}{CA_1}\cdot S_{\triangle CA_1P}=\frac{S_{\triangle AC_1C}\cdot S_{\triangle CA_1P}}{S_{ACC_1A_1}}$;

$S_{\triangle B_1PQ}=\frac{S_{\triangle B_1PQ}}{S_{\triangle B_1PC_1}}\cdot S_{\triangle B_1PC_1}=\frac{AQ}{AC_1}\cdot S_{\triangle B_1PC_1}=\frac{S_{\triangle ACA_1}\cdot S_{\triangle B_1PC_1}}{S_{ACC_1A_1}}$.

$(**)S_{\triangle CA_1P}=\frac{S_{\triangle CA_1P}}{S_{\triangle CA_1B}}\cdot S_{\triangle CA_1B}=\frac{A_1P}{A_1B}\cdot S_{\triangle CA_1B}=\frac{S_{\triangle A_1AB}\cdot S_{\triangle CA_1B}}{S_{A_1ABB_1}}$;

$S_{\triangle B_1PC_1}=\frac{S_{\triangle B_1PC_1}}{S_{\triangle B_1AC_1}}\cdot S_{\triangle B_1AC_1}=\frac{B_1P}{B_1A}\cdot S_{\triangle B_1AC_1}=\frac{S_{\triangle A_1BB_1}\cdot S_{\triangle B_1AC_1}}{S_{A_1ABB_1}}$.

**笛萨格定理** 已知直线 $AA_1,BB_1,CC_1$ 交于点 $S$,直线 $BC$ 与 $B_1C_1$ 交于点 $P$,直线 $AC$ 与 $A_1C_1$ 交于点 $Q$,直线 $AB$ 与 $A_1B_1$ 交于点 $R$,则 $P,Q,R$ 三点共线.

**证明** 如图5.46,设直线 $PQ$ 与 $AB$ 交于点 $X$,证明点 $X$ 与点 $R$ 重合即可,

即证得$\dfrac{AR}{RB}=\dfrac{AX}{XB}$即可. 由

$$\frac{AR}{RB}\cdot\frac{XB}{AX}=$$

$$\frac{S_{\triangle AA_1B_1}}{S_{\triangle BA_1B_1}}\cdot\frac{S_{\triangle BPQ}}{S_{\triangle APQ}}^{(*)}=\frac{S_{\triangle AA_1B_1}}{S_{\triangle BA_1B_1}}\cdot\frac{S_{\triangle AC_1C}\cdot S_{\triangle BAP}}{S_{\triangle AA_1C_1}\cdot S_{\triangle CAP}}^{(**)}=$$

$$\frac{S_{\triangle AA_1B_1}}{S_{\triangle BA_1B_1}}^{(***)}\cdot\frac{S_{\triangle CA_1C_1}}{S_{\triangle AA_1C_1}}\cdot\frac{S_{\triangle BB_1C_1}\cdot S_{\triangle BAC}}{S_{\triangle CB_1C_1}\cdot S_{\triangle ABC}}=$$

$$\frac{AA_1\cdot SB_1}{BB_1\cdot SA_1}\cdot\frac{CC_1\cdot SA_1}{AA_1\cdot SC_1}\cdot\frac{BB_1\cdot SC_1}{CC_1\cdot SB_1}=1$$

即证.

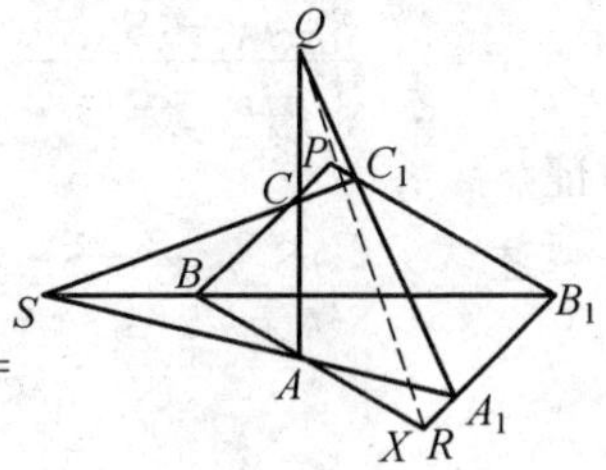

图 5.46

**注**　$(*)S_{\triangle BPQ}=\dfrac{S_{\triangle BPQ}}{S_{\triangle BPA}}\cdot S_{\triangle BPA}=\dfrac{CQ}{AC}\cdot S_{\triangle BPA}=\dfrac{S_{\triangle A_1C_1C}\cdot S_{\triangle BPA}}{S_{AA_1CC_1}}$;

$$S_{\triangle APQ}=\frac{S_{\triangle APQ}}{S_{\triangle APC}}\cdot S_{\triangle APC}=\frac{AQ}{AC}\cdot S_{\triangle APC}=\frac{S_{\triangle AA_1C_1}\cdot S_{\triangle APC}}{S_{AA_1CC_1}}.$$

$(**)S_{\triangle BAP}=\dfrac{S_{\triangle BAP}}{S_{\triangle BAC}}\cdot S_{\triangle BAC}=\dfrac{BP}{BC}\cdot S_{\triangle BAC}=\dfrac{S_{\triangle BB_1C_1}\cdot S_{\triangle BAC}}{S_{BB_1CC_1}}$;

$$S_{\triangle CAP}=\frac{S_{\triangle CAP}}{S_{\triangle CAB}}\cdot S_{\triangle CAB}=\frac{PC}{CB}\cdot S_{\triangle CAB}=\frac{S_{\triangle CB_1C_1}\cdot S_{\triangle CAB}}{S_{\triangle BB_1CC_1}}.$$

$(***)\dfrac{S_{\triangle AA_1B_1}}{S_{\triangle BA_1B_1}}=\dfrac{S_{\triangle SA_1B_1A}}{S_{\triangle SBA_1B_1}}=\dfrac{SB_1\cdot AA_1}{SA_1\cdot BB_1}$.

**牛顿线定理**　完全四边形的三条对角线的中点共线.

**证法 1**　如图 5.47, 在完全四边形 $ABCDEF$ 中, $M$, $N$, $P$ 分别为对角线 $AD$, $BF$, $CE$ 的中点. 设直线 $MN$ 交 $CE$ 于点 $L$, 证点 $L$ 与点 $P$ 重合即可, 即证 $L$ 为 $CE$ 的中点即可.

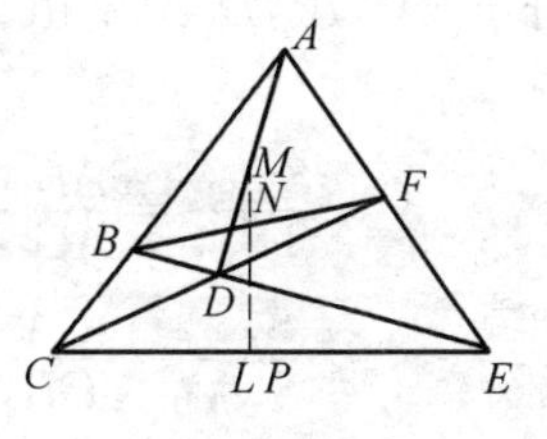

图 5.47

由共边比例定理有

$$\frac{CL}{LE}=\frac{S_{\triangle CMN}}{S_{\triangle EMN}}^{(*)}=\frac{\frac{1}{2}(S_{\triangle CNA}-S_{\triangle CND})^{(**)}}{\frac{1}{2}(S_{\triangle ENA}-S_{\triangle END})}=$$

$$\frac{\frac{1}{2}(S_{\triangle CFA}-S_{\triangle CBD})}{\frac{1}{2}(S_{\triangle EAB}-S_{\triangle EDF})}=$$

$$\frac{S_{\triangle CFA}-S_{\triangle CDB}}{S_{\triangle EAB}-S_{\triangle EFD}}=\frac{S_{FABD}}{S_{FABD}}=1$$

即证.

**注** $(*)S_{\triangle CMN}=S_{\triangle CNA}-S_{\triangle ACM}-S_{\triangle AMN}=$

$$S_{\triangle CNA}-\frac{1}{2}(S_{\triangle ACD}+S_{\triangle AND})=$$

$$\frac{1}{2}(S_{\triangle CNA}-S_{\triangle CND});$$

$(**)S_{\triangle CNA}-S_{\triangle CND}=(S_{\triangle ABN}+S_{\triangle BCN})-(S_{\triangle BCF}-S_{\triangle BCN}-S_{\triangle NDF})=$

$$(\frac{1}{2}S_{\triangle ABF}+\frac{1}{2}S_{\triangle BCF})-$$

$$(S_{\triangle BCF}-\frac{1}{2}S_{\triangle BCF}-\frac{1}{2}S_{\triangle BDF})=$$

$$\frac{1}{2}S_{\triangle ACF}-\frac{1}{2}(S_{\triangle BCF}-S_{\triangle BDF})=$$

$$\frac{1}{2}(S_{\triangle CFA}-S_{\triangle BCD}).$$



**证法2** 如图5.48,同证法1,证$L$为$CE$的中点即可.

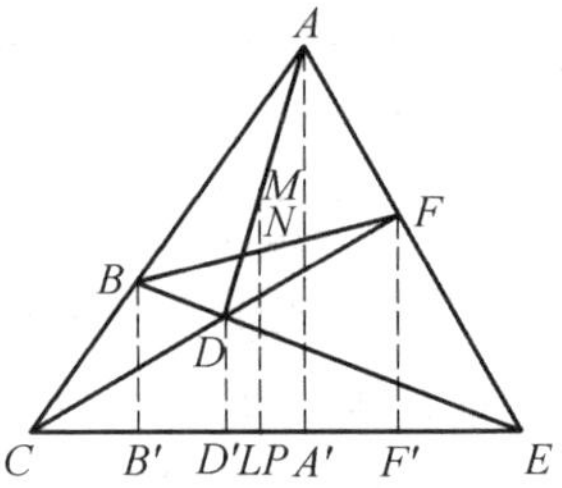

过点$A,B,D,F$分别作直线$MN$的平行线交$CE$于点$A',B',D',F'$.由共角比例定理及平行线的性质,有

$$\frac{S_{\triangle ABE}}{S_{\triangle ACF}}=\frac{AB\cdot AE}{AC\cdot AF}=\frac{B'A'\cdot A'E}{CA'\cdot A'F'}$$

$$\frac{S_{\triangle ACF}}{S_{\triangle BCD}}=\frac{CA\cdot CF}{CB\cdot CD}=\frac{CA'\cdot CF'}{CB'\cdot CD'}$$

$$\frac{S_{\triangle BCD}}{S_{\triangle DEF}}=\frac{DB\cdot DC}{DE\cdot DF}=\frac{B'D'\cdot CD'}{D'E\cdot D'F'}$$

$$\frac{S_{\triangle DEF}}{S_{\triangle ABE}}=\frac{ED\cdot EF}{EA\cdot EB}=\frac{D'E\cdot F'E}{A'E\cdot B'E}$$



图5.48

注意到$L$为$D'A'$的中点,也为$B'F'$的中点,知

$$B'D'=A'F',B'A'=D'F'$$

以上四式相乘并化简得$1=\dfrac{CF'\cdot F'E}{CB'\cdot B'E}$,即

$$CB'\cdot B'E=CF'\cdot F'E$$

亦即

$$(CE - B'E) \cdot B'E = F'E \cdot (CE - F'E)$$

亦即

$$(B'E - F'E)(CE - B'E - F'E) = 0$$

于是

$$B'F' \cdot (CB' - F'E) = 0$$

从而 $CB' = F'E$. 又 $B'L = LF'$,故 $L$ 为 $CE$ 的中点,由此即证得结论.

**证法 3** （张景中证法）

$$\frac{EP}{CP} = \frac{S_{\triangle EMN}}{S_{\triangle CMN}} = \frac{\frac{1}{2}(S_{\triangle BEM} - S_{\triangle FEM})}{\frac{1}{2}(S_{\triangle ACN} - S_{\triangle DCN})} =$$

$$\frac{\frac{1}{2}S_{\triangle BEA} - \frac{1}{2}S_{\triangle FED}}{\frac{1}{2}S_{\triangle ACF} - \frac{1}{2}S_{\triangle DCB}} =$$

$$\frac{S_{ABCD}}{S_{ABCD}} = 1$$

即知 $S_{\triangle EMN} = S_{\triangle CMN}$,故直线 $MN$ 过 $CE$ 的中点 $P$.

**完全四边形对角线调和分割定理**　在完全四边形 $ABCDEF$ 中,若直线 $BF$ 与直线 $CE$ 交于点 $G$,直线 $AD$ 分别交 $BF$,$CE$ 于点 $M$,$N$,则

$$\frac{AM}{MD} = \frac{AN}{ND}, \frac{BM}{MF} = \frac{BG}{GF}, \frac{CN}{NE} = \frac{CG}{GE}$$

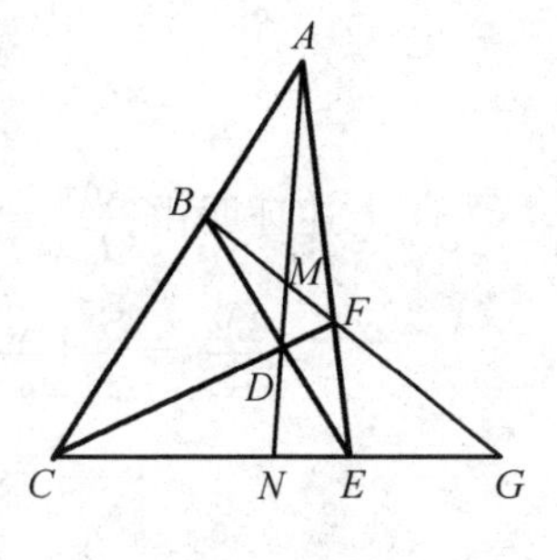

图 5.49

**证明**　如图 5.49,由共边比例定理,有

$$\frac{AM}{MD} = \frac{S_{\triangle ABF}}{S_{\triangle DBF}} = \frac{S_{\triangle ABF}}{S_{\triangle ABD}} \cdot \frac{S_{\triangle ADB}}{S_{\triangle DBF}} = \frac{CF}{CD} \cdot \frac{EA}{EF} =$$

$$\frac{S_{\triangle ECF}}{S_{\triangle ECD}} \cdot \frac{S_{\triangle CEA}}{S_{\triangle CEF}} = \frac{S_{\triangle ACE}}{S_{\triangle DCE}} = \frac{AN}{ND}$$

$$\frac{BM}{MF} = \frac{S_{\triangle BAD}}{S_{\triangle FAD}} = \frac{S_{\triangle BAD}}{S_{\triangle BDF}} \cdot \frac{S_{\triangle BDF}}{S_{\triangle FAD}} = \frac{EA}{EF} \cdot \frac{CB}{CA} =$$

$$\frac{S_{\triangle CEA}}{S_{\triangle CEF}} \cdot \frac{S_{\triangle ECB}}{S_{\triangle ECA}} = \frac{S_{\triangle BCE}}{S_{\triangle FCE}} = \frac{BG}{GF}$$

$$\frac{CN}{NE} = \frac{S_{\triangle CAD}}{S_{\triangle EAD}} = \frac{S_{\triangle CAD}}{S_{\triangle CDE}} \cdot \frac{S_{\triangle CDE}}{S_{\triangle EAD}} = \frac{FA}{FE} \cdot \frac{BC}{BA} =$$

$$\frac{S_{\triangle BFA}}{S_{\triangle BFE}}\cdot\frac{S_{\triangle FBC}}{S_{\triangle FBA}}=\frac{S_{\triangle CBF}}{S_{\triangle EBF}}=\frac{CG}{GE}$$

**注** (1) 对于$\frac{AM}{MD}=\frac{AN}{ND}$等的证明,也可由

$$\frac{AM}{MD}=\frac{S_{\triangle ABF}}{S_{\triangle DBF}}=\frac{S_{\triangle ABF}}{S_{\triangle ADF}}\cdot\frac{S_{\triangle ADF}}{S_{\triangle DBF}}=\frac{EB}{ED}\cdot\frac{CA}{CB}=$$

$$\frac{S_{\triangle CEB}}{S_{\triangle CED}}\cdot\frac{S_{\triangle ECA}}{S_{\triangle ECB}}=\frac{S_{\triangle ACE}}{S_{\triangle DCE}}=\frac{AN}{ND}$$

证得.

(2) 上述(1) 的证明是对凸四边形 $ABDF$ 而言的,对下述的凹四边形 $ABDF$,折四边形 $ABDF$,按上述叙述则证得了图 5.50 中的$\frac{BM}{MF}=\frac{BG}{GF}$,$\frac{CN}{NE}=\frac{CG}{GE}$.



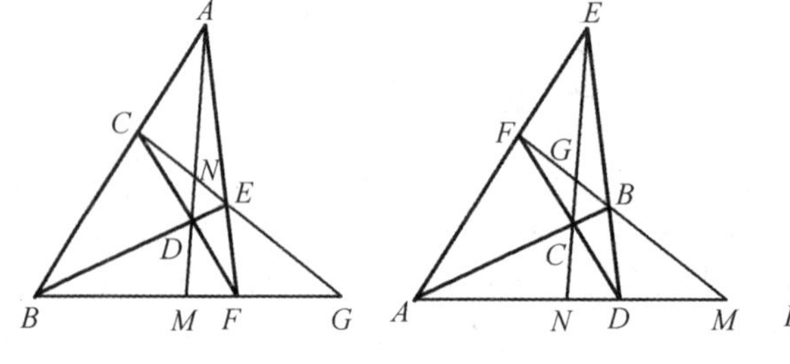


图 5.50

(3) 上述证明由$\frac{AM}{MD}=\frac{S_{\triangle ABF}}{S_{\triangle DBF}}$出发,也可从下述等式出发

$$\frac{AM}{MD}=\frac{S_{\triangle BAM}}{S_{\triangle BMD}},\frac{AM}{MD}=\frac{S_{\triangle FAM}}{S_{\triangle FMD}},\frac{AM}{MD}=\frac{S_{\triangle ABE}\mp S_{\triangle BEM}}{S_{\triangle BEM}}$$

# 第 6 章　1984 年试题的诠释

**试题 A1**　如图 6.1，在 $\triangle ABC$ 中，$P$ 为边 $BC$ 上任意一点，$PE \parallel BA$，$PF \parallel CA$. 若 $S_{\triangle ABC}=1$，证明：$S_{\triangle BPF}$，$S_{\triangle PCE}$ 和 $S_{\square PEAF}$ 中至少有一个不小于 $\frac{4}{9}$.

**证法 1**　易知 $\triangle BPF \backsim \triangle PCE \backsim \triangle BCA$，相似三角形面积之比等于对应边长的平方之比，设 $\frac{BP}{BC}=x$，则

$$\frac{PC}{BC}=1-x, 0<x<1$$

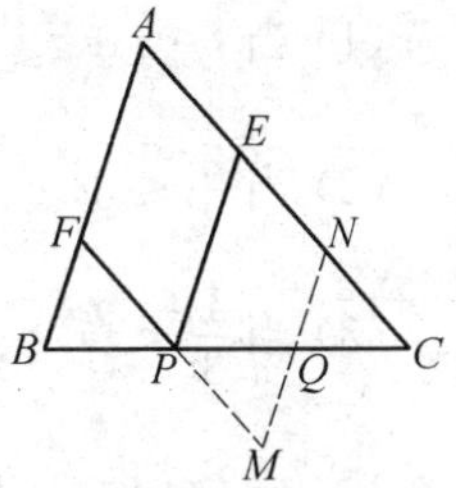

图 6.1

(1) 当 $0<x\leqslant\frac{1}{3}$ 时，$S_{\triangle PCE}=(1-x)^2\geqslant\frac{4}{9}$；同理，当 $\frac{2}{3}\leqslant x<1$ 时，$S_{\triangle BPF}=x^2\geqslant\frac{4}{9}$.

(2) 当 $\frac{1}{3}<x\leqslant\frac{1}{2}$ 时，可在 $PC$ 上取点 $Q$，使 $PQ=BP$，过点 $Q$ 作 $MN \parallel AB$，分别交 $FP$ 的延长线和 $AC$ 于点 $M$，$N$，有

$$\frac{QC}{BC}=\frac{BC-2BP}{BC}=1-2x<\frac{1}{3} \quad ①$$

$$S_{\triangle QCN}=(1-2x)^2<\frac{1}{9}, S_{BQNA}>\frac{8}{9}$$

$$\triangle BPF \cong \triangle QPM \quad ②$$

$$S_{\square PEAF}=\frac{1}{2}S_{\square MNAF}=\frac{1}{2}S_{BQNA}>\frac{4}{9}$$

当 $\frac{1}{2}<x<\frac{2}{3}$ 时，可在 $BP$ 上取点 $Q$，使 $QP=PC$，再用同法证出 $S_{\square PEAF}>\frac{4}{9}$.

**注**　证明中的式 ②，可改为：当 $\frac{1}{3}<x\leqslant\frac{1}{2}$ 时，在 $PC$ 上取 $Q$，使 $PQ=BP$，过点 $Q$ 作 $QN \parallel BA$，交 $AC$ 于点 $N$. 则梯形 $ABQN$ 的中位线为 $PE$，并且它的高为 $\square PEAF$ 的高的两倍，所以 $S_{ABQN}=2S_{\square PEAF}$，其他证法相同.

**证法 2** 易知$\triangle BPF \backsim \triangle PCE \backsim \triangle BCA$,相似三角形面积之比等于对应边长之比的平方.设$\frac{BP}{BC}=x$,则

$$\frac{PC}{BC}=1-x, 0<x<1$$

由$\triangle ABC=1$知

$$S_1=S_{\triangle BPF}=x^2, S_2=S_{\triangle PCE}=(1-x)^2$$
$$S_3=S_{\square PEAF}=1-S_{\triangle BPF}-S_{\triangle PCE}=2x(1-x)$$

(1) 当$0<x\leqslant\frac{1}{3}$时,$S_2\geqslant\left(1-\frac{1}{3}\right)^2=\frac{4}{9}$;

(2) 当$\frac{2}{3}\leqslant x<1$时,$S_1\geqslant\left(\frac{2}{3}\right)^2=\frac{4}{9}$;

(3) 当$\frac{1}{3}<x<\frac{2}{3}$时



$$S_3=2x(1-x)=2\left[\frac{1}{4}-\left(\frac{1}{2}-x\right)^2\right]>2\left[\frac{1}{4}-\left(\frac{1}{2}-\frac{1}{3}\right)^2\right]=\frac{4}{9}$$

**注** 上述证法在算出$S_1=x^2, S_2=(1-x)^2, S_3=2x(1-x)$之后,可采用反证法:若结论不成立,则有

$$S_1=x^2<\frac{4}{9}, S_2=(1-x)^2<\frac{4}{9}, S_3=2x(1-x)<\frac{4}{9}$$

同时成立.

解不等式知$x$应同时满足

$$0<x<\frac{2}{3}, \frac{1}{3}<x<1, 0<x<\frac{1}{3}\text{ 或 }\frac{2}{3}<x<1$$

这是不可能的,故$S_1, S_2, S_3$中至少有一个大于或等于$\frac{4}{9}$.

**证法 3** 如图6.2,设$BM=MN=NC=\frac{1}{3}BC$.过点$N$作$NK \parallel AB$,$NL \parallel AC$,易知$S_{\triangle NCK}=\frac{1}{9}$,$S_{\triangle BNL}=\frac{4}{9}$,从而$S_{\square NKAL}=\frac{4}{9}$,当点$P$在$NC$上时,$S_{\triangle BPF}\geqslant S_{\triangle BNL}=\frac{4}{9}$;同理,当点$P$在$BM$上时,$S_{\triangle PCE}\geqslant\frac{4}{9}$.

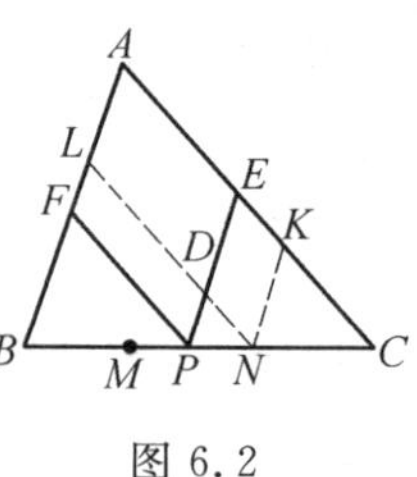

图 6.2

因此,只要考虑点 $P$ 在线段 $MN$ 上的情形.从 $PE // NK // BA$ 和 $PF // NL // CA$ 可得出:

(1)$\triangle PND \backsim \triangle BCA$,设相似比为 $k$,即

$$PD=kBA, ND=kCA$$

(2)
$$PF \geqslant \frac{1}{3}CA, NK \geqslant \frac{1}{3}BA$$

(3) 平行四边形 $PDLF$ 和 $NKED$ 对应角相等,故

$$\frac{S_{\square PDLK}}{S_{\square NKED}}=\frac{PD \cdot PF}{NK \cdot ND}=\frac{k \cdot BA \cdot PF}{\frac{1}{3}BA \cdot k \cdot CA} \geqslant 1$$

由此知

$$S_{\square PEAF} > S_{\square NKAL}=\frac{4}{9}$$

**证法4** 如图6.2,同证法3,把 $BC$ 等分为三等份,$M,N$ 是分点.显然,当点 $P$ 落在 $BM$ 或 $NC$ 上时,$S_{\triangle PCE}$ 或 $S_{\triangle BPF} \geqslant \frac{4}{9}$.



故只需考虑点 $P$ 落在 $MN$ 内的情形.设

$$\frac{BP}{BC}=x, \frac{1}{3}<x<\frac{2}{3}$$

则
$$\frac{AE}{AC}=x, \frac{AF}{AB}=1-x$$

于是

$$\frac{S_{\triangle AFE}}{S_{\triangle ABC}}=\frac{AF}{AB} \cdot \frac{AE}{AC}=x(1-x)=\frac{1}{4}-\left(\frac{1}{2}-x\right)^2>\frac{1}{4}-\left(\frac{1}{6}\right)^2=\frac{2}{9}$$

故
$$S_{\square AFPE}=2S_{\triangle AFE}>\frac{2}{9}$$

**证法5** 如图6.3,作 $\triangle ABC$ 的剖分($A_1,A_2;B_1,B_2;C_1,C_2$ 均为所在边的三等分点),这时每一个小三角形的面积均等于1/9.

很明显,如果点 $P$ 在线段 $BA_1$ 上变动时,$\triangle PCE$ 完整地盖住了其中四个小三角形,因此 $S_{\triangle PCE} \geqslant 4/9$.对称地,如果点 $P$ 落在线段 $A_2C$ 上,则 $S_{\triangle BPF} \geqslant 4/9$.

余下只需讨论点 $P$ 在线段 $A_1A_2$ 内变动的情形,利用平行线的最基本的性质可证:$\triangle FC_2I \cong \triangle MA_1P \cong \triangle NJG$,这说明图6.3中画了斜线条的两个三角形有相等的面积.

又因为$\triangle EJB_2 \cong \triangle NPA_2 \cong \triangle MGI$，这说明图6.3中画了方格的两个三角形面积相等.

将四边形$AFPE$中$\triangle NJG$剪下来再拼到$\triangle FC_2I$上；把$\triangle MGI$剪下来再拼到$\triangle EJB_2$上，我们看出

$$S_{AFPE}=S_{\triangle AB_2C_2}+S_{GMPN}=\frac{4}{9}+S_{GMPN}\geqslant\frac{4}{9}$$

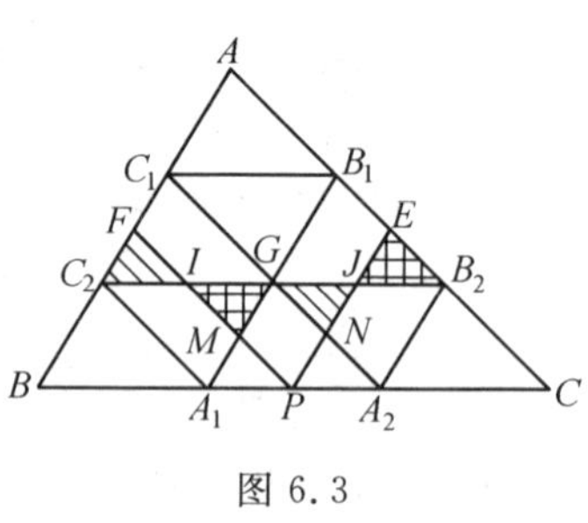


图6.3

**证法6**　如图6.4，作平行四边形$ABDC$，用两组平行于$AB$及$BD$的直线把它分成9个全等的小平行四边形，它们每个的面积都是$\frac{2}{9}$，设$A_1$，$A_2$是$BC$的三等分点，$Q$是$BC$的中点.由对称性分两种情况.

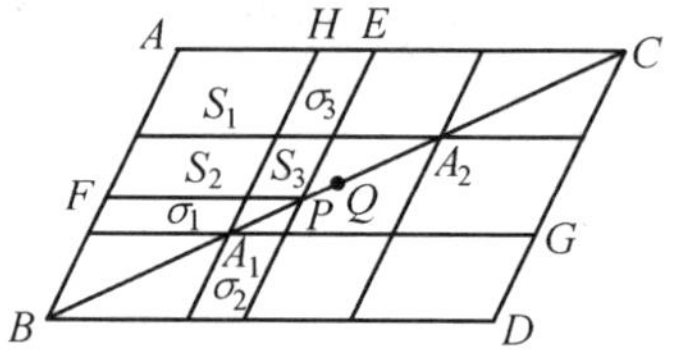

(1)若点$P$在$BA_1$上，则

$$S_{\triangle PEC}\geqslant S_{\triangle A_1HC}=\frac{1}{2}S_{\square A_1GCH}=\frac{4}{9}$$

图6.4

(2)若点$P$在$A_1Q$上，则由图6.4中$S_{\sigma_1}=S_{\sigma_2}=S_{\sigma_3}$有

$$S_{\square PEAF}=S_1+S_2+S_3+S_{\sigma_3}=S_1+(S_2+S_{\sigma_1})+S_3=\frac{4}{9}+S_3>\frac{4}{9}$$

证毕.

**证法7**　设$BP=x$，$BC=a$.因$PE\parallel BA$，$PF\parallel CA$，所以

$$y_1=\frac{S_{\triangle BPF}}{S_{\triangle ABC}}=\frac{x^2}{a^2},y_2=\frac{S_{\triangle PCE}}{S_{\triangle ABC}}=\frac{(a-x)^2}{a^2},y_3=\frac{S_{\square PEAF}}{S_{\triangle ABC}}=\frac{2ax-2x^2}{a^2}$$

令

$$u=y_1y_2y_3=\frac{2x^3(a-x)^3}{a^6}$$

则

$$\sqrt[3]{2}x^2-\sqrt[3]{2}ax+a^2\sqrt[3]{u}=0$$

因$x$是实数，则

$$\Delta=(-\sqrt[3]{2}a)^2-4\sqrt[3]{2}\cdot a^2\sqrt[3]{u}\geqslant 0,u\leqslant\frac{1}{32}$$

即

$$y_1y_2y_3\leqslant\frac{1}{32} \quad ①$$

又

$$y_1+y_2+y_3=1 \quad ②$$

由式 ② 当 $y_1=y_2=y_3=3/9$ 时，$y_1y_2y_3$ 的最大值是 $1/27$ 与式 ① 矛盾，故 $y_1$，$y_2$，$y_3$ 必有两数不等. 那么要同时满足式 ①② 成立，则 $y_1$，$y_2$，$y_3$ 中至少有一个在$(0,\frac{1}{9}]$内，或者有两个在$[\frac{1}{9},\frac{2}{9}]$内，或者有一个在$[\frac{2}{9},\frac{3}{9}]$内. 不管哪种情况，都至少有一个大于或等于$\frac{4}{9}$. 故命题得证.

**注**　此题可以看作是由 1969 年第 1 届加拿大数学奥林匹克题改编而来.

**题目**　设 $\triangle ABC$ 是等腰直角三角形，它的腰长是 1，$P$ 是斜边上一点，由点 $P$ 到其他两边的垂足是点 $Q$ 和点 $R$，考虑 $\triangle APQ$ 和 $\triangle PBR$ 的面积，以及矩形 $PQCR$ 的面积. 证明：无论点 $P$ 怎样选取，这三个面积中最大的至少是$\frac{2}{9}$.

事实上，此题中的 $\triangle ABC$ 的面积为$\frac{1}{2}$，恰为试题 A1 中的面积的一半.

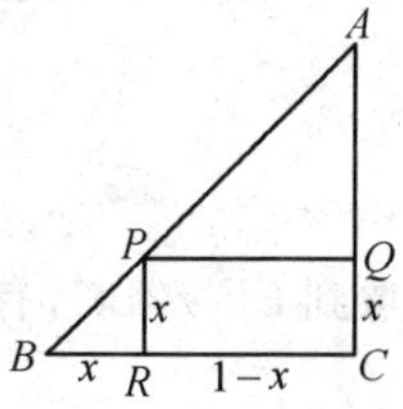

也可设 $BR=x$，如图 6.5，则

$$BR=RP=QC=x, RC=PQ=AQ=1-x$$



图 6.5

(1) 若 $x\geqslant\frac{2}{3}$，则

$$S_{\triangle BRP}=\frac{x^2}{2}\geqslant\frac{1}{2}\times\left(\frac{2}{3}\right)^2=\frac{2}{9}$$

(2) 若 $x\leqslant\frac{1}{3}$，则 $1-x\geqslant\frac{2}{3}$，则

$$S_{\triangle APQ}=\frac{(1-x)^2}{2}\geqslant\frac{1}{2}\times\left(\frac{2}{3}\right)^2=\frac{2}{9}$$

(3) 若$\frac{1}{3}<x<\frac{2}{3}$，则$-\frac{1}{6}<x-\frac{1}{2}<\frac{1}{6}$，则

$$S_{PQCR}=x(1-x)=-x^2+x=-\left(x-\frac{1}{2}\right)^2+\frac{1}{4}>-\frac{1}{36}+\frac{1}{4}=\frac{2}{9}$$

因此，$\triangle BRP$，$\triangle APQ$ 和矩形 $PQCR$ 的面积中至少有一个不小于$\frac{2}{9}$.

## 第 1 节　三角形的与其边平行的内接平行四边形问题

试题 A 涉及了三角形的与其边平行的内接四边形问题.

三角形的与其边平行的内接平行四边形图形，有如下有趣的性质.

**定理1**　设$\square EPQF$内接于$\triangle ABC$，$PQ$在$BC$边上，令$\triangle AEF$，$\triangle BPE$，$\triangle QCF$的面积分别为$S_1$，$S_2$，$S_3$，则$\square EPQF$的面积$S$满足

$$S=2\sqrt{S_1(S_2+S_3)} \quad ①$$

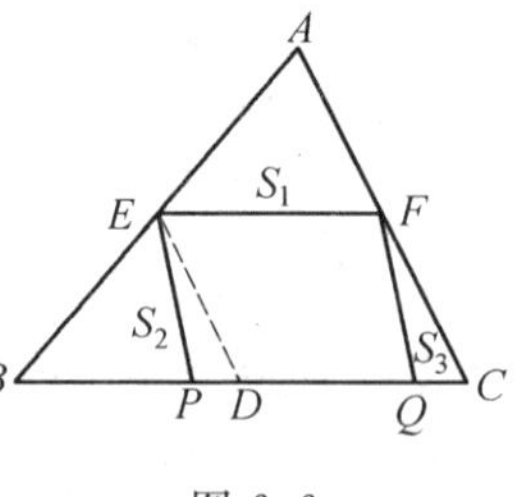

图6.6

**证明**　如图6.6，过点$E$作$ED \parallel AC$交$BC$于点$D$，则$S_{\square EDCF}=S_{\square EPQF}=S$，且$S_{\triangle EPD}=S_{\triangle FQC}=S_3$，由$\triangle EBD$与$\square EDCF$等高，则知

$$\frac{S_2+S_3}{\frac{1}{2}S}=\frac{BD}{DC}=\frac{BD}{EF}$$

又由$\triangle AEF$与$\square EDCF$等高，则知

$$\frac{\frac{1}{2}S}{S_1}=\frac{CF}{FA}$$

注意到$EF \parallel BC$，有$\frac{CF}{FA}=\frac{BE}{EA}$，及$ED \parallel AC$，有$\frac{BE}{EA}=\frac{BD}{DC}=\frac{BD}{EF}$，从而$\frac{BD}{EF}=\frac{CF}{FA}$，即

$$\frac{S_2+S_3}{\frac{1}{2}S}=\frac{\frac{1}{2}S}{S_1}$$

亦即
$$S=2\sqrt{S_1(S_2+S_3)}$$

**推论**　在定理1的条件下，有

$$S \leqslant \frac{1}{2}S_{\triangle ABC} \quad ②$$

**证明**　由式①，有$S=2\sqrt{S_1(S_2+S_3)}$，即

$$\sqrt{S_1}\sqrt{S_2+S_3}=\frac{1}{2}S$$

又由
$$S_{\triangle ABC}=S_1+(S_2+S_3)+2\sqrt{S_1(S_2+S_3)}=(\sqrt{S_1}+\sqrt{S_2+S_3})^2$$

有
$$\sqrt{S_1}+\sqrt{S_2+S_3}=\sqrt{S_{\triangle ABC}}$$

可视$\sqrt{S_1}$，$\sqrt{S_2+S_3}$是方程$x^2-\sqrt{S_{\triangle ABC}}x+\frac{1}{2}S=0$的两根，则由

$$\Delta=(\sqrt{S_{\triangle ABC}})^2-4\cdot\frac{1}{2}S \geqslant 0$$

得
$$S \leqslant \frac{1}{2}S_{\triangle ABC}$$

**注**　此推论即为 1989 年湖北黄冈地区初中数学竞赛试题. 如图 6.7 所示，已知 $\square MNPQ$ 的一边 $PQ$ 在 $\triangle ABC$ 的边 $BC$ 上，另两个顶点 $M,N$ 分别在 $AB$，$AC$ 上，求证：$\square MNPQ$ 的面积不大于 $\triangle ABC$ 的面积的一半.

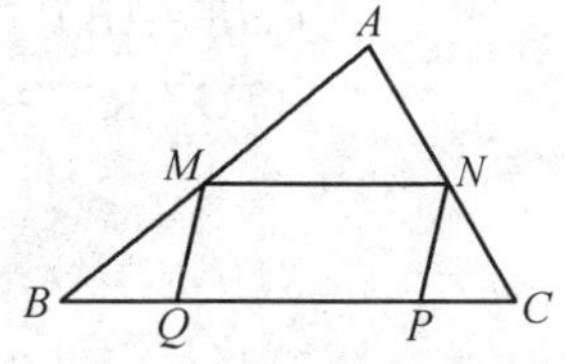


图 6.7

在图 6.6 中，若 $S_3=0$，则内接四边形有两条边在三角形的边上或有两条边分别平行于三角形的两边. 此时，即为本节前面的试题 A1 中的情形. 对于这个图形，我们除了得出 $S=2\sqrt{S_1S_2}$ 外，还有如下的结论：

**定理 2**　如图 6.8，设点 $P$ 在 $\triangle ABC$ 的边 $BC$ 上，$EP\parallel AC$ 交 $AB$ 于点 $E$，$EF\parallel BC$ 交 $AC$ 于点 $F$. 令 $S_i,P_i,R_i,r_i(i=0,1,2)$ 分别表示 $\triangle ABC$，$\triangle AEF$，$\triangle EBP$ 的面积、周长、外接圆半径、内切圆半径，又令 $\lambda_1,\lambda_2$ 分别为 $\triangle AEF\backsim\triangle ABC$，$\triangle EBP\backsim\triangle ABC$ 的相似比，则：

(1)$\lambda_1+\lambda_2=1$，其中 $\dfrac{EF}{BC}+\dfrac{EP}{AC}=1$ 最常用；

(2)$S_0=(\sqrt{S_1}+\sqrt{S_2})^2$；

(3)$P_0=P_1+P_2$；

(4)$R_0=R_1+R_2$；

(5)$r_0=r_1+r_2$.

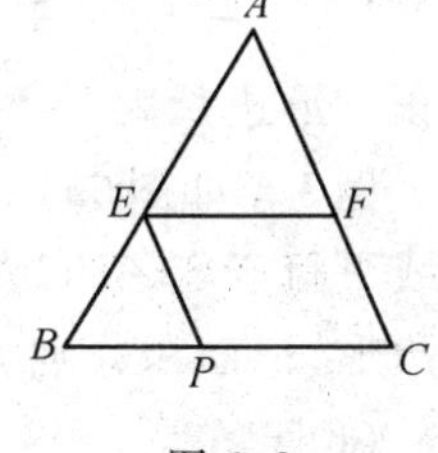


图 6.8

**证明**　(1)
$$\frac{EF}{BC}+\frac{EP}{AC}=\frac{PC}{BC}+\frac{BP}{BC}=\frac{AF}{AC}+\frac{FC}{AC}=\frac{AE}{AB}+\frac{EB}{AB}=\lambda_1+\lambda_2=1;$$

(2) 由 $S_0=S_1+S_2+2\sqrt{S_1S_2}=(\sqrt{S_1}+\sqrt{S_2})^2$ 即证；

(3) 由 $\dfrac{P_1}{P_0}+\dfrac{P_2}{P_0}=\lambda_1+\lambda_2=1$，即 $P_0=P_1+P_2$；

(4)(5) 的证明同(3).

下面举例说明定理的应用.

**例 1**　如图 6.9，过 $\triangle ABC$ 内一定点 $P$，作 $DE\parallel BC$，$PG\parallel AC$，$HK\parallel AB$，则 $(DE/BC)+(FG/AC)+(HK/AB)$ 的值等于多少？

(1987 年浙江温州市初中数学竞赛题)

**解**　过点 $H$ 作 $HM\parallel AC$ 交 $AB$ 于点 $M$，过点 $F$ 作 $FN\parallel AB$ 交 $AC$ 于点 $N$，由定理 2(1) 得

$$(HK/AB)+(HM/AC)=1$$
$$(FG/AC)+(FN/AB)=1$$

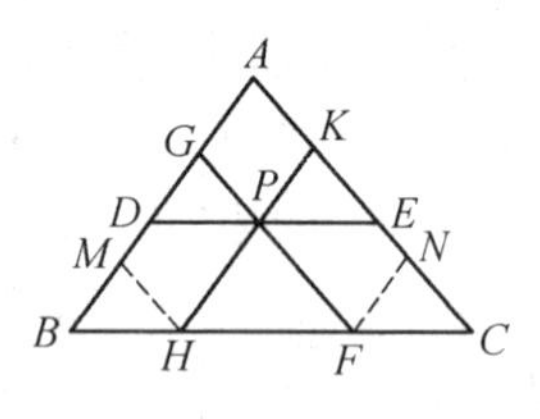

图 6.9

故

$$(HK/AB)+(BH/BC)=1$$
$$(FG/AC)+(CF/BC)=1$$

两式相加,又 $DE=BH+CF$,于是

$$(DE/BC)+(FG/AC)+(HK/AB)=2$$

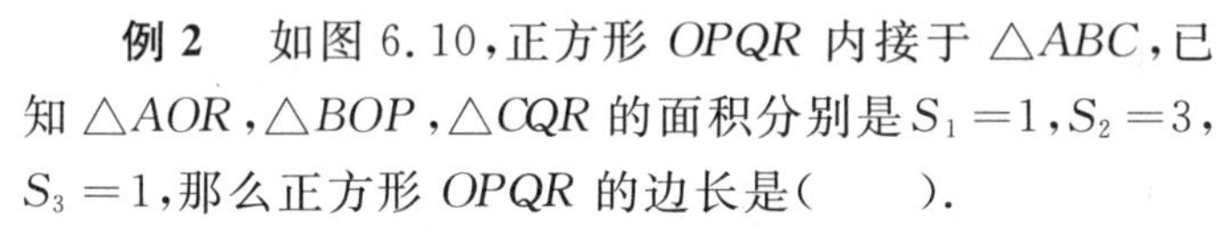

**例 2** 如图 6.10,正方形 $OPQR$ 内接于 $\triangle ABC$,已知 $\triangle AOR$,$\triangle BOP$,$\triangle CQR$ 的面积分别是 $S_1=1$,$S_2=3$,$S_3=1$,那么正方形 $OPQR$ 的边长是( ).

A. $\sqrt{2}$　　B. $\sqrt{3}$　　C. 2　　D. 3

(1991 年全国初中数学联赛题)

图 6.10

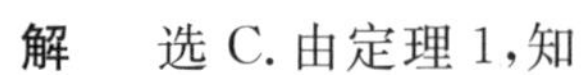

**解** 选 C. 由定理 1,知

$$S=2\sqrt{S_1(S_2+S_3)}=2\sqrt{1\times(3+1)}=4$$

故正方形边长为 2.

**例 3** 如图 6.11,$P$ 是 $\triangle ABC$ 内一点,过点 $P$ 分别作直线平行于 $\triangle ABC$ 的各边,得到 3 个三角形和 3 个平行四边形,记面积分别为 $s_i$ 与 $t_i$,$i=1,2,3$.

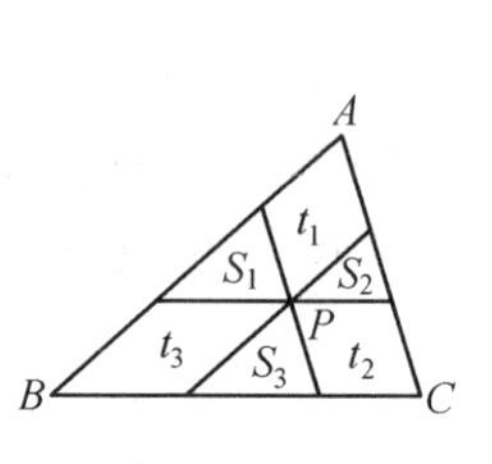

图 6.11

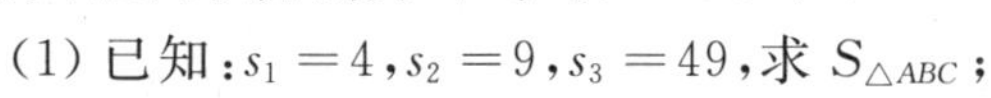

(1) 已知:$s_1=4$,$s_2=9$,$s_3=49$,求 $S_{\triangle ABC}$;

(2) 已知 $t_1$,$t_2$,$t_3$,求 $S_{\triangle ABC}$;

(3) 已知 $t_1=2$,$t_2=3$,$t_3=4$,求 $S_{\triangle ABC}$;

(4) 求证:$s_1+s_2+s_3\geqslant\frac{1}{3}S_{\triangle ABC}$.

**解** (1) 三次运用定理 1,依次求得 $t_1=12$,$t_2=28$,$t_3=42$. 所以

$$S_{\triangle ABC}=4+9+49+12+28+42=144$$

(2) 应用(1) 列出一个三元方程组,即

$$t_1^2=4s_1s_2,t_2^2=4s_2s_3,t_3^2=4s_1s_3$$

求得

$$s_1=\frac{t_1t_3}{2t_2},s_2=\frac{t_1t_2}{2t_3},s_3=\frac{t_2t_3}{2t_1}$$

故

$$S_{\triangle ABC}=t_1+t_2+t_3+\frac{t_2t_3}{2t_1}+\frac{t_1t_3}{2t_2}+\frac{t_1t_2}{2t_3} \quad ①$$

(3) 把 $t_1=2$,$t_2=3$,$t_3=4$ 代入式 ① 求得 $S_{\triangle ABC}=14\frac{1}{12}$.

(4) 因 $t_1=2\sqrt{s_1s_2}\leqslant s_1+s_2, t_2\leqslant s_2+s_3, t_3\leqslant s_1+s_3$，所以

$$t_1+t_2+t_3\leqslant 2(s_1+s_2+s_3)$$

又由

$$t_1+t_2+t_3=S_{\triangle ABC}(s_1+s_2+s_3)\leqslant 2(s_1+s_2+s_3)$$

故

$$s_1+s_2+s_3\geqslant \frac{1}{3}S_{\triangle ABC}$$

**例 4**　如图 6.12，在 $\triangle ABC$ 中，$P$ 为边 $BC$ 上任意一点，$PE\ /\!/\ BA$，$PF\ /\!/\ CA$，若 $S_{\triangle ABC}=1$，证明：$S_{\triangle BPF}$，$S_{\triangle PCE}$，$S_{\square PEAF}$ 中至少有一个不小于 $\frac{4}{9}$.

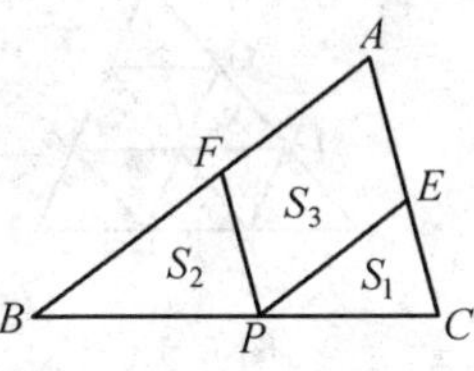


图 6.12

**证明**　因

$$s_3^2=4s_1s_2 \qquad ①$$

$$s_1+s_2+s_3=1 \qquad ②$$

设 $s_3=2s_1q, q>0$，则 $s_2=s_1q^2$，则

$$s_1+s_1q^2+2s_1q=1$$

$$s_1=\frac{1}{(q+1)^2}, s_2=\frac{q^2}{(q+1)^2}, s_3=\frac{2q}{(q+1)^2}$$

假设 $s_1, s_2, s_3$ 均小于 $\frac{4}{9}$，则

$$\frac{1}{(q+1)^2}<\frac{4}{9}, \frac{q^2}{(q+1)^2}<\frac{4}{9}, \frac{2q}{(q+1)^2}<\frac{4}{9}$$

依次解得 $q>\frac{1}{2}, q<2, q>2$ 或 $q<\frac{1}{2}$. 显然这三个不等式无解，故假设不成立. 因此 $s_1, s_2, s_3$ 中至少有一个不小于 $\frac{4}{9}$.

## 练　习　题

1. 如图 6.13，$P$ 为 $\triangle ABC$ 内一点，过点 $P$ 作 $DE, FG, HI$ 分别平行于 $AB$，$BC$，$CA$，交点如图所示. 记 $\triangle ABC$，$\triangle PGD$，$\triangle FPI$，$\triangle EHP$ 的面积分别为 $S$，$S_1, S_2, S_3$，求证：$S=(\sqrt{S_1}+\sqrt{S_2}+\sqrt{S_3})^2$.

2. 如图 6.14，已知 $\triangle ABC$ 的面积为 $S$，作一直线 $l\ /\!/\ BC$，且与 $AB, AC$ 分别交于 $D, E$ 两点，记 $\triangle BED$ 的面积为 $k$，证明 $k\leqslant \frac{S}{4}$.

（第二届“祖冲之杯”初中数学邀请赛题）

3. 在 $\triangle ABC$ 中,$AB=425$,$BC=450$,$CA=510$. 如图 6.15 所示,$P$ 为 $\triangle ABC$ 内一点,线段 $DE$,$FG$ 和 $HI$ 的长均为 $d$ 并交于点 $P$,且分别平行于 $AB$,$BC$ 和 $CA$,求 $d$.

(第四届美国数学邀请赛题)

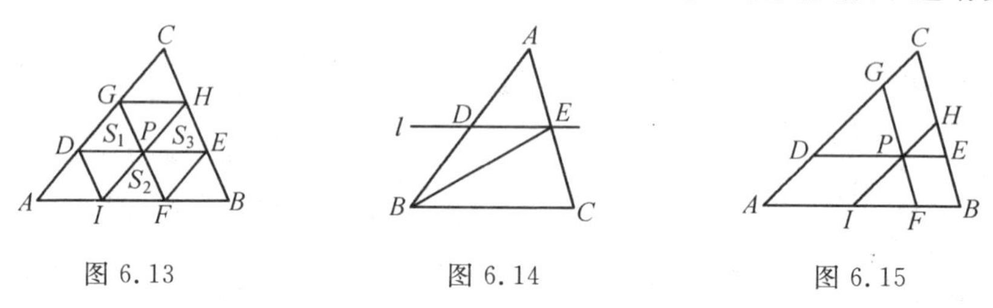


图 6.13　　图 6.14　　图 6.15

4. 如图 6.16,已知在直角边为 1 的等腰 Rt$\triangle ABC$ 中任取点 $P$,过点 $P$ 分别引三边的平行线围成了以 $P$ 为顶点的三个三角形,求这三个三角形面积和的最小值,以及达到最小值时点 $P$ 的位置.

5. 如图 6.17,在 $\triangle ABC$ 中,$DE // FG // BC$,$GI // EF // AB$,若 $\triangle ADE$,$\triangle EFG$,$\triangle GIC$ 的面积分别为 20 cm$^2$,45 cm$^2$,80 cm$^2$,求 $\triangle ABC$ 的面积.



(1992 年江苏初中竞赛题)

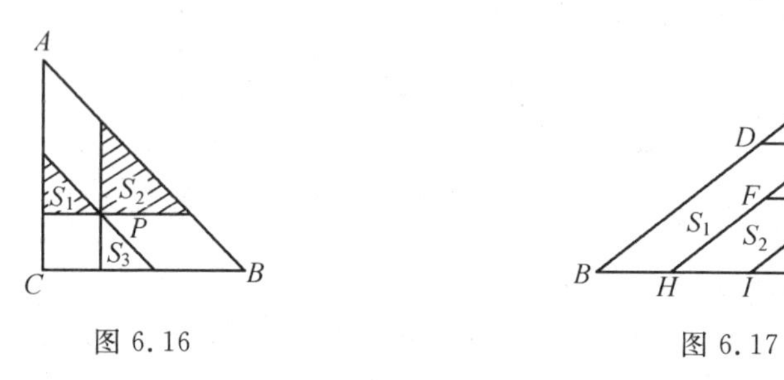


图 6.16　　图 6.17

## 练习题参考解答

1. 由定理 1 知

$$S=S_1+S_2+S_3+2\sqrt{S_1S_2}+2\sqrt{S_2S_3}+2\sqrt{S_1S_3}=(\sqrt{S_1}+\sqrt{S_2}+\sqrt{S_3})^2$$

2. 过点 $E$ 作 $EF // AB$ 交 $BC$ 于点 $F$,记 $S_{\triangle ADE}=S_1$,$S_{\triangle CEF}=S_2$,$S_{\square DEFB}=2k$,则

$$S_1+S_2=S-2k,4S_1S_2=(2k)^2,S_1S_2=k^2$$

那么 $S_1$,$S_2$ 是方程 $x^2-(S-2k)x+k^2=0$ 的两实根,即

$$\Delta=(S-2k)^2-4k^2\geqslant 0,k\leqslant\frac{1}{4}S$$

或者过点 $E$ 作 $EF \parallel AB$ 交 $BC$ 于点 $F$，由定理 1 推论得

$$k=\frac{1}{2}S_{\square BFED}\leqslant\frac{1}{2}\times\frac{1}{2}S=\frac{1}{4}S$$

3. 由例 1 知

$$\frac{d}{BC}+\frac{d}{AC}+\frac{d}{AB}=2$$

则

$$d=2(\frac{1}{425}+\frac{1}{450}+\frac{1}{510})^{-1}=306$$

4. 由例 3(4) 结论知

$$s_1+s_2+s_3\geqslant\frac{1}{3}S_{\triangle ABC}=\frac{1}{3}\times\frac{1}{2}\times 1^2=\frac{1}{6}$$

当且仅当

$$s_1=s_2=s_3=\frac{1}{18}$$



时，取等号，故三个三角形面积和的最小值是 $\frac{1}{6}$，这时 $P$ 使这三个三角形面积相等且为 $\frac{1}{18}$.

5. 设 $S_{\square BDEH}=S_1$，$S_{\square FGIH}=S_2$，在 $\triangle CEH$ 中，由定理 1 得

$$S_2^2=4\times 45\times 80,S_2=120$$

$$S_{\triangle CEH}=45+80+120=245$$

在 $\triangle ABC$ 中

$$S_1^2=4\times 20\times 245,S_1=140$$

故

$$S_{\triangle ABC}=140+245+20=405\ (\mathrm{cm}^2)$$

## 第 2 节　三角形平行剖分图性质与三角形剖分问题

过 $\triangle ABC$ 内任一点引三边的平行线所构成的图形叫作三角形平行剖分图.

三角形平行剖分图有一系列有趣性质. ①

---

① 蒋力. 平行剖分图及其性质[J]. 中学生数学，1993(5)：26-27.

首先约定 $a,b,c$ 为点 $A,B,C$ 的对边;记 $BS,SR,RC,CW,WV,VA,AU,UT,TB$ 分别为 $a_1,a_2,a_3,b_1,b_2,b_3,c_1,c_2,c_3$;$S_{\triangle ABC},S_{\triangle RSP},S_{\triangle TUP},S_{\triangle WVP}$ 分别为 $S,S_1,S_2,S_3$;$WT,RU,SV$ 分别为 $a',b',c'$.

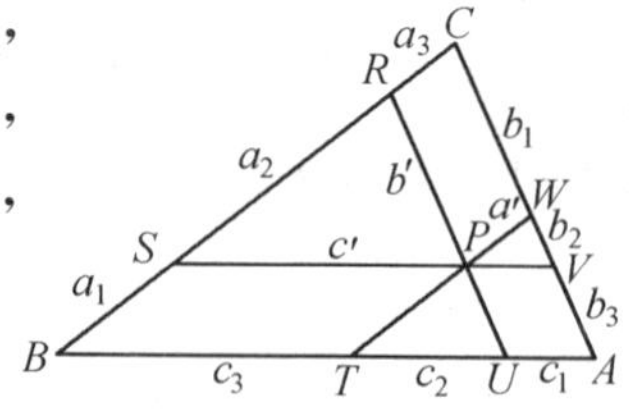

图 6.18

**性质 1** $\frac{a_2}{a}+\frac{b_2}{b}+\frac{c_2}{c}=1$.

**证明** 如图 6.18,由 $\triangle RSP\backsim\triangle ABC$,则

$$\frac{a_2}{a}=\frac{SP}{c}=\frac{c_3}{c}$$

同理

$$\triangle WVP\backsim\triangle ABC$$

则

$$\frac{b_2}{b}=\frac{PV}{c}=\frac{c_1}{c}$$

故

$$\frac{a_2}{a}+\frac{b_2}{b}+\frac{c_2}{c}=\frac{c_3}{c}+\frac{c_1}{c}+\frac{c_2}{c}=1$$

**性质 2** $a_1b_1c_1=a_2b_2c_2=a_3b_3c_3$.



**证明** 经过平移,则带阴影的三个三角形的边长如图 6.19 所示.由 $\triangle RSP\backsim\triangle PTU$ 和 $\triangle PTU\backsim\triangle WPV$,得

$$\frac{a_2}{a_1}=\frac{b_1}{b_3},\frac{b_3}{b_2}=\frac{c_2}{c_1}$$

则

$$a_1b_1c_1=\left(\frac{a_2b_3}{b_1}\right)b_1c_1=a_2b_3c_1=$$

$$a_2\left(\frac{b_2c_2}{c_1}\right)c_1=a_2b_2c_2$$

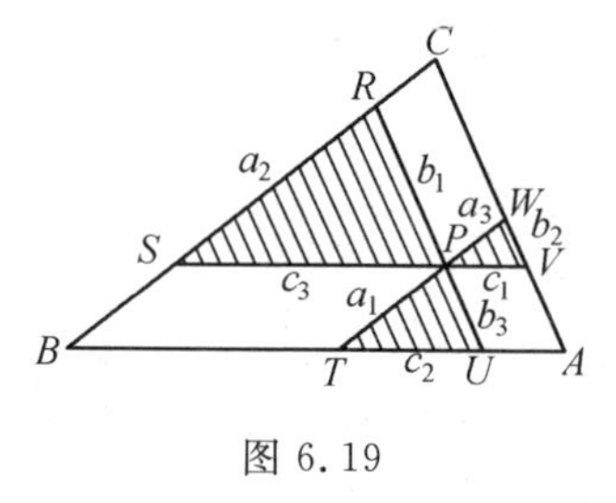


图 6.19

同理可证

$$a_2b_2c_2=a_3b_3c_3$$

故

$$a_1b_1c_1=a_2b_2c_2=a_3b_3c_3$$

**性质 3** $\frac{a'}{a}+\frac{b'}{b}+\frac{c'}{c}=2$.

**证明** 如图 6.20,由 $\triangle AWT\backsim\triangle ACB$,得

$$\frac{a'}{a}=\frac{c_1+c_2}{c}$$

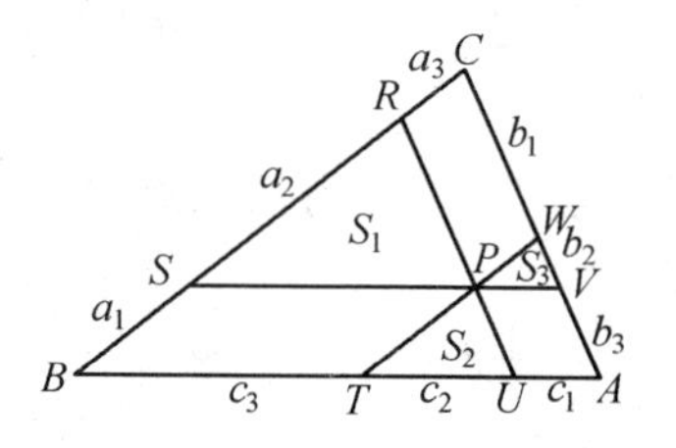


图 6.20

同理可得

$$\frac{b'}{b}=\frac{c_2+c_3}{c}$$

而由平移知 $c' = c_3 + c_1$，即

$$\frac{c'}{c} = \frac{c_3 + c_1}{c}$$

故
$$\frac{a'}{a} + \frac{b'}{b} + \frac{c'}{c} = \frac{c_1 + c_2}{c} + \frac{c_2 + c_3}{c} + \frac{c_3 + c_1}{c} = 2$$

**推论**　若 $a' = b' = c' = d$，则

$$\frac{1}{a} + \frac{1}{b} + \frac{1}{c} = \frac{2}{d}$$

**性质 4**　$S = (\sqrt{S_1} + \sqrt{S_2} + \sqrt{S_3})^2$.

**证明**　应用性质 1 证，由 $\triangle RSP \backsim \triangle CBA$，得 $\frac{S_1}{S} = \frac{a_2^2}{a^2}$，即

$$\frac{\sqrt{S_1}}{\sqrt{S}} = \frac{a_2}{a^2}$$

同理可得

$$\frac{\sqrt{S_2}}{\sqrt{S}} = \frac{c_2}{c}, \frac{\sqrt{S_3}}{\sqrt{S}} = \frac{b_2}{b}$$

则
$$\frac{\sqrt{S_1}}{\sqrt{S}} + \frac{\sqrt{S_2}}{\sqrt{S}} + \frac{\sqrt{S_3}}{\sqrt{S}} = \frac{a_2}{a} + \frac{b_2}{b} + \frac{c_2}{c} = 1$$

故
$$S = (\sqrt{S_1} + \sqrt{S_2} + \sqrt{S_3})^2$$

**性质 5**　平行剖分图中三个平行四边形的对角线交点所组成的三角形与原三角形位似，相似比为 1 ∶ 2，位似中心为 $P$，如图6.21 所示.

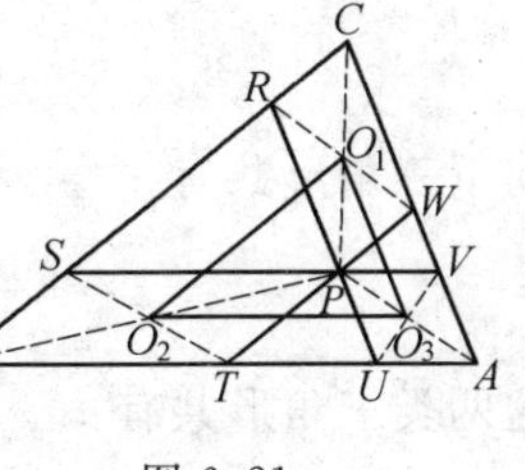

图 6.21

这个性质很简单，请读者自证. 值得一提的是，若按此方法继续作下去，所得三角形均与 $\triangle ABC$ 位似，位似中心均为 $P$，作第 $n$ 次时，所得三角形三边依次是 $\frac{a}{2^n}, \frac{b}{2^n}, \frac{c}{2^n}$.

三角形的剖分问题可分为如下几个方面.①

*1. 关于内点剖分三角形的计数问题*

**命题 1**　以三角形 3 个顶点和它内部的 $n$ 个点共 $n+3$ 个点的连线，能把原

① 南秀全. 三角形的剖分及其应用[J]. 中学数学，1992(3)：44-47.

三角形分割成 $2n+1$ 个不重叠的小三角形.

**证明** 为了计算分割后小三角形的个数,我们先来求这些小三角形的所有内角和.三角形内 $n$ 个点中的每一个点都是分割后所得的小三角形中若干个公共的顶点,这些小三角形中以该点为顶点的内角之和为 $360°$.又原三角形的每一个顶点也都是这些小三角形中若干个公共的顶点,故小三角形中以原三角形的三个顶点为顶点的内角和为 $180°$,所以,分割后所得的三角形的所有内角和为 $n\cdot 360°+180°$,故这些小三角形的总个数为

$$\frac{n\cdot 360°+180°}{180°}=2n+1(\text{个})$$

**2. 关于三角形的 $n$ 次剖分的计数问题**

用三组平行于边的等距平行线,将三角形三边分为 $n$ 等份,这样就把原三角形分成了许多全等的小三角形,我们称这样的分割为 $n$ 次剖分.

为了确切起见,先看一种简单的情形,取 $n=4$,则在这种剖分中,被涂成阴影的三角形叫作向上三角形,共有 10 个;没有阴影的三角形叫作向下三角形,共有 6 个.不论是向上三角形还是向下三角形,彼此都是全等的,总共有 $4^2=16$ 个,如图 6.22.一般地,有:

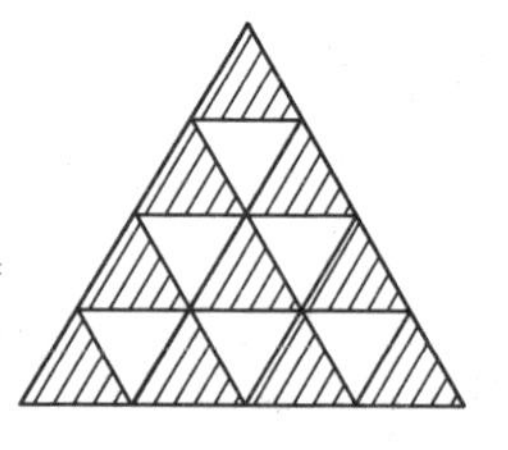

图 6.22

**命题 2** $n$ 次剖分后,所有全等的小三角形共有 $n^2$ 个.

**证明** $n$ 次剖分后,向上三角形共有

$$1+2+\cdots+n=\frac{n(n+1)}{2}(\text{个})$$

向下三角形共有

$$1+2+\cdots+(n-1)=\frac{n(n-1)}{2}(\text{个})$$

这两类三角形共有

$$\frac{n(n-1)}{2}+\frac{n(n+1)}{2}=n^2(\text{个})$$

**命题 3** 将边长为 $n$ 的等边三角形进行 $n$ 次剖分后,所有三角形的总个数是:

(1) 当 $n$ 为奇数(即 $n=2k-1$) 时,$S_n=\frac{1}{8}[n(n+2)(2n+1)-1]$;

(2) 当 $n$ 为偶数(即 $n=2k$) 时,$S_n=\frac{1}{8}n(n+2)(2n+1)$.

**证明** 记边长为 $k(1\leqslant k\leqslant n)$ 的向上三角形的个数为 $x_k$,边长为 $l(1\leqslant$

$l \leqslant [\frac{n}{2}]$) 的向下三角形个数为 $y_1$,则向上的三角形共有

$$x_1 = 1 + 2 + \cdots + n = \frac{n(n+1)}{2}$$

$$x_2 = 1 + 2 + \cdots + (n-1) = \frac{n(n-1)}{2}$$

$$x_3 = 1 + 2 + \cdots + (n-2) = \frac{(n-1)(n-2)}{2}$$

$$\vdots$$

$$x_{n-1} = 1 + 2$$

$$x_n = 1$$

故
$$\sum_{i=1}^{n} x_i = \frac{1}{6} n(n+1)(n+2)$$

下面计算向下三角形的个数,即

$$y_1 = 1 + 2 + \cdots + (n-1) = \frac{n(n-1)}{2}$$



$$y_2 = 1 + 2 + \cdots + (n-3) = \frac{(n-2)(n-3)}{2}$$

$$y_3 = 1 + 2 + \cdots + (n-5) = \frac{(n-4)(n-5)}{2}$$

$$\vdots$$

$$y_l = 1 + 2 + \cdots + (n-2l+1) = \frac{1}{2}(n-2l+1)(n-2l+2)$$

$(l = 1, 2, \cdots, [\frac{n}{2}])$ 其中,$[x]$ 表示不超过 $x$ 的最大整数.

下面为了计算 $\sum_{i=1}^{[n/2]} y_i$,需要分两种情形.

(1) 当 $n = 2k(k \in \mathbf{N})$ 时,由上式知

$$\sum_{i=1}^{[n/2]} y_i = \sum_{i=1}^{k} [(2k^2 + 3k + 1) + 2i^2 - (4k+3)i] =$$
$$\frac{1}{6} k(k+1)(4k-1) = \frac{1}{24} n(n+2)(2n-1)$$

(2) 当 $n = 2k - 1(k \in \mathbf{N})$ 时

$$\sum_{i=1}^{[n/2]} y_i = \sum_{i=1}^{k+1} y_i = \frac{1}{6} k(k-1)(4k+1) = \frac{1}{24}(n-1)(n+1)(2n+3)$$

故
$$S_n=\begin{cases}\frac{1}{8}[n(n+2)(2n+1)-1],\text{当 } n \text{ 为奇数时}\\ \frac{1}{8}n(n+2)(2n+1),\text{当 } n \text{ 为偶数时}\end{cases}$$

**命题 4** 试求出所有能使得正三角形被分割成 $n$ 个等腰三角形的正整数 $n(n\geqslant 2)$.

**解** 假设 $n=2$ 时能分割,则分割线必过正三角形的一个顶点.由于有一个角为 $60^\circ$ 的等腰三角形必是正三角形,所以该正三角形就被分割成两个小正三角形,但这是不可能的.故 $n=2$ 时不能分割.

从图 6.23 不难看出 $n=3,4,5$ 时能分割.

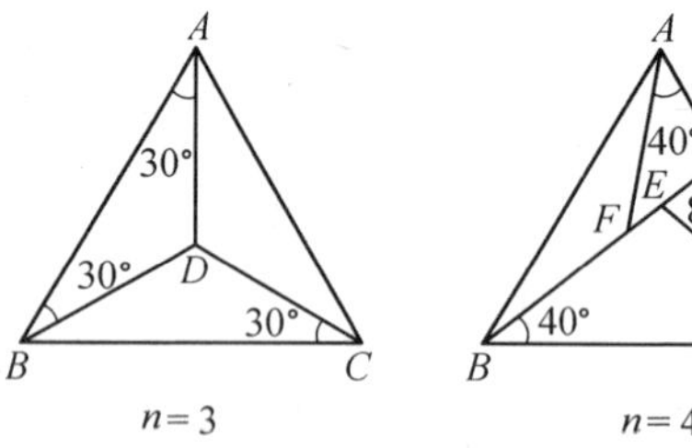


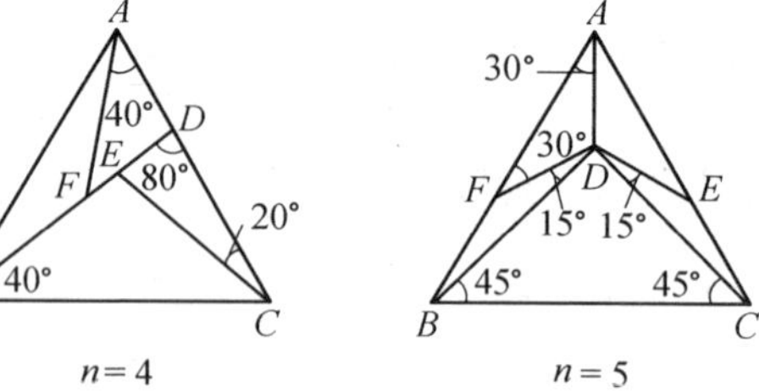


图 6.23

注意到等腰直角三角形的斜边上的高线,把它自身分割成两个小等腰直角三角形,并且可以一直分割下去,每分割一次就增加一个等腰直角三角形,从而由下面 $n=5$ 的分割图形(其中有一个等腰直角三角形)可知,对于一切 $n\geqslant 6$ 的正三角形都能分割.

故所求的 $n$ 是大于 2 的所有正整数.

下面看几道应用的例子.

**例 1** 过三角形的重心任作一直线,把这个三角形分成两部分,证明:这两部分面积之差不大于整个三角形面积的 $\frac{1}{9}$.

(1978 年安徽省中学数学竞赛题)

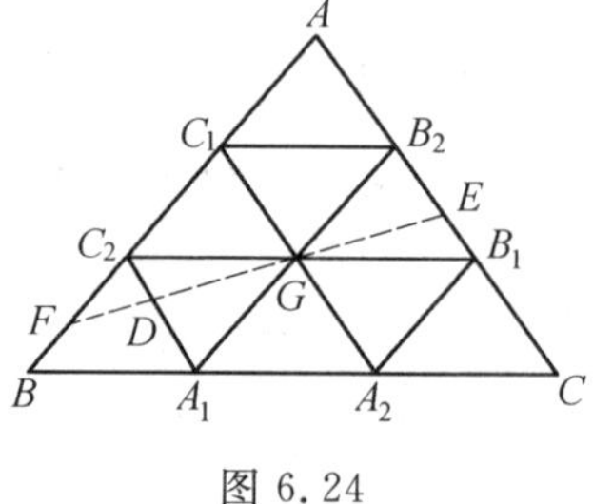


图 6.24

**证明** 将 $\triangle ABC$ 三次剖分,易知图 6.24 中的点 $G$ 就是 $\triangle ABC$ 的重心,如果过点 $G$ 作的直线正好是某条剖分线,这时两部分面积之差正好是一个小三角形的面积,即 $\triangle ABC$ 面积的 $\frac{1}{9}$.

现设过点 $G$ 的直线是图 6.24 中虚线，显然$\triangle GC_2D \cong \triangle GB_1E$. 于是经过面积的割补之后，这两部分面积之差正好等于 $|S_{\triangle C_2FD} - S_{FDA_1B}|$，这个数值显然不会超过一个小三角形的面积，即$\frac{1}{9}S_{\triangle ABC}$.

**例 2**　$P$ 为$\triangle ABC$ 内任一点，$AP$，$BP$，$CP$ 分别交对边于点 $P_1$，$P_2$，$P_3$. 求证：$\frac{AP}{PP_1}$，$\frac{BP}{PP_2}$，$\frac{CP}{PP_3}$ 中至少有一个不大于 2，也至少有一个不小于 2.

（1961 年第 3 届 IMO 试题）

**证明**　如图 6.25，设 $G$ 为重心，$GA' \parallel BC$，$GB' \parallel AC$，$GC' \parallel AB$，这样就把$\triangle ABC$ 分成三个梯形了. 当点 $P$ 落在 $AA'GC'$ 上（包括内部）时

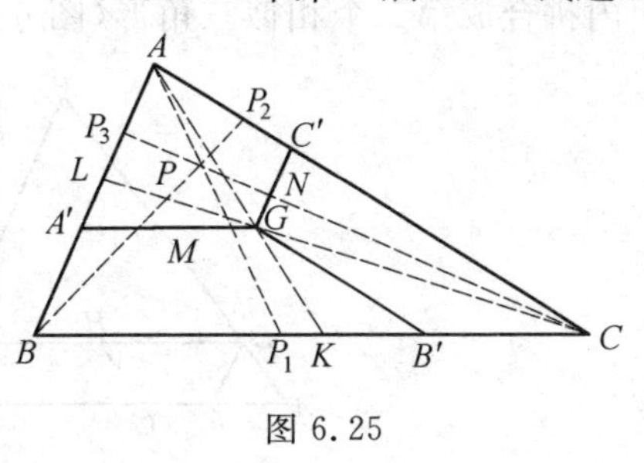

图 6.25

$$\frac{AP}{PP_1} \leqslant \frac{AM}{MP_1} = \frac{AG}{GK} = 2$$

而
$$\frac{CP}{PP_3} \geqslant \frac{CN}{NP_3} = \frac{CG}{GL} = 2$$

而点 $P$ 落在其他两个梯形上时，同理也可获证.

**例 3**　把一个钝角（或直角）三角形剖分为锐角三角形.

**分析**　对钝角（或直角）三角形，若从顶点向对边引截线，不可能截出两个锐角三角形. 因此，一定要从三角形内一点向顶点（或边）引截线，由于钝角（或直角）三角形的外心、垂心都不在形内，重心与钝角顶点的连线未必把它分为两个锐角，可用内心试一试，而且尽量剖分为等腰三角形（底角必为锐角），于是得如下剖分法.

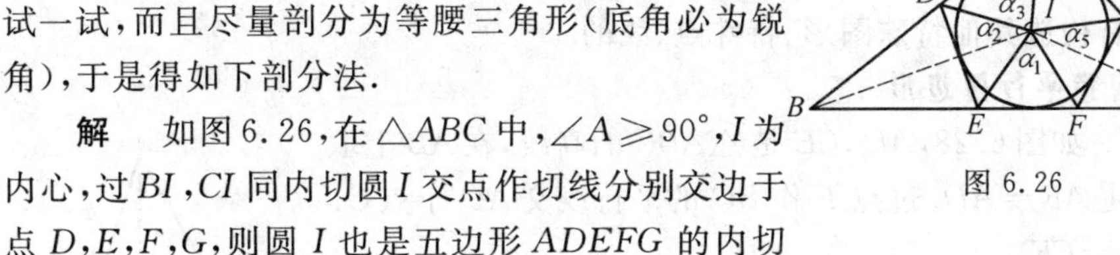

图 6.26

**解**　如图 6.26，在$\triangle ABC$ 中，$\angle A \geqslant 90°$，$I$ 为内心，过 $BI$，$CI$ 同内切圆 $I$ 交点作切线分别交边于点 $D$，$E$，$F$，$G$，则圆 $I$ 也是五边形 $ADEFG$ 的内切圆，因此，剖分出的七个三角形就都是锐角三角形，事实上，只要证 $\alpha_1$，$\alpha_2$，…，$\alpha_5$ 是锐角就可以了. 如

$$\alpha_1 = 180° - \angle IEF - \angle IFE =$$
$$180° - \frac{1}{2}(180° - \angle DEB) - \frac{1}{2}(180° - \angle GFC) =$$
$$\frac{1}{2}(\angle DEB + \angle GFC) < 90°$$

**例 4** 试证:任何一个三角形都可以用直线分成四部分,由这四部分拼成的两个三角形与原三角形相似.

(1986年湖北省黄冈地区初中数学竞赛题)

**证明** 在所给 $\triangle ABC$ 的 $AB$,$BC$ 和 $CA$ 边上分别找出点 $D$,$E$ 和 $F$,使 $AD:AB=CE:CB=AF:AC=1:5$,然后,在 $AC$ 边上找出一点 $G$,使 $AG=2AF$,并找出 $DE$ 的中心 $H$. 用 $DE$,$DF$ 和 $GH$ 这三条线段分割三角形(图6.27(a)),$\triangle BDE$ 作为所求的两个三角形中的一个,所剩下的三块可以在该平面内拼合成第二个相似三角形(图6.27(b)).

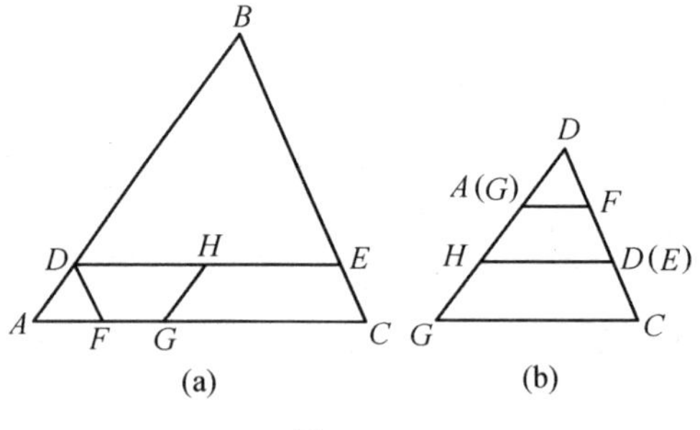


图 6.27



## 第3节 运用构造法解题

试题A涉及了运用构造法解题,证法1,3,6中均是通过构造平行四边形来处理的.

平面几何中的构造法,一般是构造某些特殊图,如平行四边形、正三角形、圆等,也有构造其他特殊图形、特殊点、线的.

1. **构造平行四边形**

**例1** 如图6.28,$AD$,$CE$ 是 $\triangle ABC$ 的高线,在 $AB$ 上取一点 $F$,使 $AF=AD$. 过点 $F$ 作 $BC$ 的平行线交 $AC$ 于点 $G$. 求证:$FG=CE$.

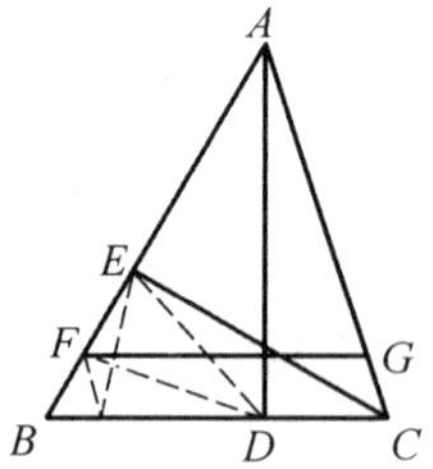

**证明** 过点 $F$ 作 $AC$ 的平行线交 $BC$ 于点 $H$,连 $HE$,$ED$,$DF$. 可知四边形 $FHCG$ 为平行四边形,有 $FG=HC$.

图 6.28

易知 $A$,$E$,$D$,$C$ 四点共圆,有

$$\angle BED=\angle BCA=\angle BHF$$

可知 $F$,$H$,$D$,$E$ 四点共圆,得

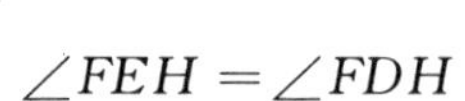

$$\angle FEH=\angle FDH$$

于是

$$\angle CEH = \angle FDA = \angle DFA = \angle CHE$$

即

$$\angle CEH = \angle CHE$$

得

$$HC = EC$$

故 $FG = CE$.

**例 2**　设 $P$ 为 $\square ABCD$ 内一点，$\angle BAP = \angle BCP$. 求证：$\angle PBC = \angle PDC$.

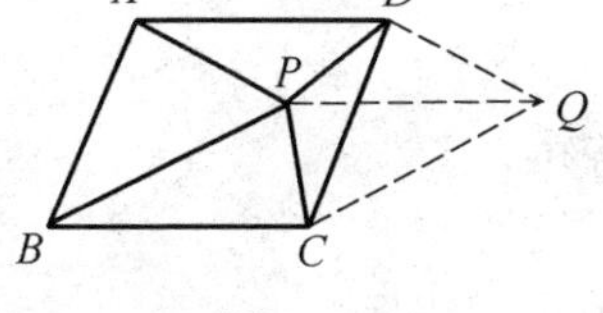


图 6.29

**证明**　如图 6.29，以 $AD$，$AP$ 为边作 $\square APQD$，连 $QC$，可知四边形 $BCQP$ 为平行四边形.

易知

$$\angle CDQ = \angle BAP = \angle BCP = \angle CPQ$$

即

$$\angle CDQ = \angle CPQ$$

可知 $P$，$C$，$Q$，$D$ 四点共圆，得

$$\angle PDC = \angle PQC = \angle PBC$$

即

$$\angle PBC = \angle PDC$$

**例 3**　如图 6.30，$P$ 为 $\triangle ABC$ 的中位线 $DE$ 上的一点，$BP$ 交 $AC$ 于点 $N$，$CP$ 交 $AB$ 于点 $M$. 求证：$\frac{AN}{NC} + \frac{AM}{MB} = 1$.

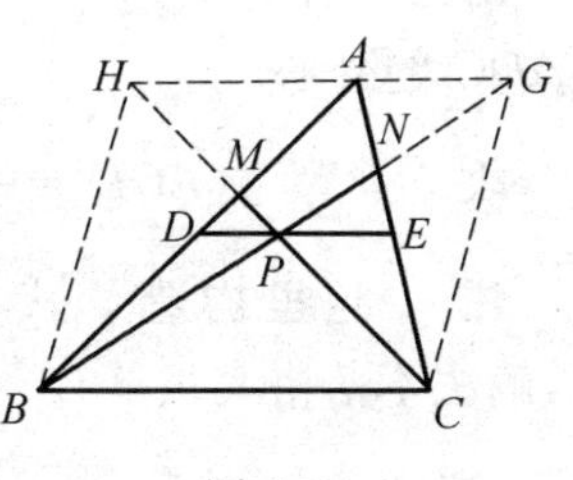


图 6.30

**证明**　过点 $A$ 作 $BC$ 的平行线分别交直线 $BN$，$CM$ 于点 $G$，$H$，联结 $GC$，$HB$. 易知 $HG \parallel DE \parallel BC$.

由点 $D$ 为 $AB$ 中点，可知点 $P$ 为 $BG$，$CH$ 的中点. 故四边形 $BCGH$ 为平行四边形，有

$$\frac{AN}{NC} = \frac{AG}{BC}, \frac{AM}{MB} = \frac{HA}{BC}$$

于是

$$\frac{AN}{NC} + \frac{AM}{MB} = \frac{AG}{BC} + \frac{HA}{BC} = \frac{AG + HA}{BC} = \frac{BC}{BC} = 1$$

即

$$\frac{AN}{NC} + \frac{AM}{MB} = 1$$

**例 4** 四边形两对角线长分别为 $m,n$,夹角为 $\alpha$. 求证:四边形的面积为

$$S=\frac{1}{2}mn\sin\alpha$$

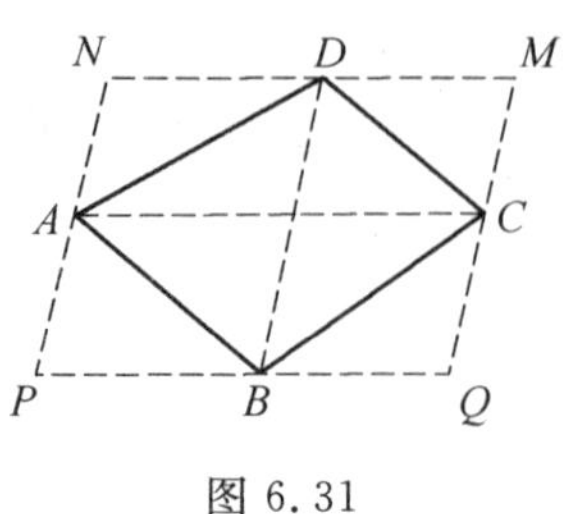

图 6.31

**证明** 如图 6.31,设四边形 $ABCD$ 中,$AC=m$,$BD=n$,$AC$ 与 $BD$ 夹角为 $\alpha$.

分别过点 $B,D$ 作 $AC$ 的平行线,又分别过点 $A,C$ 作 $BD$ 的平行线得 $\square PQMN$,有

$$\square PQMN=mn\sin\alpha$$

易知

$$S_{ABCD}=\frac{1}{2}S_{\square PQMN}$$

故

$$S_{ABCD}=\frac{1}{2}mn\sin\alpha$$

### 2. 构造正三角形

**例 4** 在 $\triangle ABC$ 中,$AB=AC$,$\angle A=80^{\circ}$,$D$ 为三角形内一点,且 $\angle DAB=\angle DBA=10^{\circ}$,求 $\angle ACD$ 的度数.



**解法 1** 如图 6.32,设点 $E$ 为点 $D$ 关于 $BC$ 中垂线的对称点.易知 $\triangle ADE$ 为正三角形.

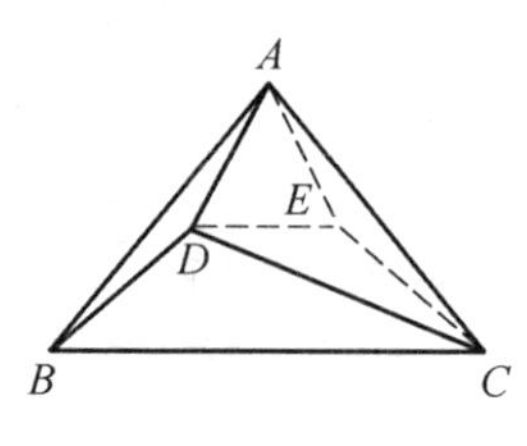

图 6.32

由已知有 $DA=DB$.可知 $EA=EC=ED$,即 $E$ 为 $\triangle ADC$ 的外心.

故 $$\angle ACD=\frac{1}{2}\angle AED=30^{\circ}$$

**注** 这里构造了一个正三角形,又挖出了一个外心,解法不落俗套.

**解法 2** 如图 6.33,以 $AC$ 为边在 $\triangle ABC$ 内作正 $\triangle ECA$,连 $BE$,$DE$.可知 $AD$ 平分 $\angle BAE$.故 $AD$ 为 $BE$ 的中垂线,得 $DE=DB$,有 $DE=DA$.可知 $CD$ 为 $AE$ 的中垂线.

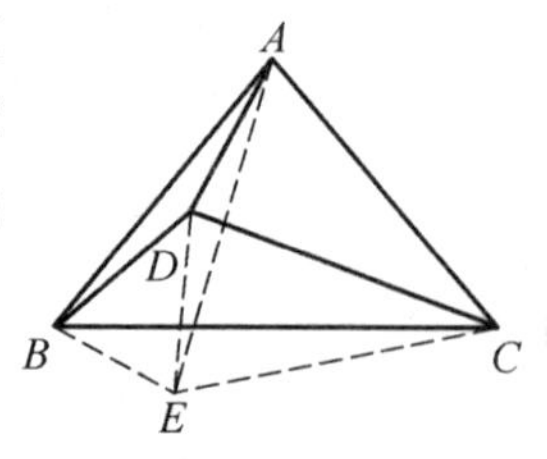

图 6.33

故 $$\angle ACD=\frac{1}{2}\angle ACE=30^{\circ}$$

**注** 这里构造了一个正三角形,出现了两条中垂线,为解题提供了方便.

**解法 3**　如图 6.34，以点 $D$ 为圆心，以 $DA$ 为半径作圆，分别交 $BC$，$CA$ 于点 $E$，$F$．可知点 $B$ 在圆上．联结 $DF$，$DE$，$EF$．易证 $\triangle DEF$ 为正三角形．又

$$\angle EFC=\angle ABC=\angle ACB$$

得 $EC=ED=EF$．于是，点 $E$ 为 $\triangle CDF$ 的外心．

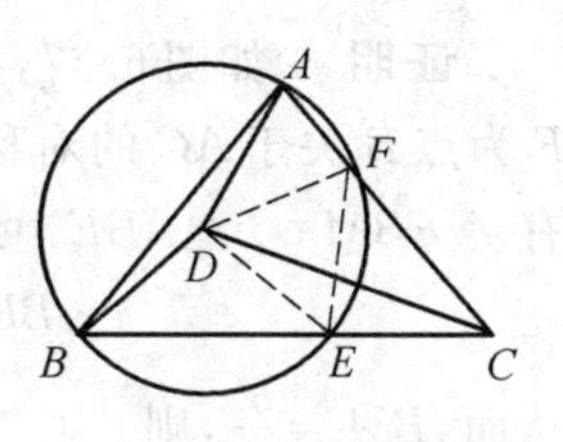

图 6.34

故 $$\angle ACD=\frac{1}{2}\angle DEF=30^{\circ}$$

**注**　平平常常的一个辅助圆，构造了一个正三角形，更构造出六条相等的线段，解法独特而巧妙．

**解法 4**　如图 6.35，以 $AB$ 为边向 $\triangle ABC$ 内作正 $\triangle EAB$，设 $\angle BAE$ 的平分线交 $BC$ 于点 $F$，联结 $ED$，$EC$，$EF$．可知 $\angle AFC=80^{\circ}$．

易证 $A$，$F$，$E$，$C$ 四点共圆．

易知 $\angle DAF=20^{\circ}=\angle DEF$，得 $A$，$D$，$F$，$E$ 四点共圆．

于是，$A$，$D$，$F$，$E$，$C$ 五点共圆．

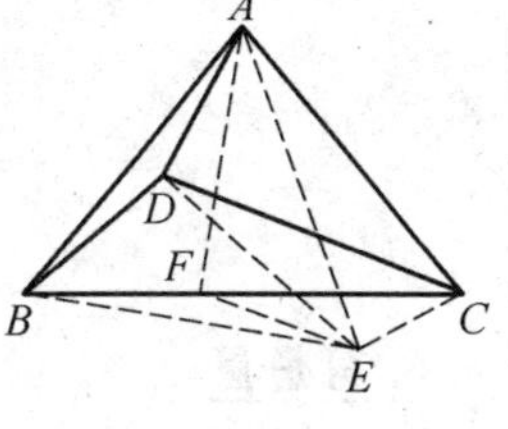

图 6.35

故 $$\angle ACD=\angle AED=30^{\circ}$$

**注**　这里以 $AB$ 为一边构造一个正三角形，达到了殊途同归的目的．

**例 5**　在 $\triangle ABC$ 中，点 $E$ 是 $BC$ 的中点，点 $D$ 在 $AC$ 边上．若 $\angle BAC=60^{\circ}$，$\angle ACB=20^{\circ}$，$\angle DEC=80^{\circ}$，$S_{\triangle ABC}+2S_{\triangle CDE}=\sqrt{3}$，求 $AC$ 的长．

**解**　如图 6.36，在 $AB$ 的延长线上取点 $F$，使 $AF=AC$，连 $FC$．在 $AF$ 上取点 $G$，使 $GF=AB$，连 $GC$．可知 $\triangle FAC$ 为正三角形；$\triangle CFG\cong\triangle CAB$；$\triangle CGB\backsim\triangle CED$，有

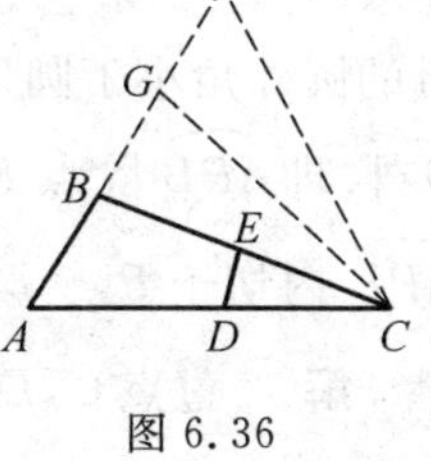

图 6.36

$$S_{\triangle CFG}=S_{\triangle ABC}, S_{\triangle CBG}=4S_{\triangle CDE}$$

由

$$S_{\triangle ACF}=2S_{\triangle ABC}+4S_{\triangle CDE}=2\sqrt{3}$$

有

$$\frac{\sqrt{3}}{4}AC^{2}=2\sqrt{3}$$

故 $AC=2\sqrt{2}$．

**例 6**　在 $\triangle ABC$ 中，$\angle A=20^{\circ}$，$AB=AC=a$，$BC=b$．求证：$a^{3}+b^{3}=3a^{2}b$．

**证明** 如图6.37，设点$E$为点$C$关于$AB$的对称点，点$F$为点$B$关于$AC$的对称点，$EF$分别交$AB$，$AC$于点$M$，$N$，有$\triangle EBM \backsim \triangle ABE$. 可知

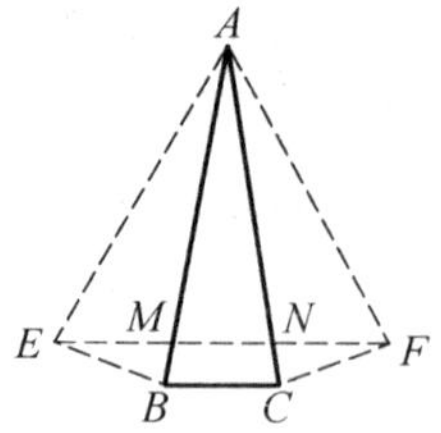

$$BE^2 = BM \cdot BA$$

图 6.37

从而，$BM = \frac{b^2}{a}$，则

$$AM = AB - BM = \frac{a^2 - b^2}{a}$$

由$MN \parallel BC$，有

$$MN = \frac{AM \cdot BC}{AB} = \frac{b(a^2 - b^2)}{a^2}$$

则

$$a = EF = EM + MN + NF = b + \frac{b(a^2 - b^2)}{a^2} + b$$

故

$$a^3 + b^3 = 3a^2 b$$



**3. 构造圆**

**例7** 设$C$，$D$为弦$AB$上两定点，在弓形弧上求作一点$P$，使$\angle CPD$最大.

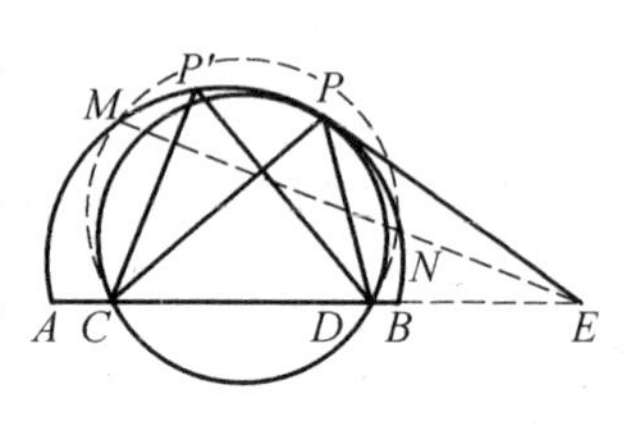


图 6.38

**分析** 如图6.38，设$P$为所求的点，在$\overset{\frown}{APB}$上另任取一点$P'$，由$\angle CPD > \angle CP'D$可联想到"同弧所对的圆外角小于圆周角"，则$P'$应在$\triangle PCD$的外接圆$O$外. 即$\overset{\frown}{APB}$除点$P$外都在圆$O$的外部. 故圆$O$应与$\overset{\frown}{APB}$内切于$P$.

**解** 过点$C$，$D$作辅助圆$O'$交$\overset{\frown}{APB}$于点$M$，$N$，联结$M$，$N$并延长交$AB$延长线于点$E$，过点$E$作$\overset{\frown}{APB}$的切线，切点为$P$，则由

$$EP^2 = EN \cdot EM, EM \cdot EN = ED \cdot EC$$

有$EP^2 = ED \cdot EC$. 故$EP$切$\triangle PCD$外接圆$O$于点$P$，即圆$O$与$\overset{\frown}{APB}$内切于$P$.

在$\overset{\frown}{APB}$上另任取一点$P'$.

因$P'$在圆$O$外，则$\angle CP'D < \angle CPD$，故$P$为所求.

**例8** $P$为$\triangle ABC$的边$AB$上任一点，作$PQ \parallel AC$交$BC$于$Q$，作$PR \parallel BC$交$AC$于$R$. 是否存在$C$以外的一个定点$M$，使得$C$，$Q$，$R$，$M$四点共圆？证明之.

**分析**　如图6.39,欲使$C,Q,R,M$共圆,只需$\angle 1=\angle 2$,只需$\triangle ARM \backsim \triangle CQM$,需要$\angle 3=\angle 4$,则$BC$应是$\triangle AMC$外接圆切线.同理,$AC$应是$\triangle BMC$外接圆切线.

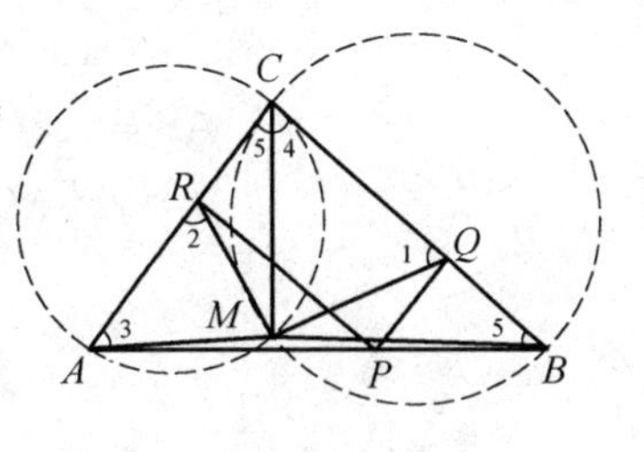

图6.39

**解**　点过$A$作圆$O$切$BC$于点$C$,过点$B$作圆$O'$切$AC$于点$C$,圆$O$与圆$O'$交于除点$C$外的另一定点$M$.

因为$\angle 3=\angle 4,\angle 5=\angle 6$,所以

$$\triangle MAC \backsim \triangle MCB$$

有

$$\frac{CM}{AM}=\frac{CB}{AC}$$

又因为$PQ /\!/ AC,PR /\!/ BC$,所以

$$\frac{CQ}{CB}=\frac{AP}{AB},\frac{AP}{AB}=\frac{AR}{AC}$$

$$\frac{CB}{AC}=\frac{CQ}{AR},\frac{CM}{AM}=\frac{CQ}{AR}$$

则$\triangle MRA \backsim \triangle MQC$,有$\angle 1=\angle 2$.故$C,Q,R,M$四点共圆.

**例9**　已知$BD,CE$是$\triangle ABC$的角平分线,$BD=CE$.求证:$AB=AC$.

**分析**　如图6.40,在$\triangle ABD$和$\triangle ACE$中,$BD=CE$,$\angle A$为公共角,故它们的外接圆相等.

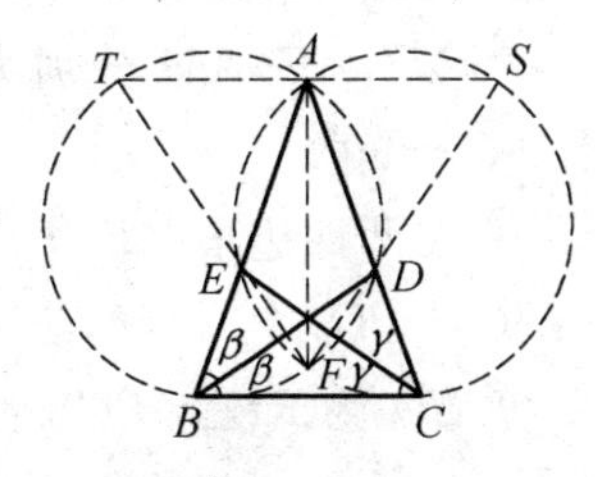

图6.40

**证明**　作$\triangle ABD$和$\triangle ACE$的外接圆$O_1$,圆$O_2$,交于点$F$,联结$FD$并延长交圆$O_2$于点$S$,联结$FE$并延长交圆$O_1$于点$T$,联结$AT,AS,AF$.设$\angle A=2\alpha$,$\angle B=2\beta,\angle C=2\gamma$.

因$BD=CE$,$\angle A$为公共角,则圆$O_1$与圆$O_2$为等圆,则

$$\overset{\frown}{AEF}=\overset{\frown}{ADF}$$

有$\angle S=\angle T$.又

$$\angle EAS=180^\circ-\angle EFS=180^\circ-\beta-\gamma=2\alpha+\beta+\gamma$$

则

$$\angle CAS=\beta+\gamma=\angle DFT$$

知$\angle CAS$是四边形$ADFT$的外角,故$T,A,S$三点共线,则有

$$FS = FT \Rightarrow \overset{\frown}{FAS} = \overset{\frown}{FAT} \Rightarrow \overset{\frown}{AS} = \overset{\frown}{AT} \Rightarrow$$
$$AS = AT \Rightarrow FA \perp ST \Rightarrow \angle DFA = \angle EFA \Rightarrow$$
$$\beta = \gamma \Rightarrow AB = AC$$

## 练　习　题

1. 在六边形 $ABCDEF$ 中,$\angle A = \angle B = \angle C = \angle D = \angle E = \angle F$,且 $AB + BC = 11$,$FA - CD = 3$. 求 $BC + DE$.

2. $O$ 为正方形 $ABCD$ 内一点,$\angle OAD = \angle ODA = 15°$. 求证:$\triangle OBC$ 是等边三角形.

3. 已知在 $\triangle ABC$ 中,$AB = AC$,$\angle A = 20°$,$D$,$E$ 分别为 $AC$,$AB$ 上的点,$\angle DBC = 60°$,$\angle ECB = 50°$,求 $\angle BDE$ 的度数.

4. 已知在 $\triangle ABC$ 中,$AB = AC$,$\angle BAC = 100°$,$P$ 为 $\angle C$ 平分线上一点,$\angle PBC = 10°$. 求 $\angle APB$ 的度数.



5. 设 $P$ 为等边 $\triangle ABC$ 外部的一点,且 $PA = 3$,$PB = 4$,$PC = 5$. 求 $\triangle ABC$ 的边长.

6. $AB = AC$,$\angle A = 100°$,延长 $AB$ 到点 $D$,使 $AD = BC$. 求证:$\angle BCD = 10°$.

7. $AD$,$AE$,$AM$ 分别为 $\triangle ABC$ 的高、角平分线、中线,$\angle 1 = \angle 2$. 求证:$\angle BAC = 90°$.

8. 在凹四边形 $ABCD$ 中,$\angle BAD = \angle ADC = \angle 1 = \angle ABC = \angle 2 = 45°$. 求证:$AC = BD$.

9. $CD$ 为 $\mathrm{Rt}\triangle ABC$ 斜边上的高,$O$ 为 $AC$ 上一点,$OA = OB = a$. 求 $OD^2 + CD^2$.

10. $\triangle ABC$ 的外角平分线 $AD$ 交 $BC$ 延长线于点 $D$. 求证:$DB \cdot DC - DA^2 = AB \cdot AC$.

## 练习题参考解答

1. 如图 6.41,设 $FA$,$CB$ 交于点 $P$,$FE$,$CD$ 交于点 $Q$. 易知四边形 $PCQF$ 为平行四边形,$\triangle APB$,$\triangle QED$ 均为正三角形,有

$$FA + AB = FP = QC = DE + CD$$

可知

$$DE - AB = FA - CD = 3$$
$$AB + BC = 11$$

两式相加,得 $DE + BC = 14$.

2. 如图 6.42,在以 $AD$ 为一边在正方形内作正 $\triangle EDA$,联结 $EB$,$EC$.

易知 $\triangle EBC \cong \triangle ODA$,有 $OA \mathrel{\underline{\parallel}} EC$. 可知四边形 $AECO$ 为平行四边形,有

$$OC = AE = AD = BC$$

同理,$OB = BC$.

故 $\triangle OBC$ 为等边三角形.

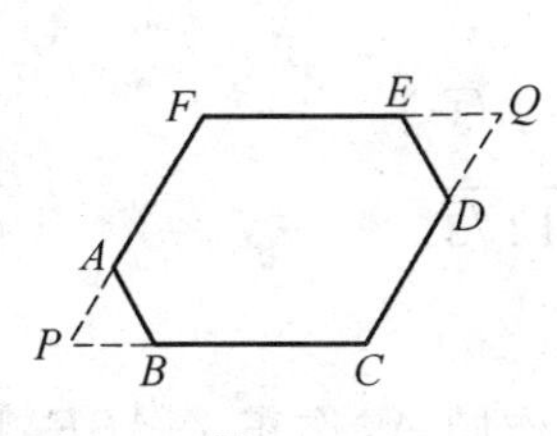

图 6.41

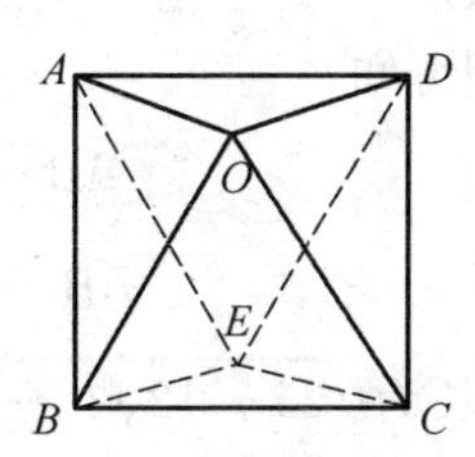

图 6.42



3. 如图 6.43,设 $E'$ 为点 $E$ 关于 $AC$ 的对称点,连 $E'A$,$E'B$,$E'C$,$E'D$,$E'E$. 可知 $\triangle E'EC$ 为正三角形,$BE'$ 为 $EC$ 的中垂线,$D$ 为 $\triangle ABE'$ 的内心,有

$$\angle AE'D = \frac{1}{2}\angle AE'B = 50^\circ$$

得 $\angle AED = 50^\circ$. 故

$$\angle BDE = \angle AED - \angle ABD = 30^\circ$$

4. 如图 6.44,在 $CA$ 延长线上取一点 $D$,使 $CD = CB$,连 $DP$,$DB$,设 $DB$ 与 $CP$ 的交点为 $E$. 易知点 $B$,$D$ 关于 $PC$ 对称,有 $\triangle PBD$ 为正三角形,$\angle PDA = \angle PBC = 10^\circ$.

在 $\triangle CBD$ 中,可知 $\angle DBC = 70^\circ$,得

$$\angle ABD = 30^\circ = \angle ABP$$

故 $AB$ 为 $PD$ 的中垂线.

则 $AP = AD$. 故 $\angle APD = \angle ADP = 10^\circ$,从而 $\angle APB = 70^\circ$.

5. 如图 6.45,以 $PA$ 为一边作正 $\triangle APD$,联结 $BD$. 易知 $\triangle ABD \cong \triangle ACP$. 故 $BD = PC = 5$.

在 $\triangle BPD$ 中,由 $PD = 3$,$PB = 4$,$BD = 5$,知 $\angle BPD = 90^\circ$. 又可知 $\angle APB = 30^\circ$.

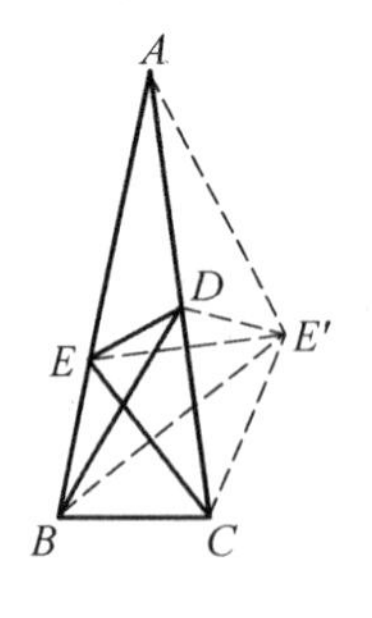

图 6.43

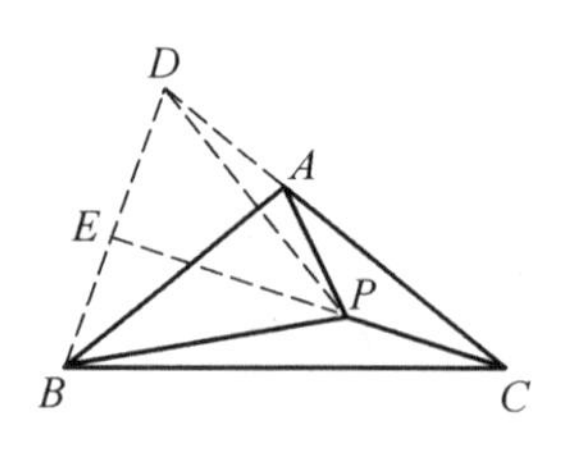

图 6.44

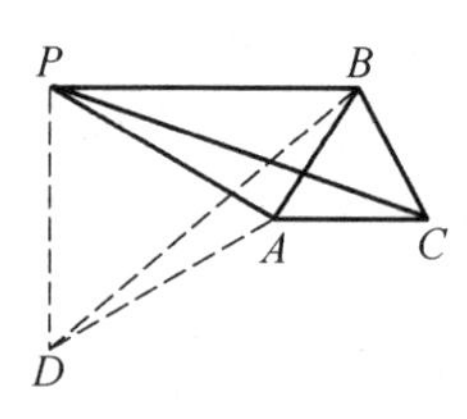

图 6.45

由余弦定理可知

$$AB^2 = 25 - 12\sqrt{3}$$

故
$$AB = \sqrt{25 - 12\sqrt{3}}$$

即 $\triangle ABC$ 的边长为$\sqrt{25-12\sqrt{3}}$.

6. 如图 6.46,以 $A$ 为圆心、$AB$ 为半径作圆 $A$,作正 $\triangle ABE$,联结 $CE$,有 $\angle 5 = 30°$,$\angle EBC = 100°$.



因为 $AD = BC$,$BE = AC$,所以

$$\triangle ADC \cong \triangle BCE$$

知 $\angle D = \angle 5 = 30°$,故 $\angle BCD = 10°$.

7. 如图 6.47,作 $\triangle ABC$ 的外接圆 $O$ 交 $AE$ 延长线于点 $N$,联结 $MN$. 又 $\angle BAE = \angle CAE$,则$\overset{\frown}{BN} = \overset{\frown}{CN}$. 而 $MB = MC$,有 $MN \perp BC$.

由 $AD \perp BC$,则 $MN \parallel AD$. 于是,$\angle N = \angle 1 = \angle 2$,故

$$MA = MN$$

知 $M$ 是弦 $BC$,$AN$ 的中垂线的交点,故 $M$ 是圆心,$\angle BAC = 90°$.

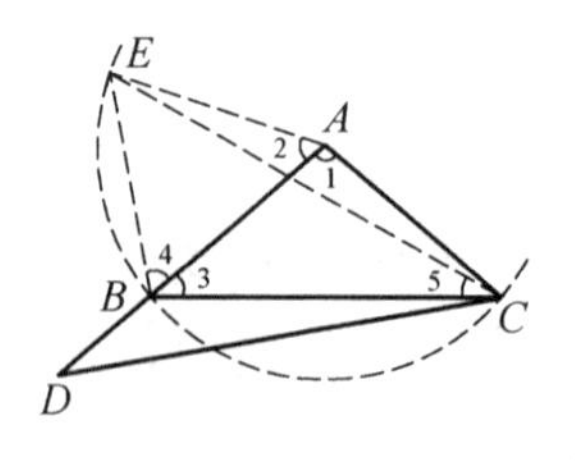

图 6.46

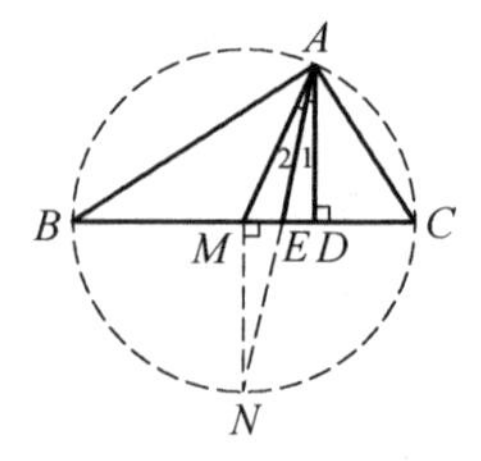

图 6.47

8. 如图 6.48,作 $\triangle ABD$ 的外接圆 $O$ 交 $DC$ 延长线于点 $E$,联结 $AE$,$BE$,则

$$\angle 3 = \angle 1 = \angle BAD = \angle 4 = \angle 2 = 45°$$

故 $\angle 5 = 45°$. 知 $AB$ 垂直平分 $CE$,则 $AC = AE = BD$.

9. 如图 6.49，由 $CD^2 = DA \cdot DB$，而 $DA$，$DB$，$DO$ 的位置具相交弦的情形，又 $OA = OB$，故以 $O$ 为圆心、$OA$ 为半径作圆 $O$ 交 $DO$ 延长线于点 $E$，$F$，有

$$DA \cdot DB = DE \cdot DF = (OE - OD)(OF + OD) = a^2 - OD^2$$

则

$$OD^2 + CD^2 = OD^2 + DA \cdot DB = a^2$$

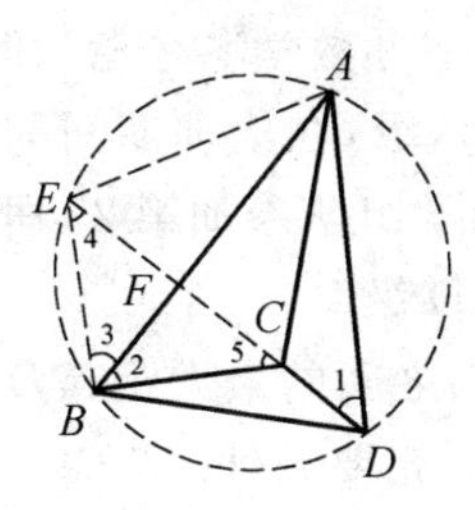


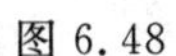
图 6.48

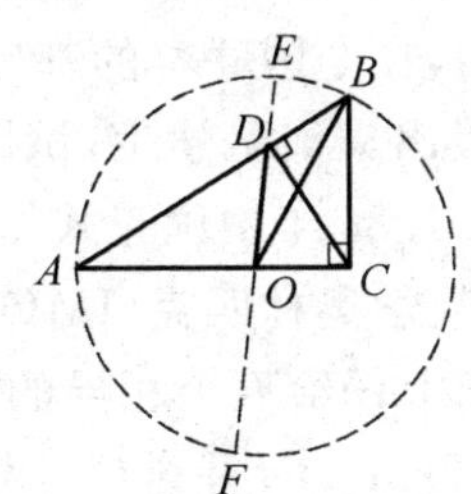


图 6.49

10. 如图 6.50，作 $\triangle ABC$ 的外接圆 $O$ 交 $DA$ 延长线于点 $E$，联结 $BE$.

因为 $\angle 1 = \angle 2 = \angle 3$，$\angle 4 = \angle E$，所以

$$\triangle ABE \backsim \triangle ADC$$

有 $\dfrac{AB}{AD} = \dfrac{AE}{AC}$，则

$$AB \cdot AC = AD \cdot AE$$

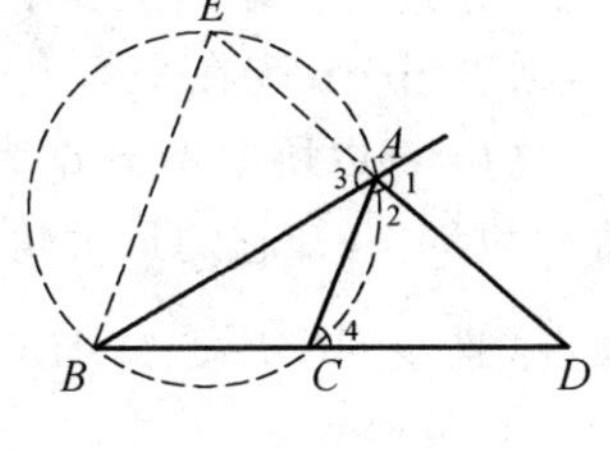


图 6.50

故

$$AB \cdot AC + DA^2 = AD \cdot AE + DA^2 = DA(AE + DA) = DA \cdot DE$$

又由 $DA \cdot DE = DB \cdot DC$，故

$$DB \cdot DC - DA^2 = AB \cdot AC$$

# 第7章 1985 ~ 1986 年度试题的诠释

从这一年开始,在全国联赛的基础上,又举办数学冬令营(即中国数学奥林匹克(CMO))选拔出集训队学生,试题记为B级,在集训期间的最后一次选拔赛,试题记为C级.1986年中国正式派6位同学组队参加第27届国际数学奥林匹克,我们记国际数学奥林匹克(IMO)题为D级.

**试题A** 平面上任给五个相异的点,它们之间的最大距离及最小距离之比记为$\lambda$,求证:$\lambda \geqslant 2\sin 54^\circ$,并讨论等号成立的充要条件.

**证法1** 若平面上任给三个点,那么它们或者在一条直线上,或者能构成一个三角形,若平面上任给四点,那么它们或者构成四边形,或者都在一条直线上,或者…….现在平面上已任给五点,下面分别进行分类讨论.



(1)若以所给的五点为顶点能组成一个凸五边形,那么,由凸五边形的内角和为$540^\circ$,知它的最大角不小于$108^\circ$,设其为$\angle A$.又设$B,C$为其相邻两旁的顶点,且$\angle ACB < \angle ABC$.则在$\triangle ABC$中,$\frac{1}{2}\angle A + \angle C \leqslant 90^\circ$,即$\angle C \leqslant 90^\circ - \frac{1}{2}\angle A$.

因锐角的正弦函数是增函数,则

$$\sin C \leqslant \sin\left(90^\circ - \frac{A}{2}\right) = \cos \frac{A}{2}$$

根据正弦定理

$$\frac{a}{c} = \frac{\sin A}{\sin C} \geqslant \frac{\sin A}{\cos \frac{A}{2}} = 2\sin \frac{A}{2} \geqslant 2\sin 54^\circ$$

设此五点中,两点间的最大、最小距离分别为$p,q$,则$p \geqslant a, q \leqslant c$.因此有

$$\lambda = \frac{p}{q} \geqslant \frac{a}{c} \geqslant 2\sin 54^\circ$$

(2)若所给的五点不能组成凸五边形,则有以下两种情况.

(i)五点中有三点共线,设此三点为$A,B,C$,且点$B$在点$A,C$之间,则

$$\frac{|AC|}{\min(|AB||BC|)} \geqslant 2 > 2\sin 54^\circ$$

(ii) 五点无三点共线，而其中一点在其他三点组成的三角形内部，设点 $P$ 在 $\triangle ABC$ 内部，则 $\angle APB$，$\angle BPC$，$\angle CPA$ 中至少有一个不小于 $120^\circ$，依(1)的证法，得 $\lambda \geqslant 2\sin 60^\circ > 2\sin 54^\circ$. 此时命题仍然成立.

讨论等式 $\lambda = 2\sin 54^\circ$ 成立的充要条件.

由于(2)不可能出现 $\lambda = 2\sin 54^\circ$ 的情况，因此等式成立的充要条件只能在(1)中得到，在(1)的证明过程中，若等式 $\lambda = 2\sin 54^\circ$ 成立，即

$$\frac{p}{q}=\frac{a}{c}=\frac{\sin A}{\sin C}=\frac{\sin A}{\cos\dfrac{A}{2}}=2\sin\frac{A}{2}=2\sin 54^\circ$$

则 $\angle A = 108^\circ$，$\angle B = \angle C$，即 $\triangle ABC$ 为顶角是 $108^\circ$ 的等腰三角形，而且对于凸五边形的每个顶角(内角)都适用，因此，它是正五边形，这时 $p = q$，$q = c$.

反之，若五边形是正五边形，则显然有 $\lambda = 2\sin 54^\circ$ 成立.

从而，等号成立的充要条件是所给五点组成一个正五边形的顶点.

**证法2**　(1) 若五点中有三点 $A$，$B$，$C$ 共线，不妨设点 $B$ 在点 $A$ 与点 $C$ 之间，并且 $AB \geqslant BC$，于是

$$\lambda \geqslant \frac{AC}{BC} \geqslant 2 > 2\sin 54^\circ$$

(2) 设五点中任何三点不共线，又分为下列三种情况.

(i) 五点的凸包是凸五边形 $ABCDE$，则其中必有一个内角不小于 $\frac{1}{5}\times(5-2)\times 180^\circ = 108^\circ$. 不妨设 $\angle EAB \geqslant 108^\circ$，且 $EA \geqslant AB$. 在 $\triangle EAB$ 中，由余弦定理，有

$$\begin{aligned}EB^2 &= EA^2 + AB^2 - 2EA\cdot AB\cos\angle EAB \geqslant \\ &2AB^2 + 2AB^2\cos(180^\circ - 108^\circ) = \\ &2AB^2(1+\cos 72^\circ) = 4AB^2\cos^2 36^\circ = \\ &4AB^2\sin^2 54^\circ\end{aligned}$$

故

$$\lambda \geqslant \frac{EB}{AB} \geqslant 2\sin 54^\circ$$

(ii) 五点的凸包为凸四边形 $ABCD$，另一点 $E$ 在 $ABCD$ 内，因无三点共线，不妨设点 $E$ 在 $\triangle ABC$ 内，于是 $\angle AEB$，$\angle BEC$，$\angle CEA$ 中至少有一个角不小于 $\frac{1}{3}\times 360^\circ = 120^\circ$，不妨设 $\angle AEB \geqslant 120^\circ$，这时同(i)中推理，可得

$$EB^2 \geqslant 4AB^2\cos^2 30^\circ = 4AB^2\sin^2 60^\circ > 4AB^2\sin^2 54^\circ$$

所以
$$\lambda > 2\sin 54°$$

(iii) 五点的凸包为 $\triangle ABC$，另两点 $D,E$ 在 $\triangle ABC$ 内，如图 7.1 所示，这时同(ii) 可得 $\lambda > 2\sin 54°$.

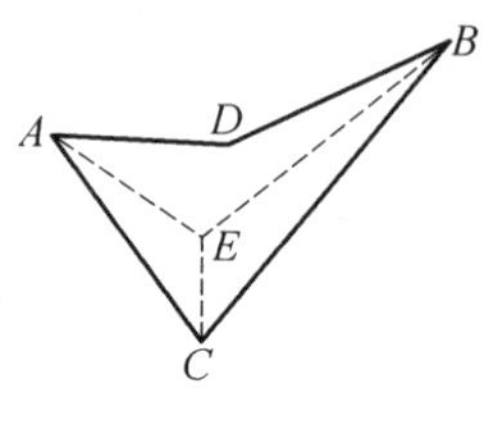

图 7.1

综上可得 $\lambda \geqslant 2\sin 54°$.

因为在情形(1) 和(2) 中的情形(ii)(iii) 时，都有 $\lambda > 2\sin 54°$，故要 $\lambda = 2\sin 54°$，只有(2) 中的情形(i) 才有可能，并且从(i) 中推理知，要使 $\lambda = 2\sin 54°$，必须 $EA = AB$，且用它代替 $\angle A$ 进行同(i) 一样的推理，可得 $\lambda > 2\sin 54°$，故 $\lambda = 2\sin 54°$ 时必有 $\angle A = \angle B = \angle C = \angle D = \angle E$. 若凸五边形 $ABCDE$ 至少有两边不相等，则必有相邻两边不相等，用这两边代替 $EA$，$AB$，进行同(i) 一样的推理，可得 $\lambda > 2\sin 54°$，可见 $\lambda = 2\sin 54°$ 时，五点必须是一个正五边形的五个顶点. 反之易知，当五点为一个正五边形的五个顶点时，有 $\lambda = 2\sin 54°$ 成立. 这就证明了 $\lambda = 2\sin 54°$ 的充要条件是给定的五点为一个正五边形的五个顶点.



**试题** B1　如图 7.2，在 $\triangle ABC$ 中，$BC$ 边上的高 $AD = 12$，$\angle A$ 的平分线 $AE = 13$，设 $BC$ 边上的中线 $AF = m$. 问 $m$ 在什么范围内取值时，$\angle A$ 分别是锐角、直角、钝角？

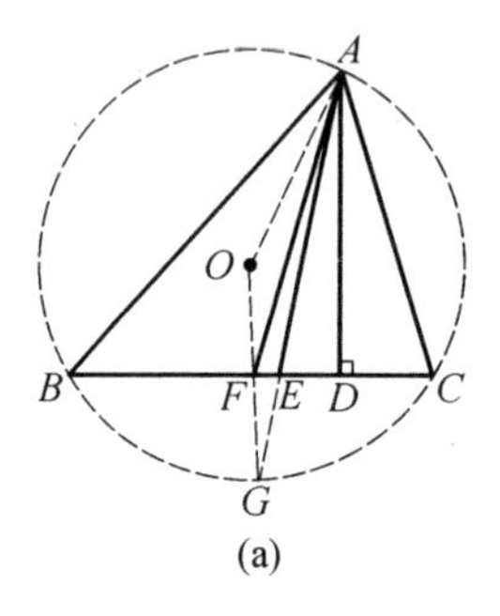

(a)

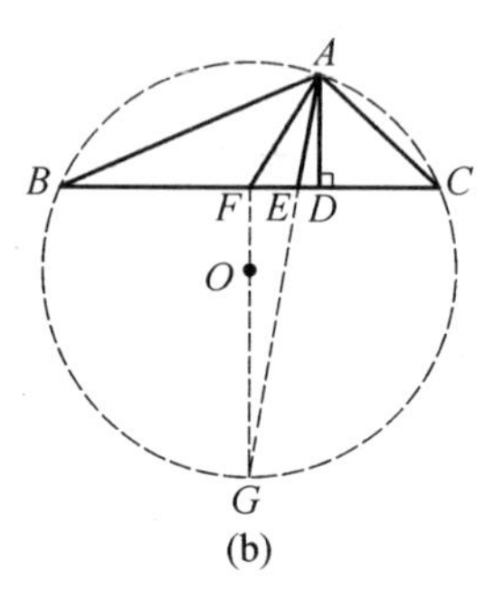

(b)

图 7.2

**解法 1**[①]　我们先证明一个辅助命题.

作 $\triangle ABC$ 的外接圆，延长 $AE$ 交外接圆于点 $G$，联结 $FG$，则 $FG \perp BC$ 且直线 $FG$ 过圆心 $O$.

显然，$\angle A$ 为锐角时 $AF > OA > FG$；$\angle A$ 为直角时 $AF = OA = FG$；$\angle A$ 为钝角时 $AF < OA < FG$.

---

① 王连笑. 首届全国中学生数学冬令营竞赛试题解答[J]. 中等数学，1986(3)：34-38.

由 $\triangle ADE \backsim \triangle EFG$ 及 $DE=5$ 得 $\frac{FG}{AD}=\frac{EF}{ED}$，即 $\frac{FG}{12}=\frac{EF}{5}$，所以，$\angle A$ 为锐角时

$$\frac{m}{12}>\frac{FG}{12}=\frac{EF}{5}, EF<\frac{5}{12}m$$

同理，$\angle A$ 为直角时，$EF=\frac{5}{12}m$；$\angle A$ 为钝角时，$EF>\frac{5}{12}m$.

下面研究命题本身.

由勾股定理得

$$EF=\sqrt{m^2-12^2}-5$$

所以 $\angle A$ 为锐角时，有

$$\sqrt{m^2-12^2}-5<\frac{5}{12}m$$

解得

$$m<\frac{12\times 13^2}{119}$$

另一方面，$m>13$，所以 $13<m<\frac{12\times 13^2}{119}$ 时，$\angle A$ 为锐角.



同理 $m=\frac{12\times 13^2}{119}$ 时，$\angle A$ 为直角；$m>\frac{12\times 13^2}{119}$ 时，$\angle A$ 为钝角.

**解法2**　（钱向阳给出）先考察 $\angle A$ 为直角的情形. 如图7.3所示，作 $\triangle ABC$ 的外接圆，延长 $AE$ 交外接圆于点 $S$，由 $AE$ 平分 $\angle BAC$ 可得 $\overset{\frown}{BS}=\overset{\frown}{SC}$. 联结 $SF$，有 $SF\perp BC$，即 $SF\parallel AD$. 又由 $SF=AF$（都等于外接圆半径）可得 $\angle FAE=\angle FSA=\angle EAD$. 于是在 $\triangle AFD$ 中，有 $\frac{AF}{AD}=\frac{FE}{ED}$，由 $AD=12$，$AE=13$，可得 $ED=5$. 又 $AF=m$，得

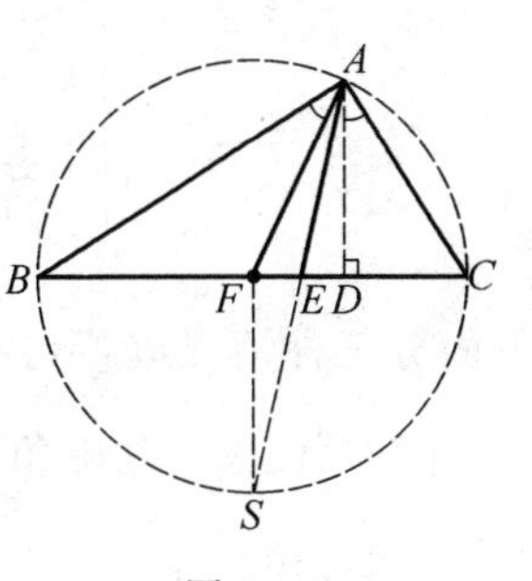

图7.3

$$\frac{m}{12}=\frac{\sqrt{m^2-12^2}-5}{5}$$

解得

$$m=\frac{169\times 12}{119}=\frac{2\ 028}{119}$$

又易证 $m>13$，且 $m$ 的值随着 $\angle A$ 的增大而增大，所以可得本题的解答为：

当 $13 < m < \frac{2\ 028}{119}$ 时，$\angle A$ 为锐角；

当 $m = \frac{2\ 028}{119}$ 时，$\angle A$ 为直角；

当 $m > \frac{2\ 028}{119}$ 时，$\angle A$ 为钝角.

**解法 3** 如图 7.4，首先由勾股定理得

$$ED = \sqrt{AE^2 - AD^2} = \sqrt{13^2 - 12^2} = 5$$

不论 $\triangle ABC$ 怎样变化，$\mathrm{Rt}\triangle AED$ 总是固定的.

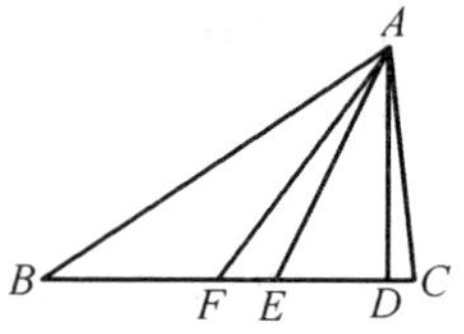

图 7.4

设 $\angle EAD = \alpha$，于是 $\tan\alpha = \frac{5}{12}$. 又设

$$\angle BAE = \angle CAE = \beta$$

则

$$\angle BAD = \beta + \alpha, \angle CAD = \beta - \alpha$$

从而

$$BD = AD\ \tan(\beta + \alpha) = 12\tan(\beta + \alpha)$$



且

$$CD = AD\ \tan(\beta - \alpha) = 12\tan(\beta - \alpha)$$

由 $BD = BF \pm FD, CD = CF \mp FD$ 及 $BF = CF$ 有

$$FD = \frac{1}{2}\mid BD - CD \mid = 6 \mid \tan(\beta + \alpha) - \tan(\beta - \alpha) \mid =$$

$$6\left|\frac{\tan\alpha + \tan\beta}{1 - \tan\alpha\tan\beta} - \frac{\tan\alpha - \tan\beta}{1 + \tan\alpha\tan\beta}\right| =$$

$$6\left|\frac{2\tan\alpha(1 + \tan^2\beta)}{1 - \tan^2\alpha\tan^2\beta}\right| = 5 \times \frac{1 + \tan^2\beta}{1 - \left(\frac{5}{12}\right)^2\tan^2\beta} \quad (*)$$

下面分三种情况进行讨论.

(1) 当 $\angle A$ 为锐角时，$0 < \beta < \frac{\pi}{4}, 0 < \tan^2\beta < 1$，由式($*$)可得 $5 < FD < \frac{1\ 440}{119}$，因

$$m = AF = \sqrt{AD^2 + FD^2} = \sqrt{144 + FD^2}$$

所以

$$\sqrt{144 + 5^2} < m < \sqrt{144 + \frac{1\ 440^2}{119^2}}$$

即

$$13 < m < \frac{12 \times 13^2}{119}$$

(2) 当 $\angle A$ 为直角时，$\beta = \frac{\pi}{4}, \tan^2\beta = 1$，由式($*$)

$$FD=\frac{5\times 2}{1-\left(\frac{5}{12}\right)^2}$$

则
$$m=\sqrt{12^2+FD^2}=\frac{12\times 13^2}{119}$$

(3) 当 $\angle A$ 为钝角时，$\frac{\pi}{4}<\beta<\frac{\pi}{2}-\alpha$，则

$$1<\tan^2\beta<\tan^2\left(\frac{\pi}{2}-\alpha\right)=\cot^2\alpha=\left(\frac{12}{5}\right)^2$$

由式(*)可得 $DF>\frac{12^2\times 10}{119}$，从而 $m>\frac{12\times 13^2}{119}$，综上可有：

当 $13<m<\frac{12\times 13^2}{119}$ 时，$\angle A$ 为锐角；

当 $m=\frac{12\times 13^2}{119}$ 时，$\angle A$ 为直角；

当 $m>\frac{12\times 13^2}{119}$ 时，$\angle A$ 为钝角.



**解法4** 如图7.5，以 $\triangle ABC$ 的角分线 $AE$ 所在直线为 $x$ 轴，$A$ 为坐标原点，相应得到 $y$ 轴.

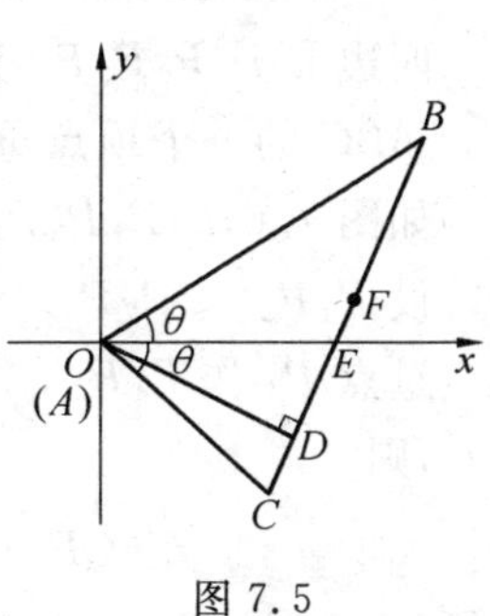

图7.5

设 $\angle BAE=\angle CAE=\theta$，且 $|\tan\theta|=k$，由 $AD=12$，$DE=5$，$E(13,0)$ 得 $|k_{AD}|=\frac{5}{12}$，则 $k_{BC}=\frac{12}{5}$.

直线 $BC$ 的方程为

$$y=\frac{12}{5}(x-13)$$

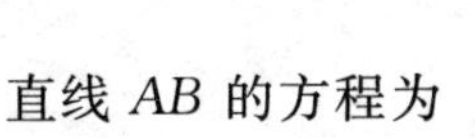
直线 $AB$ 的方程为

$$y=kx$$

直线 $AC$ 的方程为

$$y=-kx$$

解得点 $B$ 和点 $C$ 坐标为

$$B\left(\frac{12\times 13}{12-5k},\frac{12\times 13k}{12-5k}\right),C\left(\frac{12\times 13}{12+5k},\frac{-12\times 13k}{12+5k}\right)$$

则中点 $F(x_F,y_F)$ 为

$$x_F=\frac{x_B+x_C}{2}=\frac{12^2\times 13}{144-25k^2},y_F=\frac{y_B+y_C}{2}=\frac{60\times 13k}{144-25k^2}$$

$$|AD|=m=\sqrt{x_F^2+y_F^2}=\frac{13\sqrt{12^4+60^2k^2}}{144-25k^2}$$

当且仅当 $k=1=\tan\frac{\pi}{4}$ 时,$\angle A$ 为直角,此时 $m=\frac{12\times 13^2}{119}$;

当且仅当 $k<1$ 即 $\theta<\frac{\pi}{4}$ 时,$\angle A$ 为锐角,考虑到 $m>13$ 得 $13<m<\frac{12\times 13^2}{119}$;

当且仅当 $k>1$ 即 $\theta>\frac{\pi}{4}$ 时,$\angle A$ 为钝角,此时 $m>\frac{12\times 13^2}{119}$.

**试题** B2　已知:四边形 $P_1P_2P_3P_4$ 的四个顶点位于 $\triangle ABC$ 的边上,求证:四个三角形 $\triangle P_1P_2P_3$,$\triangle P_1P_2P_4$,$\triangle P_1P_3P_4$,$\triangle P_2P_3P_4$ 中,至少有一个的面积不大于 $\triangle ABC$ 面积的$\frac{1}{4}$.

**证法1**　为简便,设 $\triangle ABC$ 的面积为 $S$,其他图形的面积则在 $S$ 的右下角标上该图形的顶点的字母.



(1) 先证明最简单的情形.

四边形 $P_1P_2P_3P_4$ 为平行四边形,且其中一个顶点与 $\triangle ABC$ 的一个顶点重合.

如图 7.6,$\square P_1P_2P_3P_4$ 中必有一边不大于另一边,不妨设 $P_1P_2\leqslant P_2P_3$.

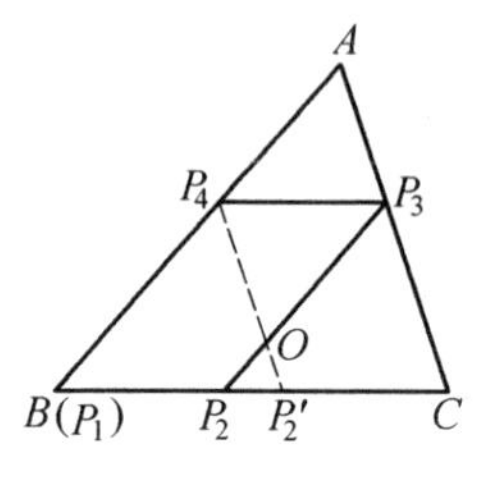

图 7.6

过点 $P_4$ 作 $P_4P_2'\parallel AC$ 交 $BC$ 于点 $P_2'$,交 $P_2P_3$ 于点 $O$,则

$$\triangle OP_3P_4\cong\triangle AP_3P_4,S_{\square P_1P_2P_3P_4}=S_{\square P_2'CP_3P_4}$$

于是

$$2S_{\square P_1P_2P_3P_4}=S_{\square P_1P_2P_3P_4}+S_{OP_2'CP_3}+S_{\triangle OP_3P_4}=$$
$$S_{\square P_1P_2P_3P_4}+S_{OP_2'CP_3}+S_{\triangle AP_3P_4}\leqslant S$$

则

$$S_{\square P_1P_2P_3P_4}\leqslant\frac{1}{2}S$$

因此,以 $\square P_1P_2P_3P_4$ 的任何三点为顶点的三角形的面积不大于$\frac{1}{2}S$.命题成立.

(2) 再证明 $\triangle ABC$ 的任意内接平行四边形 $P_1P_2P_3P_4$ 的情形.

如图 7.7,过点 $P_3$ 作 $P_3P_2'\parallel AB$ 交 $BC$ 于点 $P_2'$,则

$$S_{\square P_1P_2P_3P_4}=S_{\square BP_2'P_3P_4}$$

如(1) 所证

$$S_{\square BP_2'P_3P_4}\leqslant\frac{1}{2}S$$

则
$$S_{\square P_1P_2P_3P_4}\leqslant\frac{1}{2}S$$

从而命题成立.

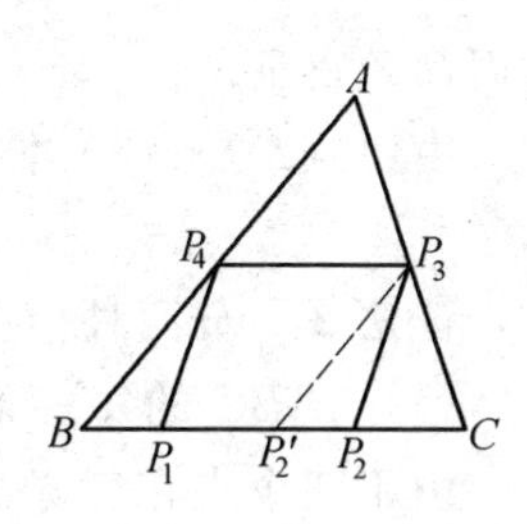


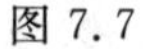
图 7.7

(3) 四边形 $P_1P_2P_3P_4$ 为任意四边形,且两个顶点在一边,另两个顶点分别在另两边的情形.

设点 $P_1,P_2$ 在 $BC$ 上,$P_3$ 在 $AC$ 上,点 $P_4$ 在 $AB$ 上,如图 7.8 所示,我们依次令 $P_1P_2P_3P_4$ 的内角为 $\angle1$,$\angle2$,$\angle3$,$\angle4$,由 $\angle1+\angle2+\angle3+\angle4=360^\circ$ 可得,必有两角之和不小于 $180^\circ$,不妨设

$$\angle3+\angle4\geqslant180^\circ,\angle3+\angle2\geqslant180^\circ$$

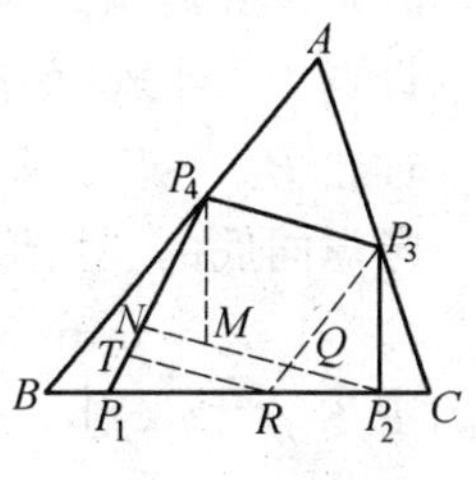


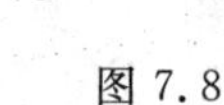
图 7.8

我们过点 $P_2,P_4$ 作 $P_2M\parallel P_3P_4$,$P_4M\parallel P_2P_3$,且两平行于 $P_3P_4$,$P_2P_3$ 的直线交于点 $M$,则点 $M$ 必落在四边形 $P_1P_2P_3P_4$ 的内部,于是

$$S_{\triangle P_2P_3P_4}=\frac{1}{2}S_{\square P_2P_3P_4M}\qquad ①$$

延长 $P_2M$ 交 $P_1P_4$ 于点 $N$,过点 $P_3$ 作 $P_3R\parallel AB$ 交 $P_2N$ 于点 $Q$,交 $BC$ 于点 $R$,过点 $R$ 作 $RT\parallel CN$ 交 $P_1P_4$ 于点 $T$,则

$$S_{\square P_2P_3P_4M}=S_{QP_3P_4N}<S_{RP_3P_4T}\qquad ②$$

由(2) 所证 $S_{RP_3P_4T}\leqslant\frac{1}{2}S$,由式 ①② 得 $S_{\triangle P_2P_3P_4}=\frac{1}{4}S$. 从而命题得证.

(4) 四边形 $P_1P_2P_3P_4$ 为任意四边形,且两个顶点在一边上,另两个顶点在另一边上.

设点 $P_1,P_2$ 在 $BC$ 边上,点 $P_3,P_4$ 在 $AC$ 边上.

如图 7.9,不妨设 $P_1P_2\geqslant P_3P_4$. 联结 $P_2P_4$,过点 $P_1$ 作 $P_1P_1'\parallel P_2P_4$,交 $AB$ 于点 $P_1'$,联结 $P_1'P_4$,则

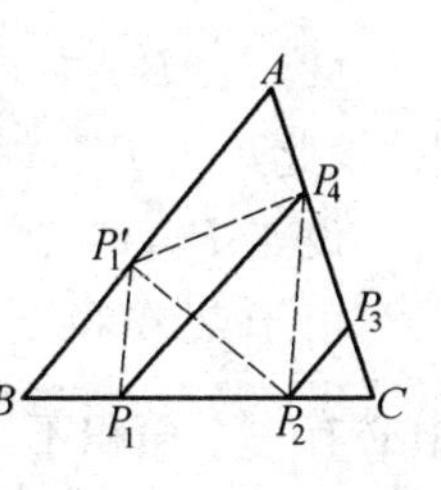


图 7.9

$$S_{\triangle P_1P_2P_4}=S_{\triangle P_1'P_2P_4}$$

且
$$S_{\triangle P_1'P_2P_3P_4}=S_{\triangle P_1P_2P_3P_4}$$

而四边形 $P_1'P_2P_3P_4$ 属于情形(3),则有

$$S_{P_1'P_2P_3P_4}\leqslant\frac{1}{2}S,S_{\triangle P_2P_3P_4}\leqslant\frac{1}{4}S$$

从而命题得证.

由(1)(2)(3)(4) 本题得证.

**证法 2** 分两种情况进行讨论.

(1)$\triangle ABC$ 的每一条边上均有 $P_1, P_2, P_3, P_4$ 中的点.

由于四个点在三条边上，所以至少有一条边上有其中的两个点，设 $BC$ 边上有点 $P_2, P_3, P_1$ 在 $AB$ 上，点 $P_4$ 在 $AC$ 上，如图 7.10 所示.

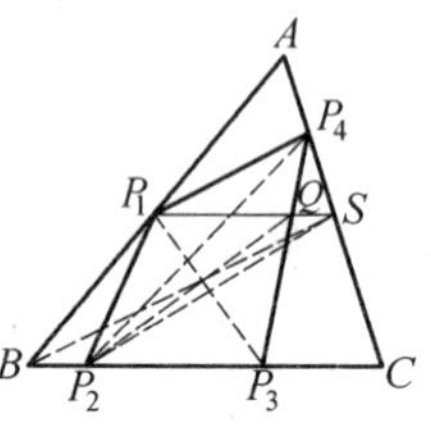

图 7.10

设点 $P_4$ 到 $BC$ 的距离大于或等于点 $P_1$ 到 $BC$ 的距离.

过点 $P_1$ 作 $P_1S \parallel BC$ 交 $P_4P_3$ 于点 $Q$，交 $AC$ 于点 $S$.

考虑同底的三角形：$\triangle P_1P_2P_4$，$\triangle P_1P_2Q$，$\triangle P_1P_2P_3$ 有

$$\min\{S_{\triangle P_1P_2P_3}, S_{\triangle P_1P_2P_4}\} \leqslant S_{\triangle P_1P_2Q} \leqslant S_{\triangle P_1P_2S}$$

又因 $P_1S \parallel BC$，则

$$S_{\triangle P_1P_2S} = S_{\triangle P_1BS}, \min\{S_{\triangle P_1P_2P_3}, S_{\triangle P_1P_2P_4}\} \leqslant S_{\triangle P_1BS}$$



设 $\frac{P_1B}{AB} = x$，则 $S_{\triangle P_1BS} = xS_{\triangle BSA}$；又由 $\frac{P_1B}{AB} = \frac{SC}{AC}$，可得 $\frac{AS}{AC} = 1 - x$，则有

$$S_{\triangle P_1BS} = xS_{\triangle BSA} = x(1-x)S$$

当 $0 < x < 1$ 时

$$x(1-x) \leqslant \left[\frac{x + (1-x)}{2}\right]^2 = \frac{1}{4}$$

从而
$$S_{\triangle P_1BS} \leqslant \frac{1}{4}S$$

即
$$\min\{S_{\triangle P_1P_2P_4}, S_{\triangle P_1P_2P_3}\} \leqslant \frac{1}{4}S$$

(2)$\triangle ABC$ 中有一边不含 $P_1, P_2, P_3, P_4$ 中的任何一点，设此边为 $BC$，如图 7.11 所示.

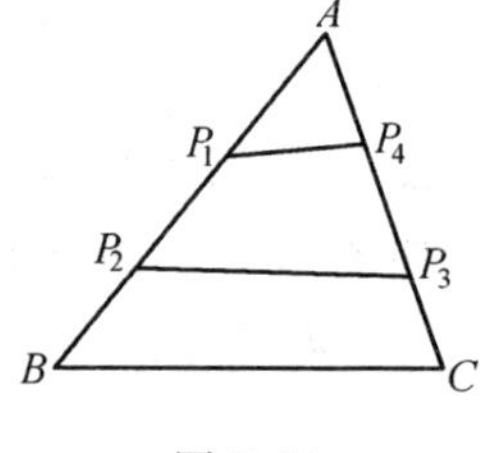

图 7.11

设点 $P_1, P_2$ 在 $AB$ 上，点 $P_3, P_4$ 在 $AC$ 上.

由于点 $A$ 和点 $P_1, P_2, P_3, P_4$ 产生的四个小三角形中必有一个面积不大于 $\frac{1}{4}S_{\triangle AP_2P_3}$. 又由 $S_{\triangle AP_2P_3} < S$.

于是必有一个小三角形的面积不大于 $\triangle ABC$ 的面积的 $\frac{1}{4}$. 由(1)(2) 本题得证.

**证法 3**　(由沈建给出)先证明一个引理:任一三角形的内接矩形的面积不大于三角形面积的一半.即如图 7.12 所示,$DEFG$ 是 $\triangle ABC$ 的内接矩形,必有

$$S_{DEFG} \leqslant \frac{1}{2} S_{\triangle ABC}$$

事实上,如图 7.12 所示,作 $BC$ 上的高 $AH$,交 $GF$ 于点 $K$.设 $BC=a$,$AH=h$,$GF=x(0 \leqslant x \leqslant a)$,则由 $\triangle AGF \backsim \triangle ABC$ 可得

$$AK=\frac{xh}{a}$$

从而

$$DG=h-AK=\frac{h(a-x)}{a}$$

$$S_{DEFG}=\frac{x \cdot h(a-x)}{a} \leqslant \frac{h}{a}\left(\frac{a}{2}\right)^2=\frac{1}{2}\left(\frac{1}{2}ah\right)=\frac{1}{2}S_{\triangle ABC}$$

上述结论当 $\triangle ABC$ 为钝角三角形,点 $E$ 在 $BC$ 延长线上时(图 7.13)也成立,证明与上面完全相同.

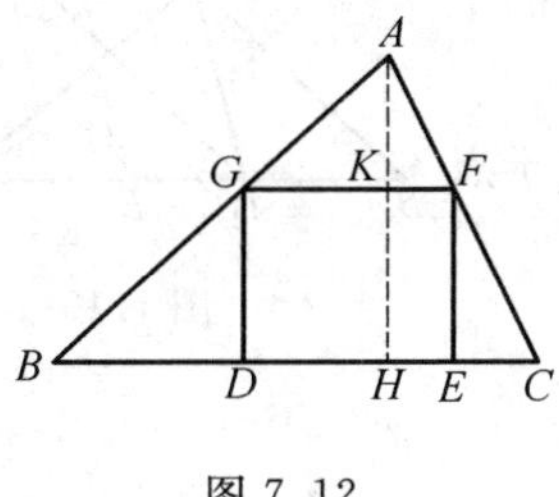

图 7.12

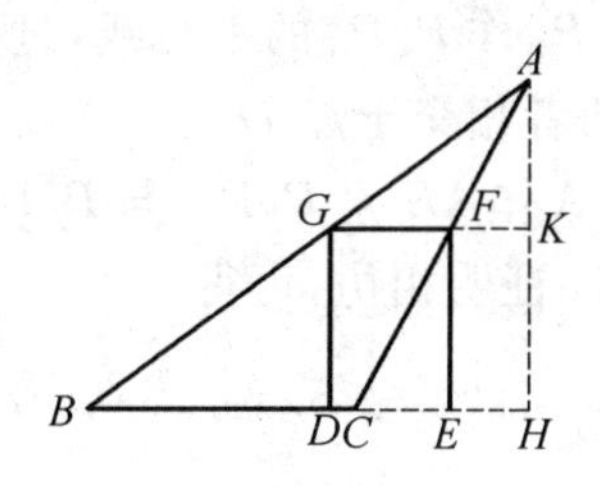

图 7.13



再证原题结论:有下列两种情况.

(1)$P_1,P_2,P_3,P_4$ 四点分布在 $\triangle ABC$ 的三条边上,如图 7.14 所示.

如果 $P_1P_2P_3P_4$ 是矩形,则有

$$S_{\triangle P_1P_2P_3}=S_{\triangle P_1P_2P_4}=S_{\triangle P_1P_3P_4}=S_{\triangle P_2P_3P_4}=\frac{1}{2}S_{矩形P_1P_2P_3P_4} \leqslant \frac{1}{2}\cdot\left(\frac{1}{2}S_{\triangle ABC}\right)=\frac{1}{4}S_{\triangle ABC}$$

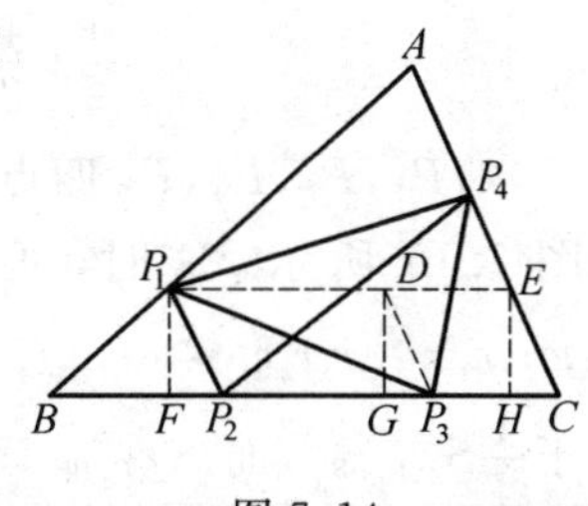

图 7.14

结论显然成立.

如果 $P_1P_2P_3P_4$ 不是矩形,则四个三角形中必有一面积最小者,这时又有两种可能.

(i) 面积最小的三角形有两个顶点在 $\triangle ABC$ 的同一条边上.如图 7.14 所

示,设 $S_{\triangle P_1P_2P_3}$ 为最小.

由 $S_{\triangle P_1P_2P_3} \leqslant S_{\triangle P_4P_2P_3}$,可知点 $P_1$ 到 $BC$ 的距离不大于点 $P_4$ 到 $BC$ 的距离.过点 $P_1$ 作 $P_1E /\!/ BC$,交 $AC$ 于点 $E$,这时,点 $P_4$ 必定在 $PE$ 的上方或在 $PE$ 上.

又由 $S_{\triangle P_1P_2P_3} \leqslant S_{\triangle P_1P_2P_4}$,可知点 $P_3$ 到 $P_1P_2$ 的距离不大于点 $P_4$ 到 $P_1P_2$ 的距离,过点 $P_3$ 作 $P_2P_1$ 的平行线交 $P_1E$ 于点 $D$.这时,点 $P_4$ 必在 $P_3D$ 的右方或在 $P_3D$ 上.

因此,点 $D$ 必定在四边形 $P_1P_2P_3P_4$ 的内部或边上,从而必在 $\triangle ABC$ 内部或与点 $P_4$ 重合.

过 $P_1,D,E$ 三点分别作 $BC$ 的垂线 $P_1F,DG,EH$,垂足分别为 $F,G,H$,有

$$S_{\triangle P_1P_2P_3}=\frac{1}{2}S_{\square P_1P_2P_3D}=\frac{1}{2}S_{\text{矩形}P_1FGD}\leqslant\frac{1}{2}S_{\text{矩形}P_1FHE}\leqslant\frac{1}{2}\left(\frac{1}{2}S_{\triangle ABC}\right)=\frac{1}{4}S_{\triangle ABC}$$

(ii) 面积最小的三角形三个顶点分别在 $\triangle ABC$ 三条边上,如图 7.15 所示,设 $S_{\triangle P_1P_2P_4}$ 为最小.

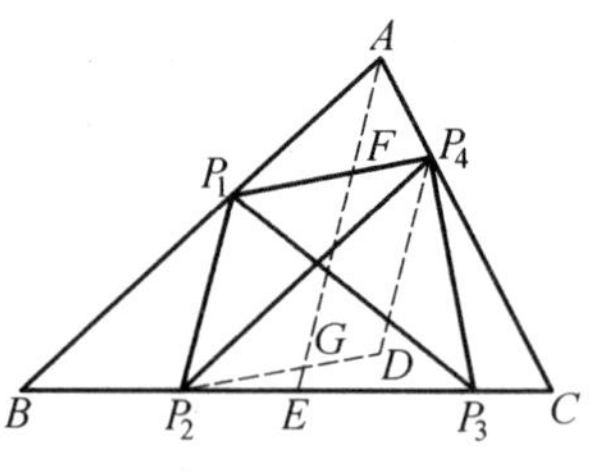

图 7.15

过点 $P_4$ 作 $P_1P_2$ 的平行线,过点 $P_2$ 作 $P_1P_4$ 的平行线,设两者相交于点 $D$.



过点 $A$ 作 $AE /\!/ P_1P_2$,与 $P_1P_4$,$P_2D$ 分别交于点 $F,G$.与(i) 证明相仿,可得

$$S_{\square P_1P_2GF}\leqslant\frac{1}{2}S_{\triangle ABE},S_{\square GFP_4P_3}\leqslant\frac{1}{2}S_{\triangle AEC}$$

所以

$$S_{\triangle P_1P_2P_4}=\frac{1}{2}S_{\square P_1P_2DP_4}=\frac{1}{2}(S_{\square P_1P_2GF}+S_{\square GFP_4P_3})\leqslant$$
$$\frac{1}{2}(\frac{1}{2}S_{\triangle ABE}+\frac{1}{2}S_{\triangle AEC})=\frac{1}{4}S_{\triangle ABC}$$

(2)$P_1,P_2,P_3,P_4$ 四点分布在 $\triangle ABC$ 的两边上,如图 7.16 所示.这时,很显然,由(1) 所证可知,$S_{\triangle P_1P_2P_3}$,$S_{\triangle P_1P_2P_4}$,$S_{\triangle P_1P_3P_4}$,$S_{\triangle P_2P_3P_4}$ 中至少有一个不小于$\frac{1}{4}S_{\triangle P_4BP_3}$,而 $S_{\triangle P_4BP_3}\leqslant S_{\triangle ABC}$,从而即得须证结论.

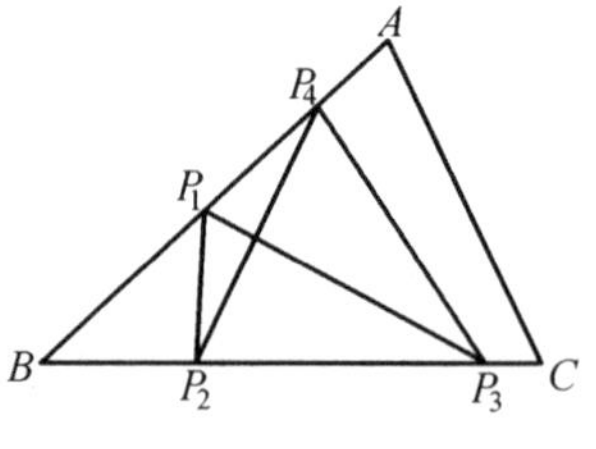

图 7.16

**证法 4** (由陆沙给出)分两种情况讨论.

(1)$P_1,P_2,P_3,P_4$ 四点分布在 $\triangle ABC$ 三条边上,如图 7.16 所示.

用反证法.假设命题不真,即 $S_{\triangle P_1P_2P_3}$,$S_{\triangle P_1P_2P_4}$,$S_{\triangle P_1P_3P_4}$,$S_{\triangle P_2P_3P_4}$ 均大于 $\frac{1}{4}S_{\triangle ABC}$,设 $AB=c$,$BC=a$,$AC=b$,$BC$ 边上的高为 $h$,并令 $BP_2=k_1a$,$CP_3=k_2a$,$BP_1=\lambda_1c$,$AP_4=\lambda_2b$,其中 $0\leqslant k_1\leqslant 1$,$0\leqslant k_2\leqslant 1$,并且不妨设 $0\leqslant\lambda_1\leqslant\lambda_2\leqslant 1$(若 $\lambda_2\leqslant\lambda_1$,类似可证,只要在下面证明中将考察 $\triangle P_1P_2P_3$ 与 $\triangle P_1P_2P_4$ 换成 $\triangle P_1P_3P_4$ 与 $\triangle P_2P_3P_4$ 即可).

$$S_{\triangle P_1P_2P_3}=\frac{1}{2}(1-k_1-k_2)a\lambda_1h=\lambda_1(1-k_1-k_2)\frac{1}{2}ah=\lambda_1(1-k_1-k_2)S_{\triangle ABC}$$

$$S_{\triangle P_1P_2P_4}=S_{\triangle ABC}-S_{\triangle AP_1P_4}-S_{\triangle BP_1P_2}-S_{\triangle CP_2P_4}=[1-(1-\lambda_1)(1-\lambda_2)-\lambda_1k_1-\lambda_2(1-k_1)]S_{\triangle ABC}$$

于是,由假设得

$$\lambda_1(1-k_1-k_2)>\frac{1}{2} \quad ①$$

$$1-(1-\lambda_1)(1-\lambda_2)-\lambda_1k_1-\lambda_2(1-k_1)>\frac{1}{4} \quad ②$$



式②即为

$$\lambda_2(k_1-\lambda_1)+\lambda_1(1-k_1)>\frac{1}{4} \quad ③$$

(i) 若 $\lambda_1\geqslant k_1$,则

$$\lambda_2(k_1-\lambda_1)+\lambda_1(1-k_1)\leqslant\lambda_1(k_1-\lambda_1)+\lambda_1(1-k_1)=\lambda_1(1-\lambda_1)\leqslant\frac{1}{4}$$

与式③矛盾.

(ii) 若 $\lambda_1<k_1$,则

$$\lambda_1(1-k_1-k_2)<k_1(1-k_1-k_2)\leqslant k_1(1-k_1)\leqslant\frac{1}{4}$$

与式①矛盾.

故在此情况下,假设亦不真,即命题结论为真.

(2)$P_1$,$P_2$,$P_3$,$P_4$ 四点分布在 $\triangle ABC$ 的两条边上,如图7.16所示,同证法3.

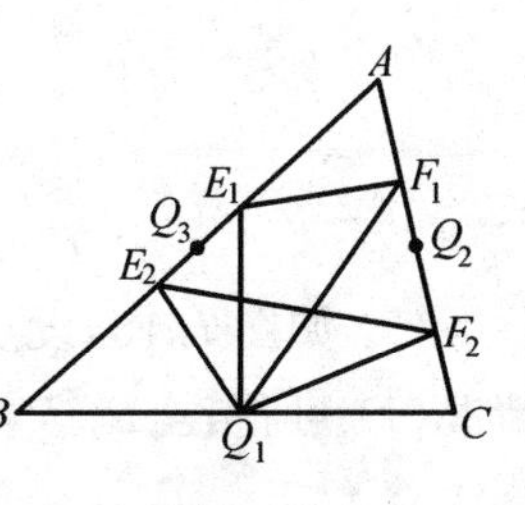

图7.17

**证法5** 我们先给出一个引理,然后再应用引理给出其证明.

**引理** 如图7.17,在 $\triangle ABC$ 中,$Q_1$,$Q_2$,$Q_3$ 分别为

$BC$,$AC$,$AB$ 的中点,点 $E_1$,$F_1$ 分别在 $AQ_3$,$AQ_2$ 上,点 $E_2$,$F_2$ 分别在 $BQ_3$,$CQ_2$ 上,则

$$S_{\triangle Q_1E_1F_1}\leqslant\frac{1}{4}S_{\triangle ABC},S_{\triangle Q_1E_2F_2}\leqslant\frac{1}{4}S_{\triangle ABC}$$

事实上,设$\frac{AE_1}{AB}=x(x\leqslant\frac{1}{2})$,$\frac{AF_1}{AC}=y(y\leqslant\frac{1}{2})$,则

$$S_{\triangle AE_1F_1}=xyS_{\triangle ABC},S_{\triangle BE_1Q_1}=\frac{1}{2}(1-x)S_{\triangle ABC},S_{\triangle CF_1Q_1}=\frac{1}{2}(1-y)S_{\triangle ABC}$$

$$S_{\triangle Q_1E_1F_1}=\left[1-xy-\frac{1}{2}(1-x)-\frac{1}{2}(1-y)\right]S_{\triangle ABC}=$$
$$\left(\frac{1}{2}x+\frac{1}{2}y-xy\right)S_{\triangle ABC}=$$
$$\left[\frac{1}{4}-\left(\frac{1}{2}-x\right)\left(\frac{1}{2}-y\right)\right]S_{\triangle ABC}\leqslant\frac{1}{4}S_{\triangle ABC}$$

同理可证

$$S_{\triangle Q_1E_2F_2}\leqslant\frac{1}{4}S_{\triangle ABC}$$



**原题的证明**　如图7.18,$Q_1$,$Q_2$,$Q_3$ 仍分别是 $BC$,$AC$,$AB$ 的中点,$A$,$Q_2$,$Q_3$;$B$,$Q_1$,$Q_3$;$C$,$Q_1$,$Q_2$ 可以构成三个三角形.在 $P_1$,$P_2$,$P_3$,$P_4$ 四点中,如果至少有三个点落在其中一个三角形的边上,则题中结论显然成立.由抽屉原理,至少有两个点落在其中一个三角形的边上,这时可分以下两种情况.

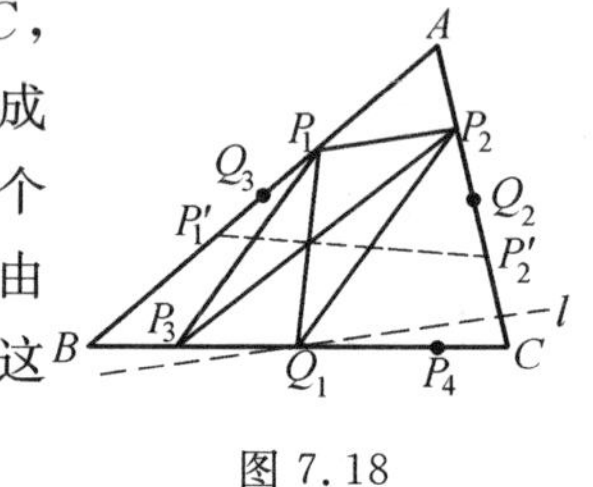

图7.18

(1)设点 $P_1$,$P_2$ 分别在 $AQ_3$,$AQ_2$ 上,点 $P_3$,$P_4$ 分别在 $\triangle BQ_1Q_3$ 与 $\triangle CQ_1Q_2$ 边上,过点 $Q_1$ 作 $P_1P_2$ 的平行线 $l$,易得

$$S_{\triangle P_3P_1P_2}\leqslant S_{\triangle Q_1P_1P_2}$$

由引理

$$S_{\triangle QP_1P_2}\leqslant\frac{1}{4}S_{\triangle ABC}$$

故

$$S_{\triangle P_3P_1P_2}\leqslant\frac{1}{4}S_{\triangle ABC}$$

(2)如图7.18,设点 $P_1'$,$P_3$ 在 $\triangle BQ_1Q_3$ 边上,$P_2'$,$P_4$ 在 $\triangle CQ_1Q_2$ 边上,仿情况(1)可得,$\triangle P_1'P_2'P_3$,$\triangle P_1'P_2'P_4$ 中至少有一个三角形的面积小于或等于$\frac{1}{4}S_{\triangle ABC}$.

**试题 C1**　四边形 $ABCD$ 内接于圆，$\triangle BCD$，$\triangle ACD$，$\triangle ABD$，$\triangle ABC$ 的内心依次记为 $I_A,I_B,I_C,I_D$. 证明：$I_AI_BI_CI_D$ 是矩形.

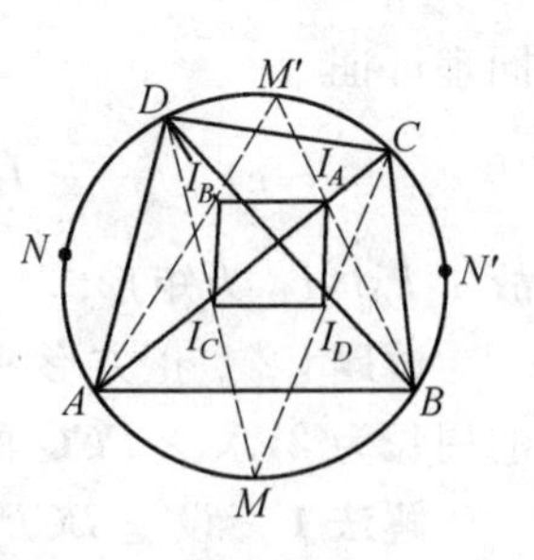


图 7.19

**证法 1**　如图 7.19，设 $\overset{\frown}{AB}$，$\overset{\frown}{BC}$，$\overset{\frown}{CD}$，$\overset{\frown}{DA}$ 中点分别为 $M,N',M',N$，则

$$MI_C=MA=MB=MI_D$$

则 $\triangle I_CMI_D$ 为等腰三角形. 又 $MM'$ 平分 $\angle DMC$，有 $MM'\perp I_CI_D$. 同理 $MM'\perp I_AI_B$，有 $I_AI_B /\!/ I_CI_D$. 同理 $I_BI_C /\!/ I_AI_D$. 故四边形 $I_AI_BI_CI_D$ 为平行四边形.

但 $MM'\perp NN'$，而 $I_AI_B$，$I_BI_C$ 分别与它们垂直，即 $I_AI_B\perp I_BI_C$. 故 $I_AI_BI_CI_D$ 是矩形.

**证法 2**　如图 7.20，联结 $AI_C$，$BI_C$，$AI_D$，$BI_D$，有

$$\angle I_CBI_D=\angle ABI_D-\angle ABI_C=\frac{1}{2}(\angle ABC-\angle ABD)$$

$$\angle I_CAI_D=\angle I_CAB-\angle I_DAB=\frac{1}{2}(\angle BAD-\angle BAC)$$

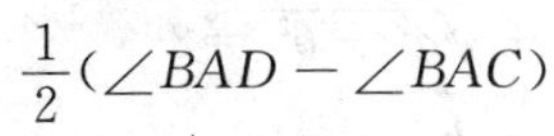

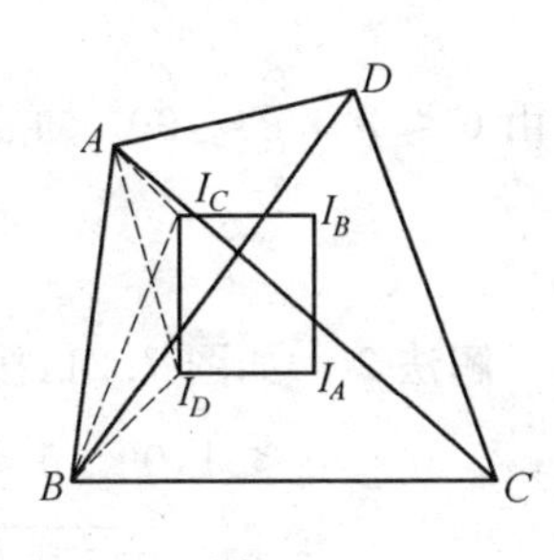


图 7.20

又因 $ABCD$ 内接于圆，则

$$\angle ADB=\angle ACB$$

即

$$\angle ABC+\angle BAC=\angle ABD+\angle BAD$$

则

$$\angle I_CBI_D=\angle I_CAI_D$$

于是 $ABI_DI_C$ 内接于圆，从而有

$$\angle I_CI_DB=\pi-\angle BAI_C=\pi-\frac{1}{2}\angle BAD$$

同理

$$\angle I_AI_DB=\pi-\frac{1}{2}\angle DCB$$

又

$$\angle I_CI_DB+\angle I_AI_DB=\pi-\frac{1}{2}\angle BAD+\pi-\frac{1}{2}\angle DCB=2\pi-\frac{1}{2}(\angle BAD+\angle DCB)=\frac{3}{2}\pi$$

则

$$\angle I_CI_DI_A=\frac{\pi}{2}$$

同理可证

$$\angle I_D I_A I_B = \angle I_B I_C I_D = \angle I_A I_B I_C = \frac{\pi}{2}$$

故 $I_A I_B I_C I_D$ 为矩形.

**试题** C2　正方形 $ABCD$ 边长为1,$AB$,$AD$ 上各有一点 $P$,$Q$. 如果 $\triangle APQ$ 的周长为2,求 $\angle PCQ$ 的度数.

**解法1**　设 $\angle BCP=\alpha$,$\angle DCQ=\beta$. 因

$$BP=\tan\alpha, QD=\tan\beta, AP=1-\tan\alpha, AQ=1-\tan\beta$$

则

$$PQ=2-AP-AQ=\tan\alpha+\tan\beta$$

由 $AP^2+AQ^2=PQ^2$,可知

$$(1-\tan\alpha)^2+(1-\tan\beta)^2=(\tan\alpha+\tan\beta)^2$$

整理得

$$\tan(\alpha+\beta)=1$$

又由 $0\leqslant\alpha+\beta<90^\circ$,知 $\alpha+\beta=45^\circ$,即

$$\angle PCQ=90^\circ-\alpha-\beta=45^\circ$$



**解法2**　如图7.21,按照题意有

$$0<a<1,0<b<1,a+b+\sqrt{a^2+b^2}=2$$

$$\sqrt{a^2+b^2}=2-a-b$$

化去根号并整理得

$$a+b-ab=2-a-b \quad ①$$

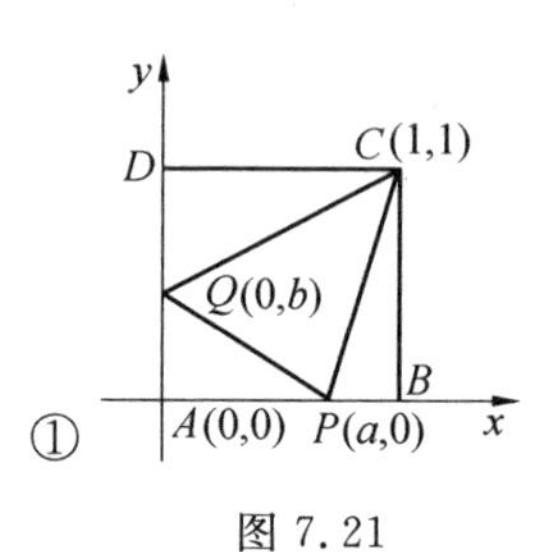

图7.21

$PC$ 的斜率为

$$k_{PC}=\frac{1}{1-a}$$

$QC$ 的斜率为

$$k_{QC}=1-b$$

$\angle PCQ$ 是直线 $CQ$ 按逆时针方向旋转到 $CP$ 形成的最小角,因此有

$$\tan\angle PCQ=\frac{k_{CP}-k_{CQ}}{1+k_{CP}k_{CQ}}=\frac{\frac{1}{1-a}-(1-b)}{1+\frac{1-b}{1-a}}=\frac{a+b-ab}{2-a-b}$$

根据式①得

$$\tan\angle PCQ=1,0<\angle PCQ<\pi$$

则 $\angle PCQ=\frac{1}{4}\pi$,此为所求的角的弧度.

**解法3** 如图7.22，将$\triangle CDQ$绕点$C$逆时针方向旋转$90°$，边$CD$落在$CB$上，点$Q$到点$Q'$. 因$\angle CBQ'=\angle CDQ=90°$，则$\angle ABC+\angle CBQ'=180°$，即知点$P,B,Q'$共线.

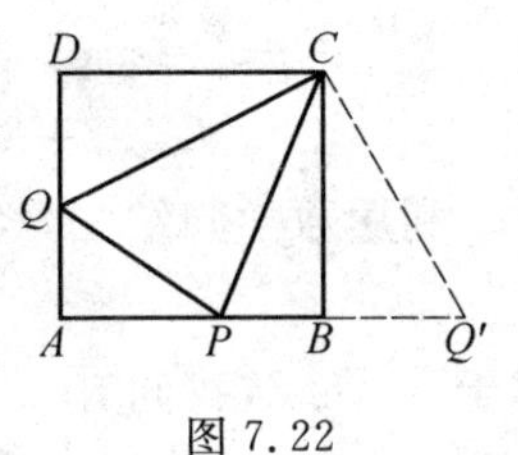

图7.22

由$\triangle APQ$的周长等于正方形$ABCD$的周长的一半等于$AB+AD$，知

$$PQ=PB+DQ=PB+BQ'=PQ'$$

又$CQ=CQ'$，$CP$公用，则

$$\triangle CPQ=\triangle CPQ'$$

故
$$\angle CPQ=\angle CPQ'=\frac{1}{2}\angle QCQ'=\frac{1}{2}\angle DCB=45°$$

**试题** D1 在平面上给定点$P_0$和$\triangle A_1A_2A_3$，且约定当$s\geqslant 4$时，$A_s=A_{s-3}$. 构造点列$P_0,P_1,P_2,\cdots$，使得$P_{k+1}$为点$P_k$绕中心$A_{k+1}$顺时针旋转$120°$所到达的位置，$k=0,1,2,\cdots$. 求证：如果$P_{1\,986}=P_0$，则$\triangle A_1A_2A_3$为等边三角形.



**证明** 用复法来证明，为此先看如下一条引理：

引理：已知复平面上不同的两点$P_0,P_1$，分别用复数$z_0,z$来表示. 令$\theta\in[0,2\pi]$，点$P$以$P_0$为中心，沿逆时针方向旋转角$\theta$后得点$w$，对应复数为$\omega$，则

$$\omega=z\mathrm{e}^{\mathrm{i}\theta}+(1-\mathrm{e}^{\mathrm{i}\theta})z_0$$

其中

$$\mathrm{e}^{\mathrm{i}\theta}=\cos\theta+\mathrm{i}\sin\theta$$

如上引理的证明与附录中题21.3的证明是一样的，此处从略.

回到原题.

设复平面上坐标系的原点$O$是$\triangle A_1A_2A_3$的外接圆的圆心，顶点$A_1,A_2,A_3$分别用复数$\omega_1,\omega_2,\omega_3$表示，满足($R$为外接圆半径)

$$|\omega_1|=|\omega_2|=|\omega_3|=R$$

令$\varepsilon=\cos\frac{2\pi}{3}+\mathrm{i}\sin\frac{2\pi}{3}$，则

$$\varepsilon^2+\varepsilon+1=0,\varepsilon^3=1$$

设复数$z_0$表示点$P$，由引理，点$P_1$可以表示为

$$z_1=z_0\varepsilon+(1-\varepsilon)\omega_1 \qquad ①$$

同样地，点$P_2$可以表示为

$$z_2=z_0\varepsilon^2+(1-\varepsilon)\omega_1\varepsilon+(1-\varepsilon)\omega_2$$

对于 $P_3$,也有

$$z_3=z_0\varepsilon^3+(1-\varepsilon)\omega_1\varepsilon^2+(1-\varepsilon)\omega_2\varepsilon+(1-\varepsilon)\omega_3=$$
$$z_0+(1-\varepsilon)(\omega_1\varepsilon^2+\omega_2\varepsilon+\omega_3)$$

利用数学归纳法,经过三次这样的旋转几圈后,点 $P_{3n}$ 可表示为

$$z_{3n}=z_0+n(1-\varepsilon)(\omega_1\varepsilon^2+\omega_2\varepsilon+\omega_3)$$

对于 $n=662$,我们有

$$z_{1\,986}=z_0+662(1-\varepsilon)(\omega_1\varepsilon^2+\omega_2\varepsilon+\omega_3)=z_0$$

因此,我们有等式

$$\omega_1\varepsilon^2+\omega_2\varepsilon+\omega_3=0 \qquad ②$$

也可以写成如下等价形式

$$\omega_3=\omega_1(1+\varepsilon)+(-\varepsilon)\omega_2 \qquad ③$$

取 $1+\varepsilon=\cos\frac{\pi}{3}+\mathrm{i}\sin\frac{\pi}{3}$,由引理,等式 ③ 可以表示如下:

点 $A_3$ 是由点 $A_1$ 以 $A_2$ 为中心、旋转 $\frac{\pi}{3}$ 得到的. 这样,我们就证明了



$\triangle A_1A_2A_3$ 是等边三角形.

**试题 D2** 以 $O$ 为中心的正 $n(n\geqslant 5)$ 边形的两个相邻顶点记为 $A$ 和 $B$. $\triangle XYZ\cong\triangle OAB$. 最初令 $\triangle XYZ$ 重合于 $\triangle OAB$,然后在平面上移动 $\triangle XYZ$,使得点 $Y,Z$ 都沿着多边形的周界移动,而点 $X$ 在多边形内移动,求点 $X$ 的运动轨迹.

**解法 1** 如图 7.23,设 $A,B,C,\cdots$ 是 $n$ 边形的顶点. 因 $n\geqslant 5$,所以点 $Y$ 和点 $Z$ 分别在边 $AB$ 和 $BC$ 上. 又 $\angle ABC$ 和 $\angle YXZ=\angle AOB$ 互为补角,所以四边形 $YBZX$ 是一个圆内接四边形. 于是有 $\angle YBX=\angle YZX$,点 $X$ 在线段 $BO$ 上,且点 $Z$ 在线段 $BC$ 上变化. 当线段 $XB$ 是圆的直径时,它是最长的.

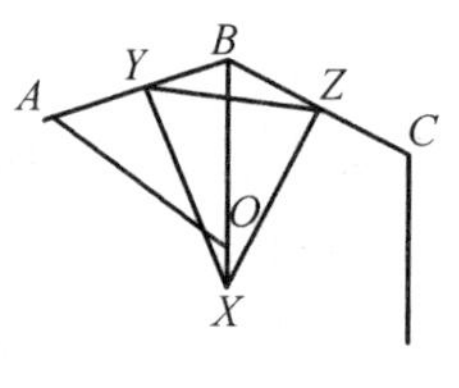

图 7.23

设多边形的边长为单位长度,则 $OB=\dfrac{1}{2\sin\frac{\pi}{n}}$,且 $\triangle XYZ$ 的外接圆直径是

$$R=\frac{OB}{\cos\frac{\pi}{n}}=\frac{1}{\sin\frac{2\pi}{n}}$$

当点 $Z$ 在线段 $BC$ 上沿点 $B$ 移动到点 $C$,其轨迹是从点 $O$ 指向点 $B$ 的长度为

$$d=\frac{1}{\sin\frac{2\pi}{n}}=\frac{1}{2\sin\frac{\pi}{4}}$$

的线段. 由 $n$ 边形的对称性,整个的轨迹应是 * 形,包含几条以 $O$ 为起点、长度为 $d$ 的线段. 容易看出,轨迹 * 上每一点都有轨迹所具有的性质.

**解法2**　如图7.23,由正多边形的对称性,只要考虑 $\triangle XYZ$ 由 $\triangle OAB$ 位置移动到 $\triangle OBC$ 的位置时 $X$ 的轨迹,即可得其全轨迹.

因 $\triangle XYZ\cong\triangle OAB$,所以

$$\angle YXZ=\angle YBZ=180^\circ-2\angle ABO=180^\circ-\angle YBZ$$

故 $X,Y,B,Z$ 四点共圆,得

$$\angle YBX=\angle YZX=\angle YBO$$

由此可知 $BX$ 与 $BO$ 重合,即点 $X$ 在 $BO$ 的延长线上.

下面确定 $OX$ 的最大长度,显然当 $OB\perp YZ$ 时,$OX$ 最长. 设 $OA=1$,容易计算得,这时 $OX=\sec\frac{180^\circ}{n}-1$.



故轨迹为以点 $O$ 为中心的 $n$ 段射线,它们同点 $O$ 与各顶点连线方向相反,长度是 $\left(\sec\frac{180^\circ}{n}-1\right)OA$.

**解法3**　参见第5章第3节例6.

## 第1节　点距比问题

试题A涉及了点距比问题.

平面内给定 $n(n\geqslant 3)$ 个点,每两点间有一个距离,称最长距离与最短距离之比为点距比,且记为 $\lambda_n$.

前面的试题A,讨论 $\lambda_5$ 的问题,下面我们看 $\lambda_4$,$\lambda_6$ 的问题.

### 1. $\lambda_4$ 的问题[①]

1961年匈牙利试题:平面上的四个点可以连成六条线段. 证明:最长的线

① И. 库尔沙克. 匈牙利奥林匹克数学竞赛题解[M]. 胡湘陵,译. 北京:科学普及出版社,1979:256-258.

段和最短的线段的比不小于$\sqrt{2}$.

**证法1** 设$P_1,P_2,P_3,P_4$是平面上的四个给定点.我们取这些点所确定的线段中最短的作为长度单位.现在要证明:在六条线段中至少有一条线段的长度不小于$\sqrt{2}$.

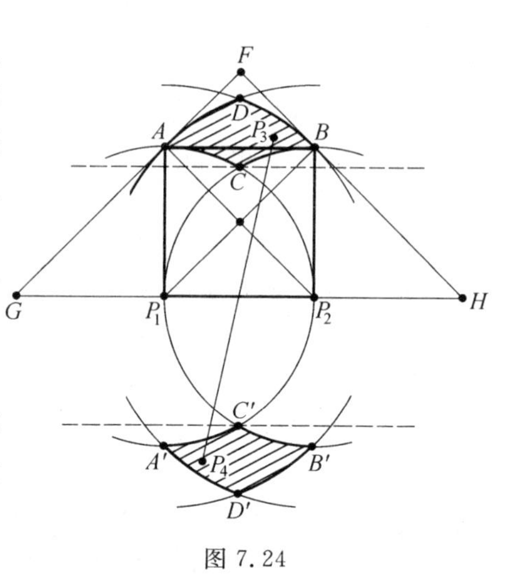


图 7.24

假设$P_1P_2$是由四个给定的点所确定的线段中最短的线段,即单位长线段,以点$P_1$和$P_2$为圆心作两个单位圆,如图7.24所示.点$P_1,P_4$中的任何一个点都不可能在这两个圆内,如若不然,线段$P_1P_2$就是点$P_1,P_2,P_3,P_4$所确定的线段中最短的线段了.现在我们以点$P_1$和$P_2$为圆心作两个半径都为$\sqrt{2}$的圆.这两个圆通过正方形$P_1P_2BA$的顶点$A$和$B$.以点$P_2$为圆心的圆通过顶点$A$,以点$P_1$为圆心的圆通过顶点$B$.如果点$P_3,P_4$中的某一个点不在以$P_1$和$P_2$为圆心,以$\sqrt{2}$为半径所画的圆内,那么它到圆心的距离不小于$\sqrt{2}$.



这样一来,我们只要研究点$P_3$和$P_4$在每一个半径为$\sqrt{2}$的圆内且在以点$P_1,P_2$为圆心的单位圆外(或在圆上)的情形就行了.这意味着点$P_3$和$P_4$属于曲线多边形$ADBC$和$A'D'B'C'$,但除去弧$AD,BD$和$A'D',D'B'$上的点.

从图7.24看出,曲线四边形$ACBD$位于以$AB$为对角线的正方形内,且在曲线四边形的顶点中,只有顶点$A$和$B$在正方形的周界上(下面我们严格证明这一点).由此(由于曲线四边形$ACBD$和$A'C'B'D'$对称)推出,曲线四边形的任意两点之间的距离不大于1,因为位于正方形内的任一线段不会大于正方形的对角线(也许这样作更显然:作正方形的外接圆,其圆的直径等于正方形的对角线,位于圆内的任一线段总比它的直径短).

于是只要研究点$P_3$属于一个曲线四边形,而点$P_4$属于另一个曲线四边形的情况就行了.过点$C$和$C'$作直线和线段$P_1P_2$平行.这两条直线确定了一个带子,这条带子把曲线四边形$ACBD$和$A'C'B'D'$分开了.带子的宽大于$\sqrt{2}$,因为单位长线段$CP_1$和$P_1C'$之间的夹角等于$120°$,即大于$90°$.线段$P_3P_4$和带子相交.因此,它的长度不小于带子的宽,即不小于$\sqrt{2}$,这就是所要证明的.

上面我们借助于图 7.24 利用了下面这一点：曲线四边形 $ACBD$ 包含在以 $AB$ 为对角线的正方形内，而且只有曲线四边形的顶点 $A$ 和 $B$ 属于正方形的周界. 现在我们较严格地证明这个断言.

圆周的弧所围成的曲线四边形的顶点 $A$ 和 $B$ 必定在正方形的周界上. 因此只要证明曲线四边形 $ACBD$ 的其他的点不属于正方形的周界就行了. 除了顶点 $A$ 和 $B$ 以外，线段 $AF$ 和 $BF$ 不包含曲线四边形其他的点，因为这两条线段在过点 $A$ 和 $B$ 向大圆弧所作的切线上. 由此推出曲线四边形 $ACBD$ 在 $\triangle FGH$ 内. 以点 $P_1$ 为圆心的单位圆的弧 $AP_2$ 和 $\triangle FGH$ 的周界相交两次（在点 $A$ 和点 $P_2$）且把曲线四边形 $ACBD$ 和弦 $AP_2$ 分开. 只有弦 $AP_2$ 的端点才可能是曲线四边形 $ACBD$ 和这个弦 $AP_2$ 的公共点. 因此，除了点 $A$ 以外，线段 $AP_2$ 上的任何其他的点都不可能属于曲线四边形 $ACBD$. 对于线段 $BP_1$ 也可以进行同样的论证（除了点 $B$ 外，它上面的任一点都不属于曲线四边形 $ACBD$）.

**证法 2**　在直角三角形中，斜边与较小的（精确地说，不是较大）直角边的比不小于 $\sqrt{2}$. 事实上，如果 $a \leqslant b$，那么 $c^2 = a^2 + b^2 \geqslant 2a^2$，由此得到 $c/a \geqslant \sqrt{2}$.

如果三角形的两边长度保持不变，而其夹角增加，那么第三边也变大（可由正弦定理推导），因此在钝角三角形甚至在蜕化的三角形（彼此衔接起来的线段所组成的）中，最大的边和最小的边的比大于 $\sqrt{2}$.

于是，只要证明在平面上的四个点中，总可以找到这样三个点，它们是直角三角形、钝角三角形或蜕化的三角形的顶点就行了. 在平面上任意取四个点. 不失一般性，可以假设其中任何三点都不在一条直线上. 我们研究所取四点的凸包，即在这四个点上插上针，将线缠在针上拉紧后所围成的多边形. 因为四个点中的任何三个点都不在一条直线上，它们的凸包或者是三角形，或者是四边形.

如果凸包具有 $\triangle P_1P_2P_3$ 的形状，如图 7.25 所示，由于任何三点都不在一条直线上，所以点 $P_4$ 在这个三角形内. 线段 $P_4P_1$，$P_4P_2$，$P_4P_3$ 把 $\triangle P_1P_2P_3$ 分成三个小的三角形. 这三个小三角形在顶点 $P_4$ 的三个顶角之和等于 360°. 因此这些小三角形中至少有一个是钝角三角形（不但如此，在这些小三角形中至少有两个是钝角三角形）.

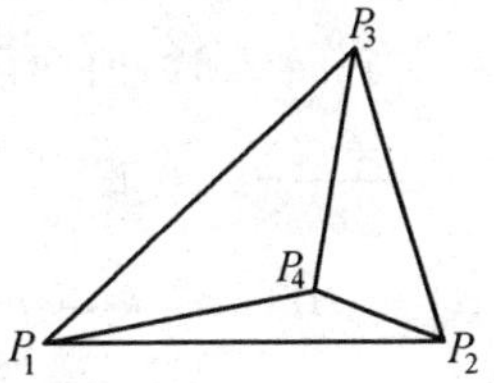

图 7.25

如果凸包具有四边形的形状，那么可以肯定它的四个内角不可能都是锐角，因为它们的和等于 360°. 因此，最大的角是直角或钝角，而夹这个角的两边是直角三角形或钝角三角形的两条边.

**2. $\lambda_6$ 的问题**

我们首先看 1965 ~ 1966 年波兰数学竞赛题或 1964 年普特南数学竞赛题.①

在平面上任意给定六点,求证:这六点中,两点间最远距离与两点间最近距离的比不小于$\sqrt{3}$.

**证明** (1) 若已知的六点中有三点共线,例如点 $B$ 在线段 $AC$ 上,则不等式 $AC \geqslant 2BC$ 或 $AC \geqslant 2AB$ 总有一个成立,因而本题论断正确.

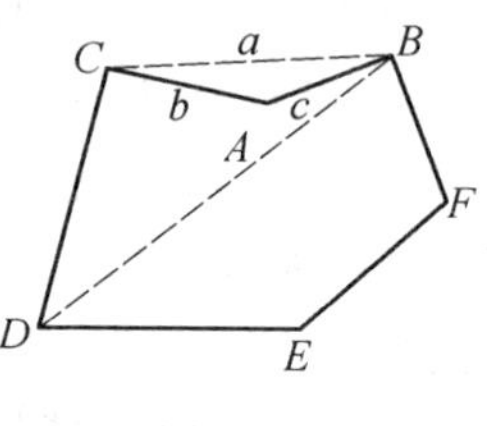

图 7.26

(2) 若已知的六点只能构成凹六边形,如图 7.26,则其中必有一点(设为 $A$)位于其他五点构成的某个三角形(设为 $\triangle BCD$)内.

考察 $\triangle BAC$,$\triangle CAD$,$\triangle DAB$,则其中必有一个三角形的一个内角不小于 $120^\circ$,设 $\angle BAC \geqslant 120^\circ$,且 $AC = b \leqslant AB = c$,又设 $BC = a$.



在 $\triangle ABC$ 中,由余弦定理,得

$$a^2 = b^2 + c^2 - 2bc\cos A \geqslant b^2 + c^2 - 2bc\cos 120^\circ = b^2 + c^2 + bc \geqslant 3b$$

故$\frac{a}{b} \geqslant \sqrt{3}$.

(3) 若已知的六点构成一个凸六边形,则此六边形必有一个内角为小于 $120^\circ$ 的钝角,由(2) 的计算,亦可证明结论正确.

**3. $\lambda_n$ 的问题**

张垚教授给出了 $\lambda_n \geqslant 2\sin\frac{(n-2)\pi}{2n}$ 的证明②.

当 $n=4$ 时,前面已证. 当 $n \geqslant 5$ 时,若 $n$ 点中有三点共线,则易得 $\lambda_n \geqslant 2 > 2\sin\frac{n-2}{2n}\pi$. 下设 $n$ 点中无三点共线,且这 $n$ 个点的凸包为凸 $k$ 边形 $A_1A_2\cdots A_k(3 \leqslant k \leqslant n)$,不妨设这个凸 $k$ 边形的最小内角为 $\angle A_kA_1A_2$,于是

① 吴振奎,王连笑,刘玉翘. 世界数学奥林匹克解题大辞典——几何卷[M]. 石家庄:河北少年儿童出版社,2003.

② 张垚,沈文选,冷岗松. 奥林匹克数学中的组合问题[M]. 长沙:湖南师范大学出版社,2004:247.

$$\angle A_kA_1A_2 \leqslant \frac{(k-2)\pi}{k} \leqslant \left(1-\frac{2}{n}\right)\pi = \frac{(n-2)\pi}{n}$$

并且 $A_1$ 与其他已知点的连线将 $\angle A_kA_1A_2$ 分成 $n-2$ 个小角(因无三点共线)，其中最小的一个角(不妨设为 $\angle A_iA_1A_j$) 不超过 $\frac{1}{n-2}\cdot\frac{(n-2)\pi}{n}=\frac{\pi}{n}$.

注意到:在 $\triangle ABC$ 中,有一个内角不超过 $\frac{\pi}{n}$ $(n\geqslant 5)$ 时,则 $\lambda_3 \geqslant 2\cos\frac{\pi}{n}$.

事实上,不妨设 $\angle A,\angle B,\angle C$ 中 $\angle C\leqslant\angle B\leqslant\angle A$,于是

$$\angle C\leqslant\frac{\pi}{n},\angle A\leqslant\pi-(\angle A+\angle C)\leqslant\pi-2\angle C,\pi-\angle A\geqslant 2\angle C \quad ①$$

又

$$2\angle A\geqslant\angle A+\angle B=\pi-\angle C$$

$$\angle A\geqslant\frac{1}{2}(\pi-\angle C)\geqslant\frac{1}{2}\left(\pi-\frac{\pi}{n}\right)=\frac{n-1}{2}\cdot\frac{\pi}{n}\geqslant 2\,\frac{\pi}{n}(因\ n\geqslant 5)$$

即

$$\angle A\geqslant 2\angle C \quad ②$$



当 $\angle A\leqslant\frac{\pi}{2}$ 时,由式 ② 得

$$\sin A\geqslant\sin 2C$$

当 $\angle A>\frac{\pi}{2}$ 时,由式 ① 得

$$\sin A=\sin(\pi-A)\geqslant\sin 2C$$

故总有

$$\sin A\geqslant\sin 2C$$

于是

$$\lambda_3=\frac{BC}{AB}=\frac{\sin A}{\sin C}=\frac{\sin 2C}{\sin C}=2\cos C\geqslant 2\cos\frac{\pi}{n}$$

此时,可得 $\triangle A_iA_1A_j$ 中最长边与最短边之比大于或等于 $2\cos\frac{\pi}{n}$,所以

$$\lambda_n\geqslant 2\cos\frac{\pi}{n}=2\sin\frac{n-2}{2n}\pi$$

## 第2节　倍角三角形问题

在一个三角形中,若有一角是另一角的 $n$ 倍,则称涉及这一条件的三角形问题为倍角三角形 .

在1985年高中联赛第一试中,有一道涉及倍角三角形的有趣问题.

**题目** 在$\triangle ABC$中,$\angle A$,$\angle B$,$\angle C$的对边分别为$a$,$b$,$c$.若$\angle A$,$\angle B$,$\angle C$的大小成等比数列,且$b^2-a^2=ac$,则$\angle B$的弧度数等于________.

**解法1** 将$b^2-a^2=ac$变形为$bb=aa+ac$,形似托勒密定理,为此作$\triangle ABC$的外接圆圆$O$,过点$C$作$CD // AB$交圆$O$于点$D$,如图7.27所示.

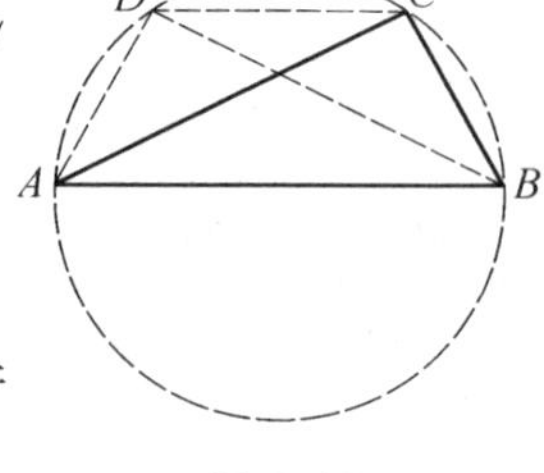

图7.27

则由托勒密定理得

$$AB \cdot DC + AD \cdot BC = AC \cdot BD$$

而$ABCD$是等腰梯形,故$aa+aDC=bb$,根据已知条件得$DC=a$,则

$$\angle ABC = 2\angle BAC$$

又
$$(\angle ABC)^2 = \angle BAC \cdot \angle ACB$$

故
$$\angle ACB = 4\angle BAC$$

由$\triangle ABC$内角和为$\pi$,得$\angle BAC=\frac{\pi}{7}$.故$\angle ABC=\frac{2}{7}\pi$.



**解法2** 将$b^2-a^2=ac$变为$(b+a)(b-a)=ac$,此式形似相交弦定理,故构图如下:作半径为$b$的圆$C$和两条半径$CA$,$CF$,联结$AF$.设$CF$的垂直平分线交$AF$于点$B$,过点$B$,$C$作直径$ED$,如图7.28所示,设$AB=c$,$BF=a$,则$\triangle ABC$满足题设条件$b^2-a^2=ac$.

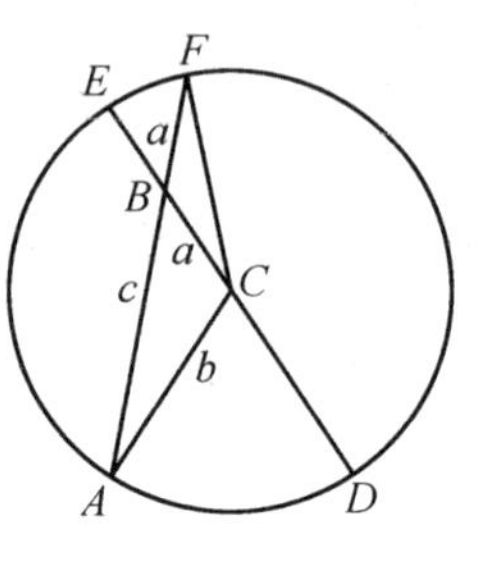

图7.28

此时,根据相交弦定理有

$$BF \cdot BA = EB \cdot BD$$

又根据已知有$EB \cdot BD = BC \cdot BA$,所以

$$BC = BF, \angle BCF = \angle BFC, \angle ABC = 2\angle BFC$$

又
$$\angle A = \angle BFC$$

故
$$\angle ABC = 2\angle A$$

以下同解法1.

**解法3** 由余弦定理可知

$$b^2-a^2=2bc\cos A-c^2$$

将$b^2-a^2=ac$变为$\cos A=\frac{a+c}{2b}$.故作Rt$\triangle ADE$,如图7.29所示,设$AD=2b$,

$AE=a+c$. 作 $AD$ 边上的中线 $EC$，设 $CE$ 的垂直平分线交 $AE$ 于点 $B$，且 $BE=a$，则 $AB=c$. $\triangle ABC$ 满足题设条件 $b^2-a^2=ac$.

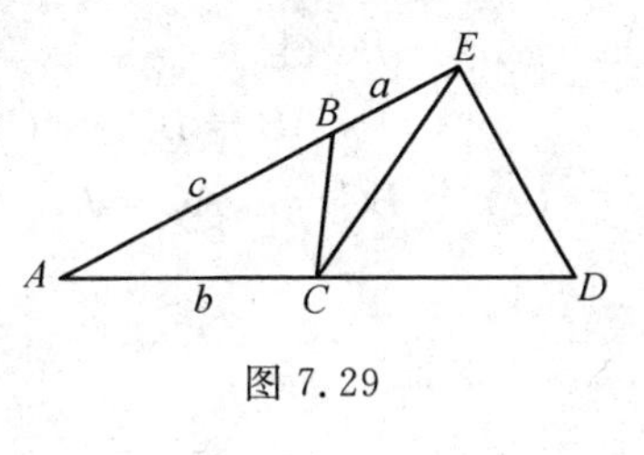

图 7.29

注意到 $EC$ 为 $\mathrm{Rt}\triangle ABC$ 斜边上的中线，则

$$\angle A=\angle BEC$$

又根据作法可知

$$\angle BEC=\angle BCE$$

故

$$\angle ABC=2\angle BEC=2\angle A$$

以下同解法1.

**解法4**　把 $b^2-a^2$ 看作整体，则 $\sqrt{b^2-a^2}$ 是 $a$ 与 $c$ 的比例中项. 故设法构图：作圆的两条互相垂直的弦 $DE$，$CF$，如图7.30所示. 其中 $CF$ 为直径. 设 $BC=a$，$BF=c$，$DC=b$. 以 $BC$ 为一边，$b$，$c$ 为另两边作 $\triangle ABC$，则 $\triangle ABC$ 满足题设条件 $b^2-a^2=ac$.

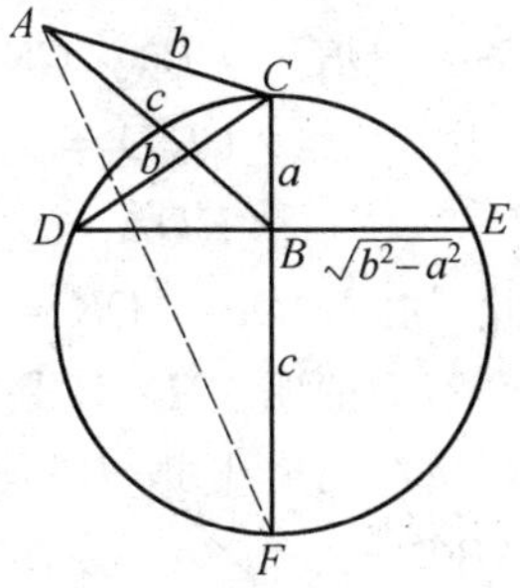

图 7.30

联结 $AF$，有 $AB=BF=c$，从而

$$\angle BAF=\angle BFA,\angle ABC=2\angle BFA$$

由

$$b^2-a^2=ac$$

知

$$\frac{b}{a}=\frac{a+c}{b}$$

又 $\angle ACB$ 为公共角，则 $\triangle ABC\backsim\triangle AFC$. 因而有

$$\angle BAC=\angle BFA,\angle ABC=2\angle BAC$$

以下同解法1.

由上述试题及其证明，我们有如下结论.

在 $\triangle ABC$ 中，$\angle A$，$\angle B$，$\angle C$ 所对的边分别为 $a$，$b$，$c$，且 $b^2-a^2=ac$，则 $\angle B=2\angle A$. 反之亦然. 因而有：

**结论1**　在一个三角形中，一角是另一角的两倍的充分必要条件是这两角所对边的平方差的绝对值等于两角中较小角所对边与第三边的积.

由题设条件求得的结果知

$$\angle A:\angle B:\angle C=1:2:4$$

因而有：

**结论2**　在 $\triangle ABC$ 中，若 $\angle A:\angle B:\angle C=1:2:4$，则：

(1) 当 $CD$ 是一条角平分线时，$CD=AC-BC$；当 $BE$ 是另一条角平分线时，

$BE = AB - BC$,且

$$CD \cdot AB = BC \cdot AC, BE \cdot AC = AB \cdot BC, BC^2 = CD \cdot BE$$

(2) 令 $BC = a, AC = b, AB = c$,有

$$\frac{1}{a} = \frac{1}{b} + \frac{1}{c}$$

且 $$\cos\frac{\pi}{7} = \frac{b}{2a}, \cos\frac{2\pi}{7} = \frac{c}{2b}, \cos\frac{4\pi}{7} = -\frac{a}{2c}$$

**证明** (1) 在 $AC$ 上取 $CK = BC$,联结 $DK$,如图 7.31 所示. 显然

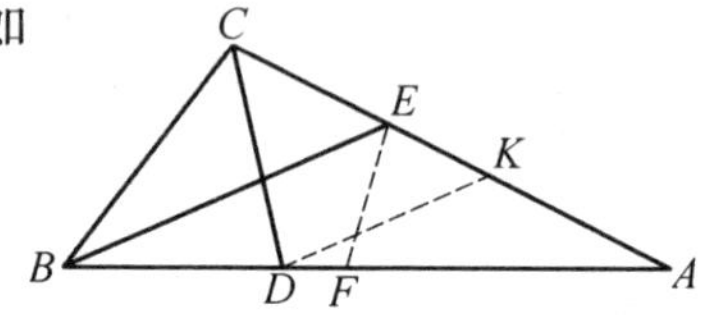

$$KA = AC - CK = AC - BC$$

易证 $$\triangle CDK \cong \triangle CDB$$

故 $$DK = DB, \angle CKD = \angle B = 2\angle A$$

但 $$\angle CKD = \angle KDA + \angle A$$

故 $$\angle KDA = \angle A$$

因此 $$DB = DK = KA = AC - BC$$

图 7.31



不难证明 $\triangle DCB$ 是等腰三角形,即 $CD = DB$. 故有 $CD = AC - BC$.

又在 $AB$ 上取 $BF = BC$,联结 $FE$,如图 7.30 所示. 设 $\angle C = 4x$,则 $\angle ABC = 2x, \angle A = x$,注意 $7x = 180°$. 易证

$$\triangle BEF \cong \triangle BEC$$

故

$$\angle BFE = \angle C = 4x$$

$$\angle BEF = \angle BEC = \frac{1}{2}\angle ABC + \angle A = 2x$$

因此 $$\angle AEF = 180° - \angle BEF - \angle BEC = 180° - 4x = 3x$$

而 $$\angle AFE = 180° - \angle BFE = 180° - 4x = 3x$$

则 $\angle AEF = \angle AFE$,即 $AE = AF$,又

$$\angle EBA = \frac{1}{2}\angle ABC = x = \angle A$$

则 $$BE = AE = AF$$

故 $$BE = AF = AB - BF = AB - BC$$

由 $$\triangle ABC \backsim \triangle DAC \backsim \triangle CEB$$

即得 $$CD \cdot AB = BC \cdot AC, BE \cdot AC = AB \cdot BC$$

由此两式相乘得

$$BC^2 = CD \cdot BE$$

(2) 延长 $CB$ 到点 $D$，使 $BD=c$，如图 7.32 所示，则

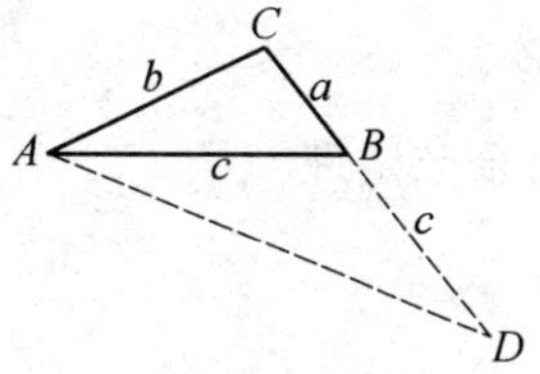

$$\angle D=\angle BAD,\angle CBA=2\angle D$$

又
$$\angle CBA=2\angle CAB$$

则 $\angle CAB=\angle D$. 由 $\angle C$ 公共，知 $\triangle CAB\backsim\triangle CDA$，则

$$\frac{CA}{CD}=\frac{CB}{CA}$$

图 7.32

即
$$\frac{b}{a+c}=\frac{a}{b}$$

则有

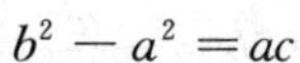

$$b^2-a^2=ac \qquad ①$$

同理可证

$$c^2-b^2=ba \qquad ②$$

由式 ① + ② 得

$$c^2=ac+ab+a^2=a(a+b+c)$$

则
$$\frac{1}{a}=\frac{a+b+c}{c^2}=\frac{a+b}{c^2}+\frac{1}{c}=\frac{a+b}{ab+b^2}+\frac{1}{c}$$

故

$$\frac{1}{a}=\frac{1}{b}+\frac{1}{c} \qquad ③$$

在 $\triangle ABC$ 中，由 $\angle A:\angle B:\angle C=1:2:4$，可得

$$\angle A=\frac{\pi}{7},\angle B=\frac{2\pi}{7},\angle C=\frac{4\pi}{7}$$

由正弦定理得

$$\frac{a}{\sin A}=\frac{b}{\sin B},\frac{a}{\sin\frac{\pi}{7}}=\frac{b}{\sin\frac{2\pi}{7}}$$

故

$$\cos\frac{\pi}{7}=\frac{b}{2a} \qquad ④$$

又
$$\frac{b}{\sin B}=\frac{c}{\sin C}$$

则
$$\frac{b}{\sin\frac{2\pi}{7}}=\frac{c}{\sin\frac{4\pi}{7}}=\frac{c}{2\sin\frac{2\pi}{7}\cos\frac{2\pi}{7}}$$

故

$$\cos\frac{2\pi}{7}=\frac{c}{2b} \quad ⑤$$

由余弦定理

$$\cos C=\frac{a^2+b^2-c^2}{2ab}$$

$$\cos\frac{4\pi}{7}=\frac{a^2-ab}{2ab}=\frac{a-b}{2b}$$

由式③得

$$c(a-b)=-ab$$

从而

$$a-b=-\frac{ab}{c}$$

故

$$\cos\frac{4\pi}{7}=-\frac{a}{2c} \quad ⑥$$

**注** 由上即知 $|\cos A\cos B\cos C|=\frac{1}{8}$.



**推论**[①] 在 $\triangle ABC$ 中,$\angle A:\angle B:\angle C=1:2:4$,三条高 $AD$,$BE$,$CF$ 的垂足分别为 $D$,$E$,$F$,则 $\triangle ABC\backsim\triangle FDE$,且 $S_{\triangle DEF}=\frac{1}{4}S_{\triangle ABC}$.

**结论 3** 在 $\triangle ABC$ 中,$BC=a$,$CA=b$,$AB=c$,若 $\angle A=3\angle B$,则

$$a^3+b^3=b(a^2+ab+c^2)$$

或者

$$(a-b)^2(a+b)=bc^2$$

**证法 1** 若注意到三角恒等式

$$\sin(\alpha+\beta)\sin(\alpha-\beta)=\sin^2\alpha-\sin^2\beta \quad (*)$$

则由式(*),令 $\alpha=\angle A$,$\beta=\angle B$,则 $\alpha+\beta=\pi-\angle C$,$\alpha-\beta=2\angle B$.于是,有

$$\sin^2 A-\sin^2 B=2\sin C\sin B\cos B$$

结合正弦定理和余弦定理,上式即

$$\frac{a^2}{4R^2}-\frac{b^2}{4R^2}=2\cdot\frac{c}{2R}\cdot\frac{b}{2R}\cdot\frac{c^2+a^2-b^2}{2ac}$$

即

$$a^3+b^3=b(a^2+ab+c^2)$$

---

① 孙哲.一道初中几何题与国内外竞赛题[J].中学数学,2001(1):44-46.

**证法 2**①　先看如下引理:

**引理**　在 $\triangle ABC$ 中,$\angle A = n\alpha\,(n \geqslant 2, n \in \mathbf{N})$,$D$ 为 $BC$ 上一点,且

$$\angle ADC = n\alpha, AD = x, BD = y$$

则
$$x = \frac{bc}{a}, y = \frac{a^2 - b^2}{a}$$

($a, b, c$ 分别为 $\triangle ABC$ 中 $\angle A, \angle B, \angle C$ 的对边,下同.)

事实上,如图 7.33 所示,因 $\triangle BAC \backsim \triangle ADC$,则 $\frac{AB}{BC} = \frac{AD}{AC}$,故得 $x = \frac{bc}{a}$. 同理 $\frac{AC}{DC} = \frac{BC}{AC}$. 于是

$$AC^2 = DC \cdot BC, b^2 = (a - y)a = a^2 - ya$$

故得 $y = \frac{a^2 - b^2}{a}$. 引理证毕.

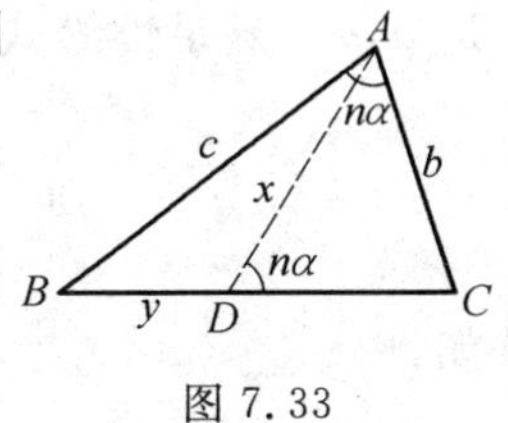

图 7.33

由题设 $\angle A = 3\angle B$,如图 7.34 所示,作 $\angle BAD = 2\alpha$,设 $BD = y$,由引理易知

$$y = \frac{a^2 - b^2}{a}, x = \frac{bc}{a}$$

而在 $\triangle ABD$ 中,由于 $\angle DAB = 2\angle B$,利用引理,有

$$f_2(y, x, c) = y^2 - x^2 - xc = 0$$

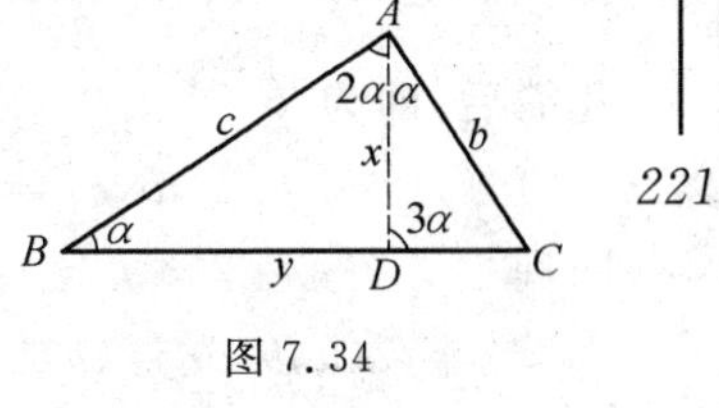

图 7.34

因此,只需将 $x = \frac{bc}{a}, y = \frac{a^2 - b^2}{a}$ 代入上面式子,即得

$$f_3(a, b, c) = (a - b)^2(a + b) - bc^2$$

**注**　(1) 当 $\angle A = 2\angle B$ 时,作 $\angle BAC$ 的平分线 $AD$,则

$$\angle ADC = \angle BAC = 2\alpha, AD = x = BD = y$$

由引理知

$$x = \frac{bc}{a}, y = \frac{a^2 - b^2}{a}$$

所以
$$\frac{bc}{a} = \frac{a^2 - b^2}{a}$$

即得
$$f_2(a, b, c) = a^2 - b^2 - bc$$

(2) 当 $\angle A = n\angle B\,(n \geqslant 2, n \in \mathbf{N})$,作 $\angle BAD = (n - 1)\alpha$,如图 7.35 所示,在 $\triangle ABD$ 中,边的关系为

$$f_{n-1}(y, x, c) = 0 \qquad (**)$$

---

① 方亚斌. 等角对等边的联想[J]. 中学数学,1990(7):36-38.

同上,容易求得

$$y=\frac{a^2-b^2}{a},x=\frac{bc}{a}$$

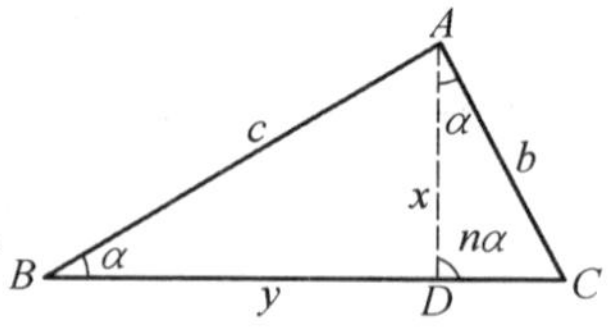

将它们分别代入式(* *)中相应的位置,即得关于 $f_a(a,b,c)$ 的表达式.从而我们有:

图 7.35

**结论 4** 在 $\triangle ABC$ 中,若 $\angle A=n\angle B(n\in\mathbf{N})$,则三边 $a,b,c$ 满足恒等式 $f_n(a,b,c)$.这里 $f_n(a,b,c)$ 归纳定义为

$$\begin{cases}f_n(a,b,c)=f_{n-1}\left(\dfrac{a^2-b^2}{a},\dfrac{bc}{a},c\right)\\f_1(a,b,c)=a-b\end{cases}$$

譬如,由

$$f_3(a,b,c)=(a-b)^2(a+b)-bc^2$$

得 $f_4(a,b,c)=f_3(\dfrac{a^2-b^2}{a},\dfrac{bc}{a},c)=(\dfrac{a^2-b^2}{a}-\dfrac{bc}{a})^2\cdot(\dfrac{a^2-b^2}{b}+\dfrac{bc}{a})-\dfrac{bc^3}{a}$

化简后,即为



$$f_4(a,b,c)=(a^2-b^2-bc)^2(a^2-b^2+bc)-a^2bc^3$$

同理

$$f_5(a,b,c)=(a+b)(a-b)^2[(a-b)(a+b)^2+bc^2]-a^2bc^4$$

$$f_6(a,b,c)=(a^2-b^2-bc)^2(a^2-b^2+bc)[(a^2-b^2+bc)(a^2-b^2-bc)+a^2bc^3]-(a^2-b^2)^2a^2bc^5$$

读者有兴趣的话,还可继续类似,另外,下列事实也是成立的,即:

**结论 5** 若 $f_1(a,b,c)=a-b=0$,则 $\angle A=\angle B$;

若 $f_2(a,b,c)=a^2-b^2-bc=0$,则 $\angle A=2\angle B$;

⋮

若 $f_n(a,b,c)=0$,则 $\angle A=n\angle B$.

有兴趣的读者,可自行证明结论 5.限于篇幅,在此不证.

下面看一些应用的例子.

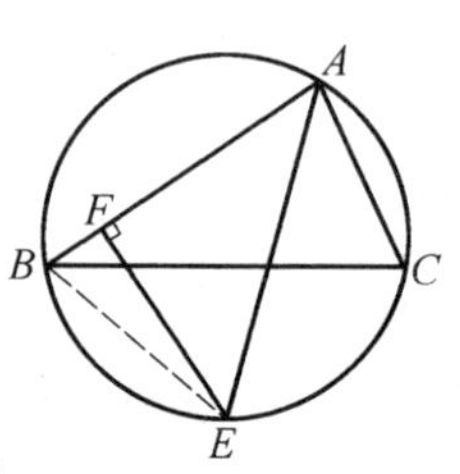


图 7.36

**例 1** 在圆的内接 $\triangle ABC$ 中,$\angle A$ 的平分线与圆相交于点 $E$,过点 $E$ 作 $EF\perp AB$,垂足为点 $F$,求证:$AF=\dfrac{1}{2}(AB+AC)$.

**证明** 如图 7.36,联结 $BE$,知

$$\angle EAF=\frac{\pi}{2}-\left(\frac{\angle B+\angle C}{2}\right)$$

$$\angle ABE=\pi-\angle C-\frac{\angle A}{2}=\frac{\pi}{2}-\left(\frac{\angle C-\angle B}{2}\right)$$

在

$$\sin^2\alpha-\sin^2\beta=\sin(\alpha+\beta)\sin(\alpha-\beta)$$

中，令 $\alpha=\angle C,\beta=\angle B$，得

$$\sin C+\sin B=\frac{\sin A\sin(C-B)}{\sin C-\sin B}$$

故

$$AB+AC=2R\cdot\frac{2\sin\frac{B+C}{2}\cos\frac{B+C}{2}\cdot 2\sin\frac{C-B}{2}\cos\frac{C-B}{2}}{2\cos\frac{C+B}{2}\sin\frac{C-B}{2}}=$$

$$4R\sin\frac{B+C}{2}\cos\frac{C-B}{2}=2\cdot 2R\sin\angle ABE\cos\angle EAF=$$

$$2\cdot AE\cos\angle EAF=2AF$$



**注**　可直接由正弦定理

$$\frac{AB}{\sin C}=\frac{AC}{\sin B}=2R$$

有

$$\frac{AB+AC}{\sin C+\sin B}=2R$$

于是

$$AB+AC=2R(\sin C+\sin B)=4R\cdot\sin\frac{B+C}{2}\cdot\cos\frac{C-B}{2}=$$

$$2\cdot AE\cdot\cos\angle EAF=2AF$$

**例2**　已知：$D$ 是 $\triangle ABC$ 的边 $AC$ 上一点，$AD$：$DC=2:1,\angle C=45°,\angle ADB=60°$，求证：$AB$ 是 $\triangle BCD$ 的外接圆的切线.

（1987年全国初中数学联赛题）

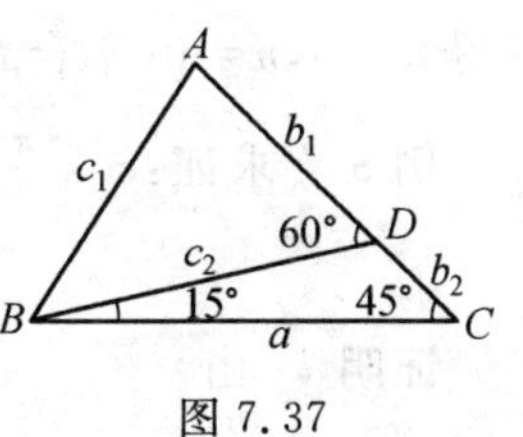

图7.37

**证明**　记 $BC=a,AD=b_1,DC=b_2,AB=c_1,BD=c_2$，如图7.37所示.易知 $\angle DBC=15°$，则 $\angle C=3\angle DBC$. 在 $\triangle DBC$ 中，由结论3知

$$(c_2-b_2)^2(c_2+b_2)-b_2a^2=0 \quad ①$$

又由余弦定理得

$$a^2 = c_2^2 + b_2^2 + c_2 b_2 \quad ②$$

由①②两式可得

$$c_2^2 - 2b_2 c_2 - 2b_2^2 = 0$$

但 $b_2 = \frac{b_1}{2}$,故

$$c_2^2 - b_1 c_2 - b_1 b_2 = 0 \quad ③$$

又在 $\triangle ABD$ 中,依余弦定理得

$$c_1^2 = b_1^2 + c_2^2 - b_1 c_2 \quad ④$$

由③④两式得

$$c_1^2 = b_1^2 + b_1 b_2 = b_1(b_1 + b_2)$$

即 $AB^2 = AD \cdot AC$,从而 $\triangle ABD \backsim \triangle ACB$,得 $\angle ABD = \angle C$,故 $AB$ 是 $\triangle BCD$ 的外接圆的切线.

**例3** 已知 $\triangle ABC$ 中最大角 $\angle A$ 是最小角 $\angle C$ 的两倍,夹大角两边 $b=5$,$c=4$,求第三边 $a$ 和三角形面积.

(1980年上海市中学数学竞赛题)



**解** 由题设 $\angle A = 2\angle C$ 及结论1,知

$$a^2 = c^2 + bc = 16 + 20 = 36$$

即知 $a=6$.

由海伦公式,求得 $S_{\triangle ABC} = \frac{15}{4}\sqrt{7}$.

**例4** 三角形三边为连续自然数,且最大角为最小角的两倍.求三边长.

(1961年第3届IMO试题)

**解** 由题意,设三角形三边长为 $n-1, n, n+1$,则

$$(n+1)^2 = (n-1)^2 + n(n-1)$$

解得 $n=5$,$n=0$(不合题意,舍去).故三角形三边长为4,5,6.

**例5** 求证:$\cos\frac{\pi}{7} - \cos\frac{2\pi}{7} + \cos\frac{3\pi}{7} = \frac{1}{2}$.

(1963年第5届IMO试题)

**证明** 由

$$\cos\frac{3\pi}{7} = \cos\left(\pi - \frac{4\pi}{7}\right) = -\cos\frac{4\pi}{7}$$

则由结论2中的式④-⑤-⑥得

$$\cos\frac{\pi}{7} - \cos\frac{2\pi}{7} + \cos\frac{3\pi}{7} = \frac{b}{2a} - \frac{c}{2b} + \frac{a}{2c} =$$

$$\frac{1}{2}\left(\frac{b^2-ac}{ab}+\frac{a}{c}\right)=\frac{1}{2}\left(\frac{a}{b}+\frac{a}{c}\right)=\frac{1}{2}$$

故
$$\cos\frac{\pi}{7}-\cos\frac{2\pi}{7}+\cos\frac{3\pi}{7}=\frac{1}{2}$$

**例6**　如图7.38，在 $\triangle ABC$ 中，$\angle C=3\angle A$，$a=27$，$c=48$，求 $b$.

(1985年第36届美国AHSME试题)

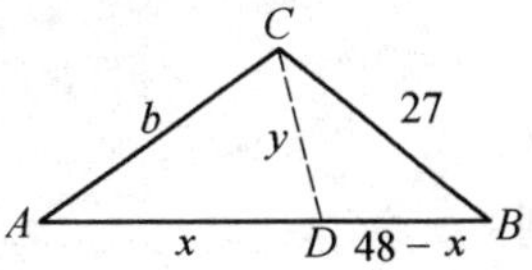

C, b, 27, y, A, x, D, 48 − x, B

图7.38

**解**　作 $\angle BCD=\angle A$，则 $\angle ACD=2\angle A$.

由结论2中式①得

$$x^2-y^2=by \qquad ①$$

$$(CD=y, AD=x, BD=48-x)$$

由 $\triangle ABC \backsim \triangle CBD$ 得

$$\frac{AB}{CB}=\frac{AC}{CD}=\frac{BC}{BD}$$

即
$$\frac{48}{27}=\frac{b}{y}=\frac{27}{48-x}$$

则
$$x=\frac{25\times 21}{16}, y=\frac{9}{16}b$$

代入式①得 $b=35$.

## 练　习　题

1.已知 $\triangle ABC$ 中，$\angle B=2\angle C$，$AD$ 为 $BC$ 上的高，$E$ 为 $BC$ 的中点，求证：(1) $DE=\frac{1}{2}AB$；(2) $AB+BD=CD$.

2.已知 $\triangle ABC$ 中，$\angle A:\angle B:\angle C=4:2:1$.求证：$\frac{1}{BC}+\frac{1}{AC}=\frac{1}{AB}$.

3.在锐角 $\triangle ABC$ 中，$\angle ACB=2\angle ABC$，点 $D$ 是 $BC$ 边上一点，使得 $2\angle BAD=\angle ABC$，求证：$\frac{1}{BD}=\frac{1}{AB}+\frac{1}{AC}$.

(1999 ～ 2000年波兰奥林匹克题)

4.对于满足 $\angle A=2\angle B$，$\angle C$ 是钝角，三边长 $a,b,c$ 是整数的三角形，求周长的最小值，并给出证明.

(1991年第20届美国奥林匹克题)

5.在 $\triangle ABC$ 中，$\angle C=3\angle A$，$a=27$，$c=48$.求 $b$.

## 练习题参考解答

1.(1) 如图 7.39,设 $BD = x$,则 $x = c\cos B$.但

$$\cos B = \frac{a^2 + c^2 - b^2}{2ac}$$

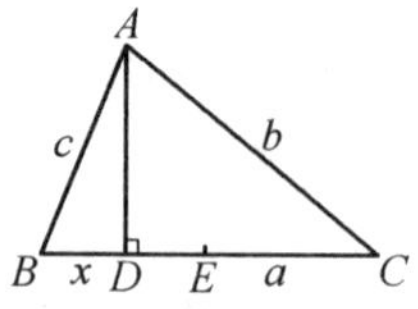

则
$$x = \frac{a^2 + c^2 - b^2}{2a}$$

图 7.39

由已知 $BE = \frac{1}{2}BC = \frac{1}{2}a$,得

$$DE = BE - BD = \frac{1}{2}a - x = \frac{1}{2}a - \frac{a^2 + c^2 - b^2}{2a} = \frac{b^2 - c^2}{2a}$$

又由 $\angle B = 2\angle C$,则

$$b^2 = c^2 + ac$$

故
$$DE = \frac{c^2 + ac - c^2}{2a} = \frac{c}{2} = \frac{1}{2}AB$$



(2) 因 $\angle B = 2\angle C$,所以

$$AC^2 - AB^2 = AB \cdot BC \quad ①$$

又由 $AD \perp BC$,知

$$AB^2 - BD^2 = AD^2 = AC^2 - CD^2$$

即

$$AB^2 - (BC - CD)^2 = AB^2 - BC^2 - CD^2 + 2BC \cdot CD = AC^2 - CD^2$$

即

$$AB^2 - AC^2 - BC^2 + 2BC \cdot CD = 0 \quad ②$$

将式 ① 代入式 ② 得

$$-AB \cdot BC - BC^2 + 2BC \cdot CD = 0$$

$$-AB - BC + 2CD = 0$$

故
$$-AB + CD = BC - CD = BD$$

2.作 $\triangle ABC$ 的外接圆,在圆上取 $\overset{\frown}{BD} = \overset{\frown}{BA}$,联结 $BD$,$AD$,$CD$.

不难得到 $\angle ACD = 2\angle ACB = \angle ABC = \angle ADC$,故

$$AD = AC = b$$

又

$$\angle BDC = \angle BDA + \angle ADC = \angle ACB + \angle ABC = \angle ACB + 2\angle ACB = 3\angle ACB$$

$$\angle DBC=\angle DAC=\angle BAC-\angle BAD=4\angle ACB-\angle BDA=$$
$$4\angle ACB-\angle ACB=3\angle ACB$$

故
$$\angle BDC=\angle DBC,DC=BC=a$$

又 $BD=AB=C$. 利用托勒密定理有
$$AD\cdot BC=AB\cdot DC+BD\cdot AC$$

即
$$\frac{1}{BC}+\frac{1}{AC}=\frac{1}{AB}$$

3. 设 $\angle BAD=\alpha$，则 $\angle ABC=2\alpha$，$\angle ACB=4\alpha$，由 $\angle ACB=2\angle ABC$，有
$$c^2-b^2=ab \quad ①$$

由 $\angle DBA=2\angle DAB$，有
$$AD^2-BD^2=BD\cdot c \quad ②$$

在 $\triangle ABD$ 中由余弦定理得
$$AD^2-BD^2=c^2-2BD\cdot c\cdot\cos 2\alpha$$
$$AD^2-BD^2=c^2-2BD\cdot c\cdot\frac{a^2+c^2-b^2}{2ac} \quad ③$$



将式 ② 代入式 ③ 得
$$BD\cdot c=c^2-BD\cdot\frac{a^2+c^2-b^2}{a} \quad ④$$

将式 ① 代入式 ④ 得
$$BD\cdot c=c^2-BD\cdot\frac{a^2+ab}{a}$$

从而
$$c=\frac{c^2}{BD}-(a+b) \quad ⑤$$

由式 ① 得 $a=\dfrac{c^2-b^2}{b}$，代入式 ⑤ 得
$$c=\frac{c^2}{BD}-(\frac{c^2-b^2}{b}+b),c=\frac{c^2}{BD}-\frac{c^2}{b}$$

故
$$\frac{1}{c}=\frac{1}{BD}-\frac{1}{b}$$

即
$$\frac{1}{BD}=\frac{1}{AB}+\frac{1}{AC}$$

4. 由 $\angle A=2\angle B$，有 $a^2-b^2=bc$，即
$$a^2=b(b+c) \quad ①$$

由正弦定理得

$$\frac{a}{\sin A}=\frac{b}{\sin B}=\frac{a}{\sin 2B}$$

即

$$\cos B=\frac{a}{2b}<1\Rightarrow a<2b \quad ②$$

因 $\angle C$ 是钝角,所以

$$a^2+b^2-c^2<0$$

从而
$$a^2<(b+c)(c-b)=\frac{a^2}{b}(c-b)$$

即
$$2b<c$$

故
$$a^2=b(b+c)>b(b+2b)=3b^2$$

即

$$a>\sqrt{3}b \quad ③$$

由 ②③ 两式得

$$\sqrt{3}b<a<2b$$



由式 ①,可设 $b=m^2,b+c=n^2(m,n\in \mathbf{N}_+)$,则 $a=mn$,有

$$\sqrt{3}m^2<mn<2m^2$$

即
$$\sqrt{3}m<n<2m$$

则 $2m,\sqrt{3}m$ 之间有自然数 $n$,从而 $2m-\sqrt{3}m>1$,即

$$m>\frac{1}{2-\sqrt{3}}=2+\sqrt{3}>3$$

故 $m\geqslant 4$. 当 $m=4$ 时,$b=16,4\sqrt{3}<n<8$,则 $n=7$,得 $a=28,b=33$,有

$$a+b+c=mn+n^2=77$$

当 $m\geqslant 5$ 时,$n>7$

$$a+b+c=n^2+mn>84>77$$

故周长 77 为最小值.

5. 如图 7.40,在 $\angle BCA$ 中作 $\angle BCD=\angle A$,则 $\angle ACD=2\angle A$.

设 $AD=x,CD=y$,则

$$x^2-y^2=yb \quad ①$$

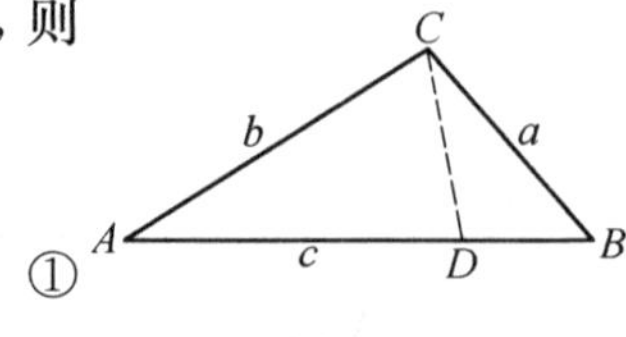

图 7.40

由 $\triangle ACB\backsim\triangle CDB$,知

$$\frac{y}{b}=\frac{27}{48}=\frac{9}{16},y=\frac{9}{16}b \qquad ②$$

$$\frac{48-x}{27}=\frac{27}{48},x=\frac{75\times 21}{48}=\frac{25\times 21}{16} \qquad ③$$

将式 ②③ 代入式 ① 得

$$\left(\frac{25\times 21}{16}\right)^2-\left(\frac{9}{16}\right)^2 b^2=\frac{9}{16}b^2$$

解得 $b=35$.

## 第3节　与三角形内心有关的几个问题

试题 C1 涉及了三角形内心的问题,下面讨论与内心有关的几个问题.

**定理1**　$\triangle ABC$ 的顶点 $A,B,C$ 所对的边分别是 $a,b,c$,$I$ 是内心,$\angle A$ 的平分线和 $\triangle ABC$ 的外接圆相交于点 $D$,与 $BC$ 相交于点 $G$,则(1)$DI=DB=DC$;(2)$\frac{AI}{GI}=\frac{AD}{DI}=\frac{DI}{DG}=\frac{b+c}{a}$.

**证明**　如图 7.41,联结 $BI,CI$.

(1) 由

$$\angle BID=\angle ABI+\angle BAI=\frac{1}{2}(\angle A+\angle B)$$

$$\angle DBI=\angle CBI+\angle CBD=\angle CBI+\angle CAD=\frac{1}{2}(\angle A+\angle B)$$

则 $\angle BID=\angle DBI$,故 $DI=DB$.

同理 $DI=DC$. 故 $DI=DB=DC$.

(2) 因 $BI,CI$ 是 $\triangle ABG,\triangle ACG$ 的角平分线,所以

$$\frac{AI}{GI}=\frac{AB}{BG}=\frac{AC}{CG}=\frac{AB+AC}{BG+CG}=\frac{b+c}{a}$$

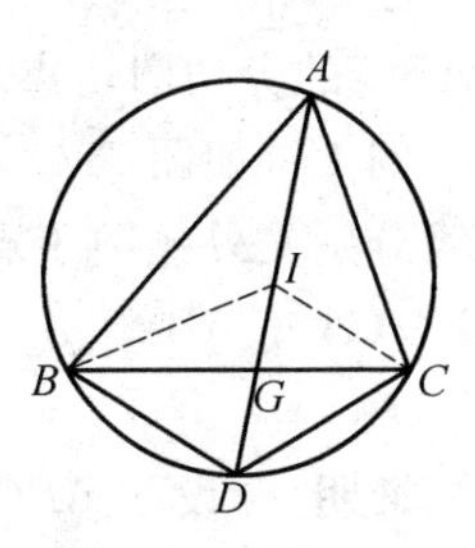


图 7.41

又　$\angle DAC=\angle DAB=\angle DCG,\angle ADC=\angle CDG$

则　$\triangle ADC\backsim\triangle CDG$

即　$\frac{AD}{DC}=\frac{AC}{CG}=\frac{CD}{DG}$

由定理(1) 知 $DI=DB=DC$,故

$$\frac{AD}{DI}=\frac{AC}{CG}=\frac{AB}{BG}=\frac{AB+AC}{BG+CG}=\frac{b+c}{a}$$

$$\frac{DI}{DG}=\frac{CD}{DG}=\frac{AC}{CG}=\frac{AB}{BG}=\frac{AB+AC}{BG+CG}=\frac{b+c}{a}$$

上面定理1(1)的逆也是成立的.即:

**逆定理** 若 $I$ 在 $\triangle ABC$ 中的 $\angle A$ 平分线 $AD$ 上($D$ 在 $\triangle ABC$ 的外接圆上),且 $DI=DB$,则 $I$ 为 $\triangle ABC$ 的内心.

**定理2** 设 $\triangle ABC$ 的内切圆 $O$ 切 $BC$ 于点 $D$,过点 $D$ 作直径 $DE$,联结 $AE$,并延长交 $BC$ 于点 $F$,则 $BF=CD$.

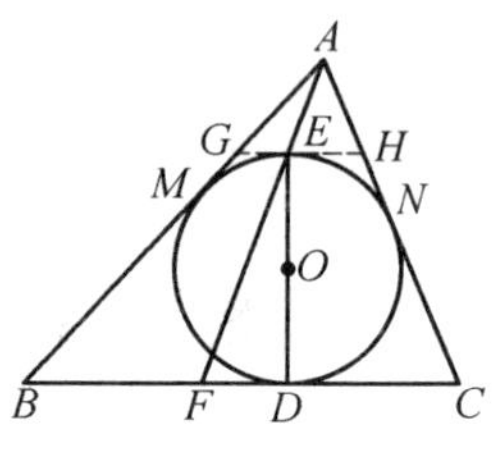


图 7.42

**证明** 如图7.42,令圆 $O$ 分别切 $AB$,$AC$ 于点 $M$,$N$.

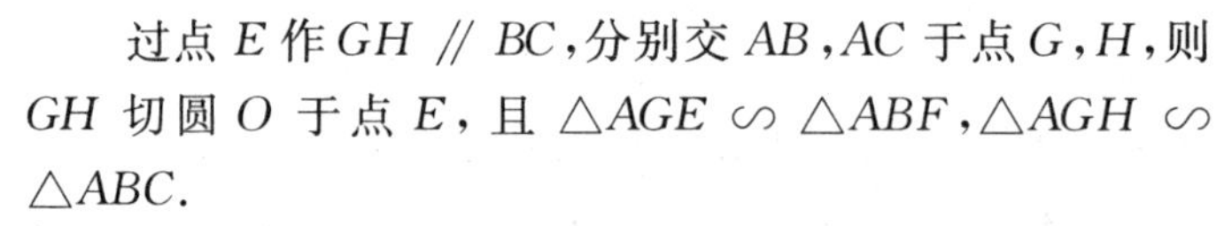

过点 $E$ 作 $GH \parallel BC$,分别交 $AB$,$AC$ 于点 $G$,$H$,则 $GH$ 切圆 $O$ 于点 $E$,且 $\triangle AGE \backsim \triangle ABF$,$\triangle AGH \backsim \triangle ABC$.

记 $\triangle AGH$ 与 $\triangle ABC$ 的周长分别为 $2p'$,$2p$,则

$$AG+GE=AG+GM=AM=AN=$$
$$AH+HN=AH+HE=p'$$

于是
$$\frac{p'}{p}=\frac{2p'}{2p}=\frac{AG}{AB}=\frac{GE}{BF}=\frac{AG+GE}{AB+BF}=\frac{p'}{AB+BF}$$

即有
$$p=AB+BF$$

故
$$BF=p-AB=CD$$

**注** 由 $\triangle AGH$ 与 $\triangle ABC$ 位似,$E$ 为 $\triangle AGH$ 的旁切圆切点,则知 $F$ 为 $\triangle ABC$ 的旁切圆切点.

**例1** 如图7.43,在 $\triangle ABC$ 中,$\angle A$,$\angle B$,$\angle C$ 的平分线分别交外接圆于点 $P$,$Q$,$R$.证明:$AP+BQ+CR>BC+CA+AB$.

(1982年澳大利亚数学竞赛试题)

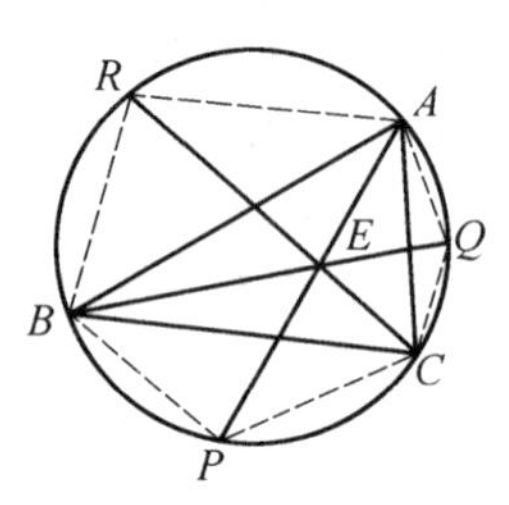


图 7.43

**证明** 设 $\triangle ABC$ 的内心为 $E$,则有

$BP=PC=EP$,$AQ=QC=EQ$,$ER=AR=BR$

在 $\triangle BPC$ 中,$BP+PC>BC$,即 $2EP>BC$.同理可得

$$2EQ>AC,2ER>AB$$

则

$$EP+EQ+ER>\frac{1}{2}(AB+BC+CA) \quad ①$$

在 $\triangle EBC$ 中，$EB+EC>BC$，同样可得

$$AE+EC>AC, AE+BE>AB$$

则

$$AE+BE+CE>\frac{1}{2}(AB+BC+CA) \quad ②$$

式①+②，得

$$AP+BQ+CR>AB+BC+CA$$

**例2**　如图7.44，设 $I$ 为 $\triangle ABC$ 的内心，且 $A',B',C'$ 分别为 $\triangle IBC$，$\triangle IAC$，$\triangle IAB$ 的外心. 证明：$\triangle ABC$ 与 $\triangle A'B'C'$ 有相同的外心.

（1988年第17届美国数学奥林匹克试题）

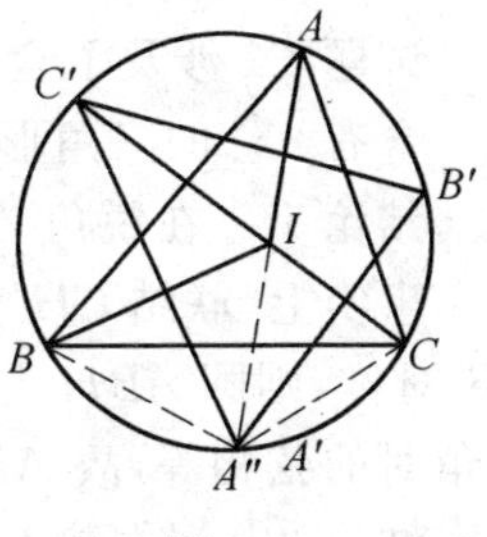


图7.44

**证明**　只要证明 $A,B,C,A',B',C'$ 六点共圆即可. 作出 $\triangle ABC$ 的外接圆，延长 $AI$ 交该外接圆于点 $A''$. 因 $I$ 是 $\triangle ABC$ 的内心，故 $A''$ 必为 $\overset{\frown}{BC}$ 的中点，即 $A''B=A''C$.

由前面的定理1得 $A''B=A''I=A''C$ 知 $A''$ 是 $\triangle IBC$ 的外心，得 $A''=A'$，即 $A'$ 在 $\triangle ABC$ 外接圆上.

同理可证 $B',C'$ 也都在 $\triangle ABC$ 外接圆上.

故 $A,B,C,A',B',C'$ 六点共圆.

**例3**　已知 $\triangle ABC$ 的内切圆 $O$ 切 $BC$ 于点 $D$，$r$ 是圆 $O$ 的半径，$M$ 是 $BC$ 的中点，直线 $MO$ 交高 $AH$ 于点 $E$，求证：$AE=r$.

**证明**　如图7.45，过点 $D$ 作直径 $DK$，联结 $AK$，并延长交 $BC$ 于点 $F$，由上述定理2知 $BF=DC$. 故 $BC$ 的中点 $M$ 也是 $FD$ 的中点. 又 $O$ 是 $DK$ 的中点，而有 $MO\parallel FK$.

由于 $DK\perp BC$，$AH\perp BC$，而有 $DK\parallel AH$，于是 $AKOE$ 是平行四边形，故 $AE=OK=r$.

**例4**　已知 $\triangle ABC$ 的内切圆 $O$ 切 $BC$ 于点 $D$，$M$ 是 $BC$ 的中点，$N$ 是 $AD$ 的中点，求证：点 $O$ 在直线 $MN$ 上.

**证明**　如图7.46，过点 $D$ 作直径 $DE$，联结 $AE$，并延长交 $BC$ 于点 $F$，由上述定理2知 $BF=DC$，故 $BC$ 的中点 $M$ 也是 $FD$ 的中点，又 $O$ 是 $DE$ 的中点，$N$ 是 $AD$ 的中点，而有 $MO\parallel FE$，$ON\parallel EA$，于是 $M,O,N$ 三点共线，即有点 $O$ 在直线 $MN$ 上.

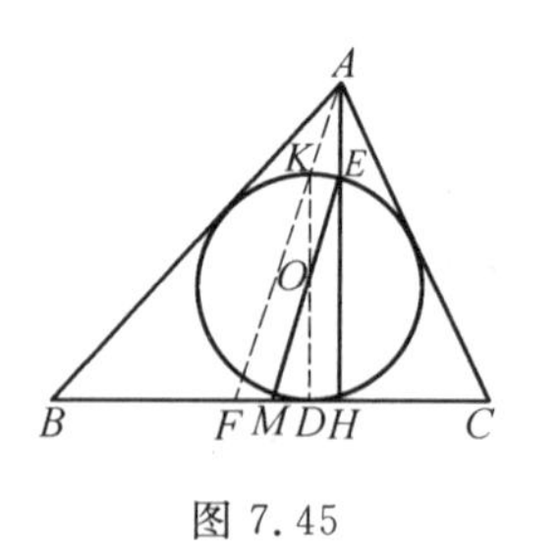


图 7.45

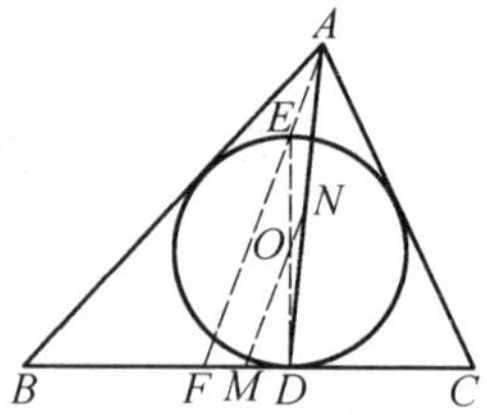

图 7.46

## 第4节　正方形中含 $45^\circ$ 的三角形问题

试题 C2 涉及了含 $45^\circ$ 的三角形问题.

含有 $45^\circ$ 的三角形有一系列有趣的结论.

**结论1**　在锐角 $\triangle ABC$ 中,$\angle A=45^\circ$,$H$ 为垂心,则 $AH=BC$.

事实上,联结 $CH$ 交 $\triangle ABC$ 的外接圆于点 $D$,则 $\triangle ADB$ 与 $\triangle AHB$ 关于 $AB$ 对称,则圆 $ABH$ 与圆 $ABC$ 为等圆,$\angle ABH=45^\circ=\angle BAC$,等圆中相等圆周角对的弦相等,故 $AH=BC$.



**结论2**[①]　在锐角 $\triangle ABC$ 中,$\angle A=45^\circ$,$AD$ 为边 $BC$ 上的高,则有

$$\frac{AD^2+BD^2}{AD^2+DC^2}=\frac{AD+BD}{AD+DC}$$

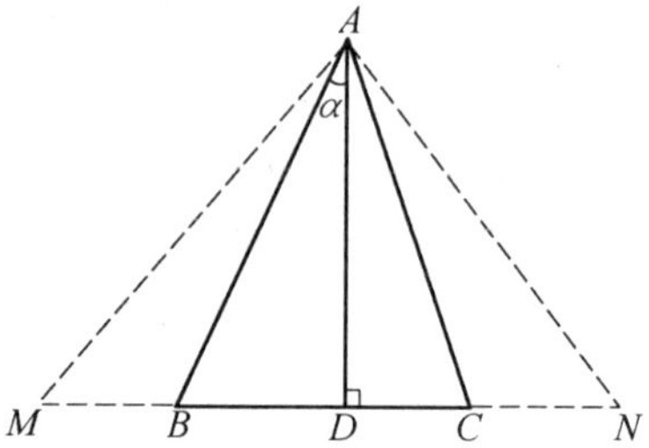

**证法1**　如图 7.47,设 $AD=h$,$BD=m$,$DC=n$,$\angle BAD=\alpha$,$\angle DAC=45^\circ-\alpha$,则

$$m=h\tan\alpha,n=h\tan(45^\circ-\alpha)$$

图 7.47

$$\frac{AD^2+BD^2}{AD^2+DC^2}=\frac{h^2+m^2}{h^2+n^2}=\frac{h^2+h^2\tan^2\alpha}{h^2+h^2\tan^2(45^\circ-\alpha)}=$$

$$\frac{1+\tan^2\alpha}{1+(\frac{1-\tan\alpha}{1+\tan\alpha})^2}=\frac{(1+\tan^2\alpha)(1+\tan\alpha)^2}{(1+\tan\alpha)^2+(1-\tan\alpha)^2}=$$

$$\frac{(1+\tan^2\alpha)(1+\tan\alpha)^2}{2(1+\tan^2\alpha)}=\frac{(1+\tan\alpha)^2}{2}$$

$$\frac{AD+BD}{AD+DC}=\frac{h+m}{h+n}=\frac{h+h\tan\alpha}{h+h\tan(45^\circ-\alpha)}=\frac{1+\tan\alpha}{1+\frac{1-\tan\alpha}{1+\tan\alpha}}=$$

① 陈四川.含 $45^\circ$ 的锐角三角形的一个性质[J].福建中学数学,1999(4):21.

$$\frac{(1+\tan\alpha)^2}{1+\tan\alpha+1-\tan\alpha}=\frac{(1+\tan\alpha)^2}{2}$$

故
$$\frac{AD^2+BD^2}{AD^2+DC^2}=\frac{AD+BD}{AD+DC}$$

**证法2**　如图7.47,将$AD$分别按顺时针、逆时针方向旋转$45^\circ$与$BC$的延长线交于点$M,N$,则$\triangle AMN,\triangle ADN,\triangle ADM$均为等腰直角三角形,且$\angle MAN=90^\circ$.易证$\triangle ABN\backsim\triangle CAM$,从而

$$\frac{S_{\triangle ABN}}{S_{\triangle CAM}}=\frac{BN}{CM}\Rightarrow\frac{AB^2}{AC^2}=\frac{BN}{CM}\Rightarrow\frac{AD^2+BD^2}{AD^2+CD^2}=\frac{BD+DN}{MD+DC}\Rightarrow$$

$$\frac{AD^2+BD^2}{AD^2+DC^2}=\frac{AD+BD}{AD+DC}$$

考虑含有$45^\circ$的锐角三角形内接于正方形,即有:

**结论3**[①②]　设点$M,N$分别在正方形$ABCD$的边$BC,CD$上,联结$AM$,$AN,MN$,则:

(1)$\angle MAN=45^\circ\Leftrightarrow MN=BM+DN$;

(2)$\angle MAN=45^\circ\Leftrightarrow S_{\triangle ABM}+S_{\triangle ADN}=S_{\triangle AMN}$;

(3)当$AB=a,BM=m,DN=n$时,$\angle MAN=45^\circ\Leftrightarrow a(m+n)+mn=a^2$;

(4)$\angle MAN=45^\circ\Leftrightarrow CM\cdot CN=2BM\cdot DN$;

(5)当$MF\perp AN$于$F$,$NE\perp AM$于$E$时,$\angle MAN=45^\circ\Leftrightarrow B,E,F,D$共线.

**证明**　(1)如图7.48,先证$MN=BM+DN\Rightarrow\angle MAN=45^\circ$.

由本章试题C2中的解法3知,当$MN=BM+DN$时,有$\angle MAN=45^\circ$.再证$\angle MAN=45^\circ\Rightarrow MN=BM+DN$.将Rt$\triangle ABM$绕点$A$旋转$90^\circ$至$\triangle ADM'$位置,如图7.48所示,显然$M',D,C$三点共线,从而有

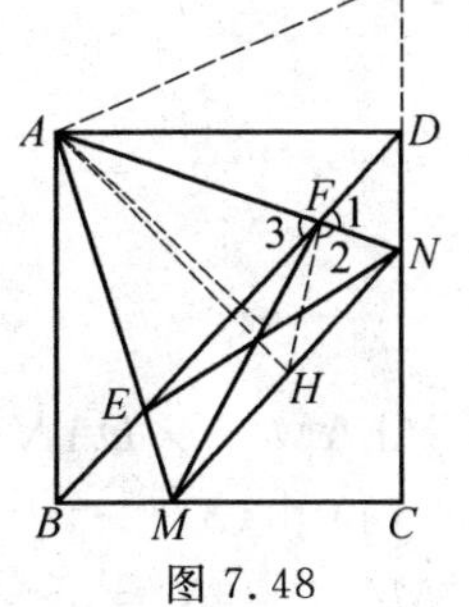

图7.48

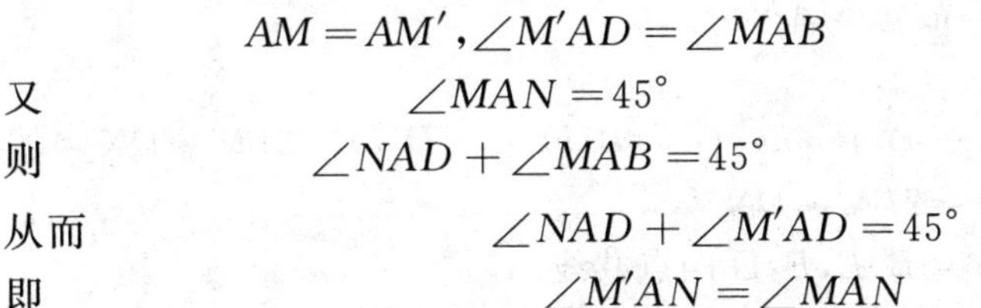

$$AM=AM',\angle M'AD=\angle MAB$$

又
$$\angle MAN=45^\circ$$

则
$$\angle NAD+\angle MAB=45^\circ$$

从而
$$\angle NAD+\angle M'AD=45^\circ$$

即
$$\angle M'AN=\angle MAN$$

① 陈万龙.从一道竞赛试题谈起[J].湖南数学通讯,1994(6):33-35.

② 邹宇,沈文选.正方形的一个性质与竞赛题的命制[J].中学数学杂志(初中),2006(5):57-59.

故 $$\triangle ANM \cong \triangle ANM'$$

从而 $$MN = M'N = DM' + DN = BM + DN$$

(2) 由(1)知

$$\angle MAN = 45^\circ \Leftrightarrow MN = BM + DN \Leftrightarrow \triangle ANM \cong \triangle ANM' \Leftrightarrow$$
$$S_{\triangle ANM} = S_{\triangle ANM'} = S_{\triangle ADN} + S_{\triangle ABM}$$

(3) 先证 $\angle MAN = 45^\circ \Rightarrow a(m+n) + mn = a^2$.

由条件及结论(1)有

$$CM = a - m, CN = a - n, MN = m + n$$

在 Rt$\triangle CMN$ 中,有

$$MN^2 = CM^2 + CN^2$$

即 $$(m+n)^2 = (a-m)^2 + (a-n)^2$$

化简整理即得

$$a^2 = a(m+n) + mn$$

再证 $a(m+n) + mn = a^2 \Rightarrow \angle MAN = 45^\circ$. 由 $a^2 = a(m+n) + mn$,则可得 $\frac{a(m+n)}{a^2 - mn} = 1$,即



$$\frac{\frac{m}{a} + \frac{n}{a}}{1 - \frac{m}{a} \cdot \frac{n}{a}} = 1$$

注意到

$$\tan \angle BAM = \frac{m}{a}, \tan \angle DAN = \frac{n}{a}$$

则 $$\frac{\tan \angle BAM + \tan \angle DAN}{1 - \tan \angle BAM \tan \angle DAN} = 1$$

即 $$\tan(\angle BAM + \angle DAN) = 1$$

则 $\angle BAM + \angle DAN = 45^\circ$,故 $\angle MAN = 45^\circ$.

(4) 由(3)

$$\angle MAN = 45^\circ \Leftrightarrow a^2 = a(m+n) + mn \Leftrightarrow (a - BM)(a - DN) = 2BM \cdot DN \Leftrightarrow$$
$$CM \cdot CN = 2BM \cdot DN$$

(5) 先证 $\angle MAN = 45^\circ \Rightarrow B, E, F, D$ 四点共线.

联结 $BE, EF, DF$,如图 7.48 所示,由于 $\angle AFM = \angle ABC = 90^\circ$,则 $A, B, M, F$ 四点共圆,又 $B, E, F, D$ 四点共线,所以 $\angle MAN = \angle MBF = 45^\circ$.

再证 $B, E, F, D$ 四点共线 $\Rightarrow \angle MAN = 45^\circ$. 根据图 7.48 辅助线的作法可知 $\triangle AMN \cong \triangle AM'N$,再作 $AH \perp MN$,则有 $AH = AD$,于是

$$\mathrm{Rt}\triangle AHN \cong \mathrm{Rt}\triangle ADN, HN = DN, \angle AND = \angle ANH$$

进而推得 $\triangle NDF \cong \triangle NHF$,故 $\angle 1 = \angle 2$.

再由 $E,F,N,M$ 四点及 $A,F,H,M$ 四点共圆知 $\angle 2 = \angle AMN = \angle 3$,综上可知:$\angle 1 = \angle 3$,即 $D,F,E$ 三点共线.

同理可证:$B,E,F$ 三点共线,故 $B,E,F,D$ 四点共线.

**注** 将结论3(1)的条件,结论改变,有如下推广:

**推广1** 在圆内接四边形 $ABCD$ 中,$AB = AD$,$E,F$ 分别为 $BC,CD$ 上的点,则 $BE + FD = EF$ 的充要条件是 $\angle EAF = \frac{1}{2}\angle BAD$.

**结论4** 设点 $M,N$ 分别在正方形 $ABCD$ 的边 $BC,CD$ 上,联结 $AM,AN$,且 $\angle MAN = 45^\circ$,则:

(1)$AM \cdot AN = MN \cdot BD$;

(2)$\dfrac{AB + BM}{AD + DN} = \dfrac{AB^2 + BM^2}{AD^2 + DN^2}$;

(3)$\triangle AMN$ 的面积被直线 $BD$ 平分;

(4)当 $AB = a$ 时

$$\frac{2}{5}a^2 < S_{\triangle AMN} \leqslant \frac{1}{2}a^2, \frac{1}{2}a^2 < S_{AMCN} < \frac{3}{5}a^2$$

(5)当 $MF \perp AN$ 于点 $F$,$NE \perp AM$ 于点 $E$ 时,若 $AO \perp EF$ 于点 $O$,$O$ 为正方形 $ABCD$ 的中心,且 $S_{\triangle AMN} = 2S_{\triangle AEF}$;

(6)延长 $AN$ 交 $\angle C$ 的外角平分线于点 $Q$,则 $AM = MQ$.

**证明** (1)由结论3(1)(3)有

$$MN \cdot BD = (m+n)\sqrt{2}a$$

又

$$\begin{aligned} AM \cdot AN &= \sqrt{(a^2+m^2)(a^2+n^2)} = \sqrt{a^4 + a^2(m^2+n^2) + (mn)^2} = \\ &\sqrt{a^4 + a^2(m^2+n^2) + [a^2 - a(m+n)]^2} = \\ &a\sqrt{2(m^2+n^2+mn) + [2a^2 - 2a(m+n)]} = \\ &a\sqrt{2(m^2+n^2+mn) + 2mn} = a\sqrt{2(m+n)^2} = \\ &(m+n)\sqrt{2}a \end{aligned}$$

故

$$AM \cdot AN = MN \cdot BD$$

(2)在 $\triangle ANM'$ 中应用结论2即得.

(3)设 $BD$ 与 $AM,AN$ 分别交于点 $K,L$,联结 $ML,KN$,两线交于点 $P$.由 $\angle MAN = \angle DBC = 45^\circ$,则 $A,B,M,L$ 四点共圆,即

$$ML \perp AN, LA = LM$$

同理可证

$$NK \perp AM, KN = KA$$

从而知 $A, K, P, L$ 四点共圆,则 $\angle KPL = 135°$,而

$$S_{\triangle AKL} = \frac{1}{2}LA \cdot KA\sin 45°, S_{MNLK} = \frac{1}{2}LM \cdot KN\sin 135°$$

故

$$S_{\triangle AKL} = S_{MNKL}$$

**注** (i) 此结论 4(3) 还可进一步推广①:

**推广 2** 如图 7.49,$ABCD$ 为正方形.如设 $\angle EAF = \alpha$,$\angle DAF = \theta$,则

$$\frac{S_{\triangle APQ}}{S_{\triangle AEF}} = \frac{\cos\theta\sin(\alpha+\theta)}{2\sin(\frac{\pi}{4}+\alpha+\theta)\sin(\frac{\pi}{4}+\theta)}$$

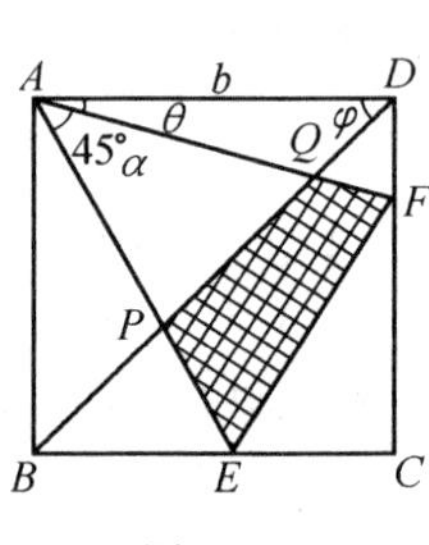

图 7.49

**推广 3** 已知 $ABCD$ 为矩形(如图 7.49,将 $ABCD$ 看作矩形).如设

$$\angle EAF = \alpha, \angle DAF = \theta, \angle ADB = \varphi$$



则

$$\frac{S_{\triangle APQ}}{S_{\triangle AEF}} = \frac{\sin 2\varphi\cos\theta\sin(\alpha+\theta)}{2\sin(\varphi+\theta)\sin(\alpha+\theta+\varphi)}$$

**证明** 设 $AB = b, AD = BC = a$,则

$$\triangle AQB \backsim \triangle FQD$$

于是

$$\frac{AQ}{AF} = \frac{b}{b+DF}$$

类似

$$\frac{AP}{AE} = \frac{a}{a+BE}$$

又

$$DF = a\tan\theta, BE = b\cot(\alpha+\theta)$$

因此

$$\frac{AQ}{AF} \cdot \frac{AP}{AE} = \frac{b}{b+a\tan\theta} \cdot \frac{a}{a+b\cot(\alpha+\theta)} =$$

$$\frac{1}{1+\frac{a}{b}\tan\theta} \cdot \frac{1}{1+\frac{b}{a}\cot(\alpha+\theta)} =$$

$$\frac{1}{1+\cot\varphi\tan\theta} \cdot \frac{1}{1+\tan\varphi\cot(\alpha+\theta)} =$$

① 柳良均.一道赛题的推广[J].中等数学,1994(1):20.

$$\frac{\sin 2\varphi\cos\theta\sin(\alpha+\theta)}{2\sin(\varphi+\theta)\sin(\alpha+\theta+\varphi)}$$

注意到$\frac{S_{\triangle APQ}}{S_{\triangle AEF}}=\frac{AQ\cdot AP}{AE\cdot AF}$即知.

(ii) 此结论4(3)实际上为1990年四川省初中竞赛题：

如图7.50，从正方形$ABCD$的顶点$A$引两条射线，使其夹角为$45^\circ$，分别与$BC$，$CD$交于点$E$，$F$，与$BD$交于点$P$，$Q$，求证：$S_{\triangle AEF}=2S_{\triangle APQ}$.

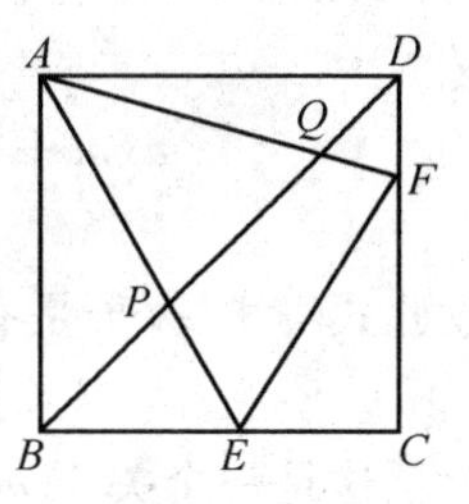

图 7.50

(iii) 设$AM$，$AN$被$BD$截于两点，则此两点分$BD$所成的三条线段能构成直角三角形. 即有如下命题：

若在等腰Rt$\triangle ABC$的斜边上取异于点$B$，$C$的两点$E$，$F$，使$\angle EAF=45^\circ$. 求证：以$EF$，$BE$，$CF$为边的三角形是直角三角形.

事实上，以$AE$，$AF$为轴，分别将$\triangle AEB$和$\triangle AFC$向内部翻折$180^\circ$，如图7.51所示，因

$$AB=AC,\angle BAE+\angle CAF=\angle EAF=45^\circ$$

所以$B$与$C$重合于$B'$，$EB'=EB$，$FB'=FC$.

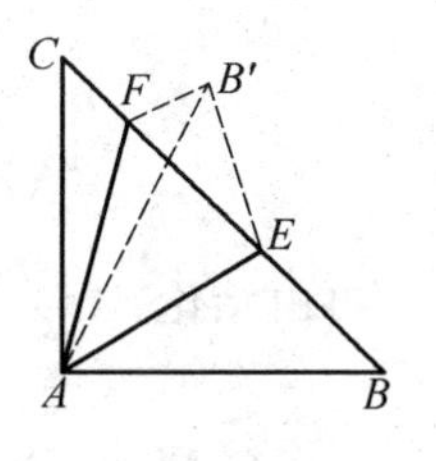

图 7.51

在$\triangle EB'F$中，$\angle EB'F=\angle ABE+\angle ACF=90^\circ$，又易证点$B'$不会落在$BC$上，故$BE$，$EF$，$CF$三边可以构成直角三角形.

(4) 如图7.52，先作$N'N\parallel BC$，$N'$在$AB$上，联结$MN'$. 易证$S_{\triangle AMN}\leqslant S_{AN'MN}$（当且仅当点$M$重合于点$B$时取等号）. 而

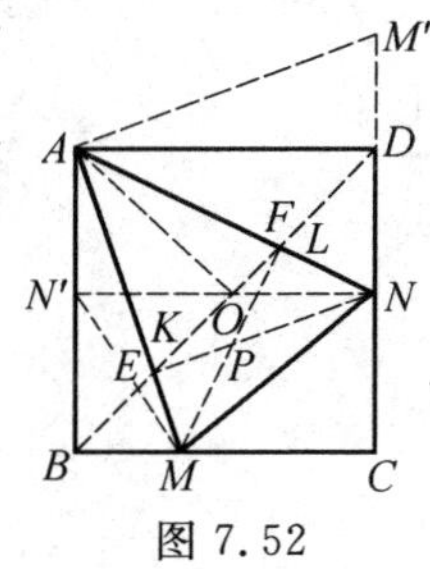

图 7.52

$$S_{AN'MN}=S_{\triangle AN'N}+S_{\triangle MN'N}=\frac{1}{2}(S_{AN'ND}+S_{N'BCN})=$$

$$\frac{1}{2}S_{ABCD}=\frac{1}{2}$$

故

$$S_{\triangle AMN}\leqslant 0.5a^2$$

由结论4中(1)有

$$S_{\triangle AMN}=\frac{1}{2}AM\cdot AN\sin 45^\circ=\frac{1}{2}MN\cdot BD\sin 45^\circ=$$

$$\frac{1}{2}(m+n)$$

现在只需论证$\frac{1}{2}(m+n)>0.4a^2$.而

$$a(m+n)+mn=a^2$$

则
$$n=a(a-m)/(a+m)$$

又

$$a(m+n)=a^2-mn=a^2-am(a-m)/(a+m)=$$
$$a(a^2+m^2)/(a+m)$$

设此式等于$x$,于是有

$$am^2-xm+a^3-ax=0$$

这是一个关于$m$的一元二次方程,且$m$为实数,则必有

$$x^2-4a^2(a^2-x)\geqslant 0$$

即得
$$(x+2a^2)^2\geqslant 8a^4$$

则
$$x+2a^2\geqslant 2\sqrt{2}a^2, x\geqslant 2(\sqrt{2}-1)a^2$$

故
$$\frac{1}{2}(m+n)=\frac{1}{2}x\geqslant(\sqrt{2}-1)>0.4a^2=\frac{2}{5}a^2$$



再由结论3(1)知

$$CM+CN>MN=BM+DN$$

则
$$2(CM+CN)>(CM+CN)+(BM+DN)=BC+CD=2a$$

则
$$CM+CN>a$$

而
$$S_{AMCN}=S_{\triangle ACN}=\frac{1}{2}AB\cdot CM+\frac{1}{2}AD\cdot CN=\frac{1}{2}(CM+CN)>\frac{a}{2}$$

又由于

$$(CM+CN)^2\leqslant 2(CM^2+CN^2)=2MN^2$$

则
$$CM+CN\leqslant\sqrt{2}MN$$

即
$$CM+CN\leqslant\sqrt{2}(BM+DN)$$

即

$$(\sqrt{2}+1)(CM+CN)\leqslant\sqrt{2}(BM+DN+CM+CN)=$$
$$\sqrt{2}(BC+CD)=2\sqrt{2}a$$

则
$$CM+CN\leqslant 2\sqrt{2}(\sqrt{2}-1)a=(4-2\sqrt{2})a$$

于是
$$S_{AMCN}=\frac{1}{2}(CM+CN)a\leqslant(2-\sqrt{2})a^2<0.6a^2=\frac{3}{5}a^2$$

(5)由结论3(5)知,$B,E,F,D$四点共线,则$O$为$BD$的中点,故$O$为正方形$ABCD$的中心.由结论4(3)即知,有$S_{\triangle AMN}=2S_{\triangle AEF}$.或者,在等腰

$\mathrm{Rt}\triangle AMF$ 中，可知 $AM=\sqrt{2}AF$，同理 $AN=\sqrt{2}AE$，从而

$$\frac{AM}{AF}=\frac{AN}{AE}=\sqrt{2},\angle MAN=\angle FAE$$

则
$$\triangle AMN\backsim\triangle AFE$$
故
$$S_{\triangle AMN}:S_{\triangle AFE}=AM^2:AF^2=2$$
即
$$S_{\triangle AMN}=2S_{\triangle AFE}$$

(6) 由 $A,M,C,Q$ 四点共圆，知 $\angle AQM=\angle ACM=45^\circ$（图略），故 $AM=MQ$.

**注**　由上述结论，我们又可知，如下任何一个条件可推出其他条件：

(i) $\angle MAN=45^\circ$；

(ii) $AM$ 平分 $\angle BMN$，$AN$ 平分 $\angle DNM$；

(iii) $AH=MN$（$H$ 为 $AH\perp MN$ 的垂足）；

(iv) $BM=MH$，$NH=ND$；

(v) $AM\cdot AN=MN\cdot BD$；

⋮

由上述结论，可得如下一系列推论.

**推论 1**　设点 $M,N$ 分别在正方形 $ABCD$ 的边 $BC,CD$ 上，联结 $AM,AN,MN$，且 $\angle MAN=45^\circ$. 如图 7.52 所示，则：

(1) $BM\cdot DN=BC^2-BC\cdot MN$；

(2) 作 $AH\perp MN$ 于点 $H$，有 $AH=AD$；

(3) 作 $MF\perp AN$ 于点 $F$ 时，知 $F$ 为 $\triangle AMC$ 的外心；作 $NE\perp AM$ 于点 $E$ 时，知 $E$ 为 $\triangle ANC$ 的外心，且 $\angle CFN=2\angle BAM$，$\angle CEM=2\angle DAN$.

**证明**　(1) 由结论 3(3) 及结论 3(1) 知

$$BM\cdot DN=BC^2-BC(BM+DN)=BC^2-BC\cdot MN$$

(2) 由结论 3(5) 的证明即得知.

(3) 如图 7.53，注意 $\angle MAN=45^\circ$ 及

$$\triangle ABF\cong\triangle BCF,\triangle ADE\cong\triangle CDE$$

即知
$$AF=MF=CF,AE=NE=CE$$

从而点 $F,E$ 分别为 $\triangle AMC$，$\triangle ANC$ 的外心. 由此可知

$$\angle CFN=2\angle BAM,\angle CEM=2\angle DAN$$

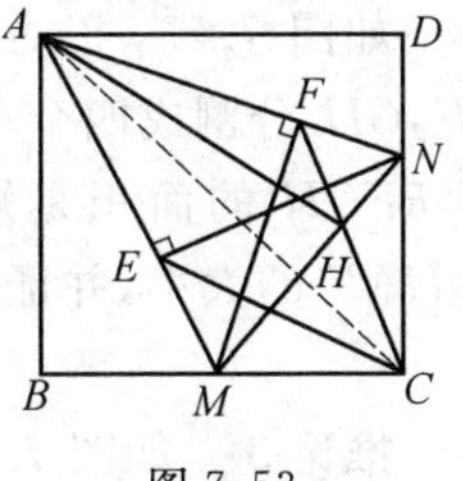

图 7.53

**注**　由推论 1(2)，知

$$S_{\triangle MAN}=\frac{1}{2}MN\cdot AH=\frac{1}{2}MN\cdot AB$$

于是,可推论如下竞赛题.

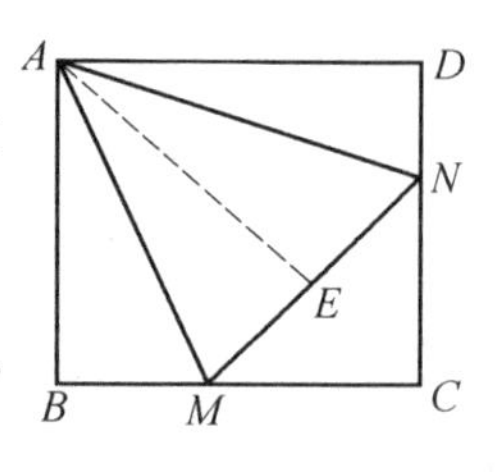

图 7.54

如图7.54,设$ABCD$为正方形,点$M$在$BC$上,点$N$在$CD$上,且$\angle MAN=45^\circ$,求证:$S_{ABCD}:S_{\triangle MAN}=2AB:MN$.

(1997年上海市初中竞赛题)

由推论1(3),知$B,E,F,D$四点共线且$E,M,C,N,F$五点共圆.于是可得如下两道竞赛题:

设$E,F$分别为正方形$ABCD$的边$BC,CD$上的点,$AE,AF$分别与对角线$BD$交于$P,Q$两点,且$BE+DF=EF$.求证:五边形$PECFQ$内接于圆.

(第29届IMO加拿大国家培训题)

在等腰Rt$\triangle ABC$中,$\angle A=90^\circ$,点$D$和$E$为边$BC$上的两点,且$\angle DAE=45^\circ$,$\triangle ADE$的外接圆分别交边$AB,AC$于点$P,Q$.求证:$BP+CQ=PQ$.

(第52届波兰数学奥林匹克(第一轮试题))

**推论2** 设点$M,N$分别在正方形$ABCD$的边$BC,CD$上,正方形$ABCD$被两条与边平行的线段$MG,NH$分割成四个小矩形,$P$是$MG,NH$的交点,联结$AM,AN$,则$\angle MAN=45^\circ$的充要条件是$S_{PMCN}=2S_{AHPG}$.



事实上,由结论3(3),知

$$\angle MAN=45^\circ\Leftrightarrow BC^2=BC(BM+DN)+BM\cdot DN\Leftrightarrow$$
$$MC\cdot NC=(BC-BM)(BC-DN)=$$
$$BC^2-BC(BM+DN)+BM\cdot DN=$$
$$BM\cdot DN+BM\cdot DN=$$
$$2BM\cdot DN=2AG\cdot AH\Leftrightarrow$$
$$S_{PMCN}=2S_{AHPG}$$

**注** 由推论2,可看到如下竞赛题的背景:

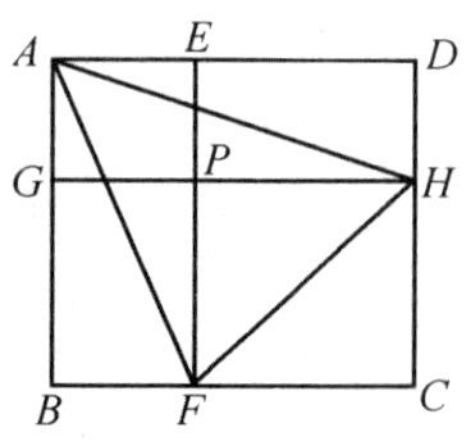

如图7.55,正方形$ABCD$被两条与边平行的线段$EF,GH$分割成四个小矩形,$P$是$EF$和$GH$的交点.若矩形$PFCH$的面积是矩形$AGPE$的面积的两倍,试确定$\angle HAF$的大小,并证明你的结论.

(1998年北京市中学生竞赛复赛题)

图 7.55

**推论3** 如图7.56,设点$M,N$分别在正方形$ABCD$的边$BC,CD$上,延长$AN$交$\angle C$的外角平分线于点$Q$,则$\angle MAN=45^\circ$的充要条件是$AM\perp MQ$.

事实上，由结论4(6)知，当 $\angle MAN=45^\circ$，有 $AM=MQ$，从而 $\angle AQM=45^\circ$，故 $\angle AMQ=90^\circ$，即 $AM\perp MQ$.

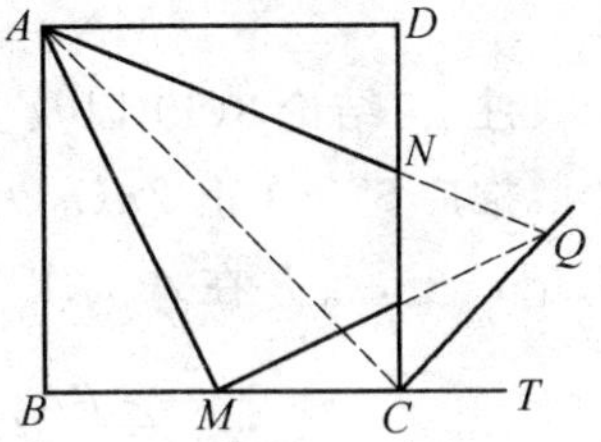

反之，由 $AM\perp MQ$，及 $AC\perp CQ$，可知 $A,M,C,Q$ 四点共圆，从而

$$\angle MAN=\angle MAQ=\angle QCT=45^\circ$$

($T$ 为 $BC$ 延长线上的点.)

图 7.56

**注**　结论4(6)还可以推广到更一般的情形①：

**推广4**　如图7.57，在正 $n$ 边形 $AA_1A_2\cdots A_{n-1}$ 中，$P$ 是边 $A_1A_2$ 上任意一点，作 $\angle APQ=\angle A_1$，$PQ$ 交 $\angle A_1A_2A_3$ 的外角 $\angle A_3A_2M$ 的平分线于点 $Q$，则 $AP=PQ$.

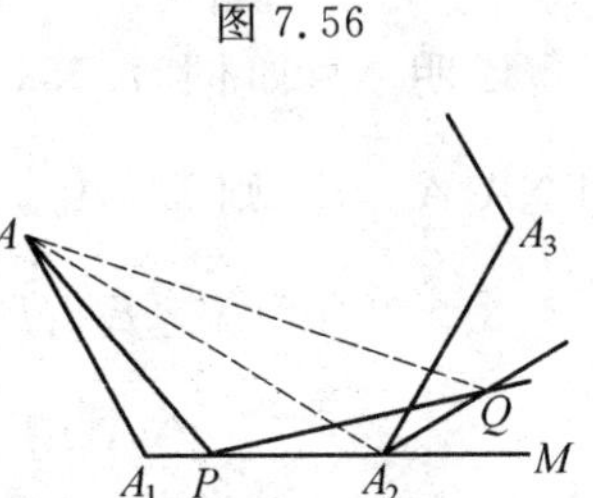


图 7.57

**证明**　联结 $AA_2$，$AQ$. 因

$$\angle APQ=\angle A_1=\frac{(n-2)180^\circ}{n},AA_1=A_1A_2$$

则
$$\angle AA_2A_1=\frac{1}{2}(180^\circ-\angle A_1)=\frac{180^\circ}{n}$$

又因
$$\angle A_3A_2Q=\frac{1}{2}\angle A_3A_2M=\frac{1}{2}\times\frac{360^\circ}{n}=\frac{180^\circ}{n}$$

则
$$\angle AA_2A_1=\angle A_3A_2Q$$

即
$$\angle AA_2Q=\angle A_1A_2A_3=\angle APQ$$

从而 $A,P,A_2,Q$ 四点共圆；$\angle AQP=\angle AA_2A_1$，从而

$$\angle QAP=180^\circ-(\angle APQ+\angle AQP)=180^\circ-\frac{n-2}{n}180^\circ-\frac{180^\circ}{n}=\frac{180^\circ}{n}$$

故
$$\angle QAP=\angle AQP,AP=PQ$$

**推论4**　点 $M,N$ 分别在正方形 $ABCD$ 的边 $CB,DC$ 的延长线上，则 $\angle MAN=45^\circ$ 的充要条件是 $MN=DN-BM$.

**证明**　如图7.58，将 $\mathrm{Rt}\triangle ABM$ 绕点 $A$ 逆时针方向旋转 $90^\circ$ 得 $\mathrm{Rt}\triangle ADM'$，显然点 $M'$ 在 $DN$ 上，于是

$$\angle MAN=45^\circ\Leftrightarrow\angle MAN=\angle M'AN\Leftrightarrow$$
$$\triangle AMN\cong\triangle AM'N\Leftrightarrow$$

① 张焕明. 正多边形的一个性质[J]. 数学教学研究，1986(4)：封二.

$$MN=M'N \Leftrightarrow MN=DN-BM$$

**注** 结论3(1)以及上述推论4均可推广到更一般情形①:

**推广5** 在正 $2n$($n$ 为不小于2的自然数)边形 $A_1A_2\cdots A_{2n}$ 中,点 $E$ 在 $A_{n+1}A_n$ 上,点 $F$ 在 $A_{n+2}A_n$ 上,那么

$$\angle EA_1F=\left(\frac{90}{n}\right)^{\circ} \Leftrightarrow EF=A_{n+2}F+A_nE$$

**证明** 如图7.59,将 $\mathrm{Rt}\triangle A_1A_nE$ 绕点 $A_1$ 逆时针旋转 $\left(\frac{180}{n}\right)^{\circ}$ 得 $\mathrm{Rt}\triangle A_1A_{n+2}E'$,则 $E',A_{n+2},F$ 三点共线.从而有

$$\angle EA_1F=\left(\frac{90}{n}\right)^{\circ} \Leftrightarrow \angle E'A_1F=\angle EA_1F \Leftrightarrow$$

$$\triangle A_1EF \cong \triangle A_1E'F \Leftrightarrow EF=E'F \Leftrightarrow$$

$$EF=A_nE+FA_{n+2}$$

证毕.



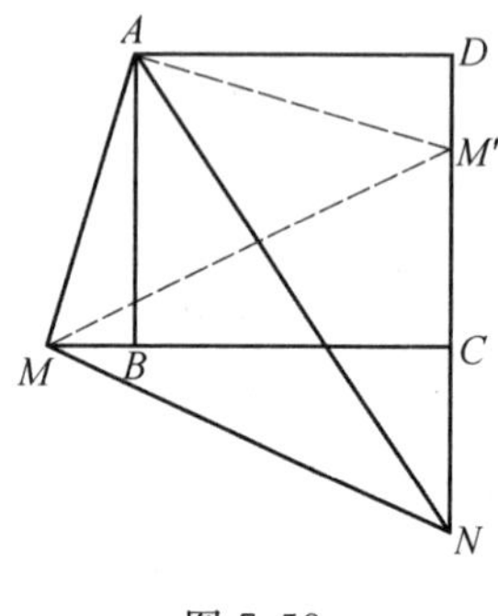


图7.58

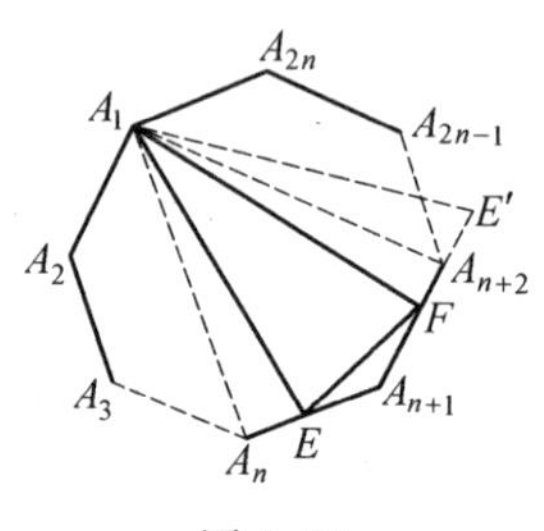


图7.59

下面这道《数学通报》1995年第3期数学问题第941题:在正六边形 $ABCDEF$ 中,$M,N$ 为 $DC,DE$ 上的点,且 $MN=CM+EN$,试求 $\angle MAN$ 的大小.便是上述推广5当 $n=3$ 时的特例.(具体解略,答案为 $\angle MAN=30^{\circ}$.)

由上述推论3与推广5可得.

**推广6** 在正 $2n$($n$ 为不小于3的自然数)边形 $A_1A_2\cdots A_{2n}$ 中,点 $E$ 在 $A_{n+1}A_n$ 的延长线上,点 $F$ 在 $A_{n+2}A_{n+1}$ 的延长线上,那么

$$\angle EA_1F=\left(\frac{90}{n}\right)^{\circ} \Leftrightarrow EF=A_{n+2}F-A_nE$$

① 曹兵.一个定理的应用及推广[J].中学数学,1996(4):45-46.

证明略.

## 练 习 题

1. 已知 $ABCD$ 是正方形，$DE=\frac{EC}{2}$，$BF=\frac{FD}{2}$，请判断 $\triangle AFE$ 的形状，并给出你的证明.

2. 已知在 $\triangle ABC$ 中，$AP\perp BC$，$\angle BAC=45^\circ$，$BP=3$，$CP=2$，求 $\triangle ABC$ 的面积.

3. 在 $Rt\triangle AGH$ 中，$AP$ 是斜边 $GH$ 上的高，过 $\triangle APG$ 与 $\triangle APH$ 的内心 $M$ 与 $N$ 的直线分别交 $AG$，$AH$ 于点 $B$，$D$，$AM$ 及 $AN$ 的延长线分别交 $GH$ 于点 $E$，$F$，求证：$EF=DF+BE$.

## 练习题参考解答



1. 延长 $AF$ 交 $BC$ 于点 $G$，联结 $EG$. 由 $BF=\frac{FD}{2}$，$AD\parallel BG$，知 $BG=\frac{BC}{2}$.

设 $AB=6a$，则

$$DE=2a, BG=3a, EC=4a, CG=3a, EG=\sqrt{EC^2+CG^2}=5a$$

则 $EG=DE+BG$，故 $\angle EAF=45^\circ$，又 $\angle EDF=45^\circ$，则 $A,F,E,D$ 四点共圆，即

$$\angle AFE=180^\circ-\angle EDA=90^\circ$$

故 $\triangle AFE$ 为等腰直角三角形.

2. 设 $E,G$ 分别为点 $P$ 关于 $AB$，$AC$ 的对称点，$EB$，$GC$ 的延长线交于点 $F$. 由 $\angle BAC=45^\circ$，得 $\angle EAG=90^\circ$，故四边形 $AEFG$ 为正方形.

现设 $AP=x$，则由正方形的面积与各三角形面积关系得

$$x^2=2\left(\frac{3x}{2}+\frac{2x}{2}\right)+\frac{(x-3)(x-2)}{2}$$

解得 $x=6$（$x=-1$ 不合题意，舍去）.

故 $\triangle ABC$ 的面积为 $\frac{1}{2}\cdot AP\cdot BC=15$（面积单位）.

3. 因 $M$ 为 $Rt\triangle APG$ 的内心，故 $\angle MPF=135^\circ$. 现由 $\angle MPF+\angle MAF=180^\circ$ 得 $A,M,P,F$ 四点共圆，于是 $\angle AFM=\angle APM=45^\circ$，从而 $FM\perp AE$. 同

理可证 $EN \perp AF$,故有 $A,M,I,N$ 四点共圆($I$ 为 $EN$ 与 $FM$ 的交点),因此,$\angle NMI = \angle PAF$.

又由 $\angle PAF = \angle DAF$ 得 $\angle NMI = \angle DAF$,从而 $A,M,F,D$ 四点共圆,故 $\angle ADM = \angle AFM = 45^\circ$ 且 $\angle ADF = 90^\circ$,于是 $AB = AD$. 同理可证 $\angle ABC = 90^\circ$. 故四边形 $ABCD$ 为正方形,$EF = DF + BE$.

# 附　　录

下面的一个图形的多彩结论,是江苏姜堰市梁徐中学的两位老师[①]的探求诸多结论的思维过程的展现. 值得一读,摘抄如下:

**题设**　如图7.60,过正方形 $ABCD$ 的顶点 $A$ 作 $45^\circ$ 的角与 $CB,DC$ 的延长线分别交于 $E,F$ 两点,即 $\angle EAF = 45^\circ$;$DB,AE$ 的延长线交于点 $O_1$;$DB,AF$ 交于点 $O_2$;$O_2E,FO_1$ 的延长线交于点 $O$;$EO_2$ 的延长线交 $DF$ 于点 $P$. 联结 $AO,FE$ 的延长线交 $AO$ 于点 $H$,又 $DO_1,EF$ 交于点 $O_3$,联结 $O_1H,O_2H,AP$.

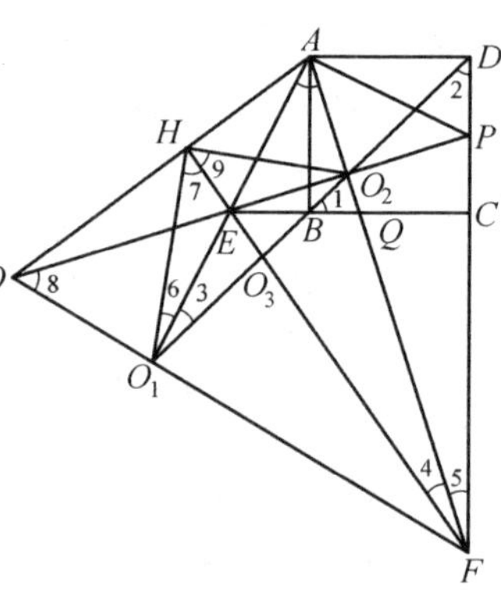


图7.60

根据题设,探求结论,抓住正方形及 $45^\circ$ 角的有利条件,由浅入深,由表及里,层层推进;类比联想,相互渗透,不断创新.

## 1. 美妙的四点共圆相继出现

首先,如图7.60,$\angle 1 = \angle EAF = 45^\circ$,即有 $A,E,B,O_2$ 四点共圆;同样 $\angle 2 = \angle EAF = 45^\circ$,则 $A,O_1,F,D$ 四点共圆;由上述四点共圆知

$$\angle AO_2E = \angle ABE = 90^\circ, \angle AO_1F = \angle ADF = 90^\circ$$

所以,$E,O_1,F,O_2$ 四点共圆.

又在 $\triangle AOF$ 中,因为 $OO_2 \perp AF$,$AO_1 \perp OF$,所以 $E$ 为 $\triangle AOF$ 的垂心,这样六个四点共圆相继出现,即$(A,H,E,O_2)$,$(E,H,O,O_1)$,$(E,O_1,F,O_2)$,$(A,O,O_1,O_2)$,$(O,F,O_2,H)$,$(F,A,H,O_1)$.

由于 $FH \perp AO$,所以$(A,H,E,B)$,$(A,H,F,D)$ 均四点共圆. 仔细观察,显然$(A,O_2,P,D)$,$(O_2,Q,C,P)$ 亦四点共圆,还有$(E,O_1,F,D)$ 也是四点共圆.

① 刘华明,周金生. 一个图形的多彩结论[J]. 中学生数学,1998(10):19.

**2. 线段间的关系，面积间的关系精彩纷呈**

由上述四点共圆有$\angle 3=\angle 4$，$\angle 3=\angle 5$，则$\angle 4=\angle 5$，又$FH\perp AH$，$FD\perp AD$，所以$AH=AD$，就是说点$A$到$EF$的距离恰好等于正方形的边长.

随之有

$$FH=FD, EF=PF, EO_2=PO_2, HO_2=DO_2, AE=AP$$

因为 $$\mathrm{Rt}\triangle AHE\cong\mathrm{Rt}\triangle ABE, \mathrm{Rt}\triangle AHE\cong\mathrm{Rt}\triangle ADP$$

所以 $$\mathrm{Rt}\triangle ABE\cong\mathrm{Rt}\triangle ADP$$

于是 $$S_{\triangle ABE}=S_{\triangle ADP}$$

所以 $$EF=DF-BE$$

即 $$S_{\triangle AEF}=S_{\triangle ADF}-S_{\triangle ABE}$$

同时有

$$\frac{AO_2}{AE}=\cos 45^\circ=\frac{\sqrt{2}}{2}=\frac{AO_3}{AE}=\cos 45^\circ=\frac{\sqrt{2}}{2}$$

进一步得到

$$\triangle AO_1O_2\backsim\triangle AFE$$

所以 $$\frac{S_{\triangle AO_1O_2}}{S_{\triangle AFE}}=\frac{\frac{1}{2}AO_1\cdot AO_2\sin 45^\circ}{\frac{1}{2}AF\cdot AE\sin 45^\circ}=\frac{\sqrt{2}}{2}\cdot\frac{\sqrt{2}}{2}=\frac{1}{2}$$

因为 $$\angle O_2OF=\angle O_1AO_2=45^\circ$$

所以 $$O_2O=O_2F$$

**3. 众多特殊点汇聚一图，引人入胜**

由诸多四点共圆即有

$$\angle 6=\angle 4, \angle 3=\angle 5, \angle 4=\angle 5$$

所以 $$\angle 3=\angle 6$$

又 $$\angle 7=\angle 8=45^\circ, \angle 9=\angle EAO_2=45^\circ$$

所以 $$\angle 7=\angle 9$$

故$E$为$\triangle HO_1O_2$的内心.即三角形的垂心为垂足三角形的内心，可谓点$E$身兼二职.

显然点$O$为$\triangle AEF$的垂心.由于$O_2A=O_2E=O_2P$，所以点$O_2$为$\triangle AEP$的外心.

由前所知$\angle 4=\angle 5$，$\angle AEH=\angle AEB$，所以点$A$为$\triangle ECF$的旁心.旁心指三角形一内角平分线与另两个角的外角平分线的交点.

**4. 高层次追求,深层次挖掘,设计出新颖别致的趣题,令人耳目一新**

即如图7.60给出的条件,则有结论

$$BO_1^2+DO_2^2=O_1O_2^2$$

尽管该题难度大,但由于以上系统研究,参照对比,触类旁通,问题解决已近在咫尺.

略证,如图7.60有

$$\angle O_1HO_2=\angle 7+\angle 9=45^\circ+45^\circ=90^\circ$$

所以
$$HO_1^2+HO_2^2=O_1O_2^2$$

而
$$HO_1=BO_1,HO_2=DO_2$$

所以
$$BO_1^2+DO_2^2=O_1O_2^2$$

这是数学开放题,是用构造法解题的范例,是用发现法研究问题的典型,认真回味,其乐无穷.

## 第5节　具有几何条件 $ab+cd=ef$ 的问题的求解



在1985年高中联赛第一试中,涉及的条件 $b^2-a^2=ac$ 是一类特殊的线段等式问题.这里再讨论类似的一类线段等式问题.

$ab+cd=ef$ 型问题是平面几何比较常见的题型之一.解这类题理想的选择是把 $ab+cd=ef$ 型问题转化为 $ab=cd$ 型问题.①

**1. 用代数方法把问题变形为比例式**

对于任何一个 $ab+cd=ef$ 型问题,如果存在一项中的某线段与另一项中的某线段相等(如 $a=c=m$),则原式可化为 $m(b+d)=ef$.在图中找到线段 $n=b+d$ 以后,问题就转化为 $mn=ef$,即 $ab=cd$ 型问题.

**例1**　$AE$ 为 $\triangle ABC$ 的角平分线,$\triangle ABE$ 的外接圆交 $AC$ 于点 $D$.求证

$$AB\cdot CD=BE^2+BE\cdot EC$$

**分析**　求证式右侧的两项中有公因式 $BE$,将其提取之后,剩下的 $BE+EC$ 刚好是线段 $BC$,于是,问题转化为:求证 $AB\cdot CD=BE\cdot BC$.

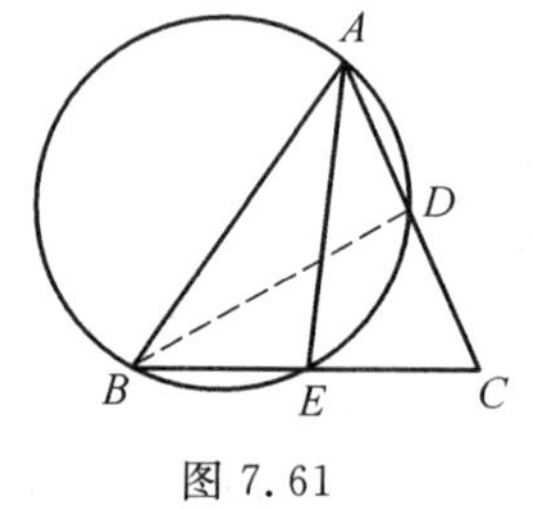

图7.61

**证明**　如图7.61,联结 $BD$.由 $AE$ 平分 $\angle BAC$,可知

$$\frac{BE}{AB}=\frac{CE}{CA}$$

① 田永海.解 $ab+cd=ef$ 型问题的一般思路[J].中等数学,2006(12):6-9.

显然，$CE \cdot CB = CD \cdot CA$，即

$$\frac{CD}{CB}=\frac{CE}{CA}$$

故$\frac{CD}{CB}=\frac{BE}{AB}$. 于是

$$AB \cdot CD = BE \cdot CB = BE(BE + EC) = BE^2 + BE \cdot EC$$

***2. 用几何方法把问题变形为比例式***

如果看不出通过代数变形是否能将其转化为 $ab = cd$ 型问题，就要迅速进入几何变形的思考.

2.1　利用熟知的定理找到替换项.

对于图形中有定理可用的线段，要利用定理尽可能多地产生联想. 从想到的各个比例式中寻找已知与未知的联系，进而迅速找到证题思路.

**例2**　如图7.62，作圆 $O$ 的半径 $OA$，$OB$，$E$ 为点 $B$ 在直线 $OA$ 上的投影，$P$ 为点 $E$ 在直线 $AB$ 上的射影，$R$ 为圆 $O$ 的半径. 求证：$OP^2 + EP^2 = R^2$.

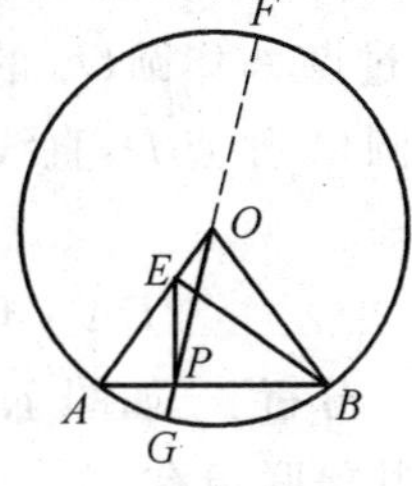


图 7.62

**分析**　题目给出两条垂线，直接的结果是“$EP$ 为 Rt$\triangle ABE$ 斜边 $AB$ 上的高线”，由 $EP^2$ 联想到“$EP^2 = PA \cdot PB$”，由 $OP^2$ 及 $R^2$ 联想到 $R^2 - OP^2$，这就需要作出直径 $GF$.

**证明**　如图7.62，设直线 $OP$ 交圆 $O$ 于点 $F$，$G$. 显然

$$EP^2 = PA \cdot PB = PG \cdot PF = (OG - OP)(OF + OP) = R^2 - OP^2$$

故

$$OP^2 + EP^2 = R^2$$

**例3**　已知圆内接四边形 $ABCD$，$AD$ 与 $BC$ 交于点 $P$，$AC$ 与 $BD$ 交于点 $M$. 求证

$$PM^2 = PA \cdot PD - AM \cdot MC$$

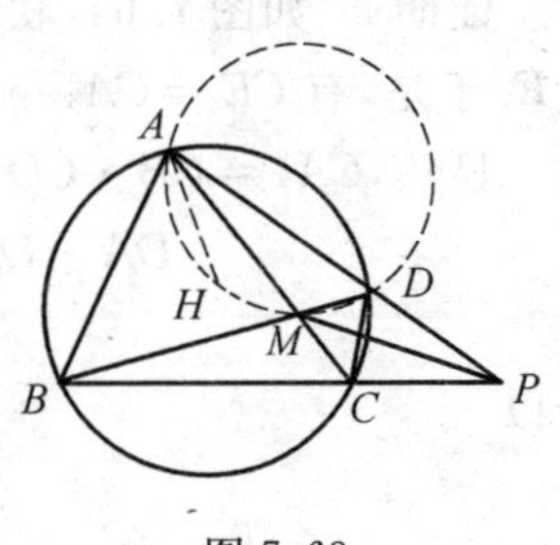


图 7.63

**分析**　如图7.63，为了与 $PM$ 建立联系，联想到 $PA \cdot PD = PM \cdot PH$，可知满足条件的点 $H$ 应当是“$\triangle AMD$ 的外接圆与直线 $PM$ 的交点”，这就想到了“作 $\triangle AMD$ 的外接圆”.

**证明**　如图7.63，设 $\triangle AMD$ 的外接圆交直线 $PM$ 于点 $H$，联结 $HA$.

由 $\angle PMD=\angle PAH$，$\angle PBD=\angle CAD$，知

$$\angle PMD-\angle PBD=\angle PAH-\angle CAD$$

则 $\angle MPB=\angle MAH$.

所以，$A,H,C,P$ 四点共圆. 于是

$$AM\cdot MC=PM\cdot MH$$

显然

$$PA\cdot PD=PM\cdot PH$$

则

$$PA\cdot PD-AM\cdot MC=PM\cdot PH-PM\cdot MH=PM(PH-MH)=PM^2$$

故

$$PM^2=PA\cdot PD-AM\cdot MC$$

**例 4** 如图 7.64，圆 $O_1$ 与圆 $O_2$ 相交于点 $A$，$B$，过点 $A$ 作圆 $O_2$ 的切线交圆 $O_1$ 于点 $C$，直线 $CB$ 交圆 $O_2$ 于点 $D$，直线 $DA$ 交圆 $O_1$ 于点 $E$，联结 $CE$. 求证

$$DA\cdot DE=CD^2-CE^2$$

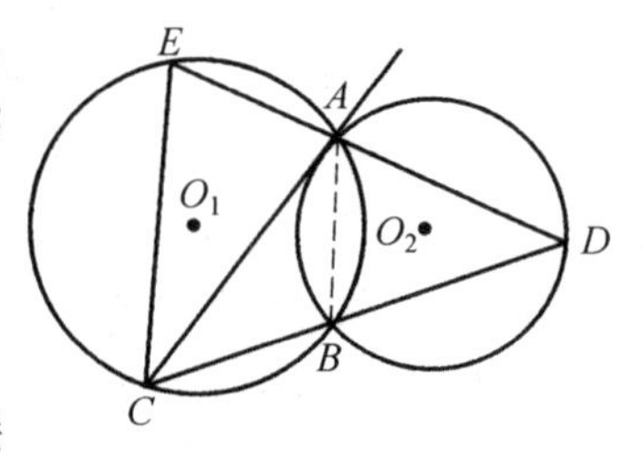

图 7.64

**分析** 如图 7.64，从题设的条件出发，直接的几何联想有

$$DA\cdot DE=DB\cdot DC, CA^2=CB\cdot CD$$

考察二者之间的联系，有

$$DA\cdot DE+CA^2=DB\cdot DC+CB\cdot CD=CD(DB+CB)=CD^2$$

与求证式相对照，想到能证明“$CA=CE$”就可以了.

**证明** 如图 7.64，联结 $AB$. 由 $AC$ 是圆 $O_2$ 的切线，知 $\angle EAC=\angle ABD=\angle E$. 于是，有 $CE=CA$.

显然，$CA^2=CB\cdot CD$，故 $CE^2=CB\cdot CD$. 易知

$$DA\cdot DE=DB\cdot DC=DC(DC-BC)=DC^2-DC\cdot BC=CD^2-CE^2$$

所以

$$DA\cdot DE=CD^2-CE^2$$

由以上几例看出，可以从特殊线段入手(切线、割线、相交弦等)，迅速找到某一项的替换项，以实现 $ab+cd=ef$ 型问题向 $ab=cd$ 型问题的转化.

2.2　寻找相等的线段作替换.

如果图形中的线段没有方便的定理可用，不能直接联想出恰当的比例式，就要寻找相等的线段作代换.

**例5**　设$P$为$\angle AOB$的平分线上一点，过点$O,P$任作一圆，且该圆与$OA,OB$分别交于点$M,N$.求证

$$OP^2=PM^2+OM\cdot ON$$

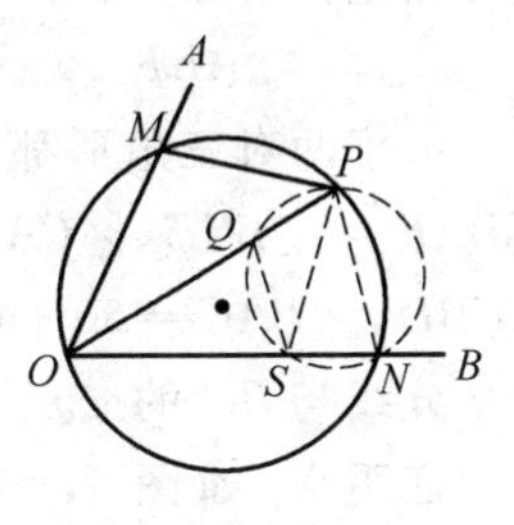

图7.65

**分析**　如图7.65，将"$P$为$\angle AOB$的平分线上一点"放在圆中，直接的联想是$PN=PM$，进一步的联想是点$M$关于$OP$的对称点$S$在直线$OB$上，就有$OS=OM$，于是，求证式右边的$OM\cdot ON$可用$OS\cdot ON$替代，$PM^2$可用$PS^2$替代.再联想求证式左边的$OP^2$，就有$OS\cdot ON=OQ\cdot OP$，于是，问题转化为：求证$PS^2=PQ\cdot PO$.

**证明**　如图7.65，在$OB$上取一点$S$，使$OS=OM$.作$\triangle PNS$的外接圆交$OP$于点$Q$，联结$SP,SQ,PN$.

显然，点$S$与点$M$关于$OP$对称，可知

$$PS=PM=PN$$

则有

$$\angle PSN=\angle PNS=\angle OQS$$

所以$\angle PSO=\angle PQS$.因此$\triangle PQS\backsim\triangle PSO$.

于是，有$PQ\cdot PO=PS^2$.又$OP\cdot OQ=OS\cdot ON$，则有

$$PQ\cdot PO+OP\cdot OQ=PS^2+OS\cdot ON=PM^2+OM\cdot ON$$

因为

$$PQ\cdot PO+OP\cdot OQ=OP(PQ+OQ)=OP^2$$

所以

$$OP^2=PM^2+OM\cdot ON$$

2.3　构造两对相似形把问题变形为比例式.

如果前面的方法都不方便将$ab+cd=ef$型问题转化为$ab=cd$型问题，就要考虑构造两对相似三角形.

**例6**　如图7.66，设$O$为锐角$\triangle ABC$的外心，$BO,CO$的延长线分别交$AC,AB$于点$D,E$.若$\angle A=60°$，求证

$$AB\cdot BE+AC\cdot CD=BC^2$$

**分析**　对求证式作变形得

$$AB\cdot BE+AC\cdot CD=BC^2=BC(m+n)=mBC+nBC\quad(m+n=BC)$$

由上式得到启发,如果在 $BC$ 上能找到点 $F$,使 $AB\cdot BE=mBC$ 与 $AC\cdot CD=nBC$ 同时成立,问题就落到在 $BC$ 上寻找这样的点 $F$,使

$$\triangle ABF\backsim\triangle CBE,\triangle ACF\backsim\triangle BCD$$

由于两对三角形都有一对公共的角,故只需点 $F$ 满足 $\angle BAF=\angle BCE,\angle CAF=\angle CBD$.注意到 $\angle BCE=30^\circ=\angle CBD,\angle BAC=60^\circ$,可知满足要求的点 $F$ 刚好是 $\angle BAC$ 的平分线与 $BC$ 的交点.

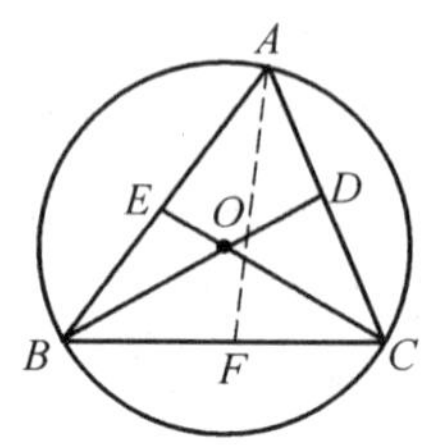

图 7.66

**证明** 如图 7.66,设 $\angle BAC$ 的平分线交 $BC$ 于点 $F$.由 $\angle BOC=2\angle BAC=120^\circ$,知

$$\angle DBC=\angle ECB=30^\circ$$

由 $\angle FAC=30^\circ=\angle DBC$,知 $\triangle FAC\backsim\triangle DBC$.所以

$$CD\cdot CA=CF\cdot CB$$

同理



$$BE\cdot BA=BF\cdot BC$$

故

$$AB\cdot BE+AC\cdot CD=BF\cdot BC+CF\cdot CB=BC(BF+CF)=BC^2$$

**例7** $AC$ 是 $\square ABCD$ 较长的一条对角线,$O$ 为 $\square ABCD$ 内部一点,$OE\perp AB$ 于点 $E$,$OF\perp AD$ 于点 $F$,$OG\perp AC$ 于点 $G$.求证

$$AE\cdot AB+AF\cdot AD=AG\cdot AC$$

**证明** 如图 7.67,分别过点 $B,C,D$ 作直线 $AO$ 的垂线,$M,Q,N$ 为垂足,分别过点 $B,D$ 作 $AC$ 的垂线,$L,K$ 为垂足.

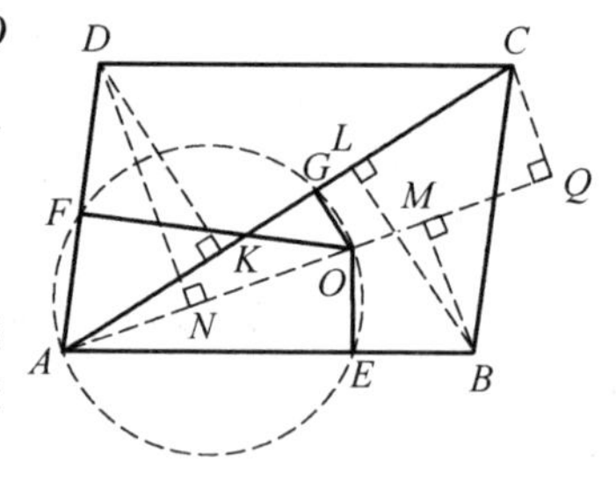

图 7.67

显然,$A,E,O,G,F$ 五点共圆,$AO$ 是直径.由 $DN\perp AO,CQ\perp AO,BM\perp AO,DC\mathrel{\underline{/\!/}}AB$,可知 $NQ=AM$.易知

$$AF\cdot AD=AN\cdot AO,AE\cdot AB=AM\cdot AO$$

则

$$\begin{aligned}&AF\cdot AD+AE\cdot AB=AN\cdot AO+AM\cdot AO=\\&AO(AN+AM)=AO(AN+NQ)=\\&AO\cdot AQ=AG\cdot AC\end{aligned}$$

故

$$AE \cdot AB + AF \cdot AD = AG \cdot AC$$

综上，对于 $ab + cd = ef$ 型问题，我们给出了寻求解题思路的一般规律. 顺便指出，$ab + cd = ef$ 型问题一般要转化为 $ab = cd$ 型问题，但如果能够使用勾股定理、余弦定理……，也不要放过. 把握了这一点，就能及时调整思路，确保解题不误入歧途. 请再看一个例子.

**例8**　设 $D$ 为等腰 $\triangle ABC$ 的底边 $BC$ 上一点，$F$ 为过 $A, D, C$ 三点的圆在 $\triangle ABC$ 内的弧上一点，过 $B, D, F$ 三点的圆与边 $AB$ 交于点 $E$. 求证：$CD \cdot EF + DF \cdot AE = BD \cdot AF$.

（首届中国东南地区数学奥林匹克）

**证明**　如图 7.68，设过点 $B, D, F$ 的圆与直线 $AF$ 交于点 $K$，联结 $KB, KC, KD$.

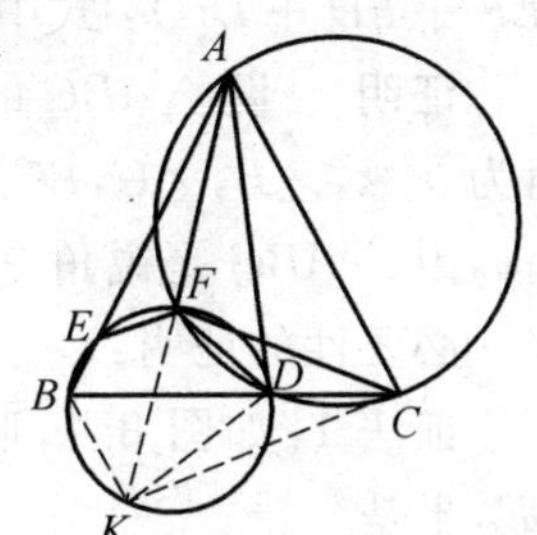


图 7.68

由 $\angle KBD = \angle KFD = \angle ACB$，可知

$$BK \parallel AC$$

则 $S_{\triangle AKC} = S_{\triangle ABC}$. 故

$$S_{\triangle AKD} + S_{\triangle CKD} = S_{\triangle ABD}$$

易知

$$S_{\triangle AKD} = \frac{1}{2} AK \cdot DF \sin \angle KBC$$

$$S_{\triangle CKD} = \frac{1}{2} CD \cdot BK \sin \angle KBC$$

$$S_{\triangle ABD} = \frac{1}{2} AB \cdot BD \sin \angle ABC$$

由 $\angle KBC = \angle ACB = \angle ABC$，知

$$CD \cdot BK + AK \cdot DF = AB \cdot BD \quad ①$$

显然，$\triangle AEF \backsim \triangle AKB$，则

$$\frac{BK}{EF} = \frac{AK}{AE} = \frac{AB}{AF}$$

设 $BK = mEF$，则 $AK = mAE$，$AB = mAF$.

将以上三式代入式①，得

$$mCD \cdot EF + mDF \cdot AE = mBD \cdot AF$$

故

$$CD \cdot EF + DF \cdot AE = BD \cdot AF$$

# 第8章　1986～1987年度试题的诠释

**试题A**　已知锐角$\triangle ABC$的外接圆半径是$R$,点$D,E,F$分别在边$BC$,$CA$,$AB$上.求证:$AD,BE,CF$是$\triangle ABC$的三条高的充要条件是$S=\frac{1}{2}R\cdot(EF+FD+DE)$,式中$S$是$\triangle ABC$的面积.

**证明**　设$\triangle ABC$的外接圆的圆心为$O$,三个内角为$\angle A,\angle B,\angle C,BC=a,CA=b,AB=c$.

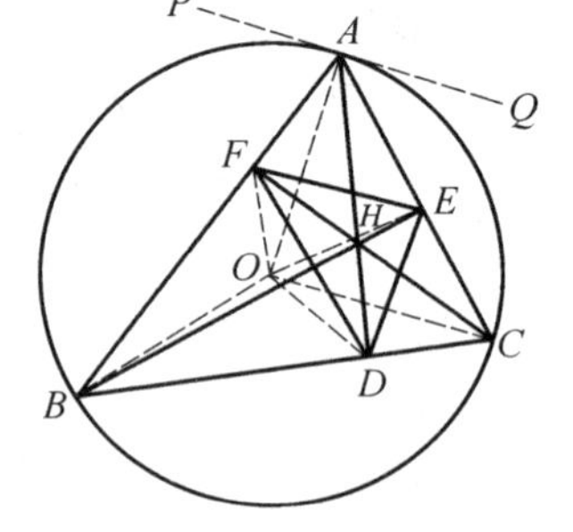


图8.1

因$\triangle ABC$是锐角三角形,则点$O$在$\triangle ABC$内.

必要性的证明:

证法1:如图8.1,联结$OA,OB,OC,OD,OE,OF$,于是

$$S_{\triangle ABC}=S_{OEAF}+S_{OFBD}+S_{ODCE}$$

过点$A$作圆$O$的切线$PQ$,则$OA\perp PQ$,$\angle PAB=\angle ACB$.又$B,C,E,F$四点共圆,则$\angle ACB=\angle AFE$.从而$\angle PAB=\angle AFE$.则$PQ\parallel FE,OA\perp FE$,于是

$$S_{OEAF}=\frac{1}{2}OA\cdot EF$$

同理

$$S_{OFBD}=\frac{1}{2}OB\cdot FD,S_{ODCE}=\frac{1}{2}OC\cdot DE$$

从而

$$S=\frac{1}{2}(OA\cdot EF+OB\cdot FD+OC\cdot DE)=\frac{R}{2}(EF+FD+DE)$$

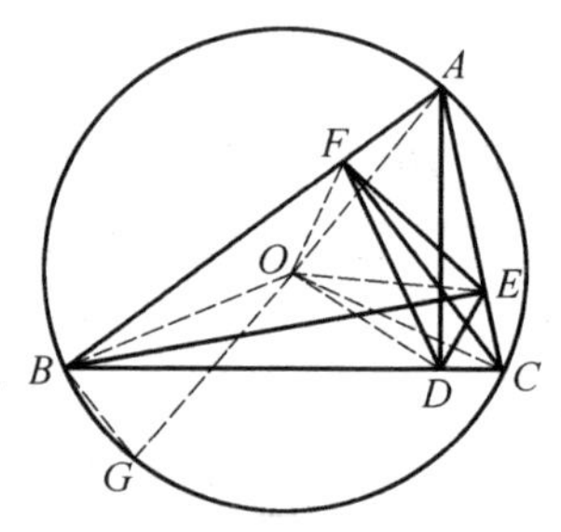


图8.2

证法2:如图8.2,联结$AO$并延长交圆$O$于点$G$,联结$BG$,则

$$\angle BAG+\angle BGA=90^\circ,\angle BGA=\angle ACB$$

由$B,C,E,F$四点共圆,得

$$\angle AFE = \angle ACB = \angle BGA$$

即
$$\angle BAG + \angle AFE = 90°$$

则 $AO \perp EF$. 同理, $BO \perp FD$, $CO \perp DE$. 故

$$S_{\triangle ABC} = S_{AFOE} + S_{BDOF} + S_{CDOE} = \frac{1}{2}(EF \cdot OA + FD \cdot OB + DE \cdot OC) =$$
$$\frac{1}{2}R(EF + FD + DE)$$

证法 3

$$S_{\triangle ABC} = S_{\triangle OBC} + S_{\triangle OCA} + S_{\triangle OAB} = \frac{R^2}{2}(\sin 2A + \sin 2B + \sin 2C) =$$
$$R(R\sin A\cos A + R\sin B\cos B + R\sin C\cos C) =$$
$$\frac{R}{2}(a\cos A + b\cos B + c\cos C)$$

由 $B, C, E, F$ 四点共圆, 故 $\angle AFE = \angle ACB$, 则

$$\triangle AFE \backsim \triangle ACB$$

从而
$$\frac{FE}{BC} = \frac{AF}{AC} = \cos A$$

即
$$EF = a\cos A$$

同理
$$FD = b\cos B, DE = c\cos C$$

从而
$$S = \frac{R}{2}(EF + FD + DE)$$



证法 4: 如图 8.3, 作点 $D$ 关于 $AB$, $AC$ 的对称点 $D'$ 和 $D''$, 则 $AD' = AD = AD''$, $\angle 2 = \angle 3$, $DF = D'F$, $DE = ED''$.

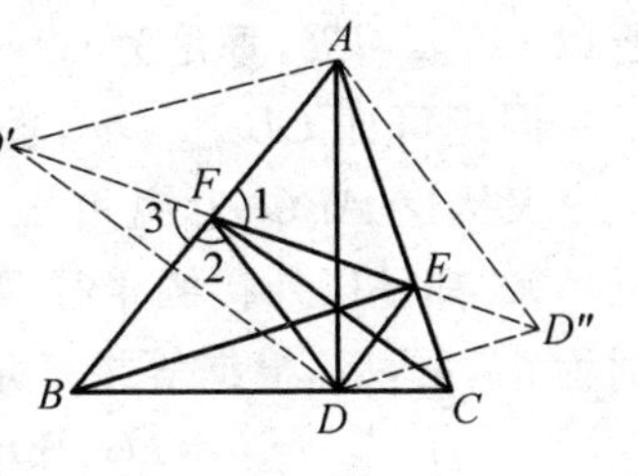

图 8.3

由于 $AD$, $BE$, $CF$ 是 $\triangle ABC$ 的三条高, 所以 $E, F, C, B$ 四点共圆, $F, A, C, D$ 四点共圆, 得 $\angle 1 = \angle ACB$, $\angle 3 = \angle ACB$, 则有 $\angle 1 = \angle 3$. 因此 $\angle 1 = \angle 2$, $D', F, E$ 三点共线. 同理可知 $F, E, D''$ 三点共线. 所以 $D', F, E, D''$ 四点共线. 则

$$DF + FE + ED = D'F + FE + ED'' = D'D''$$

又在 $\triangle D'AD''$ 中

$$\angle D'AD''=2\angle CAB,\frac{D'D''}{2}=AD'\sin\angle BAC$$

故在 $\triangle ABC$ 中,有

$$S=\frac{1}{2}AD\cdot BC=\frac{1}{2}AD\cdot 2R\sin\angle BAC=R\cdot AD'\sin\angle BAC=$$

$$R\cdot\frac{D'D''}{2}=\frac{R}{2}(EF+FD+DE)$$

证法5[①]:如图8.4,联结 $OA$,$OB$,$OC$,设 $EF$,$CF$ 与 $OA$ 分别交于点 $G$,$P$,$ED$ 与 $OC$ 交于点 $K$,$FD$ 与 $OB$ 的延长线交于点 $L$.

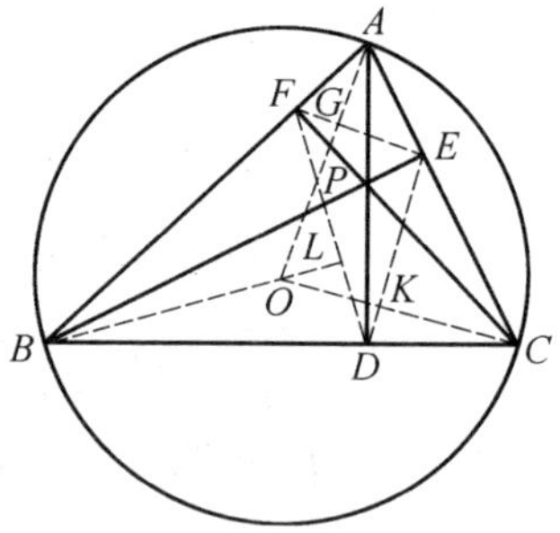

这时 $AD$,$BE$,$CF$ 是 $\triangle ABC$ 的三条高,所以 $B$,$C$,$E$,$F$ 四点共圆,即有

$$\angle GFP=\angle EBC$$

而

$$\angle EBC=90^\circ-\angle C=90^\circ-\frac{1}{2}\angle AOB=$$

$$90^\circ-\frac{1}{2}(180^\circ-2\angle BAO)=\angle BAO$$

图8.4

即

$$\angle GFP=\angle BAO$$

在 $\mathrm{Rt}\triangle AFP$ 中

$$\angle FAP+\angle FPA=90^\circ$$

即

$$\angle GFP+\angle FPA=90^\circ$$

所以 $OA\perp EF$,垂足为 $G$.

同理可证 $OB\perp DF$,垂足为 $L$;$OC\perp DE$,垂足为 $K$.

又因 $\triangle ABC$ 为锐角三角形,则点 $O$ 在 $\triangle ABC$ 内,而 $\triangle AOB$,$\triangle AOC$,$\triangle BOC$ 都是以外接圆半径 $R$ 为腰的等腰三角形,设三个三角形的腰上的高分别为 $h_1$,$h_2$,$h_3$,根据等腰三角形的性质可知

$$h_1=FG+FL,h_2=EG+EK,h_3=DK+DL$$

于是 $\triangle ABC$ 的面积为

$$S=\frac{1}{2}Rh_1+\frac{1}{2}Rh_2+\frac{1}{2}Rh_3=\frac{1}{2}R(h_1+h_2+h_3)=$$

① 刘景升.数学题集锦[J].中学数学教学,1982(2):35-36.

$$\frac{1}{2}R(FG+FL+EG+EK+DK+DL)=$$

$$\frac{1}{2}R[(EG+FG)+(FL+DL)+(EK+DK)]=$$

$$\frac{1}{2}R(EF+FD+ED)$$

证法6①：如图8.5，设三条高 $AD$，$BE$，$CF$ 相交于点 $H$，从而知 $C$，$D$，$H$，$E$ 四点共圆，$CH$ 为该圆直径，则由正弦定理可得

$$DE=CH\cdot\sin C$$

又
$$R=\frac{AB}{2\sin C}$$

则

$$R\cdot DE=\frac{1}{2}AB\cdot CH=\frac{1}{2}AF\cdot CH+\frac{1}{2}BF\cdot CH=$$
$$S_{\triangle ACH}+S_{\triangle BCH}$$

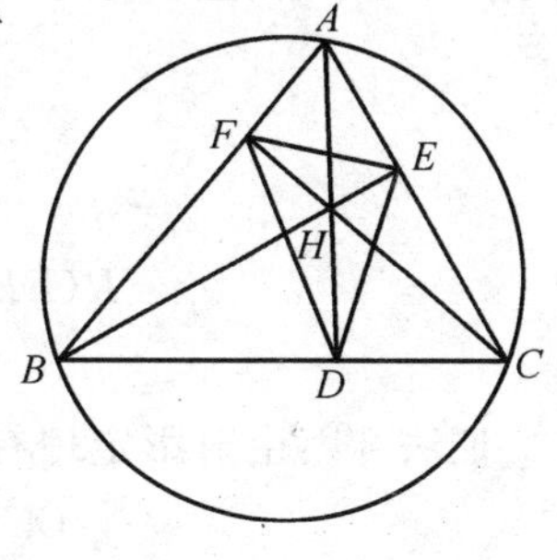


图8.5

同理

$$R\cdot EF=S_{\triangle ABH}+S_{\triangle ACH}$$
$$R\cdot FD=S_{\triangle ABH}+S_{\triangle BCH}$$

故
$$R\cdot DE+R\cdot EF+R\cdot FD=2(S_{\triangle ACH}+S_{\triangle BCH}+S_{\triangle ABH})$$

即
$$R(DE+EF+FD)=2S$$

证法7：如图8.6，分别作点 $D$ 关于 $AB$，$AC$ 的对称点 $D_1$，$D_2$，联结 $D_1F$，$D_2E$，$AD_1$，$AD_2$，由对称性易知 $D_1$，$F$，$E$，$D_2$ 四点共线，且

$$D_1D_2=DE+EF+FD, AD_1=AD_2=AD$$

令 $AD$ 为 $h$，$\angle D_1AD_2=2\angle BAC$.

作 $AP\perp D_1D_2$ 于点 $P$，则

$$D_1P=\frac{1}{2}D_1D_2=\frac{1}{2}(DE+EF+FD)$$

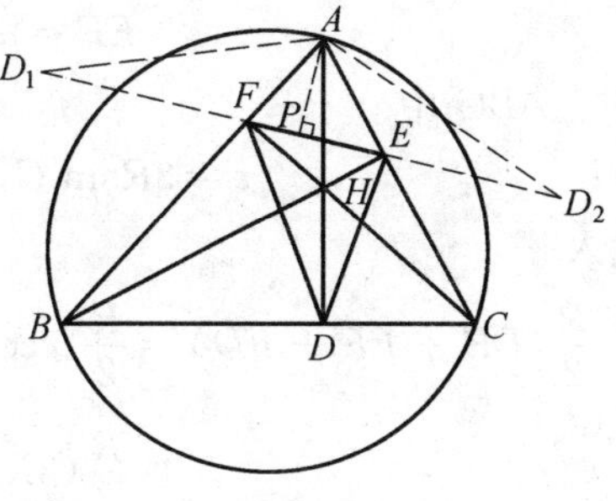


图8.6

① 吴中强，朱汉林．一道竞赛题的另两种证法[J]．中学数学月刊，1997(10)：44.

且 $$\angle D_1AP=\frac{1}{2}\angle D_1AD_2=\angle BAC$$

于是,有

$$\sin\angle BAC=\sin\angle D_1AP=\frac{D_1P}{AD_1}=\frac{\frac{1}{2}(DE+EF+FD)}{h}$$

在 $\triangle ABC$ 中,由正弦定理,知 $\sin\angle BAC=\frac{BC}{2R}$,所以

$$\frac{\frac{1}{2}(DE+EF+FD)}{h}=\frac{BC}{2R}$$

即 $$R(DE+EF+FD)=BC\cdot h=2S$$

证法 8①:由射影定理有

$$DC=AC\cos C,EC=BC\cos C$$

在 $\triangle DCE$ 中应用余弦定理,有

$$\begin{aligned}DE^2=&DC^2+EC^2-2DC\cdot EC\cos C=\\&AC^2\cos^2C+BC^2\cos^2C-2AC\cdot BC\cdot\cos^3C=\\&\cos^2C(AC^2+BC^2-2AC\cdot BC\cdot\cos C)=\\&AB^2\cos^2C\end{aligned}$$

由 $\triangle ABC$ 是锐角三角形,知 $\cos C>0$. 则 $DE=AB\cos C$,即 $DE=c\cos C$. 同理

$$EF=a\cos A,FD=b\cos B$$

在 $\triangle ABC$ 中

$$c=2R\sin C,b=2R\sin B,a=2R\sin A$$

代入

$$\begin{aligned}\frac{R}{2}(DE+EF+FD)=&\frac{R}{2}(c\cos C+a\cos A+b\cos B)=\\&\frac{R}{2}(2R\sin A\cos A+2R\sin B\cos B+2R\sin C\cos C)=\\&\frac{R^2}{2}(\sin 2A+\sin 2B+\sin 2C)=\end{aligned}$$

① 证法8～13可参见:戴宏祥.1986年全国高中联赛第二试第二题必要性的几种证法[J].中等数学,1987(1):23-26.

$$\frac{R^2}{2}(4\sin A\sin B\sin C)=$$

$$\frac{1}{2}(2R\sin A)(2R\sin B)\sin C=$$

$$\frac{1}{2}ba\sin C=S$$

证法 9:同证法 3 中求法知

$$EF=a\cos A, FD=b\cos B, DE=c\cos C$$

又

$$\angle BAO=\angle ABO, \angle CBO=\angle BCO, \angle ACO=\angle CAO$$

$$\angle BAO+\angle ABO+\angle CBO+\angle BCO+\angle ACO+\angle CAO=180^\circ$$

则

$$\angle BAO+\angle CAO+\angle CBO=90^\circ$$

已知 $\triangle ABC$ 是锐角三角形,则

$$\cos A=\cos(\angle BAO+\angle CAO)=\cos(90^\circ-\angle CBO)=\sin\angle CBO$$

同理

$$\cos B=\sin\angle ACO, \cos C=\sin\angle BAO$$



故

$$S=S_{\triangle ABO}+S_{\triangle ACO}+S_{\triangle BCO}=\frac{1}{2}OA\cdot AB\sin\angle BAO+$$

$$\frac{1}{2}OC\cdot AC\sin\angle CAO+\frac{1}{2}OB\cdot BC\sin\angle CBO=$$

$$\frac{1}{2}Rc\sin\angle BAO+\frac{1}{2}Rb\sin\angle ACO+\frac{1}{2}Ra\sin\angle CBO=$$

$$\frac{1}{2}Rc\cos C+\frac{1}{2}Rb\cos B+\frac{1}{2}Ra\cos A=$$

$$\frac{1}{2}R\cdot DE+\frac{1}{2}R\cdot FD+\frac{1}{2}R\cdot EF=\frac{R}{2}(DE+EF+FD)$$

证法 10:设 $AF=x$. $\triangle AFE\backsim\triangle ACB$,有

$$\frac{AF}{AC}=\frac{EF}{BC}, EF=AF\cdot\frac{BC}{AC}, EF=x\cdot\frac{a}{b}$$

同理

$$\frac{AF}{AC}=\frac{AE}{AB}$$

则

$$AE=x\cdot\frac{c}{b}$$

$$CE=AC-AE=b-\frac{c}{b}x$$

因 $\triangle BDF\backsim\triangle BAC$,有

$$\frac{BF}{BC}=\frac{DF}{AC},DF=\frac{b}{a}(c-x)$$

因 $\triangle CED\backsim\triangle CBA$,有

$$\frac{CE}{ED}=\frac{BC}{AB}$$

则
$$ED=\frac{AB}{BC}\cdot CE=\frac{c}{a}(b-\frac{c}{b}x)$$

又 $x=b\cos A$ 和 $R=\frac{a}{2\sin A}$,故

$$\begin{aligned}\frac{R}{2}(EF+FD+DE)=&\frac{R}{2}\left[\frac{a}{b}x+\frac{b}{a}(c-x)+\frac{c}{a}(b-\frac{c}{b}x)\right]=\\&\frac{R}{2}\left[\frac{a^2x+2b^2c-b^2x-c^2x}{ab}\right]=\\&\frac{R}{2}\left[\frac{(a^2-b^2-c^2)x+2b^2c}{ab}\right]=\\&\frac{R}{2}\left[\frac{-2bc(\cos A)x+2b^2c}{ab}\right]=\\&R\left[\frac{bc-c(\cos A)x}{a}\right]=R\left(\frac{bc-bc\cos^2A}{a}\right)=\\&\frac{Rbc\sin^2A}{a}=\frac{1}{2}bc\sin A=S\end{aligned}$$



证法11:设 $\triangle ABC$ 的垂心为 $H$. 由 $B,F,H,D$ 四点共圆,在 $\triangle BFD$ 中

$$\frac{FD}{\sin B}=BH,FD=BH\sin B$$

在 $\triangle ABC$ 中

$$\sin B=\frac{b}{2R}$$

故
$$FD=\frac{b\cdot BH}{2R}$$

同理
$$EF=\frac{a\cdot AH}{2R},DE=\frac{c\cdot CH}{2R}$$

又
$$BH=BE-HE,AH=AD-HD,CH=CF-HF$$

有

$$S=S_{\triangle AOB}+S_{\triangle AOC}+S_{\triangle BOC}=\frac{1}{2}(a\cdot HD+b\cdot HE+c\cdot HF)$$

$$3S=\frac{1}{2}b\cdot BE+\frac{1}{2}a\cdot AD+\frac{1}{2}c\cdot CF$$

故

$$\frac{R}{2}(EF+FD+DE)=$$

$$\frac{R}{2}\left(\frac{a\cdot AH}{2R}+\frac{b\cdot BH}{2R}+\frac{c\cdot CH}{2R}\right)=$$

$$\frac{R}{2}\cdot\frac{a(AD-HD)+b(BE-HE)+c(CF-HF)}{2R}=$$

$$\frac{1}{4}[a\cdot AD+b\cdot BE+c\cdot CF-$$

$$(a\cdot HD+b\cdot HE+c\cdot HF)]=\frac{1}{4}(6S-2S)=S$$



证法12：由 $A,B,D,E$ 四点共圆，知

$$\angle CDE=\angle A,\angle CED=\angle B$$

在 $\triangle DCE$ 中

$$\frac{DE}{\sin C}=\frac{CE}{\sin A}=\frac{CD}{\sin B}$$

有
$$\frac{DE^2}{\sin^2 C}=\frac{CE\cdot CD}{\sin A\sin B}=\frac{a\cos C\cdot b\cos C}{\sin A\sin B}$$

从而
$$DE^2=\frac{ab\sin^2 C\cos^2 C}{\sin A\sin B}=(2R)^2\sin^2 C\cos^2 C$$

因 $\triangle ABC$ 是锐角三角形，则

$$DE=2R\sin C\cos C=\frac{c}{\sin C}\sin C\cos C=c\cos C$$

同理

$$EF=a\cos A,DF=b\cos B$$

$$\frac{R}{2}(DE+EF+FD)=$$

$$\frac{R}{2}(c\cos C+a\cos A+b\cos B)=$$

$$\frac{1}{2}\cdot\frac{abc}{4S}(c\cos C+a\cos A+b\cos B)=$$

$$\frac{abc^2\frac{a^2+b^2-c^2}{2ab}+a^2bc\frac{b^2+c^2-a^2}{2bc}+b^2ac\frac{a^2+c^2-b^2}{2ac}}{8S}=$$

$$\frac{c^2(a^2+b^2-c^2)+a^2(b^2+c^2-a^2)+b^2(a^2+c^2-b^2)}{16S}=$$

$$\frac{2a^2c^2+2a^2b^2+2b^2c^2-a^4-b^4-c^4}{16S}$$

因

$$S^2=p(p-a)(p-b)(p-c)=$$

$$\frac{1}{16}(a+b+c)(a+b-c)$$

$$(a-b+c)(-a+b+c)=$$

$$\frac{1}{16}(2a^2c^2+2a^2b^2+2b^2c^2-a^4-b^4-c^4)$$

故

$$\frac{R}{2}(DE+EF+FD)=S$$



证法 13:如图 8.7,作点 $E$ 关于 $BC$,$BA$ 的对称点 $N$,$M$.

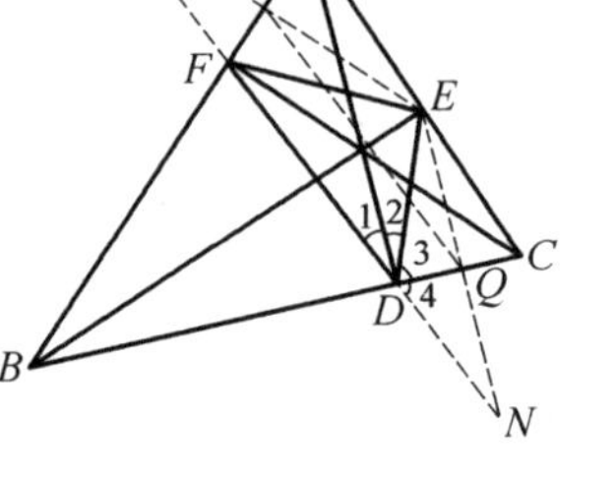

图 8.7

因 $\triangle ABC$ 的垂心是垂足 $\triangle DEF$ 的内心,则 $\angle 1=\angle 2$. 又 $E$,$N$ 关于 $CD$ 对称,则 $\angle 3=\angle 4$.

由 $AD\perp BC$,知 $\angle 2+\angle 3=90^\circ$,有 $\angle 1+\angle 4=90^\circ$,即

$$\angle 1+\angle 2+\angle 3+\angle 4=180^\circ$$

故点 $N$ 在直线 $FD$ 上,同理点 $M$ 也在直线 $DF$ 上.

在 $\triangle EMN$ 中,$DE=DN$,$FE=FM$,$EM$,$EN$ 分别和 $AB$,$BC$ 交于点 $P$,$Q$. 有中位线

$$PQ=\frac{1}{2}MN \tag{①}$$

在 $\triangle ABC$ 中

$$2\sin B=\frac{b}{R} \tag{②}$$

由轴对称,$EP\perp AB$,$EQ\perp BC$,故 $B$,$Q$,$E$,$P$ 四点共圆,有

$$\frac{PQ}{\sin B}=BE$$

即

$$PQ = BE\sin B \quad ③$$

由式 ①② 得

$$\frac{1}{2}MN = BE\sin B$$

即

$$\frac{MN}{BE} = 2\sin B \quad ④$$

由式 ②④ 得

$$2\sin B = \frac{MN}{BE} = \frac{b}{R}$$

则

$$b \cdot BE = R \cdot MN$$

$$\frac{1}{2}b \cdot BE = \frac{R}{2}(MF + FD + DN)$$

$$S = \frac{R}{2}(EF + FD + DE)$$



充分性的证明：设

$$S_{\triangle ABC} = \frac{R}{2}(EF + FD + DE)$$

证法 1：先证 $OA \perp EF$. 用反证法. 若 $OA$ 与 $EF$ 不垂直，则

$$S_{OEAF} < \frac{1}{2}OA \cdot EF$$

又
$$S_{OFBD} \leqslant \frac{1}{2}OB \cdot FD, S_{ODCE} \leqslant \frac{1}{2}OC \cdot DE$$

则
$$S_{\triangle ABC} < \frac{R}{2}(EF + FD + DE)$$

这和已知的条件矛盾，故 $OA \perp EF$. 同理 $OB \perp FD$，$OC \perp DE$. 过点 $A$ 作圆 $O$ 的切线 $PQ$，则 $OA \perp PQ$. 因 $OA \perp EF$，则 $PQ \parallel EF$，即

$$\angle AFE = \angle PAF = \angle ACB$$

故 $B,C,E,F$ 四点共圆，同理 $A,B,D,E$ 四点共圆，$C,A,F,D$ 四点共圆. 则

$$\angle ADB = \angle AEB(A,B,D,E \text{ 四点共圆})$$

$$\angle ADC = \angle AFC(A,C,D,F \text{ 四点共圆})$$

于是
$$\angle AEB + \angle AFC = 180^\circ$$

又 $B,C,E,F$ 四点共圆，$\angle AEB = \angle AFC$，则

$$\angle AEB = \angle AFC = 90^\circ, \angle ADC = \angle AFC = 90^\circ$$

即
$$AD \perp BC, BE \perp CA, CF \perp AB$$

证法 2:设 $AD', BE', CF'$ 是 $\triangle ABC$ 的三条高,由必要性证法中证明知

$$OA \perp F'E', OB \perp D'F', OC \perp D'E'$$

又设点 $D, E, F$ 分别在 $BC, CA, AB$ 上,使

$$S_{\triangle ABC} = \frac{R}{2}(EF + FD + DE)$$

由充分性证明中的证法 1 知

$$OA \perp FE, OB \perp DF, OC \perp DE$$

则
$$FE \parallel F'E', DF \parallel D'F', DE \parallel D'E'$$

若点 $F'$ 与 $F$ 不重合,不妨设 $AF' < AF$,则

$$AE' < AE \Rightarrow CE' > CE \Rightarrow CD' > CD$$

又
$$AF' < AF \Rightarrow BF' > BF \Rightarrow BD' > BD$$

从而 $BC > BC$,矛盾.于是点 $F$ 与 $F'$ 重合.同理点 $E$ 与点 $E'$ 重合,点 $D$ 与点 $D'$ 重合,故 $AD, BE, CF$ 是 $\triangle ABC$ 的三条高.



证法 3:用反证法,若 $\triangle DEF$ 不是 $\triangle ABC$ 的垂足三角形,设 $\triangle ABC$ 的垂足三角形为 $\triangle D_1E_1F_1$,则

$$DF + EF + FD > D_1E_1 + E_1F_1 + F_1D_1 \quad ①$$

由必要性知

$$S_{\triangle ABC} = \frac{1}{2}R(D_1E_1 + E_1F_1 + F_1D_1)$$

又由假设式条件

$$S_{\triangle ABC} = \frac{1}{2}R(DE + EF + FD)$$

$$DE + EF + FD = D_1E_1 + E_1F_1 + F_1D_1$$

与式 ① 矛盾.所以,$\triangle DEF$ 是 $\triangle ABC$ 的垂足三角形.

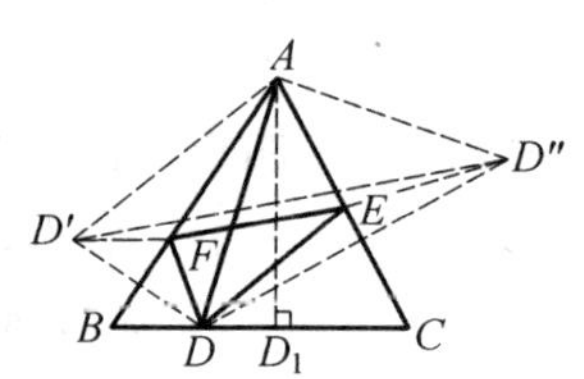

图 8.8

证法 4:如图 8.8.因为

$$S = \frac{1}{2}R(DE + EF + FD)$$

如果 $D, E, F$ 三点中有一点不是垂足,不妨设 $D$ 不是垂足.作 $AD_1 \perp BC$,垂足为 $D_1$,作点 $D$ 关于 $AB, AC$ 的对

称点 $D'$，$D''$. 联结 $D'F$，$ED''$，则有

$$DE+EF+FD=D''E+FE+FD'\geqslant D'D''$$

在 $\triangle D'AD''$ 中

$$\angle D'AD''=2\angle BAC, AD'=AD''=AD$$

$$D'D''=2AD'\sin\angle BAC=2AD\sin\angle BAC$$

由于 $$S=\frac{R}{2}(DE+EF+FD)\geqslant\frac{R}{2}\cdot D'D''=AD\cdot R\sin\angle BAC$$

又 $$S=\frac{1}{2}AD_1\cdot BC=R\cdot AD_1\sin\angle BAC$$

及 $AD>AD_1$，则 $S>S$ 矛盾.

因此，$D$，$E$，$F$ 三点都是垂足，$AD$，$BE$，$CF$ 是 $\triangle ABC$ 的三条高.

证法 5：如图 8.9，设 $D$，$E$，$F$ 是三条高的垂足，设 $D_1$，$D_2$ 分别为点 $D$ 关于 $AB$，$AC$ 的对称点，则

$$D_1D_2=FD+EF+DE \quad ①$$

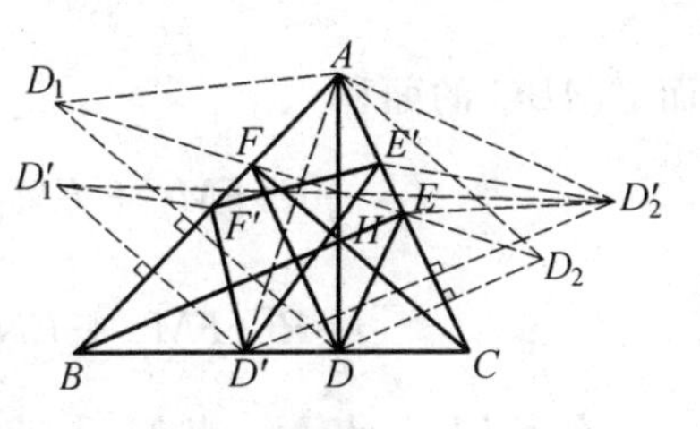

图 8.9

此时即要证当点 $D'$，$E'$，$F'$ 分别在锐角 $\triangle ABC$ 三边 $BC$，$CA$，$AB$ 上，且 $S=\frac{R}{2}(E'F'+F'D'+D'E')$ 时，$AD'$，$BE'$，$CF'$ 分别为三边上的高，即证点 $D'$，$E'$，$F'$ 分别与三边 $BC$，$CA$，$AB$ 上的垂线足 $D$，$E$，$F$ 重合.

如图 8.9，不失一般性，假设 $D'\neq D$，作出点 $D'$ 分别关于 $AB$，$AC$ 成轴对称的点 $D_1{}'$，$D_2{}'$，联结 $D_1{}'F'$，$D_2{}'E'$，$D_1{}'D_2{}'$，则

$$E'F'+F'D'+D'E'=E'F'+F'D_1{}'+D_2{}'E'\geqslant D_1{}'D_2{}' \quad ②$$

联结 $AD'$，$AD_1{}'$，$AD_2{}'$，则

$$AD_1{}'=AD', AD_2{}'=AD', \angle D_1{}'AD_2{}'=\angle ABC$$

在等腰 $\triangle AD_1{}'D_2{}'$ 与等腰 $\triangle AD_1D_2$ 中，由于顶角 $\angle D_1{}'AD_2{}'=\angle D_1AD_2$，且由 $AD'>AD$ 知腰 $AD_1{}'>AD_1$，由相似三角形的性质知，$D_1{}'D_2{}'>D_1D_2$. 因此，由式 ①②，得

$$E'F'+F'D'+D'E'>EF+FD+DE$$

于是 $$S=\frac{R}{2}(E'F'+F'D'+D'E')>\frac{R}{2}(EF+FD+DE)=S$$

矛盾. 因此，点 $D'$ 必与点 $D$ 重合，同理可证得：点 $E'$ 必与点 $E$ 重合，点 $F'$ 必与点 $F$ 重合.

证法6:已知锐角$\triangle ABC$的面积

$$S=\frac{1}{2}R(EF+FD+ED)$$

过点$F$分别作$OA$,$OB$的垂线,垂足为$M_1$,$M_2$;过点$E$分别作$OA$,$OC$的垂线,垂足为$N_1$,$N_2$;过点$D$分别作$OC$,$OB$的垂线,垂足为$Q_1$,$Q_2$.

由等腰三角形的性质可知

$$S_{\triangle AOB}=\frac{1}{2}R(FM_1+FM_2)$$

$$S_{\triangle AOC}=\frac{1}{2}R(EN_1+EN_2)$$

$$S_{\triangle BOC}=\frac{1}{2}R(DQ_1+DQ_2)$$

而$\triangle ABC$的面积

$$S=\frac{1}{2}R(FM_1+FM_2+EN_1+EN_2+DQ_1+DQ_2)=$$



$$\frac{1}{2}R[(FM_1+EN_1)+(FM_2+DQ_2)+(EN_2+DQ_1)]$$

在点$M_1$与点$N_1$,点$M_2$与点$Q_2$,点$N_2$与点$Q_1$中只要有一对不重合,则下面三个不等式

$$FM_1+FN_1<EF,FM_2+DQ_2<FD,EN_2+DQ_1<DE$$

至少有一个不等式成立.于是有

$$S=\frac{1}{2}R[(FM_1+EN_1)+(FM_2+DQ_2)+(EN_2+DQ_1)]<$$

$$\frac{1}{2}R(EF+FD+DE)=S$$

即$S<S$,这显然是不可能的.所以点$M_1$与点$N_1$,点$M_2$与点$Q_2$,点$N_2$与点$Q_1$分别重合.从而可知

$$EF\perp OA,FD\perp OB,ED\perp OC$$

又在$\mathrm{Rt}\triangle AGF$中

$$\angle AFG=90°-\angle FAG=90°-\frac{1}{2}(180°-\angle AOB)=\frac{1}{2}\angle AOB=\angle C$$

则在四边形$EFBC$中一内角等于它对角的外角,可知$E,F,B,C$四点共圆.

同理可证$A,F,D,C$四点共圆,$B,D,E,A$四点共圆.

又因$E,F,B,C$四点共圆,则

$$\angle BFC = \angle BEC$$

而 $$\angle AFC = 180^\circ - \angle BFC, \angle AEB = 180^\circ - \angle BEC$$

则 $$\angle AFC = \angle AEB$$

由 $A,F,D,C$ 四点共圆可得到 $\angle AFC = \angle ADC$，由 $A,B,D,E$ 四点共圆可知 $\angle AEB = \angle ADB$，则 $\angle ADC = \angle ADB$，而

$$\angle ADC + \angle ADB = 180^\circ$$

故 $$\angle ADC = \angle ADB = 90^\circ$$

即 $$AD \perp BC$$

同理可证 $AC \perp BE, AB \perp FC$.

**试题** B1　把边长为 1 的正 $\triangle ABC$ 的各边都 $n$ 等分，过各分点作平行于其他两边的直线，将这三角形分成小三角形. 各小三角形的顶点都称为结点. 在每一结点上放置了一个实数，已知：(i) $A,B,C$ 三点上放置的数分别为 $a,b,c$；(ii) 在每个由有公共边的两个最小三角形组成的菱形之中，两组相对顶点上放置的数之和相等.

试求：(1) 放置最大数的点与放置最小数的点之间的最短距离 $r$；(2) 所有结点上的数的总和 $S$.

**解法 1**　考察任意三个最邻近的最小三角形，设放在五个结点处的数分别是 $a_1,a_2,a_3,a_4,a_5$，如图 8.10 所示，则有

$$a_1 + a_5 = a_2 + a_4, a_2 + a_5 = a_3 + a_4$$

两式相减得到

$$a_1 - a_2 = a_2 - a_3$$

这说明沿三族平行线中任意一条线，依次放在该线各结点上的数都成等差数列，据此就能回答题目中的(1) 和 (2) 两问题.

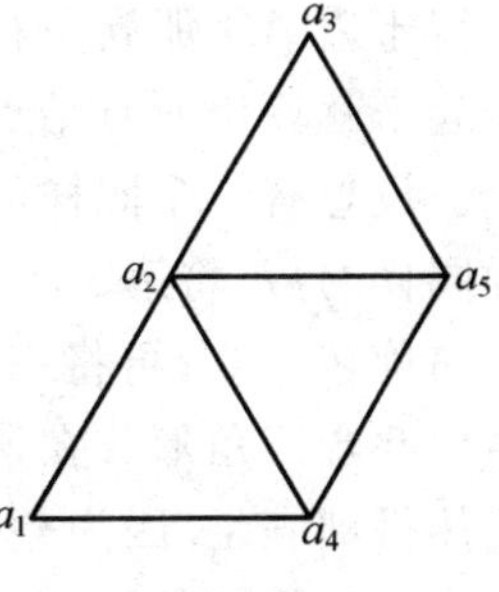

图 8.10

(1) 等差数列中最大与最小的数在该数列的两端. 因此各结点所放的数中最大者与最小者都在三角形边界上出现. 以下分几种情形讨论.

情形 1：在 $A,B,C$ 三点上放置的数各不相等，不妨设 $a < b < c$，则各结点放置的数中最大者为 $c$，最小者为 $a$，它们之间的距离 $r = 1$.

情形 2：在 $A,B,C$ 三点上放置的数有两个相等，不妨设 $a < b = c$，则所放置的最大数出现在边 $BC$ 的各结点上(都等于 $b = c$)，最小数为点 $A$ 放置的 $a$，于是

$$r=\begin{cases}\dfrac{\sqrt{3}}{2}, n \text{ 为偶数时} \\ \sqrt{\dfrac{3}{4}+\dfrac{1}{4n^2}}, n \text{ 为奇数时}\end{cases}$$

可参见图8.11与图8.12.

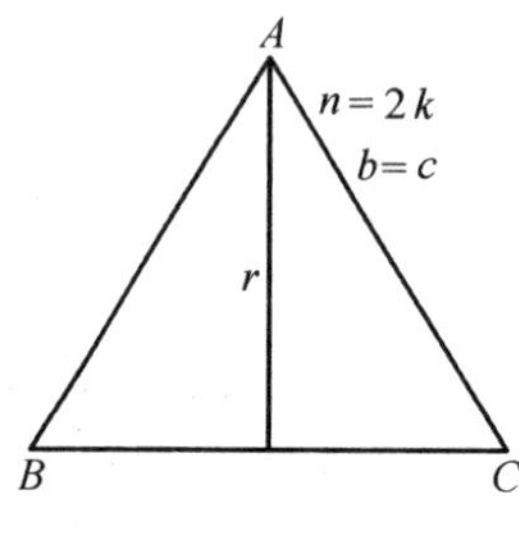


图8.11

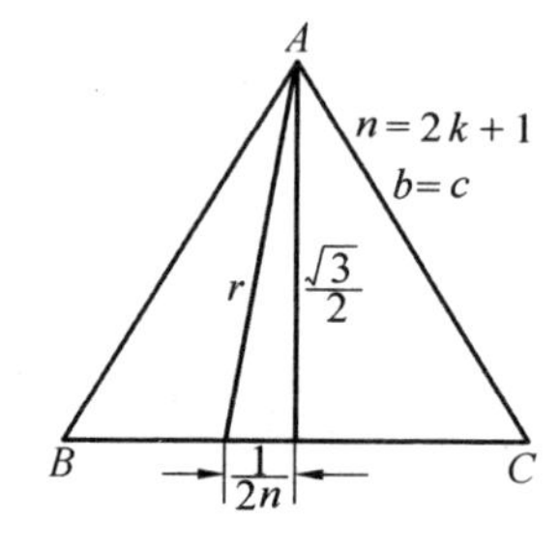


图8.12

情形3:在 $A,B,C$ 三点上放置的数都相等,即 $a=b=c$,对这种情形显然有 $r=0$.



(2) 知道了一个(有限) 等差数列的项数、首项和末项,就能计算出该数列的所有各项. 我们可以先算出放置在边 $AC$ 与边 $BC$ 上的各数,然后算出放置在平行于边 $AB$ 那族平行线上的各数,这样求出所有结点上放置的数. 再将它们加起来就算出所有结点上放置的数之总和. 但更简单的却是如下所述的办法.

设想有三个同样的正三角形,每一个都按题目中的要求在相应的结点上放置同样的数. 将第二个三角形沿逆时针方向旋转120°,第三个三角形沿逆时针方向旋转240°,再将三个三角形叠在一起,将重叠在同一结点上的各数加起来当作叠合三角形放在该结点上的数,显然题目中所述的"菱形条件" 在重叠后仍然得到满足. 因为叠合三角形三个顶点上放的数相等,各结点上放置的数也都应等于该数,即 $a+b+c$,所以叠合三角形各结点上放置的数的总和等于

$$(a+b+c)\times \text{结点总数}$$

由此求出原来的 $\triangle ABC$ 各结点上放置的数的总和为

$$S=\frac{1}{3}(a+b+c)\frac{(n+1)(n+2)}{2}=\frac{1}{6}(n+1)(n+2)(a+b+c)$$

**解法2** 不失一般性,设 $a\leqslant b\leqslant c$,我们把条件(ii) 称为菱形性质,如图8.13所示,考虑同线相邻的三结点 $D,E,F$,它们上面放置的数为 $d,e,f$;再取与 $D,E$ 相邻的结点 $G$,以及与 $G,E,F$ 相邻的结点 $H$,它们上面放置的数为 $g$,$h$. 根据"菱形性质" 有 $g+e=d+h,g+f=e+h$,则 $f-e=e-d$. 这表明结

点 $D,E,F$ 上的数成等差数列.

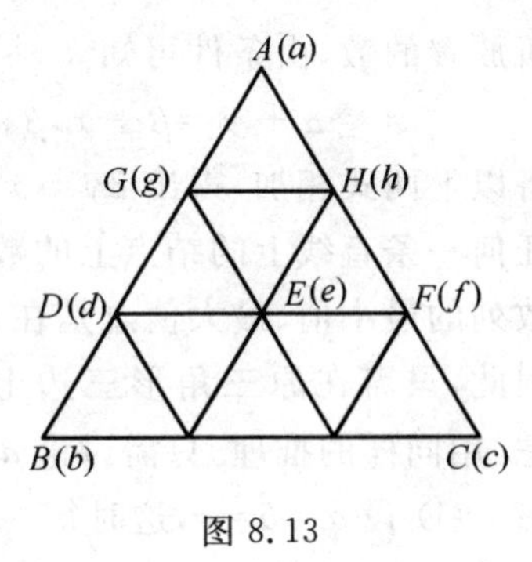

图 8.13

由等差数列的"传递性"易得同一直线的全部结点上的数成等差数列；由等差数列的"边界性"易知，若公差非0，则等差数列的最大(小)值出现在两端. 所以：

(1) 若 $a<b<c$，易见每条直线上的最大(小)数在两端，故点 $C$ 放最大数 $c$，点 $A$ 放最小数 $a$，$r=1$. 若 $a=b<c$，同理可知点 $C$ 放最大数 $c$，$AB$ 直线上任一结点均放最小数 $a$，其中与 $C$ 最接近的是 $P$，当 $n$ 为偶数时，$P$ 为 $AB$ 的中点；当 $n$ 为奇数时，$P$ 为 $AB$ 的第 $\frac{n-1}{2}$ 或 $\frac{n+1}{2}$ 个 $n$ 等分点，对前者 $r=\frac{\sqrt{3}}{2}$，对后者

$$r=\sqrt{\left(\frac{\sqrt{3}}{2}\right)^2+\left(\frac{1}{2n}\right)^2}=\frac{1}{2n}\sqrt{3n^2+1}$$

若 $a<b=c$，结果同上. 若 $a=b=c$，则所有结点上放同一个数，同时为最大数和最小数，故 $r=0$，综合得

$$r=\begin{cases}1, a,b,c \text{ 全不相等}\\ \frac{\sqrt{3}}{2}, a,b,c \text{ 中有两者相等，且 } n \text{ 为偶数}\\ \frac{1}{2n}\sqrt{3n^2+1}, a,b,c \text{ 中有两者相等，且 } n \text{ 为奇数}\\ 0, a=b=c\end{cases}$$

(2) 绕 $\triangle ABC$ 的中心把 $\triangle ABC$ 旋转 $120°,240°,360°$，把三次旋转所得的三个三角形叠合成一个 $\triangle A'B'C'$. $\triangle A'B'C'$ 的结点上放的数是叠合在同一结点的三数之和. 则因等差数列具"可加性"(两个等差数列相加仍为等差数列)，易知 $\triangle A'B'C'$ 上的每一直线的全部结点上的数仍成等差数列，但此时三顶点 $A',B',C'$ 上放置的数均为 $a+b+c$，故所有结点上均放同一个数 $a+b+c$. $\triangle A'B'C'$ 的所有结点上的数的总和为 $3S=N(a+b+c)$，$N$ 为结点总数，即 $N=1+2+\cdots+(n+1)$. 故

$$S=\frac{1}{6}(n+1)(n+2)(a+b+c)$$

**解法3**　考察如图8.14所示的形状的图形，其中 $\alpha,\beta,x,y,z$ 是对应结点上

所放置的数,由条件可知

$$\alpha+y=\beta+x,\beta+y=\alpha+z$$

将以上两式相加,得出 $2y=x+z$. 由此立知:分布在任何一条直线上的结点上的数值组成等差数列. 等差数列的最小值、最大值总是在首、末两项上可以取到,因此,只需在原三角形三边上的结点上的值上来考虑,用同样的推理. 只需讨论 $a,b,c$ 的大小.

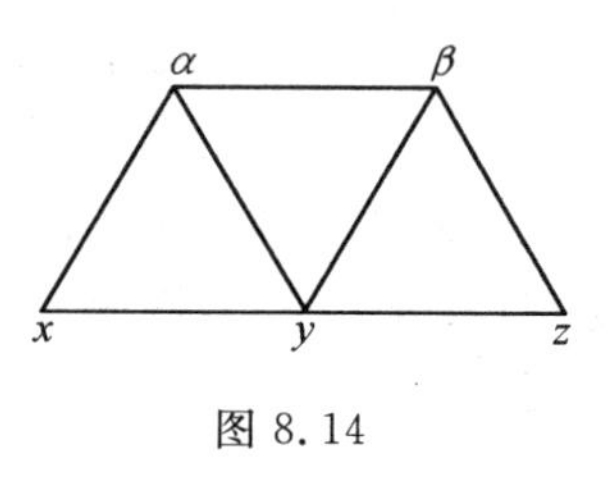


图 8.14

(i) 设 $a=b=c$,这时每一结点上的值既是最大值,也是最小值,距离 $r=0$.

(ii) 设 $a\neq b=c$,这时边 $BC$ 上的一切结点所放的数均为 $b$. 当 $n$ 为偶数时,$r$ 应等于顶点 $A$ 到边 $BC$ 的垂直距离,即 $\frac{1}{2}\sqrt{3}$;当 $n$ 为奇数时

$$r=\sqrt{(\frac{\sqrt{3}}{2})^2+(\frac{1}{2n})^2}=\frac{\sqrt{3n^2+1}}{2n}$$

(iii) 当 $a,b,c$ 互不相等时,$r=1$.



现在来计算和数 $S$,在边 $AB$ 上,从 $A$ 算起的第 $i$ 个结点上的数值是

$$a+(\frac{i-1}{n})(b-a)=(1-\frac{i-1}{n})a+\frac{i-1}{n}b$$

而在边 $AC$ 上,从 $A$ 算起的第 $i$ 个结点上的值为

$$(1-\frac{i-1}{n})a+\frac{i-1}{n}c$$

因此,在这两个结点的连线上的一切结点上的数的和为

$$\frac{i}{2}\left[(1-\frac{i-1}{n})a+\frac{i-1}{n}b+(1-\frac{i-1}{n})a+\frac{i-1}{n}c\right]=$$

$$i(1-\frac{i-1}{n})a+\frac{b+c}{2n}(i-1)i$$

则上述表达式将 $i$ 从 1 到 $n+1$ 求和,就得到欲求的和数

$$S=a\sum_{i=1}^{n+1}i(1-\frac{i-1}{n})+\frac{b+c}{2n}\sum_{i=1}^{n+1}(i-1)i=$$

$$\frac{1}{6}(n+1)(n+2)(a+b+c)$$

**注** 上述解法1,2中的(2),其基本思路由上海向明中学潘子刚同学给出,这个解法获该届冬令营特别奖.

**试题** B2 在一个面积为1的正三角形内部,任意放五个点. 试证:在此正三角形内,一定可以作三个正三角形盖住这五个点,这三个正三角形的各边分

别平行于原三角形的边,并且它们的面积之和不超过 0.64.

**证法 1**　由于任意已放置了的五个点均在此三角形的内部,它们之中任一点到三边的距离均大于零,所以一定可以找到一个三边与此三角形的三边分别平行而面积小于 1 的正三角形,使得这五个点仍旧在这三角形的内部,记这个三角形为 $\triangle ABC$.

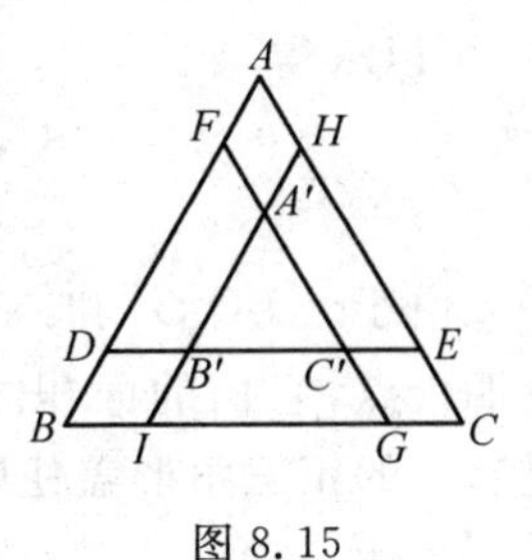

图 8.15

如图 8.15, 其中 $AD,AE,BF,BG,CH,CI$ 均为 $\triangle ABC$ 的边长的$\frac{4}{5}$,于是

$$\frac{S_{\triangle ADE}}{S_{\triangle ABC}}=(\frac{4}{5})^2=0.64$$

又由 $S_{\triangle ABC}<1$,则

$$S_{\triangle ADE}=S_{\triangle BFG}=S_{\triangle CHI}<0.64$$

分以下几种情况讨论.

(i) 这五个点至少有三个位于 $\triangle ADE,\triangle BFG,\triangle CHI$ 中任何一个之内(包括边界),则其他的点至多是两个,用满足命题的足够小的正三角形分别盖住即可,此时这三个正三角形的面积之和小于 0.64.



(ii) 至多有两个点落在这三个三角形中任何一个之内.

注意到 $\triangle ABC$ 被 $DE,FG,IH$ 分成七个区域:$\triangle A'B'C'$ 及三个菱形和三个梯形,其中 $\triangle A'B'C'$ 为此三个三角形所共有,三个梯形各为两个三角形所共有,而三个菱形各仅为一个三角形所包含.

如有一个点在 $\triangle A'B'C'$ 中,则其余四个点在这七个区域中无论如何分布,这三个三角形总有一个至少包含三个点,这与假设矛盾,因此在 $\triangle A'B'C'$ 中没有点.

若有一个点在某个梯形,如在 $B'C'G'I'$ 中,则在其余两个梯形中不能再有点,否则也必定导致这三个三角形会有一个至少包含三个点,这时,其余四点只能是在菱形 $BDB'I$ 及 $CEC'G$ 中各有一个,在另一个菱形 $AFA'H$ 中有两个,如图 8.16 所示.

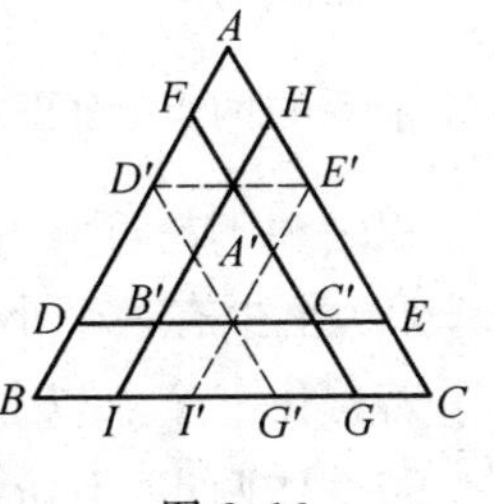

图 8.16

过点 $A'$ 作 $D'E'\mathbin{/\!/}BC$ 交 $AB$ 于点 $D'$,交 $AC$ 于点 $E'$. 过点 $D',E'$ 分别作 $D'G'\mathbin{/\!/}AC,E'I'\mathbin{/\!/}AB$ 交 $BC$ 于点 $G',I'$.

显然 $D'G'$ 和 $I'E'$ 交 $DE$ 的中点,由于 $\triangle BD'G'$ 与 $\triangle CE'I'$ 完全盖住梯形

$DECB$,所以这两个三角形至少有一个能盖住两个点,而$\triangle AD'E'$也盖住两个点,可以求得

$$S_{\triangle BD'G'}=S_{\triangle CE'I'}=0.36S_{\triangle ABC}<0.36$$
$$S_{\triangle AD'E'}=0.16S_{\triangle ABC}<0.16$$

由于$\triangle BD'G'$和$\triangle CE'I'$中的一个及$\triangle AD'E'$共盖住四个点,它们的面积之和小于0.52,于是第五个点用足够小的正三角形盖住即可.

最后一种可能就是三个梯形中也没有点,于是这五个点都在这三个菱形中,而且有两个菱形中各有两点,另一个菱形中只有一点,这时可用$\triangle AD'E'$及两个全等的三角形盖住,如图8.17所示.

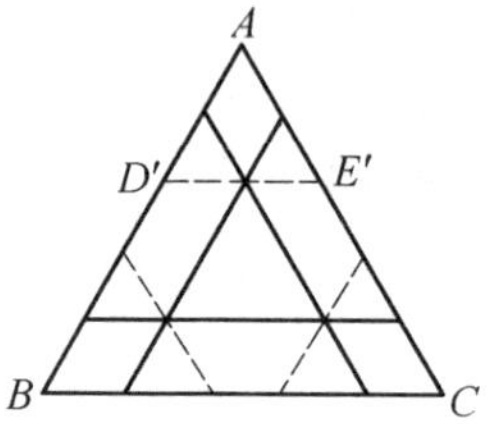

图 8.17

它们的面积之和小于$3\times 0.16=0.48<0.64$.

**证法 2** 在正$\triangle ABC$中

$$AE:EF:FB=2:6:2$$
$$AD:DR:RC=2:6:2$$
$$BG:GH:HC=2:6:2$$

(1) 如图8.18,若三个小菱形$I_1,I_2,I_3$中,每个小菱形至多有一个点,则余下的部分中至少有两个点,且$\triangle AFR,\triangle BEH,\triangle CGD$三个三角形(面积均等于0.64)至少有一个三角形盖住三个点,这三个点不可能分别在这个三角形的三条边上,因此可以作面积小于0.64的三角形盖住三个点.

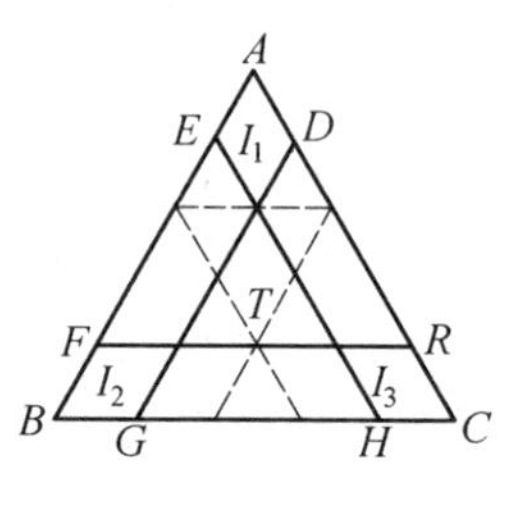

图 8.18

设面积为$S$,则$S<0.64$,另外作两个小三角形分别盖住余下的两点,面积均等于$\frac{0.64-S}{2}$,这样所作的三个三角形盖住了五个点,且面积之和不超过0.64.

(2) 至少有一个小菱形盖住两个或两个以上的点.

若盖住三个点以上,则命题显然成立;

若盖住两点,不妨设$I_1$盖住两点,而$\triangle AFR$盖住三个点,则命题同样成立;

若$\triangle AFR$也只盖住两个点,则等腰梯形$FBCR$盖住三个点,取$FR$中点$T$,如图8.18所示.这时可用一个面积为$(\frac{2}{5})^2=\frac{4}{25}$的三角形盖住菱形$I_1$中的两个

点，用一个面积为$(\frac{3}{5})^2=\frac{9}{25}$的三角形盖住另外两个点，另一个面积为$\delta$的小三角形盖住另外一点，则

$$\frac{4}{25}+\frac{9}{25}+\delta<0.64$$

命题得证.

**注**[①]　这个命题还可以改进为：这三个三角形的面积之和不超过$\left(\frac{10}{13}\right)^2$，且它是这三个三角形之和的最小值，现证明如下.

如图 8.19，在正$\triangle ABC$中

$$AE:EF:FB=3:7:3$$
$$AD:DR:RC=3:7:3$$
$$BG:GH:HC=3:7:3$$

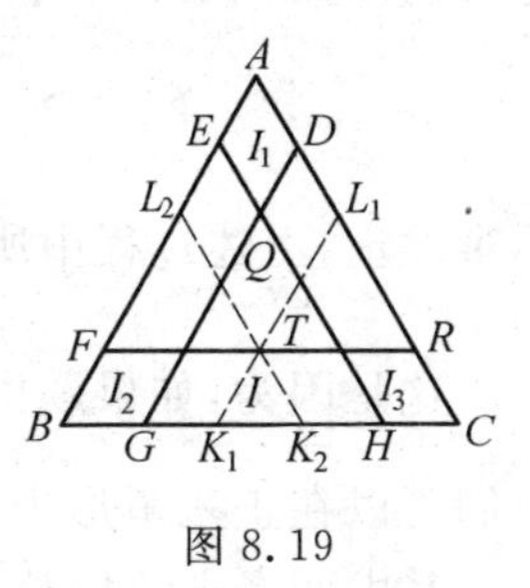


图 8.19

(1) 若三个小菱形$I_1$，$I_2$和$I_3$中的每个至多包含有此五点中的一个，且余下部分中至少包含有两个点，并且$\triangle AFR$，$\triangle BEH$，$\triangle CGD$之中至少有一个盖住了三个点，这三个三角形的面积等于$\left(\frac{10}{13}\right)^2$，由题中条件可知，这三个点不可能分别在这个三角形的三条边上，因此可以作面积小于$\left(\frac{10}{13}\right)^2$的三角形盖住此三点，设这个三角形的面积为$S$，另外，容易作出两个满足题设条件的小正三角形分别盖住余下的两个点，且其面积均小于或等于$\frac{1}{2}\left[\left(\frac{10}{13}\right)^2-S\right]$，这样，所作的三个正三角形盖住了这五个点，且三个正三角形的面积之和不超过$\left(\frac{10}{13}\right)^2$.

(2) 若至少有一个小菱形盖住两个或两个以上的点，当盖住三个点以上时，则命题显然成立；当盖住两个点时，不妨设$I_1$盖住两点，如果$\triangle AFR$盖住三个点，这时命题同样成立.

如果$\triangle AFR$也只盖住了两个点，则等腰梯形$FBCR$盖住其余三个点.这时容易看出，可用一个面积为$S_1\left(S_1<\left(\frac{6}{13}\right)^2\right)$的正三角形盖住菱形$I_1$中的两个点.

---

① 吴振奎，王连笑，刘玉翘.世界数学奥林匹克解题大辞典 —— 几何卷[M].石家庄：河北少年儿童出版社，2003：805-806.

如图8.19,取$FR$的中点$T$,并过点$T$作$AB$的平行线$K_1L_1$及$AC$的平行线$K_2L_2$,则$\triangle K_1L_1C$和$\triangle K_2L_2B$之中,必有一个盖住等腰梯形$FBCR$中的两个或两个以上的点,这两个三角形的面积均等于$\left(\frac{8}{13}\right)^2$,于是可用一个面积为$S_2\left(S_2<\left(\frac{8}{13}\right)^2\right)$的三角形盖住这两个(或两个以上)点,而余下的一点(如果还有的话)可用一个面积为$\left(\frac{6}{13}\right)^2+\left(\frac{8}{13}\right)^2-S_1-S_2$的小正三角形盖住,这三个正三角形面积之和小于或等于

$$S_1+S_2+\left[\left(\frac{6}{13}\right)^2+\left(\frac{8}{13}\right)^2-S_1-S_2\right]=\left(\frac{10}{13}\right)^2$$

不难发现,上述过程中所得到的数值$\left(\frac{10}{13}\right)^2$不可能再缩小.

这是因为,如果题中要求三个正三角形之和不超过$M$,而$M<\left(\frac{10}{13}\right)^2$,这时我们可以在正三角形中这样放置五个点:



其中两个点分别放在图8.19中的$Q,T$上,另外三个点分别放在非常靠近顶点$A,B,C$的位置上,这时盖住这五个点的三个三角形面积之和就将超过$M$.

**试题**B3　设$A_1A_2A_3A_4$是一个四面体,$S_1,S_2,S_3,S_4$分别是以$A_1,A_2,A_3,A_4$为球心的球,它们两两相切.如果存在一点$Q$,以这点为球心可作一个半径为$r$的球与$S_1,S_2,S_3,S_4$都相切,还可作一个半径为$R$的球与四面体的各棱都相切.求证:这个四面体是正四面体.

**证法1**　首先指出这样的事实:如果球心不在一条直线上的四个球面$\sigma$,$\sigma_1,\sigma_2,\sigma_3$两两相切,那么或者它们两两相外切,或者它们之中的三个球面两两相外切并且都在第四个球面之内与之相切.我们用反证法证明这一事实.假如不是这样,即其中某个球面,例如$\sigma$,其内外都有球面与之相切.不妨设$\sigma_1$在内而$\sigma_2$或$\sigma_3$在外,那么$\sigma_1$与$\sigma_2$的切点及$\sigma_1$与$\sigma_3$的切点都重合于$\sigma_1$与$\sigma$的切点,因而四个球的球心在同一直线上,与所设矛盾.

约定把以点$Q$为中心、$r$为半径的那个球记为$S$;把以同一点为中心、$R$为半径的球记为$T$;并将球面$S_1,S_2,S_3,S_4$的半径分别记为$r_1,r_2,r_3,r_4$.由上面指出的事实易得知:或者$S_1,S_2,S_3,S_4$都与$S$相外切,或者它们都在$S$内与之相切.

考察$A_1A_2A_3$所在的平面与球面$S_1,S_2,S_3,T$相截得的图形,如图8.20(a)所示.

设 $T$ 与棱 $A_2A_3$，$A_3A_1$，$A_1A_2$ 相切的切点分别为 $B_1$，$B_2$，$B_3$，则显然有

$$A_1B_2 = A_1B_3, A_2B_3 = A_2B_1, A_3B_1 = A_3B_2$$

而球面 $S_2$ 与 $S_3$，$S_3$ 与 $S_1$，$S_1$ 与 $S_2$ 的切点 $C_1$，$C_2$，$C_3$ 也有同样的性质，即

$$A_1C_2 = A_1C_3, A_2C_3 = A_2C_1, A_3C_1 = A_3C_2$$

由此易知

$$C_1 = B_1, C_2 = B_2, C_3 = B_3$$

以下分两种情形讨论.

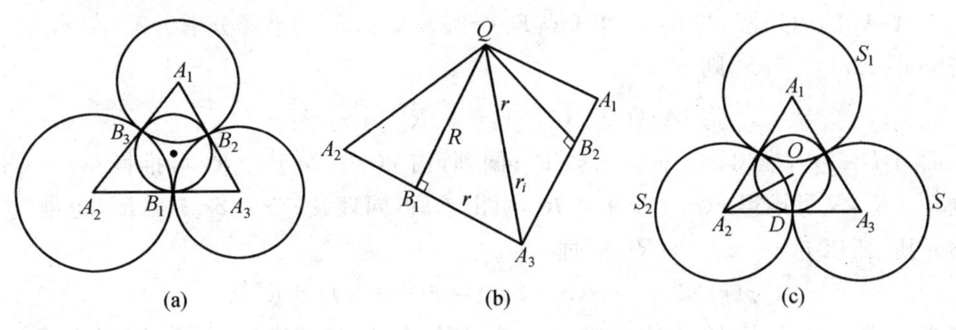


图 8.20



情形 1：$S_1$，$S_2$，$S_3$，$S_4$ 与 $S$ 相切外. 因为

$$QB_1 \perp A_2A_3, QB_2 \perp A_3A_1, QB_3 \perp A_1A_2$$

根据勾股定理可得(参看图 8.20(b))

$$(r + r_i)^2 = R^2 + r_i^2$$

$$r_i = \frac{R^2 - r^2}{2r}, i = 1, 2, 3$$

因而
$$A_1A_2 = A_1A_3 = A_2A_3 = \frac{R^2 - r^2}{r}$$

同理
$$A_1A_4 = A_2A_4 = A_3A_4 = \frac{R^2 - r^2}{r}$$

这证明了 $A_1A_2A_3A_4$ 是正四面体.

情形 2：$S_1$，$S_2$，$S_3$，$S_4$ 在 $S$ 内与 $S$ 相切. 对这种情形，用类似于情形 1 中的办法，可以算出

$$(r - r_i)^2 = R^2 + r_i^2, r_i = \frac{r^2 - R^2}{2r}, i = 1, 2, 3, 4$$

因而 $A_1A_2A_3A_4$ 是一个各棱长均为$\dfrac{r^2 - R^2}{r}$的正四面体.

**证法 2** 先看以下引理.

**引理** 设有$\triangle A_1A_2A_3$,$S_1$,$S_2$,$S_3$分别是以$A_1$,$A_2$,$A_3$为圆心的圆,它们两两相切.如果存在一点$O$,以这点为圆心可作一个半径为$r$的圆与$S_1$,$S_2$,$S_3$都相切,还可作一个半径为$R$的圆与$\triangle A_1A_2A_3$的各边都相切,则$\triangle A_1A_2A_3$为正三角形.

事实上,(1) 先设$S_1$,$S_2$,$S_3$两两外切.

(i) 若圆$O(r)$与$S_1$,$S_2$,$S_3$均外切.如图 8.20(c) 所示,设圆$O(R)$为$\triangle A_1A_2A_3$的内切圆,与$A_2A_3$切于点$D$.令圆$S_1$,$S_2$,$S_3$的半径分别为$r_1$,$r_2$,$r_3$.若$r(r+2r_2)>R^2$,则

$$A_2D=\sqrt{(r+r_2)^2-R^2}>r_2$$

从而$A_3D<r_2$,推出$r(r+2r_3)<R^2$;同理,由$r(r+2r_3)<R^2$可推得$r(r+2r_1)>R^2$,又可推得$r(r+2r_2)<R^2$,引出矛盾.同理设$r(r+2r_2)<R^2$,也推出矛盾.所以$r(r+2r_2)=R^2$,同理

$$r(r+2r_1)=r(r+2r_2)=r(r+2r_3)=R^2$$



推得$r_1=r_2=r_3$,从而$a=b=c$,$a$,$b$,$c$为$\triangle A_1A_2A_3$的三边,$\triangle A_1A_2A_3$为正三角形.

(ii) 若圆$O(r)$与$S_1$,$S_2$,$S_3$均内切,类似于(i),只需把$r+2r_1$,$r+2r_2$,$r+2r_3$相应地改为$r-2r_1$,$r-2r_2$,$r-2r_3$即可,仍可证得$\triangle A_1A_2A_3$为正三角形(不考虑圆$O(R)$为$\triangle A_1A_2A_3$的旁切圆的情形).

(2) 再设$S_1$,$S_2$,$S_3$中有一对外切,两对内切,则易证得点$O$必在$\triangle A_1A_2A_3$外,不可能作圆$O(R)$为$\triangle A_1A_2A_3$的内切圆.易知$S_1$,$S_2$,$S_3$不可能再有其他情形,证毕.

原题证明:

(1) 先设$S_1$,$S_2$,$S_3$,$S_4$两两外切.用完全类似于引理证明中的(1) 的方法,可推得:对于$\triangle A_1A_2A_3$,有$A_1A_2=A_2A_3=A_3A_1$,$\triangle A_1A_2A_3$为正三角形;……;$\triangle A_2A_3A_4$为正三角形(亦即应用"圆幂定理"的推广"球幂定理").从而得四面体$A_1A_2A_3A_4$为正四面体.

(2) 再设$S_1$,$S_2$,$S_3$,$S_4$不两两外切,用类似于引理证明中的(2) 的方法,也易知不可能作球$O(R)$与六条棱$A_1A_2$,…,$A_3A_4$均相切.证毕.

**试题 C1** 在平面直角坐标系中给定一个 100 边形$P$,满足(i)$P$的顶点坐标都是整数;(ii)$P$的边都与坐标轴平行;(iii)$P$的边长都是奇数.试证$P$的面积是奇数.

**解**　设多边形的顶点为 $P_i(x_i,y_i)(i=1,2,\cdots,100)$，解析几何中有一个求多边形面积的公式为

$$S=\frac{1}{2}\sum_{i=1}^{100}\begin{vmatrix}x_i & y_i\\ x_{i+1} & y_{i+1}\end{vmatrix}\ (x_{101}=x_1,y_{101}=y_1)$$

不妨假定第一条边 $P_1P_2$ 是平行于 $y$ 轴的，则

$$x_{2i-1}=x_{2i},y_{2i}=x_{2i+1}$$

$$x_{2i+1}-x_{2i}\equiv 1,y_{2i+2}-y_{2i+1}\equiv 1\ (\bmod 2),i=1,2,\cdots,50$$

所以

$$S=\frac{1}{2}(x_1y_2+x_2y_3+x_3y_4+x_4y_5+\cdots-x_2y_1-x_3y_2-\cdots-x_1y_{100})=$$

$$(x_1y_2+x_3y_4+\cdots+x_{49}y_{100}-x_3y_2-x_5y_4-\cdots-x_1y_{100})=$$

$$(x_1-x_3)y_2+(x_3-x_5)y_4+\cdots+(x_{99}-x_1)y_{100}\equiv$$

$$y_2+y_4+\cdots+y_{100}\equiv 50y_2+25\equiv 1(\bmod 2)$$

**试题 C2**　设 $S$ 是直角坐标平面上关于两坐标轴都对称的任意凸图形. 在 $S$ 中作一个四边都平行于坐标轴的矩形 $A$，使其面积最大. 把矩形 $A$ 按相似比 $1:\lambda$ 放大为矩形 $A'$，使 $A'$ 完全盖住 $S$. 试求对任意平面凸图形 $S$ 都适用的最小的 $\lambda$.

**注**　若平面图形中任意两点所连线段包含在这个图形之中，则称这个图形为凸图形.

**解法 1**　如图 8.21(a)，设点 $P(a,0)$，$Q(0,b)$ 分别为凸形 $S$ 的边界与 $x$，$y$ 轴正向的交点.

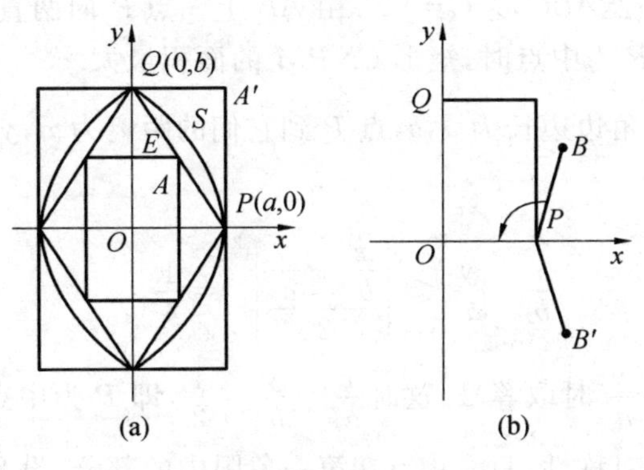


图 8.21

$S$ 一定被矩形 $A'=\{(x,y)\mid |x|\leqslant a,\ |y|\leqslant b\}$ 覆盖，事实上，若点 $B\in$ 凸形 $S$，不妨假定点 $B$ 在第一象限，若点 $B\notin$ 矩形 $A'$，如图 8.21(b) 所示，则有

$$\angle BPO>90^\circ\quad 或\quad \angle BQO>90^\circ$$

不妨设前者成立.点 $B$ 关于 $x$ 轴的对称点 $B' \in S$,并且

$$\angle BPB' = 2\angle BPO > 180^\circ \tag{*}$$

但凸形 $S$ 的点应当在过点 $A$ 的一条直线的同侧,因此(*)不可能成立.这就说明凸形 $S$ 的每一点 $B \in$ 矩形 $A'$.即矩形 $A'$ 覆盖 $S$.

联结 $PQ$,线段 $PQ$ 的中点 $E$ 为$(\frac{a}{2},\frac{b}{2})$,点 $E$ 在凸形 $S$ 中,从而矩形

$$A = \{(x,y) \mid |x| \leqslant \frac{a}{2}, |y| \leqslant \frac{b}{2}\}$$

在凸形 $S$ 中,如图 8.21(a) 所示.

$A$ 与 $A'$ 的相似比为 $1:2$,因此 $\lambda \leqslant 2$.

另一方面,考虑菱形

$$S_1 = \{(x,y) \mid |\frac{x}{a}| + |\frac{y}{b}| \leqslant 1\}$$

$S_1$ 是凸形,并且覆盖 $S_1$ 的最小的,四边与坐标轴平行的矩形是上面所说的 $A'$.

由于 $xy = ab \cdot \frac{x}{a} \cdot \frac{y}{b}$,在$\frac{x}{a} + \frac{y}{b} = 1$ 时,$xy$ 的最大值在$\frac{x}{a} = \frac{y}{b} = \frac{1}{2}$,即 $x = \frac{a}{2}$,$y = \frac{b}{2}$ 时取到,因此 $S_1$ 中的四边与坐标轴平行的矩形以上面所说的 $A$ 面积最大,从而 $\lambda \geqslant 2$,于是 $\lambda = 2$.



**解法 2** 解本题之前,先证明一个命题.

**命题** 给定 $\mathrm{Rt}\triangle ABC$,$\angle C = 90^\circ$.由 $AB$ 上一点 $P$ 向两直角边作垂线,设交点为 $M$,$N$.则当 $P$ 为中点时,矩形 $CNPM$ 的面积最大.

事实上,设两直角边边长为 $a$,$b$,点 $P$ 到它们的距离为 $x$,$y$,则有$\frac{x}{b} + \frac{x}{a} = 1$.故

$$\frac{x}{b} \cdot \frac{y}{a} \leqslant \left(\frac{\frac{x}{b} + \frac{y}{a}}{2}\right)^2 = \frac{1}{4}$$

即 $xy \leqslant \frac{ab}{4}$,当$\frac{x}{b} = \frac{y}{a}$ 时取等号.这时$\frac{x}{a} = \frac{y}{b} = \frac{1}{2}$,即 $P$ 为中点.

下面解本题.由对称性,只考虑 $S$ 在第一象限中的部分.设 $S$ 与 $x$ 轴,$y$ 轴分别交于 $A(a,0)$,$B(0,b)$,如图 8.22 所示,设矩形 $A$ 在第一象限部分为矩形 $OMPN$,其中 $P$ 的坐标为$(x,y)$,则有

$$x \geqslant \frac{a}{2}, y \geqslant \frac{b}{2}$$

事实上，若 $y<\dfrac{b}{2}$，联结 $BP$ 并延长交 $x$ 轴于点 $D$. 设点 $N'$ 坐标为 $\left(0,\dfrac{b}{2}\right)$，$P'$ 为 $BD$ 中点，其在 $x$，$y$ 轴上的投影分别为点 $M'$，$N'$，则由上面的命题知矩形 $OM'P'N'$ 的面积大于矩形 $OMPN$ 的面积. 而点 $P'$ 在 $BP$ 上，又 $S$ 是凸的，所以矩形 $OM'P'N'$ 在 $S$ 的第一象限部分内，这就得出存在一矩形 $A_1$ 在 $S$ 内使 $A_1$ 的面积为矩形 $OM'P'N'$ 的面积的四倍，于是 $A_1$ 的面积大于 $A$ 的面积，与题设矛盾.

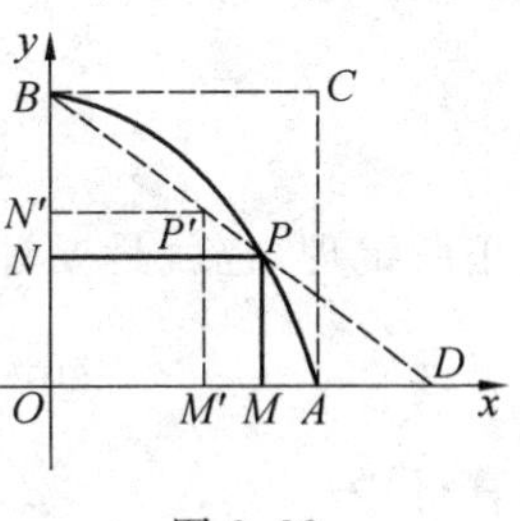


图 8.22

因此有 $y\geqslant\dfrac{b}{2}$. 同理可证 $x\geqslant\dfrac{a}{2}$.

将矩形 $OMPN$ 按 $1:2$ 的比例扩大为矩形 $A'$，$A'$ 必覆盖 $S$，所以应有 $\lambda\leqslant 2$，但当 $S$ 为一个菱形时，易证应有 $\lambda\geqslant 2$. 因此 $\lambda=2$.

**试题** D　在锐角 $\triangle ABC$ 中，$\angle A$ 的平分线交 $BC$ 于点 $L$，交 $\triangle ABC$ 的外接圆于点 $N$，$LK\perp AB$ 交 $AB$ 于点 $K$，$LM\perp AC$ 交 $AC$ 于点 $M$，则 $S_{\triangle ABC}=S_{四边形AKNM}$.

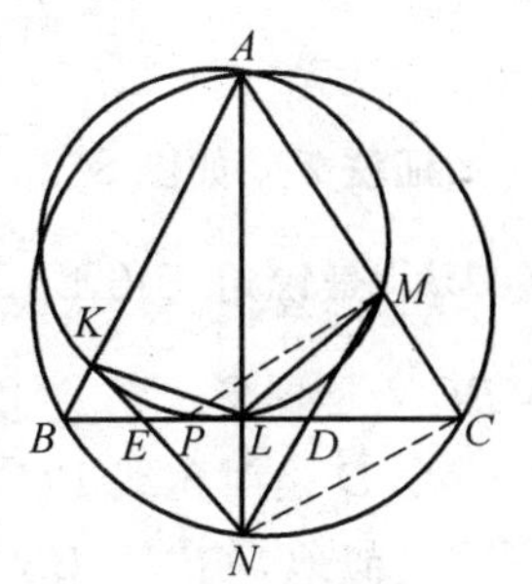


图 8.23

**证法 1**　如图 8.23，因为 $AN$ 是 $\angle BAC$ 的内角平分线，则有 $AK=AM$，所以

$$\triangle NKA\cong\triangle NMA$$

因此，我们只需证明 $\triangle AKN$ 的面积是 $\triangle ABC$ 的面积的一半.

注意到 $S_{\triangle ABC}=\dfrac{1}{2}bc\cdot\sin A$ 以及角平分线长度公式有 $AL=\dfrac{2bc}{b+c}\cdot\cos\dfrac{A}{2}$，因此

$$AK=AL\cdot\cos\frac{A}{2}=\frac{2bc}{b+c}\cdot\cos^2\frac{A}{2}$$

在 $\triangle ABN$ 中，由正弦定理，得

$$\frac{AN}{\sin\left(B+\dfrac{B}{2}\right)}=2R=\frac{\alpha}{\sin A}$$

由三角形面积公式，得

$$S_{\triangle AKN}=\frac{1}{2}AK\cdot AN\cdot\sin\frac{A}{2}=\frac{abc}{2(b+c)}\cdot\cos\frac{A}{2}\cdot\sin\left(B+\frac{B}{2}\right)$$

因此，只需证明

$$\frac{a}{b+c}=\frac{\sin A}{2\cos\frac{A}{2}\cdot\sin\left(B+\frac{A}{2}\right)}$$

由正弦定理,也就是要证明

$$\sin B+\sin C=2\cos\frac{A}{2}\cdot\sin\left(B+\frac{A}{2}\right)$$

计算得

$$\sin B+\sin C=2\sin\frac{B+C}{2}\cdot\cos\frac{C-B}{2}=2\sin\frac{\pi-A}{2}\cdot\cos\frac{C-B}{2}=$$
$$2\cos\frac{A}{2}\cdot\cos\frac{C-B}{2}$$

且

$$\sin\left(B+\frac{A}{2}\right)=\sin\frac{2B+A}{2}=\sin\frac{\pi-(C-B)}{2}=\cos\frac{C-B}{2}$$



**证法2** 如图8.23,令 $P$ 是 $\triangle AKM$ 的外接圆和线段 $BC$ 的第二个交点(当 $\triangle ABC$ 是锐角三角形). 因为 $\angle MPL=\frac{1}{2}\angle A$,所以 $MP\parallel CN$,从而四边形 $MPCN$ 是梯形.

令 $D$ 是对角线 $PC$ 和 $MN$ 的交点,则 $S_{\triangle MDC}=S_{\triangle PDN}$.

类似地,$KP\parallel BN$,四边形 $BKPN$ 是梯形.

设 $E$ 为其对角线 $BP$ 和 $KN$ 的交点,则有 $S_{\triangle KBE}=S_{\triangle PEN}$.

因此,$S_{四边形AKNM}=S_{\triangle ABC}$.

## 第1节　三角形的高线垂足三角形问题

试题A涉及了三角形的高线问题.

设 $AD,BE,CF$ 是 $\triangle ABC$ 的三条高线,以三个垂足 $D,E,F$ 为顶点的 $\triangle DEF$ 称为 $\triangle ABC$ 的高线垂足三角形. 在这个垂心图中,可找到18对相似的直角三角形,15对一般的相似三角形;可找到6组四点共圆,15条两圆的公共弦. 设 $H$ 为其垂心,则这7个点均为根心等.

**1. 高线垂足三角形的性质**

**性质1** 凡不是直角三角形的三角形都有它的垂足三角形. 垂足三角形的形状及大小由原三角形完全确定.

**性质2**　设$\triangle DEF$是$\triangle ABC$的垂足三角形，且点$D,E,F$分别在边$BC$，$AC$，$BC$所在直线上，则：

(1)$\triangle DEF$的外接圆就是$\triangle ABC$的九点圆，且其外心为$\triangle ABC$的外心与垂心(或钝角$\triangle ABC$的钝角顶点)连线的中点，半径$R'$为$\triangle ABC$外接圆半径$R$的$\frac{1}{2}$，即$R'=\frac{1}{2}R$；

(2)$\triangle DEF$的内心，当$\triangle ABC$是锐角三角形时，为$\triangle ABC$的垂心；当$\triangle ABC$为钝角三角形时，为$\triangle ABC$的钝角顶点.

**证明**　仅对锐角$\triangle ABC$给出证明.(因当$\triangle ABC$为钝角三角形时，只需将垂心$H$与钝角顶点字母互换即可，这可见图8.24(b).)

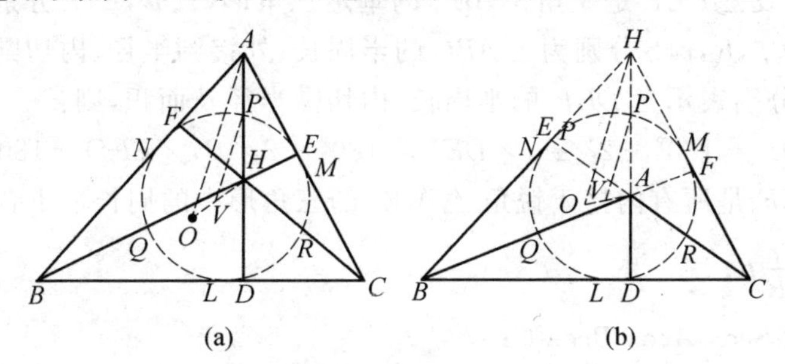


图8.24

(1)设$\triangle ABC$的外心为$O$，垂心$H$，如图8.24(a)所示.取$OH$的中点$V$，联结$AO$，又设$L,M,N,P,Q,R$分别为$BC,CA,AB,AH,BH,CH$的中点，联结$VP$.

以$V$为圆心、$\frac{1}{2}AO$为半径作圆$V$.由$VP \mathrel{\underline{\underline{/\!/}}} \frac{1}{2}OA$(可由延长$AO$交$\triangle ABC$的外接圆于点$K$，得$HBKC$为平行四边形，此时$L$为$KH$的中点，则$OL$为$\triangle AKH$的中位线即得)，知$OL \mathrel{\underline{\underline{/\!/}}} PH$.又$OV=VH$，知$\triangle OLV \cong \triangle HPV$，从而$VL=VP=\frac{1}{2}OA$，且$L,V,P$三点共线，故点$L$在圆$V$上，同理，点$M,N$在圆$V$上.

由$L,V,P$三点共线知$LP$为圆$V$的一条直径.

又$\angle LDP=90°$，$\angle MEQ=90°$，$\angle NFR=90°$，知$D,E,F$在圆$V$上.

故$D,E,F,L,M,N,P,Q,R$九点共圆，显然此圆为$\triangle DEF$的外接圆.

由$VP=\frac{1}{2}OA$即知$R'=\frac{1}{2}R$.

(2)在锐角$\triangle ABC$中，设$H$为其垂心，由$B,C,E,F$；$B,D,H,F$；$D,C,E$，

$H$ 分别四点共圆,则知

$$\angle EBF=\angle ECF,\angle HBF=\angle HDF,\angle HDE=\angle HCE$$

故
$$\angle HDE=\angle HDF$$

即 $AD$ 平分 $\angle EDF$. 同理,$BE$ 平分 $\angle DEF$,$CF$ 平分 $\angle EFD$. 故知 $H$ 为 $\triangle DEF$ 的内心.

**注** (1) 由性质 2(2),参见图 8.25,可见 $DF$ 与 $DE$ 关于 $AD$ 对称,也关于 $BC$ 对称;$ED$ 与 $EF$ 关于 $BE$ 对称,也关于 $AC$ 对称;$FD$ 与 $FE$ 关于 $CF$ 对称,也关于 $AB$ 对称.

(2) 若 $\triangle ABC$ 为锐角三角形,则 $A,B,C$ 为 $\triangle DEF$ 的三个旁心.

**性质3** 设 $\triangle DEF$ 是锐角 $\triangle ABC$ 的垂足三角形,且 $D,E,F$ 分别在边 $BC$,$AC$,$AB$ 上. 设 $p,R,r,S$ 分别为 $\triangle ABC$ 的半周长、外接圆半径、内切圆半径及面积;$p',r',S'$ 分别表示 $\triangle DEF$ 的半周长、内切圆半径及面积,则:

(1) $\angle EDF=180^\circ-2\angle A,\angle DEF=180^\circ-2\angle B,\angle EFD=180^\circ-2\angle C$;

(2) $\triangle DEF$ 是所有内接于锐角 $\triangle ABC$ 的三角形中的周长最小者;



(3) $p'=\dfrac{r}{R}p$;

(4) $S'=2S\cos A\cos B\cos C$;

(5) $r'=2R\cos A\cos B\cos C$,且 $r'\leqslant\dfrac{r^2}{R}$.

**证明** 如图 8.25,令 $BC=a,AC=b,AB=c$.

(1) 由 $A,B,D,E$;$A,C,D,F$ 分别四点共圆,知 $\angle EDC=\angle A=\angle BDF$,故

$$\angle EDF=180^\circ-\angle EDC-\angle BDF=180^\circ-2\angle A$$

同理,可证其他两式.

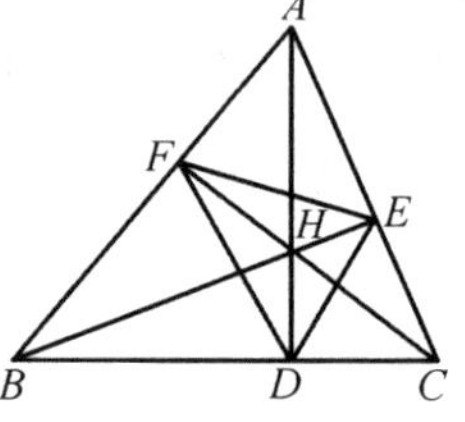

图 8.25

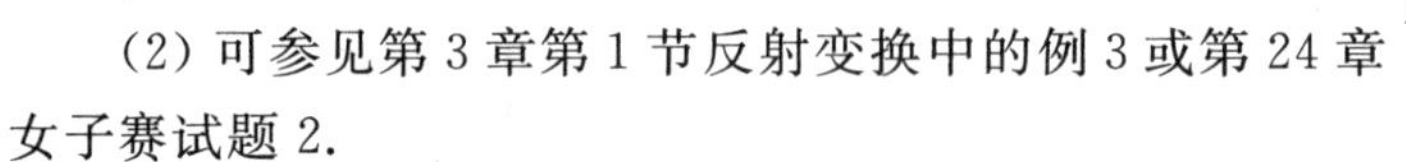

(2) 可参见第 3 章第 1 节反射变换中的例 3 或第 24 章女子赛试题 2.

(3) 由 $B,C,E,F$ 四点共圆,且该圆的直径为 $BC=a$,$\triangle ABC\backsim\triangle AEF$,则

$$FE=a\cdot\frac{AE}{AB}=a\cdot\sin\angle FBE=a\cos A$$

同理
$$FD=AC\cos B=b\cos B,ED=AB\cos C=c\cos C$$

从而

$$FE+FD+ED=a\cos A+b\cos B+c\cos C=$$
$$a\cdot\frac{b^2+c^2-a^2}{2bc}+b\cdot\frac{c^2+a^2-b^2}{2ca}+c\cdot\frac{a^2+b^2-c^2}{2ab}=$$

$$\frac{-a^4-b^4-c^4+2a^2b^2+2b^2c^2+2c^2a^2}{2abc}=$$

$$\frac{16S^2}{2abc}=\frac{16S^2}{8SR}\text{（可证 }4SR=abc\text{）}=$$

$$\frac{2S}{R}=\frac{(a+b+c)r}{R}$$

故

$$p'=\frac{r}{R}p$$

（4）可求得

$$AF=b\cos A, AE=c\cos A, BF=a\cos B$$

$$BD=c\cos B, CD=b\cos C, CE=a\cos C$$

令 $\triangle AEF$，$\triangle BDF$，$\triangle DCE$ 的面积分别为 $S_1$，$S_2$，$S_3$，则

$$\frac{S_1}{S}=\frac{\frac{1}{2}AF\cdot AE\sin A}{\frac{1}{2}bc\sin A}=\frac{bc\cos^2 A}{bc}=\cos^2 A$$

同理

$$\frac{S_2}{S}=\cos^2 B, \frac{S_3}{S}=\cos^2 C$$



则

$$\frac{S_1+S_2+S_3}{S}=\cos^2 A+\cos^2 B+\cos^2 C$$

从而

$$\frac{S'}{S}=\frac{S-(S_1+S_2+S_3)}{S}=1-(\cos^2 A+\cos^2 B+\cos^2 C)=$$

$$2\cos A\cos B\cos C$$

故

$$S'=2S\cos A\cos B\cos C$$

（5）由 $S'=2S\cos A\cos B\cos C$ 知

$$r'p'=2rp\cos A\cos B\cos C$$

又由 $p'=\frac{r}{R}p$ 知

$$r'=2R\cos A\cos B\cos C$$

又

$$\cos A\cos B\cos C=\frac{p^2-(2R+r)^2}{4R^2}$$

且

$$p^2\leqslant 4Rr+4R^2+3r^2\text{（格瑞特森不等式）}$$

故

$$r'=\frac{p^2-4R^2-4Rr-r^2}{2R}\leqslant\frac{4R^2+4Rr+3r^2-4R^2-4Rr-r^2}{2R}=\frac{r^2}{R}$$

**注** 由性质 3 可直接证明 $R'=\frac{1}{2}R$. 事实上，可设 $FE=a'$，$ED=b'$，

$DF=c'$.

因$\frac{S'}{S}=\frac{a'b'c'}{4R'}\Big/\frac{abc}{4R}$,又由性质3(3)的证明中知

$$a'b'c'=abc\cos A\cos B\cos C$$

则
$$\frac{S'}{S}=\frac{R}{R'}\cos A\cos B\cos C$$

又由性质3(4)知

$$\frac{S'}{S}=2\cos A\cos B\cos C$$

故$\frac{R}{R'}=2$,即$R'=\frac{1}{2}R$.

**2. 垂心组的性质**

设任意$\triangle ABC$的三条高线相交于点$H$,则其垂足三角形的三个顶点$D,E,F$与点$H$构成一垂心组(在四点中,任一点是另三点为顶点的三角形的垂心,称这四点为一垂心组).



**性质4** 垂心组的四点为三角形顶点的四个三角形的外接圆是等圆,且这四个三角形有同一九点圆.

事实上,含垂心的三角形的外接圆均与原三角形外接圆关于边对称.九点圆是垂足三角形的外接圆,而垂心组所构成的四个三角形有同一垂足三角形,所以它们有同一九点圆.

**性质5** 垂心组的四点为三角形顶点的四个三角形的外心,另成一垂心组.且此垂心组各点与已知垂心组各点关于九点圆圆心$V$对称.

事实上,设$D,E,F,H$为已知垂心组,由$D$为$\triangle HEF$的垂心,知$\triangle HEF$的外心$O_D$与点$D$关于点$V$对称.

同理$\triangle HFD$,$\triangle HDE$,$\triangle DEF$的外心$O_E$,$O_F$,$O_H$与点$E$,$F$,$H$关于点$V$对称.

**性质6** 三角形的垂心组与其外心的垂心组有同一九点圆.

**性质7** 垂心组的四点为顶点的四个三角形的重心另成一垂心组,此二组之形相位似.

事实上,设$A,B,C,H$为已知垂心组,它的九点圆为圆$V$,$\triangle ABC$,$\triangle HBC$,$\triangle HCA$,$\triangle HAB$的垂心分别为$G_H$,$G_A$,$G_B$,$G_C$.

可推知$HV:VG_H=3:1$,$AV:VG_A=BV:VG_B=CV:VG_C=3:1$,则$H$,$A,B,C$与$G_H$,$G_A$,$G_B$,$G_C$组成的图形相位似,且位似比$VH:VG_H=-(3:1)$.

**3. 高线垂足三角形序列的性质**①

由于非直角三角形的垂足三角形被已知非直角三角形完全确定，这样可得到一系列由原三角形完全确定的垂足三角形. 如图 8.26 所示，$\triangle A_1B_1C_1$ 是 $\triangle ABC$ 的垂足三角形；$\triangle A_2B_2C_2$ 是 $\triangle A_1B_1C_1$ 的垂足三角形；……；$\triangle A_{n+1}B_{n+1}C_{n+1}$ 是 $\triangle A_nB_nC_n$ 的垂足三角形；……. 我们称 $\triangle A_1B_1C_1$，$\triangle A_2B_2C_2$，…，$\triangle A_nB_nC_n$，… 是 $\triangle ABC$ 的垂足三角形序列，记 $\triangle ABC$ 的垂足三角形序列为 $\{\triangle A_nB_nC_n\}$.

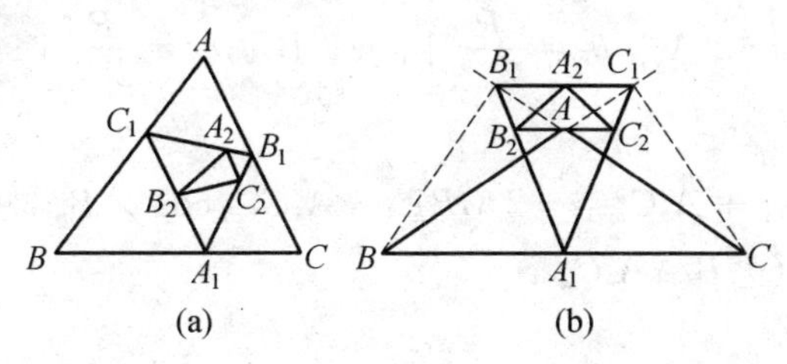


图 8.26

下面给出 $\triangle ABC$ 的垂足三角形序列 $\{\triangle A_nB_nC_n\}$ 的两条基本性质，并利用这些基本性质去解决有关实际问题.

**性质 8**　设 $R$ 是 $\triangle ABC$ 外接圆半径，$\triangle ABC$ 的垂足三角形序列 $\{\triangle A_nB_nC_n\}$ 的第 $n$ 个垂足三角形 $\triangle A_nB_nC_n$ 的边长为 $a_n,b_n,c_n$，那么有

$$a_n=\frac{R}{2^{n-1}}=|\sin 2^nA|,b_n=\frac{R}{2^{n-1}}=|\sin 2^nB|,c_n=\frac{R}{2^{n-1}}=|\sin 2^nC|$$

**证明**　(1) 当 $n=1$ 时，有 $\triangle ABC$ 为锐角三角形和钝角三角形两种情况. 先证前一种情况(图 8.26(a))

$$a_1^2=AB_1^2+AC_1^2-2AB_1\cdot AC_1\cos A=(c\cos A)^2-2bc\cos^3A+(b\cos A)^2=(b^2+c^2-2bc\cos A)\cos^2A=(a\cos A)^2$$

故
$$a_1=a\cos A=2R\sin A\cos A=R|\sin 2A|$$

同理
$$b_1=R|\sin 2B|,c_1=R|\sin 2C|$$

再证后一种情况(如图 8.26(b) 所示，$\triangle ABC$ 是钝角三角形，$\angle A$ 是钝角)

$$a_1^2=AB_1^2+AC_1^2-2AB_1\cdot AC_1\cos A=(c\cos\angle B_1AB)^2+(b\cos\angle CAC_1)^2-2bc\cos\angle B_1AB\cos\angle CAC_1\cos A$$

由
$$\angle B_1AB=\angle CAC_1=\pi-A$$

---

① 朱水源. 垂足三角形序列[J]. 中学数学教学，1988(6)：5-7.

知
$$a_1^2=(c^2+b^2+2bc\cos A)\cos^2 A=(a\cos A)^2$$
故
$$a_1=a\mid\cos A\mid=R\mid\sin 2A\mid$$
同理
$$b_1=R\mid\sin 2B\mid,c_1=R\mid\sin 2C\mid$$

因此,当 $n=1$ 时,命题成立.

(2) 假设当 $n=k$ 时,命题成立.

即以 $a_k,b_k,c_k$ 记 $\triangle ABC$ 的垂足三角形序列 $\{\triangle A_nB_nC_n\}$ 的第 $k$ 个三角形的边长,假设有
$$a_k=\frac{R}{2^{k-1}}\mid\sin 2^kA\mid,b_k=\frac{R}{2^{k-1}}\mid\sin 2^kB\mid,c_k=\frac{R}{2^{k-1}}\mid\sin 2^kC\mid$$
那么由余弦定理有
$$a_{k+1}^2=A_kB_{k+1}^2+A_kC_{k+1}^2-2A_kB_{k+1}\cdot A_kC_{k+1}\cos\angle B_{k+1}A_kC_{k+1}=a_k^2\cos^2\angle B_{k+1}A_kC_{k+1}$$
则
$$a_{k+1}=a_k\mid\cos\angle B_{k+1}A_kC_{k+1}\mid=a_k\left|\frac{b_k^2+c_k^2-a_k^2}{2b_kc_k}\right|=\frac{R}{2^k}\mid\sin 2^kA\mid\left|\frac{\sin^2 2^kB+\sin^2 2^kC-\sin^2 2^kA}{\sin 2^kB\sin 2^kC}\right|$$
由
$$\begin{aligned}\mid\sin^2 2^kB+\sin^2 2^kC-\sin^2 2^kA\mid&=\left|1-\frac{1}{2}(\cos 2^{k+1}B+\cos 2^{k+1}C)-\sin^2 2^kA\right|=\\&\mid\cos^2 2^kA-\cos 2^k(B+C)\cos 2^k(B-C)\mid=\\&\mid\cos 2^kA(\cos 2^kA-\cos 2^k(B-C))\mid=\\&2\mid\cos 2^kA\sin 2^kB\sin 2^kC\mid\end{aligned}$$
有
$$a_{k+1}=\frac{R}{2^k}\mid 2\sin 2^kA\mid^2\mid\cos 2^kA\mid=\frac{R}{2^{(k+1)-1}}\mid\sin 2^{k+1}A\mid$$
同理
$$b_{k+1}=\frac{R}{2^{(k+1)-1}}\mid\sin 2^{k+1}B\mid$$
$$c_{k+1}=\frac{R}{2^{(k+1)-1}}\mid\sin 2^{k+1}C\mid$$
故当 $n=k+1$ 时,命题也成立.

由数学归纳法原理,命题对一切自然数 $n$ 都成立.结论证毕.

**性质9** 设 $\triangle ABC$ 的外接圆半径为 $R$,其垂角三角形序列 $\{A_nB_nC_n\}$ 的第 $n$ 个三角形的面积为 $\Delta_n$,那么有

$$\Delta_n = \frac{R^2}{2^{2n-1}} \mid \sin 2^n A \sin 2^n B \sin 2^n C \mid$$

**证明**　不妨设

$$a_n = \frac{R}{2^{n-1}}\sin 2^n A, b_n = \frac{R}{2^{n-1}}\sin 2^n B, c_n = \frac{R}{2^{n-1}}\sin 2^n C$$

$(a_n = -\frac{R}{2^{n-1}}\sin 2^n A, b^n = \frac{R}{2^{n-1}}\sin 2^n B, c^n = \frac{R}{2^{n-1}}\sin 2^n C; a_n = -\frac{R}{2^{n-1}}\sin 2^n A, b^n = -\frac{R}{2^{n-1}}\sin 2^n B, c^n = \frac{R}{2^{n-1}}\sin 2^n C, \cdots$ 情况,同理可以证明),并记

$$\rho_n = \frac{1}{2}(a_n + b_n + c_n)$$

那么有

$$\rho_n = \frac{1}{2}\left(\frac{R}{2^{n-1}}\sin 2^n A + \frac{R}{2^{n-1}}\sin 2^n B + \frac{R}{2^{n-1}}\sin 2^n C\right) =$$
$$\frac{R}{2^{n-1}}[\sin 2^{n-1}(A+B)\cos 2^{n-1}(A-B) + \sin 2^{n-1}C\cos 2^{n-1}C] =$$
$$\frac{R}{2^{n-1}}[\sin 2^{n-1}(\pi - C)\cos 2^{n-1}(A-B) + \sin 2^{n-1}C\cos 2^{n-1}C]$$

(1) 当 $n=1$ 时

$$\sin 2^{n-1}(\pi - C)\cos 2^{n-1}(A-B) + \sin 2^{n-1}C\cos 2^{n-1}C =$$
$$\sin C\cos (A-B) + \sin C\cos C =$$
$$\sin C[\cos (A-B) + \cos C] =$$
$$2\sin C\cos \frac{1}{2}(A-B+C)\cos \frac{1}{2}(A-B-C) =$$
$$2\sin C\cos(\frac{1}{2}\pi - B)\cos(\frac{1}{2}\pi - A) =$$
$$2\sin A\sin B\sin C$$

(2) 当 $n \geqslant 2$ 时

$$\sin 2^{n-1}(\pi - C)\cos 2^{n-1}(A-B) + \sin 2^{n-1}C\cos 2^{n-1}C =$$
$$-\sin 2^{n-1}C\cos 2^{n-1}(A-B) + \sin 2^{n-1}C\cos 2^{n-1}C =$$
$$\sin 2^{n-1}C[-\cos 2^{n-1}(A-B) + \cos 2^{n-1}C] =$$
$$-\sin 2^{n-1}C\sin 2^{n-2}(A-B+C)\sin 2^{n-1}(A-B-C) =$$
$$2\sin 2^{n-2}(\pi - 2A)\sin 2^{n-2}(\pi - 2B)\sin 2^{n-1}C =$$
$$2\sin 2^{n-1}A\sin 2^{n-1}B\sin 2^{n-1}C$$

综合(1)(2) 得

$$\sin 2^{n-1}(\pi - C)\cos 2^{n-1}(A-B)+\sin 2^{n-1}C\cos 2^{n-1}C=$$
$$2\sin 2^{n-1}A\sin 2^{n-1}B\sin 2^{n-1}C$$

故

$$\rho_n=\frac{R}{2^{n-2}}\sin 2^{n-1}A\sin 2^{n-1}B\sin 2^{n-1}C$$

$$\rho_n-a_n=\frac{R}{2^{n-2}}\sin 2^{n-1}A\cos 2^{n-1}B\cos 2^{n-1}C$$

同理

$$\rho_n-b_n=\frac{R}{2^{n-2}}\sin 2^{n-1}B\cos 2^{n-1}A\cos 2^{n-1}C$$

$$\rho_n-c_n=\frac{R}{2^{n-2}}\sin 2^{n-1}C\cos 2^{n-1}A\cos 2^{n-1}B$$

故

$$\Delta_n=\sqrt{\rho_n(\rho_n-a_n)(\rho_n-b_n)(\rho_n-c_n)}=$$
$$\frac{R^2}{2^{2n-1}}\mid\sin 2^nA\sin 2^nB\sin 2^nC\mid$$



**例1** $\triangle DEF$ 是锐角 $\triangle ABC$ 的垂足三角形,$\triangle ABC$ 和 $\triangle DEF$ 的外接圆半径分别是 $R,r$.求证:$R=2r$.

(1981年太原市竞赛题)

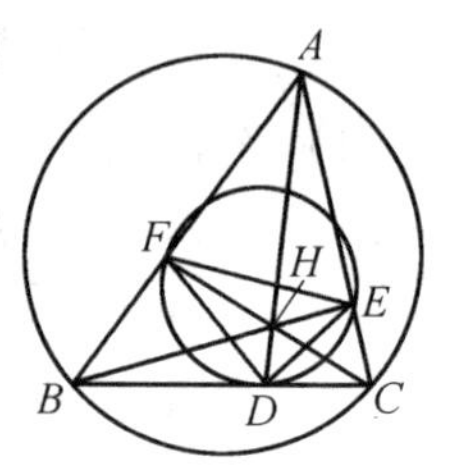


图8.27

**证明** 如图8.27,有

$$S_{\triangle ABC}=\frac{1}{2}ab\sin C=2R^2\sin A\sin B\sin C$$

由性质3(4)有

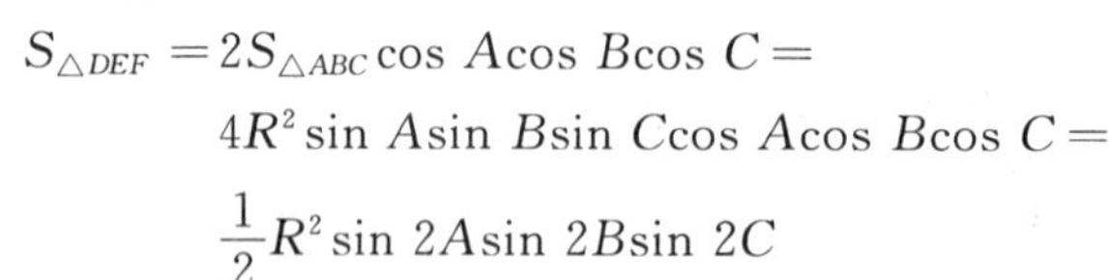

$$S_{\triangle DEF}=2S_{\triangle ABC}\cos A\cos B\cos C=$$
$$4R^2\sin A\sin B\sin C\cos A\cos B\cos C=$$
$$\frac{1}{2}R^2\sin 2A\sin 2B\sin 2C$$

由 $\triangle AEF\backsim\triangle ABC$ 知 $\frac{EF}{BC}=\cos A$,因

$$EF=BC\cos A=2R\sin A\cos A=R\sin 2A$$

同理 $$FD=R\sin 2B,DE=R\sin 2C$$

又 $r$ 是 $\triangle DEF$ 外接圆的半径,则

$$r=\frac{DE\cdot EF\cdot FD}{4S_{\triangle DEF}}=\frac{R^3\sin 2A\sin 2B\sin 2C}{2R^2\sin 2A\sin 2B\sin 2C}=\frac{R}{2}$$

故 $$R=2r$$

**例2**　锐角$\triangle ABC$三边上的高分别是$AD,BE,CF$,$\triangle ABC$外接圆半径为$R$.求证:$\triangle ABC$的面积等于$\triangle DEF$的周长与$R$乘积的一半.

（1979年重庆市竞赛题）

**证明**　参见图8.27,因$R$为$\triangle ABC$外接圆半径,则

$$S_{\triangle ABC}=\frac{abc}{4R}=\frac{8R^3\sin A\sin B\sin C}{4R}=2R^2\sin A\sin B\sin C$$

由性质3(2),有

$$L_{\triangle DEF}=4R\sin A\sin B\sin C$$

$$\frac{1}{2}RL_{\triangle DEF}=2R^2\sin A\sin B\sin C$$

故

$$S_{\triangle ABC}=\frac{1}{2}RL_{\triangle DEF}$$

**例3**　已知$D,E,F$为锐角$\triangle ABC$的内切圆切点,设$r,R$分别为圆$DEF$与圆$ABC$的半径,$\triangle DEF$的垂足三角形为$\triangle KMN$.求证:$S_{\triangle KMN}:S_{\triangle ABC}=r^2:4R^2$.

（第21届IMO加拿大训练题）

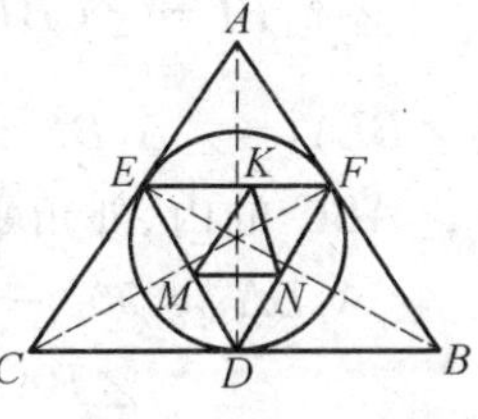

图8.28

**证明**　如图8.28,由性质3(4)或性质9,有

$$S_{\triangle DEF}:S_{\triangle ABC}=2\sin\frac{A}{2}\sin\frac{B}{2}\sin\frac{C}{2}$$

$$S_{\triangle KMN}:S_{\triangle DEF}=2\cos\angle EDF\cos\angle DFE\cos\angle FED$$

又$\triangle DEF$为$\triangle ABC$的内切圆切点三角形,$I$为$\triangle ABC$的内心,则

$$\angle EID=180^\circ-\angle C$$

又由$EI=ID$,知

$$\angle EDI=\angle DEI=\frac{\angle C}{2}$$

同理

$$\angle FDI=\angle DFI=\frac{\angle B}{2},\angle FEI=\angle EFI=\frac{\angle A}{2}$$

则

$$\angle EDF=\angle EDI+\angle FDI=\frac{\angle B+\angle C}{2}=90^\circ-\frac{\angle A}{2}$$

同理

$$\angle DFE=90^\circ-\frac{\angle C}{2},\angle FED=90^\circ-\frac{\angle B}{2}$$

从而

$$S_{\triangle KMN}:S_{\triangle DEF}=2\sin\frac{A}{2}\sin\frac{B}{2}\sin\frac{C}{2}$$

又

$$2\sin\frac{A}{2}\sin\frac{B}{2}\sin\frac{C}{2}=\frac{r}{2R}$$

$$S_{\triangle KMN}:S_{\triangle DEF}=S_{\triangle DEF}:S_{\triangle ABC}=r:2R$$

故
$$S_{\triangle KMN}:S_{\triangle ABC}=r^2:4R^2$$

**例4** 在锐角$\triangle ABC$中,$\angle A$的等分线与三角形外接圆交于另一点$A_1$,点$B_1$,$C_1$与此类似,直线$AA_1$与$\angle B$,$\angle C$的外角平分线相交于点$A_0$,点$B_0$,$C_0$与此类似,求证:

(1)$\triangle A_0B_0C_0$的面积是六边形$AC_1BA_1CB_1$面积的2倍;

(2)$\triangle A_0B_0C_0$的面积至少是$\triangle ABC$面积的4倍.

(1989年第30届IMO试题)

**证明** 如图8.29,有:

(1)
$$\angle BIA_1=\angle ABI+\angle BAI=\frac{1}{2}(\angle A+\angle B)$$

$$\angle A_1BI=\angle CBI+\angle CBA_1=\angle CBI+\angle CAA_1=\frac{1}{2}(\angle A+\angle B)$$

则$\angle BIA_1=\angle A_1BI$,即$A_1I=A_1B$.又$BB_0$,$BA_0$分别是$\angle ABC$的内、外角平分线,则$BB_0\perp BA_0$,即

$$\angle A_1BA_0=90^\circ-\angle A_1BI=90^\circ-\angle BIA_1=\angle BA_0A_1$$

从而
$$A_1A_0=A_1B=A_1I$$

于是有

$$S_{\triangle A_0BI}=2S_{\triangle A_1BI}$$

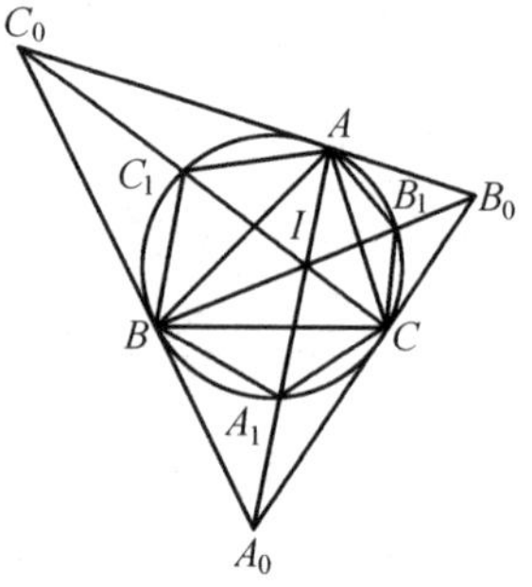


图8.29

类似地,还有五个这样的等式,将这六个等式相加得

$$S_{\triangle A_0B_0C_0}=2S_{AC_1BA_1CB_1}$$

(2)易证$AA_0$,$BB_0$,$CC_0$是$\triangle A_0B_0C_0$的三条高,则$\triangle ABC$是$\triangle A_0B_0C_0$的垂足三角形.因

$$\angle A_0+\angle B_0=180^\circ-\angle C_0$$

则

$$\begin{aligned}\cos A_0\cos B_0\cos C_0=&\frac{1}{2}[\cos(A_0+B_0)+\cos(A_0-B_0)]\cos C_0\leqslant\\&\frac{1}{2}(-\cos C_0+1)\cos C_0\leqslant\\&\frac{1}{2}\left[\frac{(1-\cos C_0)+\cos C_0}{2}\right]^2=\frac{1}{8}\end{aligned}$$

由性质3(4)有

$$S_{\triangle ABC}=2S_{\triangle A_0B_0C_0}\cos A_0\cos B_0\cos C_0\leqslant 2S_{\triangle A_0B_0C_0}\cdot\frac{1}{8}=\frac{1}{4}S_{\triangle A_0B_0C_0}$$

故
$$S_{\triangle A_0B_0C_0}\geqslant 4S_{\triangle ABC}$$

**例5**[①]　设锐角$\triangle ABC$的三条高分别为$AD,BE,CF$,垂心为$H$.记$BC=a,CA=b,AB=c,EF=a',FD=b',DE=c'$,再设$\triangle ABC$与$\triangle DEF$的外接圆半径与内切圆半径分别为$R,r$与$R',r'$,则下面关系式成立.

(1)$r'\leqslant\frac{1}{2}r$;

(2)$a'+b'+c'\leqslant\frac{1}{2}(a+b+c)$;

(3)$a'b'+b'c'+c'a'\leqslant\frac{1}{4}(ab+bc+ca)$;

(4)$a'^2+b'^2+c'^2\leqslant\frac{1}{4}(a^2+b^2+c^2)$;

(5) $\frac{a'}{a}+\frac{b'}{b}+\frac{c'}{c}\leqslant\frac{3}{2}$;

(6) $\frac{a}{a'}+\frac{b}{b'}+\frac{c}{c'}\geqslant 6$;

(7) $\frac{a'b'}{ab}+\frac{b'c'}{bc}+\frac{c'a'}{ca}\leqslant\frac{3}{4}$;

(8) $\frac{ab}{a'b'}+\frac{bc}{b'c'}+\frac{ca}{c'a'}\geqslant 12$;

(9) $\frac{a'^2}{a^2}+\frac{b'^2}{b^2}+\frac{c'^2}{c^2}\geqslant\frac{3}{4}$;

(10) $\frac{a^2}{a'^2}+\frac{b^2}{b'^2}+\frac{c^2}{c'^2}\geqslant 12$;

(11)$a'b'c'\leqslant\frac{1}{8}abc$.

以上各不等式中的等号当且仅当$\triangle ABC$为正三角形时成立.

**证明**　注意到性质3(4),有

$$S_{\triangle DEF}=2S_{\triangle ABC}\cos A\cos B\cos C \qquad ①$$

(1) 令$p'=\frac{1}{2}(a'+b'+c')$,则

① 苏化明.从一道IMO试题谈起[J].中学数学,1990(9):46-48.

$$p'=\frac{1}{2}R(\sin 2A+\sin 2B+\sin 2C)=2R\sin A\sin B\sin C$$

在下面的讨论中,记 $S_{\triangle DEF}=S'$,$S_{\triangle ABC}=S$.

由三角形内切圆半径公式知

$$r'=\frac{S'}{p'}=\frac{2S\cos A\cos B\cos C}{2R\sin A\sin B\sin C}=2R\cos A\cos B\cos C=$$

$$\frac{r}{2}\cdot\frac{\cos A\cos B\cos C}{\sin\frac{A}{2}\sin\frac{B}{2}\sin\frac{C}{2}}$$

由 $\triangle ABC$ 中熟知的不等式

$$\cos\frac{A}{2}\cos\frac{B}{2}\cos\frac{C}{2}\leqslant\frac{3\sqrt{3}}{8} \qquad ②$$

及

$$\tan A\tan B\tan C\geqslant 3\sqrt{3}(\triangle ABC\text{ 为锐角三角形}) \qquad ③$$

知
$$\sin\frac{A}{2}\sin\frac{B}{2}\sin\frac{C}{2}\geqslant\frac{\sqrt{3}}{9}\sin A\sin B\sin C$$



及
$$\frac{\sqrt{3}}{9}\sin A\sin B\sin C\geqslant\cos A\cos B\cos C$$

故有

$$\sin\frac{A}{2}\sin\frac{B}{2}\sin\frac{C}{2}\geqslant\cos A\cos B\cos C \qquad ④$$

所以 $r'\leqslant\frac{1}{2}r$.

(2) 因为

$$a'+b'+c'=4R\sin A\sin B\sin C=4(a+b+c)\sin\frac{A}{2}\sin\frac{B}{2}\sin\frac{C}{2}$$

而

$$\sin\frac{A}{2}\sin\frac{B}{2}\sin\frac{C}{2}\leqslant\frac{1}{8} \qquad ⑤$$

所以
$$a'+b'+c'\leqslant\frac{1}{2}(a+b+c)$$

(3) 在锐角 $\triangle ABC$ 中,不妨设 $\angle A\geqslant\angle B\geqslant\angle C$,则

$$\sin A\sin B\geqslant\sin C\sin A\geqslant\sin B\sin C$$

$$\cos A\cos B\leqslant\cos C\cos A\leqslant\cos B\cos C$$

由切比雪夫不等式(或排序原理)有

$\sin 2A\sin 2B+\sin 2B\sin 2C+\sin 2C\sin 2A=$

$4(\sin A\sin B\cos A\cos B+\sin B\sin C\cos B\cos C+\sin C\sin A\cos C\cos A)\leqslant$

$\frac{4}{3}(\sin A\sin B+\sin B\sin C+\sin C\sin A)(\cos A\cos B+\cos B\cos C+\cos C\cos A)$

又

$$\cos A\cos B+\cos B\cos C+\cos C\cos A\leqslant\frac{1}{3}(\cos A+\cos B+\cos C)^2=$$

$$\frac{1}{3}(1+4\sin\frac{A}{2}\sin\frac{B}{2}\sin\frac{C}{2})^2\leqslant\frac{1}{3}(1+4\times\frac{1}{8})^2=\frac{3}{4} \quad ⑥$$

所以

$$\sin 2A\sin 2B+\sin 2B\sin 2C+\sin 2C\sin 2A\leqslant$$
$$\sin A\sin B+\sin B\sin C+\sin C\sin A$$

上式两边同乘以 $R^2$，即得

$$a'b'+b'c'+c'a'\leqslant\frac{1}{4}(ab+bc+ca)$$

(4) 由前面已证的结果知，对锐角 $\triangle A_1B_1C_1$，成立不等式

$$\sin\frac{A_1}{2}\sin\frac{B_1}{2}\sin\frac{C_1}{2}\geqslant\cos A_1\cos B_1\cos C_1 \quad ④'$$



但当 $\triangle A_1B_1C_1$ 为直角三角形或钝角三角形时

$$\cos A_1\cos B_1\cos C_1\leqslant 0$$

$$\sin\frac{A_1}{2}\sin\frac{B_1}{2}\sin\frac{C_1}{2}>0$$

故式 ④′ 对任意 $\triangle A_1B_1C_1$ 成立.

因为 $0<\angle A,\angle B,\angle C<\frac{\pi}{2}$，所以 $0<\pi-2\angle A,\pi-2\angle B,\pi-2\angle C<\pi$，而且

$$\pi-2\angle A+\pi-2\angle B+\pi-2\angle C=\pi$$

故 $\pi-2\angle A,\pi-2\angle B,\pi-2\angle C$ 可作为一三角形的三个内角，不妨令 $\pi-2\angle A=\angle A_1,\pi-2\angle B=\angle B_1,\pi-2\angle C=\angle C_1$. 于是由式 ④′，有

$$\cos A\cos B\cos C\geqslant-\cos 2A\cos 2B\cos 2C \quad ⑦$$

或 $$2+2\cos A\cos B\cos C\geqslant 2-2\cos 2A\cos 2B\cos 2C$$

即 $$\sin^2 A+\sin^2 B+\sin^2 C\geqslant\sin^2 2A+\sin^2 2B+\sin^2 2C$$

上式两边同乘以 $R^2$，即得

$$\frac{1}{4}(a^2+b^2+c^2)\geqslant a'^2+b'^2+c'^2$$

(此即不等式(4))

(5) 因为

$$\frac{a'}{a}+\frac{b'}{b}+\frac{c'}{c}=\cos A+\cos B+\cos C$$

而

$$\cos A+\cos B+\cos C\leqslant\frac{3}{2} \quad ⑧$$

所以

$$\frac{a'}{a}+\frac{b'}{b}+\frac{c'}{c}\leqslant\frac{3}{2}$$

(6) 因为

$$\frac{a}{a'}+\frac{b}{b'}+\frac{c}{c'}=\frac{1}{\cos A}+\frac{1}{\cos B}+\frac{1}{\cos C}\geqslant 3(\cos A\cos B\cos C)^{-1/3}$$

而

$$\cos A\cos B\cos C\leqslant\frac{1}{3} \quad ⑨$$



所以

$$\frac{a}{a'}+\frac{b}{b'}+\frac{c}{c'}\geqslant 6$$

(7) 因为

$$\frac{a'b'}{ab}+\frac{b'c'}{bc}+\frac{c'a'}{ca}=\cos A\cos B+\cos B\cos C+\cos C\cos A$$

而

$$\cos A\cos B+\cos B\cos C+\cos C\cos A\leqslant\frac{1}{3}(\cos A+\cos B+\cos C)^2\leqslant\frac{3}{4}$$

所以

$$\frac{a'b'}{ab}+\frac{b'c'}{bc}+\frac{c'a'}{ca}\leqslant\frac{3}{4}$$

(8) 因为

$$\frac{ab}{a'b'}+\frac{bc}{b'c'}+\frac{ca}{c'a'}=\frac{1}{\cos A\cos B}+\frac{1}{\cos B\cos C}+\frac{1}{\cos C\cos A}\geqslant 3(\cos A\cos B\cos C)^{-2/3}$$

而

$$\cos A\cos B\cos C\leqslant\frac{1}{8}$$

所以

$$\frac{ab}{a'b'}+\frac{bc}{b'c'}+\frac{ca}{c'a'}\geqslant 12$$

(9) 因为

$$\cos^2A\cos^2B\cos^2C=1-2\cos A\cos B\cos C\geqslant 1-2\times\frac{1}{8}=\frac{3}{4}$$

所以
$$\frac{a'^2}{a^2}+\frac{b'^2}{b^2}+\frac{c'^2}{c^2}\geqslant\frac{3}{4}$$

(10) 由不等式
$$\left(\frac{a}{a'}+\frac{b}{b'}+\frac{c}{c'}\right)^2\leqslant 3\left(\frac{a^2}{a'^2}+\frac{b^2}{b'^2}+\frac{c^2}{c'^2}\right)$$
及不等式(6)，即得
$$\frac{a^2}{a'^2}+\frac{b^2}{b'^2}+\frac{c^2}{c'^2}\geqslant 12$$

(11) 由不等式(5) 及算术 - 几何平均不等式，得
$$\frac{3}{2}\geqslant\frac{a'}{a}+\frac{b'}{b}+\frac{c'}{c}\geqslant 3\sqrt[3]{\frac{a'b'c'}{abc}}$$
从而有
$$a'b'c'\leqslant\frac{1}{8}abc$$

不等式(10) 及(11) 也可以直接证明，也可以由不等式(11) 及算术 - 几何平均不等式得到(6)(8)(10)，它们的证明我们留给读者去完成.

由于不等式 ②③④⑤④′⑦⑧⑨ 中的等号当且仅当 $\triangle ABC$ 为正三角形时成立，所以不等式(1) ～ (11) 中的等号均当且仅当 $\triangle ABC$ 为正三角形时成立.



## 第 2 节　图形覆盖问题

由试题 B2 涉及了图形覆盖问题.

若线段 $l_1$ 上任一点都在线段 $l_2$ 上，我们称线段 $l_2$ 覆盖了线段 $l_1$；若 $\triangle ABC$ 内(包括边界) 任一点都在圆 $O$ 内，我们称圆 $O$ 覆盖了 $\triangle ABC$，…….诸如此类的两个图形 $A$，$B$，若 $A\subset B$，则称 $B$ 覆盖 $A$.

一般来说，对于平面点集 $N$，$M$，$M'$，若任一点元 $a\in N$，有 $a\in M$，则称集合 $M$ 覆盖(包含) 集合 $N$，若 $M$ 经过一适当的运动(平移、旋转、反射等不改变图形的形状、大小) 变为 $M'$，有 $a\in M'$，则集合能覆盖集合 $N$.

覆盖是一类十分有趣的几何问题.

在这里，我们仅讨论处理覆盖的几个常用方法和几类特殊覆盖问题.

### 一、处理覆盖问题的常用方法

#### 1. 涂色法

**例 1**　将 8×8 的国际象棋盘剪去左上角与右下角的两个小正方格.证明：

剩下的图形不能用31个$2\times1$的长方形覆盖.

**证明**　如图8.30,把缺两角的棋盘上的方格涂上黑白两种颜色,同一种颜色的方格决不相邻,因此,每一个$2\times1$的长方形一定覆盖住一个黑格和一个白格,31个这样的长方形将盖住31个黑格与31个白格,但图中剪去的两个方格都是白的,因此,黑格有32个,31个长方形不能将这个剪残了的棋盘完全盖住.

图8.30

类似于上例,还可解答如下问题:

(1)$8\times8$的横盘剪去左上角的一个方格.证明剩下的棋盘不能用21个$3\times1$的长方形覆盖.(涂三种颜色来证)

(2)$8\times8$的棋盘能否用15个形和1个形盖住?(涂两种颜色来证)

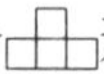

以上覆盖问题之所以可用涂色法解答,是因为覆盖图形与被覆盖图形之间有着特殊的关系——存在某种剖分图形全等.



## 2. 面积法

**例2**　求证:面积等于1的三角形不能被面积小于2的平行四边形所覆盖.

**分析**　即若$S_{\triangle PQR}=1,S_{\square ABCD}<2$,则$\triangle PQR$不在平行四边形$ABCD$内部,它的等价说法是:若$\triangle PQR$在平行四边形$ABCD$内部,则

$$S_{\triangle PQR}\leqslant\frac{1}{2}S_{\square ABCD}$$

**证明**　如图8.31,$\triangle PQR$在平行四边形$ABCD$内部,过点$P$作$MN\ /\!/\ AB$,则

$$S_{\triangle PQE}\leqslant\frac{1}{2}S_{\square ABMN},S_{\triangle PRE}\leqslant\frac{1}{2}S_{\square MCDN}$$

上面两式相加即证.

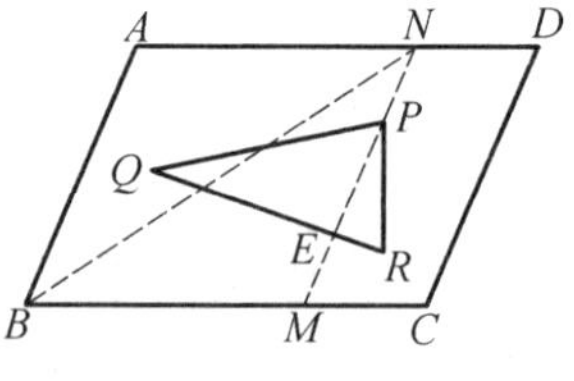

图8.31

从上例可以看出:平面上面积为$S$的固定区域能用$n$个面积分别是$S_1,S_2,\cdots,S_n$的区域完全覆盖的必要条件是

$$S_1+S_2+\cdots+S_n\geqslant S$$

但是,反过来,当$S_1+S_2+\cdots+S_n\geqslant S$时,这$n$个区域的全体却未必能完全盖住面积为$S$的区域,例如前面的例1及其后面的两道题.又例如,无论怎样摆弄两个壹分的硬币都不可能盖住一个贰分的硬币,这也就是后面的例3.

**3. 点集直径法，边界法，带形宽度法**

下面，先给出一般点集的直径的定义.

把点集 $M$ 中任意两点 $A$，$B$ 的距离 $AB$ 的最大值记为 $d$，即 $d=\max\{AB\}$，如果 $d$ 是一个有限数，那么称 $d$ 是点集 $M$ 的直径.

显然，当点集 $M$ 是圆时，点集 $M$ 的直径就是通常所说的圆的直径. 当点集 $M$ 是三角形时，这个三角形的最长边就是点集 $M$ 的直径，等等.

一个点集的直径不一定只有一条.

关于覆盖问题与直径的关系，有如下简单而实用的结论：如果点集 $M$ 能覆盖点集 $N$，那么由于 $N$ 是 $M$ 的子集，所以点集 $N$ 的直径小于或等于点集 $M$ 的直径，反过来，如果点集 $N$ 的直径大于点集 $M$ 的直径，那么 $M$ 不能覆盖点集 $N$.

**例 3**　求证：一个直径为 $2r$ 的圆不可能被两个直径小于 $2r$ 的圆所覆盖.

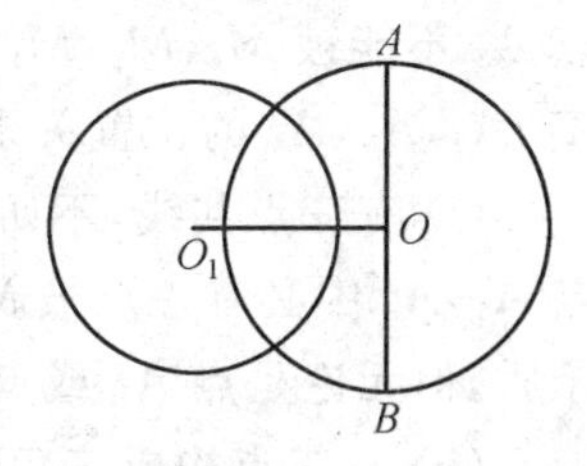

图 8.32

**证法 1**　（点集直径法）设一个半径小于 $r$ 的圆 $O_1$ 已经放在圆 $O(O,r)$ 的上面，作圆 $O$ 的直径 $AB\perp$ 连心线 $OO_1$（若 $O_1$ 与 $O$ 重合，则 $AB$ 为圆 $O$ 的任一条直径），$A$，$B$ 不可能同时属于圆 $O_1$，否则圆 $O_1$ 的直径大于或等于 $AB$，与已知条件矛盾，由于图 8.32 是关于圆 $O_1$ 对称的轴对称图形，$O_1A=O_1B$，因此 $A$，$B$ 两点都不属于圆 $O_1$，另一个半径小于 $r$ 的圆 $O_2$ 也不可能同时覆盖 $A$，$B$ 两点，否则圆 $O_2$ 的直径大于或等于 $AB$.

于是 $A$，$B$ 两点中至少有一个点不属于圆 $O_1\cup$ 圆 $O_2$，即圆 $O_1$ 与圆 $O_2$ 不能覆盖圆 $O(O,r)$.

**证法 2**　（边界法）考察圆 $O(O,r)$ 的圆周，每一个半径小于 $r$ 的圆不能覆盖圆 $O$ 的圆周的一半，否则这个小圆覆盖圆 $O$ 的同一直径的两个端点，与小圆的半径小于 $r$ 矛盾. 因此，两个半径小于 $r$ 的圆不能覆盖整个圆 $O(O,r)$ 的圆周当然不能覆盖圆 $O(O,r)$.

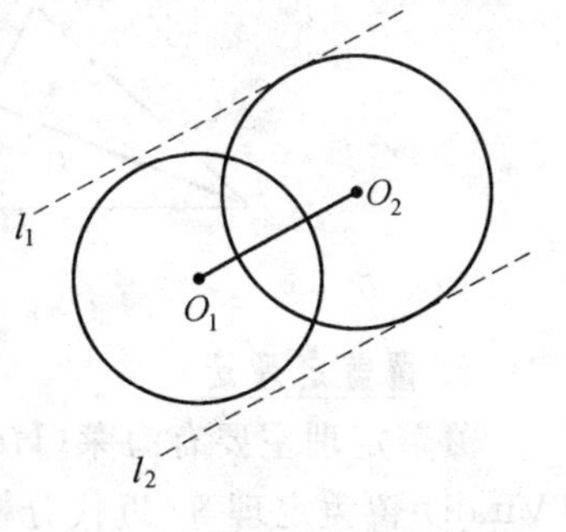

图 8.33

**证法 3**　（带形宽度法）由于直径为 $2r$ 的圆在任何一个方向上的圆上两点距离均可达到 $2r$. 因此只需证明两个小圆无论怎样摆，至少在一个方向上覆盖的距离（带形宽度）小于 $2r$ 就行了. 设两小圆圆 $O_1$，圆 $O_2$ 的直径为 $d_1$，$d_2$，且 $d_1\leqslant d_2<2r$. 如图 8.33 为任一种摆法. 联结 $O_1O_2$，作圆 $O_2$ 的平行于

$O_1O_2$ 的两条切线 $l_1$ 和 $l_2$ 得带形,则带形的宽($l_1$ 与 $l_2$ 间的距离)等于 $d_2$. 圆 $O_1$,圆 $O_2$ 完全在带形内,但$d_2 < 2r$. 故在垂直于连心线 $O_1O_2$ 的方向上所覆盖的距离小于 $2r$,即证.

4. **反证法**

反证法是讨论覆盖问题的重要方法.

**例4** 已知四个半平面可以盖住全平面,证明可以从中选出三个半平面仍能盖住全平面.

(匈牙利数学奥林匹克题156题)

**证明** 如果任意三个半平面都不能盖住全平面,记这四个半平面为 $M_1$, $M_2$,$M_3$,$M_4$,设点 $A_1$ 不能被 $M_2$,$M_3$,$M_4$ 盖住,点 $A_2$ 不能被 $M_1$,$M_3$,$M_4$ 盖住,点 $A_3$ 不能被 $M_1$,$M_2$,$M_4$ 盖住,点 $A_4$ 不能被 $M_1$,$M_2$,$M_3$ 盖住,考虑这四个点 $A_1$,$A_2$,$A_3$,$A_4$ 的位置关系,有且只有下列三种关系:

(i) 有三点共线,不妨设 $A_1$,$A_2$,$A_3$ 三点共线,由于点 $A_2$ 必被 $M_2$ 盖住,故点 $A_1$,$A_3$ 中必有一点被 $M_2$ 盖住,否则,线段 $A_1A_2 \notin$ 平面 $M_2$,从而 $A_2 \notin M_2$,矛盾,但无论是点 $A_1$ 或点 $A_2$ 被 $M_2$ 盖住,都与它们的定义矛盾.



(ii) 有三点构成三角形而一点在三角形内,不妨设点 $A_4$ 在 $\triangle A_1A_2A_3$ 内,如图8.34所示,联结 $A_2A_4$ 并延长交 $A_1A_3$ 于点 $P_1$,则点 $A_2$,$P$ 之一必被$M_4$ 盖住. 否则,有线段$A_2P \notin M_4$,从而 $A_4 \notin M_4$ 矛盾,若 $M_4$ 盖住点 $A_2$,与点 $A_2$ 的定义矛盾. 若 $M_4$ 盖住点 $P$,则点 $A_1$,$A_3$ 中必有一个被 $M_4$ 盖住,也产生矛盾.

(iii) 四点构成凸四边形,如图8.35所示. 设凸四边形 $A_1A_2A_3A_4$ 的对角线交于点 $Q$,由于四个半平面能盖住全平面,所以点 $Q$ 必被某个半平面盖住,不妨设是 $M_1$. 则点 $A_2$,$A_4$ 必有一点被 $M_1$ 盖住,产生矛盾.

归纳这些矛盾,证明了我们的结论.

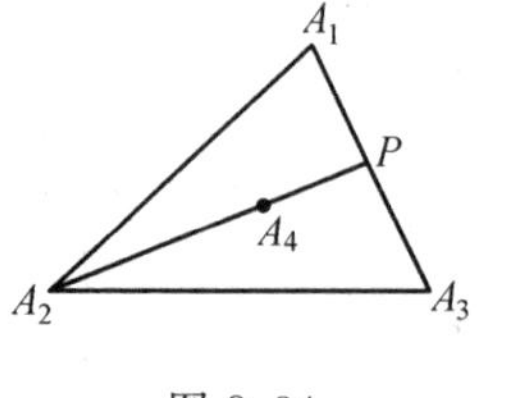


图8.34

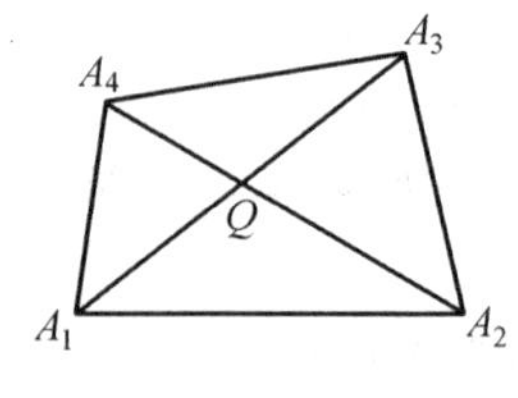


图8.35

5. **覆盖定理法**

覆盖定理主要有海莱(Helly)覆盖定理、波莱尔(Borel)覆盖定理、维太利(Vitali)覆盖定理等. 近代分析中人们有时把波赖尔覆盖定理和维太利覆盖定理等还称为覆盖原理,这些定理在近代分析理论中扮演着重要的角色. 这里主要介绍海莱定理的两种叙述形式及应用.

为此,我们先介绍一下凸集的概念:

如果对于点集 $M$ 中任意两点 $A$,$B$,线段 $AB$ 的每一点都属于点集 $M$,那么 $M$ 就称为凸集.

显然线段、直线、射线、带形、整个平面、半(并与闭)平面都是凸集,凸曲线所围成的图形,如圆、凸多边形等都是凸集,凸多面体也是凸集.

**海莱定理**　如果点集 $M_1,M_2,\cdots,M_n(n\geqslant 3)$ 覆盖全平面,并且它们的补集 $\overline{M}_1,\overline{M}_2,\cdots,\overline{M}_n$ 都是凸集,那么可以从 $M_1,M_2,\cdots,M_n$ 中选出三个集合仍覆盖全平面.

这个定理的证明可对凸集的个数 $n$ 用数学归纳法.(证略)

显然,前面的例4是海莱定理的特例.

上面是海莱定理的补集方式叙述形式,它的一般叙述形式为:

在平面上,设 $M_1,M_2,\cdots,M_n(n\geqslant 3)$ 是凸集,如果其中每三个集都有公共点,那么这 $n$ 个凸集有公共点.

显然,上述一般形式也可以叙述成:如果 $n(n\geqslant 3)$ 个凸集无公共点,那么其中一定有三个凸集无公共点.



下面我们用海莱定理讨论一个覆盖问题.

**例5**　如果 $n$ 个点 $O_1,O_2,\cdots,O_n$ 中每三个能用一个半径为 $r$ 的圆覆盖,那么这 $n$ 个点能用一个半径为 $r$ 的圆覆盖.

**证明**　分别以这 $n$ 个点为圆心、$r$ 为半径作 $n$ 个圆圆 $O_1$,圆 $O_2$,$\cdots$,圆 $O_n$.已知点 $B$ 中任意三点 $O_i,O_j,O_k$ 能被一个半径为 $r$ 的圆覆盖,设这圆圆心为 $O$,则 $OO_i,OO_j,OO_k$ 均小于或等于 $r$,因此点 $O$ 属于 $OO_i,OO_j,OO_k$,即这三个圆有公共点.

由于圆 $O_1$,圆 $O_2$,$\cdots$,圆 $O_n$ 中任意三个圆有公共点,由海莱定理,这 $n$ 个圆有一个公共点 $k$,$k$ 属于圆 $O_i$,则 $kO_i\leqslant r$,即 $O_i$ 属于以 $K$ 为圆心、半径为 $r$ 的圆 $k(i=1,2,\cdots,n)$.故圆 $k$ 就是覆盖 $O_1,O_2,\cdots,O_n$ 的圆.

例5实际上就是荣格(Jung)定理.

## 二、几类覆盖问题

覆盖问题中讨论较多的是:不能覆盖问题、最佳覆盖问题、万能覆盖问题、格点覆盖问题等.前面对不能覆盖问题已讨论了几例,下面我们主要对后几类覆盖略做简介.

*1. 最佳覆盖问题*

首先给出几个简单图形的覆盖问题,然后看看几道数学竞赛题.

**例6** 求覆盖三角形的最小圆.

**解** 首先注意,一个圆若能覆盖一个三角形,则圆的直径必不能小于三角形的最长边.

其次,可分三种情形给出问题的解答.

(i) 如图8.36,设$\triangle ABC$为锐角三角形,这时三角形的外接圆即为覆盖三角形的最小圆,这是因为,一方面,外接圆显然覆盖此三角形,另一方面,其他覆盖$\triangle ABC$的圆,都大于$\triangle ABC$的外接圆,例如圆$O$覆盖$\triangle ABC$,将$\triangle ABC$在圆$O$内适当的运动(平移或旋转),总可以使得三角形有两个顶点(不妨设$B,C$)在圆周上,这时,第三个顶点(即点$A$)在圆$O$内或圆周上,故$\overset{\frown}{BC}$所对的圆周角$\alpha\leqslant\angle BAC<90^\circ$,因此圆$O$的直径等于$\dfrac{BC}{\sin\alpha}\geqslant\dfrac{BC}{\sin\angle BAC}=\triangle ABC$外接圆的直径.

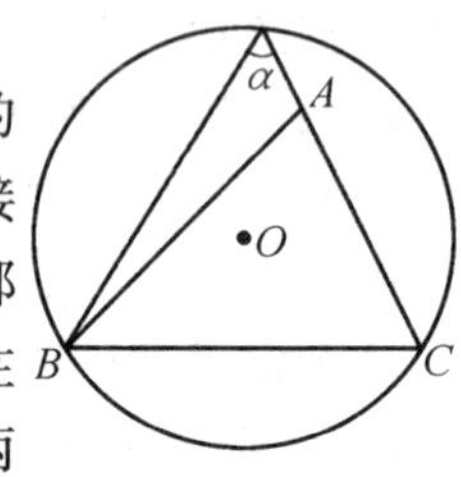

图8.36



(ii) 设$\triangle ABC$为钝角三角形,$\angle A$为钝角,这时,以最长边$BC$为直径作圆$P$,由于$\angle A$是钝角,故对于$\triangle ABC$内的任一点$A'$,$\angle BA'C\geqslant\angle BAC>90^\circ$,故点$A'$属于圆$P$,从而圆$P$即为所求的圆.

(iii) 设$\triangle ABC$为直角三角形.与(ii)类似,以斜边为直径的圆(即$\triangle ABC$的外接圆)即为所求.

**例7** 求覆盖凸四边形的最小圆.

类似于例6,由于四边形$ABCD$中,必有一对对角之和不小于$180^\circ$,不妨设$\angle A+\angle C\geqslant 180^\circ$及$\angle C\geqslant 90^\circ$,分三种情况讨论得:

(i) 当$\angle A\geqslant 90^\circ$时,以$BD$为直径的圆即是;

(ii) 当$\angle A<90^\circ$时,且$\triangle ABD$为锐角三角形时,$\triangle ABD$的外接圆即是;

(iii) 当$\angle A<90^\circ$时,且$\triangle ABD$为非锐角三角形时,以$AB$为直径的圆即是.

在此也顺便指出:如果点集$M$能被一个圆覆盖,那么则称$M$是有界点集,例如圆、三角形、多边形、椭圆等都是有界点集,抛物线就不是有界点集.如果点集$M$是有界点集,覆盖$M$的圆中最小的一个叫作$M$的最小覆盖圆(又叫切比雪夫圆),上面例6,例7就是求这样的圆,最小覆盖圆的半径叫作点集$M$的覆盖半径(也叫切比雪夫半径).对于有界点集$M$的最小覆盖圆,它一定是存在的且是唯一的.(证略,参见浙江《教学与研究》(数学)1987(3):35.)

**例8** 试求覆盖边长为$a$的等边三角形的最小正方形的边长.

**解**　如图 8.37,设等边$\triangle EFG$被正方形$ABCD$覆盖,先将正方形平移,使点$B$和点$E$重合,且仍保持正方形$ABCD$覆盖$\triangle EFG$.联结$BD$,显然点$F$,$G$在$BD$的两侧,旋转正方形$ABCD$,使$\angle AEG=\angle CEF$;过点$F$和点$G$分别作$CD$,$AD$的平行线$C'D'$,$A'D'$,易知$A'BC'D'$是正方形,且是覆盖$\triangle EFG$的最小正方形,这个正方形的边长

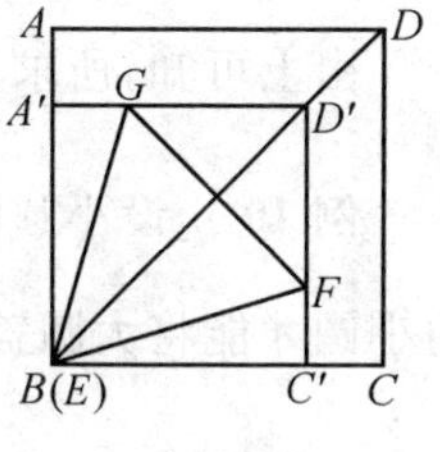

图 8.37

$$A'B=BG\cos\angle A'BG=a\cos 15^\circ=\frac{1}{4}(\sqrt{6}+\sqrt{2})a$$

为所求.

**例 9**　求覆盖边长为 1 的正方形的最小正三角形的边长.

**解**　设正方形$ABCD$被正$\triangle EFG$覆盖,可以假定$\triangle EFG$的每一条边上至少有正方形的一个顶角,否则,将三角形的边平移到与正方形相接,可得到面积更小的正三角形,于是,我们可分以下两种情形.

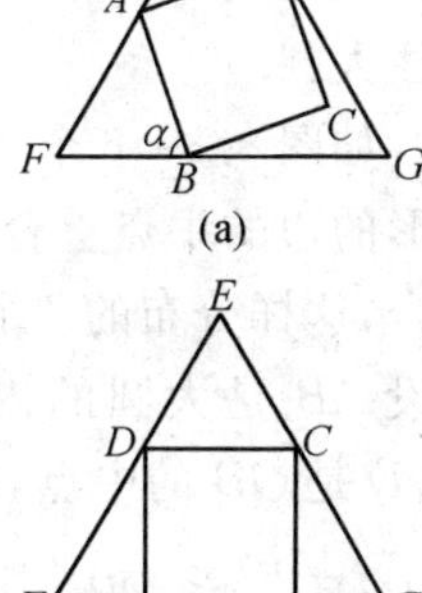

(a)

(b)

图 8.38

(i) 正方形有一个顶点不在三角形的边上,如图 8.38(a) 所示,这时

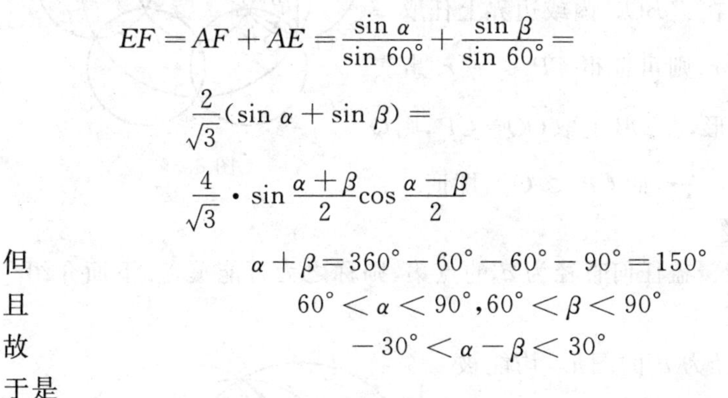

$$EF=AF+AE=\frac{\sin\alpha}{\sin 60^\circ}+\frac{\sin\beta}{\sin 60^\circ}=$$

$$\frac{2}{\sqrt{3}}(\sin\alpha+\sin\beta)=$$

$$\frac{4}{\sqrt{3}}\cdot\sin\frac{\alpha+\beta}{2}\cos\frac{\alpha-\beta}{2}$$

但
$$\alpha+\beta=360^\circ-60^\circ-60^\circ-90^\circ=150^\circ$$

且
$$60^\circ<\alpha<90^\circ,60^\circ<\beta<90^\circ$$

故
$$-30^\circ<\alpha-\beta<30^\circ$$

于是

$$EF=\frac{4}{\sqrt{3}}\sin\frac{150^\circ}{2}\cos\frac{\alpha-\beta}{2}>\frac{4}{\sqrt{3}}\sin\frac{150^\circ}{2}\cos\frac{30^\circ}{2}=$$

$$\frac{2}{\sqrt{3}}(\sin 90^\circ+\sin 60^\circ)=1+\frac{2}{\sqrt{3}}$$

(ii) 正方形的四个顶点全在三角形的边上,如图8.38(b) 所示,这时

$$EF=ED+DF=1+\frac{2}{\sqrt{3}}$$

由上可知,所求正三角形边长为 $1+\frac{2\sqrt{3}}{3}$.

**例 10** 设小圆的半径为 $\frac{1}{2}r$,大圆的半径为 $r$,试问:最少要用多少个这样的小圆才能将大圆盖住?试证之.

(匈牙利奥林匹克题 144 题)

**解** 由于大圆的面积为 $\pi r^2$,小圆的面积为 $\frac{1}{4}\pi r^2$. 显然 4 个小圆不重叠地摆在一起,无论怎样摆其间总有空隙,因此不能完全盖住大圆. 那么 5 个小圆呢?由于小圆的直径为 $r$,将大圆圆周六等分,每段弧上两点间最大距离也是 $r$,因此 5 个小圆连大圆的圆周也盖不住,由此可推出 6 个小圆也不能盖住大圆,因盖住圆周就要 6 个小圆,这时大圆圆心没能盖住,下面我们证明:7 个小圆能盖住大圆.



如图 8.39,6 个小圆的圆心和大圆的内接正六边形的边的中点重合,第 7 个小圆的圆和大圆圆心重合,这样分布的 7 个小圆能盖住大圆. 这是因为,若设 $AB$ 是大圆的内接正六边形的一边,$C$ 是中点,$D$ 是 $OB$ 的中点,在 $\angle BOC$ 内或边界上任取一点 $P$,且 $\frac{r}{2} < OP \leqslant r$,则可证得 $CP \leqslant \frac{1}{2}r$. 事实上,$\triangle CBD$ 是正三角形,在 $OB$ 上取 $OQ=OP$,则 $Q$ 必在 $BD$ 上. 即 $CQ \leqslant \frac{1}{2}r$,而 $CP \leqslant CQ$,即证.

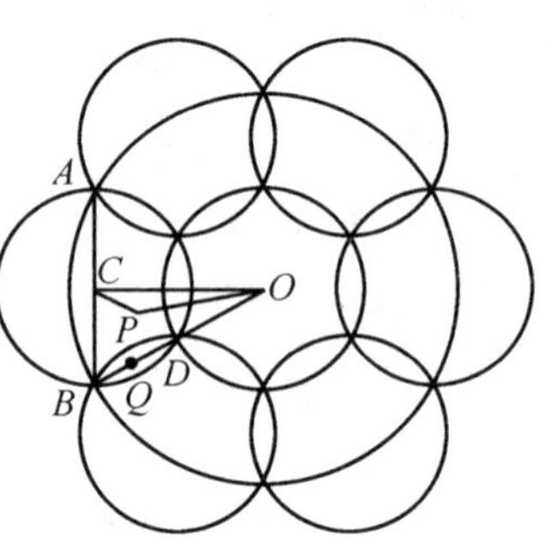


图 8.39

### 2. 万能覆盖问题

如果一个点集能覆盖任何直径为 $d$ 的点集,则称之为万能覆盖. 下面介绍几种简单的万能覆盖.

**例 11** 任何直径为 $d$ 的图形,均能被半径为 $\frac{\sqrt{3}}{2}d$ 的圆覆盖.

**证明** 如图 8.40,设图形 $M$ 的直径为 $d$,不妨设 $M$ 中存在两点 $A$,$B$,使 $AB=d$. 以 $A$,$B$ 为圆心,$d$ 为半径作两个圆. 则每个圆都覆盖 $M$,因而两圆的交(即公共部分)亦覆盖 $M$,以两圆的公共弦 $CD$ 为直径作

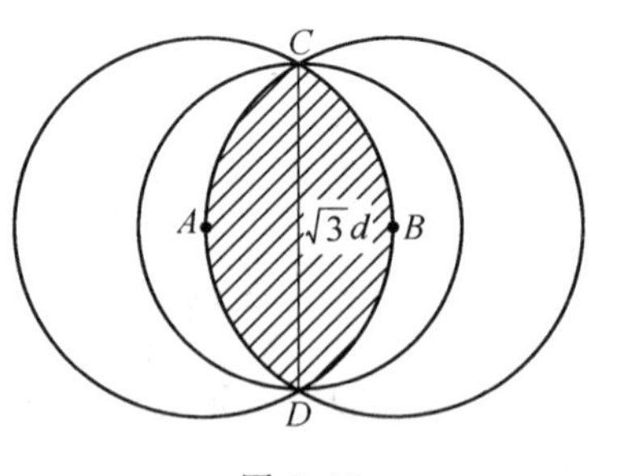


图 8.40

圆，容易证明此圆覆盖上述两圆之交，因而覆盖 $M$，可以计算出 $CD$ 之长恰等于 $\sqrt{3}d$. 故 $M$ 能被半径为$\frac{\sqrt{3}}{2}d$ 的圆覆盖. 证毕.

**注**　上例中的常数$\frac{\sqrt{3}}{2}$还可以进一步改善，换为更小的数$\frac{\sqrt{3}}{3}$(参见例 13 后面的结论).

**例 12**　如图 8.41，任何直径为 $d$ 的图形均能被边长为 $d$ 的正方形覆盖，并且此正方形还可以截去一对相邻的小角形，试证之.

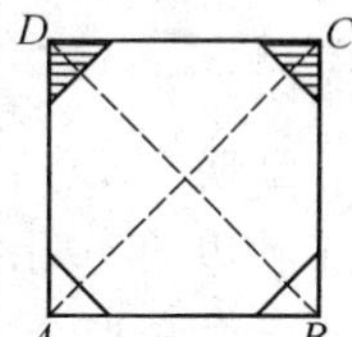


图 8.41

**证明**　设图形 $M$ 的直径为 $d$，任作一带形将 $M$ 夹在中间，然后平移带形的边，使带形的宽改变，由于 $M$ 的直径为 $d$，故可使带形的宽等于 $d$，而且包含 $M$.

作两个这样的带形，使它们的边两两相交成 $90^\circ$ 的角，这两个带形的交就是覆盖 $M$ 的边长为 $d$ 的正方形.

用垂直于正方形的对角形且与正方形中点相距$\frac{1}{2}d$ 的直线截正方形，截得 4 个小角形. 相对的小角形中点的距离大于 $d$，故其中必有一个不含有 $M$ 的点，将这个小角形截去. 这样，可以截去正方形的一对相邻的小角形，截去后得到的图形仍然覆盖 $M$.

**例 13**　若图形 $M$ 的直径小于或等于 $d$，则 $M$ 必被边长为 $\sqrt{3}d$ 的正三角形覆盖.

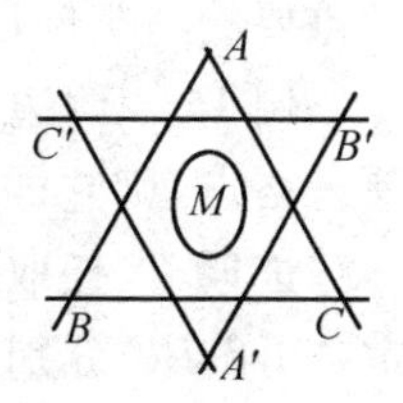


图 8.42

**证明**　如图 8.42，作三个宽为 $d$ 的带形，它们的边两两相交成 $60^\circ$ 的角，并且都包含 $M$，则可以得到如图所示的两个正三角形 $ABC$ 及 $A'B'C'$，它们均覆盖 $M$.

我们证明 $\triangle ABC$ 及 $\triangle A'B'C'$ 中至少有一个的边长小于或等于$\sqrt{3}d$. 为此，设 $\triangle ABC$ 及 $\triangle A'B'C'$ 的高为 $h$ 及 $h'$，在两个三角形的公共部分中任取一点 $P$，作 $P$ 到两个三角形的各边的距离. 由于"正三角形中的任一点到三边的距离之和等于此三角形的高". 故这六段距离之和等于 $h+h'$，又这六段距离之和恰等于三个带形的宽度之和，故得 $h+h'=3d$. 于是其中至少有一个(设为 $h$) 不大于$\frac{3}{2}d$. 此时，$\triangle ABC$ 的边长等于$\frac{2}{\sqrt{3}}hd=\frac{2}{\sqrt{3}}\times\frac{3}{2}d=\sqrt{3}d$. 故 $M$ 能被一边长为$\sqrt{3}d$ 的正三角形覆盖.

由上例可以推出：每一个直径为 $d$ 的点集能用一个边长为$\frac{\sqrt{3}}{3}d$ 的正方形覆盖.(由于这样的正六边形内接于半径为$\frac{\sqrt{3}}{3}d$ 的圆，于是便有例 11 后注中的说明.)

**例 14** 直径为 $2r$ 的图形，一定可以被一个面积为 $S$、周长为 $\frac{S}{r}$ 的凸多边形覆盖.

**证明** 设 $a_1,\cdots,a_n$ 为凸多边形 $A$ 的各边之长. 由于 $A$ 是凸多边形，所以它位于各边的一侧. 以各边为底边，以 $r$ 为高，向 $A$ 的所在一侧作一矩形 $Q_k$，这样得到 $n$ 个矩形 $Q_1,\cdots,Q_n$. 设其面积为 $S_k$. 则 $S_k=a_kr$，又因 $a_1+a_2+\cdots+a_n=\frac{S}{r}$，所以 $s_1+s_2+\cdots+s_n=S$.

另一方面，凸多边形相邻两边的交角小于 $180^\circ$，从而这些矩形每相邻两个都有一部分互相重叠，这表明矩形 $Q_1,Q_2,\cdots,Q_n$ 不可能覆盖整个多边形 $A$. 设 $O$ 是 $A$ 中未被任一 $Q_k$ 覆盖的点，那么 $O$ 到各边的距离大于 $r$，因此以 $O$ 为圆心、$r$ 为半径的圆被 $A$ 所覆盖，由此即证命题成立.



### 3. 格点覆盖问题

在覆盖问题中，被覆盖的对象也可以是离散的量(例 5，例 10)，特别的也是最重要的一类问题是平面区域覆盖格点(即整点)的问题.

**例 15** 两边平行于坐标轴的正方形，如果它不覆盖格点，则它的面积最大是 1.

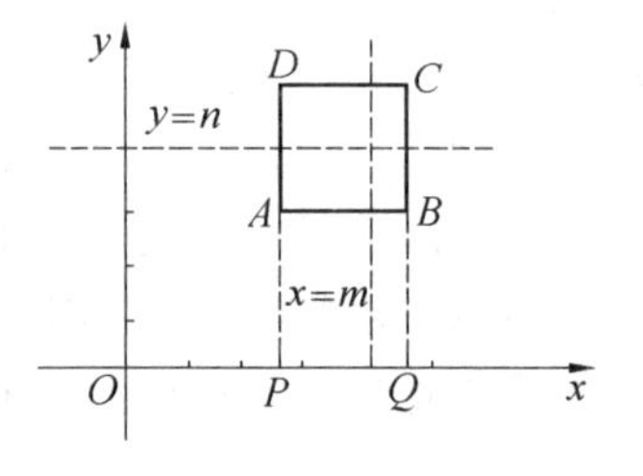

图 8.43

**证明** 任取正方形 $ABCD$，如图 8.43 所示，假定 $AB$ 和 $BC$ 分别平行横坐标轴和纵坐标轴，假定它的面积大于 1，即边长大于 1，我们只要证明：这正方形至少覆盖一个格点.

延长 $DA$，$CB$，使和横坐标轴 $Ox$ 交于点 $P$，$Q$，设这两点离点 $O$ 的距离分别是 $p$ 和 $q$，$p<q$. 由假设，正方形边长是 $q-p>1$.

设 $m$ 是 $q$ 的整数部分，那么当 $q$ 不是整数时，$q=m+r$，其中 $m$ 是整数，而 $0<r<1$. 代入上面的不等式，得到 $m+r-p>1$，即 $m-p>1-r>0$，因此 $p<m<q$，这表明直线 $x=m$ 穿过直线 $AD$ 和 $BC$ 之间，又当 $q$ 是整数时，可取 $m=q-1$，仿上，可以找到一条直线 $y-n$，穿过直线 $DC$ 和 $AB$ 之间，它们的交点$(m,n)$ 是一个格，这格点就在正方形 $ABCD$ 的内部. 于是命题获证.

由上例,我们还可讨论不覆盖格点的圆,正方形的面积的最大值;只覆盖一个格点的圆,正方形的面积的最大值.

**例16**　把一个半径为1.1的圆形纸片放到直角坐标平面上,问纸片最少要盖住几个格点?最多能盖住几个格点(整点)?

**解**　(i) 圆形纸片可以盖住两个整点,事实上,如图8.44(a)所示,把圆心$M$置于某个小正方形一边的中点,那么

$$MA=MB=\frac{1}{2}$$

故点$A,B$在圆$M$内,而

$$MC=MD=ME=MF=\frac{\sqrt{5}}{2}>1.1$$

故点$C,D,E,F$在圆$M$外,至于其他整点,到点$M$的距离均大于$MC$,不可能在圆$M$内.下面证明纸片至少盖住两个整点.

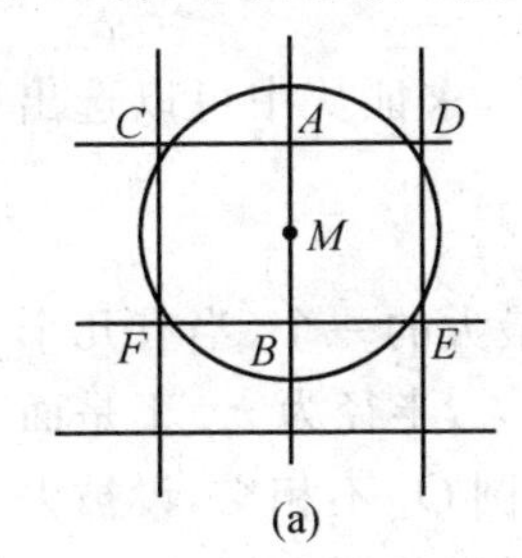

(a)

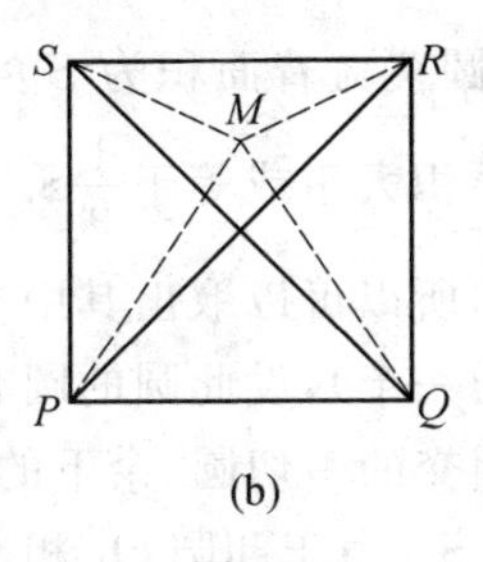

(b)

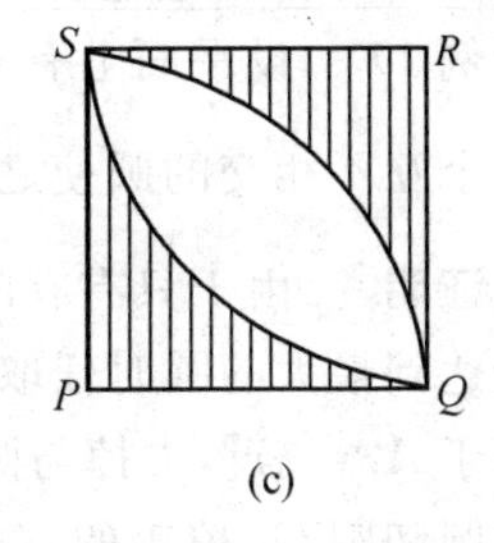

(c)

图8.44

设圆心$M$落在某一个小正方形$PQRS$的内部或边上,如图8.44(b)所示,那么,在$MP,MQ,MR,MS$中至少有一个不大于对角线的一半即不大于$\frac{\sqrt{2}}{2}$,不失一般性,设$MS\leqslant\frac{\sqrt{2}}{2}$,由于$MS\leqslant\frac{\sqrt{2}}{2}<1.1$,整点$S$必在圆$M$内,故圆$M$内不可能没有整点.

若圆$M$只覆盖一个整点$S$,那么$MP>1.1>1$.因此,点$M$在以点$P$为圆心、1为半径的圆外.同理,点$M$也应在以点$R$为圆心、1为半径的圆外(图8.44(c))是不可能的,因为扇形$PSQ$和扇形$RSQ$已经覆盖了整个正方形,而$M$应在正方形内,故圆$M$内不可能只覆盖一个整点.

综上所述,圆形纸片至少要盖住两个整点.

(ii) 圆片可以盖住五个整点.

显然这只要把圆心 $M$ 放在一个整点就可以了.下面证明圆片不可能盖住更多的整点.

显然,若圆 $M$ 要盖住五个以上的整点,无论怎样选择五个整点,其中至少有一对整点的距离不小于 $GH$,如图 8.45 所示,而 $GH=\sqrt{5}>2.2$,直径为 2.2 的圆是不可能盖这一对整点的,故图片最多只能盖住五个整点.

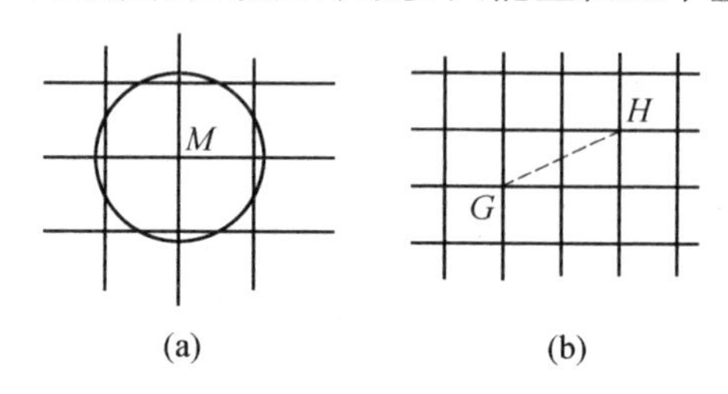


图 8.45

### 4. 维太利型覆盖问题

**例 17** 设平面上有有限个圆覆盖着面积为 $S$ 的区域,求证从中可以选出若干个互不相交的圆使之覆盖面积大于或等于$\frac{1}{9}S$.



**证明** 由于只有有限个圆,所以可以取出其中半径最大的一个(当有几个半径达到最大的圆时任取其中的一个),设此圆的圆心为 $O_1$,半径为 $r_1$.于是面积等于 $A_1=\pi r_1^2$,去掉与圆 $O_1$ 相交的一切圆,余下的圆和圆 $O_1$ 不相交,设被去掉的圆和圆 $O_1$ 覆盖的总面积为 $S_1$,由于和圆 $O_1$ 相交的圆半径不会超过 $r_1$,所以它们和圆 $O_1$ 一起全部落在以 $O_1$ 为圆心、$3r_1$ 为半径的圆中,这表明有 $S_1\leqslant 9\pi r_1^2$,从而 $A_1\geqslant\frac{1}{9}S_1$.

在和圆 $O_1$ 不相交的有限多个圆中再取半径最大的一个,设其圆心为 $O_2$,半径为 $r_2$,面积为 $A_2=\pi r_2^2$,去掉与圆 $O_2$ 相交的一切圆,余下的圆与圆 $O_1$ 以及圆 $O_2$ 都不相交,设第二次被去掉的圆与圆 $O_2$ 所覆盖的总面积为 $S_2$,则 $S_2\leqslant 9\pi r_2^2$,从而 $A_2\geqslant\frac{1}{9}S_2$.

如果继续下去,至第 $k$ 步全部取,弃完毕.设第 $j$ 步取出的圆面积为 $A_j=\pi r_j^2$,而它与在第 $j$ 步被弃去的圆盖住的面积为 $S_i$,那么

$$A_j\geqslant\frac{1}{9}S_i,j=1,2,\cdots,k$$

因此
$$A_1+A_2+\cdots+A_k\geqslant\frac{1}{9}(S_1+S_2+\cdots+S_k)$$

显然
$$S_1 + S_2 + \cdots + S_k \geqslant S$$
因此
$$A_1 + A_2 + \cdots + A_k \geqslant \frac{1}{9}S$$

类似于上例,我们可以证明如下问题.

(1) 设平面上有有限多个正方形,覆盖面积为 $S$ 的区域,求证:可从中取出若干个互不相交的正方形,使之覆盖面积大于或等于$\frac{S}{1+2\pi+4\sqrt{2}}$.

(2) 设平面上有有限多个正三角形,覆盖面积为 $S$ 的区域,求证:可以从中取出若干个互不相交的正三角形,使其覆盖面积大于或等于$\frac{S}{1+4\sqrt{3}+\frac{4}{3}\sqrt{3}\pi}$.

(3) 设平面上有有限个形状相同的多边形覆盖面积为$S$的区域,求证:存在常数 $\alpha$,$0<\alpha<1$,它仅与多边形形状有关,使得可以从上述覆盖中选出若干个互不相交的多边形覆盖面积大于或等于 $\alpha S$ 的区域.

一般地,成立着下述的维太利型覆盖定理:

设平面上有有限多个形状相似的图形,它们覆盖面积为 $S$ 的区域.那么存在数 $\alpha$,$0<\alpha<1$,它仅与相似形的形状有关,使得总可以从上述覆盖选出若干个互不相交的图形,其覆盖面积大于或等于 $\alpha S$.



## 第 3 节　多球相切问题的求解思路

试题 B3 涉及了多球相切问题.下面,我们介绍多球相切问题的求解思路.[①]

**1. 连球心,转化为多面体问题**

两球外切时,球心连线通过切点,球心距等于两球半径之和.因此,研究多球相切的问题时,联结球心,使构成的多面体框架中,包含其主要元素,从而转化为多面体问题求解.

**例 1**　把四个相等的小球摆在桌面上,使球心的连线成正方形,每边两球相切,并在这四个球上面放一个与它们都相切的等球.已知上面一个小球的最高点与桌面的距离为 $a$.求小球的半径 $x$.

① 梁克强.多球相切问题[J].中等数学,1996(3):12-14.

**分析**　以五个球心为顶点，所构成的正四棱锥 $A-BCDE$ 的棱长均为 $2x$(图 8.46)，高 $AO=\sqrt{2}x$，再往上、下各伸长小球的半径 $x$，就是上面小球的最高点 $P$ 到桌面的距离. 则

$$PQ=2x+\sqrt{2}x=a$$

解得 $x=\left(1-\frac{\sqrt{2}}{2}\right)a$.

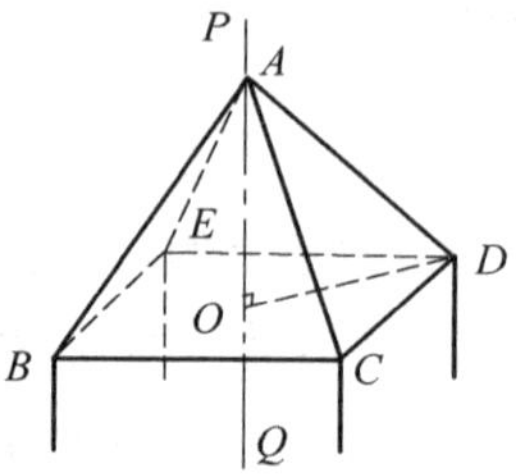

图 8.46

**例 2**　在一个半径为 $2R$ 的圆柱形圆筒内，有 6 个直径均为 $2R$，且处于稳定状态的小球. 往圆筒内注水，问水面至少多高能才能把这 6 个小球浸没？这时筒内水的体积是多少？

**分析**　(1) 圆柱底面直径是 $4R$，球的直径是 $2R$，为使小球处于稳定状态，6 个小球分成三层. 第一层两球心连线 $AB$ // 底面，第二层两球心连线 $CD$ // 底面，且 $CD\perp AB$，如图 8.47，关键是求 $AB$ 与 $CD$ 间的距离，转化为棱长为 $2R$ 的正四面体 $ABCD$ 对棱间的距离

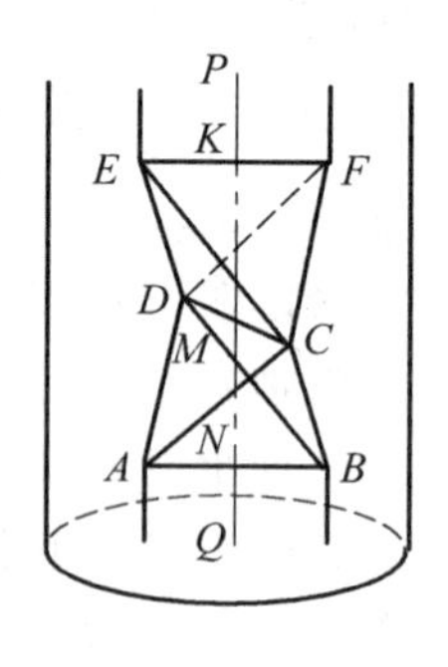


图 8.47

$$MN=\sqrt{(\sqrt{3}R)^2-R^2}=\sqrt{2}R$$

(2) 第三层两球心连线 $EF$ // 底面，$EF\perp CD$，且 $EF$ 与 $CD$ 间的距离也等于$\sqrt{2}R$. 考虑到最上、最下两层尚须各占小球的半径 $R$，故水面至少的高

$$PQ=2(1+\sqrt{2})R$$

此时，筒内水的体积

$$V=\pi(2R)^2\cdot 2(1+\sqrt{2})R-6\cdot\frac{4}{3}\pi R^3=8\sqrt{2}\pi R^3$$

### 2. 找截面，化归为平面几何问题

空间图形的主要元素往往可集中在某一特征平面上，将此特征截面解剖出来，作为这个空间图形的“特写镜头”，加以重点分析研究，可化归为平面几何问题去解决. 多球相切问题中的特征截面常通过球心和切点.

**例 3**　在单位正方体 $ABCD-A_1B_1C_1D_1$ 内，作一个内切球 $O$，再在正方体的八个角上各作一个小球，使它们都与球 $O$ 外切，并且分别与正方体的三个面相切. 求小球的半径.

**分析**　(1) 由对称性可知，八个小球均相等. 正方体的对角面 $ACC_1A_1$ 通过 5 个球心和 10 个切点及正方体的棱和对角线，包含其主要元素，把这个对角

面解剖出来，如图8.48，重点分析研究，即可化归为平面几何问题去解.

(2) 利用位似可知 $A,O_1,O,O_2,C_1$ 五点共线，$\angle MOA=\angle CC_1A$. 数量关系集中在直角梯形 $OMNO_1$ 中，设小球半径为 $x$，则

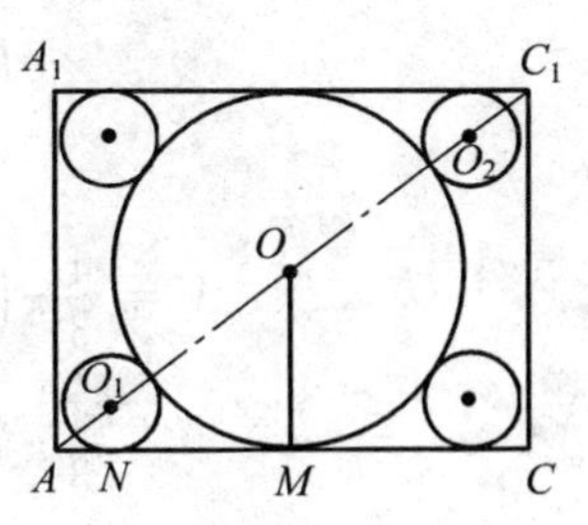

图8.48

$$\cos\angle MOA=\frac{OM-O_1N}{OO_1}$$

即

$$\frac{\frac{1}{2}-x}{\frac{1}{2}+x}=\frac{1}{\sqrt{3}}$$

故 $x=\frac{2-\sqrt{3}}{2}$.

**例4** 正三棱锥 $P-ABC$ 的底面边长为1，高 $PH=2$. 在这个棱锥的内切球上面堆一个与它外切，并且与棱锥各侧面都相切的球. 按照这种方法继续把球堆上去，求这些球的体积之和.

**分析** (1) 过侧棱 $PA$ 及高 $PH$ 的截面通过球心和切点，包含正三棱锥的主要元素，把它解剖出来，如图8.49，重点分析研究，化归为平面几何问题去解.

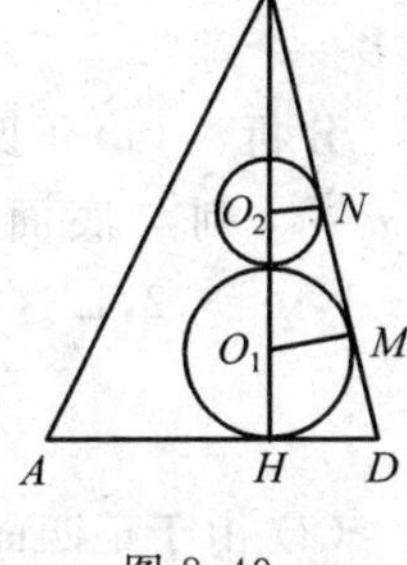

图8.49

(2) 设内切球 $O_1,O_2,O_3,\cdots$ 的半径分别为 $R_1,R_2,R_3,\cdots$. 由正三棱锥底面边心距 $DH=\frac{\sqrt{3}}{6}$，斜高

$$PD=\sqrt{PH^2+DH^2}=\frac{7}{6}\sqrt{3}$$

有

$$\cos\angle PDH=\frac{DH}{PD}=\frac{1}{7}\Rightarrow$$

$$\cos\angle PO_1M=\frac{R_1}{2-R_1}=\frac{1}{7}\Rightarrow$$

$$R_1=\frac{1}{4}$$

在直角梯形 $O_1MNO_2$ 中

$$\cos\angle PO_1M=\frac{O_1M-O_2N}{O_1O_2}=\frac{R_1-R_2}{R_1+R_2}=\frac{1}{7}\Rightarrow$$

$$R_2=\frac{3}{4}R_1=\frac{1}{4}\times\frac{3}{4}$$

同理

$$R_3=\frac{3}{4}R_2=\frac{1}{4}\times\left(\frac{3}{4}\right)^2,\cdots$$

故

$$V=\frac{4}{3}\pi\left(\frac{1}{4}\right)^3\left[1^3+\left(\frac{3}{4}\right)^3+\left(\frac{3}{4}\right)^6+\cdots\right]=$$
$$\frac{4}{3}\pi\cdot\frac{1}{64}\cdot\frac{1}{1-\left(\frac{3}{4}\right)^3}=\frac{4\pi}{111}$$

**注** 例3和例4这两个多球相切的问题,都是把数量关系集中在其特征截面上,化归为平面几何问题,最后在以两球心、两切点为顶点的直角梯形中得到解决.

### 3. 排顺序,理顺多球放置规律

多球堆垒问题,先要研究各球放置的规律,理顺了这一点,才便于做进一步的研究.如例2,先理顺了6个球的放置规律,即分成"交错"放置的三层,才能进一步求出水面的高和体积.下面专门研究一个多球放置规律的问题.



**例5** 有120个等球密布在正四面体 $A-BCD$ 内.问此正四面体的底部放有多少个球?

**分析** (1)正四面体 $A-BCD$ 的底面是正 $\triangle BCD$.假设离 $BC$ 边最近的球有 $n$ 个,则与底面 $\triangle BCD$ 相切的球也有 $n$ 排,各排球的个数分别为 $n$,$n-1,\cdots,3,2,1$.这样,与底面相切的球共有

$$1+2+\cdots+n=\frac{n(n+1)}{2}(\text{个})$$

(2)由于正四面体各面都是正三角形,因此,正四面体内必有 $n$ 层球,自上而下称为:第1层,第2层,……,第 $n$ 层.

那么,第 $n-1$ 层,第 $n-2$ 层,……,第2层,第1层球的个数分别为

$$1+2+\cdots+(n-1)=\frac{(n-1)n}{2}$$

$$1+2+\cdots+(n-2)=\frac{(n-2)(n-1)}{2}$$

$$\vdots$$

$$1+2=\frac{2\times3}{2}$$

$$1=\frac{1\times2}{2}$$

所以

$$\frac{n(n+1)}{2}+\frac{(n-1)n}{2}+\cdots+\frac{1\times 2}{2}=120$$

即

$$\frac{1}{6}n(n+1)(n+2)=120$$

$$(n-8)(n^2+11n+90)=0$$

故 $n=8$.

因此,正四面体内共放了 8 层小球,其底部所放球数为$\frac{8\times 9}{2}=36$个.

(3) 正四面体内密布小球的放置规律是:从上到下,第 1 层放 1 个,第 2 层放 3 个,第 3 层放 6 个,……,第 $n$ 层放$\frac{1}{2}n(n+1)$个.每层放球的个数,等于这层层数与下一层层数乘积的一半.

# 第9章　1987～1988年度试题的诠释

**试题A**　如图9.1,$\triangle ABC$和$\triangle ADE$是两个不全等的等腰直角三角形,现固定$\triangle ABC$,而将$\triangle ADE$绕点$A$在平面上旋转.试证:不论$\triangle ADE$旋转到什么位置,线段$EC$上必存在点$M$,使$\triangle BMD$为等腰直角三角形.

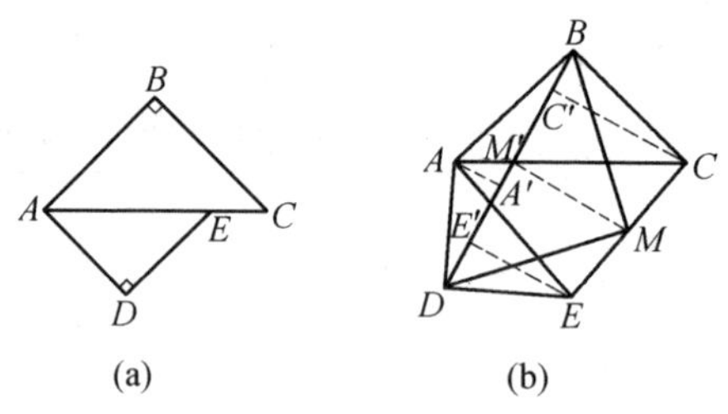

(a)　(b)

图9.1

**证法1**　因为$\triangle ABC$与$\triangle ADE$不全等,所以不论$\triangle ADE$在平面上绕点$A$怎样旋转,$BD$,$CE$必不为零,且$B,C,D,E$四点不共线.

过点$A,C,E$及$CE$的中点$M$作$BD$的垂线,交$BD$或$BD$的延长线于点$A'$,$C'$,$E'$及$M'$,如图9.1(b)所示.容易证得

$$\triangle AA'B \cong \triangle BC'C,\triangle AA'D \cong \triangle DE'E$$

有
$$CC'=BA',EE'=DA',BC'=AA'=DE'$$

又$MM' /\!/ CC' /\!/ EE'$,且$M$是$EC$的中点,于是,当点$C,E$位于$BD$同侧时,如图9.1(b)所示

$$MM'=\frac{1}{2}(CC'+EE')=\frac{1}{2}(BA'+A'D)=\frac{1}{2}BD$$

当点$C,E$位于$BD$异侧时,如图9.2所示

$$MM'=\frac{1}{2}\mid CC'-EE'\mid=\frac{1}{2}\mid BA'-DA'\mid=\frac{1}{2}BD$$

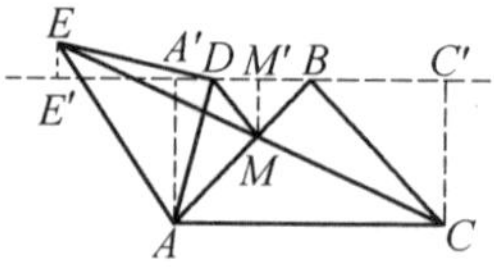

当点$E$在$BD$上时,点$E$与点$E'$重合,同样有

$$MM'=\frac{1}{2}BD$$

图9.2

而点$C$不可能在$BD$上.$MM'\neq 0$,否则将有$\triangle ABC \cong \triangle ADE$,与题设矛盾.

总之，$M'$ 是 $BD$ 的中点，所以 $\triangle BMD$ 为等腰直角三角形.

**证法 2**　先设 $\triangle BMD$ 为等腰直角三角形，再证点 $M$ 在 $CE$ 上，运用反射变换来证.

如图 9.3，作点 $A$ 关于 $BD$ 的轴反射点 $A'$，则 $\angle A'DB=\angle ADB$，由 $\angle ADE=90^\circ=2\angle BDM$，有

$$\angle EDM=\angle A'DM=|\ 45^\circ-\angle A'DB\ |=$$
$$|\ 90^\circ-45^\circ-\angle ADB\ |$$

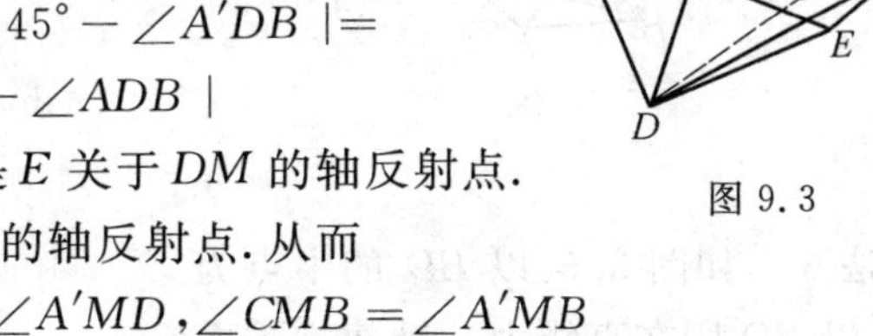

图 9.3

又 $DA'=DA=DE$，则知 $A'$ 是 $E$ 关于 $DM$ 的轴反射点.

同理，$A'$ 也是 $C$ 关于 $BM$ 的轴反射点. 从而

$$\angle EMD=\angle A'MD, \angle CMB=\angle A'MB$$

而 $\angle BMD=90^\circ$，知 $\angle CME=180^\circ$，故点 $M$ 在 $EC$ 上.

**证法 3**　先取 $CE$ 的中点，再证 $\triangle BDM$ 为等腰直角三角形，运用旋转变换来证.

如图 9.4，延长 $CB$ 到点 $C'$，使 $BC'=BC$，联结 $AC'$，$EC'$. 将 $\triangle AC'E$ 绕点 $A$ 顺时针方向旋转 $90^\circ$ 得 $\triangle ACE'$，则

$$\triangle AC'E \cong \triangle ACE'$$

且

$$\angle C'AC=\angle EAE'=90^\circ$$

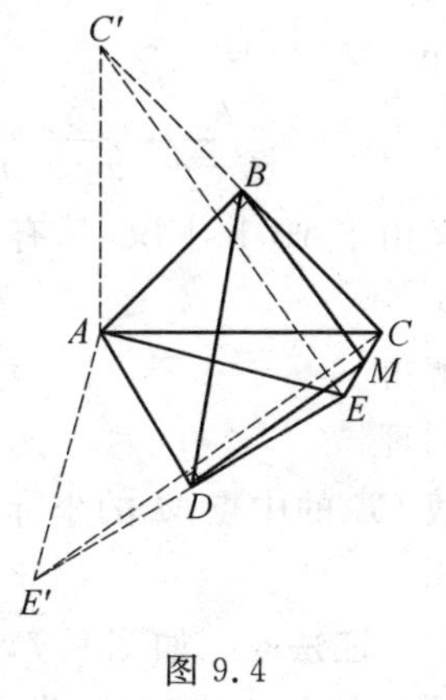

图 9.4

从而由 $AE=AE'$ 有 $\angle ADE=\angle ADE'$，即知 $E,D,E'$ 三点共线，且 $D$ 为 $EE'$ 的中点. 再由

$$BM \underline{\underline{/\!/}} \frac{1}{2}C'E, DM=\frac{1}{2}CE'$$

且 $C'E \perp CE'$，即证得 $\triangle BDM$ 为等腰直角三角形.

**证法 4**　（罗增儒给出）如图 9.5，取 $AC$ 的中点 $P$，$AE$ 的中点 $Q$，$CE$ 的中点 $M$，$BD$ 的中点 $N$. 由等腰直角三角形知，$BP \perp AC$，$BP=\frac{1}{2}AC$；又由三角形中位线的性质知 $MQ /\!/ AC$，$MQ=\frac{1}{2}AC$. 特殊情况下 $MQ$ 与 $AC$ 共线，依然有 $MQ=\frac{1}{2}AC$（图 9.5(b)）. 于是 $BP$ 与 $MQ$ 垂直并且相等. 同理，$DQ$ 与 $MP$ 也垂直并且相等. 于是，$D,Q,M$ 三点可由 $M,P,B$ 三点旋转 $90^\circ$（绕 $N$）得到. 于是

$MD$ 可以由 $BM$ 旋转 $90°$ 得到. 即 $CE$ 上总存在中点 $M$ 使 $\triangle BMD$ 为等腰直角三角形.

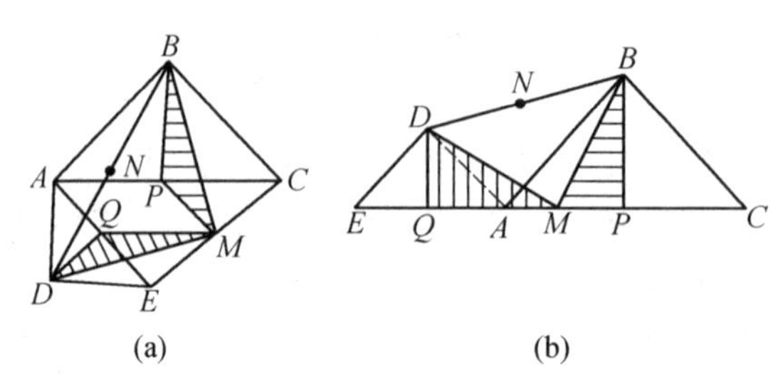


图 9.5

**证法 5** 如图 9.6,以 $BD$ 的中点为原点 $O$,以 $BD$ 所在直线为 $x$ 轴建立平面直角坐标系,可设 $A(c,b)$,$B(-a,0)$,$D(a,0)$,$C(x_1,y_1)$,$E(x_2,y_2)$,则由 $k_{AB}\cdot k_{BC}=-1$,有

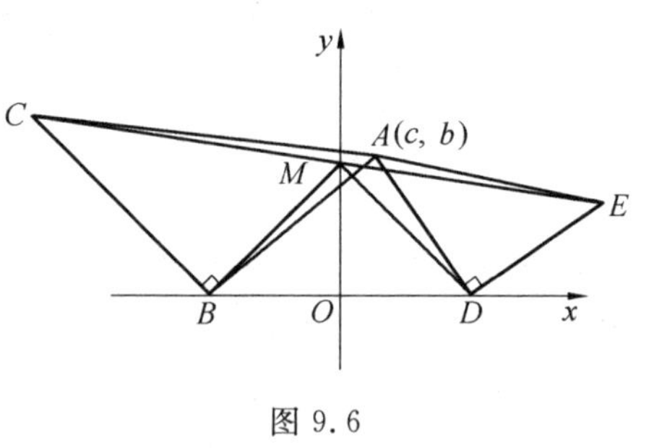


图 9.6



$$\frac{b}{a+c}\cdot\frac{y_1}{x_1+a}=-1$$

又由 $|AB|=|BC|$,有

$$b^2+(a+c)^2=y_1^2+(x_1+a)^2$$

解得 $$x_1=-(a+b),y_1=a+c$$

同理 $$x_2=a+b,y_2=a-c$$

故 $CE$ 的中点 $M$ 的坐标为 $x=0,y=a$,从而 $\triangle BMD$ 为等腰直角三角形.

**证法 6** 如图 9.7,设 $A$ 为坐标原点,由点 $A$ 到点 $C$ 的方向为 $x$ 轴正向,建立平面直角坐标系. $\triangle ADE$ 绕点 $A$ 旋转后,设 $x$ 轴正向按逆时针旋转到 $AD$ 的角为 $\theta$,则 $AE$ 与 $x$ 轴正向夹角为 $\theta+\frac{\pi}{4}$.

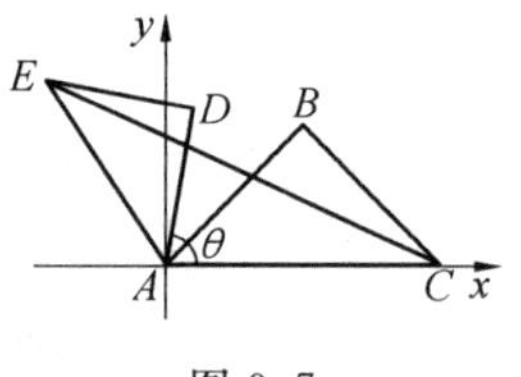


图 9.7

再设 $\triangle ADE$ 的直角边长为 1,$\triangle ABC$ 的直角边长为 $a$,$a>1$,则点 $A,B,C,D,E$ 的坐标分别为

$$A(0,0),B\left(\frac{\sqrt{2}}{2}a,\frac{\sqrt{2}}{2}a\right),C(\sqrt{2}a,0),D(\cos\theta,\sin\theta)$$

$$E\left(\sqrt{2}\cos\left(\theta+\frac{\pi}{4}\right),\sqrt{2}\sin\left(\theta+\frac{\pi}{4}\right)\right)$$

直线 $CE$ 的方程是

$$y=\frac{\sin\left(\theta+\frac{\pi}{4}\right)}{\cos\left(\theta+\frac{\pi}{4}\right)-a}(x-\sqrt{2}a)$$

即

$$\sin\left(\theta+\frac{\pi}{4}\right)x+\left[a-\cos\left(\theta+\frac{\pi}{4}\right)\right]-y=\sqrt{2}a\sin\left(\theta+\frac{\pi}{4}\right) \qquad ①$$

设点 $M$ 在直线 $CE$ 上，其坐标为 $(x,y)$，且 $\triangle BMD$ 为等腰直角三角形，则点 $M$ 的坐标除了满足式 ① 外，还必须满足以下两个方程.

一个是等腰条件，即

$$(x-\cos\theta)^2+(y-\sin\theta)^2=\left(x-\frac{\sqrt{2}}{2}a\right)^2+\left(y-\frac{\sqrt{2}}{2}a\right)^2$$

即

$$(\sqrt{2}a-2\cos\theta)x+(\sqrt{2}a-2\sin\theta)y=a^2-1 \qquad ②$$

式 ② 就是线段 $BD$ 的垂直平分线方程.



另一个是垂直条件，即

$$\frac{y-\sin\theta}{x-\cos\theta}\cdot\frac{y-\frac{\sqrt{2}}{2}a}{x-\frac{\sqrt{2}}{2}a}=-1 \qquad ③$$

解由式 ①② 组成的关于 $x,y$ 的二元一次方程，注意到

$$\Delta=\begin{vmatrix}\sin\left(\theta+\frac{\pi}{4}\right) & a-\cos\left(\theta+\frac{\pi}{4}\right)\\ \sqrt{2}a-2\cos\theta & \sqrt{2}a-2\sin\theta\end{vmatrix}=-\sqrt{2}a^2+4a\cos\theta-\sqrt{2}$$

当 $\Delta\neq 0$ 时，由式 ①② 组成的方程组有唯一解，那么当 $\cos\theta\neq\frac{a^2+1}{2\sqrt{2}a}$ 时，方程组有唯一解

$$\begin{cases}x=\frac{\sqrt{2}}{2}a+\frac{1}{2}(\cos\theta-\sin\theta)\\ y=\frac{1}{2}(\cos\theta+\sin\theta)\end{cases} \qquad ④$$

将上述 $x,y$ 值代入式 ③ 左端得

$$\frac{\frac{1}{2}(\cos\theta-\sin\theta)}{\frac{\sqrt{2}}{2}a-\frac{1}{2}(\cos\theta+\sin\theta)}\cdot\frac{\frac{1}{2}(\cos\theta+\sin\theta)-\frac{\sqrt{2}}{2}a}{\frac{1}{2}(\cos\theta-\sin\theta)}=-1$$

所以式 ④ 满足式 ③,从而式 ④ 即为所求满足题设条件的点的坐标.此点恰为线段 $CE$ 的中点.

当 $\cos\theta=\frac{a^2+1}{2\sqrt{2}a}$ 时,有

$$\frac{\sin\left(\theta+\frac{\pi}{4}\right)}{\sqrt{2}a-2\cos\theta}=\frac{\sin\left(\theta+\frac{\pi}{4}\right)}{\sqrt{2}a-\frac{a^2+1}{\sqrt{2}a}}=\frac{\sqrt{2}a\sin\left(\theta+\frac{\pi}{4}\right)}{a^2-1}$$

所以,$BD$ 的垂直平分线与 $CE$ 重合,取 $CE$ 的中点 $M$,代入式 ②③ 显然满足.

综上所述,可以对一切 $a>1$,无论 $\triangle ADE$ 绕点 $A$ 怎样旋转,线段 $CE$ 上总存在中点 $M$,使 $\triangle BMD$ 为等腰直角三角形.



**证法 7** 把 $\triangle ABC$ 放置在复平面中,使点 $A,B,C$ 所对应的复数分别为 $0$,$a\mathrm{e}^{\frac{\pi}{4}\mathrm{i}}$,$\sqrt{2}a(a>1)$.设 $AD=1$,则点 $D,E$ 所对应的复数分别为 $\mathrm{e}^{\theta\mathrm{i}}$,$\sqrt{2}\mathrm{e}^{(\theta+\frac{\pi}{4})\mathrm{i}}$,$CE$ 中点 $M$ 所对应的复数为 $\frac{1}{2}(\sqrt{2}a+\sqrt{2}\mathrm{e}^{(\theta+\frac{\pi}{4})\mathrm{i}})$,于是

$$|BD|=|a\mathrm{e}^{\frac{\pi}{4}\mathrm{i}}-\mathrm{e}^{\theta\mathrm{i}}|$$

$$|BM|=\left|a\mathrm{e}^{\frac{\pi}{4}\mathrm{i}}-\frac{1}{2}(\sqrt{2}a+\sqrt{2}\mathrm{e}^{(\theta+\frac{\pi}{4})\mathrm{i}})\right|=\frac{\sqrt{2}}{2}|a\mathrm{e}^{\frac{\pi}{4}\mathrm{i}}-\mathrm{e}^{\theta\mathrm{i}}|$$

$$|DM|=\left|\mathrm{e}^{\theta\mathrm{i}}-\frac{1}{2}(\sqrt{2}a+\sqrt{2}\mathrm{e}^{(\theta+\frac{\pi}{4})\mathrm{i}})\right|=\frac{\sqrt{2}}{2}|a\mathrm{e}^{\frac{\pi}{4}\mathrm{i}}-\mathrm{e}^{\mathrm{i}\theta}|$$

(其中注意到 $\sqrt{2}=\mathrm{e}^{\frac{\pi}{4}\mathrm{i}}+\mathrm{e}^{-\frac{\pi}{4}\mathrm{i}}$.)

从而,$|BM|=|DM|=\frac{\sqrt{2}}{2}|BD|$.由此即证 $\triangle BMD$ 为等腰直角三角形.

**证法 8** 把 $\triangle ABC$ 放置在复平面中,使得点 $A,B,C$ 所对应的复数分别为 $0$,$a\mathrm{e}^{\frac{\pi}{4}\mathrm{i}}$,$\sqrt{2}a(a>1)$,又设 $AD=1$,点 $D,E$ 对应的复数为 $\mathrm{e}^{\mathrm{i}\theta}$,$\sqrt{2}\mathrm{e}^{(\theta+\frac{\pi}{4})\mathrm{i}}$,并以 $DB$ 为斜边作等腰 $\mathrm{Rt}\triangle DMB$($D,M,B$ 按顺时针方向),点 $D,M,B$ 对应的复数记为 $\boldsymbol{D},\boldsymbol{M},\boldsymbol{B}$,于是

$$\boldsymbol{M}-\boldsymbol{D}=(\boldsymbol{B}-\boldsymbol{D})\frac{1}{\sqrt{2}}\mathrm{e}^{-\frac{\pi}{4}\mathrm{i}}=\frac{\sqrt{2}}{2}(a-\mathrm{e}^{(\theta-\frac{\pi}{4})\mathrm{i}})$$

则
$$\boldsymbol{M}=\boldsymbol{D}+(\boldsymbol{M}-\boldsymbol{D})=\mathrm{e}^{\mathrm{i}\theta}+\frac{\sqrt{2}}{2}(a-\mathrm{e}^{(\theta-\frac{\pi}{4})\mathrm{i}})=\frac{\sqrt{2}}{2}(a+\mathrm{e}^{(\theta+\frac{\pi}{4})\mathrm{i}})$$

故 $\boldsymbol{M}=\frac{1}{2}(\sqrt{2}a+\sqrt{2}\mathrm{e}^{(\theta+\frac{\pi}{4})\mathrm{i}})$，这说明 $M$ 是线段 $EC$ 的中点.

**证法 9**　把 $\triangle ABC$ 放置在复平面中，使得点 $A,B,C$ 所对应的复数分别为 $0,\mathrm{e}^{\frac{\pi}{4}\mathrm{i}},\sqrt{2}$（其中令 $AB=1$），先设点 $E$ 在 $AC$ 上，且设点 $E$ 对应的复数为 $\lambda$，则 $0<\lambda<\sqrt{2}$，且点 $D$ 对应的复数为 $\frac{\lambda}{\sqrt{2}}\mathrm{e}^{-\frac{\pi}{4}\mathrm{i}}$，当 $\triangle ADE$ 绕点 $A$ 旋转任一角度 $\theta$ 之后，点 $E$ 对应的复数为 $\lambda\mathrm{e}^{\mathrm{i}\theta}$，而点 $D$ 对应的复数变为 $\frac{\lambda}{\sqrt{2}}\mathrm{e}^{(\theta-\frac{\pi}{4})\mathrm{i}}$，取 $EC$ 的中点为 $M$，则点 $M$ 对应的复数为 $\frac{1}{2}(\lambda\mathrm{e}^{\mathrm{i}\theta}+\sqrt{2})$，考察三点 $B,M,D$ 所对应的复数，易见

$$\boldsymbol{M}(1+\mathrm{i})=\boldsymbol{M}\cdot\sqrt{2}\mathrm{e}^{\frac{\pi}{4}\mathrm{i}}=\lambda\cdot\frac{1}{\sqrt{2}}\mathrm{e}^{(\theta+\frac{\pi}{4})\mathrm{i}}+\mathrm{e}^{\frac{\pi}{4}\mathrm{i}}=\boldsymbol{D}\cdot\mathrm{i}+\boldsymbol{B}$$

由此得出

$$(\boldsymbol{B}-\boldsymbol{M})\mathrm{i}=\boldsymbol{D}-\boldsymbol{M}$$

由此即证.

**证法 10**　因 $|AB|>|AD|$，故点 $B,D$ 不重合，把两三角形放置在同一复平面中，使 $BD$ 中点为原点，$BD$ 所在直线为实轴，各顶点对应的复数用其顶点表示，且设

$$\boldsymbol{B}=-1,\boldsymbol{D}=1$$

则
$$\boldsymbol{E}-\boldsymbol{D}=(\boldsymbol{A}-\boldsymbol{D})(-\mathrm{i})=-(\boldsymbol{A}-1)\mathrm{i}$$

从而
$$\boldsymbol{E}=\boldsymbol{D}-(\boldsymbol{A}-1)\mathrm{i}=1-(\boldsymbol{A}-1)\mathrm{i}$$

同理
$$\boldsymbol{C}=\boldsymbol{B}+(\boldsymbol{A}-\boldsymbol{B})\mathrm{i}=-1+(\boldsymbol{A}+1)\mathrm{i}$$

设 $BC$ 中点为 $M$，则

$$\boldsymbol{M}=\frac{1}{2}(\boldsymbol{E}+\boldsymbol{C})=\mathrm{i}$$

这说明 $\triangle BMD$ 为等腰直角三角形.

**证法 11** 把两三角形放置在同一复平面中,向量与对应复数可分别设为$\overrightarrow{BA}$:$z_1$,$\overrightarrow{DE}$:$z_2$,则$\overrightarrow{BC}$:$z_1\mathrm{i}$,$\overrightarrow{DA}$:$z_2\mathrm{i}$,$\overrightarrow{AC}$:$z_2\mathrm{i}-z_1$,$\overrightarrow{AE}$:$z_2-z_1\mathrm{i}$,从而

$$\overrightarrow{CE}:(z_1+z_2)-(z_1+z_2)\mathrm{i}$$

设 $M$ 是所求的点,且记$\overrightarrow{CM}=\lambda\overrightarrow{CE}(0\leqslant\lambda\leqslant 1)$,则$\overrightarrow{MB}=-(\overrightarrow{BC}+\overrightarrow{CM})$,于是$\overrightarrow{MB}$ 对应的复数

$$z=-z_1\mathrm{i}-\lambda(z_1+z_2)+\lambda(z_1+z_2)\mathrm{i}=-\lambda(z_1+z_2)-(1-\lambda)z_1\mathrm{i}+\lambda z_2\mathrm{i}$$

则

$$z\cdot\mathrm{i}=(1-\lambda)z_i=(1-\lambda)z_1-\lambda z_2-\lambda(z_1+z_2)\mathrm{i} \qquad (*)$$

又$\overrightarrow{MD}=\overrightarrow{ME}-\overrightarrow{DE}$,则$\overrightarrow{MD}$ 对应的复数

$$z'=(1-\lambda)[(z_1+z_2)-(z_1+z_2)\mathrm{i}]-z_2=$$
$$(1-\lambda)z_1-\lambda z_2-(1-\lambda)(z_1+z_2)\mathrm{i} \qquad (**)$$

若 $\triangle BMD$ 为等腰直角三角形,只需 $z\mathrm{i}=z'$,比较$(*)(**)$两式可知$\lambda=1-\lambda$,即$\lambda=\frac{1}{2}$,即 $M$ 为 $BC$ 中点.



**证法 12** 如图 9.8,设点 $D$ 对应的复数为 $z_D=a+b\mathrm{i}(a,b\in\mathbf{R},a\neq b$,且 $a,b$ 不同时为 0),点 $B$ 对应的复数为 $z_B=1+\mathrm{i}$,依题意 $z_C=2$,则

$$\overrightarrow{DE}=\overrightarrow{AD}\mathrm{i}=-b+a\mathrm{i}$$
$$\overrightarrow{AE}=\overrightarrow{AD}+\overrightarrow{DE}=(a-b)+(a+b)\mathrm{i}$$

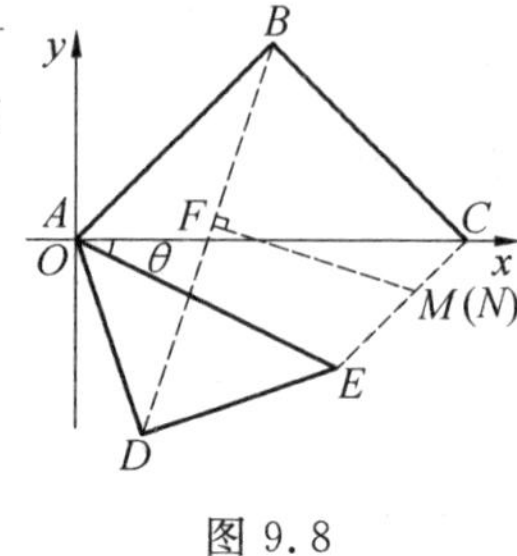

图 9.8

设 $BD$ 中点为 $F$,则

$$z_F=\frac{\overrightarrow{AB}+\overrightarrow{AD}}{2}=\frac{1+a}{2}+\frac{1+b}{2}\mathrm{i}$$

将$\overrightarrow{FB}$绕点 $F$ 顺时针方向转动$\frac{\pi}{2}$到$\overrightarrow{FN}$的位置,则

$$\overrightarrow{FN}=\overrightarrow{FB}\cdot(-\mathrm{i})=\frac{1-b}{2}-\frac{1-a}{2}\mathrm{i},\ |FN|\neq 0$$

故

$$\overrightarrow{AN}=\overrightarrow{AF}+\overrightarrow{FN}=\frac{2+a-b}{2}+\frac{a+b}{2}\mathrm{i}$$

又由于$\overrightarrow{EC}$的中点 $M$ 对应复数为

$$z_M=\frac{\overrightarrow{AE}+\overrightarrow{AC}}{2}=\frac{2+a-b}{2}+\frac{a+b}{2}\mathrm{i}$$

可见点 $M,N$ 重合.故 $\triangle BMD$ 为等腰直角三角形,原题得证.

**证法 13**　如图 9.9,以 $AC$ 为实轴过点 $A$ 作垂直于 $AC$ 的直线为虚轴建立复平面. $\triangle ADE$ 转至如图的任一位置.

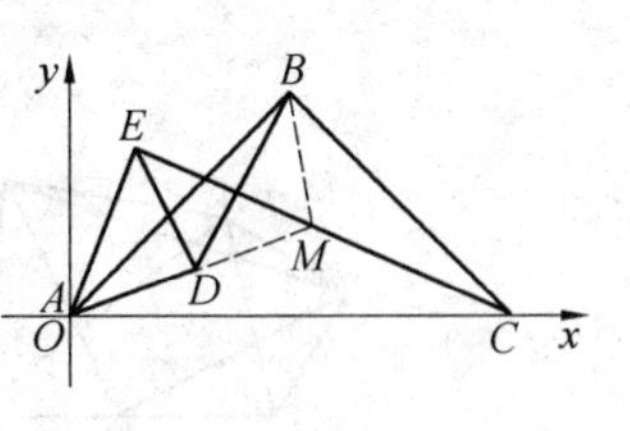

图 9.9

设 $B,D$ 两点代表的复数即为 $\boldsymbol{B},\boldsymbol{D}$,则由等腰直角三角形性质知,$C,E$ 两点复数分别为 $\boldsymbol{B}(1-\mathrm{i})$,$\boldsymbol{D}(1+\mathrm{i})$. 设连线 $CE$ 的中点为 $M$,则

$$\boldsymbol{M}=\frac{\boldsymbol{C}+\boldsymbol{E}}{2}=\frac{\boldsymbol{B}(1-\mathrm{i})}{2}+\frac{\boldsymbol{D}(1+\mathrm{i})}{2}$$

从而 $\overrightarrow{MB}$ 为

$$\boldsymbol{B}-\frac{\boldsymbol{B}(1-\mathrm{i})}{2}-\frac{\boldsymbol{D}(1+\mathrm{i})}{2}$$

$\overrightarrow{MD}$ 为

$$\boldsymbol{D}-\frac{\boldsymbol{B}(1-\mathrm{i})+\boldsymbol{D}(1+\mathrm{i})}{2}$$

将上两式整理即得 $\mathrm{i}\,\overrightarrow{MB}=\overrightarrow{MD}$. 由此可知 $\triangle BDM$ 即为等腰直角三角形.

**注**　由上述试题,可演变出一系列相关的几何题,我们不妨称为该试题的直接推论①.



例如,观察图 9.5,若 $\triangle APB$ 看成 $\triangle ABC$,$\triangle AQD$ 看成 $\triangle ADE$,则 $BD$ 上一定存在一点 $N$,使 $\triangle PNQ$ 为等腰直角三角形,这就是推论 1.

**推论 1**　如图 9.5,$\triangle ABC$ 和 $\triangle ADE$ 是两个不全等的等腰直角三角形,现固定 $\triangle ABC$,而将 $\triangle ADE$ 绕点 $A$ 在平面上旋转. 试证:不论 $\triangle ADE$ 旋转到什么位置,对于 $AC$ 的中点 $P$,$AE$ 的中点 $Q$,必有 $BD$ 上的一点 $N$,使 $\triangle PMQ$ 为等腰直角三角形.

不需要多少技巧,可由试题得出下列推论.

**推论 2**　以 $\triangle ABC$ 的边 $AB$,$AC$ 为斜边,向外作等腰直角三角形 $ABD$ 和 $ACE$. 若 $M$ 是 $BC$ 的中点,则 $\triangle DME$ 为等腰直角三角形,如图 9.10 所示.

**推论 3**　在 $\triangle ABC$ 的外面作正方形 $ABDE$ 和 $ACFG$,其中心分别为 $O_1$,$O_2$,$M$ 是 $BC$ 的中点,则 $\triangle O_1MO_2$ 为等腰直角三角形,如图 9.11 所示.

**推论 4**　在已知锐角 $\triangle ABC$ 的外面作正方形 $ABDE$ 和 $ACFG$,求证:(1)$BG=CE$;(2)$BG\perp CE$.

**推论 5**　在 $\triangle ABC$ 外作正方形 $ABDE$ 和 $ACFG$,其中心分别为 $O_1$,$O_2$,$M$,$N$ 分别是 $BC$,$EG$ 的中点,则 $O_1MO_2N$ 是正方形,如图 9.12 所示.

---

①　罗增儒. 一道联赛题的旋转解法和推论[J]. 中学生数学. 1988(8):15-16.

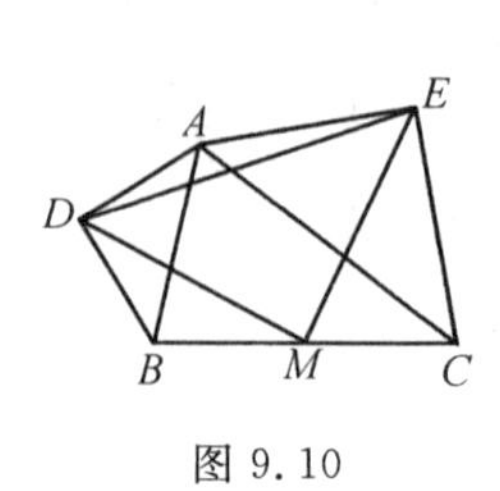


图 9.10

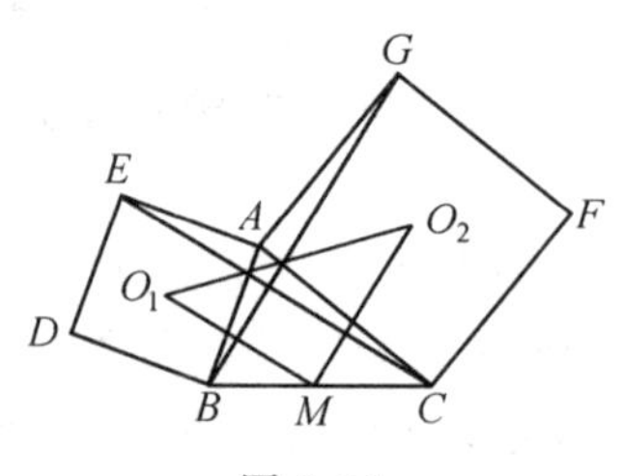


图 9.11

**推论 6** 以四边形 $ABCD$ 的各边为边向外作正方形 $ABEF$,$BCGH$,$CDKL$,$DAMN$,其中心分别为 $P$,$Q$,$R$,$S$,则 $PR=QS$,且 $PR\perp QS$,如图 9.13 所示.

(提示:联结 $AC$,则图 9.13 由两个图 9.11 组成.)



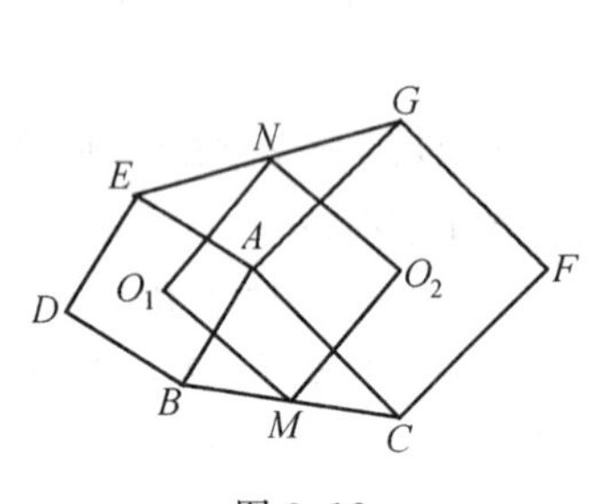


图 9.12

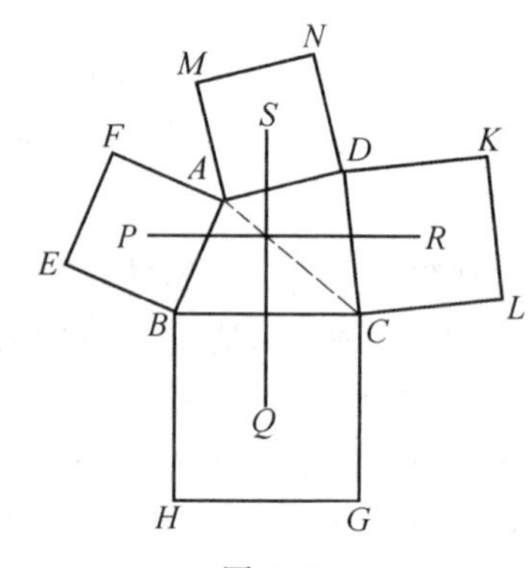


图 9.13

**试题** B 如图 9.14,设 $C_1$,$C_2$ 是同心圆,$C_2$ 的半径是 $C_1$ 的半径的 2 倍. 四边形 $A_1A_2A_3A_4$ 内接于 $C_1$,将 $A_4A_1$ 延长交圆 $C_2$ 于点 $B_1$,$A_1A_2$ 延长交圆 $C_2$ 于点 $B_2$,$A_2A_3$ 延长交圆 $C_2$ 于点 $B_3$,$A_3A_4$ 延长交圆 $C_2$ 于点 $B_4$. 试证:四边形 $B_1B_2B_3B_4$ 的周长大于或等于 $2\times$ 四边形 $A_1A_2A_3A_4$ 的周长,并确定等号成立的条件.

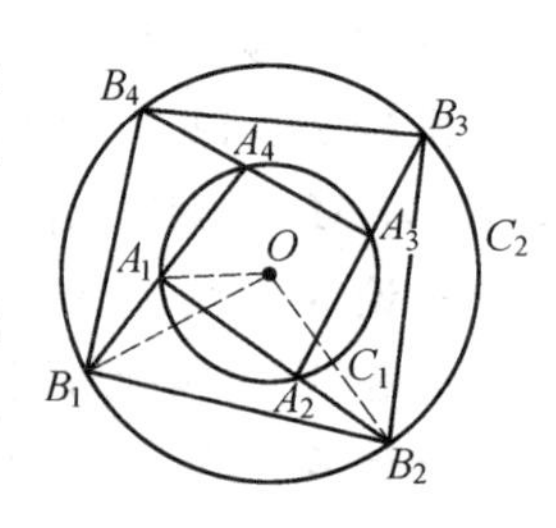


图 9.14

**证明** 注意到拓广的托勒密定理:

设 $ABCD$ 为给定的四边形,那么

$$AC\cdot BD\leqslant AB\cdot CD+AD\cdot BC$$

并且当且仅当 $A$,$B$,$C$,$D$ 四点共圆时,等号成立.

记公共圆心为 $O$,联结 $OA_1$,$OB_1$ 和 $OB_2$.

在四边形 $OA_1B_1B_2$ 中,运用拓广的托勒密定理有

$$OB_1 \cdot A_1B_2 \leqslant OA_1 \cdot B_1B_2 + OB_2 \cdot A_1B_1$$

因为

$$OB_1 = OB_2 = 2OA_1$$

于是有

$$2A_1B_2 \leqslant B_1B_2 + 2A_1B_1, B_1B_2 \geqslant 2A_1B_2 - 2A_1B_1$$

则

$$B_1B_2 \geqslant 2A_1A_2 + 2A_2B_2 - 2A_1B_1 \quad ①$$

同理

$$B_2B_3 \geqslant 2A_2A_3 + 2A_3B_3 - 2A_2B_2 \quad ②$$

$$B_3B_4 \geqslant 2A_3A_4 + 2A_4B_4 - 2A_3B_3 \quad ③$$

$$B_4B_1 \geqslant 2A_4A_1 + 2A_1B_1 - 2A_4B_4 \quad ④$$

式 ① + ② + ③ + ④ 得

$$B_1B_2 + B_2B_3 + B_3B_4 + B_4B_1 \geqslant 2(A_1A_2 + A_2A_3 + A_3A_4 + A_4A_1) \quad ⑤$$

为使式 ⑤ 等号成立,当且仅当式 ①②③④ 均为等式.

若式 ① 为等式,则 $O, A_1, B_1, B_2$ 四点共圆,这时有

$$\angle OA_1A_2 = \angle OB_1B_2 = \angle OB_2B_1 = \angle A_4A_1O$$

即 $OA_1$ 为 $\angle A_4A_1A_2$ 的平分线.

同理,$OA_2, OA_3, OA_4$ 分别为 $\angle A_1A_2A_3, \angle A_2A_3A_4, \angle A_3A_4A_1$ 的平分线.

于是 $O$ 也是四边形 $A_1A_2A_3A_4$ 的内切圆的圆心.

由于四边形 $A_1A_2A_3A_4$ 既有外接圆,又有同圆心的内切圆,所以四边形 $A_1A_2A_3A_4$ 为正方形,即当且仅当四边形 $A_1A_2A_3A_4$ 为正方形时等号成立.



**试题 C1**　在 $\triangle ABC$ 中,$\angle C = 30°$,$O$ 是外心,$I$ 是内心,边 $AC$ 上的点 $D$ 与边 $BC$ 上的点 $E$ 使得 $AD = BE = AB$. 求证:$OI \perp DE$,且 $OI = DE$.

**证法 1**　如图 9.15,延长 $AI$ 交 $\triangle ABC$ 的外接圆于点 $M$,联结 $BD, OM, OB, BM, BI$.

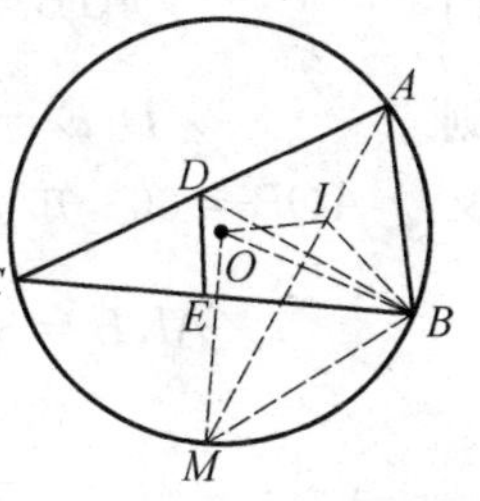

图 9.15

因 $I$ 为内心,则点 $M$ 平分 $\overset{\frown}{BMC}$. 于是,$OM \perp BC$,且

$$\angle MOB = \frac{1}{2}\overset{\frown}{BMC} = \angle BAC$$

由正弦定理,有

$$AB = 2R\sin 30° = R = OB = OM$$

从而

$$AD = BE = AB = OB = OM$$

从而 $\triangle DAB \cong \triangle MOB$,故 $MB = BD$.

再由 $I$ 是内心可得

$$\angle MBI=\angle MBC+\angle CBI=\frac{1}{2}\angle BAC+\angle CBI=$$
$$\frac{1}{2}(\angle BAC+\angle ABC)=$$
$$\frac{1}{2}(180^\circ-\angle C)=75^\circ$$
$$\angle BMI=\angle BMA=\angle C=30^\circ$$

则
$$\angle MIB=180^\circ-(\angle BMI+\angle MBI)=75^\circ$$
即
$$\angle MIB=\angle MBI, MB=MI$$

又 $AI$ 平分 $\angle BAC$, $AD=AB$,故 $BD\perp IM$,从而有 $BD\perp IM$ 且 $BD=MB=IM$.

又 $OM\perp BE$,且 $OM=BE$.

则 $\angle OMI$ 和 $\angle EBD$ 的两对边分别垂直相等,又都是锐角,从而 $\triangle DMI\backsim\triangle EBD$,且通过旋转 $90^\circ$ 和平移可使两个三角形重合,故 $OI\perp DE$,且 $OI=DE$.



**证法 2** 如图 9.16,作 $\angle DAO$ 的平分线交 $BC$ 于点 $K$,联结 $AI$, $BI$, $DI$, $EI$, $AO$,易证

$$\triangle AID\cong\triangle AIB\cong\triangle EIB$$

从而
$$\angle AID=\angle AIB=\angle EIB$$
而
$$\angle AIB=90^\circ+\frac{1}{2}\angle C=105^\circ$$
则
$$\angle DIE=360^\circ-105^\circ\times 3=45^\circ$$

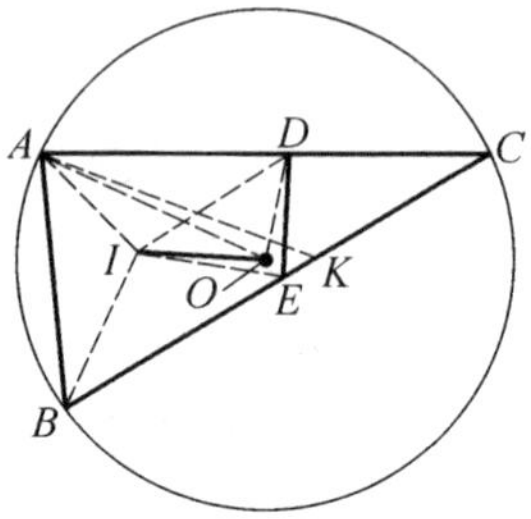

图 9.16

又 $\angle AOB=60^\circ$,知 $\triangle AOB$ 为正三角形,从而

$$\angle AKB=30^\circ+\frac{1}{2}\angle DAO=30^\circ+\frac{1}{2}(\angle BAC-\angle BAO)=$$
$$\frac{1}{2}\angle BAC=\angle BAI=\angle BEI$$

于是,知 $AK /\!/ IE$,又由 $AO=AB=AD$,知 $AK\perp DO$. 从而 $DO\perp IE$. 同理 $EO\perp ID$. 故 $O$ 是 $\triangle DIE$ 的垂心,于是知 $IO\perp DE$.

由 $\angle DIE=\angle IDO=45^\circ$(因 $DO\perp IE$)及垂心组的性质,知 $\triangle IDE$ 与 $\triangle IOD$ 的外接圆是等圆,从而 $OI=DE$.

**证法3**　如图9.16，设$\triangle ABC$的外接圆半径、内切圆半径分别为$R,r$，联结$AE$，因为$\angle C=30^\circ$，所以

$$AB=AD=BE=2R\sin 30^\circ=R$$

$$AE=2AB\sin\frac{B}{2}=2R\sin\frac{B}{2}$$

又

$$\angle EAD=\angle AEB-30^\circ=60^\circ-\frac{\angle B}{2}$$

所以在$\triangle EAD$中，由余弦定理

$$DE^2=AE^2+AD^2-2AE\cdot AD\cos\angle EAD=$$

$$R^2+4R^2\sin^2\frac{B}{2}-4R^2\sin\frac{B}{2}\cos(60^\circ-\frac{B}{2})=$$

$$R^2-4R^2\sin^2\frac{B}{2}\left[\sin(30^\circ+\frac{B}{2})-\sin\frac{B}{2}\right]=$$

$$R^2-8R^2\sin 15^\circ\sin\frac{B}{2}\cos(\frac{B}{2}+15^\circ)$$

由熟知的等式

$$r=4R\sin\frac{A}{2}\sin\frac{B}{2}\sin\frac{C}{2}$$

$$OI^2=R^2-2Rr$$

知

$$OI^2=R^2-8R^2\sin\frac{A}{2}\sin\frac{B}{2}\sin\frac{C}{2}=$$

$$R^2-8R^2\sin 15^\circ\sin\frac{B}{2}\cos\frac{B+30^\circ}{2}=DE^2$$

$$OI=DE$$

**证法4**　如图9.17，联结$IA,IB,ID,IE,OA,OB$. 由正弦定理可得

$$AB=2R\sin C=2R\sin 30^\circ=R=OA=OB$$

即$\triangle OAB$为正三角形.

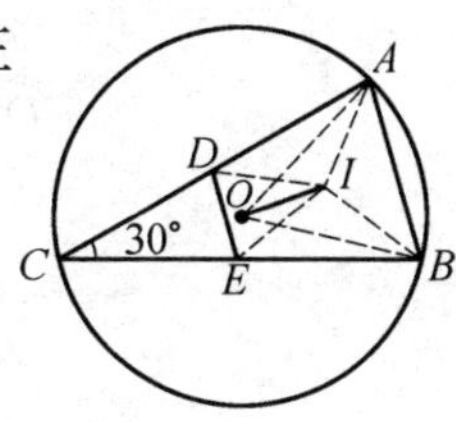


图9.17

又$I$为内心，且$AD=AB=BE$，所以

$$\triangle DAI\cong\triangle BAI\cong\triangle BEI$$

从而

$$\angle EIB=\angle DIA=\angle AIB=\frac{1}{2}(180^\circ+\angle C)=105^\circ$$

$$ID=IB,IE=IA$$

以 $I$ 为原点建立复平面.设点 $A,B$ 的复数分别记为 $z_1,z_2$.不妨设 $A,B,C$ 三点按顺时针方向绕行,如图9.17所示.则 $\overrightarrow{ID}$ 是由 $\overrightarrow{IB}$ 按逆时针方向旋转 $210^\circ$ 得到的, $\overrightarrow{IE}$ 是由 $\overrightarrow{IA}$ 按顺时针方向旋转 $210^\circ$ 得到的,即

$$\overrightarrow{ID}=\overrightarrow{IB}\cdot e^{-i\frac{7\pi}{6}}=z_2\cdot e^{-i\frac{7\pi}{6}}$$

$$\overrightarrow{IE}=\overrightarrow{IA}\cdot e^{-i\frac{7\pi}{6}}=z_1\cdot e^{-i\frac{7\pi}{6}}$$

所以

$$\overrightarrow{DE}=z_1\cdot e^{-i\frac{7\pi}{6}}-z_2\cdot e^{i\frac{7\pi}{6}}$$

又 $\triangle OAB$ 为负向正三角形, $\overrightarrow{BO}$ 是由 $\overrightarrow{BA}$ 按逆时针旋转 $60^\circ$ 得到的,所以

$$\overrightarrow{BO}=\overrightarrow{BA}\cdot e^{i\frac{\pi}{3}}=(z_1-z_2)\cdot e^{i\frac{\pi}{3}}$$

$$\overrightarrow{IO}=\overrightarrow{IB}+\overrightarrow{BO}=z_2+(z_1-z_2)\cdot e^{i\frac{\pi}{3}}=z_1\cdot e^{i\frac{\pi}{3}}+z_2\cdot(1-e^{i\frac{\pi}{3}})$$

于是

$$i\cdot\overrightarrow{IO}=z_1\cdot e^{i\frac{\pi}{3}}\cdot i+z_2\cdot(1-e^{i\frac{\pi}{3}})\cdot i=$$

$$z_1\cdot e^{-i\frac{7\pi}{6}}-z_2\cdot e^{i\frac{7\pi}{6}}$$



从而

$$\overrightarrow{DE}=i\cdot\overrightarrow{IO}$$

即 $DE\perp OI$ 且 $DE=OI$.

**证法5** (由江苏茹双林给出)因为 $z_B=2\sin A$,所以

$$z_E=2\sin A-1,z_A=2\sin B(\cos C+i\sin C),\overrightarrow{BE}=-1$$

所以

$$\overrightarrow{BA}=\overrightarrow{BE}\cdot e^{-iB}=-e^{-iB}$$

有

$$\overrightarrow{AB}=e^{-iB}$$

则

$$\overrightarrow{AD}=\overrightarrow{AB}\cdot e^{-iA}=e^{-150^\circ i}$$

故

$$z_D=\overrightarrow{AD}+z_A=e^{-150^\circ i}+2\sin Be^{30^\circ i}$$

即

$$\overrightarrow{ED}=e^{-150^\circ i}+2\sin Be^{30^\circ i}-(2\sin A-1)=$$

$$(\sqrt{3}\sin B-2\sin A+1-\frac{\sqrt{3}}{2})+i(\sin B-\frac{1}{2})$$

而

$$z_O=e^{i(90^\circ-A)},z_I=4\sin\frac{A}{2}\sin\frac{B}{2}e^{15^\circ i}$$

则 $\overrightarrow{OI}=\left(4\sin\frac{A}{2}\sin\frac{B}{2}\cos 15^\circ-\sin A\right)+i\left(4\sin\frac{A}{2}\sin\frac{B}{2}\sin 15^\circ-\cos A\right)$

即 $i\cdot\overrightarrow{OI}=\left(\cos A-4\sin\frac{A}{2}\sin\frac{B}{2}\sin 15^\circ\right)+i\left(4\sin\frac{A}{2}\sin\frac{B}{2}\cos 15^\circ-\sin A\right)$

又
$$\angle A+\angle B=150^\circ$$
则可用分析法证明(参见注)
$$\cos A-4\sin\frac{A}{2}\sin\frac{B}{2}\sin 15^\circ=\sqrt{3}\sin B-2\sin A+1-\frac{\sqrt{3}}{2}$$
及
$$4\sin\frac{A}{2}\sin\frac{B}{2}\cos 15^\circ-\sin A=\sin B-\frac{1}{2}$$
从而
$$\overrightarrow{ED}=\mathrm{i}\cdot\overrightarrow{OI}$$
故 $OI\perp DE$ 且 $OI=DE$.

**注** $\cos A-4\sin\frac{A}{2}\sin\frac{B}{2}\sin 15^\circ=\sqrt{3}\sin B-2\sin A+1-\frac{\sqrt{3}}{2}\Leftrightarrow$

$\cos A-4\sin\frac{A}{2}\sin(75^\circ-\frac{A}{2})\sin 15^\circ=\sqrt{3}\sin(150^\circ-A)-2\sin A+1-\frac{\sqrt{3}}{2}\Leftrightarrow$

$\cos A-\sin A\sin 30^\circ+(1-\cos A)(1-\cos 30^\circ)=$

$\frac{\sqrt{3}}{2}-\cos A+\frac{3}{2}\sin A-2\sin A+1-\frac{\sqrt{3}}{2}$

$4\sin\frac{A}{2}\sin\frac{B}{2}\cos 15^\circ-\sin A=\sin B-\frac{1}{2}\Leftrightarrow$

$4\sin\frac{A}{2}\sin\frac{B}{2}\cos 15^\circ-2\sin\frac{A+B}{2}\cos\frac{A-B}{2}=-\frac{1}{2}\Leftrightarrow$

$2\cos 15^\circ(2\sin\frac{A}{2}\sin\frac{B}{2}-\cos\frac{A}{2}\cos\frac{B}{2}-\sin\frac{A}{2}\sin\frac{B}{2})=-\frac{1}{2}\Leftrightarrow$

$-2\cos 15^\circ\sin 15^\circ=-\frac{1}{2}$

**试题** C2　在梯形 $ABCD$ 的下底 $AB$ 上有两定点 $M,N$,上底 $CD$ 上有一动点 $P$. 记 $E=DN\cap AP$,$F=DN\cap MC$,$G=MC\cap PB$,$DP=\lambda DC$. 问:当 $\lambda$ 为何值时,四边形 $PEFG$ 的面积最大?

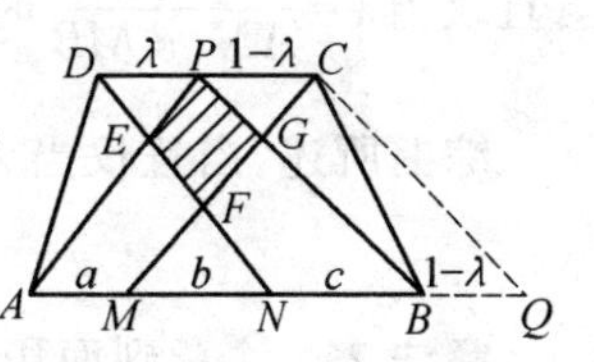

图 9.18

**解法1**　取 $DC$ 为单位长度,即 $DC=1$,则 $DP=\lambda$,$PC=1-\lambda$. 设 $AM=a$,$MN=b$,$NB=c$,梯形高为 $h$.

过点 $C$ 作 $PB$ 的平行线交 $AB$ 的延长线于点 $Q$,如图9.18所示,则 $PCQB$ 为平行四边形,于是 $BQ=PC=1-\lambda$. 从而
$$S_{\triangle MGB}/S_{\triangle MCQ}=(MB/MQ)^2=(b+c)^2/(b+c+1-\lambda)^2$$
又
$$S_{\triangle MCQ}=\frac{1}{2}(b+c+1-\lambda)h$$

从而
$$S_{\triangle MGB}=\frac{(b+c)^2h}{2(b+c+1-\lambda)}$$
类似可得
$$S_{\triangle AEN}=\frac{(a+b)^2h}{2(a+b+\lambda)}$$
又显然 $S_{\triangle APB}$ 和 $S_{\triangle FMN}$ 是定值,从而由
$$S_{PEFG}=S_{\triangle APB}-(S_{\triangle MGB}+S_{\triangle AEN})+S_{\triangle FMN}$$
知,当 $S_{\triangle MGB}+S_{\triangle AEN}$ 取最小值时,$S_{PEFG}$ 取最大值. 而
$$S_{\triangle MGB}+S_{\triangle AEN}=\frac{h}{2}\left[\frac{(a+b)^2}{a+b+\lambda}+\frac{(b+c)^2}{b+c+1-\lambda}\right] \quad ①$$
由柯西不等式得
$$\left[\frac{(a+b)^2}{a+b+\lambda}+\frac{(b+c)^2}{b+c+1-\lambda}\right]\cdot[(a+b+\lambda)+(b+c+1-\lambda)]\geqslant$$
$$[(a+b)^2+(b+c)^2]=(a+2b+c)^2 \quad ②$$
其中等号当且仅当
$$\frac{(a+b)^2}{(a+b+\lambda)^2}=\frac{(b+c)^2}{(b+c+1-\lambda)^2}$$
即 $\lambda=\frac{a+b}{a+2b+c}=\frac{AN}{AN+MB}$ 时成立.

从而,由式①②得
$$S_{\triangle MGB}+S_{\triangle AEN}\geqslant\frac{h}{2}\cdot\frac{(a+2b+c)^2}{a+2b+c+1}$$
当且仅当 $\lambda=\frac{AN}{AN+MB}$ 时,$S_{\triangle MGB}+S_{\triangle AEN}$ 取到最小值,此时 $S_{PEFG}$ 取到最大值.

综上所述,当且仅当 $\lambda=\frac{AN}{AN+MB}$ 时,四边形 $PEFG$ 的面积最大.

**解法 2** 注意到面积关系
$$S_{PEFG}=S_{\triangle ABP}-S_{\triangle ANE}-S_{\triangle MBG}+S_{\triangle MNF}$$
而其中 $S_{\triangle ABP}$ 与 $S_{\triangle MNF}$ 为定值,所以 $S_{PEFG}$ 最大当且仅当 $S_{\triangle ANE}+S_{\triangle MBG}$ 取最小值.

记 $AB=a,CD=b,MN=c$,设 $AN=\mu(a+c)$,于是 $MB=(1-\mu)(a+c)$. 设梯形的高为1,容易看出
$$S_{\triangle ANE}=\frac{1}{2}\cdot\frac{AN^2}{AN+DP}=\frac{1}{2}\cdot\frac{\mu^2(a+c)^2}{\mu(a+c)+\lambda b}$$

$$S_{\triangle MBG}=\frac{1}{2}\cdot\frac{MB^2}{MB+PC}=\frac{1}{2}\cdot\frac{(1-\mu)^2(a+c)^2}{(1-\mu)(a+c)+(1-\lambda)b}$$

从而有

$$S_{\triangle ANE}+S_{\triangle MBG}=\frac{1}{2}(a+c)^2\left[\frac{\mu^2}{\mu(a+c)+\lambda b}+\frac{(1-\mu)^2}{(1-\mu)(a+c)+(1-\lambda)b}\right] \quad ①$$

由柯西不等式

$$\frac{\mu^2}{\mu(a+c)+\lambda b}+\frac{(1-\mu)^2}{(1-\mu)(a+c)+(1-\lambda)b}=$$
$$\left[\frac{\mu^2}{\mu(a+c)+\lambda b}+\frac{(1-\mu)^2}{(1-\mu)(a+c)+(1-\lambda)b}\right]\cdot$$
$$[\mu(a+c)+\lambda b+(1-\mu)(a+c)+(1-\lambda)b]\frac{1}{a+b+c}\geqslant$$
$$(\mu+1-\mu)^2\frac{1}{a+b+c}=\frac{1}{a+b+c} \quad ②$$

将式 ① 与 ② 结合起来，即得

$$S_{\triangle ANE}+S_{\triangle MBG}\geqslant\frac{1}{2}\cdot\frac{(a+c)^2}{a+b+c}(\text{定值})$$

其中等号成立当且仅当式 ② 中等号成立，而这又当且仅当

$$\frac{\mu}{\mu(a+c)+\lambda b}=\frac{1-\mu}{(1-\mu)(a+c)+(1-\lambda)b}$$

由此解得 $\lambda=\mu$，即当 $\lambda=\mu=AN:(AB+MN)$ 时 $S_{PEFG}$ 取最大值.

**试题** D1　考虑在同一平面上，半径分别为 $R$ 和 $r(R>r)$ 的两个同心圆. 设 $P$ 是小圆周上的一个定点，$B$ 是大圆周上的一个动点，直线 $BP$ 与大圆周的另一交点为 $C$，通过点 $P$ 且与 $BP$ 垂直的直线 $l$ 与小圆的另一交点为 $A$（如果 $l$ 与小圆切于点 $P$，则 $A=P$），试求：(1) 表达式 $AB^2+BC^2+CA^2$ 所取值的集合；(2) 线段 $AB$ 的中点轨迹.

**解**　设 $O$ 是两圆的圆心，$t=\angle OPA$. 直径 $DE$ 过点 $P$，点 $M,N$ 分别是 $PA$ 和 $BC$ 的中点，如图 9.19. 要求的和为

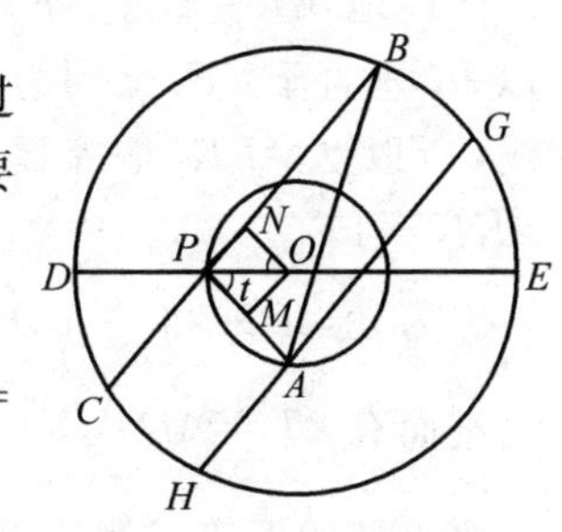

图 9.19

$$S=BC^2+AC^2+AB^2=$$
$$(BP+PC)^2+PC^2+PA^2+PA^2+PB^2=$$
$$2(PA^2+PB^2+PC^2+PB\cdot PC)$$

注意到

$$PA=2r\cos t$$

$$PB = PN + NB$$
$$PC = CN - PN = NB - PN$$

所以

$$PB^2 + PC^2 = 2(PN^2 + BN^2)$$

在 Rt$\triangle PNO$ 和 Rt$\triangle ONB$ 中，线段 $PN$ 和 $BN$ 可以表示为

$$PN = r\sin t, BN^2 = R^2 - r^2\cos^2 t$$

乘积 $PB \cdot PC$ 可以表示为

$$PB \cdot PC = PD \cdot PE = (R - r)(R + r) = R^2 - r^2$$

所以

$$S = 2(4r^2\cos^2 t + 2r^2\sin^2 t + 2R^2 - 2r^2\cos^2 t + R^2 - r^2) =$$
$$2(2r^2\cos^2 t + 2r^2\sin^2 t + 3R^2 - r^2) =$$
$$6(R^2 + r^2)$$

这个和是一个常数.

过点 $A$ 与 $BC$ 平行的直线交大圆于点 $G$，$H$(图 9.19). 这条直线和 $BC$ 关于 $OM$ 对称，因此四边形 $BPAG$ 是一个矩形，且要求的轨迹是它的对角线的交点. 所以，问题就是要求线段 $PG$ 的中点的轨迹，其中点 $G$ 在大圆上变化. 要求的轨迹是以线段 $PO$ 的中点为圆心，以 $\frac{R}{2}$ 为半径的圆.



**试题** D2　在 Rt$\triangle ABC$ 中，$AD$ 是斜边 $BC$ 上的高，过 $\triangle ABD$ 的内心与 $\triangle ACD$ 的内心的直线分别交边 $AB$ 和 $AC$ 于点 $K$ 和点 $L$，$\triangle ABC$ 和 $\triangle AKL$ 的面积分别记为 $S$ 和 $T$. 求证 $S \geqslant 2T$.

**证明**　设 $I$ 是 $\triangle ABC$ 的内心，$E$，$F$ 分别是 $\triangle ABD$ 和 $\triangle ADC$ 的内心. 因为 $\angle IBA = \angle FAI$，所以角平分线 $BI$ 垂直于 $AF$，如图 9.20.

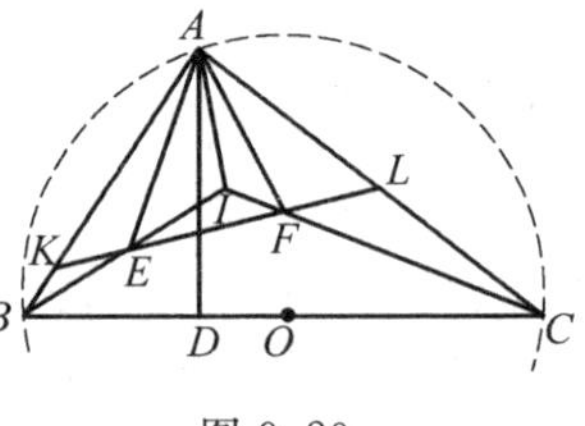

图 9.20

同样地，$CI$ 垂直于 $AE$. 因此 $I$ 是 $\triangle AEF$ 的垂心，所以 $AI$ 垂直于 $EF$. 又因为 $AI$ 也是 $\angle BAC$ 的内角平分线，所以 $\triangle ALK$ 是等腰三角形，并且 $AK = AL$，$\angle AKL = 45°$.

因为 $\triangle ADF$ 和 $\triangle ALF$ 是全等三角形，所以 $AD = AL = AK$.

进而有 $2T = AD^2$，$S = \frac{1}{2}AD \cdot BC$.

要求证的不等式等价于 $2AD \leqslant BC$.

在 $\triangle ABC$ 的外接圆中，$BC$ 是直径，$2AD$ 是弦，所以上述不等式显然成立.

**注**　此题的另证可参见第 5 章第 3 节中例 2.

## 第 1 节　旋转变换①②

试题 A 涉及了旋转变换.

将平面图形 $F$ 绕该平面内的一个定点 $O$ 按一定方向旋转一个定角 $\theta$，得到平面图形 $F'$，这样的变换称为旋转变换. $O$ 叫作旋转中心，$\theta$ 叫作旋转角.

旋转角为 $180^\circ$ 的旋转变换是中心对称变换.

旋转变换前后的图形具有如下性质：

(1) 对应线段相等，对应角相等；

(2) 对应点位置的排列次序相同；

(3) 任意两条对应线段所在直线的夹角都等于旋转角 $\theta$；

(4) 旋转中心 $O$ 是旋转变换下的不动点.

通过图 9.21，看到点 $A$ 逆时针旋转 $\theta$ 到点 $A_1$，点 $B$ 逆时针旋转 $\theta$ 到点 $B_1$，则直线 $AB$ 在逆时针旋转 $\theta$ 的变换下变为直线 $A_1B_1$. 设直线 $AB$ 与直线 $A_1B_1$ 的交点为 $P$，则易证 $\triangle OAB \cong \triangle OA_1B_1$. 推得线段 $AB = A_1B_1$，$\angle BPB_1 = \theta$，即从直线 $AB$ 到直线 $A_1B_1$ 所夹的角等于旋转角 $\theta$.

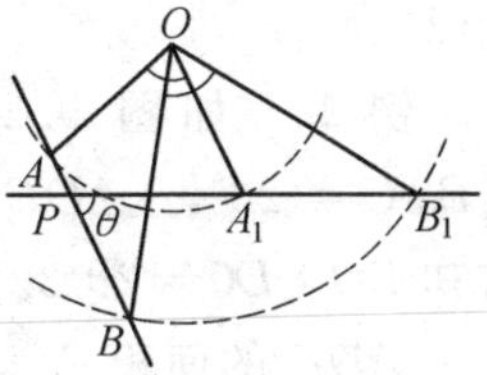

图 9.21

旋转变换在平面几何中有着广泛的应用，特别是在解(证)有关等腰三角形、正三角形、正方形等问题时，更是经常用到的思维途径.

在运用旋转变换时，应注意到如下四个方面的问题.

### 1. 注意旋转一个特殊角度：$60^\circ$ 或 $90^\circ$ 或 $120^\circ$

**例 1**　如图 9.22，在四边形 $ABCD$ 中，$\angle ABC = 30^\circ$，$\angle ADC = 60^\circ$，$AD = DC$. 证明：$BD^2 = AB^2 + BC^2$.

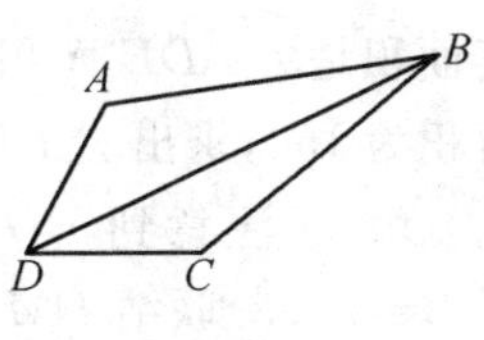


图 9.22

**分析**　要证 $BD^2 = AB^2 + BC^2$，想到用勾股定理. 由于 $BD$，$AB$，$BC$ 不在一个三角形中，所以，应设法通过图形变化，使其集中在一个三角形中，且这个三角形是直角三角形.

① 周春荔. 神奇的旋转[J]. 中等数学，2005(6)：2-5.

② 吴伯钦. "旋转变换"在平几解题中的应用[J]. 中学教研(数学)，1987(3)：27-29.

**证明** 如图 9.23，联结 $AC$. 因为 $AD=DC$，$\angle ADC=60^\circ$，所以，$\triangle ADC$ 是正三角形. 于是，有

$$DC=CA=AD$$

将 $\triangle DCB$ 绕点 $C$ 顺时针旋转 $60^\circ$ 到 $\triangle ACE$ 的位置，联结 $EB$. 这时

图 9.23

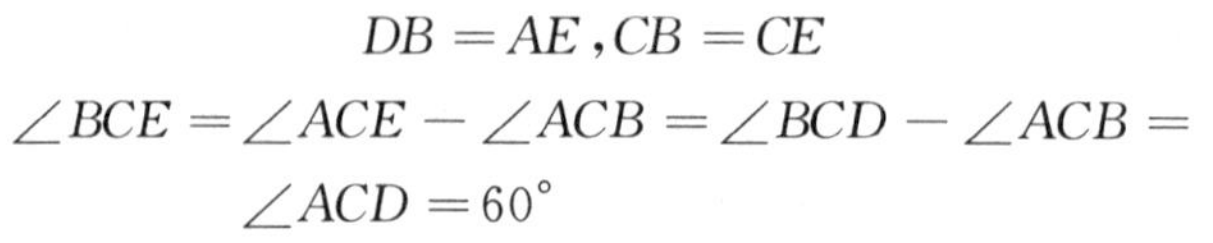

$$DB=AE,CB=CE$$

$$\angle BCE=\angle ACE-\angle ACB=\angle BCD-\angle ACB=\angle ACD=60^\circ$$

所以，$\triangle CBE$ 为正三角形，有

$$BE=BC,\angle CBE=60^\circ$$

因此
$$\angle ABE=\angle ABC+\angle CBE=90^\circ$$

在 $\mathrm{Rt}\triangle ABE$ 中，由勾股定理，得

$$AE^2=AB^2+BE^2$$

所以
$$BD^2=AB^2+BC^2$$



**例 2** 如图 9.24，在 $\triangle ABC$ 中，$AB=AC$，$\angle BAC=120^\circ$，$\triangle ADE$ 是正三角形，点 $D$ 在边 $BC$ 上. 已知 $BD:DC=2:3$. 当 $\triangle ABC$ 的面积是 $50\ \mathrm{cm}^2$ 时，求 $\triangle ADE$ 的面积.

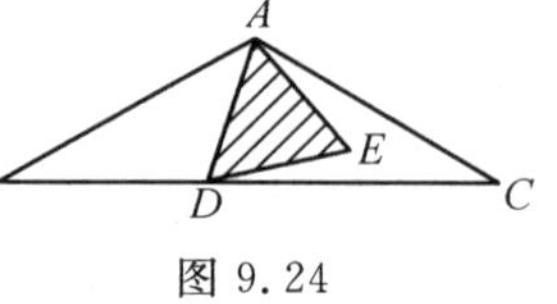


图 9.24

(第7届日本算术奥林匹克(决赛))

**分析** 直接解题有困难，将 $\triangle ABC$ 绕点 $A$ 逆时针旋转 $120^\circ$，$240^\circ$ 拼成正 $\triangle MBC$，如图 9.25 所示，则正 $\triangle ADE$ 变为正 $\triangle AD_1E_1$ 和正 $\triangle AD_2E_2$. 易知，六边形 $DED_1E_1D_2E_2$ 是正六边形，$\triangle DD_1D_2$ 是正三角形，其面积是 $\triangle ADE$ 面积的3倍. 因此，设法由正 $\triangle MBC$ 面积为150，求出 $\triangle DD_1D_2$ 的面积，问题就解决了.

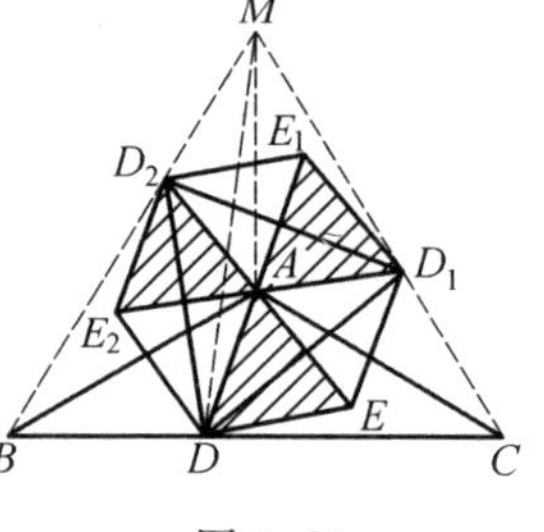


图 9.25

**解** 注意到 $BD:DC=CD_1:D_1M=MD_2:D_2B=2:3$. 联结 $DM$，则

$$S_{\triangle MBD}=\frac{2}{5}S_{\triangle MBC}=60\ (\mathrm{cm}^2)$$

而
$$S_{\triangle D_2BD}=\frac{3}{5}S_{\triangle MBD}=36\ (\mathrm{cm}^2)$$

同理可得

$$S_{\triangle MD_1D_2}=S_{\triangle DCD_1}=36\ (\mathrm{cm}^2)$$

因此 $$S_{\triangle DD_1D_2}=150-3\times 36=42\ (\text{cm}^2)$$

故 $$S_{\triangle ADE}=\frac{1}{3}S_{\triangle DD_1D_2}=14\ (\text{cm}^2)$$

**例3**　如图9.26，在凸六边形 $ABCDEF$ 中，$BC=CD$，$EF=FA$，$\angle BCD=\angle EFA=60^\circ$。设 $G$，$H$ 是这个六边形内的两点，使得 $\angle BGD=\angle AHE=120^\circ$。求证：$BG+GD+GH+HA+HE\geqslant CF$。

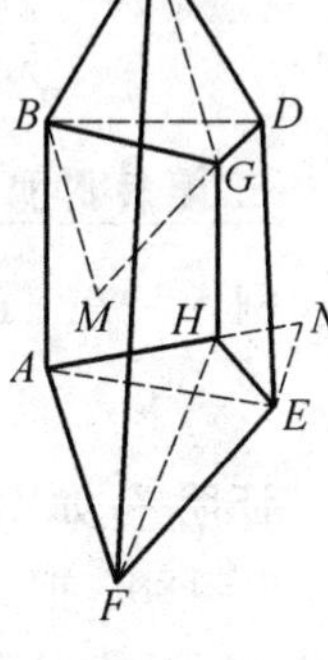


图9.26

**分析**　联结 $CG$，$FH$，易得

$$CG+GH+HF\geqslant CF$$

要证 $$BG+GD+GH+HA+HE\geqslant CF$$

只需证 $$BG+GD\geqslant CG,HA+HE\geqslant HF$$

**证明**　联结 $BD$，$EA$。由 $BC=CD$，$\angle BCD=60^\circ$，知 $\triangle BCD$ 是正三角形。

因为 $\angle BGD=120^\circ$，所以，$B$，$C$，$D$，$G$ 四点共圆。因此

$$\angle BCG=\angle BDG$$

以点 $B$ 为旋转中心，将 $\triangle BCG$ 顺时针旋转 $60^\circ$，$C\to D$，$G\to M$，$\angle BCG$ 与 $\angle BDG$ 重合，$\triangle BCG$ 落到 $\triangle BDM$ 的位置，即 $\triangle BCG\cong\triangle BDM$。易知 $\triangle BGM$ 是正三角形。所以，$MG=BG$。因此

$$BG+GD=MG+GD=DM=CG \quad ①$$

同理，以点 $E$ 为旋转中心，将 $\triangle EFH$ 顺时针旋转 $60^\circ$，$\triangle EFH$ 落到 $\triangle EAN$ 的位置，即 $\triangle EFH\cong\triangle EAN$，可得

$$HA+HE=HF \quad ②$$

由线段的性质得

$$CG+GH+HF\geqslant CF \quad ③$$

将式①②代入式③得

$$BG+GD+GH+HA+HE\geqslant CF$$

**2. 注意中心对称变换(旋转180°)的运用**

**例4**　已知 $M$ 是 $\text{Rt}\triangle ABC$ 斜边 $BC$ 的中点，点 $P$，$Q$ 分别在 $AB$，$AC$ 上，且 $PM\perp QM$，求证：$PQ^2=PB^2+QC^2$，如图9.27所示。

**分析**　能否使 $PB$，$QC$，$PQ$ 构成一个直角三角形的三边是解题的关键。考虑到 $PM\perp QM$，$MA=\frac{1}{2}BC$，故以点 $M$ 为中心，把 $\triangle AMQ$ 旋转 $180^\circ$ 得 $\triangle A'MQ'$。

**证明** 因 $AA'=BC$，且互相平分，所以 $A'Q'\underline{\parallel}AQ$，$A'B\perp AB$，且点 $Q'$ 在 $A'B$ 上，联结 $PQ'$，又 $PM\perp QQ'$，$MQ=MQ'$，则 $PQ'=PQ$，又 $BQ'=CQ$，故在 $\mathrm{Rt}\triangle PBQ'$ 中有

$$PQ'^2=PB^2+Q'B^2$$

即

$$PQ^2=PB^2+QC^2$$

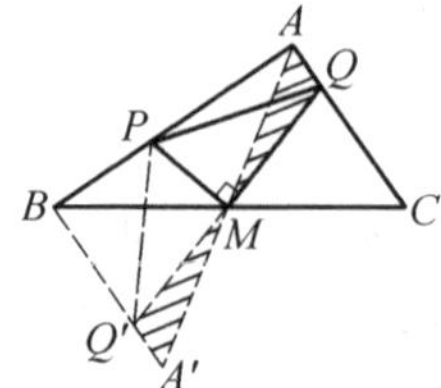

图 9.27

**3. 旋转时也可以旋某定角**

**例 5** 在 $\triangle ABC$ 中，已知 $\angle A:\angle B:\angle C=4:2:1$，求证：$\frac{1}{a}+\frac{1}{b}=\frac{1}{c}$.

(安徽省桐城中学数学竞赛试题)

**证明** 如图 9.28，设 $\angle C=\theta$，则 $\angle B=2\theta$，$\angle A=4\theta$，且 $7\theta=180^\circ$，把 $\triangle ACB$ 绕点 $C$ 按顺时针方向旋转定角 $\theta$ 到 $\triangle MCN$ 的位置，联结 $AM$，则 $CM=CA=b$，$C,A,N$ 三点共线，则

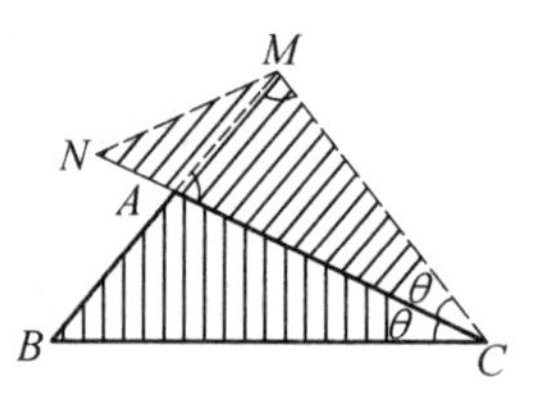

图 9.28

$$\angle CAM=\angle CMA=3\theta$$

$$\angle BAC+\angle CAM=7\theta=180^\circ$$



故 $B,A,M$ 三点共线. 于是

$$MB=MC=b,AM=b-c$$

易得 $\triangle AMN\backsim\triangle ACB$，则 $\frac{AM}{AC}=\frac{MN}{CB}$，即 $\frac{b-c}{b}=\frac{c}{a}$，整理即得

$$\frac{1}{a}+\frac{1}{b}=\frac{1}{c}$$

**例 6** 四边形 $ABCD$ 内接于圆，另一圆圆心在边 $AB$ 上且与其余三边相切，求证：$AD+BC=AB$.

(1985 年第 26 届 IMO 试题)

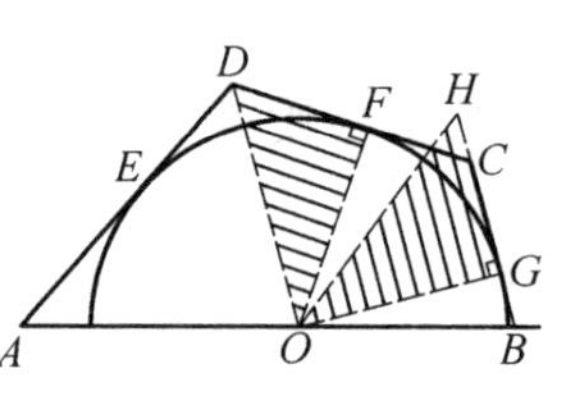

图 9.29

**证明** 如图 9.29，设圆 $O$ 切三边于点 $E,F,G$，联结 $OD,OF,OG$.

把 $\triangle DOF$ 绕点 $O$ 按顺时针方向旋转定角($\angle FOD$)到 $\triangle HOG$ 的位置. 设

$$\angle H=\angle ODF=\angle ODA=\theta$$

则

$$\angle B=180^\circ-2\theta,\angle HOG=90^\circ-\theta$$

$$\angle GOB=90^\circ-\angle B=2\theta-90^\circ$$

则
$$\angle HOB=(90^\circ-\theta)+(2\theta-90^\circ)=\theta$$
即
$$OB=BH=BG+GH=BG+DF=BG+DE \quad ①$$
同理可证
$$AO=AE+GC \quad ②$$
由式 ①+②,即得
$$AB=AD+BC$$
即
$$AD+BC=AB$$

**4. 注意位似旋转变换的运用**

**例 7** 如图 9.30,在任意凸四边形 $ABCD$ 中,求证:$AC\cdot BD\leqslant AB\cdot CD+AD\cdot BC$.

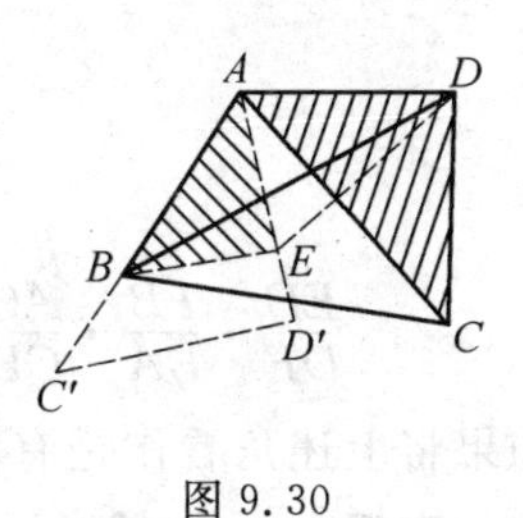

图 9.30

**分析** 考虑
$$AC\cdot BD\leqslant AC(BE+ED)=AB\cdot CD+AD\cdot BC$$
使得 $AC\cdot BE=AB\cdot CD,AC\cdot DE=BC\cdot AD$

成立的这样的点 $E$ 是否存在?由 $AC\cdot BE=AB\cdot CD$,得 $\dfrac{BE}{AB}=\dfrac{CD}{AC}$,能否找到 $\triangle ABE\backsim\triangle ACD$.

**证明** 以点 $A$ 为中心,先把 $\triangle ACD$ 顺时针方向旋转 $\angle BAC$ 得 $\triangle AC'D'$,再以定比 $k=\dfrac{AB}{AC}$ 为位似比,变换成 $\triangle ABE$,联结 $ED$,则 $\triangle ABE\backsim\triangle ACD$,且 $\triangle AED\backsim\triangle ABC$(两边对应成比例,夹角相等),则 $\dfrac{BE}{AB}=\dfrac{DC}{AC}$,即
$$BE\cdot AC=DC\cdot AB$$
同理可得
$$DE\cdot AC=BC\cdot AD$$
两式相加得
$$AC(BE+DE)=AB\cdot CD+AD\cdot BC$$
又
$$BE+DE\geqslant BD$$
故
$$AC\cdot BD\leqslant AB\cdot CD+AD\cdot BC$$
当点 $E$ 在 $BD$ 上时,$ABCD$ 是圆内接四边形,上式取等号.

## 第2节 角元形式塞瓦定理的推论的推广及应用(一)[①]

我们在第1章第1节中给出了角元形式塞瓦定理的推论.

**角元形式塞瓦定理的推论** 设 $D,E,F$ 分别是 $\triangle ABC$ 的外接圆三段弧 $\overset{\frown}{BC},\overset{\frown}{CA},\overset{\frown}{AB}$ 上的点,则 $AD,BE,CF$ 共点的充要条件是

$$\frac{BD}{DC}\cdot\frac{CE}{EA}\cdot\frac{AF}{FB}=1 \quad ①$$

在上述推论题设下,显然有

$$\angle BDC+\angle CEA+\angle AFB=360^\circ \quad ②$$

$$\begin{cases}\angle EDF=\angle ECA+\angle ABF\\ \angle FED=\angle FAB+\angle BCD\\ \angle DFE=\angle DBC+\angle CAE\end{cases} \quad ③$$

$$\frac{ED}{DF}\cdot\frac{FB}{BA}\cdot\frac{AC}{CE}=1,\frac{FE}{ED}\cdot\frac{DC}{CB}\cdot\frac{BA}{AF}=1,\frac{DF}{FE}\cdot\frac{EA}{AC}\cdot\frac{CB}{BD}=1 \quad ④$$

如果将上述角看作是有向角,上述推论可推广为下述结论.



**定理**[②] 在任意 $\triangle ABC$ 的三边上作 $\triangle BDC,\triangle CEA,\triangle AFB$,若:

(1) $\frac{BD}{DC}\cdot\frac{CE}{EA}\cdot\frac{AF}{FB}=1$;

(2) $\angle BDC+\angle CEA+\angle AFB=360^\circ$,

则有

$$\angle EDF=\angle ECA+\angle ABF$$

$$\angle FED=\angle FAB+\angle BCD$$

$$\angle DFE=\angle DBC+\angle CAE$$

$$\frac{ED}{DF}=\frac{EC}{CA}\cdot\frac{AB}{BF},\frac{FE}{ED}=\frac{FA}{AB}\cdot\frac{BC}{CD},\frac{DF}{FE}=\frac{DB}{BC}\cdot\frac{CA}{AE}$$

其中三角形可以是退化的.

**证明** 以 $\triangle ABC$ 的三边作的三个三角形 $\triangle BDC,\triangle CEA,\triangle AFB$ 的情形有四种:三个都向 $\triangle ABC$ 的形外;三个都向形内;一个向形内,两个向形内;两个向形内,一个向形外. 下面仅就图9.31(a)(b)所代表的两种情形给出证明,其余两种情形可类似证明.

---

① 沈文选.关于两个著名定理联系的探讨[J].中学数学,2006(10):44-46.

② 肖振纲.涉及四个三角形的一个几何定理[J].中学数学,1991(5):12-14.

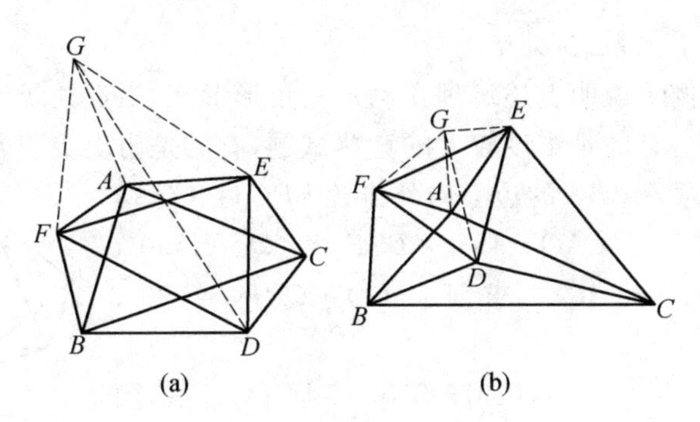


图 9.31

作$\triangle AGF$同向相似于$\triangle BDF$，联结$GD$，$GE$，则

$$FG : FA = FD : FB$$

$$\angle GFA = \angle DFB, \angle FAG = \angle FBD$$

由此易知

$$\triangle GFD \backsim \triangle AFB$$

所以

$$\angle GDF = \angle ABF \quad ①$$

另一方面，由$\triangle AGF \backsim \triangle BDF$，有

$$AG : AF = BD : BF$$

于是由条件(i)即得

$$\frac{AG}{AE} = \frac{AG}{AF} \cdot \frac{AF}{AE} = \frac{BD}{BF} \cdot \frac{AF}{AE} = \frac{DC}{CE}$$

又由条件(ii)及六边形的内角和公式，得

$$\angle EAF + \angle FBD + \angle DCE = 360^\circ$$

再由$\angle EAF + \angle FAG + \angle GAE = 360^\circ$及$\angle FAG = \angle FBD$得

$$\angle GAE = \angle DCE$$

因而$\triangle AEG \backsim \triangle CED$，所以

$$GE : AE = DE : CE \text{ 且 } \angle GEA = \angle DEC$$

由此易知$\triangle GED \backsim \triangle CEA$，从而

$$\angle EDG = \angle ECA \quad ②$$

由式①②即知

$$\angle EDF = \angle EDG + \angle GDF = \angle ECA + \angle ABF$$

且由

$$\triangle DGF \backsim \triangle BAF, \triangle GED \backsim \triangle CEA$$

得

$$\frac{ED}{DF} = \frac{ED}{DG} \cdot \frac{DG}{DF} = \frac{EC}{CA} \cdot \frac{AB}{BF}$$

同理可证其余几个关系式,证毕.

下面的一些例子说明上述定理在确定三角形形状、三点共线等问题方面的应用,这些例子中,有的是难度较大的竞赛试题,有的是历史上著名的定理.

**例1** 在任意 $\triangle ABC$ 的边上向外作 $\triangle BPC$,$\triangle CQA$,$\triangle ARB$,使 $\angle PBC=\angle CAQ=45°$,$\angle BCP=\angle QCA=30°$,$\angle ABR=\angle BAR=15°$. 求证:(1)$\angle QRP=90°$;(2)$QR=RP$.

(1975年第17届IMO试题)

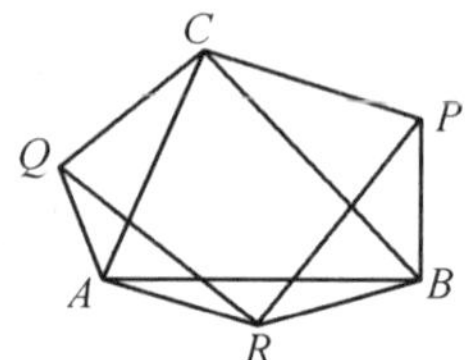


图 9.32

**证明** 如图 9.32,由题设条件易知

$$\frac{BP}{PC}\cdot\frac{CQ}{QA}\cdot\frac{AR}{RB}=1$$

且
$$\angle BPC+\angle CQA+\angle ARB=105°+105°+150°=360°$$

由定理即知

$$\angle QRP=\angle QAC+\angle CBP=45°+45°=90°$$

且
$$\frac{QR}{RP}=\frac{QC}{CA}\cdot\frac{BC}{PB}=1$$

即 $QR=RP$. 证毕.



**例2** 如图 9.33,$\triangle ABC$ 和 $\triangle ADE$ 是两个不全等的等腰直角三角形,现固定 $\triangle ABC$,而将 $\triangle ADE$ 绕点 $A$ 在平面上旋转. 试证:不论 $\triangle ADE$ 旋转到什么位置,线段 $EC$ 上必存在一点 $M$,使 $\triangle BMD$ 为等腰直角三角形.

(1987年全国高中联赛试题)

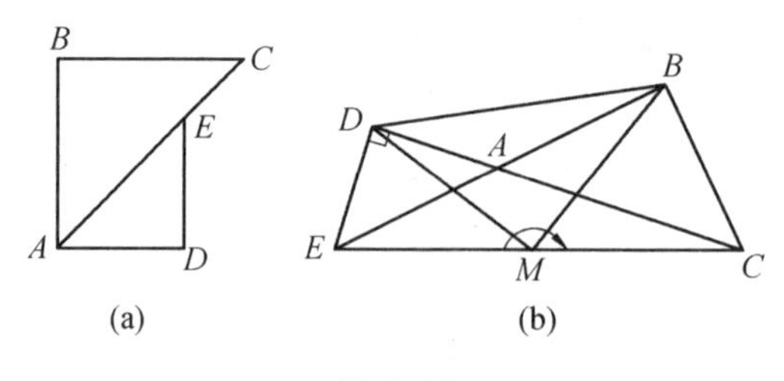


图 9.33

**证明** 因 $\triangle ABC$ 和 $\triangle ADE$ 不全等,所以不论 $\triangle ADE$ 在平面上绕点 $A$ 旋转到什么位置,线段 $BD$ 与 $CE$ 都不等于零.

设 $\triangle ADE$ 绕点 $A$ 旋转到任意一个固定的位置,如图 9.33(b) 所示,取线段 $CE$ 之中点 $M$,则因

$$\frac{EM}{MC}\cdot\frac{CB}{BA}\cdot\frac{AD}{DE}=1$$

且 $$\angle EMC+\angle CBA+\angle ADE=180^\circ+90^\circ+90^\circ=360^\circ$$

由定理即知

$$\angle BMD=\angle BCA+\angle AED=45^\circ+45^\circ=90^\circ$$

且 $$\frac{BM}{MD}=\frac{BC}{AC}\cdot\frac{AE}{DE}=1$$

即 $BM=MD$. 这说明 $\triangle BMD$ 为等腰直角三角形，证毕.

**例 3**　在一任意 $\triangle ABC$ 的三边上向形外作三个正三角形 $BDC, CEA, AFB$. 证明，这三个正三角形的中心也构成一个正三角形.（拿破仑（Napolen）定理）

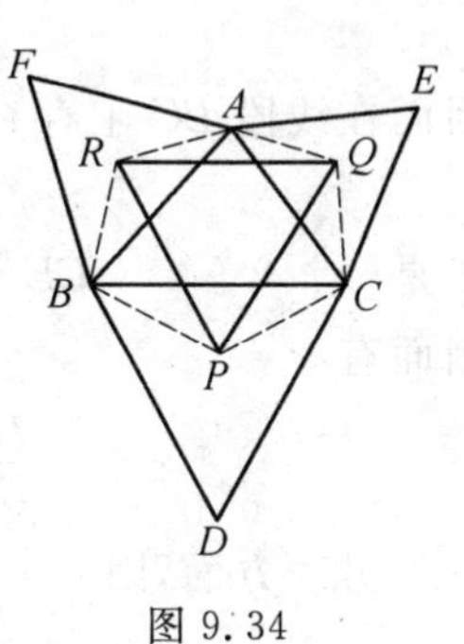

图 9.34

**证明**　如图 9.34，设这三个正三角形的中心分别为 $P, Q, R$. 联结 $AQ, AR, BR, BP, CP, CQ$，显然 $\triangle BPC$，$\triangle CQA$，$\triangle ARB$ 都是顶角为 $120^\circ$ 的等腰三角形，因而有

$$\frac{BP}{PC}\cdot\frac{CQ}{QA}\cdot\frac{AR}{RB}=1$$

且 $$\angle BPC+\angle CQA+\angle ARB=360^\circ$$

由定理即知

$$\angle QPR=\angle QCA+\angle ABR=30^\circ+30^\circ=60^\circ$$

且 $$\frac{QR}{PR}\cdot\frac{QC}{CA}\cdot\frac{AB}{BR}=1$$

即 $QP=PR$. 故 $\triangle PQR$ 是一个正三角形，证毕.

**例 4**　证明：圆内接六边形三双对边（所在直线）的交点共线.（巴斯卡（Pascal）定理）

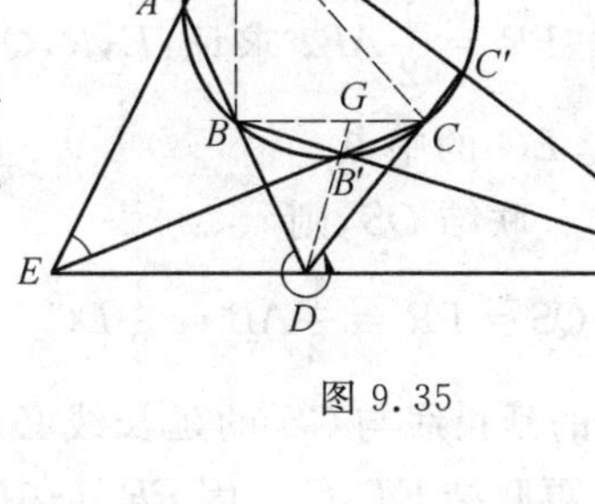

图 9.35

**证明**　如图 9.35，设圆内接六边形 $AA'BB'CC'$ 三双对边（所在直线）的交点分别为 $D, E, F$，由圆外角定理，有

$$\angle CDB=\frac{1}{2}(\overset{\frown}{C'AA'}-\overset{\frown}{BB'C})$$

$$\angle CEA=\frac{1}{2}(\overset{\frown}{CC'A}-\overset{\frown}{A'BB'})$$

$$\angle AFB=\frac{1}{2}(\overset{\frown}{AA'B}-\overset{\frown}{B'CC'})$$

于是

$$\angle CDB-\angle CEA-\angle AFB=\frac{1}{2}(\overparen{C'AA'}+\overparen{A'BB'}+\overparen{B'CC'})-\frac{1}{2}(\overparen{BB'C}+\overparen{CC'A}+\overparen{AA'B})=0$$

所以 $$\angle CDB=\angle CEA+\angle AFB$$

联结 $AB,BC,CA$,则有

$$\angle DBC=\angle EAC,\angle BCD=\angle BAF$$

因而在线段 $BC$ 上存在一点 $G$,使

$$\triangle CEA\backsim\triangle GDB,\triangle AFB\backsim\triangle CDG$$

于是 $$CE:EA=GD:DB,AF:FB=DC:GD$$

因而有

$$\frac{BD}{DC}\cdot\frac{CE}{EA}\cdot\frac{AF}{FB}=\frac{BD}{DC}\cdot\frac{GD}{DB}\cdot\frac{DC}{GD}=1$$

另一方面,因

$$\angle CDB=\angle CEA+\angle AFB$$



于是按方向角计算,便有

$$\angle BDC+\angle CEA+\angle AFB=360^\circ$$

由定理立即可得

$$\angle EDF=\angle ECA+\angle ABF=180^\circ$$

($ABB'C$ 为圆内接四边形),故 $D,E,F$ 三点共线,证毕.

**例 5** 如图 9.36,$ABCD,PQRS,DQEF,CSGH$ 都是正方形,其中点 $P$ 在 $AB$ 上,且 $PR\perp AB,PR=\frac{1}{2}AB$.求证:$E,R,Q$ 三点共线,且 $R$ 是 $EG$ 的中点.

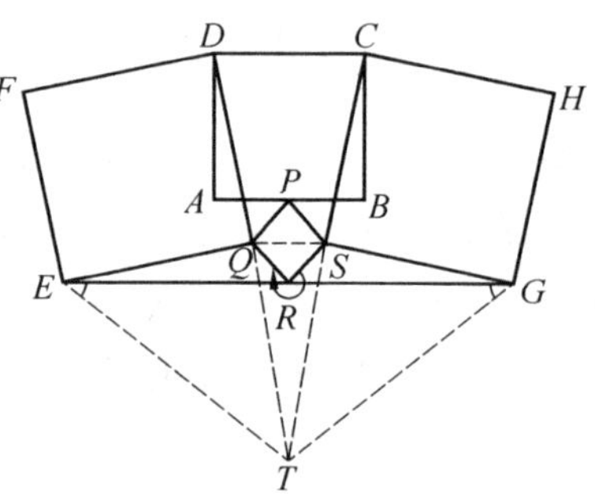

图 9.36

**证明** 联结 $QS$,则

$$QS=PR=\frac{1}{2}AB=\frac{1}{2}DC$$

于是,$DQ$ 的延长线与 $CS$ 的延长线必相交,设交点为 $T$,再联结 $ET,GT$,因 $PR\perp AB,QS\perp PR$,且 $QS=\frac{1}{2}DC$,由此即知 $QT=DQ,ST=CS$,从而可知 $\triangle QET$ 与 $\triangle TGS$ 皆为等腰直角三角形,且分别以 $Q,S$ 为直角顶点,又 $\triangle SRQ$ 也是一个等腰直角三角形,且以 $R$ 为直角顶点.

考虑在 $\triangle TSQ$ 的三边上所作的三个等腰直角三角形：$\triangle SRQ$，$\triangle QET$，$\triangle TGS$，显然有

$$\frac{SR}{RQ}\cdot\frac{QE}{ET}\cdot\frac{TG}{GS}=1$$

且按方向角计算，有

$$\angle SRQ+\angle QET+\angle TGS=270^\circ+45^\circ+45^\circ=360^\circ$$

由定理即知

$$\angle GRE=\angle GST+\angle TQE=90^\circ+90^\circ=180^\circ$$

因此 $E,R,G$ 三点共线，且有

$$\frac{ER}{RG}=\frac{EQ}{QT}\cdot\frac{TS}{SG}=1$$

即 $ER=RG$. 这说明 $R$ 是 $EG$ 的中点，证毕.

最后指出，在定理中，若 $\triangle BDC$，$\triangle CEA$，$\triangle AFB$ 都是退化的，即点 $D,E,F$ 分别位于 $BC,CA,AB$(所在直线) 上时，如图 9.37(a)(b) 所示，则有

$$\angle EDF=\angle ECA+\angle ABF=0+0=0$$



这说明 $D,E,F$ 三点是共线的，因此有：

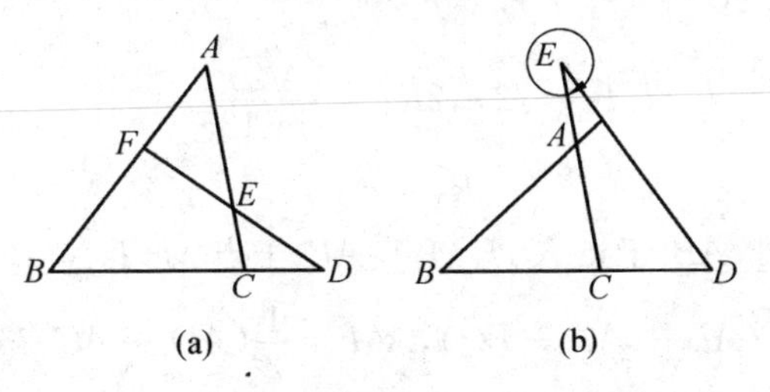


图 9.37

**推论**　设 $D,E,F$ 分别为 $\triangle ABC$ 的三边 $BC,CA,AB$(所在直线) 上的三点，若

$$\frac{BD}{DC}\cdot\frac{CE}{EA}\cdot\frac{AF}{FB}=1$$

且
$$\angle BDC+\angle CEA+\angle AFB=360^\circ$$

则 $D,E,F$ 三点共线.

此推论实际上是平面几何中证明三点共线的一个十分得力的工具 —— 梅涅劳斯定理. 由此可见，本节所证定理给出了梅涅劳斯定理的一个较为深刻的推广.

## 第3节　直角三角形中的几个问题

试题A涉及了直角三角形,下面讨论直角三角形的几个问题.

直角三角形中有一系列的数量关系①②.这里,我们再给出直角三角形中的几个有趣问题.

**命题1**③　如图9.38,$\triangle ABC$中,$CD\perp AB$于点$D$,$\triangle ABC$的内切圆半径为$r$;$\triangle ABC$,$\triangle ADC$,$\triangle BCD$的内心分别为$I,I_1,I_2$,$\triangle II_1I_2$的外接圆半径为$R_0$,则$\triangle ABC$为直角三角形的充要条件是$R_0=r$.

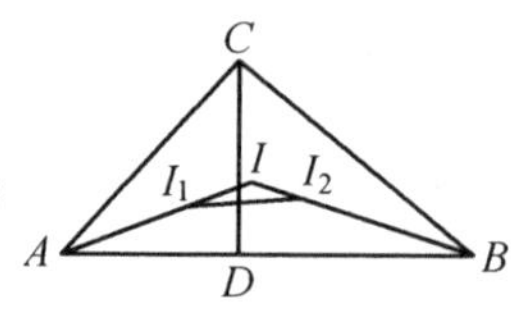


图9.38

**证明**　必要性:设$\triangle ADC$,$\triangle BCD$的内切圆半径分别为$r_1,r_2$,$\angle ACB=90^\circ$,则

$$\angle AIB=90^\circ+\frac{1}{2}\angle ACB=135^\circ$$

又
$$I_1I_2=\sqrt{DI_1^2+DI_2^2}=\sqrt{2(r_1^2+r_2^2)}$$



可推知,当$\angle ACB=90^\circ$时,$r_1^2+r_2^2=r^2$,则

$$I_1I_2=\sqrt{2}\,r,2R_0=\frac{\sqrt{2}\,r}{\sin 135^\circ}$$

故
$$R_0=r$$

充分性:作$IK\perp AB$于点$K$,$I_1M\perp AB$于点$M$,$I_2N\perp AB$于点$N$,则

$$AK=\frac{1}{2}(AB+AC-BC),AM=\frac{1}{2}(AD+AC-DC)$$

则
$$MK=\frac{1}{2}(BD+DC-BC)=r_2=I_2N$$

同理
$$KN=r_1=I_1M$$

又
$$\angle I_1MK=\angle KNI_2=90^\circ$$

则
$$\triangle I_1MK\cong\triangle KNI_2$$

即
$$I_1K=KI_2,\angle I_1KM=\angle KI_2N$$

从而
$$\angle I_1KM+\angle I_2KN=\angle I_2KN+\angle KI_2N=90^\circ$$

---

①　沈文选.直角三角形中的一些数量关系[J].中学数学,1997(7):14-17.

②　沈文选.平面几何证明方法全书[M].哈尔滨:哈尔滨工业大学出版社,2005:351-359.

③　邹黎明,唐建忠.直角三角形的一个性质[J].中学数学,2003(5):49.

故 $$\angle I_1KI_2=90^\circ$$

由 $KI_1=KI_2$ 知点 $K$ 在 $I_1I_2$ 的中垂线上，又 $I_1K=r$，由 $\triangle II_1I_2$ 的外接圆半径 $R_0=r$，设外心为 $K'$，则

$$IK'=r$$

由 $$\angle AIB=90^\circ+\frac{1}{2}\angle ACB>90^\circ$$

则点 $K,K'$ 都在 $\angle AIB$ 内.

因点 $K'$ 亦在 $I_1I_2$ 的中垂线上，且 $IK=IK'=r$，则点 $K$ 与点 $K'$ 重合，即

$$\angle AIB+\frac{1}{2}\angle I_1KI_2=180^\circ$$

从而 $$\angle AIB=135^\circ$$

又由 $$\angle AIB=90^\circ+\frac{1}{2}\angle ACB=135^\circ$$

故 $$\angle ACB=90^\circ$$

**命题2**[①] 如图9.39，$\triangle ABC$ 中，$CD\perp AB$ 于点 $D$，$\triangle ACD$，$\triangle BCD$ 的内切圆分别切 $AC$，$BC$ 于 $E$，$F$，则 $\triangle ABC$ 为直角三角形的充要条件是 $\angle EDF=90^\circ$.

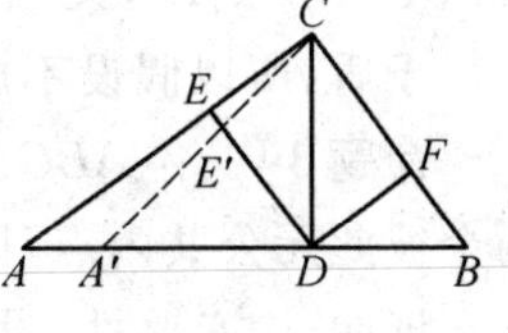

图9.39

**证明** 必要性：因为 $\angle ACB=90^\circ$，$CD\perp AB$，所以，$\triangle ACD\backsim\triangle CDB$，所以

$$\frac{AC}{BC}=\frac{CD}{BD}=\frac{AD}{CD}=\frac{AC+AD-CD}{BC+CD-BD}$$

因为 $$AE=\frac{1}{2}(AC+AD-CD),CF=\frac{1}{2}(CD+BC-BD)$$

所以 $$\frac{AE}{CF}=\frac{AD}{CD}$$

又 $\angle A=\angle DCB$，所以

$$\triangle ADE\backsim\triangle CDF$$

所以 $$\angle ADE=\angle CDF$$

所以 $$\angle EDF=\angle ADC=90^\circ$$

充分性：在 $\angle EDF=90^\circ$ 的条件下，假设 $\angle ACB\neq 90^\circ$，设 $\triangle ACD$ 内心为 $I_1$，联结 $I_1E$，过点 $C$ 作 $A'C\perp BC$，设 $CA'$ 交 $AB$ 于点 $A'$，作 $\triangle A'CD$ 的内切圆圆 $I_1'$ 切 $A'C$ 于点 $E'$，联结 $I_1'E'$.

① 邹黎明.数学问题1591题[J].数学通报，2006(2).

由前知 $\angle E'DF=90^\circ$，因为 $\angle EDF=90^\circ$，所以点 $D,E,E'$ 在一条直线上.又点 $D,I_1,I_1{}'$ 在一条直线上，则

$$DI_1=\sqrt{2}\,I_1E, DI_1{}'=\sqrt{2}\,I_1{}'E'$$

在 $\triangle I_1DE$ 中，设 $\angle I_1DE=\alpha$，所以

$$\frac{I_1E}{\sin\alpha}=\frac{I_1D}{\sin\angle I_1ED},\frac{I_1{}'E'}{\sin\alpha}=\frac{I_1{}'D}{\sin\angle I_1{}'E'D}$$

因为

$$\frac{I_1E}{I_1E'}=\frac{DI_1}{DI_1{}'}$$

所以

$$\sin\angle I_1ED=\sin\angle I_1{}'E'D$$

又

$$\angle EI_1D=360^\circ-90^\circ-45^\circ-\angle A=225^\circ-\angle A>90^\circ$$

$$\angle E'I_1'D>90^\circ$$

所以

$$\angle I_1ED=\angle I_1{}'E'D$$

所以 $I_1E \parallel I_1E'$，又 $I_1E\perp AC$，$I_1{}'E'\perp A'C$，所以 $CA'\perp I_1E$.



矛盾，所以假设不成立，所以 $\angle ACB=90^\circ$.

**命题 3**① $\triangle ABC$ 为直角三角形的充分与必要条件为：$\triangle ABC$ 可以被分成两个彼此无公共内点且都与 $\triangle ABC$ 相似的小三角形.

**证明** 必要性：设 $\angle C=90^\circ$，则由点 $C$ 引边 $AB$ 上的高，就把 $\triangle ABC$ 分成了两个与 $\triangle ABC$ 相似且彼此无公共内点的三角形.

充分性：设 $\triangle ABC$ 被直线 $PQ$ 分成了两个彼此无公共内点且都与 $\triangle ABC$ 相似的小三角形，我们要证 $\triangle ABC$ 是直角三角形.

首先，直线 $PQ$ 必过 $\triangle ABC$ 的一个顶点(不妨设为点 $C$)，否则 $\triangle ABC$ 将被分成一个三角形及一个四边形，由题设知

$$\triangle BDC\backsim\triangle ADC\backsim\triangle ABC$$

因为

$$\angle ADC>\angle DBC,\angle ADC>\angle DCB$$

所以由上式推出只能有

$$\angle ADC=\angle BDC$$

亦即 $CD\perp AB$，再根据上式知 $\angle C=90^\circ$，即 $\triangle ABC$ 是直角三角形.

① 南秀全.三角形的剖分及应用[J].中学数学，1992(3):44-47.

**命题 4**① 在 $\mathrm{Rt}\triangle ABC$ 中，$CD$ 是斜边上的高，记 $I_1, I_2, I$ 分别是 $\triangle ADC$，$\triangle BCD$，$\triangle ABC$ 的内心，点 $I$ 在 $AB$ 上的射影为 $O_1$，$\angle CAB$，$\angle ABC$ 的平分线分别交 $BC$，$AC$ 于点 $P, Q$，$PQ$ 与 $CD$ 相交于点 $O_2$。求证：四边形 $I_1O_1I_2O_2$ 为正方形.

**证明** 如图 9.40，不妨设 $BC \geqslant AC$。由题设，有

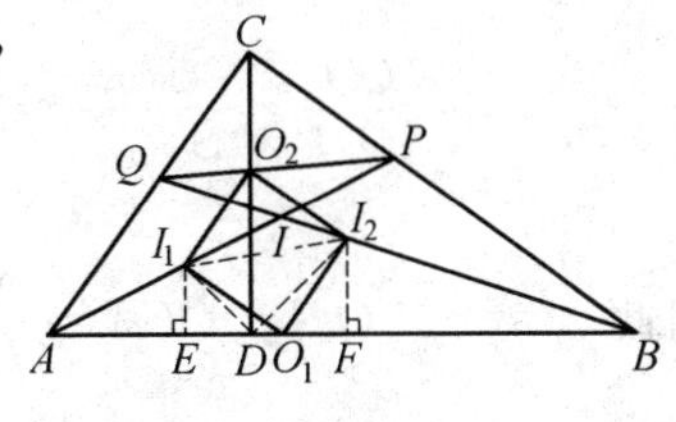


图 9.40

$$\mathrm{Rt}\triangle ADC \backsim \mathrm{Rt}\triangle CDB$$

所以
$$\frac{AC}{BC} = \frac{I_1D}{I_2D}$$

又
$$\angle I_1DI_2 = 90^\circ = \angle ACB$$

从而
$$\mathrm{Rt}\triangle DI_1I_2 \backsim \mathrm{Rt}\triangle CAB, \angle I_2I_1D = \angle CAB \quad ①$$

记 $\triangle ADC$，$\triangle BCD$ 内切圆半径分别为 $r_1, r_2$；$AB = c, BC = a, CA = b$，$AD = x, BD = y, CD = z$，则

$$r_1 = \frac{x+z-b}{2}, r_2 = \frac{y+z-a}{2}, AO_1 = \frac{b+c-a}{2}$$

（注意 $O_1$ 为 $\triangle ABC$ 内切圆在 $AB$ 上的切点），从而

$$DO_1 = AO_1 - AD = \frac{b+c-a}{2} - x = r_2 - r_1$$

$$EO_1 = r_1 + (r_2 - r_1) = r_2, FO_1 = r_1$$

由勾股定理，有

$$I_1O_1^2 = I_1E^2 + O_1E^2 = r_1^2 + r_2^2$$

同理
$$I_2O_1^2 = r_1^2 + r_2^2$$

又
$$I_1I_2^2 = (r_2 - r_1)^2 + (r_2 + r_1)^2 = 2(r_1^2 + r_2^2) = I_1D^2 + I_2D^2$$

所以 $\triangle O_1I_1I_2$ 为等腰直角三角形，且 $D, O_1, I_2, I_1$ 四点共圆，则

$$\angle I_2O_1B = \angle I_2I_1D \quad ②$$

由式 ①② 可知

$$\angle I_2O_1B = \angle CAB, O_1I_2 \parallel AC$$

同理 $O_1I_1 \parallel BC$，所以

$$\frac{AI_1}{I_1P} = \frac{AO_1}{BO_1} = \frac{\frac{1}{2}(b+c-a)}{\frac{1}{2}(c+a-b)} = \frac{b+c-a}{c+a-b}$$

---

① 羊明亮，沈文选. 数学问题 666 题[J]. 数学教学，2006(4)：48.

由角平分线定理,有

$$CP=\frac{ab}{b+c},CQ=\frac{ab}{a+c}$$

另一方面

$$\frac{QO_2}{O_2P}=\frac{S_{\triangle CQO_2}}{S_{\triangle CPO_2}}=\frac{\frac{1}{2}CQ\cdot CO_2\sin\angle ACD}{\frac{1}{2}CP\cdot CO_2\sin\angle BCD}=\frac{b(b+c)}{a(a+c)}$$

因此 $$O_2I_1 /\!/ CA\Leftrightarrow\frac{AI_1}{I_1P}=\frac{QO_2}{O_2P}\Leftrightarrow\frac{b+c-a}{c+a-b}=\frac{b(b+c)}{a(a+c)}$$

因为

$$a(a+c)(b+c-a)-b(b+c)(c+a-b)=$$
$$a^2b-a^3+ac^2-ab^2+b^3-bc^2=$$
$$a^2b-a^3+a(a^2+b^2)-ab^2+b^3-b(a^2+b^2)=0$$

故 $O_2I_1 /\!/ CA$.同理 $O_2I_2 /\!/ BC$,四边形 $I_1O_1I_2O_2$ 为平行四边形,又

$$I_1O_1=I_2O_1,I_1O_1\perp I_2O_1$$



故四边形 $I_1O_1I_2O_2$ 为正方形.

**命题5**① 在 Rt$\triangle ABC$ 中,$CD$ 为斜边 $AB$ 上的高,$I_1$,$I_2$ 分别为 $\triangle ACD$ 和 $\triangle CDB$ 的内心,过 $I_1$,$I_2$ 的直线交 $AC$ 于点 $E$,交 $BC$ 于点 $F$;延长 $CI_1$ 交 $AD$ 于点 $P$,延长 $CI_2$ 交 $DB$ 于点 $Q$;设 $I$ 为 $\triangle ABC$ 的内心,则:

(1)$\angle PCQ=45°$;

(2)$AQ=AC$,$BP=BC$;

(3)$CE=CD=CF$,且 $EI_1^2+I_2F^2=I_1I_2^2$;

(4)三直线 $PI_2$,$QI_1$,$CD$ 共点;

(5)$CI\perp I_1I_2$,且 $CI=I_1I_2$;

(6)$\angle PIQ=90°$.

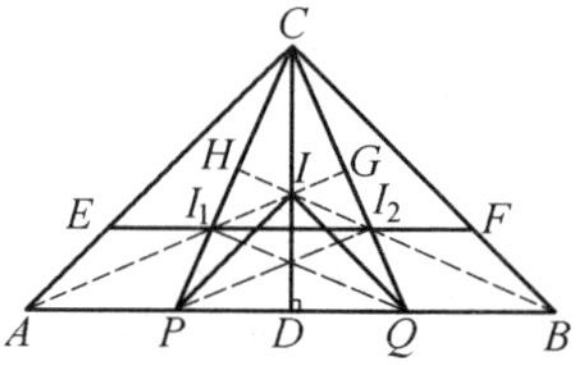

图 9.41

**证明** 如图 9.41.

(1)$\angle PCQ=\frac{1}{2}\angle ACD+\frac{1}{2}\angle DCB=\frac{1}{2}\angle ACB=45°$.

(2)由 $\angle ACQ=\angle ACD+\frac{1}{2}\angle DCB=\angle B+\frac{1}{2}\angle DCB=\angle AQC$ 知

$$AQ=AC$$

① 田永海.由一个简单图形构造的若干命题[J].中学数学月刊,1988(11):16-18.

同理
$$BP=BC$$

(3) 由 $\mathrm{Rt}\triangle ADC\backsim\mathrm{Rt}\triangle CDB$，有
$$\frac{DI_1}{DI_2}=\frac{AC}{BC}$$

又
$$\angle I_1DI_2=\frac{1}{2}\angle ADB=90^\circ=\angle ACB$$

则 $\triangle I_1DI_2\backsim\triangle ACB$，即 $\angle I_2I_1D=\angle A$，故 $E,A,D,I_1$ 四点共圆，则
$$\angle CEI_1=\angle ADI_1=\angle CDI_1=45^\circ$$

于是
$$EI_1=DI_1, I_2F=DI_2, \triangle CEI_1\cong\triangle CDI_1$$

即 $CE=CD$，$EI_1=DI_1$，同理 $CF=CD$，$I_2F=DI_2$.

在 $\mathrm{Rt}\triangle I_1DI_2$ 中有
$$I_1D^2+I_2D^2=I_1I_2^2$$

由此即证得
$$EI_1^2+I_2F^2=I_1I_2^2$$

(4) 由 $AQ=AC$，及 $I_1$ 在 $\angle A$ 的平分线上，则 $I_1$ 在 $CQ$ 的中垂线上，即 $CI_1=I_1Q$，又 $\angle PCQ=45^\circ$，则 $\angle CI_1Q=90^\circ$. 同理 $\angle CI_2P=90^\circ$. 故 $PI_2$ 与 $QI_1$ 相交于 $\triangle CPQ$ 的垂心，而 $CD\perp PQ$，故 $CD$ 过此垂心，即三直线 $PI_2,QI_1,CD$ 共点.



(5) 联结 $AI,BI$，易知 $I_1,I_2$ 分别在 $AI,BI$ 上，且有 $AI\perp CQ,BI\perp PC$. 即 $I$ 为 $\triangle CI_1I_2$ 的垂心，得 $CI\perp I_1I_2$.

又 $\angle I_1CI_2=45^\circ$，设 $I_1I$ 交 $CI_2$ 于点 $G$，有 $CG=I_1G$，则
$$\mathrm{Rt}\triangle CIG\cong\mathrm{Rt}\triangle I_1I_2G$$

故
$$CI=I_1I_2$$

(6) 延长 $AI$ 交 $CQ$ 于点 $G$，延长 $BI$ 交 $CP$ 于点 $H$，则 $I_1,I_2$ 分别在 $AG,BH$ 上.

由 $AC=AQ,BC=BP$，可知 $AG$ 为 $QC$ 的中垂线，$BH$ 为 $CP$ 的中垂线，有 $IQ=IC,IP=IC$，即 $IP=IQ=IC$. 故 $I$ 为 $\triangle CPQ$ 的外心，于是
$$\angle PIQ=2\angle PCQ=\angle ACB=90^\circ$$

即
$$\angle PIQ=90^\circ$$

**命题 6**　在 $\mathrm{Rt}\triangle ABC$ 中，$CD\perp$ 斜边 $AB$ 于点 $D$，$O_1,O_2$ 分别为 $\triangle ACD$，$\triangle CDB$ 的内心，过点 $O_1,O_2$ 的直线交 $AC$ 于点 $E$，交 $CD$ 于点 $K$，交 $CB$ 于点 $F$，交直线 $AB$ 于点 $G$，过点 $C$ 作 $\triangle ABC$ 的外接圆的切线交直线 $BA$ 于点 $T$，$\angle CTB$ 的平分线交 $AC$ 于点 $R$，交 $BC$ 于点 $S$，则：

(1) $\frac{1}{BC}+\frac{1}{AC}=\frac{1}{KC}$;

(2) $\frac{BG}{AG}=\frac{FB}{EA}$;

(3) $RS \parallel O_1O_2$.

**证明** (1) 如图 9.42,由性质 3 得

$$CE=CD=CF$$

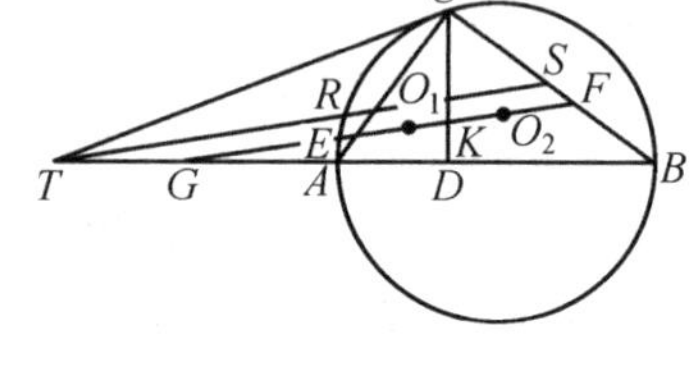


图 9.42

设 $\angle BCD=\alpha$,则

$$\frac{\sin 90^\circ}{CK}=\frac{\sin\alpha}{CE}+\frac{\sin(90^\circ-\alpha)}{CF}$$

易知

$$\sin\alpha=\sin A=\frac{CD}{AC}=\frac{CE}{AC}$$

$$\sin(90^\circ-\alpha)=\sin B=\frac{CD}{BC}=\frac{CF}{BC}$$



则

$$\frac{1}{CK}=\frac{\sin 90^\circ}{CK}=\frac{1}{AC}+\frac{1}{BC}$$

即

$$\frac{1}{CK}=\frac{1}{AC}+\frac{1}{BC}$$

(2) 过点 $A$ 作 $BC$ 的平行线交 $GE$ 于点 $H$,由 $CE=CF$ 知 $HA=EA$,有

$$\frac{BG}{AG}=\frac{FB}{HA}=\frac{FB}{EA}$$

故

$$\frac{BG}{AG}=\frac{FB}{EA}$$

(3) 由 $\angle CEF=45^\circ$,易知 $R$ 为 $\mathrm{Rt}\triangle TDC$ 的内心,有

$$\angle CRS=\angle CTR+\angle TCR=\frac{1}{2}(\angle CTD+\angle TCD)=45^\circ=\angle CEF$$

即

$$\angle CRS=\angle CEF$$

故

$$RS \parallel O_1O_2$$

## 第4节 三边相等的凸四边形的性质及应用

试题 C1 涉及了三边相等的凸四边形的性质.下面,我们对这类凸四边形的性质及应用进行探讨.

为讨论问题的方便,先看几个问题:

**问题 1**　在 $\triangle ABC$ 中，点 $D,E$ 分别是边 $AB,AC$ 上的点，且满足 $DB=BC=CE$. 设直线 $CD$ 与 $BE$ 相交于点 $F$. 证明：$\triangle ABC$ 的内心 $I$，$\triangle DEF$ 的垂心 $H$，$\triangle ABC$ 的外接圆的 $\overparen{BAC}$ 的中点 $M$ 在一条直线上.

(2014 年欧洲女子数学奥林匹克题)

**证法 1**　如图 9.43，由 $DB=BC=CE$，知 $BI\perp CD$，$CI\perp BE$，则 $I$ 是 $\triangle BFC$ 的垂心.

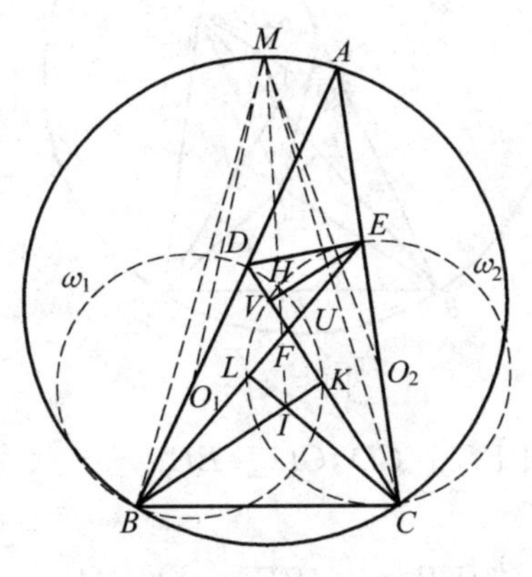


图 9.43



记直线 $BI$ 与 $CD$ 的交点为 $K$，直线 $CI$ 与 $BE$ 的交点为 $L$，则由圆幂定理(或垂心的性质)，知

$$IB\cdot IK=IC\cdot IL \quad ①$$

过点 $D$ 作 $EF$ 的垂线，垂足为 $U$，过点 $E$ 作 $DF$ 的垂线，垂足为 $V$，则 $DU$ 与 $EV$ 交于点 $H$，从而由圆幂定理(或垂心的性质)，有

$$DH\cdot HU=EH\cdot HV \quad ②$$

记以线段 $BD$，$CE$ 为直径的圆分别为圆 $\omega_1$，$\omega_2$，则 $B,K,D,U$ 及 $L,C,V,E$ 分别在 $\omega_1$，$\omega_2$ 上，由式 ①② 知点 $I,H$ 对圆 $\omega_1$ 和 $\omega_2$ 的幂相等，即直线 $IH$ 是圆 $\omega_1$ 和圆 $\omega_2$ 的根轴.

记圆 $\omega_1$，$\omega_2$ 的圆心分别为 $O_1$，$O_2$，则

$$MB=MC,BO_1=CO_2,\angle MBO_1=\angle MCO_2$$

从而

$$\triangle MBO_1\cong\triangle MCO_2$$

因此，$MO_1=MO_2$. 而圆 $\omega_1$ 与圆 $\omega_2$ 半径相等，所以点 $M$ 对圆 $\omega_1$ 和 $\omega_2$ 的幂相等，即点 $M$ 在这两个圆的根轴上，亦即 $M,I,H$ 三点共线.

**证法2** 如图9.44,同证法1,标记点 $K,L,U,V$. 记直线 $DU$ 与 $EI$ 的交点为 $P$,直线 $EV$ 与 $DI$ 的交点为 $Q$.

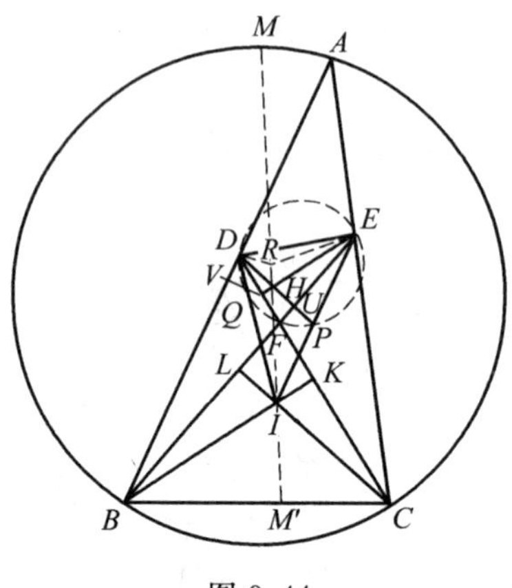


图 9.44



由 $DB=BC=CE$,知 $BI\perp CD, CI\perp BE$.

于是,$BI\mathbin{/\!/}EV$,则

$$\angle IEB=\angle IBE=\angle UEH$$

类似地,$CI\mathbin{/\!/}DU$,则

$$\angle IDC=\angle ICD=\angle VDH$$

由于 $\angle UEH=\angle VDH$,故 $D,Q,F,P,E$ 五点共圆,因此

$$IP\cdot IE=IQ\cdot ID$$

记 $\triangle HEP$ 的外接圆与直线 $HI$ 的另一个交点为点 $R$. 由

$$IH\cdot IR=IP\cdot IE=IQ\cdot ID$$

知 $D,Q,H,R$ 四点共圆,于是

$$\angle DQH=\angle EPH=\angle DFE=\angle BFC=$$

$$180^\circ-\angle BIC=90^\circ-\frac{1}{2}\angle BAC$$

由 $D,Q,H,R$ 和 $E,P,H,R$ 分别四点共圆,得

$$\angle DRH=\angle ERH=180^\circ-\left(90^\circ-\frac{1}{2}\angle BAC\right)=$$

$$90^\circ+\frac{1}{2}\angle BAC$$

从而,点 $R$ 在 $\triangle DEH$ 内,并且

$$\angle DRE=360^\circ-\angle DRH-\angle ERH=180^\circ-\angle BAC$$

这表明,$A,D,R,E$ 四点共圆.

由 $MB=MC,BD=CE,\angle MBD=\angle MCE$,得

$$\triangle MBD \cong \triangle MCE$$

于是 $\angle MDA=\angle MEA$. 从而,$M,D,E,A$ 四点共圆,进而有 $M,D,R,E,A$ 五点共圆. 这样,我们就有

$$\angle MRE=180^\circ-\angle MAE=180^\circ-\left(90^\circ-\frac{1}{2}\angle BAC\right)=$$
$$90^\circ+\frac{1}{2}\angle BAC$$

又由

$$\angle ERH=90^\circ+\frac{1}{2}\angle BAC$$

可知,$I,H,R,M$ 四点共线.

**证法3** 在坐标平面内进行讨论. 设点 $B,C,D,E$ 的坐标分别为 $B(b_x,b_y)$,$C(c_x,c_y)$,$D(d_x,d_y)$,$E(e_x,e_y)$,则由

$$\overrightarrow{BI}\cdot\overrightarrow{CD}=0,\overrightarrow{CI}\cdot\overrightarrow{BE}=0$$
$$\overrightarrow{EH}\cdot\overrightarrow{CD}=0,\overrightarrow{DH}\cdot\overrightarrow{BE}=0$$

可得

$$\overrightarrow{IH}\cdot(\overrightarrow{PB}-\overrightarrow{PC}-\overrightarrow{PE}+\overrightarrow{PD})=0$$

($P$ 为平面内任意一点). 从而,直线 $IH$ 的斜率

$$k_{IH}=\frac{c_x+e_x-b_x-d_x}{b_y+d_y-c_y-e_y}$$

设 $x$ 轴与直线 $BC$ 重合,并设

$$\angle BAC=\alpha,\angle ABC=\beta,\angle ACB=\gamma$$

由 $DB=BC=CE$,知

$$c_x-b_x=BC$$
$$e_x-d_x=BC-BC\cos\beta-BC\cos\gamma$$
$$b_y=c_y=0$$
$$d_y-e_y=BC\sin\beta-BC\sin\gamma$$

从而,直线 $IH$ 的斜率

$$k_{IH}=\frac{2-\cos\beta-\cos\gamma}{\sin\beta-\sin\gamma}$$

下面我们证明 $k_{MI}=k_{IH}$. 设 $\triangle ABC$ 的内切圆和外接圆的半径分别为 $r$ 和

$R$. 由

$$\angle BMC=\angle BAC=\alpha, BM=MC$$

得

$$m_y-i_y=\frac{BC}{2}\cot\frac{\alpha}{2}-r$$

$$m_x-i_x=\frac{AC-AB}{2}$$

其中,$(m_x,m_y)$,$(i_x,i_y)$ 分别为点 $M,I$ 的坐标. 从而直线 $MI$ 的斜率

$$k_{MI}=\frac{BC\cot\frac{\alpha}{2}-2r}{AC-AB}$$

由正弦定理,得

$$\frac{BC}{\sin\alpha}=\frac{AC}{\sin\beta}=\frac{AB}{\sin\gamma}=2R$$

则



$$BC\cot\frac{\alpha}{2}=4R\cos^2\frac{\alpha}{2}=2R(1+\cos\alpha)$$

且

$$\frac{r}{R}=\cos\alpha+\cos\beta+\cos\gamma-1$$

从而

$$\frac{BC\cot\frac{\alpha}{2}-2r}{AC-AB}=\frac{2R(1+\cos\alpha)-2r}{2R(\sin\beta-\sin\gamma)}=\frac{2-\cos\beta-\cos\gamma}{\sin\beta-\sin\gamma}$$

即 $k_{MI}=k_{IH}$,因此,$I,H,M$ 三点共线.

**证法4** 如图9.45,记射线 $BI,CI$ 分别与 $\triangle ABC$ 的外接圆相交于点 $P,Q$. 过点 $D$ 作 $EF$ 的垂线,与 $BI$ 相交于点 $R$,过点 $E$ 作 $DF$ 的垂线,与 $CI$ 相交于点 $S$.

由 $BI$ 是等腰 $\triangle CBD$ 的内角平分线,知 $BI\perp CD$,又 $EH\perp DF$,故 $HS\parallel RI$,类似地,$HR\parallel SI$,因此四边形 $HSIR$ 是平行四边形.

由 $M$ 是 $\overset{\frown}{BAC}$ 的中点,知

$$\angle MPI=\angle MPB=\angle MQC=\angle MQI$$

$$\angle PIQ=\frac{\overset{\frown}{PA}+\overset{\frown}{CB}+\overset{\frown}{AQ}}{2}=\frac{\overset{\frown}{PC}+\overset{\frown}{CB}+\overset{\frown}{BQ}}{2}=\angle PMQ$$

因此,四边形 $MPIQ$ 是平行四边形.

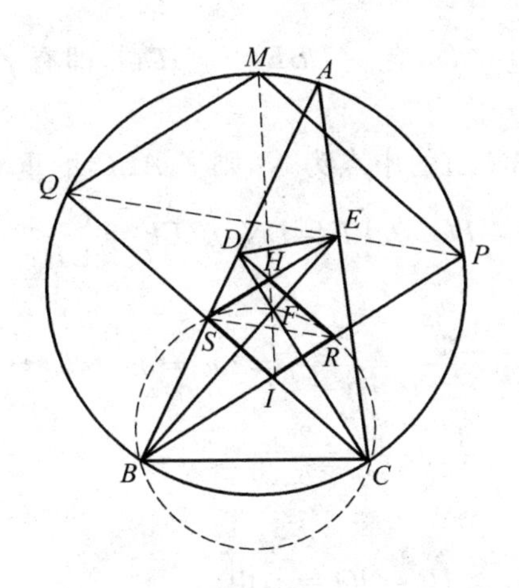


图 9.45

由 $CI$ 是等腰 $\triangle BCE$ 的内角平分线，知 $\triangle BSE$ 也是等腰三角形，于是

$$\angle FBS = \angle EBS = \angle SEB = \angle HEF = \angle HDF = \angle RDF = \angle FCS$$

从而，$B,S,F,C$ 四点共圆. 类似地，$B,F,R,C$ 四点共圆. 因此，$B,S,R,C$ 四点共圆. 结合 $B,Q,P,C$ 四点共圆，易得 $SR \parallel QP$.

这表明，平行四边形 $HSIR$ 和平行四边形 $MQIP$ 位似，因此，$M,H,I$ 三点共线.

**注**　在上述证法中，由图 9.45 知，四边形 $IRHS$ 与四边形 $IPMQ$ 均为平行四边形，且位似，从而知 $SR \parallel QP$.

**问题 2**　锐角 $\triangle ABC$ 的某顶点与重心的连线垂直于内心与外心连线的充要条件是三角形三边的倒数成等差数列(某顶点所对的边的倒数为等差中项).

**证法 1**　如图 9.46，在 $\triangle ABC$ 中，不妨设 $AB$ 边最短，因而可在 $BC$，$AC$ 上分别取点 $E$，$F$，使 $BE = AF = AB$，则可证 $IO \perp EF$.

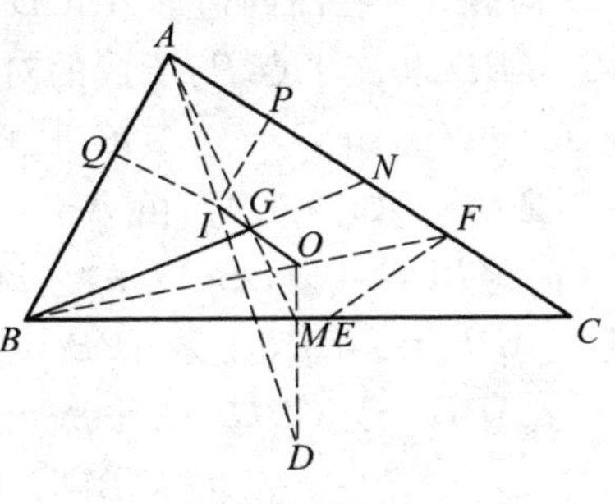


图 9.46

事实上，设 $M$ 为 $BC$ 的中点，延长 $OM$ 交直线 $AI$ 于点 $D$，则点 $D$ 在 $\triangle ABC$ 的外接圆上.

又 $\angle BOD = \angle BAF$，$BO = DO$，$BA = AF$，则 $\triangle BOD \backsim \triangle BAF$.

由内心性质知 $BD = DI$，从而由 $\dfrac{BO}{AB} = \dfrac{BD}{BF}$，

即有 $\dfrac{DO}{BE} = \dfrac{DI}{BF}$，亦即 $\dfrac{DO}{DI} = \dfrac{BE}{BF}$.

由 $OD \perp BE$,$BF \perp AD$,有 $\angle FBE = \angle IDO$,即有 $\triangle BFE \backsim \triangle DIO$,故 $OI \perp EF$.

下面回到原题:设 $AC$ 边的中点为 $N$,则 $\triangle ABC$ 的重心 $G$ 在 $BN$ 上

$$BG \perp IO \Leftrightarrow BG \parallel EF \Leftrightarrow BN \parallel EF \Leftrightarrow \frac{CN}{CF} = \frac{BC}{EC} \Leftrightarrow$$

$$\frac{\frac{b}{2}}{c-b} = \frac{a}{a-c} \Leftrightarrow 2ac = ab + bc \Leftrightarrow$$

$$\frac{1}{a} + \frac{1}{c} = \frac{2}{b}$$

**证法2** 如图9.46,令 $IP = IQ = r$,由

$$BO^2 - ON^2 = AO^2 - ON^2 = AN^2 = \frac{1}{4}b^2$$

$$BI^2 = BQ^2 + r^2 = (p-b)^2 + r^2$$



$$IN^2 = PN^2 + r^2 = \left[\frac{b}{2} - (p-a)\right]^2 + r^2 = \left(\frac{c-a}{2}\right)^2 + r^2$$

于是

$$BG \perp IO \Leftrightarrow BN \perp IO \Leftrightarrow BI^2 - IN^2 = BO^2 - ON^2 \Leftrightarrow$$

$$(p-b)^2 + r^2 - \left(\frac{c-a}{2}\right)^2 - r^2 = \frac{1}{4}b^2 \Leftrightarrow$$

$$\frac{1}{a} + \frac{1}{c} = \frac{2}{b}$$

**问题3** 在凸四边形 $ABCD$ 中,$AD$ 为最长边,且 $AB=BC=CD$,则对角线 $AC$ 与 $BD$ 相交于点 $P$,所成的对角和

$$\angle APB + \angle CPD = \angle ADC + \angle DAB, \angle APD + \angle BPC = \angle ABC + \angle BCD$$

**证明** 如图9.47,由 $AB = BC = CD$,则可令

$$\angle BDC = \angle DBC = \alpha, \angle BCA = \angle BAC = \beta$$

则 $\angle APB = \alpha + \beta$,且 $\angle APB = \angle PDA + \angle PAD$,从而

$$\angle APB + \angle CPD = \alpha + \beta + \angle PDA + \angle PAD = \angle ADC + DAB$$

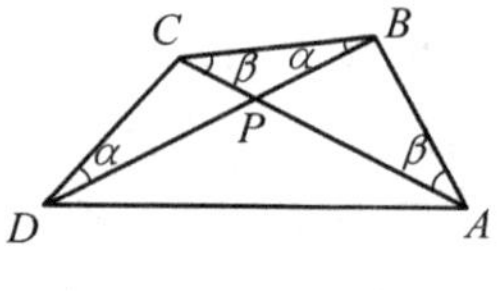

图9.47

同理

$$\angle APD + \angle BPC = \angle ABC + \angle BCD$$

**问题4** 在 $\triangle ABC$ 中,$AB$ 为最短边,在 $BC$,$AC$ 边上有点 $E$,$D$,使得 $BE = AD = AB$. 若 $\angle BDE = 90°$,则 $AB + AC = 2BC$.

**证明**　如图9.48,取$BE$的中点$F$,联结$AF,FD$.由$\angle BDE=90^{\circ}$,知

$$DF=\frac{1}{2}BE=BF$$

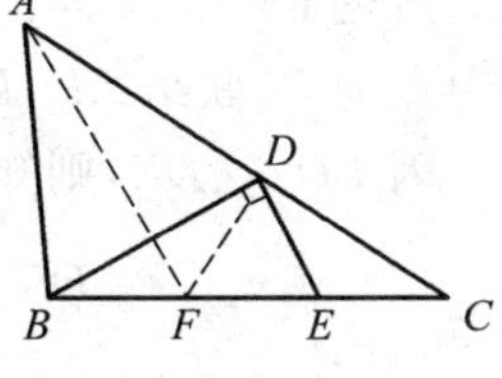

图9.48

因$AD=AB$,知$ABFD$为筝形,即$AF$垂直平分$BD$.亦即$AF$平分$\angle BAC$,有

$$\frac{AB}{AC}=\frac{BF}{FC}$$

注意到

$$BF=\frac{1}{2}BE=\frac{1}{2}AB,FC=BC-\frac{1}{2}AB$$

于是

$$\frac{AB}{AC}=\frac{\frac{1}{2}AB}{BC-\frac{1}{2}AB}$$

故

$$AB+AC=2BC$$



由试题C1及上述4个问题,我们可得三边相等的凸四边形有如下一些性质:

**性质1**　三边相等且第四边短的凸四边形中,过相等三边两夹角平分线的交点且与第四边垂直的直线一定过一定点(如图9.15中过定点$O$或图9.46中过点$O$).

**性质2**　三边相等且第四边短的凸四边形中,对角线分成的含短边的一对三角形的垂心的连线一定过一定点(如图9.43中过定点$M$).

**性质3**　三边相等且第四边长的凸四边形中,对角线相交所成的锐角对顶角之和等于第四边与其邻边组成的两角之和(问题3).

**性质4**　三边相等且第四边短的凸四边形,由相等三边(延长夹一边的两边得到的)三角形中,其内心与外心的连线垂直于四边形短的一边(如图9.15和图9.46中的$IO\perp DE,IO\perp EF$).

**性质5**　三边相等且第四边短的凸四边形中,若短边与一条对角线垂直,则由相等三边(延长夹一边的两边得到的)三角形的三边成等差数列(问题4).

**例1**　在Rt$\triangle ABC$中,已知斜边$AC$、直角边$BC$上各有一点$D,E$,使得$AB=AD=BE$,且$BD\perp DE$.求$\frac{AB}{BC}$和$\frac{BC}{CA}$.

(2013年阿根廷数学奥林匹克题)

**解法1** 令 $BC=a,CA=b,AB=c$,如图9.49,设 $BE$ 的中点为 $F$,联结 $AF,DF$.

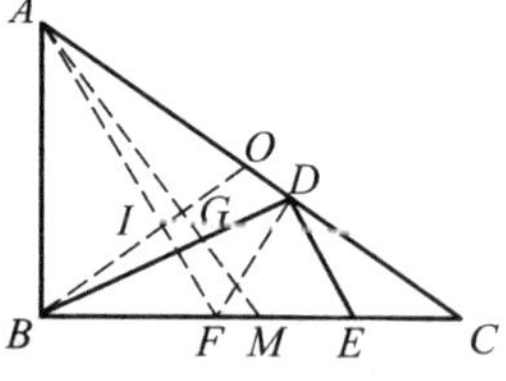

图9.49

因 $BD\perp DE$,则知

$$DF=\frac{1}{2}BE=BF$$

又 $AB=AD$,则 $ABFD$ 为筝形,即 $AF$ 垂直平分 $BD$. 从而 $AF$ 为 $\angle A$ 的平分线,于是有

$$\frac{AB}{BF}=\frac{AC}{CF}$$

由 $AB=c,BF=\frac{c}{2},CA=b,CF=a-\frac{c}{2}$,得

$$\frac{c}{\frac{c}{2}}=\frac{b}{a-\frac{c}{2}}\Rightarrow b+c=2a$$

在 Rt$\triangle ABC$ 中,由

$$b^2=a^2+c^2\Rightarrow(2a-c)^2=a^2+c^2\Rightarrow 3a=4c$$



设 $a=4d,c=3d(d>0)$,则

$$b=\sqrt{a^2+c^2}=5d$$

故

$$\frac{AB}{BC}=\frac{3}{4},\frac{BC}{CA}=\frac{4}{5}$$

**解法2** 由 $AB=AD=BE$,设 $I,O$ 分别为 $\triangle ABC$ 的内心和外心,则由性质4知 $IO\perp DE$.

在 Rt$\triangle ABC$ 中,$O$ 为 $AC$ 的中点,点 $I$ 在直线 $AF$ 上($F$ 为 $BE$ 中点),且 $AF\perp BD$.

由题设 $BD\perp DE$,即知 $IO\parallel BD$,从而 $IO\perp AF$,即

$$IO\perp AI\Rightarrow AB+AC=2BC$$

以下同解法1.

**例2** 凸四边形 $ABCD$ 满足 $AB=BC=CD$,$AC\neq BD$,对角线 $AC$ 与 $BD$ 交于点 $E$. 求证:$AE=DE$ 的充分必要条件是 $\angle BAD+\angle ADC=120°$.

(2007年第24届巴尔干地区数学奥林匹克题)

**证明** 如图9.50,由 $AB=BC=CD$,可令

$$\angle BAC=\angle BCA=\alpha,\angle CBD=\angle CDB=\beta$$

必要性.若 $AE=DE$,则

$$\angle AEB=\angle DEC=\alpha+\beta$$
$$\angle ABE=180^\circ-(2\alpha+\beta)$$
$$\angle DCE=180^\circ-(\alpha+2\beta)$$

在 $\triangle AEB$ 和 $\triangle CED$ 中,由正弦定理,得

$$\frac{AE}{\sin(2\alpha+\beta)}=\frac{AB}{\sin(\alpha+\beta)}=\frac{CD}{\sin(\alpha+\beta)}=\frac{DE}{\sin(\alpha+2\beta)}\Rightarrow$$
$$\sin(2\alpha+\beta)=\sin(\alpha+2\beta)$$

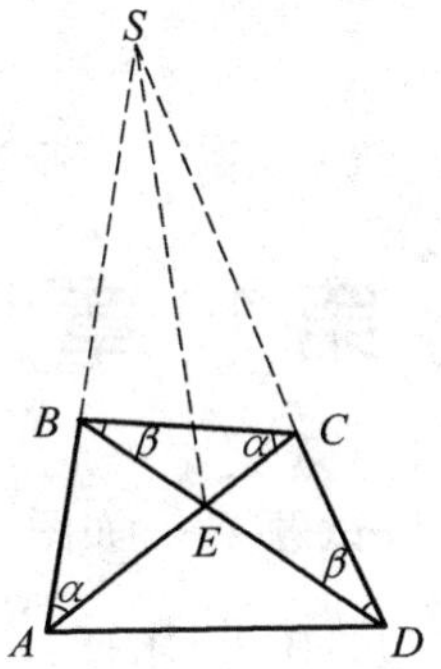

图 9.50

由于

$$0<2\alpha+\beta,\alpha+2\beta<180^\circ$$

则

$$2\alpha+\beta=\alpha+2\beta \text{ 或 } 2\alpha+\beta+\alpha+2\beta=180^\circ$$

当 $2\alpha+\beta=\alpha+2\beta$ 时,得 $\alpha=\beta$.于是

$$\triangle ABE\cong\triangle DCE\Rightarrow AE=ED\Rightarrow\angle EAD=\angle EDA\Rightarrow$$
$$\angle BAD=\angle CDA\Rightarrow\triangle BAD\cong\triangle CDA\Rightarrow AC=BD$$

矛盾.

当 $2\alpha+\beta+\alpha+2\beta=180^\circ$ 时,得 $\alpha+\beta=60^\circ$,则

$$\angle BAD+\angle ADC=\alpha+\angle EAD+\beta+\angle EDA=$$
$$\alpha+\beta+\angle AEB=2(\alpha+\beta)=120^\circ$$

充分性.若 $\angle BAD+\angle ADC=120^\circ$,设 $AB$ 的延长线与 $DC$ 的延长线交于点 $S$,则

$$\alpha+\beta=\angle AEB=\angle EAD+\angle EDA$$

于是

$$2\angle AEB=\alpha+\beta+\angle EAD+\angle EDA=\angle BAD+\angle ADC=120^\circ$$

从而 $\angle AEB=60^\circ$.又因为 $\angle S=60^\circ$,则 $S,B,E,C$ 四点共圆,于是

$$\angle BSE=\angle BCA=\alpha=\angle SAC$$

从而 $AE=SE$.同理 $SE=DE$.故 $AE=DE$.

# 第10章 1988～1989年度试题的诠释

**试题A** 如图10.1,在$\triangle ABC$中,点$P,Q,R$将其周长三等分,且点$P,Q$在边$AB$上,求证:$\frac{S_{\triangle PQR}}{S_{\triangle ABC}}>\frac{2}{9}$.

**证法1** 不妨设周长为1,作$\triangle ABC$,$\triangle PQR$的高$CL$,$RH$,则

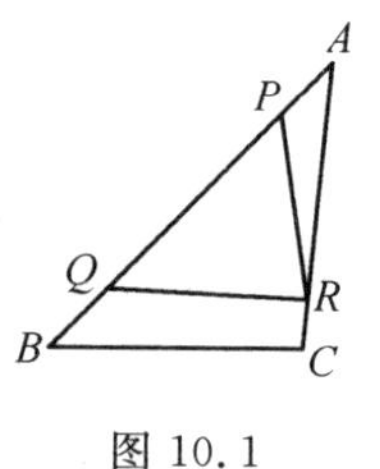

图10.1

$$\frac{S_{\triangle PQR}}{S_{\triangle ABC}}=\frac{\frac{1}{2}\cdot PQ\cdot RH}{\frac{1}{2}\cdot AB\cdot CL}=\frac{PQ\cdot AR}{AB\cdot AC}$$



由$PQ=\frac{1}{3}$,$AB<\frac{1}{2}$,知$\frac{PQ}{AB}>\frac{2}{3}$.又

$$AP\leqslant AP+BQ=AB-PQ<\frac{1}{2}-\frac{1}{3}=\frac{1}{6}$$

$$AR=\frac{1}{3}-AP>\frac{1}{3}-\frac{1}{6}=\frac{1}{6}$$

且
$$AC<\frac{1}{2}$$

从而
$$\frac{AR}{AC}>\frac{\frac{1}{6}}{\frac{1}{2}}=\frac{1}{3}$$

则
$$\frac{S_{\triangle PQR}}{S_{\triangle ABC}}>\frac{2}{3}\times\frac{1}{3}=\frac{2}{9}$$

**证法2** 在$AB$上取点$Q'$,如图10.2所示,使$AQ'=PQ$,则

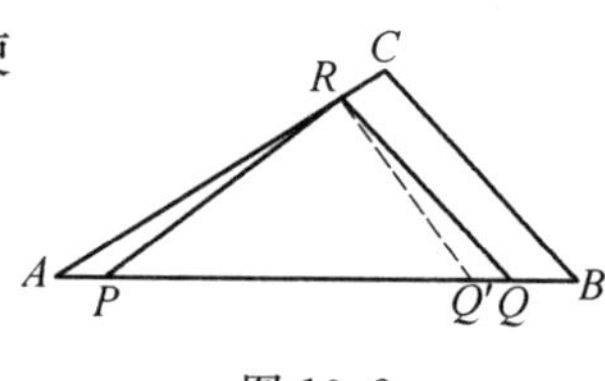

图10.2

$$AQ'=PQ=\frac{1}{3}(AB+BC+CA)>$$
$$\frac{1}{3}(AB+AB)=\frac{2}{3}AB$$

且
$$AP < AB - PQ < \frac{1}{3}AB$$

于是

$$AR = (AP + AR) - AP = \frac{1}{3}(AB + BC + CA) - AP >$$
$$\frac{1}{3}(AB + BC + CA) - \frac{1}{3}AB > \frac{1}{3}AC$$

故
$$\frac{S_{\triangle PQR}}{S_{\triangle ABC}} = \frac{\frac{1}{2}AB \cdot AQ'\sin A}{\frac{1}{2}AB \cdot AC\sin A} > \frac{\frac{1}{3}AR \cdot \frac{2}{3}AB}{AB \cdot AC} = \frac{2}{9}$$

**证法 3**　如图 10.3，将 $\triangle ABC$ 进行三次剖分，则图中 9 个小三角形都全等，显然有：

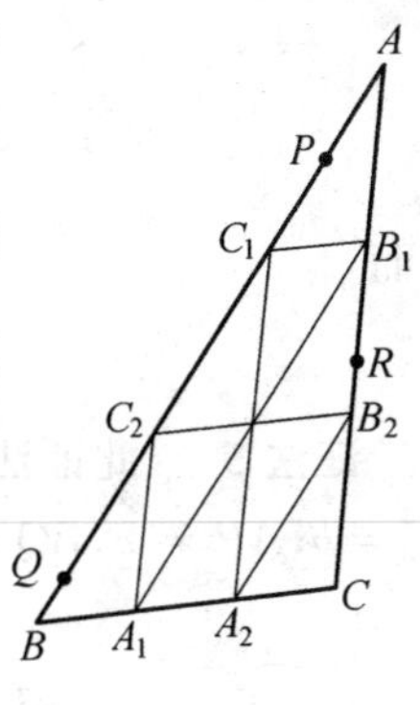

图 10.3

(1) $PQ = \frac{1}{3}m = m_1 > 2AC_1 = \frac{2}{3}AB$，其中 $m, m_1$ 分别表示 $\triangle ABC, \triangle AB_1C_1$ 的周长. 因此，必须有点 $P$ 在 $AC_1$ 上，点 $Q$ 在 $BC_2$ 上.

(2) 点 $R$ 不在 $AB$(或 $BA_1$) 上，否则

$$PA + AR \leqslant C_1A + AB_1 \leqslant m_1 = \frac{1}{3}m$$

因此，点 $R$ 必在 $B_1C$(或 $A_1C$) 上. 故

$$S_{\triangle PQR} = \frac{1}{2}PQ \cdot h' > \frac{1}{2}\left(\frac{2}{3}AB\right) \cdot \left(\frac{1}{3}h\right) = \frac{2}{9}S_{\triangle ABC}$$

其中，$h, h'$ 分别表示 $\triangle ABC, \triangle PQR$ 相应边上的高.

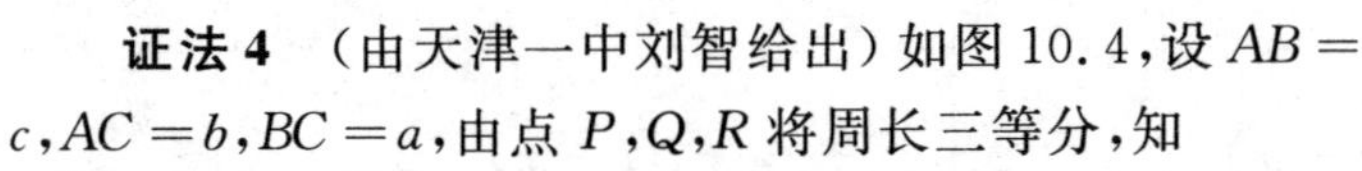
**证法 4**　(由天津一中刘智给出) 如图 10.4，设 $AB = c, AC = b, BC = a$，由点 $P, Q, R$ 将周长三等分，知

$$PQ = \frac{a + b + c}{3}$$

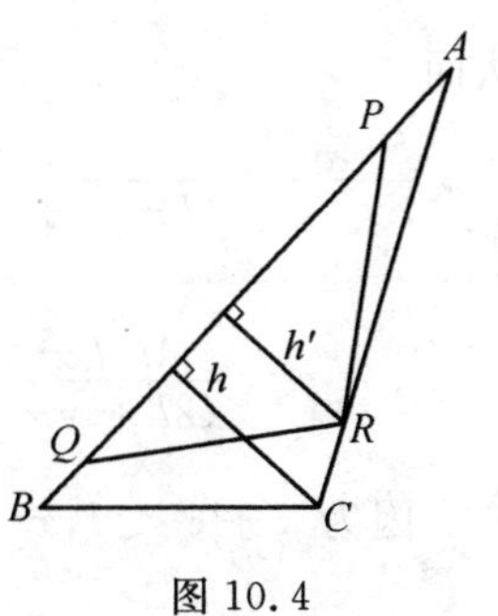

图 10.4

则　$$AP \leqslant AB - PQ = c - \frac{a + b + c}{3} = \frac{2c - a - b}{3}$$

又　$$PA + AR = \frac{a + b + c}{3}$$

则　$$AR \geqslant \frac{a + b + c}{3} - \frac{2c - a - b}{3} = \frac{2a + 2b - c}{3}$$

从点 $R,C$ 分别作 $AB$ 的高线 $h',h$,如图 10.4 所示,则

$$\frac{h'}{h}=\frac{AR}{AC}\geqslant\frac{2a+2b-c}{3b}$$

又 $$\frac{S_{\triangle PQR}}{S_{\triangle ABC}}=\frac{\frac{1}{2}PQ\cdot h'}{\frac{1}{2}AB\cdot h}\geqslant\frac{a+b+c}{3c}\cdot\frac{2a+2b-c}{3b}=\frac{(a+b+c)(2a+2b-c)}{9bc}$$

而 $$\frac{(a+b+c)(2a+2b-c)}{9bc}=\frac{2(a+b)^2+ac-c^2-bc}{9bc}+\frac{2}{9}$$

因 $a+b>c$,则 $(a+b)^2>c^2$,又由

$$c^2+ac=c(a+c)>cb$$

知 $$2(a+b)^2+ac+c^2-bc>0$$

则 $$\frac{(a+b+c)(2a+2b-c)}{9bc}>\frac{2}{9}$$

从而 $$\frac{S_{\triangle PQR}}{S_{\triangle ABC}}>\frac{2}{9}$$



**证法 5** (此证法及后 2 种证法由马传渔教授等给出.)设 $BC=a,AB=c$, $AC=b,AP=x,BQ=y,CR=z,PQ=l$,则 $\triangle ABC$ 的周长

$$p=a+b+c=3l$$

$$S_{\triangle AQR}=\frac{1}{2}(l+x)(l-x)\sin A,S_{\triangle APR}=\frac{1}{2}(l-x)x\sin A$$

故 $$S_{\triangle PQR}=\frac{1}{2}l(l-x)\sin A$$

又 $$S_{\triangle ABC}=\frac{1}{2}(l+x+y)(l-x+z)\sin A$$

从而

$$\frac{S_{\triangle PQR}}{S_{\triangle ABC}}=\frac{l(l-x)}{(l+x+y)(l-x+z)}\geqslant\frac{l(l-x)}{\left[\frac{(l+x+y)+(l-x+z)}{2}\right]^2}=$$

$$\frac{4l(l-x)}{(2l+y+z)^2}$$

因为 $y+z<l,x+l<c<\frac{3}{2}l$,故 $x<\frac{l}{2}$. 于是 $l-x>\frac{l}{2}$. 最后

$$\frac{S_{\triangle PQR}}{S_{\triangle ABC}}=\frac{4l(l-x)}{(2l+y+z)^2}>\frac{2l^2}{(3l)^2}=\frac{2}{9}$$

证毕.

**证法6**　在证法5中,当$x$取最大值时,$\lambda$取最小.依题意得$x=c-l$.于是

$$\lambda=\frac{S_{\triangle PQR}}{S_{\triangle ABC}}\geqslant\frac{l(2l-c)}{bc}=\frac{2(a+b)^2+(a+b)c-c^2}{9bc}$$

因为
$$(a+b)c>c^2,(a+b)^2>bc$$
故
$$\lambda>\frac{2bc}{9bc}=\frac{2}{9}$$
证毕.

**证法7**　如图10.5,以$AB$所在直线及过点$C$且与$AB$垂直的直线为坐标轴建立坐标系,并在图中表出各点的坐标,这里$x_0>0,h>0,c>0$.

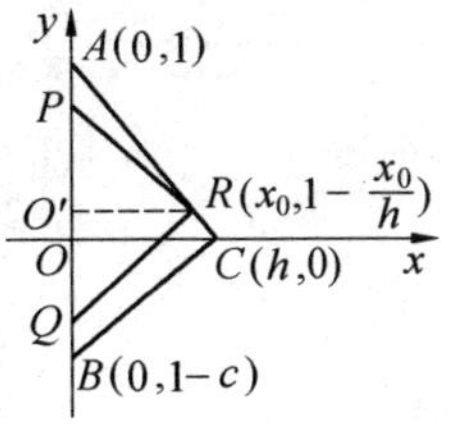

图10.5

因为直线$AC$:$\frac{x}{h}+y=1$,故

$$R(x_0,1-\frac{x_0}{h})$$

$$AB=c,BC=\sqrt{h^2+(1-c)^2},AC=\sqrt{h^2+1}$$

$$S_{\triangle ABC}=\frac{1}{2}hc$$

$$S_{\triangle PQR}=\frac{1}{2}x_0\cdot\frac{1}{3}[c+\sqrt{h^2+(1-c)^2}+\sqrt{h^2+1}]$$

欲证式即为

$$x_0[c+\sqrt{h^2+(1-c)^2}+\sqrt{h^2+1}]>\frac{2}{3}hc\qquad(*)$$

由题设,并参照证法3,当点$Q$与点$B$重合时

$$AP=c-l,AR=l-AP=2l-c>b/3$$

即$x_0>h/3$.此外

$$\sqrt{h^2+(1-c)^2}>BO,\sqrt{h^2+1}>AO$$

故
$$\frac{2c}{c+\sqrt{h^2+(1-c)^2}+\sqrt{h^2+1}}<1<\frac{x_0}{h/3}$$

从而式(*)成立,证毕.

**证法8**　取坐标系如图10.6,设$\triangle ABC$的三边长为$a,b,c$,各点的坐标

为：$A(0,0)$，$P(p,0)$，$Q(q,0)$，$B(c,0)$，$C(x_c,y_c)$，$R(x_R,y_R)$．由题设

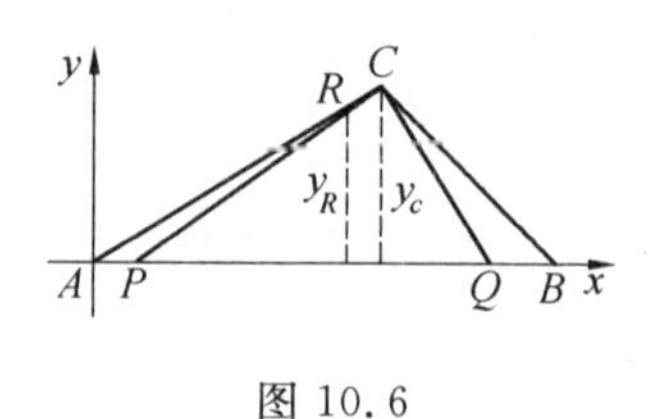

图 10.6

$$PQ=q-p=\frac{1}{3}(a+b+c)$$

$$AR=PQ-AP=q-p-p=q-2p$$

又

$$\frac{y_R}{y_C}=\frac{AR}{AC}=\frac{q-2p}{b}$$

$$S_{\triangle PQR}=\frac{1}{2}\begin{vmatrix}1 & p & 0\\ 1 & q & 0\\ 1 & x_R & y_R\end{vmatrix}=\frac{1}{2}y_R(q-p)$$

$$S_{\triangle ABC}=\frac{1}{2}\begin{vmatrix}1 & 0 & 0\\ 1 & c & 0\\ 1 & x_C & y_C\end{vmatrix}=\frac{1}{2}cy_C$$

所以
$$\frac{S_{\triangle PQR}}{S_{\triangle ABC}}=\frac{y_R(q-p)}{cy_C}=\frac{(q-2p)(q-p)}{bc}$$



而
$$q<c<\frac{1}{2}(a+b+c)=\frac{3}{2}(q-p)$$

所以
$$3p<q$$

即
$$q-2p>\frac{1}{2}(q-p)$$

所以
$$\frac{S_{\triangle PQR}}{S_{\triangle ABC}}=\frac{(q-p)^2}{2bc}=\frac{2}{9}\cdot\frac{(a+b+c)^2}{4bc}>\frac{2}{9}\cdot\frac{(b+c)^2}{4bc}\geqslant\frac{2}{9}$$

**注**　(1) 题中的 $\frac{2}{9}$ 是最佳的．例如，取一个周长为 1 的 $\triangle ABC$，且 $AB=AC$，令点 $Q$ 与点 $B$ 重合，如图 10.7 所示．当 $BC\to 0$ 时

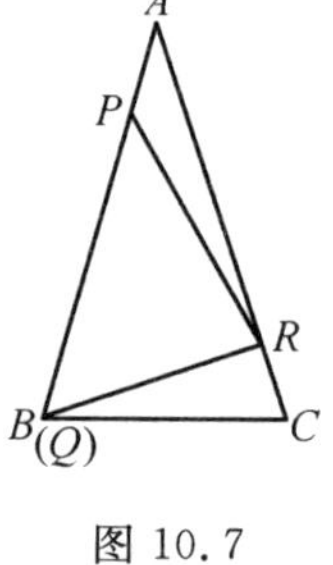

图 10.7

$$AB=AC\to\frac{1}{2},BP=\frac{1}{3},AP\to\frac{1}{6}$$

$$AR\to\frac{1}{6}\left(AP+AR=\frac{1}{3}\right)$$

所以
$$\frac{S_{\triangle PQR}}{S_{\triangle ABC}}=\frac{S_{\triangle ABR}-S_{\triangle APR}}{S_{\triangle ABC}}\to\frac{\frac{1}{2}\times\frac{1}{6}-\frac{1}{6}\times\frac{1}{6}}{\frac{1}{2}\times\frac{1}{2}}=\frac{2}{9}$$

(2) 此题可推广为如下命题:[①]

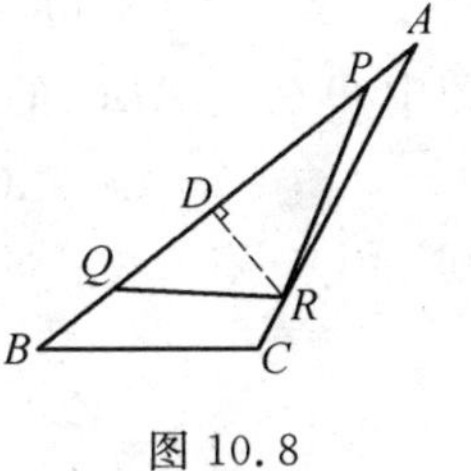

图 10.8

在$\triangle ABC$中,$P$,$Q$为$AB$边上两点,$PQ=\frac{1}{n}s(n>2,s$为半周长),$R$是折线$PACBQ$的等分点,则$\frac{S_{\triangle PQR}}{S_{\triangle ABC}}>\frac{2}{n^2}$,事实上,如图10.8所示,由$PQ=\frac{s}{n}$,则知

$$AP+AR=\frac{n-1}{2n}s$$

而

$$AP+PQ\leqslant AB<\frac{s}{2}$$

故

$$AP<\frac{s}{2}-PQ$$

$$AR=\frac{n-1}{2n}s-AP>\frac{n-1}{2n}s-\frac{s}{2}+PQ=\frac{1}{2n}s$$

则

$$S_{\triangle PQR}=\frac{1}{2}PQ\cdot RD=\frac{1}{2}PQ\cdot AR\sin A>\frac{1}{2}\cdot\frac{s}{n}\cdot\frac{s}{2n}\sin A>$$
$$\frac{(b+c)^2}{4n^2}\sin A\geqslant\frac{2}{n^2}\cdot\frac{1}{2}bc\sin A$$

(其中$AB=c$,$AC=b$) 故

$$\frac{S_{\triangle PQR}}{S_{\triangle ABC}}>\frac{2}{n^2}$$

**试题** B　设点$D$,$E$,$F$分别在$\triangle ABC$的三边$BC$,$CA$,$AB$上,且$\triangle AEF$,$\triangle BFD$,$\triangle CDE$的内切圆有相等的半径$r$,又以$r_0$和$R$分别表示$\triangle DEF$和$\triangle ABC$的内切圆半径,求证:$r+r_0=R$.

**证法1**　作辅助线,如图10.9所示,于是有

$$S_{\triangle ABC}-S_{\triangle BDF}-S_{\triangle CED}-S_{\triangle AFE}=S_{\triangle DEF} \quad ①$$

记$\triangle ABC$与$\triangle DEF$的周长为$l$和$l'$,则式①可化为

$$Rl-r(l+l')=r_0l'$$

即

---

① 孟庆良.三角形的一个性质[J].中等数学,1990(3):31-32.

$$(R-r)l=(r+r_0)l' \qquad ②$$

图中 $O$ 为 $\triangle ABC$ 的内心,$OG\perp BC$.因

$$\triangle O_2BB'\backsim\triangle OBG$$

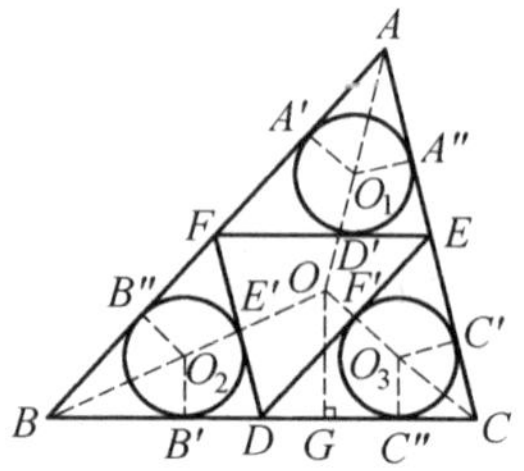

则

$$\frac{BB'}{BG}=\frac{r}{R} \qquad ③$$

图 10.9

又由 $\qquad A'B''+B'C''+C'C''=l'$

知 $\quad AA'+B''B+BB'+C''C+CC'+A''A=l-l'$

从而由式 ③ 可得

$$\frac{l-l'}{l}=\frac{r}{R}$$

即 $$(l-l')R=rl$$

或

$$(R-r)l=Rl' \qquad ④$$

将式 ④ 代入式 ② 得 $Rl'=(r+r_0)l'$,即 $R=r+r_0$.



**证法 2** 作辅助线如图 10.10 所示.因

$$O_1O_2+O_2O_3+O_3O_1=A'B''+B'C''+C'A''=$$
$$A'F+FB''+B'D+DC''+C'E+EA''=$$
$$FD'+FE'+DE'+DF'+EF'+ED'=$$
$$FD+DE+EF$$

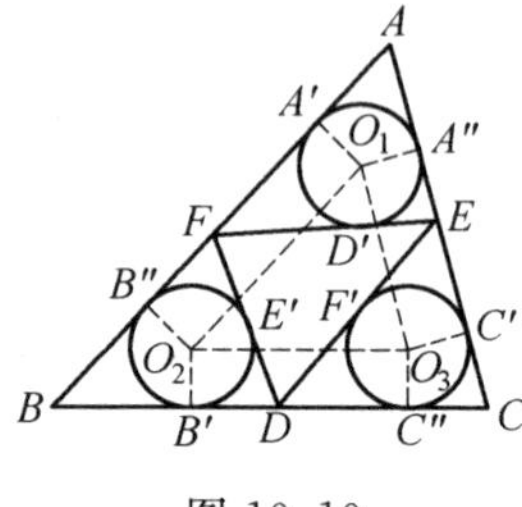


图 10.10

从而 $\triangle O_1O_2O_3$ 与 $\triangle DEF$ 的周长相等,又因

$$S_{\triangle AEF}+S_{\triangle BFD}+S_{\triangle CED}=\frac{1}{2}r(AB+BC+CA+DE+EF+FD)=$$
$$\frac{1}{2}r(AB+BC+CA+O_1O_2+O_2O_3+O_3O_1)=$$
$$S_{ABO_2O_1}+S_{BCO_3O_2}+S_{CAO_1O_3}=S_{\triangle ABC}-S_{\triangle O_1O_2O_3}$$

则 $$S_{\triangle O_1O_2O_3}=S_{\triangle DEF}$$

由于 $\triangle O_1O_2O_3$ 与 $\triangle DEF$ 等周长、等面积,所以它们的内切圆半径相等,即 $\triangle O_1O_2O_3$ 的内切圆半径也是 $r_0$.

因为 $\triangle O_1O_2O_3$ 与 $\triangle ABC$ 位似且位似中心就是二者的公共内心,从而有

$$r+r_0=R$$

**证法 3** 如图 10.11(a).把 $AF,FB,BD,DC,CE,EA$ 分别记为 $a,b,c,d$,

$e,f$. 又把 $EF,FD,DE$ 分别记作 $g,h,k$,则有

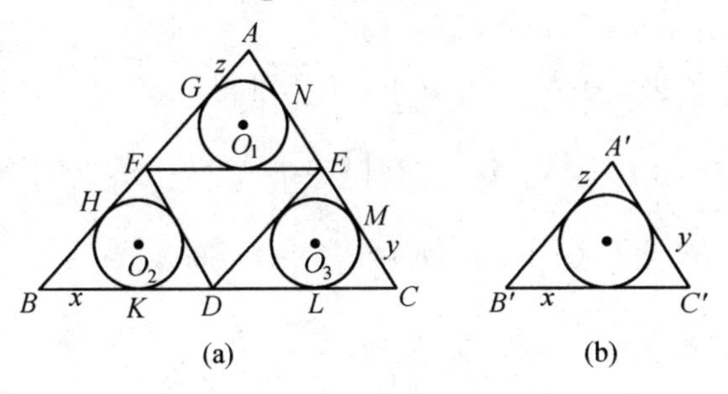


图 10.11

$$r(a+f+g)=2S_{\triangle AFE},r(b+c+h)=2S_{\triangle BDF}$$

$$r(d+e+k)=2S_{\triangle CDE},r_0(g+h+k)=2S_{\triangle DEF}$$

上面四式相加得

$$r(a+b+c+d+e+f+g+h+k)+r_0(g+h+k)=2S_{\triangle ABC}$$

即

$$r(a+b+c+d+e+f+g+h+k)+r_0(g+h+k)=R(a+b+c+d+e+f) \quad ①$$

设 $O_1,O_2,O_3$ 是三个半径为 $r$ 的内切圆的圆心,切点为 $G,H,K,L,M,N$,并设

$$x=BH=BK,y=CL=CM,z=AG=AN$$

根据切线长定理有

$$g=EN+FG,h=DK+FH,k=DC+EM$$

由此推出

$$g+h+k+2x+2y+2z=a+b+c+d+e+f \quad ②$$

另外,四边形 $AGO_1N,BHO_2K,CLO_3M$ 可拼成一个 $\triangle A'B'C'$,如图 10.11(b) 所示. 因 $\angle A'=\angle A,\angle B'=\angle B,\angle C'=\angle C$,所以 $\triangle A'B'C'\backsim\triangle ABC$. 于是

$$\frac{a+b+c+d+e+f}{R}=\frac{2x+2y+2z}{r}$$

即

$$2(x+p+z)=\frac{r}{R}(a+b+c+d+e+f) \quad ③$$

由式 ①② 消去 $g+h+k$ 可得

$$r[2(a+b+c+d+e+f)-2(x+y+z)]+$$

$$r_0[a+b+c+d+e+f-2(x+y+z)]=$$
$$R(a+b+c+d+e+f) \qquad ④$$

以式③代入式④约去 $a+b+c+d+e+f$ 可得

$$r\left(2-\frac{r}{R}\right)+r_0\left(1-\frac{r}{R}\right)=R$$

即
$$(r+r_0-R)\left(1-\frac{r}{R}\right)=0$$

由 $1-\frac{r}{R}>0$ 最后得 $r+r_0=R$,证毕.

**试题** C1　边长为 $\frac{3}{2}$,$\frac{\sqrt{5}}{2}$,$\sqrt{2}$ 的三角形纸片沿垂直于长度为 $\frac{3}{2}$ 的边的方向折叠,问重叠部分面积的最大值是多少?

**解法1**　不妨设 $\triangle ABC$ 中 $a=\frac{3}{2}$,$b=\sqrt{2}$,$c=\frac{\sqrt{5}}{2}$.如图10.12所示,设 $BC$ 中点为 $D$,$AE\perp BC$,且沿 $MN$ 折叠时重叠部分面积取到最大值.则易知,点 $M$ 在点 $D$ 和点 $E$ 之间.设点 $C$ 关于 $MN$ 的对称点为 $C'$,$C'N\cap AB=G$.令 $DM=x$,则 $BC'=2x$.

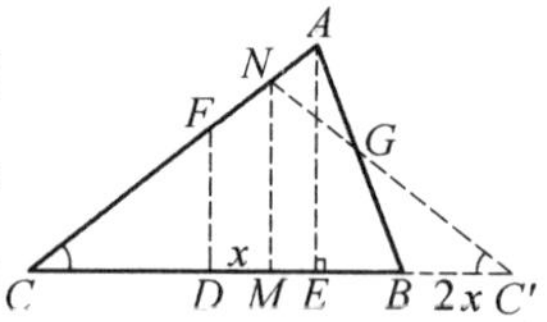

图 10.12

在 $\triangle ABC$ 中,由余弦定理

$$\cos C=\frac{a^2+b^2-c^2}{2ab}=\frac{\sqrt{2}}{2},\cos B=\frac{1}{\sqrt{5}}$$

于是
$$\angle C=45^\circ,\sin B=\frac{2}{\sqrt{5}}$$

在 $\triangle BC'G$ 中

$$\sin G=\sin(\angle ABC-\angle C')=\sin(\angle ABC-\angle ACB)=$$
$$\sin(B-C)=\sin B\cos C-\cos B\sin C=\frac{1}{\sqrt{10}}$$

由正弦定理得

$$C'G=\frac{BC'\sin B}{\sin G}=4\sqrt{2}x$$

于是
$$S_{\triangle BC'G}=\frac{1}{2}\cdot BC'\cdot C'G\sin C'=4x^2$$

而
$$S_{\triangle C'MN}=S_{\triangle CMN}=\frac{1}{2}\left(\frac{a}{2}+x\right)^2$$

所以,重叠部分 $MBGN$ 的面积为

$$S_{MBGN}=S_{\triangle C'MN}-S_{\triangle BC'G}=\frac{1}{2}(\frac{a}{2}+x)^2-4x^2=$$

$$-\frac{7}{2}(x-\frac{a}{14})^2+\frac{a^2}{4}\leqslant\frac{a^2}{7}$$

因此,当 $x=\frac{a}{14}=\frac{3}{28}$ 时,$S_{MBGN}$ 取值 $\frac{a^2}{7}=\frac{9}{28}$. 下面验证当 $x=\frac{3}{28}$ 时,点 $M$ 在点 $D$,$E$ 之间. 事实上

$$AE=AC\cdot\sin C=1$$

故
$$DE=CE-CD=AE-CD=\frac{1}{4}$$

又 $\frac{3}{28}<\frac{1}{4}$,所以点 $M$ 在点 $D$,$E$ 之间,故当 $DM=\frac{3}{28}$ 时,重叠部分取到最大值 $\frac{9}{28}$.



**解法2** 提示:折叠线 $l$ 在高 $AO$ 与 $BC$ 的垂直平分线之间时,面积 $S$ 才可能达到最大. 如图10.13所示,建立平面直角坐标系,易知 $A$,$B$,$C$ 三点的坐标. 设折叠线 $l$ 交 $OC$ 于点 $E$,交 $AC$ 于点 $H$,重叠部分为图中四边形 $EFGH$.

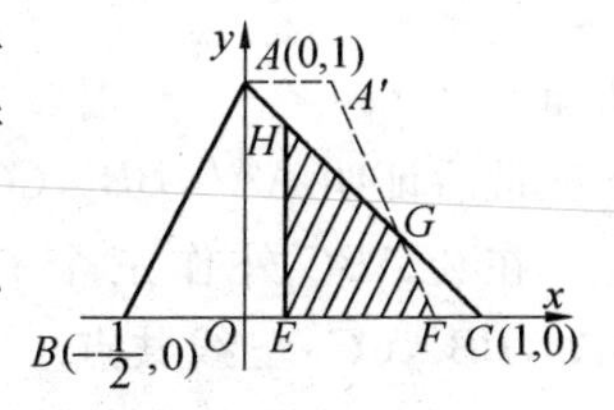


图10.13

**试题C2** 已知 $\triangle ABC$,在边 $AB$,$BC$ 和 $CA$ 上分别向三角形外作正方形 $ABEF$,$BCGH$ 和 $CAIJ$. 设 $AH\cap BJ=P_1$,$BJ\cap CF=Q_1$,$CF\cap AH=R_1$,$AG\cap CE=P_2$,$BI\cap AG=Q_2$,$CE\cap BI=R_2$. 求证:$\triangle P_1Q_1R_1\backsim\triangle P_2Q_2R_2$.

**证明** 设 $BI\cap CF=L$,$CE\cap AH=M$,$AG\cap BJ=N$,$A'$,$B'$,$C'$ 分别为正方形 $BCGH$,$CAIJ$,$ABEF$ 的中心,如图10.14所示.

显然,将 $\triangle ABI$ 绕点 $A$ 顺时针旋转 $90°$,恰与 $\triangle AFC$ 重合,从而 $BI\perp CF$,$\angle BLC=90°$. 又 $A'$ 为正方形 $BCGH$ 的中心,故 $\angle BA'C=90°$. 因此,$A'$,$B$,$L$,$C$ 四点共圆,又 $A'B=A'C$,从而它们所对圆周角相等,即

$$\angle BLA'=\angle CLA'=45°$$

又 $\angle FLB=\angle FAB=90°$,于是,$A$,$L$,$B$,$F$ 四点共圆,从而,$\angle FLA=\angle FBA=45°$. 所以,$\angle FLA=\angle CLA'=45°$,$A$,$L$,$A'$ 三点共线,即 $AL$ 过正方形 $BCGH$ 的中心 $A'$.

同理可证，$BM$ 过正方形 $CAIJ$ 的中心 $B'$，$CN$ 过正方形 $ABEF$ 的中心 $C'$. 且 $\angle CMB'=\angle AMB'=45^\circ$，$\angle ANC'=\angle BNC'=45^\circ$.

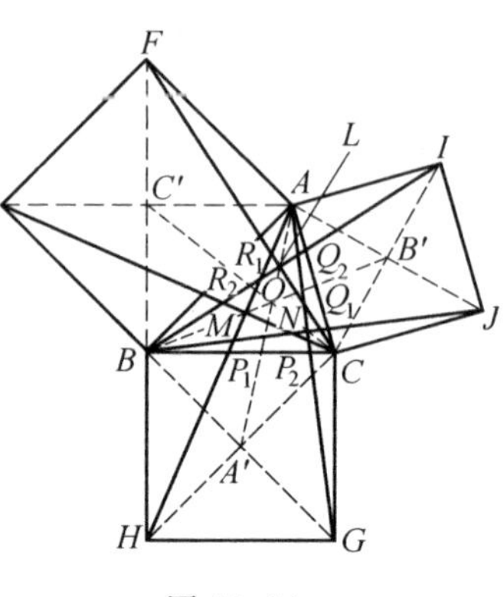

图 10.14

我们可以证明 $AA'$，$BB'$，$CC'$ 三线共点，设其公共点为 $O$，其证明放在最后，我们先承认这一结论.

注意到 $\angle AMB'=45^\circ$，$\angle AME=90^\circ$，有 $\angle R_2MO=135^\circ$. 又 $\angle R_2LO=\angle BLA'=45^\circ$，有 $\angle R_2MO+\angle R_2LO=180^\circ$，于是，$L$，$R_2$，$M$，$O$ 四点共圆. 显然，$\angle R_1LR_2=\angle R_2MR_1=90^\circ$，因而，$L$，$R_1$，$R_2$，$M$ 四点共圆，从而 $L$，$R_1$，$R_2$，$M$，$O$ 五点共圆. 故 $\angle R_1R_2O=\angle R_1MO=45^\circ$，$\angle R_2R_1O=\angle R_2LO=45^\circ$，因而，$\triangle OR_1R_2$ 为等腰直角三角形，$OR_1=OR_2$. 同理可证，$Q_1$，$Q_2$，$L$，$O$，$N$ 五点共圆，$\triangle OQ_1Q_2$ 为等腰直角三角形，$OQ_1=OQ_2$. 从而，$\triangle R_1OQ_1\cong\triangle R_2OQ_2$，故 $R_1Q_1=R_2Q_2$. 同理

$$P_1Q_1=P_2Q_2,R_1P_1=R_2P_2$$



从而

$$\triangle P_1Q_1R_1\cong\triangle P_2Q_2R_2$$

最后证明 $AA'$，$BB'$，$CC'$ 三线共点. 事实上，可以证明更一般的结论：

在 $\triangle ABC$ 外作三个有相同底角的等腰三角形 $BCA'$，$CAB'$，$ABC'$，则 $AA'$，$BB'$，$CC'$ 三线共点.

下面来证明上述结论. 设三等腰三角形的底角为 $\theta$，$\angle CAA'=\alpha_1$，$\angle BAA'=\alpha_2$，$\angle ABB'=\beta_1$，$\angle CBB'=\beta_2$，$\angle BCC'=\gamma_1$，$\angle ACC'=\gamma_2$，如图 10.15 所示. 由正弦定理得

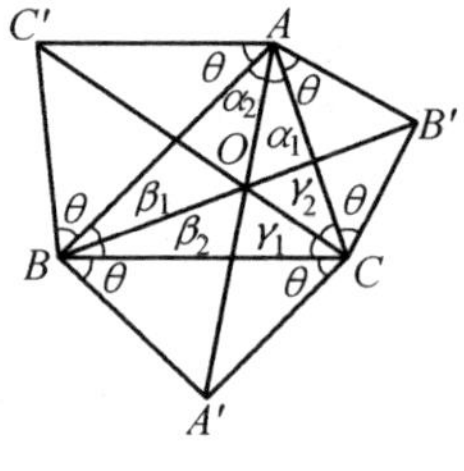

图 10.15

$$\frac{\sin\alpha_2}{\sin(\beta_1+\beta_2+\theta)}=\frac{BA'}{AA'}$$

$$\frac{\sin\alpha_1}{\sin(\gamma_1+\gamma_2+\theta)}=\frac{CA'}{AA'}$$

由于 $BA'=CA'$，所以

$$\frac{\sin\alpha_1}{\sin\alpha_2}=\frac{\sin(\gamma_1+\gamma_2+\theta)}{\sin(\beta_1+\beta_2+\theta)}$$

同理可证

$$\frac{\sin\beta_1}{\sin\beta_2}=\frac{\sin(\alpha_1+\alpha_2+\theta)}{\sin(\gamma_1+\gamma_2+\theta)}$$

$$\frac{\sin\gamma_1}{\sin\gamma_2}=\frac{\sin(\beta_1+\beta_2+\theta)}{\sin(\alpha_1+\alpha_2+\theta)}$$

三式相乘，得

$$\frac{\sin\alpha_1}{\sin\alpha_2}\cdot\frac{\sin\beta_1}{\sin\beta_2}\cdot\frac{\sin\gamma_1}{\sin\gamma_2}=1 \quad ①$$

设 $BB'\cap CC'=O$，$\angle BAO=\alpha_2'$，$\angle CAO=\alpha_1'$. 我们要证 $O$ 在 $AA'$ 上，即要证 $\alpha_1=\alpha_1'$，$\alpha_2=\alpha_2'$.

由正弦定理可得

$$\frac{\sin\alpha_1'}{\sin\gamma_2}=\frac{OC}{OA},\frac{\sin\gamma_1}{\sin\beta_2}=\frac{OB}{OC},\frac{\sin\beta_1}{\sin\alpha_2'}=\frac{OA}{OB}$$

于是

$$\frac{\sin\alpha_1'}{\sin\gamma_2}\cdot\frac{\sin\gamma_1}{\sin\beta_2}\cdot\frac{\sin\beta_1}{\sin\alpha_2'}=1,\frac{\sin\alpha_1'}{\sin\alpha_2'}\cdot\frac{\sin\beta_1}{\sin\beta_2}\cdot\frac{\sin\gamma_1}{\sin\gamma_2}=1 \quad ②$$

由式 ①② 得

$$\frac{\sin\alpha_1'}{\sin\alpha_2'}=\frac{\sin\alpha_1}{\sin\alpha_2}$$



从而

$$\frac{\sin\alpha_1'+\sin\alpha_2'}{\sin\alpha_1'-\sin\alpha_2'}=\frac{\sin\alpha_1+\sin\alpha_2}{\sin\alpha_1-\sin\alpha_2}$$

$$\tan\frac{\alpha_1'+\alpha_2'}{2}\cot\frac{\alpha_1'-\alpha_2'}{2}=\tan\frac{\alpha_1+\alpha_2}{2}\cot\frac{\alpha_1-\alpha_2}{2} \quad ③$$

又显然有

$$0<\alpha_1'+\alpha_2'=\alpha_1+\alpha_2<\pi \quad ④$$

所以，由式 ③ 得

$$\cot\frac{\alpha_1'-\alpha_2'}{2}=\cot\frac{\alpha_1-\alpha_2}{2}$$

由于

$$-\frac{\pi}{2}<\frac{\alpha_1'-\alpha_2'}{2}<\frac{\pi}{2},-\frac{\pi}{2}<\frac{\alpha_1-\alpha_2}{2}<\frac{\pi}{2}$$

所以

$$\alpha_1'-\alpha_2'=\alpha_1-\alpha_2 \quad ⑤$$

由式 ④⑤ 即得

$$\alpha_1'=\alpha_1,\alpha_2'=\alpha_2$$

这就证明了 $AA'$，$BB'$，$CC'$ 三线共点.

**试题** C3　已知 $AD$ 是 $\triangle ABC$ 的高，$BC+AD-AB-AC=0$. 求 $x=\angle BAC$ 的取值范围.

**解** 显然

$$AD \leqslant AB, AD \leqslant AC$$

故

$$BC + AD - AB - AC = 0$$

得

$$BC \geqslant AC, BC \geqslant AB$$

从而 $\angle B$,$\angle C$ 都是锐角.

若 $\angle A$ 为直角,则 $AB \cdot AC = AD \cdot BC$.从而,$AB + AC < BC + AD$,矛盾.若 $\angle A$ 为钝角,作 $\angle BAC' = 90^\circ$,$C'$ 在线段 $DC$ 上,则

$$BC + AD = BC' + AD + C'C > AB + AC' + C'C > AB + AC$$

矛盾.故 $\angle A$ 必为锐角.

如图 10.16,设 $\angle BAD = x_2$,$\angle DAC = x_1$,不妨设 $x_2 \geqslant x_1$,则 $x = x_1 + x_2$,由

$$BC + AD - AB - AC = 0$$

得

$$\tan x_1 + \tan x_2 + 1 = \frac{1}{\cos x_1} + \frac{1}{\cos x_2}$$

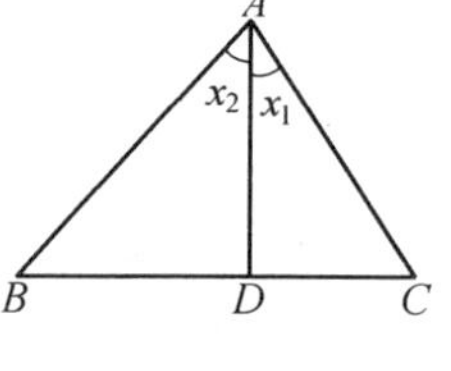


图 10.16

化简得



$$\sin x + \frac{1}{2}\cos x = 2\cos\frac{x}{2}\cos\frac{\alpha}{2} - \cos^2\frac{x}{2} + \frac{1}{2} \qquad ①$$

其中 $\alpha = x_2 - x_1 \in [0, x)$.

式 ① 右边是 $\cos\frac{x}{2}$ 的二次函数,在 $\alpha = 0$ 时,取最小值 $2\cos\frac{x}{2} - \frac{1}{2}$;在 $\alpha = x$ 时,取最大值 $\frac{1}{2} + \cos^2\frac{x}{2}$.因此

$$2\cos\frac{x}{2} - \frac{1}{2} \leqslant \sin x + \frac{1}{2}\cos x < \frac{1}{2} + \cos^2\frac{x}{2} \qquad ②$$

式 ② 左边的不等式导出 $x \geqslant 2\arcsin\frac{3}{5}$,右边的不等式恒成立.而对于 $[2\arcsin\frac{3}{5}, \frac{\pi}{2})$ 中的每一个 $x$,由于式 ② 成立,因而必有 $\alpha \in [0, x)$ 使式 ① 成立,所以本题的解为 $[2\arcsin\frac{3}{5}, \frac{\pi}{2})$.

**试题** D1 已知 $\triangle ABC$ 是锐角三角形,$\angle A$,$\angle B$,$\angle C$ 的平分线延长后分别与 $\triangle ABC$ 的外接圆交于点 $A_1$,$B_1$,$C_1$.直线 $AA_1$ 与 $\angle B$,$\angle C$ 的外角平分线交于点 $A_0$,点 $B_0$ 与 $C_0$ 与此类似而得,求证:

(1)$\triangle A_0B_0C_0$ 的面积是六边形 $AC_1BA_1CB_1$ 的面积的二倍;

(2)$\triangle A_0B_0C_0$ 的面积至少是 $\triangle ABC$ 的面积的四倍.

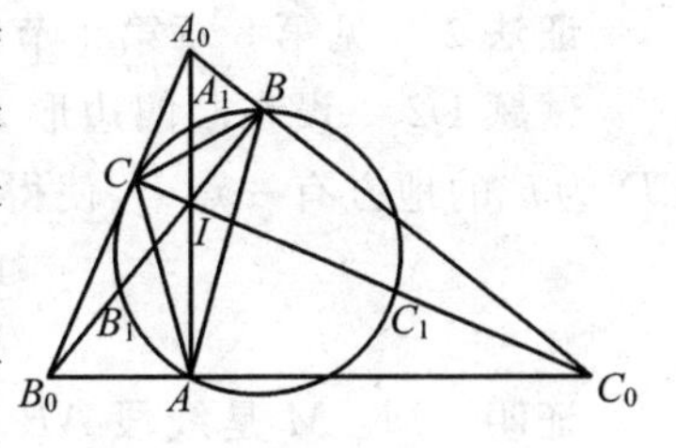

图10.17

**证法1**　由于外角平分线与内角平分线是垂直的，所以内角平分线 $AA_0$，$BB_0$，$CC_0$ 是 $\triangle A_0B_0C_0$ 的垂线，并且 $\triangle ABC$ 的内心 $I$ 是 $\triangle A_0B_0C_0$ 的垂心，如图10.17，$\triangle ABC$ 的外接圆 $\pi$ 是 $\triangle A_0B_0C_0$ 的九点圆，因为它包含 $\triangle A_0B_0C_0$ 三个垂足.

圆 $\pi$ 包含线段 $IA_0$，$IB_0$，$IC_0$ 的中点，也就是点 $A_1$，$B_1$，$C_1$. 所以 $\triangle BIA_1$ 和 $\triangle BA_1A_0$ 面积相同，因此(1)成立.

对于(2)，我们注意到 $\triangle A_0B_0C_0$，$\triangle A_0CB$，$\triangle B_0CA$ 和 $\triangle C_0AB$ 是相似的，所以有

$$\frac{S(A_0B_0C_0)}{S(A_0BC)}=\left(\frac{B_0C_0}{BC}\right)^2=\left(\frac{A_0B_0}{A_0B}\right)^2=\frac{1}{\cos^2 A_0}$$

要证的不等式等价于

$$\begin{aligned}4S(ABC)=&4[S(A_0B_0C_0)-(\cos^2A_0+\cos^2B_0+\cos^2C_0)S(A_0B_0C_0)]=\\&4S(A_0B_0C_0)[1-(\cos^2A_0+\cos^2B_0+\cos^2C_0)]\leqslant\\&S(A_0B_0C_0)\Leftrightarrow\\&\cos^2A_0+\cos^2B_0+\cos^2C_0\geqslant\frac{3}{4}\Leftrightarrow\\&\sin^2A_0+\sin^2B_0+\sin^2C_0\leqslant\frac{9}{4}\end{aligned}$$

对于任意的 $\triangle ABC$，不等式

$$\sin^2A+\sin^2B+\sin^2C\leqslant\frac{9}{4}$$

等价于

$$a^2+b^2+c^2\leqslant 9R^2$$

最后一个不等式称为莱布尼兹不等式，并且它是莱布尼兹等式

$$OG^2=R^2-\frac{1}{9}(a^2+b^2+c^2)$$

的推论，其中 $O$ 是三角形的内心，$G$ 是三角形的外心.

在平面几何中，莱布尼兹等式是一个很著名的结果. 在 $\triangle OAA'$ 中，对线段 $OG$ 用斯特瓦尔特定理即可得莱布尼兹等式，如图10.18.

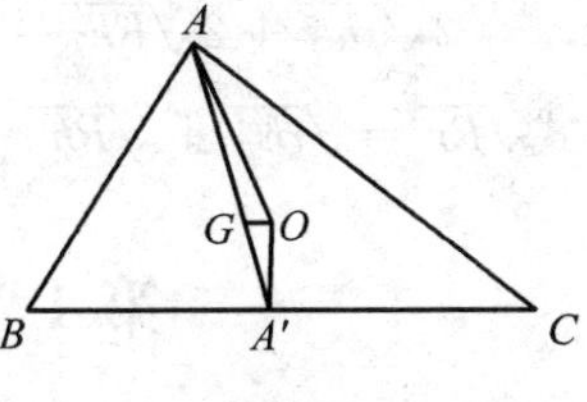

图10.18

**证法 2** 见第 8 章第 1 节中例 4 的证明.

**试题** D2 设在凸四边形 $ABCD$ 中,$AB=AD+BC$. 在此四边形内,距离 $CD$ 为 $h$ 的地方有一点 $P$,使得 $AP=h+AD$,$BP=h+BC$. 求证

$$\frac{1}{\sqrt{h}}\geqslant\frac{1}{\sqrt{AD}}+\frac{1}{\sqrt{BC}}$$

**证明** 设 $M$ 是线段 $AB$ 内的点,且满足 $AM=AD=r$,$BM=BC=R$. 因此条件也就等价于 $P$ 是一个半径为 $h$ 的圆 $P$ 的圆心,并且这个圆与边 $BC$ 和圆 $A$,$B$ 都相切,其中,圆 $A$,圆 $B$ 分别是以 $A$,$B$ 为圆心,$r$,$R$ 为半径的圆. 进一步,圆 $A$,圆 $B$ 相切于点 $M$,如图 10.19.

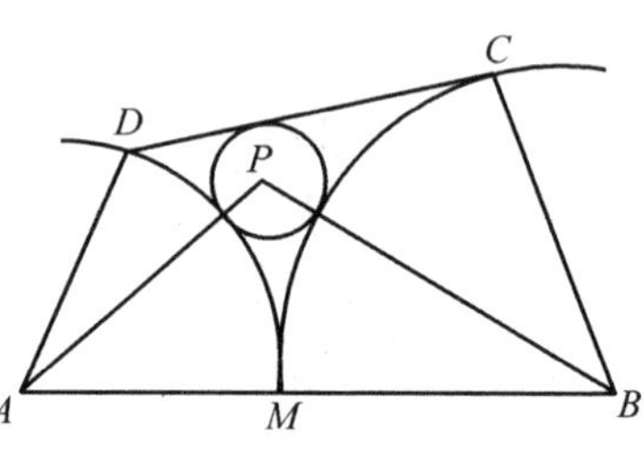

图 10.19

我们需要证明

$$\frac{1}{\sqrt{h}}\geqslant\frac{1}{\sqrt{R}}+\frac{1}{\sqrt{r}}$$



当 $h$ 取最大值时,$\frac{1}{\sqrt{h}}$ 取得最小值,并且当 $DC$ 是圆 $A$,圆 $B$ 的公切线时,它取最小值. 此时,我们令 $h_0$ 是圆 $P$ 的半径. 那么我们就需要证明

$$\frac{1}{\sqrt{h_0}}\geqslant\frac{1}{\sqrt{R}}+\frac{1}{\sqrt{r}}$$

新的简化图如图 10.20 刻画了这时的情形. 设点 $E$ 是点 $A$ 在 $BC$ 上的投影,点 $Q$ 是点 $P$ 在 $CD$ 上的投影. 我们有

$$AE=\sqrt{AB^2-BE^2}=\sqrt{(R+r)^2-(R-r)^2}=2\sqrt{Rr}$$

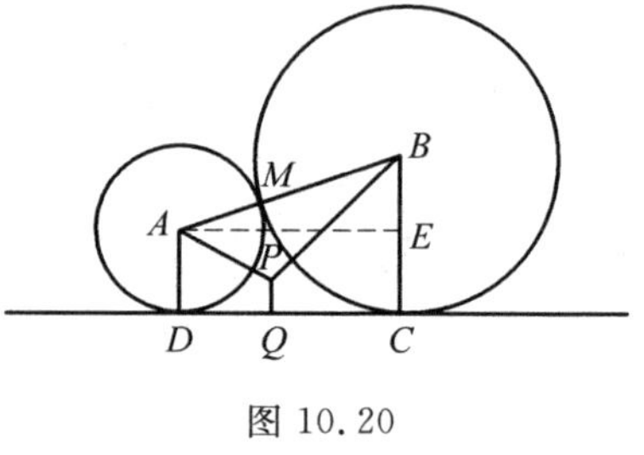

图 10.20

另一方面

$$AE=CD=DQ+QC=\sqrt{(r+h_0)^2-(r-h_0)^2}+\sqrt{(R+h_0)^2-(R-h_0)^2}=2\sqrt{rh_0}+2\sqrt{Rh_0}$$

等式 $\sqrt{Rr}=\sqrt{rh_0}+\sqrt{Rh_0}$ 等价于所要证明的等式.

## 第 1 节 三角形的界心问题

试题 A 涉及了分割三角形周长的线的问题. 下面讨论一类特殊的分割三角

形周长问题.

关于三角形的界心问题,在这里介绍几个重要的结论.①

过三角形边界上某一特殊点的直线将三角形周长平分,称这条直线为过该特殊点的分周线.若过三个特殊点的分界线交于一点,则称这点为三角形的界心.

**定理1**②③　分别过$\triangle ABC$三顶点的三条分周线交于一点$J$,此点称为$\triangle ABC$的第一界心,有时也直接称为界心.

**证明**　如图10.21,在$\triangle ABC$中,过顶点$A,B,C$的分周线为$AD,BE,CF$,设$AB=c,AC=b,BC=a$,半周长为$p$.

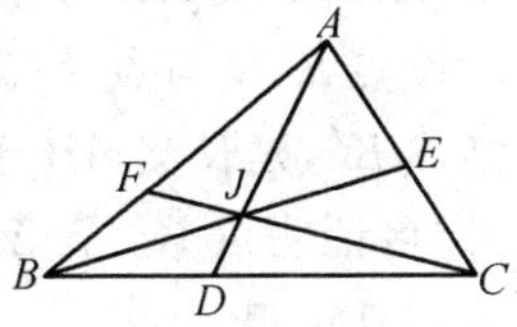

图10.21

容易算得

$$AF=CD=p-b,BF=CE=p-a,BD=AE=p-c$$

故

$$\frac{AF}{FB}\cdot\frac{BD}{DC}\cdot\frac{CE}{EA}=1$$

由塞瓦定理知,$AD,BE,CF$交于一点,记为$J$.



**定理2**　分别过$\triangle ABC$三边中点的三条分周线交于一点$K$.此点称为$\triangle ABC$的第二界心.

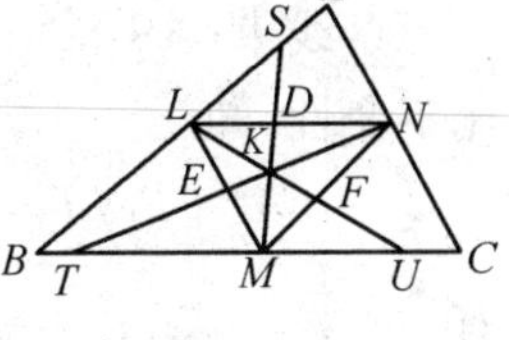

图10.22

**证明**　如图10.22,在$\triangle ABC$中,过三边中点$M,N,L$的三条分周线$MS,NT,LU$分别交$LN,LM,MN$于点$D,E,F$.容易知道

$$SL=\frac{b}{2},MN=\frac{c}{2}$$

由$\triangle SLD\backsim\triangle MND$得

$$\frac{LD}{ND}=\frac{LS}{MN}=\frac{b}{c}$$

同理可得

$$\frac{NF}{MF}=\frac{a}{b},\frac{ME}{LE}=\frac{c}{a}$$

在$\triangle MNL$中,有

① 沈文选.平面几何证明方法全书[M].哈尔滨:哈尔滨工业大学出版社,2005:338-342.

② 夏培贵.关于分周线的三个定理[J].中学数学教学,1999(2):19-20.

③ 赵彪,李侠.关于三角形界心几个定理的几何证明[J].中学数学教学,1999(6):8.

$$\frac{LD}{ND}\cdot\frac{NF}{MF}\cdot\frac{ME}{LE}=1$$

故 $MD,NE,LF$ 共点,即 $MS,NT,LU$ 共点,记为 $K$.

**定理3** $\triangle ABC$ 第一界心 $J$,第二界心 $K$,重心 $G$ 三点共线.

**证明** 如图10.23,在 $\triangle ABC$ 中不妨假定 $a\geqslant b\geqslant c$,$G$ 为重心,$J$ 为第一界心.过点 $G,J$ 作直线 $l$,设交 $AC$ 于点 $P$,联结 $AJ,AG$ 交 $BC$ 于点 $S_1,S_2$,其中 $S_2$ 是中点;联结 $CJ,CG$ 交 $AB$ 于点 $T_1,T_2$,其中 $T_2$ 是中点.

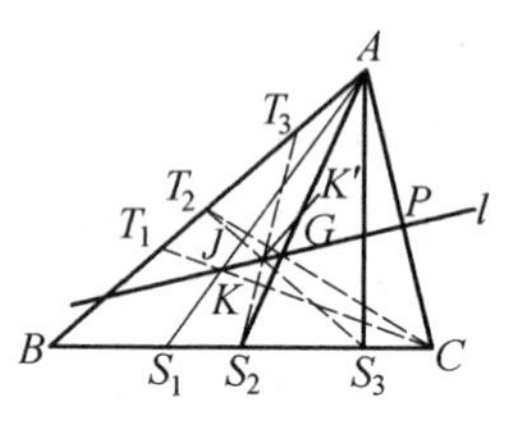


图10.23

设点 $S_3$ 是与点 $T_2$ 对应的分周点,$T_2S_3$ 交 $l$ 于点 $K'$,联结 $S_2K'$,延长交 $AB$ 于点 $T_3$.只要证明 $S_2T_3$ 也是分周线,即可证明点 $K'$ 是第二界心.

容易算得

$$S_1S_2=\frac{c-b}{2},S_2S_3=\frac{b}{2},S_3C=\frac{a-b}{2}$$

$$T_1T_2=\frac{a-b}{2},S_1S_3=T_2A=\frac{c}{2},S_1C=T_1A=p-b$$



考察线束 $(AS_1,AS_2,AS_3,AC)$ 和 $(CT_1,CT_2,CT_3,CA)$,由中心投影点列交比不变性,知

$$(T_1,T_2,T_3,A)=(J,K',G,P)=(S_1,S_2,S_3,C)$$

而有
$$\frac{T_1T_2\cdot T_3A}{T_2T_3\cdot T_1A}=\frac{S_1S_2\cdot S_3A}{S_2S_3\cdot S_1A}$$

代入上述线段值计算,得

$$\frac{T_1T_3}{T_2T_3}=\frac{S_2C}{S_2S_3},T_2T_3=\frac{b}{2}$$

故知 $S_2T_3$ 是 $\triangle ABC$ 分周线,从而 $K'$ 即是 $\triangle ABC$ 的第二界心 $K$,故 $J,K$,$G$ 三点共线.

由此定理可知,任意 $\triangle ABC$,都有由点 $J,K,G$ 所决定的一条特殊直线.仿"欧拉线""牛顿线",已有人将其称为"夏氏线",以示对其发现者的尊敬.

**定理4**① $\triangle ABC$ 的第一界心 $J$ 与 $\triangle ABC$ 重心 $G$,内心 $I$ 共线.

**证明** 如图10.24,$J$ 是 $\triangle ABC$ 第一界心,$\triangle ACF$ 被直线 $BJE$ 截于点 $B$,$J,E$,由梅涅劳斯定理

① 陈传孟.关于三角形界心的三个定理[J].中学数学教学,1999(6):9.

$$\frac{CJ}{JF}\cdot\frac{FB}{BA}\cdot\frac{AE}{EC}=1$$

若设三边 $AB=c,BC=a,AC=b,p$ 为半周长，则

$$AF=CD=p-b,BF=CE=p-a$$

$$AE=BD=p-c$$

从而

$$\frac{CJ}{JF}=\frac{BA}{FB}\cdot\frac{EC}{AE}=\frac{c}{p-a}\cdot\frac{p-a}{p-c}=\frac{c}{p-c}\Rightarrow\frac{CJ}{CF}=\frac{c}{p}$$

过点 $A,B,C$ 分别作对边平行线，交成 $\triangle PQR$，如图 10.24 所示. 且设点 $J$ 到 $PQ,PR,QR$ 距离分别为 $l_C,l_B,l_A$，点 $C$ 到 $AB$ 距离(即 $\triangle ABC$ 边 $AB$ 上高)为 $h_C$，则

$$\frac{JC}{CF}=\frac{l_C}{h_C}=\frac{c}{p}$$

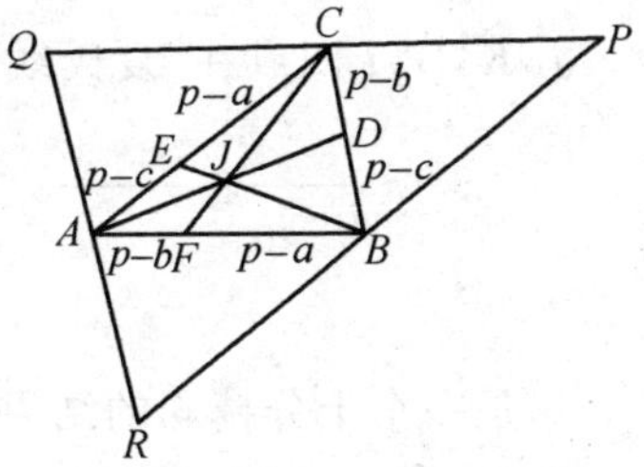

图 10.24

因此 $$l_C=\frac{c\cdot h_C}{p}=\frac{2S_{\triangle ABC}}{p}(\text{定值})$$

同理可得 $l_A=l_B=2S_{\triangle ABC}/p$.

即点 $J$ 到 $\triangle PQR$ 三边等距，且点 $J$ 又在 $\triangle PQR$ 内，故点 $J$ 是 $\triangle PQR$ 的内心.

显然 $\triangle PQR$ 与 $S_{\triangle ABC}$ 关于它们公共重心 $G$ 逆位似，因此，$\triangle PQR$ 的内心 $J$ 与 $\triangle ABC$ 的内心 $I$ 关于点 $G$ 也逆位似(点 $J,I$ 分居点 $G$ 两侧)，即 $J,G,I$ 三点共线.

**定理 5**　$\triangle ABC$ 的第二界心 $K$ 与 $\triangle ABC$ 重心 $G$，内心 $I$ 共线.

**证明**　如图 10.25，设 $D,E,F$ 为 $\triangle ABC$ 三边中点，$K$ 为第二界心，则易知

$$EU=a/2=EF$$

又 $$DF\parallel CA$$

从而 $$\angle1=\angle2=\angle3$$

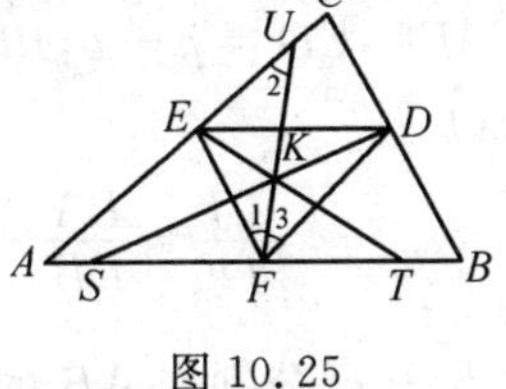

图 10.25

即 $FU$ 为 $\angle DFE$ 的角平分线.

同理可证 $DS,ET$ 分别是 $\angle EDF,\angle DEF$ 的角平分线. 故点 $K$ 是 $\triangle DEF$ 的内心.

又显然，$\triangle DEF$ 与 $\triangle ABC$ 关于公共重心 $G$ 逆位似，故 $\triangle DEF$ 内心 $K$ 与 $\triangle ABC$ 内心 $I$ 关于点 $G$ 逆位似(点 $K,I$ 分居点 $G$ 两侧)，即 $K,G,I$ 三点共线.

**推论 1**　$\triangle ABC$ 第一界心、第二界心与重心共线.

**证明** 由定理4,定理5知,点$J$,$K$均在直线$GI$上,故$J$,$K$,$G$三点共线.

**推论2**[1] $\triangle ABC$的第一界心$J$、第二界心$K$和重心$G$、内心$I$共线,且$JK : KG : GI = 3 : 1 : 2$.

**证明** 由上述定理4知,$\triangle PQR$与$\triangle ABC$呈逆位似,位似比为$k=-2$,从而点$J$与点$I$在点$G$两侧,且$JG : GI = 2 : 1$.

又由上述定理5知,$\triangle ABC$与$\triangle DEF$也呈逆位似,位似比$k=-2$,从而点$K$与点$I$也在点$G$两侧,且$KG : GI = 1 : 2$.综上所述,得

$$JK : KG : GI = 3 : 1 : 2$$

$J$,$K$,$G$,$I$四点在"夏氏线"上的位置,如图10.26所示.

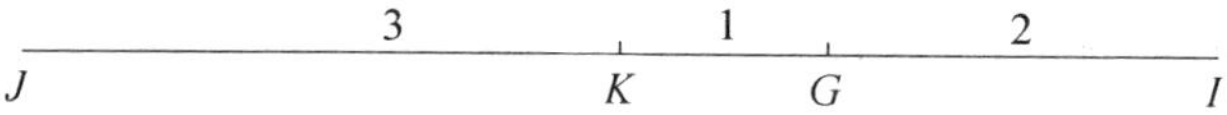

3 1 2
J K G I

图10.26

这是一个十分精彩的结果,它完全可以与"欧拉线"等相媲美.

**定理6**[2] $\triangle ABC$的第一界心$J$到三边的距离分别记为$f_a$,$f_b$,$f_c$,$BC=a$,



$CA=b$,$AB=c$,$p=\frac{1}{2}(a+b+c)$,$S$是$\triangle ABC$的面积,则

$$f_a=2S(\frac{1}{a}-\frac{1}{p}),f_b=2S(\frac{1}{b}-\frac{1}{p}),f_c=2S(\frac{1}{c}-\frac{1}{p})$$

**证明** 如图10.27,$J$是$\triangle ABC$的第一界心,$\triangle ACF$被直线$BJE$截于点$B$,$J$,$E$,由梅涅劳斯定理

$$\frac{CJ}{JF}\cdot\frac{FB}{BA}\cdot\frac{AE}{EC}=1$$

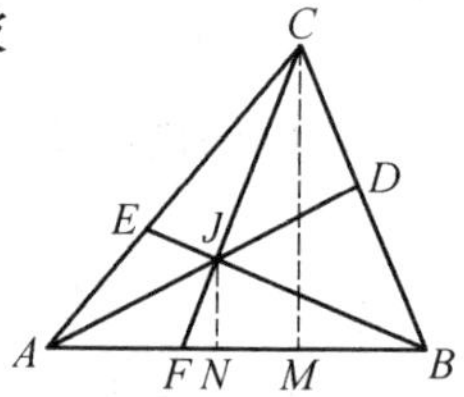

C
E D
J
A F N M B

图10.27

因为

$$AF=CD=p-b,BF=CE=p-a,AE=BD=p-c$$

所以

$$\frac{CJ}{JF}=\frac{BA}{FB}\cdot\frac{EC}{AE}=\frac{c}{p-a}\cdot\frac{p-a}{p-c}=\frac{c}{p-c}\Rightarrow\frac{CF}{JF}=\frac{p}{p-c}$$

过点$J$,$C$分别作$AB$的垂线$JN$,$CM$,$N$,$M$为垂足,则$JN=f_c$,$CM=\frac{2S}{c}$,又

① 胡炳生.一个重要的推论[J].中学数学教学,1999(6):9.

② 郭要红.三角形第一,二界心到三边的距离公式[J].中学数学教学,2006(6):35.

$$\frac{CF}{JF}=\frac{CM}{JN}=\frac{p}{p-c}$$

则
$$f_c=JN=\frac{CM(p-c)}{p}=2S(\frac{1}{c}-\frac{1}{p})$$

同理
$$f_a=2S(\frac{1}{a}-\frac{1}{p}),f_b=2S(\frac{1}{b}-\frac{1}{p})$$

**定理7** $\triangle ABC$ 的第二界心 $K$ 到三边 $BC,CA,AB$ 的距离分别为 $g_a,g_b,g_c$，$BC=a,CA=b,AB=c,p=\frac{1}{2}(a+b+c)$，$S$ 是 $\triangle ABC$ 的面积，则

$$g_a=S(\frac{1}{a}-\frac{1}{2p}),g_b=S(\frac{1}{b}-\frac{1}{2p}),g_c=S(\frac{1}{c}-\frac{1}{2p})$$

由三角形重心的性质，容易得到下列引理.

**引理1** $\triangle ABC$ 的重心 $G$ 到三边 $BC,CA,AB$ 的距离分别为 $q_a,q_b,q_c$，$BC=a,CA=b,AB=c,p=\frac{1}{2}(a+b+c)$，$S$ 是 $\triangle ABC$ 的面积，则

$$q_a=\frac{2S}{3a},q_b=\frac{2S}{3b},q_c=\frac{2S}{3c}$$



**定理7的证明** 如图10.28，过点 $J,K,G$ 分别作 $AB$ 的垂线 $JT,KU,GV,T,U,V$ 为垂足，过点 $J$ 作 $GV$ 的垂线 $JY$ 交 $KU$ 于点 $X$，交 $GV$ 于点 $Y$. 根据推论2，得

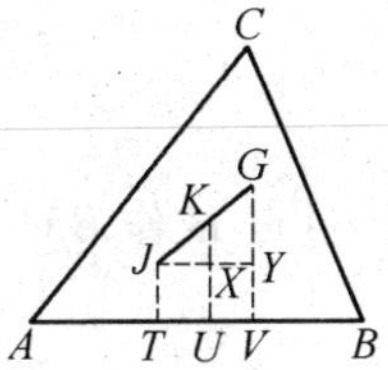

$$JK:KG=3:1$$

即
$$JK:JG=3:4$$

则
$$KX:GY=JK:JG=3:4$$

即
$$(g_c-f_c):(q_c-f_c)=3:4$$

图10.28

从而

$$g_c=\frac{3}{4}(q_c-f_c)+f_c=\frac{3}{4}q_c+\frac{1}{4}f_c=\frac{S}{2c}+\frac{S}{2}(\frac{1}{c}-\frac{1}{p})=S(\frac{1}{c}-\frac{1}{2p})$$

同理
$$g_a=S(\frac{1}{a}-\frac{1}{2p}),g_b=S(\frac{1}{b}-\frac{1}{2p})$$

**定理8**[①] 在非钝角 $\triangle ABC$ 中，设三边长分别为 $a,b,c$，外接圆半径、内切圆半径分别为 $R,r$，半周长为 $p$，$J$ 为 $\triangle ABC$ 的第一界心（称平分三角形周长的

① 王明建，朱子萍. 三角形第一界心，重心到各边距离之和的一个不等式[J]. 中学数学教学，2006(6):34.

直线为三角形的分周线. 过三角形三顶点的三条分周线交于一点,称此交点为三角形的第一界心),$D_J$ 表示点 $J$ 到 $\triangle ABC$ 各边距离之和,$G$ 为 $\triangle ABC$ 的重心,$D_G$ 表示点 $G$ 到 $\triangle ABC$ 各边距离之和,则 $D_J \geqslant D_G$,当且仅当 $\triangle ABC$ 是正三角形时取等号.

为证命题,先证明两个引理.

**引理 2** 如果 $J$ 为非钝角 $\triangle ABC$ 的第一界心,$D_J$ 表示点 $J$ 到 $\triangle ABC$ 各边距离之和,那么

$$D_J = 2r\sum \frac{p-a}{a}(\sum \text{表示三元循环和})$$

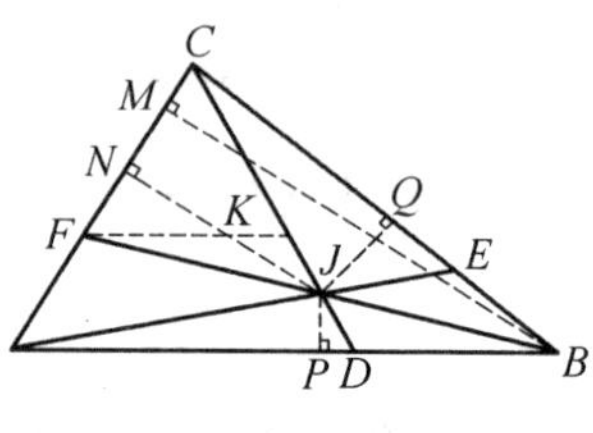


图 10.29

**证明** 如图10.29,在 $\triangle ABC$ 中,$J$ 为 $\triangle ABC$ 的第一界心,过点 $F$ 作 $FK \mathbin{/\!/} AB$ 交 $CD$ 于点 $K$,有

$$\frac{FK}{p-a}=\frac{p-b}{b}$$

(其中 $AD=p-b, CF=p-a$) 又 $\triangle FKJ \backsim \triangle BDJ$,有 $\frac{FK}{p-a}=\frac{FJ}{BJ}$,所以 $\frac{FJ}{BJ}=$



$\frac{p-b}{b}$,故

$$\frac{FJ}{BF}=\frac{p-b}{p} \qquad ①$$

过点 $B$ 作 $BM \perp AC$,垂足为 $M$,过点 $J$ 作 $JN \perp AC$,垂足为 $N$,则

$$\frac{JN}{BM}=\frac{JF}{BF} \qquad ②$$

$$BM=\frac{2S}{b}(S\text{ 表示 }\triangle ABC\text{ 的面积}) \qquad ③$$

由式 ①②③ 得

$$JN=\frac{(p-b)2S}{pb}=\frac{(p-b)2r}{b}$$

同理过点 $J$ 作 $JP \perp AB$,垂足为 $P$,过点 $J$ 作 $JQ \perp BC$,垂足为 $Q$,则

$$JP=\frac{(p-c)2r}{c}, JQ=\frac{(p-a)2r}{a}$$

所以

$$D_J=2r\sum \frac{p-a}{a}$$

**引理 3** 如果 $G$ 为非钝角 $\triangle ABC$ 的重心,$D_G$ 表示点 $G$ 到 $\triangle ABC$ 各边距离之和,那么

$$D_G=\frac{\sum ab}{6R}$$

**证明**　如图10.30，在非钝角$\triangle ABC$中，$G$是重心，过点$C$作$CK\perp AB$，过点$G$作$GH\perp AB$，由

$$\triangle DHG\backsim\triangle DKC, DG:GC=1:2$$

及

$$S=\frac{abc}{4R}$$

得

$$GH=\frac{1}{3}CK=\frac{2S}{3c}=\frac{ab}{6R}$$

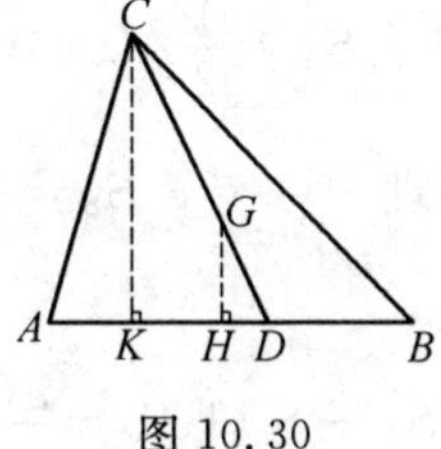

图10.30

同理点$G$到另两边的距离分别是$\frac{cb}{6R}$和$\frac{ca}{6R}$，故$D_G=\frac{\sum ab}{6R}$.

**定理8的证明**　由

$$D_J=2r\sum\frac{p-a}{a}, D_G=\frac{\sum ab}{6R}$$

则

$$D_J\geqslant D_G\Leftrightarrow 2r\sum\frac{p-a}{a}\geqslant\frac{\sum ab}{6R}\Leftrightarrow\frac{\sum ab}{2R}\geqslant\frac{\sum ab}{6R}+6r\Leftrightarrow$$

$$\sum ab\geqslant 18Rr(\sum ab=p^2+4Rr+r^2)\Leftrightarrow$$

$$p^2+4Rr+r^2\geqslant 18Rr\Leftrightarrow P^2\geqslant 14Rr-r^2 \qquad ④$$

由格瑞特森不等式[①] $p^2\geqslant 16Rr-5r^2$，知式④成立，故$D_J\geqslant D_G$，当且仅当$\triangle ABC$是正三角形时取等号.

**定理9**　设$\triangle ABC$的关于顶点的周界中点$\triangle LMN$与$\triangle ABC$的面积有下述关系式，即

$$S_{\triangle LMN}=\frac{r}{2R}S_{\triangle ABC}$$

其中$R,r$分别为$\triangle ABC$的外接圆、内切圆半径.

**证明**　如图10.31，设$\triangle ALN,\triangle BLM,\triangle CMN$的面积分别为$S_A,S_B,S_C$，$\triangle ABC$的三边长分别为$a,b,c$，且

$$p=\frac{1}{2}(a+b+c)$$

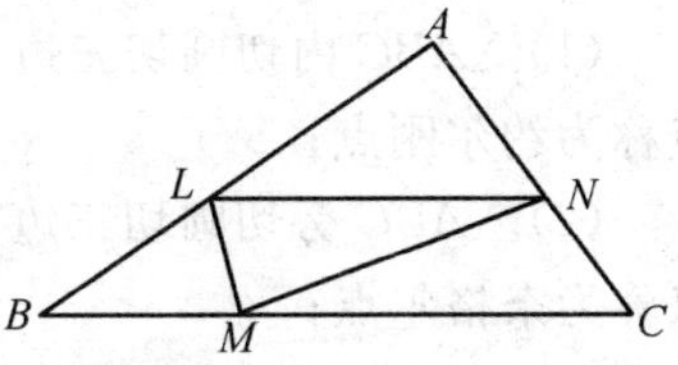

图10.31

注意到

① 匡继昌.常用不等式[M].长沙：湖南教育出版社，1993：5.

$$S_A=\frac{1}{2}AL\cdot AN\sin A=\frac{1}{2}(p-c)(p-b)\frac{a}{2R}=\frac{a}{4R}(p-b)(p-c)$$

同理
$$S_B=\frac{b}{4R}(p-a)(p-c),S_C=\frac{c}{4R}(p-a)(p-b)$$

故

$$S_A+S_B+S_C=\frac{a(p-b)(p-c)+b(p-a)(p-c)+c(p-a)(p-b)}{4R}=\frac{2p^3-2p(ab+bc+ca)+3abc}{4R}$$

由三角形中的恒等式

$$ab+bc+ca=p^2+4Rr+r^2,abc=4Rrp$$

易得
$$S_A+S_B+S_C=rp-\frac{r^2p}{2R}$$

又 $rp=S_{\triangle ABC}$,于是

$$S_A+S_B+S_C=S_{\triangle ABC}-\frac{r}{2R}S_{\triangle ABC}$$



故

$$S_{\triangle LMN}=S_{\triangle ABC}-(S_A+S_B+S_C)=S_{\triangle ABC}-(S_{\triangle ABC}-\frac{r}{2R}S_{\triangle ABC})=\frac{r}{2R}S_{\triangle ABC}$$

**注** 关于界心研究的历史情况:①

19世纪后半叶到20世纪初叶,包括布罗卡(Brocard,1845—1922)、莱莫恩(Lemoine,1840—1912)、约尔刚(Gergonne,1771—1859)和奈格尔(Nagel,1821—1903)在内的一大批数学家,掀起过一阵研究欧氏几何的热潮,获得了不少新结果.

我们现在就来看一看,这阵热潮中关于这方面有些什么主要结果.

(1)$\triangle ABC$ 内切圆切三边于点 $D,E,F$,则 $AD,BE,CF$ 相交于一点 $M$,这一点称为约尔刚点;

(2)$\triangle ABC$ 旁切圆切三边于点 $P,Q,R$,则 $AP,BQ,CR$ 相交于一点 $N$,这一点称为奈格尔点;

(3)$\triangle ABC$ 的约尔刚点和奈格尔点为一对等距共轭点;

(4)$\triangle ABC$ 重心 $G$、内心 $I$ 和奈格尔点共线,且 $GN=2IG$;

(5)设 $S$ 是 $IN$ 的中点,则 $S$ 是 $\triangle ABC$ 的中点 $\triangle O_1O_2O_3$ 的内心,

---

① 郭要红.界心,Nagel点及其他[J].中学数学教学,2001(5):39.

$\triangle O_1O_2O_3$ 的内切圆称为斯毕克圆.

联系现在,回顾历史,我们可以得到以下一些结论.

(1)$\triangle ABC$ 的第一界心 $J$ 就是奈格尔点.

事实上,如图10.32所示,在 $\triangle ABC$ 中,若 $D$,$E$,$F$ 分别是三边 $BC$,$CA$,$AB$ 上内切圆的切点,显然,$AD$,$BE$,$CF$ 是分周线.故其交点——奈格尔点,即是第一界心 $J$.只是在奈格尔的时代,还无"界心"这个概念,因此,也没有人指出这一点.

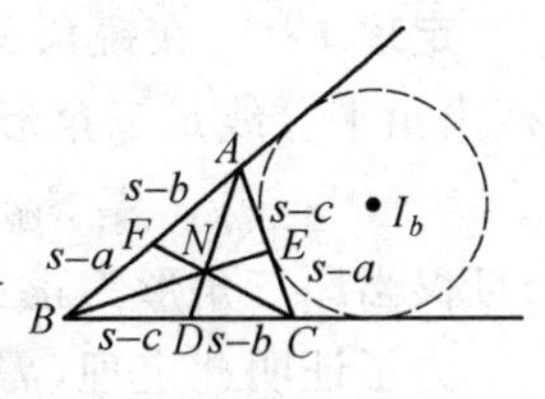


图10.32

(2)$\triangle ABC$ 的第二界心 $K$,即斯毕克圆的圆心 $S$,如图10.33所示.

事实上,$\triangle ABC$ 的第二界心 $K$,是内心 $I$ 和第一界心 $J$ 的中点,与斯毕克圆的圆心 $S$ 的定义一致,即点 $J$ 就是点 $S$.不过,那时也许没有人注意点 $S$ 具有第二界心的性质.现在夏培贵等从"界心"这一概念出发,指出了这一点.

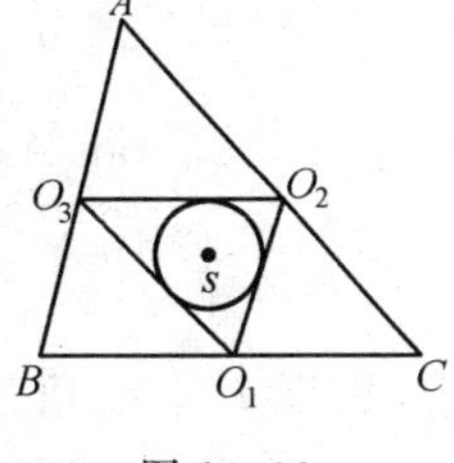


图10.33



## 第2节 三角形的内接三角形问题

试题A中涉及了三角形的内接三角形,即 $\triangle PQR$ 是 $\triangle ABC$ 的内接三角形.

某三角形的三个顶点均在一个三角形的周界上,则称其为三角形的内接三角形.三角形有一系列的特殊内接三角形.

**定义1** 以三角形三边上的高线的垂足为顶点的三角形叫作原三角形的垂足三角形.

**定义2** 以三角形的内切圆与三边的三个切点为顶点的三角形叫作原三角形的切点三角形.

**定义3** 以三角形三边上的界点(过三角形顶点的分周线)为顶点的三角形叫作原三角形的界点三角形.

**定义4** 以三角形三个内角平分线与对边的交点为顶点的三角形叫作原三角形的内角平分线足三角形.

**定义5** 以三角形三边中点为顶点的三角形叫作原三角形的中点三角形.

这里约定 $\triangle ABC$ 的三内角 $\angle A$,$\angle B$,$\angle C$ 的对边长分别为 $a$,$b$,$c$,面积为 $S$,且 $\triangle ABC$ 的半周长为 $p=\frac{1}{2}(a+b+c)$.

**定理1**① 在锐角三角形中,三角形的垂足三角形、切点三角形、界点三角形、内角平分线足三角形、中点三角形的面积满足下列关系,即

$$S_{垂足三角形} \leqslant S_{切点三角形} = S_{界点三角形} \leqslant S_{内角平分线足三角形} \leqslant S_{中点三角形}$$

当且仅当原三角形为正三角形时,上式中的等号均成立.

为了证明此定理,需用下列大家熟知的三角关系及五个引理.

在 $\triangle ABC$ 中

$$\cos A+\cos B+\cos C=1+4\sin\frac{A}{2}\sin\frac{B}{2}\sin\frac{C}{2} \quad ①$$

$$1-(\cos^2 A+\cos^2 B+\cos^2 C)=2\cos A\cos B\cos C \quad ②$$

$$\tan A+\tan B+\tan C=\tan A\tan B\tan C\geqslant 3\sqrt{3} \quad ③$$

$$\cos\frac{A}{2}\cos\frac{B}{2}\cos\frac{C}{2}\leqslant\frac{3\sqrt{3}}{8} \quad ④$$

**引理1** 锐角三角形的垂足三角形的面积与原三角形的面积比为 $2\cos A\cos B\cos C$.



**证明** 如图10.34,$\triangle DEF$ 是 $\triangle ABC$ 的垂足三角形,可求得

$$AD=b\cos A, AF=c\cos A, BD=a\cos B$$

$$BE=c\cos B, CE=b\cos C, CF=a\cos C$$

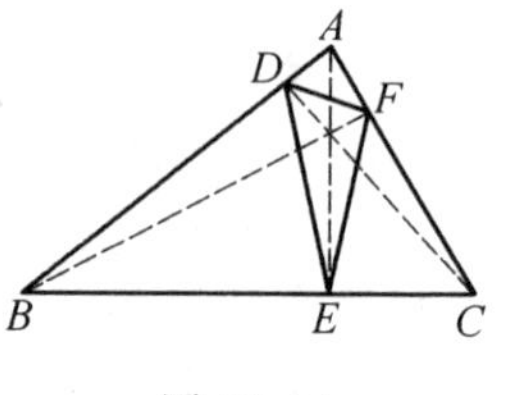

图10.34

记 $\triangle ADF,\triangle BED,\triangle CFE$ 的面积分别为 $S_1,S_2,S_3$,则

$$\frac{S_1}{S_{\triangle ABC}}=\frac{\frac{1}{2}AD\cdot AF\sin A}{\frac{1}{2}bc\sin A}=\frac{bc\cos^2 A}{bc}=\cos^2 A$$

同理

$$\frac{S_2}{S_{\triangle ABC}}=\cos^2 B, \frac{S_3}{S_{\triangle ABC}}=\cos^2 C$$

则

$$\frac{S_1+S_2+S_3}{S_{\triangle ABC}}=\cos^2 A+\cos^2 B+\cos^2 C$$

故

$$\frac{S_{垂足三角形}}{S_{\triangle ABC}}=\frac{S_{\triangle ABC}-(S_1+S_2+S_3)}{S_{\triangle ABC}}=$$

$$1-(\cos^2 A+\cos^2 B+\cos^2 C)=$$

① 赵心敬,焦和平.三角形的内接三角形面积的不等式链[J].数学通报,1996(8):33-34.

$$2\cos A+\cos B+\cos C$$

**引理2** 三角形的切点三角形的面积与原三角形面积的比为

$$2\sin\frac{A}{2}\sin\frac{B}{2}\sin\frac{C}{2}$$

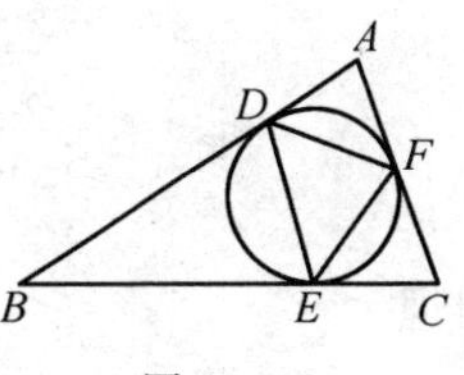


图10.35

**证明** 如图10.35，$\triangle DEF$ 是 $\triangle ABC$ 的切点三角形，可求得

$$AD=AF=p-a,BD=BE=p-b,CE=CF=p-c$$

记 $\triangle ADF,\triangle BED,\triangle CFE$ 的面积为 $S_1,S_2,S_3$，则

$$\frac{S_1}{S_{\triangle ABC}}=\frac{\frac{1}{2}AD\cdot AF\sin A}{\frac{1}{2}bc\sin A}=\frac{(p-a)^2}{bc}$$

同理
$$\frac{S_2}{S_{\triangle ABC}}=\frac{(p-b)^2}{ac},\frac{S_3}{S_{\triangle ABC}}=\frac{(p-c)^2}{ab}$$

则

$$\frac{S_1+S_2+S_3}{S_{\triangle ABC}}=\frac{(p-a)^2}{bc}+\frac{(p-b)^2}{ac}+\frac{(p-c)^2}{ab}=$$

$$\frac{(b+c-a)^2}{4bc}+\frac{(a+c-b)^2}{4ac}+\frac{(a+b-c)^2}{4ab}=$$

$$\frac{a(a^2-b^2-c^2)+b(b^2-a^2-c^2)+c(c^2-a^2-b^2)+6abc}{4abc}=$$

$$\frac{a(-2bc\cos A)+a(-2ac\cos B)+c(-2ab\cos C)+6abc}{4abc}=$$

$$\frac{3}{2}-\frac{1}{2}(\cos A+\cos B+\cos C)=$$

$$1-2\sin\frac{A}{2}\sin\frac{B}{2}\sin\frac{C}{2}$$

故
$$\frac{S_{切点三角形}}{S_{\triangle ABC}}=\frac{S_{\triangle ABC}-(S_1+S_2+S_3)}{S_{\triangle ABC}}=2\sin\frac{A}{2}\sin\frac{B}{2}\sin\frac{C}{2}$$

**引理3** 三角形的界点三角形与切点三角形的面积相等.

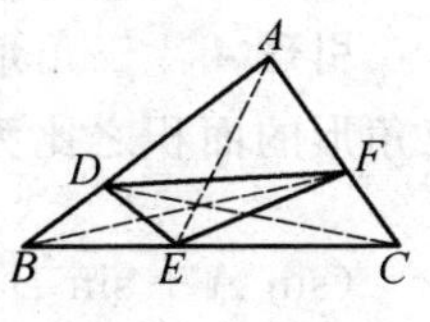


图10.36

**证明** 如图10.36，$\triangle DEF$ 是 $\triangle ABC$ 的界点三角形，可求得

$$AD=EC=p-b,DB=CF=p-a,BE=FA=p-c$$

记$\triangle ADF$,$\triangle BED$,$\triangle CFE$ 的面积分别为 $S_1$,$S_2$,$S_3$,则

$$\frac{S_1}{S_{\triangle ABC}}=\frac{\frac{1}{2}AD\cdot AF\sin A}{\frac{1}{2}bc\sin A}=\frac{(p-b)(p\quad c)}{bc}$$

同理

$$\frac{S_2}{S_{\triangle ABC}}=\frac{(p-a)(p-c)}{ac}$$

$$\frac{S_3}{S_{\triangle ABC}}=\frac{(p-a)(p-b)}{ab}$$

$$\frac{S_1+S_2+S_3}{S_{\triangle ABC}}=\frac{(p-b)(p-c)}{bc}+\frac{(p-a)(p-c)}{ac}+\frac{(p-a)(p-b)}{ab}=$$

$$\frac{(a+c-b)(a+b-c)}{4bc}+\frac{(b+c-a)(a+b-c)}{4ac}+$$

$$\frac{(b+c-a)(a+c-b)}{4ab}=$$

$$\frac{a^2-b^2-c^2+2bc}{4bc}+\frac{b^2-a^2-c^2+2ac}{4ac}+$$

$$\frac{c^2-a^2-b^2+2ab}{4ab}=$$

$$\frac{-2bc\cos A+2bc}{4bc}+\frac{-2ac\cos B+2ac}{4ac}+$$

$$\frac{-2ab\cos C+2ab}{4ab}=$$

$$\frac{3}{2}-\frac{1}{2}(\cos A+\cos B+\cos C)=$$

$$1-2\sin\frac{A}{2}\sin\frac{B}{2}\sin\frac{C}{2}$$

故
$$\frac{S_{界点三角形}}{S_{\triangle ABC}}=\frac{S_{\triangle ABC}-(S_1+S_2+S_3)}{S_{\triangle ABC}}=2\sin\frac{A}{2}\sin\frac{B}{2}\sin\frac{C}{2}=\frac{S_{切点三角形}}{S_{\triangle ABC}}$$

即
$$S_{界点三角形}=S_{切点三角形}$$



**引理4** 三角形的内角平分线足三角形的面积与原三角形的面积之比为

$$\frac{2\sin A\sin B\sin C}{(\sin A+\sin B)(\sin B+\sin C)(\sin C+\sin A)}$$

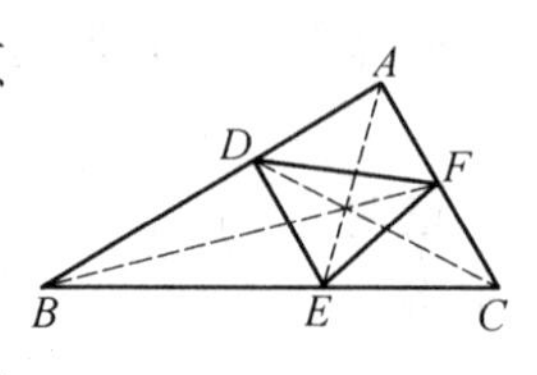

图 10.37

**证明** 如图10.37,$\triangle DEF$ 是$\triangle ABC$ 的内角平分线

足三角形.

由 $CD$ 平分 $\angle C$ 可得

$$AD:(c-AD)=b:a$$

则

$$AD=\frac{bc}{a+b}$$

同理　$DB=\frac{ac}{a+b},BE=\frac{ac}{b+c},CE=\frac{ab}{b+c},CF=\frac{ab}{a+c},FA=\frac{bc}{a+c}$

记 $\triangle ADF,\triangle BED,\triangle CFE$ 的面积分别为 $S_1,S_2,S_3$,则

$$\frac{S_1}{S_{\triangle ABC}}=\frac{\frac{1}{2}AD\cdot AF\sin A}{\frac{1}{2}bc\sin A}=\frac{\frac{bc}{a+b}\cdot\frac{bc}{a+c}}{bc}=\frac{bc}{(a+b)(a+c)}$$

同理

$$\frac{S_2}{S_{\triangle ABC}}=\frac{ac}{(a+b)(b+c)},\frac{S_3}{S_{\triangle ABC}}=\frac{ab}{(b+c)(a+c)}$$

$$\frac{S_1+S_2+S_3}{S_{\triangle ABC}}=\frac{bc}{(a+b)(a+c)}+\frac{ac}{(a+b)(b+c)}+\frac{ab}{(b+c)(a+c)}=\frac{bc(b+c)+ac(a+c)+ab(a+b)}{(a+b)(b+c)(c+a)}$$



故

$$\frac{S_{\triangle DEF}}{S_{\triangle ABC}}=\frac{S_{\triangle ABC}-(S_1+S_2+S_3)}{S_{\triangle ABC}}=\frac{2bc}{(a+b)(b+c)(c+a)}=\frac{2\sin A\sin B\sin C}{(\sin A+\sin B)(\sin B+\sin C)(\sin C+\sin A)}$$

**引理5**　三角形的中点三角形的面积与原三角形的面积之比为 $\frac{1}{4}$.

定理证明如下.

根据引理1和引理2,得

$$S_{垂足三角形}=2\cos A\cos B\cos C S_{\triangle ABC}$$

$$S_{切点三角形}=2\sin\frac{A}{2}\sin\frac{B}{2}\sin\frac{C}{2}S_{\triangle ABC}$$

故

$$\frac{S_{切点三角形}}{S_{垂足三角形}}=\frac{\sin\frac{A}{2}\sin\frac{B}{2}\sin\frac{C}{2}}{\cos A\cos B\cos C}=\frac{\sin A\sin B\sin C}{8\cos A\cos B\cos C\cos\frac{A}{2}\cos\frac{B}{2}\cos\frac{C}{2}}=$$

$$\frac{\tan A\tan B\tan C}{8\cos\frac{A}{2}\cos\frac{B}{2}\cos\frac{C}{2}}=\frac{\tan A+\tan B+\tan C}{8\cos\frac{A}{2}\cos\frac{B}{2}\cos\frac{C}{2}}\geqslant$$

$$\frac{3\sqrt{3}}{8\times\frac{3\sqrt{3}}{8}}=1$$

即 $S_{垂足三角形}\leqslant S_{切点三角形}$,即式 ① 成立.

根据引理3,式 ② 成立.

根据引理4

$$\frac{S_{内角平分线足三角形}}{S_{\triangle ABC}}=\frac{2\sin A\sin B\sin C}{(\sin A+\sin B)(\sin B+\sin C)(\sin C+\sin A)}$$

而

$$(\sin A+\sin B)(\sin B+\sin C)(\sin C+\sin A)\geqslant$$
$$2\sqrt{\sin A\sin B}\cdot 2\sqrt{\sin B\sin C}\cdot 2\sqrt{\sin C\sin A}=$$
$$8\sin A\sin B\sin C$$



则

$$\frac{S_{内角平分线足三角形}}{S_{\triangle ABC}}\leqslant\frac{2\sin A\sin B\sin C}{8\sin A\sin B\sin C}=\frac{1}{4}$$

故 $S_{内角平分线足三角形}\leqslant S_{中点三角形}$,即式 ④ 成立,又由

$$\frac{S_{内角平分线足三角形}}{S_{\triangle ABC}}=\frac{2\sin A\sin B\sin C}{(\sin A+\sin B)(\sin B+\sin C)(\sin C+\sin A)}=$$
$$\frac{2\cdot 2\sin\frac{A}{2}\cos\frac{A}{2}\cdot 2\sin\frac{B}{2}\cos\frac{B}{2}\cdot 2\sin\frac{C}{2}\cos\frac{C}{2}}{2\cos\frac{C}{2}\cos\frac{A-B}{2}\cdot 2\cos\frac{A}{2}\cos\frac{B-C}{2}\cdot 2\cos\frac{B}{2}\cos\frac{C-A}{2}}=$$
$$\frac{2\sin\frac{A}{2}\sin\frac{B}{2}\sin\frac{C}{2}}{\cos\frac{A-B}{2}\cos\frac{B-C}{2}\cos\frac{C-A}{2}}$$

及

$$0<\cos\frac{A-B}{2}\cos\frac{B-C}{2}\cos\frac{C-A}{2}\leqslant 1$$

则

$$\frac{S_{内角平分线足三角形}}{S_{\triangle ABC}}=\frac{2\sin A\sin B\sin C}{\cos\frac{A-B}{2}\cos\frac{B-C}{2}\cos\frac{C-A}{2}}\geqslant$$
$$2\sin\frac{A}{2}\sin\frac{B}{2}\sin\frac{C}{2}=\frac{S_{界点三角形}}{S_{\triangle ABC}}$$

故 $S_{界点三角形} \leqslant S_{内角平分线足三角形}$，即式 ③ 成立.

综上，有

$$S_{垂足三角形} \leqslant S_{切点三角形} = S_{界点三角形} \leqslant S_{内角平分线足三角形} \leqslant S_{中点三角形}$$

（上述不等式中，均为当 $\angle A = \angle B = \angle C$ 时取等号.）

**注**　(1) 当原三角形为直角三角形时，垂足三角形的面积为0.

(2) 当原三角形为钝角三角形时，垂足三角形的面积与原三角形的面积比为 $-2\cos A\cos B\cos C$. 此时不等式式链

$$S_{切点三角形} = S_{界点三角形} < S_{内角平分线足三角形} < S_{中点三角形}$$

仍成立.

**定理2**①　设 $A_0, B_0, C_0$ 分别位于 $\triangle ABC$ 的三边 $BC, CA, AB$ 上，若

$$AC_0 : C_0B = m : n, BA_0 : A_0C = p : q, CB_0 : B_0A = r : s$$

$\triangle ABC$ 与 $\triangle A_0B_0C_0$ 的面积分别为 $S$ 与 $S_0$，则

$$S_0 = \frac{mpr + nqs}{(m+n)(p+q)(r+s)}S$$

**证明**　如图10.38，设 $\triangle AC_0B_0, \triangle BA_0C_0, \triangle CB_0A_0$ 的面积分别为 $S_1, S_2, S_3$，则由三角形面积比的性质知

$$\frac{S_1}{S} = \frac{AC_0 \cdot AB_0}{AB \cdot AC}$$

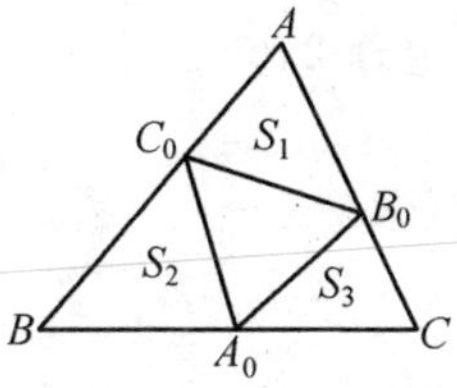

但由已知条件 $\frac{AC_0}{C_0B} = \frac{m}{n}$，可得

$$\frac{AC_0}{AB} = \frac{m}{m+n}, AC_0 = \frac{m}{m+n}AB$$

由 $\frac{CB_0}{B_0A} = \frac{r}{s}$，可得

$$\frac{AB_0}{B_0C} = \frac{s}{r}, \frac{AB_0}{AC} = \frac{s}{r+s}, AB_0 = \frac{s}{r+s}AC$$

于是

$$\frac{S_1}{S} = \frac{ms}{(m+n)(r+s)}$$

所以

$$S_1 = \frac{ms}{(m+n)(r+s)}S$$

同理有

A
C0 S1
B0
S2
S3
B A0 C

图10.38

① 苏化明. 一个关于三角形的定理及其应用[J]. 中学教研(数学)，1990(1)：30-32.

$$S_2=\frac{np}{(m+n)(p+q)}S,S_3=\frac{qr}{(p+q)(r+s)}S$$

从而

$$S_0=S-(S_1+S_2+S_3)=$$
$$S\left[1-\left(\frac{ms}{(m+n)(r+s)}+\frac{np}{(m+n)(p+q)}+\frac{qr}{(p+q)(r+s)}\right)\right]=$$
$$\frac{mpr+nqs}{(m+n)(p+q)(r+s)}S$$

**推论1** 设$\triangle ABC$的三边长为$BC=a,CA=b,AB=c,AD,BE,CF$为$\triangle ABC$的内角平分线,记$\triangle DEF,\triangle ABC$的面积分别为$S_{\triangle DEF},S_{\triangle ABC}$,求证:$\frac{S_{\triangle DEF}}{S_{\triangle ABC}}=\frac{2abc}{(a+b)(b+c)(c+a)}$.

(1958年第三届上海市中学生数学竞赛题)

**证明** 由三角形内角平分线性质知

$$AF:FB=b:a,BD:DC=c:b,CE:EA=a:c$$



由定理2,知

$$S_0=\frac{\frac{m}{n}\cdot\frac{p}{q}\cdot\frac{r}{s}+1}{\left(\frac{m}{n}+1\right)\left(\frac{p}{q}+1\right)\left(\frac{r}{s}+1\right)}S$$

所以

$$S_{\triangle DEF}=\frac{\frac{b}{a}\cdot\frac{c}{b}\cdot\frac{a}{c}+1}{\left(\frac{b}{a}+1\right)\left(\frac{c}{b}+1\right)\left(\frac{a}{c}+1\right)}S_{\triangle ABC}=$$
$$\frac{2abc}{(a+b)(b+c)(c+a)}S_{\triangle ABC}$$

**注** 由前面引理4及正弦定理也可推证.

**推论2** 设$P$为$\triangle ABC$内任意一点,$AP,BP,CP$的延长线分别交$BC,CA,AB$于点$D,E,F$,若$S$表示面积,求证:$S_{\triangle DEF}\leqslant\frac{1}{4}S_{\triangle ABC}$,其中等号当且仅当$P$为$\triangle ABC$的重心时成立.

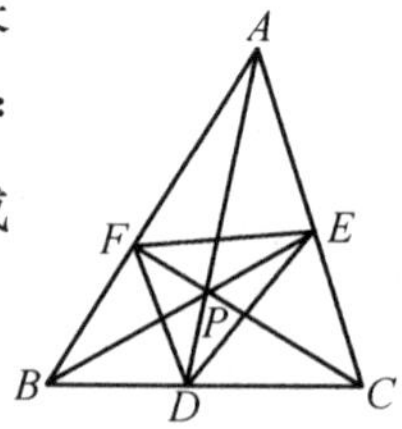

图10.39

**证明** 如图10.39,设$\frac{AF}{FB}=\lambda,\frac{BD}{DC}=\mu,\frac{CE}{EA}=\rho$,由于$AD$,$BE,CF$交于点$P$,故由塞瓦定理知,$\lambda\mu\rho=1$,由定理2,知

$$S_0=\frac{\frac{m}{n}\cdot\frac{p}{q}\cdot\frac{r}{s}+1}{\left(\frac{m}{n}+1\right)\left(\frac{p}{q}+1\right)\left(\frac{r}{s}+1\right)}S$$

所以

$$S_{\triangle DEF}=\frac{\lambda\mu\rho+1}{(\lambda+1)(\mu+1)(\rho+1)}S_{\triangle ABC}=$$
$$\frac{2}{(\lambda+1)(\mu+1)(\rho+1)}S_{\triangle ABC}$$

因为 $\lambda>0,\mu>0,\rho>0$，所以有

$$\lambda+1\geqslant 2\sqrt{\lambda},\mu+1\geqslant 2\sqrt{\mu},\rho+1\geqslant 2\sqrt{\rho}$$

从而
$$(\lambda+1)(\mu+1)(\rho+1)\geqslant 8\sqrt{\lambda\mu\rho}=8$$

因此
$$S_{\triangle DEF}\leqslant\frac{1}{4}S_{\triangle ABC}$$

而其中等号当且仅当 $\lambda=\mu=\rho=1$，即 $P$ 为 $\triangle ABC$ 的重心时成立.



**推论3**　如图10.40，设 $A_0,B_0,C_0$ 分别位于 $\triangle ABC$ 的三边 $BC,CA,AB$ 上，若 $AC_0:C_0B=BA_0:A_0C=CB_0:B_0A=m:n$，求证：$\triangle A_0B_0C_0$ 和 $\triangle ABC$ 有公共的重心.

(1957年南京市中学数学竞赛题)

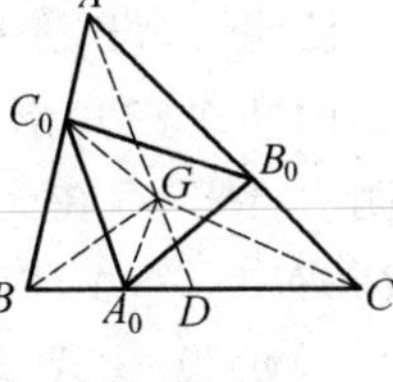

图10.40

**证明**　若 $m=n$，则 $A_0,B_0,C_0$ 为 $BC,CA,AB$ 的中点，显然 $\triangle A_0B_0C_0$ 的重心即为 $\triangle ABC$ 的重心 $G$.

若 $m<n$，延长 $AG$ 交 $BC$ 于点 $D$，则 $BD=DC$，于是

$$A_0D=BD-BA_0=\frac{1}{2}BC-\frac{m}{m+n}BC=\frac{n-m}{2(m+n)}BC$$

从而
$$S_{\triangle GA_0D}=\frac{n-m}{2(m+n)}S_{\triangle GBC}=\frac{n-m}{6(m+n)}S_{\triangle ABC}$$

又
$$S_{\triangle GAC_0}=\frac{m}{m+n}S_{\triangle GAB}=\frac{m}{3(m+n)}S_{\triangle ABC}$$

及
$$S_{\triangle A_0C_0B}=\frac{n}{m+n}S_{\triangle A_0AB}=\frac{mn}{(m+n)^2}S_{\triangle ABC}$$

于是

$$S_{\triangle A_0C_0G}=S_{\triangle ABD}-S_{\triangle A_0C_0B}-S_{\triangle GAC_0}-S_{\triangle GA_0D}=$$
$$\left[\frac{1}{2}-\frac{n-m}{6(m+n)}-\frac{m}{3(m+n)}-\frac{mn}{(m+n)^2}\right]S_{\triangle ABC}=$$
$$\frac{m^2-mn+n^2}{3(m+n)^2}S_{\triangle ABC}$$

又由定理2,知

$$S_{\triangle A_0B_0C_0}=\frac{m^3+n^3}{(m+n)^3}S_{\triangle ABC}$$

所以
$$S_{\triangle A_0C_0G}=\frac{1}{3}S_{\triangle A_0B_0C_0}$$

同理可证

$$S_{\triangle A_0B_0G}=S_{\triangle B_0C_0G}=\frac{m^3+n^3}{3(m+n)^3}S_{\triangle ABC}=S_{\triangle A_0C_0G}=\frac{1}{3}S_{\triangle A_0B_0C_0}$$

故点 $G$ 为 $\triangle A_0B_0C_0$ 的重心.

同理可证,当 $m>n$ 时,点 $G$ 也是 $\triangle A_0B_0C_0$ 的重心.

**推论4** 若 $\triangle A_0B_0C_0$ 为 $\triangle ABC$ 的垂足三角形,则

$$S_{\triangle A_0B_0C_0}=2\cos A\cos B\cos CS_{\triangle ABC}$$

(证略,可参见前面引理1).

**定理3**① 任意三角形都存在无数个内接三角形与同一个给定的三角形相似.



**证明** 设 $\triangle ABC$ 和 $\triangle A'B'C'$ 是任意给定的两个三角形,如图10.41所示,我们证明 $\triangle ABC$ 存在无数个内接 $\triangle PMN$,满足 $\triangle PMN\backsim\triangle A'B'C'$.

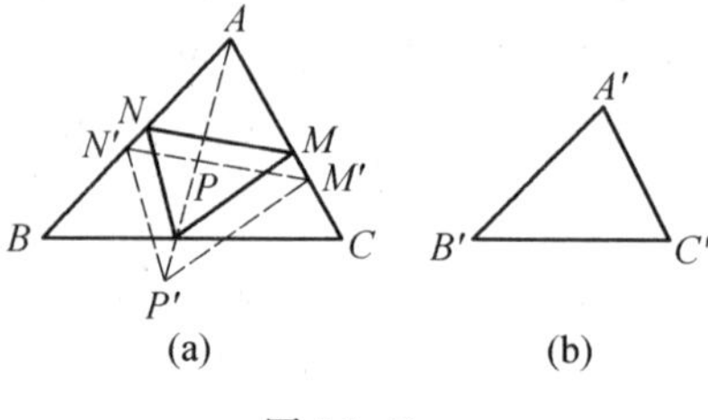


图10.41

不妨设 $\angle A\geqslant\angle B\geqslant\angle C,\angle A'\geqslant\angle B'\geqslant\angle C'$. 按任一方向作一直线与 $AC$, $AB$ 两边分别相交于点 $M',N'$,使 $\angle CM'N'$ 与 $\angle BN'M'$ 均为钝角(这样的直线 $M'N'$ 显然可作无数条,它们的方向互不相同). 以 $M'N'$ 为一边作 $\triangle P'M'N'\backsim\triangle A'B'C'$,使点 $P'$ 和点 $A$ 分居于 $M'N'$ 的两侧. 作射线 $AP'$ 交 $BC$ 于点 $P$,过点 $P$ 作线段 $PM\parallel P'M'$ 交 $AC$ 于点 $M$,作 $PN\parallel P'N'$ 交 $AB$ 于点 $N$. 联结 $MN$,则

$$\triangle PMN\backsim\triangle P'M'N'\backsim\triangle A'B'C'$$

这就表明 $\triangle ABC$ 存在内接 $\triangle PMN\backsim\triangle A'B'C'$. 注意到 $\triangle PMN$ 的边 $MN$ 的方向(即 $M'N'$ 的方向)具有任意性,所以在 $\triangle ABC$ 中,这样的内接 $\triangle PMN$ 有无数个. 命题得证.

由这个定理显然可得:

① 熊曾润. 浅谈三角形的定形内接三角形的个数[J]. 中学数学教学,2000(2):20.

**推论 5**　任意三角形都存在无数个内接正三角形.

下面我们再探讨任意三角形其内接正三角形的边长何时取最大问题.①

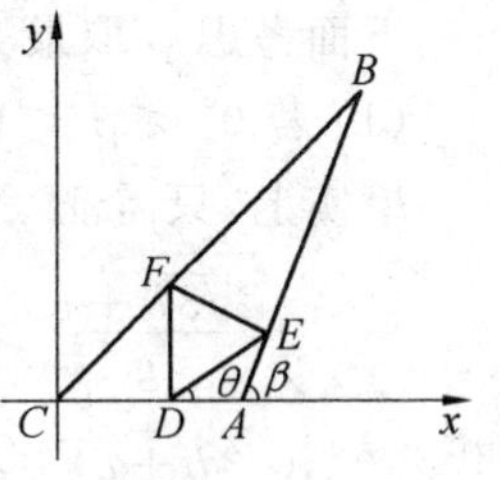

图 10.42

设任意 $\triangle ABC$，$\angle B \leqslant \angle C \leqslant \angle A$，$\triangle DEF$ 为其内接正三角形，即点 $D,E,F$ 分别在边 $CA,AB,BC$ 上（包含在 $\triangle ABC$ 的顶点上），正 $\triangle DEF$ 的边长为 $p$. 以射线 $CA$ 为非负 $x$ 轴建立如图 10.42 所示的平面直角坐标系，又设 $A(a,0)$，$B(b,c)$，$\angle BAx=\beta$，$\angle EDx=\theta$，$CD$ 的长为 $m$，则 $0^\circ \leqslant \theta \leqslant \beta$，$E(p\cos\theta+m, p\sin\theta)$，$F(p\cos(\theta+60^\circ)+m, p\sin(\theta+60^\circ))$.

若点 $E$ 与点 $A$ 不重合，则因点 $E,F$ 分别在 $AB,BC$ 上，所以有

$$\begin{cases}\dfrac{p\sin\theta}{p\cos\theta+m-a}=\dfrac{c}{b-a}\\[2mm]\dfrac{p\cos(\theta+60^\circ)+m}{p\sin(\theta+60^\circ)}=\dfrac{b}{c}\end{cases}$$

即

$$\begin{cases}p(b-a)\sin\theta=c(p\cos\theta+m-a)\\c[p\cos(\theta+60^\circ)+m]=bp\sin(\theta+60^\circ)\end{cases} \qquad ①$$

若点 $E$ 与点 $A$ 重合，则 $\theta=0^\circ$，$p+m=a$. 式 ① 仍然成立.

从式 ① 中消去 $m$，得

$$p=\frac{2ac}{(2a-b+\sqrt{3}c)\sin\theta+(\sqrt{3}b+c)\cos\theta}$$

令

$$g=\sqrt{(2a-b+\sqrt{3}c)^2+(\sqrt{3}b+c)^2}=\sqrt{4a^2+4b^2+4c^2+4\sqrt{3}ac-4ab} \qquad ②$$

则 $p=\dfrac{2ac}{g\sin(\theta+\alpha)}$，其中 $0^\circ<\alpha<180^\circ$，且

$$\cos\alpha=\frac{2a-b+\sqrt{3}c}{g},\sin\alpha=\frac{\sqrt{3}b+c}{g} \qquad ③$$

从式 ① 中解得

$$m=\frac{2a(b-a)\sin\theta-2ac\cos\theta}{g\sin(\theta+\alpha)}+a$$

---

① 焦亚军，郭要红. 三角形的内接最大正三角形[J]. 中等数学，2004(4)：18-19.

下面考虑 $p$ 取最大值的情况.

(1) 若 $0° < \beta < 60°$,且 $\angle B < \angle C$,此时,可证得 $\sin\alpha > \sin(\alpha+\beta)$.

事实上,只需证

$$\frac{\sqrt{3}b+c}{g} > \frac{\sqrt{3}b+c}{g}\cdot\frac{b-a}{|AB|}+\frac{2a-b+\sqrt{3}c}{g}\cdot\frac{c}{|AB|}$$

即 $$(\sqrt{3}b+c)\sqrt{a^2+b^2+c^2-2ab} > \sqrt{3}b^2-\sqrt{3}ab+\sqrt{3}c^2+ac$$

两边平方、整理、分解因式得

$$(b^2+c^2-2ab)(\sqrt{3}b-\sqrt{3}a-c) > 0$$

因为 $$a < |AB| = \sqrt{(b-a)^2+c^2}$$

所以 $$b^2+c^2-2ab > 0$$

因为 $0° < \beta < 60°$,所以

$$\frac{c}{b-a} < \sqrt{3}, b-a > 0$$

从而 $$\sqrt{3}b-\sqrt{3}a-c > 0$$



因此,当 $0° < \beta < 60°$ 时,总有

$$\sin\alpha > \sin(\alpha+\beta)$$

又由于 $0° \leqslant \theta \leqslant \beta$,所以,当 $\theta=\beta$ 时,$\sin(\theta+\alpha)$ 取最小值,$p$ 取最大值,且

$$p_{\max} = \frac{2ac}{g\sin(\alpha+\beta)}$$

其中,$g$,$\alpha$ 值分别由式 ②③ 确定.此时

$$m = \frac{2a(b-a)}{g\sin(\alpha+\beta)}\cdot\frac{c}{|AB|}-\frac{2ac}{g\sin(\alpha+\beta)}\cdot\frac{b-a}{|AB|}+a = a$$

内接正三角形最大时的位置,如图 10.43 所示.

(2) 若 $60° < \beta \leqslant 120°$,且 $\angle B < \angle C$,此时,可以证得 $\sin\alpha < \sin(\alpha+\beta)$.

证明略.

又由于 $0° \leqslant \theta \leqslant \beta$,所以,当 $\theta = 0°$ 时,$\sin(\theta+\alpha)$ 取最小值,$p$ 取最大值,且

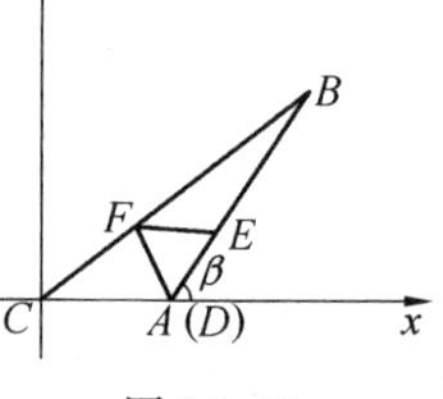

图 10.43

$$p_{\max} = \frac{2ac}{g\sin\alpha}$$

其中,$g$,$\alpha$ 值分别由式 ②③ 确定.此时

$$m = -\frac{2ac}{g\sin\alpha}+a$$

内接正三角形最大时的位置，如图 10.44 所示.

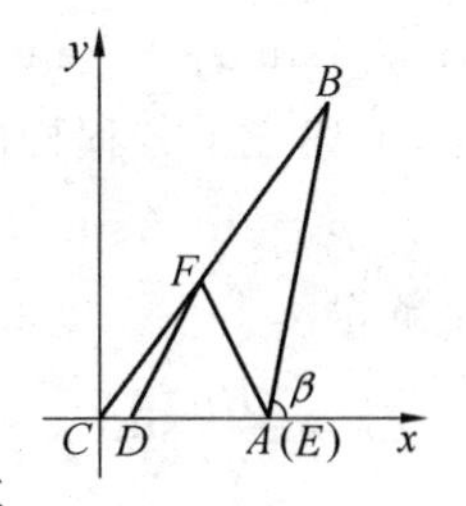

图 10.44

(3) 若 $\angle B=\angle C$ 或 $\beta=60^{\circ}$，则有

$$b^{2}+c^{2}-2ab=0$$

或

$$\sqrt{3}b-\sqrt{3}a-c=0$$

从而

$$\sin\alpha=\sin(\alpha+\beta)$$

又 $0^{\circ}\leqslant\theta\leqslant\beta$，所以，当 $\theta=0^{\circ}$ 或 $\beta$ 时，$\sin(\theta+\alpha)$ 取最小值，$p$ 取最大值，且

$$p_{\max}=\frac{2ac}{g\sin\alpha}$$

其中，$g,\alpha$ 值分别由式 ②③ 确定. 此时

$$m=-\frac{2ac}{g\sin\alpha}+a \text{ 或 } a$$

内接正三角形最大时的位置，如图10.45(a)(b) 所示.

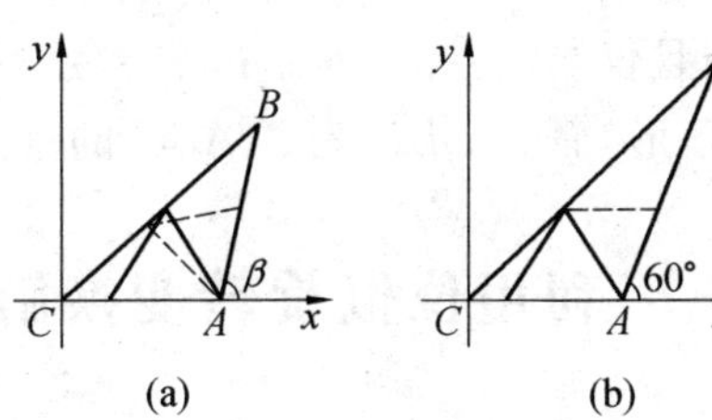

图 10.45

**定理 4**　三角形的垂足三角形是周长最短的内接三角形. 其证明可参见第 3 章第 1 节中例 3.

**定理 5**　设 $\triangle DEF$ 为 $\triangle ABC$ 的内接三角形，$BC=a$，$CA=b$，$AB=c$，$l$ 为 $\triangle DEF$ 的周长，则

$$l\geqslant a\cos A+b\cos B+c\cos C \qquad ①$$

其中等号当且仅当 $\triangle ABC$ 为锐角三角形，且 $\triangle DEF$ 为垂足三角形时成立.

**证明**　设 $R$ 为 $\triangle ABC$ 外接圆的半径，其他字母的含义如图 10.46 所示，则

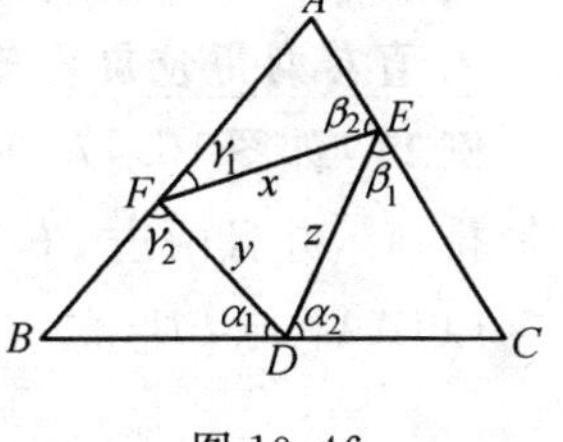

图 10.46

$$(\alpha_1+\beta_1+\gamma_1)+(\alpha_2+\beta_2+\gamma_2)=360^{\circ}$$

由 $AF+BF=c=2R\sin C$，可得

$$x\sin B\sin\beta_2+y\sin A\sin\alpha_1=2R\sin A\sin B\sin C$$

同理可得

$$y\sin C\sin\gamma_2+z\sin B\sin\beta_1=2R\sin A\sin B\sin C$$

$$z\sin A\sin \alpha_2 + x\sin C\sin \gamma_1 = 2R\sin A\sin B\sin C$$

易证,上述三个方程构成的方程组,其系数行列式 $d = pq \neq 0$,其中

$$p = \sin A\sin B\sin C, q = \sin \alpha_1 \sin \beta_1 \sin \gamma_1 + \sin \alpha_2 \sin \beta_2 \sin \gamma_2$$

于是解得

$$x = \frac{2Rp}{q}\sin(\alpha_1 + \alpha_2), y = \frac{2Rp}{q}\sin(\beta_1 + \beta_2), z = \frac{2Rp}{q}\sin(\gamma_1 + \gamma_2)$$

可以证明

$$\frac{1}{q}(\sin(\alpha_1 + \alpha_2) + \sin(\beta_1 + \beta_2) + \sin(\gamma_1 + \gamma_2)) \geqslant 2 \quad ②$$

所以

$$\begin{aligned} l = x + y + z \geqslant 4Rp = 4R\sin A\sin B\sin C = \\ R(\sin 2A + \sin 2B + \sin 2C) = \\ a\cos A + b\cos B + c\cos C \end{aligned}$$

即式 ① 成立.同时,由于当且仅当 $\alpha_1 = \alpha_2, \beta_1 = \beta_2, \gamma_1 = \gamma_2$ 时,式 ② 中等号成立.这时,$\triangle ABC$ 必为锐角三角形,而 $\triangle DEF$ 为 $\triangle ABC$ 的垂足三角形.



## 第3节　利用位似旋转变换解题

试题 C2 的证明中涉及了旋转变换,下面,我们介绍利用位似旋转变换解题.

**位似旋转变换**　设 $O$ 为平面上一定点,$k$ 为常数($k > 0$),$\theta$ 为有向角,对于任意一点 $P$,射线 $OP$ 绕 $O$ 旋转角 $\theta$,点 $P$ 映射到点 $P'$,在 $OP'$ 射线上存在一点 $P''$,有 $\overrightarrow{OP''} = k\overrightarrow{OP'}$,把由点 $P$ 到点 $P''$ 的变换叫作以 $O$ 为位似旋转中心、旋转角为 $\theta$、位似比为 $k$ 的位似旋转变换,记为 $S(O,\theta,k)$.

从位似旋转变换的定义可知,一个位似旋转变换实际是位似变换与旋转变换的复合,此时的位似中心与旋转中心相重合.①

***1. 直接利用位似旋转变换***

**例1**　如图 10.47,在平面上放置着两个正 $\triangle ABC$ 和 $\triangle A_1B_1C_1$(顶点按顺时针排列),并且两边 $BC$ 和 $B_1C_1$ 的中点 $D$ 重合.试求:

(1)$AA_1$ 与 $BB_1$ 的夹角;

---

① 朱鸿玲.利用位似旋转变换证明几何题[J].中等数学.2000(4):9-11.

(2)$AA_1 : BB_1$.

**解**　由 $BB_1 \xrightarrow{S(D,90°,\sqrt{3})} AA_1$,有 $AA_1 \perp BB_1$,且 $AA_1 : BB_1 = \sqrt{3}$.

**例 2**　如图 10.48,$M$ 为 $\triangle ABC$ 的 $BC$ 边的中点,$\triangle ABD \backsim \triangle ACM$.试证:$DM \parallel AC$.

**证明**　设点 $E$ 是点 $M$ 关于 $AC$ 的对称点,则 $\triangle ABD \backsim \triangle ACE$.

令 $\angle BAD = \angle CAE = \theta, \dfrac{AD}{AB} = \dfrac{AE}{AC} = k$,有

$$BC \xrightarrow{S(A,\theta,k)} DE$$

$BC$ 中点 $M$ 变为 $DE$ 中点 $N$,则

$$\angle MAN = \theta = \angle MAC$$

故点 $N$ 在 $AC$ 上且为 $DE$ 中点.

设 $ME$ 交 $AC$ 于点 $G$,则 $NG$ 是 $\triangle EDM$ 的中位线,故 $DM \parallel AC$.

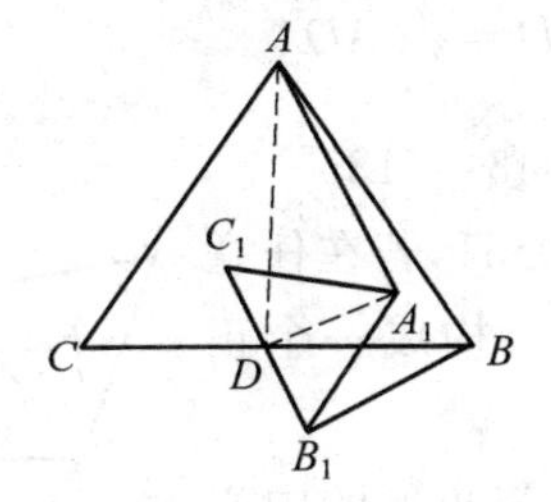


图 10.47

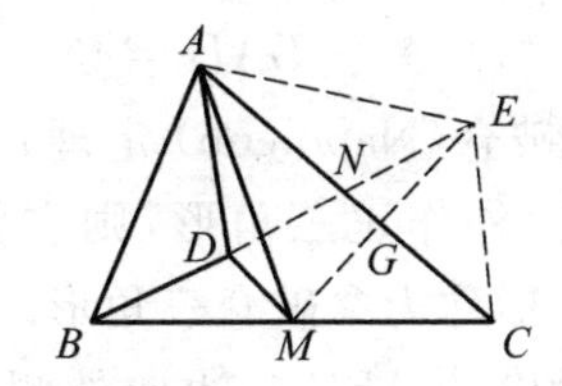


图 10.48



**例 3**　若 $\triangle XYZ$ 与 $\triangle ABC$ 相似,且点 $X$ 在 $BC$ 上,点 $Y$ 在 $AC$ 上,点 $Z$ 在 $AB$ 上.求证:$\triangle XYZ$ 的垂心就是 $\triangle ABC$ 的外心.

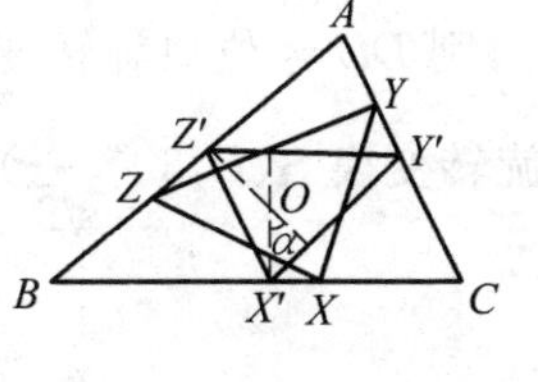


图 10.49

**证明**　如图 10.49,设 $X', Y', Z'$ 分别是 $\triangle ABC$ 三边中点,易证 $\triangle X'Y'Z' \backsim \triangle ABC$.设 $O$ 是 $\triangle X'Y'Z'$ 的垂心.

由 $OX' \perp Y'Z', Y'Z' \parallel BC$,则 $OX' \perp BC$.

又因为 $BX' = X'C$,所以 $OB = OC$.同理,$OB = OA$.

故 $\triangle X'Y'Z'$ 的垂心 $O$ 是 $\triangle ABC$ 的外心.

设 $OX$ 与 $OX'$ 的夹角为 $\alpha$.

由 $\triangle X'Y'Z' \xrightarrow{S(O,\alpha,\sec\alpha)} \triangle XYZ$,则 $O$ 依然是 $\triangle XYZ$ 的垂心,且

$$\triangle XYZ \backsim \triangle X'Y'Z' \backsim \triangle ABC$$

故结论成立.

**2. 利用多次位旋转变换**

**例4** 如图10.50,设$\triangle ABC$是锐角三角形,在$\triangle ABC$外分别作等腰$\mathrm{Rt}\triangle BCD$,$\mathrm{Rt}\triangle ABE$,$\mathrm{Rt}\triangle CAF$,在这三个三角形中,$\angle BDC$,$\angle BAE$,$\angle CFA$是直角.又在四边形$BCFE$外作等腰$\mathrm{Rt}\triangle EFG$,$\angle EFG$是直角.求证:

(1)$GA=\sqrt{2}AD$;

(2)$\angle GAD=135°$.

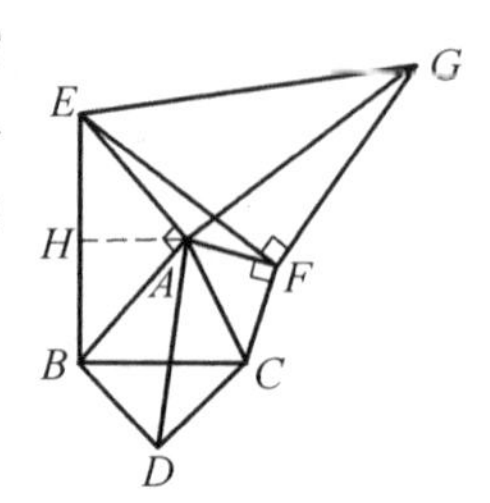


图10.50

**证明** 设$BE$的中点为$H$,则$AD$经位似旋转变换$S(B,45°,\sqrt{2})$变为$EC$,$EC$经位似旋转变换$S(A,45°,\frac{1}{\sqrt{2}})$变为$HF$,$HF$再经位似旋转变换$S(E,45°,\sqrt{2})$变为$AG$,故

$$GA=\sqrt{2}\times\frac{1}{\sqrt{2}}\times\sqrt{2}AD=\sqrt{2}AD$$

$$\angle GAD=45°+45°+45°=135°$$



**例5** (拿破仑(Napoleon)定理)如图10.51,若在任意三角形的各边向外作正三角形,则它们的中心构成一个正三角形,此三角形称为拿破仑三角形.

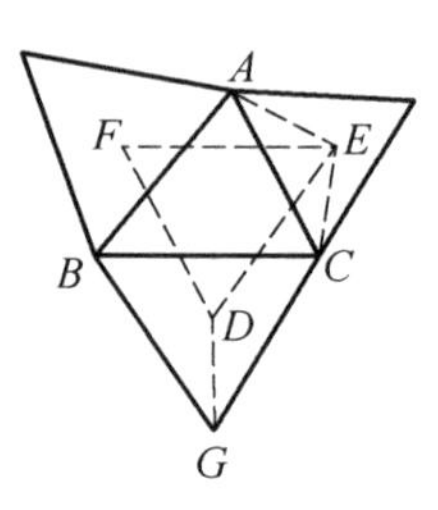


图10.51

**证明** 设以$\triangle ABC$三边向外侧所作正三角形的中心分别为$D$,$E$,$F$,以$BC$为边所作的正三角形的另一顶点为$G$,则$DE$经位似旋转变换$S(C,30°,\sqrt{3})$变为$GA$,再经位似旋转变换$S(B,30°,\frac{1}{\sqrt{3}})$变为$DF$,则

$$\angle EDF=30°+30°=60°$$

$$EF=\sqrt{3}\times\frac{1}{\sqrt{3}}DE=DE$$

故$\triangle DEF$为正三角形.

**例6** 如图10.52,在任意$\triangle ABC$的边上向外作$\triangle BPC$,$\triangle QAC$,$\triangle ARB$,使得$\angle PBC=\angle CAQ=45°$,$\angle BCP=\angle QCA=30°$,$\angle ABR=\angle BAR=15°$.试证:

(1)$\angle QRP=90°$;

(2)$QR=RP$.

**证明**　设以$AB$为边在$\triangle ABC$的外侧所作三角形的另外一个顶点为$D$，连$RD$，则

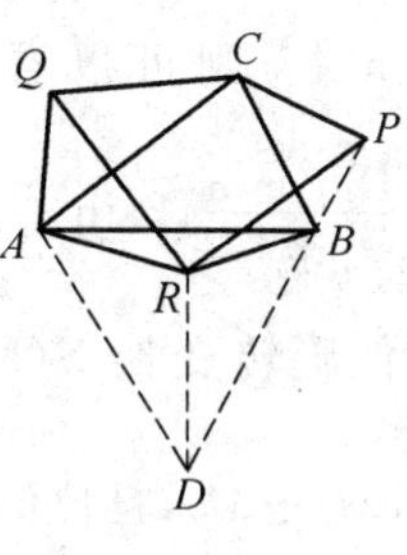

图 10.52

$$\triangle BCP \backsim \triangle BDR \cong \triangle ADR \backsim \triangle ACQ$$

从而，$RP$经位似旋转变换$S(B,45°,\frac{\sin 105°}{\sin 30°})$变为$DC$，再经位似旋转变换$S(A,45°,\frac{\sin 30°}{\sin 105°})$变为$RQ$. 故有$\angle QRP=90°$，且$QR=RP$.

**注**　此题的条件可加强为

$$\angle BCP=\angle QCA=\alpha,\angle ABR=\angle BAR=\beta$$

且$\alpha+\beta=45°$，其他条件不变，用同样的证法，仍能得出同样的结论. 若再设$\angle PBC=\angle CAQ=\gamma$，且$\alpha+\beta+\gamma=90°$，则结论变为$\angle QRP=2\gamma$，且$QR=RP$.

**例7**　如图10.53，已知$\angle PAD=\angle EAB$，$\angle ABE=\angle CBQ$，$\angle QCB=\angle ECD$，$\angle CDE=\angle ADP$，$\angle AEB=\angle CED$. 求证：

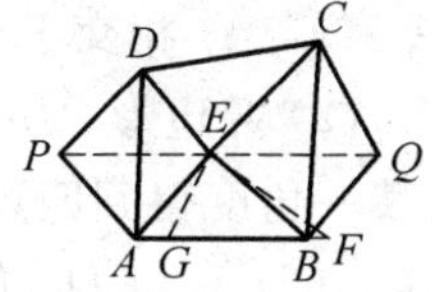

图 10.53

(1)$P,E,Q$三点共线；

(2)$PE:EQ=\sin Q:\sin P$.

**证明**　设$\angle PAD=\alpha$，$\angle ABE=\beta$，$\angle QCB=\gamma$，$\angle CDE=\delta$，$\angle AEB=\theta$，则$PE$经位似旋转变换$S(A,-\alpha,\frac{\sin P}{\sin \delta})$变为$DF$，且$\angle EFA=\delta$，其中$F$在直线$AB$上，$DF$经$S(E,-\theta,\frac{\sin \delta}{\sin \gamma})$变为$CG$，且$\angle FGE=\gamma$，其中点$G$在直线$AB$上，$CG$经$S(B,-\beta,\frac{\sin \gamma}{\sin \theta})$变为$QE$.

由于$\angle PEQ=\alpha+\theta+\beta=180°$，且

$$\frac{EQ}{PE}=\frac{\sin P}{\sin \delta}\cdot\frac{\sin \delta}{\sin \gamma}\cdot\frac{\sin \gamma}{\sin Q}=\frac{\sin P}{\sin Q}$$

故

$$PE:EQ=\sin Q:\sin P$$

### 3. 将旋转变换转化为位似旋转变换

**例8**　平面上有一凸$n$边形$A_1A_2\cdots A_n$，面积为$S$，又有一点$M$，$M$绕$A_i$旋转$\alpha$角后得点$M_i(i=1,2,\cdots,n)$. 求$n$边形$M_1M_2\cdots M_n$的面积.

**证明**　如图10.54，在等腰$\triangle A_iMM_i$中，因$\angle A_iMM_i=\frac{180°-\alpha}{2}$，$\frac{MM_i}{MA_i}=$

$2\sin\frac{\alpha}{2}$，则可以看成是点 $A_i$ 经过位似旋转变换 $S(M, -\frac{180^\circ-\alpha}{2}, 2\sin\frac{\alpha}{2})$ 变为 $M_i$. 因此，凸 $n$ 边形 $A_1A_2\cdots A_n$ 经位似旋转变换 $S(M, -\frac{180^\circ-\alpha}{2}, 2\sin\frac{\alpha}{2})$ 变为凸 $n$ 边形 $M_1M_2\cdots M_n$，且位似比为 $2\sin\frac{\alpha}{2}$.

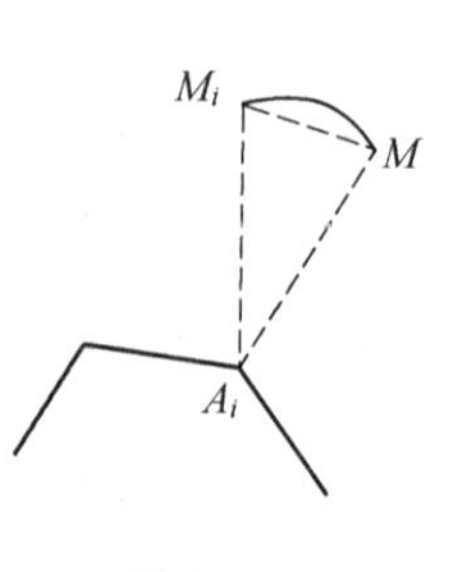

图 10.54

所以

$$n\text{ 边形 } M_1M_2\cdots M_n \text{ 的面积} = \left(2\sin\frac{\alpha}{2}\right)^2 S = 4S\sin^2\frac{\alpha}{2}$$

**例 9** (1) 把 $\triangle ABC$ 绕着外接圆圆心旋转小于 $180^\circ$ 的某一角度得到 $\triangle A_1B_1C_1$，彼此对应的线段 $AB$ 和 $A_1B_1$ 相交于点 $C_2$，$BC$ 和 $B_1C_1$ 相交于点 $A_2$，$CA$ 和 $C_1A_1$ 相交于点 $B_2$. 证明：$\triangle A_2B_2C_2$ 相似于 $\triangle ABC$.

(2) 四边形 $ABCD$ 是圆内接四边形，把它绕着外接圆的圆心旋转小于 $180^\circ$ 的某一角度得到四边形 $A_1B_1C_1D_1$. 证明：彼此对应的直线 $AB$ 和 $A_1B_1$，$BC$ 和 $B_1C_1$，$CD$ 和 $C_1D_1$，$DA$ 和 $D_1A_1$ 的四个交点是平行四边形的顶点.



**证明** 如图 10.55，如果圆 $O$ 的弦 $Q_1Q_2$ 由弦 $P_1P_2$ 绕着点 $O$ 旋转 $\alpha$ 角得到，那么，直线 $P_1P_2$ 和 $Q_1Q_2$ 的交点 $R$ 可以由弦 $P_1P_2$ 的中点 $M$ 经位似旋转变换 $S(O, \frac{\alpha}{2}, \sec\frac{\alpha}{2})$ 得到.

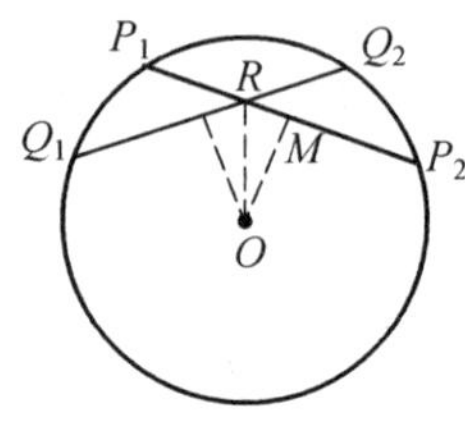

图 10.55

(1) 设 $\triangle ABC$ 各边中点分别为 $D, E, F$，则 $\triangle A_2B_2C_2$ 可以经过位似旋转变换由 $\triangle DEF$ 得到，而 $\triangle DEF \backsim \triangle ABC$，故 $\triangle A_2B_2C_2 \backsim \triangle ABC$.

(2) 设四边形各边中点分别为 $E, F, G, H$，则四边形 $EFGH$ 为平行四边形，且可以经位似旋转变换得到由直线 $AB$ 和 $A_1B_1$，$BC$ 和 $B_1C_1$，$CD$ 和 $C_1D_1$，$DA$ 和 $D_1A_1$ 的四个交点的平行四边形，故结论成立.

# 第 11 章 1989 ~ 1990 年度试题的诠释

**试题 A** 已知：在 $\triangle ABC$ 中，$AB > AC$，$\angle A$ 的一个外角的平分线交 $\triangle ABC$ 的外接圆于点 $E$，过点 $E$ 作 $EF \perp AB$ 为点 $F$. 求证：$2AF = AB - AC$.

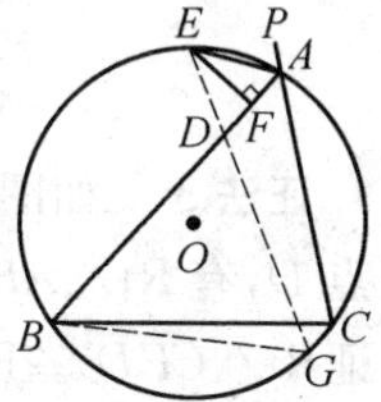

图 11.1

**证法 1** 如图 11.1，在 $FB$ 上取点 $D$，使 $FD=FA$，联结 $ED$ 并延长交圆于点 $G$，联结 $BG$，则 $\triangle EDA$ 为等腰三角形，即

$$\angle EDA = \angle EAB = \frac{1}{2}\angle PAB = \frac{1}{2}(\angle ABC + \angle C)$$

从而 $$\angle AED = 180^\circ - 2\angle EAB = 180^\circ - (\angle ABC + \angle C) = \angle BAC$$

于是 $$\overset{\frown}{AG} = \overset{\frown}{BC}, \overset{\frown}{BG} = \overset{\frown}{AC}$$

故 $$BG = AC$$

又 $$\angle G = \angle EAD = \angle EDA = \angle BDG$$

有 $$BD = BG = AC$$

即 $$2AF = AD = AB - AC$$

**证法 2** 以 $\angle A, \angle B, \angle C$ 表示 $\triangle ABC$ 的三个内角，$R$ 表示 $\triangle ABC$ 的外接圆的半径，如图 11.2 所示，联结 $EB$. 由正弦定理，得

$$AB - AC = 2R(\sin C - \sin B) = 4R\cos\frac{C+B}{2}\sin\frac{C-B}{2}$$

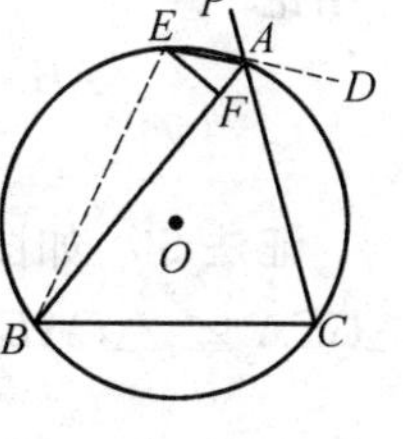

图 11.2

作 $AE$ 的反向延长线 $AD$，则 $AD$ 是 $\angle A$ 的另一外角的平分线，故

$$\angle DAC = \frac{\angle C + \angle B}{2}$$

又因 $\angle DAC$ 是圆内接四边形 $AEBC$ 的外角，则

$$\angle EBC = \angle DAC = \frac{\angle C + \angle B}{2}, \angle EBA = \frac{\angle C + \angle B}{2} - \angle B = \frac{\angle C - \angle B}{2}$$

于是，由正弦定理得

$$2R\sin\frac{C-B}{2}=AE$$

从而 $$AB-AC=2AE\cos\frac{C+B}{2}$$

在 Rt$\triangle AEF$ 中

$$\angle EAF=\frac{\angle C+\angle B}{2}$$

故 $$2AF=AB-AC$$

**证法 3** 如图 11.3,过点 $E$ 作 $ED\perp CA$,交 $CA$ 的延长线于点 $D$,有 Rt$\triangle AEF\cong$ Rt$\triangle AED$,则 $AF=AD$,联结 $EC$,$EB$,可证Rt$\triangle CED\cong$Rt$\triangle BEF$,有

$$BF=CD$$

则 $$AB-AF=AC+AD=AC+AF$$

从而 $$2AF=AB-AC$$

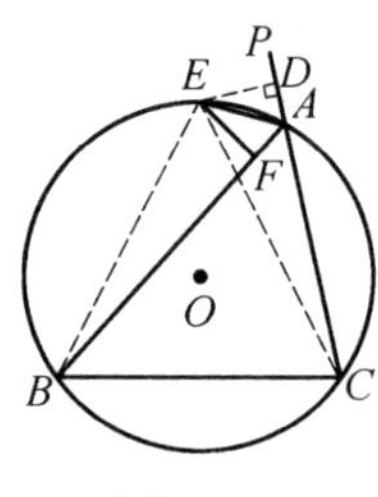

图 11.3



**证法 4** 如图 11.4,以 $EA$ 为轴作 Rt$\triangle EFA$ 的轴对称图形 Rt$\triangle EHA$,再以 $EH$ 为轴作 Rt$\triangle EHA$ 的轴对称图形 Rt$\triangle EHG$,则

$$AG=2AH=2AF$$

联结 $EB$,$EC$,有 $\angle EBA=\angle ECG$. 证明 $\triangle BEA\cong\triangle CEG$,即得结论

$$AB-AC=GC-AC=AG=2AF$$

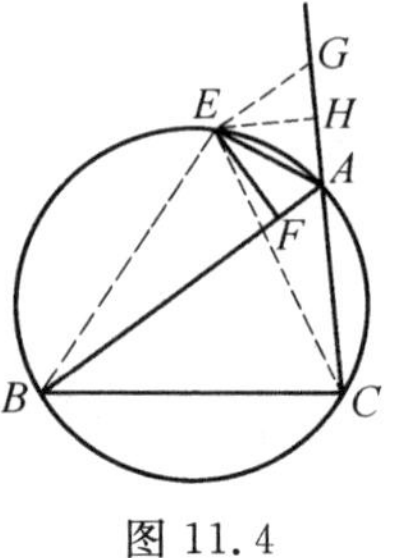

图 11.4

**证法 5** 如图 11.5,过点 $E$ 作 $EG\parallel AB$ 交圆于点 $G$,联结 $GA$,$EC$,可证 $\triangle GEA\cong\triangle CAE$. 这可由

$$\angle EGA=\angle ACE$$

及 $\angle EAC=180^\circ-\angle EAT=180^\circ-\angle GBA=\angle AEG$

$AE$ 公用证得($T$ 为 $CA$ 延长线上的点). 于是 $GE=CA$.

在等腰梯形 $GBAE$ 中

$$AB-EG=2AF$$

故 $$AB-AC=2AF$$

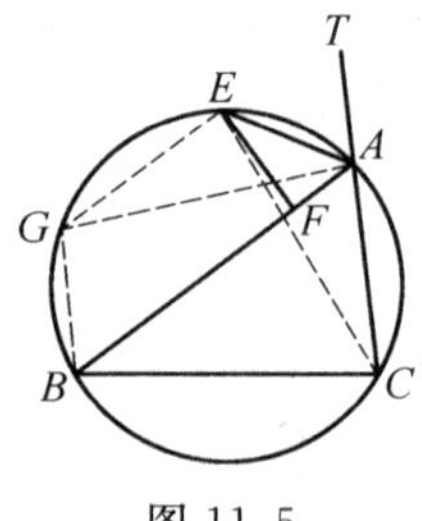

图 11.5

**证法6**　如图11.6,在$FB$上取点$D$,使$FD=FA$.联结$ED$延长交圆于点$G$,联结$AG$,$EC$,有$\triangle ADG\backsim\triangle EAC$,且$\widehat{BC}=\widehat{AG}$,得$AD=\dfrac{AE\cdot BC}{EC}$.联结$EB$,据托勒密定理即得证.即在四边形$AEBC$中,有

$$AB\cdot EC=AE\cdot BC+BE\cdot AC$$

于是

$$2AF=AD=\frac{AE\cdot BC}{EC}=\frac{AB\cdot EC-BE\cdot AC}{EC}=AB-AC$$

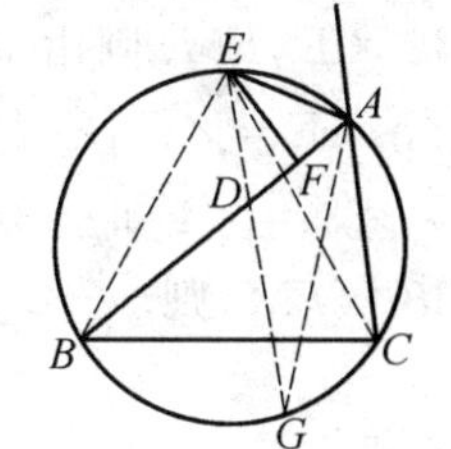

图11.6

**证法7**　如图11.7,作$\angle A$的平分线$AD$,交$\triangle ABC$的外接圆于点$D$,则$ED$为外接圆直径.设$ED$中点为$O$,联结$AO$延长交圆$O$于点$G$,联结$DG$,$BG$.设$\angle GAD=\theta$,则有

$$AB=2R\cos(\frac{A}{2}-\theta)$$

$$AC=2R\cos(\frac{A}{2}+\theta)$$

$$AF=2R\sin\theta\sin\frac{A}{2}$$

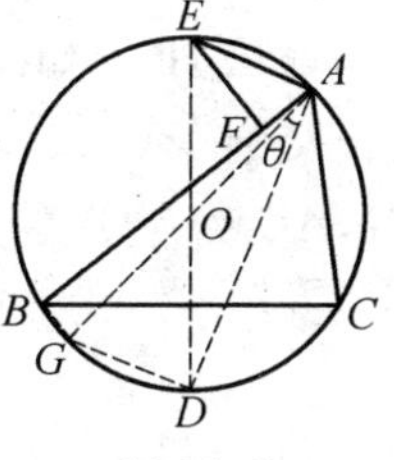

图11.7

经计算即证明结论.



**证法8**　如图11.8,联结$BE$,由已知,易得

$$\angle EAF=\frac{1}{2}(\angle B+\angle C),\angle EBA=\frac{1}{2}(\angle C-\angle B)$$

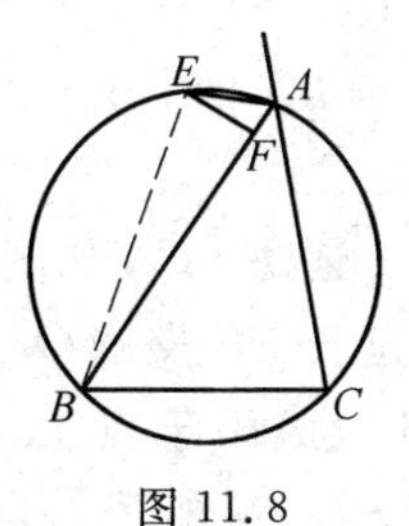

图11.8

注意到恒等式

$$\sin^2\alpha-\sin^2\beta=\sin(\alpha+\beta)\sin(\alpha-\beta)$$

得

$$\sin C-\sin B=\frac{\sin A\sin(C-B)}{\sin C+\sin B}$$

故

$$AB-AC=2R\cdot\frac{2\sin\frac{B+C}{2}\cos\frac{B+C}{2}\cdot 2\sin\frac{C-B}{2}\cos\frac{C-B}{2}}{2\sin\frac{C+B}{2}\cos\frac{C-B}{2}}=$$

$$4R\sin\frac{C-B}{2}\cos\frac{B+C}{2}=4R\sin\angle EBA\cos\angle EAF=2AE\cos\angle EAF=2AF$$

**证法 9** (此证法及以下4种证法由江苏东海中学周文海、柳余生给出.)

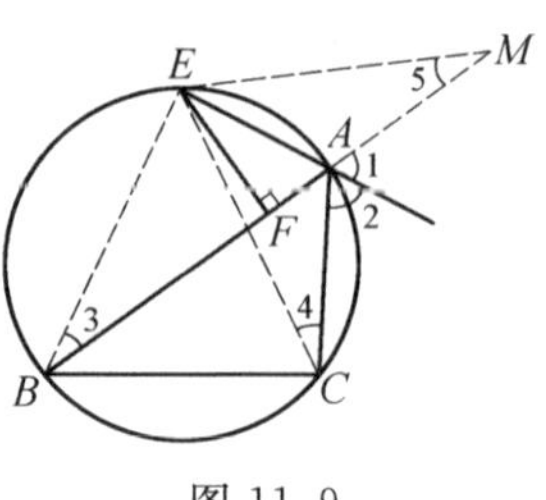

图 11.9

如图11.9,延长 $FA$ 到点 $M$,使 $AM=AC$. 联结 $BE$,$CE$,$EM$. 则由 $AC=AM$,$AE=AE$,$\angle 1=\angle 2$ 知 $\angle MAE=\angle CAE$,故 $\triangle AEM\cong\triangle AEC$. 由 $\angle 4=\angle 5$ 及 $\angle 3=\angle 4$ 知 $\angle 3=\angle 5$,即 $BE=EM$. 而 $EF\perp BM$,$BF=FM$,则

$$AB-AF=AM+AF=AF+AC$$

故有

$$2AF=AB-AC$$

**证法 10** 如图11.10,在 $AB$ 上截 $AG=AC$. 联结 $CG$ 并延长交圆于点 $H$,联结 $BH$,作 $HI\perp BG$,$I$ 为垂足. 由 $AC=AG$,$AE$ 为 $\angle A$ 的外角平分线,从而知 $AE\parallel CG$,即

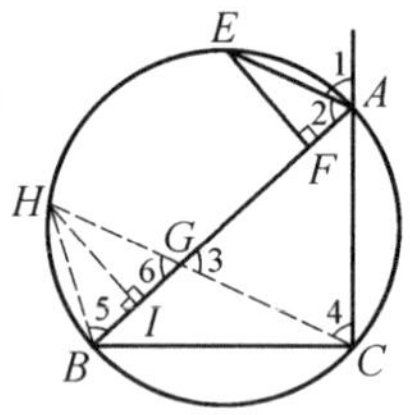

$$\angle 1=\angle 6=\angle 3=\angle 4=\angle 5$$

又

$$\angle 1=\angle 2$$

则

$$\angle 2=\angle 5,HB=HG$$

于是

$$\overset{\frown}{AH}=\overset{\frown}{AE}+\overset{\frown}{HE}=\overset{\frown}{BE}=\overset{\frown}{BH}+\overset{\frown}{HE}$$

则

$$\overset{\frown}{BH}=\overset{\frown}{AE}$$

图 11.10

在 $\mathrm{Rt}\triangle BHI$ 与 $\mathrm{Rt}\triangle AEF$ 中,$BH=AE$. 则 $\mathrm{Rt}\triangle BHI\cong\mathrm{Rt}\triangle AEF$,$BI=AF$. 又 $BI=IG$,即 $GB=2AF$,故得.

**证法 11** 如图11.11,过点 $E$ 作 $EI\parallel AB$ 交圆 $O$ 于点 $I$,延长 $EF$ 交圆 $O$ 于点 $G$,联结 $EO$ 交圆 $O$ 于点 $H$,再联结 $IH$ 交 $AB$ 于点 $J$. 因 $EH$ 为圆的直径,则四边形 $EIJE$,$FJHG$ 为矩形,且 $IBAE$ 为等腰梯形,则 $FJ=GH$,$\mathrm{Rt}\triangle IJB\cong\mathrm{Rt}\triangle EFA$,$JB=AF$.

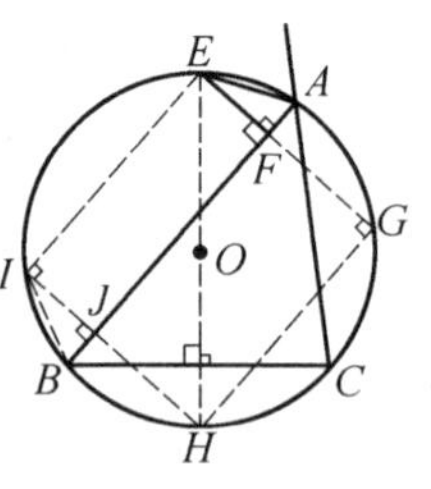

图 11.11

又由 $E,B,H,F$ 四点共圆,知 $\angle GEH=\angle ABC$,故 $GH=AC$(圆周角相等,则所对的弦相等),即

$$2AF=AB-FJ=AB-AC$$

**证法 12** 如图11.12,由证法3知:$EB=EC$. 设 $EO\perp BC$ 于点 $K$,且交圆于点 $J$,延长 $EF$ 交圆于点 $I$,联结 $IJ$. 作 $OD\perp AB$,$OH\perp EI$,$D$,$H$ 为垂足,则

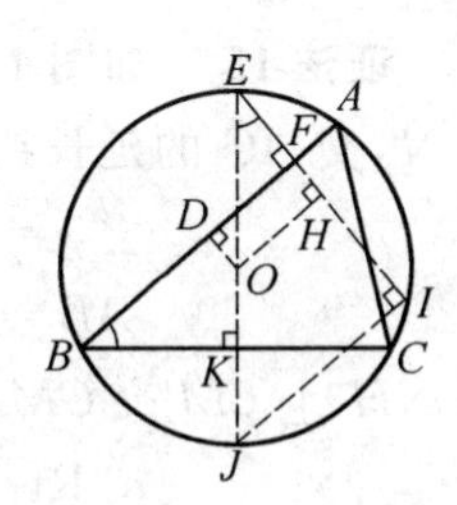

图 11.12

$OH \mathrel{\underline{\underline{/\!/}}} DF \mathrel{\underline{\underline{/\!/}}} \frac{1}{2}IJ$.

而 $E,F,K,B$ 四点共圆，则

$$\angle JEI = \angle ABC$$

即
$$OH = DF = \frac{1}{2}AC$$

故
$$AD - DF = AF$$

即
$$\frac{1}{2}(AB - AC) = AF$$

故得.

**证法 13**　如图 11.13，联结 $EO$ 分别交 $BC$，$\overset{\frown}{BC}$ 于点 $K$，$J$，则 $EK \perp BC$，且 $BK = KC$，$\overset{\frown}{BJ} = \overset{\frown}{JC}$.

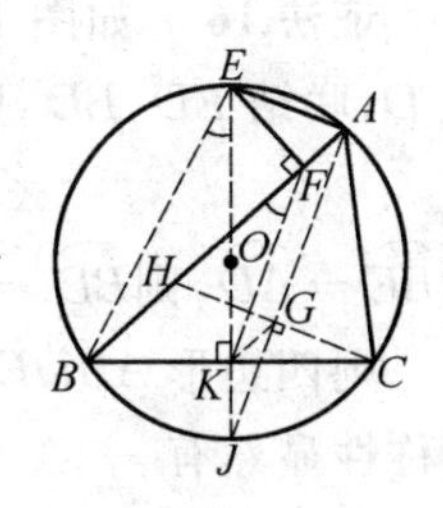

图 11.13

作 $CG \perp AJ$ 并延长 $CG$ 交 $AB$ 于 $H$，则 $AG$ 垂直平分 $HC$，即

$$KG \mathrel{\underline{\underline{/\!/}}} \frac{1}{2}BH = \frac{1}{2}(AB - AH) = \frac{1}{2}(AB - AC)$$

下面只需证明 $AFKG$ 为一平行四边形，因 $E,B,K,F$ 四点共圆，则 $\angle BEJ = \angle BFK$.

又因 $\angle BEJ = \angle BAJ$，则 $\angle BFK = \angle BAJ$. 故 $FK /\!/ AG$，$AFKG$ 为平行四边形. 从而

$$2AF = AB - AC$$

**证法 14**　(此证法及以下证法由绍兴柯桥中学陈炳荣给出.)

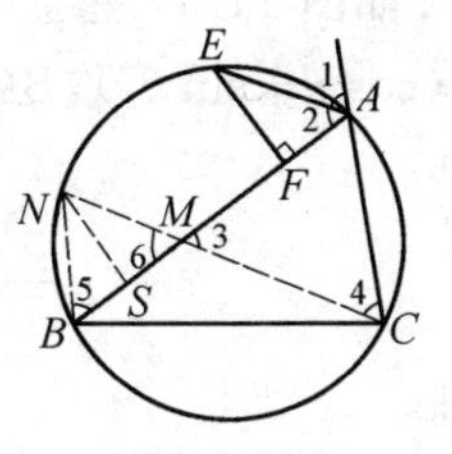

图 11.14

如图 11.14，过点 $C$ 作 $CN /\!/ AE$ 交外接圆于点 $N$，交 $AB$ 于点 $M$，联结 $BN$，则

$$\angle 6 = \angle 3 = \angle 2 = \angle 1 = \angle 4 = \angle 5$$

即
$$AC = AM, BN = MN$$

过点 $N$ 作 $NS \perp BM$ 交 $BM$ 于点 $S$. 由 $\angle 5 = \angle 2$，知 $\overset{\frown}{AN} = \overset{\frown}{BE}$，则 $\overset{\frown}{AE} = \overset{\frown}{BN}$. 从而 $AE = BN$，则 $\text{Rt}\triangle BNS \cong \text{Rt}\triangle AEF$，则 $BS = AF$，故

$$AB - AC = AB - AM = BM = 2BS = 2AF$$

**证法 15** 如图 11.15,过点 $B$ 作 $BM \parallel AE$ 交外接圆于点 $N$,交 $AC$ 的延长线于点 $M$,联结 $NC$,$EN$,则

$$\angle 5=\angle 3=\angle 2=\angle 1=\angle 4$$

即
$$AB=AM, MN=NC=AE$$

作 $NH \perp CM$ 交 $CM$ 于点 $H$,则

$$\mathrm{Rt}\triangle AEF \cong \mathrm{Rt}\triangle CNH$$

所以
$$AF=CH=\frac{1}{2}MC$$

所以
$$AB-AC=AM-AC=MC=2AF$$

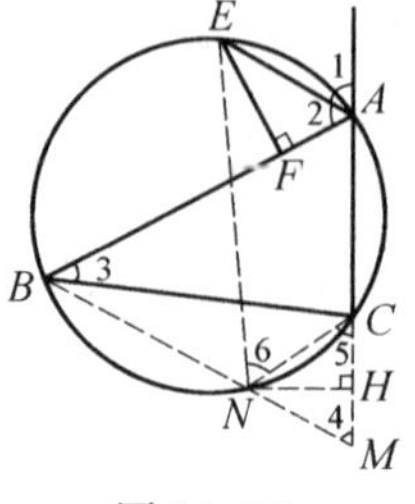

图 11.15

**证法 16** 如图 11.16,过点 $C$ 作 $CD \parallel AE$ 交外接圆于点 $D$,联结 $ED$,$BD$,则 $AC=ED$,由

$$\angle 2=\angle 1=\angle 3=\angle 4$$

知 $\overset{\frown}{BE}=\overset{\frown}{AD}$,则 $\overset{\frown}{BD}=\overset{\frown}{AE}$,故 $ED \parallel AB$.

则四边形 $ABDE$ 为圆内接等腰梯形,而 $EF \perp AB$.故由对称性显然有

$$AB-DE=2AF$$

即
$$AB-AC=2AF$$

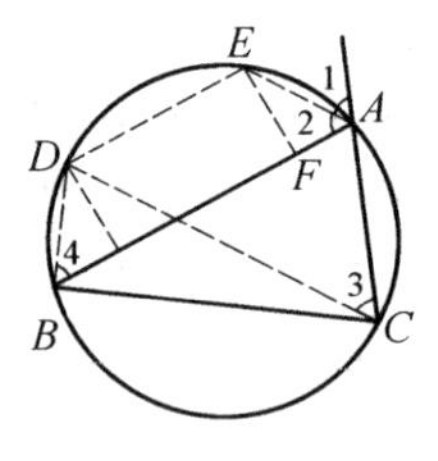

图 11.16



**证法 17** (解析法)如图 11.17,因已知 $\angle 1=\angle 2$,故 $\overset{\frown}{BE}=\overset{\frown}{AE}+\overset{\frown}{AC}=\overset{\frown}{EC}$,所以点 $E$ 在线段 $BC$ 的垂直平分线上.如图 11.17 建立平面直角坐标系,不妨设圆半径为 1,$A(\cos\theta_2,\sin\theta_2)$,$B(-\cos\theta_1,\sin\theta_1)$,$C(\cos\theta_1,\sin\theta_1)$,其中

$$-\frac{\pi}{2}<\theta_1<\theta_2<\frac{\pi}{2}$$

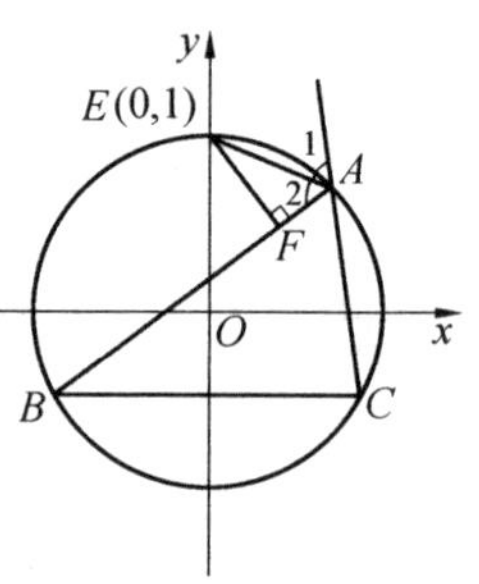

图 11.17

则

$$|AB|=\sqrt{(\cos\theta_2+\cos\theta_1)^2+(\sin\theta_2-\sin\theta_1)^2}=$$
$$\sqrt{2+2\cos(\theta_1+\theta_2)}=2\cos\frac{\theta_1+\theta_2}{2}$$

$$|AC|=\sqrt{(\cos\theta_2-\cos\theta_1)^2+(\sin\theta_2-\sin\theta_1)^2}=2\sin\frac{\theta_2-\theta_1}{2}$$

又因
$$|AB|>|AC|$$

则
$$\cos\frac{\theta_1+\theta_2}{2}>\sin\frac{\theta_2-\theta_1}{2}$$

又直线 $EF$ 的方程是
$$(\cos\theta_1+\cos\theta_2)x+(\sin\theta_2-\sin\theta_1)y+\sin\theta_1-\sin\theta_2=0$$

则
$$|AF|=\frac{|1+\cos(\theta_1+\theta_2)+\sin\theta_1-\sin\theta_2|}{2\cos\frac{\theta_1+\theta_2}{2}}=$$
$$\frac{\left|2\cos^2\frac{\theta_1+\theta_2}{2}+2\cos\frac{\theta_1+\theta_2}{2}\sin\frac{\theta_1-\theta_2}{2}\right|}{2\cos\frac{\theta_1+\theta_2}{2}}=$$
$$\cos\frac{\theta_1+\theta_2}{2}-\sin\frac{\theta_2-\theta_1}{2}$$

综上可知
$$|AB|-|AC|=2|AF|$$

**注** (1)在上述的许多的解法中，均隐含了 $BE=EC$ 这一点，其实，这一点恰是当时的初中平面几何教材第二册96页中习题第22题①："$AE$ 是 $\triangle ABC$ 外角的平分线，与三角形的外接圆交于点 $E$，求证：$EB=EC$."

(2)恰当改变此试题部分条件，可得出新命题②：

(i)改外角平分线为内角平分线.

**命题1** 已知在 $\triangle ABC$ 中，如果 $AB>AC$，$\angle A$ 的平分线交 $\triangle ABC$ 的外接圆于点 $E$，过点 $E$ 作 $EF\perp AB$，垂足为 $F$，那么 $2BF=AB-AC$.

事实上，如图11.18所示，作 $EF'\perp AC$ 于点 $F'$，联结 $EC$，$EB$. 由 $\angle 1=\angle 2$ 知 $EF'=EF$，$\angle F'CE=\angle FBE$，$\angle EF'C=\angle BFE=90°$，故 $\triangle CF'E\cong\triangle BFE$，即 $CF'=BF$. 又 $AF'=AF$，故 $2BF=AB-AC$.

(ii)改作夹边的垂线为作对边的垂线.

**命题2** 已知在 $\triangle ABC$ 中，若 $AB>AC$，$\angle A$ 的一个外角的平分线交 $\triangle ABC$ 的外接圆于点 $E$，过点 $E$ 作 $BC$ 边的垂线交外接圆于点 $F$，则 $AF$ 平分 $\angle A$.

事实上，如图11.19所示，联结 $EC$，$EB$. 由 $\angle 1=\angle EBC=\angle 2=\angle ECB$ 知 $EC=EB$. 又 $EF\perp BC$，则 $\angle CEF=\angle BEF$. 从而 $\overset{\frown}{CF}=\overset{\frown}{BF}$，即 $AF$ 平分 $\angle BAC$.

①② 何鼎潮，边学平. 一道源于教材的竞赛题[J]. 中学教研(数学)，1990(3)：26-27.

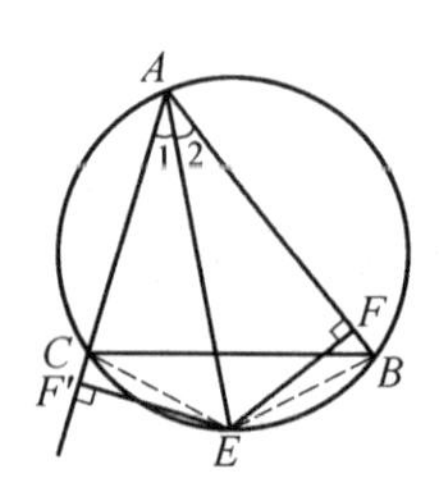


图 11.18

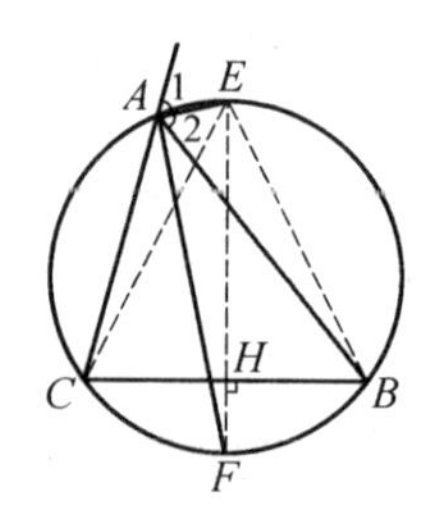


图 11.19

(iii) 改作垂线为作圆的切线.

**命题 3** 已知在 $\triangle ABC$ 中,若 $AB > AC$,$\angle A$ 的一个外角的平分线交 $\triangle ABC$ 的外接圆于点 $E$,过点 $E$ 作圆的切线,则此切线平行于 $BC$.

事实上,如图 11.20,作 $\angle BAC$ 的平分线交圆于点 $P$,联结 $EP$ 交 $BC$ 于点 $H$. 从而由

$$\angle 1 = \angle 2, \angle 3 = \angle 4$$

知

$$\angle 2 + \angle 3 = 90^\circ$$



于是知 $PE$ 是直径. 又 $\angle 3 = \angle 4$ 知 $\overset{\frown}{PC} = \overset{\frown}{PB}$. 从而 $EP \perp BC$. 因 $EF$ 是切线知 $EP \perp EF$,故 $EF \parallel BC$.

(3) 可以将原试题结论与(2)中命题 1 统一起来.①

设 $E$ 是 $\triangle ABC$ 的外接圆上的任一点,自点 $E$ 作 $EF \perp AB$ 于点 $F$,如图 11.21 所示,试求 $AB - AC$ 与 $AF$ 间的关系.

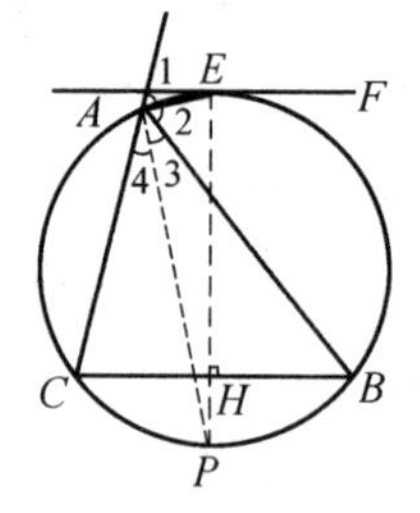


图 11.20

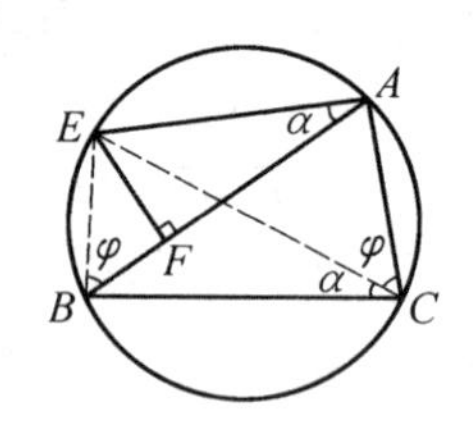


图 11.21

令 $\angle ABE = \varphi$,则在 $\triangle ABE$ 中有

$$\frac{AE}{\sin \varphi} = \frac{AB}{\sin \angle AEB} = \frac{AB}{\sin C}$$

而在 $\triangle ACE$ 中又有

① 李长明. 应用正弦定理证明几何题的优越性[J]. 中学数学,1991(2):1-2.

$$\frac{AE}{\sin\varphi}=\frac{AC}{\sin\angle AEC}=\frac{AC}{\sin B}$$

故
$$AB-AC=\frac{AE}{\sin\varphi}(\sin C-\sin B)$$

因
$$\sin C-\sin B=2\sin\frac{C-B}{2}\cos\frac{C+B}{2}=2\sin\frac{C-B}{2}\sin\frac{A}{2}$$

仍用 $\theta$ 表示 $\frac{1}{2}(\angle C-\angle B)$，则有

$$AB-AC=\frac{2AE}{\sin\varphi}\sin\theta\sin\frac{A}{2}$$

令 $\angle BAE=\alpha$，则有 $AF=AE\cos\alpha$，故

$$AB-AC=2AF\cdot\frac{\sin\theta\sin\frac{A}{2}}{\sin\varphi\sin\alpha} \quad ①$$

其中

$$\varphi=\angle EBA=\angle ECA=\angle C-\alpha \quad ②$$



这就表明：在反映 $AF$ 与两边之差 $(AB-AC)$ 的关系式①中，只含一个决定点 $E$ 位置的参数 $\alpha$. 因此，它就是我们所寻求的普遍结论.

特别地，当 $AE$ 为 $\angle A$ 的外角平分线时

$$\alpha=90^\circ-\frac{\angle A}{2},\varphi=\angle C-90^\circ+\frac{\angle A}{2}=\frac{1}{2}(\angle C-\angle B)=\angle\theta$$

从而有

$$AB-AC=2AF$$

当 $AE$ 为 $\angle A$ 的平分线时

$$\alpha=-\frac{\angle A}{2},\varphi=\angle C+\frac{\angle A}{2}=\frac{1}{2}(\angle C+180^\circ-\angle B)=90^\circ+\theta$$

从而
$$AB-AC=2AF\tan\theta\tan\frac{A}{2}$$

而
$$AF\tan\frac{A}{2}=EF,EF\tan\theta=BF$$

故
$$AB-AC=2BF$$

从上述也可看出：三角形中的正弦定理是反映三角形边角关系的一个重要定理，借助于它，我们可将原试题普遍化，后面，我们还将介绍由此试题，启发我们关注共点两弦折弦中点定理即阿基米德折弦定理、共点三弦夹角定理、圆内接凸 $n$ 边形的正弦定理等.

**试题** B　如图 11.22,在凸四边形 $ABCD$ 中,$AB$ 与 $CD$ 不平行,圆 $O_1$ 过点 $A,B$ 且与边 $CD$ 相切于点 $P$,圆 $O_2$ 过点 $C,D$ 且与边 $AB$ 相切于点 $Q$,圆 $O_1$ 与圆 $O_2$ 相交于点 $E,F$.求证:$EF$ 平分线段 $PQ$ 的充分必要条件是 $BC /\!/ AD$.

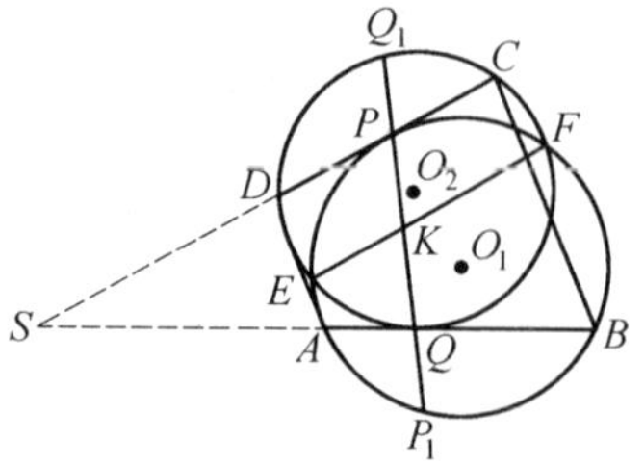

图 11.22

**证法 1**　设 $EF$ 与 $PQ$ 交于点 $K$.首先证明

$$PK=KQ \Leftrightarrow DP\cdot PC=AQ\cdot BQ \qquad ①$$

事实上,延长 $PQ$ 分别交圆 $O_1$ 及圆 $O_2$ 于点 $P_1$ 和 $Q_1$,如图 11.22 所示,则由圆内相交弦的定理知

$$KE\cdot KF=PK\cdot KP_1=QK\cdot KQ_1$$

所以

$$KP=KQ \Leftrightarrow KP_1=KQ_1 \Leftrightarrow Q_1P=P_1Q \Leftrightarrow Q_1P\cdot PQ=P_1Q\cdot QP \Leftrightarrow DP\cdot PC=AQ\cdot QB$$

即式 ① 成立.

其次只要证明

$$DP\cdot PC=AQ\cdot QB \Leftrightarrow AD /\!/ BC$$

为此,延长 $CD$ 及 $AB$ 使之相交于点 $S$,那么

$$DP=SP-SD,PC=SC-SP,AQ=SQ-SA,BQ=SB-SQ$$

我们可得

$$DP\cdot PC=AQ\cdot QB \Leftrightarrow -SP^2-SC\cdot SD+SP(SC+SD)=-SQ^2-SA\cdot SB+SQ(SA+SB) \qquad ②$$

由于

$$SP^2=SA\cdot SB,SQ^2=SC\cdot SD$$

所以式 ② 等价于

$$SP(SC+SD)=SQ(SA+SB) \Leftrightarrow SA\cdot SB(SC+SD)^2=SC\cdot SD(SA+SB)^2 \Leftrightarrow \frac{SA}{SB}=\frac{SD}{SC} \Leftrightarrow AD /\!/ BC$$

证毕.

**证法 2**　如图 11.23,第一步证明

$$BC /\!/ AD \Leftrightarrow PD\cdot PC=QA\cdot QB$$

分别延长 $CD$ 与 $BA$,记它们的交点为 $G$.令

$$a = GA, la = GB, q = GQ$$
$$b = GD, tb = GC, p = GP$$

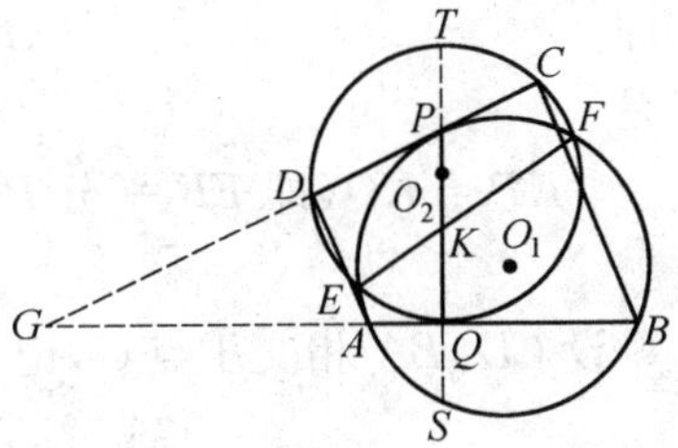

显然 $l, t > 1$,且

$$BC \parallel AD \Leftrightarrow l = t$$

又圆 $O_1$ 与 $CD$ 相切于点 $P$,有

$$GP^2 = GA \cdot GB$$

即
$$p = \sqrt{l}a$$

同理
$$q = \sqrt{t}b$$

于是

$$PD \cdot PC = \sqrt{l}(t+1)ab - la^2 - tb^2$$
$$QA \cdot QB = \sqrt{t}(l+1)ab - la^2 - tb^2$$

从而
$$PD \cdot PC = QA \cdot QB \Leftrightarrow \sqrt{l}(t+1) = \sqrt{t}(l+1)$$

由 $l, t > 1$,易知

$$\sqrt{l}(t+1) = \sqrt{t}(l+1) \Leftrightarrow l = t$$

因此
$$BC \parallel AD \Leftrightarrow PD \cdot PC = QA \cdot QB$$

第二步证明

$$PD \cdot PC = QA \cdot QB \Leftrightarrow KP = KQ\text{(即 } EF \text{ 平分线段 } PQ\text{)}$$

延长 $PQ$ 分别交圆 $O_1$,$O_2$ 于点 $S$,$T$,则由相交弦定理可知

$$PD \cdot PC = PT \cdot PQ, QA \cdot QB = QS \cdot PQ$$

因此
$$PD \cdot PC = QA \cdot QB \Leftrightarrow PT = QS$$

因为 $EF$ 为两圆的公共弦,再由相交弦定理可知

$$KP \cdot KS = KE \cdot KF = KQ \cdot KT$$

即
$$KP(KQ + QS) = KQ(KP + PT)$$

于是
$$KP \cdot QS = KQ \cdot PT$$

从而
$$PT = QS \Leftrightarrow KP = KQ$$

所以
$$PD \cdot PC = QA \cdot QB \Leftrightarrow KP = KQ$$

综合上述两步,命题得证.

图 11.23

**证法3** 如图11.23,设 $PQ$ 与 $EF$ 相交于点 $K$,直线 $PQ$ 与圆 $O_1$,圆 $O_2$ 的另一交点分别为 $S$,$T$. 由相交弦定理,有

$$KP \cdot KS = KE \cdot KF = KQ \cdot KT$$

即
$$KP(KQ + QS) = KQ(KP + PT)$$

亦即 $$KP \cdot QS = KQ \cdot PT$$

于是

$$KP = KQ(\text{即 } EF \text{ 平分 } PQ) \Leftrightarrow QS = PT \Leftrightarrow QS \cdot PQ = PT \cdot PQ \Leftrightarrow QA \cdot QB = PC \cdot PD$$

设 $CD$,$BA$ 相交于点 $G$,记

$$GA = a, GB = b, GC = c, GD = d$$

(1) 充分性:设 $AD \parallel BC$,则

$$\frac{a}{d} = \frac{b}{c}, ac = bd, \frac{a+b}{c+d} = \frac{\sqrt{ab}}{\sqrt{cd}}$$

由圆幂定理

$$GQ = \sqrt{GD \cdot GC} = \sqrt{cd}, GP = \sqrt{ab}$$

故

$$PC = c - \sqrt{ab}, PD = \sqrt{ab} - d$$

$$QB = b - \sqrt{cd}, QA = \sqrt{cd} - a$$



所以

$$PC \cdot PD = (c - \sqrt{ab})(\sqrt{ab} - d) = (c+d)\sqrt{ab} - ab - cd = (a+b)\sqrt{cd} - ab - cd = (b - \sqrt{cd})(\sqrt{cd} - a) = QA \cdot QB$$

从而 $$KP = KQ$$

(2) 必要性:若 $KP = KQ$,则

$$PC \cdot PD = QA \cdot QB$$

即 $$(c - \sqrt{ab})(\sqrt{ab} - d) = (b - \sqrt{cd})(\sqrt{cd} - a)$$

亦即 $$(c+d)\sqrt{ab} = (a+b)\sqrt{cd}$$

所以 $$\left(\frac{a+b}{c+d}\right)^2 = \frac{ab}{cd} = \frac{4ab}{4cd} = \frac{(a+b)^2 - 4ab}{(c+d)^2 - 4cd} = \left(\frac{b-a}{c-d}\right)^2$$

因 $b > a, c > d$,从而

$$\frac{a+b}{c+d} = \frac{b-a}{c-d} = \frac{b}{c} = \frac{a}{d}$$

所以 $$AD \parallel BC$$

**注** 此题由广州大学吴伟朝先生提供,在相同的题设条件下,吴先生还在《数学通讯》1991年第7期中提供了问题征解题第21题:

在凸四边形 $ABCD$ 中,圆 $O_1$ 过点 $A$,$B$ 且与边 $CD$ 相切于点 $P$,圆 $O_2$ 过点 $C$,$D$ 且与边 $AB$ 相切于点 $Q$,圆 $O_1$ 与圆 $O_2$ 相交于点 $E$,$F$.求证:若 $BC \parallel AD$,

则 $EF$，$AC$，$BD$ 三直线共点.

**证法 1**　(由北京刘彤给出) 当 $AB /\!/ CD$ 时，由对称性易知命题成立.

当 $AB$ 与 $CD$ 相交于点 $S$ 时，如图 11.24 所示，设 $AC$ 交圆 $O_1$ 于点 $M$(靠近点 $C$ 的交点)，$BD$ 交圆 $O_2$ 于点 $N$(靠近点 $B$ 的交点). 由切割线定理得

$$SP^2 = SA \cdot SB, SQ^2 = SC \cdot SD$$

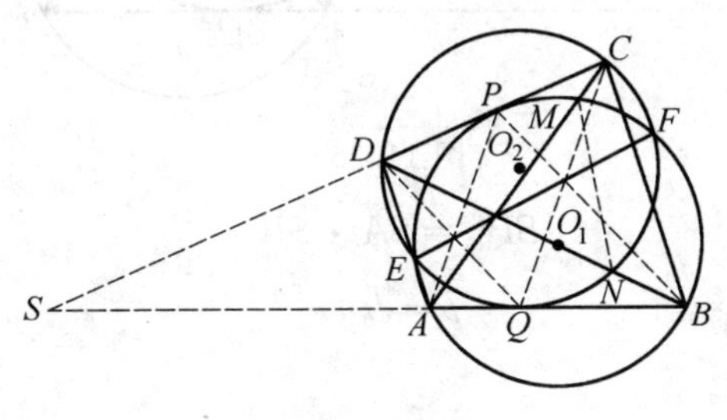


图 11.24

再由 $AD /\!/ BC$ 得

$$\frac{SA}{SB} = \frac{SD}{SC}$$

故由上面三式可得

$$SA \cdot SQ = SD \cdot SP, SQ \cdot SB = SC \cdot SP$$

即知 $A$，$Q$，$P$，$D$ 四点共圆及 $B$，$Q$，$P$，$C$ 四点共圆，所以

$$\angle PAB = \angle QDC, \angle PBA = \angle QCD$$

从而

$$\angle APB = \angle DQC$$

故 $\angle AMB = \angle CND$，即 $M$，$N$，$B$，$C$ 四点共圆，故

$$\angle DNM = \angle MCB = \angle ACB$$

再由 $AD /\!/ BC$ 知 $\angle ACB = \angle CAD$，从而 $\angle DNM = \angle CAD$，即 $M$，$N$，$A$，$D$ 四点共圆，记此圆为圆 $O_3$.

考虑圆 $O_1$，圆 $O_2$ 和圆 $O_3$，由根轴定理知 $EF$，$AM$，$DN$ 三直线共点，即 $EF$，$AC$，$BD$ 三直线共点.

**证法 2**　(由黑龙江省梁剑峰给出) 如图 11.25，分别延长 $CD$ 和 $BA$ 相交于点 $S$.(当 $CD$ 与 $BA$ 平行时，由对称性易知命题成立.) 设 $a = SA$，$d = SD$，$p = SP$，$q = SQ$.

由 $AD /\!/ BC$ 得

$$SC = t \cdot d, SB = t \cdot a, t > 1$$

由切割线定理得

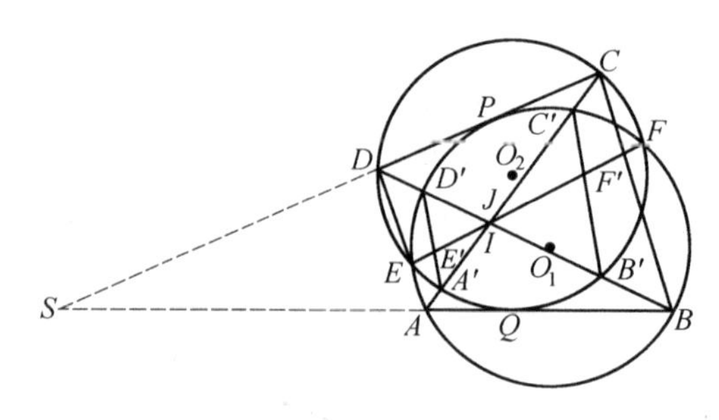


图 11.25

$$SP^2=SA\cdot SB$$

即
$$p=\sqrt{t}a$$

同理可得

$$q=\sqrt{t}d$$

所以

$$PD\cdot PC=(p-d)(td-p)=\sqrt{t}(t+1)ad-ta^2-td^2$$



$$QA\cdot QB=(q-a)(ta-q)=\sqrt{t}(t+1)ad-ta^2-td^2$$

故有

$$PD\cdot PC=QA\cdot QB \quad ①$$

设 $AC$ 分别交圆 $O_2$ 和圆 $O_1$ 于另一点 $A'$ 和 $C'$，$BD$ 分别交圆 $O_2$ 和圆 $O_1$ 于另一点 $B'$ 和 $D'$，$AC$ 与 $EF$ 相交于点 $I$，$BD$ 与 $EF$ 相交于点 $J$. 由切割线定理得

$$CP^2=CC'\cdot CA \quad ②$$

$$DP^2=DD'\cdot DB \quad ③$$

$$AQ^2=AA'\cdot AC \quad ④$$

$$BQ^2=BB'\cdot BD \quad ⑤$$

由式 ②×③，④×⑤ 和式 ① 得

$$CC'\cdot DD'=AA'\cdot BB' \quad ⑥$$

由相交弦定理得

$$AI\cdot IC'=EI\cdot FI=A'I\cdot IC$$

即
$$AI(IC-CC')=IC(IA-AA')$$

所以

$$AI\cdot CC'=IC\cdot AA' \quad ⑦$$

同理可得

$$DJ \cdot BB' = BJ \cdot DD' \tag{8}$$

由式 ⑦×⑧ 及式 ⑥ 得

$$AI \cdot BJ = IC \cdot DJ$$

所以

$$\frac{AI}{IC} = \frac{DJ}{BJ} \tag{9}$$

设直线 $EF$ 分别与 $A'D'$ 和 $B'C'$ 相交于点 $E'$ 和点 $F'$，由 $A'D' /\!/ B'C'$ 得

$$\frac{A'I}{IC'} = \frac{E'I}{F'I}, \frac{D'J}{B'J} = \frac{E'J}{F'J}$$

再由式 ⑨ 得

$$\frac{E'I}{F'I} = \frac{E'J}{F'J}$$

从而得

$$E'I = E'J$$

故点 $I$ 与点 $J$ 重合，即 $EF$，$AC$，$BD$ 三直线共点.



**证法 3**　(由吴伟朝给出) 由第五届(1990 年) 全国中学生数学冬令营第 1 题的证明过程知，由 $BC /\!/ AD$ 可推得 $A$，$D$，$P$，$Q$ 四点共圆(记此圆为圆 $O_3$) 及 $B$，$C$，$P$，$Q$ 四点共圆(记此圆为圆 $O_4$)，如图11.26 所示.

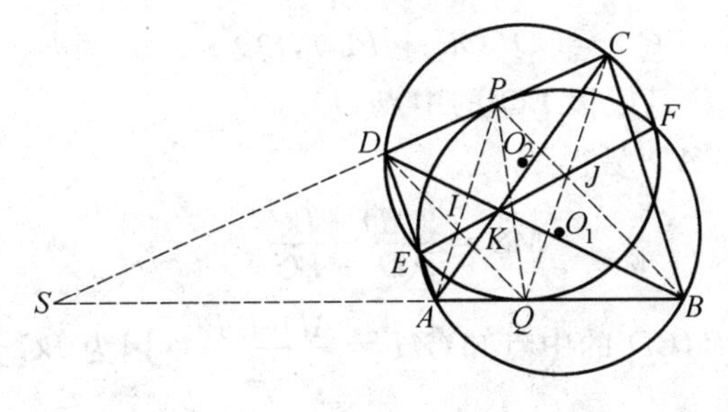


图 11.26

由根轴定理知 $AP$，$DQ$，$EF$ 三直线共点于点 $I$(考虑圆 $O_1$，圆 $O_2$ 和圆 $O_3$)，$BP$，$CQ$，$EF$ 三直线共点于点 $J$(考虑圆 $O_1$，圆 $O_2$ 和圆 $O_4$). 设 $AC$ 与 $BD$ 相交于点 $K$，则由帕波斯定理知 $I$，$K$，$J$ 三点共直线，故 $IJ$，$AC$，$BD$ 三直线共点，从而 $EF$，$AC$，$BD$ 三直线共点.

**证法 4**　(由河南省赵振华给出) 如图11.27，设 $PQ$ 交 $EF$ 于点 $O$，$AC$ 交 $BD$ 于点 $N$，过点 $N$ 作 $MS /\!/ BC$，则易得 $MN = NS$. 作 $O_1G \perp AB$ 及 $O_2H \perp CD$，

延长 $PQ$ 分别交圆 $O_1$ 和圆 $O_2$ 于点 $K,L$. 设 $R$ 为 $QS$ 的中点,联结 $RN,ON,OR,O_1O_2$. 设 $O_3$ 为 $O_1P$ 与 $O_2Q$ 的交点,两直线 $AB,DC$ 相交于点 $Z$(当 $AB /\!/ CD$ 时易知命题成立).

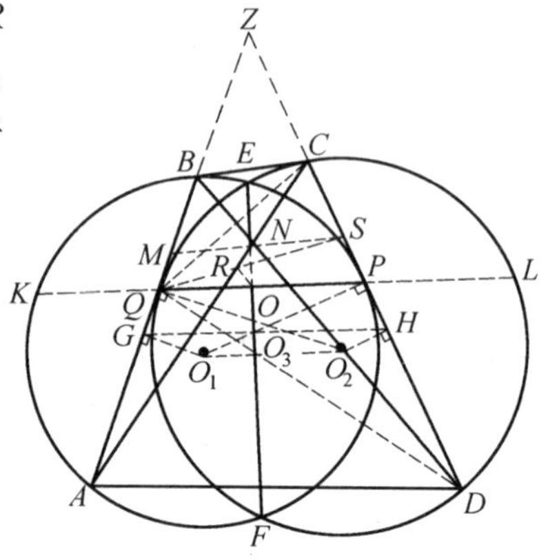

由 $BC /\!/ AD$ 可推得

$$\frac{ZC}{ZB}=\frac{ZD}{ZA}\Rightarrow\frac{ZC^2}{ZB^2}=\frac{ZC\cdot ZD}{ZB\cdot ZA}=\frac{ZQ^2}{ZP^2}\Rightarrow$$

$$\frac{ZC}{ZB}=\frac{ZQ}{ZP}\Rightarrow$$

$$\frac{ZD}{ZA}=\frac{ZQ}{ZP}\Rightarrow\frac{PQ}{BC}=\frac{AD}{PQ}$$

图 11.27

另外由 $B,C,P,Q$ 和 $A,D,P,Q$ 分别四点共圆可知四边形 $BCPQ$ 与四边形 $PQAD$ 的四个内角对应相等,且

$$\angle QDP=\angle QDC=\angle CQB$$

由此可知四边形 $BCPQ$ 与四边形 $PQAD$ 相似,所以



$$BQ\cdot QA=CP\cdot PD$$

从而

$$KQ\cdot PQ=PL\cdot PQ$$

即得

$$KQ=PL$$

又

$$OP\cdot OK=OE\cdot OF=OQ\cdot OL$$

即

$$OP(OQ+KQ)=OQ(OP+PL),OQ\cdot PL=OP\cdot KQ$$

从而 $OP=OQ$,即 $EF$ 过线段 $PQ$ 的中点 $O$.

由 $BC /\!/ MS /\!/ AD$ 易得

$$MS=\frac{2AD\cdot BC}{AD+BC}$$

又由 $G,H$ 分别为 $AB,CD$ 的中点知 $GH=\dfrac{AD+BC}{2}$(因为 $BC /\!/ AD$),所以

$$MS\cdot GH=AD\cdot BC$$

从而 $MS\cdot GH=PQ^2$. 所以四边形 $MSPQ\backsim$ 四边形 $PQGH$,故

$$\frac{MQ}{PH}=\frac{SP}{GQ},\frac{NR}{PH}=\frac{OR}{GQ}\cdot\frac{NR}{OR}=\frac{PH}{GQ}=\frac{O_2O_3}{O_1O_3}$$

又

$$\angle O_1O_3O_2=180^\circ-\angle Z=\angle ORN$$

由此知

$$\triangle NRO\backsim\triangle O_2O_3O_1$$

故

$$\angle ONR=\angle O_1O_2O_3$$

又由 $O_2O_3 \perp AB$，$RN \parallel MQ$ 知 $O_2O_3 \perp NR$，从而 $NO \perp O_1O_2$，$EF \parallel NO$，故直线 $EF$ 与直线 $NO$ 重合，即点 $N$ 在直线 $EF$ 上，从而 $EF$，$AC$，$BD$ 三直线共点.

吴伟朝先生指出，他还编拟了一道与此征解题有关的另一题：

在平面凸四边形 $ABCD$ 中，圆 $O_1$ 过点 $A$，$B$ 且与边 $CD$ 相切于点 $P$，圆 $O_2$ 过点 $C$，$D$ 且与边 $AB$ 相切于点 $Q$. 记 $\alpha_1$ 是半径 $O_1B$ 绕点 $O_1$ 按逆时针方向旋转到 $O_1A$ 时所转过的最小角度，$\alpha_2$ 是半径 $O_2D$ 绕点 $O_2$ 按逆时针方向旋转到 $O_2C$ 时所转过的最小角度，求证：$\alpha_1=\alpha_2$ 的充分且必要条件是 $BC \parallel AD$.

取 $\alpha_1=\alpha_2=180^\circ$ 时，即得1984年第25届IMO第4题，这道题是此IMO试题的推广，并且这道题发表在湖南教育出版社出版的《数学竞赛》第10辑的征解问题栏中为第12题.

这一年度，还于1989年12月10日举行了全国高中数学冬令营选拔赛，不妨记这一级试题为B′.

**试题B′**　在"筝形"$ABCD$ 中，$AB=AD$，$BC=CD$，经 $AC$，$BD$ 的交点 $O$ 任作两条直线，分别交 $AD$ 于点 $E$，交 $BC$ 于点 $F$，交 $AB$ 于点 $G$，交 $CD$ 于点 $H$. $GF$，$EH$ 分别交 $BD$ 于点 $I$，$J$. 求证：$IO=OJ$.

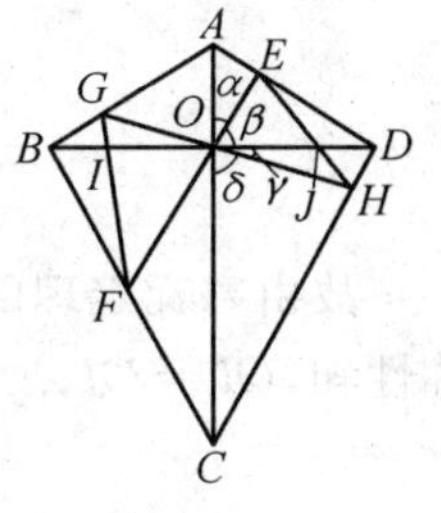

图11.28

**证法1**　如图11.28，令 $\angle AOE=\alpha$，$\angle EOD=\beta$，$\angle DOH=\gamma$，$\angle COH=\delta$，由题设，知 $AC$ 垂直平分 $BD$ 于点 $O$，以点 $O$ 为视点，考虑分别在 $OJ$，$OI$ 所在的 $\triangle EOH$ 及 $\triangle GOF$ 中应用张角定理. 又在 $\triangle EOH$ 中，涉及 $OE$，$OH$，于是又在 $\triangle AOD$，$\triangle COD$ 及 $\triangle EOH$ 中分别应用张角定理，有

$$\frac{\sin 90^\circ}{OE}=\frac{\sin\alpha}{OD}+\frac{\sin\beta}{OA},\frac{\sin 90^\circ}{OH}=\frac{\sin\gamma}{OC}+\frac{\sin\delta}{OD}$$

$$\frac{\sin(\beta+\gamma)}{OJ}=\frac{\sin\beta}{OH}+\frac{\sin\gamma}{OE}$$

由上述三式，有

$$\frac{\sin(\beta+\gamma)}{OJ}=\frac{\sin\beta\sin\gamma}{OC}+\frac{\sin\beta\sin\delta}{OD}+\frac{\sin\gamma\sin\alpha}{OD}+\frac{\sin\gamma\sin\beta}{OA}$$

同理，在 $\triangle AOB$，$\triangle COB$ 及 $\triangle GOE$ 中分别应用张角定理，有

$$\frac{\sin(\beta+\gamma)}{OI}=\frac{\sin\gamma\sin\beta}{OC}+\frac{\sin\gamma\sin\alpha}{OB}+\frac{\sin\beta\sin\delta}{OB}+\frac{\sin\beta\sin\gamma}{OA}$$

注意到 $OD=OB$，则有 $\frac{1}{OJ}=\frac{1}{OI}$，故 $OI=OJ$.

**证法 2** 如图11.29,分别在 $AB$,$BC$ 上取点 $E'$,$H'$,使 $AE'=AE$,$CH'=CH$,则由对称性可知下列角相等,即若令

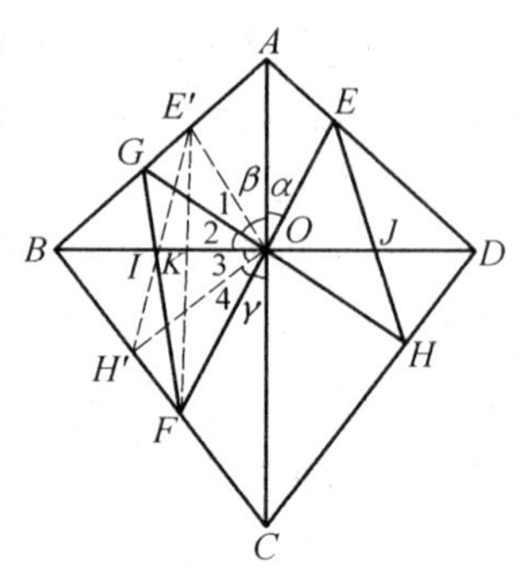

图 11.29

$$\angle AOE=\alpha,\angle AOE'=\beta,\angle COF=\gamma$$

$$\angle E'OG=\angle 1,\angle GOB=\angle 2$$

$$\angle BOH'=\angle 3,\angle H'OF=\angle 4$$

则
$$\alpha=\beta=\gamma$$

又
$$\angle 1+\beta=\angle 4+\gamma$$

故
$$\angle 1=\angle 4,\angle 2=\angle 3$$

联结 $E'F$ 交 $BD$ 于点 $K$,在 $\triangle BFE'$ 中

$$\frac{E'G}{GB}\cdot\frac{BH'}{H'F}\cdot\frac{FK}{KE'}=\frac{S_{\triangle E'OG}}{S_{\triangle GOB}}\cdot\frac{S_{\triangle BOH'}}{S_{\triangle H'OF}}\cdot\frac{S_{\triangle KOF}}{S_{\triangle E'OK}}=$$

$$\frac{OE'\cdot OG\sin\angle 1}{OG\cdot OB\sin\angle 2}\cdot\frac{OB\cdot OH'\sin\angle 3}{OH'\cdot OF\sin\angle 4}\cdot$$

$$\frac{OF\cdot OK\sin(\angle 3+\angle 4)}{OK\cdot OE'\sin(\angle 1+\angle 2)}=1$$



故由塞瓦定理的逆定理,知 $E'H'$,$BK$,$GF$ 三线共点,即 $E'H'$ 过点 $I$.由对称性知,$OI=OJ$.

**证法 3** (由张景中院士给出)记

$$BO=OD=a,OI=x,OJ=y$$

由面积关系及正弦定理可得

$$\frac{x}{a-x}\cdot\frac{a-y}{y}=\frac{OI}{BI}\cdot\frac{DJ}{OJ}=\frac{S_{\triangle OGF}}{S_{\triangle BGF}}\cdot\frac{S_{\triangle DEH}}{S_{\triangle OEH}}=\frac{S_{\triangle OGF}}{S_{\triangle OEH}}\cdot\frac{S_{\triangle DEH}}{S_{\triangle BGF}}=$$

$$\frac{OG\cdot OF}{OH\cdot OE}\cdot\frac{DH\cdot DE}{BG\cdot BF}=\frac{OG}{BG}\cdot\frac{OF}{BF}\cdot\frac{DH}{OH}\cdot\frac{DE}{OE}=$$

$$\frac{\sin\gamma}{\sin\alpha}\cdot\frac{\sin\delta}{\sin\beta}\cdot\frac{\sin\alpha}{\sin\delta}\cdot\frac{\sin\beta}{\sin\gamma}=1$$

(其中 $\angle GOB=\alpha$,$\angle BOF=\beta$,$\angle ADO=\gamma$,$\angle CDO=\delta$)从而

$$x(a-y)=y(a-x)$$

即 $ax=ay$,亦即 $x=y$,证毕.

**证法 4** (由张景中院士给出)同证法 3 有

$$\frac{x}{a-x}\cdot\frac{a-y}{y}=\frac{OI}{BI}\cdot\frac{DJ}{OJ}=\frac{S_{\triangle OGF}}{S_{\triangle BGF}}\cdot\frac{S_{\triangle DEH}}{S_{\triangle OEH}}=\frac{OG}{OH}\cdot\frac{OF}{OE}\cdot\frac{DE}{BG}\cdot\frac{DH}{BF}=$$

$$\frac{S_{\triangle BGD}}{S_{\triangle BHD}}\cdot\frac{S_{\triangle BFD}}{S_{\triangle BED}}\cdot\frac{DE\cdot DH}{BG\cdot BF}=\frac{S_{\triangle BGD}}{S_{\triangle BED}}\cdot\frac{S_{\triangle BFD}}{S_{\triangle BHD}}\cdot\frac{DE\cdot DH}{BG\cdot BF}=$$

$$\frac{BG\cdot BD}{DE\cdot BD}\cdot\frac{BF\cdot BD}{DH\cdot BD}\cdot\frac{DE\cdot DH}{BG\cdot BF}=1$$

从而 $ax=ay$，亦即 $x=y$，证毕.

**证法 5**　（南京市 16 中郭凤子给出）如图 11.30，作 $GG'\perp BD$，$FF'\perp BD$，$EE'\perp BD$，$HH'\perp BD$，交 $BD$ 于点 $G'$，$F'$，$E'$，$H'$. 易见

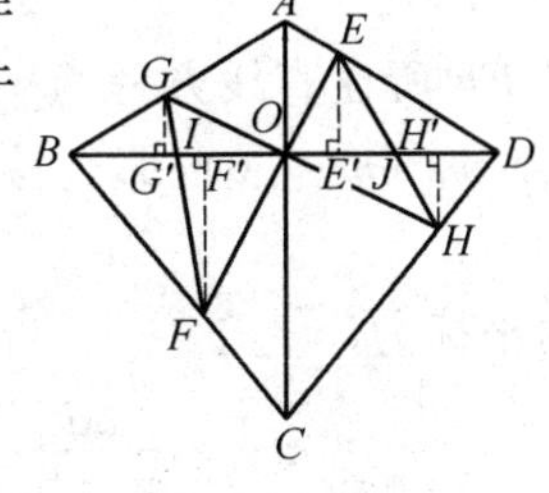

图 11.30

$$\frac{BG}{GG'}=\frac{AB}{AO}=\frac{AD}{AO}=\frac{ED}{EE'}$$

则
$$\frac{BG}{ED}=\frac{GG'}{EE'}$$

同理
$$\frac{BF}{DH}=\frac{FF'}{HH'}$$

于是
$$\frac{BG\cdot BF}{ED\cdot DH}=\frac{GG'\cdot FF'}{EE'\cdot HH'}$$

又
$$\frac{OF}{OE}=\frac{FF'}{EE'},\frac{OG}{OH}=\frac{GG'}{HH'}$$

故
$$\frac{GG'\cdot FF'}{EE'\cdot HH'}=\frac{OG\cdot OF}{OE\cdot OH}$$

即
$$\frac{BG\cdot BF}{ED\cdot DH}=\frac{OG\cdot OF}{OE\cdot OH}$$

则
$$\angle ABC=\angle ADC,\angle GOF=\angle EOF'$$

故
$$\frac{S_{\triangle GBF}}{S_{\triangle EDH}}=\frac{S_{\triangle GOF}}{S_{\triangle EOH}}$$

由合比定理得

$$\frac{S_{GBFO}}{S_{EDHO}}=\frac{S_{\triangle GOF}}{S_{\triangle EOH}}$$

即
$$\frac{\frac{1}{2}\cdot OB(FF'+GG')}{\frac{1}{2}\cdot OD(EE'+HH')}=\frac{\frac{1}{2}\cdot OI(GG'+FF')}{\frac{1}{2}\cdot OJ(EE'+HH')}$$

因 $OB=OD$，则 $OI=OJ$.

**证法 6**　建立平面直角坐标系如图 11.31 所示，使 $Ox$ 轴正方向与 $\overrightarrow{OD}$ 重

合,$Oy$ 轴正方向与 $\overrightarrow{OA}$ 重合. 设 $A(0,a)$,$D(0,d)$,$C(0,-c)$. 那么 $AD$ 所在直线方程为

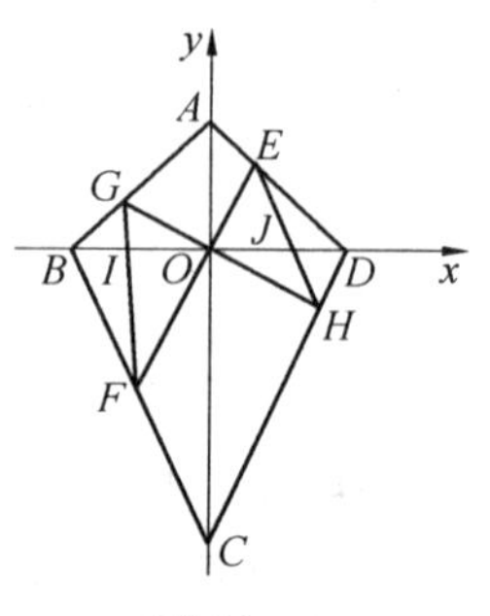

图 11.31

$$\frac{x}{d}+\frac{y}{a}=1$$

$CD$ 所在直线方程为

$$\frac{x}{d}-\frac{y}{c}=1$$

设 $EF$ 所在直线方程为 $y=kx\,(k>0)$,$GH$ 所在直线方程 $y=mx\,(m<0)$,那么易求出

$$E=(x_E,y_E),H=(x_H,y_H)$$

的坐标为

$$x_E=\frac{ad}{a+kd},y_E=\frac{kad}{a+kd},x_H=\frac{cd}{c-md},y_H=\frac{mcd}{c-md}$$

$EH$ 所在直线方程为

$$y-y_E=(y_H-y_E)(x_H-x_E)^{-1}(x-x_E)$$



令 $y=0$,求出 $OJ$ 之长为

$$|OJ|=x=\frac{x_Ey_H-x_Hy_E}{y_H-y_E}=\frac{(k-m)adc}{(k-m)ac-kmd(a+c)}$$

同理可求出(注意到 $B(-d,0)$)

$$|OI|=\frac{(k-m)adc}{(k-m)ac-kmd(a+c)}$$

故

$$OI=OJ$$

**试题 C1** 在 $\triangle ABC$ 中,$BC=a$,$CA=b$,$AB=c$,$\angle C\geqslant 60°$. 证明

$$(a+b)\left(\frac{1}{a}+\frac{1}{b}+\frac{1}{c}\right)\geqslant 4+\frac{1}{\sin\frac{C}{2}} \quad ①$$

**证明** 由正弦定理及三角公式有

$$(a+b)\left(\frac{1}{a}+\frac{1}{b}+\frac{1}{c}\right)=(\sin A+\sin B)\left(\frac{1}{\sin A}+\frac{1}{\sin B}+\frac{1}{\sin C}\right)=$$

$$4+\frac{(\sin A-\sin B)^2}{\sin A\sin B}+\frac{\sin A+\sin B}{\sin C}=$$

$$4+\frac{8\cos^2\frac{A+B}{2}\sin^2\frac{A-B}{2}}{\cos(A-B)-\cos(A+B)}+\frac{2\sin\frac{A+B}{2}\cos\frac{A-B}{2}}{\sin C}=$$

$$4+\frac{8\sin^2\frac{C}{2}\sin^2\frac{A-B}{2}}{\cos(A-B)+\cos C}+\frac{\cos\frac{A-B}{2}}{\sin\frac{C}{2}}=$$

$$4+\frac{1}{\sin\frac{C}{2}}+\frac{8\sin^2\frac{C}{2}\sin^2\frac{A-B}{2}}{\cos(A-B)+\cos C}-\frac{2\sin^2\frac{A-B}{4}}{\sin\frac{C}{2}}=$$

$$4+\frac{1}{\sin\frac{C}{2}}+2\sin^2\frac{A-B}{4}\left(\frac{8\sin^2\frac{C}{2}\cos^2\frac{A-B}{4}}{\cos^2\frac{A-B}{2}-\sin^2\frac{C}{2}}-\frac{1}{\sin\frac{C}{2}}\right)$$

可见，为证式①，只需证明

$$\frac{8\sin^2\frac{C}{2}\cos^2\frac{A-B}{4}}{\cos^2\frac{A-B}{2}-\sin^2\frac{C}{2}}\geqslant\frac{1}{\sin\frac{C}{2}} \quad ②$$

因为

$$\cos^2\frac{A-B}{2}>\cos^2\frac{A+B}{2}=\sin^2\frac{C}{2}$$

所以，式②又等价于

$$8\sin^3\frac{C}{2}\cos^2\frac{A-B}{4}\geqslant\cos^2\frac{A-B}{2}-\sin^2\frac{C}{2} \quad ③$$

由于$\angle C\geqslant 60^\circ$，所以

$$\sin\frac{C}{2}\geqslant\frac{1}{2},8\sin^3\frac{C}{2}\geqslant 1$$

故有

$$8\sin^3\frac{C}{2}\cos^2\frac{A-B}{2}\geqslant\cos^2\frac{A-B}{4}\geqslant\cos^2\frac{A-B}{2}\geqslant\cos^2\frac{A-B}{2}-\sin^2\frac{C}{2}$$

可见不等式①成立.

**注**　不等式①可以改进[①]，即已知在$\triangle ABC$中，若$\angle C\geqslant 60^\circ$，$R$是外接圆半径，则

$$\frac{(a-b)^2}{R^2(1+\frac{b}{a}+\frac{c}{a})(1+\frac{a}{b}-\frac{c}{b})}\geqslant\frac{1-\cos\frac{A-B}{2}}{\sin\frac{C}{2}} \quad ④$$

① 陈大道.关于一道竞赛题[J].中学教研(数学)，1990(10)：23-24.

**证法1** 不等式④可化为

$$\frac{ab(a-b)^2}{R^2(a+b+c)(a+b-c)} \geqslant \frac{1-\cos\frac{A-B}{2}}{\sin\frac{C}{2}}$$

由正弦定理$\frac{a}{\sin A}=\frac{b}{\sin B}=\frac{c}{\sin C}=2R$,可得

$$\frac{ab(a-b)^2}{R^2(a+b+c)(a+b-c)}=\frac{4\sin A\sin B(\sin A-\sin B)^2}{(\sin A+\sin B+\sin C)(\sin A+\sin B-\sin C)}$$

易证

$$\sin A+\sin B+\sin C=4\cos\frac{A}{2}\cos\frac{B}{2}\cos\frac{C}{2}$$

$$\sin A+\sin B-\sin C=4\sin\frac{A}{2}\sin\frac{B}{2}\sin\frac{C}{2}$$

因此,式④等价于

$$\frac{4\sin A\sin B(\sin A-\sin B)^2}{4\cos\frac{A}{2}\cos\frac{B}{2}\cos\frac{C}{2}\cdot 4\sin\frac{A}{2}\sin\frac{B}{2}\sin\frac{C}{2}} \geqslant \frac{1-\cos\frac{A-B}{2}}{\sin\frac{C}{2}} \Leftrightarrow$$

$$\frac{\sin A\sin B(\sin A-\sin B)^2}{\sin A\sin B\cos^2\frac{C}{2}} \geqslant \frac{1-\cos\frac{A-B}{2}}{\sin\frac{C}{2}}$$

即

$$\frac{(\sin A-\sin B)^2}{\cos^2\frac{C}{2}} \geqslant \frac{1-\cos\frac{A-B}{2}}{\sin\frac{C}{2}} \qquad ⑤$$

若$\angle A=\angle B$,则上式显然等号成立,从而式④等号成立;若$\angle A\neq\angle B$,则式⑤等价于

$$\sin\frac{C}{2}\left(2\cos\frac{A+B}{2}\sin\frac{A-B}{2}\right)^2-2\sin^2\frac{A-B}{4}\cos^2\frac{C}{2}\geqslant 0\Leftrightarrow$$

$$4\sin^3\frac{C}{2}\left(2\sin\frac{A-B}{4}\cos\frac{A-B}{4}\right)^2-2\sin^2\frac{A-B}{4}\cos^2\frac{C}{2}\geqslant 0\Leftrightarrow$$

$$8\sin^3\frac{C}{2}\cos^2\frac{A-B}{4}\sin^2\frac{A-B}{4}-\cos^2\frac{C}{2}\sin^2\frac{A-B}{4}\geqslant 0\Leftrightarrow$$

$$8\sin^3\frac{C}{2}\cos^2\frac{A-B}{4}-\cos^2\frac{C}{2}\geqslant 0 \qquad ⑥$$

由于
$$30^\circ \leqslant \frac{C}{2} < 90^\circ, 0 < \left|\frac{A-B}{4}\right| < 30^\circ$$
因此
$$8\sin^3 \frac{C}{2} \geqslant 1, \cos^2 \frac{A-B}{4} > \cos^2 30^\circ = \frac{3}{4}$$
$$-\cos^2 \frac{C}{2} \geqslant -\cos^2 30^\circ = -\frac{3}{4}$$
因此式 ⑥ 不等号严格成立，从而式 ④ 中不等号也严格成立.

**证法 2**　原不等式可化为
$$\frac{(a-b)^2}{2R^2\left(1+\frac{a^2+b^2-c^2}{2ab}\right)} \geqslant \frac{1-\cos\frac{A-B}{2}}{\sin\frac{C}{2}} \quad ⑦$$
由正弦定理、余弦定理，可得
$$\frac{(a-b)^2}{2R^2\left(1+\frac{a^2+b^2-c^2}{2ab}\right)} = \frac{2(\sin A-\sin B)}{1+\cos C} = \frac{(\sin A-\sin B)^2}{\frac{1+\cos C}{2}}$$
因此式 ⑤ 等价于
$$\frac{(\sin A-\sin B)^2}{\frac{1+\cos C}{2}} \geqslant \frac{1-\cos\frac{A-B}{2}}{\sin\frac{C}{2}} \Leftrightarrow \frac{(\sin A-\sin B)^2}{\cos^2\frac{C}{2}} \geqslant \frac{1-\cos\frac{A-B}{2}}{\sin\frac{C}{2}}$$
（以下同证法 1.）

从以上证明可以看出，不等式 ④ 稍优于原题中的不等式 ①.

**试题** C2　平面上任意 7 点，过其中共圆的 4 点作圆，问最多能作出多少个不同的圆？

**解**　如图 11.32，设 $AD$，$BE$，$CF$ 为锐角 $\triangle ABC$ 的三条高，$H$ 为垂心，则过 $A$，$B$，$C$，$D$，$E$，$F$，$H$ 7 个点中的 4 个点作圆，共可作出 6 个不同的圆.

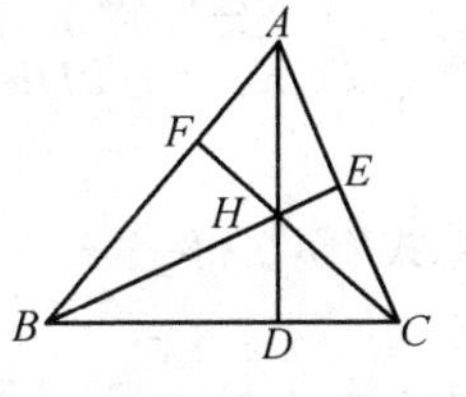

图 11.32

下面用反证法证明所求的最大值就是 6. 如果能作出 7 个不同的圆，则 7 个点中的每点都在 4 个圆上. 这是因为：

(1) 过 2 个固定点的圆至多 2 个. 若有 3 个，则两两之间没有其他公共点，而除了 2 个固定点之外每圆上还有 2 个点，这样一来就共有 8 个点.

(2) 过 1 个固定点的圆至多 4 个. 若有 5 个，则每两圆至多还有一个交点，且由(1)知5圆中的任何3圆不能再交于另外一点.这样一来,至少需要10个点.

(3)每圆上有4个点,7个圆上共有28个点(包括重复计数),但由(2)知每点至多在4个圆上,从而7个点每点都恰在4个圆上.

如图11.33,设7个点为$A,B,C,D,E,F,G$,以点$G$为中心进行反演变换,则过点$G$的4个圆变为4条彼此相交的直线,另外三圆还应变为圆.设像点为$A',B',C',D',E',F'$.这6个点中的任何4个点要共圆,其中3个点不能在一条直线上,故另外的三个4点圆只可能是$A'B'D'F'$,$B'C'E'F'$和$A'C'D'E'$.但$D'$在$\triangle A'C'E'$之内,当然不能共圆,矛盾.从而证明了所求的最大值为6.

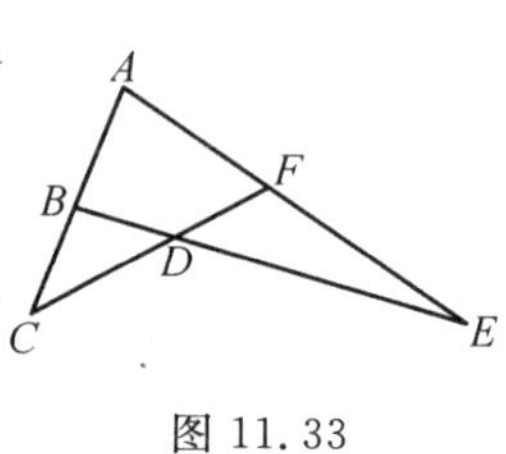

图 11.33

**试题 D1** 在一个圆中,两条弦$AB,CD$相交于点$E,M$为弦$AB$上严格在点$E,B$之间的点,过点$D,E,M$的圆在点$E$的切线分别交$BC,AC$于点$F,G$.已知$\frac{AM}{AB}=t$,求$\frac{GE}{EF}$(用$t$表示).

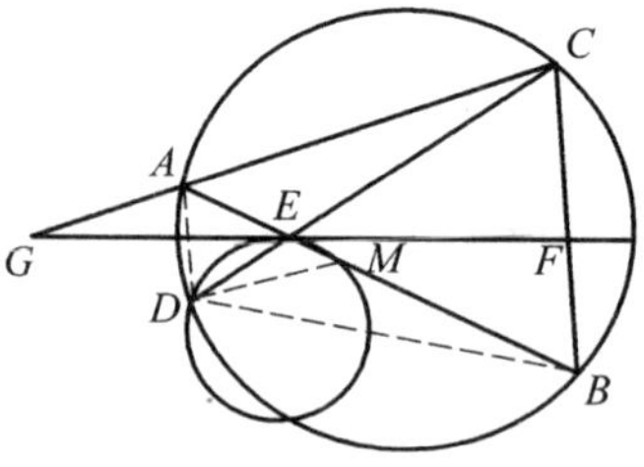

**证明** 如图11.34所示,作点$D$到点$A,B,M$的线段.由题设,有

图 11.34

$$\angle CEF=\angle DEG=\angle EMD$$

$$\angle ECF=\angle MAD$$

于是$\triangle CEF\backsim\triangle AMD$.从而

$$CE\cdot MD=AM\cdot EF \quad ①$$

另一方面,又有$\angle ECG=\angle MBD$,于是

$$\angle CGE=\angle CEF-\angle ECG=\angle EMD-\angle MBD=\angle BDM$$

故$\triangle CGE\backsim\triangle BDM$,从而

$$GE\cdot MB=CE\cdot MD \quad ②$$

由式①②得

$$GE\cdot MB=AM\cdot EF$$

故

$$\frac{GE}{EF}=\frac{AM}{MB}=\frac{t\cdot AB}{(1-t)\cdot AB}=\frac{t}{1-t}$$

**试题 D2** 证明存在一个凸1 990边形,同时具有下面的性质(1)与(2):

(1)所有的内角均相等;

(2)1 990条边的长度是$1^2,2^2,\cdots,1\ 989^2,1\ 990^2$的一个排列.

**证明**　先不考虑凸性，则满足(1)(2)的多边形存在等价于存在 $1^2$，$2^2$，…，$1\,990^2$ 的一个排列 $a_1,a_2,\cdots,a_{1\,990}$，使

$$\sum_{h=1}^{1\,990} a_h e^{ih\theta}=0 \quad ①$$

其中，$\theta=\frac{2\pi}{1\,990}=\frac{\pi}{995}$.

令 $a_{2k}=(2b_k)^2,a_{2k+995}=(2b_k-1)^2,k=1,2,\cdots,995$. 由于

$$a_{2k}-a_{2k+995}=4b_k-1$$

$$\sum_{k=1}^{995} e^{2k\theta i}=0$$

所以式①等价于

$$\sum_{k=1}^{995} b_k e^{2k\theta i}=0 \quad ②$$

令 $b_{199t+5j}=199t+j(0<t\leqslant 4,j=1,2,\cdots,199)$，并约定 $b_{k+995}=b_k$

$$s_j=\sum_{t=0}^{4} b_{199t+5j}e^{2(199t+5j)\theta i}=$$

$$199\sum_{t=0}^{4} te^{2(199t+5j)\theta i}\left(因\sum_{t=0}^{4} e^{2\times 199t\theta i}=0\right)=$$

$$199e^{\frac{2j\pi}{199}i}\cdot s$$

其中，$s=\sum_{t=0}^{4} te^{\frac{2t\pi}{5}i}$ 与 $j$ 无关$(j=1,2,\cdots,199)$.

因$(199,5)=1$，当 $t=0,1,2,3,4$ 与 $j=1,2,\cdots,199$ 时，$b_{199t+5j}$ 恰好取遍 $1$，$2,\cdots,995$. 这样

$$\sum_{k=1}^{995} b_k e^{2k\theta i}=\sum_{j=1}^{199} s_j=199s\sum_{j=1}^{199} e^{\frac{2j\pi}{199}i}=0$$

故式①得证.

再证上面构造的多边形是凸的. 用 $A_k$ 表示复数 $a_k e^{ik\theta}$ 所对应的点，$k=0,1,\cdots,1\,989$(这里 $A_0=A_{1\,990}$). 如图 11.35，由于多边形的每个外角都等于 $\theta$，故 $A_{995}A_{996}$ // $A_0A_1$. 置 $A_0A_1$ 于水平线上. 当 $0<k<995$ 时，$0<k\theta<\pi$，故 $\sin k\theta>0,\sin(\pi-k\theta)>0$. 因此，对于水平线 $A_0A_1$ 而言，$A_k$ 处于 $A_{k-1}$ 的上方；同理，当

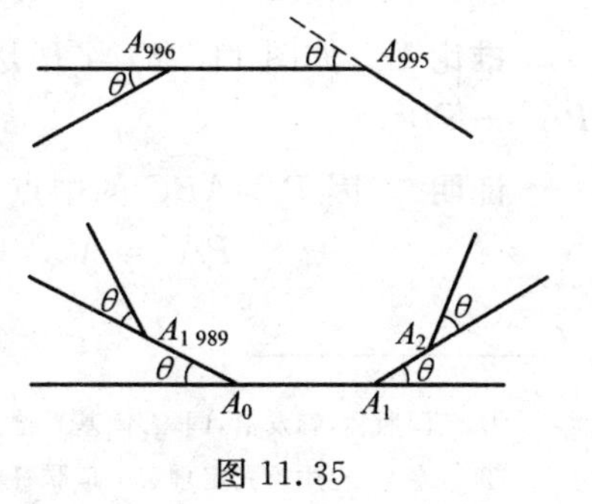


图 11.35

$996 < k \leqslant 1\ 989$ 时,$A_{k-1}$ 处于 $A_k$ 的上方,这就证明了我们所构造的多边形是凸的.

综上,原题得证.

## 第1节　阿基米德折弦定理(共点两弦折弦中点定理)

试题 A 涉及了阿基米德折弦定理,这是由试题 A 引发的第一个问题.

著名的数学物理学家阿基米德,一生为数学和物理学的发展做出了突出的贡献,发现和推证出了许多的定理和定律,折弦定理就是其中之一.在此我们做简要介绍如下.①②③

**定义**　圆上有一个公共端点所引的两条弦组成的图形称为折弦.如图11.36所示,圆 $O$ 中,弦 $AB$ 和 $BC$ 组成圆 $O$ 的一个折弦 $ABC$.

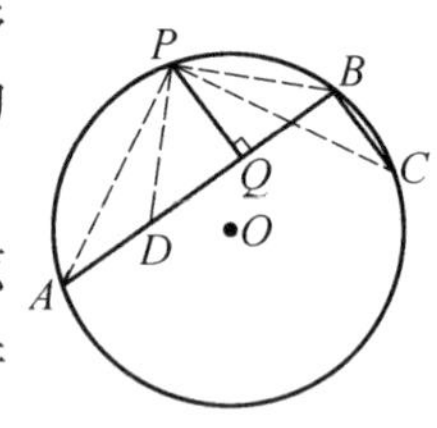

图 11.36

**折弦定理**　圆 $O$ 中共点两弦 $AB$ 和 $BC$ 组成一个折弦 $ABC$,如果 $AB > BC$,$P$ 是 $\overset{\frown}{ABC}$ 的中点,则从点 $P$ 向 $AB$ 所作垂线的垂足 $Q$ 必为折弦 $ABC$ 的中点,即 $AQ = QB + BC$.



**证明**　在 $AB$ 上取点 $D$,使 $AD = BC$,联结 $PA$,$PC$,$PD$,$PB$.

因 $\overset{\frown}{AP} = \overset{\frown}{PC}$,所以 $AP = PC$.又由 $\angle A = \angle C$,$AD = BC$,知 $\triangle APD \cong \triangle CPB$,即 $PD = PB$.又由 $PQ \perp AB$,有 $DQ = BQ$.故 $AQ = AD + DQ = BC + BQ$.

不难理解,折弦定理的意义是圆中一个折弦的两条弦所对的两段弧的中点在较长弦上的射影就是折弦的中点.

由折弦定理还可得出如下的推论.

**推论1**　如图 11.36,当 $P$ 是折弦 $ABC$ 的 $\overset{\frown}{ABC}$ 的中点时,有 $AB \cdot BC = PA^2 - PB^2$.

**证明**　因 $P$ 为 $\overset{\frown}{ABC}$ 的中点,所以

$$PA^2 = AQ^2 + PQ^2, PB^2 = PQ^2 + QB^2$$

---

① 闫照林,韩友信,闫雪.阿基米德折弦定理及应用[J].中学数学月刊,1997(6):33-34.

② 寿德.应用折弦定理解一道联赛题[J].中学教研(数学),1990(7):封底.

③ 冯录祥.折弦的一个性质及应用[J].中学教研(数学),1990(1):33.

故

$$PA^2-PB^2=AQ^2+PQ^2-(PQ^2+QB^2)=AQ^2-QB^2=$$
$$(AQ+QB)(AQ-QB)=AB\cdot BC$$

**推论2**　如图11.37，当$P$是折弦$ABC$的$\overset{\frown}{AC}$的中点时，有$AB\cdot BC=PB^2-PA^2$.

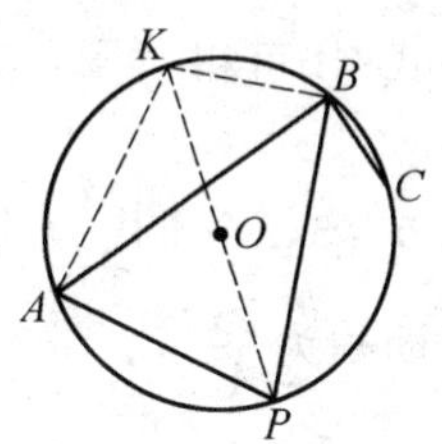

图11.37

**证明**　取$\overset{\frown}{ABC}$的中点$K$，联结$PK$，$AK$，$BK$，由推论1知

$$KA^2-KB^2=AB\cdot BC$$

因$P$，$K$分别为$\overset{\frown}{AC}$和$\overset{\frown}{ABC}$的中点，则$PK$为圆$O$的直径，从而

$$PA^2+KA^2=PK^2, PB^2+KB^2=PK^2$$

于是
$$PA^2+KA^2=PB^2+KB^2$$

从而
$$PB^2-PA^2=KA^2-KB^2=AB\cdot BC$$

即
$$AB\cdot BC=PB^2-PA^2$$

折弦定理及其推论在解平面几何问题中有着一定的作用，下面仅举几例说明.

**例1**　(前面试题A)下面，我们运用折弦定理给出证明.

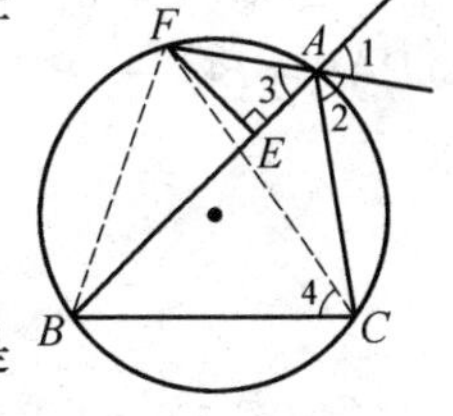

图11.38

**证明**　如图11.38，联结$BE$，$CF$，由题意可知

$$\angle 1=\angle 2=\angle 3=\angle 4$$

又$\angle 2=\angle EBC$，所以$\angle 4=\angle EBC$，所以$\overset{\frown}{BF}=\overset{\frown}{CA}$，即点$E$是折弦$BAC$的$\overset{\frown}{BAC}$的中点，又$EF\perp AB$，所以

$$BF=FA+AC$$

所以
$$AB-AF=FA+FC$$

所以
$$2FA=AB-AC$$

**例2**　在$\triangle ABC$中，最大角$\angle A$是最小角$\angle C$的两倍，夹角$\angle A$两边$b=5$，$c=4$.求第三边$a$和三角形面积.

(1980年上海市中学生数学竞赛题)

**解**　如图11.39，作$\triangle ABC$的外接圆，作$\angle A$的平分线交外接圆于点$D$，联结$CD$，则$D$为折弦$BAC$的$\overset{\frown}{BC}$的中点，由推论2知

$$AC\cdot AB=DA^2-DC^2 \quad ①$$

又因为

$$\overset{\frown}{CD}=\overset{\frown}{BD}=\overset{\frown}{AB}$$

所以 $$\overset{\frown}{CDB}=\overset{\frown}{DBA}$$

所以 $$CD=AB=c, AD=BC=a$$

由式①可得

$$bc=a^2-c^2 \quad ②$$

把 $b=5, c=4$ 代入式②可求出 $a=6$,再由海伦公式即可求出面积为 $\frac{15}{4}\sqrt{7}$.

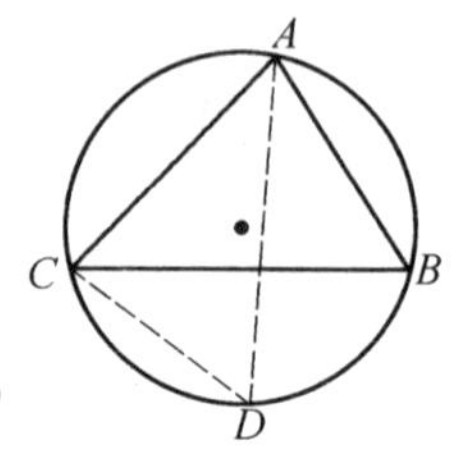

图 11.39

## 练 习 题

1. $A,B,C,D$ 是圆上四点,$\overset{\frown}{AB}=\overset{\frown}{BC}=\overset{\frown}{CD}$,求证:$BD^2=AB(AB+AD)$.

2. $P$ 是圆内接正方形 $ABCD$ 的 $\overset{\frown}{BC}$ 上一点,联结 $PA,PB,PC,PD$,求证:$\frac{PB}{PC}=\frac{PA-PC}{PD-PB}$.



3. 已知 $P$ 是正 $\triangle ABC$ 外接圆的劣弧 $\overset{\frown}{BC}$ 上一点,求证:(1) $PA=PB+PC$;(2) $PA^2=BC^2+PB\cdot PC$.

## 练习题参考解答

1. 如图 11.40,因 $B$ 是 $\overset{\frown}{AC}$ 中点,对折弦 $ADC$,由推论 2,得

$$AD\cdot DC=BD^2-AB^2 \quad ①$$

又 $C$ 是 $\overset{\frown}{BD}$ 中点,对折弦 $BAD$,由推论 2,得

$$BA\cdot AD=AC^2-BC^2 \quad ②$$

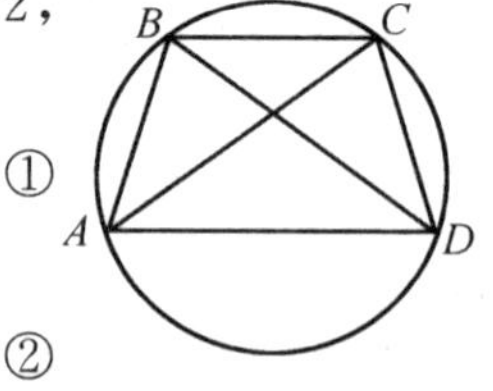

图 11.40

由式①+②并注意到

$$AB=BC=CD, AC=BD$$

得 $$AD(AB+CD)=2BD^2-2AB^2$$

则 $$2AD\cdot AB=2(BD^2-AB^2)$$

故 $$BD^2=AB^2+AB\cdot AD=AB(AB+AD)$$

2. 如图 11.41,因 $C$ 是 $\overset{\frown}{BPD}$ 中点,由推论 1,得

$$DP \cdot BP = CD^2 - CP^2 \quad ①$$

又 $B$ 是 $\overset{\frown}{APC}$ 中点，由推论 1，得

$$PA \cdot PC = AB^2 - PB^2 \quad ②$$

由式 ① - ②，得

$$PB(PD - PB) = PC(PA - PC)$$

故

$$\frac{PB}{PC} = \frac{PA - PC}{PD - PB}$$

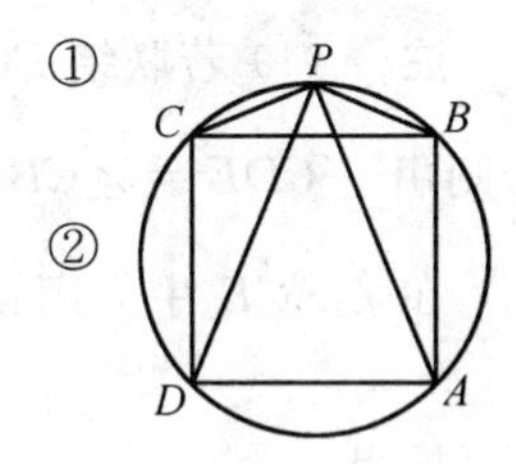

图 11.41

3.(1) 若 $P$ 是 $\overset{\frown}{BC}$ 的中点，等式显然成立；当点 $P$ 不是 $\overset{\frown}{BC}$ 的中点时，点 $C$ 可看作是折弦 $APB$ 的 $\overset{\frown}{APB}$ 的中点，则

$$PA \cdot PB = AC^2 - PC^2 \quad ①$$

又点 $B$ 也看作是折弦 $APC$ 的 $\overset{\frown}{APC}$ 的中点，则

$$PA \cdot PC = AB^2 - PB^2 \quad ②$$

由式 ① - ② 得

$$PA(PB - PC) = PB^2 - PC^2 = (PB + PC)(PB - PC)$$

故

$$PA = PB + PC$$

(2) $A$ 是折弦 $BPC$ 的 $\overset{\frown}{BC}$ 的中点，故

$$PA^2 - AB^2 = PB \cdot PC$$

即

$$PA^2 = AB^2 + PB \cdot PC = BC^2 + PB \cdot PC$$

## 第 2 节　圆中张角定理(共点三弦夹角定理)

本节是由试题 A 引发的第二个问题.

**圆中张角定理**　若 $AB, AC, AD$ 是圆 $O$ 的三条弦 $\angle BAC = \alpha, \angle CAD = \beta$，则

$$AB\sin\beta + AD\sin\alpha = AC\sin(\alpha + \beta)$$

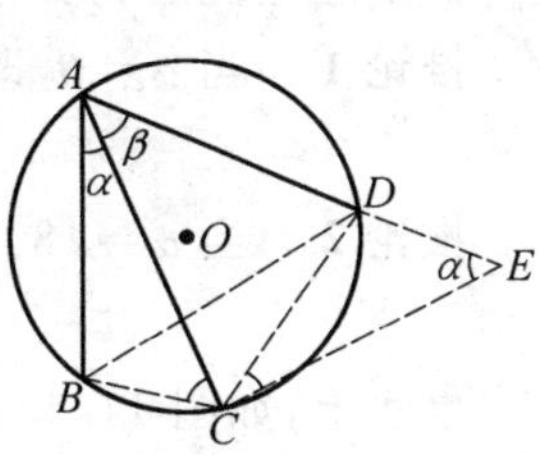

**证明**　如图 11.42，设圆 $O$ 的半径为 $R$，联结 $BC$，$BD$，$CD$，则由正弦定理，得

$$BC = 2R\sin\alpha, CD = 2R\sin\beta, BD = 2R\sin(\alpha + \beta)$$

图 11.42

又由托勒密定理得

$$BC \cdot AD + CD \cdot AB = AC \cdot BD$$

即

$$AD \cdot 2R\sin\alpha + AB \cdot 2R\sin\beta = AC \cdot 2R\sin(\alpha + \beta)$$

即

$$AB\sin\beta + AD\sin\alpha = AC\sin(\alpha + \beta)$$

**注** (1) 若联结 $BC$,$CD$,作 $\angle DCE=\angle BCA$,$CE$ 与 $AD$ 的延长线交于点 $E$,则由 $\angle CDE=\angle CBA$,知 $\triangle CDE\backsim\triangle CBA$,故 $\angle E=\alpha$,且 $\frac{CE}{AC}=\frac{DE}{AB}$.

在 $\triangle ACE$ 中应用正弦定理,并注意到

$$\sin\angle ACE=\sin(\alpha+\beta)$$

即可推得

$$\frac{AC}{\sin\alpha}=\frac{AE}{\sin(\alpha+\beta)}=\frac{AD+DE}{\sin(\alpha+\beta)}$$

及

$$\frac{DE}{AB}=\frac{CE}{AC}=\frac{\sin\beta}{\sin\alpha}$$

从而

$$AC\sin(\alpha+\beta)=AD\sin\alpha+DE\sin\alpha=AD\sin\alpha+AB\sin\beta$$

(2) 圆中张角定理的逆定理也成立.

由点 $A$ 发出的三条射线上各有点 $B$,$C$,$D$,记

$$\angle BAC=\alpha,\angle CAD=\beta,\angle BAD=\alpha+\beta<180^\circ$$

若

$$AB\sin\beta+AD\sin\alpha=AC\sin(\alpha+\beta)$$



则 $A$,$B$,$C$,$D$ 四点共圆.

事实上,可过 $A$,$B$,$D$ 三点作圆,交射线 $AC$ 于点 $C'$,则由圆中张角定理,有

$$AC'\sin(\alpha+\beta)=AB\sin\beta+AD\sin\alpha$$

由题设有

$$AC\sin(\alpha+\beta)=AB\sin\beta+AD\sin\alpha$$

得 $AC'=AC$,由此即得知点 $C'$ 与点 $C$ 重合.

故 $A$,$B$,$C$,$D$ 四点共圆.

由上述定理可得如下推论.

**推论 1** 当 $\alpha=\beta$,即 $AC$ 平分 $\angle BAD$ 时,则

$$AB+AD=2AC\cos\alpha$$

**推论 2** 当 $\alpha=180^\circ-\beta$,即 $AC$ 平分 $\angle BAD$ 的外角时,则

$$AB-AD=2AC\cos\alpha$$

事实上,如图 11.43 所示,设直线 $AC$ 与 $BD$ 的延长线交于点 $E$,联结 $BC$.

若 $AB>AD$,则由

$$\angle DAC=\beta,\angle BAC=\alpha$$

知

$$\angle BAD=\beta-\alpha=180^\circ-2\alpha$$

从而有

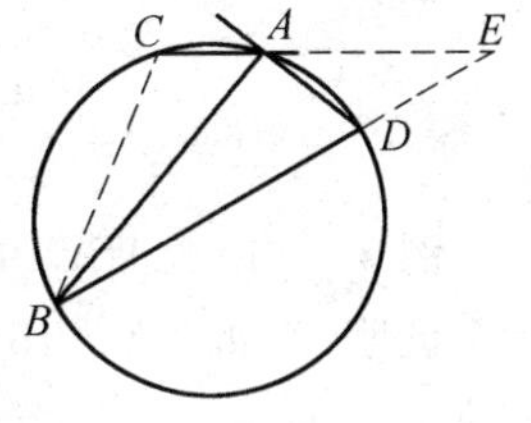

图 11.43

$$AB - AD = 2AC\cos\alpha$$

若 $AB < AD$，则由

$$\angle BAC = \alpha, \angle DAC = \beta$$

知 $\angle BAD = \alpha - \beta = 180° - 2\beta = 2\alpha - 180°$

亦有 $AB - AD = 2AC\cos\alpha$

此定理建立了圆中具有公共端点的三条弦及其夹角之间的数量关系，也称之为三弦夹角定理．巧妙地运用它解有关的平面几何题目，思路清晰、新颖，过程简捷、明快，颇具特色．下面举例说明．①②③④

**例1**　(前面试题A)

**证明**　注意到 $\angle BAE = \alpha$，在 $\mathrm{Rt}\triangle AEF$ 中 $AF = AE\cos\alpha$．从而由推论2，有

$$AB - AC = 2AE\cos\alpha = 2AF$$

**例2**　如图11.44，在 $\triangle ABC$ 中，$AB < AC < BC$，点 $D$ 在 $BC$ 上，点 $E$ 在 $BA$ 的延长线上，且 $BE = BF = AC$，$\triangle BDE$ 的外接圆和 $\triangle ABC$ 的外接圆交于点 $F$．求证：$BF = AF + CF$．

(1991年全国初中数学联赛题)

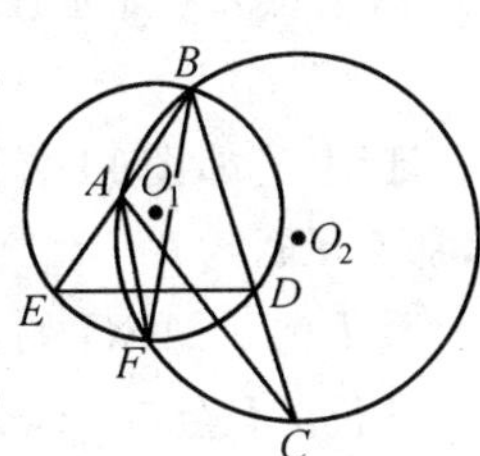

图 11.44

**证明**　对于三弦 $BE, BF, BD$，由定理得

$$BE\sin\angle FBC + BD\sin\angle EBF = BF\sin(\angle EBF + \angle FBD)$$

因

$$BE = BF = AC, \angle ABF = \angle ACF$$

$$\angle FBC = \angle FAC, \angle EBC = 180° - \angle AFC$$

所以 $AC\sin\angle FAC + AC\sin\angle ACF = BF\sin\angle AFC$

即 $$BF = \frac{AC\sin\angle FAC}{\sin\angle AFC} + \frac{AC\sin\angle ACF}{\sin\angle AFC}$$

在 $\triangle AFC$ 中，由正弦定理得

① 周余孝．圆周角平分线的一个性质及其应用[J]．中学数学，1993(7)：38-39.

② 周奕生．一类竞赛题的统一证法[J]．中学数学教学，1994(6)：23-24.

③ 针森．圆周角的分角弦公式及应用[J]．中学教研(数学)，1994(11)：25-27.

④ 路李明．共点三弦夹角定理及应用[J]．中学数学月刊，1998(7-8)：78-80.

$$\frac{\sin\angle FAC}{\sin\angle AFC}=\frac{FC}{AC},\frac{\sin\angle ACF}{\sin\angle AFC}=\frac{AF}{AC}$$

故

$$BF=AF+CF$$

**例3** 在 $\triangle ABC$ 中,已知 $\angle B=2\angle A$,求证:$b^2=a(a+c)$.

**证明** 如图11.45,作 $\angle B$ 的平分线交 $AC$ 于点 $E$,交其外接圆于点 $D$,由 $\overset{\frown}{DAB}=\overset{\frown}{ABC}$,知 $AC=BD$.

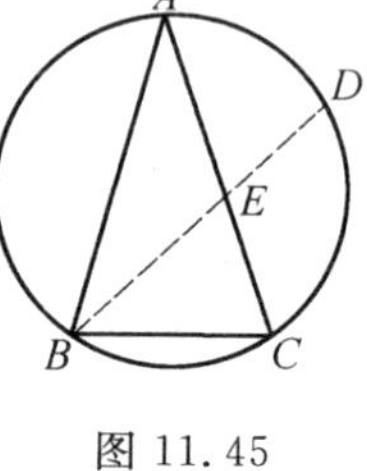

图11.45

由推论1可得

$$AB+BC=2BD\cos\frac{B}{2}=2AC\cos A$$

即

$$c+a=2b\cos A$$

再将 $\cos A=\dfrac{b^2+c^2-a^2}{2bc}$ 代入上式即得结论.

**例4** 已知一个等腰三角形,其外接圆半径为 $R$,内切圆半径为 $r$,求证:两圆圆心距 $d=\sqrt{R(R-2r)}$.

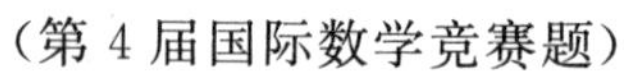
(第4届国际数学竞赛题)



**证明** 如图11.46,设 $I,O$ 分别为等腰 $\triangle ABC$ 的内心和外心,那么 $OI=d$.

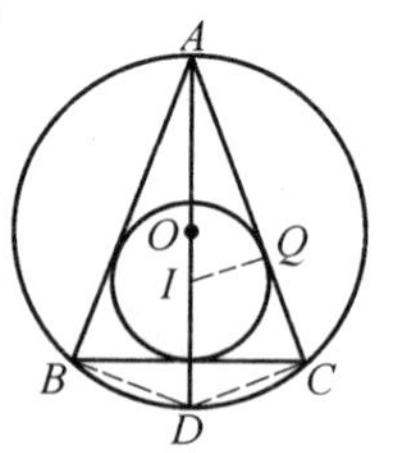

图11.46

因 $I$ 为 $\triangle ABC$ 的内心,$AB=AC$,则 $A,I,O$ 三点共线.

延长 $AI$ 至点 $D$,交 $\triangle ABC$ 外接圆于点 $D$,联结 $DC,BD$,$IQ$,即知 $AD$ 为 $\triangle ABC$ 外接圆的直径.又

$$\angle ABC=\angle ACB$$

而

$$\angle ABC=\angle ADC,\angle ACB=\angle ADB$$

则

$$\angle ADC=\angle ADB$$

由推论1,得

$$AD=\frac{(BD+DC)}{2\cos\dfrac{\angle BDC}{2}}$$

易证

$$BD=DC=ID=R-d$$

$$\cos\frac{\angle BDC}{2}=\cos\angle AIQ=\frac{IQ}{AI}=\frac{r}{R+d}$$

于是

$$2R\cdot 2\cdot\frac{r}{R+d}=2(R-d)$$

即

$$R^2-d^2=2Rr$$

故
$$d=\sqrt{R^2-2Rr}$$

**例5**　在$\triangle ABC$中，$\angle A,\angle B,\angle C$的平分线分别交外接圆于点$P,Q,R$. 证明：$AP+BQ+CR>BC+CA+AB$.

（1982年澳大利亚竞赛题）

**证明**　如图11.47，因$AP$是$\angle BAC$的平分线，则由推论2，得
$$AP=\frac{CA+AB}{2\cos\frac{A}{2}}$$

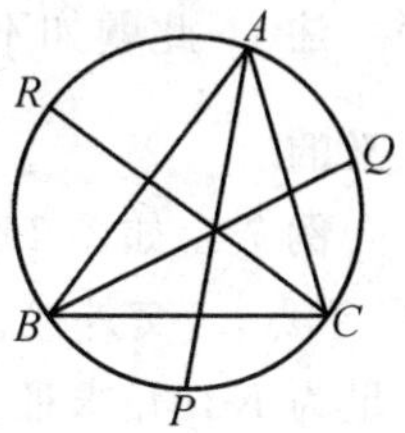

图11.47

所以
$$2AP\cos\frac{A}{2}=CA+AB<2AP$$

同理
$$AB+BC<2BQ,BC+CA<2CR$$

三式相加得
$$AP+BQ+CR>BC+CA+AB$$

**注**　此题结论可加强为
$$BC+CA+AB=AP\cos\frac{A}{2}+BQ\cos\frac{B}{2}+CR\cos\frac{C}{2}$$

**例6**　如图11.48，设正六边形$ABCDEF$的对角线$AC$，$CE$分别被内点$M,N$分成比为$\frac{AM}{AC}=\frac{CN}{CE}=r$. 如果$B,M,N$三点共线，求$r$.

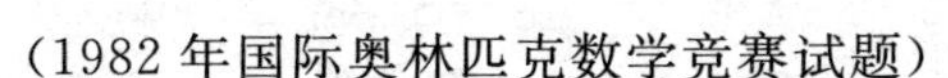
（1982年国际奥林匹克数学竞赛试题）

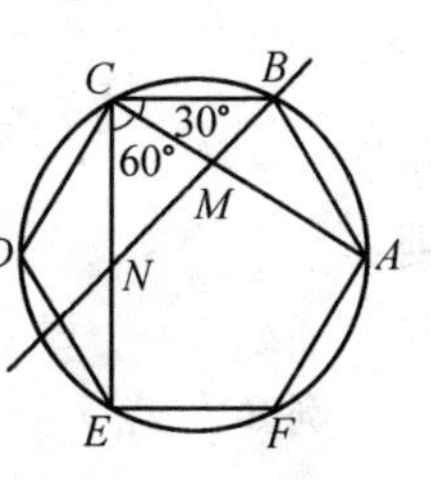

图11.48

**解**　设正六边形的边长为$a$，对角线$AC=CE=k$，由$\frac{AM}{AC}=\frac{CN}{CE}=r$，得$AM=CN=kr$，从而
$$CM=AC-AM=k-kr=(1-r)k$$

易知$\angle ACE=60°,\angle ACB=30°$，由推论1，得
$$k=\frac{k\sin 30°+a\sin 60°}{\sin(30°+60°)}$$

即
$$k=\sqrt{3}a$$

进而
$$CN=\sqrt{3}ar,CM=\sqrt{3}a(1-r)$$

因
$$S_{\triangle CMN}+S_{\triangle BCM}=S_{\triangle BCN}$$

所以
$$\sqrt{3}ar\cdot\sqrt{3}a(1-r)\cdot\frac{\sqrt{3}}{2}+\sqrt{3}a(1-r)\cdot a\cdot\frac{1}{2}=\sqrt{3}ar\cdot a$$

即
$$\frac{3}{2}r(1-r)+\frac{1}{2}(1-r)=r$$

整理得 $3r^2=1,r=\pm\frac{\sqrt{3}}{3}$,由题意得知 $r>0$,故 $r=\frac{\sqrt{3}}{3}$.

**注** 此题如不限制点 $M,N$ 为 $AC,CE$ 之内点,则 $r=-\frac{\sqrt{3}}{3}$ 也是有其几何意义的.

**例7** 如图11.49,已知锐角 $\triangle ABC$ 的 $\angle A$ 的平分线交 $BC$ 于点 $L$,交外接圆于点 $N$,过点 $L$ 作 $LK\perp AB,LM\perp AC$,垂足为 $K,M$.求证:四边形 $AKNM$ 的面积等于 $\triangle ABC$ 的面积.

(1987年第28届IMO试题)

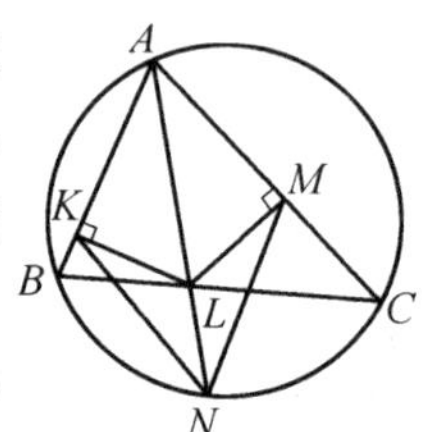


图11.49

**证明** 设 $\angle BAN=\angle CAN=\alpha$,则
$$2AN\cos\alpha=AB+AC$$

而
$$S_{\triangle ABC}=S_{\triangle ABL}+S_{\triangle ACL}=\frac{1}{2}\cdot AL(AB+AC)\sin\alpha=$$
$$AL\cdot AN\sin\alpha\cos\alpha=AN\cdot AK\sin\alpha=2S_{\triangle AKN}$$

易证
$$AK=AM$$

则
$$S_{\triangle AKN}=S_{\triangle AMN}$$

故
$$S_{\triangle ABC}=S_{AKNM}$$

**例8** 若 $a\geqslant b>c$ 且 $a<b+c$,解方程
$$b\sqrt{x^2-c^2}+c\sqrt{x^2-b^2}=ax \quad ①$$

(1993年全国南昌市初中数学竞赛题)

**分析** 本题若采取两边同时平方脱去根号的办法求解,十分麻烦,如能注意方程自身的特点,巧妙地构造三弦夹角模型,可使方程获得简解.

**解** 由题意知,可以以 $a,b,c$ 为边长作 $\triangle ABC$,使 $BC=a,CA=b,AB=c$,且 $a\geqslant b>c$,如图11.50所示,过点 $C$ 作 $CA$ 的垂线交 $\triangle ABC$ 的外接圆于点 $D$,联结 $AD,BD$,易证 $\angle ABD=90^\circ$.由定理知

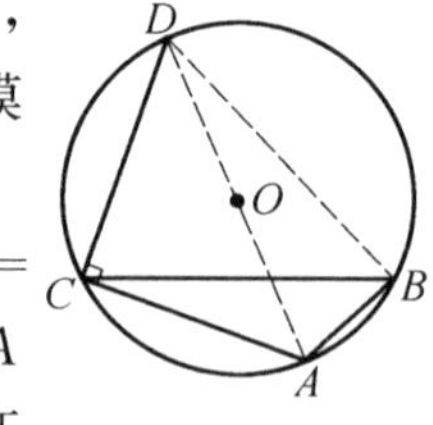


图11.50

$$b\sin\angle BAD+c\sin\angle CAD=AD\sin\angle BAC$$

而

$$\sin\angle BAD=\frac{BD}{AD}=\frac{\sqrt{AD^2-c^2}}{AD}$$

$$\sin\angle CAD=\frac{CD}{AD}=\frac{\sqrt{AD^2-b^2}}{AD}$$

$$\sin\angle BAC=\frac{BC}{AD}=\frac{a}{AD}\text{(正弦定理)}$$

则

$$b\sqrt{AD^2-c^2}+c\sqrt{AD^2-b^2}=aAD \qquad ②$$

比较式①②知 $AD=x$. 而

$$AD=\frac{a}{\sin\angle BAC}$$

由

$$S_{\triangle ABC}=\frac{1}{2}bc\cdot\sin\angle BAC=\sqrt{s(s-a)(s-b)(s-c)}$$

得

$$\sin\angle BAC=\frac{2\sqrt{s(s-a)(s-b)(s-c)}}{bc}$$

故

$$x=\frac{abc}{2\sqrt{s(s-a)(s-b)(s-c)}}$$

其中

$$s=\frac{1}{2}(a+b+c)$$



## 练　习　题

1. 已知 $P$ 是正方形 $ABCD$ 的外接圆 $\overparen{AD}$ 上任一点，则 $\frac{PA+PC}{PB}=$ ________.

2. 四边形 $ABCD$ 内接于一个长度为 4 的 $AD$ 边作为直径的圆中，若 $AB$ 和 $BC$ 的长度为 1，那么 $CD$ 边长为________.

A. $\frac{7}{2}$　　B. $\frac{5\sqrt{2}}{2}$　　C. $\sqrt{11}$　　D. $\sqrt{13}$　　E. $2\sqrt{3}$

3. 已知 $AC$ 是 $\square ABCD$ 较长的对角线，过点 $C$ 作 $CF\perp AF$，$CE\perp AE$，垂足为 $F$，$E$，求证：$AB\cdot AE+AD\cdot AF=AC^2$.

4. 若 $\triangle ABC$ 的三边为连续整数，且最大角 $\angle A$ 是最小角 $\angle C$ 的两倍. 求 $\triangle ABC$ 三边的长.

5. 设圆内接四边形四边长之比依次为 1∶9∶8∶8. 证明：该四边形的一内角

恰巧为 $60°$.

(《数学通报》1988年第6期问题536号)

## 练习题参考解答

1.显然 $\angle APB=\angle BPC=45°$,由三弦夹角定理得

$$PA+PC=2PB\cdot\sin 45°$$

故

$$\frac{PA+PC}{PB}=\sqrt{2}$$

2.由 $AB=BC=1$,可设 $\angle BDA=\angle BDC=\alpha$,由推论2得

$$BD=\frac{DC+DA}{2\cos\alpha}$$

在 $\text{Rt}\triangle ABD$ 中

$$BD=\sqrt{AD^2-AB^2}=\sqrt{15}$$

从而

$$\cos\alpha=\frac{BD}{AD}=\frac{\sqrt{15}}{4}$$

所以 $\sqrt{15}=\dfrac{DC+4}{2\times\dfrac{\sqrt{15}}{4}}$,即 $DC=\dfrac{7}{2}$,故选A.

3.如图11.51,记 $\angle CAF=\alpha$,$\angle CAE=\beta$,联结 $BD$,则

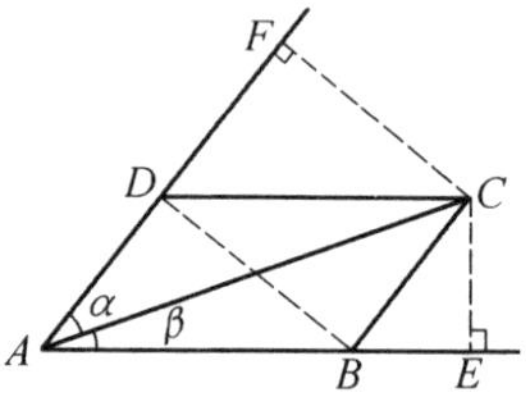

$$S_{\triangle ABD}=S_{\triangle ACD}=S_{\triangle ABC}=\frac{1}{2}S_{\square ABCD}$$

又

$$\angle AEC=\angle AFC=90°$$

则 $A,E,C,F$ 四点共圆.对三弦 $AE,AC,AF$ 由定理得

$$AE\sin\alpha+AF\sin\beta=AC\sin(\alpha+\beta)$$



图11.51

将上式两边同乘以 $\frac{1}{2}AB\cdot AD\cdot AC$,有

$$\frac{1}{2}AB\cdot AD\cdot AC\cdot AE\sin\alpha+\frac{1}{2}AB\cdot AD\cdot AC\cdot AF\sin\beta=$$

$$\frac{1}{2}AB\cdot AD\cdot AC^2\sin(\alpha+\beta)$$

显然有

$$AB\cdot AE\cdot S_{\triangle ACD}+AD\cdot AFS_{\triangle ABC}=AC^2S_{\triangle ABD}$$

即
$$AB \cdot AE + AD \cdot AF = AC^2$$

4.设$\angle A$的平分线交$\triangle ABC$的外接圆于点$D$，$BC > AC > AB$，令$AC = x$，则$BC = x+1$，$AB = x-1$，由上例知
$$2BC\cos C = AB + AC$$
$$AB^2 = AC^2 + BC^2 - AC(AB+AC) = BC^2 - AB \cdot AC$$
所以
$$(x-1)^2 = (x+1)^2 - x(x-1), x^2 - 5x = 0$$
因为$x$为自然数，所以$x=5$，$\triangle ABC$三边的长为
$$AB=4, AC=5, BC=6$$

5.如图11.52，设$AB=1$，$BC=9$，$CD=DA=8$. 联结$AC$，设$\angle DCA=\alpha$，$\angle ACB=\beta$，则$\angle DAC=\alpha$，$\angle CAB=180^\circ-2\alpha-\beta$.

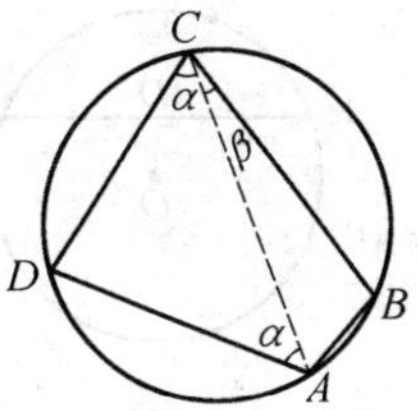

图11.52

对于三弦$CD, CA, CB$，由定理有
$$9\sin\alpha + 8\sin\beta = AC\sin(\alpha+\beta) \qquad ①$$
对于三弦$AD, AC, AB$，由定理有
$$\sin\alpha + 8\sin(180^\circ-2\alpha-\beta) = AC\sin(180^\circ-\alpha-\beta)$$
即
$$\sin\alpha + 8\sin(2\alpha+\beta) = AC\sin(\alpha+\beta) \qquad ②$$
由式①－②得
$$\sin\alpha = \sin(2\alpha+\beta) - \sin\beta$$
由和差化积公式，得
$$\sin\alpha = 2\sin\alpha\cos(\alpha+\beta)$$
则
$$\cos(\alpha+\beta) = \frac{1}{2}$$
故$\alpha+\beta=60^\circ$，即$\angle C=60^\circ$.

## 第3节　圆内接凸$n$边形的正弦定理

本节是由试题A引发的第三个问题.

约定：圆内接$n(n\geqslant 3)$边形$A_1A_2\cdots A_n$是凸的，它的顶点为$A_1, A_2, \cdots, A_n$，边长为$A_1A_2, A_2A_3, \cdots, A_nA_1$以及它们所对的$\overparen{A_1A_2}, \overparen{A_2A_3}, \cdots, \overparen{A_nA_1}$，都是逆时针方向顺序. 记$a_1 = A_1A_2, a_2 = A_2A_3, \cdots, a_n = A_nA_1$，$A_1 = \frac{1}{2}\overparen{A_1A_2}$（弧度），$A_2 = \frac{1}{2}\overparen{A_2A_3}$（弧度），$\cdots$，$A_n = \frac{1}{2}\overparen{A_nA_1}$（弧度），$\hat{A}_1, \hat{A}_2, \cdots, \hat{A}_n$分别表示$n$边形

$A_1A_2\cdots A_n$ 的内角.并且,$A_1+A_2+\cdots+A_n=\pi$,$\hat{A}_1+\hat{A}_2+\cdots+\hat{A}_n=(n-2)\pi$.

**圆内接 $n$ 边形的正弦定理** 在半径是 $R$ 的圆的内接 $n$ 边形 $A_1A_2\cdots A_n$ 中,任何一边的长与它所对的弧的弧度的一半的正弦的比都相等,都等于圆的直径($2R$),即

$$\frac{a_1}{\sin A_1}=\frac{a_2}{\sin A_2}=\cdots=\frac{a_n}{\sin A_n}=2R$$

**证明** 边长 $a_i$ 所对的$\overparen{A_iA_{i+1}}$($i=1,2,\cdots,n,A_{n+1}=A_1$)是优弧,$\pi$(弧度)或劣弧,如图 11.53 所示.

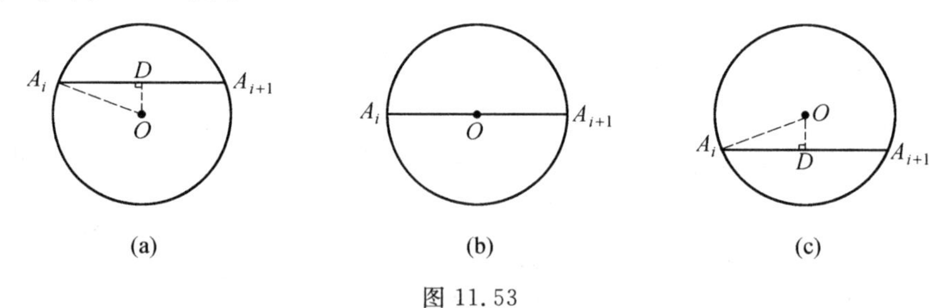


图 11.53



作 $OD\perp A_iA_{i+1}$ 于点 $D$,联结 $OA_i$,对于图 11.53(a) 有

$$a_i=2R\sin\angle DOA_i=2R\sin A_i\frac{2\pi-\overparen{A_iA}_{i+1}}{2}=2R\sin(\pi-A_i)=2R\sin A_i$$

即
$$\frac{a_i}{\sin A_i}=2R$$

对于图 11.53(b),有

$$a_i=2R=2R\sin\frac{\pi}{2}=2R\sin\frac{\overparen{A_iA}_{i+1}}{2}=2R\sin A_i$$

即
$$\frac{a_i}{\sin A_i}=2R$$

对于图 11.53(c),有

$$a_i=2R\sin\angle DOA_i=2R\sin\frac{\overparen{A_iA}_{i+1}}{2}=2R\sin A_i$$

即
$$\frac{a_i}{\sin A_i}=2R$$

总之
$$\frac{a_i}{\sin A_i}=2R$$

即
$$\frac{a_1}{\sin A_1}=\frac{a_2}{\sin A_2}=\cdots=\frac{a_n}{\sin A_n}=2R$$

**例1**　试证:圆的内接四边形中正方形的周长最大.

**证明**　在$(0,\pi)$上,$\sin x$是凸函数.在圆的内接四边形中

$$a_1=2R\sin A_1,a_2=2R\sin A_2$$

$$a_3=2R\sin A_3,a_4=2R\sin A_4,A_1+A_2+A_3+A_4=\pi$$

$$a_1+a_2+a_3+a_4=2R(\sin A_1+\sin A_2+\sin A_3+\sin A_4)\leqslant$$

$$2R\cdot 4\sin\frac{A_1+A_2+A_3+A_4}{4}=4\sqrt{2}R$$

式中等号成立的充要条件是$A_1=A_2=A_3=A_4=\frac{\pi}{4}$,即圆内接四边形是正方形.因此圆内接四边形中以正方形的周长最长.

**例2**　设圆内接四边形四边之长的比依次是$1:9:8:8$.证明:该四边形的一内角恰巧是$60°$.

(《数学通报》1988年第6期问题536)

**证明**　如图11.54,有

$$a_1:a_2:a_3:a_4=1:9:8:8$$

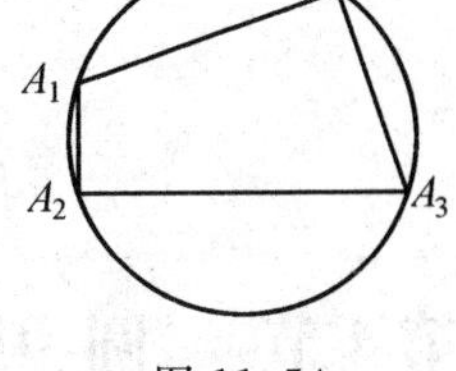

图11.54

则$\angle A_3=\angle A_4$,并且

$$\angle A_1+\angle A_2+2\angle A_3=2\pi,\sin A_3=\cos\frac{A_1+A_2}{2}$$

又　$$a_1=2R\sin A_1,a_2=2R\sin A_2,a_3=2R\sin A_3$$

且　$$\frac{a_1}{1}=\frac{a_2}{9}=\frac{a_3}{8}$$

则　$$\sin A_1=\frac{\sin A_2}{9}=\frac{\sin A_3}{8}$$

则　$$\frac{\sin A_2-\sin A_1}{9-1}=\frac{\sin A_3}{8}\text{(等比定理)}$$

即　$$2\cos\frac{A_2+A_1}{2}\sin\frac{A_2-A_1}{2}=\cos\frac{A_1+A_2}{2}$$

从而　$$\sin\frac{A_2-A_1}{2}=\frac{1}{2}$$

则　$$\angle A_2-\angle A_1=\frac{\pi}{3}$$

即　$$\angle A_1+\angle A_1+\frac{\pi}{3}+2\angle A_3=2\pi,\angle A_1+\angle A_3=\frac{\pi}{3}$$

故内角$\angle A_3=\angle A_1+\angle A_4=\frac{\pi}{3}$.证毕.

**注**　注意内角 $\angle A_3$ 与 $\frac{1}{2}\overset{\frown}{A_3A_4}=\angle A_3$ 的区别.

**例 3**　(前面的试题 A)

**证明**　如图 11.55,因

$$\angle DAE=\angle EAB=\frac{1}{2}(\angle B+\angle C)$$

$$\overset{\frown}{EB}=\overset{\frown}{CAE}=\frac{1}{2}\overset{\frown}{CAB}=\angle B+\angle C$$

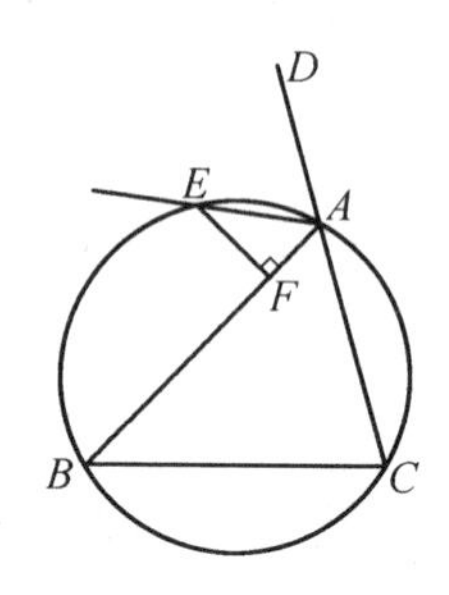

图 11.55

又

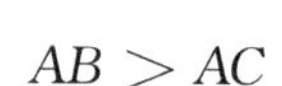

$$AB>AC$$

$$\overset{\frown}{AE}=\overset{\frown}{CAE}-\overset{\frown}{CA}=2\angle DAE-2\angle B=\angle C-\angle B>0$$

则

$$AE=2R\sin\frac{\overset{\frown}{AE}}{2}=2R\sin\frac{C-B}{2}$$

故

$$2AF=2AE\cos\angle EAB=2\cdot 2R\sin\frac{C-B}{2}\cos\frac{C+B}{2}=$$

$$2R(\sin C-\sin B)=AB-AC$$



## 第 4 节　圆中蝴蝶定理的一些证法及圆中蝴蝶定理的衍化

试题 B′ 是筝形中的蝴蝶定理,下面讨论圆中蝴蝶定理的问题.

### 1. 蝴蝶定理的一些证法

**蝴蝶定理**　过圆 $O$ 的弦 $PQ$ 的中点 $M$ 引任意两弦 $AB$,$CD$,联结 $AD$,$BC$ 交 $PQ$ 于点 $E$,$F$.求证:$ME=MF$.

**证法 1**　如图 11.56,作 $OU\perp AD$,$OV\perp BC$,则垂足 $U$,$V$ 分别为 $AD$,$BC$ 的中点,且 $M$,$E$,$U$,$O$ 四点共圆;$M$,$F$,$V$,$O$ 四点共圆,则

$$\angle AUM=\angle EOM,\angle MOF=\angle MVC$$

又 $\triangle MAD\backsim\triangle MCB$,$U$,$V$ 为 $AD$,$BC$ 的中点,从而

$$\triangle MUA\backsim\triangle MVC,\angle AUM=\angle MVC$$

则

$$\angle EOM=\angle MOF$$

于是 $ME=MF$.

**证法 2**　作点 $D$ 关于直线 $OM$ 的对称点 $D'$,如图11.57 所示,则

$$\angle FMD'=\angle EMD,MD=MD' \quad ①$$

联结 $D'M$ 交圆 $O$ 于点 $C'$，则点 $C$ 与点 $C'$ 关于 $OM$ 对称，即 $\overset{\frown}{PC'}=\overset{\frown}{CQ}$. 又

$$\angle CFP \xlongequal{m} \frac{1}{2}(\overset{\frown}{QB}+\overset{\frown}{PC})=\frac{1}{2}(\overset{\frown}{QB}+\overset{\frown}{CC'}+\overset{\frown}{CQ})=\frac{1}{2}\overset{\frown}{BC'} \xlongequal{m} \angle BD'C'$$

故 $M,F,B,D'$ 四点共圆，即

$$\angle MBF=\angle MD'F$$

而

$$\angle MBF=\angle EDM$$

故

$$\angle EDM=\angle MD'F \quad ②$$

由式①②知

$$\triangle DME \cong \triangle D'MF$$

故

$$ME=MF$$

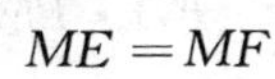

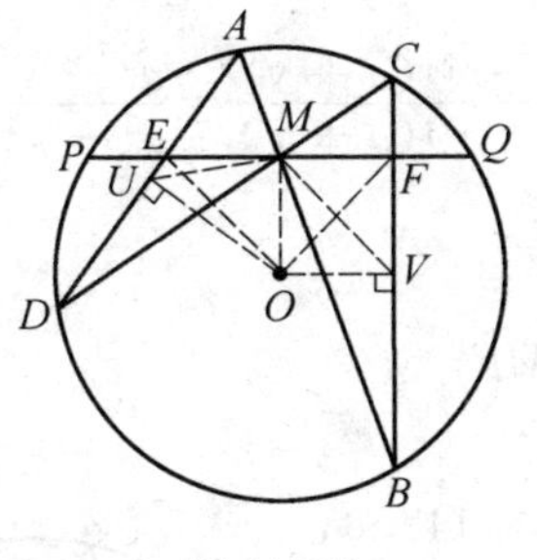


图 11.56

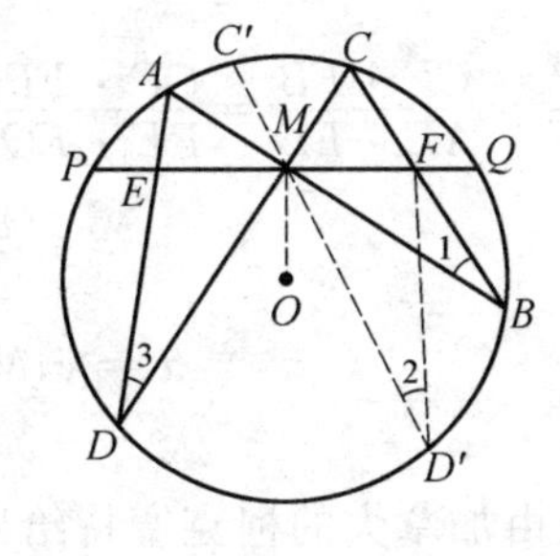


图 11.57

**证法3**　如图11.58，设直线 $DA$ 与 $BC$ 交于点 $N$. 对 $\triangle NEF$ 及截线 $AMB$ 和 $\triangle NEF$ 及截线 $CMD$ 分别应用梅涅劳斯定理，有

$$\frac{FM}{ME}\cdot\frac{EA}{AN}\cdot\frac{NB}{BF}=1$$

$$\frac{FM}{ME}\cdot\frac{ED}{DN}\cdot\frac{NC}{CF}=1$$

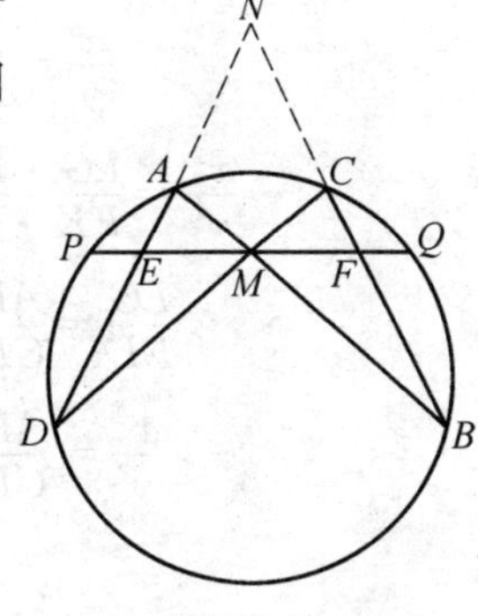


图 11.58

由上述两式相乘，并注意到

$$NA\cdot ND=NC\cdot NB$$

得

$$\frac{FM^2}{ME^2}=\frac{AN}{AE}\cdot\frac{ND}{ED}\cdot\frac{BF}{BN}\cdot\frac{CF}{CN}=\frac{BF\cdot CF}{AE\cdot ED}=\frac{PF\cdot FQ}{PE\cdot EQ}=$$

$$\frac{(PM+MF)(MQ-MF)}{(PM-ME)(MQ+ME)}=\frac{PM^2-MF^2}{PM^2-ME^2}$$

化简上式后得

$$ME = MF$$

**证法 4** (由斯特温(Steven) 给出) 如图 11.56,并令

$$\angle DAB = \angle DCB = \alpha, \angle ADC = \angle ABC = \beta$$

$$\angle DMP = \angle CMQ = \gamma, \angle AMP = \angle BMQ = \delta$$

$$PM = MQ = a, ME = x, MF = y$$

因

$$\frac{S_{\triangle AME}}{S_{\triangle FCM}} \cdot \frac{S_{\triangle FCM}}{S_{\triangle EDM}} \cdot \frac{S_{\triangle EDM}}{S_{\triangle FMB}} \cdot \frac{S_{\triangle FMB}}{S_{\triangle AME}} = 1$$

即

$$\frac{AM \cdot AE\sin\alpha}{MC \cdot CF\sin\alpha} \cdot \frac{FM \cdot CM\sin\gamma}{EM \cdot MD\sin\gamma} \cdot \frac{ED \cdot MD\sin\beta}{FB \cdot BM\sin\beta} \cdot \frac{MF \cdot MB\sin\delta}{MA \cdot ME\sin\delta} = 1$$

化简得

$$\frac{MF^2}{ME^2} = \frac{CF \cdot FB}{AE \cdot ED} = \frac{QF \cdot FP}{PE \cdot EQ} = \frac{(a-y)(a+y)}{(a-x)(a+x)} = \frac{a^2-y^2}{a^2-x^2}$$

即

$$\frac{y^2}{x^2} = \frac{a^2-y^2}{a^2-x^2}$$



从而

$$x = y, ME = MF$$

**证法 5** (由加拿大的柯克塞特给出) 如图 11.59,过点 $E$ 作 $EG \perp AB$,$EH \perp CD$;过点 $F$ 作 $FL \perp DC$,$FK \perp AB$,令 $EM = x$,$MF = y$,则

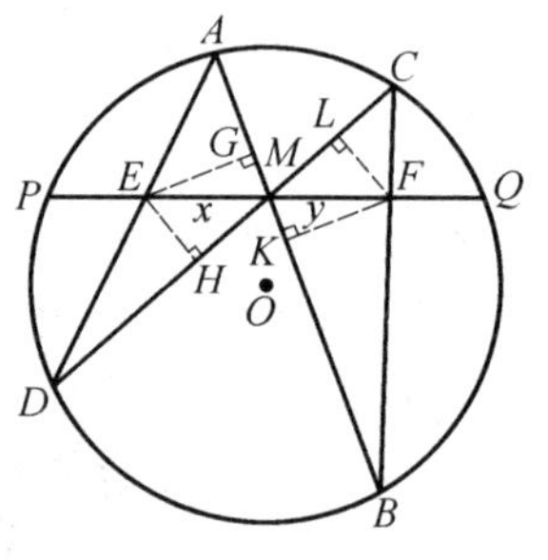

图 11.59

$$\frac{x}{y} = \frac{EG}{FK} = \frac{EH}{LF}$$

即

$$\frac{x^2}{y^2} = \frac{EG \cdot EH}{FK \cdot FL} = \frac{EG}{FL} \cdot \frac{EH}{FK}$$

但

$$\frac{EG}{FL} = \frac{AE}{CF}, \frac{EH}{FK} = \frac{DE}{BF}$$

即

$$\frac{x^2}{y^2} = \frac{AE \cdot DE}{CF \cdot BF} = \frac{(a-x)(a+x)}{(a-y)(a+y)} = \frac{a^2-x^2}{a^2-y^2}$$

故

$$ME = MF$$

**证法 6** 如图 11.59,联结 $AP$,$PD$,$QC$,$QB$,由 $\triangle PDM \backsim \triangle CQM$,$\triangle PAM \backsim \triangle BQM$,$\triangle DAM \backsim \triangle BCM$,有

$$\frac{QC}{PD} = \frac{MC}{MP}, \frac{QB}{PA} = \frac{MQ}{MA}, \frac{BC}{DA} = \frac{MB}{MD}$$

由

$$\frac{ME}{PE}\cdot\frac{FQ}{FM}=\frac{S_{\triangle MAD}}{S_{\triangle PAD}}-\frac{S_{\triangle QBC}}{S_{\triangle MBC}}=\frac{S_{\triangle MAD}}{S_{\triangle MBC}}\cdot\frac{S_{\triangle QBC}}{S_{\triangle PQB}}\cdot\frac{S_{\triangle PQB}}{S_{\triangle PQD}}\cdot\frac{S_{\triangle PQD}}{S_{\triangle PAD}}=$$

$$\frac{MA\cdot MD}{MC\cdot MB}\cdot\frac{QC\cdot BC}{PQ\cdot PD}\cdot\frac{BQ\cdot PB}{DQ\cdot PD}\cdot\frac{PQ\cdot QD}{PA\cdot DA}=$$

$$\frac{MA}{MB}\cdot\frac{MD}{MC}\cdot\frac{QC\cdot BQ\cdot BC}{PD\cdot PA\cdot DA}=$$

$$\frac{MA}{MB}\cdot\frac{MD}{MC}\cdot\frac{MC}{MP}\cdot\frac{MQ}{MA}\cdot\frac{MB}{MD}=\frac{MQ}{MP}$$

从而

$$MP=MQ\Leftrightarrow\frac{ME}{PE}=\frac{MF}{QF}\Leftrightarrow ME=MF$$

**证法7**　不妨设 $EM\geqslant FM$，因 $PM=MQ$，则

$$PM^2-EM^2\leqslant MQ^2-FM^2$$

即

$$(PM+ME)(PM-ME)\leqslant(MQ+MF)(MQ-FM)$$

由于

$$PM+ME=MQ+ME=EQ$$

$$MQ+MF=PM+MF=PF$$

所以

$$EQ\cdot PE\leqslant PF\cdot FQ$$

又由相交弦定理，有

$$AE\cdot ED\leqslant CF\cdot FB\qquad(*)$$

注意到正弦定理有

$$AE=\frac{\sin\angle EMA}{\sin\angle EAM}\cdot EM,ED=\frac{\sin\angle EMD}{\sin\angle EDM}\cdot EM$$

$$CF=\frac{\sin\angle CMF}{\sin\angle MCF}\cdot MF,FB=\frac{\sin\angle FMB}{\sin\angle MBC}\cdot MF$$

将上述各式代入式(*)，得 $EM^2\leqslant MF^2$，即 $EM\leqslant FM$，但已知 $EM\geqslant FM$，故 $EM=FM$.

**证法8**　如图11.60，设

$$ME=x,MF=y,PM=MQ=a$$

$$\angle DAB=\alpha,\angle ADC=\beta,\angle CMQ=\gamma,\angle AME=\delta$$

在 $\triangle AME$ 中，由正弦定理得

$$\frac{ME}{\sin\alpha}=\frac{EA}{\sin\delta}$$

在 $\triangle DME$ 中

$$\frac{ME}{\sin\beta}=\frac{ED}{\sin\gamma}$$

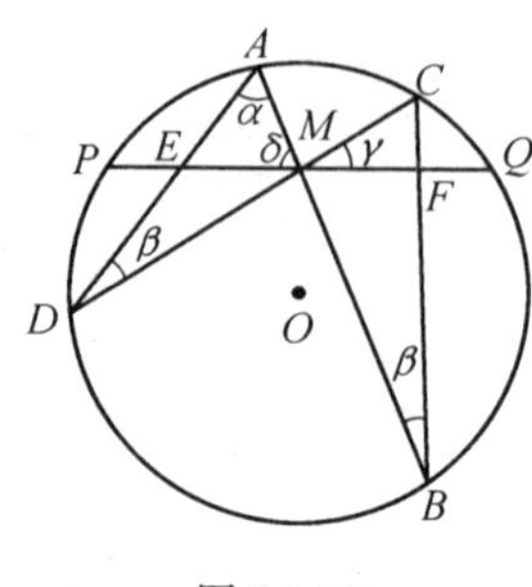

图 11.60

则 $$ME^2=\frac{EA\cdot ED\sin\alpha\sin\beta}{\sin\gamma\sin\delta}$$

同理 $$MF^2=\frac{FC\cdot FB\sin\alpha\sin\beta}{\sin\gamma\sin\delta}$$

故 $$\frac{ME^2}{MF^2}=\frac{EA\cdot ED}{FC\cdot FB}=\frac{PE\cdot EQ}{FQ\cdot FP}$$

即 $$\frac{x^2}{y^2}=\frac{(a-x)(a+x)}{(a-y)(a+y)}=\frac{a^2-x^2}{a^2-y^2}$$

从而得到 $x=y$,即 $ME=MF$.

**证法 9** 令 $\angle PMD=\angle QMC=\alpha$,$\angle QMB=\angle AMP=\beta$,以点 $M$ 为视点,对 $\triangle MBC$ 和 $\triangle MAD$ 分别应用张角定理,有

$$\frac{\sin(\alpha+\beta)}{MF}=\frac{\sin\beta}{MC}+\frac{\sin\alpha}{MB},\frac{\sin(\alpha+\beta)}{ME}=\frac{\sin\beta}{MD}+\frac{\sin\alpha}{MA}$$



上述两式相减,得

$$\sin(\alpha+\beta)(\frac{1}{MF}-\frac{1}{ME})=\frac{\sin\beta}{MC\cdot MD}(MD-MC)-\frac{\sin\alpha}{MA\cdot MB}(MB-MA)$$

设 $G$,$H$ 分别为 $CD$,$AB$ 的中点,由 $OM\perp PQ$,有

$$MB-MA=2MH=2OM\cos(90^\circ-\beta)=2OM\sin\beta$$
$$MD-MC=2MG=2OM\cos(90^\circ-\alpha)=2OM\sin\alpha$$

于是 $$\sin(\alpha+\beta)(\frac{1}{MF}-\frac{1}{ME})=0$$

而 $\alpha+\beta\neq 180^\circ$,知 $\sin(\alpha+\beta)\neq 0$,故

$$ME=MF$$

**证法 10** (由单墫教授给出)如图 11.61,建立平面直角坐标系,则圆的方程可设为

$$x^2+(y+a)^2=R^2$$

直线 $AB$ 的方程为 $y=k_1x$,直线 $CD$ 的方程为 $y=k_2x$.

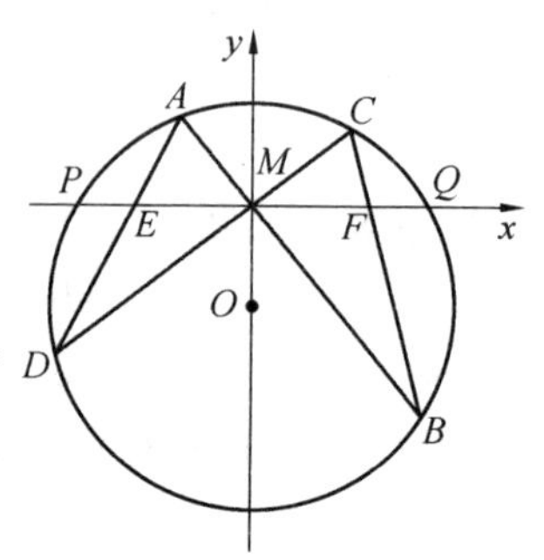

图 11.61

由于圆和两相交直线组成的二次曲线系方程为

$$\mu[x^2+(y+a)^2-R^2]+\lambda[(y-k_1x)(y-k_2x)]=0$$

令 $y=0$,知点 $E$ 和点 $F$ 的横坐标满足二次方程

$$(\mu+\lambda k_1k_2)x^2+\mu(a^2-R^2)=0$$

由于 $x$ 的系数为0,则两根 $x_1$ 和 $x_2$ 之和为0.

即 $x_1=-x_2$,故 $ME=MF$.

**注**　此种证法不仅简捷,而且内涵丰富,若 $AC$,$BD$ 分别交直线 $PQ$ 于点 $R$,$S$,则即证得 $RM=MS$.若将圆的方程换为椭圆或双曲线或抛物线方程,则得到这些曲线中的蝴蝶定理.

**证法11**　如图11.62,建立平面直角坐标系,则圆的方程可写为

$$(x-a)^2+y^2=r^2$$

直线 $AB$,$CD$ 的方程可写为

$$y=k_1x,y=k_2x$$

又设点 $A$,$B$,$C$,$D$ 的坐标为 $(x_i,y_i)$,$i=1,2,3,4$,则 $x_1$,$x_4$ 分别是二次方程 $(x-a)^2+k_1^2x^2=r^2$,$(x-a)^2+k_2^2x^2=r^2$ 的一根.$AD$ 在 $y$ 轴上的截距为

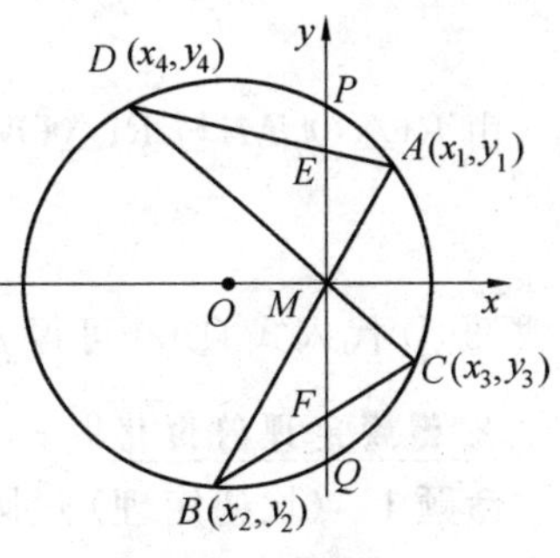

图11.62

$$y_1-\frac{y_4-y_1}{x_2-x_1}\cdot x_1=k_1x_1-\frac{(k_2x_4-k_1x_1)x_1}{x_4-x_1}=\frac{(k_1-k_2)x_1x_4}{x_4-x_1}$$

同理,$BC$ 在 $y$ 轴上的截距为

$$\frac{(k_1-k_2)x_2x_3}{x_3-x_2}$$

注意到 $x_1$,$x_2$ 是方程 $(1+k_1^2)x^2-2ax+a^2-r^2=0$ 的两根,$x_3$,$x_4$ 是方程 $(1+k_2^2)x^2-2ax+a^2-r^2=0$ 的两根,所以

$$\frac{x_1+x_2}{x_1x_2}=\frac{2a}{a^2-r^2}=\frac{x_3+x_4}{x_3x_4}$$

从而易得

$$\frac{x_1x_4}{x_4-x_1}+\frac{x_2x_3}{x_3-x_2}=0$$

即

$$|ME|=|MF|$$

**证法12**　如图11.63,以 $M$ 为极点、$MO$ 为极轴建立极坐标系.因 $C$,$F$,$B$ 三点共线,令 $\angle BMx=\alpha$,$\angle CMx=\beta$,则

$$\rho_C\rho_F\sin(\beta-\frac{\pi}{2})+\rho_F\rho_B\sin(\frac{\pi}{2}-\alpha)=\rho_C\rho_B\sin(\beta-\alpha)$$

即

$$\rho_F=\frac{\rho_C\rho_B\sin(\beta-\alpha)}{\rho_B\cos\alpha-\rho_C\cos\beta} \quad ①$$

$$\rho_E=\frac{\rho_A\rho_D\sin(\beta-\alpha)}{\rho_A\cos\alpha-\rho_D\cos\beta} \quad ②$$

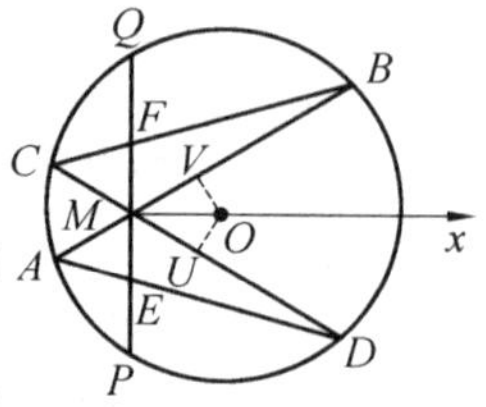

图 11.63

作 $OU\perp CD$ 于点 $U$,作 $OV\perp AB$ 于点 $V$. 注意到

$$\rho_A\rho_B=\rho_C\rho_D \quad ③$$

由 Rt△$OUM$ 与 Rt△$OVM$ 可得

$$\frac{\rho_B-\rho_A}{\cos\alpha}=\frac{\rho_D-\rho_C}{-\cos\beta} \quad ④$$

将式 ③④ 代入式 ①② 可得 $\rho_E=\rho_F$,即 $ME=MF$.

### 2. 蝴蝶定理的衍化[①]

**命题 1** (坎迪定理)过圆 $O$ 弦 $AB$ 上任意一点 $M$,作两条弦 $CD$,$EF$,联结 $ED$,$CF$,如果它们与 $AB$ 分别交于点 $P$,$Q$,且 $AM=a$,$MB=b$,$MQ=x$,$MP=y$,则



$$\frac{1}{a}-\frac{1}{b}=\frac{1}{x}-\frac{1}{y}$$

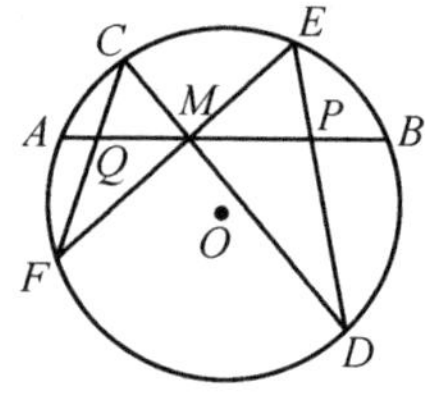

图 11.64

命题 1 的证明基本上可套用蝴蝶定理的证法 4 的途径. 并可得出蝴蝶定理是命题 1 的一种特殊情形,即将命题 1 的条件定为 $a=b$,则得 $x=y$.

若将图 11.64 中 $AB$ 上的点 $M$ 移出 $AB$ 外,但点 $M$ 在圆内,于是有:

**命题 2** 如图 11.65,点 $M$ 是圆 $O$ 内任意一点,且不在弦 $AB$ 上,过点 $M$ 作两条弦 $CD$,$EF$ 与弦 $AB$ 分别交于点 $H$,$N$,联结 $ED$,$CF$ 与 $AB$ 分别交于点 $P$,$Q$,且 $AH=a_1$,$HB=b_1$,$AN=a_2$,$NB=b_2$,$QH=x$,$PN=y$,则

$$\frac{1}{a_2b_2}(\frac{1}{x}-\frac{1}{a_1})=\frac{1}{a_1b_1}(\frac{1}{y}-\frac{1}{b_2})$$

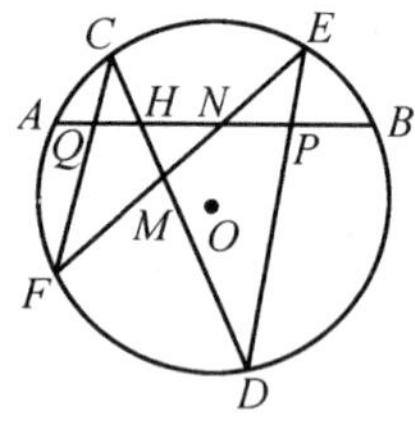

图 11.65

① 龙瑶,陈灿. 蝴蝶定理的衍化与统一处理[J]. 中学教研,1991(2):28-29.

**证明**　$1=\frac{S_{\triangle NEP}}{S_{\triangle NFQ}}\cdot\frac{S_{\triangle FNQ}}{S_{\triangle DHP}}\cdot\frac{S_{\triangle HPD}}{S_{\triangle HQC}}\cdot\frac{S_{\triangle CQH}}{S_{\triangle ENP}}=$

$$\frac{NE\cdot NP}{NF\cdot NQ}\cdot\frac{FN\cdot FQ}{DH\cdot DP}\cdot\frac{HP\cdot HD}{HQ\cdot HC}\cdot\frac{CQ\cdot CH}{EN\cdot EP}=$$

$$\frac{NP\cdot HP}{NQ\cdot MQ}\cdot\frac{FQ\cdot CQ}{DP\cdot EP}\cdot\frac{NP\cdot HP}{NF\cdot NQ}\cdot\frac{AQ\cdot QB}{AP\cdot PB} \qquad ①$$

由　$AH=a_1,HB=b_1,HQ=x,AN=a_2,BN=b_2,HP=y$

则

$$AP=a_2+y,BP=b_2-y,AQ=a_1-x,BQ=b_1+x$$

$$PH=BH-BP=b_1-b_2+y,QN=AN-AQ=a_2-a_1+x$$

则式①可改写成

$$y(b_1-b_2+y)(a_1-x)(b_1+x)=x(a_2-a_1+x)(b_2-y)(a_2+y)$$

化简整理得

$$b_1y(b_1-b_2+y+x)(a_1-x)=a_2x(a_2-a_1+x+y)(b_2-y) \qquad ②$$

又由　$a_2-a_1=AN-AH=NH=BH-BN=b_1-b_2$

因此,式②为

$$b_1y(a_1-x)=a_2x(b_2-y)$$

故

$$\frac{1}{a_2b_2}\left(\frac{1}{x}-\frac{1}{a_1}\right)=\frac{1}{a_1b_1}\left(\frac{1}{y}-\frac{1}{b_2}\right)$$

现在我们又回到蝴蝶定理,在图形中距弦 $AB$ 的中点 $M$ 等距两点 $H,N$ 作两条弦,有下面的命题.

**命题3**　如图11.66,圆 $O$ 的弦 $AB$ 的中点为 $M$,$H$,$N$ 为弦 $AB$ 上两点,且 $HM=NM$,过点 $H$,$N$ 分别作两条弦 $CD$,$EF$,联结 $DE$,$CF$ 分别交 $AB$ 于点 $Q$,$P$,则 $MP=MQ$.

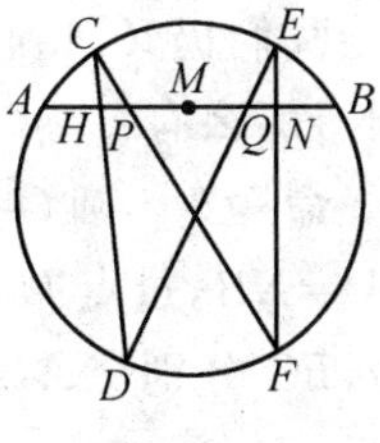

此题证明利用

$$\frac{S_{\triangle DQH}}{S_{\triangle FPN}}\cdot\frac{S_{\triangle PFN}}{S_{\triangle PCH}}\cdot\frac{S_{\triangle CPH}}{S_{\triangle EQN}}\cdot\frac{S_{\triangle QEN}}{S_{\triangle QDH}}=1$$

又由“共角定理”,通过换算可得结论.



图11.66

蝴蝶定理又为命题3的特殊情况,即蝴蝶定理是 $MN=MH=0$ 的情形.

在图11.60中,把弦 $AB$ 移到圆外,点 $M$ 是圆心在直线 $AB$ 上的射影,点 $H$,$N$ 在直线 $AB$ 上,且 $HM=NM$,这个问题就变成:

**命题4**　$l$ 是圆 $O$ 外一直线,且 $OM\perp l$,$M$ 是垂足,直线 $l$ 上有 $HM=MN$,过点 $H$,$N$ 分别向圆作割线 $HCD$,$NEF$,联结 $FC$,$DE$ 并延长分别交 $l$ 于点 $P$,$Q$,则 $MP=MQ$,如图11.67所示.

**证明**
$$1=\frac{S_{\triangle CPH}}{S_{\triangle EQN}}\cdot\frac{S_{\triangle QEN}}{S_{\triangle QDH}}\cdot\frac{S_{\triangle DHQ}}{S_{\triangle FNP}}\cdot\frac{S_{\triangle PFN}}{S_{\triangle PCH}}=$$
$$\frac{CP\cdot CH}{EQ\cdot EN}\cdot\frac{QE\cdot QN}{QD\cdot QH}\cdot\frac{DH\cdot DQ}{FN\cdot FP}\cdot\frac{PF\cdot PN}{PC\cdot PH}=$$
$$\frac{CH\cdot DH}{EN\cdot FN}\cdot\frac{QN\cdot PN}{QH\cdot PH}\qquad ③$$

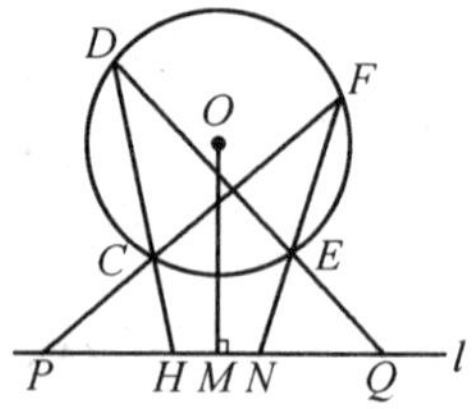

图 11.67

由 $OM\perp l$,且 $HM=MN$,知 $OH=ON$. 设点 $H$ 到圆 $O$ 的切线为 $t_H$,点 $N$ 到圆 $O$ 的切线为 $t_N$,则

$$t_H=\sqrt{OH^2-r^2},t_N=\sqrt{ON^2-r^2},r\text{ 是圆 }O\text{ 的半径}$$

即 $t_H=t_N$,而

$$t_H^2=CH\cdot DM,t_N^2=EN\cdot FN$$

则由式 ③ 可得

$$QN\cdot PN=QH\cdot PH\qquad ④$$



设
$$PH=x,NQ=y,HM=MN=a$$
则
$$PN=x+2a,QH=y+2a$$
因此,式 ④ 可改写成

$$y(x+2a)=x(y+2a)$$

则 $x=y$,即 $PH=QN$.

又由 $HM=MN$,故 $PM=QN$.

我们仍又回到蝴蝶定理,将图中弦 $AB$ 向两边等距延长,那么有:

**命题 5** 圆 $O$ 弦 $AB$ 的中点是 $M$,延长 $AB$ 的两端使 $HA=NB$,过点 $H,N$ 分别向圆作割线 $HCD,NEF$,联结 $ED,FC$ 分别交 $AB$ 于点 $P,Q$,则 $MP=MQ$,如图 11.68 所示.

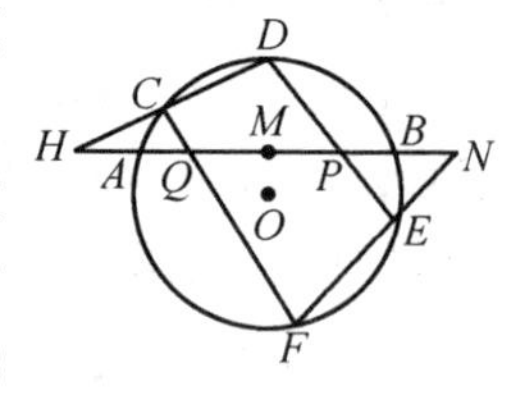


图 11.68

**证明** $\angle HCQ+\angle PEN=180^\circ,\angle D+\angle F=180^\circ$

$$1=\frac{S_{\triangle CQH}}{S_{\triangle EPN}}\cdot\frac{S_{\triangle NEP}}{S_{\triangle NFQ}}\cdot\frac{S_{\triangle FQN}}{S_{\triangle DPH}}\cdot\frac{S_{\triangle HPD}}{S_{\triangle HQC}}=$$
$$\frac{CQ\cdot CH}{EP\cdot EN}\cdot\frac{NE\cdot NP}{NF\cdot NQ}\cdot\frac{FQ\cdot FN}{DP\cdot DH}\cdot\frac{HP\cdot HD}{HQ\cdot HC}=$$
$$\frac{CQ\cdot FQ}{EP\cdot DP}\cdot\frac{NP\cdot HP}{NQ\cdot HQ}=\frac{AQ\cdot BQ}{AP\cdot BP}\cdot\frac{NP\cdot HP}{NQ\cdot HQ}\qquad ⑤$$

设　　$AM=BM=a, HM=NM=b, QM=x, PM=y$

则

$$AQ=a-x, BQ=a+x, AP=a+y, BP=a-y$$

$$HP=b+y, NP=b-y, HQ=b-x, NQ=b+x$$

于是式⑤改写为

$$(a-x)(a+x)(b+y)(b-y)=(a+y)(a-y)(b+x)(b-x)$$

化简,整理得

$$(a^2-b^2)(x^2-y^2)=0 \quad ⑥$$

在式⑥中　　$a^2-b^2\neq 0$　(因 $a\neq b$)

故　　$x=y$

图11.68中是向圆作两条割线,若是向圆作一条割线和一条切线,又有下面的结论.

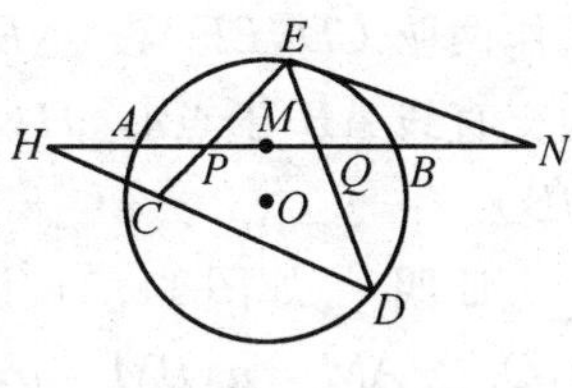

图11.69

**命题6**　圆 $O$ 弦 $AB$ 中点为 $M$,延长 $AB$ 的两端,使得 $HA=BN$,过点 $H,N$ 分别向圆作割线 $HCD$、切线 $NE$,联结 $EC,ED$ 分别交 $HN$ 于点 $P,Q$,则 $MP=MQ$,如图11.69所示.

**证明**　　$\angle D+\angle CEN=180^\circ, \angle HCP+\angle QEN=180^\circ$

$$1=\frac{\triangle CPH}{\triangle EQN}\cdot\frac{\triangle QEN}{\triangle QDH}\cdot\frac{\triangle DQH}{\triangle EPN}\cdot\frac{\triangle PEN}{\triangle PCH}=$$

$$\frac{CP\cdot CH}{EQ\cdot EN}\cdot\frac{QE\cdot QN}{QD\cdot QH}\cdot\frac{DQ\cdot DH}{EP\cdot EN}\cdot\frac{PE\cdot PN}{PC\cdot PH}=$$

$$\frac{CH\cdot DH}{EN^2}\cdot\frac{QN\cdot PN}{QH\cdot PH}=\frac{HQ\cdot HB}{EN^2}\cdot\frac{QN\cdot PN}{QH\cdot PH}=$$

$$\frac{NB\cdot NA}{EN^2}\cdot\frac{QN\cdot PN}{QH\cdot PH}=\frac{QN\cdot PN}{QH\cdot PH} \quad ⑦$$

设　　$PM=x, MQ=y, HM=MN=a$

则　　$QN=a-y, QH=a+y, PH=a-x, PN=a+x$

于是式⑦改写成

$$(a+x)(a-y)=(a-x)(a+y)$$

化简,整理得

$$2a(x-y)=0$$

故

$$x=y$$

如果将图11.69中线段 $HN$ 移至过圆心,点 $M$ 与圆心重合,这个问题就变成:

**命题 7** 设 $EF$ 为 $\triangle ECD$ 外接圆的直径，过点 $F$ 作切线 $FH$ 与 $DC$ 的延长线交于点 $H$，联结 $HO$ 并延长分别交 $EC$，$ED$ 及过点 $E$ 的切线于点 $Q$，$P$，$N$，则 $QO=OP$，如图11.70 所示.

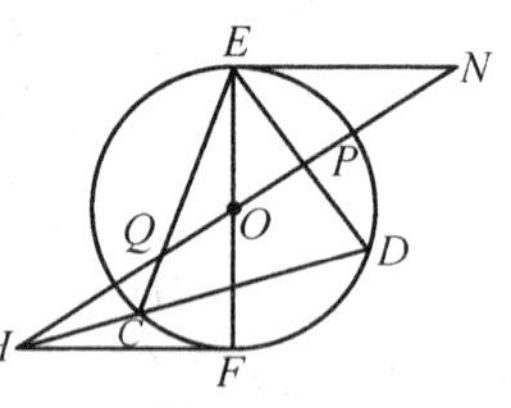


图 11.70

容易证明 $\triangle OFH\cong\triangle OEN$，则 $OH=ON$，那么就是命题6中的图 11.69 的线段 $HN$ 过圆心，且 $ON=OH$，点 $H$，$N$ 分别向圆作割线 $HCD$ 和切线 $NE$，联结 $EC$，$ED$ 分别交 $HN$ 于点 $Q$，$P$，应该有 $OP=OQ$. 说明了命题 7 是命题 6 的特殊情形.

最后，我们给出与坎迪定理等价的一个命题.

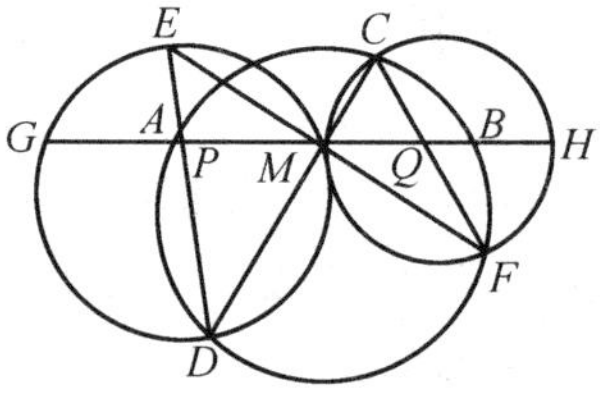

**命题 8** $AB$ 是圆 $O$ 内一条弦，过 $AB$ 上一点 $M$ 任作两弦 $CD$，$EF$，设 $\triangle EMD$，$\triangle CMF$ 的外接圆分别交直线 $AB$ 于点 $G$，$H$，则 $MG-MH=3(MA-MB)$.

图 11.71

**证明** 如图 11.71，设 $ED$，$CF$ 分别交 $AB$ 于点 $P$，$Q$. 令 $AM=a$，$BM=b$，$PM=y$，$QM=x$.



由相交弦定理得

$$GP\cdot PM=EP\cdot PD=AP\cdot PB$$
$$HQ\cdot QM=CQ\cdot QF=QB\cdot QA$$

即

$$(MG-y)y=(a-y)(b+y)$$
$$(MH-x)x=(b-x)(a+x)$$

于是

$$MG=\frac{(a-y)(b+y)}{y}+y$$
$$MH=\frac{(b-x)(a+x)}{x}+x$$
$$MG-MH=\frac{(a-y)(b+y)}{y}+y-\frac{(b-x)(a+x)}{x}-x=$$
$$ab\left(\frac{1}{y}-\frac{1}{x}\right)+2(a-b)$$

由坎迪定理得

$$MG-MH=ab\left(\frac{1}{b}-\frac{1}{a}\right)+2(a-b)=3(a-b)$$

此即命题 1. 反之若

$$MG - MH = 3(MA - MB)$$

则
$$ab\left(\frac{1}{y} - \frac{1}{x}\right) + 2(a-b) = 3(a-b)$$

即
$$ab\left(\frac{1}{y} - \frac{1}{x}\right) = a - b$$

于是
$$\frac{1}{y} - \frac{1}{x} = \frac{1}{b} - \frac{1}{a}$$

此即坎迪定理.

## 第5节　四边形中蝴蝶定理的一些问题(推广与演变)

### 1."筝形"的一个定值问题①

**命题1**　在"筝形"$ABCD$中,$AB = AD$,$BC = CD$,经$AC$,$BD$的交点$O$任作一直线,分别交$AD$于点$E$,交$BC$于点$F$,过点$E$,$F$作$BD$的垂线,垂足为$E'$,$F'$,求证:$\frac{1}{EE'} - \frac{1}{FF'}$是定值.

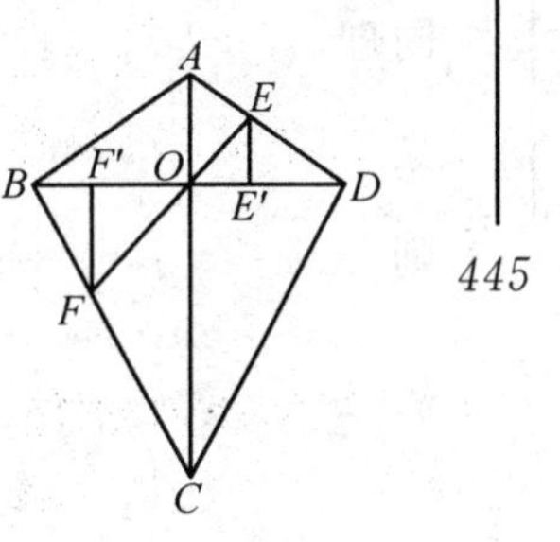


图11.72

**证法1**　(几何法)如图11.72,因
$$\frac{EE'}{OA} = \frac{DE'}{OD}, \frac{FF'}{OC} = \frac{BF'}{OB}$$

所以
$$\frac{OA - EE'}{OA} = \frac{OE'}{OD}, \frac{OC - FF'}{OC} = \frac{OF'}{OB}$$

上两式相除,有
$$\frac{OC}{OA} \cdot \frac{OA - EE'}{OC - FF'} = \frac{OE'}{OF'}$$

即
$$\frac{OA - EE'}{OA \cdot EE'} = \frac{OC - FF'}{OC \cdot FF'}$$

则
$$\frac{1}{EE'} - \frac{1}{OA} = \frac{1}{FF'} - \frac{1}{OC}$$

故
$$\frac{1}{EE'} - \frac{1}{FF'} = \frac{1}{OA} - \frac{1}{OC} = \text{定值}$$

① 孙克铭,张东成."筝形"的一个定值问题[J].中学教研(数学),1991(2):16-37.

**证法 2** (三角法)如图 11.73,设

$$\angle EOE' = \angle FOF' = \angle \alpha, \angle EAO = \angle \beta, \angle FCO = \angle \gamma$$

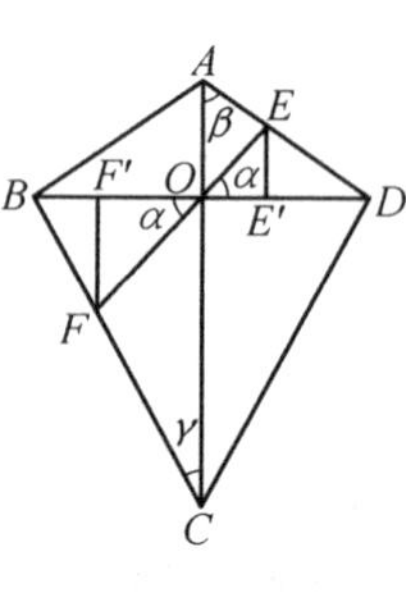

图 11.73

则
$$EE' = OE \sin \alpha$$

在 $\triangle AOE$ 中

$$\frac{OE}{\sin \beta} = \frac{OA}{\sin \angle AEO}, OE = OA \frac{\sin \beta}{\cos(\alpha - \beta)}$$

则
$$EE' = OA \frac{\sin \alpha \sin \beta}{\cos(\alpha - \beta)}$$

即
$$\frac{1}{EE'} = \frac{1}{OA} \cdot \frac{\cos(\alpha - \beta)}{\sin \alpha \sin \beta} = \frac{1}{OA}(1 + \cot \alpha \cot \beta)$$

故
$$\frac{1}{EE'} - \frac{1}{OA} = \frac{1}{OA} \cot \alpha \cot \beta$$

同理
$$\frac{1}{FF'} - \frac{1}{OC} = \frac{1}{OC} \cot \alpha \cot \gamma$$

又
$$OA \tan \beta = OD, OC \tan \gamma = OB$$

则
$$\frac{1}{EE'} - \frac{1}{OA} = \frac{1}{FF'} - \frac{1}{OC}$$

故
$$\frac{1}{EE'} - \frac{1}{FF'} = \frac{1}{OA} - \frac{1}{OC} = 定值$$



**证法 3** (解析法)由题设知 $AC \perp BD$,建立以 $BD$ 为 $x$ 轴,$AC$ 为 $y$ 轴的平面直角坐标系,如图 11.74 所示,设 $A(0,a)$,$C(0,c)$,$D(d,0)$,$B(-d,0)$.

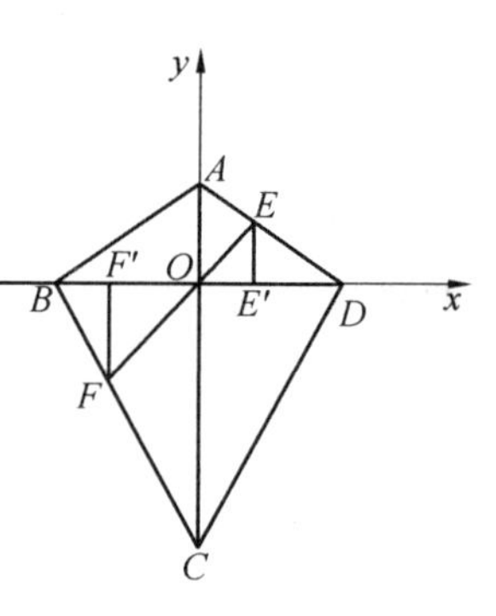

图 11.74

则直线 $AD$ 的方程为 $\frac{x}{d} + \frac{y}{a} = 1$,直线 $BC$ 的方程为 $\frac{x}{-d} + \frac{y}{c} = 1$,设直线 $EF$ 的方程为 $y = kx$,于是点 $E$,$F$ 的纵坐标分别为 $\frac{adk}{a + dk}$,$\frac{cdk}{dk - c}$,则

$$\frac{1}{EE'} - \frac{1}{FF'} = \frac{a + dk}{adk} + \frac{dk - c}{cdk} = \frac{a + c}{ac} = 定值$$

仿照上面的证法,我们可证如下的两个推广命题.

**命题 2** 如图 11.75,已知 $AB = AD$,$BC = CD$,过 $AC$,$BD$ 的交点 $O$ 任作直线交 $AD$ 的延长线于点 $E$,交 $BC$ 于点 $F$,过点 $E$,$F$ 作 $BD$ 的垂线 $EE'$,$FF'$,垂足为 $E'$,$F'$,则 $\frac{1}{EE'} - \frac{1}{FF'} = 定值$.

**命题 3** 如图 11.76，已知 $AB = AD$，$CB = CD$，过 $AC$，$BD$ 的交点 $O$ 任作两条直线，分别交 $AD$ 的延长线于点 $E$，交 $BC$ 于点 $F$，交 $AB$ 的延长线于点 $G$，交 $CD$ 于点 $H$，$GF$，$EH$ 分别交 $BD$ 于点 $I$，$J$，则 $OI = OJ$.

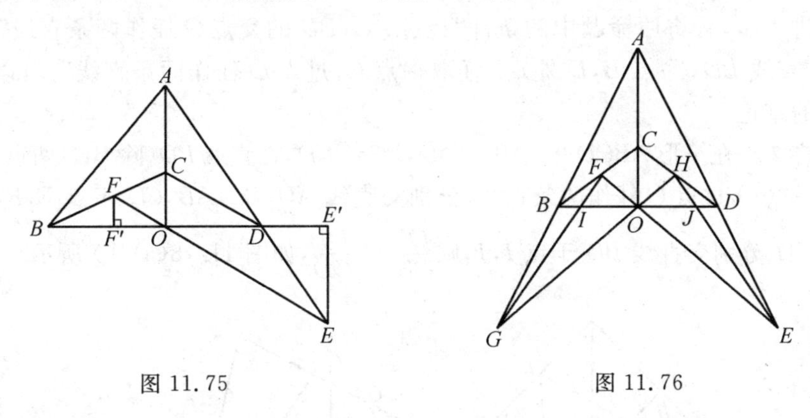


图 11.75　　　　图 11.76

*2.“筝形”性质的推广*①②③

**原命题** 在筝形 $ABCD$ 中，$AB = AD$，$BC = CD$，经过 $AC$，$BD$ 的交点 $O$ 任作两条直线，分别交 $AD$ 于点 $E$，交 $BC$ 于点 $F$，交 $AB$ 于点 $G$，交 $CD$ 于点 $H$，$GF$，$EH$ 分别交 $BD$ 于点 $I$，$J$. 求证：$OI = OJ$，如图 11.77(a) 所示.

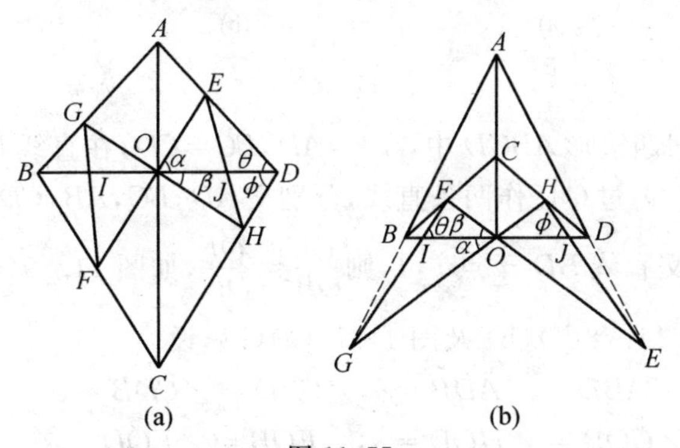


图 11.77

若将原命题的条件“在筝形 $ABCD$ 中，$AB = AD$，$BC = CD$”变换为“在凹四边形 $ABCD$ 中，$AB = AD$，$BC = CD$(图 11.77(b))”，结论仍然成立.

① 井中. 蝴蝶定理的新故事[J]. 中学数学，1992(1)：1-5.

② 熊光汉. 一道全国冬令营选拔赛题的推广[J]. 中学教研，1992(1)：43.

③ 李裕民. 四边形中的蝴蝶定理和坎迪定理[J]. 中学数学(苏州)，1995(5)：22-23.

**推广1**　在凹四边形 $ABCD$ 中，$AB=AD$，$BC=CD$，过对角线 $AC$，$BD$ 的交点 $O$ 任作两条直线，分别交直线 $AD$，$BC$，$AB$，$CD$ 于点 $E$，$F$，$G$，$H$，$GF$，$EH$ 分别交 $BD$ 于点 $I$，$J$，则 $OI=OJ$.

更进一步，若将原命题中的条件"经过 $AC$，$BD$ 的交点 $O$ 任作两条直线"变换为"在直线 $BD$(除点 $B$，$D$ 外)上任取一点 $O$，过点 $O$ 任作两条直线"，可以得到一般的结论.

**推广2**　在筝形 $ABCD$ 中，$AB=AD$，$BC=CD$，在直线 $BD$(除 $B$，$D$ 两点外)上任取一点 $O$，过点 $O$ 任作两条直线，分别交直线 $AD$，$BC$，$AB$，$CD$ 于点 $E$，$F$，$G$，$H$，$GF$，$EH$ 分别交直线 $BD$ 于点 $I$，$J$，则 $\frac{OI}{OB}=\frac{OJ}{OD}$，如图 11.78(a)(b) 所示.

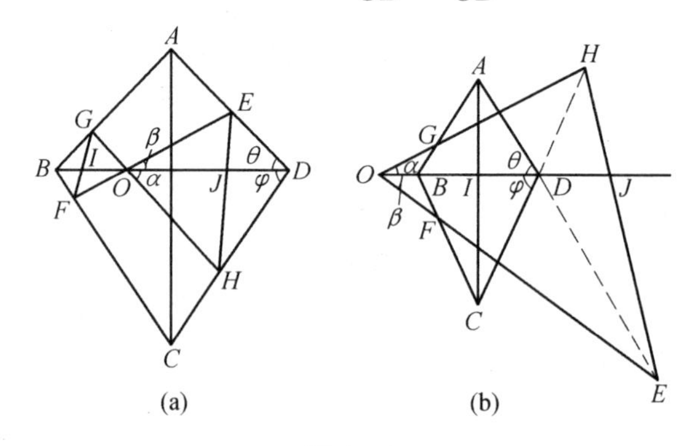


图 11.78

**推广3**　在凹四边形 $ABCD$ 中，$AB=AD$，$BC=CD$，在直线 $BD$(除 $B$，$D$ 两点外)上任取一点 $O$，过 $O$ 任作两条直线，分别交 $AD$，$BC$，$AB$，$CD$ 于点 $E$，$F$，$G$，$H$，$GF$，$EH$ 分别交直线 $BD$ 于点 $I$，$J$，则 $\frac{OI}{OB}=\frac{OJ}{OD}$，如图 11.79(a)(b) 所示.

**证明**　如图 11.78(a)(b) 及图 11.79(a)(b)，设

$$\angle ABD=\angle ADB=\theta,\angle CBD=\angle CDB=\varphi$$

$$\angle GOB=\angle HOD=\alpha,\angle FOB=\angle EOD=\beta$$

由正弦定理有

$$\frac{BG}{OG}=\frac{\sin\alpha}{\sin\theta},\frac{OH}{DH}=\frac{\sin\varphi}{\sin\alpha},\frac{DE}{OE}=\frac{\sin\beta}{\sin\theta},\frac{OF}{BF}=\frac{\sin\varphi}{\sin\beta}$$

则
$$\frac{BG}{OG}\cdot\frac{OH}{DH}=\frac{DE}{OE}\cdot\frac{OF}{BF}=\frac{\sin\varphi}{\sin\theta}$$

即
$$\frac{OH}{OF}\cdot\frac{OE}{OG}=\frac{DE\cdot DH}{BG\cdot BF}$$

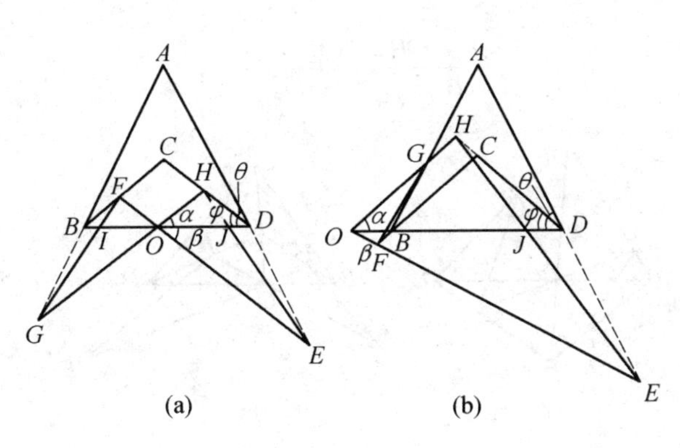


图 11.79

从而
$$\frac{S_{\triangle OEH}}{S_{\triangle OGF}}=\frac{S_{\triangle DEH}}{S_{\triangle BGF}}$$

即
$$\frac{S_{\triangle BGF}}{S_{\triangle OGF}}=\frac{S_{\triangle DEH}}{S_{\triangle OEH}}$$

从而有$\frac{BI}{OI}=\frac{DJ}{OJ}$,故$\frac{OI}{OB}=\frac{OJ}{OD}$.



当$O$为$AC$,$BD$的交点时,则有$OB=OD$,从而得到原命题及推广1的结论.

若把原命题中的条件"在筝形$ABCD$中,$AB=CD$,$BC=CD$"变换为"任意四边形$ABCD$",便可得到更一般性的结论.

**推广4**　如图11.80(a)(b),在任意四边形$ABCD$中,经过对角线$AC$,$BD$的交点$O$任作两条直线,分别交直线$AD$,$BC$,$AB$,$CD$于点$E$,$F$,$G$,$H$,$GF$,$EH$分别交$BD$于点$I$,$J$,则
$$\frac{OI\cdot OB}{BI}=\frac{OJ\cdot OD}{DJ}$$

或
$$\frac{1}{OI}-\frac{1}{OB}=\frac{1}{OJ}-\frac{1}{OD}$$

**证法1**　因为

$$\frac{OI}{BI}\cdot\frac{DJ}{OJ}=\frac{S_{\triangle FOG}}{S_{\triangle BFG}}\cdot\frac{S_{\triangle DEH}}{S_{\triangle EOH}}=\frac{S_{\triangle FOG}}{S_{\triangle EOH}}\cdot\frac{S_{\triangle DEH}}{S_{\triangle DAC}}\cdot\frac{S_{\triangle DAC}}{S_{\triangle ABC}}\cdot\frac{S_{\triangle ABC}}{S_{\triangle BFG}}=$$
$$\frac{OF\cdot OG}{OE\cdot OH}\cdot\frac{DE\cdot DH}{DA\cdot DC}\cdot\frac{OD}{OB}\cdot\frac{BC\cdot AB}{BF\cdot BG}=\frac{S_{\triangle BFD}}{S_{\triangle BED}}\cdot\frac{S_{\triangle BGD}}{S_{\triangle BHD}}=$$
$$\frac{S_{\triangle BED}}{S_{\triangle ABD}}\cdot\frac{S_{\triangle BHD}}{S_{\triangle BCD}}\cdot\frac{OD}{OB}\cdot\frac{S_{\triangle BCD}}{S_{\triangle BFD}}\cdot\frac{S_{\triangle ABD}}{S_{\triangle BGD}}=\frac{OD}{OB}$$

故
$$\frac{OI\cdot OB}{BI}=\frac{OJ\cdot OD}{DJ}$$

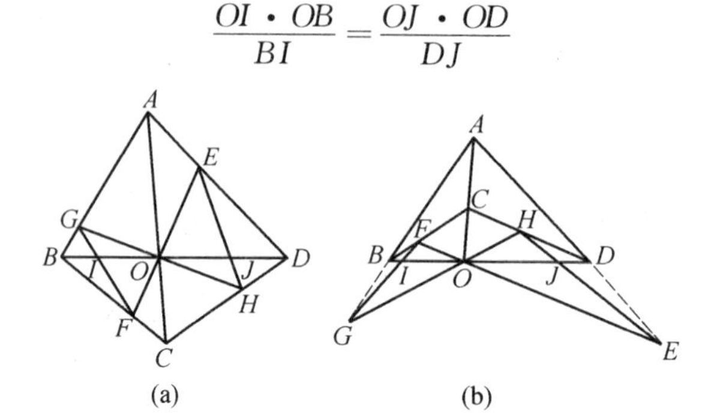


图 11.80

**证法 2** 分别过点 $G,F,E,H$ 作平行于 $AC$ 的线段 $h_1,h_1',h_2,h_2'$，于是有
$$\frac{BG}{DE}=\frac{AB\cdot h_1}{AD\cdot h_2},\frac{BF}{DH}=\frac{BC\cdot h_1'}{CD\cdot h_2'},\frac{OE}{OF}=\frac{h_2}{h_1'},\frac{OH}{OG}=\frac{h_2'}{h_1}$$



又
$$\frac{BI}{OI}\cdot\frac{OJ}{DJ}=\frac{S_{\triangle BFG}}{S_{\triangle OFG}}\cdot\frac{S_{\triangle OEH}}{S_{\triangle DEH}}=\frac{BG\cdot BF\sin\angle ABC\cdot OE\cdot OH}{OG\cdot OF\cdot DE\cdot DH\sin\angle ADC}=$$
$$\frac{BG}{DE}\cdot\frac{BF}{DH}\cdot\frac{OE}{OF}\cdot\frac{OH}{OG}\cdot\frac{\sin\angle ABC}{\sin\angle ADC}=$$
$$\frac{AB\cdot h_1}{AD\cdot h_2}\cdot\frac{BC\cdot h_1'}{CD\cdot h_2'}\cdot\frac{h_2}{h_1'}\cdot\frac{h_2'}{h_1}\cdot\frac{\sin\angle ABC}{\sin\angle ADC}=$$
$$\frac{AB\cdot BC\cdot\sin\angle ABC}{AD\cdot CD\cdot\sin\angle ADC}=\frac{S_{\triangle ABC}}{S_{\triangle ADC}}=\frac{OB}{OD}$$

因此
$$\frac{BI}{OI\cdot OB}=\frac{DJ}{OJ\cdot OD},\frac{OB-OI}{OI\cdot OB}=\frac{OD-OJ}{OJ\cdot OD}$$

即
$$\frac{1}{OI}-\frac{1}{OB}=\frac{1}{OJ}-\frac{1}{OD}$$

**推广 5** 如图 11.81，四边形 $ABCD$ 的对角线 $AC,BD$ 相交于点 $O$，直线 $MN$ 过点 $O$ 且与对边 $BC$，$AD$ 分别交于点 $M,N$，过点 $O$ 任作两条直线 $EF,GH$ 分别交对边 $AB,CD$ 于点 $E,F,G,H$，联结 $GF,EH$ 分别交直线 $MN$ 于点 $I,J$，如果有 $MO=NO$，那么 $IO=JO$。

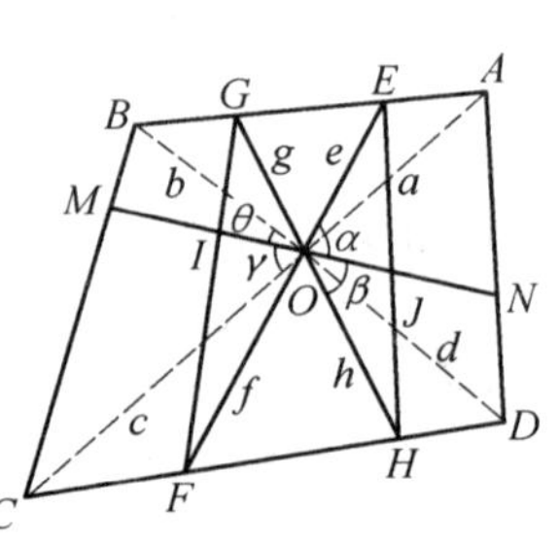


图 11.81

**证明** 设 $AO=a,BO=b,CO=c,DO=d$，$EO=e,FO=f,GO=g$，$HO=h,\angle EON=\alpha$，

$\angle HON=\beta$，$\angle COM=\gamma$，$\angle BOM=\theta$，则在 $\triangle GFO$ 中，由三角形分角线计算公式有

$$\frac{1}{IO}=\frac{g\sin\beta+f\sin\alpha}{gf\sin(\alpha+\beta)} \quad ①$$

同理，在 $\triangle AOB$ 和 $\triangle COD$ 中，分别有

$$g=\frac{ab\sin(\pi-\theta-\gamma)}{a\sin(\pi-\beta-\gamma)+b\sin(\beta-\theta)}=\frac{ab\sin(\theta+\gamma)}{a\sin(\beta+\gamma)+b\sin(\beta-\theta)} \quad ②$$

$$f=\frac{cd\sin(\pi-\theta-\gamma)}{c\sin(\alpha-\gamma)+d\sin(\pi-\theta-\alpha)}=\frac{cd\sin(\theta+\gamma)}{c\sin(\alpha-\gamma)+d\sin(\theta+\alpha)} \quad ③$$

将式 ②③ 代入式 ①，整理得

$$\frac{1}{IO}=\frac{\frac{\sin\alpha\sin(\beta-\theta)}{a}+\frac{\sin\alpha\sin(\beta+\gamma)}{b}}{\sin(\theta+\gamma)\sin(\alpha+\beta)}+\frac{\frac{\sin\beta\sin(\theta+\alpha)}{c}+\frac{\sin\beta\sin(\alpha-\gamma)}{d}}{\sin(\theta+\gamma)\sin(\alpha+\beta)}$$

同理可得

$$\frac{1}{JO}=\frac{\frac{\sin\beta\sin(\alpha+\theta)}{a}+\frac{\sin\beta\sin(\alpha-\gamma)}{b}}{\sin(\theta+\gamma)\sin(\alpha+\beta)}+\frac{\frac{\sin\beta\sin(\beta-\theta)}{c}+\frac{\sin\alpha\sin(\beta+\gamma)}{d}}{\sin(\theta+\gamma)\sin(\alpha+\beta)}$$



故有
$$\frac{1}{IO}-\frac{1}{JO}=\frac{\left(\frac{1}{c}-\frac{1}{a}\right)\sin\theta+\left(\frac{1}{b}-\frac{1}{d}\right)\sin\gamma}{\sin(\theta+\gamma)}$$

又因为

$$\frac{1}{MO}-\frac{1}{NO}=\frac{c\sin\gamma+b\sin\theta}{bc\sin(\theta+\gamma)}-\frac{a\sin\gamma+d\sin\theta}{ad\sin(\theta+\gamma)}=$$
$$\frac{\left(\frac{1}{c}-\frac{1}{a}\right)\sin\beta+\left(\frac{1}{b}-\frac{1}{d}\right)\sin\gamma}{\sin(\theta+\gamma)}$$

则
$$\frac{1}{IO}-\frac{1}{JO}=\frac{1}{MO}-\frac{1}{NO}$$

而 $MO=NO$，故 $IO=JO$.

从上面的证明过程可以发现，我们已经证明了一个更一般的结论，当点 $O$ 不一定是 $MN$ 之中点时，仍可得 $\frac{1}{IO}-\frac{1}{JO}=\frac{1}{MO}-\frac{1}{NO}$. 因此有：

**推广 6**　如图 11.81(其中点 $O$ 不一定是 $MN$ 的中点)，四边形 $ABCD$ 的对角线相交于点 $O$，直线 $MN$ 过点 $O$ 且与对边 $BC$，$AD$ 分别相交于点 $M$，$N$，过 $O$ 任作两条直线 $EF$，$GH$，分别交对边 $AB$，$CD$ 于点 $E$，$F$，$G$，$H$，联结 $GF$，$EH$ 分别交直线 $MN$ 于点 $I$，$J$，则有 $\frac{1}{IO}-\frac{1}{JO}=\frac{1}{MO}-\frac{1}{NO}$.

沿用上述证法,不难得到另一结论:

**推广 7** 如图 11.82(a)(b),四边形 $ABCD$ 的对角线 $AC$,$BD$ 相交于点 $O$,直线 $MN$ 过点 $O$ 且与对边 $BC$,$AD$ 分别相交于点 $M$,$N$,过点 $O$ 任作两条直线 $EF$,$GH$ 分别各交对边 $AB$,$CD$ 于点 $E$,$F$,交 $BC$,$AD$ 于点 $G$,$H$,作直线 $GF$,$EH$ 分别交直线 $MN$ 于点 $I$,$J$,则有 $\frac{1}{IO}-\frac{1}{JO}=\frac{1}{MO}-\frac{1}{NO}$. 特别地,如果 $MO=NO$,那么 $IO=JO$.(证明略)

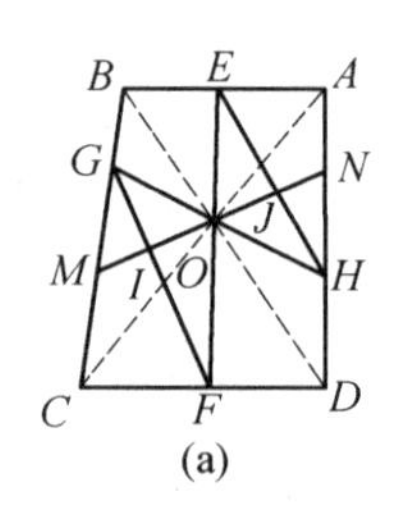


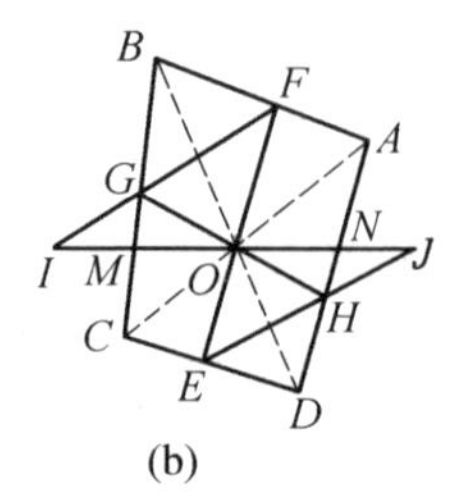


图 11.82

显然,在上述推广 6 中,当直线 $MN$ 与 $BD$ 重合时,结论仍然成立.故对于图 11.82(a) 就变成筝形性质推广 1 和 2;对于图 11.82(b),则相应可得:

**推广 8** 如图 11.83,在四边形 $ABCD$ 中,若过两对角线交点 $O$ 任引两条直线,它们分别各交一组对边于点 $E$,$F$,$G$,$H$,联结 $GF$,$EH$ 并分别延长交直线 $BD$ 于点 $I$,$J$,则有 $\frac{1}{IO}-\frac{1}{JO}=\frac{1}{MO}-\frac{1}{NO}$;特别地,当 $O$ 为 $BD$ 之中点时,则有 $IO=JO$.

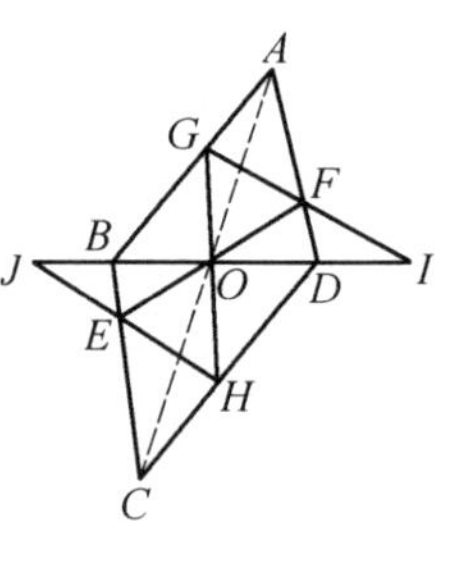


图 11.83



若过点 $O$ 的任意两条直线中有一条与对角线重合时,还可得如下推论:

**推论** 如图 11.84,四边形 $ABCD$ 的对角线 $AC$,$BD$ 相交于点 $O$,直线 $MN$ 过点 $O$ 且与对边相交于点 $M$,$N$,过 $O$ 任作直线 $EF$ 交四边形中一组对边于点 $E$,$F$,作直线 $BF$,$DE$ 分别交直线 $MN$ 于点 $I$,$J$,则有 $\frac{1}{IO}-\frac{1}{JO}=\frac{1}{MO}-\frac{1}{NO}$;特别地,如果 $MO=NO$,那么 $IO=JO$.

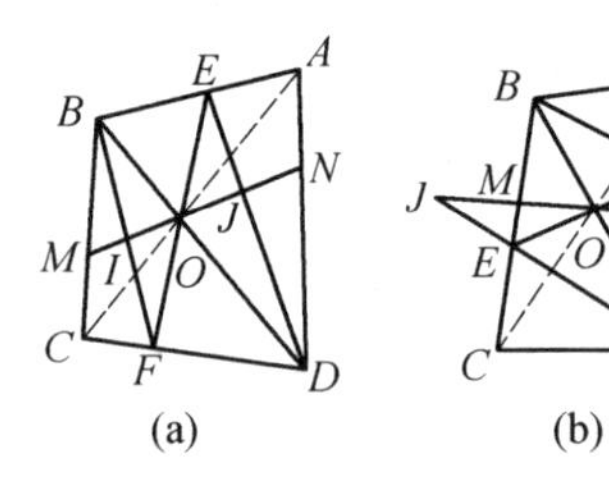


图 11.84

综观上述讨论可知:如果我们把四边形的四条边(包括顶点)看作圆周,那么上述定理的形式与圆中蝴蝶定理、坎迪定理的形式完全相同,并且还将在下面论证它们之间的内在联系.因此,我们可以把上述所有性质概括成如下两个定理:

**四边形的蝴蝶定理**　过四边形对角线的交点 $O$ 的线段 $MN$ 被点 $O$ 所平分，过点 $O$ 的任意两条直线为 $EF,GH$，点 $M,N,E,F,G,H$ 均在四边形的边或顶点上，直线 $GF,EH$ 分别交直线 $MN$ 于点 $I,J$，那么有 $IO=JO$，如图11.85所示.

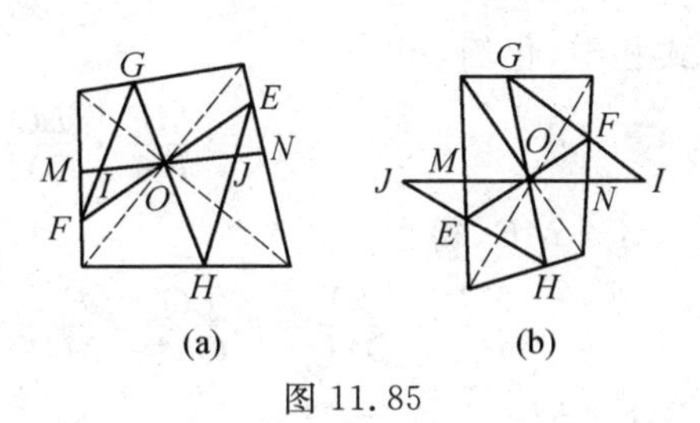

图11.85

**四边形的坎迪定理**　过四边形对角线的交点 $O$ 的任意三条直线 $MN,EF,GH$ 分别与四边形的边或顶点相交于点 $M,N,E,F,G,H$，直线 $GF,EH$ 分别交直线 $MN$ 于点 $I,J$，则有 $\left|\frac{1}{IO}-\frac{1}{JO}\right|=\left|\frac{1}{MO}-\frac{1}{NO}\right|$，如图11.79所示.

<u>***3. 四边形蝴蝶定理的演变***</u>

**命题4**　过两直线间线段 $AB$ 的中点 $M$，引两直线间的任意两条线段 $CD$ 和 $EF$（$C,E$ 在同一条直线上），又 $CF,ED$ 分别交 $AB$ 于点 $P,Q$，则 $PM=MQ$.



**证明**　两直线平行的情形不过是平行截割定理的特例，故仅证两直线交于 $S$ 的情形，如图11.86(a)所示.

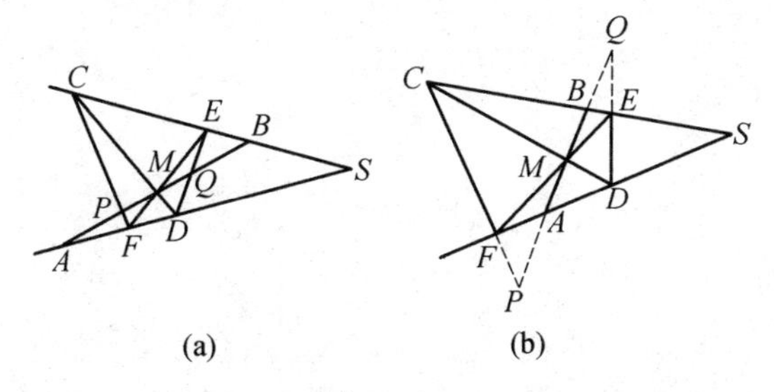

图11.86

依次考虑直线 $CPF$ 截 $\triangle MAD$，$DQE$ 截 $\triangle MBC$，$EMF$ 截 $\triangle SCD$ 和 $\triangle SAB$. 根据梅涅劳斯定理，得（不考虑线段方向）

$$\frac{MP}{PA}\cdot\frac{AF}{FD}\cdot\frac{DC}{CM}=1$$

$$\frac{MD}{DC}\cdot\frac{CE}{EB}\cdot\frac{BQ}{QM}=1$$

$$\frac{SE}{EC}\cdot\frac{CM}{MD}\cdot\frac{DF}{FS}=1$$

$$\frac{SF}{FA}\cdot\frac{AM}{MB}\cdot\frac{BE}{ES}=1$$

四式相乘,化简,得

$$\frac{MP}{PA} \cdot \frac{BQ}{QM} \cdot \frac{AM}{MB} = 1$$

由 $AM = MB$,得

$$\frac{MP}{PA} \cdot \frac{BQ}{QM} = 1, \frac{BQ}{QM} = \frac{PA}{MP} = 1, \frac{BQ + QM}{QM} = \frac{PA + MP}{MP}$$

即$\frac{BM}{QM} = \frac{MA}{MP}$. 故 $QM = MP$.

**注** 此命题即为直线中的蝴蝶定理. 对于图 11.86(b) 的情形,上述证明仍适用,但最后略有改变.

**命题5** 线段 $AB$ 两端点分别在 $\triangle KGH$ 的边 $KG, KH$ 上,$P$ 是 $AB$ 的中点,过点 $P$ 作直线 $CD, EF$ 交 $GH$ 于点 $C, E$,交 $HK$ 于点 $D$,交 $KG$ 于点 $F$. 联结 $FC, DE$ 并交 $AB$ 于点 $M, N$,则 $PM = PN$.

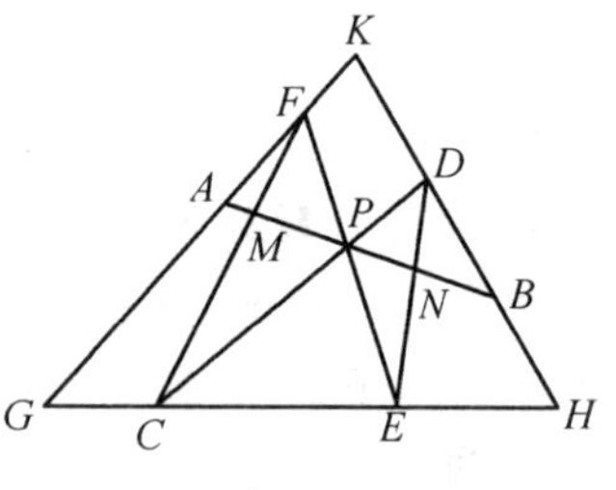

图 11.87

事实上,如图 11.87 所示,可类似于命题 4 而证.



**注** 此命题即为三角形中的蝴蝶定理.

# 第12章　1990～1991年度试题的诠释

**试题A**　四边形 $ABCD$ 内接于圆 $O$，对角线 $AC$ 与 $BD$ 相交于点 $P$. 设 $\triangle ABP$，$\triangle BCP$，$\triangle CDP$ 和 $\triangle DAP$ 的外接圆圆心分别是 $O_1$，$O_2$，$O_3$，$O_4$. 求证：$OP$，$O_1O_3$，$O_2O_4$ 三直线共点.

**证法1**　如图12.1，联结 $O_1O_2$，$O_2O_3$，$O_3O_4$，$O_4O_1$，易证 $O_1O_4\perp AC$，$O_2O_3\perp AC$，则 $O_1O_4 /\!/ O_2O_3$. 同理 $O_1O_2 /\!/ O_3O_4$，则 $O_1O_2O_3O_4$ 是平行四边形，从而 $O_1O_3$ 与 $O_2O_4$ 相交于 $O_1O_2O_3$ 的中点 $G$，联结 $OO_1$，$OO_4$，$PO_2$，$PO_3$，$CO_3$，记

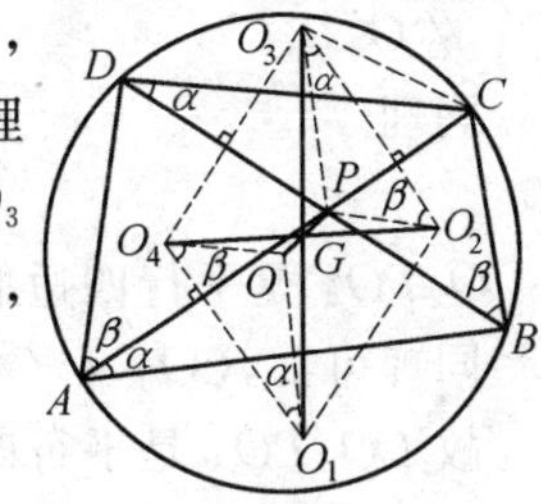

图12.1

$$\angle CAB=\angle CDB=\alpha,\angle CAD=\angle CBD=\beta$$

利用　$OO_1\perp AB,O_1O_4\perp AC$

可证　$\angle OO_1O_4=\angle CAB=\alpha$

再利用

$$\angle PO_3O_2=\frac{1}{2}\angle PO_3C=\angle BDC$$

可证　$\angle PO_3O_2=\alpha$

所以　$\angle OO_1O_4=\angle PO_3O_2$

同理　$\angle OO_4O_1=\angle PO_2O_3$

而 $O_1O_4=O_2O_3$，所以 $\triangle OO_1O_4\cong\triangle PO_2O_3$.

因为 $O_1O_4 /\!/ O_2O_3$，所以 $\angle OO_1O_4=\angle O_1O_3O_2$，所以

$$\angle OO_1O_3=\angle O_3O_1O_4-\angle OO_1O_4=\angle O_1O_3O_2-PO_3O_2=\angle O_1O_3P$$

所以　$OO_1 /\!/ PO_3$

又 $OO_1=PO_3$，所以 $OO_1PO_3$ 是平行四边形. 所以 $O_1O_3$ 与 $OP$ 也相交于 $O_1O_3$ 的中点 $G$. 所以，$OP$，$O_1O_3$，$O_2O_4$ 相交于同一点 $G$.

**证法2**　(由余凤冈给出)如图12.2，联结 $OO_4$ 并延长交 $AD$ 于点 $E$，联结 $O_2P$ 并延长交 $AD$ 于点 $F$，联结 $OO_2$，$PO_4$，$O_2B$，$O_2C$.

在 $\triangle PBC$ 中，$O_2$ 是 $\triangle PBC$ 的外心，有 $O_2P=O_2B=O_2C$，因而 $\angle 1=\angle 2$，

$\angle 3=\angle 4, \angle 5=\angle 6$. 那么

$$\angle 1+\angle 4+\angle 5=90^{\circ}$$

在 $\triangle PDF$ 中

$$\angle 7=\angle 1, \angle 8=\angle ACB=\angle 4+\angle 5$$

故 $\quad \angle 7+\angle 8=\angle 1+\angle 4+\angle 5=90^{\circ}$

于是 $\quad \angle PFD=90^{\circ}$

从而 $\quad O_2F \perp AD$

又 $OE \perp AD$(两相交圆的连心线垂直于两相交圆的公共弦), 所以 $OE \parallel O_2F$, 即 $OO_4 \parallel O_2P$.

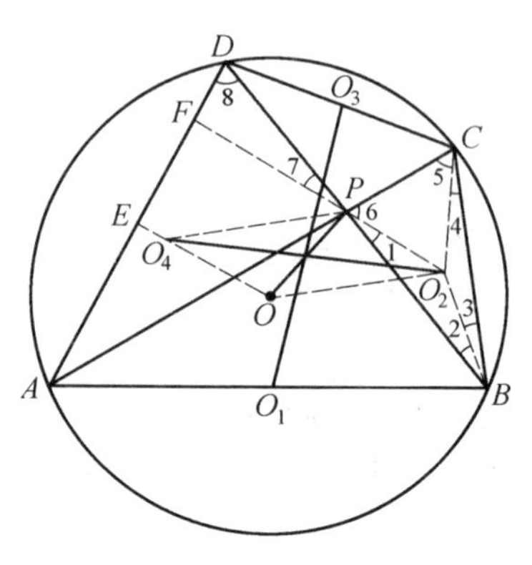


图 12.2

同理

$$OO_2 \parallel O_4P$$

故 $OO_2PO_4$ 是平行四边形. 从而, 对角线 $OP$ 与 $O_2O_4$ 互相平分.

同理可证, $OO_1 \parallel O_3P, OO_3 \parallel O_1P$.



故 $OO_1PO_3$ 是平行四边形. 从而, 对角线 $OP$ 与 $O_1O_3$ 互相平分.

因此, $OP, O_1O_3, O_2O_4$ 三直线共点于它们的中点.

**证法 3** (此证法及后 2 种证法由江苏尹广金给出.) 如图 12.3, 过点 $P$ 作 $TP \perp O_3P$, 则 $TP$ 与圆 $O_3$ 切于点 $P$, 于是 $\angle TPD=\angle PCD=\angle PBA$, 即有 $TP \parallel AB$, 而有 $O_3P \perp AB$. 又 $OO_1 \perp AB$, 故 $OO_1 \parallel O_3P$, 同理 $OO_3 \parallel O_1P$, 于是四边形 $O_1PO_3O$ 是平行四边形, 故 $O_1O_3$ 平分 $OP$.

同理可证 $O_2O_4$ 平分 $OP$.

故 $OP, O_1O_3, O_2O_4$ 三线共点.

**证法 4** 如图 12.4, 设圆 $O_2$ 与圆 $O_4$ 交于点 $P, M$. 由于三圆心 $O, O_2, O_4$ 不共线, 三公共弦共点于根心点 $S$, 则 $\angle SDB=\angle SCA=\angle SMB$, 因此 $S, D, M, B$ 四点共圆, 由此得

$$PM \cdot PS=PD \cdot PB=r^2-PO^2 \qquad ①$$

$$SM \cdot PS=SC \cdot SB=SO^2-r^2 \qquad ②$$

(其中, $r$ 为圆 $O$ 的半径.)

由式 ① + ② 得

$$SO^2-PO^2=PS(PM+SM)=(SM-PM)(SM+PM)=SM^2-PM^2$$

故 $OM \perp SM$, 又 $O_2O_4$ 垂直平分 $PM$, 于是 $O_2O_4$ 平分 $OP$, 同理 $O_1O_3$ 平分 $OP$,

因此 $OP$，$O_1O_3$，$O_2O_4$ 三线共点.

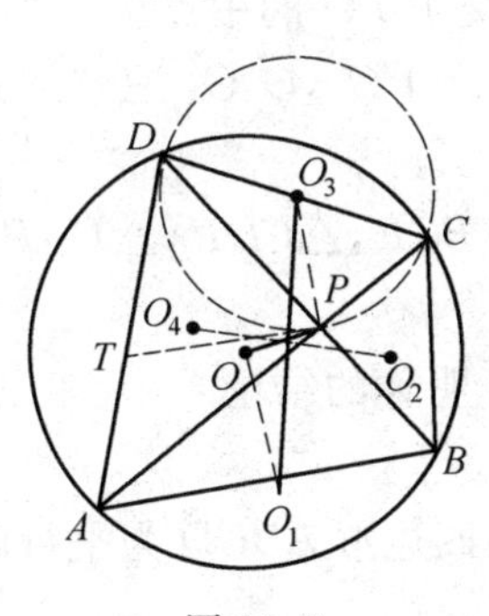

图 12.3

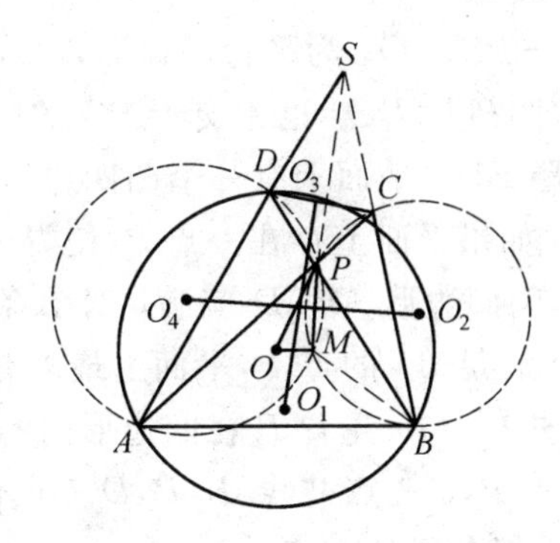

图 12.4

**证法5**　如图12.5，分别作圆 $O_1$，圆 $O$，圆 $O_3$ 的直径 $AE$，$AF$，$PG$，联结 $PE$，$BE$，$CF$，$BF$，$GC$，则 $E$，$B$，$F$ 与 $G$，$C$，$F$ 分别三点共线，且 $GF \parallel PE$.

延长 $GP$ 交 $AB$ 于点 $H$，由 $\angle 1=\angle 3=\angle 2$ 可知 $A$，$H$，$C$，$G$ 四点共圆. 于是 $\angle AHG=\angle ACG=90^\circ$. 又 $\angle ABF=90^\circ$，故 $GP \parallel FE$，因此四边形 $GPEF$ 是平行四边形，于是 $O_3P \mathrel{\underline{\underline{\parallel}}} \frac{1}{2}FE$.

联结 $OO_1$，则 $OO_1 \mathrel{\underline{\underline{\parallel}}} \frac{1}{2}FE$. 故 $OO_1 \mathrel{\underline{\underline{\parallel}}} O_3P$. 因此四边形 $O_1PO_3O$ 是平行四边形. 于是，$O_1O_3$ 平分 $OP$. 同理，$O_2O_4$ 平分 $OP$. 故 $OP$，$O_1O_3$，$O_2O_4$ 三线共点.

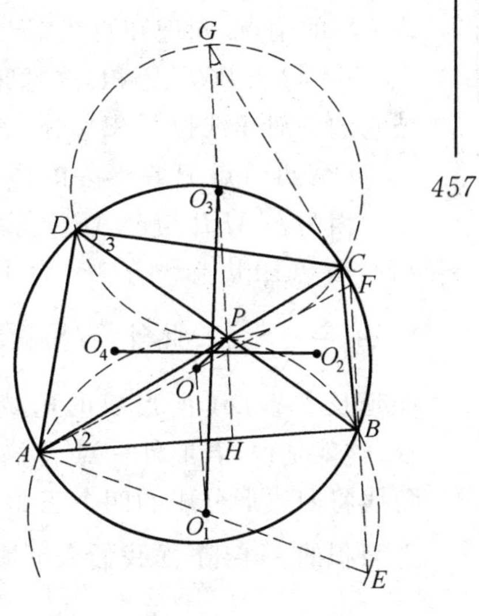

图 12.5

**证法6**　由于本题涉及的圆较多，于是可考虑反演变换，如图12.6，取点 $P$ 为反演中心，点 $P$ 关于圆 $O$ 的幂为反演基圆半径，则圆 $O$ 反演为本身，圆 $O_i(i=1,2,3,4)$ 反演为四边形 $ABCD$ 各边所在直线，过点 $P$ 的直线也反演为本身.

由直线 $PO_2$ 与圆 $O_2$ 正交，可知它们的反形也正交，即 $PO_2 \perp AD$.

又易知 $O_4O \perp AD$，所以 $PO_2 \parallel O_4O$. 同理，

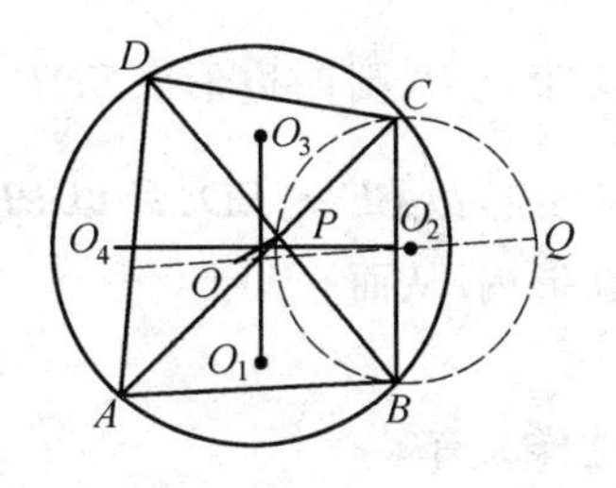

图 12.6

$PO_4 \parallel O_2O$.

所以 $PO_2OO_4$ 为平行四边形,$PO$,$O_2O_4$ 相交于 $PO$ 的中点.

同理,$PO$,$O_1O_3$ 也相交于 $PO$ 的中点.故 $PO$,$O_1O_3$,$O_2O_4$ 三直线共点.

**试题** B1　平面上有一个凸四边形 $ABCD$.

(1) 如果平面上存在一点 $P$,使得 $\triangle ABP$,$\triangle BCP$,$\triangle CDP$,$\triangle DAP$ 的面积都相等,问四边形 $ABCD$ 应满足什么条件?

(2) 满足(1)的点 $P$,平面上最多有几个?证明你的结论.

**解法1**　(1) 先看 $P$ 在四边形内的情形.

若 $A$,$P$,$C$ 三点共线,$B$,$P$,$D$ 三点也共线,则四边形 $ABCD$ 为平行四边形,$P$ 为两条对角线的交点.

若 $A$,$P$,$C$ 三点不共线,由于 $\triangle PAB$ 与 $\triangle PAC$ 等积,故直线 $AP$ 必过对角线 $BD$ 的中点.同理知直线 $CP$ 也必过 $BD$ 中点.因而 $P$ 为 $BD$ 中点.显然,这时 $\triangle ABD$ 与 $\triangle BCD$ 等积.这意味着若形内有满足要求的点 $P$,则四边形 $ABCD$ 被它的一对角线按面积平分.容易看出,这个条件还是充分的.



(2) 再看点 $P$ 在形外的情形,如图 12.7 所示.

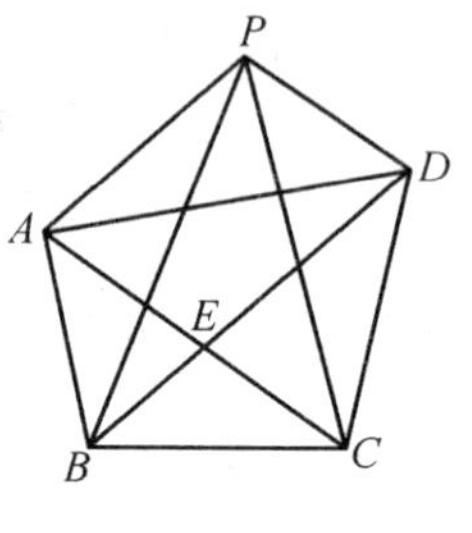

图 12.7

因为 $\triangle APB$ 与 $\triangle APD$ 等积,故 $AP \parallel BD$.同理 $AC \parallel PD$.所以四边形 $AEDP$ 为平行四边形.这时,$S_{\triangle AED} = S_{\triangle ADP} = \frac{1}{2}S_{ABCD}$.此外,容易看出,延长四边形的两邻边,比如延长 $BA$,$DA$ 所形成的角域中的任何点 $Q$ 都不满足要求.这就是说,若形外一点 $P$ 满足要求,则四边形的两条对角线将四边形分成的四个三角形中,必有一个面积是四边形面积的一半.下面我们来证明,这个条件也是充分的.

设 $S_{\triangle AED} = \frac{1}{2}S_{ABCD}$.过点 $A$ 作 $BD$ 的平行线,过点 $D$ 作 $CA$ 的平行线,两线交于点 $P$,则四边形 $AEDP$ 为平行四边形且 $S_{\triangle PAD} = \frac{1}{2}S_{ABCD}$.由于 $S_{\triangle ABE} < S_{\triangle AED}$,故 $BE < ED$.所以 $PB$ 在五边形 $PABCD$ 之内而不会在形外.同理 $PC$ 也在形内.从而

$$S_{\triangle APB} = S_{\triangle APD} = S_{\triangle PDC}$$

这样又有

$$S_{\triangle PBC} = S_{PABCD} - S_{\triangle PAB} - S_{\triangle PCD} = S_{\triangle PAD}$$

即证明了点 $P$ 满足题中要求.

(3) 由(1)和(2)可知四边形 $ABCD$ 之外最多有一点 $P$ 满足要求，且形内和形外不能同时具有满足题中要求的点. 此外，若四边形的两条对角线都按面积平分四边形，则易证四边形为平行四边形，故形内最多也只有一点 $P$ 满足要求. 综上可知，满足(1)的点 $P$ 最多有一点.

**解法 2**　(由吴伟朝给出)

(1)(i) 当点 $P$ 在 $ABCD$ 内部时，如图 12.8 所示，由 $S_{\triangle ABP}=S_{\triangle BCP}$ 知，点 $A$ 和点 $C$ 到直线 $BP$ 的距离相等，由 $S_{\triangle BAP}=S_{\triangle DAP}$ 知，点 $B$，$D$ 与 $AP$ 等距.

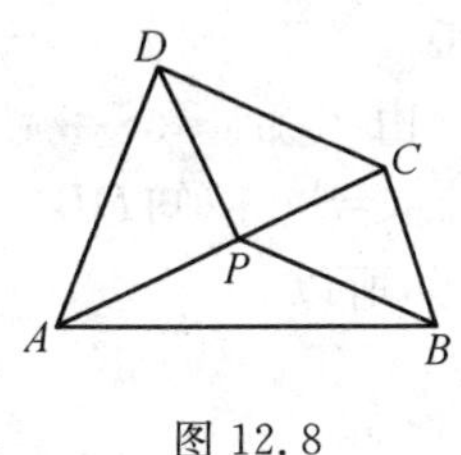


图 12.8

同理可知，点 $A$，$C$ 与 $DP$ 等距，点 $B$，$D$ 与 $CP$ 等距，于是，如果 $B$，$P$，$D$ 三点不共线，则因点 $A$，$C$ 与 $BP$，$DP$ 均等距，可知必有 $BP$，$DP$ 过 $AC$ 的中点，因而点 $P$ 就是 $AC$ 的中点，即 $A$，$P$，$C$ 三点共线，而且 $AC$ 平分对角线 $BD$，此时

$$S_{\triangle ABP}+S_{\triangle BCP}=S_{\triangle APD}+S_{\triangle DPC}=\frac{1}{2}S_{ABCD}$$

故知四边形 $ABCD$ 应满足的条件是：存在一条对角线平分另一条对角线，或者存在一条对角线平分 $ABCD$ 的面积.

易证此两条件是等价的，所以，在 $ABCD$ 内部存在点 $P$ 使 $S_{\triangle APB}=S_{\triangle BCP}=S_{\triangle CDP}=S_{\triangle DAP}\Leftrightarrow ABCD$ 的一条对角线平分另一条对角线 $\Leftrightarrow ABCD$ 的一条对角线平分 $ABCD$ 的面积 ①.

易知当此条件满足时，具有所述性质的点 $P$ 只能有一个，即它位于平分四边形 $ABCD$ 的面积的对角线的中点上，如果两对角线都把四边形的面积平分，则由上述证明过程知 $P$ 即是.

(ii) 当点 $P$ 在 $ABCD$ 的外部时，使 $S_{\triangle ABP}=S_{\triangle BCP}=S_{\triangle CDP}=S_{\triangle DAP}$.

下面先来证明：点 $P$ 不可能在四边形某个内角的对顶角的内部或角边上.

假设点 $P$ 在 $\angle BAD$ 的对顶角 $\angle B'AD'$ 内或角边上，如图 12.9 所示，设对角线 $CA$ 的延长线为 $AC'$，点 $C'$ 在 $\angle B'AD'$ 的内部，不妨设点 $P$ 在 $\angle C'AD'$ 的内部或角边上，则点 $A$ 必在 $\triangle PCD$ 内部或角边上(但点 $A$ 与点 $C$ 不重合)，从而 $S_{\triangle DAP}<S_{\triangle CDP}$，这与已知条件矛盾.

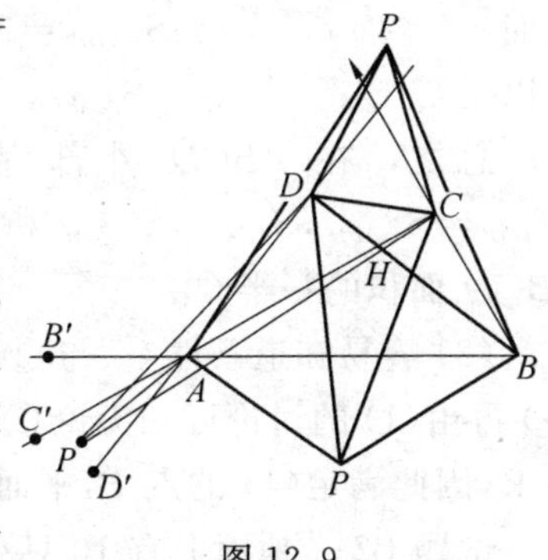


图 12.9

由上可知,点 $P$ 必在四边形的某两对边所在直线所夹的角(此角包含了 $ABCD$)内(仿上可证:点 $P$ 不可能在此角的对顶角的内部或边上),因此点 $P$ 与点 $A,B,C,D$ 可以构成一个凸五边形.

如图 12.9 所示,有

$$S_{ABCD}=S_{\triangle BCP}+S_{\triangle CDP}+S_{\triangle DAP}-S_{\triangle ABP}$$

即得

$$S_{ABCD}=2S_{\triangle ABP}$$

由 $S_{\triangle ABP}=S_{\triangle BCP}$ 知 $AC\parallel PB$(因为点 $A,C$ 到直线 $PB$ 的距离相等),由 $S_{\triangle ABP}=S_{\triangle DAP}$ 知 $DB\parallel PA$,设 $AC$ 与 $BD$ 相交于点 $H$,则 $PBHA$ 是一个平行四边形,所以

$$S_{\triangle ABH}=S_{\triangle ABP}=\frac{1}{2}S_{ABCD}$$

反之,设 $S_{\triangle ABH}=\frac{1}{2}S_{ABCD}$($H$ 为 $AC$ 与 $BD$ 的交点),作点 $P$ 使 $PBHA$ 是一个平行四边形,由 $PB\parallel AH$ 及 $PA\parallel BH$ 得

$$S_{\triangle ABP}=S_{\triangle BCP},S_{\triangle ABP}=S_{\triangle DAP}$$



所以

$$S_{\triangle ABP}=S_{\triangle BCP}=S_{\triangle DAP}$$

由 $PA\parallel BC$ 知,$\angle PAB=\angle ABD$,所以

$$\angle PAD=\angle PAB+\angle BAD=\angle ABD+\angle BAD<180^\circ$$

同理由 $PB\parallel AH$ 知 $\angle PBC<180^\circ$,从而点 $P,B,C,D,A$ 构成一个凸五边形.再由

$$S_{\triangle ABH}=\frac{1}{2}S_{ABCD}$$

知

$$S_{\triangle ABP}=S_{\triangle ABH}=\frac{1}{2}S_{ABCD},2S_{\triangle ABP}=S_{ABCD}=S_{\triangle PBC}+S_{\triangle PCD}+S_{\triangle PAD}$$

从而

$$S_{\triangle CDP}=3S_{\triangle ABP}-2S_{\triangle ABP}=S_{\triangle ABP}$$

所以

$$S_{\triangle ABP}=S_{\triangle BCP}=S_{\triangle CDP}=S_{\triangle DAP}$$

总之,在 $ABCD$ 外部存在一点 $P$,使 $S_{\triangle ABP}=S_{\triangle BCP}=S_{\triangle CDP}=S_{\triangle DAP}\Leftrightarrow S_{\triangle ABH},S_{\triangle BCH},S_{\triangle CDH}$ 和 $S_{\triangle DAH}$ 中($H$ 为 $AC$ 与 $BD$ 的交点)有一个是 $ABCD$ 面积的一半 ②.

(2) 容易知道条件 ① 与 ② 是不相容的(即 ① 与 ② 中只能有一个是成立的)再由(1)的讨论可知无论 ① 与 ② 中哪一个成立,至多只能有一个点 $P$ 满足要求,因此满足(1)的点 $P$,平面上最多只有一个.

**试题** B2 地面上有 10 只小鸟在啄食,其中任何 5 只鸟中至少有 4 只在一个圆上,问有鸟最多的一个圆上最少有几只鸟?

**解法1**　用10个点来表示10只小鸟，如果10个点中的任何4个点都共圆，则10个点全在同一个圆上．以下设$A,B,C,D$这4个点不共圆．此时，过其中任何不共线的3点都可以作一个圆，最多可作出4个不同的圆$S_1,S_2,S_3,S_4$，最少可作出3个不同的圆．对于这两种情形，下面的论证完全一致，故可以只对4个不同的圆的情形来证明．

从其余6个点$P_1,P_2,P_3,P_4,P_5,P_6$中任取一点$P_i$与$A,B,C,D$组成五点组，按已知，其中必有4个点共圆．所以，点$P_i$必在$S_1,S_2,S_3,S_4$之一上．由$P_i$的任意性知后6个点中每点都必落在4圆之一上，由抽屉原理知必有两点落在同一圆上，即10个点中必有5个点共圆．

设点$A_1,A_2,A_3,A_4,A_5$在同一个圆$C_1$上，$P,Q$两点不在圆$C_1$上．

(1) 考察五点组$(A_1,A_2,A_3,P,Q)$，其中必有4点共圆$C_2$．显然，$C_2\neq C_1$，因而点$A_1,A_2,A_3$不能全在圆$C_2$上，否则$C_2$与$C_1$重合．不妨设$A_1,A_2,P,Q\in C_2$，于是$A_3,A_4,A_5\notin C_2$．

(2) 考察五点组$(A_3,A_4,A_5,P,Q)$，其中必有4点共圆$C_3$．显然$C_3\neq C_1$，由此可设$A_3,A_4,P,Q\in C_1$，于是有$A_1,A_2,A_5\notin C_3$．可见，$C_3\neq C_2$．



(3) 考察五点组$(A_1,A_3,A_5,P,Q)$，其中必有4点共圆．显然$C_4\neq C_1$．因而点$A_1,A_3,A_5$不能全在$C_4$上，故有$P,Q\in C_4$且$A_1$与$A_3$中至少有1点属于$C_4$．

若$A_1\in C_4$，则$C_4$重合于$C_2$．但因$A_3,A_5\notin C_2$，而二者之一属于$C_4$，矛盾．

若$A_3\in C_4$，则$C_4$重合于$C_3$．但因$A_1,A_5\notin C_3$，故亦不能属于$C_4$，此不可能．

综上，我们证明了圆$C_1$之外至多有10个点中的1个点，即圆$C_1$上至少有9个点．另一方面，10个已知点中9点共圆，另1点不在此圆上的情形显然满足题中要求，故知有鸟最多的一个圆上最少有9只鸟．

**解法2**　我们用10个点来代表10只鸟并先来证明10点中必有5点共圆．

若不然，则10点中的任何5点都不共圆，但其中总有4点共圆，下面称之为四点圆．10个已知点共可构成$C_{10}^5=252$个五点组，每组都可作出一个四点圆，于是共有252个四点圆(包括重复计数)．每个四点圆恰属于6个五点组，因而共有42个不同的四点圆．

42个四点圆上共有168个已知点，而不同的已知点共有10个，故由抽屉原理知有一点$A$，使得过点$A$的四点圆至少有17个．

过点$A$的17个四点圆上除$A$之外每圆还有3个已知点，共有51个已知点．于是由抽屉原理知又有一点$B\neq A$，使得上述17个圆中至少有6个过点$B$．这就是说,过 $A$,$B$ 两点的四点圆至少有 6 个.

这 6 个四点圆中的每个圆上除 $A$,$B$ 外还有两个已知点,共有 12 个点,它们都是除 $A$,$B$ 之外的 8 个点. 由抽屉原理知又有一点 $C$,使上述 6 个圆中至少有两圆过点 $C$,即过 $A$,$B$,$C$ 这 3 点的圆至少有两个,从而这两圆重合. 但这两个四点圆的四点组不同,故此圆上至少有 5 个已知点,矛盾. 从而证明了必有 5 点共圆.

以下证明同解法 1.

**解法 3** 我们用 10 个点来代表 10 只鸟并先来证明 10 个点中必有 5 个点共圆.

若不然,则像解法 2 中一样地可证,10 个点共可作出 42 个不同的四点圆. 每个圆上恰有 4 个已知点,42 个四点圆上共有 168 个已知点. 故由抽屉原理知存在一点 $A$,使得过点 $A$ 的四点圆至多有 16 个. 于是除点 $A$ 之外的 9 个点之间还至少有 26 个四点圆. 这时,每个四点圆恰属于 5 个五点组,共属于 130 个五点组. 但 9 个点共可组成 $C_9^5=126$ 个五点组,由抽屉原理知有两个四点圆属于同一个五点组,即 5 点共圆,矛盾. 从而证明了 10 个点中必有 5 个点共圆.



以下证明同解法 1.

**解法 4** 设 10 个点中的 $A$,$B$,$C$,$D$ 四点共圆. 以点 $A$ 为中心进行反演变换,于是 $B$,$C$,$D$ 这 3 点的像 $B'$,$C'$,$D'$ 在一条直线上且连同其余 6 点的像点的 9 点中,任何 4 点或共圆,或其中有 3 点共线.

为简单计,我们将点 $B$,$C$,$D$,$\cdots$,$I$,$J$ 的反演像点仍记为 $B$,$C$,$D$,$\cdots$,$I$,$J$,若有两点 $E$,$F$ 在直线 $BC$ 之外,则考察 3 个四点组$\{E,F,B,C\}$,$\{E,F,B,D\}$,$\{E,F,C,D\}$. 显然,其中恰有一组四点共圆,不妨设 $E$,$F$,$C$,$D$ 四点共圆. 于是 $B$,$F$,$E$ 三点共线. 考虑 $B$,$C$,$F$ 及第七点的像点 $G$,则点 $G$ 在圆 $BCF$ 上或在 $\triangle BCF$ 的某条边所在的直线上.

(1) 若点 $G$ 在直线 $BC$ 上,则 $G$,$D$,$E$,$F$ 四点既不共圆,其中任何三点也不共线,矛盾. 故知点 $G$ 不在直线 $BC$ 上. 同理,点 $G$ 也不在直线 $BF$ 上.

(2) 若点 $G$ 在直线 $CF$ 上,则点 $G$ 不在圆 $DEF$ 上,故点 $G$ 只能在直线 $DE$ 上,即点 $G$ 为直线 $CF$ 与 $DE$ 的交点. 显然,这样的交点至多一个,参看图 12.10.

(3) 若点 $G$ 在圆 $BCF$ 上,则点 $G$ 不在圆 $CDF$ 上,也不在直线 $CD$ 和 $CF$ 上,故点 $G$ 必在直线 $DF$ 上. 从而点 $G$ 为直线 $DF$ 与圆 $BCF$ 的另一个交点. 这样的交点也是最多一个.

上述关于点 $G$ 的推导对于后 4 点的像点 $G$,$H$,$I$,$J$ 完全一样,所以这 4 点都必须是上述两种交点之一，此不可能. 这就证明了直线 $BC$ 之外至多有一点，从而知原来的圆 $ABCD$ 上至少有9个已知点.

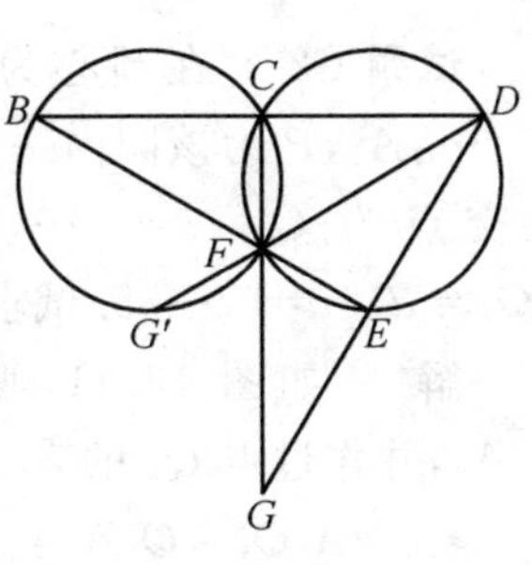


图 12.10

另一方面，因为10个已知点中9点共圆而第10点不在此圆上的情形显然满足题中要求，所以，有鸟最多的一个圆上最少有9只鸟.

**试题** C1　在平面上任给5个点，其中任意3点不共线，任意4点不共圆. 若一圆过其中3点，且另两点分别在该圆内和圆外，则称为"好圆". 记好圆个数为 $n$，试求 $n$ 的一切值.

**解**　在5点中任取两点 $A,B$ 并作过点 $A,B$ 的直线. 若另外三点 $C,D,E$ 在直线 $AB$ 的同侧，则考察 $\angle ACB,\angle ADB,\angle AEB$，不妨设 $\angle ACB<\angle ADB<\angle AEB$. 过 $A,B,D$ 三点作一个圆，则点 $C$ 在圆外而点 $E$ 在圆内，即圆 $ABD$ 为好圆，且过 $A,B$ 两点的好圆只此一个. 若点 $C,D,E$ 分别在直线 $AB$ 的两侧，不妨设 $C,D$ 在 $AB$ 上方而点 $E$ 在下方，且设 $\angle ACB<\angle ADB$. 如果 $\angle AEB+\angle ADB<180^\circ$，则圆 $ACB$ 是唯一好圆；如果 $\angle AEB+\angle ACB>180^\circ$，则圆 $ADB$ 是唯一好圆；如果 $\angle AEB+\angle ACB<180^\circ$，$\angle AEB+\angle ADB>180^\circ$，则圆 $ACB,ADB,AEB$ 都是好圆. 这就是说，过两个固定点的好圆或者一个，或者三个.

由5点共可组成10个点对，过每个点对至少有一个好圆，故至少有10个好圆(包括重复计数). 每个好圆恰好3个点对，所以至少有4个不同的好圆，即 $n\geqslant 4$.

将5点中每两点间连一条线段，则每条线段或是一个好圆的弦，或是3个好圆的公共弦. 如果至少有5个好圆，则它们至少有15条弦. 由于总共只有10条线段且每条线段在上述计数中的贡献为1或3，10个奇数的和为偶数，不可能为15，故至少有6个不同的好圆. 这时贡献为3的线段至少有4条. 4条线段有8个端点，故其中必有两条线段有一个公共端点，不妨设为 $AB,AC$. 于是 $ABD$，$ACD$ 都是好圆，因此过点 $A,D$ 的好圆至少有两个，当然必有三个. 同理，过点 $A,E$ 的好圆也有三个.

设 $AB,AC,AD,AE$ 中最短的一条是 $AB$，于是 $\angle ACB,\angle ADB,\angle AEB$ 都是锐角. 若点 $C,D,E$ 在直线 $AB$ 同侧，则过点 $A,B$ 的好圆只有一个，所以点 $C$，$D,E$ 必分别在直线 $AB$ 的两侧. 这时，由于 $\angle ACB,\angle ADB,\angle AEB$ 中任何两角之和都小于 $180^\circ$，所以过点 $A,B$ 的好圆不能有三个，矛盾.

综上可知，好圆的数目 $n$ 一定为4.

**试题** C2　在圆心为 $O$ 的单位圆上顺次取 5 个点 $A_1,\cdots,A_5$, $P$ 为该圆内一点，记线段 $A_iA_{i+2}$ 与直线 $PA_{i+1}$ 的交点为 $Q_i$, $i=1,\cdots,5$, 其中 $A_6=A_1$, $A_7=A_2$, $OQ_i=d_i$, $i=1,\cdots,5$. 试求乘积 $A_1Q_1\cdot A_2Q_2\cdot\cdots\cdot A_5Q_5$.

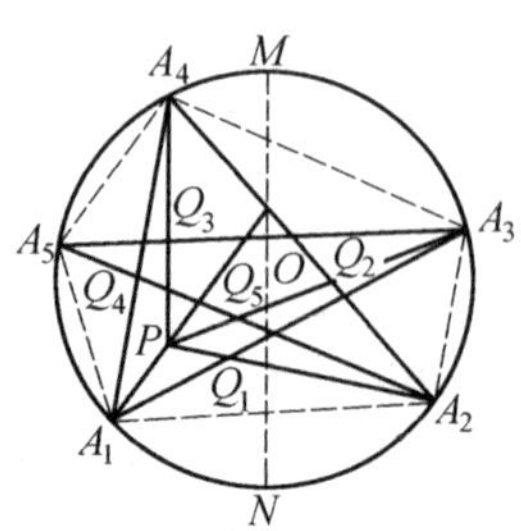

图 12.11

**解**　如图 12.11，联结 $A_1A_2$, $A_2A_3$, $A_3A_4$, $A_4A_5$, $A_5A_1$，并作过点 $Q_1$ 的直径 $MN$. 于是，由相交弦定理有

$$A_1Q_1\cdot Q_1A_3=MQ_1\cdot Q_1N=1-d_1^2$$

同理　$A_iQ_i\cdot Q_iA_{i+2}=1-d_i^2, i=2,3,4,5$

从而有

$$\prod_{i=1}^{5}(A_iQ_i\cdot Q_iA_{i+2})=\prod_{i=1}^{5}(1-d_i^2) \quad ①$$

此外，由于

$$A_iQ_i:Q_iA_{i+2}=S_{\triangle PA_iA_{i+1}}:S_{\triangle PA_{i+1}A_{i+2}}, i=1,2,\cdots,5$$

故有

$$A_1Q_1\cdot A_2Q_2\cdot\cdots\cdot A_5Q_5=Q_1A_3\cdot Q_2A_4\cdot\cdots\cdot Q_5A_2 \quad ②$$



由式 ① 和式 ② 即得

$$A_1Q_1\cdot A_2Q_2\cdot\cdots\cdot A_5Q_5=\left[\prod_{i=1}^{5}(1-d_i^2)^{\frac{1}{2}}\right]$$

**试题** D1　已知 $\triangle ABC$，设 $I$ 是它的内心，角 $A,B,C$ 的内角平分线分别交其对边于点 $A',B',C'$. 求证

$$\frac{1}{4}<\frac{AI\cdot BI\cdot CI}{AA'\cdot BB'\cdot CC'}\leqslant\frac{8}{27}$$

**证明**　设 $\frac{AI}{AA'}=x$, $\frac{BI}{BB'}=y$, $\frac{CI}{CC'}=z$，由内角平分线的性质定理有

$$A'C=\frac{ab}{b+c}, x=\frac{b}{b+A'C}=\frac{b+c}{a+b+c}$$

同理

$$y=\frac{c+a}{a+b+c}, z=\frac{a+b}{a+b+c}$$

于是，$x+y+z=2$，则

$$xyz\leqslant\left(\frac{x+y+z}{3}\right)^3=\left(\frac{2}{3}\right)^3=\frac{8}{27} \quad ①$$

又由三角形两边之和大于第三边，知 $x,y,z>\frac{1}{2}$. 令

$$x=\frac{1+\varepsilon_1}{2},y=\frac{1+\varepsilon_2}{2},z=\frac{1+\varepsilon_3}{2}$$

则 $\varepsilon_i>0(i=1,2,3),\varepsilon_1+\varepsilon_2+\varepsilon_3=1$,从而

$$xyz=\frac{1}{8}(1+\varepsilon_1)(1+\varepsilon_2)(1+\varepsilon_3)>\frac{1}{8}(1+\varepsilon_1+\varepsilon_2+\varepsilon_3)=\frac{1}{4} \quad ②$$

故

$$\frac{1}{4}<\frac{AI\cdot BI\cdot CI}{AA'\cdot BB'\cdot CC'}\leqslant\frac{8}{27}$$

**注**　(1) 原不等式的右边对 $\triangle ABC$ 内任意一点 $P$ 均成立,此时利用面积易证

$$\frac{AP}{AA'}+\frac{BP}{BB'}+\frac{CP}{CC'}=2$$

(2) 在原题条件下,还可证明

$$\frac{5}{4}<\frac{AI\cdot BI}{AA'\cdot BB'}+\frac{AI\cdot CI}{AA'\cdot CC'}+\frac{BI\cdot CI}{BB'\cdot CC'}\leqslant\frac{4}{3}$$



**试题** D2　设 $P$ 是 $\triangle ABC$ 内一点.求证:$\angle PAB,\angle PBC,\angle PCA$ 中至少有一个小于或等于 $30°$.

**证法 1**　利用反证法,如图 12.12,假设 $\angle PAB$,$\angle PBC,\angle PCA$ 均大于 $30°$.记 $\alpha=\angle PAB,\beta=\angle PBC$,$\gamma=\angle PCA$,则

$$\alpha+\beta+\gamma<180° \quad ①$$

从而由式 ① 及反设可得 $\alpha,\beta,\gamma\in(30°,150°)$(否则,不妨设 $\alpha\geqslant150°$,则 $\beta+\gamma\leqslant30°$,从而 $\beta,\gamma\leqslant30°$,矛盾.).

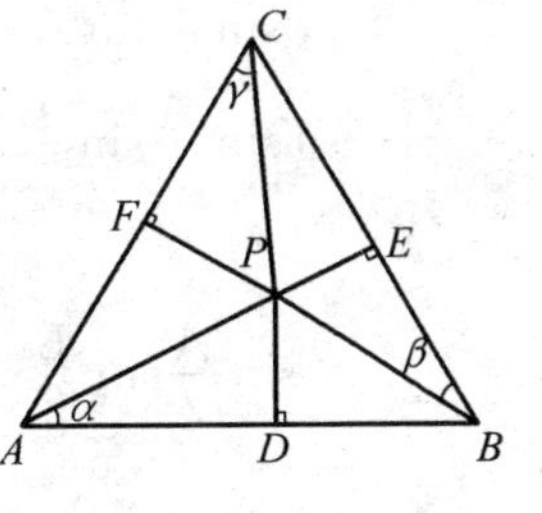

图 12.12

设点 $P$ 到边 $AB,BC,CA$ 的射影分别为点 $D,E,F$,则

$$PD=PA\sin\alpha>PA\cdot\sin 30°=\frac{1}{2}PA$$

即 $PA<2PD$,同理 $PB<2PE,PC<2PF$,故

$$PA+PB+PC<2(PD+PE+PF) \quad ②$$

这与著名的 Erdös-Mordell 不等式矛盾,从而 $\angle PAB,\angle PBC,\angle PCA$ 中至少有一个小于或等于 $30°$.

**证法 2**　同前所设,由正弦定理有

$$\frac{\sin(B-\beta)}{\sin\alpha}=\frac{PA}{PB}$$

$$\frac{\sin(C-\gamma)}{\sin\beta}=\frac{PB}{PC}$$

$$\frac{\sin(A-\alpha)}{\sin\gamma}=\frac{PC}{PA}$$

所以

$$\sin\alpha\sin\beta\sin\gamma=\sin(A-\alpha)\sin(B-\beta)\sin(C-\gamma) \quad ③$$

因为

$$2\sin\alpha\sin(A-\alpha)=\cos(A-2\alpha)-\cos A\leqslant$$
$$1-\cos A=2\sin^2\frac{A}{2}$$

同理

$$2\sin\beta\sin(B-\beta)\leqslant 2\sin^2\frac{B}{2}$$

$$2\sin\gamma\sin(C-\gamma)\leqslant 2\sin^2\frac{C}{2}$$



所以

$$(\sin\alpha\sin\beta\sin\gamma)^2=$$
$$[\sin\alpha\sin(A-\alpha)][\sin\beta\sin(B-\beta)][\sin\gamma\sin(C-\gamma)]\leqslant$$
$$\left(\sin\frac{A}{2}\sin\frac{B}{2}\sin\frac{C}{2}\right)^2 \quad ④$$

又

$$\sin\frac{A}{2}\sin\frac{B}{2}\sin\frac{C}{2}=\frac{1}{2}\left[\cos\frac{A-B}{2}-\cos\frac{A+B}{2}\right]\sin\frac{C}{2}\leqslant$$
$$\frac{1}{2}\left(1-\sin\frac{C}{2}\right)\sin\frac{C}{2}\leqslant$$
$$\frac{1}{2}\times\frac{1}{4}=\frac{1}{8} \quad ⑤$$

所以

$$\sin\alpha\sin\beta\sin\gamma\leqslant\frac{1}{8} \quad ⑥$$

故 $\alpha,\beta,\gamma$ 中至少有一个,不妨设为 $\alpha$,使得

$$\sin\alpha\leqslant\frac{1}{2}\Rightarrow\alpha\leqslant 30^\circ \text{ 或 } \alpha\geqslant 150^\circ$$

而当 $\alpha\geqslant 150^\circ$ 时,则 $\beta,\gamma$ 均小于 $30^\circ$. 故原题结论得证.

**注**　(1) 此题与勃罗卡(Brocard)角有关.若 $\alpha=\beta=\gamma=\omega$,则 $\omega$ 为 $\triangle ABC$ 的勃罗卡角,$P$ 称为勃罗卡点,此时 $\omega\leqslant 30^\circ$.

(2) 利用函数 $\ln\left(\frac{\sin x}{x}\right)$ 在 $(0,\pi)$ 上的凸性,可将原题加强为

$$\min\{\alpha,\beta,\gamma\}\leqslant[\alpha\beta\gamma(\angle A-\alpha)(\angle B-\beta)(\angle C-\gamma)]^{\frac{1}{6}}\leqslant \frac{1}{2}(\angle A\cdot\angle B\cdot\angle C)^{\frac{1}{3}}\leqslant\frac{\pi}{6}$$

(3) 对凸 $n$ 边形 $A_1A_2\cdots A_n$ 及其内一点 $P$,记 $\theta=\angle PA_iA_{i+1}(A_{n+1}=A_1)$,则有

$$\theta=\min\{\theta_1,\theta_2,\cdots,\theta_n\}\leqslant\frac{\pi}{2n}$$

## 第1节　卜拉美古塔定理的推广及应用

试题A涉及了圆内接四边形的问题,下面讨论一类特殊的圆内接四边形.

公元7世纪,印度数学家卜拉美古塔(Brahmagupta)提出了:

**定理**　圆内接四边形的对角线互相垂直,过对角线的交点而垂直于另一边的直线必平分对边.

现将定理做如下推广:①②③

**卜拉美古塔定理的推广**　圆内接四边形 $ABCD$ 的对角线 $AC$,$BD$ 相交于点 $P$,(1) 若 $O_1$ 为 $\triangle PCD$ 的外心,则 $O_1P\perp AB$;(2) 若 $PH\perp AB$,则 $PH$ 过 $\triangle PCD$ 的外心.

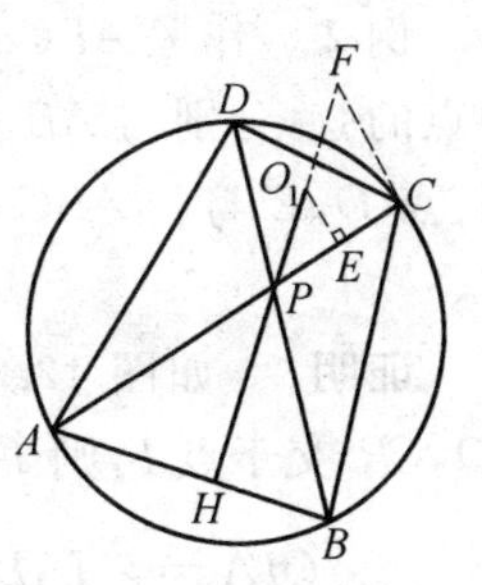


图12.13

**证明**　(1) 如图12.13,延长 $O_1P$ 交 $AB$ 于点 $H$,作 $O_1E\perp PC$ 于点 $E$,由于 $O_1$ 为 $\triangle PCD$ 的外心,则

$$\angle PO_1C=2\angle PDC$$

但
$$\angle PO_1C=2\angle PO_1E$$

故
$$\angle PDC=\angle PO_1E$$

又由 $\angle PDC=\angle HAP$,$\angle O_1PE=\angle APH$

知
$$\angle AHP=90^\circ$$

① 黄全福.一个古典几何定理的推广[J].中学数学,1993(4):29.

② 朱结根.一个著名定理的推广及应用[J].中学数学教学,1996(4):9.

③ 鲁建勋.一道习题的推广与数学竞赛题[J].湖南数学通讯,1994(2):45.

从而 $O_1P \perp AB$.

(2) 过 $PC$ 的中点 $E$ 作 $PC$ 的垂线交 $PH$ 于点 $O_1$,由 $PH \perp AB$,不难证

$$\angle BDC = \angle BAC = \angle PO_1E$$

又 $O_1E$ 垂直平分 $PC$,则 $O_1$ 为 $\triangle PCD$ 的外心.即直线 $PH$ 为 $\triangle PCD$ 的外心.

或者过 $PC$ 的中点 $E$ 作 $PC$ 的垂线交 $PH$ 于点 $O_1$,过点 $C$ 作 $CF \perp AC$ 交 $HP$ 的延长线于点 $F$,显然 $O_1$ 为 $PF$ 的中点.由

$$\angle CFP = \angle EO_1P = 90^\circ - \angle EPO_1 = 90^\circ - \angle APH =$$
$$\angle PAH = \angle BDC = \angle CDP$$

知 $D,P,C,F$ 四点共圆.但 $\angle PCF$ 为直角,即 $O_1$ 为 $\triangle CDP$ 的外心.故 $PH$ 所在直线过 $\triangle PCD$ 的外心.

**例 1** (即前面试题 A)

**证明** 如图 12.14,由于 $AB$ 是圆 $O$ 与圆 $O_1$ 的公共弦,故 $OO_1 \perp AB$,又 $O_3$ 是 $\triangle CDP$ 的外心,由定理的推广有 $O_3P \perp AB$.

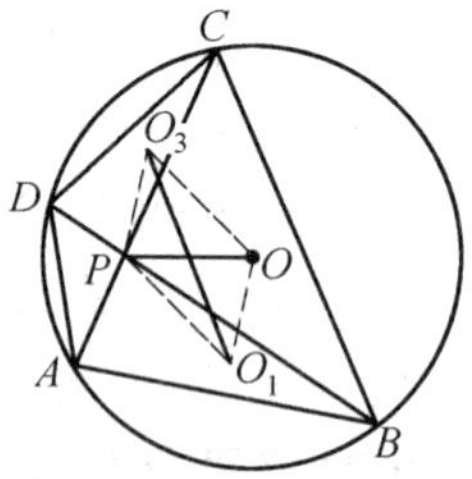

因此 $OO_1 \parallel O_3P$.同理有 $OO_3 \parallel O_1P$.

故四边形 $OO_1PO_3$ 是平行四边形,$O_1O_3$ 过 $OP$ 中点.同理可证 $O_2O_4$ 也过 $OP$ 中点.即 $OP,O_1O_3,O_2O_4$ 共点.

图 12.14

**例 2** 作 $\triangle ABC$ 的外接圆,联结 $\overset{\frown}{BC}$ 中点与 $\overset{\frown}{AB}$ 和 $\overset{\frown}{AC}$ 中点的弦,分别与 $AB$ 边交于点 $D$,与 $AC$ 边交于点 $E$,证明:点 $D,E$ 与 $\triangle ABC$ 的内心共线.

(1965 年全俄竞赛题)

**证明** 如图 12.15,设弧中点为 $P,Q,R$,联结 $AP$,$BQ$,$CR$ 交于点 $I$,则 $I$ 为 $\triangle ABC$ 的内心,则

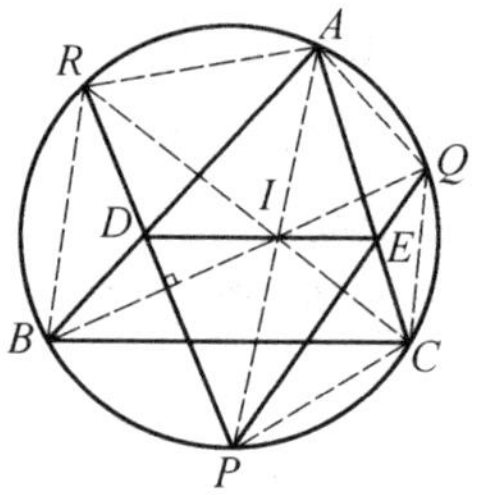

$$\angle QIA = \angle IAB + \angle IBA = \frac{1}{2}(\angle A + \angle B)$$

$$\angle QAI = \angle QAC + \angle CAP = \angle QBC + \angle CAP = \frac{1}{2}(\angle A + \angle B)$$

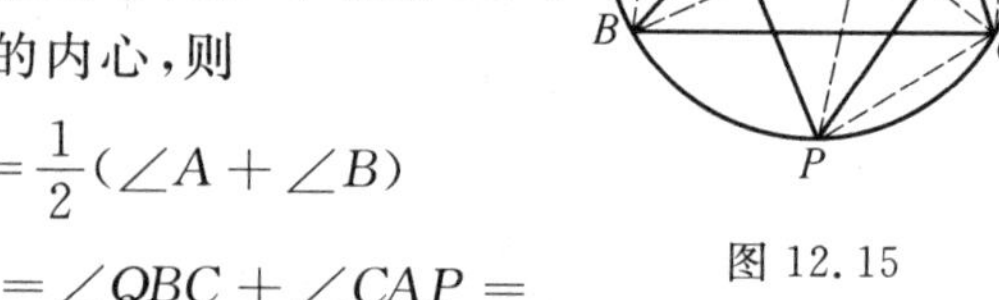

图 12.15

故 $\angle QIA = \angle QAI$,即 $QI = QA$,又 $QA = QC$,因此有 $QI = QA = QC$,即点 $Q$ 为 $\triangle IAC$ 的外心.

在四边形 $PCAR$ 中,由定理的推广:$QI \perp PR$,注意到 $RB = RI$,故 $PR$ 垂直平分 $BI$,因此 $\angle DIB = \angle DBI = \angle IBC$,故 $DI \parallel BC$.同理有 $EI \parallel BC$.

故 $D,E,I$（$\triangle ABC$ 的内心）三点共线.

## 第2节 对角线互相垂直的圆内接四边形问题

对角线互相垂直的圆内接四边形中，有一系列有趣的问题.[①②]

**命题1** 对角线互相垂直的圆内接四边形对边所对的两劣弧度数之和为 $180°$.

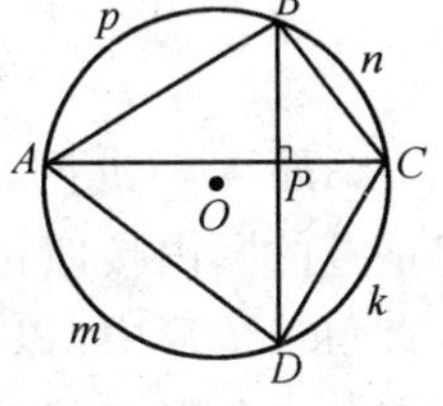


图 12.16

**证明** 由条件 $AC \perp BD$ 知 $\triangle PDC$ 是直角三角形，如图12.16所示，因此 $\angle PCD + \angle PDC = 90°$，由圆周角性质

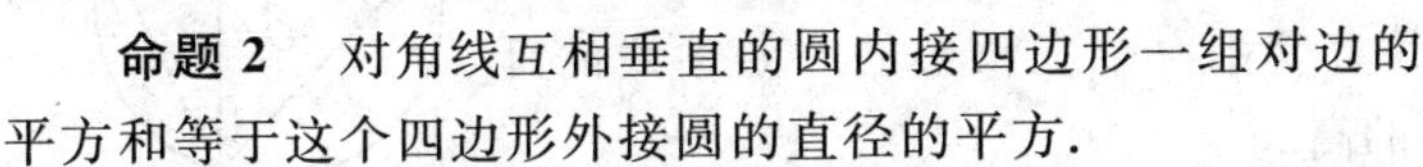

得到 $\overset{\frown}{AmD} + \overset{\frown}{BnC} = 180°$. 类似地证明 $\overset{\frown}{ApB} + \overset{\frown}{DkC} = 180°$.

**命题2** 对角线互相垂直的圆内接四边形一组对边的平方和等于这个四边形外接圆的直径的平方.

**证明** 过四边形一顶点作外接圆的直径 $DM$，如图12.17所示，联结 $MA,MC$，因为

$$\overset{\frown}{DmA} + \overset{\frown}{BnC} = 180°$$

（可参看命题1），又

$$\overset{\frown}{DmA} + \overset{\frown}{AlM} = 180°$$

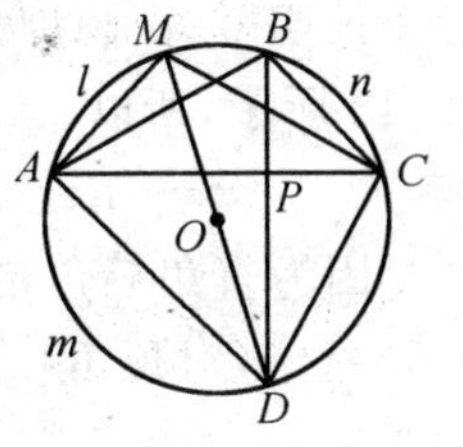


图 12.17

所以 $\overset{\frown}{AlM} = \overset{\frown}{BnC}$，由此得 $AM = BC$. 由 $\triangle MAD$（$\angle MAD = 90°$）得

$$AD^2 + AM^2 = DM^2$$

即

$$AD^2 + BC^2 = 4R^2$$

同理可证

$$DC^2 + AB^2 = 4R^2$$

所以

$$AB^2 + DC^2 = AD^2 + BC^2 = 4R^2$$

**命题3** 对角线互相垂直的圆内接四边形的面积等于对边乘积之和的一半.

**证明** 如图12.17，有

$$S_{ABCD} = S_{AMCD} = S_{\triangle AMD} + S_{\triangle DMC} = \frac{1}{2}(AD \cdot AM + DC \cdot MC) =$$

① 戎松魁. 对角线互相垂直的圆内接四边形的性质[J]. 中学教研（数学），1989(3)：39-41.

② 何鼎潮，边学平. 神奇的对角线交点[J]. 中学教研（数学），1991(2)：34-36.

$$\frac{1}{2}(AD \cdot BC + DC \cdot AB)$$

利用托勒密定理可以得到同样的结果,即

$$AC \cdot BD = AD \cdot BC + AB \cdot DC$$

因为 $AC \perp BD$,所以 $S_{ABCD} = \frac{1}{2}AC \cdot BD$,即

$$S_{ABCD} = \frac{1}{2}(AD \cdot BC + AB \cdot DC)$$

**命题 4** (此问题后部分为卜拉美古塔定理)对角线互相垂直的圆内接四边形中,两条对角线将该四边形所分成的直角三角形中,以四边形的一组对边中的一边为斜边的两直角三角形相似,并且其中一个三角形的一条中线的延长线是另一个三角形的高.

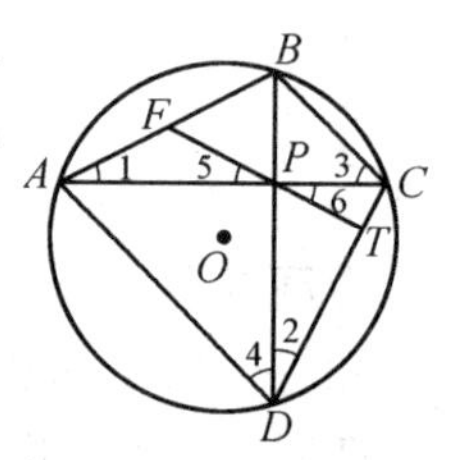


图 12.18

**证明** 由圆周角的性质知 $\angle 1 = \angle 2$,$\angle 3 = \angle 4$,如图 12.18 所示,所以



$$\text{Rt}\triangle APB \backsim \text{Rt}\triangle DPC, \text{Rt}\triangle BPC \backsim \text{Rt}\triangle APD$$

因为直角三角形斜边上的中线等于斜边的一半,所以 $\angle 1 = \angle 5$. 此外,$\angle 5 = \angle 6$(对顶角). 因为

$$\angle PCD = 90^\circ - \angle 2$$

所以
$$\angle CPT + \angle PCT = \angle 6 + (90^\circ - \angle 2) = 90^\circ$$

此时 $\angle PTC = 90^\circ$,即 $PT \perp DC$.

**注** 在此问题条件下,若其中一个三角形的过点 $P$ 的高线的延长线交另一三角形,则为其中线.

**命题 5** 对角线互相垂直的圆内接四边形的两条中位线(联结对边中点的线段)相等.

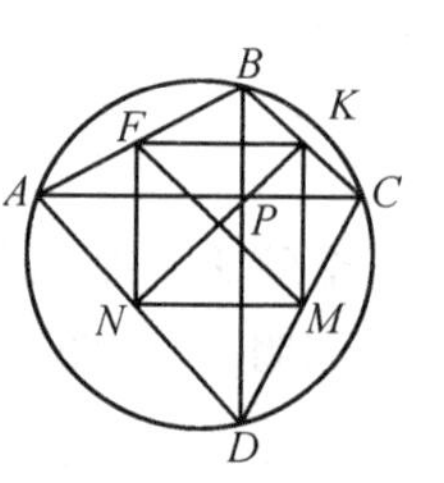


图 12.19

**证明** 设 $FM$,$NK$ 是四边形的中位线,$FK$ 和 $NM$ 是 $\triangle ABC$ 和 $\triangle ADC$ 的中位线,如图 12.19 所示. 此时,有 $FK \parallel AC$,$NM \parallel AC$,即有 $FK \parallel MN$,且 $FK = NM = \frac{1}{2}AC$. 由此得 $NFKM$ 是平行四边形,因为 $\angle KFN = \angle CPD = 90^\circ$,所以四边形 $NFKM$ 是矩形,从而 $FM = NK$.

**命题6**　在对角线互相垂直的圆内接四边形中，一条中位线的平方等于 $2R^2-d^2$. 这里 $R$ 表示该四边形外接圆半径，$d$ 是外接圆圆心到该四边形对角线交点的距离.

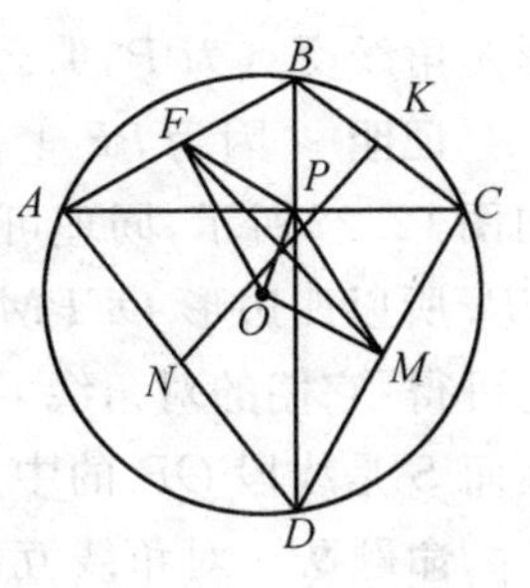


图 12.20

**证明**　由于平行四边形 $OFPM$ 的各边和对角线之间存在这样的关系，如图 12.20 所示

$$FM^2+OP^2=2(FP^2+MP^2)=$$

$$2\left[\left(\frac{1}{2}AB\right)^2+\left(\frac{1}{2}CD\right)^2\right]$$

$$FM^2+d^2=\frac{1}{2}(AB^2+CD^2)$$

$$FM^2+d^2=\frac{1}{2}\cdot 4R^2$$

(参见命题2)，得

$$FM^2=2R^2-d^2$$

**推论**　四边形对角线的平方和是它中位线平方和的两倍.



**命题7**　圆 $O$ 的内接四边形 $ABCD$，对角线 $AC$，$BD$ 垂直相交于点 $P$，过点 $P$ 及 $AB$ 中点 $M$ 的直线交 $CD$ 于点 $M'$，相应地有点 $N,N',G,G',H,H'$. 试证：点 $M,M',N,N',G,G',H,H'$ 八点共圆.

（匈牙利数学竞赛题）

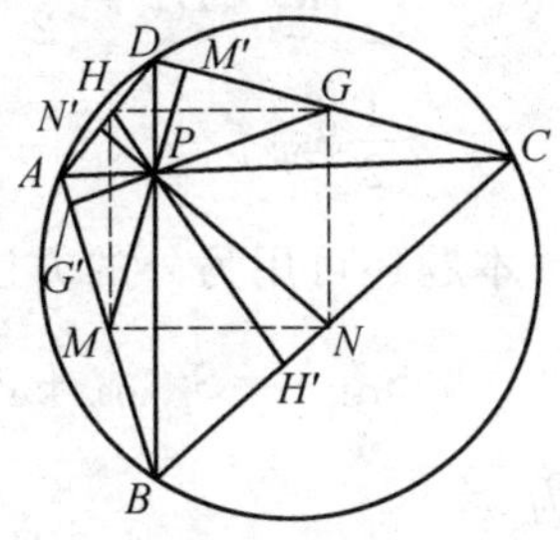


图 12.21

**证明**　如图 12.21，因 $G$ 是中点，且 $AC\perp DB$，所以

$$GP=GC$$

$$\angle GPC=\angle GCP,\angle GCP+\angle CDP=90^\circ$$

又由
$$\angle CDP=\angle CAB,\angle GPC=\angle APG'$$

则
$$\angle AG'P=90^\circ$$

即 $GG'\perp AB$ 于点 $G'$. 同理有 $MM'\perp DC$ 于点 $M'$，故 $G',M,G,M'$ 四点共圆.

同理得 $H',N,H,N'$ 四点共圆.

再看 $M,N,G,H$ 分别是 $AB,BC,CD,DA$ 中点，由 $AC\perp DB$ 知，四边形 $MNGH$ 是矩形，则 $M,N,G,H$ 四点共圆.

根据三点确定一个圆知，$M,M',N,N',G,G',H,H'$ 八点共圆.

**命题8**　如果对角线互相垂直的圆内接四边形的外接圆圆心为 $O$，该四边

形对角线交点为 $P$,那么八点圆的圆心 $S$ 在联结点 $O$,$P$ 的线段 $OP$ 的中点上.

**证明**　因为 $PF\perp DC$,$OM\perp DC$,所以 $PF/\!/OM$,如图12.22所示,同理可证 $OF/\!/PM$,$ON/\!/PK$,$OK/\!/NP$.所以四边形 $OFPM$ 和 $ONPK$ 都是平行四边形.由此可得:它们的对角线 $FM$,$OP$,$NK$ 在交点 $S$ 互相平分,因而 $S$ 是线段 $OP$ 的中点.

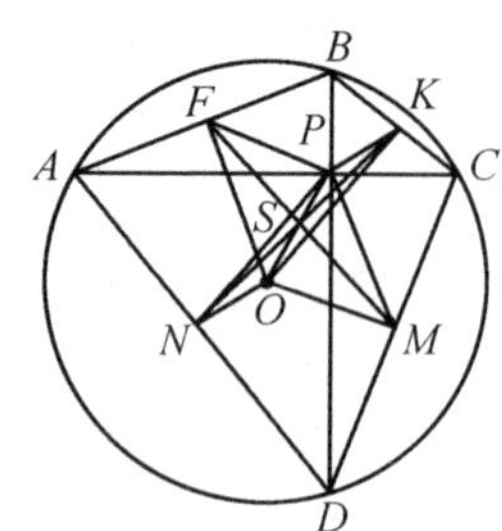


图 12.22

**命题9**　对角线互相垂直的圆内接四边形中,如果将外接圆圆心 $O$ 和这个四边形的一条对角线的两个端点联结起来,那么所得的折线将四边形分成面积相等的两部分.

**证明**　作 $OF\perp AC$,$OT\perp BD$,如图12.23所示,有

$$S_{OABC}=S_{\triangle AOC}+S_{\triangle ABC}=\frac{1}{2}AC\cdot OF+\frac{1}{2}AC\cdot BP=$$

$$\frac{1}{2}AC\cdot PT+\frac{1}{2}AC\cdot BP=\frac{1}{2}AC(BP+PT)=$$

$$\frac{1}{2}AC\cdot BT=\frac{1}{2}AC\cdot\frac{1}{2}BD=\frac{1}{4}AC\cdot BD=$$

$$\frac{1}{2}S_{ABCD}$$

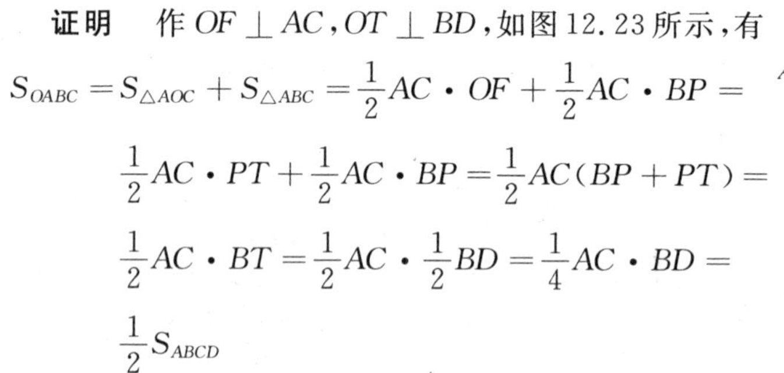

图 12.23

本题还可用另外的方法证明.例如

$$S_{OABC}=S_{\triangle AOB}+S_{\triangle BOC}=\frac{1}{2}R^2\sin\angle AOB+\frac{1}{2}R^2\sin\angle BOC$$

因为
$$\angle BOC+\angle AOD=180^\circ$$
$$\angle AOB+\angle COD=180^\circ(\text{参见命题 1})$$

于是有

$$S_{OABC}=\frac{1}{2}R^2\sin(180^\circ-\angle COD)+\frac{1}{2}R^2\sin(180^\circ-\angle AOD)=$$

$$\frac{1}{2}R^2\sin\angle COD+\frac{1}{2}R^2\sin\angle AOD=$$

$$S_{\triangle COD}+S_{\triangle AOD}=S_{OADC}$$

**命题10**　设 $d$ 为对角线互相垂直的圆内接四边形的外接圆圆心到该四边形对角线交点的距离,$R$ 是外接圆的半径,那么这个四边形对角线的平方和等于$4(2R^2-d^2)$.

**证明**　先证 $AP\cdot PC=BP\cdot PD=R^2-d^2$,如图12.24所示.经过对角线

交点 $P$ 作外接圆的直径 $EQ$. 由条件

$$PO=d, PA\cdot PC=PB\cdot PD=PE\cdot PQ$$

$$PE=R-d, PQ=R+d$$

得

$$PA\cdot PC=PB\cdot PD=R^2-d^2$$

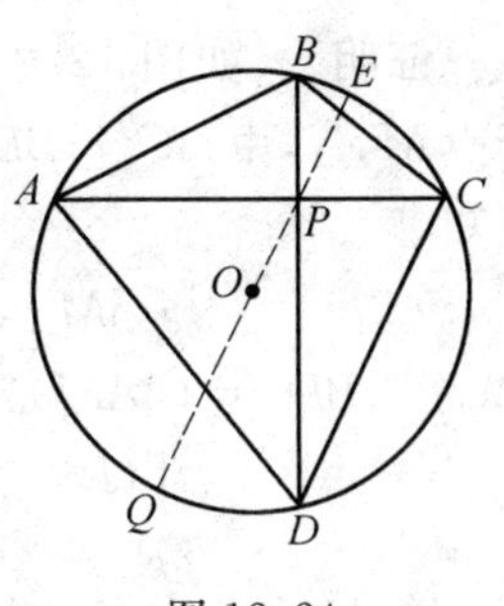

图 12.24

由此即可证得原题结论为

$$\begin{aligned}AC^2+BD^2=&(AP+PC)^2+(BP+PD)^2=\\&AP^2+PC^2+2AP\cdot PC+\\&BP^2+PD^2+2BP\cdot PD=\\&(AP^2+PB^2)+(PC^2+PD^2)+4AC\cdot PC=\\&AB^2+DC^2+4AP\cdot PC=\\&4R^2+4(R^2-d^2)=4(2R^2-d^2)\end{aligned}$$

**命题 11**　圆 $O$ 的内接四边形 $ABCD$ 中，若对角线 $AC$，$BD$ 垂直相交于点 $P$，那么 $PA^2+PB^2+PC^2+PD^2$ 为定值.

（全俄数学竞赛题）

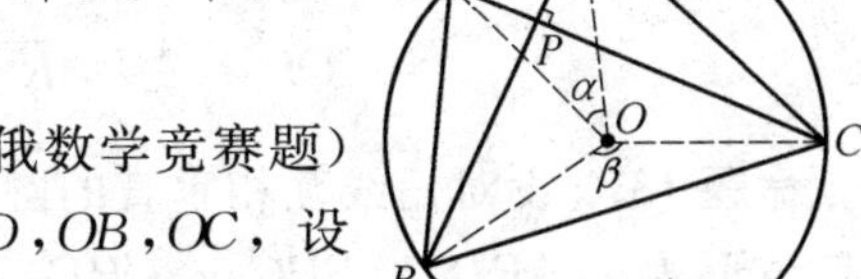

图 12.25

**证明**　如图 12.25，联结 $OA$，$OD$，$OB$，$OC$，设 $\angle AOD=\alpha$，$\angle BOC=\beta$，圆 $O$ 的半径为 $r$.

由余弦定理，得

$$AD^2=r^2+r^2-2r^2\cos\alpha, BC^2=r^2+r^2-2r^2\cos\beta$$

而

$$\angle ACD=\frac{1}{2}\alpha, \angle BDC=\frac{1}{2}\beta, AC\perp BD$$

则

$$\frac{1}{2}\alpha+\frac{1}{2}\beta=90^\circ, \alpha+\beta=180^\circ$$

即

$$\cos\alpha+\cos\beta=0$$

故

$$AD^2+BC^2=4r^2$$

由勾股定理，得

$$AD^2=PA^2+PD^2$$

$$BC^2=PB^2+PC^2$$

$$PA^2+PB^2+PC^2+PD^2=4r^2$$

为定值.

**命题 12**　圆 $O$ 的内接四边形 $ABCD$，对角线 $AC$，$BD$ 垂直相交于点 $P$，设圆 $O$ 的半径为 $R$，$AC^2+BD^2=m\leqslant 8R^2$，试确定 $OP$ 的值.

（加拿大数学竞赛题）

**证明** 如图12.26,作$OM$,$ON$分别垂直$AC$,$BD$于点$M$,$N$,由$AC\perp BD$,知$OMPN$是矩形.再由垂径定理知

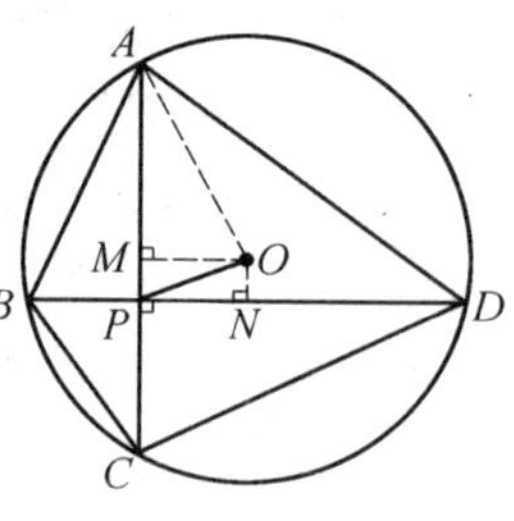

图12.26

$$AM=MC,BN=ND$$

$$\begin{aligned}AC^2+BD^2=&(2AM)^2+(2DN)^2=4(AM^2+DN^2)=\\&4[(R^2-OM^2)+(R^2-ON^2)]=\\&8R^2-4(OM^2+ON^2)=8R^2-4OP^2\end{aligned}$$

所以

$$4OP^2=8R^2-(AC^2+BD^2)$$

$$OP^2=2R^2-\frac{1}{4}(AC^2+BD^2)$$

所以
$$OP^2=2R^2-\frac{1}{4}m$$

即
$$OP=\frac{1}{2}\sqrt{8R^2-m},m\leqslant 8R^2$$



**命题13** 设对角线互相垂直的圆内接四边形被它的对角线分成的四个直角三角形为$\triangle APB$,$\triangle BPC$,$\triangle CPD$,$\triangle DPA$,那么这四个三角形的外接圆和内切圆的半径的总和等于该四边形对角线的和.

**证明** 利用直角三角形的性质:对于边长分别为$a$,$b$,$c$的直角三角形,有$R=\frac{1}{2}c$,$r=\frac{a+b-c}{2}$,这里$c$是直角三角形的斜边长,$R$,$r$分别是外接圆和内切圆的半径,如图12.26所示,由此可得

$$\begin{aligned}&r_1+r_2+r_3+r_4+R_1+R_2+R_3+R_4=\\&\frac{1}{2}(AP+PB-AB)+\frac{1}{2}(PB+PC-BC)+\\&\frac{1}{2}(PC+PD-CD)+\frac{1}{2}(PD+PA-DA)+\\&\frac{1}{2}AB+\frac{1}{2}BC+\frac{1}{2}CD+\frac{1}{2}DA=\\&(AP+PC)+(PB+PD)=AC+BD\end{aligned}$$

**命题14** 圆$O$的内接四边形$ABCD$,其对角线$AC$,$BD$垂直相交于点$P$,$\triangle ABO$,$\triangle BCO$,$\triangle CDO$,$\triangle DOA$的垂心分别为$H_1$,$H_2$,$H_3$,$H_4$.证明:$P$必在$H_1$,$H_2$,$H_3$,$H_4$所在的直线上.

(波兰数学竞赛题)

**证明**　设$\triangle OAB$，$\triangle OBC$的高分别是$OE$，$AG$，$CH_2$，$OF$，如图12.27所示，易知$AG\parallel CH_2$，又

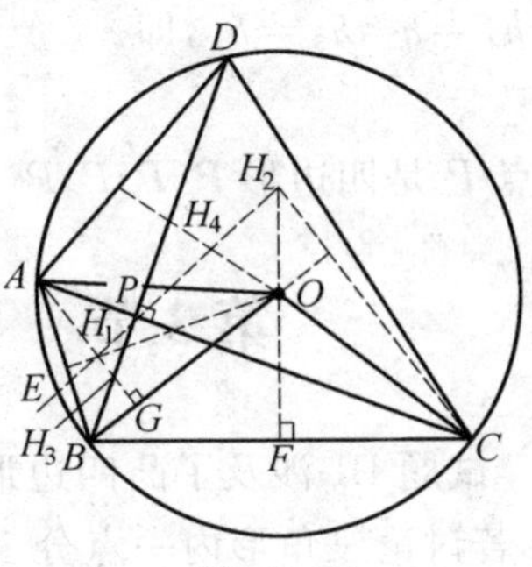

图12.27

$$AH_1=\frac{AE}{\sin\angle AH_1E}=\frac{AE}{\sin\angle GBE}=$$

$$\frac{AE}{\sin(90^\circ-\frac{1}{2}\angle AOB)}=$$

$$\frac{AE}{\cos\frac{1}{2}\angle AOB}=\frac{AE}{\cos\angle ACB}$$

$$CH_2=\frac{CF}{\sin\angle CH_2F}=\frac{CF}{\sin(90^\circ-\frac{1}{2}\angle BOC)}=\frac{CF}{\cos\frac{1}{2}\angle BOC}=\frac{CF}{\cos\angle CAB}$$

则

$$AH_1:CH_2=\frac{AE}{\cos\angle ACB}:\frac{CF}{\cos\angle CAB}=\frac{2AE}{\cos\angle ACB}\cdot\frac{\cos\angle CAB}{2CF}=$$

$$\frac{AB\cos\angle CAB}{BC\cos\angle ACB}=AP:PC(AC\perp BD)$$



上面已知$AG\parallel CH_2$. 从而$\angle PAH_1=\angle H_2CP$，联结$H_1P$，$H_2P$. 故$\triangle PAH_1\backsim\triangle PCH_2$，而$APC$是一直线，即点$H_1$，$P$，$H_2$在一直线上，同理可得$H_2$，$P$，$H_3$；$H_3$，$P$，$H_4$分别三点共线. 故点$P$必在点$H_1$，$H_2$，$H_3$，$H_4$所在直线上.

**命题15**　对角线互相垂直的圆内接四边形中，对角线交点$P$在四边上的射影组成一新四边形的四个顶点，则此新四边形的内切圆圆心为$P$.

此命题更一般的形式为：

**命题15′**　圆$O$的内接四边形$ABCD$，其对角线$AC$，$BD$相交于点$P$，点$P$在直线$AB$，$BC$，$CD$，$DA$上的正射影分别是点$P_1$，$P_2$，$P_3$，$P_4$，证明：点$P$为四边形$P_1P_2P_3P_4$的内切圆圆心.

（捷克数学竞赛题）

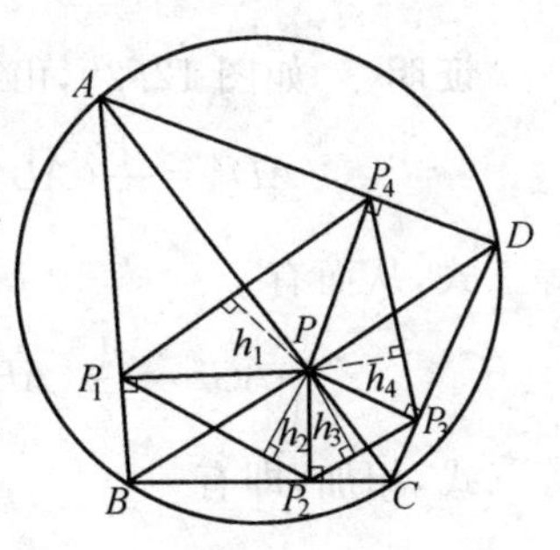

图12.28

**证明**　如图12.28，易见$AP_1PP_4$，$BP_2PP_1$，$CP_3PP_2$，$DP_4PP_3$共圆，则

$$\angle P_4AP=\angle P_4P_1P=\angle PP_1P_2=\angle PBP_2$$

得$P_1P$是$\angle P_4P_1P_2$的平分线.

设点$P$到$P_1P_4$，$P_1P_2$，$P_2P_3$，$P_3P_4$的距离为$h_1$，$h_2$，$h_3$，$h_4$，则$h_1=h_2$，同理

有 $h_2=h_3$,$h_3=h_4$,即

$$h_1=h_2=h_3=h_4$$

故点 $P$ 是四边形 $P_1P_2P_3P_4$ 的内切圆圆心.

## 第3节　三角形重心的性质及应用

试题B1涉及了凸四边形内一点分凸四边形成4个面积相等的三角形问题.若讨论三角形内一点分三角形成3个面积相等的三角形问题,该点即为三角形的重心.本节,我们讨论三角形重心的有关性质及应用.

三角形三条中线的交点叫作三角形的重心.初中几何内容中介绍了重心的一个基本性质:“三角形重心与顶点的距离等于它与对应中点的距离的两倍.”即“若点 $G$ 为 $\triangle ABC$ 的重心,则$\frac{AG}{GD}=\frac{BG}{GE}=\frac{CG}{GF}=2$.”根据此性质,不难推得三角形重心的下列性质:



**性质1**　设 $G$ 为 $\triangle ABC$ 的重心,则

$$S_{\triangle ABG}=S_{\triangle BCG}=S_{\triangle ACG}=\frac{1}{3}S_{\triangle ABC}$$

反之,设 $G$ 是 $\triangle ABC$ 中一点,且

$$S_{\triangle ABG}=S_{\triangle BCG}=S_{\triangle ACG}=\frac{1}{3}S_{\triangle ABC}$$

则点 $G$ 为 $\triangle ABC$ 的重心.

**性质2**　设点 $G$ 为 $\triangle ABC$ 的重心,则

$$GA^2+GB^2+GC^2=\frac{1}{3}(AB^2+BC^2+CA^2)$$

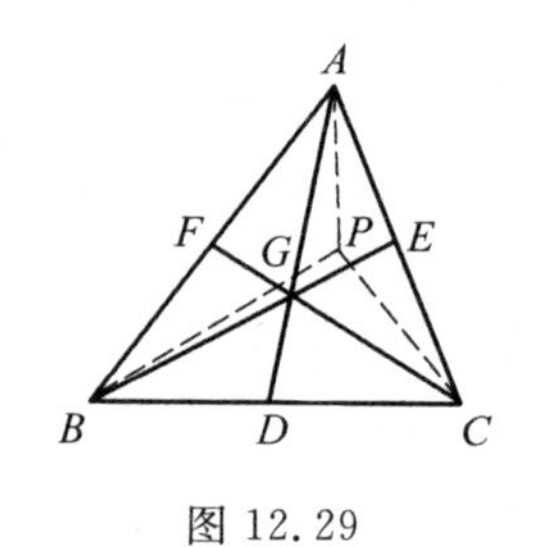

图12.29

**证明**　如图12.29,由三角形中线长公式,有

$$AD^2=\frac{1}{2}(AB^2+AC^2)-\frac{1}{4}BC^2$$

等三式,从而有

$$\frac{9}{4}AG^2=\frac{1}{2}(AB^2+AC^2)-\frac{1}{4}BC^2$$

等三式,相加,即有

$$GA^2+GB^2+GC^2=\frac{1}{3}(AB^2+BC^2+CA^2)$$

**性质3**　设 $G$ 为 $\triangle ABC$ 的重心,$P$ 为 $\triangle ABC$ 内任一点,则

$$AP^2+BP^2+CP^2=AG^2+BG^2+CG^2+3PG^2$$

**证明**　如图12.29,对$\triangle APG$和$\triangle DPG$分别应用余弦定理,有

$$AP^2=AG^2+PG^2-2AG\cdot PG\cdot\cos\angle AGP$$
$$PD^2=DG^2+PG^2-2DG\cdot PG\cdot\cos\angle DGP$$

注意到

$$AG=2DG,\cos\angle AGP=-\cos\angle DGP$$

则有

$$AP^2+2PD^2=AG^2+2DG^2+3PG^2$$

又

$$2PD^2=PB^2+PC^2-\frac{1}{2}BC^2,2DG^2=BG^2+CG^2-\frac{1}{2}BC^2$$

从而

$$AP^2+BP^2+CP^2=AG^2+BG^2+CG^2+3PG^2$$

**注**　由性质2,3即得三角形中的莱布尼兹公式

$$AP^2+BP^2+CP^2=3PG^2+\frac{1}{3}(AB^2+BC^2+CA^2)$$



由此即得如下性质4.

**性质4**　到三角形的三个顶点的距离的平方和为最小的点是三角形的重心.

由上述几条性质,即可得如下性质.

**性质5**　如图12.30,设$G$为$\triangle ABC$的重心,若$AD\perp BE$,则:

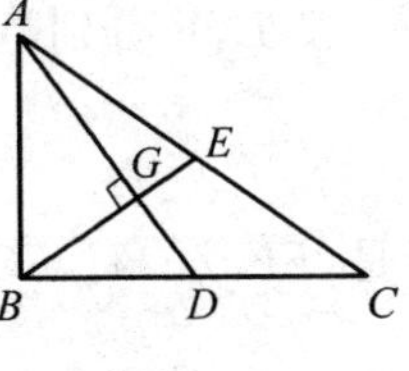

图12.30

(1)$AC^2=4AG^2+BG^2$;

(2)$BC^2=AG^2+4BG^2$;

(3)$AB^2=AG^2+BG^2$;

(4)$AC^2+BC^2=5AB^2$;

(5)$S_{\triangle ABC}=\frac{3}{2}AG\cdot BG=\frac{2}{3}AD\cdot BE$.

**性质6**　如图12.31,$G$为$\triangle ABC$的重心,过点$G$作$DE\parallel BC,PF\parallel AC,KH\parallel AB$,则:

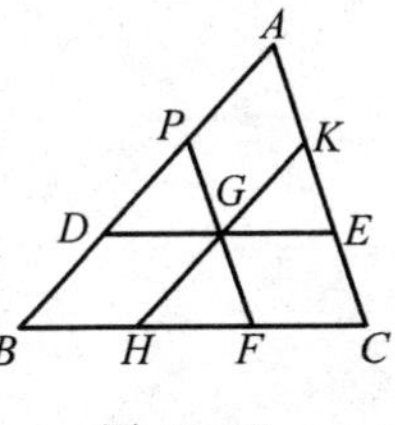

图12.31

(1) $\frac{DE}{BC}=\frac{FP}{CA}=\frac{KH}{AB}=\frac{2}{3}$;

(2) $\frac{DE}{BC}+\frac{FP}{CA}+\frac{KH}{AB}=2$.

**性质7** $G$ 为 $\triangle ABC$ 的重心,连 $AG$ 并延长交 $BC$ 于点 $D$,则 $D$ 为 $BC$ 的中点.

**性质8** $G$ 为边长为 $a$ 的等边 $\triangle ABC$ 的重心,则 $GA=GB=GC=\frac{\sqrt{3}}{3}a$.

**性质9** $G,H,O$ 分别为 $\triangle ABC$ 的重心、垂心和外心,则点 $G$ 在 $H,O$ 的连线上,且 $HG=2GO$.

**例1** 在 $\triangle ABC$ 中,$BC=3,AC=4$,$AE$ 和 $BD$ 分别是 $BC$ 和 $AC$ 边上的中线,且 $AE\perp BD$,则 $AB$ 的长为(　　).

A. $\sqrt{5}$　　B. $3\sqrt{6}$　　C. $2\sqrt{2}$　　D. $\sqrt{7}$　　E. 不能确定

**解** 选 A. 因为 $AE$ 和 $BD$ 是 $\triangle ABC$ 的中线,且 $AE\perp BD$,根据性质5,即

$$AC^2+BC^2=5AB^2$$

所以

$$AB=\sqrt{\frac{AC^2+BC^2}{5}}=\sqrt{5}$$



**例2** 如图12.32,$D$ 是 $\triangle ABC$ 的边 $BC$ 上的一点,点 $E,F$ 分别是 $\triangle ABD$ 和 $\triangle ACD$ 的重心,联结点 $E,F$ 交 $AD$ 于点 $G$,则 $\frac{DG}{GA}$ 的值是多少?

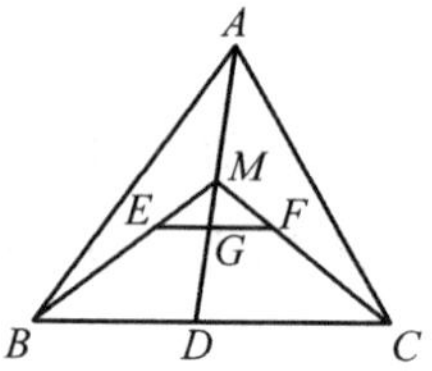

图12.32

**解** 连 $BE,CF$,并延长相交于点 $M$. 据性质7知 $M$ 为 $AD$ 的中点.

又 $E,F$ 分别是 $\triangle ABD$ 和 $\triangle ACD$ 的重心,则

$$\frac{ME}{MB}=\frac{MF}{MC}=\frac{1}{3}$$

于是,$EF\parallel BC$,$EG\parallel BD$. 从而

$$\frac{MG}{DM}=\frac{ME}{MB}=\frac{1}{3}$$

$$\frac{DG}{DM}=\frac{BE}{BM}=\frac{2}{3}$$

$$MG=\frac{1}{3}DM,DG=\frac{2}{3}DM$$

$$AG=AM+MG=DM+\frac{1}{3}DM=\frac{4}{3}DM$$

故

$$\frac{DG}{GA}=\frac{\frac{2}{3}DM}{\frac{4}{3}DM}=\frac{1}{2}$$

**例3** 在 $\triangle ABC$ 中，$G$ 为重心，$P$ 为形内一点，直线 $PG$ 交直线 $BC,CA,AB$ 于点 $A',B',C'$. 求证

$$\frac{A'P}{A'G}+\frac{B'P}{B'G}+\frac{C'P}{C'G}=3$$

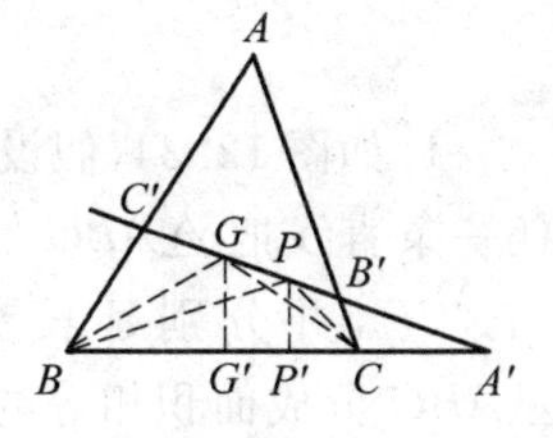

图 12.33

**证明** 如图12.33，联结 $BG,GC,PB,PC$，分别过点 $G,P$ 作 $GG'\perp BC$ 于点 $G'$，$PP'\perp BC$ 于点 $P'$，则

$$PP' /\!/ GG', \frac{PP'}{GG'}=\frac{A'P}{A'G}$$

又

$$\frac{S_{\triangle PBC}}{S_{\triangle GBC}}=\frac{PP'}{GG'}$$

有

$$\frac{S_{\triangle PBC}}{S_{\triangle GBC}}=\frac{A'P}{A'G} \quad ①$$

同理

$$\frac{S_{\triangle PCA}}{S_{\triangle GCA}}=\frac{B'P}{B'G} \quad ②$$

$$\frac{S_{\triangle PAB}}{S_{\triangle GAB}}=\frac{C'P}{C'G} \quad ③$$

因 $G$ 为重心，故

$$S_{\triangle GAB}=S_{\triangle GBC}=S_{\triangle GCA}=\frac{1}{3}S_{\triangle ABC} \quad ④$$

由式①＋②＋③及式④得

$$\frac{A'P}{A'G}+\frac{B'P}{B'G}+\frac{C'P}{C'G}=\frac{3S_{\triangle PBC}}{S_{\triangle ABC}}+\frac{3S_{\triangle PCA}}{S_{\triangle ABC}}+\frac{3S_{\triangle PAB}}{S_{\triangle ABC}}=3$$

## 练　习　题

1. 试证 $\triangle ABC$ 内不存在这样一点 $P$，使得过点 $P$ 的直线把 $\triangle ABC$ 的面积分成相等的两部分.

2. 过三角形的重心任作一条直线把这个三角形分成两部分. 试证：这两部

分面积之差不大于整个三角形面积的$\frac{1}{9}$.

## 练习题参考解答

1. 如图12.34,假设在$\triangle ABC$内存在一点$P$,过点$P$的任一条直线把$\triangle ABC$的面积分成相等的两部分.联结$AP$,$BP$,$CP$,并分别延长交对边于点$D$,$E$,$F$.由于$AD$把$\triangle ABC$分成面积相等的两部分,故$D$是$BC$的中点.同理,$E$,$F$是$AC$及$AB$的中点.从而,$P$是$\triangle ABC$的重心.过点$P$作$MN$ // $BD$,分别交$AB$,$AC$于点$M$,$N$.

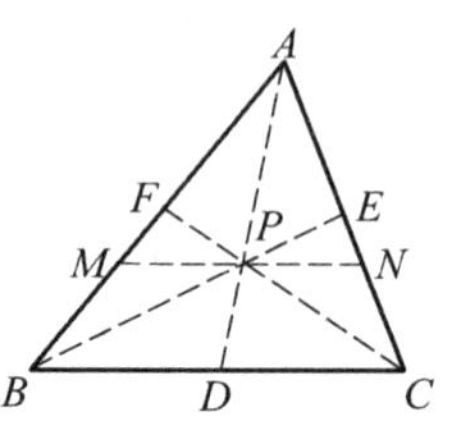


图12.34

因为$\frac{AP}{AD}=\frac{2}{3}$,所以

$$\frac{S_{\triangle AMN}}{S_{\triangle ABC}}=\left(\frac{AP}{AD}\right)^2=\left(\frac{2}{3}\right)^2=\frac{4}{9}$$



而依题设$\frac{S_{\triangle AMN}}{S_{\triangle ABC}}=\frac{1}{2}$.矛盾.

故命题得证.

2. 如图12.35,把三角形的每条边三等分,过每一分点作平行于其他两边的直线,这些直线把$\triangle ABC$分成9个面积相等的小三角形.内部那个交点$G$正好是这个三角形的重心.过点$G$任作一条直线把$\triangle ABC$分成两部分,观察这两部分面积之差正好是$\triangle BEF$中画斜线部分与没有画斜线部分的面积之差,显然不超过$\triangle BEF$的面积,即$\triangle ABC$面积的$\frac{1}{9}$.

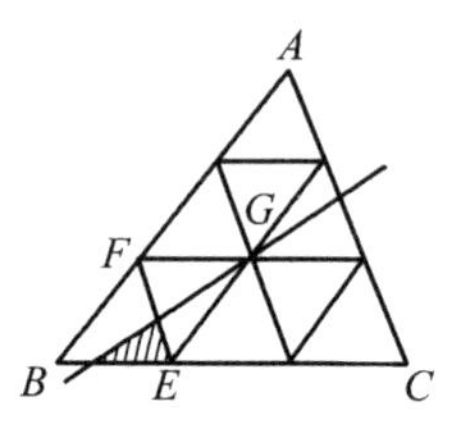


图12.35

# 附录 1959～1985年IMO中的几何试题及解答

我国于1986年正式派6位同学组队参加第27届国际数学奥林匹克活动．所以，本套书从第7章开始介绍当年的国际数学奥林匹克试题．因此，这里给出国际数学奥林匹克中第1届至26届的几何试题及解答．

题目编号第一个数字为届数，第二个数字为所在届数的题序．

**题1.4** Rt$\triangle ABC$的斜边$AB$长为$c$，顶点$C$所对应的中线长为$AC$和$BC$长度的几何平均．试用直尺和圆规作出$\triangle ABC$．

**解** 如图1，三角形内接于直径为$AB=c$的圆．记外心为点$O$，那么中线$OC$长为$\frac{c}{2}$．已知$ab=\frac{c^2}{4}$，三角形的面积为

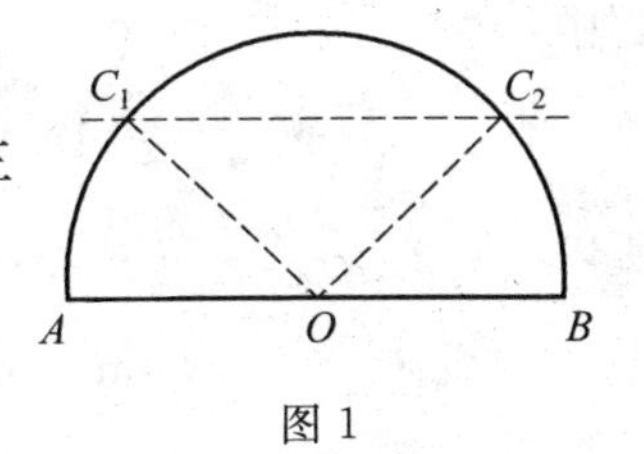

图1

$$S_{\triangle}=\frac{1}{2}ab=\frac{1}{2}ch=\frac{1}{2}\cdot c\cdot\frac{c}{2}\sin\theta$$

其中，$h$是从顶点$C$出发的高，因此$h=\frac{c}{4}$；$\theta=\angle BOC=\frac{\pi}{6}$或$\frac{5}{6}\pi$．

为了构造点$C$，作$\angle BOC=\frac{\pi}{6}$或$\frac{5}{6}\pi$交半圆于点$C$．或者作一条与$AB$平行且间距为$\frac{c}{4}$的平行线，该平行线交半圆于点$C_1$，$C_2$．再将点$C_1$或$C_2$与点$A$，$B$联结即得$\triangle ABC$满足题设．

**题1.5** 给定线段$AB$及$AB$上的一点$M$．在线段$AB$的同侧作出两个正方形$AMCD$与$MBEF$．这两个正方形外接圆的圆心分别为$P$和$Q$，并且它们相交于点$M$，$N$．

(1) 证明直线$AF$和$BC$相交于点$N$；

(2) 对任意的点$M$，证明直线$MN$包含一个定点$S$；

(3) 当点$M$在线段$AB$上变化时，试找出线段$PQ$中点的轨迹．

**解法1** 我们将在图中略去正方形的外接圆,如图2.设 $AF$ 与 $BC$ 交于点 $N$,我们将证明点 $N$ 同时位于两个外接圆上,为此,只需证明 $AN$ 与 $BN$ 垂直.

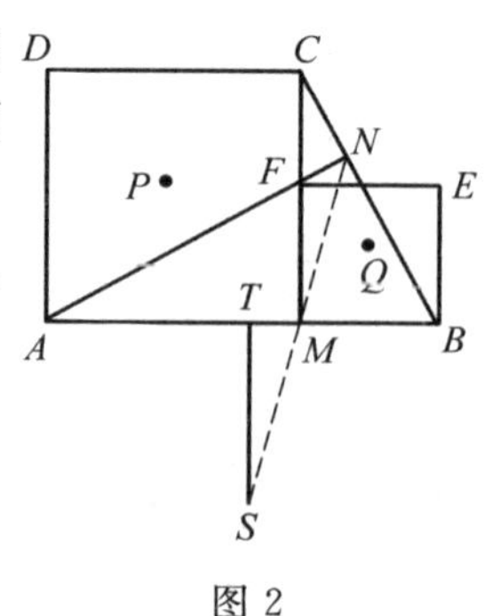

图2

记 $AB=a$,$AM=x$,$\angle FAM=\alpha$,$\angle MBN=\beta$,那么

$$MB=MF=a-x,\tan\alpha=\frac{a-x}{x},\tan\beta=\frac{x}{a-x}$$

所以

$$\tan\alpha\cdot\tan\beta=1$$

这样我们便得 $\alpha+\beta=\frac{\pi}{2}$,因此 $\angle ANB=\frac{\pi}{2}$.

设 $T$ 是线段 $AB$ 的中点,线段 $AB$ 的垂直平分线交 $MN$ 于点 $S$. $MN$ 与 $AB$ 所成的角为

$$\angle BMN=\angle MAN+\angle ANM=\alpha+\frac{\pi}{4}$$

其中



$$\angle ANM=\angle FNM=\frac{1}{2}\angle FQM=\frac{\pi}{4}$$

所以

$$\tan\angle SMT=\tan\left(\alpha+\frac{\pi}{4}\right)=\frac{a}{2x-a}$$

另一方面

$$\tan\angle SMT=\frac{ST}{TM}=\frac{ST}{AM-AT}=\frac{ST}{x-\frac{a}{2}}=\frac{2ST}{2x-a}$$

这样我们便得 $ST=\frac{a}{2}$,因此 $S$ 是一个定点.

题目(3)部分与(1)(2)两部分无关.设 $L$ 是线段 $PQ$ 的中点,如图3,$P'$,$Q$,$'L'$ 分别是 $P$,$Q$,$L$ 在线段 $AB$ 上的垂直投影.显然 $LL'$ 是梯形 $PQQ'P'$ 的中线,所以 $LL'=\frac{a}{4}$,因此线段 $PQ$ 中点的轨迹是与 $AB$ 平行且相距 $\frac{a}{4}$ 的线段.

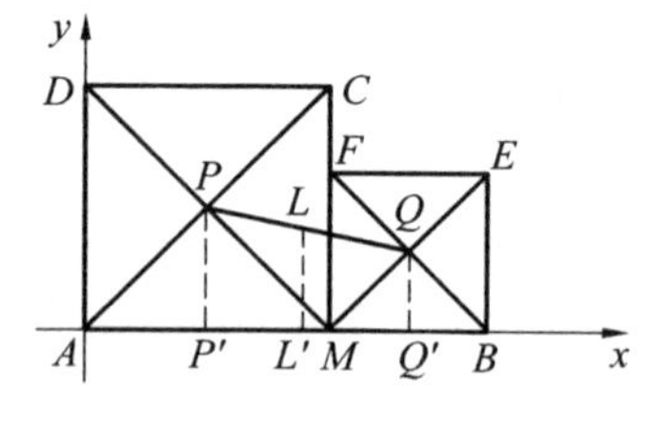

图3

**解法2** 以 $A$ 为原点、$AB$ 为 $x$ 轴建立平面直角坐标系,如图3.

设 $AB=a$,$AM=m(0<m<a)$,则 $A$,$B$,$M$,$C$,$F$ 各点的坐标分别为

$$A(0,0),B(a,0),M(m,0),C(m,m),F(m,a-m)$$

正方形 $AMCD$ 和 $MBEF$ 的中心 $P,Q$ 的坐标分别为

$$P\left(\frac{m}{2},\frac{m}{2}\right),Q\left(\frac{a+m}{2},\frac{a-m}{2}\right)$$

正方形 $AMCD$ 的外接圆圆 $P$ 的方程为

$$\left(x-\frac{m}{2}\right)^2+\left(y-\frac{m}{2}\right)^2=\left(\frac{\sqrt{2}}{2}m\right)^2$$

即

$$x^2-mx+y^2-my=0 \quad ①$$

正方形 $MBEF$ 的外接圆圆 $Q$ 的方程为

$$\left(x-\frac{a+m}{2}\right)^2+\left(y-\frac{a-m}{2}\right)^2=\left[\frac{\sqrt{2}}{2}(a-m)\right]^2$$

即

$$x^2-(a+m)x+y^2-(a-m)y+am=0 \quad ②$$

点 $M,N$ 是圆 $P$ 和圆 $Q$ 的两个交点，它们的坐标是方程 ①② 组成的方程组的解. 因此，两圆的交点除 $M(m,0)$ 外，还有

$$N\left(\frac{am^2}{a^2-2am+2m^2},\frac{am(a-m)}{a^2-2am+2m^2}\right)$$

(1) 直线 $AF$ 过点 $A(0,0)$ 与 $F(m,a-m)$，其方程为

$$(a-m)x-my=0 \quad ③$$

直线 $BC$ 过点 $B(a,0)$ 与 $C(m,m)$，其方程为

$$mx+(a-m)y-am=0 \quad ④$$

不难验证点 $N$ 的坐标既满足方程 ③ 又满足方程 ④，即直线 $AF$ 与 $BC$ 相交于点 $N$.

(2) 直线 $MN$ 过点 $M(m,0)$ 与 $N\left(\frac{am^2}{a^2-2am+2m^2},\frac{am(a-m)}{a^2-2am+2m^2}\right)$，其方程为

$$a(x+y)=m(2y+a) \quad ⑤$$

显然，对于 $m$ 的任意的值，$x=\frac{a}{2}$，$y=-\frac{a}{2}$ 均满足方程 ⑤，即不论点 $M$ 在线段 $AB$ 上的位置怎样，点 $\left(\frac{a}{2},-\frac{a}{2}\right)$ 总在直线 $MN$ 上，因此，直线 $MN$ 总通过同一点 $\left(\frac{a}{2},-\frac{a}{2}\right)$.

(3) 由于两个正方形的中心 $P,Q$ 的坐标分别为

$$P\left(\frac{m}{2},\frac{m}{2}\right),Q\left(\frac{a+m}{2},\frac{a-m}{2}\right)$$

所以线段 $PQ$ 的中点 $L(x',y')$ 的坐标为

$$x'=\frac{1}{2}\left(\frac{m}{2}+\frac{a+m}{2}\right)=\frac{a+2m}{4}$$

$$y'=\frac{1}{2}\left(\frac{m}{2}+\frac{a-m}{2}\right)=\frac{a}{4}$$

即中点的坐标为 $L\left(\frac{a+2m}{4},\frac{a}{4}\right)$.

由此可见,对于任意的 $m$ 值,$PQ$ 的中点 $L$ 的纵坐标恒为定值$\frac{a}{4}$,即点 $L$ 总在直线 $y=\frac{a}{4}$ 上.由于点 $M$ 在线段 $AB$ 上,即 $0<m<a$,这时$\frac{a}{4}<\frac{a+2m}{4}<\frac{3a}{4}$,即$\frac{a}{4}<x'<\frac{3a}{4}$.当点 $M$ 从点 $A$ 连续运动到点 $B$ 时,$m$ 的值就从 0 连续增大到 $a$,$x'=\frac{a+2m}{4}$ 的值则从$\frac{a}{4}$连续增大到$\frac{3a}{4}$,由此可见,当点 $M$ 在线段 $AB$ 上运动时,两正方形中心连线的中点的轨迹是一条平行于 $AB$ 的线段,它的两端点是 $G\left(\frac{a}{4},\frac{a}{4}\right)$,$K\left(\frac{3a}{4},\frac{a}{4}\right)$.



**题 1.6** 平面 $P$,$Q$ 相交于直线 $p$. $A$,$C$ 分别是 $P$,$Q$ 上给定的两点,但 $A$,$C$ 不在直线 $p$ 上.试在 $P$,$Q$ 上分别找点 $B$,$D$ 使得 $ABCD$ 是一个有内接圆的等腰梯形($AB /\!/ CD$).

**解** 设直线 $a$,$c$ 分别位于平面 $P$,$Q$ 内且与直线 $p$ 平行,而且 $A\in a$,$C\in c$.

所以 $B\in a$,$D\in c$.梯形 $ABCD$ 位于直线 $a$,$c$ 所决定的平面内,如图 4.

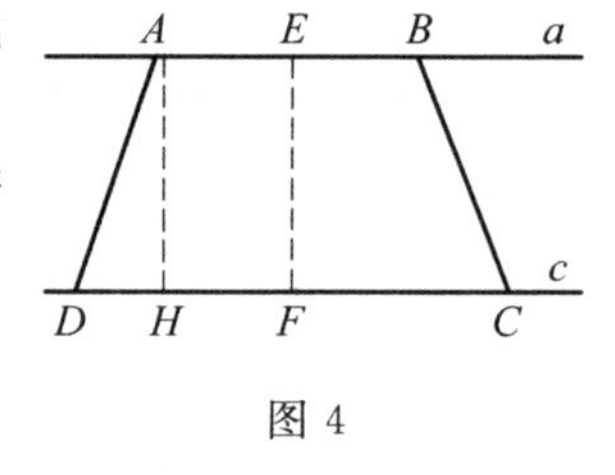


图 4

一个圆内切于 $ABCD$ 当且仅当

$$AB+CD=BC+AD=2AD\Leftrightarrow$$

$$\frac{AB}{2}+\frac{CD}{2}=AD=BC$$

设点 $H$ 是点 $A$ 在 $c$ 上的投影,$EF$ 是线段 $AB$ 与 $CD$ 的垂直平分线,那么上面的条件等价于

$$AE+CF=CH=AD=BC$$

因此点 $B$ 和点 $D$ 都位于以点 $C$ 为圆心、$CH$ 为半径的圆上.问题的解存在

当且仅当 $CB > EF$，或 $CH > AH$，或 $\angle ACH \leqslant 45^\circ$. 当 $\angle ACH = 45^\circ$ 时，梯形变为正方形.

**题 2.3**　设 $ABC$ 是一个直角三角形，$h$ 是顶点 $A$ 所对的边上的高的长度，$n$ 是一个正的奇数. 斜边 $BC$ 的长为 $a$，并且被分成了 $n$ 个相等的线段. 如果包含 $BC$ 边中点的那条线段在点 $A$ 的视角为 $\alpha$，证明

$$\tan\alpha = \frac{4nh}{(n^2-1)a}$$

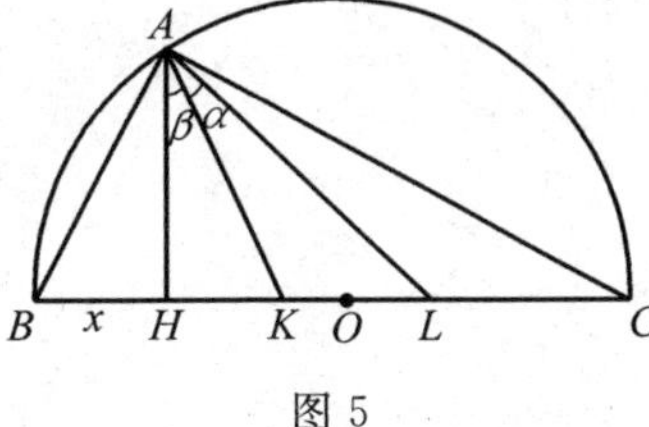

图 5

**证法 1**　设 $H$ 是通过顶点 $A$ 的高的垂足，如图 5.

为方便，我们记 $BH = x$，$\angle HAK = \beta$. 这样 $x$ 可由下面的方程给定

$$h^2 = x(a-x)$$

$\tan\alpha$ 可由 $\triangle HAK$ 和 $\triangle HAL$ 给定

$$\tan\alpha = \frac{\tan(\alpha+\beta)-\tan\beta}{1+\tan(\alpha+\beta)\tan\beta} = \frac{\frac{LH}{h}-\frac{KH}{h}}{1+\frac{LH}{h}\cdot\frac{KH}{h}} = \frac{h\cdot LK}{h^2+LH\cdot KH}$$



线段 $LH$，$KH$，$LK$ 可以表示为

$$LK = \frac{a}{n}, LH = \frac{n+1}{2n}a - x, KH = \frac{n-1}{2n}a - x$$

直接计算可得所要求证的式子.

**证法 2**　设将斜边 $n$ 等分的各分点依次记为 $D_1, D_2, \cdots, D_{n-1}$，由于 $n$ 是奇数，显然，含有斜边中点的等分线段为 $D_{\frac{n-1}{2}}D_{\frac{n+1}{2}}$，所以

$$\alpha = \angle D_{\frac{n-1}{2}}AD_{\frac{n+1}{2}} = \angle BAD_{\frac{n+1}{2}} - \angle BAD_{\frac{n-1}{2}}$$

过点 $D_{\frac{n-1}{2}}$，$D_{\frac{n+1}{2}}$ 分别作

$$D_{\frac{n-1}{2}}E_{\frac{n-1}{2}} \perp AB, D_{\frac{n+1}{2}}E_{\frac{n+1}{2}} \perp AB$$

垂足分别为 $E_{\frac{n-1}{2}}$，$E_{\frac{n+1}{2}}$. 设 $AB = c$，$AC = b$，则

$$D_{\frac{n-1}{2}}E_{\frac{n-1}{2}} = \frac{\frac{n-1}{2}}{n}b = \frac{n-1}{2n}b$$

$$AE_{\frac{n-1}{2}} = \left(1-\frac{\frac{n-1}{2}}{n}\right)c = \frac{n+1}{2n}c$$

所以

$$\tan \angle BAD_{\frac{n-1}{2}}=\frac{D_{\frac{n-1}{2}}E_{\frac{n-1}{2}}}{AE_{\frac{n-1}{2}}}=\frac{(n-1)b}{(n+1)c}$$

同理可得

$$\tan \angle BAD_{\frac{n+1}{2}}=\frac{(n+1)b}{(n-1)c}$$

所以

$$\tan\alpha=\tan(\angle BAD_{\frac{n+1}{2}}-\angle BAD_{\frac{n-1}{2}})=\frac{\tan\angle BAD_{\frac{n+1}{2}}-\tan\angle BAD_{\frac{n-1}{2}}}{1+\tan\angle BAD_{\frac{n+1}{2}}\cdot\tan\angle BAD_{\frac{n-1}{2}}}=\frac{\frac{(n+1)b}{(n-1)c}-\frac{(n-1)b}{(n+1)c}}{1+\frac{(n+1)b}{(n-1)c}\cdot\frac{(n-1)b}{(n+1)c}}=\frac{4nbc}{(n^2-1)(b^2+c^2)}$$

在 Rt$\triangle ABC$ 中,有



$$b^2+c^2=a^2,bc=ah$$

代入得

$$\tan\alpha=\frac{4n\cdot ah}{(n^2-1)\cdot a^2}$$

即

$$\tan\alpha=\frac{4nh}{(n^2-1)a}$$

**题 2.4** 已知 $\triangle ABC$ 的高 $h_a,h_b$ 及中线 $m_a$,用直尺和圆规作出 $\triangle ABC$.

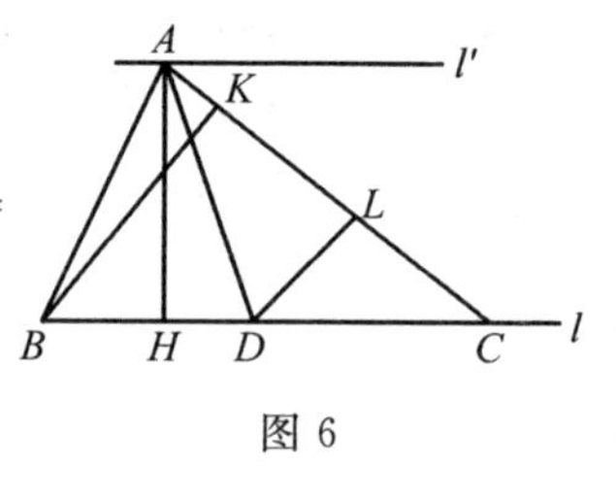

图 6

**解** 设 $ABC$ 为所求三角形并记 $AH=h_a$,$BK=h_b$,$AD=m_a$. 设 $L$ 是过点 $D$ 作 $AC$ 垂线的垂足,则 $DL=\frac{1}{2}h_b$ 且 $\triangle ALD$ 为直角三角形. $\triangle ABC$ 的构造过程如图 6.

作直线 $l$ 并在 $l$ 上取一点 $D$,在与 $l$ 相距 $h_a$ 处作 $l'$ 平行于 $l$,以 $D$ 为圆心、$m_a$ 为半径的圆与直线 $l'$ 交于 $A,A'$ 两点($h_a<m_a$ 在此为必要条件). 选取点 $A$,Rt$\triangle ADL$ 内接于以 $AD$ 为直径的圆内($\frac{1}{2}h_b<m_a$ 在此为必要条件),且 $DL=$

$\frac{1}{2}h_b$. 这样我们便得到了点 $A,D,L$，因此可确定 $\triangle ABC$.

**题2.5**　设 $ABCDA'B'C'D'$ 是一个立方体，$X$ 是线段 $AC$ 上的动点，$Y$ 是线段 $B'D'$ 上的动点.

(1) 求线段 $XY$ 中点的轨迹；

(2) 如果 $Z$ 是线段 $XY$ 上的一点且使得 $ZY=2XZ$，求点 $Z$ 的轨迹.

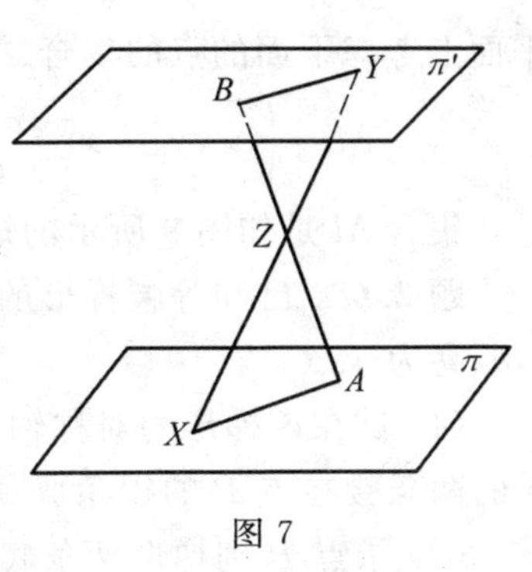

图 7

**解**　为简单起见，我们仅考虑情况(1). 设 $Z$ 是线段 $XY$ 的中点. 易知，如果 $\pi,\pi'$ 是相互平行的平面，$X$ 是平面 $\pi$ 上的一个动点，$Y$ 是平面 $\pi'$ 上的一个动点，那么线段 $XY$ 的中点 $Z$ 的轨迹是与平面 $\pi,\pi'$ 平行且等距的一个平面，如图 7 所示.

具体到题目中，线段 $XY$ 的中点 $Z$ 的轨迹包含在与 $ABCD$ 和 $A'B'C'D'$ 平行且相距为 $\frac{a}{2}$ 的平面中，此处 $AA'=a$.

如图 8，在 $AC$ 上固定一点 $X$，令点 $Y$ 在线段 $B'D'$ 上变动，则点 $Z$ 的轨迹为 $\triangle D'XB'$ 的中线，它的长为 $\frac{a\sqrt{2}}{2}$. 当点 $X$ 在线段 $AC$ 上变动时，该中线在与两底面相距 $\frac{a}{2}$ 的地方平行地运动.

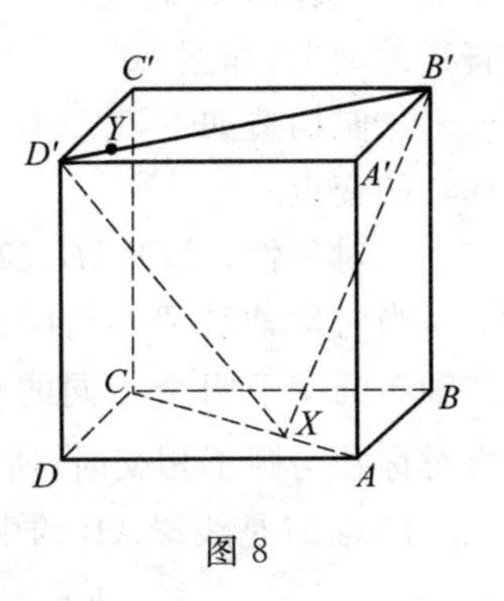

图 8

考虑 $X=A,X=C$ 时的极限情况，我们可知点 $Z$ 的轨迹是一个以立方体的侧面的中心为顶点的正方形，该正方形的边长为 $\frac{a\sqrt{a}}{2}$.

**注**　本题也可以用坐标系的方法来解答. 设

$A=(0,0,0),B=(1,0,0),C=(1,1,0),D=(0,1,0),A'=(0,0,1),\cdots$

则

$$X=(\alpha,\alpha,0),Y=(\beta,1-\beta,1)$$

这里 $0\leqslant\alpha,\beta\leqslant1$. 设 $\frac{ZX}{ZY}=c$，$c$ 是一个固定的正实数，则点 $Z$ 的坐标为

$$Z\left(\frac{\alpha+c\beta}{1+c},\frac{\alpha+c(1-\beta)}{1+c},\frac{c}{1+c}\right)$$

这样 $Z$ 在平面 $z=\frac{c}{1+c}$ 上. 为了精确地表示出 $Z$ 在平面上的轨迹,我们在平面上考虑下面的点的集合

$$M=\left\{(x,y)\mid x=\frac{\alpha+c\beta}{1+c},y=\frac{\alpha+c(1-\beta)}{1+c},0\leqslant\alpha,\beta\leqslant1\right\}$$

易知集合 $M$ 是如图9所示的矩形.

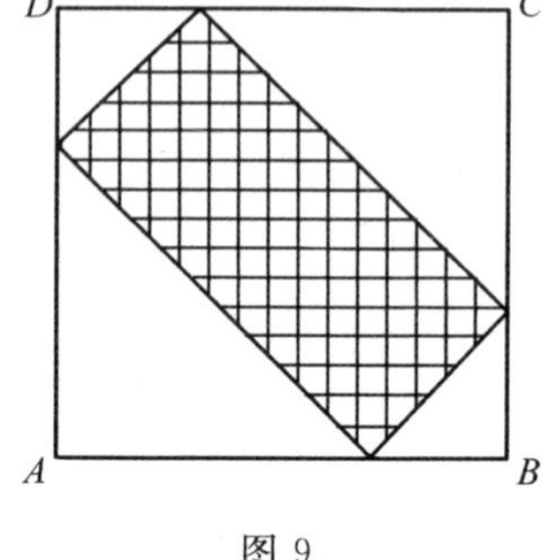

图 9

**题 2.6** 已知等腰梯形的两条底边的长分别为 $a,b$,高为 $h$.

(1) 试在该梯形的对称轴上找到一点 $P$,使得梯形的两条腰在点 $P$ 的视角成一直角;

(2) 求点 $P$ 到梯形两条底的距离;

(3) 给出满足(1)(2) 两个条件的点 $P$ 存在的条件.

**解** 在梯形 $ABCD$ 中,$AB=DC$ 为两腰,如果在点 $P$,线段 $AB$ 的视角是直角,则点 $P$ 位于以 $AB$ 为直径的圆上,如图10.

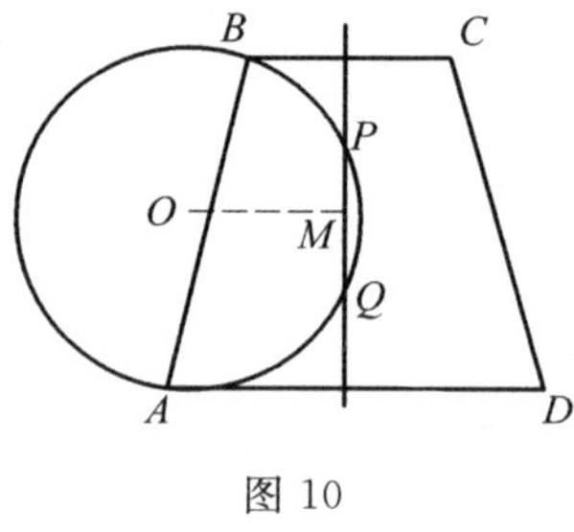

图 10

这时构造如下,以 $AB$ 为直径画圆并作出它与对称轴的交点.

由对称性,线段 $AB$,$CD$ 的视角均为 $90^\circ$.

当对称轴与圆相切时,所求问题有一个解;当对称轴与圆交于两个不同的点时,所求问题有两个解;当对称轴与圆不相交时,所求问题没有解.

设点 $M$ 是线段 $AB$ 的中点 $O$ 在对称轴上的垂直投影,则点 $P,Q$ 存在当且仅当 $OM\leqslant OA$ 或 $\frac{a+b}{2}\leqslant AB$.

因为 $AB=\sqrt{\left(\frac{b-a}{2}\right)^2+h^2}$,所以上面的条件等价于 $h^2\geqslant ab$. 等号成立时,点 $P$ 与点 $Q$ 重合. 当 $h^2<ab$ 时,这样的点 $P$ 不存在.

**题 2.7** 已知一个正圆锥,它有一个内切球,这个球又有一个外切直圆柱且圆柱的一个底面在圆锥的底面上,设 $V_1$,$V_2$ 分别为圆锥和圆柱的体积.

(1) 证明等式 $V_1=V_2$ 不成立;

(2) 求出比例 $V_1/V_2$ 的最小值并在这种情况下作出这个圆锥轴截面的顶角.

**解**　我们考虑过锥的轴的平面与锥相交所得到的截面．如图11，设 $R$ 是球面的半径，$2x$ 为过锥顶点的截面所形成的角，则

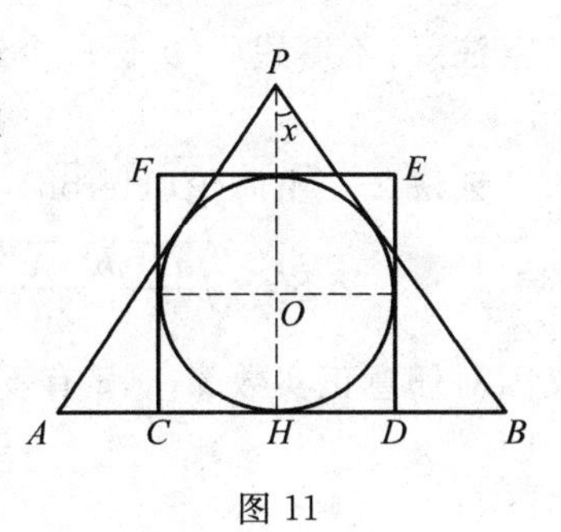

图11

$$PH=R\left(1+\frac{1}{\sin x}\right)$$

$$HB=\tan x\cdot PH=R\,\frac{1+\sin x}{\cos x}$$

$$V_1=\frac{1}{3}\pi\cdot HB^2\cdot HP,V_2=2\pi R^3$$

$V_1,V_2$ 的比为

$$\frac{V_1}{V_2}=\frac{1}{6}\,\frac{(1+\sin x)^2}{\sin x\cos^2 x}=\lambda$$

所以 $\sin^2 x$ 满足二次方程

$$(1+6\lambda)\sin^2 x+2(1-3\lambda)\sin x+1=0$$

上面的方程有实根当且仅当

$$\Delta=(1-3\lambda)^2-(1+6\lambda)\geqslant 0\Leftrightarrow\lambda\geqslant\frac{4}{3}$$



因此，等式 $V_1=V_2$ 不可能成立．当 $\lambda=\frac{4}{3}$ 时，比值 $V_1/V_2$ 取到最小值，此时，$\sin x=\frac{1}{3}$．

**题3.2**　已知三角形的三边长分别为 $a,b,c$，面积为 $S$，证明

$$a^2+b^2+c^2\geqslant 4\sqrt{3}S$$

并指出等号成立的条件．

**证法1**　在任意 $\triangle ABC$ 内，我们有

$$2p=a+b+c\leqslant 3\sqrt{3}R \qquad (*)$$

欧拉(Euler)不等式可叙述为：$R\geqslant 2r$．

下面的两个公式也要被用到

$$abc=4Rrp,S=pr$$

由算术平均不小于几何平均及上面的公式，我们可得

$$a^2+b^2+c^2\geqslant 3\cdot\sqrt[3]{a^2b^2c^2}=3\cdot\sqrt[3]{16R^2r^2p^2}\geqslant$$

$$6\cdot\sqrt[3]{2\cdot\frac{2p}{3\sqrt{3}}\cdot 2r^3p^2}=4pr\cdot\sqrt[3]{\frac{27}{3\sqrt{3}}}=$$

$$4S\sqrt[3]{3\sqrt{3}}=4\sqrt{3}S$$

**注**　不等式(*)是一个经典的结果,在IMO中应用很普遍.

**证法2**　由海伦(Heron)公式,三角形的面积为

$$S=\sqrt{\frac{a+b+c}{2}\cdot\frac{a+b-c}{2}\cdot\frac{a+c-b}{2}\cdot\frac{b+c-a}{2}}$$

又因对任意正实数 $x,y,z$ 有不等式

$$\frac{x+y+z}{3}\geqslant\sqrt[3]{xyz}$$

即

$$xyz\leqslant\left(\frac{x+y+z}{3}\right)^{3}$$

等号成立当且仅当 $x=y=z$.

这样,我们有

$$(a+b-c)(a+c-b)(b+c-a)\leqslant\left(\frac{x+y+z}{3}\right)^{3}=\frac{(a+b+c)^{3}}{27}$$



等号成立当且仅当 $a=b=c$.

因此

$$\begin{aligned}4S&=\sqrt{(a+b+c)(a+b-c)(a+c-b)(b+c-a)}\leqslant\\&\sqrt{(a+b+c)\cdot\frac{(a+b+c)^{3}}{27}}=\frac{(a+b+c)^{2}}{3\sqrt{3}}=\\&\frac{3a^{2}+3b^{2}+3c^{2}-(a-b)^{2}-(b-c)^{2}-(c-a)^{2}}{3\sqrt{3}}\leqslant\\&\frac{a^{2}+b^{2}+c^{2}}{\sqrt{3}}\end{aligned}$$

即得

$$a^{2}+b^{2}+c^{2}\geqslant4\sqrt{3}S$$

**注**　此题还有10余种证法,可参见作者另著《数学解题引论》中3.4节例6.

**题3.4**　设 $P_1P_2P_3$ 是一个三角形,$P$ 是它的一个内点.设 $Q_1,Q_2,Q_3$ 分别是直线 $P_1P,P_2P,P_3P$ 与对边 $P_2P_3,P_3P_1,P_1P_2$ 的交点.证明在 $\frac{P_1P}{PQ_1},\frac{P_2P}{PQ_2},\frac{P_3P}{PQ_3}$ 这三个比值中,至少有一个不大于2,并且至少有一个不小于2.

**证法1**　设 $G$ 为 $\triangle P_1P_2P_3$ 的重心,$R_1,R_2,R_3$ 分别为 $P_1G,P_2G,P_3G$ 与对

边的交点，那么当点 $P$ 与点 $G$ 重合时，我们有

$$\frac{P_1G}{GR_1}=\frac{P_2G}{GR_2}=\frac{P_3G}{GR_3}=2$$

下面设点 $P$ 与点 $G$ 不重合，那么点 $P$ 或者是由中线 $P_1G,P_2G,P_3G$ 所决定的六个三角形之一的内点，或者位于这三条中线中的某一条上，设 $P\in \mathrm{int}(P_1GR_2)$，如图12，设 $S$ 为 $P_1Q_1$ 与过点 $G$ 且平行于 $P_2P_3$ 的直线的交点，则

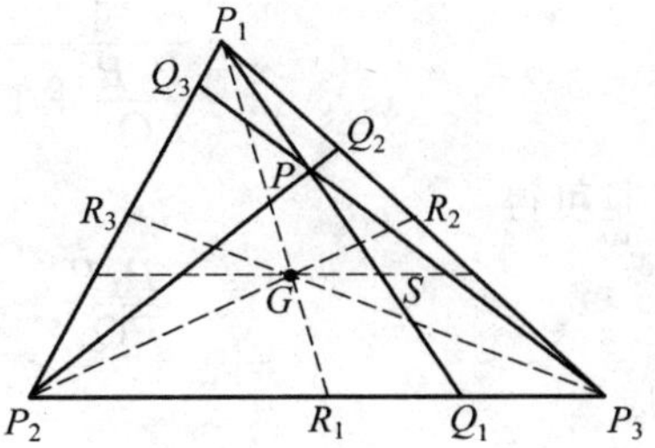

$$\frac{P_1P}{PQ_1}<\frac{P_1S}{SQ_1}=\frac{P_1G}{GR_1}=2$$



图12

同理可证

$$\frac{P_2P}{PQ_2}>\frac{P_2G}{GR_2}=2$$

**证法2** 设 $\triangle P_1P_2P_3,\triangle PP_2P_3,\triangle PP_3P_1,\triangle PP_1P_2$ 的面积分别为 $S$，$S_1,S_2,S_3$，则有

$$\frac{S_1}{S}=\frac{PQ_1}{P_1Q_1}=\frac{PQ_1}{P_1P+PQ_1}=\frac{1}{\frac{P_1P}{PQ_1}+1}$$

同理有

$$\frac{S_2}{S}=\frac{1}{\frac{P_2P}{PQ_2}+1},\frac{S_3}{S}=\frac{1}{\frac{P_3P}{PQ_3}+1}$$

因为

$$S_1+S_2+S_3=S$$

所以

$$\frac{S_1}{S}+\frac{S_2}{S}+\frac{S_3}{S}=1$$

即

$$\frac{1}{\frac{P_1P}{PQ_1}+1}+\frac{1}{\frac{P_2P}{PQ_2}+1}+\frac{1}{\frac{P_3P}{PQ_3}+1}=1$$

所以上式左边三个分式中至少有一个不大于 $\frac{1}{3}$，也至少有一个不小于 $\frac{1}{3}$. 不妨设

$$\frac{1}{\frac{P_1P}{PQ_1}+1}\leqslant\frac{1}{3},\frac{1}{\frac{P_2P}{PQ_2}+1}\geqslant\frac{1}{3}$$

于是可得

$$\frac{P_1P}{PQ_1}+1\geqslant 3,\frac{P_2P}{PQ_2}+1\leqslant 3$$

即

$$\frac{P_1P}{PQ_1}\geqslant 2,\frac{P_2P}{PQ_2}\leqslant 2$$

命题得证.

**题 3.5** 用直尺和圆规作$\triangle ABC$,使得$AC=b,AB=c,\angle AMB=\omega$,这里$\omega<\frac{\pi}{2}$,$M$是边$BC$的中点.证明这样的三角形可以作出的充分必要条件是

$$b\tan\frac{\omega}{2}\leqslant c<b$$

并指出等号成立的条件.



**证明** 如图13,设$\triangle ABC$为所求三角形,$AM$为过点$A$的中线.设$D$为边$AC$的中点,$l$为线段$AC$的垂直平分线,则$DM=\frac{c}{2}$.因此$M$是以$D$为圆心、$\frac{c}{2}$为半径的圆与以$O(O\in l)$为圆心并过$A,C$两点且使$\overset{\frown}{AMC}=\pi-\omega$的圆的交点.当点$M$与线段$AC$都给定时,容易得到所要的三角形.这样的三角形当且仅当两圆相交时存在,两圆相交的条件为

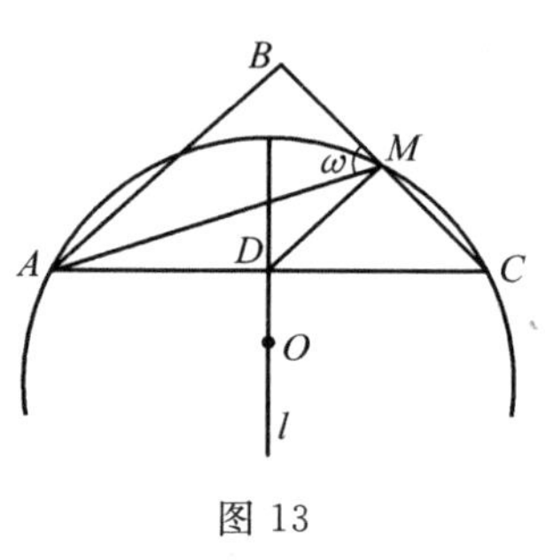

图 13

$$OM\leqslant OD+DM$$

上式等价于$\frac{b}{2}\tan\frac{\omega}{2}\leqslant\frac{c}{2}$.由$\angle BMA<\angle CMA$可得$b=AC>AB=c$,所以

$$b\tan\frac{\omega}{2}\leqslant c<b$$

**题 3.6** 设$E$是一个平面,$A,B,C$是位于$E$的同侧的不共线的三点,并且包含点$A,B,C$的平面不平行于$E$.设$A',B',C'$是平面$E$上的任意三点,$L,M,N$分别是线段$AA',BB',CC'$的中点.如果点$L,M,N$构成一个三角形,那么令$G$为该三角形的重心.当点$A',B',C'$在平面$E$上变动且使得点$L,M,N$构成一个三角形时,求点$G$的轨迹.

**解** 如图14,以平面$E$作为坐标平面$z=0$,即任取平面$E$上一定点作为

原点，$Ox$，$Oy$ 轴在平面 $E$ 上，$Oz$ 轴与平面 $E$ 垂直，建立直角坐标系 $O-xyz$. 设三个已知点 $A$，$B$，$C$ 的坐标分别为

$A(x_1,y_1,2a)$，$B(x_2,y_2,2b)$，$C(x_3,y_3,2c)$

则 $\triangle ABC$ 的重心 $S$ 的坐标为

$$S\left(\frac{x_1+x_2+x_3}{3},\frac{y_1+y_2+y_3}{3},\frac{2(a+b+c)}{3}\right)$$

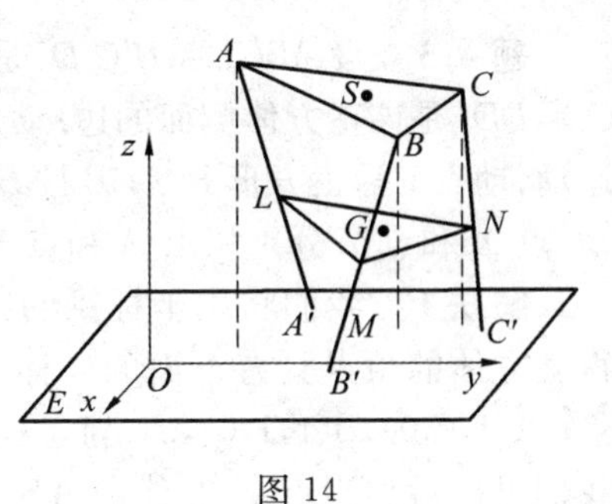

图 14

设平面 $E$ 上动点 $A'$，$B'$，$C'$ 的坐标分别为

$A'(x'_1,y'_1,0)$，$B'(x'_2,y'_2,0)$，$C'(x'_3,y'_3,0)$

于是，$AA'$，$BB'$，$CC'$ 的中点 $L$，$M$，$N$ 的坐标分别为

$$L\left(\frac{x_1+x'_1}{2},\frac{y_1+y'_1}{2},a\right),M\left(\frac{x_2+x'_2}{2},\frac{y_2+y'_2}{2},b\right),L\left(\frac{x_3+x'_3}{2},\frac{y_3+y'_3}{2},c\right)$$

$\triangle LMN$ 的重心坐标为

$$G\left(\frac{x_1+x_2+x_3+x'_1+x'_2+x'_3}{6},\frac{y_1+y_2+y_3+y'_1+y'_2+y'_3}{6},\frac{a+b+c}{3}\right)$$

由此可见，不论点 $A'$，$B'$，$C'$ 在平面上的位置如何，即不论 $x'_i$，$y'_i(i=1,2,3)$ 的取值如何，点 $G$ 的 $z$ 坐标总为定值

$$z_G=\frac{a+b+c}{3}$$

即点 $G$ 在与平面 $E$ 平行的一个平面 $z=\frac{a+b+c}{3}$ 上.

另一方面，点 $G$ 的 $x$，$y$ 坐标为

$$x_G=\frac{x_1+x_2+x_3+x'_1+x'_2+x'_3}{6}$$

$$y_G=\frac{y_1+y_2+y_3+y'_1+y'_2+y'_3}{6}$$

由于 $A'$，$B'$，$C'$ 在平面 $E$ 上任意变动，所以 $x'_iy'_i(i=1,2,3)$ 可取一切实数值，从而 $x_G$，$y_G$ 可取一切实数值. 这就是说，动点 $G$ 可取遍平面 $z=\frac{a+b+c}{3}$ 上的任一点，所以动点 $G$ 的轨迹为平面 $z=\frac{a+b+c}{3}$.

这个平面平行于平面 $E$，它到平面 $E$ 的距离 $\left(\frac{a+b+c}{3}\right)$ 等于 $\triangle ABC$ 的重心 $S$ 到平面 $E$ 的距离 $\frac{2(a+b+c)}{3}$ 的一半.

**题4.3** 设$ABCDA'B'C'D'$是一个以$ABCD$为上底面的正方体且$AA'$,$BB'$,$CC'$,$DD'$是该正方体侧面的边.动点$X$沿正方形$ABCD$按$ABCDA$的方向做等速运动,动点$Y$沿正方形$B'C'CB$按$B'C'CBB'$的方向以与点$X$同样的速度做等速运动.点$X$和点$Y$分别从点$A$和点$B'$同时出发.求线段$XY$中点的轨迹.

**解法1** 我们将用坐标系的方法给出问题的解.设点$D$是坐标轴的原点使得立方体的顶点具有下面的坐标

$A(1,0,0)$,$B(1,1,0)$,$C(0,1,0)$,$A'(1,0,1)$,$B'(1,1,1)$,$C'(0,1,1)$,$D'(0,0,1)$

我们可以看到当点$X$在线段$AB$上移动时,点$Y$在线段$B'C'$上移动.设$t$为决定点$X$移动的参数,即$X(1,t,0)$,那么点$Y$的坐标为$Y(1-t,1,1)$.线段$XY$的中点$P$的坐标为

$$P\left(\frac{2-t}{2},\frac{1+t}{2},\frac{1}{2}\right)$$

由此可见点$P$位于平面$z=\frac{1}{2}$上的一条线段上.下面来确定这条线段,分别令$t=0$,$t=1$,则可得



$$P_0\left(1,\frac{1}{2},\frac{1}{2}\right),P_1\left(\frac{1}{2},1,\frac{1}{2}\right)$$

因此,线段$P_0P_1$联结了面$ABB'A'$与面$BCC'B'$的中心.用同样的方法我们可得线段$P_1P_2$,$P_2P_3$,$P_3P_0$,其中$P_2\equiv C$,$P_3$是面$ABCD$的中心.

**解法2** 按点$X$,$Y$的位置分为下面四种情况来考虑:

(1)当$X$在$AB$上,这时$Y$在$B'C'$上,并有$AX=B'Y$.作正方体的中截面$\alpha$,即由$AA'$,$BB'$,$CC'$,$DD'$四棱的中点$A_0$,$B_0$,$C_0$,$D_0$所确定的平面,并作$XX_0\perp\alpha$,$YY_0\perp\alpha$,垂足分别为$X_0$,$Y_0$,它们必定分别在$A_0B_0$与$B_0C_0$上,并且$A_0X_0=AX$,$B_0Y_0=B'Y$,故有$A_0X_0=B_0Y_0$.

这时,$XY$的中点$Z$必定在中截面$\alpha$上,并且它就是$X_0Y_0$的中点.于是,线段$XY$的中点的轨迹就是平面$\alpha$上的线段$X_0Y_0$的中点的轨迹,而这个轨迹就是线段$Z_1Z_2$,其中$Z_1$是$A_0B_0$的中点,$Z_2$是$B_0C_0$的中点.

(2)当$X$在$BC$上,这时$Y$在$C'C$上,并有$BX=C'Y$.

这时$X$,$Y$都在平面$BCC'B'$上,且$XY\parallel BC'$,所以这些$XY$的中点$Z$的轨迹是对角线$CB'$上的线段$Z_2C$.

(3)当$X$在$CD$上,这时$Y$在$CB$上,并有$CX=CY$.

这时$X$,$Y$都在平面$ABCD$上,且$XY\parallel BD$,所以这些$XY$的中点$Z$的轨迹是对角线$CA$上的线段$CZ_3$($Z_3$是正方形$ABCD$的两条对角线的交点).

(4)当$X$在$DA$上,这时$Y$在$BB'$上,并有$DX=BY$.

这时与(1)相仿，可得 $XY$ 的中点 $Z$ 的轨迹是线段 $Z_3Z_1$.

综上所述，所求线段 $XY$ 的中点 $Z$ 的轨迹是封闭折线 $Z_1Z_2CZ_3Z_1$，再由 $Z_1Z_2=Z_2C=CZ_3$ 及 $Z_1Z_2 \parallel Z_3C$ 可知，$Z_1Z_2CZ_3$ 是一个菱形. 因此，$XY$ 的中点 $Z$ 的轨迹是菱形 $Z_1Z_2CZ_3$.

**题 4.5**　设 $A,B,C$ 是圆周 $\Gamma$ 上三个不同的点. 用直尺和圆规在 $\Gamma$ 上作一点 $D$ 使得四边形 $ABCD$ 有内切圆.

**解**　设 $AB \geqslant BC$，$D$ 为所要求的第四个点. 点 $D$ 包含在不包含点 $B$ 的 $\overparen{AC}$ 中. 由条件 $AB+CD=AD+BC$ 可得

$$AB-BC=AD-CD \geqslant 0$$

这样点 $D$ 位于 $\triangle ABC$ 的外接圆上，而且点 $B$，$D$ 位于线段 $BC$ 的平分线的同侧，如图 15.

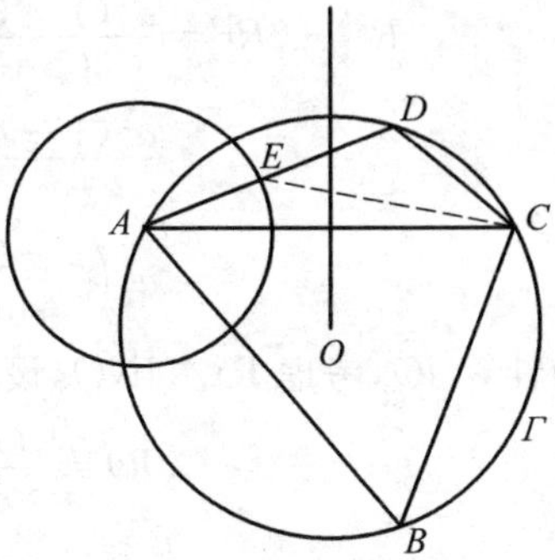

图 15

设点 $E$ 在线段 $AD$ 上，且 $DE=DC$，则 $\triangle EDC$ 是等腰三角形，且在点 $E$ 的角为

$$\angle DEC=\frac{\pi-\angle D}{2}=\frac{\angle ABC}{2}$$

由上式可得

$$\angle AEC=\pi-\frac{\angle ABC}{2}$$

我们可知点 $E$ 是以点 $A$ 为圆心、以 $r=AB-BC$ 为半径的圆与过 $A$，$C$ 两点且使得 $\angle AEC=\pi-\frac{\angle B}{2}$ 的圆的交点. 得到点 $E$ 后，点 $D$ 也就容易得到了.

**题 4.6**　设 $ABC$ 是一个等腰三角形，$R$，$r$ 分别是它的外接圆半径和内切圆半径. 证明 $\triangle ABC$ 的外接圆的圆心与内切圆的圆心的距离 $d$ 为

$$d=\sqrt{R(R-2r)}$$

**注**　这个问题是著名的欧拉定理的特殊情形.

**证法 1**　我们将用三角方法给出第一种解法.

如果在 $\triangle ABC$ 中，$AB=AC$，那么这个三角形可由 $BC=2a$ 及 $\angle BAC=2x$ 完全确定. 设 $x \leqslant 30^\circ$，如图 16. 如果 $x>30^\circ$，我们可做类似的讨论.

直接计算可得下面的等式

$$AC=\frac{a}{\sin x}, R=OA=\frac{a}{\sin 2x}, p=a+\frac{a}{\sin x}$$

$$S=\frac{1}{2}BC\cdot AD=\frac{a^2}{\tan \alpha}$$

由最后一个等式及 $S=pr$ 可得 $r=\dfrac{a\cos x}{1+\sin x}$,此处

$$r=ID=IT$$

这样我们有

$$R^2-2Rr=\frac{a^2(1-3\sin x+4\sin^3 x)}{(1+\sin x)\sin^2 2x}=$$

$$\frac{a^2(1-4\sin x+4\sin^3 x)}{\sin^2 2x}=$$

$$a^2\left(\frac{1-2\sin x}{\sin 2x}\right)^2$$

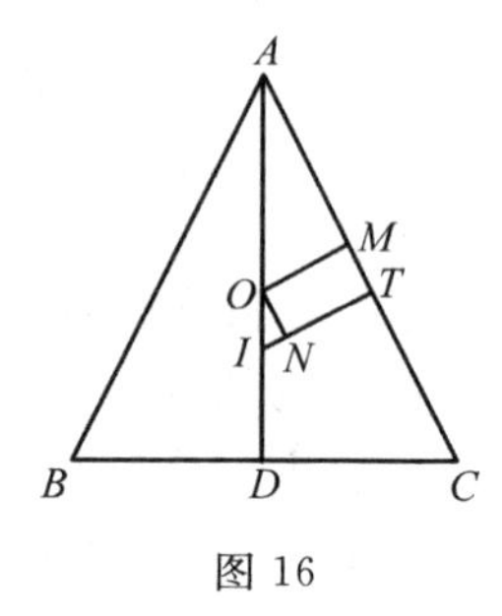

图 16

为计算 $IO$,考虑 $\mathrm{Rt}\triangle INO$,设 $\angle ION=x$,那么

$$IO=\frac{ON}{\cos x}=\frac{MT}{\cos x}=\frac{AT-AM}{\cos x}=$$

$$\left(p-2a-\frac{AC}{2}\right)\frac{1}{\cos x}=$$

$$\left(\frac{a}{\sin x}-a-\frac{a}{2\sin x}\right)\frac{1}{\cos x}=$$

$$\frac{a}{\cos x}\left(\frac{1}{2\sin x}-1\right)=\frac{a(1-2\sin x)}{\sin 2x}$$

得证.



**证法2** 设在 $\triangle ABC$ 中,$AB=AC$,$O$ 是外心,$I$ 是内心.过点 $A$ 作外接圆圆 $O$ 的直径 $AD$,交 $BC$ 于 $E$.由等腰三角形的对称性可知,$\angle BAD=\angle DAC$,点 $I$ 在 $AD$ 上.

联结 $BI$,$BD$,则

$$\angle BID=\angle BAD+\angle ABI$$

$$\angle IBD=\angle DBC+\angle IBE$$

因为

$$\angle BAD=\angle DAC=\angle DBC,\angle ABI=\angle IBE$$

所以

$$\angle BID=\angle IBD$$

从而 $DI=DB$.当 $\angle A\leqslant 60^\circ$ 时,如图 17.

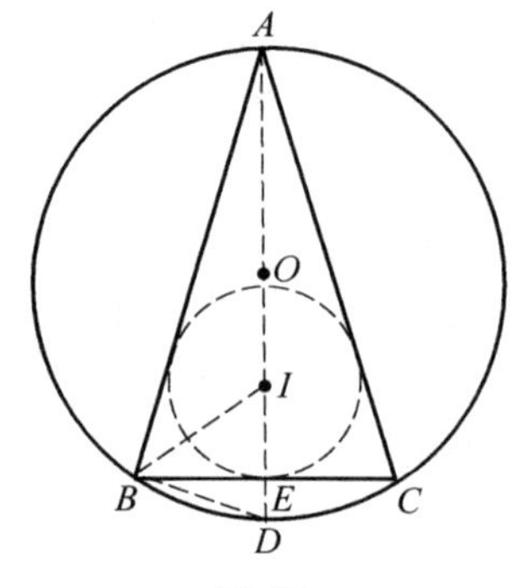

图 17

在 $\mathrm{Rt}\triangle ABD$ 中,有

$$DB^2=DE\cdot AD$$

由

$$DI=DB, AD=2R, DE=DI-EI=DI-r$$

可得

$$DI^2=2R\cdot(DI-r) \quad (*)$$

又因为

$$d=IO=|DO-DI|=|R-DI|$$

所以

$$d^2=|R-DI|^2=R^2-2R\cdot DI+DI^2$$

将式(*)代入,得

$$d^2=R^2-2R\cdot DI+2R\cdot(DI-r)=R^2-2Rr=R(R-2r)$$

**证法3**　联结 $CI$ 交 $\triangle ABC$ 的外接圆于点 $F$,联结 $BI$,$BF$.因为

$$\angle ABI=\angle IBC, \angle FBA=\angle ACF=\angle ICB$$

而

$$\angle FIB=\angle IBC+\angle ICB$$
$$\angle FBI=\angle ABI+\angle FBA$$

所以 $\angle FIB=\angle FBI$,因此 $FB=FI$.

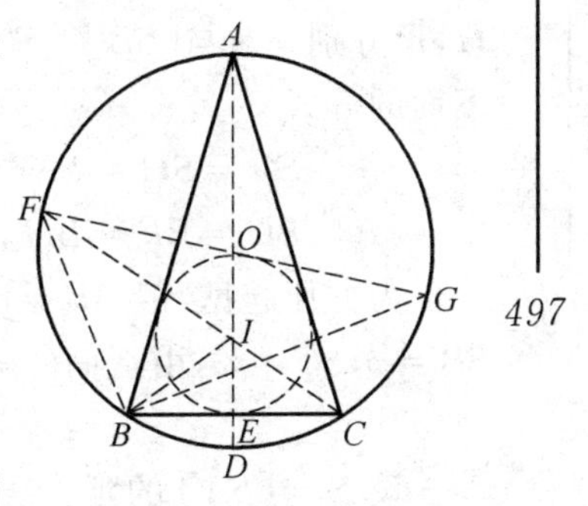

图 18

联结 $FO$ 交 $\triangle ABC$ 的外接圆于点 $G$,联结 $BG$.当 $\angle A\leqslant 60^\circ$ 时,如图 18.

在 $\triangle IEC$ 与 $\triangle FBG$ 中,因为 $\angle IEC=\angle FBG=90^\circ$,$\angle ICE=\angle FGB$,所以 $\triangle IEC\backsim\triangle FBG$,从而

$$\frac{CI}{GF}=\frac{IE}{FB}$$

因为 $GF=2R$,$IE=r$,$FB=FI$,故可得 $CI\cdot FI=2Rr$.

又因为 $CI\cdot FI=AI\cdot DI$,而

$$AI\cdot DI=(R+d)(R-d)$$

所以

$$(R+d)(R-d)=2Rr$$

因此 $d=\sqrt{R(R-2r)}$.

**题4.7**　设 $SABC$ 是一个四面体而且存在五个球与四面体的棱 $SA$,$SB$,$SC$,$AB$,$BC$,$CA$ 或其延长线相切.证明:

(1) 四面体 $SABC$ 是正四面体;

(2) 反之,对每个正四面体存在五个这样的球.

**证明** 设$\Sigma$是一个与四面体的边或其延长线相切的球.考虑一个特例,设$\Sigma$与$[AB]$,$[BC]$,$[CA]$分别相切,那么$\Sigma$与平面$ABC$的交为内切于$\triangle ABC$的一个圆.设$\Sigma$与$[BC]$,$[CA]$,$[AB]$分别相切于点$D,E,F$.

球面$\Sigma$分别与包含面$SAB,SBC,SCA$的平面相交于一些圆,这些圆分别内切或旁切于$\triangle SAB,\triangle SBC,\triangle SCA$.

设$\Sigma$与边$SA$相切于点$G$,且点$G$是边$[SA]$的一个内点.球面$\Sigma$可完全由四点$D,E,F,G$来确定,且只有一个这样的球面.一般来讲,球面不必与边$SB$,$SC$相切.

在这种情况下,下列相交得到的圆$\Sigma\cap$平面$SBC$,$\Sigma\cap$平面$SAC$分别内切于$\triangle SBC,\triangle SCA$.设$H,K$分别是$\Sigma$与$[SB]$,$[SC]$的切点.如图19,我们有下面的等式

$$SG=SH=SK,AE=AF=AG$$

$$BD=BF=BH,CD=CE=CK$$



图19



为方便起见,记$AB=c,BC=a,CA=b,SA=u$,$SB=v,SC=w$,由上面的等式我们可得

$$a+u=b+v=c+w \quad ①$$

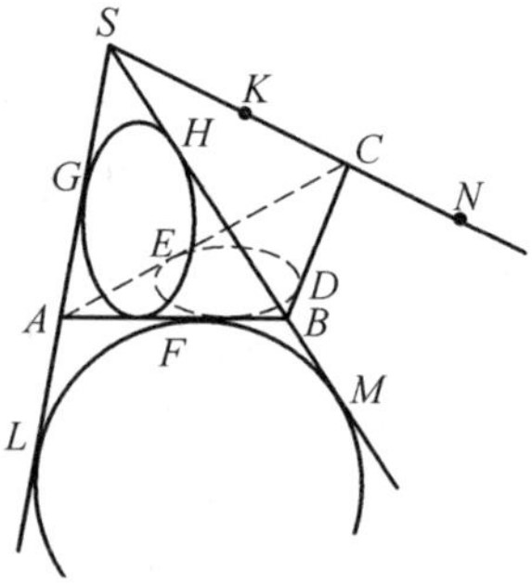

设$\Sigma$与$[SA]$的延长线切于点$L$,则圆$\Sigma\cap$平面$SAB$为$\triangle SAB$的旁切圆,且球$\Sigma$由$D,E,F,L$四点完全确定.球面$\Sigma$与平面$SBC,SAC$的交分别是$\triangle SBC,\triangle SAC$的旁切圆.分别记$M,N$为$\Sigma$与$SB,SC$的切点,与前面的情况类似,我们有

$$SL=SM=SN,AE=AF=AL,BD=BF=BM,CD=CE=CN$$

由这些等式可得

$$SA-SB=SL-AF-(SM-BF)=BF-AF=BD-AE=BC-AC$$

最终,我们可得

$$u-a=v-b \quad ②$$

对$SB-SC$进行类似的讨论可得

$$v-b=w-c \quad ③$$

由等式①②③可得

$$a=b=c,u=v=w \quad ④$$

把$S$换为$A$,进行类似的讨论可得

$$u=c=b,a=v=w \quad ⑤$$

因此,$SABCD$的各边相等,所以它是一个正四面体.

反过来的问题要容易一些. 对于一个正四面体,一定有一个球与正四面体的各边的中点相切,且该球的球心就是正四面体的中心. 另外的四个球与每三边的延长线外切. 这样我们便得到了所需的五个球.

**题 5.2** 设 $A$,$BC$ 分别是空间中的一点和一条线段,点 $M$ 是线段 $BC$ 上的一个动点. 求直角 $\angle APM$ 的顶点 $P$ 的轨迹.

**解** 设 $\pi$ 是 $A$,$B$,$C$ 三点所决定的平面. 如果我们考虑所得轨迹与平面 $\pi$ 的交,则问题可以得到简化. 使得 $\angle APB$ 是一个直角的点 $P(P\in\pi)$ 的轨迹是以 $AB$ 为直径的圆 $\Gamma$. 在空间中,该轨迹为以 $AB$ 为直径的球面 $\Sigma$. 当 $M=C$ 时,使得 $\angle APB$ 是一个直角的 $P(P\in\pi)$ 的轨迹是以 $AC$ 为直径的圆 $\Gamma'$,如图 20. 同样在空间中,该轨迹为以 $AC$ 为直径的球面 $\Sigma'$. 圆 $\Gamma$ 与 $\Gamma'$ 交于点 $D$,点 $D$ 为 $\triangle ABC$ 中过点 $A$ 的高的垂足. 球面 $\Sigma$ 和 $\Sigma'$ 交于过点 $A$ 和点 $D$ 的一个圆.

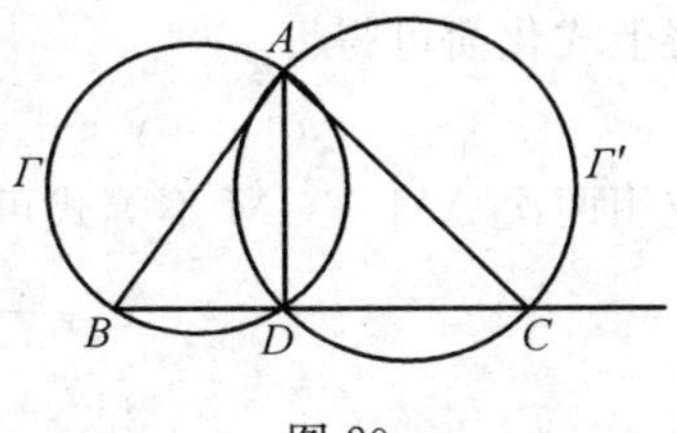

图 20

对于线段 $BC$ 的任意内点 $M$,在平面 $\pi$ 上,我们可得过点 $A$ 和点 $D$ 的一个圆,该圆有一段弧属于 $\Gamma$,有一段弧不属于 $\Gamma$,但属于 $\Gamma'$. 显然,此时点 $P$ 不属于 $\Gamma\cap\Gamma'$. 同理可得点 $P$ 在空间中的轨迹.

**题 5.3** 已知凸多边形的各角都相等,并且它的各边 $a_1,a_2,\cdots,a_n$ 满足不等式

$$a_1\geqslant a_2\geqslant\cdots\geqslant a_n$$

求证:$a_1=a_2=\cdots=a_n$.

**证明** 设 $A_1A_2\cdots A_n$ 是一个多边形且 $a_i=A_iA_{i+1}$. 有两种情况:$n$ 为偶数或 $n$ 为奇数. 设 $n=2k+1$. $\angle A_0A_1A_2$ 的平分线 $l$ 垂直于边 $A_{k+1}A_{k+2}$. 边 $A_1A_2$,$A_2A_3$,$\cdots$,$A_kA_{k+1}$ 和边 $A_nA_{n-1}$,$A_{n-1}A_{n-2}$,$\cdots$,$A_{k+3}A_{k+2}$ 与 $l$ 所成的角分别相等. 设 $b_i$ 为边 $a_i$ 在 $l$ 上的投影,则

$$b_1+b_2+\cdots+b_k=b_n+b_{n-1}+\cdots+b_{k+2}$$

一般的,我们有 $b_1\leqslant b_n$,$b_2\leqslant b_{n-1}$,$\cdots$,$b_k\leqslant b_{k+2}$.

如果存在 $i$ 使得 $b_i<b_{n-i+1}$,也即 $a_i<a_{n-i+1}$,则

$$a_1=a_2=\cdots=a_n$$

如果 $n=2k$,向与 $A_1A_n$ 和 $A_kA_{k+1}$ 都垂直的边作投影,则可做与上面类似的讨论.

**题 6.2** 设 $a,b,c$ 是某一三角形三条边的长,证明

$$a^2(b+c-a)+b^2(c+a-b)+c^2(a+b-c)\leqslant 3abc$$

**证法1** 直接应用舒尔不等式的变形式即证.

**证法2** 利用切线长代换,设 $x,y,z$ 是正数且使得 $a=y+z,b=z+x,c=x+y$,则要证的不等式可化为

$$2x(y+z)^2+2y(z+x)^2+2z(x+y)^2\leqslant$$
$$3(x+y)(y+z)(z+x)$$

将上式化简可得

$$x^2y+y^2z+z^2x+xy^2+yz^2+zx^2\geqslant 6xyz$$

应用两次 AM-GM 不等式可得

$$x^2y+y^2z+z^2x\geqslant 3\sqrt[3]{x^3y^3z^3}$$
$$xy^2+yz^2+zx^2\geqslant 3\sqrt[3]{x^3y^3z^3}$$

将上面的两式相加即得所证不等式.

**证法3** 对不等式进行解释,可得下面的解法.定义关于 $a,b,c$ 的对称函数如下



$$S_1=a+b+c=2p$$
$$S_2=ab+bc+ca=p^2+r^2+4Rr$$
$$S_3=abc=4Rrp$$

则

$$a^2(b+c-a)+b^2(c+a-b)+c^2(a+b-c)=$$
$$a^2b+b^2a+a^2c+c^2a+b^2c+c^2b-(a^3+b^3+c^3)=$$
$$(a+b+c)(ab+bc+ca)-3abc-$$
$$[(a+b+c)^2-3(a+b+c)(ab+bc+ca)+3abc]=$$
$$S_1S_2-3S_3-S_1^3+3S_1S_2-3S_3=$$
$$4S_1S_2-S_1^3-6S_3=$$
$$8p(p^2+r^2+4Rr)-8p^3-24Rrp=$$
$$8pr^2+8Rrp$$

因此我们只需证明

$$8pr^2+8Rrp\leqslant 12Rrp$$

上式等价于欧拉不等式:$2r\leqslant R$.因此原问题等价于欧拉不等式.

**题6.3** 设 $ABC$ 为一个三角形,$a,b,c$ 是其三边的长.平行于 $\triangle ABC$ 的一边且与其内切圆相切的直线截 $\triangle ABC$ 可得三个小的三角形.考虑 $\triangle ABC$ 的内切圆及由上面方法所得的三个小三角形的内切圆,求这四个内切圆的面积的和.

**解** 设 $KL$ 是与 $BC$ 边平行的三角形的内切圆的切线,设 $r_A$ 是 $\triangle AKL$ 的

内切圆的半径. $r_B$，$r_C$ 的定义与 $r_A$ 类似(图21)，设 $r$ 为 $\triangle ABC$ 的内切圆的半径.

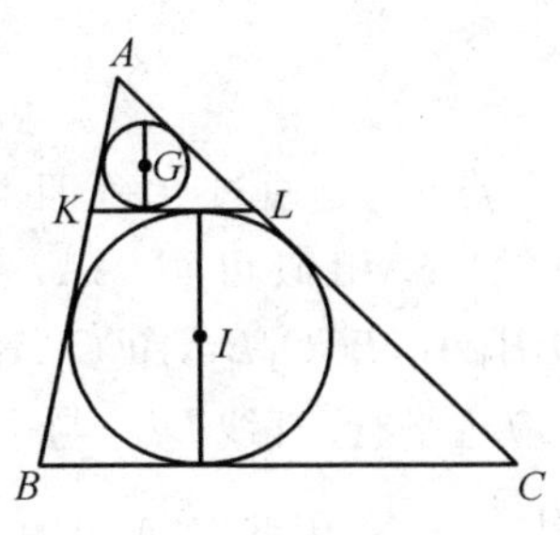

图21

$\triangle ABC$ 与 $\triangle AKL$ 相似，且相似比为 $\frac{r}{r_A}$，等于这两个三角形高的比. 设 $h$ 是 $\triangle ABC$ 中过点 $A$ 的高，则

$$\frac{h}{h-2r}=\frac{r}{r_A}$$

这样我们可得

$$r_A=\frac{r(h-2r)}{h}=r-\frac{2r^2}{h}$$

由公式 $2S=ah=2pr$，我们可得

$$r_A=\frac{r}{p}(p-a)$$

由同样的方法，可得

$$r_B=\frac{r}{p}(p-b),r_C=\frac{r}{p}(p-c)$$



因此所求的和为

$$\begin{aligned}T=&\pi(r^2+r_A^2+r_B^2+r_C^2)=\\&\pi r^2\left(1+\frac{(p-a)^2+(p-b)^2+(p-c)^2}{p^2}\right)=\\&\pi r^2\left(4+\frac{a^2+b^2+c^2-2p(a+b+c)}{p^2}\right)=\\&\frac{\pi r^2}{p^2}(a^2+b^2+c^2)=\\&\frac{\pi(a^2+b^2+c^2)(p-a)(p-b)(p-c)}{p^3}=\\&\frac{\pi(a^2+b^2+c^2)(b+c-a)(a+b-c)(a+c-b)}{(a+b+c)^3}\end{aligned}$$

**题6.6**　设 $ABCD$ 是一个四面体，$D_1$ 是四面体的面 $ABC$ 的重心. 分别过点 $A,B,C$ 作与 $DD_1$ 平行的直线，它们与平面 $BCD$，平面 $ACD$，平面 $ABD$ 分别交于点 $A_1,B_1,C_1$. 证明：四面体 $ABCD$ 的体积是四面体 $A_1B_1C_1D_1$ 体积的三分之一.

当 $D_1$ 是面 $ABC$ 的任意内点时，上面的结论是否还成立？

**证明**　设 $A',B',C'$ 分别是线段 $BC,CA,AB$ 的中点，那么线段 $AA',BB'$，$CC'$ 相交于 $D_1$，且

$$\frac{A'D_1}{A'A}=\frac{B'D_1}{B'B}=\frac{C'D_1}{C'C}=\frac{1}{3}$$

点 $A_1$ 是通过点 $A$ 且与 $DD_1$ 平行的直线与 $A'D$ 的交点.由 $\triangle A'D_1D$ 与 $\triangle A'AA_1$ 相似可得 $AA_1=3DD_1$.同理,$BB_1=3DD_1$,$CC_1=3DD_1$,所以 $ABB_1A_1$,$BCC_1B_1$,$ACC_1A_1$ 为平行四边形.这样,$\triangle ABC$ 与 $\triangle A_1B_1C_1$ 全等,且对应边平行.直线 $DD_1$ 与平面 $ABC$ 交于点 $D_2$,且 $D_2$ 为 $\triangle A_1B_1C_1$ 的重心,所以 $\frac{D_1D}{D_1D_2}=\frac{1}{3}$.因此 $\triangle ABC$ 的高是平面 $ABC$ 与平面 $A_1B_1C_1$ 的距离的三倍.问题得证.

对于一般一些的点 $D_1$,结论仍然成立.证明如下.

在平面 $ABC$ 上,联结 $AD_1$ 交 $BC$ 于点 $A'$,联结 $CD_1$ 交 $AB$ 于 $C'$.

过 $A'$,$D_1$,$D$ 三点作一个平面.因为 $A$ 在 $A'D_1$ 上,且 $AA_1 /\!/ D_1D$,所以 $AA_1$ 在平面 $A'D_1D$ 上,直线 $AA_1$ 与 $A'D$ 必定相交,其交点也就是直线 $AA_1$ 与平面 $BCD$ 的交点 $A_1$,即 $A'$,$D$,$A_1$ 三点在一条直线上,如图22.



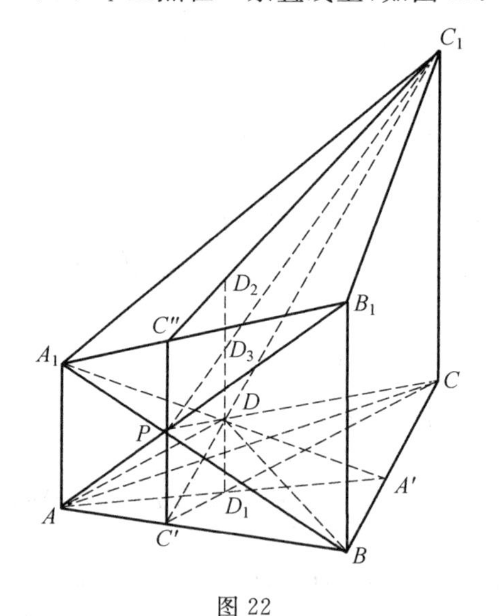


图22

过 $C$,$D_1$,$D$ 三点作一个平面.因为点 $C'$ 在 $CD_1$ 上,且 $C'$ 在 $AB$ 上,所以平面 $CD_1D$ 与平面 $ABA_1$ 必交于过点 $C'$ 的一条直线 $C'P$,设直线 $CD$ 与这条交线 $C'P$ 相交于点 $P$.又由 $D_1D /\!/ AA_1$ 可得 $DD_1$ 平行于平面 $ABA_1$,从而 $C'P /\!/ D_1D$.

因为 $BB_1 /\!/ AA_1 /\!/ D_1D$,所以 $BB_1$ 在平面 $ABA_1$ 上,直线 $BB_1$ 与 $AP$ 必相

交.由于 $AP$ 在平面 $ACD$ 上,所以直线 $BB_1$ 与 $AP$ 的交点,也就是 $BB_1$ 与平面 $ACD$ 的交点 $B_1$,即 $A,P,B_1$ 三点在一直线上.同理可证,$C',D,C_1$ 三点共线;$A_1,P,B$ 三点共线.

因为 $AA_1 /\!/ BB_1$,它们都在平面 $ABA_1$ 上,$C'P$ 与 $A_1B_1$ 相交,设交点为 $C''$.四边形 $A_1ABB_1$ 是梯形,点 $P$ 是梯形对角线的交点,且 $C'C'' /\!/ AA_1 /\!/ BB_1$,所以 $C'P=PC''$.

因为 $C'C'' /\!/ D_1D /\!/ CC_1$,它们都在平面 $CD_1D$ 上,设 $C''C_1$ 与直线 $D_1D$ 相交于点 $D_2$,$PC_1$ 与 $D_1D$ 相交于点 $D_3$.在梯形 $C''C'CC_1$ 中,$D_1D_2 /\!/ C'C'' /\!/ C_1C$,$C'P=PC''$,$D,D_3$ 分别是 $PC,PC_1$ 与 $D_1D_2$ 的交点,点 $D$ 还是梯形 $PC'CC_1$ 对角线的交点,所以有 $D_1D=DD_3=D_3D_2$,即有 $D_1D_2=3D_1D$,从而不难证明 $V_{ABCD_2}=3V_{ABCD}$.

又因为 $AA_1 /\!/ BB_1 /\!/ D_1D_2$.所以四面体 $A_1B_1D_2D_1$ 与四面体 $ABD_1D_2$ 有相等的底面积,$S_{\triangle A_1D_1D_2}=S_{\triangle AD_2D_1}$,与相等的高(都等于直线 $BB_1$ 和平面 $AD_1D_2A_1$ 之间的距离),因此它们的体积相等,即 $V_{A_1B_1D_2D_1}=V_{ABD_1D_2}$.同理可得

$$V_{B_1C_1D_2D_1}=V_{BCD_1D_2},V_{C_1A_1D_2D_1}=V_{CAD_1D_2}$$



因此,我们有

$$\begin{aligned}V_{A_1B_1C_1D_1}&=V_{A_1B_1D_2D_1}+V_{B_1C_1D_2D_1}+V_{C_1A_1D_2D_1}=\\&V_{ABD_1D_2}+V_{BCD_1D_2}+V_{CAD_1D_2}=\\&V_{ABCD_2}=3V_{ABCD}\end{aligned}$$

**题 7.3**　设 $ABCD$ 是一个四面体且 $AB=a,CD=b$.直线 $AB$ 与 $DC$ 的距离为 $d$,它们的夹角为 $\omega$.设 $P$ 是与 $AB,DC$ 平行的平面且使得 $P$ 与 $AB$ 和 $DC$ 的距离的比为 $k$.平面 $P$ 将四面体 $ABCD$ 分为了两个几何体,求这两个几何体的体积的比.

**解法 1**　设 $K,L,M,N$ 分别是平面 $P$ 与边 $BC$,$AC,AD,BD$ 的交点,如图 23.

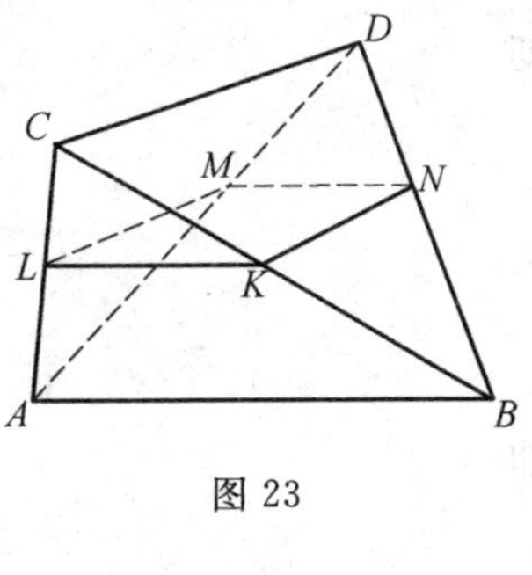

因此 $KL /\!/ AB,LM /\!/ CD,MN /\!/ AB,NK /\!/ CD$,四边形 $KLMN$ 是平行四边形.由 $LM /\!/ CD$ 及 $LK /\!/ AB$ 可得 $\angle MLK=\omega$,因此平行四边形的面积为

$$S=KL\cdot LM\cdot\sin\omega$$

图 23

设 $x$ 为平面 $P$ 与直线 $CD$ 之间的距离,则

$$\frac{d-x}{x}=k,\frac{d}{x}=k+1$$

同理可得

$$\frac{d}{x}=\frac{AB}{KL},\frac{d}{d-x}=\frac{CD}{LM}$$

因此

$$KL=\frac{ax}{d},LM=\frac{b(d-x)}{d},S=S(x)=\frac{ax}{d}\cdot\frac{b(d-x)}{d}$$

这样所要求的体积为

$$\mathrm{Vol}(KLMNCD)=\int_0^x S(t)\mathrm{d}t=\left(\frac{abx^2}{2d}-\frac{abx^3}{3d^2}\right)\sin\omega$$

$$\mathrm{Vol}(KLMNAB)=\int_0^{d-x} S(t)\mathrm{d}t=\left(\frac{ab(d-x)^2}{2d}-\frac{ab(d-x)^3}{3d^2}\right)\sin\omega$$

体积的比为

$$\frac{\mathrm{Vol}(KLMNAB)}{\mathrm{Vol}(KLMNCD)}=k^2\ \frac{3k+3}{3k+1}$$



**解法2** 如图24,以$BCD$为底面,$AB$为侧棱作三棱柱$BCD-AC_1D_1$,令

$$V_{\text{三棱柱}BCD-AC_1D_1}=V_1,V_{\text{拟柱体}AB-GEFH}=V_2$$

$$V_{\text{拟柱体}CD-EFHG}=V_3,V_{\text{四棱锥}A-E_1F_1HG}=V_4$$

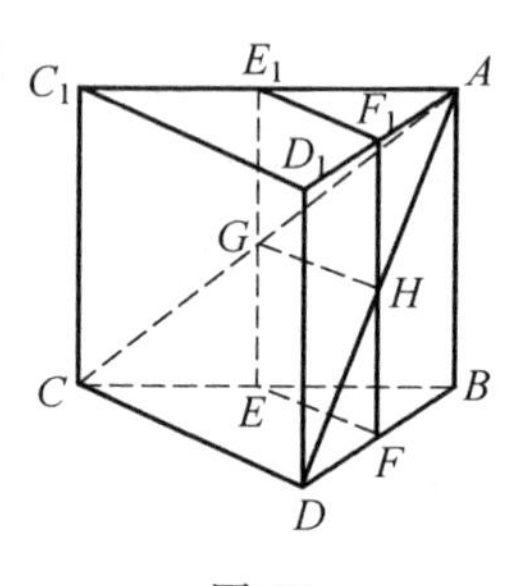

图24

则

$$V_{A-BCD}=\frac{1}{3}V_1,V_{A-C_1D_1DC}=\frac{2}{3}V_1$$

而

$$\frac{V_2+V_4}{V_1}=\frac{V_{\text{三棱柱}BEF-AE_1F}}{V_{\text{三棱柱}BCD-AC_1D_1}}=\frac{BE\cdot BF}{BC\cdot BD}=\left(\frac{k}{k+1}\right)^2$$

即

$$V_2+V_4=\left(\frac{k}{k+1}\right)^2V_1$$

又

$$\frac{V_4}{V_{A-C_1D_1DC}}=\left(\frac{BE}{BC}\right)^3=\left(\frac{k}{k+1}\right)^3$$

即

$$V_4=\left(\frac{k_1}{k+1}\right)^3\cdot\frac{2}{3}V_1$$

从而

$$V_2=\left(\frac{k}{k+1}\right)^2\cdot V_1-\frac{2}{3}V_1\cdot\left(\frac{k}{k+1}\right)^3=\frac{k^2(k+3)}{3(k+1)^3}\cdot V_1$$

又

$$V_3=V_{A-BCD}-V_2=\frac{3k+1}{3(k+1)^3}V_1$$

于是便有$\frac{V_2}{V_3}=\frac{k^2(k+3)}{3k+1}$为所求.

**题7.5** 设$OAB$是一个三角形且$\angle AOB=\alpha,\alpha<90^\circ$.对平面上任意一点$M,M\neq O$,设$P,Q$分别为由点$M$向$OA,OB$所作垂线的垂足.点$H$为$\triangle OPQ$的垂心,分别在下面的两种情况下求点$H$的轨迹.

(1)$M$是线段$AB$上的动点;

(2)$M$是$\triangle AOB$内的动点.

**解** 设$K,L$分别是$\triangle OAB$内过点$A,B$的高在其边上的垂足.我们将证明当$M$是线段$AB$内的一个动点时,点$H$的轨迹是线段$KL$.设$Q',K'$分别是过点$Q,K$的直线在直线$OA$上的垂足,设$P',L'$分别是过点$P,L$的直线在直线$OB$上的垂足,如图25.

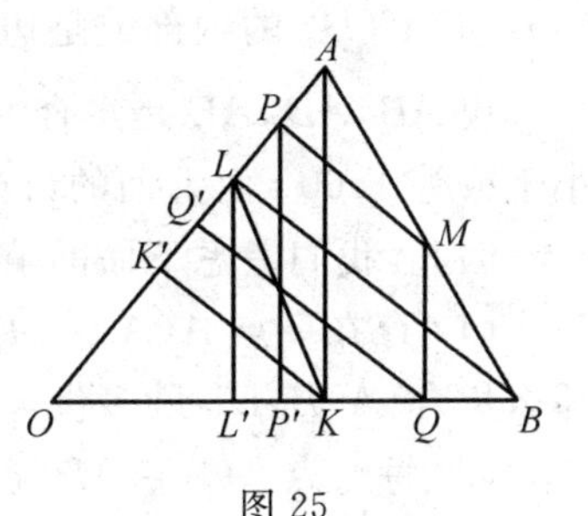

图25

设$\frac{AM}{MB}=k$,则

$$\frac{KQ}{QB}=\frac{K'Q'}{Q'L}=k$$

这样平行于$KK'$的直线$QQ'$在$\triangle LK'K$内分边$LK$所成的比例为$k$.

同理,$PP'$分$LK$所成的比为

$$\frac{KP'}{P'L'}=\frac{AP}{PL}=\frac{AM}{MB}=k$$

这样,$QQ',PP'$和线段$KL$交于同一点.当点$M$为点$A,B$之一时,我们可相应得到点$K,L$.

反过来性质也成立,即线段$KL$上的每一点是$\triangle OPQ$的垂心.为此,不妨设$\frac{KH}{HL}=k$,构造点$Q',P'$和点$Q,P$.

现在考虑第二部分问题.当$M$为$\triangle OAB$的内点时,我们将证明点$H$的轨迹为$\triangle OKL$的内点.设$A'B'$为过点$M$平行于$AB$的线段,则$\triangle OA'B'$与$\triangle OAB$位似,位似比为$\lambda,\lambda<1$,位似中心为$O$.当$M$是线段$A'B'$上的一个动

点时,点 $H$ 的轨迹是线段 $LK$ 在上面位似变换下的像. 这样,我们便得到 $\triangle OKL$ 的内部.

**题 7.6** 给定平面上的 $n$ 个点,$n\geqslant 3$,设 $d$ 为这 $n$ 个点中任意两点之间距离的最大值. 证明最多有 $n$ 对点的距离为 $d$.

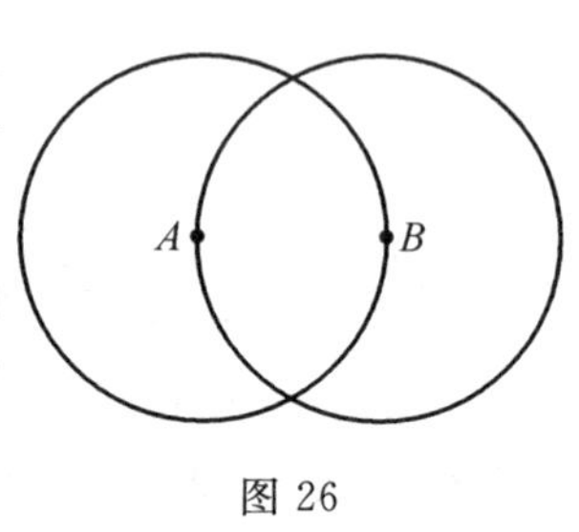

图 26

**证明** 设 $M$ 为所给的点集. 当 $X,Y\in M$,线段 $XY$ 长为 $d$ 时,我们称 $XY$ 是 $M$ 的一个直径. 对于任意的 $X\in M$,设 $C(X)$ 表示以点 $X$ 为中心、$d$ 为半径的圆盘. 如果 $AB$ 是 $M$ 的一条直径,那么任意的 $X\in M$ 必在集合 $C(A)\cap C(B)$ 的内部或是边界上,如图 26.

如果 $AB,AD$ 是集合 $M$ 的直径,那么任意的 $X\in M$ 必在集合 $C(A)\cap C(B)\cap C(D)$ 的内部或是边界上,如图 27.

设 $AB,AD,AE$ 是集合 $M$ 的直径,$B,D,E$ 顺时针地排列在 $C(A)$ 上,则 $\overset{\frown}{BE}$ 小于或等于 $60^\circ$. 由上面的讨论可知,$AD$ 是以点 $D$ 为一端点的唯一的直径.



因此,我们考虑下面的情形:

(1) 存在一点 $A(A\in M)$ 使得至少有两条直径 $AB,AD$ 以 $A$ 为一个端点,那么集合 $\{A,B,D\}$ 最多包含 3 条直径且任意 $E\in M$ 最多添加一条直径.

(2) 每一点 $A(A\in M)$ 至多是一条直径的端点. 此时,由归纳法容易证明结论.

最后,我们给出一个集合 $M$ 的例子,使得最大值 $n$ 能够取到. 作边长为 $d$ 的等边 $\triangle ABC$,分别以 $A,B,C$ 为圆心、$d$ 为半径作圆弧. 在圆弧 $AB,BC,CA$ 上取不同的 $n-3$ 个点,如图 28.

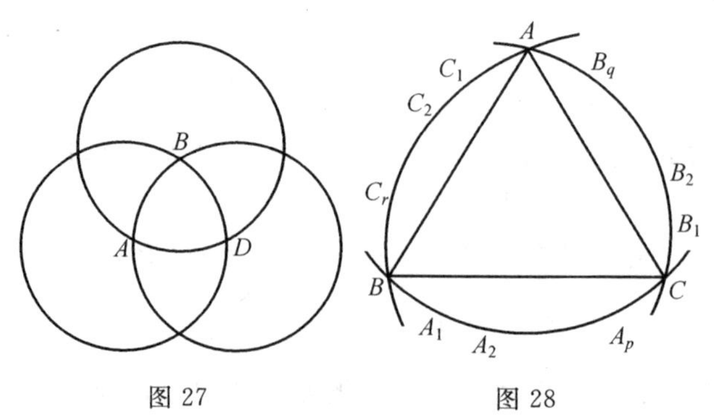

图 27　　图 28

**题 8.2** 设 $\triangle ABC$ 的边 $a,b,c$ 和角 $A,B,C$ 满足关系

$$a+b=\tan\frac{C}{2}(a\tan A+b\tan B)$$

证明：$ABC$ 是一个等腰三角形.

**证明**　题目中所给的等式等价于

$$\sin A+\sin B=\frac{\cos\frac{A+B}{2}}{\sin\frac{A+B}{2}}\left(\frac{\sin^2 A}{\cos A}+\frac{\sin^2 B}{\cos B}\right)$$

整理简化可得

$$\sin\frac{A+B}{2}\cos A\cos B(\sin A+\sin B)=$$

$$\cos\frac{A+B}{2}(\sin^2 A\cos B+\sin^2 B\cos A)$$

$$\sin A\cos B\left(\sin\frac{A+B}{2}\cos A-\cos\frac{A+B}{2}\sin A\right)=$$

$$\sin B\cos A\left(\cos\frac{A+B}{2}\sin B-\sin\frac{A+B}{2}\cos B\right)$$

$$\sin A\sin B\sin\frac{B-A}{2}=\sin B\cos A\sin\frac{B-A}{2}$$

因此我们可得 $\sin\frac{B-A}{2}=0$ 或 $\sin(A-B)=0$，所以 $A=B$.

**题 8.3**　证明：正四面体的外接球球心到它的各顶点的距离之和小于其他任一点到正四面体各顶点的距离之和.

**证明**　设 $S$ 为四面体 $ABCD$ 的外接球面. 平面 $\pi_A,\pi_B,\pi_C,\pi_D$ 分别和 $S$ 相切于点 $A,B,C,D$. 任意三个平面交于一点，其四个交点分别记为 $A',B',C',D'$，其中 $\{A'\}=\pi_B\cap\pi_C\cap\pi_D$ 等. $A'B'C'D'$ 是一个正四面体，它与 $ABCD$ 相似，其相似比为 $3:1$. 我们知道，对于四面体 $A'B'C'D'$ 的一个内点或其面上的一点 $P$，其到 $A'B'C'D'$ 的各个面的距离是一个常数，等于四面体的高.

当点 $P$ 是 $A'B'C'D'$ 外部的一点时，我们考虑下面的四个四面体：$PA'B'C'$，$PB'C'D'$，$PC'D'A'$，$PD'A'B'$. 它们的并集包含 $ABCD$. 因此，这四个四面体体积的和大于 $A'B'C'D'$ 的体积. 考虑到这四个四面体中的每一个都含有一个正三角形作成的面，所以我们有下面的距离和

$$MA+MB+MC+MD$$

大于四面体 $A'B'C'D'$ 的高.

**题 8.6**　设 $ABC$ 是一个三角形，$M,K,L$ 分别是线段 $AB,BC,CA$ 的内点.

证明在$\triangle MAL$,$\triangle KBM$,$\triangle LCK$中,至少有一个不超过$\triangle ABC$的面积的四分之一.

**证明** 设$a,b,c$是三角形的三边.我们记

$$AM=p_1c,BM=p_2c,BK=m_1a,CK=m_2a,CL=n_1b,AL=n_2b$$

其中,$m_1,m_2,n_1,n_2,p_1,p_2$是正实数

$$m_1+m_2=n_1+n_2=p_1+p_2=1$$

由经典的公式$S_{\triangle ABC}=\frac{1}{2}ab\sin C$及上面的假设,我们有

$$\frac{S_{\triangle KLC}}{S_{\triangle ABC}}=m_2n_1,\frac{S_{\triangle LMA}}{S_{\triangle ABC}}=n_2p_1,\frac{S_{\triangle KBM}}{S_{\triangle ABC}}=p_2m_1$$

应用反证法,设上面所有的比均大于$\frac{1}{4}$,则

$$m_1m_2n_1n_2p_1p_2>\frac{1}{64}$$

另一方面,由AM-GM不等式,我们可得



$$1=m_1+m_2>2\sqrt{m_1m_2}$$

$$1=n_1+n_2>2\sqrt{n_1n_2}$$

$$1=p_1+p_2>2\sqrt{p_1p_2}$$

将上面的这些不等式相乘,可得

$$m_1m_2n_1n_2p_1p_2<\frac{1}{64}$$

这与我们的假设相矛盾.

**题9.1** 设$ABCD$是一个平行四边形且$AB=a$,$AD=1$,$\angle BAD=\alpha$,$\triangle ABD$是一个锐角三角形.证明分别以点$A,B,C,D$为圆心的单位圆$K_A,K_B$,$K_C,K_D$可以覆盖$ABCD$的充分必要条件是

$$a\leqslant\cos\alpha+\sqrt{3}\sin\alpha$$

**证明** 该问题关于$\triangle ABD$和$\triangle BDC$是对称的.因此,我们给出$\triangle ABD$被圆$K_A,K_B,K_D$覆盖的充分必要条件.设$\Gamma$是$\triangle ABD$的外接圆,$O$为圆心.因为$\triangle ABD$是锐角三角形且$O$在三角形内部,所以$OA=OB=OD=R$,且对于$\triangle ABD$内的任意点$P$,距离$PA,PB,PD$中至少有一个小于$R$.考虑$\triangle ABD$被$OA,OB,OD$及线段$AB,BD,DA$的垂直平分线所分成的六个三角形,容易得到这一点.

因此$\triangle ABD$被圆$K_A,K_B,K_D$覆盖的充分必要条件为$R\leqslant 1$,如图29.

在$\triangle ABD$内，$R$由

$$R=\frac{AB\cdot BD\cdot DA}{4S}$$

给定，其中$S$表示三角形的面积.

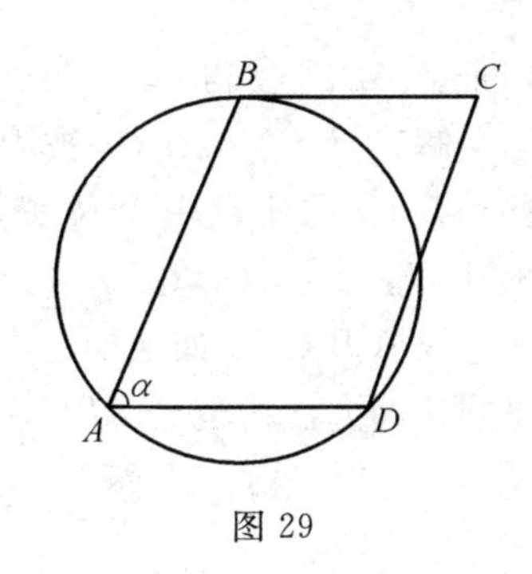

图 29

我们可得

$$BD^2=a^2+1-2a\cos\alpha$$

以及$S=\frac{1}{2}a\sin\alpha$，因此

$$\begin{aligned}R\leqslant 1\Leftrightarrow\ & a^2(a^2+1-2a\cos\alpha)\leqslant 4a^2\sin^2\alpha\Leftrightarrow\\ & a^2+1-2a\cos\alpha\leqslant 4-4\cos^2\alpha\Leftrightarrow\\ & a^2-2a\cos\alpha+\cos^2\alpha\leqslant 3\sin^2\alpha\Leftrightarrow\\ & |a-\cos\alpha|\leqslant\sqrt{3}\sin\alpha\end{aligned}$$

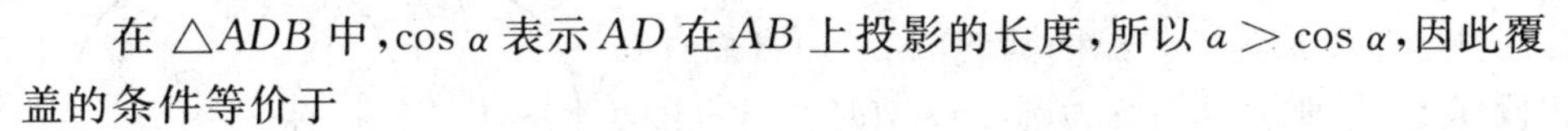

在$\triangle ADB$中，$\cos\alpha$表示$AD$在$AB$上投影的长度，所以$a>\cos\alpha$，因此覆盖的条件等价于

$$a\leqslant\cos\alpha+\sqrt{3}\sin\alpha$$

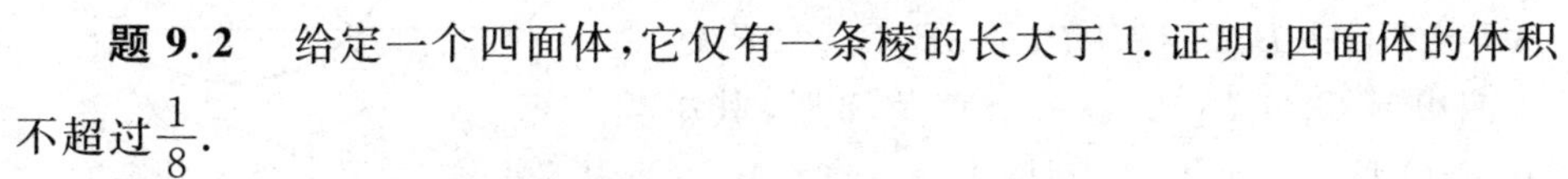

**题 9.2** 给定一个四面体，它仅有一条棱的长大于1. 证明：四面体的体积不超过$\frac{1}{8}$.

**证明** 设$AB$是四面体中最长的边，$CD=a$，则$\triangle ADC$和$\triangle BDC$的边均小于1，如图30.

当$DB=CB=1$时，$\triangle BDC$的高$BK$是最长的，为$\sqrt{1-\frac{a^2}{4}}$，所以$BK<\sqrt{1-\frac{a^2}{4}}$.

同理可得

$$AL<\sqrt{1-\frac{a^2}{4}},AH<AL\leqslant\sqrt{1-\frac{a^2}{4}}$$

图 30

四面体的体积为

$$V=\frac{1}{3}S_{\triangle BCD}\cdot AH<\frac{1}{3}\cdot\frac{1}{2}a\left(1-\frac{a^2}{4}\right)=\frac{1}{24}a(4-a^2)$$

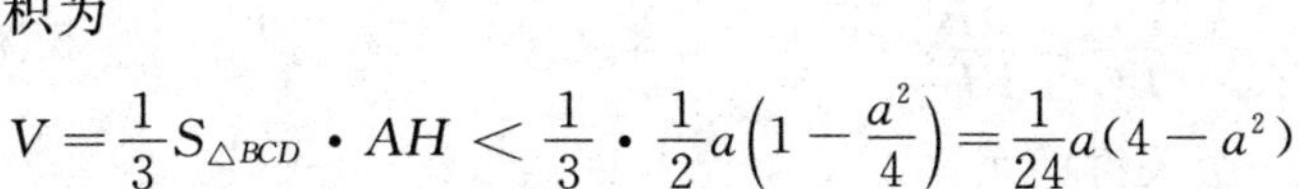

下面我们证明当$0<a\leqslant 1$时，$a(4-a^2)\leqslant 3$，即

$$a(4-a^2)=3-(1-a)-2(1-a^2)-a(1-a)^2\leqslant 3$$

**题 9.4** 设$A_0B_0C_0$，$A_1B_1C_1$是两个锐角三角形. 求作一个$\triangle ABC$使得它相似于$\triangle A_1B_1C_1$（顶点$A$，$B$，$C$分别与顶点$A_1$，$B_1$，$C_1$相对应），且$\triangle A_0B_0C_0$内

接于 $\triangle ABC$,使得 $C_0 \in AB$,$A_0 \in BC$,$B_0 \in CA$,同时 $\triangle ABC$ 有最大的面积.

**解**　设 $\triangle A_0B_0C_0$ 被固定在平面上,$\triangle A_1B_1C_1$ 在平面上变动位置.对于 $\triangle A_1B_1C_1$ 的任意一个位置,考虑分别通过点 $C_0$,$A_0$,$B_0$ 且满足条件 $l_{AB} /\!/ A_1B_1$,$l_{BC} /\!/ B_1C_1$,$l_{CA} /\!/ C_1A_1$ 的直线 $l_{AB}$,$l_{BC}$,$l_{CA}$ 构成的 $\triangle ABC$.

设 $A'B'C'$ 是如上构造的外接于 $\triangle A_0B_0C_0$ 的一个三角形,移动 $\triangle A_1B_1C_1$,以同样的方法构造 $\triangle ABC$,我们有

$$\frac{S_{\triangle ABC}}{S_{\triangle A'B'C'}} = \left(\frac{AC}{A'C'}\right)^2$$

由于 $S_{\triangle A'B'C'}$ 是常数,所以当边 $AC$ 最长时,$S_{\triangle ABC}$ 取到最大值,也即点 $A$ 位于通过点 $B_0$,$C_0$ 且长为 $\hat{A}_1$ 的圆弧上.设 $O_1$ 是包含这段弧的圆的圆心,因此我们构造最长的割线 $AB_0C$.设 $O_3$ 是通过 $B$ 且包含一段长为 $\hat{C}$ 的弧的圆的圆心,而且点 $C$ 在这段弧上.分别设 $P_1$,$P_3$ 为圆心 $O_1$,$O_2$ 在 $AC$ 上的垂直投影,如图 31,我们有

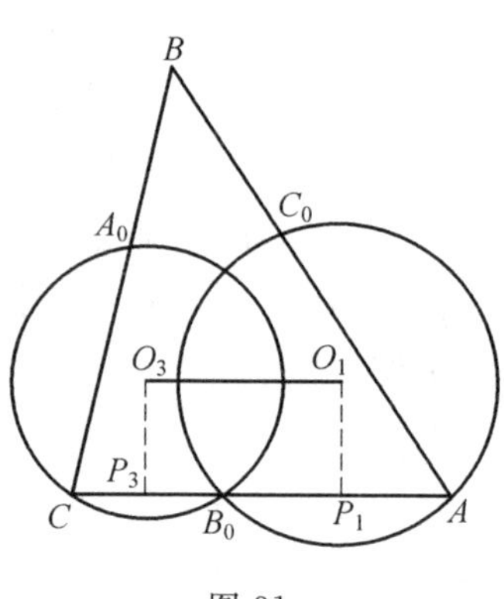

图 31

$$AC = AB_0 + B_0C = 2B_0P_1 + 2B_0P_3 = 2P_1P_3$$

四边形 $O_1O_3P_3P_1$ 是一个直角梯形,其中当 $P_1P_3 = O_1O_2$ 时,$P_1P_3$ 取到最大值,此时 $AC$ 平行于 $O_1O_3$.点 $B$ 为直线 $AC_0$ 和 $CA_0$ 的交点,其中 $C_0$,$A_0$ 为两圆上给定的点.

**题 10.1**　证明仅存在一个三角形使得它的三边的长为三个连续的自然数,且它的三个内角中有一个为另一个的两倍.

**证法 1**　设 $\angle A = 2\angle B$,$BD$ 为 $\angle B$ 的内角平分线,如图 32.由角平分线定理可得

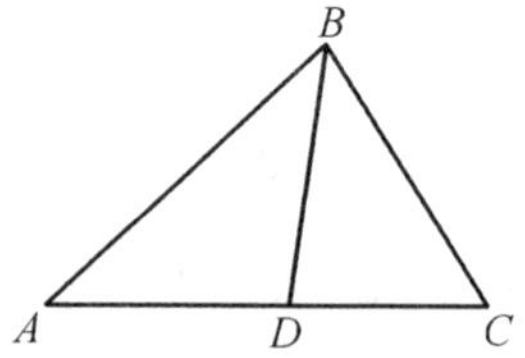

$$AD = BD = \frac{bc}{a+c}, DC = \frac{ab}{a+c}$$

另一方面,$\triangle ABC$ 与 $\triangle BDC$ 相似,所以

$$\frac{BC}{DC} = \frac{AC}{BC} = \frac{AB}{BD} \Rightarrow \frac{a+c}{b} = \frac{b}{a}$$

图 32

这样我们得到一个关键的关系

$$a(a+c) = b^2 \qquad (*)$$

下面分三种情况来考虑:

(1)$\angle A < \angle B < \angle C$,因此 $b = a+1$,$c = a+2$.

由关系式($*$),我们可得 $a=1$,$b=2$,$c=3$.此时,$\triangle ABC$ 是退化的.

(2)$\angle A<\angle C<\angle B$，因此$c=a+1,b=a+2$.

由关系式(*)，我们可得$a(a-3)=4$. 此方程有一个正整数解$a=4$，所以$c=5,b=6$.

(3)$\angle C<\angle A<\angle B$，因此$c=a-1,b=a+1$.

由关系式(*)，我们可得$a(a-3)=1$. 此方程没有整数解.

因此，存在唯一的一个三角形满足：$a=4,b=6,c=5$ 且 $\cos A=\frac{3}{4}$.

**证法 2** 设$\triangle ABC$满足题设条件，即$AB=n,AC=n-1,BC=n+1$(这里$n$是大于1的自然数)，并且$\triangle ABC$的内角分别为$\alpha,2\alpha$和$\pi-3\alpha\left(0<\alpha<\frac{\pi}{3}\right)$.

由于在同一个三角形中，较大的边所对的角也较大，因此可能出现的情况只有如图33所示的三种.

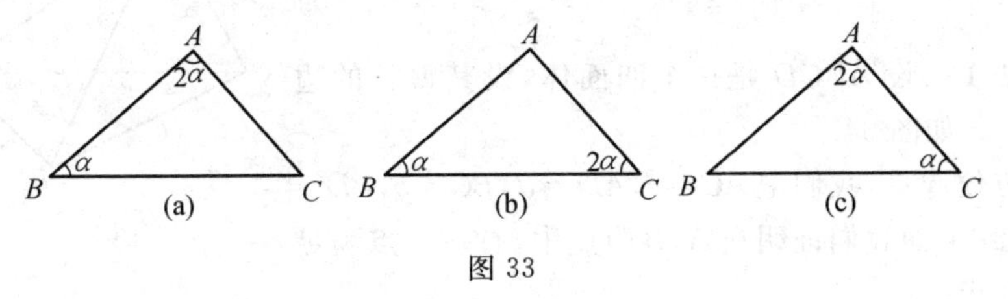


图 33

因为

$$\frac{\sin(\pi-3\alpha)}{\sin\alpha}=\frac{\sin 3\alpha}{\sin\alpha}=\frac{4\sin\alpha\cos^2\alpha-\sin\alpha}{\sin\alpha}=$$

$$4\cos^2\alpha-1=\left(\frac{\sin 2\alpha}{\sin\alpha}\right)^2-1$$

所以利用正弦定理可知在情况(a)中有

$$\frac{n}{n-1}=\frac{\sin(\pi-3\alpha)}{\sin\alpha}=\left(\frac{\sin 2\alpha}{\sin\alpha}\right)^2-1=\left(\frac{n+1}{n-1}\right)^2-1$$

从而得到$n^2-5n=0$，即$n=5$.

同样，在情况(b)中有

$$\frac{n+1}{n-1}=\left(\frac{n}{n-1}\right)^2-1$$

从而得到$n^2-2n=0$，即$n=2$. 这是不合要求的，因为长度分别为1,2,3的三条线段不能构成三角形.

在情况(c)中有

$$\frac{n-1}{n}=\left(\frac{n+1}{n}\right)^2-1$$

从而得到 $n^2-3n-1=0$. 但是这个方程没有整数解,因而也不存在满足题设条件的三角形.

综上所述,满足题设条件的三角形的三边长只有 4,5,6 三个自然数.

下面证明这样构成的三角形的三个内角中有一个内角是另一个内角的两倍.

由余弦定理可得

$$\cos B=\frac{5^2+6^2-4^2}{2\times5\times6}=\frac{3}{4},0<\angle B<\frac{\pi}{2}$$

$$\cos A=\frac{4^2+5^2-6^2}{2\times4\times5}=\frac{1}{8}=2\times\left(\frac{3}{4}\right)^2-1=\cos 2B,0<\angle A<\frac{\pi}{2}$$

所以 $\angle A=2\angle B$.

**题 10.4** 证明任意一个四面体中总有一个顶点,使得从这个顶点引出的三条棱的长可构成一个三角形的三边.

**证法 1** 设 $ABCD$ 是一个四面体,设其最长的边为 $AB=a$,如图 34.

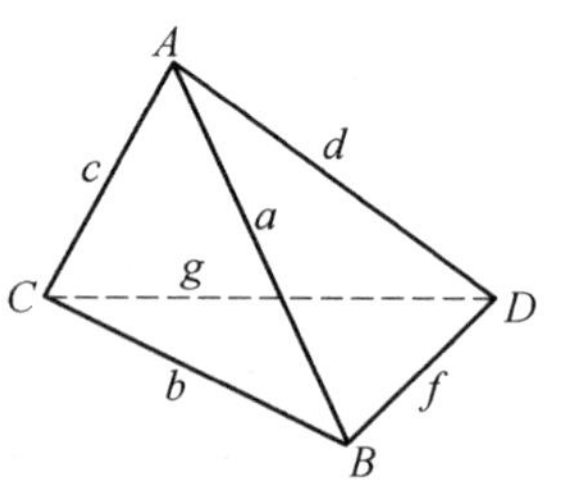

图 34

为方便起见,我们记 $AC=c,AD=d,BC=b,BD=f,CD=g$. 下面我们证明在 $A,B$ 两点中,有一个点满足题目的要求.

设顶点 $A$ 不满足条件,则

$$c+d\leqslant a \quad ①$$

否则,我们有 $a+c>d,a+d>c$. 由 $\triangle ABC$ 和 $\triangle ABD$ 可得

$$c+d>a \quad ②$$

和

$$d+f>a \quad ③$$

将式 ②③ 相加可得

$$2a<b+c+d+f \quad ④$$

由式 ①④ 可得

$$b+f>a \quad ⑤$$

这样,由点 $B$ 出发的边构成一个三角形的三边.

**证法 2** 注意到构成三角形的条件:三条已知线段当且仅当任意两条的长

度之和超过第三条的长度时可作成一个三角形. 等价地,三条线段当且仅当其中最长的线段大于或等于其他两条的长度之和时不能作成一个三角形.

用 $A,B,C,D$ 表示任一四面体的顶点,不失一般性,设 $AB$ 是最长的棱,假设没有顶点使得从这个点出发的三条棱为边可作成一个三角形,考虑顶点 $A$ 和从该点出发的三条棱 $AB,AC,AD$,则 $AB \geqslant AC + AD$.

同理,考虑顶点 $B$,也可得出结论 $BA > BC + BD$.

把上述两个不等式相加,得

$$2AB \geqslant AB + BC + AD + BD$$

但从 $\triangle ABC$ 和 $\triangle ABD$,可得

$$AB < AC + BC \text{ 和 } AB < AD + BD$$

把这两个不等式相加,得

$$2AB < AC + BC + AD + BD$$

这与上述不等式矛盾. 因此,本题得证.

**题 11.3**　对每一个整数 $k \in \{1,2,3,4,5\}$,给出正数 $a$ 应该满足的充分必要条件,使得存在四面体,其 $k$ 条棱的长为 $a$,其余 $6-k$ 条棱的长为 1.

**解**　设 $ABCD$ 为所求四面体,下面我们就 $k$ 的值分类进行讨论.

(1) 当 $k=1$ 时,设 $AB=a$,其他的边长为 1,则 $\triangle ABC$ 和 $\triangle ABD$ 是腰长为 1 的等腰三角形. 因此可得关于 $a$ 的一个条件 $0<a<2$. 下面我们来改进它. 设 $M$ 为边 $CD$ 的中点,则 $AM,BM$ 分别为 $\triangle ACD$ 和 $\triangle BCD$ 的高. $\triangle AMB$ 是以 $AB$ 为一边的"最小"的三角形,因此

$$AB < AM + MB$$

即

$$a < \frac{\sqrt{3}}{2} + \frac{\sqrt{3}}{2} = \sqrt{3}$$

这是当 $k=1$ 时,关于 $a$ 的最强的条件,如图 35.

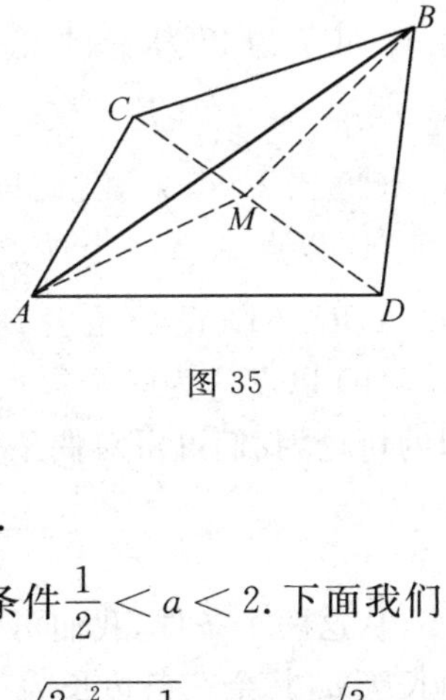

图 35

(2) 当 $k=2$ 时,我们再细分为下面的两种子情况:

(i) 长为 $a$ 的边有相同的一个顶点,不妨设为 $AB=AC=a$. 由 $\triangle ABD$ 和 $\triangle ACD$ 可得 $0<a<2$.

由 $\triangle ABC$,我们可知 $2a>1$,如图 36,因此可得条件 $\frac{1}{2}<a<2$. 下面我们来改进这个条件. 设 $M$ 是边 $DC$ 的中点,则 $AM=\frac{\sqrt{2a^2-1}}{2}$,$BM=\frac{\sqrt{3}}{2}$. 由

$\triangle AMB$ 可得

$$2a<\sqrt{2a^2-1}+\sqrt{3},\sqrt{2a^2-1}<2a+\sqrt{3}$$

设 $N$ 是边 $BC$ 的中点，则

$$AN=\sqrt{a^2-\frac{1}{4}} \text{ 且 } DN=\frac{\sqrt{3}}{2}$$

由 $\triangle AND$，我们可得

$$AD-DN<AN<AD+DN$$

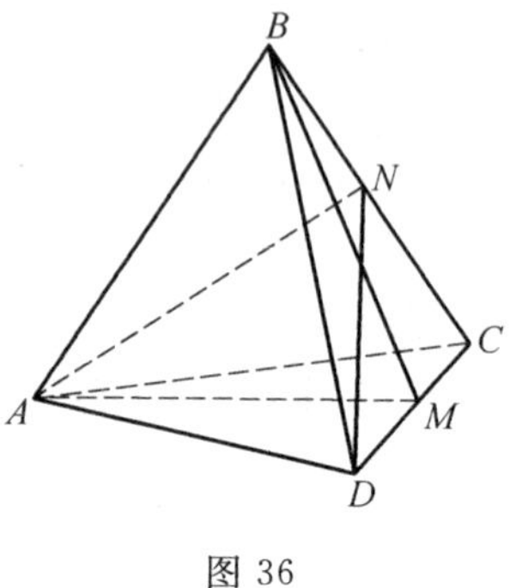

图 36

因此

$$1-\frac{\sqrt{3}}{2}<\sqrt{a^2-\frac{1}{4}}<1+\frac{\sqrt{3}}{2}$$

去掉平方根，则上面的不等式等价于

$$\sqrt{2-\sqrt{3}}<a<\sqrt{2+\sqrt{3}}$$

(ii) 长为 $a$ 的两条边是相对的，即 $AB=CD=a$，则 $a<2$. 设 $M$ 是边 $CD$ 的中点，如图 37，则我们有



$$BM=\sqrt{1-\frac{a^2}{4}},AM=\sqrt{1-\frac{a^2}{4}}$$

由 $\triangle AMB$ 我们有

$$a<2\sqrt{1-\frac{a^2}{4}}$$

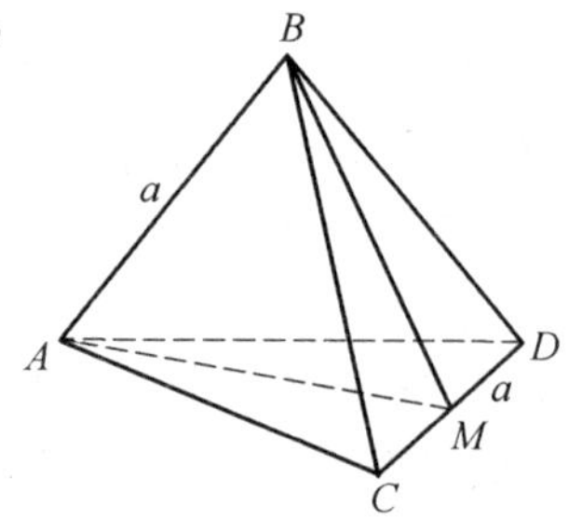

图 37

上式等价于 $a<\sqrt{2}$，这样存在一个四面体有两条边长为 $a$、四条边长为 1 的充分必要条件为 $0<a<\sqrt{2+\sqrt{3}}$.

(3) 当 $k=3$ 时，我们再细分为下面的三种子情况：

(i) 以点 $A$ 为一个顶点的边的边长为 $a$，即 $AB=AC=AD=a$，则 $BC=CD=BD=1$. 设 $O$ 是 $\triangle BCD$ 的中心，则 $AB>OB$，即 $a>\sqrt{3}$.

(ii) 以点 $A$ 为一个顶点的边的边长为 1，$BC=BD=DC=a$，则由在(i)中类似的讨论，我们可得对偶条件

$$1>a\cdot\frac{\sqrt{3}}{3}\Leftrightarrow a<\sqrt{3}$$

从这两个条件，我们可知，对任意的正实数 $a$，存在一个四面体，它有三条边长为 $a$，其余三条边长为 1.

(iii) 长为 $a$ 的边的分布为 $AB=AD=BC=a$，那么 $BC=BD=AD=1$. 由

于前面讨论了 $a$ 的所有情况，所以我们不再讨论这种情况.

(4) 当 $k=4$ 时，一个有四条边为 $a$、两条边为 1 的四面体可由一个有两条边为 $\frac{1}{a}$、四条边为 1 的四面体作比为 $\frac{1}{a}$ 的相似变换而得到. 由情况(2)，我们有

$$\frac{1}{a}<\sqrt{2+\sqrt{3}}\Leftrightarrow a>\sqrt{2-\sqrt{3}}$$

(5) 当 $k=5$ 时，由与情况(1) 中的类似讨论可得

$$\frac{1}{a}<\sqrt{3}\Leftrightarrow a>\frac{\sqrt{3}}{3}$$

**题 11.4**　设 $AB$ 为半圆 $\Gamma$ 的直径，$C$ 是半圆上不同于点 $A$，$B$ 的一个点，点 $C$ 在 $AB$ 上的射影为点 $D$. 圆 $\Gamma_1$，$\Gamma_2$，$\Gamma_3$ 都与 $AB$ 相切，$\Gamma_1$ 为 $\triangle ABC$ 的内切圆，$\Gamma_2$，$\Gamma_3$ 分别与线段 $CD$ 及 $\Gamma$ 都相切. 证明：$\Gamma_1$，$\Gamma_2$，$\Gamma_3$ 有第二条公共的切线.

**证明**　我们建立如下的坐标系：设 $O$ 为 $\Gamma$ 的中心，$OB$ 为 $Ox$ 轴. 设 $\Gamma$ 的半径为 1，设点 $C$ 的坐标为 $C(a,b)$，即 $OD=a$，$CD=b$ 且 $a^2+b^2=1$.

设 $O_1$，$O_2$，$O_3$ 分别是 $\Gamma_1$，$\Gamma_2$，$\Gamma_3$ 的中心. 圆 $\Gamma_1$，$\Gamma_2$，$\Gamma_3$ 有第二条公共切线的充要条件是 $O_1$，$O_2$，$O_3$ 三点共线. 此时，所求的切线为直线 $AB$ 关于直线 $O_1O_3$ 的反射. 设 $r_1$，$r_2$，$r_3$ 分别是 $\Gamma_1$，$\Gamma_2$，$\Gamma_3$ 的半径，$T_2$，$T_3$ 分别是 $\Gamma$ 与 $\Gamma_2$，$\Gamma_3$ 的切点，$S_1$，$S_2$，$S_3$ 分别是 $O_1$，$O_2$，$O_3$ 在 $AB$ 上的投影，如图 38.

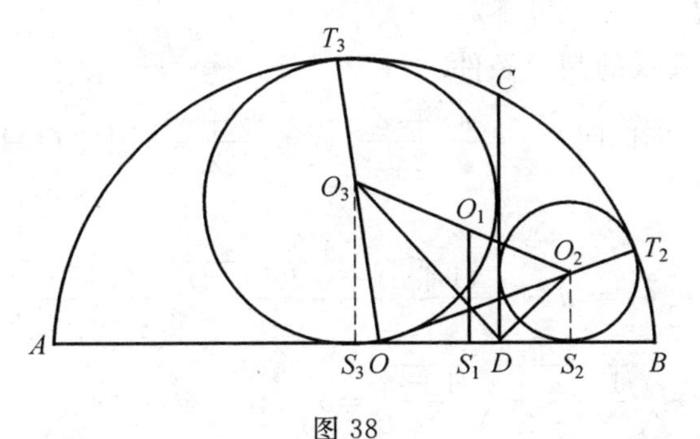


图 38

圆心 $O_2$ 的坐标为 $x_2=a+r_2$，$y_2=r_2$，其中 $r_2$ 可由条件 $OO_2+O_2T_2=OT_2=1$ 得到

$$\sqrt{(a+r_2)^2+r_2^2}+r_2=1\Rightarrow r_2=-(a+1)+\sqrt{2(1+a)}$$

圆心 $O_3$ 的坐标为 $x_3=a-r_3$，$y_3=r_3$，$r_3$ 可由条件 $OO_3+O_3T_3=OT_3=1$ 得到

$$\sqrt{(a-r_3)^2+r_3^2}+r_3=1\Rightarrow r_3=-(1-a)+\sqrt{2(1-a)}$$

圆心 $O_1$ 的坐标为 $x_1=1-BS_1, y_1=r_1$.

设 $S,p$ 分别表示 $\triangle ABC$ 的面积和周长的一半,则 $S=b=\sqrt{1-a^2}$. 边 $AC$,$BC$ 的长可由下面的定理得到

$$AC^2=AD\cdot AB, BC^2=BD\cdot AB$$

由此得

$$AC=\sqrt{2(1+a)}, BC=\sqrt{2(1-a)}$$

所以

$$p=1+\sqrt{\frac{1+a}{2}}+\sqrt{\frac{1-a}{2}}$$

由公式 $r_1=\frac{S}{p}$,我们可得

$$y_1=r_1=\frac{\sqrt{1-a^2}}{1+\sqrt{\frac{1+a}{2}}+\sqrt{\frac{1-a}{2}}}=-1+\sqrt{\frac{1+a}{2}}+\sqrt{\frac{1-a}{2}}$$



$$BS_1=p-AC=1+\sqrt{\frac{1+a}{2}}+\sqrt{\frac{1-a}{2}}-\sqrt{2(1+a)}\Rightarrow$$

$$x_1=\sqrt{\frac{1+a}{2}}-\sqrt{\frac{1-a}{2}}$$

由此,可以验证点共线的判定条件.

我们可以进一步证明:$x_1=\frac{x_2+x_3}{2}, y_1=\frac{y_2+y_3}{2}$. 因此 $O_1$ 是线段 $O_2O_3$ 的中点. 事实上

$$\frac{x_2+x_3}{2}=a+\frac{r_2-r_3}{2}=a+\frac{-(1+a)+\sqrt{2(1+a)}+(1-a)-\sqrt{2(1-a)}}{2}=$$

$$a-a+\sqrt{\frac{1+a}{2}}-\sqrt{\frac{1-a}{2}}=x_1$$

$$\frac{y_2+y_3}{2}=\frac{r_2+r_3}{2}=\frac{-(1+a)+\sqrt{2(1+a)}-(1-a)+\sqrt{2(1-a)}}{2}=$$

$$-1+\sqrt{\frac{1+a}{2}}+\sqrt{\frac{1-a}{2}}=r_1$$

**题 11.5** 平面上有 $n(n>4)$ 个点,它们当中没有三点在同一条直线上. 证明:至少存在 $C_{n-3}^2$ 个以给定的点为顶点的凸四边形.

**证明** 我们考虑 $n=5$ 时的情况. 点集的凸包为五边形、四边形或三角形.

对于前两种情况，因为我们得到了一个凸的四边形且$\binom{5-3}{2}=1$，问题得证.

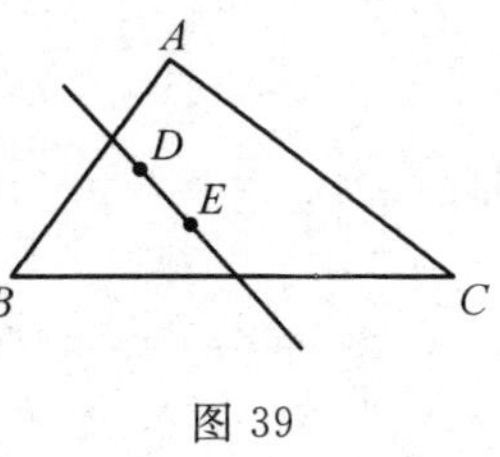

图 39

对于第三种情况，设 $ABC$ 是一个三角形，$D$，$E$ 是其内点. 直线 $DE$ 与三角形的 $AB$ 和 $BC$ 两边相交，如图 39.

这样 $ADEC$ 便为所求的四边形. 在一般情况下，任何 5 点的子集都含有一个四边形，则我们可得$\binom{n}{5}$四边形. 这些四边形有重复的，因为每个四边形都被重复了 $n-4$ 次. 因此我们得到了至少$\frac{1}{n-4}\binom{n}{5}$个不同的四边形. 当 $n\geqslant 6$ 时，只需证明

$$\frac{1}{n-4}\binom{n}{5}\geqslant\binom{n-3}{2}$$

该式等价于

$$\frac{n(n-1)(n-2)}{n-4}\geqslant 60,\forall n\geqslant 6$$

令 $n-4=t$，可得下面的等价不等式

$$(t+4)(t+3)(t+2)\geqslant 60t,\forall t\geqslant 2$$

这等价于

$$(t-2)(t-1)(t+12)\geqslant 0,\forall t\geqslant 2$$

**题 12.1** 设 $ABC$ 是一个三角形，$M$ 是 $AB$ 上的一个内点. 设 $r_1$，$r_2$，$r$ 分别是 $\triangle AMC$，$\triangle BMC$，$\triangle ABC$ 的内切圆的半径；$\rho_1$，$\rho_2$，$\rho$ 分别是 $\triangle AMC$，$\triangle BMC$，$\triangle ABC$ 的旁切圆的半径，证明

$$\frac{r_1r_2}{\rho_1\rho_2}=\frac{r}{\rho}$$

**证法 1** 设 $I$ 是 $\triangle ABC$ 的内心，$D$ 是其内切圆与边 $AB$ 的切点. 如果 $E$ 是三角形的旁切圆与边 $AB$ 的切点，则 $BE=p-a$ 且 $AE=p-b$，如图 40. 这样，由 $\mathrm{Rt}\triangle IDA$ 和 $\mathrm{Rt}\triangle IDB$，我们可得

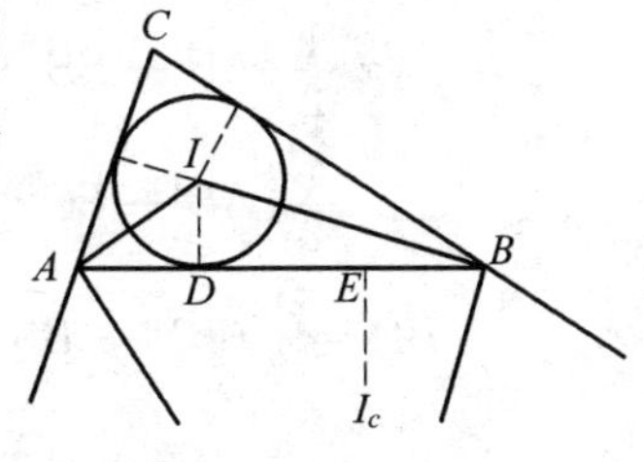

图 40

$$r=(p-a)\tan\frac{A}{2}=(p-b)\tan\frac{B}{2}$$

和

$$\rho=(p-b)\cot\frac{A}{2}=(p-a)\cot\frac{B}{2}$$

因此

$$\frac{r}{\rho}=\frac{(p-a)\tan\frac{A}{2}}{(p-a)\cot\frac{B}{2}}=\tan\frac{A}{2}\cdot\tan\frac{B}{2}$$

如果我们对 $\triangle CAM$ 和 $\triangle CMB$ 连续应用这一结果(点 $M$ 没有在图中标出),则

$$\frac{r_1}{\rho_1}=\tan\frac{A}{2}\cdot\tan\frac{\angle AMC}{2}$$

$$\frac{r_2}{\rho_2}=\tan\frac{\angle CMB}{2}\cdot\tan\frac{B}{2}$$

所求结果可由下面的等式得出

$$\frac{\angle AMC}{2}=\frac{\pi}{2}-\frac{\angle CMB}{2}$$



上式意味着

$$\tan\frac{\angle AMC}{2}=\cot\frac{\angle CMB}{2}$$

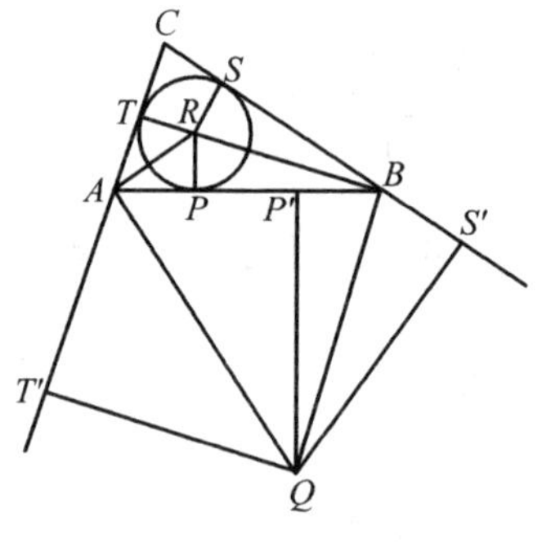

图 41

**证法2** 设圆 $R$ 和圆 $Q$ 分别是 $\triangle ABC$ 的内切圆和 $AB$ 边上的旁切圆,并且分别与边 $AB$,$BC$,$CA$ 切于点 $P$,$S$,$T$ 和点 $P'$,$S'$,$T'$,如图 41.

因为 $\triangle ARP \backsim \triangle AQP'$,所以 $r\rho=AP\cdot AP'$.又因为

$$AP'=\frac{1}{2}(AP'+AT')=\frac{1}{2}(AB-P'B)+\frac{1}{2}(CT'-AC)=$$
$$\frac{1}{2}(AB-BS')+\frac{1}{2}(CS'-AC)=$$
$$\frac{1}{2}(AB+BC+AC)-AC$$

$$BP=\frac{1}{2}(BP+BS)=\frac{1}{2}(AB-AP)+\frac{1}{2}(BC-CS)=$$
$$\frac{1}{2}(AB-AT)+\frac{1}{2}(BC-CT)=$$
$$\frac{1}{2}(AB+BC+AC)-AC$$

所以 $AP'=BP$，$r\rho=AP\cdot BP$，即

$$\frac{r}{\rho}=\frac{r^2}{r\rho}=\frac{r^2}{AP\cdot BP}$$

同理，设圆 $R_1$ 和圆 $R_2$ 分别是 $\triangle AMC$ 和 $\triangle MBC$ 的内切圆，并且分别与 $AM$ 和 $MB$ 相切于点 $P_1$，$P_2$，则有

$$\frac{r_1}{\rho_1}=\frac{r_1^2}{AP_1\cdot MP_1},\frac{r_2}{\rho_2}=\frac{r_2^2}{MP_2\cdot BP_2}$$

所以

$$\frac{r_1}{\rho_1}\cdot\frac{r_2}{\rho_2}=\frac{r_1}{AP_1}\cdot\frac{r_1}{MP_1}\cdot\frac{r_2}{MP_2}\cdot\frac{r_2}{BP_2}$$

因为

$$\triangle AR_1P_1\backsim\triangle ARP,\triangle BR_2P_2\backsim\triangle BRP,\triangle R_1P_1M\backsim\triangle MP_2R_2$$

所以

$$\frac{r_1}{AP_1}=\frac{r}{AP},\frac{r_2}{BP_2}=\frac{r}{BP},\frac{r_2}{MP_2}=\frac{MP_1}{r_1}$$

所以

$$\frac{r_1}{\rho_1}\cdot\frac{r_2}{\rho_2}=\frac{r}{AP}\cdot\frac{r_1}{MP_1}\cdot\frac{MP_1}{r_1}\cdot\frac{r}{BP}=\frac{r^2}{AP\cdot BP}=\frac{r}{\rho}$$



**题 12.5**　设 $ABCD$ 是一个四面体且 $BD\perp DC$，过点 $D$ 垂直于平面 $ABC$ 的垂线的垂足是 $\triangle ABC$ 的垂心. 证明

$$(AB+BC+CA)^2\leqslant 6(AD^2+BD^2+CD^2)$$

并指出等号成立的条件.

**证明**　设 $H$ 是 $\triangle ABC$ 的垂心. 任意一个以 $H$ 为由顶点 $D$ 出发的高的垂足的四面体，其相对的边必相互垂直. 为了证明这一点，我们考察由 $AH$ 和 $DH$ 两条线生成的平面. 我们注意到 $BC$ 垂直于该平面，所以 $BC\perp AD$. 同理可证其余的两对边相互垂直. 由 $DC\perp BD$，$DC\perp AB$ 可得 $DC$ 垂直于平面 $ABD$，所以 $DC\perp AD$. 同理可得 $BD\perp AD$. 这样每对从点 $D$ 出发的边相互垂直，如图 42.

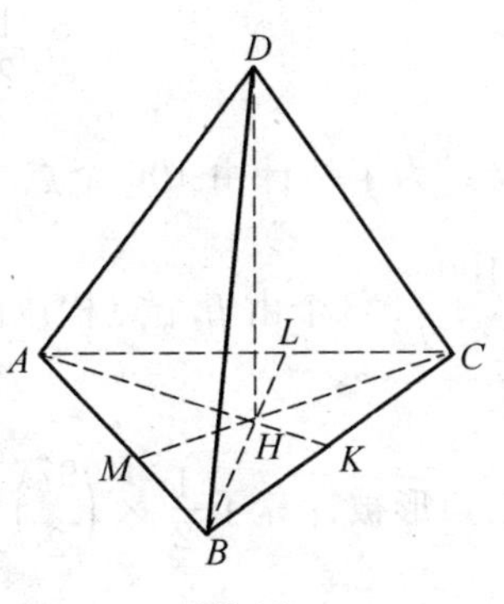

图 42

所要求证的不等式事实上等价于

$(AB+BC+CA)^2\leqslant$

$3(AD^2+BD^2+BD^2+CD^2+CD^2+AD^2)=$

$3(AB^2+BC^2+AC^2)$

这是一个显然的代数不等式. 比如,我们记$\triangle ABC$的边$BC$,$CA$,$AB$的长分别为$a$,$b$,$c$,由柯西不等式可得

$$a+b+c\leqslant\sqrt{1+1+1}\cdot\sqrt{a^2+b^2+c^2}\Rightarrow$$
$$(a+b+c)^2\leqslant 3(a^2+b^2+c^2)$$

在上面的不等式中,等号成立当且仅当$a=b=c$,即$\triangle ABC$为等边三角形.

**题12.6** 给定平面上的100个点使得任意三点不共线. 证明以这些点为顶点的三角形最多有70%为锐角三角形.

**证法1** 首先,我们考虑“小一些”的点集,比如在4个或5个点组成的集合中的锐角三角形. 对于一个由4个点组成的集合,至多有三个锐角三角形,相对地,我们将证明至少有一个三角形不是锐角三角形. 事实上,如果四个点的凸包是四边形,则该点集含有至少一个非锐角的三角形. 如果四个点的凸包是一个锐角$\triangle ABC$,第四个点$D$是三角形的一个内点,则在$\triangle ABD$,$\triangle BCD$,$\triangle CAD$中,至少有一个钝角三角形.



由于我们共有$\binom{4}{3}=4$个三角形,所以在四个点组成的点集中,至多有3个锐角三角形.

现在,我们考虑由5个点组成的点集. 在每个由4个点组成的点集中,至多有3个锐角三角形. 我们共有$\binom{5}{4}=5$个由4个点组成的点集,因此每个非锐角的三角形被计算了两次,这样,这五个点组成的点集中,至多有7个锐角三角形

$$\frac{1}{2}\times\binom{5}{4}\times 3=\frac{15}{2},\left[\frac{15}{2}\right]=7$$

为了估计由100个点组成的点集中锐角三角形的个数,我们把它分为$\frac{1}{2}\times\binom{100}{5}\times 3$个由五个点构成的子集,在每个子集中,至多有7个锐角三角形,每个三角形被计算了$\frac{1}{2}\times\binom{97}{2}\times 3$次,因此我们至多有$N=7\times\dfrac{\binom{100}{5}}{\binom{97}{2}}$个锐角三角形.

由于三角形的总数为$\binom{100}{3}$,所以所求比例为

$$\frac{7\binom{100}{5}}{\binom{97}{2}}\times\frac{1}{\binom{100}{3}}=$$

$$7\times\frac{100\times 99\times 98\times 97\times 96}{1\times 2\times 3\times 4\times 5}\times\frac{1\times 2}{97\times 96}\times\frac{1\times 2\times 3}{100\times 99\times 98}=\frac{7}{10}$$

**证法2**　设 $M$ 是一个平面有限点集，其中没有三点在一条直线上，以 $M$ 中的点为顶点所构成的三角形总数记为 $g(M)$，其中锐角三角形总数记为 $S(M)$.

首先证明：如果 $\frac{S(M)}{g(M)}\leqslant a$，那么将点集 $M$ 再添加一点得出点集 $M'$ 后仍有 $\frac{S(M')}{g(M')}\leqslant a$.

设点集 $M'$ 由 $n+1$ 个点 $A_1,A_2,\cdots,A_{n+1}$ 所组成，将从 $M'$ 中去掉点 $A_i$，所得到的点集记为 $M_i(i=1,\cdots,n+1)$. 因为在和

$$g(M_1)+g(M_2)+\cdots+g(M_{n+1})$$

中每个三角形重复计算了 $n-2$ 次，所以应有

$$g(M')=\frac{g(M_1)+g(M_2)+\cdots+g(M_{n+1})}{n-2}$$

类似的

$$S(M')=\frac{S(M_1)+S(M_2)+\cdots+S(M_{n+1})}{n-2}$$

由假设知

$$S(M_i)\leqslant ag(M_i),i=1,2,\cdots,n+1$$

从而有

$$\frac{S(M_1)+S(M_2)+\cdots+S(M_{n+1})}{n-2}\leqslant a\cdot\frac{g(M_1)+g(M_2)+\cdots+g(M_{n+1})}{n-2}$$

即

$$S(M')\leqslant ag(M')$$

这就证明了我们的论断.

再者，对于由四点构成的点集 $N$(其中没有三点在一条直线上)，以 $N$ 中的点为顶点所构成的三角形的总数为

$$g(N)=C_4^3=4$$

并且这四个三角形中至少有一个不是锐角三角形，因而 $S(N)\leqslant 3$，从而

$$\frac{S(N)}{g(N)} \leqslant \frac{3}{4} = 0.75$$

利用上面的论断进而可知,对于五点构成的点集 $N'$(其中没有三点在一条直线上),有

$$\frac{S(N')}{g(N')} \leqslant 0.75$$

因为 $g(N') = C_5^3 = 10$,所以 $S(N') \leqslant 7.5$. 因为 $S(N')$ 是整数,所以 $S(N') \leqslant 7$,也就是

$$\frac{S(N')}{g(N')} = \frac{S(N')}{10} \leqslant 0.7$$

再利用数学归纳法及上面的论断,便可得题中的结论.

**题 13.2** 设 $P_1$ 是一个以 $A_1, \cdots, A_9$ 为顶点的凸多面体. 现作一列变换分别将 $A_1$ 变为 $A_2, \cdots, A_9$,相应的多面体 $P_1$ 分别变为 $P_2, \cdots, P_9$. 证明在集合 $\{P_2, \cdots, P_9\}$ 中存在两个多面体,它们有一个公共的内点.

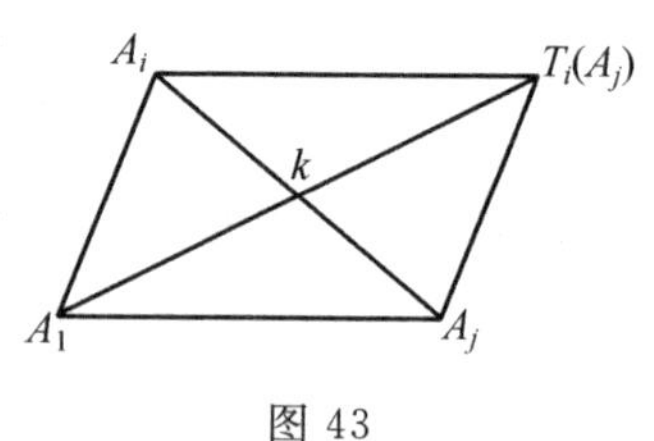

图 43



**证明** 设 $T_i: \mathbf{R}^3 \to \mathbf{R}^3$ 为由向量 $\overrightarrow{A_1A_i}(i=2,\cdots,9)$ 所定义的变换,设 $h_i: \mathbf{R}^3 \to \mathbf{R}^3$ 为以 $A_1$ 为中心,比为 2 的位似变换.

凸多面体 $T_i(P_1)$ 被包含在 $h(P_1)$, $\forall i=2,\cdots,9$ 中.

事实上,在平行四边形 $A_1A_iT_i(A_j)A_j$ 中,点 $A_1$ 和 $T_i(A_j)$ 的距离为 $A_1T_i(A_j) = 2A_1K$,其中 $K$ 是线段 $A_iA_j$ 的中点,如图 43.

因为 $A_iA_j$ 被包含在 $P_1$ 中,所以 $K \in P_1$,因此 $T_i(A_j) \in h(P_1)$. 考虑 $h(P_1)$ 的体积,我们有

$$\mathrm{Vol}(h(P_1)) = 2^3\mathrm{Vol}(P_1), \mathrm{Vol}(T_i(P_1)) = \mathrm{Vol}(P_1)$$

考虑到 $P_1, T_2(P_1), \cdots, T_9(P_1)$ 被包含在 $h(P_1)$ 中,由鸽笼原理立得结论.

**题 13.4** 设 $ABCD$ 是一个四面体,它的各个面为锐角三角形. 考虑所有闭合折线 $XYZTX$,其中 $X, Y, Z, T$ 分别是线段 $AB, BC, CD, DA$ 的内点. 证明:

(1) 如果 $\angle DAB + \angle BCD \neq \angle ABC + \angle CDA$,则不存在最短的闭合折线.

(2) 如果 $\angle DAB + \angle BCD = \angle ABC + \angle CDA$,则存在无数条最短的闭合折线,且它们的长度为 $2AC\sin\frac{\alpha}{2}$,其中

$$\alpha = \angle BAC + \angle CAD + \angle DAB$$

**证明** 问题(1) 是问题(2) 的推论.

设 $XYZTX$ 为 $XYZTX$ 的最短路径，如图 44.

考虑 $\triangle DAB$ 和 $\triangle CAB$ 所表示的平面，如图 45，则点 $X$ 在边 $AB$ 上的位置使得 $T,X,Y$ 共线.

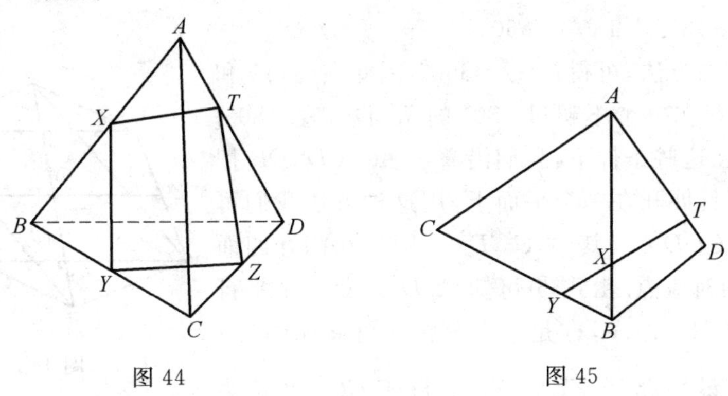


图 44　　　　图 45

因此，我们有等式

$$\angle TXA=\angle YXB \tag{①}$$

同理，考虑 $\triangle ABC$ 和 $\triangle DBC$，$\triangle BDC$ 和 $\triangle ADC$，$\triangle BAD$ 和 $\triangle CAD$，我们可分别得到下面的等式

$$\angle XYB=\angle CYZ \tag{②}$$

$$\angle CZY=\angle TZD \tag{③}$$

$$\angle DTZ=\angle XTA \tag{④}$$

下面我们考察 $\triangle TAX$，$\triangle YCZ$ 和 $\triangle XBY$，$\triangle TDZ$ 应用等式 ①～④，我们有

$$\begin{aligned}\angle DAB+\angle BCD&=180^\circ-\angle ATX-\angle TXA+180^\circ-\angle CYZ-\angle CZY=\\&180^\circ-\angle DTZ-\angle YXB+180^\circ-\angle XYB-\angle TZD=\\&180^\circ-\angle DTZ-\angle TZD+180^\circ-\angle XYB-\angle YXB=\\&\angle ADC+\angle ABC\end{aligned}$$

这样我们可得

$$\angle DAB+\angle BCD=\angle ADC+\angle ABC \tag{⑤}$$

为证完(2)，在这些假设下，我们将证明存在无穷条最短路径.

首先，我们注意到边 $(A,C)$ 和 $(B,D)$ 在问题中的位置是对称的. 我们记

$$\gamma=\angle BCA+\angle ACD+\angle BCD$$

$$\beta=\angle ABC+\angle ABD+\angle CBD$$

$$\delta=\angle ADB+\angle ADC+\angle BDC$$

由等式 ⑤ 及 $\alpha$ 的定义，我们有

$$\alpha+\gamma=\angle BAC+\angle BAD+\angle CAD+\angle BCA+\angle ACD+\angle BCD=$$
$$\angle ABC+\angle ADC+\angle BAC+\angle CAD+\angle ACB+\angle ACD=$$
$$\angle ABC+\angle BAC+\angle ACB+\angle ADC+\angle CAD+\angle ACD=$$
$$180^\circ+180^\circ=360^\circ$$

由同样的方法,可得$\beta+\gamma=360^\circ$,因此在$(\alpha,\gamma)$和$(\beta,\gamma)$中各存在一个不超过$180^\circ$的角.设$\alpha\leqslant 180^\circ$,$\beta\leqslant 180^\circ$,在这些条件下,我们沿着边$AC$,$CD$,$DB$把四面体割开且展开在一个平面上,用这种方法我们可得多边形$ACDD'C'$,其中,$C'$,$D'$分别是在割开四面体时$C$,$D$的对应点.由式⑤可知$CDD'C'$是一个平行四边形,如图46.$\triangle AC'C$是一个等腰三角形且$CC'=2AC\sin\frac{\alpha}{2}$.最短路径$ZYXTZ'$平行于$CC'$且长为$2AC\sin\frac{\alpha}{2}$.

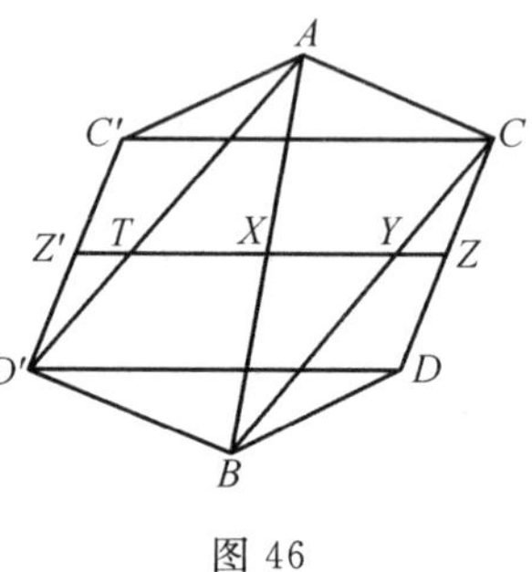

图46



**题13.5** 对每个正整数$m$,证明在平面内存在一个有限点集$S$,使得对于任意$A\in S$,在$S$中有且仅有$m$个点到点$A$的距离为1.

**证明** 我们将用归纳法来证明.当$m=1$时,我们取长为1的线段的端点;当$m=2$时,我们取一边长为1的等边三角形的端点.

设存在一个有限点集$S$使得对任意点$A$,$A\in S$,在$S$中恰有$m$个点与点$A$的距离为1.设$|S|=k$,则显然有$k>m$.对于$m+1$个点构造满足所需条件的点集的想法是,相对于一个单位向量,平移$S$为$S'$,使得$S\cap S'=\varnothing$,且对任意的$A'(A'\in S)$使得存在唯一的一个$A(A\in S)$满足$|\overrightarrow{AA'}|=1$,则所需含有$m+1$个点的点集为$S\cup S'$.

例如,当$m=2$时,由等边$\triangle ABC$,可得解答;对$m=3$,相对一个单位向量,沿着$\triangle ABC$过点$A$的高作平移可得一个解,如图47,48.

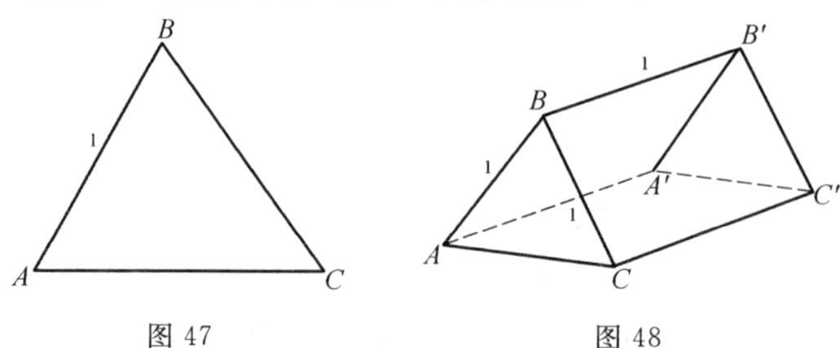

图47　　图48

一般的,集合$S'$可由向量$\overrightarrow{AA'}$来定义,该向量的取法如下.对任意的点$A$,

$A\in S$，考虑$\overrightarrow{AA_1},\cdots,\overrightarrow{AA_m},A_i\in S$，则单位向量$\overrightarrow{AA'}$可选取为不属于集合$\bigcup\limits_{A\in S}\{\overrightarrow{AA_1},\cdots,\overrightarrow{AA_m}\}$.

这样就证明了，在 $S$ 中有且仅有 $m$ 个点到点 $A$ 的距离为 1.

**题 14.2** 证明每个有外接圆的四边形能够被分解为 $n(n\geqslant 4)$ 个有外接圆的四边形.

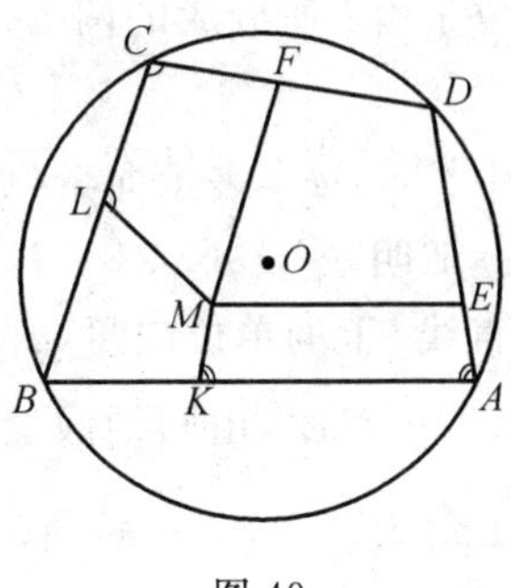


图 49

**证明** 任意一个有外接圆的四边形可被分为四个有外接圆的四边形，其中的两个为等腰梯形. 设 $B$ 是 $ABCD$ 中最小的角. 在四边形 $ABCD$ 内部靠近点 $B$ 的地方取点 $M$. 通过点 $M$ 且与 $BC$ 和 $BA$ 平行的直线分别与 $CD$ 和 $AD$ 交于 $F,E$ 两点，如图 49. 可取点 $M$ 使得点 $K,L$ 分别在 $AB,BC$ 的内部且 $AEMK,MLCF$ 为等腰梯形.

容易看到 $KBLM$ 是一个有外接圆的四边形. 最后，每个等腰梯形可被平行于其底边的直线分为任意多个等腰梯形.

**题 14.6** 给定四个平行的平面，证明存在一个正四面体，使得每个平面上都有该四面体的一个顶点.

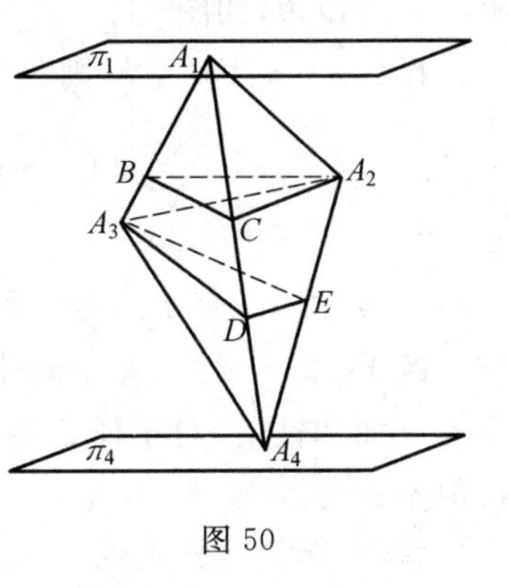


图 50

**证明** 设 $\pi_1,\pi_2,\pi_3,\pi_4$ 为给定的平行平面，设 $A_1A_2A_3A_4$ 为所求四面体且 $A_i\in\pi_i,i=1,2,3,4$.

平面 $\pi_2$ 与四面体相交形成 $\triangle A_2BC$，其中 $B\in[A_1A_3],C\in[A_1A_4]$. 平面 $\pi_3$ 与四面体相交形成 $\triangle A_3DE$，其中 $D\in[A_1A_4],E\in[A_2A_4]$，如图 50.

设 $\alpha_1,\alpha_2,\alpha_3$ 分别是平面 $\pi_1$ 和 $\pi_2$，$\pi_2$ 和 $\pi_3$ 以及 $\pi_3$ 和 $\pi_4$ 之间的距离，设 $a$ 为边 $A_1A_2$ 的长，则我们有下面的关系：

(1) $\dfrac{A_1B}{BA_3}=\dfrac{A_1C}{CD}=\dfrac{\alpha_1}{\alpha_2}$；

(2) $\dfrac{CD}{DA_4}=\dfrac{A_2E}{EA_4}=\dfrac{\alpha_2}{\alpha_3}$；

(3) $A_1B+BA_3=A_1C+CD+DA_4=A_2E+EA_4=a$；

(4) $\dfrac{A_1D}{DA_4}=\dfrac{\alpha_1+\alpha_2}{\alpha_3}$.

它们可被视为由七个线性方程组成的方程组. 恰当地选取 $a$,方程组有正的数解.

**题 15.1** 设 $l$ 为平面上的一条直线,$O$ 为 $l$ 上的一点,$\overrightarrow{OP_1},\overrightarrow{OP_2},\cdots,\overrightarrow{OP_n}$ 是位于由 $l$ 所分成的两个半平面之一的 $n$ 个单位向量. 证明:如果 $n$ 是奇数,则

$$|\overrightarrow{OP_1}+\overrightarrow{OP_2}+\cdots+\overrightarrow{OP_n}|\geqslant 1$$

其中,$|\overrightarrow{OM}|$ 表示向量 $\overrightarrow{OM}$ 的长度.

**证明** 设 $n=2k+1$,我们将对 $k$ 应用归纳法. 当 $k=0$ 时,结论显然. 设 $\overrightarrow{OA}$ 是直线 $l$ 上的单位向量,$\varphi_i$ 是向量 $\overrightarrow{OA}$ 和 $\overrightarrow{OP_i}(1\leqslant i\leqslant n)$ 的夹角. 我们可设 $\varphi_1<\varphi_2<\cdots<\varphi_n$,由归纳假设,我们有 $|\overrightarrow{OP_2}+\cdots+\overrightarrow{OP_{n-1}}|\geqslant 1$. 向量 $\overrightarrow{OP_1}$ 和 $\overrightarrow{OP_n}$ 的夹角为 $\varphi_n-\varphi_1<\pi$,所以向量 $\overrightarrow{OP_1}$ 和向量 $\overrightarrow{OB}=\overrightarrow{OP_1}+\overrightarrow{OP_n}$ 的夹角 $\frac{\varphi_n-\varphi_1}{2}<\frac{\pi}{2}$.

因此,向量 $\overrightarrow{OB}$ 和向量 $\overrightarrow{OD}=\overrightarrow{OP_2}+\cdots+\overrightarrow{OP_{n-1}}$ 的夹角 $\theta$ 为锐角,如图 51.

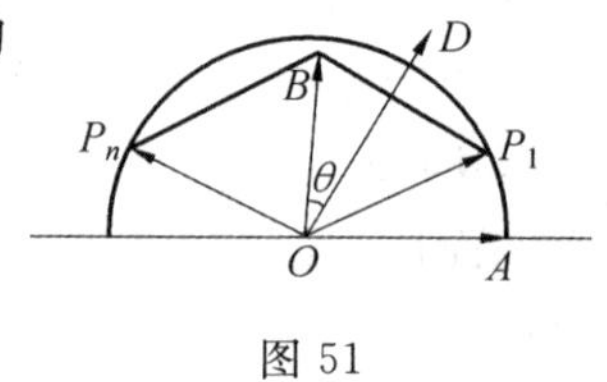

图 51



设 $\overrightarrow{OD}=\boldsymbol{a},\overrightarrow{OB}=\boldsymbol{b}$,则我们有

$$\sum_{i=1}^{n}\overrightarrow{OP_i}=\boldsymbol{a}+\boldsymbol{b}$$

且

$$|\boldsymbol{a}+\boldsymbol{b}|^2=\langle\boldsymbol{a}+\boldsymbol{b},\boldsymbol{a}+\boldsymbol{b}\rangle=|\boldsymbol{a}^2|+|\boldsymbol{b}|^2+2|\boldsymbol{a}||\boldsymbol{b}|\cos\theta>|\boldsymbol{b}|^2\geqslant 1$$

**题 15.2** 试问,在空间中是否存在一个由不共面的点所组成的有限集合具有下面的性质:对于任意的 $A,B\in M$,存在 $C,D\in M$,使得直线 $AB$ 和 $CD$ 平行但不重合.

**解** 结论是肯定的.

解法 1:我们首先考察立方体 $A_1A_2A_3A_4B_1B_2B_3B_4$. 注意到,所要的性质对下面的点对是不成立的,$(A_1B_3)$,$(B_1A_3)$,$(A_2B_4)$,$(B_2A_4)$. 如果我们把立方体各边的中点、各面的中点及点 $O$ 考虑进来,则结论成立,如图 52.

解法 2:考虑一个立方体及由其两个对应面 $A_1A_2A_3A_4$,$B_1B_2B_3B_4$ 生成的正棱锥 $SA_1A_2A_3A_4$ 和 $SB_1B_2B_3B_4$,且使得 $TB_1$ 平行于 $A_1B_3$,等等,如图 53.

解法 3:考虑由一个立方体的顶点及其中心关于六个面的反射点形成的点集.

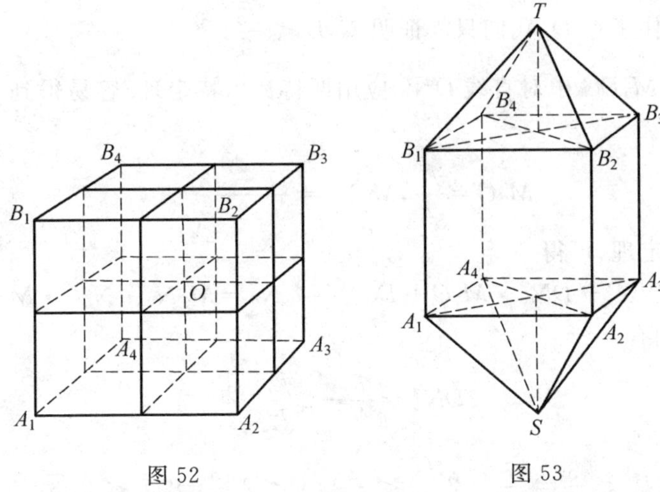


图 52　　　　图 53

**题 15.4**　一个士兵要在一个呈等边三角形的区域内探明是否埋有地雷.已知探雷器的作用半径等于这个等边三角形高的一半,士兵从三角形的一个顶点起开始探测.试给出士兵为完成任务,所需的最短探测路线.

**解**　设$\triangle ABC$为边长为 2 的等边三角形,则$h=\sqrt{3}$.设士兵从点$A$出发,设$\Gamma_B$,$\Gamma_C$为分别以$B$,$C$为圆心、$\frac{\sqrt{3}}{2}$为半径的圆弧,且位于$\triangle ABC$内.如图 54,为了分别探测到$B$,$C$两点,士兵的路径一定包含$\Gamma_B$上的一点$M$和$\Gamma_C$上的一点$N$.这样的最短路径由线段$AM$,$MC$给出,其中点$M$为$\Gamma_B$上的一点,这样我们只需在$M$为$\Gamma_B$上的动点时,最小化路径$AMC$.设$M_0$是$\Gamma_B$与高$BD(D\in AC)$的交点,我们将证明最短的路径为$AM_0C$.事实上,当$M_0$在与$\Gamma_B$切于$M_0$的直线$t$上时,$AM_0C$是由$A$到$C$的最短路径.对任意的$M\in\Gamma_B$,我们将证明

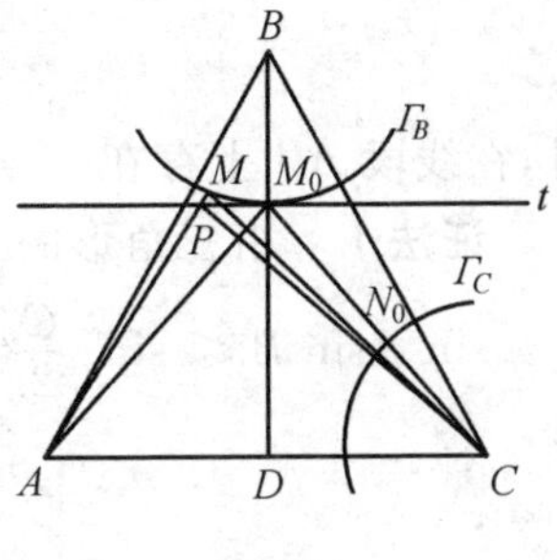


图 54

$$AM+MC<AM_0+M_0C$$

设$AM$与$t$交于点$P$,则由点$M_0$的性质可得

$$AM+MC=AP+PM+MC>AP+PC>AM_0+M_0C$$

假设$N_0$是$M_0C$与$\Gamma_C$的交点,这样,由点$A$到点$B$,$C$的最短路径为$AM_0N_0$.

现在,我们证明用这种方法,能够用半径为$\frac{\sqrt{3}}{2}$的圆盘盖住三角形.以$M_0$为

圆心的圆盘盖住了点 $D$. 我们只需证明 $N_0D<\frac{\sqrt{3}}{2}$.

我们在 $\triangle M_0DC$ 中对直线 $DN_0$ 应用斯特瓦尔特定理. 容易得到下面的线段长度

$$M_0C=\frac{\sqrt{7}}{2},M_0N_0=\frac{\sqrt{7}-\sqrt{3}}{2}$$

由斯特瓦尔特定理,可得

$$DM_0^2\cdot N_0C-DN_0^2\cdot M_0C+DC^2\cdot M_0N_0=M_0N_0\cdot N_0C\cdot M_0C$$

经过计算,我们有

$$DN_0^2=\frac{7}{4}-2\frac{\sqrt{3}}{\sqrt{7}}$$

$$DN_0^2<\frac{3}{4}\Leftrightarrow\frac{7}{4}-2\frac{\sqrt{3}}{\sqrt{7}}<\frac{3}{4}\Leftrightarrow 1<2\frac{\sqrt{3}}{\sqrt{7}}\Leftrightarrow\sqrt{7}<2\sqrt{3}$$

结论得证.



**题 16.2** 设 $\triangle ABC$ 是任一三角形. 试证当且仅当

$$\sin A\sin B\leqslant\sin^2\frac{C}{2}$$

时,在线段 $AB$ 上存在一点 $D$ 使 $CD$ 是 $AD$ 和 $BD$ 的等比中项.

**证法 1** 由三角形的一些常用公式,已知条件可以转化为

$$\begin{aligned}\sin A\sin B\leqslant\sin^2\frac{C}{2}\Leftrightarrow&\frac{ab}{4R^2}\leqslant\frac{(p-a)(p-b)}{ab}\Leftrightarrow\\&\frac{16S^2\cdot ab}{4a^2b^2c^2}\leqslant\frac{(p-a)(p-b)}{ab}\Leftrightarrow\\&\frac{4p(p-a)(p-b)(p-c)}{c^2}\leqslant(p-a)(p-b)\Leftrightarrow\\&4p(p-c)\leqslant c^2\Leftrightarrow\\&4\cdot\frac{a+b+c}{2}\cdot\frac{a+b-c}{2}\leqslant c^2\Leftrightarrow\\&(a+b)^2\leqslant 2c^2\Leftrightarrow\\&a+b\leqslant\sqrt{2}c\end{aligned}$$

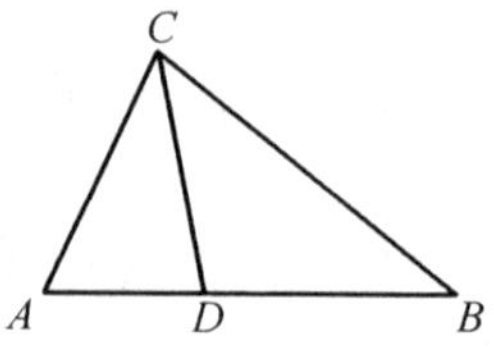

下面我们转化一下几何条件. 如图 55,设 $D$ 是 $AB$ 上的一点,使得 $AD=x$, $BD=c-x$, 其中 $0<x<c$. 对于 $\triangle ABC$ 和线段 $CD$,由斯特瓦尔特定理我们有



图 55

$$CA^2\cdot BD-CD^2\cdot AB+CB^2\cdot AD=AD\cdot BD\cdot AB$$

利用已知条件

$$CD^2=x(c-x)$$

从而存在这样的点 $D$ 当且仅当存在 $x$，$0<x<c$，使得

$$f(x)=2cx^2-(2c^2+b^2-a^2)x+b^2c=0$$

这是一个二次方程，其判别式为

$$\begin{aligned}\Delta=&(2c^2+b^2-a^2)^2-8b^2c^2=\\&(2c^2+b^2-a^2-2\sqrt{2}bc)(2c^2+b^2-a^2+2\sqrt{2}bc)=\\&[(\sqrt{2}c+b)^2-a^2][(\sqrt{2}c-b)^2-a^2]=\\&(b+\sqrt{2}c+a)(b+\sqrt{2}c-a)(\sqrt{2}c+a-b)(\sqrt{2}c-b-a)\end{aligned}$$

判别式为正值当且仅当

$$\sqrt{2}c>a+b$$

因此方程 $f(x)=0$ 有两个不同的实根当且仅当

$$a+b<\sqrt{2}c$$

由不等式 $a<\sqrt{2}c-b$，可得

$$x_1+x_2=\frac{2c^2+b^2-a^2}{2c}>0$$

即如果方程 $f(x)=0$ 有两个不同的实根，则这两实根肯定都是正的.

又因为 $f(0)=b^2c>0$，$f(c)=a^2c>0$. 所以要证明 $0<x<c$，只要证明

$$\frac{x_1+x_2}{2}<c$$

就行了，即

$$2c^2+a^2>b^2$$

而由 $b<\sqrt{2}c-a$ 知上面不等式显然成立.

综上所述，两已知条件都等价于

$$a+b<\sqrt{2}c$$

故两已知条件等价.

**证法2**　设 $E$ 是 $CD$ 的延长线与 $\triangle ABC$ 的外接圆的交点，则

$$AD\cdot DB=CD\cdot DE$$

而由已知条件，点 $D$ 的位置要求

$$AD\cdot DB=CD^2=CD\cdot DE$$

从而 $CD=DE$.

因此,我们得弄清楚在外接圆圆周上存在点 $E$ 使得 $ED=DC$ 的条件.如图 56,显然当点 $E$ 靠近点 $A$ 或者点 $B$ 的时候,我们有 $CD>DE$.同时,当点 $E$ 沿着不含点 $C$ 的圆弧 $AB$ 离开点 $A$ 时,线段 $CD$ 减小,$DE$ 增加.

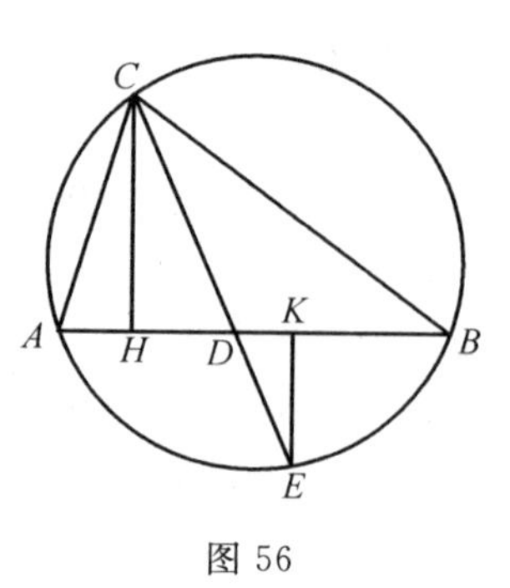

图 56

设 $CH$ 是 $\triangle ABC$ 中 $AB$ 边上的高,$D$ 是 $AB$ 上的任一点,$E$ 是 $CD$ 延长线与圆周的交点.$K$ 是点 $E$ 在 $AB$ 上的垂直投影.显然 $\triangle CHK$ 和 $\triangle EKD$ 相似,从而

$$\frac{CH}{KE}=\frac{CD}{DE}$$

因此 $CD=DE$ 当且仅当 $CH=EK$.因此当且仅当圆弧 $AB$ 的中点到 $AB$ 的距离大于或等于 $CH$ 时,点 $E$ 才存在,而这个距离等于

$$d=R-R\cos C=2R\sin^2\frac{C}{2}$$



而 $CH=2R\sin A\sin B$,从而我们得到要求的条件.

**题 17.3** 已知任意 $\triangle ABC$,在其外部作 $\triangle ABR$,$\triangle BCP$,$\triangle CAQ$,使得

$$\angle PBC=\angle CAQ=45^\circ$$
$$\angle BCP=\angle QCA=30^\circ$$
$$\angle RBA=\angle RAB=15^\circ$$

求证:(1)$\angle QRP=90^\circ$;(2)$QR=RP$.

**证明** 设线段 $RS$ 由线段 $BR$ 绕点 $R$ 逆时针旋转 $90^\circ$ 所得,如图 57,因此

$$RA=RS,\angle SRA=150^\circ-90^\circ=60^\circ$$

即 $\triangle RSA$ 是等边三角形,所以 $AS=AR$.

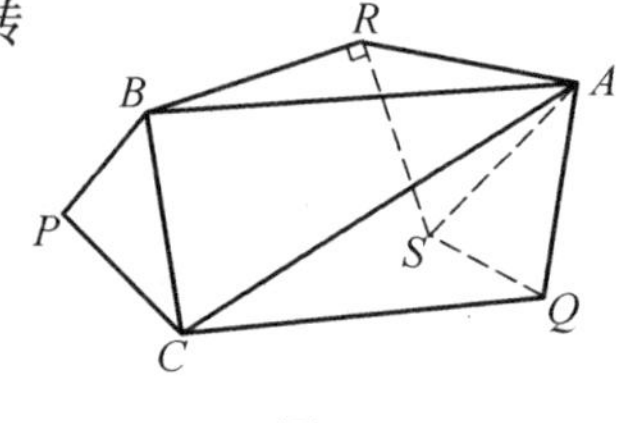

图 57

容易证明 $\angle SAQ=\angle BAC$.

在 $\triangle AQC$ 中应用正弦定理得

$$\frac{AQ}{\sin 30^\circ}=\frac{AC}{\sin 105^\circ}$$

从而

$$AQ=AC\cdot\frac{\sin 30^\circ}{\sin 105^\circ}=AC\cdot\frac{2\sin 15^\circ\cos 15^\circ}{\cos 15^\circ}=$$
$$2AC\sin 15^\circ \qquad ①$$

在 $\triangle ARB$ 中应用正弦定理得

$$\frac{AR}{\sin 15^\circ}=\frac{AB}{\sin 150^\circ}$$

从而

$$AR=AB\cdot\frac{\sin 15^\circ}{\sin 150^\circ}=2AB\sin 15^\circ \qquad ②$$

由式①②得

$$\frac{AQ}{AS}=\frac{AC}{AB}$$

所以 $\triangle CAB$ 和 $\triangle QAS$ 相似. 从而

$$\angle ABC=\angle ASQ,\frac{AB}{AS}=\frac{BC}{SQ}$$

即

$$SQ=\frac{AS}{AB}\cdot BC=\frac{AQ}{AC}\cdot BC=2BC\sin 15^\circ$$

在 $\triangle BPC$ 中应用正弦定理可得

$$BP=2BC\sin 15^\circ$$

所以

$$SQ=BP$$

而

$$\angle RBP=\angle ABC+60^\circ=\angle RSQ$$

所以 $\triangle RBP$ 和 $\triangle RSQ$ 全等. 这就证明了

$$\angle PRQ=90^\circ,PR=RQ$$

**题 18.1** 在一个面积为 32 $cm^2$ 的凸四边形中,两条对边和一条对角线的长度之和为 32 cm,试求另一条对角线的所有可能长度.

**解** 设 $ABCD$ 是一个四边形,并且 $AB+BD+DC=16$,其中 $BD$ 是一条对角线,如图 58,记 $\angle ABD=x$,$\angle BDC=y$,则

$$S_{ABCD}=32=\frac{1}{2}AB\cdot BD\sin x+\frac{1}{2}BD\cdot DC\sin y\leqslant\frac{1}{2}BD(AB+DC) \qquad (*)$$

将 $AB+DC=16-BD$ 代入式(*),可得 $(BD-8)^2\leqslant 0$.

因此 $BD=AB+DC=8$. 这种情形下,不等式(*)变成了等式. 从而 $\sin x=\sin y=1$,即 $\angle ABD=\angle BDC=90^\circ$,如图 59.

设 $E$ 是对角线 $AC$ 和 $BD$ 的交点. 因为 $\triangle ABE$ 和 $\triangle EDC$ 相似,我们有

$$\frac{BE}{ED}=\frac{AB}{DC}\Rightarrow\frac{BE+ED}{ED}=\frac{AB+DC}{DC}\Rightarrow\frac{8}{ED}=\frac{8}{DC}\Rightarrow ED=DC$$

因此$\triangle ABE$和$\triangle EDC$都是等腰直角三角形，所以$AE=\sqrt{2}AB$，$CE=\sqrt{2}DC$．所以要求的另一条对角线的长度为

$$AC=\sqrt{2}(AB+DC)=8\sqrt{2}$$

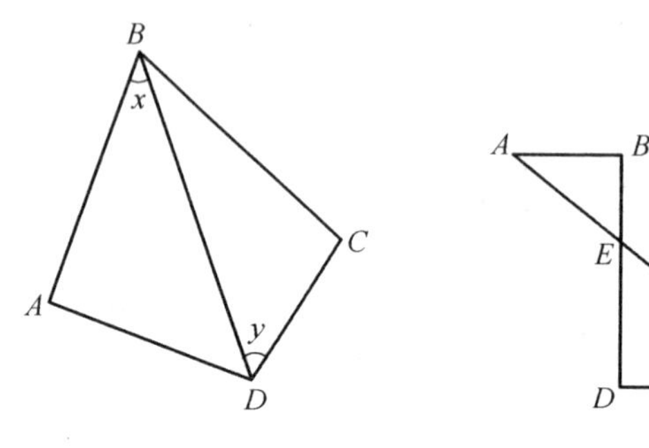


图 58 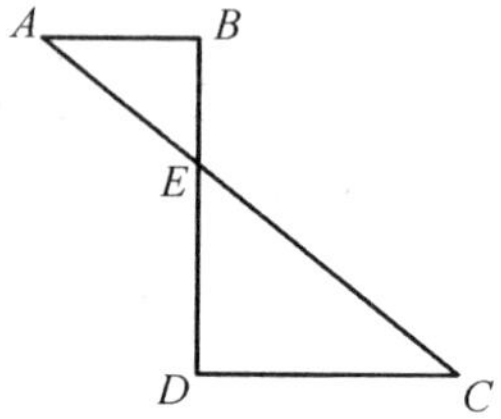　　　　图 59

**题 19.1**　在正方形$ABCD$的内部作等边三角形$ABK$，$BCL$，$CDM$，$DAN$，证明$KL$，$LM$，$MN$和$NK$这四条线段的中点和$AK$，$BK$，$BL$，$CL$，$CM$，$DM$，$DN$，$AN$这八条线段的中点是一个正十二边形的十二个顶点．



**证明**　本题的难点是寻找一个好的解答．本题有几种可行的解答，例如：几何法、坐标法、复数法．

我们用复数法解这道题．如图 60，设$A(1+\mathrm{i})$，$B(-1+\mathrm{i})$，$C(-1-\mathrm{i})$，$D(1-\mathrm{i})$是这正方形的四个顶点．由构造法知这个正方形关于坐标轴和原点$O$对称．所以我们只计算落在第一象限里的点．

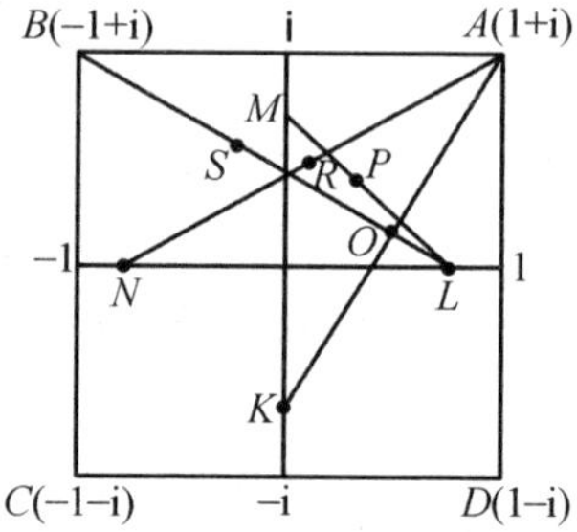

图 60

由于点$L$，$M$在坐标轴上，所以不难写出它们对应的复数分别为

$$L(\sqrt{3}-1),M(\sqrt{3}\mathrm{i}-\mathrm{i})$$

以及$LM$的中点对应的复数为

$$P\left(\frac{\sqrt{3}-1}{2}+\mathrm{i}\frac{\sqrt{3}-1}{2}\right)$$

由于点$K$对应的复数为$K(-\sqrt{3}\mathrm{i}+\mathrm{i})$，所以$AK$的中点对应的复数为$Q\left(\frac{1}{2}+\mathrm{i}\frac{2-\sqrt{3}}{2}\right)$．同理，$AN$的中点是$R\left(\frac{2-\sqrt{3}}{2}+\frac{\mathrm{i}}{2}\right)$，$BL$的中点是$S\left(\frac{-2+\sqrt{3}}{2}+\frac{\mathrm{i}}{2}\right)$．

由对称性知，我们只要证明 $SR=RP=PQ$ 和 $\angle SRP=\angle RPQ=\frac{5\pi}{6}$.

我们用 $Z_X$ 表示点 $X$ 对应的复数，则

$$RS^2=|Z_S-Z_R|^2=(-2+\sqrt{3})^2=7-4\sqrt{3}$$

$$RP^2=|Z_P-Z_R|^2=\left|\frac{\sqrt{3}-1}{2}+\mathrm{i}\frac{\sqrt{3}-1}{2}-\frac{2-\sqrt{3}}{2}-\frac{\mathrm{i}}{2}\right|^2=$$

$$\left|\frac{2\sqrt{3}-3}{2}+\mathrm{i}\frac{\sqrt{3}-2}{2}\right|^2=7-4\sqrt{3}$$

由于点 $Q$ 和点 $R$ 关于 $OA$ 对称，所以

$$PQ^2=RP^2=7-4\sqrt{3}$$

对于角我们有

$$\cos\angle SRP=\frac{\frac{3-2\sqrt{3}}{2}(2-\sqrt{3})+\frac{2-2\sqrt{3}\times 0}{2}}{7-4\sqrt{3}}=$$

$$\frac{(12-7\sqrt{3})(7+4\sqrt{3})}{2(7-4\sqrt{3})(7+4\sqrt{3})}=-\frac{\sqrt{3}}{2}$$

即 $\angle SRP=\frac{5\pi}{6}$. 用同样的方法我们可以证明

$$\cos\angle RPQ=-\frac{\sqrt{3}}{2},\angle RPQ=\frac{5\pi}{6}$$

因此题中的 12 个点是一个正十二边形的顶点.

**题 20.2**　在一个球体内有一定点 $P$，球面上有 $A,B,C$ 三个动点，$\angle BPA=\angle CPA=\angle CPB=90^\circ$，以 $PA,PB,PC$ 为棱，构成平行六面体，点 $Q$ 是平行六面体上与点 $P$ 斜对的一个顶点，当 $A,B,C$ 在球面上移动的时候，求点 $Q$ 的轨迹.

**解法 1**　设 $O$ 是球心，$R$ 是半径. 方便起见，记

$$\overrightarrow{PA}=\boldsymbol{a},\overrightarrow{PB}=\boldsymbol{b},\overrightarrow{PC}=\boldsymbol{c},\overrightarrow{PQ}=\boldsymbol{q},\overrightarrow{OP}=\boldsymbol{p}$$

那么就有

$$\overrightarrow{OA}=\boldsymbol{p}+\boldsymbol{a},\overrightarrow{OB}=\boldsymbol{p}+\boldsymbol{b}$$

$$\overrightarrow{OC}=\boldsymbol{p}+\boldsymbol{c},\overrightarrow{OQ}=\boldsymbol{p}+\boldsymbol{q}$$

由 $\boldsymbol{q}=\boldsymbol{a}+\boldsymbol{b}+\boldsymbol{c}$，可得

$$\overrightarrow{OQ}=\boldsymbol{p}+\boldsymbol{a}+\boldsymbol{b}+\boldsymbol{c}$$

因为 $A,B,C$ 都是球上的点，我们有

$$|\overrightarrow{OA}|=|\overrightarrow{OB}|=|\overrightarrow{OC}|=R$$

向量 $\boldsymbol{a},\boldsymbol{b},\boldsymbol{c}$ 相互垂直,也就是

$$\langle \boldsymbol{a},\boldsymbol{b}\rangle=\langle \boldsymbol{b},\boldsymbol{c}\rangle=\langle \boldsymbol{c},\boldsymbol{a}\rangle=0$$

其中$\langle \boldsymbol{x},\boldsymbol{y}\rangle$是向量 $\boldsymbol{x},\boldsymbol{y}$ 的内积.进而

$$R^2=\langle \boldsymbol{p}+\boldsymbol{a},\boldsymbol{p}+\boldsymbol{a}\rangle=|\boldsymbol{p}^2|+|\boldsymbol{a}^2|+2\langle \boldsymbol{p},\boldsymbol{a}\rangle$$

对于 $\boldsymbol{b},\boldsymbol{c}$ 我们有同样的结论.

下面我们计算向量$\overrightarrow{OQ}$的长度

$$\begin{aligned}|\overrightarrow{OQ}|=&\langle \boldsymbol{p}+\boldsymbol{a}+\boldsymbol{b}+\boldsymbol{c},\boldsymbol{p}+\boldsymbol{a}+\boldsymbol{b}+\boldsymbol{c}\rangle=\\&|\boldsymbol{p}|^2+2(\langle \boldsymbol{p},\boldsymbol{a}\rangle+\langle \boldsymbol{p},\boldsymbol{b}\rangle+\langle \boldsymbol{p},\boldsymbol{c}\rangle)+\\&|\boldsymbol{a}|^2+|\boldsymbol{b}|^2+|\boldsymbol{c}|^2=\\&3R^2-2|\boldsymbol{p}|^2\end{aligned}$$

所以点 $Q$ 与球心 $O$ 之间的距离是一个常数.

反之,给定球心 $O$ 和半径 $R$,点 $P$ 与球心的距离为 $|\boldsymbol{p}|$.点 $Q$ 是以 $O$ 为圆心,以 $\rho=\sqrt{3R^2-2|\boldsymbol{p}|^2}$ 为半径的球上任意点,且点 $Q$ 是与点 $P$ 在三条射线上对角相对的点.



因为 $|\boldsymbol{p}|<R$,我们有 $\rho>R$,且 $Q$ 是给定球外一点.

令 $\Sigma$ 表示以 $PQ$ 为直径的球,它与给定的球相交.设 $A$ 是其中一个交点,那么我们就得到向量$\overrightarrow{PA}$.在与向量$\overrightarrow{PA}$垂直的平面构造向量$\overrightarrow{PB}$,$\overrightarrow{PC}$,使得$\overrightarrow{PA}$,$\overrightarrow{PB}$,$\overrightarrow{PC}$两两垂直,而长度则由点 $Q$ 在这个平面上的投影决定.

**解法 2** 我们用到下面基本结论:对于给定的矩形 $KLMN$ 和空间中任意一点,有

$$OK^2+OM^2=OL^2+ON^2$$

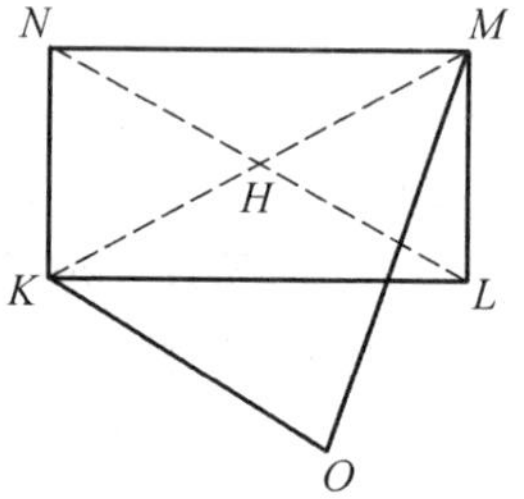

事实上,如图 61,设 $H$ 是对角线 $KM$ 和 $LN$ 的交点,在 $\triangle OKM$ 和 $\triangle OLN$ 中,应用中线定理即可得上面的等式.

图 61

同理在由 $PA,PB,PC$ 决定的平行六面体中,如图 62,应用上面的等式可得

$$OB^2+OC^2=OP^2+OD^2$$
$$OP^2+OQ^2=OA^2+OD^2$$

由这两个等式,我们有

$$OQ^2=OA^2+OB^2+OC^2-2OP^2=3R^2-2OP^2$$

下面的部分与解法 1 的证明类似.

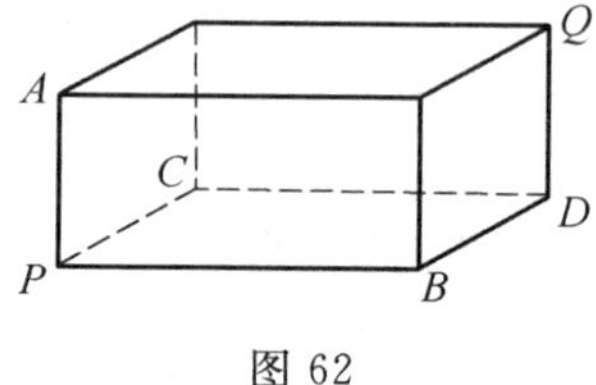


图 62

**题 20.4** 在$\triangle ABC$中,边 $AB=AC$,有一个圆内切于$\triangle ABC$的外接圆,并且与 $AB,AC$ 分别相切于点 $P,Q$.求证 $P,Q$ 两点连线

的中点是 $\triangle ABC$ 的内切圆圆心.

**证法 1** 设 $D$ 是过点 $A$ 的高与 $\triangle ABC$ 外接圆的交点，$H$ 是垂足. 与边 $AB$，$AC$ 和 $\triangle ABC$ 的外接圆相切的圆的圆心 $K$ 在 $AH$ 上，且使得 $KD=KP=KQ$.

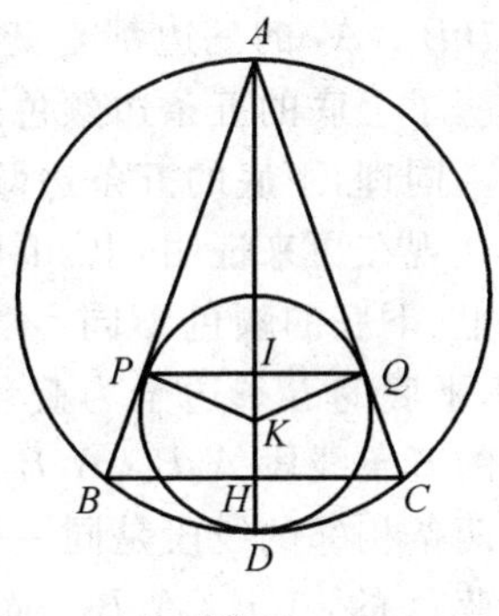

图 63

设 $I$ 是线段 $PQ$ 与竖直线 $AH$ 的交点.

由对称性，我们要证明 $I$ 是 $\triangle ABC$ 的内心，如图 63.

我们只要证明 $BI$ 是 $\angle ABC$ 的内角平分线就行了.

我们考虑 $\mathrm{Rt}\triangle ABD$，如图 64，易知 $KD=KP$，因此 $\angle KDP=\angle KPD$.

四边形 $BDPI$ 是圆内接四边形，所以 $\angle PBI=\angle KDP$.

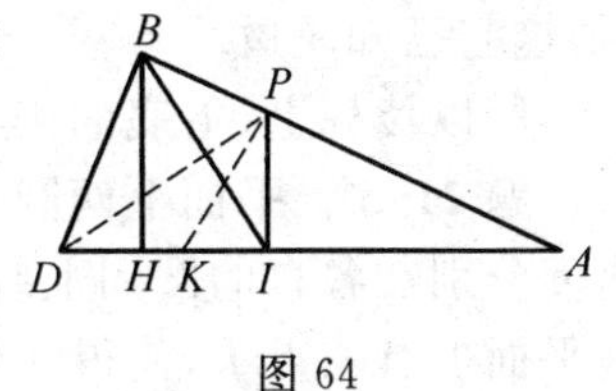

图 64

在 $\triangle BHK$ 中，我们有 $\angle HBI=90^\circ-\angle DIB$. 由圆内接四边形可得

$$\angle HBI=90^\circ-\angle DPB=\angle KPB-\angle DPB=\angle KPD$$

因此 $BI$ 是 $\angle HBA$ 的角平分线.



**证法 2** 如图 63，我们考虑以点 $A$ 为中心的位似变换. 以 $K$ 为圆心的圆经过位似变换后是 $\triangle ABC$ 的内切圆.

因此我们只需证明 $K$ 的像是 $I$，也就是

$$\frac{AI}{AK}=\frac{AH}{AD}$$

由 $\triangle APK$ 和 $\triangle ABD$ 相似即可得.

**题 21.2** 一棱柱以五边形 $A_1A_2A_3A_4A_5$ 与 $B_1B_2B_3B_4B_5$ 为上、下底，这两个多边形的每一条边及每一条线段 $A_iB_j(i,j=1,2,\cdots)$ 均涂上红色或蓝色. 每一个以棱柱顶点为顶点的，以已涂色的线段为边的三角形均有两条边颜色不同. 求证：上、下底的 10 条边颜色一定相同.

**证明** 首先我们证明上底的五条边颜色完全相同.

如果上底的五条边颜色不完全相同，那么必有两条相邻的边颜色不同，不妨设 $A_1A_2$ 是红的，$A_1A_5$ 是蓝的.

根据抽屉原则，由 $A_1$ 引出的五条线段 $A_1B_1$，$A_1B_2$，$A_1B_3$，$A_1B_4$，$A_1B_5$ 中至少有三条有相同的颜色，这三条线段的端点 $B_i$ 中必有两个相邻，不妨设 $A_1B_i$，$A_1B_{i+1}$ 均为红色.

下面我们考虑 $\triangle A_1A_2B_i$，$\triangle A_1A_2B_{i+1}$，$\triangle A_1B_iB_{i+1}$，如图 65. 由上面假设我

们可得：边 $B_iA_2$，$B_{i+1}A_2$，$B_iB_{i+1}$ 必须为蓝色. 从而 $\triangle B_iB_{i+1}A_2$ 的三边都是蓝色的. 这与已知矛盾. 这就证明了上底的五条边颜色必须相同.

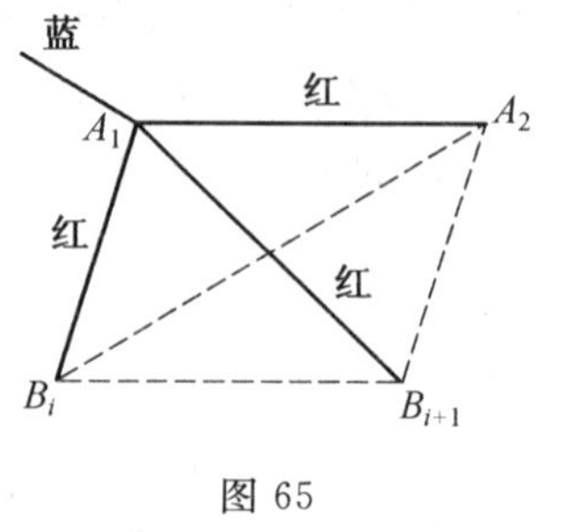

图 65

同理，下底的五条边颜色也必须相同.

现在再来证明，上、下底的颜色必须是一样的，如果上、下底的颜色不同，不妨设上底的五条边全为红色，下底的五条边全为蓝色. 前面已经说过，由 $A_1$ 引出的五条线段 $A_1B_1$，$A_1B_2$，$A_1B_3$，$A_1B_4$，$A_1B_5$ 中一定有两条相邻的线段是同一种颜色，不妨假定 $A_1B_1$，$A_1B_2$ 颜色相同. 由于 $B_1B_2$ 是蓝色的，$A_1B_1$，$A_1B_2$ 都必须是红色的，从而和前面的证明完全一样，$\triangle B_1A_1A_2$，$\triangle B_2A_1A_2$，$\triangle A_2B_1B_2$ 中必有一个是三条边是同一种颜色的三角形，这与已知矛盾.

所以棱柱上、下底的 10 条边颜色一定相同.

**题 21.3** 平面上两圆周相交，$A$ 为一个交点，两点同时由点 $A$ 出发，以常速度分别在各自的圆周上绕行，旋转一周后，两点同时回到原出发点. 证明：在这平面上有一点 $P$，使得在任何时刻从点 $P$ 到两动点的距离相等.



**证法 1** (复数证法)先看如下引理：

引理：设 $P_0$，$P$ 是平面上的点，$z_0$，$z$ 分别是其对应的复数. 点 $P$ 关于点 $P_0$ 旋转角 $t$ 后得到点 $P'$，其对应的复数是

$$z'=(z-z_0)\omega+z_0$$

其中

$$\omega=\cos t+\mathrm{i}\sin t$$

事实上，设 $O$ 为坐标原点. 我们把向量 $\overrightarrow{P_0P}$ 移动至原点，得到向量 $\overrightarrow{OM}$，其中点 $M$ 用复数 $z-z_0$ 表示.

将点 $M$ 关于原点旋转角 $t$ 后得到点 $M'$，且其对应的复数 $z'=(z-z_0)\omega$. 最后我们把点 $M'$ 沿向量 $\overrightarrow{OP_0}$ 移动到点 $P'$，并且有 $z'=(z-z_0)\omega+z_0$.

下面我们来证明原问题.

设 $B(b,0)$，$C(c,0)$ 分别是给定圆的圆心，并且 $A(0,a)$，$X(0,-a)$ 是它们的交点. 如图 66，图中点所对应的复数分别是 $z_B=b$，$z_C=c$，$z_A=\mathrm{i}a$，$z_x=-\mathrm{i}a$. 点 $A$ 关于点 $B$ 旋转角 $t$ 后得到点 $M$，点 $A$ 关于点 $C$ 旋转角 $t$ 后得到点 $N$.

由引理，它们对应的复数为

$$z_M=(\mathrm{i}a-b)\omega+b=\mathrm{i}a\omega+(1-\omega)b$$

$$z_N=\mathrm{i}a\omega+(1-\omega)c$$

故要证的问题等价于下述结论：

线段$MN$的平分线$l_{MN}$经过固定点$P(x_0,y_0)$，设$R$是线段$MN$的中点，那么

$$z_R=\frac{1}{2}(z_M+z_N)$$

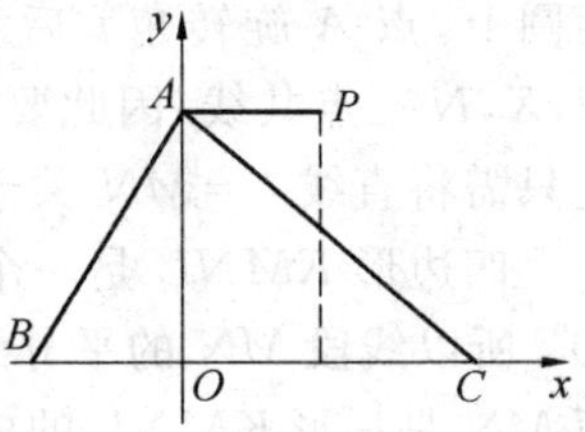

平面上点$Z$是$l_{MN}$上的点当且仅当向量$\overrightarrow{RZ}$，$\overrightarrow{MN}$相互垂直，因为

图66

$$\langle\overrightarrow{RZ},\overrightarrow{MN}\rangle=\langle z-\frac{z_M+z_N}{2},z_N-z_M\rangle=$$

$$\langle z,z_N-z_M\rangle-\frac{1}{2}\langle z_M+z_N,z_N-z_M\rangle=$$

$$\langle z,z_N-z_M\rangle-\frac{1}{2}\langle|z_N|^2,|z_M|^2\rangle=0$$

由$z=x+\mathrm{i}y$，我们有

$$x(c-b)(1-\cos t)-y(c-b)\sin t=\frac{1}{2}(|z_N|^2+|z_M|^2)$$

经过简单的计算可得

$$|z_M|^2=2b^2+a^2-2b^2\cos t-2ab\sin t$$
$$|z_N|^2=2c^2+a^2-2c^2\cos t-2ac\sin t$$

因此由垂直性可得

$$x(1-\cos t)-y\sin t=(b+c)-(b+c)\cos t-a\sin t$$

也就是

$$(x-b-c)(1-\cos t)=(y-a)\sin t$$

由这个方程我们可以看出点$P(x_0,y_0)$是线段$l_{MN}$的固定点，其中$x_0=b+c$，$y_0=a$.

点$P$在过点$A$平行于$BC$的直线上，并且它是点$X$关于线段$BC$的中点的对称点，因此有

$$z_P+z_X=\frac{b+c}{2}$$

**证法2**　我们引用与上面同样的记号.进一步我们设$K$，$L$分别是过点$A$与$AX$垂直的直线与给定圆的交点，如图67.

设$l$是任意过点$X$的直线，并且$M$，$N$分别是它与两圆的交点.四边形$KMXA$（或者$KMAX$）和四边形$LNXA$（或者$LNAX$）是圆内接四边形.

因为$\angle AXM$与$\angle ALN$是相等的，所以沿顺时针$AM$，$AN$的弦长相等.在

两圆上，点 $A$ 旋转角 $t$ 后我们得到点 $M,N$，满足 $M,X,N$ 三点共线．因此要得到点 $A$ 所有的位置我们只需将直线 $l=MN$ 关于 $X$ 旋转．

四边形 $KMNL$ 是一个梯形，且 $\angle M=\angle N=90°$．所以线段 $MN$ 的平分线平行于 $KM$ 和 $LN$，进而 $MN$ 是梯形 $KMNL$ 的中线．因此它一定包含固定线段 $KL$ 的中点 $P$．

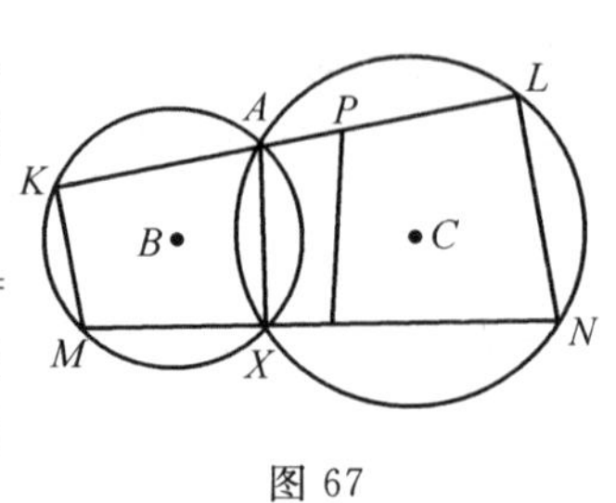


图 67

**证法 3**　设这两个圆周在复平面上的方程为

$$|z|=1 \text{ 及 } |z-a|=\rho$$

其中，$a>0$，即第一个圆周为单位圆周，第二个圆周的圆心在实轴上．

点 $A$ 有两种表示方法，如图 68

$$A=e^{ix}=a+\rho e^{iy}$$

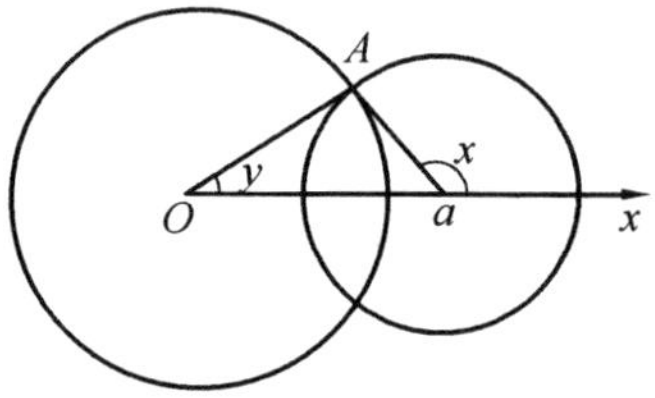

图 68

其中

$$e^{ix}=\cos x+i\sin x$$

我们应当求出一个复常数 $P$，使得对于一切实数 $t$ 有

$$|P-e^{ix}e^{it}|=|P-(a+\rho e^{iy}e^{it})|$$

在上式左边用 $e^{ix}=a+\rho e^{iy}$ 代入，得

$$|P-ae^{it}-\rho e^{iy}e^{it}|=|P-\rho e^{iy}e^{it}-a|$$

再将上式左边的数变为它的共轭复数，提取因子 $e^{-it}$，得

$$|\overline{P}e^{it}-\rho e^{-iy}-a|=|P-\rho e^{iy}e^{it}-a|$$

若能使 $\overline{P}e^{it}-\rho e^{-iy}=P-\rho e^{iy}e^{it}$，则上式自然成立，而这也就是

$$P+\rho e^{-iy}=e^{-it}(\overline{P}+\rho e^{iy})$$

由此易见，若取 $P=-\rho e^{-iy}$，则上式对于一切 $t$ 两边均为零，所以 $-\rho e^{-iy}$ 就是所求的点．

由复数的表示法可知，$-\rho e^{-iy}$ 正是点 $A$ 关于两圆圆心连线的中垂线的对称点，这就提示了如下的纯几何证法．

**证法 4**　(纯几何证法)设圆 $O_1$ 与圆 $O_2$ 为题设的两个圆周，如图 69，作 $O_1O_2$ 的中垂线 $l$，设点 $A$ 关于 $l$ 的对称点为 $A'$，我们来证明点 $A'$ 即为所求．

设一对点 $P_1$ 与 $P_2$ 分别在圆 $O_1$ 与圆 $O_2$ 上，使得

$$\angle AO_1P_1=\angle AO_2P_2$$

由于对称性

$$O_1A' = O_2A = O_2P_2$$
$$O_1P_1 = O_1A = O_2A'$$
$$\angle A'O_1P_1 = \angle AO_1P' - \angle AO_1A' = \angle AO_2P_2 - \angle AO_2A' = \angle A'O_2P_2$$

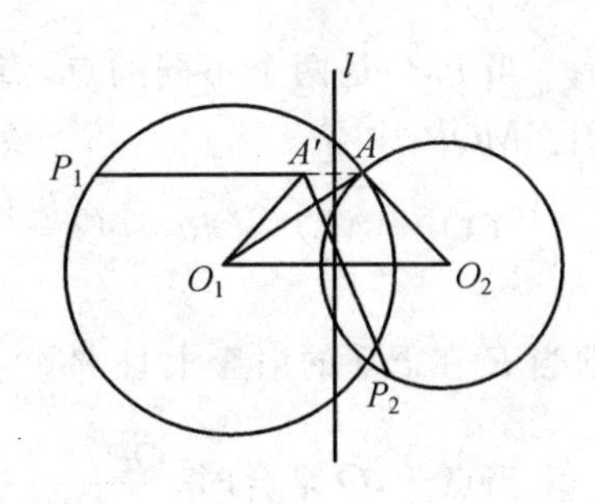

图 69

所以

$$\triangle A'O_1P_1 \cong \triangle P_2O_2A'$$

从而

$$A'P_1 = A'P_2$$

**题 21.4**　已知平面 $\pi$ 上一点 $P$ 及 $\pi$ 外一点 $Q$，在 $\pi$ 上求出点 $R$，使得 $\dfrac{QP+PR}{QR}$ 为最大.

**解**　设 $O$ 是点 $Q$ 在平面 $\pi$ 上的正交投影. 简便起见，我们引用以下记号

$$OQ = a, OP = b, \angle QPO = 2t$$

对于平面 $\pi$ 上的任意点 $R$，我们记 $QR = r$. 如果 $r$ 是一个常数，则 $OR$ 也是常数，也就是说点 $R$ 在以 $O$ 为圆心、$\sqrt{r^2-a^2}$ 为半径的圆上，如图 70. 那么 $\dfrac{QP+PR}{QR}$ 的最大值就是 $PR$ 的最大长度. 从而点 $R$ 在直线 $OP$ 上，且关于圆心 $O$ 与点 $P$ 相对.



下面我们证明当点 $R$ 是直线 $OP$ 上一个变化的点时，$\dfrac{QP+PR}{QR}$ 的最大值可以得到. 设 $M$ 是直线 $OP$ 上满足 $MP = PQ$ 的点，并且点 $P$ 在点 $M$，$O$ 之间，如图 71.

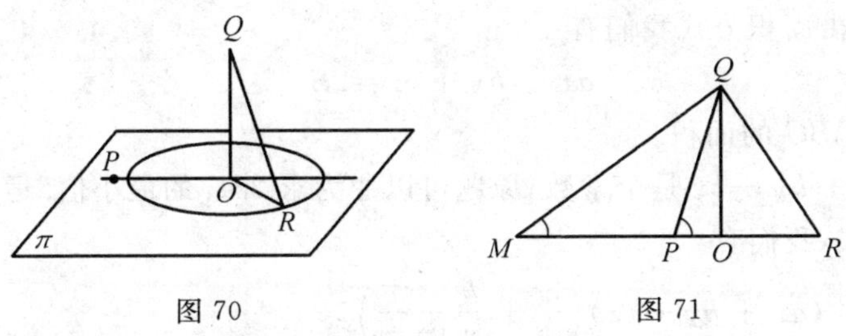

图 70　　　　图 71

由正弦定理可得

$$\frac{QP+PR}{QR} = \frac{MR}{QR} = \frac{\sin\angle MQR}{\sin\angle QMR} = \frac{\sin\angle MQR}{\sin t}$$

当 $\angle MQR = 90^\circ$ 时，比 $\dfrac{QP+PR}{QR}$ 取得最大值，且它的值为 $\dfrac{1}{\sin t}$.

当 $P,O$ 是两个不同的点,点 $R$ 是唯一确定的.下面我们计算 $OR$ 的长度.在 $\mathrm{Rt}\triangle MQR$ 中有

$$OQ^2=MO\cdot OR\Rightarrow OR=\frac{a^2}{\sqrt{a^2+b^2}+b}=\sqrt{a^2+b^2}-b=QP-OP$$

即当 $R$ 在 $PQ$ 的射影上且 $PR=PQ$ 时 $\frac{QP+PR}{QR}$ 取到最大值.

当点 $P,O$ 重合时,$\frac{QP+PR}{QR}$ 的值与 $R$ 在圆上的位置无关.

下面我们确定圆的半径 $r$,使得 $\frac{QP+PR}{QR}=\frac{a+r}{\sqrt{a^2+r^2}}$ 取到最大值.因为 $\frac{a+r}{\sqrt{a^2+r^2}}\leqslant\sqrt{2}$,等号成立当且仅当 $r=a$.因此当 $R$ 在以 $P=O$ 为圆心、$PQ=a$ 为半径的圆上时,$\frac{QP+PR}{QR}$ 取得最大值.

**题 22.1** 设 $P$ 是 $\triangle ABC$ 内一点,点 $P$ 在三边 $BC$,$CA$,$AB$ 上的射影分别为点 $D,E,F$,试求出使 $\frac{BC}{PD}+\frac{CA}{PE}+\frac{AB}{PF}$ 取得最小值的所有点 $P$.



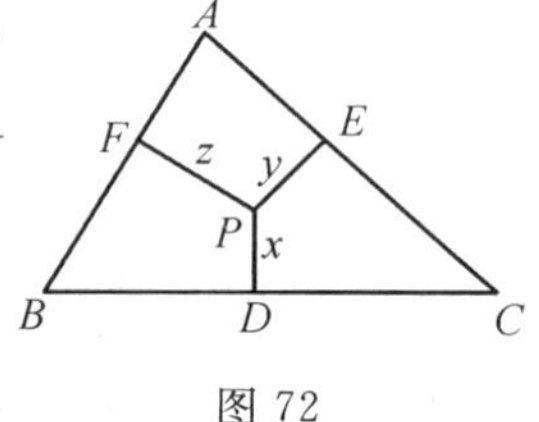


图 72

**解** 我们用下面的记号表示线段的长度,如图 72,$BC=a,CA=b,AB=c,PD=x,PE=y,PF=z$,则原题变成求

$$L=\frac{a}{x}+\frac{b}{y}+\frac{c}{z}$$

的最小值.而由面积公式我们有

$$ax+by+cz=2S$$

其中 $S$ 为 $\triangle ABC$ 的面积.

因为 $ax+by+cz$ 是个常数,原题可以变为求 $2SL$ 的最小值.运用柯西—施瓦茨不等式,我们有

$$(ax+by+cz)\left(\frac{a}{x}+\frac{b}{y}+\frac{c}{z}\right)\geqslant$$

$$\left(\sqrt{ax}\cdot\sqrt{\frac{a}{x}}+\sqrt{by}\cdot\sqrt{\frac{b}{y}}+\sqrt{cz}\cdot\sqrt{\frac{c}{z}}\right)^2=$$

$$(a+b+c)^2$$

等号成立当且仅当

$$\frac{\sqrt{ax}}{\sqrt{\frac{a}{x}}}=\frac{\sqrt{by}}{\sqrt{\frac{b}{y}}}=\frac{\sqrt{cz}}{\sqrt{\frac{c}{z}}}\Leftrightarrow x=y=z$$

因此,当 $P$ 是 $\triangle ABC$ 的内心时,$L$ 取得最小值$\frac{a+b+c}{r}$.

**题 22.5**　设三个相同的圆有一个公共点 $O$,并且它们在一个已知三角形的内部.每一个圆都和三角形的两边相切.试证三角形的内心、外心和点 $O$ 三点共线.

**证明**　已知 $\triangle ABC$,$K,L,M$ 分别是三个圆的圆心,并且 $AK,BL,CM$ 是三角形的内角平分线,如图73.因为点 $O$ 是三个圆的交点,故点 $O$ 是 $\triangle KLM$ 的外心,角平分线 $AK,BL,CM$ 交于 $\triangle ABC$ 的内心 $I$.

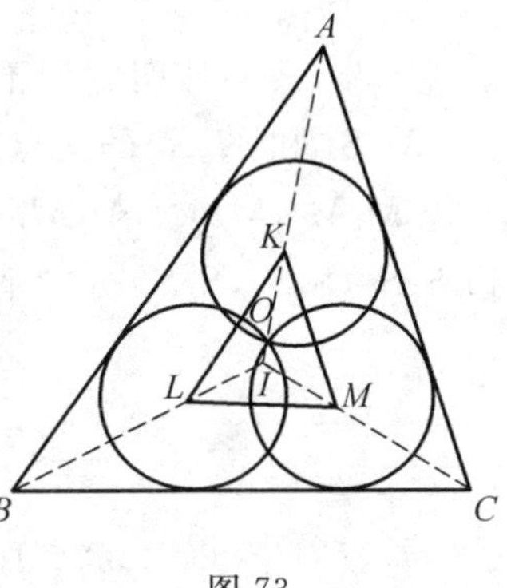


图 73

因为

$$\frac{IK}{IA}=\frac{IL}{IB}=\frac{IM}{IC}$$

所以 $\triangle KLM$ 是 $\triangle ABC$ 的以 $I$ 为中心、位似系数为 $\lambda=\frac{IK}{IA}$ 的位似变换.

因此,$\triangle ABC$ 的外心 $\Omega$ 是点 $O$ 的以 $I$ 为中心、$\frac{1}{\lambda}$ 为位似系数的位似变换.故点 $I,O,\Omega$ 是共线的.

**题 23.2**　已知 $\triangle A_1A_2A_3$ 不是等腰三角形,三边分别是 $a_1,a_2,a_3$($a_i$ 是顶点 $A_i$ 的对边).$M_i$ 是边 $a_i$ 的中点并且 $T_i$ 是三角形内切圆与三边 $a_i$ 的切点,其中 $i=1,2,3$.记 $T_i$ 关于 $\angle A_i$ 的角平分线的对称点为 $S_i$.求证:线段 $M_1S_1,M_2S_2,M_3S_3$ 交于一点.

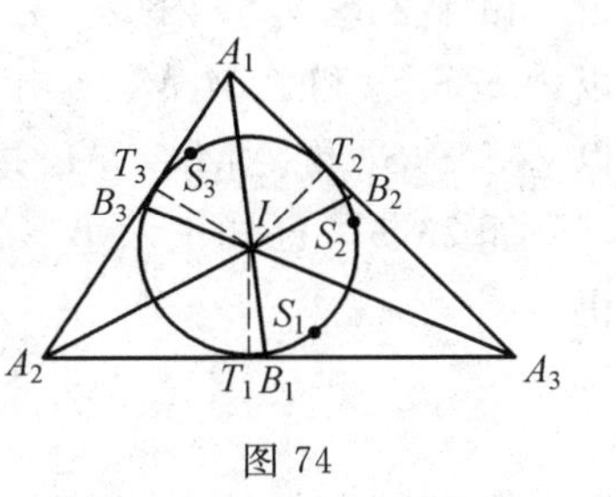


图 74

**证明**　设 $I$ 是 $\triangle A_1A_2A_3$ 的内心,$\angle A_1$,$\angle A_2$,$\angle A_3$ 的角平分线分别与其对边交于点 $B_1,B_2,B_3$,则有 $\angle T_iIB_i=\angle B_iIS_i$,$i=1,2,3$,如图74(其中省略了点 $M_1,M_2,M_3$).

我们首先证明 $\triangle M_1M_2M_3$ 和 $\triangle S_1S_2S_3$ 三边平行而且没有公共边.也就是 $\triangle M_1M_2M_3$ 和 $\triangle S_1S_2S_3$ 相似或者全等,不是图75,76,77中的任何一种情形.

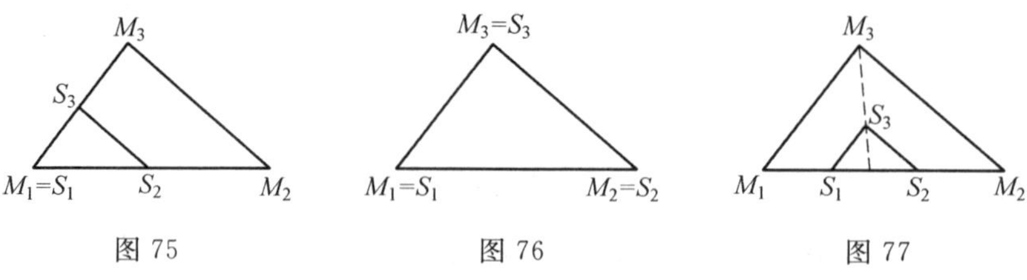


图 75　　图 76　　图 77

进一步,我们证明它们不是全等的.事实上,它们有一个中心,也就是线段 $M_1S_1$,$M_2S_2$ 和 $M_3S_3$ 的交点.

边 $M_1M_2$,$M_2M_3$,$M_3M_1$ 分别平行于边 $A_1A_2$,$A_2A_3$,$A_3A_1$,接下来我们证明边 $S_1S_2$,$S_2S_3$,$S_3S_1$ 分别垂直于半径 $IT_3$,$IT_1$,$IT_2$,有

$$\angle T_1IT_3=180^\circ-\angle A_2$$

$$\angle T_3B_3A_3=\angle A_1+\frac{1}{2}\angle A_3$$

$$\angle T_3IB_3=90^\circ-\left(\angle A_1+\frac{1}{2}\angle A_3\right)$$



$$\angle T_3IS_3=2\angle T_3IB_3=180^\circ-2\angle A_1-\angle A_3$$

$$\angle T_1IS_3=\angle T_1IT_3+\angle T_3IS_3=360^\circ-(\angle A_1+\angle A_2+\angle A_3)-\angle A_1=180^\circ-\angle A_1=\angle A_2+\angle A_3$$

类似地,我们有 $\angle T_1IS_2=\angle A_2+\angle A_3$.由于 $\angle T_1IS_3=\angle T_1IS_2$,所以 $IT_1$ 垂直于 $A_2A_3$,并且 $S_2S_3 /\!/ A_2A_3$.

同理可得,$S_1S_3 /\!/ A_1A_3$,$S_1S_2 /\!/ A_1A_2$.

由于 $\triangle S_1S_2S_3$ 内接于 $\triangle A_1A_2A_3$ 的内切圆,$\triangle M_1M_2M_3$ 内接于九点圆,所以 $\triangle S_1S_2S_3$ 和 $\triangle M_1M_2M_3$ 不是全等的.又因为 $\triangle A_1A_2A_3$ 不是等腰三角形.所以 $\triangle S_1S_2S_3$ 和 $\triangle M_1M_2M_3$ 是相似的.并且 $M_1S_1$,$M_2S_2$,$M_3S_3$ 交于一点.

**题 23.5**　已知正六边形 $ABCDEF$,$M$,$N$ 分别是对角线 $AC$,$CE$ 上的点,使得

$$\frac{AM}{AC}=\frac{CN}{CE}=r$$

求 $r$ 使得 $B$,$M$,$N$ 三点共线.

**解法 1**　不失一般性,我们可以假设六边形的边长为 1.设点 $M$,$N$ 使得 $M$,$N$,$B$ 三点共线,且 $P$ 为线段 $AC$,$BE$ 的交点.在 $\triangle PEC$ 和截线 $BMN$ 中运用梅涅劳斯定理得

$$\frac{CN}{NE}\cdot\frac{EB}{BP}\cdot\frac{PM}{MC}=1$$

上面公式中的所有距离都可以用 $r$ 和正六边形的边长表示，如图78.

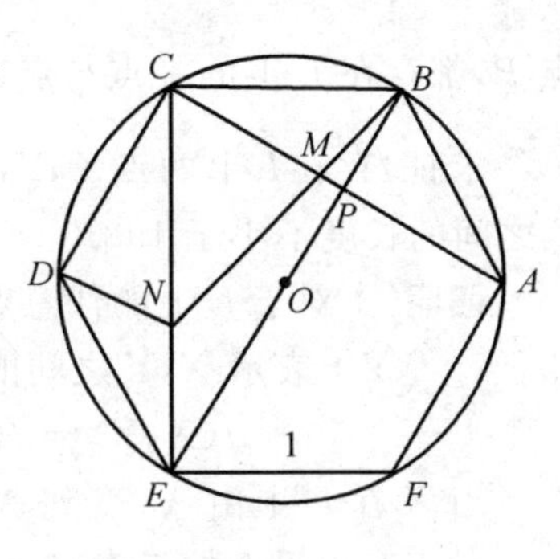


图78

我们有

$$BE=2, BP=\frac{1}{2}, CP=\frac{\sqrt{3}}{2}, AC=CE=\sqrt{3}$$

由 $\frac{AM}{AC}=r$，我们有

$$AM=r\sqrt{3}, CM=AC-AM=\sqrt{3}(1-r)$$

$$PM=PC-MC=\frac{\sqrt{3}}{2}-\sqrt{3}(1-r)=\sqrt{3}\left(r-\frac{1}{2}\right)$$

由 $\frac{CN}{CE}=r$，我们得

$$\frac{CN}{NE}=\frac{CN}{CE-CN}=\frac{r}{1-r}$$

因此，代入梅涅劳斯公式可得

$$\frac{r}{1-r}\cdot\frac{2}{\frac{1}{2}}\cdot\frac{r-\frac{1}{2}}{1-r}=1$$

所以有 $r=\frac{1}{\sqrt{3}}$.

**解法2**　由于 $CA=CE, \frac{CN}{CE}=\frac{AM}{AC}=r$，我们有 $CN=AM, EN=CM$. 因为 $\triangle BMC$ 和 $\triangle DNE$ 全等，所以有 $\angle MBC=\angle NDE$. 进一步，有

$$\begin{aligned}\angle BND=&\angle BNC+\angle CND=\\&(90^\circ-\angle NBC)+(\angle NED+\angle NDE)=\\&90^\circ-\angle NBC+30^\circ+\angle NBC=120^\circ\end{aligned}$$

因此 $DNOB$ 共圆. 它的外接圆圆心是 $C$，半径是 $CB=CD=CO=CN=1$. 从而

$$r=\frac{AM}{AC}=\frac{CN}{CE}=\frac{1}{\sqrt{3}}$$

**注**　此题的其他证法可参见第5章第1节中例5.

**题23.6**　已知正方形 $S$ 的边长为100. $L$ 是 $S$ 内的一条与自身不相交路径，其由线段 $A_0A_1, A_1A_2, \cdots, A_{n-1}A_n$ 构成，且 $A_0\neq A_n$. 假设对于 $S$ 边界上的任一

点 $P$,都存在 $L$ 上的一点与点 $P$ 的距离不超过$\frac{1}{2}$.

求证:存在 $L$ 上两点 $X,Y$,使得点 $X$ 与点 $Y$ 的距离不超过1,并且 $L$ 在点 $X$,$Y$ 之间的长度不小于 198.

**证明** 对于 $L$ 上的任意点 $X,Y$,我们用 $d(X,Y)$ 表示 $X,Y$ 之间的多边形路径,$|XY|$ 表示 $X,Y$ 之间的欧氏距离,当 $d(A_0,X)<d(A_0,Y)$,有

$$d(X,Y)=d(Y,X)=d(A_0,Y)-d(A_0,X)$$

当 $X$ 在 $L$ 上由 $A_0$ 变到 $A_n$ 时,$d(A_0,X)$ 是单调递增函数.

对于 $S$ 边界上的任意点 $P$,令 $X_P\in L$ 是距离 $A_0$ 的最近点,因此 $|PX_P|\leqslant\frac{1}{2}$. 点 $X_P$ 的定义是一致的,当 $X$ 从 $A_0$ 移动到 $A_n$ 时,$X_P$ 是在以 $P$ 为圆心、$\frac{1}{2}$ 为半径的圆上第一个出现的点,如图 79.

用 $A,B,C,D$ 表示正方形的四个顶点,如图 80,我们可以假设在集合$\{X_A,X_B,X_C,X_D\}$ 中 $X_A$ 是距离 $A_0$ 最近的点,相应的距离为 $d(A_0,X)$. 顶点 $B,D$ 和点 $A$ 不是相对的,我们可以假设 $d(A_0,X_B)<d(A_0,X_D)$,因此我们有



$$d(A_0,X_A)<d(A_0,X_B)<d(A_0,X_C)$$

点 $X_B$ 把路径 $L$ 分成两部分,$L=L_1\cup L_2$,其中

$$X\in L_1\Leftrightarrow d(A_0,X)<d(A_0,X_B)$$
$$X\in L_2\Leftrightarrow d(A_0,X_B)<d(A_0,X)$$

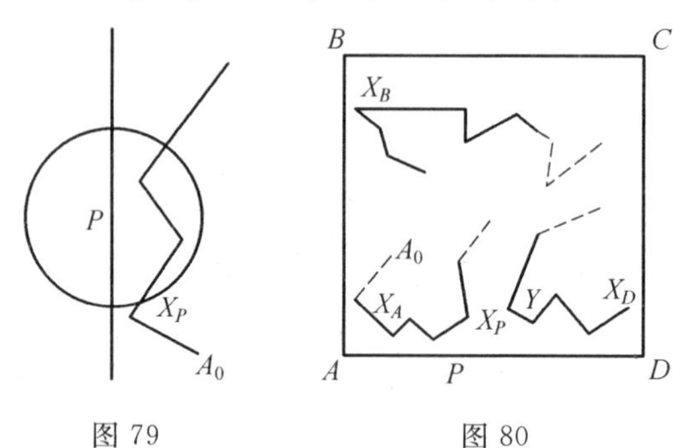


图 79　　　图 80

设 $M$ 表示边 $AD$ 上所有满足 $X_P\in L_1$ 的点 $P$ 的集合,$M'$ 表示边 $AB$ 上所有满足 $Y\in L_2$,$|QY|\leqslant\frac{1}{2}$ 的点 $Q$ 的集合,则 $M\cap M'\neq\varnothing$.

事实上,$M\cup M'=[AD]$,$A\in M$,$D\notin M$,由定义,集合 $M,M'$ 是有限条闭线段或者有限个点的并集. 因此,集合 $M$ 中距离 $A$ 最远的点也是集合 $M'$ 中的点,令 $P\in M\cap M'$,$Y\in L_2$,使得 $|PY|\leqslant\frac{1}{2}$. 所以

$$X_P \in L_1, \mid X_PY \mid \leqslant \mid PX_P \mid + \mid PY \mid \leqslant \frac{1}{2} + \frac{1}{2} = 1$$

因此

$$d(X_P, Y) = d(X_P, X_B) + d(X_B, Y) \geqslant 99 + 99 = 198$$

**题 24.2**　已知同一平面上的两个不同的圆 $C_1$,$C_2$,圆心分别是 $O_1$,$O_2$.设 $A$ 是两圆两不同交点中的一个,其中一条公切线与圆 $C_1$,$C_2$ 的切点分别是 $P_1$,$P_2$,另外一条公切线与两圆的切点分别是 $Q_1$,$Q_2$,点 $M_1$,$M_2$ 分别是线段 $P_1Q_1$,$P_2Q_2$ 的中点.试证

$$\angle O_1AO_2 = \angle M_1AM_2$$

**证明**　设 $O$ 是 $P_1P_2$,$Q_1Q_2$,$O_1O_2$ 的交点.这两个圆是位似的并且 $O$ 是它们的位似中心.设 $B$ 是圆 $C_1$,$C_2$ 的第二个交点,如图 81.

直线 $AB$ 与 $P_1P_2$,$Q_1Q_2$ 分别相交于点 $T$,$U$.由圆幂定理得

$$TA \cdot TB = TP_1^2 = TP_2^2$$

所以 $TP_1 = TP_2$.因为 $TU$ 垂直于 $O_1O$,且是梯形 $P_1Q_1Q_2P_2$ 的中位线,因此 $AB$ 是线段 $M_1M_2$ 的垂直平分线.所以

$$\angle AM_1M_2 = \angle M_1M_2A = x$$



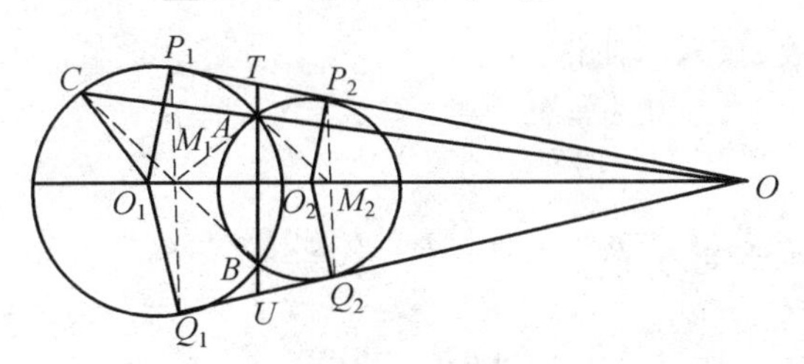


图 81

设 $C$ 是 $OA$ 与圆 $C_1$ 的第二个交点.因为 $\angle BM_1M_2 = x$,点 $C$ 是点 $A$ 的位似变换的像,所以 $B$,$M_1$,$C$ 三点共线.由直线 $O_1O$ 的反射性得

$$\angle O_1AM_1 = \angle O_1BM_1 = \angle O_1CM_1 = y$$

又

$$\angle O_1CM_1 = y = \angle O_2AM_2$$

因此

$$\angle O_1AO_2 = \angle M_1AM_2$$

**题 24.4**　已知等边 $\triangle ABC$,$E$ 是三边 $AB$,$BC$,$CA$ 上所有点(包含点 $A$,$B$,$C$)的集合.将 $E$ 任意分为两个不相交的子集,其中是否至少有一个子集包含一个直角三角形,证明你的结论.

**证明** 将集合 $E$ 分成红点集和蓝点集,我们可以证明 $E$ 包含一个单色的直角三角形.如图82,设 $K,L,M$ 分别是边 $BC,CA,AB$ 上的点,使得

$$\frac{BK}{KC}=\frac{CL}{LA}=\frac{AM}{MB}=2$$

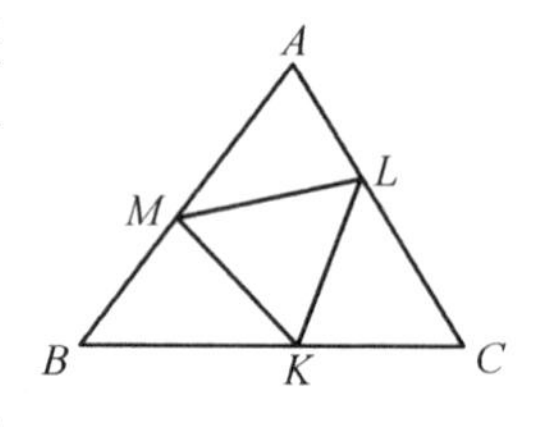

图 82

那么,$\triangle ALM$,$\triangle BMK$,$\triangle LKC$ 是含有 $60°$ 角的直角三角形.在点集 $\{K,L,M\}$ 中存在两个同色点,不妨设点 $K,L$ 是红色点.如果在线段 $[BC]$ 上存在一个红色点 $X$,$X\neq K$,那么 $\triangle LKX$ 就是所求的三角形.

另一方面,设 $[BC]\backslash\{K\}$ 上所有点都是蓝色的.如果点集 $(BA]\cup[AC)$ 中存在一个蓝点,取点 $Y$ 在 $BC$ 上的投影点 $Z$,则 $\triangle YZB$ 为所求三角形.反之,设 $(BA]\cup[AC)$ 中所有点都是红色的,取点 $K$ 在 $AC$ 上的投影点 $X$,则红色 $\triangle LKX$ 即为所求.

**题 24.6** 设 $a,b,c$ 是一个三角形的三边长.求证

$$a^2b(a-b)+b^2c(b-c)+c^2a(c-a)\geqslant 0$$



并说明何时等号成立.

**证明** 设正数 $x,y,z$,使得

$$x+y=c,y+z=a,z+x=b$$

显然有

$$x=p-a,y=p-b,z=p-c$$

其中

$$p=\frac{1}{2}(a+b+c)$$

在变换 $T:(a,b,c)\to(x,y,z)$ 下,相应的不等式变为

$$xy^3+yz^3+zx^3\geqslant xyz(x+y+z) \quad (*)$$

下面我们证明不等式(*)对所有的正数都成立.由柯西不等式

$$(xy^3+yz^3+zx^3)(x+y+z)\geqslant(y\sqrt{xyz}+z\sqrt{xyz}+x\sqrt{xyz})^2=xyz(x+y+z)^2$$

等号成立当且仅当

$$\frac{xy^3}{z}=\frac{yz^3}{x}=\frac{zx^3}{y}=\lambda$$

容易知 $\lambda=xyz$,并且 $x=y=z$.因此,$a=b=c$,所以这个三角形是等边三角形.

不等式(*)也可以这样证明.由平均不等式得

$$x^2+y^2\geqslant 2xy\Rightarrow x^3z+xy^2z\geqslant 2x^2yz$$
$$y^2+z^2\geqslant 2yz\Rightarrow xy^3+xyz^2\geqslant 2xy^2z$$
$$z^2+x^2\geqslant 2zx\Rightarrow yz^3+x^2yz\geqslant 2xyz^2$$

把这三个式子相加即得式(*).

等号成立当且仅当 $x=y=z$,也就是 $a=b=c$.

**题 25.3**　已知平面上两个不同的点 $O,A$.对于平面上的除了点 $O$ 外的任意点 $X$,我们用 $a(X)$ 表示在 $OA$ 与 $OX$ 之间从 $OA$ 开始沿逆时针旋转所得角的弧度($0\leqslant a(X)\leqslant 2\pi$),$C(X)$ 表示以 $O$ 为圆心、$OX+\dfrac{a(X)}{OX}$ 为半径的圆.把平面上任意一点涂上有限种颜色中的一种.试证:存在一点 $y(a(y)>0)$,使得它的颜色出现在圆 $C(y)$ 上.

**证明**　设平面上每一个点都涂上给定的 $n$ 种颜色中的一种,那么在任意点集中可能出现 $k(k\leqslant n)$ 种颜色.所以在一个点集中可能出现的颜色的组合数的总和是

$$\sum_{k=1}^{n}\binom{n}{k}=2^n-1$$



对于任意的圆 $C(X)$,令 $C^{\circ}(X)$ 表示 $C(X)$ 圆周上出现的颜色的集合.由于以 $r(0<r<\sqrt{2\pi})$ 为半径的圆有无限个,所以一定存在两个圆 $C_1(X),C_2(X)$,半径分别为 $r_1,r_2,r_1<r_2$,颜色相同.令 $y=r_1(r_2-r_1)$,我们有 $0<y<(\sqrt{2\pi})^2=2\pi$.设 $Y_1$ 是圆 $C(X_1)$ 上的点,使得 $A(Y_1)=y$.故圆 $C(Y)$ 的半径为

$$r_1+\frac{y}{r_1}=r_1+\frac{r_1(r_2-r_1)}{r_1}=r_2$$

由于我们颜色选于圆 $C_1(X)$ 和 $C_2(X)$,所以点 $Y$ 的颜色一定是在 $C(Y)=C(X_2)$ 的圆周上.

**题 25.4**　已知凸四边形 $ABCD$,直线 $CD$ 是以 $AB$ 为直径的圆的切线.试证:直线 $AB$ 是以 $CD$ 为直径的圆的切线当且仅当 $BC$ 和 $AD$ 是平行的.

**证明**　在证明这个问题之前我们先看下面的引理.

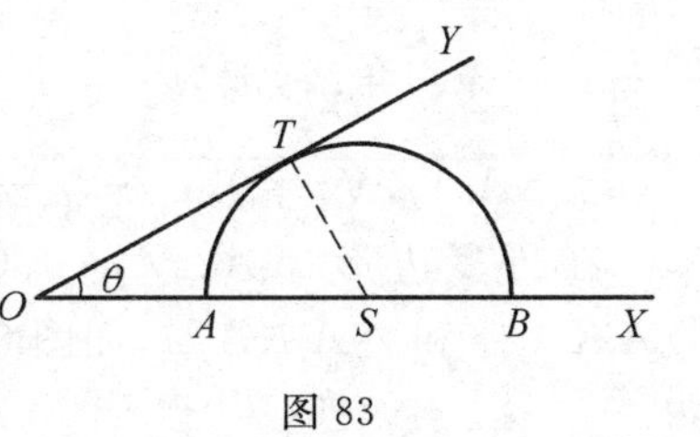

图 83

引理:射线 $OX,OY$ 相交构成锐角 $\theta,A,B$ 是 $OX$ 上给定的两个点,顺序是 $O,A,B,\Gamma$ 是以 $AB$ 为直径的圆,如图 83.则射线 $OY$ 是圆 $\Gamma$ 的切线,当且仅当

$$\frac{AB}{OA}=\frac{2\sin\theta}{1-\sin\theta}$$

事实上,设 $OY$ 是圆 $\Gamma$ 的切线,$T$ 为切点.在 $\triangle STO$ 中,我们有

$$\sin\theta=\frac{ST}{OS}=\frac{SA}{SA+OA}$$

容易得到

$$\frac{AB}{OA}=\frac{2AS}{OA}=\frac{2\sin\theta}{1-\sin\theta}$$

反之,如果等式 $\frac{AB}{OA}=\frac{2\sin\theta}{1-\sin\theta}$ 成立.设 $\alpha$ 是射线 $OX$ 与过点 $O$ 的圆 $\Gamma$ 切线的夹角,因为当 $\theta$ 为锐角时,函数 $f(\theta)=\frac{2\sin\theta}{1-\sin\theta}$ 为单调递增的,所以我们有 $\alpha=\theta$.即 $OY$ 是圆 $\Gamma$ 的切线.

下面我们证明原题.

如果 $AB$,$CD$ 交于点 $O$,对以 $AB$,$CD$ 为直径的圆,分别运用上述引理可得

$$\frac{AB}{OA}=\frac{DC}{OD}$$



注意到,比 $\frac{AB}{OA}$ 与 $\frac{DC}{OD}$ 相等,当且仅当 $BC$ 平行于 $AD$.

当 $AB$,$CD$ 平行时,圆与相对的线相切,当且仅当 $AB=CD$,此时四边形 $ABCD$ 为平行四边形,$BC$ 平行于 $AD$.

**题 25.5** 已知平面上一凸 $n(n\geqslant 3)$ 边形,$d$ 表示其所有对角线的长度和,$p$ 表示其周长.试证

$$n-3<\frac{2d}{p}<\left[\frac{n}{2}\right]\left[\frac{n+1}{2}\right]-2$$

其中 $[x]$ 表示不超过 $x$ 的最大整数.

**证明** 设多边形的顶点依次是 $A_0,A_1,\cdots,A_{n-1}$,那么所有的下标 $A_i,i\geqslant 0$,都取模 $n$.这个多边形共有 $\frac{n(n-3)}{2}$ 条对角线,记为

$$d_{ij}=A_iA_j,\forall i=0,1,\cdots,n-1;\forall j,j>i+1$$

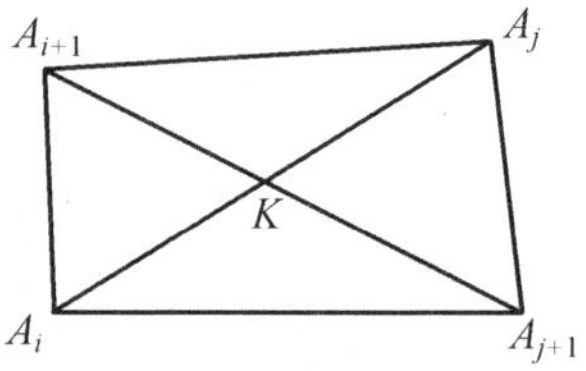

图 84

在凸多边形 $A_iA_{i+1}A_jA_{j+1}(j>i+1)$ 中,对 $\triangle A_iKA_{i+1}$ 和 $\triangle A_jKA_{j+1}$,如图 84.应用三角不等式,得

$$d_{ij}+d_{i+1,j+1}>A_iA_{i+1}+A_jA_{j+1}$$

取遍所有的 $i,j$,并把所有的不等式相加,其中每一条对角线出现两次,每一条边 $A_iA_{i+1}$,$A_jA_{j+1}$ 出现 $n-3$ 次.因此,我们有

$$\sum d_{ij}+\sum d_{i+1,j+1}=2d>(n-3)p$$

这样我们就证明了左边的不等式.

为得到上界,我们先考虑每一条对角线 $d_{ij}$ 和多边形路径 $A_iA_{i+1}\cdots A_j$ 以及 $A_jA_{j+1}\cdots A_{n+i}$.因为对角线 $d_{ij}$ 是从点 $A_i$ 到点 $A_j$ 的最短路径,所以我们有

$$d_{ij}<A_iA_{i+1}+A_{i+1}A_{i+2}+\cdots+A_{j-1}A_j$$

和

$$d_{ij}<A_jA_{j+1}+A_{j+1}A_{j+2}+\cdots+A_{n+i-1}A_{n+i}$$

当 $n$ 是奇数,即 $n=2k+1$ 时,上述多边形路径中有一条包含较长的边,将所有的不等式相加,我们有 $\sum d_{ij}=d$.在和式的右边,多边形的每一条边在长度为2的路径上出现2次,在长度为3的路径上出现3次,……,在长度为 $k$ 的路径上出现 $k$ 次.所以每一条边出现

$$2+3+\cdots+k=\frac{1}{2}k(k+1)-1$$



次,且这些不等式的和为

$$d<\frac{p}{2}(k(k+1)-2)=\frac{1}{2}\left(\frac{n-1}{2}\cdot\frac{n+1}{2}-2\right)$$

当 $n$ 是偶数时,我们仍然将上述不等式相加,除去对角线 $d_{ii+k}$,它包含两条长度相等的路径,且 $d_{ii+k}\leqslant\frac{1}{2}p$.我们有

$$d<\frac{1}{2}p\cdot k+\frac{1}{2}p\cdot(k(k+1)-2)=\frac{p}{2}(k^2-2)=\frac{p}{2}\left(\frac{n^2}{4}-2\right)$$

最后,容易验证当 $n$ 是奇数时,$\left[\frac{n}{2}\right]\left[\frac{n+1}{2}\right]$ 是 $\frac{n^2}{4}$;当 $n$ 是偶数时,它是 $\frac{n+1}{2}\cdot\frac{n-1}{2}$.因此我们得到在这两种情况下的上界为

$$d<\frac{p}{2}\left(\left[\frac{n}{2}\right]\left[\frac{n+1}{2}\right]-2\right)$$

**题 26.1**　已知圆内接四边形 $ABCD$,有一圆圆心在边 $AB$ 上,且与其余三边都相切.试证

$$AD+BC=AB$$

**证明**　如图85,设圆与 $BC$,$CD$,$DA$ 的切点分别是 $E$,$F$,$G$,半径为 $R$,则

$$OE=OF=OG=R$$

记

$$\alpha=\angle BAD,\beta=\angle ABC$$

$$\gamma=\angle OCB=\angle OCD,\delta=\angle ODC=\angle ODA$$

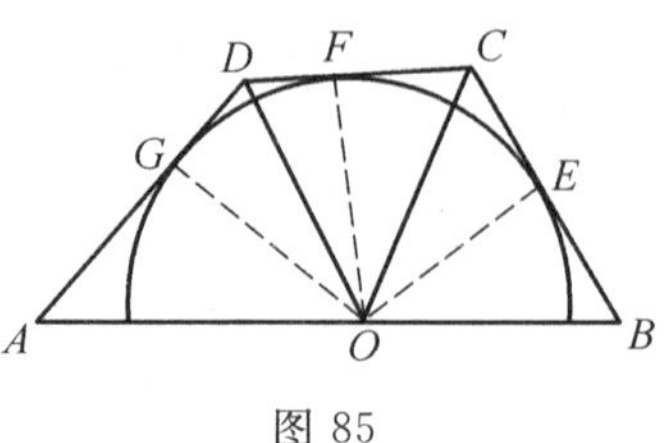

图 85

因为 $ABCD$ 是圆内接四边形,则 $\alpha+2\gamma=\beta+2\delta=\pi$.

在直角三角形中

$$GA=\frac{R}{\tan\alpha},BE=\frac{R}{\tan\beta},CE=\frac{R}{\tan\gamma}$$

$$DG=\frac{R}{\tan\delta},AO=\frac{R}{\sin\alpha},BO=\frac{R}{\sin\beta}$$

那么,我们需要证明以下等式

$$\frac{1}{\tan\alpha}+\frac{1}{\tan\beta}+\frac{1}{\tan\gamma}+\frac{1}{\tan\delta}=\frac{1}{\sin\alpha}+\frac{1}{\sin\beta}$$

由对称性我们把上式写为以下形式

$$\left(\frac{1}{\tan\alpha}-\frac{1}{\sin\alpha}+\frac{1}{\tan\gamma}\right)+\left(\frac{1}{\tan\beta}-\frac{1}{\sin\beta}+\frac{1}{\tan\delta}\right)=0$$



对于角对$(\alpha,\gamma)$和$(\beta,\delta)$,上面两部分有相似的性质.因此要证明原题只要能证明每一个括号里的值都等于零就行了.经过简单的计算我们有

$$\frac{1}{\tan\alpha}-\frac{1}{\sin\alpha}+\frac{1}{\tan\gamma}=\frac{-\cos2\gamma}{\sin2\gamma}-\frac{1}{\sin2\gamma}+\frac{\cos\gamma}{\sin\gamma}=$$

$$\frac{-\cos2\gamma-1+2\cos^2\gamma}{\sin2\gamma}=0$$

如果 $\alpha=\frac{\pi}{2}$,那么四边形 $ABCD$ 就是矩形,结论显然成立.

**题 26.5** 已知 $\triangle ABC$,以 $O$ 为圆心的圆经过三角形的顶点 $A,C$ 且与边 $AB,BC$ 分别交于另外的点 $K,N$. $\triangle ABC$ 和 $\triangle KBN$ 的外接圆相交于点 $B,M$.试证:$\angle OBM$ 是直角.

**证明** 如图86,圆内接四边形 $AKNC$ 不可能是梯形,因为如果它是梯形,那么 $\triangle KBN$ 和 $\triangle ABC$ 的外接圆只会有一个交点,与已知矛盾.因此,$AC$ 和 $KN$ 是不可能平行的.

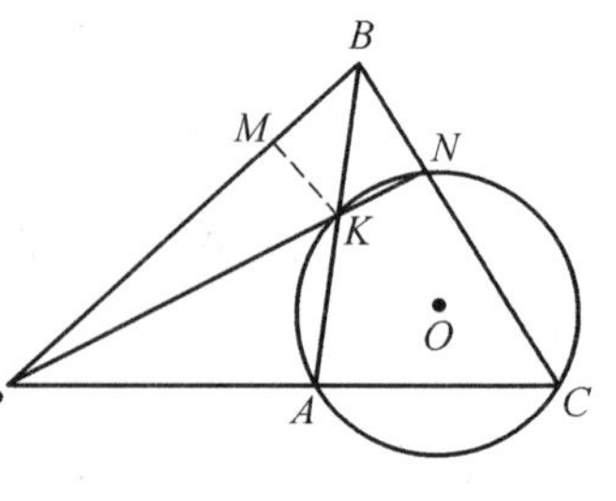

图 86

设 $P$ 是 $AC$ 和 $KN$ 的交点.由圆幂定理,可得

$$BK\cdot BA=BN\cdot BC$$

设$\alpha$是关于中心$B$的平面反演,且模 $k=BK\cdot$

$BA$，那么就有

$$\alpha(K)=A,\alpha(A)=K,\alpha(N)=C,\alpha(C)=N$$

设$\Gamma_1$，$\Gamma_2$分别是$\triangle ABC$和$\triangle KBN$的外接圆.显然$\alpha(\Gamma_1)$是一条直线.因为$\alpha(A)=K$，$\alpha(C)=N$，所以有 $\alpha(\Gamma_1)=KN$. 同样地，$\alpha(\Gamma_2)=AC$. 所以，$\alpha(M)=P$，$\alpha(P)=M$.因此，点$M$满足$BM\cdot BP=k$.

设$\Gamma$是四边形$ACNK$的外接圆，$R$为其半径.由上面的等式，我们有

$$BK\cdot BA=BN\cdot BC=BM\cdot BP=BO^2-R^2 \quad ①$$

由圆幂定理，得

$$PM\cdot PB=PK\cdot PN=PO^2-R^2$$

又$PB=PM+MB$，所以

$$PM^2+PM\cdot PB=PO^2-R^2 \quad ②$$

同样地，在式 ① 中，我们有

$$BM^2+BM\cdot PM=BO^2-R^2 \quad ③$$

最后，由式 ② 和式 ③ 得

$$PO^2-BO^2=PM^2-BM^2$$

由定差幂线定理(可参见第 5 章第 2 节命题 10)，这就证明了$MO$垂直于$BP$.

# 刘培杰数学工作室
# 已出版(即将出版)图书目录——初等数学

| 书　　名 | 出版时间 | 定　价 | 编号 |
|---|---|---|---|
| 新编中学数学解题方法全书(高中版)上卷(第2版) | 2018—08 | 58.00 | 951 |
| 新编中学数学解题方法全书(高中版)中卷(第2版) | 2018—08 | 68.00 | 952 |
| 新编中学数学解题方法全书(高中版)下卷(一)(第2版) | 2018—08 | 58.00 | 953 |
| 新编中学数学解题方法全书(高中版)下卷(二)(第2版) | 2018—08 | 58.00 | 954 |
| 新编中学数学解题方法全书(高中版)下卷(三)(第2版) | 2018—08 | 68.00 | 955 |
| 新编中学数学解题方法全书(初中版)上卷 | 2008—01 | 28.00 | 29 |
| 新编中学数学解题方法全书(初中版)中卷 | 2010—07 | 38.00 | 75 |
| 新编中学数学解题方法全书(高考复习卷) | 2010—01 | 48.00 | 67 |
| 新编中学数学解题方法全书(高考真题卷) | 2010—01 | 38.00 | 62 |
| 新编中学数学解题方法全书(高考精华卷) | 2011—03 | 68.00 | 118 |
| 新编平面解析几何解题方法全书(专题讲座卷) | 2010—01 | 18.00 | 61 |
| 新编中学数学解题方法全书(自主招生卷) | 2013—08 | 88.00 | 261 |
| 数学奥林匹克与数学文化(第一辑) | 2006—05 | 48.00 | 4 |
| 数学奥林匹克与数学文化(第二辑)(竞赛卷) | 2008—01 | 48.00 | 19 |
| 数学奥林匹克与数学文化(第二辑)(文化卷) | 2008—07 | 58.00 | 36′ |
| 数学奥林匹克与数学文化(第三辑)(竞赛卷) | 2010—01 | 48.00 | 59 |
| 数学奥林匹克与数学文化(第四辑)(竞赛卷) | 2011—08 | 58.00 | 87 |
| 数学奥林匹克与数学文化(第五辑) | 2015—06 | 98.00 | 370 |
| 世界著名平面几何经典著作钩沉——几何作图专题卷(上) | 2009—06 | 48.00 | 49 |
| 世界著名平面几何经典著作钩沉——几何作图专题卷(下) | 2011—01 | 88.00 | 80 |
| 世界著名平面几何经典著作钩沉(民国平面几何老课本) | 2011—03 | 38.00 | 113 |
| 世界著名平面几何经典著作钩沉(建国初期平面三角老课本) | 2015—08 | 38.00 | 507 |
| 世界著名解析几何经典著作钩沉——平面解析几何卷 | 2014—01 | 38.00 | 264 |
| 世界著名数论经典著作钩沉(算术卷) | 2012—01 | 28.00 | 125 |
| 世界著名数学经典著作钩沉——立体几何卷 | 2011—02 | 28.00 | 88 |
| 世界著名三角学经典著作钩沉(平面三角卷Ⅰ) | 2010—06 | 28.00 | 69 |
| 世界著名三角学经典著作钩沉(平面三角卷Ⅱ) | 2011—01 | 38.00 | 78 |
| 世界著名初等数论经典著作钩沉(理论和实用算术卷) | 2011—07 | 38.00 | 126 |
| 发展你的空间想象力 | 2017—06 | 38.00 | 785 |
| 空间想象力进阶 | 2019—05 | 68.00 | 1062 |
| 走向国际数学奥林匹克的平面几何试题诠释.第1卷 | 即将出版 | | 1043 |
| 走向国际数学奥林匹克的平面几何试题诠释.第2卷 | 即将出版 | | 1044 |
| 走向国际数学奥林匹克的平面几何试题诠释.第3卷 | 2019—03 | 78.00 | 1045 |
| 走向国际数学奥林匹克的平面几何试题诠释.第4卷 | 即将出版 | | 1046 |
| 平面几何证明方法全书 | 2007—08 | 35.00 | 1 |
| 平面几何证明方法全书习题解答(第2版) | 2006—12 | 18.00 | 10 |
| 平面几何天天练上卷·基础篇(直线型) | 2013—01 | 58.00 | 208 |
| 平面几何天天练中卷·基础篇(涉及圆) | 2013—01 | 28.00 | 234 |
| 平面几何天天练下卷·提高篇 | 2013—01 | 58.00 | 237 |
| 平面几何专题研究 | 2013—07 | 98.00 | 258 |

# 刘培杰数学工作室

# 已出版(即将出版)图书目录——初等数学

| 书　　名 | 出版时间 | 定　价 | 编号 |
|---|---|---|---|
| 最新世界各国数学奥林匹克中的平面几何试题 | 2007－09 | 38.00 | 14 |
| 数学竞赛平面几何典型题及新颖解 | 2010－07 | 48.00 | 74 |
| 初等数学复习及研究(平面几何) | 2008－09 | 58.00 | 38 |
| 初等数学复习及研究(立体几何) | 2010－06 | 38.00 | 71 |
| 初等数学复习及研究(平面几何)习题解答 | 2009－01 | 48.00 | 42 |
| 几何学教程(平面几何卷) | 2011－03 | 68.00 | 90 |
| 几何学教程(立体几何卷) | 2011－07 | 68.00 | 130 |
| 几何变换与几何证题 | 2010－06 | 88.00 | 70 |
| 计算方法与几何证题 | 2011－06 | 28.00 | 129 |
| 立体几何技巧与方法 | 2014－04 | 88.00 | 293 |
| 几何瑰宝——平面几何 500 名题暨 1000 条定理(上、下) | 2010－07 | 138.00 | 76,77 |
| 三角形的解法与应用 | 2012－07 | 18.00 | 183 |
| 近代的三角形几何学 | 2012－07 | 48.00 | 184 |
| 一般折线几何学 | 2015－08 | 48.00 | 503 |
| 三角形的五心 | 2009－06 | 28.00 | 51 |
| 三角形的六心及其应用 | 2015－10 | 68.00 | 542 |
| 三角形趣谈 | 2012－08 | 28.00 | 212 |
| 解三角形 | 2014－01 | 28.00 | 265 |
| 三角学专门教程 | 2014－09 | 28.00 | 387 |
| 图天下几何新题试卷.初中(第 2 版) | 2017－11 | 58.00 | 855 |
| 圆锥曲线习题集(上册) | 2013－06 | 68.00 | 255 |
| 圆锥曲线习题集(中册) | 2015－01 | 78.00 | 434 |
| 圆锥曲线习题集(下册·第 1 卷) | 2016－10 | 78.00 | 683 |
| 圆锥曲线习题集(下册·第 2 卷) | 2018－01 | 98.00 | 853 |
| 论九点圆 | 2015－05 | 88.00 | 645 |
| 近代欧氏几何学 | 2012－03 | 48.00 | 162 |
| 罗巴切夫斯基几何学及几何基础概要 | 2012－07 | 28.00 | 188 |
| 罗巴切夫斯基几何学初步 | 2015－06 | 28.00 | 474 |
| 用三角、解析几何、复数、向量计算解数学竞赛几何题 | 2015－03 | 48.00 | 455 |
| 美国中学几何教程 | 2015－04 | 88.00 | 458 |
| 三线坐标与三角形特征点 | 2015－04 | 98.00 | 460 |
| 平面解析几何方法与研究(第 1 卷) | 2015－05 | 18.00 | 471 |
| 平面解析几何方法与研究(第 2 卷) | 2015－06 | 18.00 | 472 |
| 平面解析几何方法与研究(第 3 卷) | 2015－07 | 18.00 | 473 |
| 解析几何研究 | 2015－01 | 38.00 | 425 |
| 解析几何学教程.上 | 2016－01 | 38.00 | 574 |
| 解析几何学教程.下 | 2016－01 | 38.00 | 575 |
| 几何学基础 | 2016－01 | 58.00 | 581 |
| 初等几何研究 | 2015－02 | 58.00 | 444 |
| 十九和二十世纪欧氏几何学中的片段 | 2017－01 | 58.00 | 696 |
| 平面几何中考.高考.奥数一本通 | 2017－07 | 28.00 | 820 |
| 几何学简史 | 2017－08 | 28.00 | 833 |
| 四面体 | 2018－01 | 48.00 | 880 |
| 平面几何证明方法思路 | 2018－12 | 68.00 | 913 |
| 平面几何图形特性新析.上篇 | 2019－01 | 68.00 | 911 |
| 平面几何图形特性新析.下篇 | 2018－06 | 88.00 | 912 |
| 平面几何范例多解探究.上篇 | 2018－04 | 48.00 | 910 |
| 平面几何范例多解探究.下篇 | 2018－12 | 68.00 | 914 |
| 从分析解题过程学解题:竞赛中的几何问题研究 | 2018－07 | 68.00 | 946 |
| 从分析解题过程学解题:竞赛中的向量几何与不等式研究(全 2 册) | 2019－06 | 138.00 | 1090 |
| 二维、三维欧氏几何的对偶原理 | 2018－12 | 38.00 | 990 |
| 星形大观及闭折线论 | 2019－03 | 68.00 | 1020 |
| 圆锥曲线之设点与设线 | 2019－05 | 60.00 | 1063 |

# 刘培杰数学工作室

# 已出版(即将出版)图书目录——初等数学

| 书　　名 | 出版时间 | 定　价 | 编号 |
|---|---|---|---|
| 俄罗斯平面几何问题集 | 2009－08 | 88.00 | 55 |
| 俄罗斯立体几何问题集 | 2014－03 | 58.00 | 283 |
| 俄罗斯几何大师——沙雷金论数学及其他 | 2014－01 | 48.00 | 271 |
| 来自俄罗斯的 5000 道几何习题及解答 | 2011－03 | 58.00 | 89 |
| 俄罗斯初等数学问题集 | 2012－05 | 38.00 | 177 |
| 俄罗斯函数问题集 | 2011－03 | 38.00 | 103 |
| 俄罗斯组合分析问题集 | 2011－01 | 48.00 | 79 |
| 俄罗斯初等数学万题选——三角卷 | 2012－11 | 38.00 | 222 |
| 俄罗斯初等数学万题选——代数卷 | 2013－08 | 68.00 | 225 |
| 俄罗斯初等数学万题选——几何卷 | 2014－01 | 68.00 | 226 |
| 俄罗斯《量子》杂志数学征解问题 100 题选 | 2018－08 | 48.00 | 969 |
| 俄罗斯《量子》杂志数学征解问题又 100 题选 | 2018－08 | 48.00 | 970 |
| 463 个俄罗斯几何老问题 | 2012－01 | 28.00 | 152 |
| 《量子》数学短文精粹 | 2018－09 | 38.00 | 972 |
| 谈谈素数 | 2011－03 | 18.00 | 91 |
| 平方和 | 2011－03 | 18.00 | 92 |
| 整数论 | 2011－05 | 38.00 | 120 |
| 从整数谈起 | 2015－10 | 28.00 | 538 |
| 数与多项式 | 2016－01 | 38.00 | 558 |
| 谈谈不定方程 | 2011－05 | 28.00 | 119 |
| 解析不等式新论 | 2009－06 | 68.00 | 48 |
| 建立不等式的方法 | 2011－03 | 98.00 | 104 |
| 数学奥林匹克不等式研究 | 2009－08 | 68.00 | 56 |
| 不等式研究(第二辑) | 2012－02 | 68.00 | 153 |
| 不等式的秘密(第一卷) | 2012－02 | 28.00 | 154 |
| 不等式的秘密(第一卷)(第 2 版) | 2014－02 | 38.00 | 286 |
| 不等式的秘密(第二卷) | 2014－01 | 38.00 | 268 |
| 初等不等式的证明方法 | 2010－06 | 38.00 | 123 |
| 初等不等式的证明方法(第二版) | 2014－11 | 38.00 | 407 |
| 不等式・理论・方法(基础卷) | 2015－07 | 38.00 | 496 |
| 不等式・理论・方法(经典不等式卷) | 2015－07 | 38.00 | 497 |
| 不等式・理论・方法(特殊类型不等式卷) | 2015－07 | 48.00 | 498 |
| 不等式探究 | 2016－03 | 38.00 | 582 |
| 不等式探秘 | 2017－01 | 88.00 | 689 |
| 四面体不等式 | 2017－01 | 68.00 | 715 |
| 数学奥林匹克中常见重要不等式 | 2017－09 | 38.00 | 845 |
| 三正弦不等式 | 2018－09 | 98.00 | 974 |
| 函数方程与不等式:解法与稳定性结果 | 2019－04 | 68.00 | 1058 |
| 同余理论 | 2012－05 | 38.00 | 163 |
| [x]与{x} | 2015－04 | 48.00 | 476 |
| 极值与最值.上卷 | 2015－06 | 28.00 | 486 |
| 极值与最值.中卷 | 2015－06 | 38.00 | 487 |
| 极值与最值.下卷 | 2015－06 | 28.00 | 488 |
| 整数的性质 | 2012－11 | 38.00 | 192 |
| 完全平方数及其应用 | 2015－08 | 78.00 | 506 |
| 多项式理论 | 2015－10 | 88.00 | 541 |
| 奇数、偶数、奇偶分析法 | 2018－01 | 98.00 | 876 |
| 不定方程及其应用.上 | 2018－12 | 58.00 | 992 |
| 不定方程及其应用.中 | 2019－01 | 78.00 | 993 |
| 不定方程及其应用.下 | 2019－02 | 98.00 | 994 |

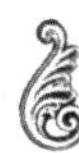

# 刘培杰数学工作室
# 已出版(即将出版)图书目录——初等数学

| 书　　名 | 出版时间 | 定　价 | 编号 |
|---|---|---|---|
| 历届美国中学生数学竞赛试题及解答(第一卷)1950—1954 | 2014—07 | 18.00 | 277 |
| 历届美国中学生数学竞赛试题及解答(第二卷)1955—1959 | 2014—04 | 18.00 | 278 |
| 历届美国中学生数学竞赛试题及解答(第三卷)1960—1964 | 2014—06 | 18.00 | 279 |
| 历届美国中学生数学竞赛试题及解答(第四卷)1965—1969 | 2014—04 | 28.00 | 280 |
| 历届美国中学生数学竞赛试题及解答(第五卷)1970—1972 | 2014—06 | 18.00 | 281 |
| 历届美国中学生数学竞赛试题及解答(第六卷)1973—1980 | 2017—07 | 18.00 | 768 |
| 历届美国中学生数学竞赛试题及解答(第七卷)1981—1986 | 2015—01 | 18.00 | 424 |
| 历届美国中学生数学竞赛试题及解答(第八卷)1987—1990 | 2017—05 | 18.00 | 769 |

| 书　　名 | 出版时间 | 定　价 | 编号 |
|---|---|---|---|
| 历届 IMO 试题集(1959—2005) | 2006—05 | 58.00 | 5 |
| 历届 CMO 试题集 | 2008—09 | 28.00 | 40 |
| 历届中国数学奥林匹克试题集(第 2 版) | 2017—03 | 38.00 | 757 |
| 历届加拿大数学奥林匹克试题集 | 2012—08 | 38.00 | 215 |
| 历届美国数学奥林匹克试题集:多解推广加强 | 2012—08 | 38.00 | 209 |
| 历届美国数学奥林匹克试题集:多解推广加强(第 2 版) | 2016—03 | 48.00 | 592 |
| 历届波兰数学竞赛试题集.第 1 卷,1949~1963 | 2015—03 | 18.00 | 453 |
| 历届波兰数学竞赛试题集.第 2 卷,1964~1976 | 2015—03 | 18.00 | 454 |
| 历届巴尔干数学奥林匹克试题集 | 2015—05 | 38.00 | 466 |
| 保加利亚数学奥林匹克 | 2014—10 | 38.00 | 393 |
| 圣彼得堡数学奥林匹克试题集 | 2015—01 | 38.00 | 429 |
| 匈牙利奥林匹克数学竞赛题解.第 1 卷 | 2016—05 | 28.00 | 593 |
| 匈牙利奥林匹克数学竞赛题解.第 2 卷 | 2016—05 | 28.00 | 594 |
| 历届美国数学邀请赛试题集(第 2 版) | 2017—10 | 78.00 | 851 |
| 全国高中数学竞赛试题及解答.第 1 卷 | 2014—07 | 38.00 | 331 |
| 普林斯顿大学数学竞赛 | 2016—06 | 38.00 | 669 |
| 亚太地区数学奥林匹克竞赛题 | 2015—07 | 18.00 | 492 |
| 日本历届(初级)广中杯数学竞赛试题及解答.第 1 卷(2000~2007) | 2016—05 | 28.00 | 641 |
| 日本历届(初级)广中杯数学竞赛试题及解答.第 2 卷(2008~2015) | 2016—05 | 38.00 | 642 |
| 360 个数学竞赛问题 | 2016—08 | 58.00 | 677 |
| 奥数最佳实战题.上卷 | 2017—06 | 38.00 | 760 |
| 奥数最佳实战题.下卷 | 2017—05 | 58.00 | 761 |
| 哈尔滨市早期中学数学竞赛试题汇编 | 2016—07 | 28.00 | 672 |
| 全国高中数学联赛试题及解答:1981—2017(第 2 版) | 2018—05 | 98.00 | 920 |
| 20 世纪 50 年代全国部分城市数学竞赛试题汇编 | 2017—07 | 28.00 | 797 |
| 国内外数学竞赛题及精解:2017~2018 | 2019—06 | 45.00 | 1092 |
| 许康华竞赛优学精选集.第一辑 | 2018—08 | 68.00 | 949 |
| 天问叶班数学问题征解 100 题.Ⅰ,2016—2018 | 2019—05 | 88.00 | 1075 |

| 书　　名 | 出版时间 | 定　价 | 编号 |
|---|---|---|---|
| 高考数学临门一脚(含密押三套卷)(理科版) | 2017—01 | 45.00 | 743 |
| 高考数学临门一脚(含密押三套卷)(文科版) | 2017—01 | 45.00 | 744 |
| 新课标高考数学题型全归纳(文科版) | 2015—05 | 72.00 | 467 |
| 新课标高考数学题型全归纳(理科版) | 2015—05 | 82.00 | 468 |
| 洞穿高考数学解答题核心考点(理科版) | 2015—11 | 49.80 | 550 |
| 洞穿高考数学解答题核心考点(文科版) | 2015—11 | 46.80 | 551 |

# 刘培杰数学工作室

# 已出版(即将出版)图书目录——初等数学 

| 书　　名 | 出版时间 | 定　价 | 编号 |
|---|---|---|---|
| 高考数学题型全归纳:文科版.上 | 2016－05 | 53.00 | 663 |
| 高考数学题型全归纳:文科版.下 | 2016－05 | 53.00 | 664 |
| 高考数学题型全归纳:理科版.上 | 2016－05 | 58.00 | 665 |
| 高考数学题型全归纳:理科版.下 | 2016－05 | 58.00 | 666 |
| 王连笑教你怎样学数学:高考选择题解题策略与客观题实用训练 | 2014－01 | 48.00 | 262 |
| 王连笑教你怎样学数学:高考数学高层次讲座 | 2015－02 | 48.00 | 432 |
| 高考数学的理论与实践 | 2009－08 | 38.00 | 53 |
| 高考数学核心题型解题方法与技巧 | 2010－01 | 28.00 | 86 |
| 高考思维新平台 | 2014－03 | 38.00 | 259 |
| 30 分钟拿下高考数学选择题、填空题(理科版) | 2016－10 | 39.80 | 720 |
| 30 分钟拿下高考数学选择题、填空题(文科版) | 2016－10 | 39.80 | 721 |
| 高考数学压轴题解题诀窍(上)(第 2 版) | 2018－01 | 58.00 | 874 |
| 高考数学压轴题解题诀窍(下)(第 2 版) | 2018－01 | 48.00 | 875 |
| 北京市五区文科数学三年高考模拟题详解:2013～2015 | 2015－08 | 48.00 | 500 |
| 北京市五区理科数学三年高考模拟题详解:2013～2015 | 2015－09 | 68.00 | 505 |
| 向量法巧解数学高考题 | 2009－08 | 28.00 | 54 |
| 高考数学万能解题法(第 2 版) | 即将出版 | 38.00 | 691 |
| 高考物理万能解题法(第 2 版) | 即将出版 | 38.00 | 692 |
| 高考化学万能解题法(第 2 版) | 即将出版 | 28.00 | 693 |
| 高考生物万能解题法(第 2 版) | 即将出版 | 28.00 | 694 |
| 高考数学解题金典(第 2 版) | 2017－01 | 78.00 | 716 |
| 高考物理解题金典(第 2 版) | 2019－05 | 68.00 | 717 |
| 高考化学解题金典(第 2 版) | 2019－05 | 58.00 | 718 |
| 我一定要赚分:高中物理 | 2016－01 | 38.00 | 580 |
| 数学高考参考 | 2016－01 | 78.00 | 589 |
| 2011～2015 年全国及各省市高考数学文科精品试题审题要津与解法研究 | 2015－10 | 68.00 | 539 |
| 2011～2015 年全国及各省市高考数学理科精品试题审题要津与解法研究 | 2015－10 | 88.00 | 540 |
| 最新全国及各省市高考数学试卷解法研究及点拨评析 | 2009－02 | 38.00 | 41 |
| 2011 年全国及各省市高考数学试题审题要津与解法研究 | 2011－10 | 48.00 | 139 |
| 2013 年全国及各省市高考数学试题解析与点评 | 2014－01 | 48.00 | 282 |
| 全国及各省市高考数学试题审题要津与解法研究 | 2015－02 | 48.00 | 450 |
| 高中数学章节起始课的教学研究与案例设计 | 2019－05 | 28.00 | 1064 |
| 新课标高考数学——五年试题分章详解(2007～2011)(上、下) | 2011－10 | 78.00 | 140,141 |
| 全国中考数学压轴题审题要津与解法研究 | 2013－04 | 78.00 | 248 |
| 新编全国及各省市中考数学压轴题审题要津与解法研究 | 2014－05 | 58.00 | 342 |
| 全国及各省市 5 年中考数学压轴题审题要津与解法研究(2015 版) | 2015－04 | 58.00 | 462 |
| 中考数学专题总复习 | 2007－04 | 28.00 | 6 |
| 中考数学较难题、难题常考题型解题方法与技巧.上 | 2016－01 | 48.00 | 584 |
| 中考数学较难题、难题常考题型解题方法与技巧.下 | 2016－01 | 58.00 | 585 |
| 中考数学较难题常考题型解题方法与技巧 | 2016－09 | 48.00 | 681 |
| 中考数学难题常考题型解题方法与技巧 | 2016－09 | 48.00 | 682 |
| 中考数学中档题常考题型解题方法与技巧 | 2017－08 | 68.00 | 835 |
| 中考数学选择填空压轴好题妙解 365 | 2017－05 | 38.00 | 759 |

# 刘培杰数学工作室

# 已出版(即将出版)图书目录——初等数学

| 书　　名 | 出版时间 | 定　价 | 编号 |
|---|---|---|---|
| 中考数学小压轴汇编初讲 | 2017－07 | 48.00 | 788 |
| 中考数学大压轴专题微言 | 2017－09 | 48.00 | 846 |
| 怎么解中考平面几何探索题 | 2019－06 | 48.00 | 1093 |
| 北京中考数学压轴题解题方法突破(第 4 版) | 2019－01 | 58.00 | 1001 |
| 助你高考成功的数学解题智慧:知识是智慧的基础 | 2016－01 | 58.00 | 596 |
| 助你高考成功的数学解题智慧:错误是智慧的试金石 | 2016－04 | 58.00 | 643 |
| 助你高考成功的数学解题智慧:方法是智慧的推手 | 2016－04 | 68.00 | 657 |
| 高考数学奇思妙解 | 2016－04 | 38.00 | 610 |
| 高考数学解题策略 | 2016－05 | 48.00 | 670 |
| 数学解题泄天机(第 2 版) | 2017－10 | 48.00 | 850 |
| 高考物理压轴题全解 | 2017－04 | 48.00 | 746 |
| 高中物理经典问题 25 讲 | 2017－05 | 28.00 | 764 |
| 高中物理教学讲义 | 2018－01 | 48.00 | 871 |
| 2016 年高考文科数学真题研究 | 2017－04 | 58.00 | 754 |
| 2016 年高考理科数学真题研究 | 2017－04 | 78.00 | 755 |
| 2017 年高考理科数学真题研究 | 2018－01 | 58.00 | 867 |
| 2017 年高考文科数学真题研究 | 2018－01 | 48.00 | 868 |
| 初中数学、高中数学脱节知识补缺教材 | 2017－06 | 48.00 | 766 |
| 高考数学小题抢分必练 | 2017－10 | 48.00 | 834 |
| 高考数学核心素养解读 | 2017－09 | 38.00 | 839 |
| 高考数学客观题解题方法和技巧 | 2017－10 | 38.00 | 847 |
| 十年高考数学精品试题审题要津与解法研究.上卷 | 2018－01 | 68.00 | 872 |
| 十年高考数学精品试题审题要津与解法研究.下卷 | 2018－01 | 58.00 | 873 |
| 中国历届高考数学试题及解答.1949－1979 | 2018－01 | 38.00 | 877 |
| 历届中国高考数学试题及解答.第二卷,1980—1989 | 2018－10 | 28.00 | 975 |
| 历届中国高考数学试题及解答.第三卷,1990—1999 | 2018－10 | 48.00 | 976 |
| 数学文化与高考研究 | 2018－03 | 48.00 | 882 |
| 跟我学解高中数学题 | 2018－07 | 58.00 | 926 |
| 中学数学研究的方法及案例 | 2018－05 | 58.00 | 869 |
| 高考数学抢分技能 | 2018－07 | 68.00 | 934 |
| 高一新生常用数学方法和重要数学思想提升教材 | 2018－06 | 38.00 | 921 |
| 2018 年高考数学真题研究 | 2019－01 | 68.00 | 1000 |
| 高考数学全国卷 16 道选择、填空题常考题型解题诀窍:理科 | 2018－09 | 88.00 | 971 |
| 高中数学一题多解 | 2019－06 | 58.00 | 1087 |
| 新编 640 个世界著名数学智力趣题 | 2014－01 | 88.00 | 242 |
| 500 个最新世界著名数学智力趣题 | 2008－06 | 48.00 | 3 |
| 400 个最新世界著名数学最值问题 | 2008－09 | 48.00 | 36 |
| 500 个世界著名数学征解问题 | 2009－06 | 48.00 | 52 |
| 400 个中国最佳初等数学征解老问题 | 2010－01 | 48.00 | 60 |
| 500 个俄罗斯数学经典老题 | 2011－01 | 28.00 | 81 |
| 1000 个国外中学物理好题 | 2012－04 | 48.00 | 174 |
| 300 个日本高考数学题 | 2012－05 | 38.00 | 142 |
| 700 个早期日本高考数学试题 | 2017－02 | 88.00 | 752 |
| 500 个前苏联早期高考数学试题及解答 | 2012－05 | 28.00 | 185 |
| 546 个早期俄罗斯大学生数学竞赛题 | 2014－03 | 38.00 | 285 |
| 548 个来自美苏的数学好问题 | 2014－11 | 28.00 | 396 |
| 20 所苏联著名大学早期入学试题 | 2015－02 | 18.00 | 452 |
| 161 道德国工科大学生必做的微分方程习题 | 2015－05 | 28.00 | 469 |
| 500 个德国工科大学生必做的高数习题 | 2015－06 | 28.00 | 478 |
| 360 个数学竞赛问题 | 2016－08 | 58.00 | 677 |
| 200 个趣味数学故事 | 2018－02 | 48.00 | 857 |
| 470 个数学奥林匹克中的最值问题 | 2018－10 | 88.00 | 985 |
| 德国讲义日本考题.微积分卷 | 2015－04 | 48.00 | 456 |
| 德国讲义日本考题.微分方程卷 | 2015－04 | 38.00 | 457 |
| 二十世纪中叶中、英、美、日、法、俄高考数学试题精选 | 2017－06 | 38.00 | 783 |

# 刘培杰数学工作室

# 已出版(即将出版)图书目录——初等数学

| 书　　名 | 出版时间 | 定　价 | 编号 |
|---|---|---|---|
| 中国初等数学研究　2009 卷(第 1 辑) | 2009－05 | 20.00 | 45 |
| 中国初等数学研究　2010 卷(第 2 辑) | 2010－05 | 30.00 | 68 |
| 中国初等数学研究　2011 卷(第 3 辑) | 2011－07 | 60.00 | 127 |
| 中国初等数学研究　2012 卷(第 4 辑) | 2012－07 | 48.00 | 190 |
| 中国初等数学研究　2014 卷(第 5 辑) | 2014－02 | 48.00 | 288 |
| 中国初等数学研究　2015 卷(第 6 辑) | 2015－06 | 68.00 | 493 |
| 中国初等数学研究　2016 卷(第 7 辑) | 2016－04 | 68.00 | 609 |
| 中国初等数学研究　2017 卷(第 8 辑) | 2017－01 | 98.00 | 712 |
| 几何变换(Ⅰ) | 2014－07 | 28.00 | 353 |
| 几何变换(Ⅱ) | 2015－06 | 28.00 | 354 |
| 几何变换(Ⅲ) | 2015－01 | 38.00 | 355 |
| 几何变换(Ⅳ) | 2015－12 | 38.00 | 356 |
| 初等数论难题集(第一卷) | 2009－05 | 68.00 | 44 |
| 初等数论难题集(第二卷)(上、下) | 2011－02 | 128.00 | 82,83 |
| 数论概貌 | 2011－03 | 18.00 | 93 |
| 代数数论(第二版) | 2013－08 | 58.00 | 94 |
| 代数多项式 | 2014－06 | 38.00 | 289 |
| 初等数论的知识与问题 | 2011－02 | 28.00 | 95 |
| 超越数论基础 | 2011－03 | 28.00 | 96 |
| 数论初等教程 | 2011－03 | 28.00 | 97 |
| 数论基础 | 2011－03 | 18.00 | 98 |
| 数论基础与维诺格拉多夫 | 2014－03 | 18.00 | 292 |
| 解析数论基础 | 2012－08 | 28.00 | 216 |
| 解析数论基础(第二版) | 2014－01 | 48.00 | 287 |
| 解析数论问题集(第二版)(原版引进) | 2014－05 | 88.00 | 343 |
| 解析数论问题集(第二版)(中译本) | 2016－04 | 88.00 | 607 |
| 解析数论基础(潘承洞,潘承彪著) | 2016－07 | 98.00 | 673 |
| 解析数论导引 | 2016－07 | 58.00 | 674 |
| 数论入门 | 2011－03 | 38.00 | 99 |
| 代数数论入门 | 2015－03 | 38.00 | 448 |
| 数论开篇 | 2012－07 | 28.00 | 194 |
| 解析数论引论 | 2011－03 | 48.00 | 100 |
| Barban Davenport Halberstam 均值和 | 2009－01 | 40.00 | 33 |
| 基础数论 | 2011－03 | 28.00 | 101 |
| 初等数论 100 例 | 2011－05 | 18.00 | 122 |
| 初等数论经典例题 | 2012－07 | 18.00 | 204 |
| 最新世界各国数学奥林匹克中的初等数论试题(上、下) | 2012－01 | 138.00 | 144,145 |
| 初等数论(Ⅰ) | 2012－01 | 18.00 | 156 |
| 初等数论(Ⅱ) | 2012－01 | 18.00 | 157 |
| 初等数论(Ⅲ) | 2012－01 | 28.00 | 158 |

# 刘培杰数学工作室
# 已出版(即将出版)图书目录——初等数学

| 书　　名 | 出版时间 | 定　价 | 编号 |
|---|---|---|---|
| 平面几何与数论中未解决的新老问题 | 2013—01 | 68.00 | 229 |
| 代数数论简史 | 2014—11 | 28.00 | 408 |
| 代数数论 | 2015—09 | 88.00 | 532 |
| 代数、数论及分析习题集 | 2016—11 | 98.00 | 695 |
| 数论导引提要及习题解答 | 2016—01 | 48.00 | 559 |
| 素数定理的初等证明.第2版 | 2016—09 | 48.00 | 686 |
| 数论中的模函数与狄利克雷级数(第二版) | 2017—11 | 78.00 | 837 |
| 数论:数学导引 | 2018—01 | 68.00 | 849 |
| 范式大代数 | 2019—02 | 98.00 | 1016 |
| 解析数学讲义.第一卷,导来式及微分、积分、级数 | 2019—04 | 88.00 | 1021 |
| 解析数学讲义.第二卷,关于几何的应用 | 2019—04 | 68.00 | 1022 |
| 解析数学讲义.第三卷,解析函数论 | 2019—04 | 78.00 | 1023 |
| 分析·组合·数论纵横谈 | 2019—04 | 58.00 | 1039 |
| | | | |
| 数学精神巡礼 | 2019—01 | 58.00 | 731 |
| 数学眼光透视(第2版) | 2017—06 | 78.00 | 732 |
| 数学思想领悟(第2版) | 2018—01 | 68.00 | 733 |
| 数学方法溯源(第2版) | 2018—08 | 68.00 | 734 |
| 数学解题引论 | 2017—05 | 58.00 | 735 |
| 数学史话览胜(第2版) | 2017—01 | 48.00 | 736 |
| 数学应用展观(第2版) | 2017—08 | 68.00 | 737 |
| 数学建模尝试 | 2018—04 | 48.00 | 738 |
| 数学竞赛采风 | 2018—01 | 68.00 | 739 |
| 数学测评探营 | 2019—05 | 58.00 | 740 |
| 数学技能操握 | 2018—03 | 48.00 | 741 |
| 数学欣赏拾趣 | 2018—02 | 48.00 | 742 |
| | | | |
| 从毕达哥拉斯到怀尔斯 | 2007—10 | 48.00 | 9 |
| 从迪利克雷到维斯卡尔迪 | 2008—01 | 48.00 | 21 |
| 从哥德巴赫到陈景润 | 2008—05 | 98.00 | 35 |
| 从庞加莱到佩雷尔曼 | 2011—08 | 138.00 | 136 |
| | | | |
| 博弈论精粹 | 2008—03 | 58.00 | 30 |
| 博弈论精粹.第二版(精装) | 2015—01 | 88.00 | 461 |
| 数学 我爱你 | 2008—01 | 28.00 | 20 |
| 精神的圣徒　别样的人生——60位中国数学家成长的历程 | 2008—09 | 48.00 | 39 |
| 数学史概论 | 2009—06 | 78.00 | 50 |
| 数学史概论(精装) | 2013—03 | 158.00 | 272 |
| 数学史选讲 | 2016—01 | 48.00 | 544 |
| 斐波那契数列 | 2010—02 | 28.00 | 65 |
| 数学拼盘和斐波那契魔方 | 2010—07 | 38.00 | 72 |
| 斐波那契数列欣赏(第2版) | 2018—08 | 58.00 | 948 |
| Fibonacci数列中的明珠 | 2018—06 | 58.00 | 928 |
| 数学的创造 | 2011—02 | 48.00 | 85 |
| 数学美与创造力 | 2016—01 | 48.00 | 595 |
| 数海拾贝 | 2016—01 | 48.00 | 590 |
| 数学中的美(第2版) | 2019—04 | 68.00 | 1057 |
| 数论中的美学 | 2014—12 | 38.00 | 351 |

# 刘培杰数学工作室

# 已出版(即将出版)图书目录——初等数学

| 书　　名 | 出版时间 | 定　价 | 编号 |
|---|---|---|---|
| 数学王者　科学巨人——高斯 | 2015－01 | 28.00 | 428 |
| 振兴祖国数学的圆梦之旅:中国初等数学研究史话 | 2015－06 | 98.00 | 490 |
| 二十世纪中国数学史料研究 | 2015－10 | 48.00 | 536 |
| 数字谜、数阵图与棋盘覆盖 | 2016－01 | 58.00 | 298 |
| 时间的形状 | 2016－01 | 38.00 | 556 |
| 数学发现的艺术:数学探索中的合情推理 | 2016－07 | 58.00 | 671 |
| 活跃在数学中的参数 | 2016－07 | 48.00 | 675 |
| 数学解题——靠数学思想给力(上) | 2011－07 | 38.00 | 131 |
| 数学解题——靠数学思想给力(中) | 2011－07 | 48.00 | 132 |
| 数学解题——靠数学思想给力(下) | 2011－07 | 38.00 | 133 |
| 我怎样解题 | 2013－01 | 48.00 | 227 |
| 数学解题中的物理方法 | 2011－06 | 28.00 | 114 |
| 数学解题的特殊方法 | 2011－06 | 48.00 | 115 |
| 中学数学计算技巧 | 2012－01 | 48.00 | 116 |
| 中学数学证明方法 | 2012－01 | 58.00 | 117 |
| 数学趣题巧解 | 2012－03 | 28.00 | 128 |
| 高中数学教学通鉴 | 2015－05 | 58.00 | 479 |
| 和高中生漫谈:数学与哲学的故事 | 2014－08 | 28.00 | 369 |
| 算术问题集 | 2017－03 | 38.00 | 789 |
| 张教授讲数学 | 2018－07 | 38.00 | 933 |
| 自主招生考试中的参数方程问题 | 2015－01 | 28.00 | 435 |
| 自主招生考试中的极坐标问题 | 2015－04 | 28.00 | 463 |
| 近年全国重点大学自主招生数学试题全解及研究.华约卷 | 2015－02 | 38.00 | 441 |
| 近年全国重点大学自主招生数学试题全解及研究.北约卷 | 2016－05 | 38.00 | 619 |
| 自主招生数学解证宝典 | 2015－09 | 48.00 | 535 |
| 格点和面积 | 2012－07 | 18.00 | 191 |
| 射影几何趣谈 | 2012－04 | 28.00 | 175 |
| 斯潘纳尔引理——从一道加拿大数学奥林匹克试题谈起 | 2014－01 | 28.00 | 228 |
| 李普希兹条件——从几道近年高考数学试题谈起 | 2012－10 | 18.00 | 221 |
| 拉格朗日中值定理——从一道北京高考试题的解法谈起 | 2015－10 | 18.00 | 197 |
| 闵科夫斯基定理——从一道清华大学自主招生试题谈起 | 2014－01 | 28.00 | 198 |
| 哈尔测度——从一道冬令营试题的背景谈起 | 2012－08 | 28.00 | 202 |
| 切比雪夫逼近问题——从一道中国台北数学奥林匹克试题谈起 | 2013－04 | 38.00 | 238 |
| 伯恩斯坦多项式与贝齐尔曲面——从一道全国高中数学联赛试题谈起 | 2013－03 | 38.00 | 236 |
| 卡塔兰猜想——从一道普特南竞赛试题谈起 | 2013－06 | 18.00 | 256 |
| 麦卡锡函数和阿克曼函数——从一道前南斯拉夫数学奥林匹克试题谈起 | 2012－08 | 18.00 | 201 |
| 贝蒂定理与拉姆贝克莫斯尔定理——从一个拣石子游戏谈起 | 2012－08 | 18.00 | 217 |
| 皮亚诺曲线和豪斯道夫分球定理——从无限集谈起 | 2012－08 | 18.00 | 211 |
| 平面凸图形与凸多面体 | 2012－10 | 28.00 | 218 |
| 斯坦因豪斯问题——从一道二十五省市自治区中学数学竞赛试题谈起 | 2012－07 | 18.00 | 196 |

# 刘培杰数学工作室
# 已出版(即将出版)图书目录——初等数学

| 书　　名 | 出版时间 | 定　价 | 编号 |
|---|---|---|---|
| 纽结理论中的亚历山大多项式与琼斯多项式——从一道北京市高一数学竞赛试题谈起 | 2012－07 | 28.00 | 195 |
| 原则与策略——从波利亚"解题表"谈起 | 2013－04 | 38.00 | 244 |
| 转化与化归——从三大尺规作图不能问题谈起 | 2012－08 | 28.00 | 214 |
| 代数几何中的贝祖定理(第一版)——从一道 IMO 试题的解法谈起 | 2013－08 | 18.00 | 193 |
| 成功连贯理论与约当块理论——从一道比利时数学竞赛试题谈起 | 2012－04 | 18.00 | 180 |
| 素数判定与大数分解 | 2014－08 | 18.00 | 199 |
| 置换多项式及其应用 | 2012－10 | 18.00 | 220 |
| 椭圆函数与模函数——从一道美国加州大学洛杉矶分校(UCLA)博士资格考题谈起 | 2012－10 | 28.00 | 219 |
| 差分方程的拉格朗日方法——从一道 2011 年全国高考理科试题的解法谈起 | 2012－08 | 28.00 | 200 |
| 力学在几何中的一些应用 | 2013－01 | 38.00 | 240 |
| 高斯散度定理、斯托克斯定理和平面格林定理——从一道国际大学生数学竞赛试题谈起 | 即将出版 | | |
| 康托洛维奇不等式——从一道全国高中联赛试题谈起 | 2013－03 | 28.00 | 337 |
| 西格尔引理——从一道第 18 届 IMO 试题的解法谈起 | 即将出版 | | |
| 罗斯定理——从一道前苏联数学竞赛试题谈起 | 即将出版 | | |
| 拉克斯定理和阿廷定理——从一道 IMO 试题的解法谈起 | 2014－01 | 58.00 | 246 |
| 毕卡大定理——从一道美国大学数学竞赛试题谈起 | 2014－07 | 18.00 | 350 |
| 贝齐尔曲线——从一道全国高中联赛试题谈起 | 即将出版 | | |
| 拉格朗日乘子定理——从一道 2005 年全国高中联赛试题的高等数学解法谈起 | 2015－05 | 28.00 | 480 |
| 雅可比定理——从一道日本数学奥林匹克试题谈起 | 2013－04 | 48.00 | 249 |
| 李天岩－约克定理——从一道波兰数学竞赛试题谈起 | 2014－06 | 28.00 | 349 |
| 整系数多项式因式分解的一般方法——从克朗耐克算法谈起 | 即将出版 | | |
| 布劳维不动点定理——从一道前苏联数学奥林匹克试题谈起 | 2014－01 | 38.00 | 273 |
| 伯恩赛德定理——从一道英国数学奥林匹克试题谈起 | 即将出版 | | |
| 布查特－莫斯特定理——从一道上海市初中竞赛试题谈起 | 即将出版 | | |
| 数论中的同余数问题——从一道普特南竞赛试题谈起 | 即将出版 | | |
| 范·德蒙行列式——从一道美国数学奥林匹克试题谈起 | 即将出版 | | |
| 中国剩余定理:总数法构建中国历史年表 | 2015－01 | 28.00 | 430 |
| 牛顿程序与方程求根——从一道全国高考试题解法谈起 | 即将出版 | | |
| 库默尔定理——从一道 IMO 预选试题谈起 | 即将出版 | | |
| 卢丁定理——从一道冬令营试题的解法谈起 | 即将出版 | | |
| 沃斯滕霍姆定理——从一道 IMO 预选试题谈起 | 即将出版 | | |
| 卡尔松不等式——从一道莫斯科数学奥林匹克试题谈起 | 即将出版 | | |
| 信息论中的香农熵——从一道近年高考压轴题谈起 | 即将出版 | | |
| 约当不等式——从一道希望杯竞赛试题谈起 | 即将出版 | | |
| 拉比诺维奇定理 | 即将出版 | | |
| 刘维尔定理——从一道《美国数学月刊》征解问题的解法谈起 | 即将出版 | | |
| 卡塔兰恒等式与级数求和——从一道 IMO 试题的解法谈起 | 即将出版 | | |
| 勒让德猜想与素数分布——从一道爱尔兰竞赛试题谈起 | 即将出版 | | |
| 天平称重与信息论——从一道基辅市数学奥林匹克试题谈起 | 即将出版 | | |
| 哈密尔顿－凯莱定理:从一道高中数学联赛试题的解法谈起 | 2014－09 | 18.00 | 376 |
| 艾思特曼定理——从一道 CMO 试题的解法谈起 | 即将出版 | | |

# 刘培杰数学工作室
# 已出版(即将出版)图书目录——初等数学

| 书　　名 | 出版时间 | 定　价 | 编号 |
|---|---|---|---|
| 阿贝尔恒等式与经典不等式及应用 | 2018-06 | 98.00 | 923 |
| 迪利克雷除数问题 | 2018-07 | 48.00 | 930 |
| 糖水中的不等式——从初等数学到高等数学 | 2019-07 | 48.00 | 1093 |
| 帕斯卡三角形 | 2014-03 | 18.00 | 294 |
| 蒲丰投针问题——从 2009 年清华大学的一道自主招生试题谈起 | 2014-01 | 38.00 | 295 |
| 斯图姆定理——从一道"华约"自主招生试题的解法谈起 | 2014-01 | 18.00 | 296 |
| 许瓦兹引理——从一道加利福尼亚大学伯克利分校数学系博士生试题谈起 | 2014-08 | 18.00 | 297 |
| 拉姆塞定理——从王诗宬院士的一个问题谈起 | 2016-04 | 48.00 | 299 |
| 坐标法 | 2013-12 | 28.00 | 332 |
| 数论三角形 | 2014-04 | 38.00 | 341 |
| 毕克定理 | 2014-07 | 18.00 | 352 |
| 数林掠影 | 2014-09 | 48.00 | 389 |
| 我们周围的概率 | 2014-10 | 38.00 | 390 |
| 凸函数最值定理:从一道华约自主招生题的解法谈起 | 2014-10 | 28.00 | 391 |
| 易学与数学奥林匹克 | 2014-10 | 38.00 | 392 |
| 生物数学趣谈 | 2015-01 | 18.00 | 409 |
| 反演 | 2015-01 | 28.00 | 420 |
| 因式分解与圆锥曲线 | 2015-01 | 18.00 | 426 |
| 轨迹 | 2015-01 | 28.00 | 427 |
| 面积原理:从常庚哲命的一道 CMO 试题的积分解法谈起 | 2015-01 | 48.00 | 431 |
| 形形色色的不动点定理:从一道 28 届 IMO 试题谈起 | 2015-01 | 38.00 | 439 |
| 柯西函数方程:从一道上海交大自主招生的试题谈起 | 2015-02 | 28.00 | 440 |
| 三角恒等式 | 2015-02 | 28.00 | 442 |
| 无理性判定:从一道 2014 年"北约"自主招生试题谈起 | 2015-01 | 38.00 | 443 |
| 数学归纳法 | 2015-03 | 18.00 | 451 |
| 极端原理与解题 | 2015-04 | 28.00 | 464 |
| 法雷级数 | 2014-08 | 18.00 | 367 |
| 摆线族 | 2015-01 | 38.00 | 438 |
| 函数方程及其解法 | 2015-05 | 38.00 | 470 |
| 含参数的方程和不等式 | 2012-09 | 28.00 | 213 |
| 希尔伯特第十问题 | 2016-01 | 38.00 | 543 |
| 无穷小量的求和 | 2016-01 | 28.00 | 545 |
| 切比雪夫多项式:从一道清华大学金秋营试题谈起 | 2016-01 | 38.00 | 583 |
| 泽肯多夫定理 | 2016-03 | 38.00 | 599 |
| 代数等式证题法 | 2016-01 | 28.00 | 600 |
| 三角等式证题法 | 2016-01 | 28.00 | 601 |
| 吴大任教授藏书中的一个因式分解公式:从一道美国数学邀请赛试题的解法谈起 | 2016-06 | 28.00 | 656 |
| 易卦——类万物的数学模型 | 2017-08 | 68.00 | 838 |
| "不可思议"的数与数系可持续发展 | 2018-01 | 38.00 | 878 |
| 最短线 | 2018-01 | 38.00 | 879 |

| 书　　名 | 出版时间 | 定　价 | 编号 |
|---|---|---|---|
| 幻方和魔方(第一卷) | 2012-05 | 68.00 | 173 |
| 尘封的经典——初等数学经典文献选读(第一卷) | 2012-07 | 48.00 | 205 |
| 尘封的经典——初等数学经典文献选读(第二卷) | 2012-07 | 38.00 | 206 |

| 书　　名 | 出版时间 | 定　价 | 编号 |
|---|---|---|---|
| 初级方程式论 | 2011-03 | 28.00 | 106 |
| 初等数学研究(Ⅰ) | 2008-09 | 68.00 | 37 |
| 初等数学研究(Ⅱ)(上、下) | 2009-05 | 118.00 | 46,47 |

# 刘培杰数学工作室
# 已出版(即将出版)图书目录——初等数学

| 书　名 | 出版时间 | 定　价 | 编号 |
|---|---|---|---|
| 趣味初等方程妙题集锦 | 2014－09 | 48.00 | 388 |
| 趣味初等数论选美与欣赏 | 2015－02 | 48.00 | 445 |
| 耕读笔记(上卷):一位农民数学爱好者的初数探索 | 2015－04 | 28.00 | 459 |
| 耕读笔记(中卷):一位农民数学爱好者的初数探索 | 2015－05 | 28.00 | 483 |
| 耕读笔记(下卷):一位农民数学爱好者的初数探索 | 2015－05 | 28.00 | 484 |
| 几何不等式研究与欣赏.上卷 | 2016－01 | 88.00 | 547 |
| 几何不等式研究与欣赏.下卷 | 2016－01 | 48.00 | 552 |
| 初等数列研究与欣赏·上 | 2016－01 | 48.00 | 570 |
| 初等数列研究与欣赏·下 | 2016－01 | 48.00 | 571 |
| 趣味初等函数研究与欣赏.上 | 2016－09 | 48.00 | 684 |
| 趣味初等函数研究与欣赏.下 | 2018－09 | 48.00 | 685 |
| 火柴游戏 | 2016－05 | 38.00 | 612 |
| 智力解谜.第1卷 | 2017－07 | 38.00 | 613 |
| 智力解谜.第2卷 | 2017－07 | 38.00 | 614 |
| 故事智力 | 2016－07 | 48.00 | 615 |
| 名人们喜欢的智力问题 | 即将出版 |  | 616 |
| 数学大师的发现、创造与失误 | 2018－01 | 48.00 | 617 |
| 异曲同工 | 2018－09 | 48.00 | 618 |
| 数学的味道 | 2018－01 | 58.00 | 798 |
| 数学千字文 | 2018－10 | 68.00 | 977 |
| 数贝偶拾——高考数学题研究 | 2014－04 | 28.00 | 274 |
| 数贝偶拾——初等数学研究 | 2014－04 | 38.00 | 275 |
| 数贝偶拾——奥数题研究 | 2014－04 | 48.00 | 276 |
| 钱昌本教你快乐学数学(上) | 2011－12 | 48.00 | 155 |
| 钱昌本教你快乐学数学(下) | 2012－03 | 58.00 | 171 |
| 集合、函数与方程 | 2014－01 | 28.00 | 300 |
| 数列与不等式 | 2014－01 | 38.00 | 301 |
| 三角与平面向量 | 2014－01 | 28.00 | 302 |
| 平面解析几何 | 2014－01 | 38.00 | 303 |
| 立体几何与组合 | 2014－01 | 28.00 | 304 |
| 极限与导数、数学归纳法 | 2014－01 | 38.00 | 305 |
| 趣味数学 | 2014－03 | 28.00 | 306 |
| 教材教法 | 2014－04 | 68.00 | 307 |
| 自主招生 | 2014－05 | 58.00 | 308 |
| 高考压轴题(上) | 2015－01 | 48.00 | 309 |
| 高考压轴题(下) | 2014－10 | 68.00 | 310 |
| 从费马到怀尔斯——费马大定理的历史 | 2013－10 | 198.00 | Ⅰ |
| 从庞加莱到佩雷尔曼——庞加莱猜想的历史 | 2013－10 | 298.00 | Ⅱ |
| 从切比雪夫到爱尔特希(上)——素数定理的初等证明 | 2013－07 | 48.00 | Ⅲ |
| 从切比雪夫到爱尔特希(下)——素数定理100年 | 2012－12 | 98.00 | Ⅲ |
| 从高斯到盖尔方特——二次域的高斯猜想 | 2013－10 | 198.00 | Ⅳ |
| 从库默尔到朗兰兹——朗兰兹猜想的历史 | 2014－01 | 98.00 | Ⅴ |
| 从比勃巴赫到德布朗斯——比勃巴赫猜想的历史 | 2014－02 | 298.00 | Ⅵ |
| 从麦比乌斯到陈省身——麦比乌斯变换与麦比乌斯带 | 2014－02 | 298.00 | Ⅶ |
| 从布尔到豪斯道夫——布尔方程与格论漫谈 | 2013－10 | 198.00 | Ⅷ |
| 从开普勒到阿诺德——三体问题的历史 | 2014－05 | 298.00 | Ⅸ |
| 从华林到华罗庚——华林问题的历史 | 2013－10 | 298.00 | Ⅹ |

# 刘培杰数学工作室
# 已出版(即将出版)图书目录——初等数学

| 书　　名 | 出版时间 | 定　价 | 编号 |
|---|---|---|---|
| 美国高中数学竞赛五十讲.第1卷(英文) | 2014－08 | 28.00 | 357 |
| 美国高中数学竞赛五十讲.第2卷(英文) | 2014－08 | 28.00 | 358 |
| 美国高中数学竞赛五十讲.第3卷(英文) | 2014－09 | 28.00 | 359 |
| 美国高中数学竞赛五十讲.第4卷(英文) | 2014－09 | 28.00 | 360 |
| 美国高中数学竞赛五十讲.第5卷(英文) | 2014－10 | 28.00 | 361 |
| 美国高中数学竞赛五十讲.第6卷(英文) | 2014－11 | 28.00 | 362 |
| 美国高中数学竞赛五十讲.第7卷(英文) | 2014－12 | 28.00 | 363 |
| 美国高中数学竞赛五十讲.第8卷(英文) | 2015－01 | 28.00 | 364 |
| 美国高中数学竞赛五十讲.第9卷(英文) | 2015－01 | 28.00 | 365 |
| 美国高中数学竞赛五十讲.第10卷(英文) | 2015－02 | 38.00 | 366 |
| 三角函数(第2版) | 2017－04 | 38.00 | 626 |
| 不等式 | 2014－01 | 38.00 | 312 |
| 数列 | 2014－01 | 38.00 | 313 |
| 方程(第2版) | 2017－04 | 38.00 | 624 |
| 排列和组合 | 2014－01 | 28.00 | 315 |
| 极限与导数(第2版) | 2016－04 | 38.00 | 635 |
| 向量(第2版) | 2018－08 | 58.00 | 627 |
| 复数及其应用 | 2014－08 | 28.00 | 318 |
| 函数 | 2014－01 | 38.00 | 319 |
| 集合 | 即将出版 |  | 320 |
| 直线与平面 | 2014－01 | 28.00 | 321 |
| 立体几何(第2版) | 2016－04 | 38.00 | 629 |
| 解三角形 | 即将出版 |  | 323 |
| 直线与圆(第2版) | 2016－11 | 38.00 | 631 |
| 圆锥曲线(第2版) | 2016－09 | 48.00 | 632 |
| 解题通法(一) | 2014－07 | 38.00 | 326 |
| 解题通法(二) | 2014－07 | 38.00 | 327 |
| 解题通法(三) | 2014－05 | 38.00 | 328 |
| 概率与统计 | 2014－01 | 28.00 | 329 |
| 信息迁移与算法 | 即将出版 |  | 330 |
| IMO 50年.第1卷(1959－1963) | 2014－11 | 28.00 | 377 |
| IMO 50年.第2卷(1964－1968) | 2014－11 | 28.00 | 378 |
| IMO 50年.第3卷(1969－1973) | 2014－09 | 28.00 | 379 |
| IMO 50年.第4卷(1974－1978) | 2016－04 | 38.00 | 380 |
| IMO 50年.第5卷(1979－1984) | 2015－04 | 38.00 | 381 |
| IMO 50年.第6卷(1985－1989) | 2015－04 | 58.00 | 382 |
| IMO 50年.第7卷(1990－1994) | 2016－01 | 48.00 | 383 |
| IMO 50年.第8卷(1995－1999) | 2016－06 | 38.00 | 384 |
| IMO 50年.第9卷(2000－2004) | 2015－04 | 58.00 | 385 |
| IMO 50年.第10卷(2005－2009) | 2016－01 | 48.00 | 386 |
| IMO 50年.第11卷(2010－2015) | 2017－03 | 48.00 | 646 |

# 刘培杰数学工作室
# 已出版(即将出版)图书目录——初等数学

| 书　　名 | 出版时间 | 定　价 | 编号 |
|---|---|---|---|
| 数学反思(2006—2007) | 即将出版 | | 915 |
| 数学反思(2008—2009) | 2019—01 | 68.00 | 917 |
| 数学反思(2010—2011) | 2018—05 | 58.00 | 916 |
| 数学反思(2012—2013) | 2019—01 | 58.00 | 918 |
| 数学反思(2014—2015) | 2019—03 | 78.00 | 919 |
| 历届美国大学生数学竞赛试题集. 第一卷(1938—1949) | 2015—01 | 28.00 | 397 |
| 历届美国大学生数学竞赛试题集. 第二卷(1950—1959) | 2015—01 | 28.00 | 398 |
| 历届美国大学生数学竞赛试题集. 第三卷(1960—1969) | 2015—01 | 28.00 | 399 |
| 历届美国大学生数学竞赛试题集. 第四卷(1970—1979) | 2015—01 | 18.00 | 400 |
| 历届美国大学生数学竞赛试题集. 第五卷(1980—1989) | 2015—01 | 28.00 | 401 |
| 历届美国大学生数学竞赛试题集. 第六卷(1990—1999) | 2015—01 | 28.00 | 402 |
| 历届美国大学生数学竞赛试题集. 第七卷(2000—2009) | 2015—08 | 18.00 | 403 |
| 历届美国大学生数学竞赛试题集. 第八卷(2010—2012) | 2015—01 | 18.00 | 404 |
| 新课标高考数学创新题解题诀窍:总论 | 2014—09 | 28.00 | 372 |
| 新课标高考数学创新题解题诀窍:必修 1～5 分册 | 2014—08 | 38.00 | 373 |
| 新课标高考数学创新题解题诀窍:选修 2—1,2—2,1—1,1—2分册 | 2014—09 | 38.00 | 374 |
| 新课标高考数学创新题解题诀窍:选修 2—3,4—4,4—5分册 | 2014—09 | 18.00 | 375 |
| 全国重点大学自主招生英文数学试题全攻略:词汇卷 | 2015—07 | 48.00 | 410 |
| 全国重点大学自主招生英文数学试题全攻略:概念卷 | 2015—01 | 28.00 | 411 |
| 全国重点大学自主招生英文数学试题全攻略:文章选读卷(上) | 2016—09 | 38.00 | 412 |
| 全国重点大学自主招生英文数学试题全攻略:文章选读卷(下) | 2017—01 | 58.00 | 413 |
| 全国重点大学自主招生英文数学试题全攻略:试题卷 | 2015—07 | 38.00 | 414 |
| 全国重点大学自主招生英文数学试题全攻略:名著欣赏卷 | 2017—03 | 48.00 | 415 |
| 劳埃德数学趣题大全. 题目卷. 1:英文 | 2016—01 | 18.00 | 516 |
| 劳埃德数学趣题大全. 题目卷. 2:英文 | 2016—01 | 18.00 | 517 |
| 劳埃德数学趣题大全. 题目卷. 3:英文 | 2016—01 | 18.00 | 518 |
| 劳埃德数学趣题大全. 题目卷. 4:英文 | 2016—01 | 18.00 | 519 |
| 劳埃德数学趣题大全. 题目卷. 5:英文 | 2016—01 | 18.00 | 520 |
| 劳埃德数学趣题大全. 答案卷:英文 | 2016—01 | 18.00 | 521 |
| 李成章教练奥数笔记. 第 1 卷 | 2016—01 | 48.00 | 522 |
| 李成章教练奥数笔记. 第 2 卷 | 2016—01 | 48.00 | 523 |
| 李成章教练奥数笔记. 第 3 卷 | 2016—01 | 38.00 | 524 |
| 李成章教练奥数笔记. 第 4 卷 | 2016—01 | 38.00 | 525 |
| 李成章教练奥数笔记. 第 5 卷 | 2016—01 | 38.00 | 526 |
| 李成章教练奥数笔记. 第 6 卷 | 2016—01 | 38.00 | 527 |
| 李成章教练奥数笔记. 第 7 卷 | 2016—01 | 38.00 | 528 |
| 李成章教练奥数笔记. 第 8 卷 | 2016—01 | 48.00 | 529 |
| 李成章教练奥数笔记. 第 9 卷 | 2016—01 | 28.00 | 530 |

# 刘培杰数学工作室
# 已出版(即将出版)图书目录——初等数学

| 书　　名 | 出版时间 | 定　价 | 编号 |
| --- | --- | --- | --- |
| 第19～23届"希望杯"全国数学邀请赛试题审题要津详细评注(初一版) | 2014－03 | 28.00 | 333 |
| 第19～23届"希望杯"全国数学邀请赛试题审题要津详细评注(初二、初三版) | 2014－03 | 38.00 | 334 |
| 第19～23届"希望杯"全国数学邀请赛试题审题要津详细评注(高一版) | 2014－03 | 28.00 | 335 |
| 第19～23届"希望杯"全国数学邀请赛试题审题要津详细评注(高二版) | 2014－03 | 38.00 | 336 |
| 第19～25届"希望杯"全国数学邀请赛试题审题要津详细评注(初一版) | 2015－01 | 38.00 | 416 |
| 第19～25届"希望杯"全国数学邀请赛试题审题要津详细评注(初二、初三版) | 2015－01 | 58.00 | 417 |
| 第19～25届"希望杯"全国数学邀请赛试题审题要津详细评注(高一版) | 2015－01 | 48.00 | 418 |
| 第19～25届"希望杯"全国数学邀请赛试题审题要津详细评注(高二版) | 2015－01 | 48.00 | 419 |
| 物理奥林匹克竞赛大题典——力学卷 | 2014－11 | 48.00 | 405 |
| 物理奥林匹克竞赛大题典——热学卷 | 2014－04 | 28.00 | 339 |
| 物理奥林匹克竞赛大题典——电磁学卷 | 2015－07 | 48.00 | 406 |
| 物理奥林匹克竞赛大题典——光学与近代物理卷 | 2014－06 | 28.00 | 345 |
| 历届中国东南地区数学奥林匹克试题集(2004～2012) | 2014－06 | 18.00 | 346 |
| 历届中国西部地区数学奥林匹克试题集(2001～2012) | 2014－07 | 18.00 | 347 |
| 历届中国女子数学奥林匹克试题集(2002～2012) | 2014－08 | 18.00 | 348 |
| 数学奥林匹克在中国 | 2014－06 | 98.00 | 344 |
| 数学奥林匹克问题集 | 2014－01 | 38.00 | 267 |
| 数学奥林匹克不等式散论 | 2010－06 | 38.00 | 124 |
| 数学奥林匹克不等式欣赏 | 2011－09 | 38.00 | 138 |
| 数学奥林匹克超级题库(初中卷上) | 2010－01 | 58.00 | 66 |
| 数学奥林匹克不等式证明方法和技巧(上、下) | 2011－08 | 158.00 | 134,135 |
| 他们学什么:原民主德国中学数学课本 | 2016－09 | 38.00 | 658 |
| 他们学什么:英国中学数学课本 | 2016－09 | 38.00 | 659 |
| 他们学什么:法国中学数学课本.1 | 2016－09 | 38.00 | 660 |
| 他们学什么:法国中学数学课本.2 | 2016－09 | 28.00 | 661 |
| 他们学什么:法国中学数学课本.3 | 2016－09 | 38.00 | 662 |
| 他们学什么:苏联中学数学课本 | 2016－09 | 28.00 | 679 |
| 高中数学题典——集合与简易逻辑·函数 | 2016－07 | 48.00 | 647 |
| 高中数学题典——导数 | 2016－07 | 48.00 | 648 |
| 高中数学题典——三角函数·平面向量 | 2016－07 | 48.00 | 649 |
| 高中数学题典——数列 | 2016－07 | 58.00 | 650 |
| 高中数学题典——不等式·推理与证明 | 2016－07 | 38.00 | 651 |
| 高中数学题典——立体几何 | 2016－07 | 48.00 | 652 |
| 高中数学题典——平面解析几何 | 2016－07 | 78.00 | 653 |
| 高中数学题典——计数原理·统计·概率·复数 | 2016－07 | 48.00 | 654 |
| 高中数学题典——算法·平面几何·初等数论·组合数学·其他 | 2016－07 | 68.00 | 655 |

# 刘培杰数学工作室
# 已出版(即将出版)图书目录——初等数学

| 书　　名 | 出版时间 | 定　价 | 编号 |
|---|---|---|---|
| 台湾地区奥林匹克数学竞赛试题.小学一年级 | 2017－03 | 38.00 | 722 |
| 台湾地区奥林匹克数学竞赛试题.小学二年级 | 2017－03 | 38.00 | 723 |
| 台湾地区奥林匹克数学竞赛试题.小学三年级 | 2017－03 | 38.00 | 724 |
| 台湾地区奥林匹克数学竞赛试题.小学四年级 | 2017－03 | 38.00 | 725 |
| 台湾地区奥林匹克数学竞赛试题.小学五年级 | 2017－03 | 38.00 | 726 |
| 台湾地区奥林匹克数学竞赛试题.小学六年级 | 2017－03 | 38.00 | 727 |
| 台湾地区奥林匹克数学竞赛试题.初中一年级 | 2017－03 | 38.00 | 728 |
| 台湾地区奥林匹克数学竞赛试题.初中二年级 | 2017－03 | 38.00 | 729 |
| 台湾地区奥林匹克数学竞赛试题.初中三年级 | 2017－03 | 28.00 | 730 |
| 不等式证题法 | 2017－04 | 28.00 | 747 |
| 平面几何培优教程 | 即将出版 | | 748 |
| 奥数鼎级培优教程.高一分册 | 2018－09 | 88.00 | 749 |
| 奥数鼎级培优教程.高二分册.上 | 2018－04 | 68.00 | 750 |
| 奥数鼎级培优教程.高二分册.下 | 2018－04 | 68.00 | 751 |
| 高中数学竞赛冲刺宝典 | 2019－04 | 68.00 | 883 |
| 初中尖子生数学超级题典.实数 | 2017－07 | 58.00 | 792 |
| 初中尖子生数学超级题典.式、方程与不等式 | 2017－08 | 58.00 | 793 |
| 初中尖子生数学超级题典.圆、面积 | 2017－08 | 38.00 | 794 |
| 初中尖子生数学超级题典.函数、逻辑推理 | 2017－08 | 48.00 | 795 |
| 初中尖子生数学超级题典.角、线段、三角形与多边形 | 2017－07 | 58.00 | 796 |
| 数学王子——高斯 | 2018－01 | 48.00 | 858 |
| 坎坷奇星——阿贝尔 | 2018－01 | 48.00 | 859 |
| 闪烁奇星——伽罗瓦 | 2018－01 | 58.00 | 860 |
| 无穷统帅——康托尔 | 2018－01 | 48.00 | 861 |
| 科学公主——柯瓦列夫斯卡娅 | 2018－01 | 48.00 | 862 |
| 抽象代数之母——埃米·诺特 | 2018－01 | 48.00 | 863 |
| 电脑先驱——图灵 | 2018－01 | 58.00 | 864 |
| 昔日神童——维纳 | 2018－01 | 48.00 | 865 |
| 数坛怪侠——爱尔特希 | 2018－01 | 68.00 | 866 |
| 当代世界中的数学.数学思想与数学基础 | 2019－01 | 38.00 | 892 |
| 当代世界中的数学.数学问题 | 2019－01 | 38.00 | 893 |
| 当代世界中的数学.应用数学与数学应用 | 2019－01 | 38.00 | 894 |
| 当代世界中的数学.数学王国的新疆域(一) | 2019－01 | 38.00 | 895 |
| 当代世界中的数学.数学王国的新疆域(二) | 2019－01 | 38.00 | 896 |
| 当代世界中的数学.数林撷英(一) | 2019－01 | 38.00 | 897 |
| 当代世界中的数学.数林撷英(二) | 2019－01 | 48.00 | 898 |
| 当代世界中的数学.数学之路 | 2019－01 | 38.00 | 899 |

# 刘培杰数学工作室

# 已出版(即将出版)图书目录——初等数学

| 书　名 | 出版时间 | 定　价 | 编号 |
|---|---|---|---|
| 105 个代数问题:来自 AwesomeMath 夏季课程 | 2019—02 | 58.00 | 956 |
| 106 个几何问题:来自 AwesomeMath 夏季课程 | 即将出版 | | 957 |
| 107 个几何问题:来自 AwesomeMath 全年课程 | 即将出版 | | 958 |
| 108 个代数问题:来自 AwesomeMath 全年课程 | 2019—01 | 68.00 | 959 |
| 109 个不等式:来自 AwesomeMath 夏季课程 | 2019—04 | 58.00 | 960 |
| 国际数学奥林匹克中的 110 个几何问题 | 即将出版 | | 961 |
| 111 个代数和数论问题 | 2019—05 | 58.00 | 962 |
| 112 个组合问题:来自 AwesomeMath 夏季课程 | 2019—05 | 58.00 | 963 |
| 113 个几何不等式:来自 AwesomeMath 夏季课程 | 即将出版 | | 964 |
| 114 个指数和对数问题:来自 AwesomeMath 夏季课程 | 即将出版 | | 965 |
| 115 个三角问题:来自 AwesomeMath 夏季课程 | 即将出版 | | 966 |
| 116 个代数不等式:来自 AwesomeMath 全年课程 | 2019—04 | 58.00 | 967 |
| 紫色慧星国际数学竞赛试题 | 2019—02 | 58.00 | 999 |
| 澳大利亚中学数学竞赛试题及解答(初级卷)1978～1984 | 2019—02 | 28.00 | 1002 |
| 澳大利亚中学数学竞赛试题及解答(初级卷)1985～1991 | 2019—02 | 28.00 | 1003 |
| 澳大利亚中学数学竞赛试题及解答(初级卷)1992～1998 | 2019—02 | 28.00 | 1004 |
| 澳大利亚中学数学竞赛试题及解答(初级卷)1999～2005 | 2019—02 | 28.00 | 1005 |
| 澳大利亚中学数学竞赛试题及解答(中级卷)1978～1984 | 2019—03 | 28.00 | 1006 |
| 澳大利亚中学数学竞赛试题及解答(中级卷)1985～1991 | 2019—03 | 28.00 | 1007 |
| 澳大利亚中学数学竞赛试题及解答(中级卷)1992～1998 | 2019—03 | 28.00 | 1008 |
| 澳大利亚中学数学竞赛试题及解答(中级卷)1999～2005 | 2019—03 | 28.00 | 1009 |
| 澳大利亚中学数学竞赛试题及解答(高级卷)1978～1984 | 2019—05 | 28.00 | 1010 |
| 澳大利亚中学数学竞赛试题及解答(高级卷)1985～1991 | 2019—05 | 28.00 | 1011 |
| 澳大利亚中学数学竞赛试题及解答(高级卷)1992～1998 | 2019—05 | 28.00 | 1012 |
| 澳大利亚中学数学竞赛试题及解答(高级卷)1999～2005 | 2019—05 | 28.00 | 1013 |
| 天才中小学生智力测验题.第一卷 | 2019—03 | 38.00 | 1026 |
| 天才中小学生智力测验题.第二卷 | 2019—03 | 38.00 | 1027 |
| 天才中小学生智力测验题.第三卷 | 2019—03 | 38.00 | 1028 |
| 天才中小学生智力测验题.第四卷 | 2019—03 | 38.00 | 1029 |
| 天才中小学生智力测验题.第五卷 | 2019—03 | 38.00 | 1030 |
| 天才中小学生智力测验题.第六卷 | 2019—03 | 38.00 | 1031 |
| 天才中小学生智力测验题.第七卷 | 2019—03 | 38.00 | 1032 |
| 天才中小学生智力测验题.第八卷 | 2019—03 | 38.00 | 1033 |
| 天才中小学生智力测验题.第九卷 | 2019—03 | 38.00 | 1034 |
| 天才中小学生智力测验题.第十卷 | 2019—03 | 38.00 | 1035 |
| 天才中小学生智力测验题.第十一卷 | 2019—03 | 38.00 | 1036 |
| 天才中小学生智力测验题.第十二卷 | 2019—03 | 38.00 | 1037 |
| 天才中小学生智力测验题.第十三卷 | 2019—03 | 38.00 | 1038 |

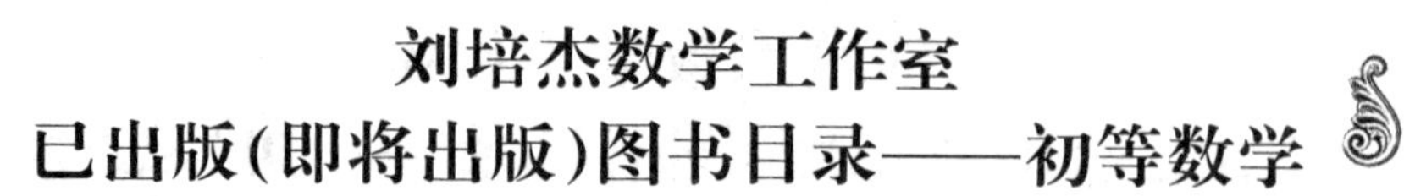

| 书　　名 | 出版时间 | 定　价 | 编号 |
|---|---|---|---|
| 重点大学自主招生数学备考全书:函数 | 即将出版 | | 1047 |
| 重点大学自主招生数学备考全书:导数 | 即将出版 | | 1048 |
| 重点大学自主招生数学备考全书:数列与不等式 | 即将出版 | | 1049 |
| 重点大学自主招生数学备考全书:三角函数与平面向量 | 即将出版 | | 1050 |
| 重点大学自主招生数学备考全书:平面解析几何 | 即将出版 | | 1051 |
| 重点大学自主招生数学备考全书:立体几何与平面几何 | 即将出版 | | 1052 |
| 重点大学自主招生数学备考全书:排列组合.概率统计.复数 | 即将出版 | | 1053 |
| 重点大学自主招生数学备考全书:初等数论与组合数学 | 即将出版 | | 1054 |
| 重点大学自主招生数学备考全书:重点大学自主招生真题.上 | 2019—04 | 68.00 | 1055 |
| 重点大学自主招生数学备考全书:重点大学自主招生真题.下 | 2019—04 | 58.00 | 1056 |

| 书　　名 | 出版时间 | 定　价 | 编号 |
|---|---|---|---|
| 高中数学竞赛培训教程:平面几何问题的求解方法与策略.上 | 2018—05 | 68.00 | 906 |
| 高中数学竞赛培训教程:平面几何问题的求解方法与策略.下 | 2018—06 | 78.00 | 907 |
| 高中数学竞赛培训教程:整除与同余以及不定方程 | 2018—01 | 88.00 | 908 |
| 高中数学竞赛培训教程:组合计数与组合极值 | 2018—04 | 48.00 | 909 |
| 高中数学竞赛培训教程:初等代数 | 2019—04 | 78.00 | 1042 |
| 高中数学讲座:数学竞赛基础教程(第一册) | 2019—06 | 48.00 | 1094 |
| 高中数学讲座:数学竞赛基础教程(第二册) | 即将出版 | | 1095 |
| 高中数学讲座:数学竞赛基础教程(第三册) | 即将出版 | | 1096 |
| 高中数学讲座:数学竞赛基础教程(第四册) | 即将出版 | | 1097 |

**联系地址:**哈尔滨市南岗区复华四道街10号　哈尔滨工业大学出版社刘培杰数学工作室
**网　　址:**http://lpj.hit.edu.cn/
**邮　　编:**150006
**联系电话:**0451—86281378　　13904613167
E-mail:lpj1378@163.com